JN451437

식물형질전환

한지학 외 76인 공저 | 식물형질전환연구회

정 문 각

[식물형질전환] 편집위원

고석민	(주)유진텍 부설연구소
김도선	농촌진흥청 원예연구소
김석원	한국생명공학연구원 식물유전체연구센터
김재훈	(주)마이크로프렌츠 중앙연구소
민성란	한국생명공학연구원 식물유전체연구센터
송관정	제주대학교 생물산업학부
유장렬	한국생명공학연구원 식물유전체연구센터
이병현	경상대학교 동물자원과학부
이장용	농촌진흥청 작물과학원
이행순	한국생명공학연구원 환경생명공학연구센터
이효연	제주대학교 생명공학부
인동수	(주)농우바이오 생명공학연구소
정영수	동아대학교 분자생명공학부
정우석	건국대학교 응용생물과학과
조현석	농촌진흥청 농업생명공학연구원
최용의	강원대학교 산림자원학부
최필선	남부대학교 한방제약개발학과
한지학	(주)농우바이오 생명공학연구소
형남인	상명대학교 식물산업공학과

_가나다순

머 리 말

식물형질전환의 역사는 2007년 기준으로 약 30년이 되며 첫 성공사례는 1983년 *Agrobacterium*을 이용한 페튜니아의 형질전환체 개발이었습니다. 그 이후 1987년 바이러스 저항성 토마토, 제초제 저항성 토마토가 각각 몬산토와 칼젠, 듀퐁에서 시험재배를 시작하였으며 1990년에는 해충저항성 목화를 칼젠에서 시험재배하였습니다. 식물형질전환체 개발연구 중에서 가장 커다란 개가는 칼젠에서 무르지 않는 토마토(Flavr Savr)를 1994년에 첫 상업화했을 때였습니다. 당시 막연한 기대는 했습니다만 실제로 상업화가 될 수 있다는 것은 농업생명공학의 대 혁신으로 간주되지 않을 수 없었습니다. 이때부터 유전자변형 작물(형질전환작물)의 상업적 재배가 미국을 중심으로 확대해지기 시작하여 1996년에는 형질전환 작물의 상품화가 본격적으로 시작된 사실을 잘 주지하실 것으로 압니다. 또한 1996년서부터 재배면적과 상업적 가치, 그리고 재배국가 등에 대한 종합적 data가 ISAAA로부터 매년 보고가 되었는데 지난 10년간 매우 빠른 속도로 형질전환 작물의 재배면적이 증가되었습니다. 즉, 1996년에는 총 유전자변형 작물의 재배면적이 170만 ha이었는데 2006년에는 1억 ha가 넘어 60배가 늘어났으며 또한 재배국가가 아시아, 유럽, 북남미, 오세아니아 전 대륙에 걸쳐서 22개국으로 증가하였고 개발도상국 농민이 많이 재배하는 것으로 밝혀졌습니다. 이런 증가 추세는 계속 이어질 것으로 보여 결국 형질전환 기술을 이용한 품종 개발이나 육종이 보편화될 것으로 생각됩니다.

국내 식물형질전환체 개발의 역사는 약 20년 정도이며 1986년 농촌진흥청 농업기술연구소 유전공학과(현 농업생명공학연구원)와 1985년 과기부 KIST 부속기관인 유전공학센터(현 한국생명공학연구원)에서부터 기초연구를 시작하였고 더불어 각 대학에서 참여하여 여러 종류의 식물형질전환체를 개발하였습니다. 또한 약 10여 년 전서부터는 벼를 중심으로 채소, 과수, 화훼, 임목 등 여러 작물에 도전하여 많은 형질전환체가 개발되었으며 2006년 기준으로 이미 10여 작물들에 대해서는 인체위해성과 환경위해성 평가 조사를 수행하고 있는 실정입니다. 그러나 그 동안 형질전환 작물 개발 관련 많은 인프라를 구축하였음에도 불구하고 국내에서는 아직 형질전환 작물의 품종화에 성공을 하지 못하였고 상업화가 되지 못하고 있는 것이 현실입니다. 가장 큰 이유는 지금까지 개발된 작물들이 상품화 가치가 없다는 것이며 상업성을 위한 target 유전자가 도입되지 않았기 때문입니다. 또 다른 이유로는 형질전환 작물 개발에 필요한 많은 과정에서 다수의 기술적 시행착오를 했기 때문에 품종화가 제대로 진행되지 않았다는 것입니다. 형질전환 작물의 상업화는 최소 10년 걸리는 작업이기에 개발자는 처음 설계 단계에서부터 상업성을 고려하여 모든 과정, 즉 형질전환체의 개발, 육종, 위해성 평가, 그리고 상업화에 따른 로드맵을 주지하고 전체 program을 잘 운영해야 합니다.

상기 문제점들과 함께 식물형질전환 기술의 개선에 관한 여러 문제점들이 식물형질전환연구회 모임에서 자주 거론되는 과정중에 식물형질전환에 관련된 책을 집대성하자는 의견이 나왔고, 2005년 식물형질전환연구회 운영위원회에서는 편집위원회를 설정하여 각 subject별 chapter를 구성하였고 작성할 집필자를 선정하였습니다. 본 책의 제목은 『식물형질전환』으로 명하였으며 식물형질전환연구회에서 출간하는 것으로 확정하였습니다. 본 책자의 구성은 식물 또는 작물의 형질전환 기술과 방법을 포함하여 개발된 형질전환체의 상업화와 관련된 기초 자료들로 이루어져 있습니다. 제 1편에는 식물조직배양의 기초지식, 제 2편에는 식물형질전환의 기초지식을 서술하여 기초지식이 필요한 연구자들에게 도움이 되고자 하였으며 제 3편에는 채소, 화훼, 식량작물 등 총 30가지 작물에 대한 형질전환 방법을 수록하였습니다. 제 4편에는 형질전환체 개발 후 관련 지식이라는 장을 마련하여 형질전환체의 육종과 품종화를 위한 로드맵을 비롯하여 형질전환체의 인체, 위해성 평가 과정 및 유전자재조합식품 안전성평가 및 관리현황 등이 서술되어 있습니다. 또한 부록으로 유전자변형 작물 관련 농림부, 식약청의 규정 등이 있어서 개발자가 다루어야 할 기초 상식들이 열거되어 있습니다.

이 책이 발간되는 2007년에는 산업자원부에서 주관하여 우리나라가 생물다양성협약에 따른 생명공학 안전성에 관한 카르타헤나의정서에 가입할 예정입니다. 이 협정서는 특히 유전자변형 생물체의 국가간 이동에 초점을 두고 있으며 각 국가에서 유전자변형 생물체 또는 유전자변형 생산물을 규제할 권한을 갖도록 하며 또한 모든 규정에 통과되면 수출입이 자유로워지며 국내 개발품이든지 외국개발품이든지 종자를 직접 국내에서 재배할 수 있어서 여러 상황에 대비를 할 필요가 있습니다. 따라서 본 책은 적절한 시기에 출간되는 것으로 사려되며 앞으로도 식물형질전환연구회에서는 좀 더 새로운 내용을 축적해서 또 다른 모습으로 교정판을 기획할 예정입니다.

이 책은 식물 또는 작물 형질전환의 실무 담당자인 학부 학생, 대학원 학생, 연구원, 교수들이 실험실 참고자료로 사용할 수 있으며 강의에 필요한 교과서로서도 손색이 없다고 봅니다. 그러나 초판이기에 많은 교정이 있을 수 있어서 혹 잘못 서술된 내용은 알려주시고 지적해 주셔서 좀 더 새롭게 다시 탄생될 수 있도록 도와주시기 바랍니다. 또한 책 지면의 제약으로 인해 더 많은 작물에 대한 형질전환 기술과 방법을 초대하지 못한 아쉬움이 있습니다. 아직도 국내에서는 본 책자에 열거한 작물 외에도 형질전환에 성공한 작물이 많이 있는데 이는 다음 기회에 반드시 소개하고자 합니다. 끝으로 본 책이 국내의 식물 또는 작물의 형질전환체 개발과 관련 연구가 일취월장하는 데 조금이라도 보탬이 되길 기원하며, 본 책자에 기고해 주신 저자 선생님들께 무한한 감사함을 전하는 동시에 이 책이 출간될 수 있도록 도와주신 식물형질전환연구회 제 1대 회장인 KAIST 정원일교수님과 제 2대 회장인 한국생명공학연구원 유장렬박사님께 감사함을 드립니다.

2007년 2월

식물형질전환연구회

I 식물조직배양의 기초지식

II 식물형질전환의 기초지식

Ⅲ 작물별 형질전환 실험방법

차 례

Ⅳ 작물 형질전환체 개발 후 관련 지식

부록

I

식물조직배양의 기초지식

01

식물조직배양 일반

최용의
강원대학교 산림과학대학 산림자원학부

I. 기본 개념

식물조직배양은 살아있는 작은 식물 조직을 기내(*in vitro*)에서 무균적으로 배양하여 배양 목적에 따라서 식물 세포, 기관 및 식물체를 증식 시키는 기술이다. 식물조직배양에는 식물이 지니는 기본적인 특성을 이용한다고 볼 수 있다. 식물조직배양 기술은 식물이 지니는 독특한 특징인 식물의 체세포로부터 식물체를 재생시킬 수 있는 분화전능성(totipotency)을 이용하는 것을 기반으로 하는 기술이다. 즉, 식물의 단세포(원형질체 포함), 잎 및 뿌리 절편을 특정 영양물질 및 생장조절제가 첨가된 배지에 배양하면 이들 세포 및 조직으로부터 식물체가 재생될 수 있다. 이러한 식물이 분화전능성(totipotency)을 지니는 능력은 식물이 지니는 특성인 고착 생활과 장기간 생존을 위하여 열악한 환경 및 초식동물의 피해로부터 생존을 하기 위한 전략이다. 따라서 식물은 잃어버린 기관을 다시 재생시키기 위한 능력을 갖게 되었다고 볼 수 있다. 이러한 기술은 최근 활발히 연구되고 있는 식물 형질전환 기술을 이용한 유전자변형 식물체(genetically modified organism)의 개발에 있어서도 가장 핵심적인 기술로 이용되고 있다. 본 장에서는 기내에서 수행하는 식물조직배양의 기본 개념을 제시하고자 한다.

II. 식물조직배양의 이용기술

1. 기내 급속 번식(*in vitro* rapid propagation)

전통적인 식물번식은 종자번식을 하거나 삽목, 접목 등과 같은 영양번식 방법을 사용한다. 기내 급속 번식은 식물조직배양 기술을 이용하여 기내에서 무균적으로 소식물체를 단시간에 대량 증식시키는 기술이다. 부정아(adventitious buds), 체세포배발생(somatic embryogenesis), 기내 삽목이 있고, 난의 경우 종자발아를 통하여 증식한다.

2. 무병주 생산(virus-free stock)

식물 줄기 끝의 생장점(apical meristem)은 바이러스에 감염되어 있지 않다. 이러한 생장점을 기내에서 무균적으로 절취하여 생장점으로부터 개체를 대량증식시키면 무병주 클론이 얻어질 수 있어 무성번식에 의해 바이러스가 원인이 되어 품질이 떨어진 밭작물, 원예(화훼) 작물의 품질 개선에 많이 이용되는 기술이다.

3. 인공종자 개발(artificial seed 또는 synthetic seed)

기내에서 식물을 생산하는 대표적 방법의 하나인 체세포배 발생을 들 수 있다. 체세포배의 경우는 종자와는 달리 배유와 종피가 없기 때문에 이러한 체세포배에 다양한 형태의 캡슐을 씌워서 인공적으로 종자와 같은 형태로 제작한 다음 보다 취급과 운반을 쉽게 만들 수 있다. 그렇지만 기술적인 한계가 있어 아직 실용화가 되지는 않고 있다.

4. 약(anther) 또는 화분(pollen) 배양을 통한 품종 개량

식물의 화기에는 화분(pollen)을 만드는 수술(stamen)에는 약(anther)이 있으며 약 내부에는 핵상이 반수성(n)인 소포자 또는 화분이 있는데, 이러한 약 또는 화분을 무균적으로 배양하여 식물체를 유도하면 반수체를 얻을 수 있다. 이 식물을 염색체 배가를 시키는 콜히친 처리 등을 이용하여 동형접합체를 만들면 육종연한을 현저히 낮출 수 있다.

5. 배 배양(embryo culture)을 통한 품종 개량

원연간 교잡시 수정은 이루어지지만 배가 발달하는 과정에서 퇴화되는 경우가 있기도 하고, 주두에서 화분발아를 억제하여 수정이 안되는 경우가 많다. 이때 주두를 제거하여 기내 수분한 다음 배양하거나, 수정 후 퇴화 직전에 있는 자방 및 배주를 취하여 무균적으로 인공배지에 배양하면 성공적인 배를 성숙시켜 이로부터 원연간 교잡 식물체를 얻을 수 있다.

6. 원형질체 융합(protoplast fusion)을 통한 체세포 잡종식물을 육성

식물세포는 세포벽에 둘러 싸여 있기 때문에 체세포 융합을 시키고자 하는 두 종의 식물 세포벽을 화학적으로 용해시켜 세포막 만으로 둘러싸인 원형질체를 나출시킨 다음 2개의 원형질체를 융합시키면 체세포 융합체를 얻어낼 수 있다. 이러한 융합체로부터 식물체를 재생시키면 체세포 잡종 식물체의 생산이 가능하다.

7. 유전자 도입을 통한 품종 육성

최근에는 많은 생물체에서 유용한 유전자(gene) 발굴이 활발히 이루어지고 있으며 인간 및 벼 등에 존재하는 게놈(genome)이 전부 밝혀지고 있다. 식물의 생장, 발달 및 유용 물질의 합성 등 모든 과정이 유전자에 의해 컨트롤되기 때문에 이들 특정 유전자를 식물에 도입시켜 특정형질이 우수한 식물체를 개발할 수 있다. 식물세포에 유전자를 도입시킨 다음 식물체를 재생시켜야 하는데, 이때 식물조직 배양 기술이 필수적으로 요구된다.

8. 바이오리엑터를 통한 유용물질 생산

식물 유래 천연물질은 자연상태로 자란 식물을 수확하거나 재배하여 이들 재료를 약용 또는 유용물질 생산 원료로 사용하고 있다. 한편 식물세포 및 기관을 기내에서 배양하는 기술을 이용하여 세포 및 기관을 대량생산한 다음 이로부터 유용물질의 생산이 가능하다. 이러한 기술은 번식이 까다롭고 희귀한 식물의 경우 더욱 가치가 높다. 이 방법으로 이차대사 산물을 대량 생산하기 위해서는 식물의 세포 및 기관을 바이오리엑터(bioreactor)에서 대량으로 배양하는 기술이 필요하다.

9. 유전자원의 보존(cryo-preservation)

유전자원을 장기간 보존하는 가장 적절한 방법은 액체질소 내에 저장하는 초 저온 동결보존이다. 배양을 통해 생산된 식물의 세포 및 기관, 특히 체세포배를 생산한 다음 초저온동결보존 후 이를 해동시킨 다음 무균적으로 식물체를 재생시킬 수 있다. 이 기술의 장점은 동일한 클론을 영구적으로 보존하고 원하는 때에 식물체를 복제시킬 수 있는 장점을 지닌다.

III. 기내 배양환경

기내에 배양하기 위해서는 식물이 생장하는 데 필요한 모든 환경조건을 갖추어주어야 한다. 즉, 증식 및 생장을 위한 배지, 광 및 온도 등이 일정한 조건에 조절되어야 한다. 배지의 경우는 식물이 필요로 하는 필수 원소는 물론 비타민 및 아미노산 등의 유기물도 첨가한다. 대부분의 식물세포 및 기관은 배양용기 내에서 광합성의 활동이 미약하기 때문에 별도의 탄소원(주로 설탕)을 첨가해 준다. 또한 배지의 산도, 가스환경, 광도 및 광주기, 삼투압 등이 생육환경에 맞게 적절히 조절되어야 한다.

IV. 배양 기술

현대적인 식물조직배양 기술은 공기여과 필터를 통과시킨 무균환경 하에서 작업을 한다. 자연상태의 식물재료는 오염된 상태에 있기 때문에 식물재료를 기내에 배양하기 위해서는 일차적으로 멸균처리 과정을 거치는데 이러한 멸균 처리는 소독액으로 표면살균을 하는 과정이 중요한 첫 번째 배양과정이라고 볼 수 있다. 배양재료는 대부분 고체배지 또는 액체배지에 배양하는데 이러한 배지는 모두 무기염, 일부 유기 영양물질, 비타민 및 식물생장조절제를 포함하고 있다. 고체배지는 배지에 고형제인 한천 또는 젤라이트 등을 첨가하여 만든다. 배지의 조성 중, 질소원과 생장조절제의 양과 조성은 배양성공의 가장 중요한 요소이며, 아울러 적절한 식물재료의 선택 또한 매우 중요한 성공요건이 된다. 생장조절제의 경우 오옥신과 사이토키닌은 식물의 재생과 생장에 있어서 특별한 효과를 지니는 경우가 많기 때문에 특별한 주의와 경험 및 기존의 같은 식물 및 유연관계가 있는 식물의 배양 결과를 참고하여 설정해야 한다. 일반적으로 성공적인 식물조직배양을 위해서는 적절한 배양재료 및 배양조건 선택이 매우 중요하며 아울러 숙련된 기술 및 경험을 필요로 한다.

V. 조직배양을 위한 기본 장비 및 설비

식물조직배양을 위해서는 각종 시설, 기구 및 시약 등이 필수적으로 요구된다. 조직배양을 위한 많은 장비 및 시설이 필요하지만 본 장에서는 가장 기본적인 장비만을 소개하고자 한다.

1. 무균 작업대(Laminar air flow cabinets)

무균 작업대는 공기청정기의 일종으로 상업적으로 생산되고 있으며 주문 용도와 크기에 맞게 주문제작도 가능하다. 무균작업대의 원리는 공기가 0.3μm 헤파(HEPA) 필터를 통과하면서 모든 곰팡이와 박테리아를 거르게 되어 무균적인 공기가 일정하게 흐르는 공간에서 작업을 하도록 설계되어 있다. 이러한 기기를 무균작업대 또는 클린벤치라고 하여 작업용도에 따라서 크기가 다양하고 공기가 흐르는 방향에 따라서 수직형 수평형이 있다. 무균적으로 소형 바이오리엑터를 배양하기 위한 작업을 하거나 무균작업대 안에서 현미경으로 관찰하기 위해서는 작업 공간이 높아야 하는데 이러한 경우 주문자 요구에 따라서 무균작업대의 크기 및 기본 사양을 조절할 수 있다.

2. 멸균기(Autoclave)

대부분 습식 고압 멸균기를 이용하며 크기와 용적이 다양하게 출시되고 있다. 대개는 고압(1.06kg/cm^2)과 고온(120℃)에서 약 15분 동안 멸균한다.

3. 건조기(Oven for dry)

건조기는 유리용기 등 다양한 도구를 건조시키는 데 필요하다. 멸균을 위한 기구의 소독은 종이에 싸서 120~140℃에서 4시간 이상 수행한다.

4. 필터멸균장비(Equipment for sterilization by filtration)

특정 배지 또는 생장조절제 등은 고압멸균시 안정하지

못하여 실온에서 필터방식의 멸균을 이용하는데, 이때 약 0.22~0.45 ㎛ 크기의 멤브레인 필터에 걸러서 무균상태로 만들 수 있다. 이러한 필터 장비는 상업적으로 판매되기도 하고 소량의 경우는 주사기에 상업적으로 시판되는 필터를 끼워 무균 용액을 만든다.

5. 증류기(Water distillation apparatus or pure water demineralizer)

배지를 만들기 위해서는 증류수 또는 이온이 제거된 물을 이용하는데 일반적으로 배지는 보통급인 증류수 또는 이온교환기(deionizer)로 걸러진 물을 이용하는 경우가 많고, 식물세포 등의 생장에 배지의 무기이온 농도 등의 영향을 조사하기 위해서는 초순수(ultra pure water)물이 필요하다. 초순수란 일반적으로 17~18MΩ/cm 정도의 전기적 저항(electrical resistivity)을 가신 물리·화학적으로 회합물질 및 합성물질 등이 거의 존재하지 않는 고순도의 순수를 말한다. 따라서 초순수 제조장치의 응용은 사용목적 및 요구되는 수질에 따라 시스템의 선택적 설계가 필요하며 목적에 적합한 초순수를 지속적으로 생산하기 위해서는 장치의 운전 및 유지관리가 용이하여야 한다. 역삼투식 초순수 제조장치에 이용되는 반투막(membrane)은 거의 모든 공급원수에 대하여 85%~99.8%의 우수한 고형물질 제거 능력을 가지고 있다. 따라서 역삼투압 처리장치에 의해 1차 처리된 공급원수를 2차 처리장치인 이온교환장치 등에 통과시켜 잔류 고형물질(이온물질)을 제거함으로써 전기적 저항(electrical resistivity)10~18.3MΩ/cm의 초순수를 생산해 낼 수 있다.

6. 배양실 또는 배양 케비넷(Culture rooms or cabinets)

식물세포 및 기관을 배양하기 위해서는 일정한 온도 및 습도, 광도 및 광주기를 설정해 주어야 한다. 이때 배양실의 경우는 항온 항습을 유지하게 하는 조절기기가 필요하고 배양용기를 올려놓기 위한 선반과 이 선반에 부착된 조명 장치를 필수적으로 설치해야 한다. 한편 배양실 형태가 아니고 생장상(growth chamber) 상태로 배양공간과 배양환경을 케비닛 형으로 제작된 형태로도 시판되고 있다.

7. 회전 진탕배양기(shakers)

액체 배양을 하는 경우 사용되며 주로 회전진탕기(rotary shaker)가 널리 사용되고 있으며 경우에 따라 좌우 이동식 배양기(reciprocal shaker)가 사용되고 있다. 주로 고온 조절이 되는 것과 되지 않는 것 두 가지가 있다.

이밖에 배지의 pH를 조절하는 pH메타, 배지를 교반하는 마그네틱 스터러(magetic stirrer), 미세저울(micro balance) 등이 필수적으로 사용되는 기기이다.

VI. 배양재료 준비기구

1. 외과용 메스

모식물체로부터 절편을 취하고, 절단하기 위해서는 소형 칼이 필요하며, 멸균하여 무균적으로 준비하거나, 알코올 램프의 불꽃에 멸균하여 사용하기도 한다. 주로 시판되는 의료 외과용 메스를 이용하며 다양한 형태의 메스가 있다.

2. 핀셋

절편을 집고, 절단하거나 접종하는데 필요하며 다양한 형태의 핀셋이 시판되고 있다. 대부분 식물 배양용 핀셋은 절편을 집는 부위가 가늘게 된 것을 많이 이용하는데 이는 알코올 불꽃으로 가열 한 후 빨리 식혀서 식물재료에 열에 의한 피해를 덜 주고 작업 도중 오염 발생을 최소화하게 한다.

3. 램프

무균작업시 핀셋 또는 메스 등을 사용하는 경우 불꽃소독을 하는 것이 장시간 많은 작업시 편리하다. 알코올 램프를 사용하기도 하고 가스관을 통하여 공급되는 버너를 이용하기도 한다. 가열된 기구는 식을 때까지 기다린 후 배양재료를 취급해야 하기 때문에 가열된 기구를 올려놓을 수 있는 홀더를 부가적으로 준비한다.

4. 배양용기

과거에는 유리 삼각 플라스크 또는 유리 petridish를 사용하였다. 현재는 유리 petridish 대신 일회용 플라스틱 petridish를 사용하는 경우가 대부분이다. 삼각 플라스크의 경우는 플라스틱 재질이 있지만 아직도 주로 유리 삼각 플라스크를 이용한다. 일회용 플라스틱의 경우는 제품 출시 전에 감마선 조사로 살균과정을 거쳐 무균 포장된 것을 사용하며 폴리프로필렌을 주성분으로 한 플라스틱 소재를 사용하기 때문에 투명도는 높지만 고온 멸균하여 다시 사용할 수 없다. 한편 멸균이 가능하여 반복 사용이 가능한 플라스틱의 경우는 폴리비닐, 폴리카보네이트 플라스틱 재질을 이용한다. 폴리프로필렌, 폴리카보네이트를 제외한 플라스틱은 유리보다 투명도가 현저히 낮은 단점이 있어서 배양재료의 광 조명에 영향을 미친다.

그밖에 배지 재조용 기구는 비이커, 깔때기, 분주기, 메스실린더, 타이머, 피펫 등이 사용된다.

VII. 배양실의 환경 조절

1. 온도

배양실의 온도를 조절하기 위해서는 온풍기 및 냉풍기가 설비되어 온도를 조절할 수 있어야 한다. 배양실의 온도는 계절의 영향을 크게 받는다. 한편 배양실의 조명장치에서도 많은 열이 발생한다. 따라서 온도를 식히는 냉풍장치인 에어컨이 잘 컨트롤될 수 있어야 한다. 식물에 따라서 배양실의 온도는 서늘한 기온에서 자라는 식물의 경우는 22℃ 이하에서 배양하는 것이 좋고 일반적인 식물은 24℃ 전후에서 배양한다.

2. 조명

배양에 미칠 수 있는 중요한 환경조건은 광도, 빛의 색, 광원의 종류(자연, 백열, 형광등), 광의 조명기간 등 다양한 점을 고려할 수 있다. 식물에 따라서 배양재료에 따라서 연속광 하에서 배양하기도 하고 암조건 하에서 배양하기도 한다. 또한 자연환경과 같이 16시간 광조사 후 8시간을 명·암 조건을 맞추어 주는 경우도 많다. 대부분의 배양조건은 광조건을 달리한 경우만으로도 배양 결과가 달라지기 때문에 광조건을 무시할 수 없다. 한낮의 태양광 하에서는 광도는 2,000 μmol^{-2}s^{-1}이지만 배양실의 광조건은 이보다 현저히 낮은 20~100 μmol^{-2}s^{-1}에서 배양한다.

VIII. 배양재료 및 배지

1.배양재료

이론적으로 살아있는 식물의 모든 조직에서 callus를 유도할 수 있다고 볼 수 있지만 성공적인 callus 유도를 위해서는 식물종과 재료에 따라서 많은 것을 고려해야 한다. 일반적으로 쌍자엽식물의 경우는 단자엽식물보다 callus 유도가 비교적 잘 이루어진다. 한편 목본식물의 경우는 피자 및 나자 식물 모두 callus 생장 속도가 종에 따라서 느린 경우가 많다. 배양재료(explants)로서 줄기, 잎, 뿌리, 화아, 종자 등 어떤 부위도 가능하지만 더욱 중요한 요건은 신선하고 어린조직이 가장 적절하다. 임목의 경우는 어린조직이라도 임목의 연령에 따라서 조직의 생리적 연령이 달라 높은 식물 재분화율을 얻기 위해서는 줄기 끝의 가지보다는 생리적 연령이 낮은 줄기 밑동의 어린 순을 이용하는 것이 유리하다. 기외에서 얻은 식물조직은 항상 배양 전에 표면살균처리를 해야 하는데, 이때 알코올로 전처리한 다음 차아염소산나트륨 등과 같은 표면 살균제로 약 15분간 표면 살균한 다음 배양한다.

2. 배지

일반적인 식물 배양배지의 조성: 특별한 종과 유전자형(genotype)에 맞게 이상적인 배지조성을 설정하기 위해서는 많은 종류의 조성 및 농도를 테스트해야 하는 어려움이 있다. 새로운 종을 가지고 실험하는 경우는 우선적으로 문헌에 나와 있는 논문자료를 참고하여 실험재료에 사용되는 종과 가장 가까운 유연관계를 갖는 종을 재료로 한 논문자료를 참고하여 배지조성을 설정하는 것이 중요하다.

실제적으로 연구자들은 몇 가지의 배지를 선발하여 적절한 염의 농도를 희석시켜 테스트 해 보고 아울러 생장조절제의 종류 및 농도의 조성을 병행하여 처리하는 경우가 대부분이다.

3. 무기염

배양재료로부터 callus를 얻고 이들 callus로부터 식물체를 얻기 위해서는 기존에 보고된 여러가지 배지(무기염 배지) 또는 새로운 배지를 디자인하여야 한다. 가장 널리 사용되는 배지는 MS(Murashige and Skoog, 1962)배지이며 담배의 조직배양을 위해 고안된 배지이다. MS배지의 특징은 높은 농도의 암모늄(ammonium), 나이트레이트(nitrate), 칼륨(potassium)이다. LS(Linsmaier and Skoog, 1965) 배지의 경우는 MS 배지와 비슷하지만 일부 유기물의 조성에 차이가 난다. White's 배지는(White, 1963), 낮은 농도의 염이 특징이고 토마토의 뿌리를 배양하기 위해 고안되었다. Gamborg's B5 배지는(Gamborg *et al.*, 1968) 대부분 callus를 배양하기 위해 고안되었고, 암모늄 이온보다 나이트레이트이온의 함량 비율이 높은 것이 특징이다. Schenk and Hildebrandt(1972)배지는 쌍자엽과 단자엽 식물의 callus를 배양하기 위해 개발되었다. Nitsch와 Nitsch(1969) 배지는 약배양을 위해 개발되었고, MS 배지보다 낮은 염농도를 지녔지만 White's 배지보다는 높다. Lloyd와 McCown이 개발한 Woody Plant Medium (WPM) (Lloyd and McCown, 1981)은 많은 목본식물의 배양을 위해 사용되고 있다. 한편 Knudson's 배지(Knudson, 1946)는 난의 배양을 위해 개발되었으며 난의 배양에 가장 널리 사용되고 있다. 새로운 종을 배양할 경우는 이미 보고된 유연관계가 높은 식물종의 배양결과를 참고로 하여 배지를 선택하는 것이 유리하다. 식물조직으로부터 callus만을 유도할 경우에는 특별한 배지 설정을 위해 각종의 배지를 테스트할 필요가 없다. 오히려 2~3가지의 배지에 농도 및 조합을 달리한 생장조절제의 선택이 훨씬 효과적인 경우가 많다.

표 1-1 널리 사용되는 배지의 조성 표

배지 조성	농도 (mg/*l*)		
Constituent	MS	SH	B5
KNO_3	1900	2500	2500
NH_4NO_3	1650		
$NH_4H_2PO_4$		300	
$(NH_4)_2SO_4$		134	
$MgSO_4 \cdot 7H_2O$	370	400	250
$CaCl_2 \cdot 2H_2O$	440	200	150
KH_2PO4	170		
$NaH_2PO_4 \cdot H_2O$		150	
$MnSO_4 \cdot H_2O$		10.0	10.0
$MnSO_4 \cdot 4H_2O$	22.3		
KI	0.83	1.0	0.75
H_3BO_3	6.2	5.0	3.0
$ZnSO_4 \cdot 7H_2O$	8.6	1.0	2.0
$CuSO_4 \cdot 5H_2O$	0.025	0.2	0.025
$Na_2MoO_4 \cdot 2H_2O$	0.25	0.1	0.25
$CoCl_2 \cdot 6H_2O$	0.025	0.1	0.025
$FeSO_4 \cdot 7H_2O$	27.8	15.0	27.8
Na_2EDTA	37.3	20.0	37.3
Nicotinic acid	0.5	5.0	1.0
Pyridoxine-HCl	0.5	0.5	1.0
Thiamine-HCl	0.1	5.0	10.0
myo-Inositol	100	1000	100
Glycine	2.0		
Sucrose	30000	30000	20000

4. 탄소원

배지에 탄소원으로 설탕 및 글루코오스를 약 2~4% 가량 첨가해 준다. 이 외에도 과당(Fructose), 맥아당(maltose) 등의 다른 탄소원을 사용하는 경우가 있는데, 이러한 탄소원의 첨가는 세포 및 기관의 생장을 현저히 도와준다. 하지만 가장 이상적인 탄소원 및 농도의 설정은 목적하고자 하는 세포, 기관 및 식물체의 생리적 영향 등을 고려하여 설정해야 한다. 경제적인 원인으로 상업적으로 시판되고 있는 설탕을 이용하는 경우가 많다.

5. 비타민

MS기본배지에는 myo-inositol, nicotinic acid, pyridoxine HCl 및 thiamine HCl 등이 첨가되어 있다. 비타민 중에서도 가장 중요한 비타민은 thiamine이며, 다른 비타민들 또한 경우에 따라 세포의 생장을 촉진시킨다. Myo-inositol의 농도는 리터당 100mg으로 비교적 높은 농도로 첨가된다.

6. 생장조절제

생장조절제는 줄기와 뿌리의 분화 및 세포의 생장에 관여하는 필수적인 요소이다. 따라서 대부분의 식물 조직배양에 있어서 생장조절제의 종류, 농도 및 조합처리는 성공적인 배양을 위해서 가장 중요한 요건이다. 오옥신으로서는 2,4-D(2,4-dichlorophenoxyacetic acid), NAA (naphthalene acetic acid), IBA(indolebutric acid) 및 IAA(indoleacetic acid)등이 흔히 사용된다. 오옥신의 농도는 대략 0.1~50M농도를 사용한다. 사이토키닌의 경우는 kinetin(6-furfuryl-amino purin) 또는 BA(benzyladenine) 널리 사용한다. 한편 zeatin {6-(4-hydroxy-3-methyl-trans-2-butenylamino) purine} 및 2-ip(isopentenyl adenine) 및 TDZ(thidiazuron)등도 자주 사용하기도 한다. 오옥신과 사이토키닌을 각각 단독 처리하거나 오옥신과 조합하여 처리하며 적절한 농도는 약 0.1~10μM 정도이다. 일반적으로 식물 생장조절제의 종류 및 농도는 식물 종마다 상당히 다른 경향을 보이기 때문에 최적의 배양을 위해서는 식물생장조절제의 종류, 조합, 농도 등에 관한 특별한 관심을 가지고 실험조건을 찾아내야 한다. 오옥신과 사이토키닌 외에도 엽산(abscisic acid) 및 지베렐린(gibberelic acid), 에틸렌(ethylene) 등을 사용하는 경우가 있다.

7. 유기물의 첨가

경우에 따라서 배지에 유기물을 첨가하여 좋은 결과를 내는 경우가 있다. 유기물로 casamino acid, peptone, yeast extract, malt extract 및 coconut milk 등이 있지만 널리 사용되지 않는데 일부 식물 종에 따라서는 특별한 효과를 보이는 경우가 있다. 이 중 현재에도 가장 빈번히 사용되는 것은 coconut milk를 들 수 있으며, 이 유기물은 생장조절제의 영향을 지니고 있다고 알려져 있다.

I. 무기 영양소

A. 다량원소(N, K, P, Ca, Mg 및 S)

질소 (N): 질소는 식물생장에 있어서 가장 필수적인 요소이다. 대부분의 무기 질소는 식물에 흡수되어 아미노산으로 전환된 다음 단백질로 바뀐다. 배지에 첨가하는 질소화합물은 환원형인 암모늄(NH^{4+})과 산화형인 나이트레이트(NO^{3-})를 무기염의 상태로 첨가한다. 대부분 배지에는 약 25~60mM 농도로 첨가한다. 배지를 고려할 경우 질소원의 총량 또한 중요하지만 NO^{3-}와 NH^{4+} 의 상대적 비율 또한 중요하다. 일반적으로 NH^{3-}의 농도는 NO^{3-} 보다 적게 첨가한다. 나이트레이트는 보통 20~25mM, 암모늄염은 2~20mM 정도로 첨가한다. 완충되지 않은 배지에서는 두 가지 형태의 질소원을 함께 첨가하는 것이 배지의 pH를 유지하는데 도움이 된다. 암모늄만을 첨가하는 경우 조금 높은 농도에서도 독성을 나타내고 암모늄이 흡수되면서 배지를 산성화시킨다. 따라서 대부분의 식물조직배양에서 두 가지 질소원을 혼합 첨가하는 경우 가장 효과적인 결과를 얻는 경우가 많다. 한편 질소원 대용으로 유기물 형태인 proline, glutamine 및 casein hydrolysate 등의 유기물을 첨가하기도 한다. 유기물 형태의 질소원은 이미 환원상태로 되어 있으며, 식물체 내에서도 대부분이 이러한 형태로 존재하기 때문에 무기물보다 쉽게 흡수된다.

칼륨(K): 칼륨은 식물에서 주된 양이온의 형태로 존재하고 음이온과 균형을 이루는 역할을 한다. 칼륨이온은 세포막을 통과하면서 pH는 물론 세포의 삼투 환경을 조절해 준다. 배지에 칼륨이 부족하면 인산의 흡수율이 감소된다. 식물 종에 따라서 비록 요구되는 칼륨의 양은 다양하지만 배지에 첨가하는 칼륨의 양은 대략 20~30mM 정도이다.

인(P): 인산염은 에너지의 변환, 핵산의 구성성분이기도 하며 여러 성분의 구성성분이 되기도 한다. 식물체로 $PO4^{3-}$형태로 흡수되며 배지에 인산이 결핍되면 세포분열이 정지 된다. 배지에 첨가하는 형태는 phosphate (PO^{4-}) 또는 potassium hydrogen phosphates로 첨가하며 그 농도는 1~3mM 정도이다.

칼슘(Ca): 칼슘은 양이온으로 식물체내에서 음이온의 균형을 유지하게 한다. 또한 많은 효소의 보조인자로 작용하며 세포벽 합성에도 중요한 역할을 하는 등 다양한 생리적 기능을 수행한다. 대부분 calcium chloride 또는 calcium nitrate로 첨가하며 농도는 1~3mM이며 식물에서 칼슘 부족은 뿌리 발육이 약하고 정단조직의 괴사를 유발시킨다. 배양체가 급속히 신장할 경우 배양 후반에 칼슘 부족에 의해 경단에 황화가 일어나는 경우가 많다.

마그네슘(Mg): 마그네슘은 엽록소에서 클로로필 분자의 성분이기도 하며, 많은 효소의 기능에 결정적인 역할을 한다. 특히 인산전이에 관여하는 효소들이 이 원소를 필요로 한다. 마그네슘도 칼륨과 같이 양이온의 균형을 이루게 하고 음이온을 중화시킨다. 주로 magnesium sulfate로 첨가하며 농도는 칼슘의 양과 비슷하다.

황(S): 황은 몇몇 아미노산(시스테인, 메치오닌 등)의 구성성분이 되며 단백질의 3차원 구조를 이루는 데 중요한 역할을 수행한다. 대부분 양이온으로서 마그네슘과 함께 SO^{4-} 이온형태로 첨가하며 첨가하는 농도는 약 1~3mM 이다.

B. 미량영양소

미량영양소는 소량으로 요구되지만 생리작용에 큰 영향을 미치기 때문에 첨가해 준다. 식물조직배양시 첨가되는 미량영양소는 철(Fe), 망간(Mn), 아연(Zn), 붕소 (B), 구리(Cu), 몰리브덴(Mo), 코발트(Co) 및 요오드(I) 등 이다.

철(Fe): 철은 엽록소 합성에 필요하며 많은 미토콘드리아 및 엽록체에서 일어나는 산화환원 작용의 기능을 지닌다. 배지에는 약 1μM을 첨가한다. 배지에 철분을 첨가하는 경우 문제점이 있을 수 있는데 그 이유는 알칼리상태에서는 불용성으로 변하는 경우가 많다. 특별히 액체 배양의 경우 배지 아래에 침전물이 생성됨은 확인할 수 있다. 따라서 철분과 결합하는 착화합물 보조제를 첨가하는데 이러한 경우 철분을 보다 안정하게 유지 하고 다양한 pH하에서 식물에 흡수할 수 있게 한다. 대부분 Na_2-EDTA 가 사용되며 한편으로 Fe-EDTA, NaFe-EDTA, Na_4Fe-EDTA 다양한 형태로 사용하기도 한다.

망간 (Mn): 망간은 중요한 미량원소 중 하나로 호흡과 광합성에 관여하며 금속결합 단백질 합성 등에 사용된다. 효소의 활성을 위해 필요하며 호흡 및 광합성과정에 관여한다. 주로 manganese sulfate로 첨가하며 그 농도는 5~30μM 정도이다.

아연(Zn): 아연은 효소의 활성을 위해 필요하며 망간과 비슷한 농도로 배지에 첨가한다. Zinc sulfate 염이 가장 흔하게 사용된다. 아연이 결핍되면 효소의 활성이 감소하여 단백질, 핵산 및 엽록소의 합성이 약해지며 이러한 환경의 식물체는 절간이 짧고 잎이 작게 된다.

붕소(B): 붕소는 리그닌 생합성에 중요한 요소가 되고 페놀산 합성과정에도 관여한다. 주로 토양에서는 붕산(boric acid)으로 존재하며 약 25~100μM 첨가한다. 붕소의 결핍은 정단분열조직의 괴사를 유발시킨다. 붕소가 결핍되면 사이토키닌의 합성이 떨어지며, 세포분열 또한 억제되는데 이는 RNA 합성의 감소로 알려져 있다.

구리(Cu): 구리는 식물체 내에서 1, 또는 2가 이온으로 존재한다. 이 원소는 효소에 결합하여서 산소와 반응을 한다. 따라서 cytochrome oxidase를 비롯한 많은 효소 활성에 중요한 역할을 한다. 또한 페놀화합물의 산화와 수산화반응에 구리가 함유된 효소가 관여한다. 구리는 중금속의 일종으로 독성을 지니고 있어서 배지에는 낮은 농도인 0.1 μM 정도로 첨가하며 주로 cupric sulfate 등으로 첨가한다.

몰리브덴(Mo): 몰리브덴은 나이트레이트가 암모늄으로 변화하는 데 관여한다. 즉, 나이트레이트가 있는 배지에서 몰리브덴이 결핍되면 나이트레이트가 암모니아로 환원되지 않아서 질산의 독성이 나타난다. 주로 sodium molybdate ($MoO4^{2-}$)로 첨가하며 농도는 1μM 정도를 첨가한다.

코발트(Co): 코발트는 비타민 B_{12}의 금속 성분이지만 식물 생리학자들은 필수 원소로 생각하지 않는 경우가 있다. 그러나 배지의 조성에 널리 첨가된다. 고농도 하에서는 독성을 지니고 있어서 구리와 같이 낮은 농도로 첨가한다. 코발트 이온은 금속의 착염 독성으로부터 조직을 보호하고 구리와 철분이온이 촉매하여 일어나는 산화반응을 억제하는 효과가 있으며 에틸렌의 합성에도 관여한다.

요오드(I): 요오드는 필수원소로 간주되지 않는다. 그러나 식물조직배양 배지에 약 5μM 정도 첨가한다. 요오드는 뿌리 및 callus의 생장을 돕는다.

다른 요소들: 그밖에 니켈(Ni), 알루미늄(Al) 및 실리콘(Si) 등이 소수의 배지 조성에 사용되기도 한다. 그렇지만 이들 요소가 기내 배양에서 대부분의 식물종에 필요하다는 것은 밝혀지지 않았다.

II. 유기물 성분

식물조직배양에 다양한 형태의 유기물이 첨가된다. 설탕의 경우는 배양세포의 분열 및 생장을 위해 절대적으로 필요하다. 그렇지만 비타민 및 그 밖의 유기물은 식물세포의 생장을 도와주기는 하지만 절대적으로 필요한 필수 요소는 아니다.

A. 당

기내배양 내의 대부분의 식물세포 및 조직은 낮은 조도 및 CO_2 농도 등의 원인에 의해 낮은 광독립영양 하에 있기 때문에 별도의 에너지원으로서 배지에 당을 첨가해 준다. 따라서 설탕은 가장 널리 첨가되는 당 형태이며, 설탕 대신에 글루코오스, 과당, 및 솔비톨 등도 첨가하기도 하며 설탕과 같이 첨가하기도 한다. 설탕(sucrose)은 식물체내에서 가장 흔한 운반형태이며 대사과정에서 글루코오스 및 과당으로 분해된다. 설탕의 일부는 고압멸균 과정에서 가수분해되기도 한다. 설탕의 농도는 주로 20~40g/*l*로 첨가한다. 한편 설탕의 첨가는 배지에 삼투제로서 역할을 수행하게 한다. 삼투전위(osmotic potential)는 세포배양 반응에서 중요한 역할을 하고 있다. 배지에 첨가하는 염 또한 배지의 삼투전위에 관여하며 이들은 약 20~50% 정도의 역할을 수행하고 나머지는 설탕이 관여한다. 설탕이 고압멸균시 가수분해되면 설탕의 삼투전위 역할이 증대된다.

B. 비타민

식물은 비타민을 스스로 합성하지만 기내배양 조직은 합성능력이 저조하므로 배지에 첨가해준다. 가장 흔히 사용되는 비타민은 비타민 B_1으로서 티아민(thiamine)을 들 수 있는데 이는 탄소 대사과정과 아미노산의 생합성에 필요하며 대부분의 식물배양배지에 필수적으로 첨가된다. 이 밖에 니코틴산(nicotinic acid= niacin), 피리독신(pyridoxine= vitamin B_6) 등이 MS 배지를 비롯하여 여러 배지에 첨가된다. 한편 바이오틴(biotin), 엽산(folic acid), 아스코르브산(ascorbic acid= vitamin C), 비타민 E(tocopherol) 등도 일부 배지조성에서 사용되며 일반적으로 낮은 농도로 첨가한다.

C. 미오이노시톨

미오이노시톨(myo-inositol)은 의학적으로는 비타민 B 복합체에 분류되기도 하고 탄수화물의 보조제로 취급되기도 한다. 당 알코올(sugar alcohol)의 형태로 배지에 첨가된다. 온전한 식물체는 이것을 합성하기 때문에 별도로 첨가해 주어야 하는 필수적인 첨가 요소는 아니다. 그렇지만 기관분화가 되지 않은 callus 및 세포배양시 증식 및 생장 반응을 현저히 향상시킨다는 결과가 있다.

D. 복합 유기물

코코넛 밀크, 호모 추출물, 과일 주스 등이 배지에 첨가되기도 하는데 이들 대부분은 아미노산, 비타민, 생장 호르몬 및 이차대사산물이 혼합되어 있는 상태이다. 이러한 종류의 복합 유기물질의 첨가는 역사적으로 식물조직배양 초기단계에 흔히 사용되었다. 현재는 많이 사용되지 않지만 protein hydrolysates와 coconut milk (5~20%)의 경우는 지금도 간혹 사용된다. 그렇지만 이들 혼합물 사용의 약점은 세포배양에 어떤 성분이 중요한 역할을 하는지 확인되지 않았다.

III. 활성탄

활성탄은 나무를 고온에서 탄화시켜 분말화시킨 탄화물이다. 이것은 산화된 페놀과 같은 독성 물질을 흡수하기 위해 종종 사용된다. 또한 뿌리 부분의 광을 차단하여 토양과 같은 환경을 제공하여 뿌리 유도를 위한 배지에 많이 사용된다. 그렇지만 활성탄은 독성 물질만 흡수하는 것이 아니고 생장조절물질, 배지에 첨가된 성분들도 흡수하기도 하여 생육이 오히려 감소하기도 한다. 활성탄은 배지에 첨가하기 전에 산으로 세척하는 것이 좋으며 첨가 농도는 약 0.5~3.0% 이다.

IV. 고형제

고형제는 식물조직을 배양할 때 액체 배지 내에 식물조직이 잠기지 않도록 하기 위해 배지를 고형화 또는 반고형화하기 위해 첨가한다. 액체 배지에서 배양하기도 하는데 이 경우는 산소의 공급이 원할하도록 배지를 교반시켜 준다.

A. 한천

한천은 가장 널리 사용되는 고형제이다. 해양 홍조류는 agarose와 agaropectin으로 구성된 다당류인 한천을 함유하고 있다. Agarose는 D-galactose와 6-methyl-D-galactose 잔기를 보유한 3,6-anhydro-L-galactose로 구성되어 있다. Agaropectin은 agarose와 같지만 부가적으로 glucuronic acid와 sulfate ester 잔기를 지닌다. 아가로스는 3중의 나사 축을 지닌 이중나선구조를 지니며 이들 이중 구조의 중간에 H_2O 분자를 함유할 수 있다. 이러한 agarose와 agaropectin은 쉽게 물 분자를 함유하여 젤 상태로 된다. 한천의 경우는 100℃에서 녹고 45℃에서 고형화된다. 한천은 배지의 타성분과 작용하지 않고 식물유래 효소에 의해 분해되지 않는 장점을 지닌다. 대부분의 한천은 불순물을 함유하는데 제조사 마다 차이가 있다. 한천은 pH 4.5 이하에서는 고형화가 잘 되지 않으며 활성탄을 첨가하는 경우도 고형화에 방해를 준다. 한천의 농도는 0.5~1%를 사용하며 배지의 pH에 따라서 한천의 농도를 고려해야 한다. 한천의 농도도 식물의 생장 반응에 중요한 역할을 하며 한천의 농도가 너무 낮은 경우는 식물조직이 과수화(hyperhydric)되고 너무 높은 경우는 생장이 둔화된다.

B. 아가로스

배지의 고순도를 필요 하는 경우는 agarose를 사용하는 것이 좋다. 아가로스는 한천으로부터 agaropectin과 이들의 황함유 잔기를 제거한 것이다. 부가적인 정제 과정을 거쳤기 때문에 한천보다 값이 비싸지만 높은 젤 능력을 보유하고 있어서 한천보다 낮은 농도를 사용한다. 용융점이 낮아서 낮은 농도에서 녹을 수 있다. 불순물에 의한 한천의 독성이 문제가 될 수 있는 원형질체 배양에 아가로스가 흔히 사용된다.

C. 젤라이트

젤라이트는 *Pseudomonas elodea*라는 박테리아에서 추출된 다당체이다. 젤라이트를 첨가하여 고형화시킨 경우는 배지의 투명도가 높은 장점이 있다. 젤라이트의 경우는 유기물은 없지만 무기물을 함유하고 있다. 젤라이트의 경우는 배지에 첨가할 경우 한천보다 심하게 저어주어야 한다. 한천과는 달리 일단 굳은 경우 다시 녹여 굳힐 수 없다. 젤라이트의 경우는 이가 양이온인 칼슘과 마그네슘의 농도가 4~8mM 이하의 배지에서는 문제가 없지만 그보다 농도가 낮거나 높은 경우 고형화가 잘 안된다. 한천을 사용하는 경우보다 젤라이트를 사용하는 경우는 농도가 낮은 경우 과수화(hyperhydric) 유발하는 경우가 많다.

D. 파이타젤

파이타젤은 glucuronic acid, rhamnose와 glucose로 구성되어 있고 박테리아로부터 생산된다. 젤라이트와 같이 투명도가 높고 무색이며 높은 경화 능력을 가지고 있다. 파이타젤은 고형제로서는 값이 저렴하며 한천 대용으로 이용되며 리터당 1.5~2.5g을 첨가한다. 배지에 첨가할 경우 서로 응집되는 것을 막기 위해서 빨리 저어주면서 첨가해야 한다. 이 또한 식물의 과수화 원인을 제공한다. 식물마다 적합한 고형제를 사용하기 위해서는 경험이 필요하다. 식물 종에 따라서 고형제 종류마다 세포 증식 및 생장이 달라지기도 한다.

참고문헌

- Gambrog OL, Miller RA, Ojima K (1968) Nutrient requirements of suspension cultures of soybean root cells. Exp Cell Res 50: 151~158
- Knudson L (1946) A new method for the germination of orchid seeds. Am Orchid Soc Bull 15: 214~217
- Linsmaier EM, Skoog F (1965) Organic growth factor requirements of tobacco tissue cultures. Physiol Plant 18: 100~127
- Lloyd GB, McCown BH (1981) Commercially-feasible micropropagation of mountain laurel, *Kalmia latifolia*, by use of shoot-tip culture. Proc Intl Plant Prop Soc 30: 421~437
- Murashige T, Skoog F (1962) A revised medium for rapid growth and bioassays with tobacco tissue. Physiol Plant 15: 473~497
- Nitsch JP, Nitsch C (1969) Haploid plants from pollen grains. Science 163: 85~87
- Schenk RU, Hildebrandt AC (1972) Medium and techniques for induction and growth of monocotyledonous and dicotyledonous plant cell cultures. Can J Bot 50: 199~204
- White PR (1963) The cultivation of animal and plant cells. The Ronald Press, New York, NY, pp 288

02

영양계변이 (Somaclonal Variation)

최용의
강원대학교 산림과학대학 산림자원학부

I. 서론

유전적변이는 어떠한 작물이든 육종사업에 가장 필수적인 요소이다. 그동안 육종가들은 전통적인 방법인 성적인 교잡을 통하여 원하는 유전자를 작물에 도입하여, 다수확, 질병저항, 해충저항 및 가뭄저항 등의 작물을 개발해 왔다. 최근에는 영양계변이 및 재조합 DNA 기술을 이용한 작물의 개발에 많은 노력을 기울이고 있다.

식물조직배양을 통한 변이체의 개발은 영양계변이(somaclonal variation)라고 하며 1970년대 초기 조직배양기술은 식물의 대량증식 및 유전적 안정성을 목적으로 하였기 때문에 바람직하지 않게 취급되었고 변이 식물체는 버리는 경우가 많았다. 최근에 들어서 작물의 유전적변이를 유도하는 데 있어서 영양계변이체의 개발에 대한 관심이 높아지고 있다(Larkin and Scowcroft, 1981). 현재 많은 종의 작물에서 식물체 재분화 기술이 완성되었기 때문에 영양계변이를 통한 작물의 개량은 큰 잠재력을 지닌다고 할 수 있다(Jain *et al.*, 1998). 이미 유전적으로 안정된 변이체개발이 많이 보고되고 있다(Jain *et al.*, 1998). 영양계변이는 자연상태에서는 출현할 가능성이 희박하고, 변이체에 따라서 유전적 변화를 일으켜 자손에 전달되기도 하지만 표현형적인 변화에 그쳐 후대에 전달되지 않는 경우도 있다.

작물의 개량을 위해서는 우선적으로 다양한 유전자원이 필요하다. 그렇지만 많은 작물의 경우 유전자원이 다양하지 못하여 전통적인 육종을 통한 작물의 개량이 어려웠다. 영양계변이체는 식물조직배양, 즉 원형질체, 세포, callus 및 조직을 배양하여 식물체를 재생하였을 때 변이가 나타날 수 있다. 이러한 기내배양을 통하여 얻어진 변이체를 이용하여 육종에 이용하려는 노력이 활발히 이루어지고 있다. 이미 많은 식물에서 이러한 영양계변이체 개발을 통하여 phytotoxin(Gengenbach *et al.*, 1977), 제초제(Chaleff and Ray, 1984), 선충 및 바이러스(Wenzel and Uhrig, 1981), 염(Nabors *et al.*, 1980: Bajaj and Gupta, 1987), 다수확(Ogura *et al.*, 1987), 고단백(Schaeffer and Sharpe, 1987), 고당(Liu and Chen, 1976), 웅성불임(Ling *et al.*, 1987) 등의 각종 새로운 식물체가 개발되었다. 또한 경제적으로 중요한 작물인 밀, 벼, 옥수수, 감자, 배추 등의 작물에서 긍정적인 결과들이 보고되고 있다. 본 장에서는

표 2-1 영양계변이의 장단점

단점	장점
복잡한 농업적 특성이 나타나지 않음	농업적으로 중요한 형질이 변화됨
많은 경우 부정적인 방향으로 형질이 변화됨	높은 비율로 변이가 발생
자연에서는 잘 일어나지 않음	육종에서는 기대할 수 없는 유용한 변이가 발생
기내에서 선발된 변이체가 유전적으로 안정하지 않음	기내선발은 변이체 선발을 용이하게 함
선발체는 상당한 노지 테스트를 거쳐야 함	기내선발 방법은 유망한 형질을 조기에 선발하는 데 도움이 됨
변이체는 DNA 메틸화 및 전이인자 등으로 인해 안정적이지 않을 수 있음	한꺼번에 다수의 세포주를 기내선발할 수 있음

기내배양을 통하여 영양계변이가 만들어지는 원인, 기작, 변이선발, 변이체의 유용성 등을 소개하고자 한다.

II. 변이의 발생조건

1. 식물 종에 따른 변이

많은 식물 종에서 배양기간이 증가될수록 다배체 및 이수체의 형성이 증가된다. 이러한 배수체 및 이수체의 증가는 배양한 종이 원인인 경우가 많다. Shimada(1971)는 세 종의 callus를 가지고 종과 염색체변이에 따른 상관관계를 조사하였는데 담배의 경우 다양한 염색체변이를 보였으나, 나머지 두 종인 *Triticum dicossum*(2n=28), *T. aestivum*(2n=42) 모두 염색체변이가 안정하게 유지됨을 보고하였다. Zosimovich와 Kunakh(1975) 또한 담배, Haplopappus gracilis, Crepiscapillaris 세 종을 가지고 염색체변이를 조사한 결과 담배의 경우는 변이가 심하지만 상대적으로 나머지 두 종은 변이의 빈도가 낮았다. Carrot(Mitra *et al.*, 1960), pea(Torrey, 1967), tree peony(Demoise and Partanen, 1969), lily(Sheridan, 1975)의 경우는 배양세포를 조사한 결과 2배체 또는 4배체가 주로 관찰되었다. 그런데 tobacco(Shimada and Tabata, 1967; Murashige and Nakano, 1967), maize(Straus, 1954), rice(Nishi *et al.*, 1968), sugarcane(Heinz *et al.*, 1969), rye-grass(Norstog *et al.*, 1969), apple(Mu and Liu, 1978), Datura innoxia(Furner *et al.*, 1978), barley(Orton, 1980), celery(Browers and Orton, 1982) 및 cotton(Bajaj and Gill, 1985)의 경우는 다양한 이수체가 관찰되었다.

2. 배양재료

같은 식물에서도 변이의 빈도는 원형질체나 세포에서 가장 심하고 조직이나 기관 등에서는 변이의 빈도는 적어진다. 이와 같이 배양재료의 단위나 크기가 적어질수록 변이의 빈도가 심하다. 변이를 감소시키는 방법으로 ① 절편의 형태와 나이에 기준을 둔다면 분열조직이나 나이가 어린 것이 바람직하다. 담배에서는 순을 배양하는 것이 다른 부위에서 보다 변이가 가장 적게 나타나고 인편에서는 기부의 중심에서 멀어질수록, 즉 나이가 많은 인편일수록 변이의 빈도가 높다. ② 식물체의 부위에 따라 체세포 배수성 등이 다르기 때문에 배양의 변이는 절편의 기원에 따라 차이가 있을 수 있다. 한편 배양 절편의 기원이 탈분화된 것이면 변이가 잘 나타나고 그렇지 않으면 변이가 적거나 없다. 또한 절편에 이미 존재하는 변이가 재생식물체의 변이를 좌우하기도 한다.

3. 배양환경의 영향

고체배지에서 callus로 배양된 것은 액체배지에서 현탁세포나 단일세포로 배양된 것보다 더 높은 변이를 나타낸다. 이러한 원인은 고체배지에서는 세포가 완만하게 성장하기 때문에 세포간에 경쟁이 적어서 변이가 일어난 세포도 제대로 성장할 수 있기 때문으로 추정되고 있다. 2개 이상의 세포가 관여하여 뿌리와 줄기가 형성되는 기관형성(Organogenesis)에 의하여 재생된 식물체에서는 키메라 발생률이 증가한다.

4. 배양기간

일반적으로 배양기간이 길어지면 변이가 증가한다

(Peschke and Phillips, 1992). 즉, 계대가 증가되면 자연히 변이도 증가되어 배양기간이 길어지면 따라서 변이율도 높아진다. 따라서 초기세대에는 변이의 밀도가 낮아서 발견되지 않지만 밀도가 높아지면 쉽게 발견되어짐을 의미한다. 변이가 배양기간에 따라 증가하는 것은 귀리의 두 품종에서 보면, 변이가 배양 4개월 후에 각각 12%와 48%이던 것이 8개월 후에는 48%와 89%로 증가하였다(McCoy *et al.*, 1982). 딸기에서도 callus의 배양기간이 8주에서는 변이체가 발생되지 않았으나 18주 이후부터는 엽형과 엽색에서 변이가 나타나고 이것은 기간이 길어짐에 따라 더욱 증가되었다(Nehra *et al.*, 1992). Blakely와 Steward(1964)는 Haplopappus 두 가지 라인을 2년간 현탁배양하였는데 두 라인 모두 배양기간이 증가될수록 염색체 변이가 증가됨을 보고하였다. 이와 같은 결과가 peony(Demoise and Partanen, 1969), Haplopappus(Bennici *et al.*, 1970) 및 broad bean(Ogura 1982)에서 보고되었다. Swedlund와 Vasil(1985)은 pearl millet 체세포배형성 callus를 배양할 경우 4배체 및 이수체의 출현이 6개월 이후부터 늘어난다는 보고를 하였다. 반대로 Singh *et al.*,(1972)은 Vicia hajastana 세포 현탁 배양에서 2n핵을 지닌 세포가 배양기간이 증가될 수록 증가됨을 보고하였다.

한편 callus 배양에서 계대배양 없이 한 배지에 오랫동안 배양하는 것보다 계대배양의 간격이 짧을수록 변이의 빈도가 적다. 한 배지에서 오랫동안 배양하면 배수체와 이수체의 비율도 증가하게 된다.

5. 생장조절제

배지성분 중에서 변이를 유발시키는 요소는 식물생장조절제이다. 식물생장조절제 중 2,4-D는 세포분열을 왕성하게 조장하기 때문에 변이의 빈도가 높으며 BA도 cytokinins 중에 변이의 빈도가 높은 편이다. 감자의 세포와 원형질체 배양에서 $CaCl_2$의 양이 너무 많으면 재생된 식물체에 변이율이 증가된다. Matthysse와 Torrey(1967)는 완두콩의 근단분열조직으로부터 callus 유도시 kinetin을 첨가하는 경우 4배체의 발생률이 현저히 증감됨을 보고하였다. Niizeki(1974)는 담배약배양으로부터 얻어진 callus를 계대배양할 경우 생장조절제를 첨가하지 않은 경우는 대부분의 식물체가 2n이었지만 오옥신(IAA) 또는 사이토키닌(kinetin)이 첨가된 배지에서는 다수의 4배체 또는 이수체가 발견되었다. 이러한 이유는 오옥신과 사이토키닌이 세포분열을 촉진시키지만 아울러 염색체의 변이를 유발시킨다고 보고 있다(Bayliss, 1973 : Ogura, 1982). 염색체변이의 이상에서 세 가지 대표적인 타입이 Allium fistulosum의 callus에서 관찰되었다(그림 2-1).

그렇지만 반대로 Doležel과 Novák(1984)은 Tradescantia 식물을 재료로 하여 IAA, 2,4-D, kinetin을 가지고 돌연변이 유도 실험을 하였는데 전혀 염색체의 이상을 보이지 않은 결과도 있어서 생장조절제는 염색체 돌연변이에 직접적인 원인이 되지 않는다고 보고하였기 때문에 보다 자세한 검토가 필요하다.

6. 배양 전 모식물의 염색체변이

배양하기 전 배양재료로 사용하는 식물재료의 핵상태가 callus 유도시기 또는 callus 유도 후 염색체변이에 큰

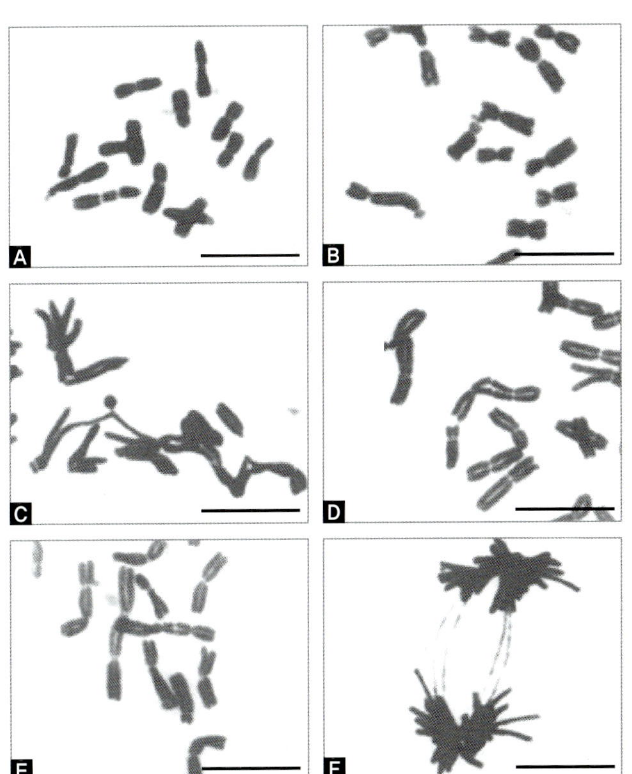

그림 2-1 Allium fistulosum의 배양세포에서 관찰되는 염색체 변이 A~B_ 염색체 수이상. C_ 염색체 융합, D~E_ 염색체 절단. F_ 염색체 다리

영향을 미치는 것으로 나타났다. Murashige and Nakano(1967)는 담배줄기의 심부(pith)의 경우에는 배양하기 전부터 약 70%가 4배체(tetraploid)이고 이배체는 약 9%, 6배체(octoploid)는 16%나 된다고 보고하였다. 이러한 점은 이미 배양하기 전부터 다양한 형태의 염색체변이가 있다는 것이다.

III. 변이의 기작

영양계변이는 세포학적인 비정상, 질적, 양적인 표현형에서 변화가 있으며, 점 돌연변이(point mutation), 염색체 재배열 및 재조합, DNA 메틸화, 유전자 시퀀스변화, 전이성 인자(transposable elements) 및 역전이 인자(retrotransportions)의 활성화, 유전자 활성화(gene activation) 및 유전자 억제(gene silencing) 등이 원인이다. 이러한 변이에는 식물의 유전자형, 배양재료의 종류, 배양배지, 모식물체의 연령, 계대배양 횟수 등이 관여하고 있다(Veilleux and Johnson, 1998; Jain *et al.*, 1997, 1998). 기내에서 이루어지는 조직배양 자체는 자연상태와는 달리 식물체 재생과정 동안 빠른 시간에 여러 번의 세포분화가 계속되기 때문에 쉽게 변이를 일으키는 환경이라고 볼 수 있으며 이러한 원인으로 다양한 표현형의 변화가 뒤따르게 된다(Jain, 2000). 최근 DNA 메틸레이션 패턴이 재분화된 식물체 및 그 후손에서도 많이 다르게 나타나고 있어서 세포 및 조직 배양을 통하여 번식된 식물체는 종자로 번식된 식물체에 비해서 유전적으로 안정적이지 못하다고 볼 수 있다.

식물 표현형의 변이는 크게 유전적인 변이 및 표현형적인 변이의 결과로 구분될 수 있다. 유전적변이는 변화된 형질이 배양세포로부터 재생된 식물체의 후대에 계속 안정적으로 전달되는 변이를 의미한다. 이러한 변이는 체세포 영양계변이(somaclonal variatiation)라는 말을 사용한다. 표현형적변이는 gene silencing 또는 gene activation의 결과라고 해석되고, 이는 염색체의 이상이나 유전자의 변화를 가져오지는 않는다. 이러한 변화는 안정적이지 못하고, 감수분열 후에는 원래 상태로 돌아올 수 있다.

1. 염색체변이

염색체 수준에서 변이는 조직배양시 흔히 관찰된다. 염색체변이는 많은 식물 종 및 그 후대에서도 관찰되었다(Ahloowalia, 1976; Duncan, 1997; Kaeppler *et al.*, 1998; Gupta 1998). 다배체 및 많은 수의 염색체를 가진 식물종에서 변이가 더욱 심하게 일어난다(Creissen and Karp, 1985). 다배체가 발생되는 이유는 핵의 융합 또는 핵내 배수화(endopolyploidization)에 의해 일어난다(Sunderland, 1977; Bayliss, 1980). 이수체의 경우는 비분리(non-disjunction), 비정상적인 방추체, 지체 염색체(lagging chromosome), 염색체 절단 등이 원인이고 이 결과 이동원염색체(dicentric chromosome)와 무동원염색체(acentric chromosome)가 된다(Sunderland, 1977). 염색체 절단의 결과 염색체 소실, 중복, 역위, 전좌 등이 일어나는데 이러한 부위는 주로 염색체 분리가 늦게 일어나는 부위인 헤테로크로마틴마디(heterochromatic knobs)와 중심체(centromere)와의 사이에서 일어나기 쉽다(Benzion and Phillip, 1988). 이러한 현상은 배양환경에 따라서 염색체 다리(chromosome bridge) 또는 절단(breakage)의 결과를 초래한다고 결론지을 수 있다(Johnson *et al.*, 1987). 이러한 염색체 절단은 유전자 발현의 변화를 가져오게 되어 변이를 일으킨다(Psechke and Phillips, 1992). 한편 DNA 메틸화도 염색체 절단을 가져오게 된다. Hang and Bregitzer(1993)는 보리의 재분화체의 분석에서 염색체의 절단 등이 관찰되지만 염색체의 배수성이 가장 흔하게 일어나는 현상이라 하였다. 그런데 oat와 maize에서는 염색체 절단이 배수성보다 빈번히 관찰되었다(Benzion *et al.*, 1988; Kaeppler *et al.*, 1998).

2. 배양세포에서의 변이

배양세포의 염색체 수의 변화에 관한 결과가 많다. 염색체변이는 크게 두 가지로 구분될 수 있다. 하나는 다배체의 출현인데, 당근, 담배, 알팔파, Haplopappus, Vicia, Haworthia, 백합 등에서 보고되었다. 다른 하나는 이수체(aneuploid)의 출현인데 옥수수, 담배, 호밀, 양파, 목화 등이 있다(Ogura, 1990). 후자의 경우는 최근 들어서 더욱 보고가 빈번하다.

염색체 구조적 이상은 배양세포에서는 흔히 관찰되는

현상이다. Gould(1982)는Brachycome dichromosomatica(2n=4)를 가지고 Giemsa 밴드 기술을 이용하여 염색체를 분석하여 본 결과 세포가 단일 모 식물체로부터 유래되었을지라도 염색체 핵형변화가 크게 일어남을 관찰하였다. 따라서 이러한 다양한 핵형변화를 염색체 수만으로는 염색체의 안정성을 논하는 것은 위험하다고 하였다. Ogihara(1982)는 Haworthia setata callus에서 가장 흔하게 관찰되는 타입은 7L+1M+6S(2n=14)이지만 모식물체의 경우는 8L+6S였다. Murata and Orton(1982)는 celery 세포배양에서 염색체의 융합이 관찰되었는데 이러한 융합이 염색체이상의 주된 원인이 된다고 하였다. Doležel과 Novák(1986)는 garlic세포의 배양에서 자매 염색분체(sister chromatid)의 교환이 일어나는데 이러한 빈도가 근단분열조직에서 일어나는 빈도보다 높다고 보고하였고 이러한 자매 염색분체의 교환은 염색체의 구조적 이상과 상관관계가 있음을 제시하였다. Swedlund와 Vasil(1985)은 배양한 지 6개월 되는 *Pennisetum americanum*의 배형성 세포를 가지고 핵형분석을 하였는데 모식물에 비해 특별한 변화를 관찰하지 못하였다.

3. 재분화체의 변이

재분화된 식물체의 염색체 조성은 종에 따라, 모 배양재료의 종류, callus로부터 재분화되는 동안 배양 환경 등에 따라서 상당히 달라진다. 재분화체의 염색체 이상은 크게, 2배체, 다배체 및 이수체, 혼합배체(mixoploid) 등으로 구별된다. 식물체 재생의 단계는 크게 두 가지로 구분되는데 하나는 기관분화를 통하고 다른 하나는 체세포배를 통한다. 기관분화의 경우는 유전적 및 염색체변이가 심하지만 체세포배발생을 통하는 경우는 변이가 적은 것으로 보인다. 일반적으로 분열조직 및 줄기 정단의 배양을 통하여 얻어진 식물체의 경우는 변이가 없다고 알려져 있다.

당근, 벼, 밀 등의 종에서는 서로 다른 배수체 및 이수체가 혼합되어 관찰되지만, 식물체로 재생된 개체는 대부분 진정한 정배수체(euploid)가 대부분이었다 (D'Amato, 1985). 최근 체세포배발생을 통하여 재생된 식물체의 경우도 정배수체의 발생이 대부분인 결과가 많다. Vasil(1983)은 체세포배발생에 의해 재생된 대부분의 식물체는 정배수체였으며 표현형의 차이도 없다고 보고했다. 이러한 정배수성 식물체의 재생은 rice, proso millet, sorghum, corn, wheat, pearl millet, napiergrass 등이다(Ogura 1990). 그러나 Karp와 Maddock(1984)은 4개의 wheat 재배종(2n=42)을 가지고 체세포배발생을 거쳐 재생된 식물체를 분석한 결과, 총 192개체 중 29%가 이수체였으며, 염색체의 수가 38~45개로 나타났다. Ogura 등(1987)은 4개의 rice 재배종의 원형질체 배양으로부터 재생된 126개 식물체를 분석한 결과 총 재생식물의 9.5%가 염색체 이상이 관찰되었다. Vasil(1985)은 재생된 식물체의 변이는 체세포배발생 과정에 유도되는 것이 아니고 배양 전부터 모식물에서 염색체 조성이 다른 원인으로 해석하였기 때문에 이에 대한 정확한 규명이 필요하다.

재생된 식물체의 이수체의 출현은 잘 알려져 있다. 이수체의 경우는 solanaceous 종에 더욱 자주 관찰된다. Murashige and Nakano(1967)는 담배 하나의 세포에서 유래한 45개의 callus에서 재생된 32개의 줄기를 분석한 결과 오직 1개체만 2배체이고 나머지는 4배체 또는 이수체였으며, 생장세력이 약했다. Nishiyama와 Taira(1966)는 *Nicotiana alata*(2n=18)의 수(pith) 유래 callus로부터 재생된 3개의 식물체 중 하나는 상염색체(trisomaic, 2n+1)였다. McCoy 등(1982)은 가장 흔한 세포학적 변화는 염색체의 절단에 의한다고 하였으며, 이 결과 염색체의 일부분이 떨어져 나간다고 하였다. Johnson 등(1984)은 2라인의 원형질체 유래 식물체에서 오직 30%와 45%만이 모식물체와 같은 2n=32였다고 하였다. Wheeler 등(1985)은 재분화된 식물체의 염색체변이는 배양재료 및 배지조성에 따른다고 생각하였다.

약배양 및 화분배양의 경우는 몇몇 작물에서 중요한 육종 수단이 되며 그 이유로 변이체의 선발이 반수체의 경우는 쉽기 때문이다. 따라서 약배양 및 화분배양에서 이루어지는 변이체는 보다 쉽게 육종에 이용될 수 있다. 약배양 및 화분배양시 재분화된 식물체에서도 배수체 및 이수체가 얻어진다. 이러한 예는 barely, corn, rice, wheat, rye, Solanum nigrum 등이 있다(Ogura, 1990). Chu 등(1985)은 1,715개체의 벼 약배양 유래 식물체에서 10.2%에서 이수체가 발견됨을 보고하였다. 이들 이수체 중에서 삼염색체 식물(trisomics)은 5.4~6.7%였고 사염색체 식물은(tetrasomaics) 1.1~1.7%, 단염색체 식물(mosomics)은 0.9~1.3%, 영염색체 식물(nullisomaics)은 0.5~1%였고, 이 중 삼염색체 식물(double trisomics)은 0.5~0.7%였음을 보고하였다. Hu(1983)는 밀 화분배양 유래 식물체의

90%는 정상이고 나머지 10%는 비정상이였다고 보고하였다. 약이나 화분배양의 경우는 체세포유래의 염색체변이 식물과는 달리 높은 염색체변이의 안정성이 있다고 보고되었다(D'Amato, 1985).

4. 염색체 수의 키메리즘

재분화된 식물체의 염색체 수가 서로 다른 키메리즘 또는 혼합배수성(mixoploid)이 존재하기도 한다. 단자엽 식물인 sugar cane, barley, durum wheat, lily 등에서 보고되었으며, 쌍자엽식물의 경우는 tobacco, marrow stem kale, Lycopersicon peruvianum, Datura innoxia, Haworthia 등에서 보고되었다(Ogura, 1990). Ogura (1976)는 담배의 callus 유래 식물체에서 많은 키메리즘을 발견하였는데 이 키메리즘이 첫째 및 둘째 자손까지는 전달됨을 보고하였다. Lupi 등(1981)은 염색체 키메리즘은 어린 단계의 식물체가 생장할 때는 유지되다가 성장이 지속되면서 감소된다고 보고하였다. 이러한 것은 2배체의 선택적 장점, 즉 세포분열이 계속되면서 2n 핵을 가진 세포가 활발히 분열되어 분포가 많아진다는 것이라고 할 수 있다.

염색체의 키메리즘은 아래와 같은 네 가지 유형의 원인에서 기인된다고 보는데, 1) 단세포에서 기원, 2) 다세포에서 기원, 3)기관이 재생된 후 기원, 4) 모 식물 배양재료의 복잡한 유전적 성질에서 기인될 수 있다.

5. 전이인자(transposable elements)

전이인자의 활성화는 배양세포의 또 다른 변이를 유도하는 원인이 된다. 이러한 전이인자는 조직배양에서 활성화되고 영양계변이를 일으킨다. 이러한 최초의 연구는 Ahloowalia and Sherington(1985)에 의해 보고되었다. 그렇지만 오직 드문 경우에 변이가 관찰되었다. Groose와 Bingham(1986)은 전이인자에 기인한 돌연변이에 의해 화색이 변화된 돌연변이체의 형성을 보고하였다. Kaeppler 등(1998)은 전이인자는 영양계변이의 적은 부분을 담당한다고 제시하였다.

6. 분자적변이(molecular variation)

재분화 식물체 및 후대에서 발현되는 표현형의 변화는 1개의 유전자가 변이가 되어 멘델의 유전법칙에 의해 자손에 전달되고 대부분의 경우는 열성인자가 된다(Phillips *et al.*, 1994). 옥수수의 경우 이러한 단일 유전자의 돌연변이는 엽록소 결핍, 왜소, 종자 특성, 화기구조, 괴사된 잎 등으로 관찰된다(Phillips *et al.*, 1994). 분자적변이는 DNA와 단백질 수준에서 변이라고 볼 수 있고, 이는 제한효소의 분석을 통해 많이 연구되었다. 대부분의 경우 제한효소 패턴을 보면 단편의 소실 및 추가가 일어나기 보다는 변형된 단편 크기로 관찰된다(Kaeppler *et al.*, 1998). 이러한 변이는 RFLP로 확인될 수 있다(Kaeppler and Phillips, 1993). 단백질 수준에서 가장 빈번한 변이는 저장단백질 및 효소이다. 이러한 변이는 세 가지로 구분될 수 있는데, 1) 변화된 전기영동 이동성(Karp *et al.*, 1987), 2) 단백질 밴드의 소실 또는 새로운 밴드의 출현, 3) 특별한 단백질의 발현 수준이 변화된다(Sabir *et al.*, 1992).

7. DNA 메틸화

DNA 메틸화는 많은 식물 및 동물에서 변화된 유전자 발현과 관계되어 있다(Kaeppler *et al.*, 1998). 유전자 발현에 있어서 DNA 메틸화의 직접적인 역할은 아직 이견이 많다. 메틸화는 동시에 다수의 유전자에게 영향을 줄 수 있기 때문에 양적인 형질변화를 가져올 수 있다(Phillips *et al.*, 1990). 기내에서 메틸화의 증대는 유전자 발현과 조절을 향상시키기도 하고 발현을 억제하기도 한다(Duncan, 1997). Lambe 등(1997)은 오랜 기간 동안 배양된 세포의 전형성능(totipotency)의 소실 및 감소는 DNA 메틸화의 가능성이 높다고 보고하였다. 그렇지만 이러한 메틸화에 의한 변이는 표현형적인 변이라고 볼 수 있다.

IV. 영양계변이의 선발

영양계변이는 표현형적 변화가 확실하고 아울러 세포학적 변화가 뚜렷한 경우 분명한 변이체라고 할 수 있다. 그렇지만 보다 실용적인 가치를 높이기 위해서는 유용한 형질을 지닌 개체를 선발하는 기술이 필요하다(Duncan, 1997). 일반적으로 노지에서 선발을 하는 경우는 정밀한 선발 기술이 부족하기 때문에 다년간 여러 번의 세대를 거쳐서 목적을 달성할 수 있다. 반면에 기내의 선발 기술은 특별한 환경을 조성할 수 있어서 목적하고자 하는 선발을 단기간 내에 이룰 수 있는 장점이 있다.

염저항변이 선발체는 쉽게 만들어질 수 있는데 이 경우는 일시적인 적응 결과인 경우가 많다. 즉, 세포에 도입된 여분의 염을 액포에 저장하여 일시적으로 강한 삼투압 환경하에서 생존할 수 있다. 이러한 적응기작은 세포분열 및 신장의 감소를 일으킨다(Bressan *et al.*, 1985). 그렇지만 일부 식물은 염에 완전히 적응하게 되어 염생식물(halophytos)과 같이 변하여 오히려 염이 없이는 자랄 수 없기도 한다(Remotti, 1998). 염저항 개체 선발을 하기 위해 강한 염을 처리하게 되는데 이 경우 강한 염은 돌연변이 유발효과를 가져와 유전적으로 안정된 염저항 개체가 만들어지게 된다. Sabry 등(1995)은 염처리된 식물체에 glycinebatane 및 sucrose의 축적이 증가되었다. Glycinebatane은 항삼투제로 알려져 있으며 강한 염 및 가뭄에 저항할 수 있는 식물체에서 축적된다.

그러나 조직배양에서 체세포영양계의 이용을 효과적으로 하기 위해서는 변이체는 충분한 유전적변이가 발현되어야 하고 또한 이들을 선발할 수 있는 방법이 있어야 한다. 배양과정에서 자발적으로나 유도에 의해서 일어난 변이를 선발하는 방법에는 두 가지가 있다. 1) 재생된 식물체를 기외의 토양에 옮긴 후 이곳에 자연적으로든지 인위적인 처리를 가하여 식물체에 나타나는 반응에 의하여 선발하는 기외선발(ex vitro selection)이 있다. 2) 기내에 피해(제초제, 세균독소, 오염물질, 고온, 저온, 내염성 등) 요소를 첨가하여 저항성 개체만 재생시키는 기내선발(in vitro selection)이 있다. 기내배양을 통한 유망 영양계 변이체가 발굴된 예는 표 2-2에 요약하였다.

Normal flower A / R1-48 B / R1-84 C / R1-85 D

그림 2-2 Phalaenopsis 영양계 변이에 의한 회색 및 화기 형태 변화

A_정상, B_꽃잎의 변형, C~D_화색의 변형

V. 영양계변이의 선발을 위한 생화학적 및 분자적 마커

식물 게놈의 특성을 조사할 수 있는 다양한 분자적 분석 방법이 개발되었다 (Henry, 1998). 이러한 대부분의 방법은 영양계변이의 분석에 사용될 수 있다. 동위효소는 영양계변이 식물체를 분석하는 데 흔히 사용된다(Martelli *et al.*, 1993). 동위효소 밴드의 다형성(polymorphism)으로 변이체를 구분할 수 있다. Shenoy와 Vasil(1992)은 napier grass의 체세포배 유래 식물체의 동위효소를 조사한 결과 모두 동일하여 체세포배를 통한 식물체 번식은 유전적으로 안정하다고 제시하였다. Sabir 등(1992)은 영양계변이체와 동위효소의 변이와의 상관관계를 조사하였는데 동위효소로만으로는 모든 변이체를 확인할 수 없었다.

Xiong 등(1999)은 DNA 메틸화를 조사하기 위해 MSAP (methylation sensitive amplified polymorphism)를 사용하였는데, 이 경우는 cytosin 메틸화를 조사하는 데 유용하였다. 그렇지만 RFLP와 RAPD 방법도 영양계변이를 분석하는 데 널리 사용된다(Piccinoi *et al.*, 1997; Henry, 1998). Veilleux 등(1995)은 RAPD와 SSR 기술을 사용하여 약배양 유래의 감자 식물체를 분석하였다. Wolff 등(1995)은 RAPD, SSR 및 RFLP 마커를 이용하여 국화의 영양계변이의 후대검정에 이용하였다. 그런데 RAPD는 영양계변이의 분석에 정확한 기법이 되지 못하기 때문에 염색체의 수 및 형태적인 분석기술과 병행하여야 할 필요가 있

표 2-2 기내 배양을 통한 유망 형질이 선발된 예

식물	농업적 형질	참고문헌
Arabidopsis thaliana	Valine 저항	Gaj *et al.*, 1999
Sugarcane	Ametryn 저항	Zambrano *et al.*, 1999
제초제 저항		
Wheat	atrazine, defenzoquat, picloram	Bozorgipour and Snape, 1997
Tobacco	atrazine, amitrole, paraquat, chlorsulfuron	Jain *et al.*, 1998
Brassica	atrazine, phenmedipham	Jain *et al.*, 1998
Maize, barley	glyphosate	Racchi *et al.*, 1995; Escorial *et al.*, 1996
Sugarbeet	chlorsulfuron	Saunders *et al.*, 1992
질병저항		
Tomato	Clavibacter michiganese	Sotirova *et al.*, 1999; Remotti, 1998; Remotti *et al.*, 1997
Gladiolus x grandiflorus	Fusarium lycopersici, Phytophthera infestans, Fusaric acid	Jain *et al.*, 1998
Tobacco	Alternaria alternata, Fusarium solani,	Jain *et al.*, 1998
Potato	F. oxysporum, Phytophthora infestans, Alternaria solani, potato leafroll lcteovirus	Jain *et al.*, 1998; Cristinzio and Testa, 1999
Strawberry	Phytophthora cactorum, Rhizoctonia fragarie, Botrytis cinera	Kawchuk *et al.*, 1997; Battistini and Rosati, 1991; Jain 1997; Orlando *et al.*, 1997
Barley	Fusarium spp.	Remotti, 1998
Apple	Phytophthora cactorum	Rosati *et al.*, 1990
Triticale	Fusarium head blight	Goral and Arseniuk, 1997
Wheat	Septoria nodorum	
Sugarcane	eyespot diesease	Ramos Leal *et al.*, 1996
Peach	Xanthomonas compestris pv., pruni and Pseudomonas syringae	Jain *et al.*, 1998; Hammerschlag, 2000
Mango	Colletotrichum gloesporiodes	Jayasanker *et al.*, 1999
Banana	Fusarium oxysporum	Matsumoto *et al.*, 1999
Banana	Fusaric acid	Matsumoto *et al.*, 1995
Abiotic stress		
Rice, maize, wheat	aluminium tolerance	Jan *et al.*, 1997; Sibov *et al.*, 1999;
Cynodon dactylon	aluminium tolerance	Ramgareeb *et al.*, 1999
Alfalfa	Salt tolerance	Winicov, 1991
Rice, wheat	Salt tolerance	Winicov, 1996; Barakat and Abdel-Latif 1996
Potato	Salt tolerance	Ochatt *et al.*, 1999
Brassica, Marsh grass	Salt tolerance	Kirti *et al.*, 1991; Jain *et al.*, 1990; Seliskar and Gallagher, 2000
Tobacco, tomato	Salt tolerance	Remotti, 1998; Boscherini *et al.*, 1999
Banna		Mandal *et al.*, 1999
Proso millet, rice	drought tolerance	Adkins *et al.*, 1995
Wheat	forst toleracne	Dorffling *et al.*, 1993
Maize, rice, red	clod tolerance	Nelke *et al.*, 1999; Bertin *et al.*, 1997;
clover		Levall and Bornman, 1993
Setaria italica	znic tolerance	Samantaray *et al.*, 1999
Brassica	znic and manganese	Rout *et al.*, 1999

참고자료: Jain (2001)

다(Fourre *et al.*, 1997; Heinze and Schmidt, 1995). Engelborghs 등(1999)은 AFLP를 통하여 영양계변이를 분석하였는데, 이 분석법은 유전자의 변이를 조사하는 데 있어서 상당히 신뢰성이 있다고 보인다.

VI. 변이의 이용

조직배양에서 유기된 식물체의 변이가 있음을 알았지만 과거에는 이를 부정적으로 여겼으나, 영양계변이를 이용한 새로운 변이체 작물의 개발이 가능함을 인식하면서 영양계변이의 발생이 유용한 변이체 유도에 중요한 기술로 여겨지게 되었다. 식물 육종에 일반적으로 사용하고 있는 교잡육종법은 오늘날 육종재료의 부족뿐만 아니라 형질을 창조하는 데 한계가 있으므로 돌연변이 육종은 큰 의미를 갖는다(그림 2-2).

영양계변이는 부정적인 면도 있으며 아울러 긍정적인 면도 가지고 있다. 이러한 변이는 자연에서는 잘 나타나지 않고 경우에 따라서 후대에 전달되기도 하고 단지 표현형적으로만 표현될 뿐 후대에 전달되지 않기도 한다. 특히 DNA 메틸화는 유전적으로 불안정하여 편표현형적인 변화만 초래한다(Jain *et al.*, 1998). 보통 유전자 돌연변이가 흔하게 나타나기 때문에 돌연변이 과정의 한 가지라고 볼 수 있다. 영양계변이는 작물의 유전적변이를 다양화하기 때문에 식물체의 크기, 수확량, 화기의 수, 조기 개화, 낟알의 질, 질병 및 해충저항성, 저온, 가뭄 및 염 저항 개체 등이 유도될 수 있다(Jain *et al.*, 1998). Patnaik 등(1999)은 작물의 다양한 변이가 palmarosa grass(*Cymbopogon martinii*)에서 관찰됨을 보고하였다. 그 외에 다양한 식물종에서 식물 육종에 영양계변이가 가치가 있다는 것이 보고되었다. 이 중에서 Indian mustrad의 경우 다수확 및 파손내성을 지니게 되었고(Katiya and Chopra, 1995), neurotoxin이 없는 *Lathyrus sativus*(Yadav and Mehta, 1995), *Mentha arvensis*(Kukreja *et al.*, 1991)의 경우 오일함량이 증대되었다. 상기한 여러 성과는 영양계변이를 통하여 새로운 신품종을 개발할 수 있다는 가능성을 충분히 보인 결과라고 본다. 영양계변이의 많은 연구결과에 비해서 상대적으로 농업적으로 이용될 수 있는 유용한 변이체 개발이 상대적으로 많지 않은데 이는 식물조직배양전문가와 육종가의 사이에 연구 협력이 부재된 원인이라고 본다.

VII. 결론

영양계변이는 유전적변이를 유도하는 데 있어서 무한한 가능성을 내포하고 있지만 작물의 개량을 위한 사업과 직접적으로 연계를 해야 할 필요가 있다. 다양한 영양계변이체를 영양번식 작물은 물론 종자번식 작물에서 개발될 수 있다. 그런데 성공적인 영양계변이체를 개발하기 위해서는 많은 수의 영양계변이체를 개발할 필요가 있다. 그 이유는 영양계변이 중 소수만이 유전적으로 안정되면서 바람직한 형질을 지니기 때문이다. 영양계변이체의 선발을 위해 RAPD, RFLP, AFLP 및 microsatellites와 같은 분자적 마커를 이용하면 유전적 및 표현형적 변이를 구분할 수 있다.

영양계변이를 이해하기 위해서는 분자적 기초가 필요하며, 이 경우 변이체의 유전적 특성을 잘 이해할 수 있다. 만일 안정된 영양계변이체가 발굴되면 식물 육종가의 손에서 이를 검정할 필요가 있다.

영양계변이는 기내 돌연변이 유도기술과 융합할 수 있다. 유전적으로 안정된 변이체는 육종에 이용될 수 있고, 보다 큰 장점은 적은 비용이 든다는 것이다. 기내에서 선발된 잠정적인 변이체는 노지 테스트를 통하여 유전적으로 안정된 특징을 지닌 변이체를 최종적으로 선발하여야 한다. 현재 많은 GM 작물이 개발되어 있지만 소비자에게는 아직은 강한 거부감이 있다. 이와는 반대로 기내배양을 통한 변이체의 개발은 보다 쉽게 소비자에 다가갈 수 있기 때문에 앞으로 유망한 기술이라고 말할 수 있다.

참고문헌

- Adkins SW, Kunanuvatchaidach R, Godwin ID(1995) Somaclonal variation in rice-drought tolerance and other agronomic characters. Aust J Bot 43: 201~209
- Ahloowalia BS (1976) Chromosomal changes in parasexually produced ryegrass. In: Jones K, Brandham P (eds), Current Chromosome Research, North Holland, Amsterdam, pp 115~122
- Ahloowalia BS, Scheington J (1985) Transmission of somaclonal variation in wheat. Euphytica 34: 525~537
- Bajaj YPS, Gupta RK (1987) Plants from salt tolerant cell lines of napier grass Pennisetum purpureum Schum. Indian J Exp Biol 25: 58~60
- Bajaj YPS, Gill MS (1985) In vitro induction of genetic variability in cotton (Gossypium spp.) Theor Appl Genet 70: 363~368
- Barakat MN, Abdel-Latif TH (1996) In vitro selection of wheat callus tolerant to high levels of salt and plant regeneration. Euphytica 91: 127~140
- Battistini C, Rosati P (1991) In vitro evaluation of somaclonal strawberry (Fragaria × ananassa ("Brighton") variants for susceptibility to Phytophthora cactorum. In: Dale A, Lubby WW (eds), The Strawberry into the 21st Century, Timber Press, Portland, Oregon, pp 121~123
- Bayliss MW (1973) Origin of chloromosome number variation in cultured plant cells. Nature 246: 529~530
- Bayliss MW (1980) Chromosomal variation in tissue culture. Intern Rev Cytol Supple 11A: 113~144
- Bennici A, Buiatti M, D`Amato F, Pagliai M (1970) Nuclear behaviour in Haplopappus gracilis cells grown in vitro on different culture media. Coll Int CNRS 193: 245~250
- Benzion G, Phillips RL (1988) Cytogenetic stability of maize tissue cultures. A cell line pedigree analysis. Genome 30: 318~325
- Bertin P, Bouharmont J, Kinet JM (1997) Somaclonal variation and improvement of chilling tolerance in rice-changes in chilling-induced chlorophyll fluorescence. Crop Sci 37: 1727~1735
- Blakely LM, Steward FC (1964) Growth and origianized development of cultured cells. VII. Cellular variation. Am J Bot 26: 661~665
- Boscherini G, Muleo R, Montagni G, Cinelli F, Pellegrini MG, Bernardini M, Buiatti M (1999) Characterization of salt tolerant plants derived from a Lycopersicon esculentum Mill. somaclone. J Plant Physiol 155: 613~619
- Bozorgipour R, Snape JW (1997) An assessment of somaclonal variation as a breeding tool for generating herbicide tolerant genotypes in wheat (Triticum aestivum L.). Euphytica 94: 335~340
- Bressan RA, Singh NK, Handa AK, Kononowicz AK, Hasegawa PM (1985) Stable and unstable tolerance to NaCl in cultured tobacco cells. In: Freeling M (ed), Plant Genetics, Liss, New York, pp 755~769
- Browers MA, Orton TJ (1982) A factorial study of chromosomal variability in callus cultures of celery (Apium graveolens). Plant Sci Lett 26: 65~73
- Chaleff RS, Ray TB (1984) Herbicide resistant mutants from tobacco cell cultures. Science 223: 1148~1151
- Creissen SS, Karp A (1985) Karyotypic changes in potato plants regenerated from protoplasts. Plant Cell Tiss Org Cult 4: 171~182
- Chu Q, Zhang Z, Gao Y (1985) Cytogenetical analysis on anuploids from protoclones of rice (Oryza sativa L.) Theor Appl Genet 71: 506~512
- Critinzio G, Testa A (1999) In vitro evaluation of resistance of potato cultivar to Phytophthora infestans. Potato Res 42: 101~105
- D'Amato F (1985) Cytogenetic of plant cell and tissue cultures and their regenerants. CRC Crit Rev Plant Sci 3: 73~112
- Demoise CF, Partanen CR (1969) Effects of subculturing and physical condition of medium on the nuclear behavior of a plant tissue culture. Am J Bot 56: 147~152
- Doležе J, Novák HJ (1984) Effects of plant tissue culture media on the frequency of somatic mutations in Tradescantia stamen hairs. Z Pflanzenphysiol 114: 51~58
- Doležе J, Novák HJ (1986) Sister chromatic exchanges in garlic (Allium sativum L.) callus cells. Plant Cell Rep 5: 280~283
- Doörffling K, Dörffling H, Lesselich G (1993) In vitro selection and regeneration of hydroxyproline-resistant lines of winter wheat with increased proline content and increased frost tolerance. J Plant Physiol 142: 222~225
- Duncan RR (1997) Tissue culture-induced variation and crop improvement. Adv Agron 58: 201~240
- Engelborghs I, Swennen R, van Campenhout S (1999) The potential of AFLP to detect genetic differences and somaclonal variants in Musa sp. Info Musa: 7: 2~6
- Escorial MC, Sixto H, Garciabaudin JM, Chueca MC (1996) In vitro culture selection increases glyphosate tolerance in barley. Plant Cell Tiss Org Cult 46: 179~186
- Fourre JL, Berger P, Niquet L, Andre P (1997) Somatic embryogenesis and somaclonal variation in Norway spruce: morphogenetic, cytogenetic and molecular approaches. Theor Appl Genet 94: 159~169
- Furner IJ, King J, Gamborg OL (1978) Plant regeneration from protoplast isolated from a predominantly haploid suspension culture of Datura innoxia (Mill). Plant Sci Lett 11: 169~176
- Gaj MD, Czaja G, Nawrot M (1999) Selection of

valineresistance in callus culture of Arabidopsis thaliana (L.) Heynh. derived from leaf explants. Acta Soc Bot Poloniae 68: 211~215

- Gegenbach BG, Green CE, Donovan CM (1977) Inheritance of selected pathotoxin resistance in maize plants regenerated from cell cultures. Proc Nat Acad Sci 74: 5113~5117
- Goral T, Arseniuk E (1997) Somaclonal variation in winter triticale for resistance to Fusarium head blight. Cereal Res Commun 25: 741~742
- Gould AR (1982) Chromosome stability in plant tissue cultures studied with banding technique. In: Fujiwara A (ed) Plant Tissue Culture. Maruzen, Tokyo pp 431~432
- Groose RW, Bingham ET (1986) An unstable anthocyanin mutation recovered from tissue culture of alfalfa. 1. High frequency of reversion upon reculture. 2. Stable non revertants derived from reculture. Plant Cell Rep 5: 104~110
- Gupta PK (1998) Chromosomal basis of somaclonal variation in plants. In: Jain SM, Brar DS, Ahloowalia BS (eds), Somaclonal Variation and Induced Mutations in Crop Improvement, Kluwer Academic Publishers, Dordrecht, pp 149~168
- Hammerschlag FA (2000) Resistant responses of peach somaclone 122-1 to Xanthomonas campestris pv. pruni and to Pseudomonas syringae pv. syringae. HortSci 35: 141~143
- Hang A, Bregitzer P (1993) Chromosomal variations in immature embryo-derived calli from six barley cultivars. J Hered 84: 105~108
- Heinz DJ, Mee GWP, Nickell LG (1969) Chromosome number of some Saccharum species hybrids and their cell suspension cultures. Amer J Bot 56: 450~456
- Heinze B, Schmidt J (1995) Monitoring genetic fidelity vs somaclonal variation in Norway spruce (Picea abies) somatic embryogenesis by RAPD analysis. Euphytica 85: 341~345
- Henry RJ (1998) Molecular and biochemical characterization of somaclonal variation. In: Jain SM, Brar DS, Ahloowalia BS (eds), Somaclonal Variation and Induced Mutations for Crop Improvement, Kluwer Academic Publishers, Dordrecht, Great Britain, pp 487~501
- Hu H (1983) Genetic stability and variability of pollen-derived plants. In: Sen KL, Giles KL (eds) Plant cell culture in crop improvement. Plenum, New York, London pp 144~157
- Jain SM (1997) Creation of variability by mutation and tissue culture in improving plants. Acta Hort 447: 69~78
- Jain SM (1998) Plant biotechnology and mutagenesis for sustainable crop improvement. In: Behl RK, Singh DK, Lodhi GP (eds), Crop Improvement for Stress Tolerance, CCSHAU, Hissar and MMB, New Delhi, India, pp 218~232
- Jain SM (2000) Mechanisms of spontaneous and induced mutations in plants. Radiation Res Vol. 2. Cong. Proc., pp 255~258
- Jain SM (2001) Tissue culture-derived variation in crop improvement. Euphytica 118: 153~166
- Jain RK, Jain S, Nainawatee HS, Chowdhury JB (1990) Salt tolerance in Brassica juncea L. 1. In vitro selection, agronomic evaluation and genetic stability. Euphytica 48: 141~152
- Jan VV, Demacedo CC, Kinet JM, Bouharmont J (1997) Selection of Al-resistant plants from a sensitive rice cultivar using somaclonal variation, in vitro and hydroponic cultures. Euphytica 97: 303~310
- Jain SM, Brar DS, Ahloowalia BS (1998) Somaclonal variation and induced mutations in crop improvement. Kluwer Academic Publishers, UK
- Jayashankar S, Litz RE, Gray DJ, Moon PA (1999) Responses of embryogenic mango cultures and seedling bioassays to a partially purified phytotoxin produced by a mango leaf isolate of Colletotrichum gloeosporioides Penz. In Vitro Cell Dev Biol- Plant 35: 475~479
- Johnsom SS, Stuteville DL, Schlarbaum SE, Skinner DZ (1984) Variation in phenotype and chloromosome number in alfalfa protoclones regenerated from non-mutagenized calli. Crop Sci 24: 948~951
- Johnson SS, phillips RL, Rines HW (1987) Possible role of heterochromatin in chromosome breakage induced by tissue culture in oat (Avena sativa L.). Genome 29: 439~446
- Kaeppler SM, Phillips RL (1993) DNA methylation and tissue culture-induced variation in plants. In Vitro Cell Dev Biol 29: 125~130
- Kaeppler SM, Phillips RL, Olhoft P (1998) Molecular basis of heritable tissue culture-induced variation in plants. In: Jain SM, Brar DS, Ahloowalia BS (eds), Somaclonal Variation and Induced Mutations in Crop Improvement, Kluwer Academic Publishers, Dordrecht, pp 467~486
- Karp A, Maddock SE (1984) Chromosome variation in wheat plants regenerated from cultured immature embryos. Theor Appl Genet 67: 249~255
- Karp A, Steele SH, Parmar S, Jones MGK, Shewry PR, Breiman A (1987) Relative stability among barley plants regenerated from cultured immature embryos. Genome 29: 405~412
- Katiyar RK, Chopra VL (1995) A somaclone of Brassica juncea is processed into a variety and is released for commercial cultivation in India. Cruciferae Newslett 17: 92~93
- Kukreja AK, Dhawan OP, Mathur AK, Ahuja PS, Mandal S (1991) Screening and evaluation of agronomically useful

somaclonal variations in Japanese mint (Mentha arvensis L.). Euphytica 53: 183~191

- Kawchuk LM, Lynch DR, Martin RR, Kozub GC, Ferries B (1997) Field resistance to the potato leafroll luteovirus in transgenic and somaclone potato plants reduces tuber disease symptoms. Can J Plant Pathol 19: 260~266
- Kirti PB, Hadi S, Kumar PA, Chopra VL (1991) Production of sodium-chloride-tolerant Brassica juncea plants by in vitro selection at the somatic embryo level. Theor Appl Genet 83: 233~237
- Lambe P, Mutambel HSN, Fouche JG, Deltour R, Foidart JM, Gaspar T (1997) DNA methylation as a key process in regulation of organogenic totipotency and plant neoplastic progression. In Vitro Cell Develop Biol-Plant 33: 155~162
- Larkin PJ, Scowcroft SC (1981) Somaclonal variation - a novel source of variability from cell culture for plant improvement. Theor Appl Genet 60: 197~214
- Levall MW, Bornman JF (1993) Selection in vitro for UV tolerant sugar beet (Beta vulgaris) somaclones. Physiol Plant 88: 37~43
- Liu M, Chen W (1976) Tissue and cell culture as aids to sugar cane breeding. I. Creation of genetic variation through callus culture. Euphytica 25: 393~403
- Ling DH, Ma ZR, Chen WY, Chen MF (1987) Male sterile mutant from somatic cell culture of rice. Theor Appl Genet 75: 127~131
- Lupi MC, Bennici A, Baroncelli S, Gennai D, D'Amato (1981) In vitro regeneration of durum wheat plants II. Diplontic selection in aneusomatic plants. Z Pflanzenphysiol 87: 167~171
- Mandal AB, Pramanik SC, Chowdhury B, Bandyopadhyay AK (1999) Salt-tolerant Pokkali somaclones: performance under normal and saline soils in bay Islands. Field Crops Res 61: 13~21
- Martelli G, Greco I, Mezzetti B, Rosatti P (1993) Isozymic analysis of somaclonal variation among regenerants from apple root stock leaf tissue. Acta Hort 336: 381~387
- Matsumoto K, Barbosa ML, Souza LAC, Teixeira JB (1995) Race 1 Fusarium wilt tolerance on banana plants selected by fusaric acid. Euphytica 84: 67~71
- K, Barbosa ML, Souza LAC, Teixeira JB (1999) In vitro selection for Fusarium wilt resistance in banana. II. Resistance to culture filtrate of race 1 Fusarium oxysporum f. sp. cubense. Fruits 54: 151~157
- Matthysse AG, Torrey JG (1967) Nutritional requirements fro polyploids mitosis in cultured pea root segments. Physiol Plant 20: 661~672
- McCoy TJ, Phillips RL, Renes HW (1982) Cytogenetic analysis of plants regenerated from oat (Avena sativa) tissue cultures: high frequency of partial chromosome loss. Can J Genet Cytol 24: 37~50
- Mitra J, Mapes MO, Steward FC (1960) Growth and origanized development of cultured cells. IV. The behavior of the nucleus. Am J Bot 47: 357~368
- Mu SK, Liu SC (1978) Cytological observations on calluses derived from apple endosperm cultured in vitro. In: Beijing Symp Plant Tissue Culture. Pitman, Boston, London Melbourne, pp 507~510
- Murashige T, Nakano R (1967) Chromosome complement as a determinant of the morphogenetic potential of tobacco cells. Am J Bot 54: 963~970
- Murata M, Orton TJ (1982) Analysis of karyotypic changes in suspension culture of celery. In: Fujiwara A (ed) Plant tissue culture. Maruzen, Tokyo pp 435~436
- Nabors MW, Gibbs GE, Bernstein CS, Meis ME (1980) NaCl-tolerant tobacco plants from cultured cells. Z Pflanzenphysiol 97: 13~17
- Nehra NS, Kartha KK, Stushnoff C, Giles KL (1992) The influence of plant growth regulator concentrations and callus age on somaclonal variation in callus culture regenerants of strawberry. Plant Cell Tiss Org Cult 29: 257~268
- Nelke M, Nowak J, Wright JM, McLean NL, Laberge S, Castonguay Y, Vezina LP (1999) Enhanced expression of a cold-induced gene coding for a glycine-rich protein in regenerative somaclonal variants of red clover (Trifolium pratense L.). Euphytica 105: 211~217
- Nishi T, Yamada Y, Takahashi E (1968) Organ redifferentiation and plant restoration in rice callus. Nature 219: 508~509
- Nishiyama I, Taira T (1966) The effects of kinetin and indolacetic acid on callus growth and organ formation in two species of Nicotiana. Jpn J Genet 41: 357~365
- Niizeki M (1974) Studies on plant cell and tissue culture. V. Effect of different kinds of media on the variation of chromosome number in tobacco callus and regenerated plant. J Fac Agric Hokkaido Univ 57: 357~367
- Norstog K, Wall WE, Howland GP (1969) Cytological characteristics of ten-year-old ryegrass endosperm tissue cultures. Bot Gaz 130: 83~86
- Ochatt SJ, Marconi PL, Radice S, Arnozis PA, Caso OH (1999) In vitro recurrent selection of potato: production and characterization of salt tolerant cell lines and plants. Plant Cell Tiss Org Cult 55: 1~8
- Ogihara Y (1982) Tissue culture in Hawortia V. Characterization of chromosome changes in cultured callus cells. Jpn J Genet 57: 499~511
- Ogura H (1976) The cytological chimeras in original regenerates from tobacco cultures and in their offsprings. Jpn J Genet 51: 161~174
- Ogura H (1982) Studies on the genetic instability of cultured tissues and the regenerated plants-effects of

auxins and cytokinins on mitosis of Vicia faba cells. In: Fujiwara A (ed) Plant Tissue Culture. Maruzen, Tokyo pp 433~434

□ Ogura (1990) Chromosome variation in plant tissue culture. In: Bajaj YPS (ed) Biotechnology in Agriculture and Forestry 11. Berlin, New York, Springer-Verlag pp 49~84

□ Ogura H, Kyozuka S, Hayashi Y, Koba T, Shimamoto K (1987) Field performance and cytology of protoplast-derived rice (Oryza sativa): high yield and low degree of variation of four japonica cultivars, Theor Appl Genet 74: 670~676

□ Orlando R, Magro P, Rugini E (1997) Pectic enzymes as a selective pressure tool for in vitro recovery of strawberry plants with fungal disease resistance. Plant Cell Rept 16: 272~276

□ Orton TJ (1980) Chromosomal variability in tissue cultures and regenerated plants of Hordeum. Theor Appl Genet 56: 101~112

□ Patnaik J, Sahoo S, Debata BK (1999) Somaclonal variation in cell suspension culture-derived regenerants of Cymbopogon martinii (Roxb.) Wats var. motia. Plant Breeding 118: 351~354

□ Peschke VM, Phillips RL (1992) Genetic implications of somaclonal variation in plants. Adv Genet 30: 41~75

□ Phillips RL, Kaeppler SM, Peschke VM (1990) Do we understand somaclonal variation? In: Nijkamp HJJ, van der Plas LHW, van Aartrijk J (eds), Proceedings of the 7th International Congress on Plant Tissue Cell Culture, Kluwer Academic Publishers, Dordrecht, pp 131~141

□ Phillips RL, Kaeppler SM, Olhoft P (1994) Genetic instability of plant tissue cultures: breakdown of normal controls. Proc Natl Acad Sci USA 91: 5222~5226

□ Piccioni E, Barcaccia G, Falcinelli M, Standardi A (1997) Estimating alfalfa somaclonal variation in axillary branching propagation and indirect somatic embryogenesis by RAPD fingerprinting. Intern J Plant Sci 158: 556~562

□ Racchi ML, Rebecchi M, Todesco G, Nielsen E, Forlani G (1995) Glyphosate tolerance in maize (Zea mays L.). 2. Selection and characterization of a tolerant somaclone. Euphytica 82: 165~173

□ Ramgareeb S, Watt MP, Marsh C, Cooke JA (1999) Assessment of Al_3^+availability in callus culture media for screening tolerant genotypes of Cynodon dactylon. Plant Cell Tiss Org Cult 56: 65~68

□ Ramos Leal R, Maribona RH, Ruiz A, Konerva S (1996) Somaclonal variation as a source of resistance to eyespot disease of sugarcane. Plant Breed 115: 37~42

□ Remotti PC, Loffler HJM, Vanvlotendoting L (1997) Selection of cell-lines and regeneration of plants resistant to fusaric acid from Gladiolus grandiflorus cv. Peter pears. Euphytica 96: 237~245

□ Remotti PC (1998) Somaclonal variation and in vitro selection for crop improvement. In: Jain SM, Brar DS, Ahloowalia BS (eds), Somaclonal Variation and Induced Mutations in Crop Improvement, Kluwer Academic Publishers, Dordrecht, pp 169~201

□ Rosati P, Menzzetti B, Anchenari M, Foscolo S, Predieri S, Foscolo F (1990) In vitro selection of apple rootstock somaclones with Phytophthora cactorum culture filtrate. Acta Hort 280: 409~416

□ Rout GR, Samantaray S, Das P (1999) In vitro selection and biochemical characterization of zinc and manganese adapted callus in Brassica spp. Plant Sci 146: 89~100

□ Sabir A, Newbury HJ, Todd G, Catty J, Ford-Lloyd BV (1992) Determination of genetic stability using isozymes and RFLPs in beet plants regenerated in vitro. Theor Appl Genet 84: 113~117

□ Sabry SRS, Smith LT, Smith GM (1995) Osmoregulation in Spring wheat under drought and salinity stress. J Genet Breed 49: 55~60

□ Samantaray S, Rout GR, Das P (1999) In vitro selection and regeneration of zinc tolerant calli from Setaria italica L. Plant Sci 143: 201~209

□ Saunders JW, Acquaah G, Renner KA, Doley WP (1992) Monogenic dominant sulfonylurea resistance in sugarbeet from somatic cell selection. Crop Sci 32: 1357~1360

□ Schaeffer RP, Sharp FT (1987) Increased lycine and seed protein in rice plants recovered form calli selected with inhibitory levels of lysine plus threonine and S-(2-aminoethyl)cystein. Plant Physiol 84: 509~515

□ Seliskar DM, Gallagher JL (2000) Exploiting wild population diversity and somaclonal variation in the salt marsh grass Distichlis spicata (Poaceae) for marsh creation and restoration. Amer J Bot 87: 141~146

□ Shenoy VB, Vasil IK (1992) Biochemical and molecular analysis of plants derived from embryogenic tissue cultures of napier grass (Pennisetum purpureum K Schum). Theor Appl Genet 83: 947~955

□ Sheridan WF (1975) Plant regeneration and chromosome stability in tissue culture. In: Ledoux L (ed) Genetic manipulations with plant materials. Plenum, London pp 262~295

□ Shimada T (1971) Chromosome constitution of tobacco and wheat callus cells. Jpn J Genet 46: 235~241

□ Shimada T, Tabata M (1967) Chromosome numbers in cultured pith tissue of tobacco. Jpn J Genet 42: 195~201

□ Sibov ST, Gasper M, Silva MJ, Ottoboni LMM, Arruda P, Souza AP (1999) Two genes control aluminum tolerance in maize: Genetic and molecular mapping analyses. Genome 42: 475~482

□ Singh BD, Harvey BL, Kao KN, Miller RA (1972) Selection pressure in cell populations of Vicia hajastana cultured in vitro. Can J Genet Cyto 14: 65~70

- Sotirova V, Shtereva L, Zagorska N, Dimitrov B, Bogatsevska N (1999) Resistance responses of plants regenerated from tomato anther and somatic tissue cultures to Clavibacter michiganense. Israel J Plant Sci 47: 237~243
- Stieve SM, Stimart DP (1996) Somaclonal variation in Zinnia. In: Bajaj YPS (ed) Somaclonal Variation in Crop Improvement II. Biotechnology in Agriculture and Forestry Vol 36, Springer-Verlag, Berlin, Heidelberg, pp 345~355
- Straus J (1954) Maize endosperm tissue grown in vitro. II. Morphology and cytology. Am J Bot 41: 833~839
- Sunderland N (1977) Nuclear cytology. In: Street HE (ed), Plant Tissue and Cell Culture, Blackwell, Oxford, pp 177~205
- Swedlund B, Vasil IK (1985) Cytogenetic characterization of embryogenic callus and regenerated plants of Pennisetum americanum (L.) K. Schum. Theor Appl Genet 69: 575~581
- Torrey JC (1967) Morphogenesis in relation to chromosome constitution in long term tissue cultures. Physiol Plant 20: 265~275
- Vasil IK (1983) Regeneration of plants from single cells of cereal and grasses. In: Lurquin PF, Kleinhofs A (eds) Genetic engineering in eukaryotes. Plenum, London pp 233~252
- Vasil IK (1985) Somatic embryogenesis and its consequences in the Gramineae. In: Henke RR, Hughes KW, Constantin MP, Hollaender A (eds) Tissue culture in forestry and agriculture. Plenum, New York, pp 31~47
- Veilleux RE, Shen LY, Paz MM (1995) Analysis of the genetic composition of anther-derived potato by randomly amplified polymorphic DNA and simple sequence repeats. Genome 38: 1153~1162
- Veilleux RE, Johnson AAT (1998) Somaclonal variation: Molecular analysis, transformation, interaction, and utilization. Plant Breed Rev 16: 229~268
- Wenzel G, Uhrig H (1981) Breeding for nematode and virus resistance in potato via anther culture. Theor Appl Genet 59: 333~340
- Wheeler VA, Evans NE, Foulger D, Webb KJ, Karp A, Franklin J, Bright SWJ (1985) Shoot formation from explants cultures of fourteen potato cultivars and studies of the cytology and morphology of regenerated plants. Ann Bot 55: 309~320
- Winicov I (1991) Characterization of salt tolerant alfalfa (Medicago sativa L.) plants regenerated from salt tolerant cell lines. Plant Cell Rep 10: 561~564
- Winicov I (1996) Characterization of rice (Oryza sativa L.) plants regenerated from salt-tolerant cell lines. Plant Sci 13: 105~111
- Wolff K, Zietkiewicz E, Hofstra H (1995) Identification of Chrysanthemum cultvars and stability of DNA fingerprint patterns. Theor Appl Genet 91: 439~447
- Xiong LZ, Xu CG, Maroff MAS, Zhang QF (1999) Patterns of cytosine methylation in an elite rice hybrid and its parental lines, detected by a methylation-sensitive amplification polymorphism technique. Mol Gen Genet 261: 439~446
- Yadav VK, Mehta SL (1995) Lathyrus sativus - a future pulse crop free of neurotoxin. Current Sci 68: 288~292
- Zambrano AY, Demey JR, Gonzalez V (1999) Selection of an Ametryn tolerant sugarcane cellular line. J Agric Univ Puerto Rica 83: 47~54
- Zosimovich VP, Kunakh VA (1975) Levels, type and origin of chromosome abberrations in cultures of isolated plant tissues. Sov Genet 11: 37~46

03 반수체 생산기술

김문자
목원대학교 생명과학과

I. 서론

고등식물에서 난세포나 정세포 같은 배우자가 수정을 거치지 않고 단독으로 발생을 해서 n성의 조포체식물이 되는 수가 있는데, 이와 같이 해서 생긴 조포체는 염색체가 반수이기 때문에 반수체 식물이라고 한다. 반수체 또는 반수체에서 만들어지는 homo 2배체는 유전 및 육종학 연구에 매우 귀중한 재료가 되지만 자연에서 발생하는 것은 출현 빈도가 너무 낮아서 이용을 못한다.

반수체를 인위적으로 생산하는 방법에는 배주배양(ovule culture), 종간 교잡(interspesific cross), 약배양(anther culture), 소포자배양(microspore culture) 등이 있다. 배주배양은 배낭 내의 수정되지 않은 난세포가 배로 발달하도록 하는 것인데 일시에 다수의 반수체를 획득하기가 어려우므로 널리 이용되지 못하고 있다. *Bulbosome* technique이라고 불리는 종간 교잡은 보리의 vulgare 종과 *bulbosume* 종을 교배하는 경우 중복 수정은 정상적으로 일어나지만, 잡종 배의 발달 초기에 *bulbosume* 종의 염색체가 없어져 *vulgare* 종의 염색체만 남게 된다. 이때 발육 도중의 배가 퇴화되기 전에 배양하여 반수체를 생산하는데, 이 방법은 보리에서만 이용할 수 있기 때문에 다른 식물 종에서는 사용할 수가 없다. 약배양은 반수체 생산에 가장 널리 이용되는 방법으로 꽃봉오리에서 적기의 소포자가 들어 있는 약을 적출하여 배양하는 것으로 약 내 소포자 유래의 callus 또는 직접적인 배 발생을 통해 반수체를 획득할 수 있다. 독말풀(Guha and Maheshwary, 1964)에서 처음으로 약배양이 성공한 이래 유채, 밀, 보리, 고추 등 많은 식물에서 약배양에 의해 반수체를 생산하였다. 소포자배양은 적기의 꽃봉오리에서 기계적으로 소포자를 나출시킨 후 배양하여 callus나 배를 생산하는 방법이다. 유채(Chuong and Beversdorf, 1985; Keller *et al.*, 1987)에서 나출 소포자배양에 성공하여 callus를 거치지 않고 직접 다수의 배를 획득한 이래 밀(Hu and Kasha, 1997), 보리(van Bergen *et al.*, 1999) 등 많은 식물에서 소포자배양에 의해 반수체를 생산하였다.

반수체를 획득하는 방법으로 가장 널리 이용되는 방법이 약배양이지만 유채에서 소포자배양에 의해 다량의 배를 획득하는 것이 가능해지면서 현재는 소포자배양이 약배양의 대안으로 대두되고 있으며 이에 관한 연구가 많이 이루어지고 있다. 왜냐하면 소포자배양은 다음과 같은 점에서 약배양에 비해 훨씬 효율적이기 때문이다. (1) 약배양시에는 체세포조직(somatic tissue)인 약벽조직과 반수성조직(haploid tissue)인 소포자가 혼재하므로 체세포 유래의 배와 소포자배가 섞일 가능성이 있으며, 약벽조직의 증식으로 소포자배 발생이 방해받을 우려가 있으나 소포자배양시에는 이와 같은 염려가 없다. (2) 약배양시에는 소포자가 약내에 있기 때문에 분자수준에서의 배 발생 연구나 돌연변이 연구에 불리하지만 소포자배양은 starting material이 소포자로만 되어 있으므로 이와 같은 연구에 매우 유리하다. (3) 약배양시에는 꽃봉오리로부터 일일이 약을 적출하여야 하므로 많은 노력이 필요하지만 소포자배양시에는 이와 같은 노력이 필요하지 않다. (4) 약배양시에는 각기 다른 화분유래의 callus가 융합하여 식물체로 분화되면 chimeric plant가 생겨날 수 있으나 소포자배양시에는 이와 같은 염려가 없다. (5) 약배양 시에는 약내의 화분발달이 비동조적(asynchronous pollen development)이며 적기의 소포자가 들어 있는 약만을 배양하기가 어려우나 소포자배양시에는 농도구배 원심분리(gradient centrifuge)에 의해 발달단계가 같은 적기의 소포자 집단을 만들 수 있다. (6) 소포자배양시에는 약배양에 비해 배 발생 비율이 매우 높다. 유채의 경우 소포자배양 초기에도 배의 발생이 약배양에 비해 10배 정도나 높았으며(Siebel and Pauls, 1989), 최근에 성공한 사과에서도 10배나 높다(Höfer, 2004). 또 보리에서 Igri품종을 사용하는 경우 약배양에 비해 100~200배나 높다(Davies and Morton, 1998; Hoeksta *et al.*, 1992). 실제 소포자배양에 의해 1개의 꽃봉오리로부터 얻을 수 있는 반수체나 homo 2배체를 계산해 보면 유채의 경우 1개의 약에는 15,000 ~20,000개의 소포자가 들어 있으며, 1개의 꽃봉오리에는 6개의 약이 들어 있으므로 약 90,000~120,000개의 소포자가 들어 있다. 이 중 약 1%가 배로 발달하므로 1개의 꽃봉오리에서 900~1,200개의 배가 생긴다(Swanson, 1990). 밀에서도 약 100,000개의 소포자에서 1,350개의 배가 생겨나며 경우에 따라서는 7,250개가 생기기도 한다(Kunz *et al.*, 2000). 이와 같이 1개의 꽃봉오리로부터 실로 막대한 양의 소포자 유래 식물체를 획득할 수 있다.

이와 같은 많은 장점에도 불구하고 소포자만 분리하여 배양할 경우 배나 callus를 획득하기가 용이하지 않으므로 소포자배양에 성공한 식물이 많지 않다. 현재 소포자배양이 비교적 용이하게 이루어져서 다량의 배를 획득할 수 있는 식물은 유채(Baillie *et al.*, 1992)를 포함하여 담배(Kyo and Harada, 1985), 밀(Datt, 2001), 보리(Datta, 2001), 벼(Raina and Irfan, 1998) 등 소수의 식물에 국한되어 있으며 대부분의 식물에서는 소포자배양에 성공하지 못하였거나 성공한 식물에서도 배의 발생이 매우 낮아 배발생 기구를 생화학 및 분자수준에서 밝히는 기초 연구나 돌연변이 또는 형질전환에 의한 우수품종개발에 이용되지 못하고 있다.

본 장에서는 소포자 유래의 배발생과 관련된 용어, 소포자배 발생에 영향을 미치는 요인들, 소포자배의 기원, 소포자배양 시스템의 이용분야 등에 관해 살펴보고자 한다.

II. 관련 용어

고등식물에서 웅성배우체(male gametophyte)인 화분(pollen)은 소포자발생(microsporogenesis)과 웅성배우체 발생(male gametogenesis)의 두 과정을 통해서 만들어진다. 좀 더 자세히 말하면 약(anther) 내 소포자모세포(microspore mother cell)의 감수분열에 의해 소포자가 만들어지며 이들 소포자가 발아해서 영양세포(vegetative cell)와 생식세포(generative cell)로 이루어진 2세포화분(2-celled pollen)으로 되거나, 1개의 영양세포와 2개의 정세포로 이루어진 3세포화분(3-celled pollen)으로 발달한다. 일반적으로 화분모세포라는 표현을 많이 사용하는데 이상에서와 같이 소포자모세포가 감수분열해서 소포자(microspore)가 만들어지고, 이들 소포자가 발아하여 화분이 만들어진다. 따라서 화분모세포가 아닌 소포자모세포라고 하는 것이 정확한 표현이다. 또 소포자에서 화분이 만들어지는 과정을 제1 및 제2분열이라고 하는데 제1분열은 소포자가 분열하여 영양세포와 생식세포가 만들어지는 과정이며, 제2분열은 이중 생식세포가 분열하여 정세포가 만들어지는 과정으로 소포자의 연속된 분열이 아니다. 따라서 제1분열은 소포자분열이라고 하고 제2분열은 생식세포의 분열이라고 하는 것이 정확한 표현이다.

소포자모세포가 감수분열해서 소포자(microspore)가 발생하는 과정은 두꺼운 callose벽 내에서 일어나며 감수분열이 끝나면 4분자기(tetrad)의 소포자들이 callose벽을 터트리고 나오게 된다. 이때 4개씩 모여 있던 소포자들이 분리되어 나오게 되므로 흔히 화분이라고도 하는데 소포자가 발아하기 전이므로 화분이라는 표현을 사용하는 것은 잘못된 것이다. 그러나 지금까지 소포자와 화분을 혼용하여 사용하는 경우가 많으므로 식물학적 유래를 알고 정확한 표현을 사용하는 것이 바람직하다.

드문 일이기는 하지만 간혹 난세포로 들어간 정세포의 핵이 난핵의 붕괴로 말미암아 단독으로 배형성을 함으로써 반수체를 만들게 되는데 이를 동정생식(androgenesis)이라고 한다. 약배양이나 소포자배양시에도 배의 발생을 동정생식이라고 하는데, 이는 정확한 표현이 아니다. 왜냐하면 약배양이나 소포자배양시 배의 발생은 소포자 또는 미숙화분에서 유래되며 성숙화분의 정세포가 배로 발달하는 경우는 아직까지 알려져 있지 않기 때문이다. 따라서 동정생식이라는 용어보다는 소포자배발생(microspore embryogenesis) 또는 화분 배발생(pollen embryogenesis)이라고 하는 것이 정확한 표현이다.

약 내의 화분발달은 비동조적으로 일어나는 경우가 많으며, 적기의 꽃봉오리나 약으로부터 소포자를 수확한다고 하지만 나출된 것들은 소포자뿐만 아니라 미숙화분들도 혼재한다. 따라서 실제 배양하는 것은 소포자와 화분이 혼재되어 있는 것을 배양하게 된다. 또 배양 결과 생겨나게 되는 배는 소포자 또는 미숙화분에서 유래된다. 따라서 이때의 배양은 소포자 및 미숙화분배양이다. 그러나 독말풀의 약배양에서 처음으로 소포자 유래의 배를 획득한 이래(Guha and Maheseshwari, 1964) 치상재료나 배의 기원에 상관없이 소포자배양이라는 용어가 널리 이용되고 있다(Touraev *et al.*, 1997).

III. 소포자배양에 영향을 미치는 요인들

소포자배를 획득할 수 있는 방법에는 소수배양(spikelet culture), 약배양(anther culture), 소포자배양(microspore culture) 등 여러 가지 방법이 있다. 이 중 가장 널리 이용되는 방법이 약배양이지만 현재는 담배, 유채, 밀, 보리, 벼 등에서 소포자를 나출하여 다수의 배를 획득하는 데 성공하게 된 이후 고추를 비롯한 많은 식물들에서 소포자배양이 이루어지고 있다. 소포자배양은 적기의 꽃이나 약으로부터 소포자만을 분리 수확하고 이를 적합한 조성의 배지에 배양하여 배나 callus를 유기한 후 이들로부터 식물체를 재분화시키는 것이다. 소포자배양 방법은 Swanson(1990)이 유채를 재료로 사용한 방법이 널리 이용되고 있으나 식물에 따라 또 실험실에 따라 다양한 방법들이 이루어지고 있다. 소포자배양 방법을 고추를 예로 들어 간략히 설명하면 단원 VII과 같다.

소포자를 전처리하여 적합한 조성의 배지에 배양하면 분열하여 다세포체로 발달한다. 이들 다세포체들은 callus 시기를 거쳐 식물체로 재분화되거나, callus 시기 없이 직접 배로 발달하여 식물체로 된다. 이때 callus 또는 배 중 어느 것으로 발달하는가 하는 것은 식물에 따라 다른데 유채나 고추의 경우에는 배가 발생하고 밀, 보리 등에서는 callus가 발생한다. 그러나 동일한 식물에서도 배지조성에 따라 callus나 배로 발달한다. 배가 발생하는 유채나 고추의 경우 배양 2~3주 후부터 구형배가 발생하기 시작하고, 4주가 되면 자엽배들이 발생한다. 배의 발달은 대부분의 경우 비동조적으로 일어나므로 배양 4주 후에는 자엽배뿐만 아니라 구형배, 심장형배 및 어뢰형배들이 혼재한다. 이때 발생한 배들 중 자엽배들은 호르몬이 첨가되지 않은 B5 고체 배지로 옮기면 정상인 유식물들로 발달한다(그림 3-1).

소포자배양시 배나 callus의 발생은 식물 종에 따라 또 동일 종에서도 품종 및 생육조건에 따른 생리적 상태에 따라 달라진다. 그러나 동일한 조건에서 생육된 모식물의 경우에도 소포자의 발달 시기, 소포자의 나출 방법, 전처리 조건, 치상 배지, 배양기 내의 환경 등 여러 가지 요인들에 의해 영향을 받는다. 다음에서는 이 중 몇 가지 중요한 요인들에 대해 간략히 살펴보고자 한다.

1. 배양 적기

자연 상태에서 웅성배우체(male gametophyte)인 화분(pollen)은 소포자모세포가 감수분열해서 소포자(microspore)가 만들어지며, 이들 소포자가 발아해서 담배나 고추의 경우에서처럼 영양세포(vegetative cell)와 생식

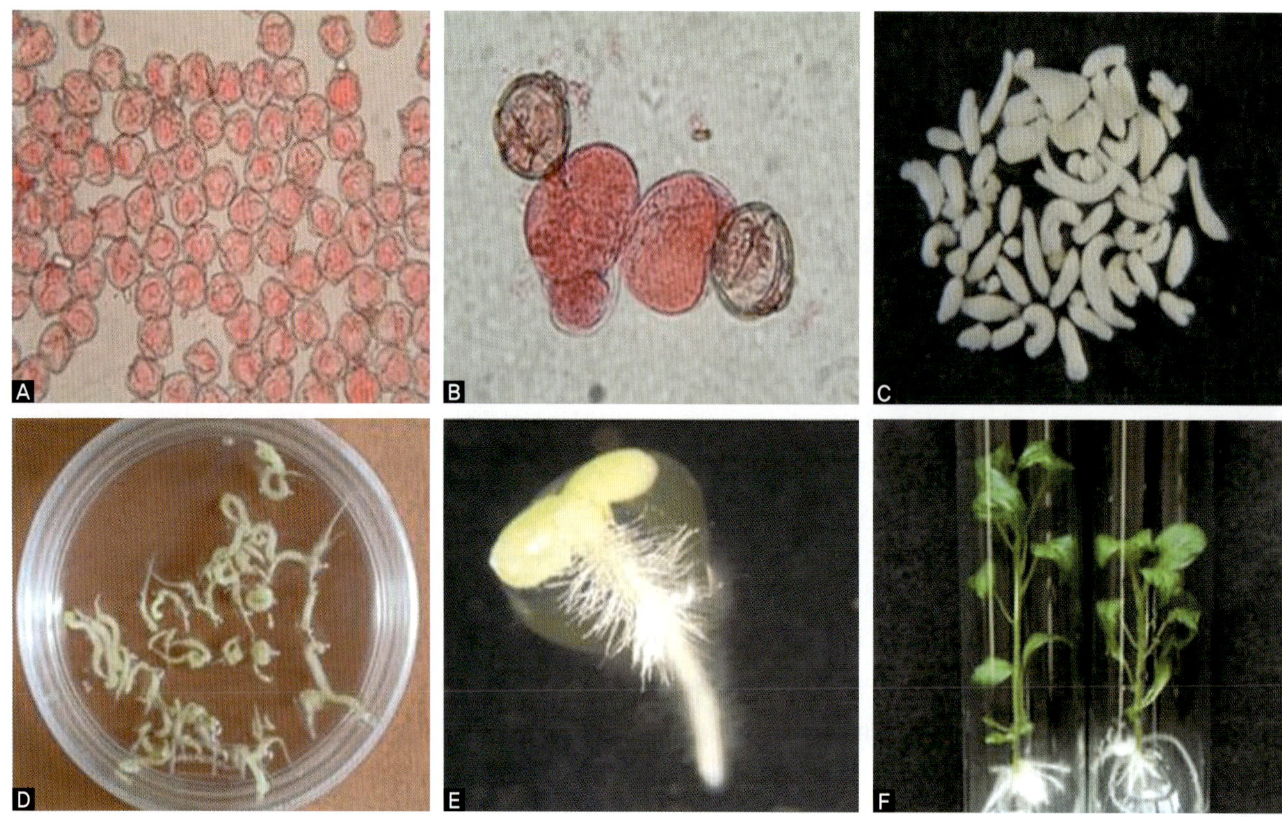

그림 3-1 고추의 소포자배양에 의한 배 및 식물체의 발달 과정

A_ 나출소포자. B_ 배양 1주 후에 발생한 다세포체. C_ 배양 4주 후에 발생한 배. D_ Petridish 내의 배. E_ 발아된 배. F_ 유식물체.

세포(generative cell)로 이루어진 2세포화분(2-celled pollen)으로 되거나 유채의 경우에서처럼 1개의 영양세포와 2개의 정세포로 이루어진 3세포화분(3-celled pollen)으로 발달한다. 소포자배양시 배나 callus의 발생은 이 중 적기의 소포자를 배양하는 경우에만 일어난다. 적기의 정확한 판단을 위해 소포자에서 화분이 발생하는 과정을 고추를 예로 들어 좀 더 자세히 살펴보면 4분자기의 두꺼운 callose벽을 터트리고 나온 직후의 초기 소포자는 크기가 작고 핵이 가운데 위치한다. 중기 소포자는 액포가 발달하면서 핵이 어느 한쪽으로 이동하게 되며, DNA합성이 끝난 G2 시기의 후기 소포자 핵은 이동한 위치에서 분열하게 된다. 따라서 소포자는 불균등 분열을 하게 되는데, 이때 크기가 큰 것은 영양세포로 작은 것은 생식세포로 발달한다. 소포자 분열 직후에는 영양세포의 세포질에 전분립이 축적되지 않으나 곧 이어 전분립이 축적되고 성숙화분으로 발달한다(그림 3-2).

이상에서와 같은 웅성배우체 발달 과정 중 소포자배양의 적기는 4분자기에서 초기 2세포 화분 시기까지 식물에 따라 다르다. 예를 들어 밀, 보리에서는 중기 내지 후기 소포자가, 벼에서는 중기소포자 내지 미숙화분이, 옥수수에서는 후기소포자 내지 미숙화분이 적기로 알려져 있다(Datta, 2001; Jähne and Lörz, 1995). 그러나 토마토의 경우는 좀 더 이른 시기인 감수분열기가 적기로 알려져 있다(Shtereva *et al.*, 1998).

소포자배양의 적기는 전처리에 따라 달라질 수 있는데 유채의 경우 32℃에서 48시간 처리시 소포자 및 초기 2세포 화분에서 조포체가 발생하고, 41℃의 고온에서 1~2 시간 처리하는 경우에는 후기 2세포 화분에서도 영양세포가 분열하여 조포체로 발달한다(Binarova *et al.*, 1997). 따라서 배양 기술의 발달로 소포자배가 발생할 수 있는 적기의 범위가 넓어질 수 있을 것으로 추측된다. 그러나 대부분의 경우 소포자배양의 적기는 소포자 분열 직전의 후기 소포자나 직후의 미숙화분으로 알려져 있으며 영양세포에 전분립이 축적되는 성숙화분 시기에는 배의 발생이 어렵다.

2. 소포자의 수확

꽃봉오리나 약에서 소포자를 나출하는 방법에는 배양 약으로부터 방출되는 소포자를 수확하여 배양하는 floating 방법, 액체 배지에서 agitation시키는 방법, glass rod homogenizer나 pestle maceration을 이용하여 꽃봉오리나 약을 maceration하는 방법, 약을 tube나 beaker에 넣고 5,000 rpm 정도로 vortexing하는 방법, microblender를 사용하여 blending하는 방법 등이 있다(Hu *et al.*, 1995; Pedroso and Pais, 1994; Pescitelli *et al.*, 1990; Ziauddin *et al.*, 1990).

Floating 방법은 약의 열개가 용이하지 않은 식물에는 적용하기 어려우며, agitation 방법은 소포자의 수확이 매우 낮다. 막자사발을 이용하여 maceration하는 방법은 식물에 따라 꽃봉오리나 약의 maceration이 잘 되지 않고 나출된 소포자의 활력이 높지 못한 경우가 많아 활력 있는 소포자를 다수 획득하는 데 어려움이 있다. 현재 microblender를 이용하는 방법이 가장 널리 이용되고 있는데 이는 비교적 용이하게 활력 있는 소포자를 다수 획득할 수 있기 때문이다. 유채의 경우 microblender를 사용하여 한 번에 2~4억 개의 소포자를 나출하고 이를 배양하여 약 3주 만에 수천 개의 배를 생산한다(Polsoni *et al.*, 1988).

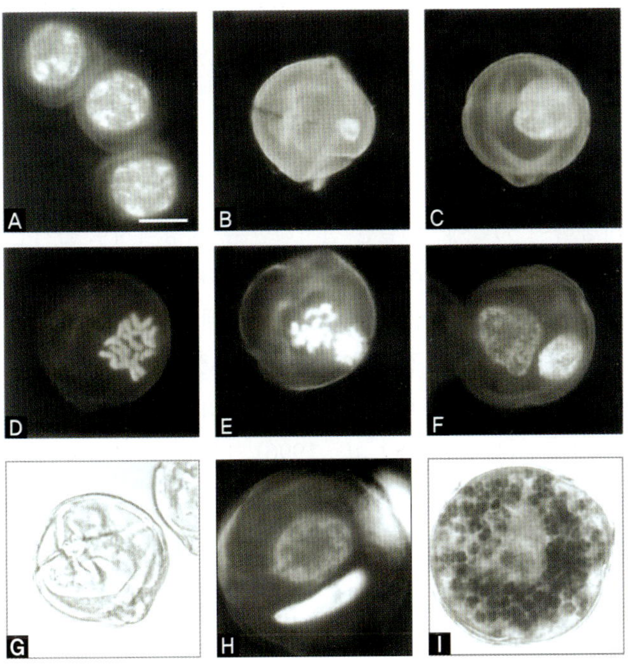

그림 3-2 DAPI 및 I_2-KI로 염색하여 관찰한 고추의 웅성배우체(화분) 발달 과정

A_ 소포자모세포의 감수분열 결과 생겨난 4분자기의 두꺼운 callose벽을 터트리고 나온 직후의 초기 소포자. B_ DNA 합성 전 G1시기의 액포가 발달된 중기 소포자. C_ DNA합성이 끝난 G2 시기의 후기 소포자. D, E_ 분열중인 소포자. F_ 소포자의 불균등 분열 결과 생겨난 미숙 2세포화분. 응축된 생식세포핵과 응축되지 않은 영양세포핵이 뚜렷하게 구별됨. G_ F와 동일한 시기의 화분을 I_2-KI로 염색한 것으로 세포질에 전분립이 축적되지 않았음. H_ 생식세포가 초생달 모양으로 분화되어 영양세포의 핵과 뚜렷하게 구별되는 성숙 2세포화분. I_ H와 동일한 시기의 화분을 I_2-KI로 염색한 것으로 세포질에 전분립이 축적되었음.
(A) 그림에 나타낸 길이(10 μm)는 모든 그림에 해당됨.

3. 전처리

*In vivo*에서 소포자는 배우체인 화분으로 발달될 것이었는데 배양에 의해 발달 방향을 바꾸어 조포체인 배로 발달하도록 하는 것이다. 따라서 소포자배양에 성공하여 배를 획득할 수 있으려면 배양 소포자가 배발생 소포자(embryogenic microspore)로 되어 분열능을 갖게 하는 것이 중요한데 이를 위해서는 적절한 전처리가 필요하다. 전처리 중 가장 널리 이용되고 있는 것이 치상 전·후의 온도처리(Dumas de Vaulx *et al.*, 1981; Custers *et al.*, 1994; Binarova *et al.*, 1997)이지만 이외에 배지의 조성, antimicrotubular chemical이나 inducer chemical의 첨가(Zheng *et al.*, 2001), 전처리 재료, plating density(Nageli *et al.*, 1999) 등 다양한 요인들이 배발생에 영향을 미친다.

전처리시 소포자 유래의 배나 callus 유기에 적합한 온도와 기간은 식물에 따라 다른데 가지의 경우 다소 높은 온도인 35℃에서 5일간 처리시 소포자 유래의 callus 발생이 높고(Miyoshi, 1996), 아스파라거스의 경우 4℃의 저온에서 7~9일간 꽃봉오리를 전처리한 후 나출한 소포자에서 callus가 발생한다(Peng and Wolyn, 1999). 또 옥수수에서는 15℃에서 4일간 처리시 무처리에 비해 embryo like structure(ELS)의 발생이 2배 이상 높다(Pescitelli *et al.*, 1990). 그러나 유채를 비롯하여 밀, 보리 등 많은 식물의 경우 소포자배는 30~33℃의 고온에 약이나 소포자를 수일간 처리함으로써 유기된다(Baillie *et al.*, 1992; Telmer *et al.*, 1993; Touraev *et al.*, 1996).

소포자배양시 전처리나 배양초기의 온도에 따라 소포자의 발달 방향을 조절할 수 있다. 대표적인 예로 유채의

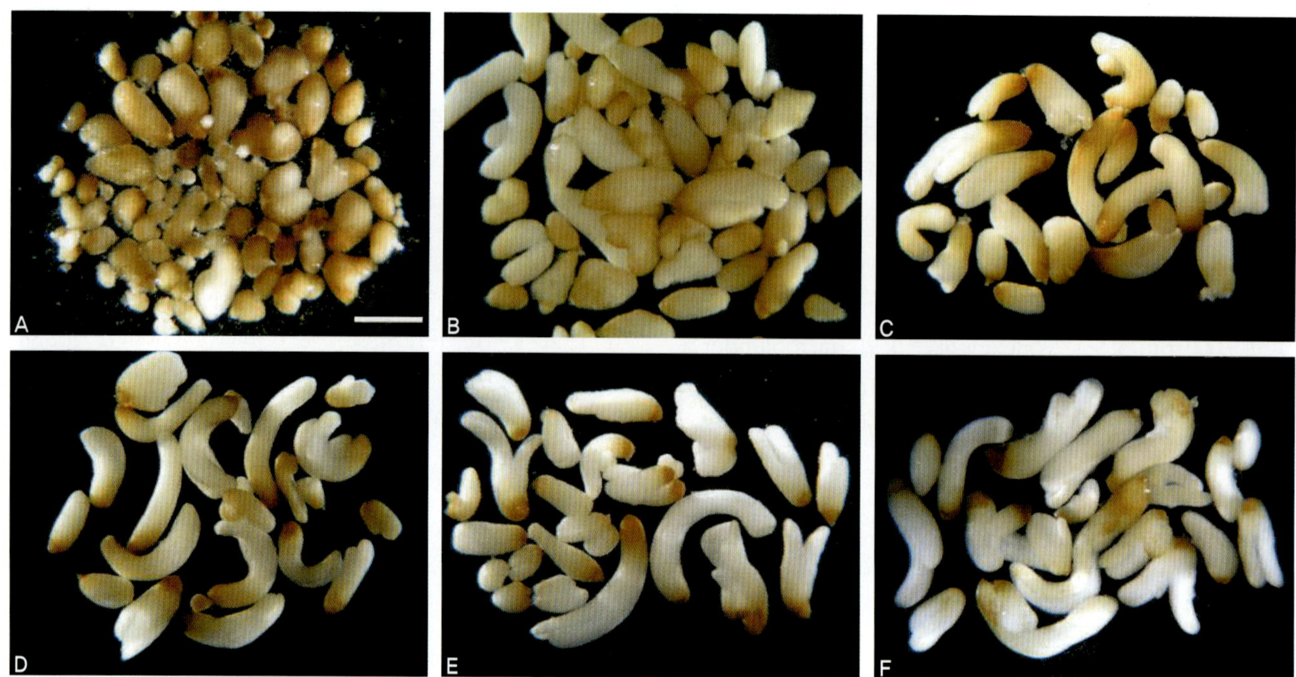

그림 3-3 고추의 소포자배양시 고온처리 기간을 달리한 후 배양 4주 후에 발생한 배
A_ 1일. B_ 2일. C_ 3일. D_ 4일. E_ 5일. F_ 6일.

경우 배양 2일 후부터 배양온도에 따라 소포자의 발달 방향이 달라져서 18℃에서는 웅성배우체로, 25℃에서는 웅성배우체나 조포체로, 32℃에서는 조포체로 분열하고, 15일 후에는 32℃에서 배가 발생한다(Custer *et al.*, 1994, 1996). 이와는 달리 치커리의 잎 배양시 20℃와 25℃에서는 callus와 줄기가 발생하고, 35℃에서는 배가 발생한다(Decout, 1994). 즉, 배양온도에 따라 callus로 발달하기도 하고 배로 발달하기도 하는데 소포자배양시에는 이와 같은 보고가 매우 드물다. 최근 고추에서는 고온 전처리 기간에 따라 배의 발생뿐만 아니라 배의 발달 양상이 달라진다고 한다(Park, *et al.*, 2005). 즉, 배의 발생은 1~2일 고온처리시 높으며 3일 이상 처리에서는 크게 감소하지만 1~2일 처리시에는 작은 크기의 구형배나 callus의 발생이 높으며 정상 자엽배의 발생은 3일 이상 처리에서 높다(그림 3-3). 따라서 온도처리는 소포자가 조포체로 발달하게 할 뿐만 아니라 배발생적 소포자(embryogenic microspore)가 callus 또는 배로 발달하는 데에도 영향을 미치는 것으로 추측된다.

전처리시 배지의 조성도 배의 유기에 크게 영향을 미치는데, 담배에서는 미성숙 화분을 0.4 M mannitol 용액만을 사용하여 30℃에서 3일간 전처리한 후 치상배지로 옮기면 배가 유기된다(Kyo and Harada, 1985). 또 sucrose와 glutamine이 첨가되지 않은 배지에서 배양한 후 이들이 첨가된 배지로 옮길 경우에도 조포체로 분열한다(Kyo and Harada, 1986). 담배뿐만 아니라 보리(Hoekstra *et al.*, 1992), 밀(Touraev *et al.*, 1996), 벼(Raina and Irfan, 1998) 등 많은 식물에서 배지 조성은 차이가 있지만 전처리시 sucrose가 첨가되지 않은 기아배지가 널리 사용되고 있다. 그러나 이와는 달리 유채에서는 13% sucrose가 첨가된 B5 배지에 1일간 전처리한 후 10% sucrose가 첨가된 NLN 배지로 옮겨 배양할 때 배의 생산이 높다(Baillie *et al.*, 1992; Lionneton, *et al.*, 2001). 이와 같은 경우 높은 농도의 sucrose는 탄소원으로서의 기능뿐만 아니라 삼투압조절제로 작용하기 때문이다. 또 전처리 배지는 소포자배의 발달에도 영향을 미치는데 밀에서는 전처리시 기아배지에 소포자배 유기(NPB98) 배지를 10% 첨가했을 때 배의 발달과 식물체전환율이 높다(Liu *et al.*, 2002).

전처리 배지에 콜히친, trifluralin, ozalin과 같은 antimicrotubular chemical들을 첨가하면 소포자배 발생에 영향을 미치는데, 이 중 배의 유기에 가장 효과적인 것이 콜히친이다. Zhao 등(1996)은 유채에서 고온처리 없이 25 μM의 콜히친에서 42시간 처리한 후 배양하면 치상 소포자 중 15% 이상에서 배가 발생하므로 콜히친 첨가가 고온처리를 대신할 수 있다고 한다. Antimicrotubular chemical 이외에 여러 가지 화합물들이 소포자배 유기에 효과적인 것으로 알려져 있는데 가장 널리 사용되고 있는 것이 2-hydroxynicotinic acid(2-HNA)이다. 밀의 경우 2-HNA가 첨가된 배지에서 전처리하면 배의 발생뿐만 아니라 녹색 식물체의 발생도 높다. 또 2-HNA보다는 그 효과가 다소 떨어지지만 benzotriazole-5-carboxylic acid와 violuric acid monohydrate가 첨가된 배지에서 전처리하면 소포자의 viability가 높게 유지되고 배 발생에 효과적이다(Zheng *et al.*, 2001). Oligosaccharide들도 배 발생에 영향을 미치는데 양배추에서는 사용한 여덟 종류의 oligosaccharide들 중 carrageenan oligomers가 효과적이며 고온처리와 동시에 실시하면 배의 발생이 2배로 증가한다(Penhuizic *et al.*, 2001).

소포자배의 발생은 전처리 재료에 따라 영향을 받는데 식물에 따라 이삭(Datta and Wenzel, 1987; Liu *et al.*, 2002), 꽃봉오리(Lichter, 1982), 약(Hu and Kasha, 1997), 또는 나출 소포자(Touraev *et al.*, 1996)를 전처리하는 등 여러 가지 경우가 있다. 이삭, 꽃봉오리 또는 약을 전처리하는 경우 전처리 기간 중에 일어나는 초기 소포자의 변화를 관찰할 수 없을 뿐만 아니라 약 전처리는 꽃봉오리로부터 일일이 약을 적출하는 데 많은 노력과 시간이 필요하므로 소포자 전처리가 바람직하다. 그러나 소포자배 발생은 전처리 재료에 따라 크게 영향을 받으며 식물에 따라서는 소포자 전처리시에는 배 발생이 어려운 경우가 많다. 아스파라거스의 경우 4℃에서 7~9일간 꽃봉오리를 전처리 한 후 약에서 자연적으로 방출된 소포자와 약을 공동 배양하면 callus의 발생이 높다(Peng and Wolyn, 1999). 밀의 경우에서도(Touraev *et al.*, 1996) 약이나 이삭을 전처리할 경우 배가 발생하지만 나출 소포자를 전처리할 경우에는 분열이 일어나 다세포체는 생기지만 배로 발달하지 못한다.

4. 치상배지

소포자배양시 배나 callus의 발생은 치상배지의 종류에 따라 크게 영향을 받는데 식물에 따라 소포자배의 발생에 적합한 배지가 다르다. 예를 들어 유채에서는 NLN 배지(Baillie *et al.*, 1992)가, 밀에서는 MMS3 배지(Hu and Kasha, 1997)나 NPB 99 배지(Liu *et al.*, 2002)가, 보리에서는 FW1B 배지(Li and Devaux, 2001)가 널리 사용되고 있다. 그러나 실험실에 따라서는 기존에 사용하던 배지를 다소 수정하여 사용하는 경우가 많다. 예를 들면 FWIB 배지는 Kuhlmann와 Foroughi-Wehr B(1989)가 medium C라고 하여 사용한 배지를 Davies와 Morton(1998)이 다소 수정하여 KFWC 배지라고 하여 사용하였으며, 이후 Li와 Devaux(2001)가 다시 수정하여 FWIB라고 하여 보리의 소포자배양시 사용한 것이다. 또 MMS3 배지는 MS (Murashige and Skoog, 1962) 배지를 수정하여 밀의 소포자배양시 사용한 것이다(Hu and Kasha, 1997). 한편 실험실에 따라서는 각기 다른 종류의 배지를 조합하여 사용하기도 하는데 FWIB 배지는 FHG의 무기물과 B5의 비타민에 glutamine (720 mg/*l*), maltose(6%), 6-benzylaminopurine(BAP; 1 mg/*l*), cefotaxime(100 mg/*l*)이 첨가된 것이다. 따라서 식물에 따라 배의 유기와 발달에 적합한 배지들이 개발되어야 하는데 배지 조성 중 무기질소원의 종류와 농도, 탄소원의 종류와 농도, 호르몬의 첨가 등이 크게 영향을 미친다.

많은 식물에서 소포자 유래의 배나 callus 발생에는 무기질소 특히 NH_4^+의 농도를 낮추고 질소원으로 glutamine을 사용하는 것이 유리하다. 밀의 소포자배양시 사용되는 MMS3 배지(Hu and Kasha, 1997)의 경우 MS 배지에서 KNO_3는 1900 mg/*l*에서 1400 mg/*l*로, NH_4NO_3는 1650 mg/*l*에서 300 mg/*l*로 감소하고, glutamine을 500 mg/*l* 첨가한 것이다. 보리의 소포자배양시 질소의 영향을 조사한 결과에 의하면 소포자의 초기분열, 분열한 소포자의 증식, 식물체로의 재분화 등이 배지 내 질소에 따라 달라지게 된다(Mordhorst and Lörz, 1993).

소포자 유래의 배나 callus의 발생은 배지 내 탄소원의 종류와 농도에 따라 크게 영향을 받는데 보리의 경우 sucrose, glucose, fructose를 첨가한 경우 소포자가 곧 죽게 되지만 maltose를 첨가한 경우에는 배나 callus로 발달한다(Scott and Lyne, 1994). 이때 소포자의 사멸은 sucrose의 농도, sucrose 첨가배지에서 배양된 기간 등에 따라 달라진다. 이와 같은 탄소원에 대한 소포자배양의 반응은 배양 중 배지 내 sucrose는 급속히 glucose와 fructose로 분해되지만 maltose의 분해는 매우 느리게 일어나며, sucrose의 대사결과 유독한 물질이 생성되기 때문인 것으로 추측되고 있다. 현재 많은 식물에서 약배양이나 소포자 배양시 sucrose 대신 maltose가 사용되고 있다.

소포자배양시 호르몬의 첨가는 식물에 따라 다른데 유채나 고추에서는 대부분의 경우 첨가하지 않으나 밀, 보리 등 화본과 작물에서는 첨가하는 경우가 많다. 첨가하는 경우 사용되는 호르몬의 종류는 식물에 따라 다른데 보리에서는 사이토키닌으로 BAP가 널리 사용되지만 옥신과 사이토키닌을 모두 사용하는 경우도 있다(Ziauddin *et al.*, 1990). 또 보리에서 옥신으로 phenylacetic acid(PAA)만 사용하는 경우 재분화율이 높으며 PAA에 대한 반응은 품종에 따라 크게 차이가 난다(Ziauddin *et al.*, 1992). 일반적으로 호르몬을 첨가하지 않는 경우 유채나 고추에서처럼 직접 배가 발생하지만 호르몬을 첨가하는 경우에는 화본과 작물에서처럼 callus가 발생한다. 따라서 callus 시기를 거치지 않고 단기간에 소포자 유래의 배와 식물체를 획득하기 위해서는 호르몬을 첨가하지 않는 것이 바람직하다.

5. 기내 가스 환경

소포자배의 발생 및 발달에는 배양기 내 공기의 상태가 중요하게 작용하므로 배양기의 크기, 재질, 밀봉재료 등의 영향이 크다(Immonen and Anttila, 2000). 특히 배양기 내의 에틸렌은 배 발생에 중요하게 작용하는데 담배의 경우 약배양시 에틸렌이 발생하며, 이 에틸렌 가스는 소포자배 발생을 억제한다. Brussel sprouts의 약배양시 35℃에서 6시간 고온처리한 후 배양기 내의 공기를 분석해보면 약배양에 대한 반응이 낮은 품종은 높은 품종에 비해 에틸렌 생성이 10~20배나 높으며, 에틸렌 전구체인 1-aminocyclopropane-1-caboxylic acid(ACC)나 에틸렌 발생물질인 ethephon을 배지에 첨가하면 소포자배의 생산이 억제된다(Biddington and Robinson, 1991). 또 rye의 약배양시 크기가 큰 petri dish를 사용하면 callus 발생에는 큰 차이가 없으나 callus의 생장과 녹색식물의 재분화율이 현저히 높다(Immonen and Anttila, 2000).

반면에 유채의 소포자배양시 배양 20일 후 에틸렌 생성이 가장 높으며, 이때 에틸렌의 생성이나 작용을 억제하면 자엽의 전개가 정상적으로 이루어지지 못 한다(Hays *et al.*, 2000). 이와 같은 결과들은 배양기 내의 공기의 상태가 소포자배 발생이나 발달에 중요하게 작용한다는 것을 의미하는데 현재 소포자배양시에는 dish의 크기가 35×10 mm인 것 보다는 60×15mm 인 것이 널리 사용되고 있다.

소포자배양은 이상의 여러 가지 요인들 이외에도 배양시 온도, 광도, 진탕, 치상밀도 등에 의해서도 크게 영향을 받는데 대부분의 경우 배양은 25℃의 암 상태에서 진탕없이 이루어지고 있으며 소포자의 치상밀도는 40,000~100,000/ml 이다. 그러나 유채의 소포자배양시 배양 2주 후부터 광조건에서 배양하는 것이 효과적이며(Ilić-Grubor *et al.*, 1998), 동백(Pedroso and Pais, 1994)에서는 광조건에서의 pro-embryo형성이 암조건에 비해 3배 정도 높으며, 암조건에서는 1~2회의 분열만 일어난다. 또 유채에서는 배양 2주 후부터 진탕배양을 할 때 어뢰형배의 비율이 크게 향상되며 발생한 배의 80% 이상이 식물체로 재분화된다(Swanson *et al.*, 1987). 따라서 최적 소포자배양 시스템은 식물에 따라 다르므로 각 식물마다 적합한 조건들이 구명되어야 한다.

IV. 소포자배의 기원

자연 상태에서 소포자는 불균등 분열하여 영양세포와 생식세포가 생겨나고 이 중 생식세포가 분열하여 2개의 정세포가 생겨난다. 즉, 웅성 배우체인 2세포화분 또는 3세포화분으로 발달하게 되는데 이들을 적기에 배양하게 되면 다양한 경로를 통해 조포체로 발달한다(그림 3~4).

경로 (1)은 자연 상태에서 정상화분이 발달할 때와 유사하게 소포자의 첫 번 분열이 불균등하게 일어나 크기가 큰 영양세포와 작은 크기의 생식세포가 만들어지는데 이 중 영양세포가 분열하여 조포체로 발달한다. 이 경로는 담배(Sunderland and Wicks, 1971)를 비롯하여 밀, 보리 등에서 볼 수 있다. 경로 (2)는 소포자의 불균등 분열 결과 생겨난 영양세포와 생식세포 중 생식세포가 계속 분열하여 조포체가 되는 경우로 사리풀(Raghavan, 1976)에서만 볼 수 있다. 경로 (3)은 경로 (1)과 (2)에서와 같이 영양세포와 생식세포가 형성된 후 두 세포가 모두 분열하여 조포체로 발달하는 경우로 독말풀(Sunderland, 1974)에서 볼 수 있다. 경로 (4)는 경로 (1)부터 (3)까지와 달리 소포자의 첫 번 분열이 균등하게 일어나서 영양세포와 생식세포의

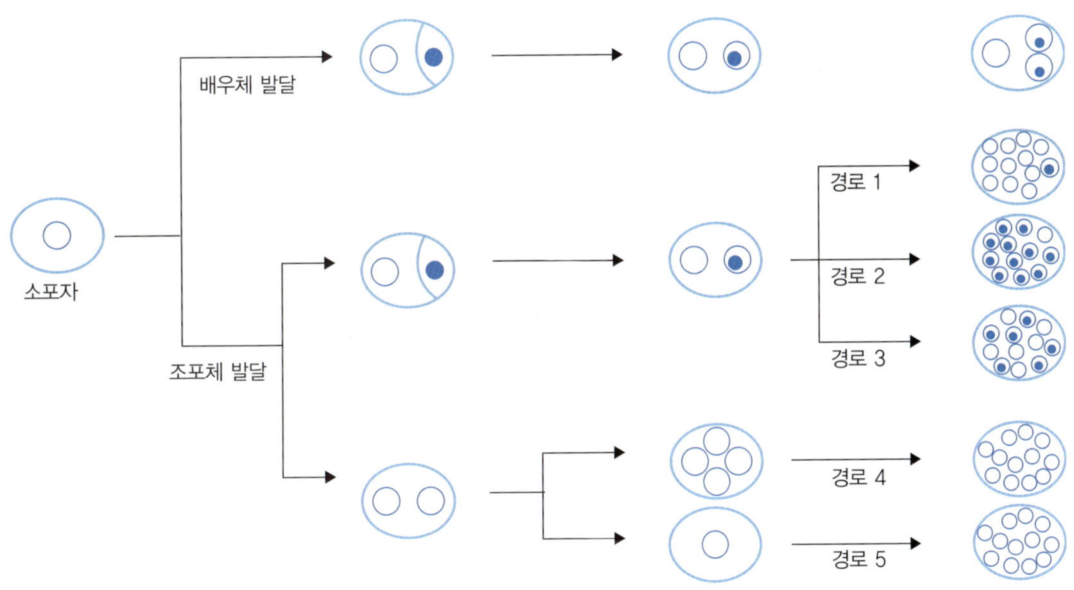

그림 3-4 소포자배의 초기 발생 경로

경로 (1)은 2세포화분에서 영양세포가 분열하여 조포체로 발달하게 되는 경우. 경로 (2)는 2세포화분에서 생식세포가 분열하여 조포체로 발달하게 되는 경우. 경로 (3)은 2세포화분에서 생식세포와 영양세포가 모두 분열하여 조포체로 발달하게 되는 경우. 경로 (4)는 소포자의 균등분열 결과 생겨난 2세포화분이 계속 분열하여 조포체로 발달하게 되는 경우. 경로 (5)는 소포자의 균등분열 결과 생겨난 두 핵의 융합이 일어난 후 다시 분열하여 조포체로 발달하게 되는 경우.

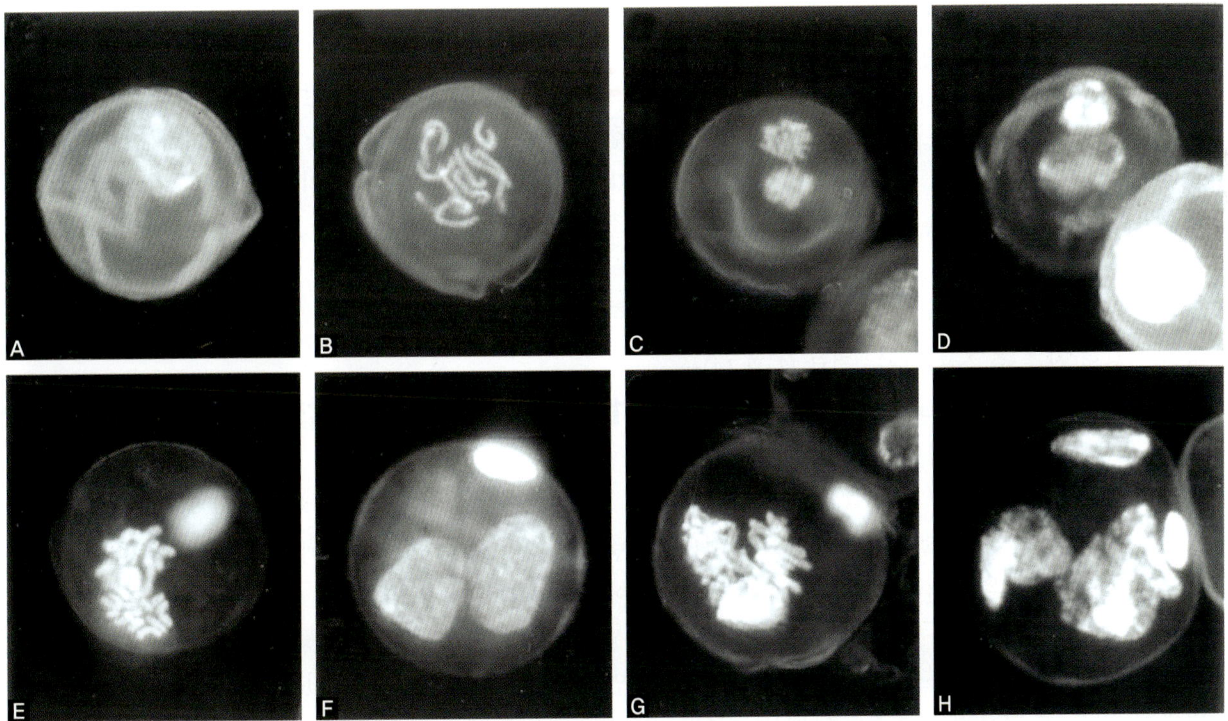

그림 3-5 고추의 초기 소포자배 발생 경로

A_ 후기 소포자. B, C_ 분열 중인 소포자. D_ 소포자의 불균등 분열 결과 생겨난 미숙화분. E_ 1개의 생식세포핵과 분열중인 영양세포의 핵이 있는 화분. F_ 1개의 생식세포와 2개의 영양세포의 핵이 있는 화분. G_ 1개의 생식세포핵과 2개의 영양세포핵이 있는 화분. 영양세포핵 중 하나는 분열중임. H_ 1개의 생식세포핵과 여러 개의 영양세포 핵이 있는 화분.

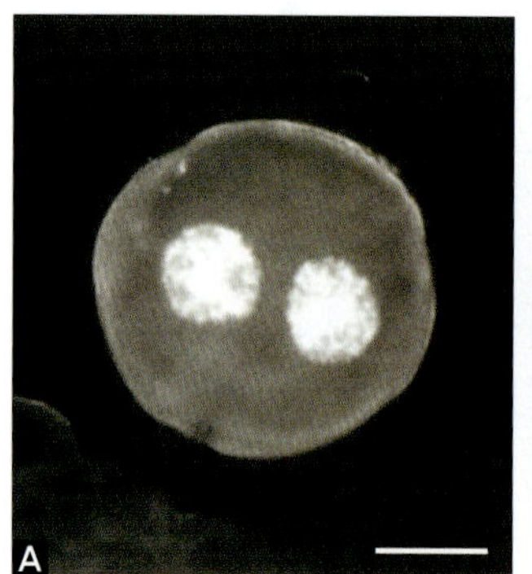

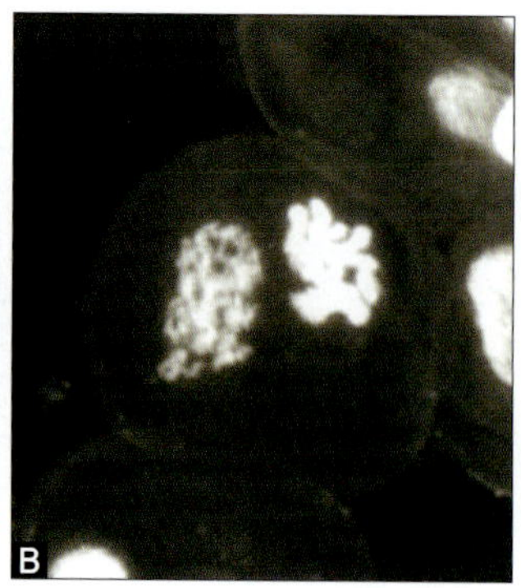

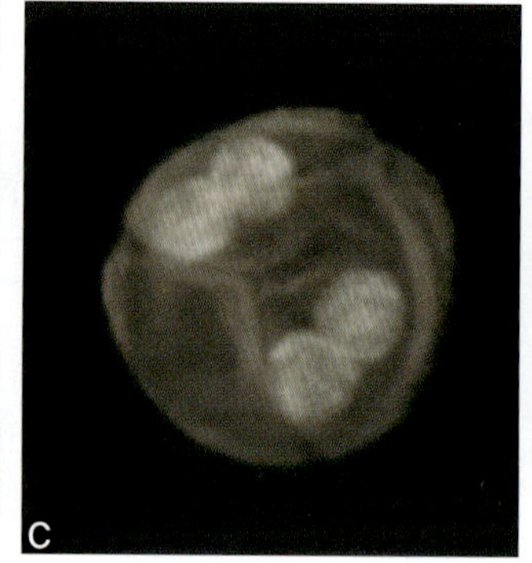

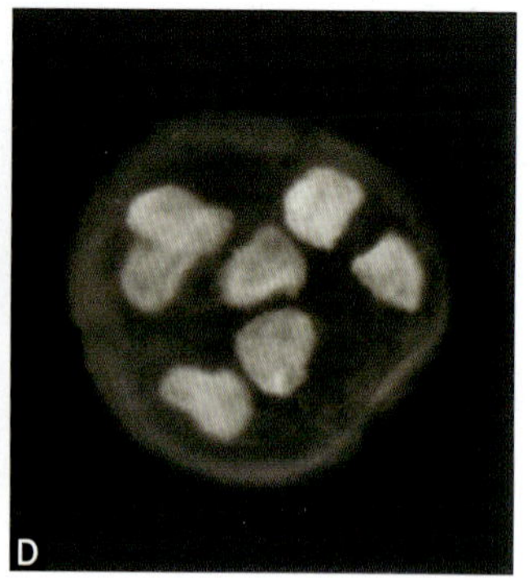

그림 3-6 고추의 균등분열 결과 생겨난 2핵화분의 배양초기 세포학적 변화
A_ 동일한 크기의 2개 핵을 가진 화분. B_ 2개의 핵이 모두 분열중에 있는 화분. C_ 4핵화분. D_ 다핵화분.

구별이 없는 2개의 딸세포가 만들어지고 이들이 계속 분열하여 조포체로 발달한다. 이 경로는 독말풀(Sunderland *et al.*, 1974)과 유채(Zaki and Dickinson, *et al.*, 1991)를 비롯하여 많은 식물에서 볼 수 있다. 경로 (5)는 첫 번 분열 결과 생겨난 딸세포가 융합한 후 이들이 계속 분열하여 배가 발생하는 경우로 이때의 분열은 균등분열이 일어나는 경우가 많으며 배양 중 배가반수체(doubled haploid)가 생겨나는 원인 중 하나로 추측되고 있다(Sunderland *et al.*, 1974).

소포자배의 발생은 식물에 따라 이 중 한 가지 또는 여러 가지 경로를 통해 이루어지며 여러 가지 경로를 통해 이루어지는 경우에도 어느 한 가지 경로가 더 지배적이다. 또 지금까지 조사된 식물 중 소포자배는 경로 (1)과 (4)를 통해 발생하는 경우가 가장 많다. 고추의 경우에도 소포자배는 경로 (1)과 (4)를 통해 발생하며 경로 (1)이 지배적이다(Kim *et al.*, 2004). 고추의 소포자배 발생과정을 좀 더 자세히 살펴보면 후기 소포자는 불균등 분열을 하여 생식세포와 영양세포로 된 화분으로 되고 이 중 영양세포의 핵이 계속 분열하여 배로 발달한다(그림 3-5). 한편 일부 소포자는 균등분열을 하여 동일한 크기의 두 핵을 가진 화분이 만들어진 후 이들 두 핵이 계속 분열하여 배로 발달한다(그림 3-6). 배양 당시의 미성숙화분들은 후기소포자의 불균등 분열 결과 생겨난 화분에서와 동일하게 영양세포의 핵이 계속 분열하여 배로 발달한다.

V. 소포자배양 기술의 이용 분야

소포자배양 시스템(microspore culture system)은 배발생, 세포의 분화 발달 등 기초 학문 연구에 유용한 수단으로 이용될 수 있을 뿐만 아니라 반수체 육종(haploid breeding), 돌연변이 육종(mutation breeding), 소포자 형질전환(microspore transformation) 등에 의해 우수한 품종을 개발하기 위한 산업적 목적에도 매우 유용하게 이용될 수 있다.

1. 분자수준에서의 배발생 연구

In vivo 상태에서는 수정란이 자방의 배주 안에 있는 배낭 속에 깊이 들어 있으므로 배발생을 생화학 및 분자수준에서 연구하기가 불가능하다. 당근에서 체세포배 발생에 성공한 이래 기내 배발생 연구가 가능해졌으나 callus에서 얻은 체세포 집단은 순수한 단세포 집단이 아니므로 배발생 과정을 단세포 수준에서부터 연구하는 데 어려움이 있다. 이에 비해 소포자배양은 처음 치상하는 재료가 단세포 집단이므로 배발생 과정을 단세포에서부터 생화학 및 분자 수준에서 연구하는 데 매우 유리하다. 또 체세포 유래

의 callus를 이용하는 경우 탈분화와 재분화의 과정이 필요하지만 소포자배양시에는 치상재료인 소포자에서 바로 배가 발생함으로써 배양 후 약 4주 만에 배를 획득할 수 있으며 배의 발생 비율도 callus 이용시에 비해 매우 높다.

2. 세포의 분화 발달 연구

소포자배는 소포자가 배우체인 화분으로 발달하는 대신 그 발달 경로를 바꾸어 조포체인 배로 발달하도록 조건을 맞추어 줌으로써 생겨난 것이다. 또 배양 조건에 따라 소포자가 화분으로 발달하도록 할 수도 있고 조포체인 배로 발달하도록 할 수도 있다. 유채의 경우 후기 소포자나 미숙화분을 32℃에서 배양하면 조포체로 발달하지만 18℃에서 배양하면 배우체로 발달한다(Custer *et al.*, 1994). 따라서 소포자배양 시스템은 세포의 분화 발달을 연구하는 데 유용한 수단이 된다.

3. 배우체크론 변이(gametoclonal variants)의 이용

약 내의 소포자는 소포자모세포의 감수분열 결과 생겨난 것이므로 동일 약 내의 소포자이지만 유전적으로는 모두 다르다. 유용 유전자를 가진 소포자는 웅성배우체인 성숙화분으로 발달되고 만들어진 정세포는 난세포와 수정한 후 유전적 조성이 다양한 배들로 발달하게 된다. 이와같이 유전적으로 다양한 소포자들은 배우체 수준에서만 이용될 수 있었으나 소포자배의 발생으로 배우체가 아닌 식물체 수준에서 선발하여 이용하는 것이 가능하게 되었다.

4. 반수체 육종

소포자배양에 의해 생성된 반수체(haploid) 또는 배가반수체(doubled haploid)를 이용함으로써 한 품종을 육성하는 데 장기간이 소요되던 종래의 육종과는 달리 단기간에 우수한 품종을 육성할 수 있다. 즉, 종래의 방법으로는 동형접합자인 순종으로 만드는 데 최소한 5~6년이 걸리지만 소포자 유래의 식물은 반수성이므로 염색체 배가에 의해 당대에 동형접합자로 된 순종을 만들 수 있기 때문이다. 따라서 일반 육종시에는 우수한 품종을 만들어 내는 데 10여 년 가까이 소요되지만 반수체를 이용하면 2~3년이면 가능하다.

5. 소포자 형질전환 시스템을 이용한 우수품종 개발

유용유전자를 가진 형질전환체를 생산하고자 할 때 현재 세계적으로 가장 앞선 기술이 소포자배양 시스템을 이용한 방법이다. 왜냐하면 그 동안 반수체를 획득하기 위해 실시되어 왔던 약배양은 체세포 조직인 약 속에 반수성인 화분이 들어 있으므로 단세포 집단이 아니다. 또 단세포 집단을 배양하는 원형질체 배양은 체세포 유래의 2배체이다. 따라서 반수성인 동시에 단세포상태인 세포집단을 이용할 수 있는 유일한 방법은 소포자배양 방법뿐이기 때문이다.

소포자배양 시스템을 이용한 형질전환의 특성을 체세포 유래의 callus조직을 이용할 때와 비교해 보면 다음과 같다. (1) 체세포의 callus 조직을 이용한 형질전환체는 다세포 유래이므로 chimeric transformants가 생기지만 단세포인 소포자 이용시에는 solid transformants를 획득할 수 있다. (2) 소포자 유래의 식물체는 반수체이므로 열성유전자인 경우에도 발현이 된다. (3) 소포자 유래의 형질전환체는 반수체 또는 배가반수체이므로 단기간에 품종으로 이용하는 것이 가능하다. (4) 체세포조직 유래의 callus를 이용하는 경우 탈분화와 재분화의 과정을 거쳐 식물체를 얻게 되지만 소포자배양시에는 3주 만에 배가 발생하므로 단시간에 형질전환체를 획득할 수 있다. (5) callus 이용시 재분화 식물 중에는 자연변이체 발생 비율이 높지만 소포자배 발생시에는 callus 과정을 거치지 않으므로 변이체 발생 비율이 낮다. (6) 식물에 따라서는 callus로부터 신초의 발생이 어렵거나 그 비율이 낮지만 소포자배양시에는 많은 경우 직접 배가 발생하므로 재분화에 대한 문제가 없다.

최근 유채를 비롯한 몇몇 식물에서 소포자배를 대량 획득할 수 있게 됨에 따라 bombardment 방법이나 *Agrobacteria*를 이용한 식물형질전환에 이 시스템을 이용하고자 하는 시도들이 많이 이루어지고 있으며(Polsoni *et al.*, 1988; Huang, 1992; Stoger *et al.*, 1995; Christou, 1996; Yao and Kasha, 1997), 실제로 유채(Jardinaud *et al.*, 1993), 밀(Loeb *et al.*, 1994; Folling and Olesen, 2002), 담배(Nishihara *et al.*, 1995), 보리(Harwood *et al.*, 1995; Carlson *et al.*, 2001) 등에서는 이 시스템을 이용해서 형질

전환된 소포자, callus, 배 또는 식물체들을 획득하였다.

6. 돌연변이 육종에 이용

지금까지 기내 돌연변이 유기에 이용되고 있는 callus는 체세포 유래의 2배성이며 단세포 집단이 아니다. 따라서 반수성이며 단세포 상태인 소포자는 callus를 이용할 때에 비해 돌연변이 유기에 매우 효율적이다. 소포자 돌연변이 유기 시스템의 특성을 체세포조직 유래의 callus를 이용할 때와 비교해 보면 다음과 같다. (1) 소포자 유래의 식물체는 반수성이므로 유용 변이체는 염색체 배가에 의해 당대에 homozygous한 2배체로 만들 수 있다. (2) 소포자 유래의 식물체는 반수성이므로 2배체에서는 나타나지 않았던 열성변이(recessive mutants)도 나타나게 되므로 이를 선발하여 이용할 수 있다. (3) 소포자들은 단세포 집단이므로 chimeric mutant가 아닌 solid mutant를 획득할 수 있으며, 돌연변이 유기원이 모든 소포자에 직접 작용할 수 있다. (4) 돌연변이 유기에 이용되어 왔던 callus는 재분화를 통해 식물체를 얻어야 되지만 소포자배양시에는 배양 소포자가 약 3주 만에 직접 배로 발달하기 때문에 이와 같은 과정이 필요하지 않다. 즉, 탈분화와 재분화 과정을 거치지 않고 소포자에서 바로 배가 발생하므로 재분화의 문제가 없으며 단기간에 식물체를 획득할 수 있다. (5) callus와는 달리 소포자배는 selection pressure에 대한 반응이 식물체와 유사하다. 따라서 변이체를 배의 단계에서 선발한 후 선발된 소수의 식물체만 토양에 이식하게 되므로 매우 경제적이다. (6) 소포자배양 시스템에서는 많은 집단을 대상으로 하여 변이체를 선발하게 되므로 변이체 선발이 매우 효율적이다. 일반적으로 소포자배양은 60×15 mm의 petri dish에 3m*l* 정도를 치상하는데, 이때 소포자의 치상밀도는 1m*l*에 80,000~100,000개 정도이다. 따라서 1개의 petri dish에 240,000~300,000개의 많은 소포자를 배양하게 되므로 돌연변이 육종에 의한 유용 변이체 획득에 가장 효율적인 시스템이다.

최근 유채를 비롯한 몇몇 식물에서 소포자배를 대량 획득할 수 있게 됨에 따라 이 시스템을 이용해 유용한 돌연변이를 획득하고자 하는 연구들이 이루어지고 있다 (Castillo *et al.*, 2001; Polsoni *et al.*, 1988; Swanson *et al.*, 1988; 1989).

VI. 결론

그동안 반수체를 획득하기 위해 실시되어 왔던 약 배양은 체세포 조직인 약 속에 반수성인 화분이 들어 있으므로 단세포 집단이 아니다. 또 단세포 집단을 배양하는 원형질체 배양은 체세포 유래의 2배체이다. 현재 반수성인 동시에 단세포상태인 세포집단을 배양할 수 있는 유일한 방법은 소포자배양 방법뿐이다. 따라서 소포자배양 시스템은 식물생명공학의 기초 및 응용분야에 매우 유용하게 이용될 수 있다.

그러나 현재 소포자배양이 비교적 용이하게 이루어져서 다량의 배를 획득할 수 있는 식물은 소수의 식물에 국한되어 있으며 많은 식물의 경우 소포자배양에 성공하지 못하였거나 성공한 식물에서도 배발생 비율이 매우 낮아 배빌생 기작을 밝히는 기초연구나 소포자 형질전환 또는 소포자 돌연변이에 의한 우수품종 육성에 이용되지 못하고 있다.

소포자배양이 성공하기 위해서는 (1) 소포자가 화분으로 발달하는 대신 배로 발달하는 데 적합한 조건이 구명되어야 하며, (2) 소포자배가 비정상 배가 아닌 정상 배로 발달하여 유식물체로 전환되는 비율을 높일 수 있어야 하며, (3) 획득한 반수체 식물을 배가시켜 배가반수체(doubled haploid, dihaploid)를 용이하게 만들 수 있어야 한다. 그러나 이와 같은 조건들이 식물에 따라 또는 같은 식물에서도 품종에 따라 다르기 때문에 원하는 식물에 따라 소포자 배양에 적합한 조건들이 구명되어야 한다.

앞으로 소포자배 유기 및 발달에 적합한 조건들을 구명하여 다수의 식물체를 획득할 수 있는 소포자배양 시스템이 확립되면 배발생이나 세포의 분화 발달 과정을 생화학 및 분자 수준에서 구명하는 기초연구에 유용하게 이용될 수 있을 것이다. 또 이를 이용한 소포자 형질전환시스템(microspore transformation system) 및 소포자 돌연변이 시스템(microspore mutation system)이 개발되어 주요 농작물의 품종개량에 이용될 수 있게 되면 현재 체세포조직 유래의 callus를 이용하는 방법과는 전혀 다른 매우 효율적인 방법으로 유용한 형질전환체나 돌연변이체를 생산할 수 있을 것이다. 따라서 소포자배양 시스템은 현재의 식물 생명공학 기술을 한 단계 끌어올릴 수 있는 중요한 기반 기술이 될 것이다.

VII. 고추의 소포자배양 방법 (박은준 등, 2005)

1) 모식물의 생육

고추 종자를 파종하여 4주가 되었을 때 직경이 30cm 이상 되는 화분에 1개체씩 이식한다. 이식된 식물들은 온도가 25℃이고, 광주기가 16/8시간이며, 광도는 형광등과 metal lamp를 이용하여 70~73㎛mols-1m-2가 유지되는 생장실에서 생육시킨다.

2) 적기의 꽃봉오리 채취 및 멸균

약 (anther)의 1/4~3/4 정도가 보라색으로 된 꽃봉오리를 채취한다. 이와 같이 착색된 약 내에는 후기 1핵성 소포자 또는 초기 2핵성 화분이 들어 있다. 채취한 꽃봉오리들은 2% sodium hypochlorite용액에서 7분간 멸균한 후 멸균수로 4~5회 수세한다.

3) 소포자의 나출

약 내 소포자를 나출시키기 위해 Microblender의 컵(Waring blender, 8575 micro container)에 약 30개의 꽃봉오리를 넣고 7m*l*의 전처리 배지를 첨가한 후 high speed(약 18,000rpm)에서 5초씩 2회 blending한다. 절단된 약 내에 남아 있는 소포자들을 꺼내기 위해 blending이 끝난 것을 voltexing한다. 이때 microblender와 전처리 배지는 냉장고에 보관하였던 것을 사용한다.

4) 소포자의 수확 및 수세

Sieve를 사용하여 체세포조직 파편(debris)들과 소포자들을 분리하고 1,000rpm에서 5분간 원심분리하여 소포자를 수확한다. 소포자 pellet에 전처리 배지를 첨가하여 충분히 수세한 후 1,000rpm에서 5분간 원심분리하여 소포자를 모은다. 이와 같은 수세 과정을 3회 반복한다.

이때 소포자의 활력은 Heslop-Harrison(1992)의 방법에 따라 Fluorescein diacetate(FDA) 2mg을 1m*l*의 acetone에 녹여 stock solution을 만들어 보관한 후 필요에 따라 stock solution 2㎕를 1m*l*의 증류수에 희석하여 사용한다.

5) 소포자의 전처리(microspore pretreatment)

전처리 배지에 plating density가 약 200,000micrspore/m*l*로 되도록 hemocytometer를 사용하여 조정한 후 90×20mm 크기의 petri dish에 9~12m*l*씩 분주하고 parafilm으로 봉한 후 건조를 막기 위해 멸균수로 적신 filter paper가 들어 있는 140×20mm petri dish에 넣어 다시 parafilm으로 봉하여 32℃에서 3일간 처리한다.

6) 소포자의 수세(washing)

전처리가 끝난 후 소포자들을 50m*l* centrifuge tube에 모아 원심분리하여 모은 후 치상배지(embryo induction medium)로 1회 수세한다.

7) 소포자의 치상(plating)

치상배지에 plating density가 80,000~100,000 microspore/m*l*로 되도록 조정한 후 petri dish에 1~3m*l*씩 분주한 후 parafilm으로 봉한다.

8) 소포자의 배양(microspore culture)

소포자가 들어 있는 petri dish를 일반 시중에서 사용되는 투명한 plastic box에 넣은 후 27℃, 암 상태에서 배양한다.

9) 배의 발아(embryo germination)

배양 4주 후 발생한 자엽배(cotyledonary embryo)는 배발아 배지(sucrose 2%가 첨가된 B5 고체배지)로 옮긴 후 25℃, 16/8시간 광주기인 배양기에서 배양하여 유식물체로 발달시킨다.

참고문헌

- Baillie AMR, Epp DJ, Hutcheson D, Keller WA (1992) In vitro culture of isolated microspores and regeneration of plants in Brassica campestris. Plant Cell Reprod 11: 234~237
- Biddington NL, Robinson HT (1991) Ethylene production during anther culture of Brussels sprout (Brassica oleracea var. gemmifera) and its relationship with factors that affect embryo production. Plant Cell Tissue Organ Cult 25: 169~177
- Binarova P, Hause G, Cenklova V, Cordewener JHG, van

Lookeren Campagne MM (1997) A short severe heat shock is required to induce embryogenesis in late bicellular pollen of Brassica napus L. Sex Plant Reprod 10: 200~208

- Carlson AR, Letarte J, Chen J, Kasha KJ (2001) Visual screening of microspore-derived transgenic barley (Hordeum vulgare L.) with green-fluorescent protein. Plant Cell Reports 20: 331~337
- Castillo AM, Cistué L, Vallés MP, Sanz JM, Romagosa I, Molina-Cano JL (2001) Efficient production of androgenic doubled-haploid mutants in barley by the application of sodium azide to anther and microspore cultures. Plant Cell Reports 20: 105~111
- Christou P. (1996) Pollen transformation. In: Particle bombardment for genetic engineering of plants. L.G. Landes Company and Academic Press, Inc. Texas California pp 169~175
- Chuong PV, Beversdorf WD (1985) High frequency embryogenesis through isolated microspore culture in Brassica napus L. and B. carinata braun. Plant Science 39: 219~226
- Custers JBM, Cordewener JHG, Dons HJM, Van Lookeren Campagne MM (1996) Regulation of the inductive phase of microspore embryogenesis in Brassica napus. In: Ed JS, Dias, I Crute, AA Monteiro. Proc. Int. Sym. on Brssicas. Ninth Crucifer Genetics Workshop Acta Hort 407: 209~217
- Custers JBM, Cordewener JHG, Nöllen Y, Dons HJM, van Lookeren Campagne MM (1994) Temperature controls both gametophytic and sporophytic development in microspore cultures of Brassica napus. Plant Cell Reports 13: 267~271
- Datta S (2001) Androgenesis in cereals. In: Current trends in the embryology of angiosperms. SS Bhojwani and WY Soh (eds.) Kluwer Academic Publisher. Netherlands. pp 471~488
- Datta SK, Wenzel G (1987) Isolated microspore derived plant formation via embryogenesis in Triticum aestivum L. Plant Science 48: 49~54
- Davies PA, Morton S (1998) A comparison of barley isolated microspore and anther culture and the influence of cell culture density. Plant Cell Reports 17: 206~210
- Decout E, Dubois T, Guedira M, Dubois J, Audran JC, Vasseur J (1994) Role of temperature as a triggering signal for organogenesis or somatic embryogenesis in wounded leaves of chicory cultured in vitro. Journal of Experimental Botany 45: 1859~1865
- Dumas de Vaulx R, Chambonnet D, Pochard E (1981) In vitro culture of pepper (Capsicum annuum L.) anthers: high rate plant production from different genotypes by +35 ℃ treatments. Agronomie 1: 859~864
- Folling L, Olesen A (2001) Transformation of wheat (Triticum aestivum L.) microspore -derived callus and microspores by particle bombardment. Plant Cell Rep 20: 1098~1105
- Guha S, Maheshwari SC (1964) In vitro production of embryos from anthers of Datura. Nature 204: 497
- Harwood WA, Bean SJ, Chen DF, Mullineaus PM, Snape JW (1995) Transformation studies in Hordeum vulgare using a highly regenerable microspore system. Euphytica 85: 113~118
- Hays DB, Reid DM, Yeung EC, Pharis RP (2000) Role of ethylene in cotyledon development of microspore-derived embryos of Brassica napus. Journal of Experimental Botany 51: 1851~1859
- Hoekstra S, van Zijderveld, M.H., Louwerse, J.D., Heidekamp, F. & van der Mark, F. (1992) Anther and microspore culture of Hordeum vulgare L. cv Igri. Plant Sci 86: 89~96
- Höfer M, Touraev A, Heberle-Bors E (1999) Induction of embryogenesis from isolated apple microspores. Plant Cell Reports 18: 1012~1017
- Hu T, Kasha KJ (1997) Improvement of isolated microspore culture of wheat (Triticum aestivum L.) through ovary co-culture. Plant Cell Reports 16: 520~525
- Hu T, Kasha KJ (1997) Performance of isolated microspore-derived doubled haploids of wheat (Triticum aestivum L.). Can J Plant Sci 77: 549~554
- Hu TC, Ziauddin A, Simion E, Kasha KJ (1995) Isolated microspore culture of wheat (Triticum aestivum L.) in a defined media. I. effects of pretreatment, isolation methods, and hormones. In Vitro Cell Dev Biol 31: 79~83
- Huang B (1992) Genetic manipulation of microspores and microspore-derived embryos. In Vitro Cell Devel Biol 281: 53~58
- Immonen S, Anttila H (2000) Media composition and anther plating for production of androgenetic green plants from cultivated rye (Secale cereale L.). J Plant Physiol 156: 204~210
- Jöhne A, Lörz H (1995) Cereal microspore culture. Plant Science 109: 1~12
- Jardinaud, M-F., Souvre, A. & Alibert, G. (1993) Transient GUS gene expression in Brassica napus electroporated microspores. Plant Sci 93: 177~184
- Kim M, Kim J, Yoon M, Choi DI, Lee KM (2004) Origin of multicellular pollen and pollen embryos in cultured anthers of pepper (Capsicum annuum L.). Plant cell, tissue and organ culture 77(1): 63~72
- Keller WA, Arnison PG, Cardy BJ (1987) Haploids from gametophytic cells-recent developments and future prospects, In CE Green, DA Somers, WP Hackett, DD Biesboer (eds). Plant
- Kuhlmann U, Foroughi-Wehr B (1989) Production of doubled haploid lines in frequencies sufficient for barley breeding programs. Plant Cell Reports 8: 78-81Tissue and

Cell Culture. Alan R Liss, Inc., New York, pp 223~241

□ Kunz C, Islam SMS, Berberat J, Peter SO, Buter B, Stamp P, Schmid JE (2000) Assessment and improvement of wheat microspore derived embryo induction and regeneration. J Plant Physiol 156: 190~196

□ Kyo M, Harada H (1986) Control of the developmental pathway of tobacco pollen in vitro. Planta 168: 427~432

□ Kyo M, Harada H (1985) Studies on conditions for cell division and embryogenesis in isolated pollen culture of Nicotiana rustica. Plant Physiol 79: 90~94

□ Lichter R (1982) Induction of haploid plants from isolated pollen of Brassica napus. Z. Pflanzenphysiol. Bd 105: 427~434

□ Li H, Devaux P (2001) Enhancement of microspore culture efficiency of recalcitrant barley genotypes. Plant Cell Rep 20: 475~481

□ Lionneton E, Beuret W, Delaitre C, Ochatt S, Rancillac M (2001) Improved microspore culture and doubled-haploid plant regeneration in the brown condiment mustard (Brassica juncea). Plant Cell Reports 20: 126~130

□ Liu W, Zheng MY, Konzak CF (2002) Improvement green plant production via isolated microspore culture in bread wheat (Triticum aestivum L.). Plant Cell Rep 20: 821~824

□ Liu W, Zheng MY, Polle EA, Konzak CF (2002) Highly efficient doubled-haploid production in wheat (Triticum aestivum L.) via induced microspore embryogenesis. Crop Sci 42: 686~692

□ Loeb T, Reynolds T. (1994) Transient expression of the gusA gene in pollen embryods of wheat following microprojectile bombardment. Plant Science 104: 81~91

□ Miyoshi K (1996) callus induction and plantlet formation through culture of isolated microspores of eggplant (Solanum melongena L.). Plant Cell Reports 15: 391~395

□ Mordhorst, A.P. & Lörz, H. (1993) Embryogenesis and development of isolated barley(Hordeum vulgare L.) microspores are influenced by the amount and composition of nitrogen sources in culture media. J Plant Physiol 142: 485~492

□ Nageli M, Schmid JE, Stamp P, Buter B (1999) Improved formation of regenerable callus in isolated microspore culture of maize; impact of carbohydrates, plating density and time of transfer. Plant Cell Reports 19: 177~18

□ Nishihara M, Ito M, Tanaka I, Kyo M, Ono K, Irifune K, Morikawa H (1993) Expression of the β-glucuronidase gene in pollen of lily (Lilium longiflorum), tabacco (Nicotiana tabacum), Nicotiana rustica, and peony (Paeonia lactiflora) by particle bombardment. Plant Physiol 102: 357~361

□ Park EJ, Kim JA, Lee JS, J IC, Yoon MC, Chumg SH, Kim M (2005) The influence of pretreatment period, 2-hydroxynicotinic acid, and anther co-pretreatment on embryo induction in isolated microspore culture of Capsicum annuum L. Korean J Plant Biotechnology 32(1): 37~44

□ Pedroso MC, Pais MS (1994) Induction of microspore embryogenesis in Camellia japonica cv. Elegans. Plant Cell, Tissue and Organ Culture 37: 129~136

□ Peng M, Wolyn DJ (1999) Improved callus formation and plant regeneration for shed microspore culture in asparagus (Asparagus officinalis L.). Plant Cell Reports 18: 954~958

□ Penhuizic C LL, Chatelet C, Kloareg B, Potin P (2001) Carrageenan oligosaccharides enhance stress-induced microspore embryogenesis in Brassica oleracea var. italira. Plant Science 160: 1211~1220

□ Pescitelli SM, Johnson CD, Petolino JF (1990) Isolated microspore culture of maiz: effects of isolation technique, reduced temperature, and sucrose level. Plant Cell Reprod 8: 628~631

□ Polsoni L, Kott LS, Beversdorf WD (1988) Large-scale microspore culture technique for mutation selection studies in Brassica napus. Can J Bot 66: 1681~1685

□ Raghavan V (1976) Role of generative cell in androgenesis in Henbane Sci 191: 388~389

□ Raina SK, Irfan ST (1998) High-frequency embryogenesis and plantlet regeneration from isolated microspores of indica rice. Plant Cell Reports 17: 957~962

□ Scott P, Lyne RL (1994) The effect of different carbohydrate sources upon the initiation of embryogenesis from barley microspores. Plant Cell Tissue. Organ. Cult. 36: 129~133

□ Shtereva LA, Zagorska NA, Dimitrov BD, Kruleva MM, Oanh HK (1998) Induced androgenesis in tomato (Lycopersicon esculentum Mill). ll. factors affecting induction of androgenesis. Plant Cell Reports 18: 312~317

□ Siebel J, Pauls KP (1989) A comparison of anther and microspore culture as a breeding tool in Brassica napus. Theor Appl Genet 78: 473~479

□ Stoger E, Fink C, Pfosser M (1995) Plant transformation by particle bombardment of embryogenic pollen. Plant Cell Reports 14: 273~278

□ Sunderland N, Collins CB, Dunwell Jm (1974) The role of nuclear fusion in pollen embryogenesis of Datura innoxia Mill. Planta 117: 227~241

□ Sunderland N, Wicks FM (1971) Embryoid formation in pollen grains of Nicotiana tabacum. J Exp Bot 22: 213~226

□ Swanson EB (1990) Microspore culture in Brassica : In JW Pollard and JM Walker, eds, Methods in molecular biology, Vol. 6, Plant cell and tissue culture. Humana Press, New Jersey pp 159~170

□ Swanson EB, Herrgesell MJ, Arnoldo M, Sippell DW, Wong RSC (1989) Microspore mutagenesis and selection: Canola plants with field tolerance to the imidazolinones. Theor

Appl Genet 78: 525~530

□ Swanson EB, Coumans MP, Brown GL, Patel JD, Beversdorf WD (1988) The characterization of herbicide tolerant plants in Brassica napus L. after in vitro selection of microspores and protoplasts. Plant Cell Reports 7: 83~87

□ Swanson EB, Coumans MP, Wu SC, Barsby TL, Beversdorf WD (1987) Efficient isolation of microspores and the production of microspore-derived embryos from Brassica napus. Plant Cell Reports 6: 94~97

□ Telmer CA, Newcomb W, Simmonds DH (1993) Microspore development in Brassica napus and the effect of high temperature on division in vivo and in vitro. Protoplasma 172: 154~165

□ Touraev A, Vicente O, Heberle-Bors E (1997) Initiation of microspore embryogenesis by stress. Trends Plant Sci 2: 297~302

□ Touraev A, Ilham A, Vicente O, Heberle-Bors E (1996) Stress-induced microspore embryogenesis in tobacco: an optimized system for molecular studies. Pant Cell Reports 15: 561~565

□ Touraev A, Indrianto A, Wratschko I, Vicente O, Heberle-Bors E (1996) Efficient microspore embryogenesis in wheat (Triticum aestivum L.) induced by starvation at high temperature. Sex Plant Reprod 9: 209~215

□ van Bergen S, Kottenhagen MJ, van der Meulen RM, Wang M (1999) The role of abscisic acid in induction of androgenesis: A comparative study between Hordeum vulgare L. Cvs. Igri and Digger. J Plant Growth Regul 18: 135~143

□ Yao QA, Kasha KJ (1997) Potential of biolistic transformation of barley microspores based on viability and transient β-glucuronidase activity. Genome 40: 639~643

□ Zaki M, Dickinson, HG (1991) Microspore-derived embryos in Brassica: the significance of division symmetry in pollen mitosis I to embryogenic development. Sex Plant Reprod 4: 48~55

□ Zhao J, Simmonds DH, Newcomb W (1996) High frequency production of doubled haploid plants of Brassica napus cv. Topas derived from colchicine-induced microspore embryogenesis without heat shock. Plant Cell Reports 15: 668~671

□ Zheng MY, Liu W, Weng Y, Polle E (2001) Culture of freshly isolated wheat (Triticum aestivum L.) microspores treated with inducer chemicals. Plant Cell Rep 20: 685~690

□ Ziauddin A, Marsolais A, Simion E, Kasha KJ (1992) Improved plant regeneration from wheat anther and barley microspore culture using phenylacetic acid (PAA). Plant Cell Reports 11: 489~498

□ Ziauddin A, Simion E, Kasha KJ (1990) Improved plant regeneration from shed microspore culture in barley (Hordeum vulgare L.) cv. igri. Plant Cell Reports 9: 69~72

04

체세포배 발생과 인공종자 개발 연구

김용환
농촌진흥청 농업생명공학연구원

I. 서론

식물의 영양번식은 1900년까지 거슬러 올라간다. Goebel(1900)은 어린 가지를 삽목하는 것이 성숙한 가지의 경우보다 발근이 용이하다는 사실을 발견하였으나 일반적 지식이 되지 못하다가 과학적으로 설명된 것은 식물생장조절제의 역할이 밝혀지고 나서이다. 식물생장조절제의 발견으로 인하여 조직과 기관배양이 가능하게 되었으며 배양된 체세포로부터 배(胚)가 발생하는 현상이 발견되었고 접합자배(接合子胚, zygotic/sexual embryo)와 대비되는 개념으로 체세포배(體細胞胚, somatic embryo)로 부르게 되었다. 체세포배분화는 기관분화에 비하여 대량으로 유도할 수 있고 체세포변이(somaclonal variation) 발생이 낮아 이상적인 영양번식 수단으로 활용할 수 있다.

실용화를 위해서는 생리적으로 성숙한 체세포배를 대량생산할 수 있도록 scale-up 연구가 필요하고 시험관이나 배양기 생산 후 외부의 토양 등 불량환경을 극복할 수 있도록 보호조치가 필요하며 이를 위해서 인공배유 또는 인공종피 역할을 수행할 수 있는 물질을 이용하여 체세포배를 코팅처리 또는 캡슐화하여 인공종자화로 개발하기 위한 delivery system 연구가 활발히 수행되었다. 이처럼 인공 종피물질 코팅에 의한 인공종자 개발은 Murashige (1978)에 의하여 처음으로 제안된 후로 많은 연구자들에 의하여 연구가 진행되어 왔는데 인공종자(artificial seeds) 또는 합성종자(synthetic seeds)로 부르고 있다. 여기에서는 체세포배 인공종자 연구개발 동향과 체세포배 경화연구(hardening), 체세포배를 건조하여 이용하려는 건조형 인공종자(desiccated system), 그리고 캡슐형 인공종자(hydrated system) 개발 등에 관하여 기술하고자 한다.

II. 체세포배 발생 및 이용 연구

1. 체세포배 발생 연구

체세포배 발생(somatic embryogenesis)은 암수 배우자

의 직접적인 융합(gametic fusion) 없이 체세포로부터 원배(原胚)가 발생하고 성숙배(成熟胚)로 발달하는 현상으로서 여러 식물 종에서 보고되었다(Raghavan, 1986; Tisserat *et al.*, 1979). In vivo 상태에서 자연적으로 발생하는 체세포배는 일반적으로 배주(ovule) 내의 nucellus 조직 또는 세포와 관련되어 있는 경우가 대부분이며 이러한 현상은 운향과(Rutaceae)에 속하는 식물, 특히 Citrus 속 식물에서 매우 빈번히 발견되며(Street and Wither, 1974) 흔히 apomixis의 여러 기구 중 하나로 해석하기도 한다.

그런데 Steward 등(1958)과 Reniert(1958)는 당근의 현탁세포 배양과정에서 극성(極性)을 가진 배와 유사한 embryo-like structure를 발견하고 embryo와 유사하다는 의미에서 embryoid라고 명명하였다. 그 후의 계속된 연구에 의하여 이것은 발생학적 과정 및 구조면에서 embryo와 동일한 것으로 판명되었고 접합자배(zygotic embryos)와 대비 개념을 갖는 체세포배(somatic embryo)라고 부르게 되었다. 체세포배와 접합자배의 발생단계는 구형, 심장형, 어뢰형 및 떡잎형 단계 등 서로 간에 매우 비슷하지만 발생의 출발점이 되는 시원(始原)에 대해서는 접합자배와 같이 단세포일 것으로 추정하여 왔는데(Haccius, 1978; Sussex, 1972) 체세포배 발생은 단세포로부터 출발한다는 사실이 Kim과 Janick(1989a) 등 여러 연구자들에 의하여 보고되었다.

일반적으로 체세포배는 auxin 조건하에서 배양된 세포를 auxin-free 또는 낮은 농도의 auxin 조건에서 배양하였을 때 유기되며 2,4-D가 가장 일반적으로 사용되는 auxin이다. Sung과 Okimoto(1981)는 당근 세포를 2,4-D 첨가배지에서 배양하였다가 2,4-D를 배제한 배지로 옮겼을 때 두 종류의 배(胚) 특이적 단백질이 발현되었으며 다시 2,4-D를 첨가하였을 때 이 단백질들이 사라지는 현상을 보고함으로써 auxin의 일종인 2,4-D가 체세포배 발생에 중요한 역할을 하는 것으로 보인다. 한편 Raghavan(1986)은 2,4-D가 체세포배 발달을 억제하는 것으로 주장하였다. 따라서 auxin은 배양세포로부터 체세포배 발생을 유도하는 역할을 수행하지만 배의 지속적 발달은 억제하는 것으로 추정된다.

배양세포로부터 체세포배 발생이 발견 후 약 40년 동안 조직 및 세포배양에 의한 체세포배 발생 현상은 약 150여 종 이상의 식물 종에서 보고되었고, 체세포배를 이용하여 식물의 대량 증식 실용화와 유전자 형질전환 기법에 적용되고 있다.

2. 체세포배의 이용연구

체세포배 발생 현상의 실용적 이용은 기관분화 현상(organogenesis)과 달리 체세포변이(somaclonal variation)가 최소화된 클론의 대량번식 수단으로서 인공종자 생산과 최근의 유용 유전자 형질전환 식물체 생산의 수단으로 활용하는 것이다.

대량번식을 위해서는 체세포로부터 정상적인 식물체로 발달이 필수적인 단계인데 zygotic embryos와는 달리 체세포배는 휴면(dormancy) 또는 정지기(quiescence)가 없어 곧바로 발아함으로써 종자로서의 저장 및 불량환경에 대한 저항성을 갖지 못하는 것이 걸림돌이다. 따라서 기내에서 생산된 체세포배가 완전한 식물체로 발아 및 발달(conversion)할 수 있도록 진정종자와 유사한 성숙 조건을 갖추도록 하거나(maturation), 체세포배를 보호할 수 있는 인공종피(人工種皮, synthetic seed coat) 및 배유를 이용하는 연구가 수행되었다. 인공종자 개발에 이용하고자 하는 체세포배가 완전한 식물체로 발아 및 발달을 위해서는 다음과 같은 조건을 충족하여야 한다.

① 체세포배 발아(幼根 신장) 및 뿌리 발달
② 줄기 생장점 발달과 생장
③ 최소한 2매 정도의 본엽 발달
④ 줄기와 뿌리의 완전한 연결 시스템 발달
⑤ 기내배양 식물체에서 흔히 나타나는 하배축 팽창현상 및 칼루스 발생 극복
⑥ 정상적 표현형을 나타내는 녹색 식물체 생산

체세포배를 보호하면서 배유의 기능도 동시에 수행할 수 있도록 인공종피로 이용하기 위한 물질은 다음과 같은 조건을 갖추어야 한다.

① 배의 발아와 생장에 해롭지 않으며 배의 수분상태를 유지 역할 수행
② 수분에 의하여 쉽게 녹아 분해되고 토양에 잔류시 뿌리의 생장에 부정적 영향이 없어야 함
③ 영양분 또는 농약 등 첨가 성분을 보유하는 능력 보유
④ 온도변화에 의한 용해도(溶解度, solubility) 및 유동도(流動度, fluidity) 차이가 없어야 함

III. 인공종자 개발 연구 동향

식물 종자의 핵심인 배는 영양성분 저장, 물질 수송, 그리고 외부 불량환경 및 침입자로부터 자신을 보호하기 위하여 영양분 저장기관인 배유와 종피로 구성되어 있다. 그러나 체세포배는 배유와 종피를 가지고 있지 않으므로 이들의 역할을 수행할 수 있도록 영양성분을 함유하거나 배를 보호할 수 있는 물질로 피복하여 체세포배를 진정종자처럼 번식에 이용하고자 하는 것이 인공종자의 개념이다. 따라서 종자의 발아 및 초기생장에 필요한 영양분이 떡잎에 있는 무배유 종자(non[ex]albuminous seed)인 식물의 체세포배가 인공종자 개발에 적합한 대상이라고 할 수 있을 것이다.

1. 인공종자의 의의

체세포배를 이용한 인공종자 개발의 장점은 무엇보다도 세포배양을 통한 무병균주의 대량증식 방법 중 체세포변이 발생으로부터 가장 자유스럽다는 것 이외에 F1 잡종강세 현상을 종자생산 과정 없이 지속적으로 활용할 수 있다는 사실일 것이다. McKersie 등(1989)은 F1 알팔파의 인공종자 개발 연구를 보고하였는데, 알팔파는 타가수정을 하는 동질4배체 작물로서 일반적으로 합성품종 (synthetic variety) 형태로 상업화되고 있다. 따라서 해마다 우수한 근교계들 간에 교잡을 유도하고 후대를 채종하여 이용하는 번거로움이 있으나 이들 후대집단 중에서 조합능력이 우수한 개체를 선발하여 합성품종과는 달리 유전적 균일성을 갖는 체세포배를 대량으로 생산하여 인공종자로 개발한다면 우수한 품종을 낮은 생산비와 짧은 기간에 공급할 수 있을 것이다.

또한 유용유전자 형질전환에 의하여 개발된 불임성(不姙性) 혹은 무종자(無種子) 유전자변형 작물의 대량번식 수단으로도 활용할 수 있다. 유전자변형 작물로부터의 gene flow는 생태계의 생물다양성에 미칠 수 있는 부정적인 영향 때문에 실용화를 반대하는 경향이 심하다. 특히 인간 등 동물의 유전자의 경우나 산업용 물질 생산 유전자의 경우에는 엄격한 심사 및 관리가 요구되기 때문에 불임 또는 종자를 생산하지 못하도록 조작할 필요가 있다. 이런 경우를 위하여 체세포배의 대량생산에 의한 인공종자 기술을 적용하면 매우 효율적일 수 있다.

2. 인공종자의 유형

체세포배의 인공종자화에 의한 대량번식을 위해서는 정상 체세포배의 대량 생산, 체세포배의 발아 및 정상적 식물체로의 발달, 그리고 ex vitro 상태인 토양에서의 높은 생존율 확보 등을 가능하게 할 수 있는 시스템이 필요하다. 이러한 조건들을 충족시킬 수 있는 수단으로서 체세포배를 이용한 대량번식을 위하여 시도된 대표적인 delivery 방법들을 살펴보면 다음과 같다.

1) Fluid drilling법

종자파종 생력화의 한 방법으로서 비료성분 및 살균제 등 농약을 첨가한 매우 묽은 polymer gel 용액에 종자를 혼합하여 파종하는 방법인데, Drew(1979)가 당근 체세포배를 사용하여 gel suspension화하여 최초로 시도하였는데 약간의 체세포배들이 용기(容器) 외부의 불량환경 조건에서 살아남았으며 carbohydrate-free 반고체 배지에서 발아하였는데, 단 3개체 식물만이 살아남았다. 그 후 고구마 체세포배를 이용하여 시도한 초기 형태의 체세포배 인공종자화 유형의 한 방법이다. Kitto 등(1991)이 당근 체세포배를 이용하여 scale-up 연구를 수행하였으나 실용화 수준의 후속연구는 보고되지 않았다.

2) Hydro gel 코팅법

Sodium alginate용액은 상온에서 용액상태로 존재하다가 금속이온과 접촉하면 alginate의 guluronic acid 분자상의 카복실산기와 이온결합하여 complex를 형성하고 bead capsule을 형성하는데 이를 이용하여 알팔파 체세포배(Redenbaugh *et al.*, 1986), 당근 체세포배(Kamada H *et al.*, 1989), 셀러리 체세포배(Kim *et al.*, 1986), 그리고 shoot meristem를 이용하여 시도한 방법이다.

3) 수용성 resin 코팅법

농약 등의 포장에 이용되는 Polyethylene oxide homopolymer 용액에 체세포배를 혼합한 후 건조하면 매우 얇은 피막을 형성하는데 당근 체세포배(Kitto, S. L. and J. Janick, 1985b)와 셀러리 체세포배(Kim Y. H. and

J. Janick, 1989b) 등을 이용하여 시도한 방법이다.

이들 방법 외에도 체세포배의 피복처리 없이 직접건조와 생존율 향상에 의한 인공종자화 노력도 보고되었으나(Gary, 1989) 그 자체는 실용적 적용을 목적으로 하는 연구는 아니었다.

IV. 인공종자 개발을 위한 체세포배 경화(硬化, Hardening) 연구

체세포배 대량번식을 목적으로 대기 및 토양에 노출시켰을 때 가해지는 환경스트레스 중 가장 영향이 큰 것은 체내로부터 수분의 손실(dehydration)에 의한 건조이다. 또한 기내배의 영양요구성(auxotroph)과 토양병원균 감염도 실용화를 위하여 극복하여야 할 문제이다. 체세포배의 성숙도(maturity) 향상은 인공종자화를 포함한 번식 수단으로서의 실용화를 위한 최대의 장애물이며, 조기발아(precocious germination), 불균일 발아(asynchronous germination), 그리고 현장에 적용하기에는 너무 낮은 발아율 등이 주요 문제점들이다. 이러한 문제 해결을 위하여 가장 기본적인 것은 체세포배 발달과정에서 성숙도를 최대한 증가시키는 것이며, 배 발생 과정에 osmotic treatment와 생장조절제 처리 등을 이용한 경화(hardening) 연구들이 보고되었다.

1. Osmotic treatment에 의한 경화 연구

체세포배 유기 배지의 osmoticum 함량 증가에 의한 배의 성숙도(maturation) 증가를 시도한 연구들이 수행되었고 이 결과는 체세포배의 건조(dehydration) 또는 인공종자화 후의 생존율을 높이는 것으로 보고되었는데 주로 탄소원인 sucrose를 osmoticum으로 이용하였다. Kim (1987)은 셀러리 체세포배 유기를 위한 현탁배양 과정에서 6% sucrose 처리가 성숙배 비율을 증가시키고 조기발아를 억제하였음을 보고하였고, 이 체세포배는 건조 후에도 높은 생존율을 보이는 것으로 나타났다(Janick *et al.*, 1989). 배양기에서 유도된 가시오가피 체세포배를 9% sucrose가 포함된 반고체 배지에서 배양한 결과 체세포배 내의 ABA함량이 일반적인 배양의 경우보다 2배나 높아졌다(Choi and Jeong, 2002). 이는 osmotic stress에 의하여 체세포배의 휴면 또는 정지기(arrested stage)가 유도된 결과로 보이며, 이 체세포배들은 수분함량 15%까지 건조한 후의 생존율이 증가하여 in vitro조건에서 sucrose를 이용한 체세포배 성숙도의 증진효과가 외부 불량 환경조건에서 체세포배의 생존과 관련될 수 있음을 제시하고 있다.

Sucrose와 PEG(polyethylene glycol)를 osmoticum으로 사용하여 셀러리 체세포배의 성숙도를 증가시킨 연구가 보고되었는데(Saranga *et al.*, 1992) 체세포 배양 마지막 단계에서 이들의 처리(384 mOs/kg H_2O, 대조구는 190 mOs/kg H_2O)에 의하여 건조처리(desiccation) 후 체세포배 생존율이 향상되었다. 특히 건조처리 후 체세포배 내의 sucrose 함량은 증가하고 환원당 함량은 감소하였으며, proline 축적량은 4배 정도 증가하여 osmotic 처리가 체세포배의 내생적 수분 스트레스에 대한 저항성을 유도한 것으로 보인다.

또한 탄소원의 종류에 따른 체세포배 성숙도 변화에 대한 연구가 보고되었는데, Uddin 등(1990)은 Pinus taeda의 체세포배 유기를 위하여 6% maltose 및 glucose를 ABA와 함께 공급함으로써 sucrose에 비하여 우수한 배 발생을 관찰하였고, Nörgaard와 Krogstrup(1990)은 maltose와 lactose가 sucrose보다 Abies nordmannia 체세포배의 성숙에 더 효과적임을 보고하였다.

2. ABA에 의한 경화 연구

Abscisic acid(ABA)는 배양세포의 생리적 기작에 미치는 기능이 분명하지는 않지만 체세포배의 성숙과 발달에 중요한 역할을 하는 것으로 보이며, 특히 체세포배의 비정상적 발달과 조기발아를 방지함으로써 건조에 대한 저항성을 증진시키고(Amimirato, PV., 1974; Kim *et al.*,1987; Kim and Janick,1989b), 저장성 지질이나 단백질 축적을 증진시킴으로써(Avgioglu and Knox,1989; Kim and Janick, 1991) 체세포배의 동조성숙(synchronized maturation)을 조장하는 것으로 보인다.

Kim과 Janick(1989b)은 일반적 방법에 의하여 생산된 셀러리 체세포배는 lamina flow hood 조건에서 5시간 건

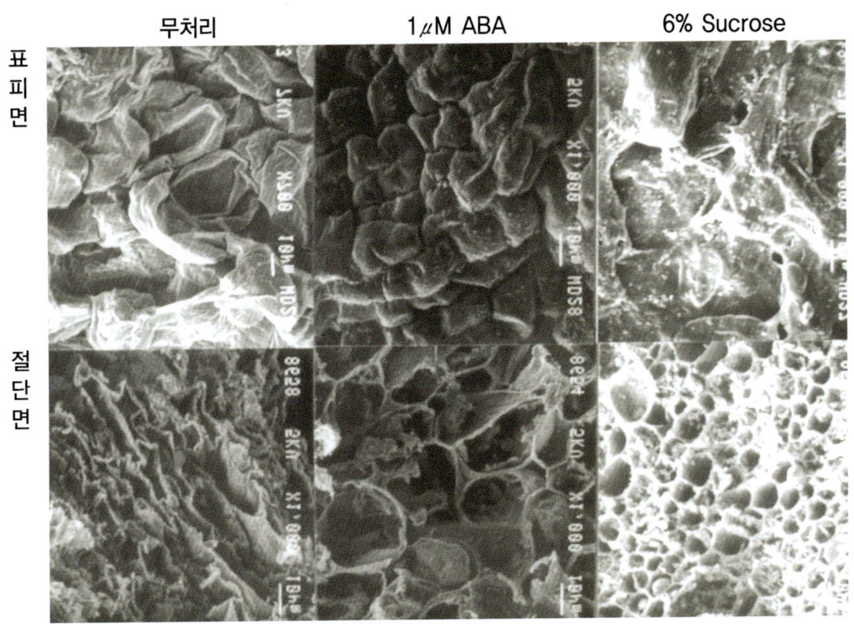

그림 4-1 전자주사현미경으로 본 ABA와 sucrose 첨가 배양 경화 처리한 셀러리 체세포배의 건조 후 표면 및 절단면

(김용환, 1989, unpublished data)

조 처리한 경우에 생존할 수 없었으나, 체세포배 유기를 위한 현탁배양 과정에 1 μM ABA를 첨가한 경우에는 5.4%의 생존율을 나타냈고 70% 또는 90% 상대습도에서 48시간 또는 72시간 동안 건조 처리하여도 생존함을 보고하였다. ABA는 저장에너지원을 증진시킴으로써 성숙도를 향상하는 것으로 보고되었는데, Kim과 Janick(1991)은 체세포배의 성숙도에 미치는 ABA의 영향을 알기 위하여 셀러리 접합자배(zygotic embryos)와 체세포배의 지방산 축적량을 조사하였는데 접합자배의 지방산 함량은 365mg/g^{-1}dry wt.(중량의 36.5% 조지방)인 반면 체세포배는 약 45mg/g^{-1}dry wt.(중량의 3~5% 조지방)로서 매우 낮았다. 체세포배 성숙과정 중 ABA처리에 의하여 총지방산 함량은 2배 이상 증가하였고 이는 건조처리 후의 생존율 증가와 관련이 있었다. 또한 sucrose density gradient를 이용하여 성숙 배를 분리하여 총지방산 함량을 조사한 결과 성숙도가 높은 체세포배의 축적량이 많았고 지방산 축적량이 많은 체세포배는 건조 후 생존율이 높았다(Kim and Janick, 1990). 이와 같은 ABA의 체세포배 성숙도 향상에 미치는 영향은 당근 체세포배를 이용한 Timbert 등(1996)의 연구에 의해서도 입증되었는데 이들은 ABA가 단백질 등 저장물질의 축적을 증가시킴으로써 체세포배의 건조에 대한 저항성을 증진시키는 것으로 보고하였다. 이는 ABA가 체세포배의 조기발아를 억제하여 일시휴면 또는 정지상태(arrested stage)를 유도함으로써 지방산, 단백질 및 전분 등 저장에너지원의 축적으로 연결되는 것으로 추측하게 한다. 또 ABA를 이용한 체세포배 경화 연구를 위하여 알팔파 체세포배를 이용한 실험(Fujii *et al.*, 1989)에서도 체세포배의 생존 및 식물체로 전환율이 생장상내의 토양에서 48%(대조구 0%)이었으며 온실조건에서 64%(대조구 6%)로 향상된 결과가 관찰되었으며, 당근 체세포배를 이용한 실험에서도 alginate 캡슐코팅 전 10일간의 ABA 전처리가 캡슐의 수분 95%까지 제거한 건조 처리 후 체세포배의 발아율을 증진시켰다(Liu JR *et al.*, 1992). Choi와 Jeong(2002)도 체세포 유기용 현탁배지의 sucrose 함량증가에 의한 osmotic stress가 내생 ABA 함량 증가를 가져왔고, 이것은 체세포배의 건조저항성의 증진으로 연결됨을 보고함으로써 ABA가 체세포배의 성숙도 증진에 긍정적 영향을 미치고 있는 것으로 생각할 수 있다. 그러나 그 기작이 세포내에서의 직접적인 생리작용 결과인지 체세포배의 크기나 밀도 등 변화에 의한 간접적 작용효과인지를 구명하기 위해서는 더 면밀한 연구가 필요하다.

체세포 유기과정에서 ABA와 sucrose를 이용하여 경화

처리한 셀러리 체세포배를 건조 처리하여 체세포배의 표면과 액체질소에 침지한 상태에서 양쪽 끝에 물리적 힘을 가하여 파쇄한 절단면을 전자주사현미경(SEM)으로 관찰한 결과 ABA와 sucrose를 처리하여 경화한 체세포배는 건조 후에도 원형에 가까운 세포골격을 유지한 반면, 무처리 대조 체세포배의 경우에는 탈수과정에서 세포가 파괴되어 원래의 형태를 유지하지 못하였으며, 체세포배의 표피면도 위축이 매우 심하였다. 또한 sucrose를 첨가 배양한 체세포배의 세포 직경이 매우 작아진 것을 알 수 있었다. 따라서 ABA와 sucrose가 세포의 삼투조절 또는 세포벽의 강도에 영향을 미쳐 건조 후 체세포배의 생존율에 영향을 미치는 것으로 보인다(그림 4-1).

3. Proline에 의한 건조 저항성 유도

Amino acid인 proline은 많은 종의 식물에서 식물세포가 수분스트레스에 처할 때 그 함량이 급격히 증대하여 수분스트레스에 대한 내성을 증가시키는 역할을 하는 것으로 보고되었다. Proline은 식물세포의 water potential(ψ_w)이 증가하면 신속히 감소하며 수분스트레스 직후의 중요 에너지원 또는 질소원으로 역할을 하는 것으로 알려졌다(Singh *et al.*, 1973).

체세포배 발생과정에서 proline은 배지 내에서 암모늄염과 상호작용하여 체세포배 발생을 촉진하고 체세포배의 크기나 식물체로 발달(conversion) 등에 긍정적으로 작용함으로써 체세포배의 질적 발달에 영향을 미치는 것으로 보고되었다(Stuart and Strickland, 1984). Kim과 Janick(1991)은 셀러리 체세포배 유기 배지에 1mM proline을 첨가한 경우에 이 체세포배를 48시간 건조처리한 후에 약 40% 생존율(대조구 0%)을 보였고, 72시간 후에는 약 20%의 생존율을 나타냄을 보고하였다. 특히 ABA와 함께 처리한 경우에는 33%의 생존율을 나타냈다. 셀러리 체세포배 성숙과정에 sucrose나 PEG 등 osmotica를 처리하여 osmotic stress를 가한 체세포배 내에 proline 함량이 4배나 증가하였고 이들 체세포배는 건조처리 후에도 높은 비율의 생존율을 보이는 것으로 보고되었고(Saranga *et al.*, 1992), 1~5mM proline이 당근 체세포배의 단백질 축적량을 증가시키는 것으로 보아(Timbert *et al.*, 1996) proline이 일반적 식물 수분스트레스 저항성 기작에 관련되는 것과 같이 체세포배에서도 동일하게 작용하는 것으로 추정된다.

4. 인공종자화를 위한 delivery system 개발 연구

체세포배를 대량번식의 재료로 활용하는 과정에서 극복해야 할 문제들은 여러 가지 있지만 그들 중에서 가장 문제가 되는 것들은 체세포를 토양 중에 노출시킬 경우 몸체로부터 수분 손실(dehydration)에 의한 수분스트레스, 묘(苗) 활착(活着)까지 생장을 위한 영양분 공급, 그리고 토양 중 병원균으로부터 감염 극복 문제이다. 이 난관들을 극복하기 위하여 앞에서 기술한 성숙도 증진 연구와 함께 체세포배를 피막보호 처리함(encapsulation)으로써 배를 보호하고 영양성분 및 살균제 등 농약을 포함하는 배유 역할을 수행할 수 있도록 하여야 한다. 현재까지 많이 수행된 연구는 체세포배는 물론 피막 코팅 물질을 건조하여 이용하고자 하는 건조방법(desiccated delivery)과 충분한 수분을 함유한 hydrogel 캡슐코팅을 이용하는 방법(hydrated delivery)이 시도되었다. 여기에서는 이 두 가지 방법을 중심으로 기술하고자 한다.

1) 건조형 인공종자(Desiccated system)

Kitto와 Janick(1985a)은 체세포배 피막코팅 물질로 활용하고자 여덟 가지의 수용성 resin을 감귤 종자를 이용하여 검정하여 본 결과 Polyethylene oxide homopolymer인 Poylox® WST-N 750(Union Carbide Corp)을 가장 적합한 물질로 선정하여 당근의 체세포배 건조시험에 이용하였다(Kitto and Janick,1985b). Poylox® WST-N 750은 투명한 수용성 resin으로서 농약포장제 등으로 이용되며 농약포장을 개봉할 필요 없이 탱크에 넣어 녹여 살포할 수 있어서 매우 편리하게 이용하고 있는 물질이다. 이들은 당근 체세포배 현탁액을 5%(w/v) Poylox® 용액과 동량을 희석하여 최종 2.5% Poylox® 용액이 되도록 한 다음 0.2m*l*씩 Teflon® plate에 분주하고 실온에서 건조함으로써 체세포배들이 매몰된 Poylox® 박판(薄板, wafers)을 만들었다. 일정기간 저장한 후에 이 박판을 다시 액체배지에 녹여 체세포배의 생존율 및 식물체로 발아 및 성장(conversion)을 조사하였다(그림 4-2, 4-3).

그러나 초기의 보고에서는 여러 개의 체세포배가 하나의 박피에 encapsulation됨으로써 단일 종자라기보다는 다수의 배를 갖는 하나의 열매 개념으로 이해되었다. 그 후 Janick 등(1989)은 셀러리 체세포배를 이용하여 밀도구

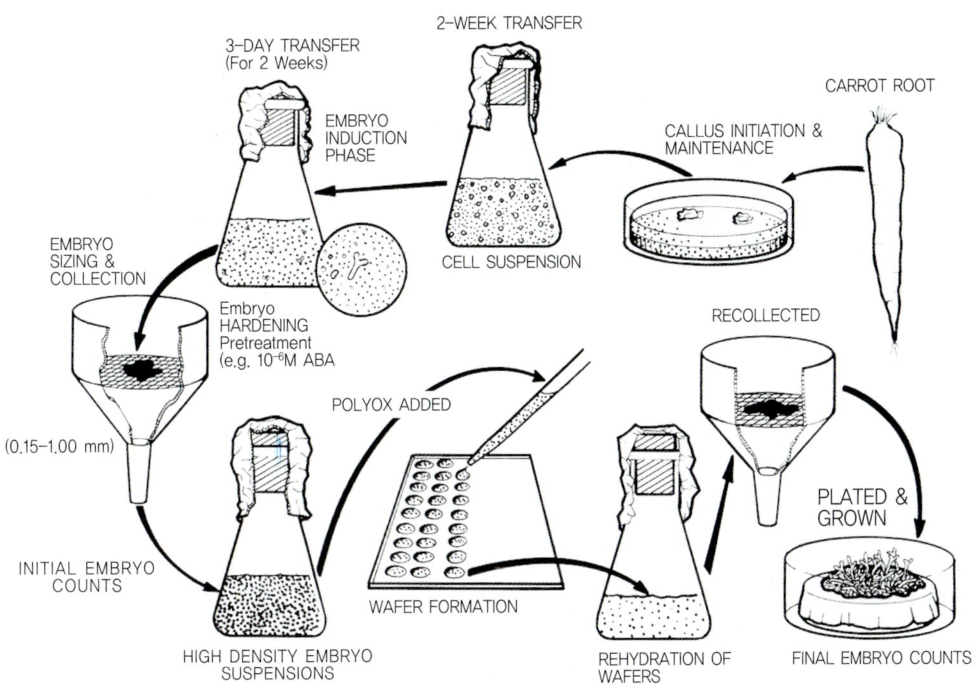

그림 4-2 수용성 resin Poylox® WST-N 750을 피막물질로 이용한 당근 체세포배 인공종자 생산 모식도

(Kitto and Janick, 1985b)

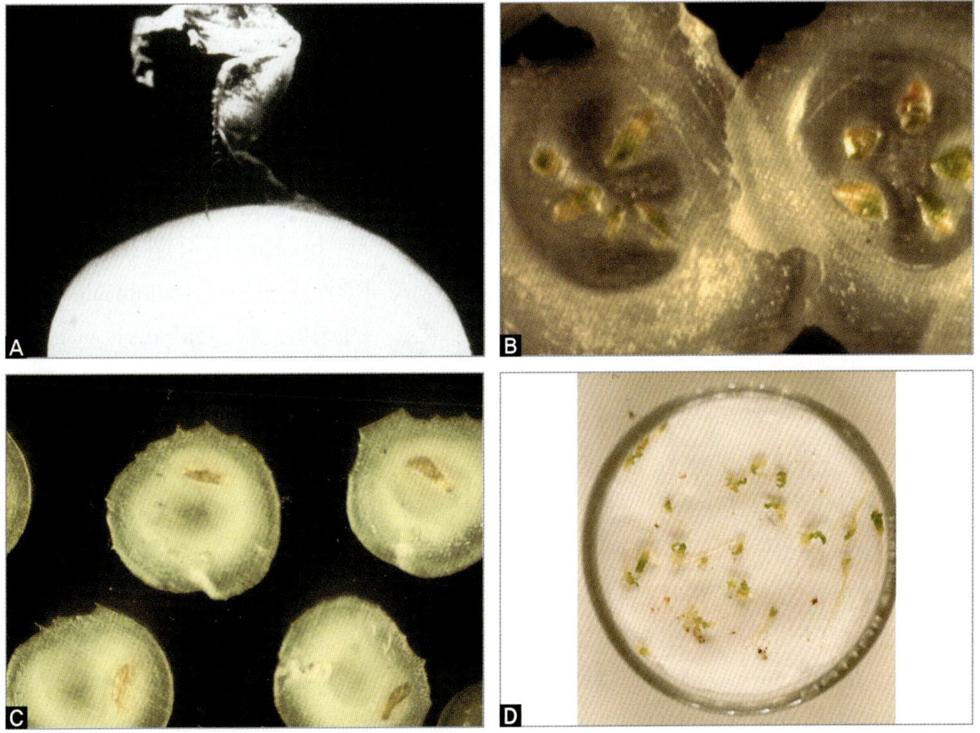

그림 4-3 Poylox® WST-N 750을 피막물질로 이용한 셀러리 체세포배 인공종자

A_감귤 종자 코팅시 형성된 Poylox® WST-N 750 필름(Kitto and Janick, 1985a). B_ Poylox® 박판(wafers) 내부에서 건조된 셀러리 체세포배(Kim and Janick, 1989b). C_ 1개의 셀러리 체세포배를 코팅 건조한 박판(Kim *et al.*, 1989). D_ 건조처리 후 수분공급시 생존하여 발아하는 셀러리 체세포배

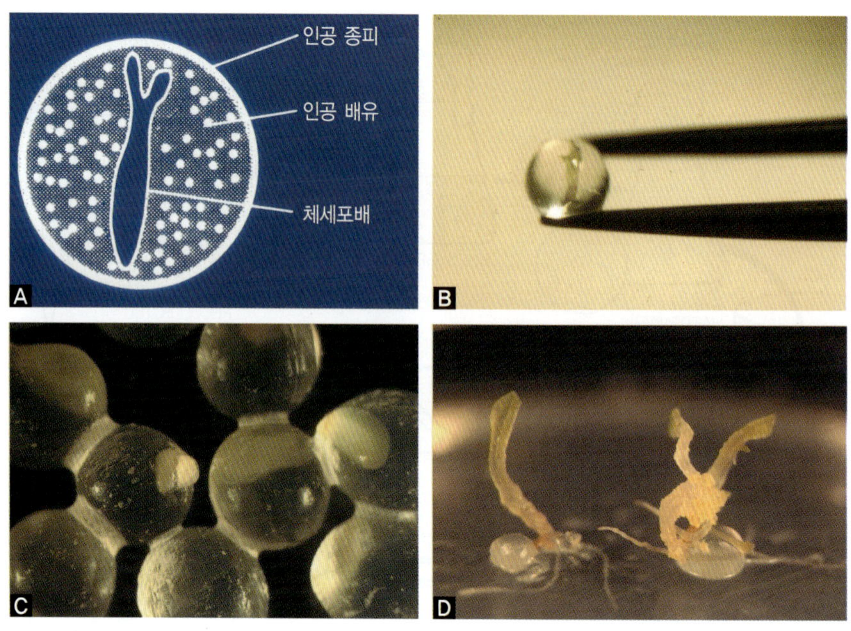

그림 4-4 Sodium alginate를 코팅물질로 이용한 셀러리 hydrogel 인공종자 (김용환 등, 1986)
A_Hydrogel type 인공종자 모형. B_Alginate 캡슐 내부의 체세포배. C_저온(4℃)에 저장중인 hydrogel 인공종자. D_Hydrogel 인공종자 발아.

배에 의한 성숙배의 선발과 단일배의 피막처리 및 건조 후 생존 연구를 수행하여 종자개념의 인공종자화 연구를 보고하였다.

이 방법의 가장 큰 문제점은 기내에서 생산된 체세포배가 건조과정의 수분부족 스트레스를 극복하기에는 물리적, 생리적으로 매우 약하다는 것이다. 따라서 앞에서 기술한 체세포배 경화(hardening) 연구에 의한 생리적 성숙도 증진 외에도 체세포배에 가해지는 물리적 스트레스를 최소화하기 위하여 건조과정을 적정 상대습도에서 수행함으로써 건조한 체세포배의 생존율을 높이고자 하는 연구를 수행하였다(Kim and Janick, 1989b). 셀러리 체세포배를 Poylox® 피막보호처리 없이 70% 및 90% 상대습도 중에서 건조할 경우 각각 48시간 및 72시간 정도 생존하였으나 50% 이하 상대습도에서는 생존하는 체세포배가 없었다. 그러나 Poylox® 로 코팅한 경우에 70% 상대습도에서 7~9일간의 건조에도 생존하여 발아하였다. 이때 앞에서 기술한 바와 같이 ABA와 고농도 sucrose에 의한 경화처리의 경우 더 많은 체세포배가 생존하였다. Timbert 등(1996)도 알팔파 체세포배 건조과정 중 70%~45%의 상대습도가 탈수 속도를 늦추고 피막물질 중의 water activity(a_w)를 안정화하여 건조코팅 체세포배의 생존율과 유식물체로 발육을 증가시키는 것으로 보고하였다. 이처럼 체세포배 생산과정의 경화처리와 상대습도에 의한 건조속도 조절이 체세포배 인공종자화에 의한 대량번식에 매우 중요한 요인이 될 것으로 보인다.

2) Alginate 캡슐형 인공종자(Hydrated system)

여러 가지 hydrogel들이 체세포배의 인공종자 캡슐화를 위해서 검정되었는데 sodium alginate가 가장 적합한 물질로 판명되었고(Redenbaugh *et al.*, 1986), sodium alginate를 체세포배 코팅물질로 이용하여 인공종자화하기 위한 다수의 연구결과가 보고되었는데 이는 Sodium alginate가 가열할 필요 없이 실온에서 잘 녹고 안정적이며, 금속이온과 접촉하면 굳어지는 성질(complexing)이 있기 때문이다. 이 hydrogel이 배유 역할을 수행할 수 있도록 영양성분을 포함시키거나 병원균으로부터 체세포배를 보호할 수 있도록 살균제 등을 공급하여 대량번식 수단으로 활용하도록 하는 인공종자 개념이다(그림 4-4).

Sodium alginate 코팅(체세포배 캡슐 제작)은 sodium alginate의 1가 이온인 sodium이 Ca^{+2} 등이나, Al^{+3} 등 금속이온과 치환되면 alginate의 guluronic acid 분자상의 카복실산기간에 이온결합(ionic cross-linking)이 생겨 complex

를 형성하고 polysaccharide분자들이 polymeric network를 결성하여 hydrogel을 형성한다. 보통 2~8% 범위의 무균 sodium alginate용액을 피펫을 통하여 50~300mM calcium chloride 용액에 떨어뜨리면 약 15분부터 12시간에 걸쳐 thermo-irreversible gel complexity가 증가한다. 인공종자 코팅을 위해서는 일반적으로 2~10mM $CaCl_2$ 용액을 이용한다.

Hydrogel 캡슐 인공종자의 문제점은 내부에 매몰된 체세포배로 산소공급이 원활하지 않아 배의 호흡에 제약이 있다는 점이다. 토마토 종자를 alginate 코팅하고 호흡량을 측정하여 본 결과 종자의 호흡량이 현저하게 감소하였다. 또 하나의 문제점은 장기간 저장이 어렵다는 점이다. Hydrogel 코팅의 단점을 보완하기 위하여 Winklemann 등(2004)은 시클라멘 미숙상태의 구형 체세포배를 이용하여 일반적인 sodium alginate 캡슐과 속이 비어 있는 alginate hollow 캡슐을 만들어 연구하였는데 1.5% carboxy methylcellulase 용액과 0.8% sodium alginate 용액으로 이중 코팅하였는데 최종 발아율은 97% 정도로서 코팅하지 않은 체세포배의 발아율과 비슷하였으나 발아기간은 연장되었다. Hollow 캡슐에 코팅된 체세포배의 발아율은 71% 수준으로 낮고 발아도 지연됨으로써 효과적이지 못하였다.

이 hydrogel 코팅법에 의한 인공종자 생산연구는 Redenbaugh K. 등(1986)이 알팔파 체세포배를 이용하여 시도한 이후 많은 연구보고가 이어졌으며, 보리 화분유래 체세포배(Datta and Potrykus, 1989), asparagus 체세포배(Biswajit and Sen, 1994), 그리고 화백(花柏)나무 체세포배(Maruyama *et al.*, 2003) 등 많은 종의 식물에서 연구되었고 현재에도 다수의 연구실에서 체세포배를 이용한 delivery system의 개발 및 실용화 연구를 수행하고 있다.

V. 결론

체세포배를 이용한 대량번식은 기관분화와는 달리 체세포변이가 최소화된 클론의 급속번식 수단으로 활용할 수 있다. 대량급속번식을 위해서는 체세포배를 토양 등 불량 외부 환경에 적응시킬 수 있는 delivery system이 필요한데 체세포배를 인공피막 보호물질로 코팅하거나 캡슐화하여 이용하고자 하는 것이 인공종자의 개념이다. 기내에서 유기된 체세포배는 휴면 또는 정지기가 없어 곧 바로 발아함으로써(precocious germination) 상온에서 저장성이 없고 불량환경에 대한 저항성도 없다. 따라서 체세포배 생산과정에 osmoticum으로서 고농도 sucrose나 ABA, 그리고 proline 등을 이용한 경화(hardening) 연구, 채새포배 건조 탈수과정의 속도 및 상대습도 조절, 그리고 인공종피 및 캡슐화 물질 등에 관한 많은 연구결과가 보고되었다. 건조형 인공종자(desiccated type)는 Poylox® WST-N 750이라는 수용성 resin이 사용되었고, 수화형 인공종자(hydrated gel type)는 sodium alginate를 이용한 캡슐화 연구가 다수 보고되었다. 인공종자의 실용화를 위해서는 체세포배의 성숙도 향상에 의한 발아율 극대화, 체세포배 몸체로부터 수분 손실에 따른 건조 저항성 증진, 토양병원균에 의한 감염 방지, 조기발아 및 불균일 발아 억제와 저장성 증진, 그리고 인공종피 및 인공배유 역할 수행에 적합한 물질의 발굴 등 많은 연구가 필요하다.

참고문헌

- Amimirato PV (1974) The effect of ABA on the development of somatic embryos from cells of caraway. Bot Gaz 135: 328
- Avgioglu A, RB Knox (1989) Storage lipid accumulation by zygotic and somatic embryos in culture. Ann Bot 63: 409
- Biswajit G, S Sen (1994) Plant regeneration from alginate encapsulated somatic embryos of Asparagus cooperi baker. Planr Cell Reports 13: 381~385
- Choi Y, J Jeong (2002) Dormancy induction of somatic embryos of Siberian ginseng by high sucrose concentrations enhances the conversion of hydrated artificial seeds and dehydration resistance. Plant Cell Reports 20: 1112~1116
- Datta SK, I Potrykus (1989) Artificia seeds in barley: encapsulation of microspore- derived embryos. TAG 77: 820~824
- Drew RKL (1979) The development of carrot embryoids into plantlets on a sugarfree basal medium. Hort Res 19: 79~84
- Fujii JA, D Slade, K Redenbaugh (1989) Maturation and greenhouse planting of alfalfa artificial seeds. n Vitro Cell Dev Biol 25: 1179~1182
- Gary DJ (1989) Effect of dehydration an dexogenous

growth regulators on dormancy, quiescence and germination of grape somatic embryos. In Vitro Cell Dev Biol 25: 1173~1178

- Goebel K (1900) Organography of Plants. Part 1. Clarendon Press, Oxford.
- J Amer Soc Hort Sci 117(2): 342~345
- Kamada HK, KT Kiyosue, H Harada (1989) Stress induced somatic embryogenesis in carrot and its application to synthetic seed production. In Vitro Cell Dev Biol 25: 1163~1166
- Kim YH, J Janick (1990) Improving desiccation tolerance of somatic embryos of celery. Acta Horticulture 280: 23~28
- Kim YH, J Janick (1989a) Origin of somatic embryos in celery tissue culture. HortScience 24: 671~673
- Kim YH, J Janick (1989b) ABA and polyox-encapsulation or high humidity increases survival of desiccated somatic embryos of celery. HortScience 24: 674~676
- Kim YH, J Janick (1991) Abscisic acid and proline improve desiccation tolerance and increase fatty acids content of celery somatic embryos. Plant Cell, Tissue, and Organ Culture 24: 83~89
- Kim YH, Janick J, SL Kitto (1989) Production of synthetic seeds by desiccation and encapsulation. In Vitro Cell Dev Biol 25: 1167~1172
- Kim YH, TY Chung, WY Choi (1987) Effect of sucrose and ABA on somatic embryogenesis in celery. 한국식물조직배양학회지 14: 123~130
- Kitto SL, J Janick (1985a) A citrus embryo assay to screen water soluble resins as synthetic seed coats. HortScience 20: 98
- Kitto SL, J Janick (1985b) Production of synthetic seeds by encapsulating somatic embryos of carrot. J Amer Soc Hort Sci 110: 227~282
- Kitto SL, WG Pill, DM Molley (1991) Fruid drilling as a delivery system for somatic embryo-derived plantlets of carrot. Scientia Horticulturae 47: 209~215
- Liu JR, Jeon JH , Yang SG , Lee HS , Song NH , Jeong WJ (1992) Dry type of carrot (Daucus carota L.) artificial seeds. Scientia Horticulturae 51: 1~11
- Maruyama E, Y Hosoi, K Ishi (2003) Somatic embryo culture for propagation, artificial seed production, and conservation of sawara cypress. J Forest Research 8: 1~8
- McKersie BD, T Senaratna, SR Bowley, DCW Brown, JE Krochko, JD Bewley (1989) Application of artificial seed technology in the production of hybrid alfalfa. In Vitro Cell Dev Biol 25: 1183~1188
- Murashige T (1978) The impact of plant tissue culture on agriculture. pp 15-26, In : Frontiers of Plant Tissue Culture. Thorpe, T. A. (ed). Calgary Univ. Press. Calgary, Canada.
- Nörgaard JV, P Krogstrup (1990) Somatic embryogenesis of Abies nordmanniana LK. is controlled by cytokinin, presented at 5th conifer Biotechnology Working group, Sittingbourne, UK, July 9~13
- Redenbaugh K, B Paasch, J Nichol, M Kossler, P Viss, K Walker (1986) Somatic seeds: encapsulation of asexual plant emlaryos. Bio/Technology 4: 797~801
- Saranga Y, Kim YH , J Janick (1992) Changes in tolerancete to partial desiccation and metabolite content of celery somatic embryos induced by reduced osmotic potential.
- Singh TN, LG Paleg, D Aspinall (1973) Stress metabolism I. Nitrogen metabolism and growth in the barley plant during water stress. Aust J Biol Sci 26: 45~56
- Stuart DA, SG Strickland (1984) Somatic embryogenesis from cell cultures of Medicago sativa L. II. The interaction of amino acids with ammonium. Plant Sci Lett 34: 175~181
- Timbert R, JN Bartotin, D Thomas (1996) Effect of sole and combined pre-treatments on reserve accumulation, survival and germination of encapsulated and dehydrated carrot somatic embryos. Plant science 120: 223~231
- Uddin MR, RJ Dinus, DT Webb (1990) Interaction of carbohydrates and abscisic acid on maturation of Pinus taeda somatic embryos, presented at 5th conifer Biotechnology Working group, Sittingbourne, UK, July 9~13
- Winklemann T, L Meyer, M Serek (2004) Germination of encapsulated somatic embryos of Cyclamen persicum. HortScience 39: 1093~1097
- 김용환, 김호일, 정태영, 한창렬(1986) 셀러리 기내배 발생과 인공종자 발아. 한국식물조직배양학회지 13;129~136

05

원형질 융합체 생산기술

[1]인동수, [2]김석원, [2]유장렬, [1]한지학
[1](주)농우바이오 생명공학연구소,
[2]한국생명공학연구원 식물유전체연구센터

I. 서론

식물세포는 동물에서는 거의 불가능한 전형성능(totipotency)을 가지고 있어 하나의 세포로부터 완전한 개체를 만들 수 있다(Vasil *et al.*, 1972).

원형질 융합은 체세포를 대상으로 유전적인 구조가 서로 다른 두 가지의 세포를 융합하거나, 다른 세포의 세포기관이나 유전물질을 이식하여 잡종세포를 만드는 것을 말하고, 이 기법을 체세포 잡종법(Somatic hybridization)이라 한다. 최초의 원형질체 유리 및 융합의 시도는 19세기 초반에 Klercker(1892)와 Küster(1909)에 의해 이루어졌다.

원형질체 배양은 하나의 세포에서 유래되는 다량의 재분화 식물체를 확보할 수 있는 이점을 지니고 있어, 식물의 육종이나 세포융합 및 형질전환 식물체의 개발에 유용하게 이용될 수 있으며(Golz *et al.*, 1990), 원형질 융합 기술은 육종적 기술로는 어려운 다양한 유전자원의 창출이라는 측면에서 앞으로도 유망한 기술이라 할 수 있다. 육종에서 가장 중요한 것은 다양한 유전자원을 통하여 새로운 유망한 특성의 작물을 개발하는 것이다. 이는 유전적 다양성을 이용하여 유용한 형질을 종합하는 기술이라 할 것이다. 그러나 현실적으로 원하는 형질이 종 내에서 발견하기 어렵거나 없을 경우 현재로서 대안은 형질전환을 통한 유전자 변형작물의 생산과 원형질 융합이 있다.

원형질 융합에서 또 하나의 큰 장점은 육종 교배를 필요하지 않는 영양번식 작물에서 새로운 형질 도입이 바로 가능하다는 점으로 감자나 고구마처럼 유성생식을 이용한 육종이 어려운 작물에서 적용되기도 한다. 원형질 융합을 시도하기 위해 연구자는 우선 원형질체로부터 완전한 식물체 재생기술이 확립되어야 한다. 실험 목적에 따라 다르나 고등식물은 완전한 식물체로서만 온전한 형질이 발현되기에 융합된 후 반드시 식물체로 재생되어야 한다. 그러나 화본과와 두과작물 일부에서는 식물체의 재분화조차 어려운 경우도 있어 이용에 한계가 있으나 이는 연구자가 극복해야 할 기본적인 문제일 뿐이다. 이후 원형질 융합 방법 및 융합의 형태 등에서 연구되어야 할 부분 또한 많다. 원형질체 융합은 최적의 배양조건 탐색 및 주변 실험기기의 세심한 준비 등 목적에 맞는 시스템을 만들어가는 부분에서 가장 섬세한 조직배양 기술 중 하나이다.

현대적인 식물체의 원형질체 배양의 시도는 세포벽을 효소적으로 분해하는 방법이 개발됨에 따라 비약적인 발전을 이루게 되었으며, Cocking에 의해 원형질체의 분리가 보고되었고(1960), 이후 분리된 원형질체에 새로운 세포벽이 생겨남을 Pojnar가 확인하게 되었다(1967). 1970년대에 이르러 최초로 담배의 원형질체를 통한 식물체의 재분화가 보고되면서(Power *et al.*,1970; Nagata and Takebe, 1971; Takebe *et al.*, 1971) 많은 연구자들이 원형질체 배양을 시도하게 되었다.

원형질 융합에는 원형질 융합체인 PEG(Keller and Melchers, 1973; Wallin *et al.*, 1974; Kao *et al.*, 1974)와 전기적인 융합을 많은 연구자들이 이용하고 있다(Zimmermann *et al.*, 1981). 원형질 융합의 최초의 성공은 Carlson에 의한 *Nicotiana gluca*와 *N. langsdorffii*의 융합체를 들 수 있다(1972). 그러나 일반적인 예로 흔히 뿌리는 감자이고 지상부분은 토마토를 열리게 하기 위한 pomato (Melchers *et al.*, 1978)가 대표적으로 소개되어지고 있다. 이 pomato를 통하여 육종적에서는 이루어질 수 없는 유성생식의 장벽을 극복한 예로 중요한 가치를 가지나, 한편으로는 실험결과로 만들어진 작물은 자손을 얻을 수 없었고, 토마토나 감자 혹은 관련 속 조차 교잡이 안 돼, 융합작물의 이용에서의 현실적인 어려움을 연구자들에게 보여주기도 하였다. 즉, 원하는 형질들만 조합하고자 하는 의도는 현실적으로는 많은 시행착오가 필요함을 알 수 있게 되었다.

본 총설은 원형질 융합체 생산 기술을 식물 원형질체(plant protoplast)를 중심으로 각각의 융합방법과 융합체의 선발방법 및 융합식물체의 소개 등으로 서술하고자 한다.

II. 원형질 융합의 목적

원형질 융합기술은 관행육종방법으로는 원연간 또는 종속간의 교잡불화합성(Cross-incompatibility) 때문에 유용유전자의 도입이 사실상 불가능한 원연간의 교잡을 이루기 위해 개발되었으며, 각각의 식물체의 특성을 조합하고자 하는 것을 목적으로 한다.

III. 식물 원형질체 나출 방법

식물과 곰팡이 및 효모 등에서는 동물세포와 달리 세포막의 외부에 지지층인 세포벽(cell wall)이 존재한다. 각각의 생물의 특성에 따라 세포벽의 성분의 차이는 있으나 주로 cellulose, hemicellulose, pectin, glucan 등으로 구성되어 있으며, 세포의 지지와 항상성 등에 관여한다. 이 세포벽은 조직배양이 잘되는 식물이 동물에 비하여 세포 수준의 연구를 상대적으로 어렵게 하는 단점으로 작용하기도 한다. 이에 연구자들은 식물세포의 세포벽을 제거하는 연구를 시도하였다.

원형질체의 나출에 대한 초기 연구는 양파 등의 식물체를 기계적으로 잘라 세포벽에 손상을 주어 원형질체가 나출됨을 확인하였으나 본격적인 원형질체 분리의 연구는 Cocking에 의해 곰팡이에서 유래된 Cellulase효소를 이용하여 세포벽을 용해할 수 있음이 보고되어 시작되었으며(1960), 현재에는 다양한 세포벽을 녹일 수 있는 효소인 carbohydrase(Cellulase, hemicellulase 등)와 glucanase, pectinase 등과 삼투압 조절제가 개발되어 원형질 분리 연구에 이용되고 있다.

IV. 원형질 융합 방법

원형질 융합은 크게 자발적인 융합과 유도 융합으로 나뉜다.

1. 자발적인 원형질 융합 (spontaneous protoplast fusion)

원형질체를 만드는 과정에서 세포벽 분해효소의 자극과 삼투압의 변화로 일부 원형질체가 스스로 융합될 수 있다. 이러한 자발적인 융합(spontaneous fusion)은 원형질체를 싸고 있는 plasmalemma를 통해서 연결된 원형질 연락사(plasmodesmata)가 팽창하여 유착될 경우에 일어난다. 이와 같이 2개 이상의 같은 원형질체가 융합되면 같은 종의 핵이 2개 이상 되는 동종핵(homokaryon) 또는 동종핵세포(homokaryocyte)라고 되며 자연상태에서 이런 비슷한 상태는 algae 속에서 관찰할 수 있으나(같은 세포질에서 핵만 분열하는 형태임-자연적인 현상으로 인위적인 조작은 아님) 실제적으로 자발적인 융합(spontaneous fusion)은 이종의 식물의 육종적 장애 극복을 목적으로 하는 원형질체 융합에서 큰 의미는 없으며 단지 식물세포의 배수성을 유도하는 경우에 이용 가능하나, 이 기술보다는 콜히친 등을 이용하는 것이 보다 현실적이다. 아울러 이를 이용한 의미 있는 보고 역시 찾기 어렵다.

2. 유도 원형질 융합 (induced protoplast fusion)

자발적인 원형질체 융합과 달리 인위적인 원형질체 융합은 현재 크게 화학적인 방법과 전기적인 방법이 사용되어지고 있다.

1) 화학적인 방법

가. $NaNO_3$, PEG, PVA 그리고 High pH/Ca^{++} 등을 이용한 화학적인 방법

원형질의 융합을 위해, 높은 pH와 Ca^{++} 이온을 화학적으로 처리하여, Ca^{++} 이온 속에서 원형질체가 서로 응집되는 성질을 이용하였다. Keller와 Melchers에 의해 담배 원형질체에서 pH(10.5)에서 Ca^{++} 이온의 영향을 조사한 바가 있으며(1973), 최적 조건에서는 약 20~50%의 원형질체가 융합되었다고 보고하였으나 최근에는 많이 사용되지 않는 방법이다.

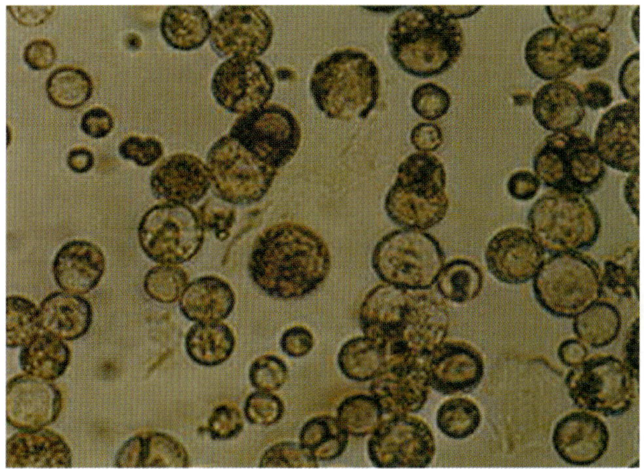

그림 5-1 인삼과 당근의 전기적 원형질 융합 사진(미발표자료)

나. Polyethylene glycol(PEG)을 이용한 융합

현재 화학적인 물질을 이용한 융합제 중 원형질융합 초기연구부터 이용되던 PEG는 방법이 쉽고, 세포 독성이 적고 효율이 좋으며, 또한 특별한 실험장비를 요구하지 않아 가장 일반적으로 이용되는 방법 중 하나이다. 초기(Kao *et al.*, 1974; Wallin *et al.*, 1974; Chand *et al.*, 1988) 등에 의해 연구되었고 현재에도 많이 시도되고 있는 방법이다. 또한 이 방법은 단순히 원형질체간의 융합 외에도 세포질과 핵 혹은 세포 소기관 등을 서로 도입하는 데도 이용되기도 한다 (Davey *et al.*, 1976; Lörz and Paszkowski, 1978).

2) 전기적인 방법

전기적인 융합은 이론적으로 세포막에 존재하는 음전하를 Ca^{2+} 이온 등으로 중성화시킨 후 교류전류를 통하여 전극 내에 Peal chain을 구성한 다음 순간적으로 고전압의 직류전류를 통함으로써 접촉되어 있는 원형질 막부분에 세포막의 인지질 분자를 교란과 재배열로 융합을 시키는 방법이다. 전기적 융합은 화학적 융합제를 이용한 융합에 비해 효율이 높으며 융합 과정을 현미경 상에서 관찰하기 쉬워 적정 조건의 탐색이 수월하고 조건의 재현성이 높아 최근 많은 연구에서 사용되는 방법이다(그림 5-1).

Senda 등에 의해 최초로 시도된 전기적인 융합(1979)은 한쌍의 원형질체에 미세전극을 이용하여 전류 자극(10 μA, 5msec)을 주자 원형질체가 융합됨을 보고하였다. 이후 1981년 Zimmermann에 의해 향상된 전기융합 방법이 보고되었고, 이후 여러 장치가 상품화되어 원형질 융합과 원형질체 또는 동식물 및 미생물에 직접 DNA의 주입(Electroporator)을 위하여 널리 사용되고 있다

관련된 연구로는 융합에서는 해바라기(Biedinger and Schnabl, 1991), 유채(Guerche *et al.*, 1987), 담배(Koop and Schweiger, 1985) 등이 있다.

3) 기타 방법을 이용한 원형질 융합

초기에 유전자를 직접 유입시키는 방법으로 사용되는 미세주입(microinjection)은 (Klein *et al.*, 1987) 최근 새로

운 원형질 융합 방법의 하나로 이용되고 있다. 최근 동물에서는 핵치환 등의 기술이 소개되고 있으며 식물에서는 염색체 등을 원형질체에 도입하는 보고(de Laat & Blaas, 1997; Griesbach 1987) 등이 있다. 일반적으로 동물에서는 난자 등이 이용되어 크기가 상대적으로 커 실험이 용이하나 식물에서는 크기가 작아 조작에 어려운 면이 있다. 또 전기적 융합기술은 한편 전기적 충격(electroporation)을 통해 외래 DNA를 원형질체 내로 전달할 수 있어 형질전환의 한 방법으로 이용이 가능하다. 이 기술을 이용한 중요 작물연구로는 유채(Guerche *et al.*, 1987), 옥수수(Rhodes *et al.*, 1988), 벼(shimamoto *et al.*, 1987) 등이 있으며 현재는 조직에 직접 유전자 삽입을 시도하기도 한다(Dekeyser *et al.*,1990). 이 분야는 현재 많은 연구가 시도되고 있으나 본 원형질 융합과는 거리가 있어 더 이상 논하지 않는다.

V. 원형질 융합의 형태적 분류

원형질체 융합은 융합형태적인 측면에서 대칭 또는 비대칭 융합으로 분류해 볼 수 있다(그림 5-2).

1. 대칭 원형질 융합(Symmetric fusion)

서로 다른 두 종의 원형질체를 이용한 동등한 상태의 융합을 의미한다. 이는 두 종의 핵의 융합과 세포질 융합이 동시에 이루어지게 되어 이론적으로는 2n+2n=4n 이형 4배체의 특징을 지닌다. 융합세포로부터 재생된 잡종식물체는 불임인 경우가 많다. 특히 이종·속간에는 대부분이 불임현상이 나타나 여교잡(back cross) 및 Bridge hybrid 등으로 극복해야 하며, 염색체의 치환 및 소실(chromosome substitution and deletion) 문제 등이 일어나기도 한다. 융합에 의해 야생종이나 원연종으로부터 유용유전자를 도입하기 위해서는 두 Genome간에 Translocation이 일어나야 하는데 이 보다는 염색체 치환현상이 더 잘 일어난다. 이 경우 1개 또는 몇 개의 염색체가 없어지는 경향이 있으며 대부분 한쪽의 Genome만이 남는 경우가 많다. 이런 경우 잡종식물의 약을 배양한 후 Ploidy level을 회복시키는 방법을 쓰기도 하나 원연간의 잡종에서는 약배양이 잘 안되는 문제점도 있다. 그러나 이런 문제점이 있다고 해서 현

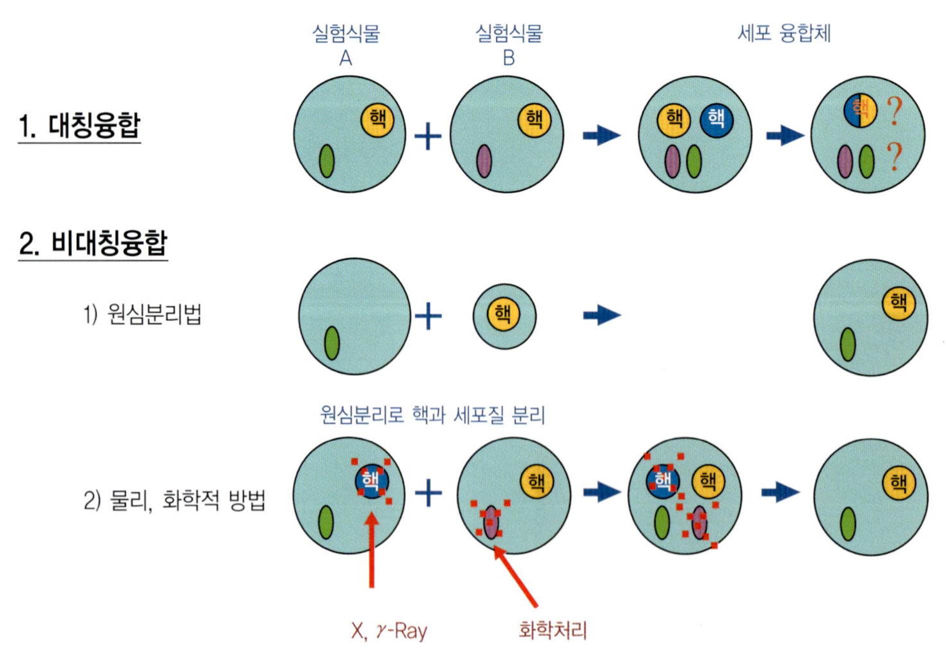

그림 5-2 원형질 융합의 형태적 분류 모식도

재 농업적으로 이용이 불가능한 것은 아니다. 먼저 핵 내 또는 세포질 내의 유전자들 중에서 단일 유전자나 밀접하게 연관되어 있는 몇 개의 유전자를 이전하는 경우 잡종으로써 형질이 발현되는 경우도 많다. 특히 감자는 2n=4x의 게놈 형태로 Heterozygous한 Dihaploid는 감수분열 분리가 없어 융합 후 완전한 Heterozygous 한 사배체가 되어 영양번식으로 안정된 품종으로 이용할 수 있었다(Warra *et al.*, 1992).

2. 비대칭 원형질 융합(Asymmetric fusion)

비대칭 원형질체 배양은 대칭 원형질체 배양의 단점인 이형 4배체 현상 및 이종 · 속간의 불임현상을 극복하기 위한 방법으로 개발되었다.

비대칭 융합은 장기간에 걸친 여교잡 과정을 생략할 수 있는 장점이 있다. X 혹은 γ선을 이용하여 한쪽의 핵을 불활성화시킨 후 선발할 수 있는 표지형질을 가진 원형질체와 융합시켜 종·속 간의 세포질 유전물질을 이전할 수 있다. 또한 핵을 물리적인 방법이나 화학적인 방법으로 제거하여 Cytoplast를 만들어 사용하기도 한다. 각각의 Cytoplast를 융합하면 한쪽 Cytoplast는 핵이 없고, 다른 한쪽은 핵만 있어, 융합이 안 된 세포체는 콜로니와 callus 형성이 불가능하다. 따라서 정상적으로 자라는 세포들은 유전형질이 이전된 잡종 세포로 볼 수 있으며 다른 선발방법이 필요치 않은 장점이 있다. 기술적인 측면에서 크게는 물리화학적 방법과 초원심분리기를 이용한 방법을 사용한다. 물리화학적인 방법은 원형질체를 분리할 때 핵과 세포질에 다른 각각의 처리를 통하여 유전물질을 불활성화하는 방법을 의미한다. 이에 핵을 불활성화하는 방법으로는 X선, γ선 또는 UV를 이용한다. 세포질에는 크게 색소체(Plastid)와 미토콘드리아에 유전물질이 존재하게 되며 이를 불활성화하는 경우에는 주로 DNA에 결합하는 형광물질인 Iodoacetate와 Rhodamine 6G 등을 짧은 시간 처리하여(5~15분) 세포질 내의 유전물질의 분열을 방해하여 불활성화되도록 한다(sakai *et al.*, 1996). 한편 초원심분리를 이용하는 경우에는 세포질 내의 각 세포소기관의 서로 다른 밀도를 이용한다. DNA 등이 함유된 핵물질은 밀도가 높아 Swing rotor를 이용하여 25,000~50,000g 정도의 초고속 원심분리를 하면 핵만 포함한 subprotolast와 세포질 부분만 가지고 있는 subprotolast 등의 여러 층으로 분리되며 이를 층별로 분리하여 원하는 부분을 이용한다. 각각의 분리된 층은 DAPI 등 형광염색으로 핵의 분리 여부를 확인할 수 있다(Lörz *et al.*, 1981). 여기에 최근에는 물리 화학적인 처리를 병행하여 분리 효율을 극대화시키는 경우도 있다. 관련 보고로는 *Nicotiana sylverstris*(chlorophylldeficient 변이주)와 *Nicotiana plumbaginifolia* (nitrate-reductase-deficient 변이주) 사이의 원형질체 비대칭 융합에 의해 잡종식물체도 재생되었고(Kovtun *et al.*, 1993), 벼에서도 웅성불임을 이전한 것이 보고되었으며 (Yang *et al.*, 1988; Kyozuka *et al.*, 1989), 배추과 식물에서는 오구라 웅성불임(Ogura cytoplasmic male sterility) 특성을 성공적으로 전이하여(Sigareva and Earle, 1997) 현재 육종회사에서 중요한 종자 생산방법으로 이용되고 있다.

VI. 융합체 선발 방법

융합체의 선발은 융합체를 만드는 방법과 더불어 융합체 생산 기술에서 가장 중요한 요소이다. 약 10^5~10^7개의 대량의 원형질체에서 정확히 융합체만을 선발하는 것은 실험에서 현실적인 어려움이 많다. 극단적으로 각각 하나의 원형질체끼리 융합하여 간호배양(nurse culture)을 하는 방법(Koop & Spangenberg, 1985)을 제외하고는 효율적인 선발이 실험 성공 여부에 가장 중요한 요소라 할 것이다.

1. 식물의 형태적 특징에 의한 선발

각각의 원형질체와 융합체는 고유의 색깔 및 엽록체 및 원형질의 색감 등에서 서로 다른 특성을 지니게 되어 이들의 색과 형태를 육안으로 구별하여 미세조작기(Micromanipulator)로 분리할 수 있다. 융합체의 경우 융합초기에는 각각의 세포질의 혼합이 점진적으로 이루어져 구별이 가능하며, 융합체가 혼합된 상태에서도 배양이 진행됨에 따라 미소괴(micro callus)에서 간혹 색과 형태로 구별되는 경우가 있다. 또는 한쪽만 분리할 수 있어도 융합체의 선발 효율은 향상시킬 수 있으며, 두 원형질체에 서로 다른 염색(형광염색)을 통해 구별할 수도 있다. 보고된 결과로는 융합체의 색깔에 의한 선발(Gleba and Hoffmann, 1978)이나 서로 다른 염색액을 이용하여 분리하는 방법(Galbraith and Manch, 1980) 등이 있다. 그리고 융합초기 세포의 세포벽이 재생되는 시점에 Flow Cytometry와 Cell sorter를 이용하여 자가 배수성과 융합이 안 된 개체를 형광염색을 이용하여 제거하는 방법(Afonso *et al.*, 1985)은 이론적으로 가장 완벽한 선발이 가능하나, 고가의 기기 구성 및 조작의 숙련이 필요하여 제한적으로 이용되고 있다.

2. 식물의 생리적 특성을 이용한 선발

식물 고유의 생리적인 특성 또는 돌연변이의 특성을 이용하여 융합체를 선발하는 방법으로 상보성(complementation)을 이용한다. 이것은 개개의 모식물의 특성이 융합체에서 발현됨을 이용하여 융합체만 생장하도록 배양조건을 구성하여 선발하는 방법이다.

담배에서 Streptomycin 저항성을 가진 *N. sylvestris*의 특성을 이용한 선발(Medgyesy *et al.*, 1980)과 Nitrate reductase가 장애인 돌연변이 계통을 이용한 보고(Glimelius *et al.*, 1978)가 초기에 있었으며, 또는 각각의 대사산물저해제를 이용한 융합체 선발(Bottcher *et al.*, 1989) 및 Amino acid analogue에 저항을 가진 당근을 이용한 융합(Harms *et al.*, 1981) 등의 보고가 있다.

3. 식물의 동위효소(Isozyme pattern analysis)를 이용한 선발

식물 고유의 isozyme을 이용한 분석은 분자 생물학이 발달되기 이전에 많이 사용하던 방법이다. 만약 양친이 서로 다른 밴드 위치를 보여 준다면, 잡종식물체는 양친의 모든 밴드를 나타내게 된다. 이용된 효소에는 esterase, peroxidase, phosphoglucose isomerase, glutamine oxaloacetate transaminase, shikimate dehydrogenase 등이 있으며 담배, 감자 등에서 성공적으로 이용되었다(Wetter and Kao, 1976; Waara *et al.*, 1989).

4. 형질전환체를 이용한 선발

위에서 언급한 각각의 모식물의 돌연변이나 생리적 현상을 이용한 융합은 작물에서 이용 가능한 특징이나 돌연변이주가 있을 경우에만 사용가능한 방법이다. 최근에는 보다 적극적인 선발 방법으로 형질전환체를 이용하는 방법이 이용되기도 한다. 1980대에 이르러 많은 연구가 진행된 형질전환은 이제 광범위하게 원하는 작물에 특이적인 형질을 부여할 수 있게 되었다. 따라서 기존의 식물체가 가지지 못한 다양한 항생제 저항이나 제초제 저항 등을 이용하여 보다 근본적으로 융합체만을 선발할 수 있게 되었다.

관련 연구로 *Brassica oleracea*(hygromycin 저항성 세포주)와 *Brassica nigra*(kanamycin 저항성 세포주) 사이의 inter-specific hybrid 식물체가 재생된 보고(Mukhopadhyay *et al.*, 1994)가 있다.

5. 분자 생물학적 방법을 이용한 선발 방법

최근 발달하고 있는 DNA 염기 서열 결정, finger printing, 특정유전자의 탐색기술은 형질전환을 이용한 선발과 함께 1990년대 이후 최근에 급격히 발달하여 식물의 분자표지 마커 시스템(molecular maker system)이 새로운 선발 시스템으로 이용되고 있다. 또한 전통적으로 이용되어 온 염색체의 연구는 융합체를 염색체의 형태와 수로 구별하였으나, 현재는 각각의 게놈에 특이적인 형광을 이용하여 융합체의 유전적 조합을 미세하게 확인하는 GISH(Genomic *in situ* hybridization) 기술이 이용되는 단계에 이르렀다(Li *et al.*, 2004; 그림 5-3). 종간의 다양성을 확인하는 마커로는 RFLP(restriction fragment length polymorphism)나 RAPD(Random amplified polymorphic DNA)가 있다. 연구초기 Williams 등은 감자의 체세포융합체의 분석에 RFLP를 사용하였고(1990), 최근에는 실험의 편리성으로 RAPD가 많이 이용되고 있다(Baird *et al.*, 1992; Polga'r *et al.*, 1993). 분자생물기술의 비약적인 발달로 현재는 RAPD, SSR, ISSR 등을 기반으로 각각 융합하는 모식물의 특이 마커의 염기서열 조사를 통하여 SCAR(sequence-characterized amplified region) 마커를 개발함으로써 보다 정밀한 분석이 가능해졌다. 오구라 웅성불임(Ogura Cytoplasmic male sterility)을 이용한 유채 융합체의 분석에서는 세포질 웅성불임 특이 인자 마커를 이용하여 웅성불임 인자가 전이 여부를 확인한 바가 있다(Sigareva and Earle, 1997). 앞으로는 이런 마커 기술의

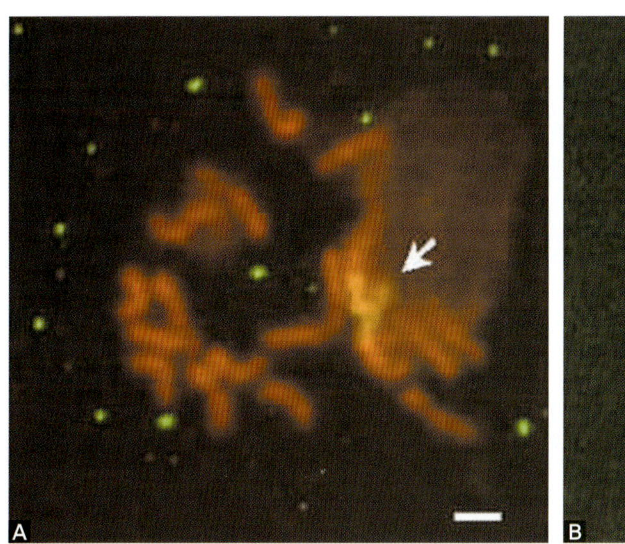

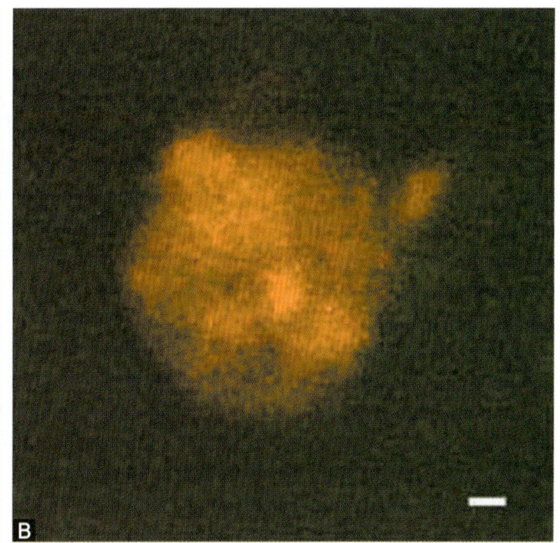

그림 5-3 인삼과 당근의 원형질 융합체의 GISH 사진
A_ 원형질 융합체 염색체 사진. B_ 당근 핵 사진(대조구); 화살표: 인삼 DNA: FITC표지(미발표 자료).

발달에서 같은 종 내(품종)의 융합체와 같이 어려운 부분에서 각각의 특이적인 마커 탐색을 통하여 CAPS(cleaved amplified polymorphic sequence) 계열의 마커 시스템이나 SNP를 기반으로 하는 분석기술 등이 계속 도입되어 대량의 식물 또는 세포괴를 신속하게 분석함으로써 보다 효율적인 융합체의 분석도 가능할 것이다.

VII. 유연관계에 따른 융합 실례

각 융합체의 모식물의 유연관계에 따른 분류로는 크게 종내잡종, 종간잡종, 원연간의 잡종으로 나뉜다.

1. 종내잡종 (Intraspecific somatic hybrids)

일반적인 융합을 통한 품종육성에서 같은 종 내의 품종이나 4배체작물 육성을 위한 2배체의 같은 종의 융합 등에 널리 이용된다.

가지과에서 감자의 이배체(*S. tuberosum diploids*)간의 융합을 통한 4배체 감자 육성이 대표적으로 이용되고 있다(Warra *et al.*, 1992). 이 외에도 당근(*Daucus carota*)간의 융합(Koyama *et al.*, 1995), *Colocasia esculenta*간의 융합(Murakami *et al.*, 1998) 등이 보고되었다.

2. 종간잡종 (Interspecific somatic hybrids)

일반적으로 융합 식물에서 가장 많이 사용하는 유연관계는 종간의 융합으로 종내에 특정 형질을 찾기 어려울 때 상대적으로 유연관계가 높은 종간의 잡종을 시도하게 된다.

대표적으로는 십자화과, 가지과, 운향과(Rutaceae), 국화과(Asteraceae) 등에서 많은 보고를 들 수 있다. 십자화과작물은 종간의 유성 교잡도 가능하고 실험이 용이하여 많은 종간의 융합이 이루어졌다. 관련 보고로는 *Brassica oleracea*와 *Brassica campestris*의 융합(Schenck *et al.*, 1982), *B. napus*와 *B. hirta*(Primard *et al.*, 1988), *B. oleracea*와 *B. rapa*(Heath and Earle, 1995;1997) 등이 있으며, Sundberg와 Glimelius에 의해서는 유체의 종 생성을 융합을 통해 확인하는 연구가 진행되기도 하였다(1986). 가지과에서는 감자에서 병저항에 관련된 새로운 품종을 육성하기 위해 시도되어 주요 감자 바이러스인

PLRV(potato leaf roll virus)와 PVY(potato virus Y)에 저항성을 가진 야생종 감자(*S. brevidens*)는 교배가 불가능하기 때문에 감자(*S. tuberosum*)와 원형질체 융합을 통해서 잡종 식물체가 만들어졌다(Gibzon *et al.*, 1988; Helgeson et la., 1986). 또한 이러한 융합체는 특히 감자는 영양번식을 이용하므로 안정된 품종으로 이용할 수 있으며, 다른 재배종과의 유성교배가 가능하여 육종에 활용되기도 한다.

의미 있는 보고로 초기에 *Petunia hybrida*와 *Petunia parodii*의 융합(Cocking *et al.*, 1977), 이배체 *S. tuberosum*와 *S. brevidens*를 이용한 새로운 품종 육성(Imai *et al.*, 1992), *S. tuberosum*과 *S. pinnatisectum* 간의 융합(Menke *et al.*, 1996) 등이 있으며, 국내에서도 Kim 등이 *S. commersonii*와 *S. tuberosum* 반수체의 융합을 보고하였다(1993). 이 밖에도 *Datura innoxia* Mill + *D. discolor* Bernh. (Schieder , 1978) 등 많은 보고가 있다.

3. 원연간 잡종 (Hybridization between distantly-related species)

원연간의 잡종은 말 그대로 유연관계가 상당히 먼 속 이상의 잡종을 위미한다.

일부에서는 동물과 식물까지의 잡종도 시도되었으나(Makankawkeyoon *et al.*, 1995), 식물에 국한한 보고는 속간잡종(Intergenic Somatic hybrid)이 대표적이라 할 것이다. 많은 경우 보고된 융합체는 대부분 불임으로 후대 유지에는 실패하였으나 비대칭 융합의 기술의 보편화로 성공적인 사례가 증가하고 있다.

초기 보고는 콩과 담배와의 융합을 들 수 있으며(Kao, 1977), 유명한 감자와 토마토의 융합인 Pomato(Melchers *et al.*, 1978; Melchers *et al.*, 1992), *Datura innoxia*와 *Atropa belladonna*간의 융합(Krumbiegel and Schieder, 1979), 쌍자엽 식물인 당근과 단자엽 식물인 벼(5-methyltryptophan 저항성 세포주)의 비대칭 융합에 의한 잡종 식물체가 재생되기도 하였고(Kisaka *et al.*, 1994), 국내에서도 인삼과 당근의 보고가 있었으나 잡종식물의 선발에서는 재분화체의 불임에 의한 대량증식의 어려움으로 실용화되지는 못하였다(Liu *et al.*, 1992).

VIII. 결론

관행 교잡육종은 품종육성이 계속됨에 따라 점차 유용 유전자원의 고갈현상이 나타나고 있다. 따라서 원연야생종으로부터의 유용유전자의 도입이 절실하나 원연간 또는 종속간의 교잡불화합성 때문에 유용유전자의 도입이 사실상 어려운 실정이다.

원형질 융합이 기존의 육종보다 훨씬 유전변이의 폭을 확대시킬 수 있으나, 아직까지 원연종에 의한 원형질체 융합은 개개 식물의 유전자의 불화합성에 의하여 잡종 세포주조차 만들기 어려운 경우가 많다(Melchers *et al.*, 1978). 세포융합 기술은 양친의 핵 유전자는 물론 세포질 유전자 잡종도 가능하며 아울러 생화학적 기작이 규명되지 않은 상태에서도 적용이 비교적 용이하다. 이에 자연상태의 종간의 육종에 비해 원형질 융합은 시간적 단축 및 작물의 안정성 검증에서도 큰 문제가 없다. 따라서 작물의 개량에 직접 이용 가능한 기술이라 할 것이다.

현재 특정 형질을 전이할 때 많이 이용되는 유전자 변형작물 연구는 기술적으로 매우 빠르게 발달하고 있으며 앞으로 각광받게 될 것이다. 그러나 현실적으로 이 기술을 통해 만들어진 작물은 고도의 환경영향 평가 및 작물의 검증에 많은 시간과 재화가 필요하다. 어느 면에서는 아직 세계적으로 생물의 유전자에 대한 이해가 부족한 상태로 형질전환을 이용한 육종은 형질전환의 기술과 아울러 적정 유전자의 기능 및 도입하는 식물 내의 발현 등에 대한 분자생물학적인 측면에서 많은 연구와 이해가 선행되어야 할 것이다.

원형질 융합 역시 많은 기술적 준비 및 때로는 고가의 장비의 도움이 있어야 하는 등 현실적인 적용에 해결해야 할 어려움도 많으며, 융합작물의 선발에서 식물에 대한 이해 및 융합체의 유전적 조합 등에 대한 많은 부분에서 연구의 진전을 필요로 한다. 많은 조직배양의 기술이 그러하듯 하나의 정형화된 시스템의 정립에는 수많은 노력이 필요하다. 필자는 이 부분에서 많은 연구자들이 본 기술의 중요성을 인식하고 관심 가져주길 바란다.

사사

- 본 연구는 농림부 농림기술개발사업의 지원에 의해 이루어진 것임.

참고문헌

- Afonso CL, Harkins KR, Thomas-Compton MA, Krejci AE, Galbraith DW (1985) Selection of Somatic Hybrid Plants in *Nicotiana* Through Fluorescence-Activated Sorting of Protoplasts. Bio/Technology 3: 811~816
- Austin S, Baer MA, Helgeson JP (1985) Transfer of resistance to potato leaf roll virus from Solanum brevidens into *Solanum tuberosum* by somatic fusion. Plant Science 39: 75~82
- Baird E, Cooper-Bland S, Waugh R, DeMaine M, Powell W (1992) Molecular characterisation of inter- and intra-specific somatic hybrids of potato using randomly amplified polymorphic DNA (RAPD) markers. Mol Gen Genet 233(3): 469~75
- Biedinger U, Schnabl H (1991) Ethane production as an indicator of the regeneration potential of electricity-fused sunflower protoplasts (*Halianthus annuus* L.). Plant physiol 138: 41
- Bottcher U, AvaiD, Galun E (1989) Complementation between protoplasts treated with either of two metabolic inhibitors results in somatic hybrid plants. Plant Sci 63: 67
- Carlson PS, Smith HH, Dearing RD (1972) Parasexual interspecific plant hybridization. Proc Nat Acad Sci USA 69: 2292~2294
- Chand PK, Davey MR, Power JB, Cocking EC (1988) An improved procedure for protoplast fusion using polyethylene glycol. Plant Physiol 133: 480~485
- Cocking EC (1960) A method for the isolation of plant protoplasts and vacuoles. Nature 187: 927~929
- Cocking EC, George D, Price-Jones MJ, Power JB (1977) Selection procedures for the production of inter-species somatic hybrids of *Petunia hybrida* and *Petunia parodii*. II. Albino complementation selection. Plant Sci Lett 10: 7~12
- Davey MR, Frearson EM, Power JB (1976) Polyethylene glycol-induced transplantation of chloroplasts into protoplasts: An ultrastructural assessment. Plant Sci Lett 7: 7~16
- de Laat AMM and Blaas J (1987) An improved method for protoplast microinjection suitable for transfer of entire plant chromosomes. Plant Sci 50: 161~169
- Dekeyser *et al.*, (1990) Transient gene expression in intact and organized rice tissues. Plant Cell 2: 591~602
- Galbraith DW, Mauch TJ (1980) Identification of fusion of protoplasts. II. Conditions for the reproducible fluorescence labeling of protoplasts derived from mesophyll tissue. Z Pflanzenphysiol 98: 129~140
- Gibzon RW, Jones MGK, Fish N (1988) Resistance to potato leaf roll virus and potato virus Y in somatic hybrids between dihaploid *Solanum tuberosum* and *Solanum brevidens*. Theor Appl Genet 76: 113~11
- Glaba YY, Hoffmann F (1978) Hybrid cell lines *Arabidopsis thaliana* + *Brassica campestris*: no evidence for specific chromosome elimination. Mol Gen Genet 165: 257~264
- Glimelius K, Eriksson T, Grafe R, Muller A (1978) Somatic hybridization of nitrate reductase deficient mutants of *Nicotiana tabacum* by protoplast fusion. Physiol Plant 44: 273~277
- Golz C, Kohler F, Schieder O (1990) Transfer of hygromycin resistance into *Brassica napus* using total DNA of a transgenic *B. nigra* line. Plant Mol Biol 15: 475~83
- Griesbach RJ (1987) Chromosome-mediated transformation via microinjection. Plant Sci 50: 60~77
- Guerche P, Chavonnier M, Jouanin L, Tourneur C, Paskowski J, Pelletier G (1987) Direct gene transfer by electroporation in *Brassica napus*. Plant Science 52: 111~116
- Harms CT, Potrykus I, Widholm JM (1981) Complementation and dominant expression of amino acid analogue resistance markers in somatic, hybrid clones from *Daucus carota* after protoplast fusion. Z Pflanzenphysiol 101: 377~385
- Heath DW, Earle ED (1995) Synthesis of low linolenic acid rapeseed(*Brassica napus* L.) through protoplast fusion. Ehphytica 93: 339~343
- Heath DW, Earle ED (1997) Synthesis of high erucic acid rapeseed(*Brassica napus* L.) somatic hybrids with improved agronomic characters. Theor Appl Genet 91: 1129~1136
- Helgeson JP, Hunt GJ, Haberlach GT, Austin S (1986) Somatic hybrids between *Solanum brevidens* and *Solanum tuberosum*: expression of a late blight resistance gene and potato leaf roll virus resistance. Plant Cell Rep 3: 212~214
- Imai T, Irikura Y, Ishige T (1992) Studies of the gene expression in a somatic hybrid of dihaploid Solanum tuberosum and diploid *Solnum brevidens* using two dimensional protein electrophoresis. Plant Cell Tiss Org Cult 29: 115~124
- Kao KN (1977) Chromosomal behavior in somatic hybrids of soybean-*Nicotiana gluca*. Mol Gen Genet 150: 225~230
- Kao KN, Michayluk MR (1974) A method for high frequency inter-generic plant protoplast fusion. Planta 115: 355~367
- Kao KN, Michayluk MR (1974) A method for high frequency intergeneric fusion of plant protoplasts. Planta 115: 355~367 150
- Keller WA, Melchers G (1973) The effect of high pH and calcium on tobacco leaf protoplast fusion. Z Naturforsch 288: 737~741
- Kim HY, Choi SU, Chae MS, Wielgus SM, Helgeson JP

(1993) Identification of Somatic hybrids produced by protoplast fusion between *Solanum commersonii* and *S. tuberosum* haploid,. Korean Society of Plant Tissue Culture 20: 337~344

- Kisaka H, Lee H, Kisaka M, Kanno A, Kang K, Kameya T (1994) Production and analysis of asymmetric hybrid plants between monocotyledon (*Oryza sativa* L.) and dicotyledon (*Daucus carota* L.). Theo Appl Genet 89: 365~371
- Klein TM, Wolf ED, Wu R, Sanford JC (1987) High-velocity microprojectiles for delivering nucleic acids into living cells. Nature 327: 70~73
- Klercker JA (1892) Eine methods zur isoliering lebender protoplasten. Oefvers Vetenskaps Adad. Stockholm 9: 463~471
- Koop HU, Schweiger HG (1985) Regeneration of plants after electrofusion of selected pairs of protoplasts. Eur. J Cell Biol 39: 46~49
- Koyama H, Ojima K, Yamaya T, Sonoda Y (1995) Characteristics of carrot plant regenerated from two cell line selected as either ionic-Al tolerant cell or Al-phosphate utilizing cells. Plant Soil 171: 179~183
- Krumbiegel G, Schieder O (1979) Selection of somatic hybrids after of protoplasts from *Datura innoxia* and *Atropa belladonna*. Planta 145: 371~375
- Küster E (1909) über die Verschmelzung nachter protoplasten. Ber Dtsch Bot Ges 27: 589~598
- Kyozuka J, Kaneda T, Shimamoto K (1989) Production of cytoplasmic male sterile rice (*Oryza sativa* L.) by cell fusion. Bio/Technology 7: 1171~1174
- Li C, Xia G, Xiang F, Zhou C, Cheng A (2004) Regeneration of asymmetric somatic hybrid plants from the fusion of two types of wheat with Russian wild rye. Plant Cell Reports 23: 461~467
- Liu JR, Lee HS and Kim SW (1992) Inter-family somatic hybridization between carrot (*Daucus carota*) and Korean ginseng (*Panax ginseng*). The 1st Korea-Germany Joint Symposium in Plant Biotechnology pp 153~160
- Lörz H, Paszkowski J, Dierks-Ventling C, Potrykus I (1981) Isolation and characterization of cytoplasts and miniprotoplasts derived from protoplasts of cultured cells. Physiol Plant 53: 385~391
- Lörz H, Potrykus I (1978) Investigations on the transfer of isolated nuclei into plant protoplasts. Theor Appl Genet 53: 251~256
- Makankawkeyoon S, Smitamana P, Hirunpetcharat C, Maneekarn N (1995) Production of mouse immunoglobulin G by a hybrid plant derived from tobacco-mouse cell fusions. Experientia 51: 19~2
- Medgyesy P, Menczel L, Maliga P (1980) The use of cytoplasmic streptomycin resistance: Chloroplast transfer from *Nicotiana tabacum* into *Nicotiana sylvestris*, and isolation of their somatic hybrids. Mol Gen Genet 179: 693~698
- Melchers G, Mohri Y, Watanabe K, Wakabayashi S, Harada K (1992) One-step generation of cytoplasmic male sterility by fusion of mitochondrial-inactivated tomato protoplasts with nuclear-inactivated Solanum protoplasts. Proc Natl Acad Sci USA 89: 6832~6836
- Melchers G, Sacristan MD, Holder AA (1978) Somatic hybrid plants of potato and tomato regenerated from fused protoplasts. Carlsberg Res Comm 43: 203~218
- Menke U, Schilde-Rentschler L, Ruoss B, Zanke C, Hemleben V, Ninnemann H (1996) Somatic hybrids between the cultivated potato *Solanum tuberosum* L. and the 1EBN wild species Solanum pinnatisectum Dun.: morphological and molecular characterization. Theor Appl Genet 92: 617~626
- Mukhopadhyay A, Aramugon N, Pradhan AK, Murthy HN, Yadav BS, Sodhi YS, Pental D (1994) Somatic hybrids with substitution type genomic configuration TCBB for the transfer of nuclear and organelle genes from *Brassica fournefortii* TT to alotetraploid oilseed crop *B. Carinata* BBCC. Theor Appl Genet 89: 19~25
- Murakami K, Nishioka J, Matsubara S (1998) Production of somatic hybrids in taro (*Colocasia esculenta* Schott). J Jpn Soc Hort Sci 67: 607~612
- Pojnar E, Willison JHM, Cocking EC (1967) Cell wall regeneration by isolated tomato-fruit protoplasts. Protoplasma 64: 460~480
- Polga'r Z, Preiszer J, Dudits D, Fehe'r A (1993) Vigorous growth of fusion products allows highly effcient selection of interspecific potato somatic hybrids: molecular proofs. Plant Cell Culture 12: 399~403
- Power JB, Cummins SE, Cocking EC (1970) Fusion of isolated plant protoplasts. Nature 225: 1016~101
- Primard C, Vedel F, Mathieu C, Pelletier G, Chèvre AM (1988) Interspecific somatic hybridization between *Brassica napus* and *Brassica hirta* (*Sinapis alba* L.). Theor Appl Genet 75: 546~552
- Rhodes CA, Pierce DA, Mettler IJ, Mascarenhas D, Detmer JJ (1988) Genetically transformed maize plants from protoplasts. Science 240: 204~207
- Sakai T, Liu HJ, Iwabuchi M, Kohno-Murase J (1996) Introduction of a gene from fertility restored radish (*Raphanus sativus*) into *Brassica napus* by fusion of X-irradiated protoplasts from a radish restorer line and iodacetoamide-treated protoplasts from a cytoplasmic male-sterile cybrid of *B.napus*. Theor Appl Genet 93: 373~379
- Schenck HR, Robbelen G (1982) Somatic hybrids by fusion of protoplasts from *Brassica oleracea* and *Brassica campestris*. Z Pflanzenzucht 89: 278~288

- Schieder O (1978) Somatic hybrids of *Datura innoxia* Mill + *Datura discolor* Bernh. .Selection and characterization. Mol Gen Genet 162: 113~119
- Senda M, Takeda J, Abe S, Nakamura T (1979) Induction of cell fusion of plant protoplasts by electrical stimulation. Plant Cell Physiol 20: 1441~1443
- Shimamoto K, Terada R, Izawada T, Fujimato H (1989) Fertile transgenic rice plants regenerated from transformed protoplasts. Nature 338: 274~276
- Sidorov VA, Zubko MK, Kuchko AA (1987) Somatic hybridization in potato: use of irradiated protoplast of *Solanum pinnatisectum* in genetic reconstruction. Theor Appl Genet 74: 363~368
- Sigareva MA, Earle ED (1997) Direct transfer of a cold-tolerant Ogura male-sterile cytoplasm into cabbage (*Brassica oleracea* ssp. capitata) via protoplast fusion. Theor Appl Genet 94: 213~220
- Sundberg E, Glimelius K (1986) A method for production of interspecific hybrid within Brassiceae via somatic hybridization, using resynthesis of *Brassica napus* as a model. Plant Sci 43: 155~162
- Vasil IK, Vasil V (1972) Totipotency and embryogenesis in plant cell and tissue cultures. In Vitro 8: 117~127
- Waara S, Tegelstrom H, Wallin A, Eriksson T (1989) Somatic hybridization between Anther-derived dihaploid clones of potato (*Solanum tuberosum* L.) and the identification of hybrid plants by isozyme analysis. Theor Appl Genet 77: 49~56
- Wallin A, Glimelius K, Eriksson T (1974) The induction of aggregation and fusion of *Daucus carota* protoplasts by polyethylene glycol. Z Pflanzenphysiol 74: 64~80
- Wetter LR, Kao KN (1976) The use of isoenzymes in distinguishing the sexual and somatic hybrids in callus cultures derived from Nicotiana. Z Pflanzenphysiol 80: 455~462
- Williams CE, Hunt G, Helgeson JP (1990) Fertile somatic hybrids of Solanum species: RFLP analysis of a hybrid and its sexual progeny from crosses with potato. Theor Appl Genet 80: 545~551
- Yang ZQ, Shikanai T, Yamada Y (1988) Asymmetric hybridization between cytoplasmic male-sterile (CMS) and fertile rice (*Oryza sativa* L.) protoplasts. Theor Appl Genet 76: 801~808
- Zimmermann U, Scheurich P (1981) High frequency fusion of plant protoplasts by electric fields. Planta 151: 26~3

06

생물반응기를 이용한 식물 배양체 대량 생산기술

김재훈, 이원석, 최은경, 오승철
(주)마이크로프랜츠 중앙연구소

I. 서론

생물반응기(bioreactor)는 생물이나 특정 물질을 생산하기 위해 또는 특정 반응을 수행하기 위해 생물체를 외부와 격리된 인공 환경에서 키울 수 있도록 만든 용기의 총칭이다. 생물반응기는 생물체를 배양할 수 있는 장치를 포괄적으로 의미하나 균주를 배양할 때는 보통 발효기(fermentor)라 하고 식물 또는 동물의 세포 및 조직을 배양하는 경우에는 일반적으로 생물반응기라고 한다.

식물 생물반응기는 식물 배양체(세포나 조직)를 대량 배양하기 위해 배양체의 특성에 맞게 설계하여 운용하는 생물반응기를 말한다. 지금까지 많은 연구자들이 식물용 생물배양기를 이용하여 유용식물의 배양체 및 유용물질의 생산 그리고 산업화를 위한 연구를 꾸준히 진행해 왔다. 식물의 세포 및 조직 배양에 있어서 생물반응기를 이용한 배양법은 기존의 한천배지를 사용하는 배양법과 플라스크에서의 현탁배양하는 방법과 달리 기내환경을 다양하게 변화시킬 수 있으며 산업화 수준의 대규모 배양이 가능하다. 생물반응기는 외부에서 공기를 주입함으로써 배양용기 전체용적을 활용하여 배양할 수 있고, 배양체의 생리적인 연구를 위하여 주입공기의 형태 및 공기량의 조절, 온도제어, 배양체 밀도 등을 조절할 수 있는 다양한 장치를 부착할 수 있다는 장점을 지니고 있다(안 등, 2003).

생물반응기는 여러 종류가 알려져 있는데, 식물체 배양에 사용되는 것은 미생물배양이나 발효용으로 사용되는 생물반응기와 다를 뿐 아니라 식물용 생물반응기 중에서도 배양하는 식물과 배양체의 종류에 따라 배양용기의 형태, 시설, 작동기구, 보조 장치, 공기공급 양식 등에 많은 차이가 있다. 식물 생물반응기는 여러 형태가 개발되었는데 식물 배양용으로 적합한 생물반응기의 형태는 기포 풍선형 반응기(air bubble balloon reactor)가 적합하고, 뿌리와 같이 생물반응기 내에서 순환이 그다지 중요하지 않은 배양체는 기포 원통형 반응기(air bulle columm reactor)를 사용하는 것이 바람직하다.

식물 생물반응기를 이용한 배양체 대량생산 및 산업화는 생물반응기의 초기시설을 어떻게 하느냐에 따라 성패를 좌우할 수 있을 만큼 초기전략이 매우 중요하다. 생물반응기의 초기 설치비, 운영비, 생산 기술, 생산량 및 생산물의 품질 등을 전체적으로 고려해서 최종생산물이 산업적으로 경제성이 있도록 해야 한다. 따라서 생물반응기에서 키우려는 식물체의 생물학적, 생화학적, 물리화학적 특성뿐만 아니라 이들 특성에 따른 전체 공정의 설계와 생산물의 판매 전략까지 고려되어야 한다.

식물 생물반응기로 식물 배양체를 대량 생산하여 식·의약품으로 사용하는 경우는 두 가지가 있다. 하나는 생물반응기에서 생산한 배양체 전체를 그대로 또는 가공하여 식품으로 제품화하는 것이고, 또 하나는 배양체로부터 특정 유용물질(이차대사산물)을 추출하여 식·의약품으로 제품화하는 것이다. 최근까지 식물 생물배양기에 의한 배양체의 대량 생산은 국내외에서 여러 기업이 시도하고 있지만 각 기업은 관련기술의 공개를 꺼리고, 내부 자료로서만 활용하고 있어 그 상황을 정확하게 알기는 어렵다. 또한 배양체의 생산 효율, 경제성 등의 여러 가지 문제점을 해결하지 못해 미생물 등 다른 분야의 생물반응기의 상업화에 비해 현저하게 활성화되지 못했다. 앞으로 식물생명공학 분야의 연구자들이 생물반응기에 의한 배양체 대량 생산 연구를 집중적으로 수행하여 좋은 기술을 개발한다면 생명공학적인 방법으로 유용물질을 생산하여 제품을 만드는 것에 많은 기업들이 더욱 관심을 가질 것이며 이 분야의 연구도 활발하게 진행하는 기업체의 수가 증가할 것이다.

여기에서는 생물반응기의 구조 및 조작에 대한 전반적인 현황과 이를 이용하여 유용식물의 세포배양 및 조직배양을 실시할 때의 방법 및 기술에 대해 언급하고, 실제 생물반응기가 식물생명공학 분야에 이용될 수 있는 가능성 및 전망에 대해 알아보고자 한다.

II. 식물 생물배양기의 역사

인류는 수천 년 전부터 미생물의 발효나 술의 증류를 위해 독특한 모양의 그릇이나 용기를 사용하였는데, 이것도 일종의 원시적인 생물반응기라고 할 수 있다. 근대적인 생물반응기의 시초는 제1차 세계대전 동안 영국에서 Clostridium acetobutyliticum을 이용한 acetone과 butanol의 생산 공정이라 할 수 있다. 생물반응기를 사용할 때 오염문제가 심각하였지만 곧 원통형 금속생물반응기가 개발되어 증기를 이용해 배양용기 및 배양액을 가압 살균할 수 있게 되었다.

생물반응기는 거의 비슷한 구조로 의약품, 식품, 소재생산, 농업, 생화학 등 여러 분야에서 이용하게 되었고, 1930년대부터 공기분산기와 기계적 교반기를 생물반응기에 장착하고 생물반응기 효율을 높이기 위해 유체조절판이 부착되었다. 1940년대 생물반응기로 페니실린을 대량 생산하면서 여러 형태의 생물반응기가 만들어졌고, 이후 생물공정에서 원하는 물질만을 최대로 생산하기 위해 특수한 장치로 혼합, 교반, 무교반 열린계(non-stirred open system) 등이 설계되었다. 미생물 또는 동물세포 배양 생물반응기는 비약적인 발전을 거듭하여 여러 생화학 분야의 발효, 생합성 및 반응, 분리정제 등에 활발하게 이용되었다.

식물용 생물반응기에 대한 연구는 몇 단계로 나누어 볼 수 있는데 먼저 생물반응기의 태동기를 들 수 있다. 이 시기는 단순히 식물의 세포나 조직을 생장시킬 수 있는 기초적인 생물반응기의 설계, 제작 및 운용에 중점을 둔 1950년대에서 1960년대로 많은 연구자들이 삼각플라스크를 이용하여 현탁배양하는 방식을 조금 변형하여 유리병 형태의 배양 용기에 무균의 공기를 주입 배출시키는 단순한 형태의 생물반응기를 개발하였다.

식물세포를 대량 배양하여 유용물질을 생산하기 위해 미국의 Pfizer 회사가 산업화를 최초로 시도하였고, 그 이후에도 생물반응기에 대한 연구보고가 있었지만 이를 식물 산업에 적용하는데 여러 문제점이 있어 장기간 생물반응기 연구 분야가 정체되었다. 물론 일부 연구자들을 중심으로 실험실 수준에서 성공한 연구보고가 있었지만 대부분이 산업화할 수 있는 규모에는 미치지 못했다.

식물분야는 아니지만 1975년에는 생물반응기로 의료용 단백질인 단일클론항체(monoclonal antibody)를 생산하면서 고부가가치 유용물질의 본격적인 생산이 시작되었다. 식물 생물반응기는 기존 미생물이나 동물세포 배양에 사용되던 생물반응기를 모방하여 식물세포 및 조직의 배양조건에 맞게 외부형태나 장치를 변형시켜 사용하기 시작하였다. 1980년대 일본에서 생물반응기를 이용하여 배양세포로부터 shikonin이나 berberine 등의 이차대사산물을 성공적으로 생산하였고, 구 소련의 경우 인삼세포를 대량으로 생산하는 것이 가능하다는 연구결과를 보고하여 전 세계적으로 생물반응기에 의한 식물공장의 개념이 점차 확산되었다. 이 분야의 많은 연구자들의 노력에 의해

표 6-1 식물 생물반응기로 생산한 식물 배양체의 제품화 현황

회사명	생산 배양체	제품화 현황
니토덴코 (일본)	인삼 callus	건강식품
시세이도 (일본)	시호 뿌리, 약용식물	화장품
미쯔이화학 (일본)	지치 세포, 약용식물	염료, 향료
일본식생 (일본)	가시오갈피 배양체	건강식품
Phyton Catalytic (미국)	주목나무 세포	항암제
삼양제넥스	주목나무 세포	항암제
마이크로프랜츠	산삼 뿌리, 가시오갈피 배양체	건강식품
CBN, 비트로시스 등	산삼 뿌리	건강식품

배양체를 대량으로 생산할 수 있는 기술을 개발하여 상업화할 수 있는 기반을 이루게 되었다(표 6-1). 니토덴코사(일본, 1995)에서 20~25톤의 생물반응기를 사용하여 인삼 배양세포를 대량 배양하여 여러 종류의 건강식품으로 상품화하였다(Hibino and Ushiyama, 1997). 또한 일본의 화장품회사인 시세이도에서는 시호 뿌리를 대량 배양하여 화장품 원료로 사용하고 있다. 한국에서는 1997년부터 삼양제넥스가 32톤 생물반응기로 주목나무 세포를 대량 배양하고 paclitaxel만을 분리 정제하여 의약품을 만들어 2001년부터 CJ(당시 제일제당)를 통하여 국내에서 시판 중이다.

최근에는 우리나라의 식물 생명공학기업들에 의해 다양한 식물 생물반응기가 고안되었고, 이를 이용하여 산삼 뿌리를 대량 생산해서 건강식품으로 상품화하여 시판하고 있다. 그러나 생물반응기를 이용하여 목적으로 하는 세포나 조직 및 기관을 배양하려는 시도는 기초연구에 많은 연구비가 소요되지만 일부 기업에서는 실제적으로 식물에 적합한 생물반응기의 설계에서부터 운용에 이루는 폭넓은 연구를 수행하고 있다. 지구 온난화, 급격한 환경변화 등으로 노지재배의 많은 문제점이 대두되어 그 대안으로 공장 생산에 의한 식물산업의 대량 생산은 멀지 않은 미래에 일상화될 것으로 생각된다. 따라서 최첨단 식물 생물반응기를 개발하면 미래형 첨단 산업의 하나로 자리잡게 될 것이다.

III. 식물 생물배양기의 필요성

식물은 모든 생물들에게 중요한 에너지원으로 사용되고 있으며, 인간은 오래전부터 식품으로 뿐만 아니라 의약품, 식품첨가물, 향료, 색소, 효소, 특수화학제품 등의 원료로 식물을 사용하였다. 식물세포 및 조직배양은 1950년대와 1960년대에 농업분야에서 급속하게 발전한 이후 여러 가지 유용한 천연물질을 생산할 수 있는 가능성이 알려지면서 산업적인 측면에서 관심을 갖기 시작하였다.

식물에서 알려진 천연물의 수는 미생물의 경우보다 약 4배 이상 많은 것으로 알려져 있고, 현재에도 매년 1,500개 이상의 신물질이 식물에서 발견되고 있다. 식물체로부터 얻어지는 생리활성물질은 식품첨가물, 의약품, 화장품, 농약 등에 다양하게 사용되고 있으며 이 중 의약품은 상업화에 가장 가능성이 높은 분야이고, 식물체를 원료로 한 의약품의 미국시장은 수백억 달러이다. 전 세계의 식물 약 25만 종에서 생리활성 및 효능이 규명된 것은 약 2,500종에 불과하여 앞으로 많은 연구가 진행되어 좋은 효능을 가진 식물이나 물질을 더욱더 많이 찾아내야 할 필요성이 있다.

식물유래 유용물질은 주로 재배식물체에서 직접 추출하는 방법을 사용했지만 이 방법은 기상조건, 환경 등의 외부요인에 의해 많은 영향을 받는다. 식물세포 및 조직배양에 의해 대량으로 얻어진 배양체로부터 유용물질을 생산하는 방식은 재배식물체로부터 직접 추출하는 방법에 비해 환경요인에 의한 제한을 받지 않고, 계획적인 생산이 가능하고, 제품의 질과 수율을 일정하게 유지하며 단위면적당 생산량이 많은 장점이 있다. 이러한 장점에도 불구하고 식물세포배양이 유용 배양체 및 물질을 생산하는데 최선의 기술로 활용되지 못하는 것은 식물 배양체의 저생장율, 배양체의 불안전성, 유용물질의 저함량, 고가의 배양시설 등의 문제점 때문이다. 그러나 최근 생물반응기를 이용한 식물세포 및 조직배양 방법을 획기적으로 개선하여 여러 가지 단점을 보완할 수 있게 되어 싼 가격에 배양 시설을 할 수 있는 방법이 속속 고안되고 있다. 따라서 생물반응기의 장점을 잘 활용하면 배양체를 원료로 활용한 산업을 더욱 발전시킬 수 있고, 관련분야 산업에도 광범위하게 응용할 수 있는 효과가 있을 것이다.

IV. 식물 배양체의 특성

식물세포 및 조직배양은 한천배지에서 식물체로부터 무균적으로 유도된 callus(세포덩어리)나 조직(부정근, 묘, 체세포 등)을 액체배지에 넣어 증식이 잘 되는 배양세포나 조직으로 증식시키는 것이 보편적인 과정이다. 식물 조직배양은 동물이나 미생물 배양과 같이 배양환경(배지, 산소, 적절한 혼합 등)을 맞춰 주어야 하는 것은 비슷하지만 배양방법은 상당히 다르다. 식물세포는 미생물세포에 비해 산소 요구량은 적지만 세포의 크기가 수십 배 크고, 장력(tensile strain)에 대한 저항력은 크지만 전단력(shear stress)은 매우 약하고 성장 속도도 매우 느리다. 배양기간이 길어 오염될 가능성이 높고, 식물 배양체가 서로 엉켜 침전되기 쉬워 혼합이 잘 되지 않아 산소 및 영양분의 공급이 불충분할 수 있다. 이러한 이유로 아직까지 대용량의 배양(scale-up)이 어려운 것으로 알려져 있다.

식물 배양체에서 생산되는 대사산물은 그 농도가 낮고 대부분 세포내(intracellular) 생성물인데 미생물은 거의 세포외(extracellular) 생산물이다. 미생물의 경우 대개 세포생장과 동시에 대사산물이 생산되는 데 반해 식물 배양체는 세포생장이 거의 완료되면서 대사산물이 생산되는 형태를 보인다. 식물 배양체의 대량 배양의 장점은 미생물이나 동물세포 배양에 비해 대사산물의 분리 정제가 쉽고, 배양체가 외부 균에 감염될 우려가 거의 없어 안전하며 고밀도 배양이 가능하고, 동물세포배양에 비해 배지 값이 수천 배 싸다는 것이다.

V. 식물 생물배양기의 특성 및 종류

식물 생물반응기는 기존 미생물이나 동물세포 배양에 사용되던 생물반응기를 개조하여 식물 배양체의 배양조건에 맞게 변형시켜 사용하기 때문에 식물 생물반응기만이 가지는 독특한 형태는 거의 없다. 기업에서 상용화하고 있는 식물 배양체 생산용 생물반응기는 그 구조나 특징이 자세히 공개된 것이 없어 알기 어렵고, 기존 교과서에 나와 있는 형태나 실험실에서 연구용으로 사용하는 일반 생물반응기만이 공개된 것이 주종을 이루고 있다.

식물 배양체를 생물배양기에서 배양하기 위해서는 생물배양기 내부가 배양기간 동안 무균상태를 유지하고, 공기가 생물반응기 내부에 골고루 공급되어 배양체의 순환이 원활하게 이루어져야 한다. 무균 필터를 통해 생물반응기 내로 주입된 공기는 배지를 순환시키면서 배양체에 산소를 공급하거나 배양체의 뭉침이나 정체를 방지해서 정상적인 생장을 할 수 있게 한다. 식물 생물반응기는 제작 형태 그리고 부대설비 및 조작기기의 종류에 따라 가격에 많은 차이가 있으므로 식물 배양체의 특성을 고려하여 최초 설비를 할 때 여러 사항을 잘 점검해야 한다. 추후 시설비 부담을 줄이기 위해서는 생물반응기를 사용중에 구조를 변경하거나 비효율적인 운용을 방지해야 한다. 식물용 생물반응기의 구조는 연구자에 따라 서로 달리 분류하는 경우도 있지만, 크게 공기부양식 생물반응기(airlift bioreactor), 교반식 생물반응기(stirred bioreactor), 혼합형 생물반응기(hybrid bioreactor) 및 세포고정용 생물반응기(immobilized cell bioreactor) 등으로 나눌 수 있다.

1. 공기부양식 생물반응기

공기부양식 생물반응기는 외부에서 공기가 주입되어 반응기 내의 배지가 회전 및 혼합되면서 배양체를 일정한 방향으로 움직이게 하여 생장 및 증식이 일어나도록 한다. 배양체 및 배지의 순환 방식에 따라 내부순환형(internal-loop type)과 외부순환형(external-loop type) 형태로 구분한다(그림 6-1). 내부순환형의 경우 배양기 내의 공기가 올라가는 부분과 내려오는 부분에 얇은 판이 있거나 또는 원통형의 내관 등에 의해 배양기 내의 흐름이 일정한 방향으로 일어나도록 한다. 외부순환형은 생물반응기의 측면에 원통형의 관이 부착되어 있어 몸체와 외관사이에 배지의 흐름이 일어나도록 한다(안 등, 2003).

공기 주입에 의하여 배양체와 배양액을 유동시키더라도 내관이나 외관을 제거함으로써 유체의 흐름이 불균일하고, 미세공기 주입 필터의 형태가 생물반응기 하부에 좁은 부분 또는 전체를 차지할 때 각각 기포관형 또는 유동상형 배양기라고 한다(그림 6-1). 공기부양식 생물반응기는 설치비용이 비교적 싸고, 사용하기에 편리한 장점이 있으며 배

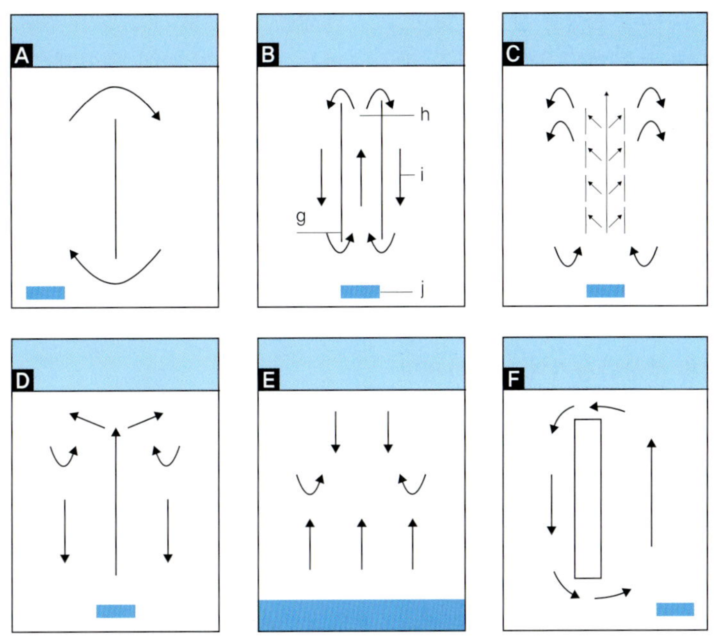

그림 6-1 공기부양식 생물반응기의 공기흐름에 의한 분류

A_ 분할판 내부순환형(split-plate internal-loop type). B_ 집중통관 내부순환형(concentric draft-tube internal-loop type). C_ 집중분할통관 내부순환형(concentric-splilt draft-tube internal-loop type). D_ 기포관형(bubble column). E_ 유동상형(유체상형; fluidized bed). F_ 외부순환형(external-loop type). G_ 통관(draft-tube). H_ 상승(riser). I_ 하향(downcomer). J_ 스테인레스 필터(sparger: 작은 기포를 만드는 스테인리스판).

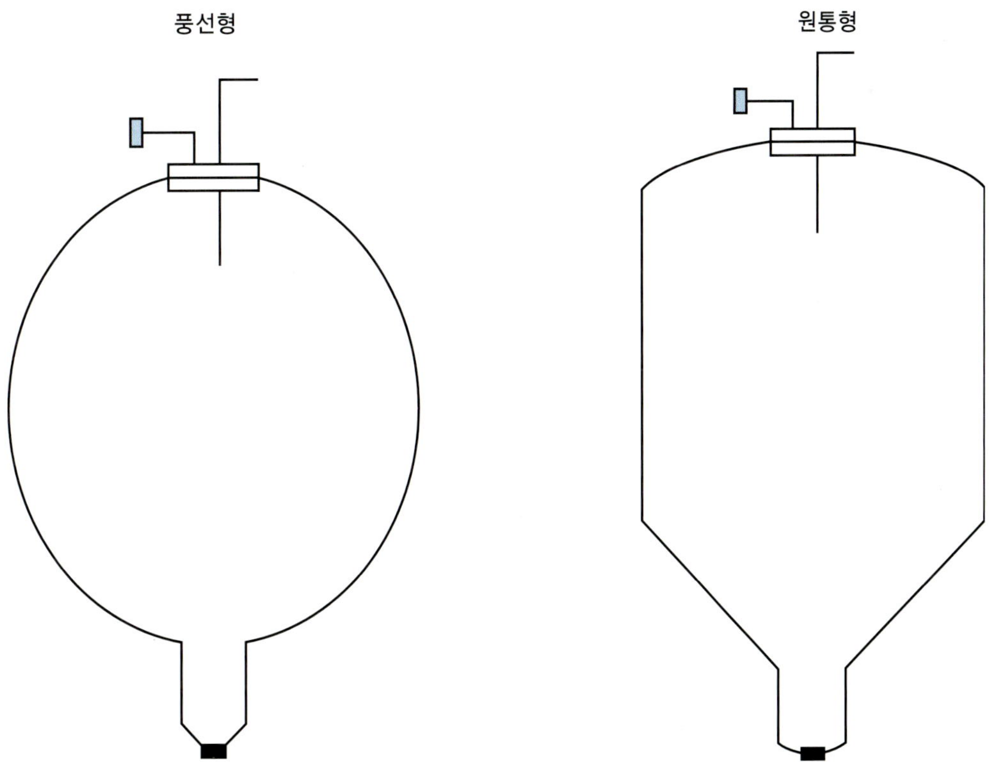

그림 6-2 식물배양용 공기부양식 생물반응기의 주요 형태

양과정 중에 오염이 잘 일어나지 않는 특징을 가지고 있다.

공기부양식 식물용 반응기 중 식물 배양용으로 가장 많이 쓰이는 외부형태는 주로 풍선형(balloon)과 원통형(column)이 있다(그림 6-2). 기포 풍선형 반응기는 식물세포 및 callus와 같이 순환이 중요한 배양체에 적합하지만 가격이 비교적 비싸다. 기포 원통형 반응기는 뿌리와 같이 생물반응기 내에서 순환이 그다지 중요치 않은 배양체를 배양할 때 사용하며 가격이 저렴하다. 대형 탱크 생물반응기의 밑면은 기포 풍선형 생물반응기와 비슷하지만 몸체부분이 원통형으로 되어 있어 배양할 수 있는 공간을 경제적으로 최대한 넓힐 수 있다.

최근에는 두 가지 형 모두 밑면은 원뿔형을 뒤집어 놓은 형태로 만들고, 윗면은 원통형으로 만들어 배지 및 배양체가 순환도 잘 되고 생물반응기 제작비도 절감하게 되었다. 이렇게 개량된 기포원통형 생물반응기는 다른 형태에 비해 설치비용이 비교적 싸고 사용하기 편리하며 배양과정 중에 오염이 적다. 1톤 이상의 산업화용으로 대형화할 경우 공기만으로 배양체 전체를 균일하게 순환시킬 수 있다. 그리고 식물 생물반응기의 단순화 및 개량과 운용 기술은 점차 많이 축적되어 국내 생물반응기 설치비는 5~6년 전에 비해 수배 적은 비용으로 가능하게 되었다.

2. 교반식 생물반응기

교반식 생물반응기는 배양기 내 배지의 흐름을 내부에 설치된 교반날개에 의하여 이루어지도록 하는 방식으로 미생물 배양, 발효 및 식물 배양체의 대량 배양에 널리 사용되고 있다. 교반날개의 동력은 주로 상부의 모터(motor)에 의해 이루어지고 외부의 동력을 내부의 교반날개에 연결할 때 기계적인 봉합장치(mechanical seal)를 장착하는데 장기간 배양시에는 오염이 발생할 수 있기 때문에 주의가 필요하다. 소형의 생물반응기의 경우에서는 자력(electro magnetic field)을 이용하여 교반날개를 회전시키기도 하는데 이 경우 오염원은 없앨 수 있으나 힘이 약하여 대형 생물반응기에 적용하기 어렵다. 교반식 생물반응기는 교반날개가 배지의 흐름, 섞임 및 배양체의 전단응력 등에 직접적인 영향을 미치기 때문에 목적으로 하는 배양체의 특성을 고려하여 제작해야 한다. 식물 배양체의 경우 교반날개의 회전수가 그다지 높지 않으면 뿌리나 유묘 등을 제외한 모든 배양세포나 체세포배 배양에는 별다른 문제점은 없다. 공기를 많이 필요로 하는 배양체를 배양하기에는 적합하지 않아 배양체에 일정한 수준의 공기를 공급하기 위해 혼합형 생물반응기처럼 실제적으로 교반식 생물반응기에도 공기를 주입하고 있다. 교반식 생물반응기의 몸체는 대부분 비슷한 모양이고 형태적인 분류는 대체로 교반날개의 형태나 특성에 따라 프로펠라형(propeller type), 나선의 리본형(helical ribbon type), 터빈형(turbine type), 평판날개형(flat blade type) 등이 있다.

3. 혼합형 생물반응기

혼합형 생물반응기는 생물반응기 내 배지의 흐름을 공기와 교반날개를 동시에 이용하는 것으로 공기부양식 생물반응기와 교반식 생물반응기를 합쳐 놓은 것이다. 고농도의 배양체를 배양할 경우에 사용하는 방식으로 삼양제넥스의 주목나무 세포도 이와 같은 형태의 대형탱크를 사용하여 배양한다. 혼합형 생물반응기는 식물 배양체와 배양액의 섞임과 유동이 절반은 교반 날개로 나머지 절반은 공기 주입으로 되어 교반식 생물반응기와 같은 형태로 분류하는 경우도 있다. 지금까지 산업용으로 사용되는 대형 배양기는 거의 대부분이 이런 형태였지만 최근에는 교반기능만 없앤 생물반응기를 많이 사용하는 추세이다.

4. 세포고정용 생물반응기

세포고정용 생물반응기는 배양기 내에 세포가 부착되어 생장할 수 있는 지지체(support 또는 matrix)를 넣어서 연속 배양하는 것이다. 이 형태는 주로 식물 배양체의 유용한 이차대사산물의 생산성 향상이나 생체변환 및 단세포성 세포를 얻기 위해 사용한다. 세포고정용 생물반응기는 기존의 공기부양형 또는 교반식 생물반응기의 내부를 일부 변경하여 사용하기 때문에 주로 세포고정용으로 사용되는 지지체의 종류와 방법에 따라 분류한다. 주로 사용되는 지지체로는 유리 및 셀루로오즈섬유 계통(glass fiber/cellulose fiber 등), 내부 및 외부 고정용 구형지지체(glass bead 등), 고분자 인공합성물(polyacrylamide /epoxy resin /polyurethane foam 등) 및 단백질 계통(collagen/gelatin) 등을 이용하고 있다. 이 형태는 주로 식물 배양의 경우 연구용으로 사용되었고, 실제 산업용으로 사용하는 데는 많은 문제점이 있어 거의 사용하지 않고 있다.

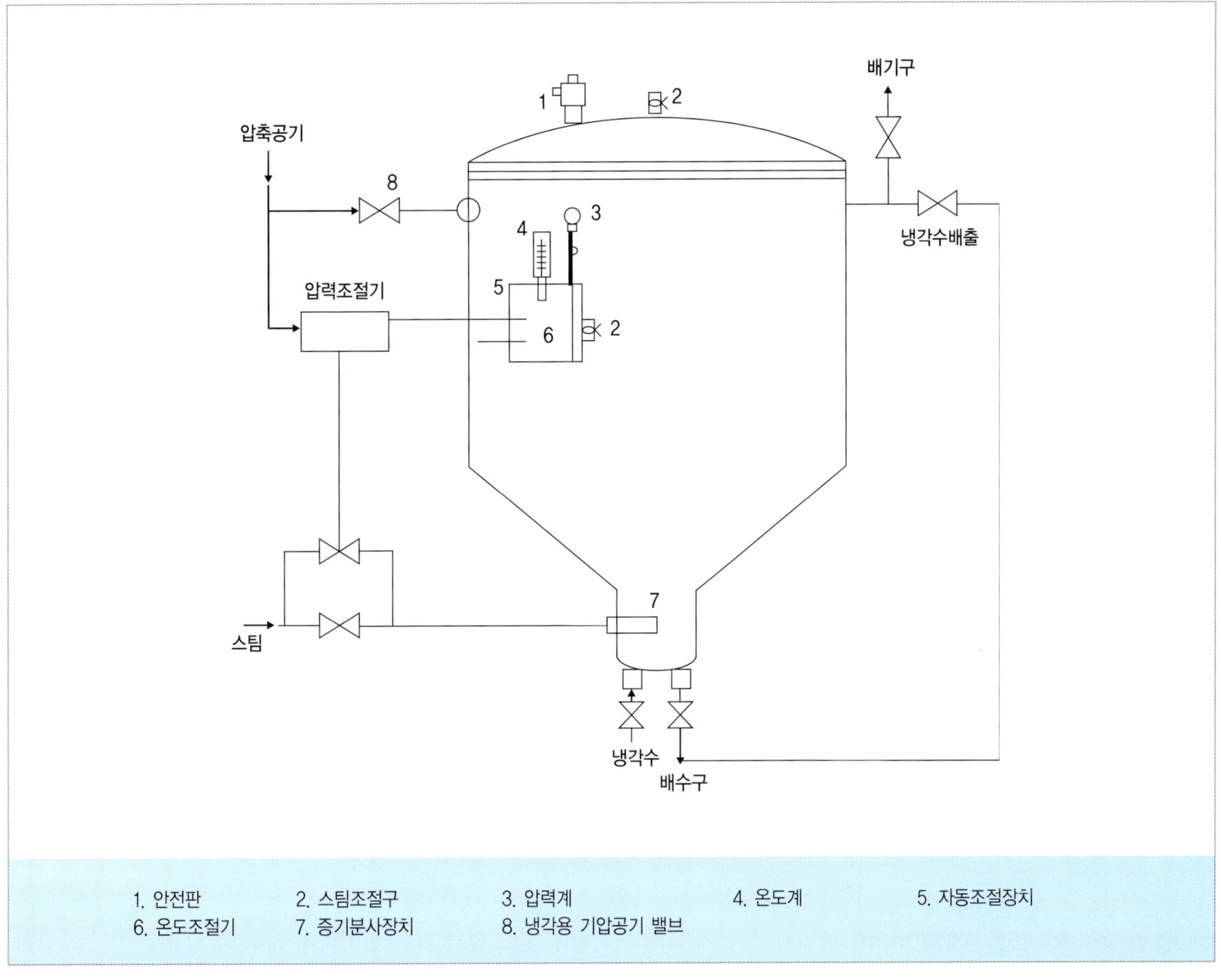

1. 안전판 2. 스팀조절구 3. 압력계 4. 온도계 5. 자동조절장치
6. 온도조절기 7. 증기분사장치 8. 냉각용 기압공기 밸브

그림 6-3 대형 생물반응기의 주요 구성 기기 및 전 과정 모식도

VI. 생물반응기 구성 및 장치

식물배양용 생물반응기의 구성은 크게 몸체(main body), 소독을 위한 스팀 발생기(steam generator), 지속적인 공기공급을 위한 공기펌프 및 공기압축기(air compressor), 배관구조(pipe line system) 및 환경 제어장치(control system) 등으로 나눌 수 있다(그림 6-3). 배관구조에는 스팀, 공기, 배지 및 배양체 이송라인(line) 등이 포함되며, 제어장치로는 주로 배양기 내 온도 및 압력을 측정하는 장치이다. 1톤 이상의 스테인리스 생물반응기의 전체적인 기기 구성 및 전 과정의 도면은 그림6-3을 참조하면 이해하는 데 많은 도움이 될 것이다.

1. 본체 기기 및 장치

생물반응기의 본체(탱크)는 배양체를 순환시키는 방식에 따라 여러 형태로 나누는데 교반식 생물반응기의 경우 대체로 높이와 직경의 비율이 1:1 또는 2:1의 원통형인 반면 공기부양식 생물반응기는 일반적으로 높이와 직경의 비율이 4:1 또는 8:1 이상의 긴 원통형의 외관을 지니고 있다. 생물반응기 몸체에 부착하는 장치는 일반적으로 압력계

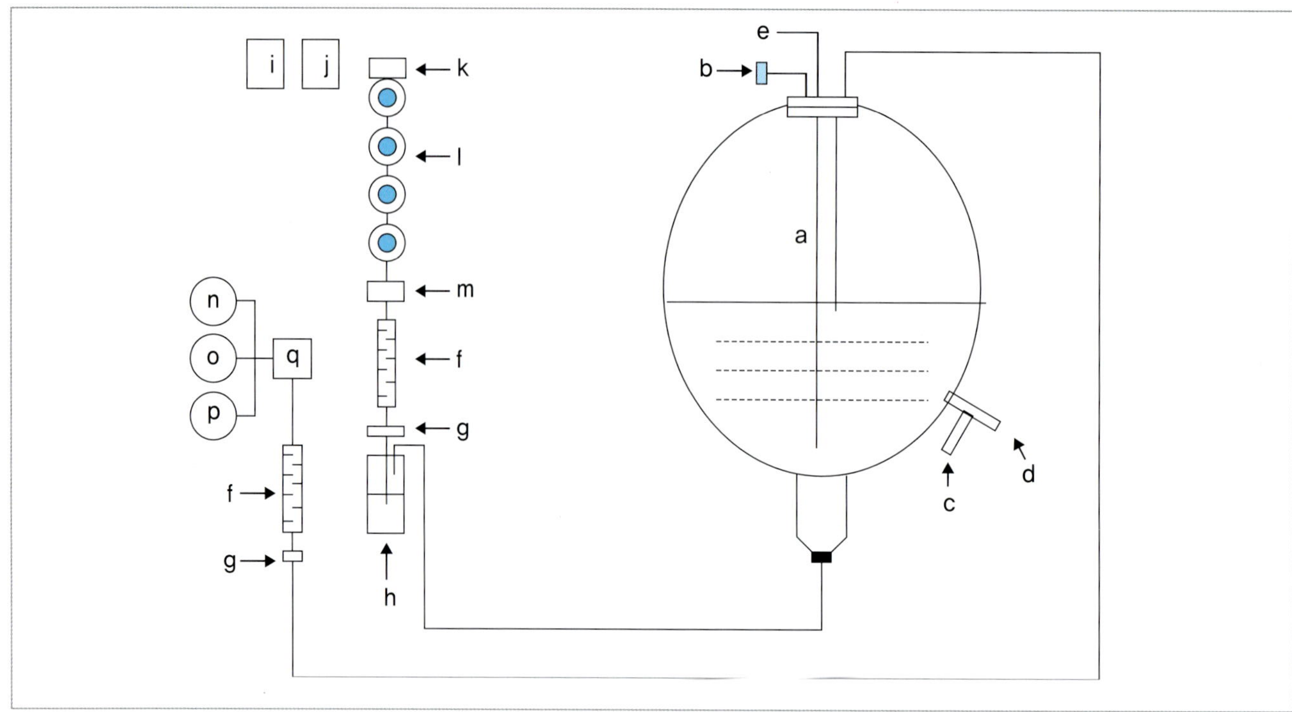

그림 6-4 생물반응기 본체 주요 시설 및 기기의 명칭

A_ body of a balloon type bubble bioreactor. B_ vent. C_ inoculum port. D_ sampling device. E_ medium exchange port. F_ air flow meter. G_ membrane filter. H_ water column. I_ air compressor. J_ air reservoir. K_ air cooler. L_ filter system. M_ air dryer. N_ O_2 tank. O_ CO_2 tank. P_ N_2 tank. Q_ gas mixer.

(pressure gauge), 온도측정계(thermometer), 눈금자(tape ruler), 미세 공기통과 금속망(sparger), 공기흐름조절기(air flow meter), 안전밸브(safety valve), 산 및 알카리 저장조(acid and alkali reservior) 및 투입구, 거품 측정기(anti-foam sensor) 및 거품제거기(anti-foam breaker), 용존산소량을 측정하기 위한 센서(DO sensor) 및 삽입구(housing), 산도 측정 및 조절을 위한 센서(pH sensor) 및 삽입구(housing), 공기배출구(vent system) 등이 있다(그림 6-4).

초기 생물배양기에 대한 지식이 부족하고 시행착오가 많았을 때는 그림 6-4의 시설 및 장치를 모두 설치했지만 지금은 사용하지 않는 기기 및 장치는 처음부터 설치하지 않는 것이 좋다. 생물반응기를 실험용이 아닌 생산설비로 설치할 경우 눈금자(tape ruler), 산 및 알카리 저장조 및 투입구, 거품 측정기(anti-foam sensor) 및 거품제거기(anti-foam breaker), 용존산소량을 측정하기 위한 센서(DO sensor) 및 삽입구(housing), 산도 측정 및 조절을 위한 센서(pH sensor) 및 삽입구(housing), 시료채취구 등은 설치하지 않아도 큰 문제가 되지 않는다. 몸체 주변 기기 및 장치는 필요 없는 것은 설치하지 않고 꼭 필요한 것만 간단하게 설치하는 것이 시설공정을 줄이고 불필요한 경비를 절감하는 길이다. 또한 복잡한 설비는 과도한 시설유지비를 초래하고 잦은 기계적인 고장의 원인이 되기도 하는데 이는 배양체를 오염시키는 가장 큰 문제점이 될 수 있다.

생물반응기 몸체에는 여러 배관 라인(line)이 붙는데 몸체에 붙는 배관라인은 되도록 짧아야 한다. 밸브가 몸체에서 길게 설치되면 배양체가 그 사이로 들어가서 순환되지 않아 배양체가 죽게 되고 이들이 방출하는 유독물질에 의해 생물반응기 내의 배지가 변형되어 전체 배양체의 생장이 좋지 않게 된다.

2. 멸균 장치 및 방법

실험실 규모의 생물반응기는 용량이 대개 20*l* 미만의 소형이므로 이들을 멸균할 때는 필요한 장치를 조립한 후 증기멸균기(autoclave)를 이용하여 생물배양기 전체를 멸균하는 것이 가장 좋다. 이 경우 생물반응기와 부대장치

(additional device)의 연결은 실리콘 튜브를 이용하는데 멸균시 생물반응기 내부압에 의하여 연결부위가 분리되는 경우가 발생하므로 생물반응기 내부의 공기가 빠져나올 수 있는 틈이 있어야 한다. 소형 생물반응기는 재질이 대개 유리나 고압고온에 견딜 수 있는 PVC가 주로 사용되고, 풍선형이나 원통형이 있다. 구조가 비교적 간단하여 기존 용기를 생물반응기로 개조하여 사용할 수 있고 이동이 쉬워 실험실과 같은 실내에서 사용하기 적합하다. 생물반응기의 아래쪽에는 무균필터(멤브레인 필터 또는 헤파필터)를 통과한 공기를 작은 공기방울로 분산시켜 주는 스파자가 달려 있고, 위쪽에 공기가 빠져나가는 필터가 있는 단순한 구조이다(그림 6-5).

대규모 생물반응기를 운용할 경우 대부분 스테인리스(stainless steel) 재질을 사용하고 고압고열의 수증기(스팀)로 멸균하므로 사용시 사전점검을 철저히 하지 않으면 위험할 수 있다. 배지조제용 탱크의 경우 과량의 스팀이 배지소독과정에 직접 배지 속으로 들어가는 경우 스팀의 질이 배양의 중요한 변수로 작용할 수 있으므로 스팀속의 불순물을 걸러주는 필터를 부착하는 것이 바람직하다. 생물반응기의 배지 멸균시 사전 점검 사항은 스팀라인 밸브 잠김 확인, 공기라인 밸브 잠김 확인, 탱크 주변 밸브 잠김 확인 등이다. 배양체의 배양기간 동안 무균 상태를 유지해야 하는 곳은 공기를 일정압력으로 채운 후 공기 입출 밸브를 막고 공기압이 10분 이상 변화가 없는지 확인해야 한다(그림 6-7). 또한 대량의 배지 멸균시 외부의 스팀열과 내부의 배지가 접촉하는 면과 윗부분이 일시적인 과열로 배지의 변색 및 pH가 낮아지는 문제점도 발생하므로 세심한 주의가 필요하다.

그림 6-5 소형 생물반응기의 구조 및 배양체 배양 모습

3. 공기 공급 장치

생물반응기에 공기 주입은 에어펌프(air pump) 또는 에어콤프레서에서 일정한 압력으로 공기를 뿜어주면 파이프나 호스를 통해 멸균된 에어필터에 공기는 도달하여 무균공기로 걸러져서 생물반응기 밑면의 스파자(미세공기통과망)를 통해 생물반응기 내부로 들어가게 된다. 소형 생물반응기를 이용할 경우 수조에 사용되는 기포발생기(air bubbler)를 사용해도 좋은데 이 경우 기포발생기 하부의 공기 주입구에 솜이나 유리필터를 연결하여 사용함으로써 무균공기 주입을 위해 부착한 소독용 미세필터(membrane filter)의 수명을 연장시킬 수 있다.

스파자를 통한 공기는 미세한 공기방울 형태가 되어 배지 위쪽으로 올라가 거품을 만들면서 배지 속에 공기를 공급하게 된다. 공기는 배양체를 순환시켜 생물반응기 하부에 쌓이는 것을 방지하고, 배양체가 배지 및 배양환경에 일정하게 접하도록 하여 배양체가 균일하게 생장할 수 있도록 해준다. 30*l* 이하의 생물반응기는 공기를 주입할 때 공기압이 필요 없지만 대규모 생물반응기를 가동할 경우에는 공기를 주입하는 것과 함께 일정한 공기압이 필요하다. 식물 배양체의 배양시에는 용존산소량에 큰 영향을 받지 않는 것으로 알려져 있지만 공기량 조절장치를 부착하여 일정량의 공기를 주입시키는 것이 식물 배양체 생장에 효과적이고, 생물반응기도 안전하게 사용할 수 있다. 공기량 조절장치를 부착하지 않을 경우 생물반응기 내에 과도한 압력이 부과되거나 그 결과 연결부위가 터질 가능성이 있으며 대형 생물반응기의 경우 안전장치가 고장이 날 경우 대형사고로까지 이어질 수 있다.

4. 공기 배출 장치

생물반응기 내에 공기를 주입할 경우 공기는 배지 위쪽

으로 나와 배지와 생물반응기 윗벽 사이에서 일정한 압력(0.4~0.6 kgf/cm²)을 유지하면서 서서히 배출 필터를 통해 거의 동일한 양의 공기가 밖으로 빠져 나간다. 생물반응기 내의 일정한 압력은 일시적으로 공기주입이 차단될 경우 외부공기가 역으로 생물반응기 내부로 들어오는 것을 막아 준다. 또한 외부 공기가 들어올 경우 공기가 배출되는 위치에 미세필터를 설치하거나 공기가 한쪽 방향으로만 나가고 반대 방향으로는 들어올 수 없는 장치(check valve)를 하여 오염을 방지하도록 한다. 배출필터를 사용할 경우 습기에 의해 공기 배출이 원활하게 되지 않거나 오염발생이 자주 일어날 수 있어 최근에는 배출필터를 사용하지 않기도 한다.

VII. 생물반응기 배양 준비 과정

본 장에서는 생물반응기의 부피가 20*l* 미만인 것을 소형 생물반응기로 분류하고 그 이상인 것을 대형 생물배양기로 구분하여 배양준비 과정을 언급하였다. 대용량의 생물반응기로 배양하기 위해서는 여러 관련 시설을 설치해야 하고, 많은 배지와 배양체의 접종 준비 과정 및 본 배양을 위한 이동 등에 비교적 많은 경비와 시간이 소요되기 때문에 배양하기 전에 여러 가지 요인을 철저하게 분석하여 배양 준비를 완벽하게 해야 한다.

그림 6-6 소형 유리 생물반응기(풍선형 공기부양식)에 의한 배양

1. 소형 생물반응기

생물반응기의 재질은 고온고압에 견딜 수 있는 유리나 PVC가 주로 사용되며 형태는 주로 풍선형이나 원통형이 있다. 구조가 비교적 간단하고 조작과 이동이 쉬워 실험실과 같은 실내에서 사용하기에 적합하다. 소형 생물반응기의 소독방법, 배지조제 등은 일반 실험실에서 현탁배양을 실시하는 것과 거의 유사한 방식으로 배양해도 좋다. 즉, 일반적인 현탁배양과 같이 유리로 된 생물반응기 내에서 배양체를 일정기간 배양하여 증식시킨 후에 여러 개의 생물반응기로 계대 배양하여 많은 수의 생물반응기로 증식시킬 수 있다(그림 6-6). 생물반응기의 구조는 아래쪽에 무균필터를 통과한 공기를 작은 공기방울로 분산시켜 주는 스파자가 달려 있고, 위쪽에 공기가 빠져나가는 필터가 있어 비교적 단순하다. 소형 생물반응기는 실험용으로 제작된 것이 대부분이며 배양체의 생장 모습을 쉽게 관찰할 수 있도록 투명하고, 배양 중에 배지 및 배양체의 변화 등을 측정할 수 있는 여러 측정 기구를 조립할 수 있도록 되어 있다. 생물반응기 본체가 소형임에도 불구하고 구조가 복잡하면 산업용으로 사용하기에는 매우 번거롭고, 배양 중에 오염될 확률이 높다.

2. 대형 생물반응기

대형 생물반응기는 한꺼번에 많은 양의 배지를 넣고 배양하므로 배지조제부터 소형배양기와 다르다. 배지조제는 배지에 들어가는 시약을 물이 들어 있는 대형 생물반응기에 하나씩 넣어 녹여가면서 차례차례 넣는 경우가 있고, 배지에 들어가는 시약 모두를 분말상태로 큰 용기에 넣어 잘 섞은 후 한꺼번에 물이 들어 있는 대형 배양기에 넣어 녹이는 방법이 있다. 두 가지 방법 모두 시약이 물에 잘 녹기 때문에 어떠한 방법을 사용해도 무방하지만 시간을 절약하기 위해 시약을 분말상태로 혼합하여 놓고 총량을 덜어서 사용하는 것이 효과적이다. 배지로 사용하는 물은 수

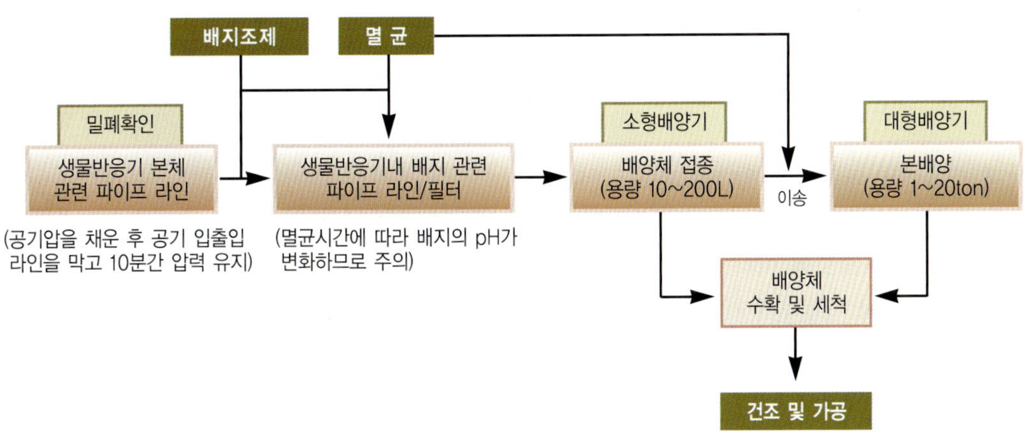

그림 6-7 대형 생물반응기를 이용한 식물 배양체 대량 생산 과정 모식도

돗물이나 지하수 큰 차이가 없지만 배양하고자 하는 식물체의 특성에 따라 수돗물이나 지하수가 적합하지 않을 수도 있으므로 사전에 반드시 검토해 놓아야 한다.

생물반응기의 배지 멸균은 고압고열의 수증기(스팀)를 사용하므로 멸균 전에 사전점검을 철저히 하지 않으면 위험할 수 있다. 사전점검 사항은 스팀라인 밸브 잠김 확인, 공기라인 밸브 잠김 확인, 본체 주변 밸브 점검 및 확인 등이다. 배양체의 배양기간 동안 무균 상태를 유지해야 하는 곳은 공기를 일정압력으로 채운 후 공기 입·출입 밸브를 막고 공기압이 10분 이상 변화가 없는지 확인하여 밀봉상태를 확인한다(그림 6-7). 대형 생물반응기의 배지 멸균은 생물반응기 본체가 이중(Jacket)으로 되어 있어 보일러에서 보낸 고압 고열의 수증기(스팀)를 이중벽 사이로 흘러보내 배지를 가열한다(그림 6-3). 배지의 멸균은 배양하는 생물배양기 내에 배지를 넣어 직접 멸균하는 경우와 배지만을 멸균하는 전용 용기에서 멸균한 후 배양하고자 하는 생물반응기로 옮기는 경우가 있다. 전자는 멸균과 배양을 한 장소에서 실시하므로 두 가지 기능을 갖춰야 하기 때문에 생물반응기 제작비가 비싸질 수 있지만, 후자는 배양용 생물반응기를 이중으로 제작하지 않고 생물반응기 내부를 빈 상태로 멸균한 후 사용하므로 조금 싸게 제작할 수 있다. 생물반응기 내의 배지 양이 대량인 경우에는 수 톤에 이를 정도로 많은데 이를 한 번에 멸균할 경우 소량의 배지를 멸균할 때보다 멸균시간이 길어질 수 있다. 이럴 경우 배지의 pH가 떨어질 수 있는데 pH가 낮으면 배양체의 생장이 좋지 않게 된다. 따라서 배지 멸균시간을 되도록 줄여서 배지의 pH뿐만이 아니라 배지 내 여러 영양분의 화학적 변성을 방지해야 배양체의 생장을 좋게 할 수 있다. 또한 생물반응기의 확실한 멸균을 위해 부속 파이프라인과의 접합부분이나 배양체의 접종구 등은 되도록 구경이 작고 짧은 단순한 형태로 만들어야 한다.

VIII. 식물 생물반응기 배양 과정

1. 생물반응기 배양법 선택

생물반응기 배양 방법은 크게 회분식 배양법(배양 동안 배양체나 배지의 무교환), 반회분식 배양법(배양체는 그대로 두고 일정량의 폐배지를 제거하고 새배지를 공급), 연속식 배양법(배양체의 지수기 상태에서 같은 양의 배양체와 배지를 제거하고 같은 양의 배지를 공급) 등이 있다. 식물 배양체의 경우 반회분식 배양법이나 연속 배양법은 회분식 배양법보다 생물반응기의 시설비가 많이 들고, 배양 과정 중 오염될 가능성이 훨씬 높다. 따라서 식물 생물반응기는 소형이나 대형 모두 회분식 배양법을 사용하는 것이 현재로서는 가장 효과적이다. 식물 배양체를 대량으로 배양하기 위해 제작된 생물반응기의 작동과 배양 과정을 모식도로 나타내면 그림 6-7과 같다.

2. 생물반응기의 배양체 접종 및 초기 배양

접종용 생물배양기(seed tank)에 배양체를 최초로 넣는(접종하는) 것은 배양의 성패를 좌우할 수 있는 중요한 과정이므로 절대 오염이 되지 않도록 여러모로 주의해야 한다. 100~200*l* 크기의 접종용 생물반응기는 이동할 수 있도록 바퀴를 달아 배양체 투입구가 멸균대(크린벤취) 안에 들어가도록 해놓고 배양체를 접종하는 것이 가장 안전하다(그림 6-8).

배양체를 접종할 때 배출 밸브를 모두 막아 투입구 쪽으로 생물반응기 내부의 공기가 나오도록 하면서 배양체를 투입하면 오염률을 현저하게 줄일 수 있다. 접종용 배양체는 1개의 소형 생물반응기에서 배양한 우수한 배양체를 선발하여 사용하는 것이 좋다. 초기 접종양이 적다고 여러 개의 소형배양기 배양체를 모아서 접종하는 것은 오염의 우려가 높고, 서로 다른 상태의 배양체가 섞이게 되면 동조적인 배양이 어렵게 된다.

접종 후 배양시에는 항상 생물반응기 및 부속 게이지나 기기가 정상적으로 작동하는지 점검하고 이상이 있을 때는 적절한 대응을 해야 한다. 주요 점검사항은 생물반응기 내의 적정 온도, 압력(0.4~0.6 kgf/cm²으로 설정하고, 대기압보다 항상 높게 유지), 공기량, 배지 상태, 배양체의 순환 및 생장 상태 등이다.

접종용 생물반응기는 대용량의 생물반응기로 옮기기 전에 일정기간 배양하는 단계로 소량(생중량 1~2 kg)의 배양체를 생물반응기에 넣고 1~2주 정도 배양한다. 대용량의 생물반응기로 옮기기에 적합한 배양체는 멸균된 이송관을 통해 대형 생물반응기로 이송시킨다. 이때 배양체가 덩어리지거나 한꺼번에 일시에 배양체가 이송관으로 몰리면 이송관을 통과하기 어려울 수 있으므로 처음 생물반응기를 제작할 때 배양체의 상태를 고려하여 이송관의 크기를 충분하게 제작해야 한다. 이송이 어려운 배양체는 접종용 생물반응기에서 배양체를 증식시켜 바로 수확하는 경우도 있다(그림 6-7).

3. 생물반응기에서 배양체 대량 생산

배양체를 접종용 생물반응기에서 증식시킨 후 그 배양

그림 6-8 멸균대에서 무균적으로 접종용 100*l* 생물반응기에 배양체 최초 투입

체를 멸균된 이송 파이프라인을 통해 대형 생물반응기로 옮겨 배양체를 최종적으로 수확하게 된다. 대형배양기로 배양체를 옮겨 배양하는 것은 생물반응기의 용량만 증가하였을 뿐 접종용 생물반응기에서 배양하는 것과 거의 유사하다. 대규모 생물반응기 또는 산업용 생물반응기는 배양공간이 1,000*l*(1톤) 이상이며 상업적으로 대량 생산이 가능한 용량이고, 최근에는 수 톤 용량의 생물반응기를 사용하는 회사도 다수 있다(그림 6-9).

대형 생물반응기를 사용하여 식물 배양체를 배양할 때 환기, 산소, 질소 및 탄산가스와 같은 기체의 공급조건을 조절할 수 있는 장점이 있어 배양체의 균일한 생장과 2차 대사산물의 함량을 높일 수 있다.

대형 생물반응기 내에서 배양하는 식물 배양체는 미생물 배양과는 많은 차이가 있는데 배양밀도가 미생물보다 높아야 하고, 오염 우려가 높다는 것이다. 이것은 생장률에 있어 미생물은 급속한 증식을 하는 데 비하여 식물 배양체는 느린 증식으로 배양기간이 길기 때문이다. 또한 식물 배양체는 전단감수성이 있으므로 생물반응기 내에 임펠러 같은 것으로 저어 줄 경우 식물 배양체는 손상을 입을 우려가 있다. 식물 배양체는 배양기간이 길어 배양기간에 배양체 및 배지 상태를 점검하기 위해 샘플을 채취하는

그림 6-9 식물 배양체 대량생산이 가능한 산업용 생물반응기

경우가 있는데 이것은 오염의 큰 원인이므로 시료 채취는 가급적 하지 않는 것이 좋다. 몸체 주변 기기 및 장치는 필요 없는 것은 설치하지 않고 꼭 필요한 것만 간단하게 설치하는 것이 시설공정을 줄이고, 불필요한 경비를 절감하는 길이다. 또한 복잡한 설비는 과도한 시설유지비를 초래하고 잦은 기계적인 고장의 원인이 되기도 하는데 이는 배양체를 오염시키는 큰 문제점이 될 수 있다. 이런 맥락에서 설치 후 잠깐 사용하고, 계속해서 사용하지 않을 시료 채취구와 같은 것은 처음부터 설치하지 않아도 문제가 되지 않는다.

대형 생물반응기의 배양온도는 개별 생물반응기에 온도조절 장치가 설치된 것과 생물반응기가 있는 배양실의 실내공간을 일정한 온도로 유지시키는 방식이 있다. 개별 생물반응기 온도 조절장치는 온도를 비교적 정확하게 할 수 있다는 장점이 있지만 기기 고장시 대처방법이 복잡하고, 초기시설비가 비싼 단점이 있다. 배양실 온도 유지 방법은 초기시설비가 절감되고 배양기간 내내 안정된 관리가 가능한 장점이 있어 식물 생물반응기는 이 방법을 선택하는 것이 좋다.

IX. 생물배양기를 이용한 식물 배양체 생산

생물반응기로 식물 배양체를 대량 배양하여 이들로부터 색소, 시코닌 등을 추출해서 제품화한 이후 여러 회사에서 생물반응기로 배양체를 생산하여 식품으로 제품화하기 시작하였다. 생물반응기로 배양하는 식물의 종류는 주로 가격이 고가이거나 재배가 어려운 식물 또는 희귀한 유용성분을 함유한 식물이다. 이러한 식물 배양체는 아직까지 산삼, 인삼, 가시오갈피, 주목, 지치 등 일부 식물에 한정되어 있지만 많은 식물에서 유용성분이 속속 밝혀짐에 따라 여러 식물의 배양체에서 이러한 성분을 추출하고자 하는 연구가 진행되고 있다. 배양체 또는 유용성분을 얻을 목적으로 헛개나무, 와사비, 타히보, 일일초, 마카(Maca), 엉겅퀴 등을 최근 활발하게 배양하고 있다. 생물반응기에서 대량 배양하는 배양체는 식물에 따라 이용하고자 하는 부위 또는 얻고자 하는 유용성분의 종류가 각각 다르다. 따라서 식물 배양체의 종류는 배양하고자 하는 부위에 따라 배양세포, 배양근(뿌리), 체세포배, 유식물체 등으로 나눌 수 있다.

1. 식물세포 배양

식물배양세포는 식물의 조직이나 기관을 식물생장조절물질이 첨가된 한천배지에서 callus를 유도한 후 이들로부터 얻을 수 있다. 식물에 따라 다소 차이가 있지만 처음배양 후 약 3~6개월 정도 callus를 계대배양하면 생장속도가 빠르면서 대체로 흰색 또는 옅은 노란색의 세포덩이를 육안으로 선발할 수 있다. 이러한 세포덩이만 따로 분리하여 지속적으로 계대배양할 경우 생장속도가 빠른 세포주를 선발할 수 있다. 이 방법으로 세포주가 잘 선발되지 않을 경우 callus를 액체배지에 넣어 현탁배양한 후 잘 풀어진 세포만 모아서 이를 한천배지에 깔고(plating) 우량 세포주를 선발하는 방법도 있다. 액체배지에 잘 풀어지고, 증식이 잘 되는 세포주를 이용하여 액체 현탁배양한 다음 이를 생물반응기로 옮겨 배양하는 것이 좋다.

식물세포는 액체배지에서 배양하기 쉽고 증식률이 높아 뿌리와 같은 조직을 배양하는 것보다 생산 효율이 더 높을 수 있다. 이러한 이유로 식물의 세포배양은 오래전부터 많은 연구실에서 연구되었는데 대부분이 현탁배양 수준이었고, 생물반응기로 대량 생산에 성공한 것은 지치세포(Curtin, 1983)가 처음이다. 그 후 인삼 배양세포(Ushiyama *et al.*, 1984), 일일초 배양세포(Scragg *et al.*, 1987), 두릅나무 세포(Kobayashi *et al.*, 1993), 바닐라세포(Sahai, 1994) 등이 연구되었고, 일부는 대형 생물반응기로 생산되었다.

주목 배양세포의 경우 세포만을 증식시켜 이들로부터 파클리탁셀을 추출하여 항암제로 사용하므로 파클리탁셀 이외의 성분은 무시하고 오로지 파클리탁셀 함량이 높은 세포주 만을 선발하여 잘 증식시키는 것이 필요하다. 삼양제넥스의 경우 주목 배양세포의 건조물은 배지 리터당 18g으로 지금까지 보고된 어느 식물의 배양세포보다 세포 증식률이 좋고 고밀도로 배양하는 것이 특징이다. 이러한 주목세포를 32톤 대형 생물반응기에서 배양하는 데 성공하였고 건조물의 파클리탁셀 함량은 0.5%로 대단히 높은 것으로 알려져 있다.

2. 식물 줄기 배양

조직배양에 의해 줄기의 신장이 잘 되고 재배할 때 삽목이 가능한 식물은 생물반응기를 이용하여 영양번식을 비교적 쉽게 할 수 있다. 생물반응기를 이용하여 무균의 기내 줄기를 대량 생산하기 위해서는 먼저 무균배양 줄기를 측아(axilary bud)가 하나씩 붙어 있도록 절단하여 리터당 5~10개 정도를 생물반응기에 넣어 배양한다. 줄기 배양용 생물반응기의 형태는 줄기가 액체 배지 내에 계속해서 잠겨 있지 않도록 배지 위에 분리 막을 설치하거나 액체 배지가 일정 시간 동안 들어왔다가 빠지는 방식 또는 생물반응기 내에서 배지가 자동으로 분사되는 것이 좋다. 식물의 줄기가 액체 배지 속에 계속해서 잠겨 있으면 생육상태가 불량해지고, 줄기가 부풀어 유리화될 수 있다. 포플러의 경우 기내뿌리를 줄기유도용 생물반응기에 넣어 줄기를 분화시켜 측아가 많은 줄기를 얻을 수 있다. 줄기신장 배지로 계대배양하여 암상태로 약 4주간 배양하여 줄기를 신장시킨 후 명조건으로 옮겨 8주간 배양할 경우 측아에서 줄기가 나온다. 이것을 다시 작게 여러 조각으로 절단하면 다시 줄기배양으로 사용할 수 있는 삽수가 된다. 줄기만을 분리하여 발근배지에 넣어 배양하면 뿌리가 나오고 2~3주가 지나면 삽목묘로 사용할 수 있는 식물체가 된다.

감자의 경우 무균배양 줄기를 마디에 1개의 측아가 붙어 있도록 절단한 후 각각의 측아에서 많은 측아가 연속적으로 분화하도록 한다. 측아를 동시에 신장시켜 각각 15cm 정도 되는 줄기로 키워 측아가 100개 이상 되도록 한다. 이들을 수확하여 마디가 1개 되도록 절단한 후 발근시킬 경우 수천 개의 묘를 얻을 수 있다. 생물반응기에 광원을 설치하여 지상부위가 광합성을 할 수 있도록 장치하면 더욱 건실한 묘를 얻을 수 있다.

3. 식물 부정근(배양근) 배양

식물의 뿌리는 식용이나 유용물질 추출로 많이 사용하는 부위이지만 일부 식물의 뿌리는 수요가 많은 데 비해 재배하기가 어렵거나 재배가 거의 되지 않아 수확량이 전혀 없는 경우가 있다. 이런 경우 배양시설을 이용해 부정근(배양근)을 대량으로 생산하여 사용하기도 하는데 최근에는 산삼, 시호, 지치 등의 뿌리를 배양하여 이들을 화장품, 건강식품 등에 이용하고 있다.

생물반응기를 이용하여 배양근을 배양하기 위해서는 먼저 한천배지에서 callus를 만든 후 callus로부터 부정근을 유도하여 이를 증식시켜 액체배지에 넣어 배양한다. 배양근을 생물반응기에 넣어 계대배양하면 계속해서 길이 생장만 하여 나중에는 배양근이 뭉쳐 덩어리가 되어 생장이 현저하게 둔화되고 뭉친 배양근 내부는 변색이 된다. 따라서 이를 방지하기 위해 계대배양시 일정한 크기가 되도록 항상 배양근을 관리해야 한다. 이를 위해 계대배양 중에 가끔 한 번씩 절단해 주거나, 배양 밀도를 낮춰 배양근이 약해지게 한 후 공기를 세게 주입하여 순환이 빠르게 하여 배양근 스스로 절단되도록 해줘야 한다.

배양근을 잘 자라게 하기 위해서는 배지조성과 배양환경이 적절하게 갖추어져야만 한다. 배지는 무기물 함량이 비교적 적고, 호르몬이 첨가된 것으로 멸균시간을 짧게 해야만 성분변화가 적어 배양을 잘 할 수 있다. 배양근의 초기 접종량이 많으면 배양근이 배지에 빨리 적응하여 바로 생장하게 되어 수확도 빨리 할 수 있는 장점이 있다. 식물에 따라 배양기간을 감안하여 접종 양을 적절하게 조절해 줘야 한다. 배양근은 다른 배양체에 비해 공기공급이나 순환에 큰 영향을 받지 않으므로 생물반응기를 만들 때 단순한 형태로 만들 수 있는 장점이 있다.

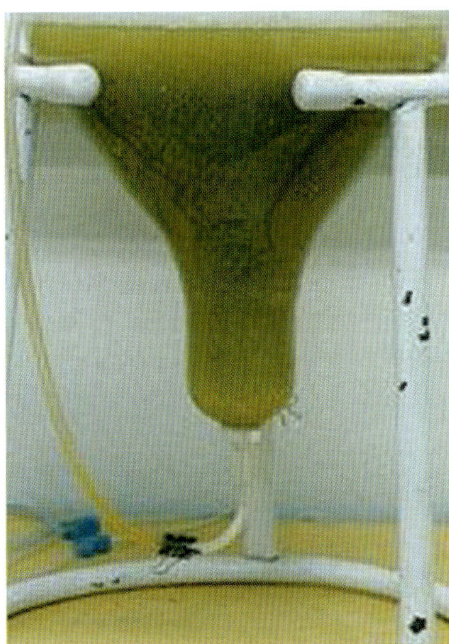

그림 6-10 소형 배양기에 의한 가시오갈피, 두릅, 참당귀(왼쪽부터)의 배발생세포로부터 체세포배 및 유식물체 배양

4. 유식물체 및 종구 배양

생물반응기를 이용하여 바이러스 없는 유식물체(묘) 및 종구를 생산하는 연구는 여러 연구소에서 진행하고 있다. 생물반응기에 의한 묘 및 종구 생산은 비싼 인건비를 대폭 줄일 수 있어 산업화가 가능한 것으로 전망한다.

가시오갈피, 두릅, 토당귀 등은 배발생세포 배양에 의한 체세포배 및 유식물체 대량생산 기술이 이미 확립된 상태이다(Kim and Kim, 2001; Lee *et al.*, 2004; Choi *et al.*, 2005). 한천배지에서 체세포배로 발달할 수 있는 배발생세포를 장기간 유지시키면서 증식이 필요한 경우 언제든지 액체배지에 넣어 배양할 수 있다. 즉, 배발생세포를 액체배지에서 현탁배양한 후 생물반응기로 옮겨 체세포배와 유식물체를 대량 생산하는 시스템이다(그림 6-10). 배양된 유식물체는 노지재배용 종구로 사용이 가능한데 그 예로 가시오갈피 배발생세포 배양과정이 다른 장에 잘 언급되어 있다.

마늘과 파는 종구를 생산할 목적으로 생물반응기를 이용하여 대량 생산하는 것이 가능한데 일정량의 기내 증식된 다신초를 5~20*l*의 생물반응기에 넣어 증식용 배지에서 6주 동안 배양한 후 마늘 구 형성 배지로 교체해 준다. 일정기간 배양하면 줄기 부분이 고사하면서 수천 개의 작은 씨마늘이 형성되는데, 이를 하나하나 분리하여 4℃의 저온 상태로 2개월 가량 저온 처리한 후 노지에 이식하여 재배하면 튼튼한 종구용 씨마늘을 얻을 수 있다. 백합과 같이 구근 화훼작물의 경우 체세포배를 만들어 이들로부터 종구를 생산하고 있다. 감자의 경우 3%의 설탕 농도에서 줄기의 측아발달과 신장을 증가시키고, 9%의 설탕을 첨가한 배지로 옮겨 씨감자를 만든 후 16℃의 온도 조건의 암배양실에서 6~8주 배양하면 균일한 씨감자를 얻을 수 있다.

X. 식물 생물배양기의 이용 전망

미생물이나 동물세포를 대형 생물반응기에 배양하여 그 배양체를 이용하여 유용물질을 생산하는 산업은 일반적으로 잘 알려져 있고 여러 분야에서 활발하게 상업화되고 있다. 식물세포나 조직을 배양하여 배양체를 생산해서 그 자체를 사용하는 것은 논이나 밭에서 재배한 식물체를 쉽게 경제적으로 얻을 수 있기 때문에 특별한 경우를 제외하고 그다지 산업화되지 못했다. 그러나 최근 급속한 산업화 및 도시화로 인해 우리 주변에 식물을 재배하는 면적이 점점 줄어들고, 오염물질의 배출로 지구온난화 및 산성비 등의 공해문제가 전 세계적으로 광범위하게 확산되어 가는 추세이기 때문에 유용식물을 안전하게 재배할 수 있는 환경이 점점 감소하고 있다. 따라서 앞으로 소비가 급증할 것으로 예상되는 식물 유래의 식품, 의약품, 화장품 등의 원료는 부족할 뿐만 아니라 안전성에도 많은 논란이 될 것이다. 그 대책으로 식물 생물반응기를 이용해 배양체를 경제적으로 안전하게 생산하여 식품, 의약품, 화장품 등의 원료로 사용하고자 하는 연구가 많이 수행되고 있다.

지금까지는 재배 식물 중에서 가격이 비싸고 생산량이 한정된 일부 식물(산삼, 가시오갈피 등) 또는 생물반응기에서 유용성분을 고효율로 생산할 수 있는 식물(지치, 시호 등)에서만 생물반응기로 배양체를 생산하여 사용하고 있지만 앞으로 식물 배양체의 장점이 알려지고, 식물 배양기술이 발전하면 점차 생물반응기로 배양체를 생산하는 식물의 종류가 늘어날 것이다.

아직까지 생물배양기에서 생산한 식물 배양체는 자연재배산의 생산단가, 유용성분 함량 등의 효율에는 미치지 못한다. 그러나 생물반응기는 조작 가능한 일정한 공간에 설치하여 계절적인 영향을 받지 않고 배양체를 연중 생산할 수 있고, 좁은 공간에서 효율을 극대화하여 인건비를 최소화할 수 있다. 또한 식물배양기술의 발전에 의해 최상의 배양조건을 확립하여 배양체를 저가에 대량 생산하며 자연 재배산보다 더 여러 면에서 경쟁력이 더 있을 것이다. 향후 지속적인 연구가 이루어질 경우 생물반응기에 의한 식물 배양체 대량생산 기술은 미래 식물생명공학산업의 주역이 될 수 있을 것으로 생각된다.

참고문헌

- Choi EG, Lee WS, Hwang DJ, Kim JW (2005) Isolation and assay of polysaccharide from somatic embryos of *Angelica gigas* Nakai cultured in bioreactor. Kor Society for Plant Biotechnology. Jeju 319
- Choi YC, Kim JW, Yoon ES (1999) High frequency of plant production via somatic embryogenesis from callus or cell suspension cultures in *Eleutherococcus senticosus*. Annal of Botany 83: 309~314
- Curtin ME (1983) Harvesting profitable products from plant tissue culture. Bio/Technology 1: 649~657
- Gui Y, Guo Z, Ke S, Skirvin RH (1991) Somatic embryogenesis and plant regeneration in *Acanthopanax senticosus*. Plant Cell Reports 9: 514~516
- Han JY, Choi YE (2003) Mass production of *Eleutherococcus senticosus* plants through in vitro cell culture. Korean J Plant Biotech 30: 167~172
- Hibino K, Ushiyama K (1997) Commercial production of ginseng by plant tissue culture technology. Plant Cell and Tissue Culture for the Production of Food Ingredients 18: 215~224
- Kang TJ, Lee WS, Choi EG, Kim JW, Kim BG, Yang MS (2006) Mass production of somatic embryos expressing *Escherichia coli* heat-labile enterotoxin B subunit in Siberian ginseng. J Biotechnology 121: 124~133
- Kim JW, Kim HS (2001) Mass production of Siberian ginseng (*Eleutherococcus senticosus*) somatic embryos by cell culturing. Oriental Pharmacy and Experimental Medicine 1: 34~38
- Kobayashi Y, Akita , Sakamoto K, Liu H, Shigeoka T, Koyano T, Kawamura M, Furuya T (1993) Large-scale production of anthocyanin by *Aralia cordata* cell suspension cultures. Appl Microb Biotechnol 40: 215~218
- Lee WS, Choi EG, Kim JW (2004) Mass propagation of somatic embryos and plantlets of *Aralia elata* through bioreactor culture. Kor J Plant Biotechnol 3: 219~223
- Sahai O (1995) Plant tissue culture. In Bioprocess Production of Flavor, Fragrance, and Color Ingredients; Gableman A ed. Joohn Wiley & Sons: New York, pp 239~275
- Scragg AH, Morris P, Allan EJ, Bond P, Fowler MW (1987) Effect of scale-up on serpentine formation by *Catharanthus roseus* suspension cultures. Enzyme Microb Technol 9: 619~624
- Ushiyama K, Miyamoto Y, Oda H, Ishida Y (1984) Tissue cultured *Panax ginseng* by tissue cultures. Nitto Tech Rep 22: 1~7
- 안진권, 권영진, 이위영, 박소영 (2003) 생물반응기와 생물체 대량배양. 임업연구원.

07 배 구제 (Embryo rescue)

윤의수
공주대학교 생물학과

I. 서론

생식적 격리 기작이 없는 같은 종 내에서 품종간의 교잡을 통하여 유전자의 변이를 확대하고, 유용한 유전자변이를 선별하여 우량품종을 만드는 것은 육종의 중심적인 방법이다. 대표적인 예로, 감자 및 벼의 고단백질 함량 등의 질적 형질의 향상(Hermsen, 1992)과 귀리(Takeda, 1977), 감자(Yerk, 1987) 등의 다수성 품종 육성 등의 성과를 들 수 있다. 그러나 작물의 종류에 따라서는 교배 가능한 품종이 가진 대부분의 유용유전자를 이용하게 되어 더 이상의 유용변이가 없을 경우에는 종 내에 보다 더 다양한 유용변이를 필요로 하게 된다.

새로운 변이의 도입을 위해서, 다른 종이나 속간 교잡을 통해 새로운 형질의 도입을 유도할 수 있으나 종 또는 속이 다를 경우에는 유전적 장벽이 존재하여 일반적인 방법으로는 교잡이 일어나지 않는 경우가 많으며, 불화합 현상에 의해서도 유용유전자의 도입을 어렵게 한다. 다시 말해서 종, 속간의 일반적인 교잡을 통해서는 잡종종자를 얻기 어렵고, 어렵게 잡종을 얻어도 불임이어서 잡종후대를 양성하기도 어렵다. 이러한 종간, 속간 교잡은 품종간의 교잡에서 얻을 수 없는 새로운 유전자형을 얻을 수 있어서 육종의 측면에서는 매우 중요하다.

다른 종 또는 다른 속간에 얻은 잡종을 종간잡종(interspecific hybrid) 또는 속간잡종(intergeneric hybrid)이라고 한다. 이러한 원연(遠緣)간의 잡종식물을 얻기 위해서는 교배장벽의 극복이 필요하다. 특히, 계속 새로운 변이를 요구하는 화훼류 등에서는 종, 속간잡종으로부터 변이를 창출해 내야 한다.

II. 불화합성 (Incompatibility)

피자식물의 불화합성(incompatibility)이란 화분과 배가 완전한 기능을 가지고 있음에도 불구하고 생리적인 원인으로 그들 사이에 수정이 안되는 현상을 말한다. 일반적으로 수정은 되어도 화분의 불발아, 화분관의

표 7-1 불화합성을 극복하기 위한 방법

불화합성의 극복방법	
생리적 방법	(a) 인식물질의 생성에 관여하는 것으로 뢰수분, 지연수분, 말기수분 등 (b) 인식물질, 거부반응 물질의 파괴에 관여하는 것으로 방사선처리, 화주에 고온처리, 전기충격 처리수분(EAP), 주두 표면의 변형 등 (c) 인식반응, 거부반응의 억제에 관여하는 것으로 mentor 수분, 반복수분, 탄산가스 등의 약품처리(유기용매 및 호르몬 처리) (d) 불화합반응 세포, 조직의 제거에 관여하는 것으로 화주의 절단, 시험관 수정 등의 기내 수분
유전적 방법	(a) 화합성 개체, 약한불화합성 개체의 탐색 (b) 배수체, 이수체의 생성 (c) 화합성에서 돌연변이의 생성과 화합성의 유도

화주 내 침입불능, 화분관의 신장저하 등으로 수정에 이르지 못하는 현상을 불화합 반응이라고 한다.

불화합성에는 자가불화합성과 교잡(타가)불화합성이 있다. 자가불화합성(自家不和合性)이란 개화한 꽃의 암술과 수술이 모두 완전한 데도 같은 품종의 화분으로는 수정이 되지 않고, 다른 품종의 화분으로만 수정이 되는 현상을 말한다. 한편, 교잡불화합성(交雜不和合性)이란 특정한 다른 품종과 교배할 때 화기(花器)가 완전한데도 수정되지 않는 현상이다. 특히, 서로 다른 두 품종의 암수를 달리 하더라도 수정이 되지 않는 경우에 상호교배불화합성(相互交配不和合性)이라고 하며, 암수 어느 한쪽의 조합(組合)에서만 나타날 경우에는 일방적불화합성(一方的不和合性)이라고 한다.

불화합성에 관한 생리학적 또는 생화학적 연구는 거의 자가불화합성에 관한 것이며 교잡불화합성에 대한 연구는 매우 미비한 실정이다. 이와 같이 교잡불화합성에 관한 연구가 미비한 이유는 두 가지 유형의 불화합성을 조절하는 기작이 기본적으로 서로 비슷하기 때문이다.

1. 불화합성의 극복

불화합성은 생리학적인 현상이기도 하지만 동시에 유전학적인 현상이기도 하다. 그러므로 이것을 극복하기 위해서는 화주 또는 화분을 처리하는 생리적 방법과 유전적 소질을 바꿔주는 방법을 생각할 수 있다. 생리적 방법은 그 영향이 후손에게 대부분 영향을 미치지 않는 특징을 지니고, 유전적 방법은 한번 재료를 만들어 내면 몇 번이고 사용할 수 있다는 이점을 지니고 있다. 불화합성을 극복하는 방법은 다양하지만 다음과 같이 분류될 수 있다(표 7-1).

1) 생리적 방법에 대해서

뢰수분(蕾受粉, 꽃봉오리에 수분하는 것)과 같이 화주의 성숙한 시기를 선택하는 방법은 화주가 수정가능한 시기와 불화합성 발현시기의 시간적 틈을 이용하여 수분하는 것으로 생물의 특성을 활용하는 방법이다. 이를 이용하여 십자화과 식물, 페튜니아, 담배 등에서 효과적으로 불화합성이 타파됨이 보고되었다.

한편, 인식물질의 파괴 및 세포 조직의 제거 등에 관련된 생리적 방법은 그 명확한 원인이 아직 밝혀지지 않았으며, 화학약품처리 및 물질적 손상의 경우는 처리의 안정성과 처리방법에 대한 고찰이 더욱 필요하다.

2) 유전적 방법에 대해서

자가불화합성 및 교잡불화합성의 강약은 유전적으로 다양하고 화합성의 높은 유전자형도 많다. 유전적불화합성을 타파하기 위해서는 자연상태에서 존재하는 변이를 탐색하고 이용하는 것이 중요하다. 또한 십자화과 식물에서 종간 잡종을 생성할 경우, 자가화합종을 모체로 이용하면 종자 형성률이 비교적 높은 결과를 얻을 수 있다. 자가불화합성과 교잡불화합성과는 깊은 관계가 있으므로 그들의 관계를 밝히는 것이 종간 잡종을 획득하는 데 중요할 것이다.

배수체가 이배체보다도 자가불화합성을 가지기 쉽다는 것이 배우체형의 쌍자엽 식물에서 밝혀지게 되었다. 하지만 단자엽 식물에서는 반드시 그런 것은 아니다. 고구마는 자연 상태에서 동질6배체로 강한 자가불화합성을 지니는 작물 중 하나이다. 한편 같은 포자체형의 십자화과 식물에서는 자연배수체에서 자가화합성이 많지만 불화합종으로부터 생성된 인위배수체는 자가불화합성을 지니는 경우가 많다.

불화합성 극복의 방법은 유전적 소질과 불화합성 반응에 의해서 각각의 유효성이 다르고 처리 기술에 따라 실용성의 차가 있어 유효성을 비교할 수 없다. 십자화과 식물에서는 암술머리에 상처를 입히면 화분이 발아하지 않고 불염이 된다. 불화합성의 파괴는 이것에 관여하는 세포, 기관의 부분적인 손상으로 보여진다. 따라서 부분적 손상이 불화합 반응에 직접 관여하고 있으면 있을수록 불화합성 극복방법의 유효성이 높아진다.

주요 작물의 품종개량은 동일한 종내의 다른 품종 또는 다른 계통간의 교잡육종에 의한 방법이 주류를 이루고 있으나 점차 이용할 수 있는 유전적변이가 고갈되어 가고 있다. 유연관계가 먼 작물간에 교잡을 통한 유용유전자의 교환 또는 도입은 기존의 작물육종 기술로는 어려울 뿐 아니라 교잡이 되더라도 수정 후 배수성의 차이로 인한 배유의 불균형으로 인해 배가 퇴화되거나 접합배의 발육정지 등으로 정상적인 배의 생육이 어렵다. 야생종이 갖는 유용형질을 기존 품종에 도입시키기 위해서 종간교배를 실시할 경우 일반적으로 교배율이 저조하며, 발달 도중 배가 퇴화하기 때문에 기내배양을 실시하여 종간잡종 개체를 획득하는 것이 효과적이다.

III. 조직배양의 이용

종간교잡에서 배(胚, embryo, 종자 또는 발달중의 종자에서 나중에 새싹으로 될 부분) 발육의 부전은 양친 게놈간의 부조화, 핵과 세포질의 부조화, 잡종배와 주변조직과의 부조화 등에 의하는데, 어린 배를 인공배지에 옮기는 방법으로 이들 부조화를 회피할 수 있다.

종간 또는 속간교잡에서 일단 수정까지는 일어나지만 배(胚, embryo)의 발달이 정지되어 잡종식물이 얻어지지 않는 경우는 배를 꺼내 인공배지에 배양하여 잡종식물을 얻는 방법을 배 구제(embryo rescue)라고 한다. 종간 또는 속간 교배에서는 이 배배양(胚培養, embryo culture)에 의해 잡종식물을 얻는데 성공한 경우가 매우 많다. 배를 꺼내기 힘든 경우에는 배주배양(胚珠培養, ovule culture)

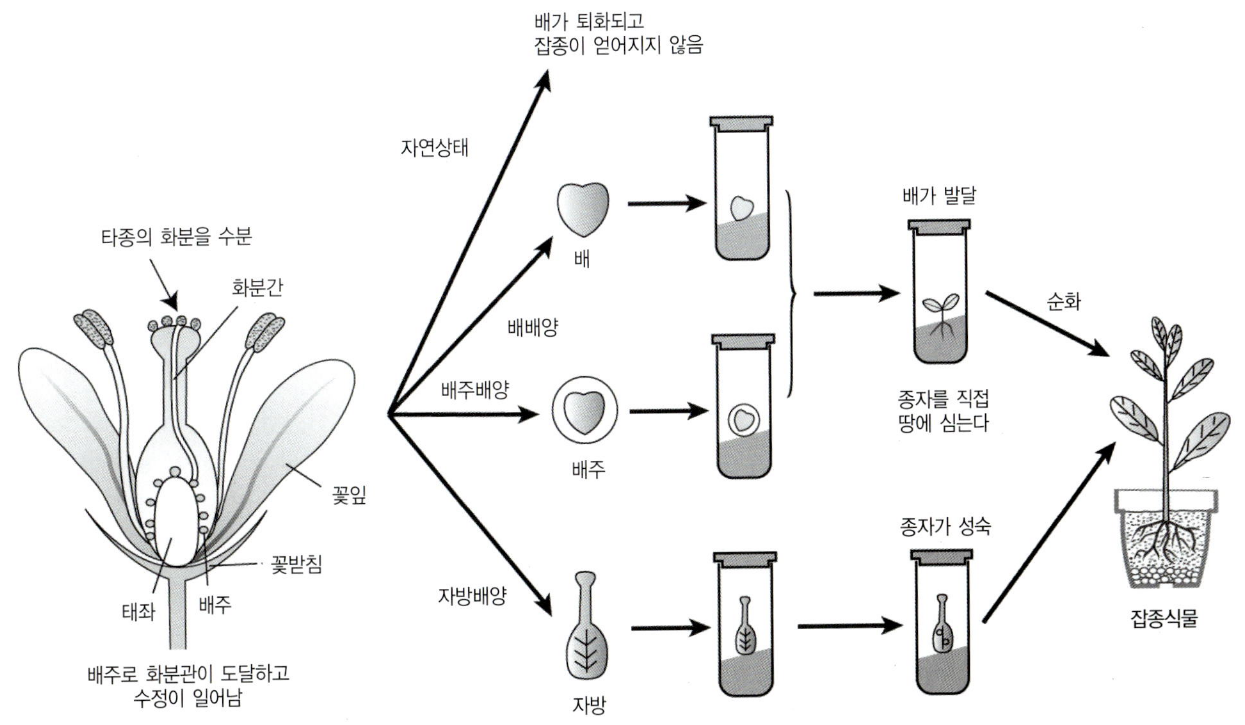

그림 7-1 배배양, 배주배양, 자방배양의 비교

이나 자방배양(子房培養, ovary culture)을 하기도 한다.

1. 잡종배의 구제

작물의 육종에서 내염성 등의 중요한 유전자를 근연의 종으로부터 도입할 필요가 종종 생기지만 대부분의 이종간의 교잡에서는 잡종식물이 얻어지지 않는 경우가 많이 있다. 비교적 가까운 근연 종간에서의 수정은 일어나지만 배가 도중에 발육을 정지시키거나 배나 배유의 발육이 나쁘거나 종자를 심어도 자라지 않는 것이 큰 원인이다. 이런 경우, 배배양, 배주배양, 자방배양 등으로 수정배를 정상으로 발육시켜, 종간잡종을 얻으며, 백란 등의 실용적인 작물에서도 이용되어지고 있다.

이에 비해서, 보다 더 먼 원근 종간의 집단에서는 화분이 화주 위에서 발아되지 않거나 발아가 되었어도 화분관이 자방까지 도달하지 못하고 수정이 일어나지 않는 것이 잡종획득을 위한 장해가 되고 있다. 이런 장해를 타파하기 위해서, 자방내화분주입이나 시험관내수분법 등 화분과 배주의 거리를 짧게 하는 것은 수정을 달성하는 유용한 방법이다. 그러나 이러한 기술의 대부분은 종내수분(種內受粉)에 제한해서 종간잡종의 획득수단으로써 이용되는 것으로 알려져 있다.

2. 배배양(胚培養, embryo culture)

1) 배배양의 역사

배를 시험관 내에서 생육시키려는 최초의 시도는 1904년 Hanning이 무균상태에서 배추과에 속하는 Cochearia과 *Raphanus* 두 종의 성숙배를 설탕을 첨가한 염류배지에 치상하여 배양한 것으로 이루어졌다. 이후 Laibach(1925)가 처음으로 종간교잡에 배배양을 이용함으로써 이 기술의 실제적인 응용 가능성을 지적하면서 배배양 분야의 연구를 자극하게 되었다. 그는 백합속의 종간 교잡 결과, 그 종자가 매우 가볍고 발아 능력을 상실하였다는 사실을 발견하고, 이 종자로부터 배를 적출하여 설탕이나 포도당에 적신 여과지에서 배양하는 것으로 잡종식물을 육성하는데 성공하였다. 1940년대 이후로 배배양에 관한 다양한 연구가 수행되면서 종간 교잡에서 배와 배유의 퇴화로 인한 교잡불화합성 문제를 배배양을 통해 극복하여 여러 가지 잡종 식물을 육성하게 되었다. 육종적인 면 이외의 또 다른 성과는 외부환경에서 배를 배양함으로써 배의 각 발육단계에 대한 영향을 연구하는 데 매우 유용한 정보를 제공한다는 것이다.

2) 배배양의 조건

배배양 기술이 개발되었음에도 불구하고 배발육 초기 단계에 배가 퇴화되는 경우에는 잡종배를 구제하는 것이 어려워진다. 따라서 배배양에 있어서 가장 중요한 점은 정확한 배 적출시기와 적절한 배지조건이라 할 수 있다. 많은 종간 교잡 종자는 배유의 발달이나 양분공급조직의 이상으로 간접적으로 배의 발육이 정지하거나 퇴화되는 양상을 나타내며 퇴화 시기는 작물마다 다양하다. 따라서 정확한 퇴화 시기와 원인분석은 배배양의 효율을 향상시킬 수 있는 중요한 요인이 된다.

접합배의 발달과정 동안에 모체가 아닌 배유로부터 양분을 공급받는 독립영양기로 전환된 시기인 어뢰형기 이후의 배는 몇 가지 무기염류와 설탕만을 함유하는 기본배지 조건에서도 충분히 분화가 되지만 이보다 이른 발달단계의 배는 배병(suspensor)을 통하여 배 생장에 필요한 많은 양분공급을 모체로부터 의존하는 종속영양기로 식물체 내와 유사한 배양조건과 높은 삼투조건을 필요로 하여 적정한 배지조건을 규명하기가 어려운 것으로 알려져 있다(Raghavan, 1980). 하지만 인위적으로 기내 배양조건을 체내수준으로 조절하기는 상당히 어려움이 있으므로 퇴화시기를 고려하여 적절한 배 적출시기에 따른 배양조건을 설정하여야 한다(Mont, 1993). 이른 발달단계의 배배양에 필요한 물질은 식물종류에 따라 다르나 코코넛 밀크, 카제인 가수분해물, 효모추출물, 식물생장조절 호르몬 등의 첨가를 필요로 한다.

일반적으로 미성숙배는 배유세포에 둘러싸인 상태이므로 기내배양시 이와 비슷한 조건을 부여하기 위해서는 주로 높은 삼투조건으로 유지시켜 주어야 한다. 높은 삼투조건은 0.5~18%의 다양한 설탕 농도로 조절하거나 PEG와 mannitol과 같은 삼투조절제와 겸용하기도 한다(Sharma, 1996).

배의 발육은 배유 및 모체의 주심세포에 의존하므로 배유추출물을 첨가함으로써 배양효율을 높인 결과가 많이 보고되었다. 배유추출물에는 식물의 모든 미량요소까지 포함되어 있으므로 총체적인 배양조건을 부여할 수 있는 장점이 있다. 또한 카제인 가수분해물, 효소 추출물 등의 효과도 보고되었다(Bridgen, 1994; Liu, 1993).

접합배에는 생장에 필요한 호르몬 등을 자체적으로 보유하고 있기 때문에 호르몬의 영향은 크지 않는 것으로 알려져 있다. 하지만 배지에 낮은 농도의 옥신을 처리하면 배배양에 효과가 있으나 높은 농도로 처리하면 callus를 형성하여 배의 생육에 장애요소로 작용하고, 사이토키닌은 생장저해작용을 한다고 보고되었다. 또한 *Phaseolus coccineus*의 어린 배의 배배양에서 배병을 제거하고 배양하면 발육이 억제되지만 지베렐린의 첨가로 어린 배를 배양하는 데 성공하였다. 그 외에도 글루타민이나 아스파라긴과 같은 아미노산 등의 첨가로 더 높은 배양효과를 얻은 경우도 많이 보고되었다.

배의 치상방법을 달리 함으로써 잡종배의 배양 효율을 높일 수 있는데, 적출한 배를 배양된 배유 위에서 배양하는 방법(Kruse, 1974), 배주를 절단하여 배가 포함된 부분만을 치상하는 방법(Custer, 1995; Van Creij, 1999)이나 정상종자의 배를 종간교잡종자로 교환하여 치상하는 in vitro plantation(Williams, 1980) 방법 등이 있다.

3) 배배양의 효과

십자화과 작물의 종, 속간 교잡에서는 비교적 간단하게 잡종종자를 얻을 수 있는 조합도 있지만, 수천 개 꽃의 교잡에서 겨우 1~2알의 종자가 얻어지든가 거의 얻어지지 않는 것도 있다. 예를 들어서, *B. campestris*과 *B. oleracea* 간의 조합에서는 어느 것을 모계로 선택을 하든지에 상관없이 잡종종자를 얻는 것이 매우 힘들다. 특히, *B. oleracea*를 모계로써 조합을 했을 때는 거의 성공한 예가 없다. 그러나 Nishi(1970) 등은 이것의 배배양에 의해서 잡종식물을 얻을 수 있었다. 다시 말해서, *B. campestris*를 모계로 조합했을 때에는 100개의 꽃에서 0.32개의 잡종식물 밖에 얻을 수 없었지만, 배배양을 했을 경우에는 2.97~7.31개로 10~20배 정도로 높은 잡종식물체가 얻어질 수 있었다. 또한 거의 잡종식물체를 얻을 수 없었던 *B. oleracea*를 모계로 했을 경우에도 배배양을 함으로써 6.82개의 잡종식물을 얻었다. 하지만 이와 같은 배배양도 배가 미약하고 일정한 크기(0.2 mm) 이하의 것에서는 치상 후 발달이 나쁘고, 완전한 식물체가 되기 힘들었다. *B. campestris*(♀)×*B. oleracea*(♂)에서는 이 작은 배가 특히 많았는데, 이는 배배양에서 해결되어야 할 문제점 중의 한가지이다.

4) 배배양의 응용

작물 육종에서 특히 과수의 경우에는 종자가 수분, 온도, 통기 등의 조건이 적절하여 발아의 이상적인 조건 하에서도 발아가 되지 않는 휴면기간을 갖는 경우가 종종 있는데 이는 식물의 종에 따라 다르다. 이러한 종자휴면은 종피가 배의 생장을 기계적으로 저해하는 종피휴면과 배의 구조적 또는 생리적 성숙을 갖는 후숙기간에 의한 배휴면이 있다. 이러한 종자의 휴면기간은 육종기간을 길어지게 한다. 그러나 적출한 배를 영양배지에서 배양하면 그 기간을 단축시킬 수 있다. 또한 기내 배양을 통한 종자휴면의 타파로 종자의 생존율을 조기에 검사할 수 있다. 염색시험에 의한 간접적인 생존율 검사법보다 배의 발아에 의한 종자 생존율 검사는 직접적이고 신뢰도가 높다.

종, 속간 교잡에서는 수정은 되더라도 배유 형성이 잘 안되거나 이상 발달하여 배가 발육초기에 퇴화하는 경우가 있다. 이와 같이 정상으로 발육될 수 있는 능력을 지닌 배가 퇴화되는 것은 종자 내측의 영양 공급이 부적절하거나 배와 배유의 비화합성(incompatibility) 때문이다. 이 경우 배를 적출하여 영양배지에서 배양함으로써 완전한 잡종식물을 얻을 수 있다.

자연 상태에서 비정상적이지만 유용한 형질의 특성을 지닌 식물의 경우, 번식력이 약해 종자결실이 저조하거나 그 생육조건이 까다로워 자연번식이 어렵거나 자연 상태에서는 발아가 되지 않을 때 배를 적출하여 배양하는 방법으로 식물체를 육성하고 증식할 수 있다. 이렇게 육성하고 증식한 식물체는 종간, 속간 교잡을 통해 잡종식물체의 형질 개선에 도움을 준다. 이는 육종의 측면에서 매우 중요하다.

자연 상태에서 비정상적이지만 유용한 형질의 특성을 지닌 식물의 경우, 번식력이 약해 종자결실이 저조하거나 그 생육조건이 까다로워 자연번식이 어렵거나 정상 상태에서는 발아가 되지 않을 때 배를 적출하여 배양하는 방법으로 식물체를 육성하고 증식할 수 있다.

3. 배주배양(胚珠培養, ovule culture)

종간 또는 속간 등의 원연식물(遠緣植物)간의 교배에서 수정 후 종자 발육의 초기단계에 배주의 조직이 붕괴하는 것에 의해서 잡종배가 퇴화되고, 잡종식물이 얻어지지 않는 경우가 종종 있다. 이러한 경우에 어린 배주를 배양함으로써 잡종식물을 얻을 수 있다. 특히, 배주가 매우 작은 경우나 잡종배가 발육단계의 매우 빠른 시기에 퇴화하는 경우 등 배배양을 하기 어려운 경우에는 배주배양이 효과적인 방법이다. 또한 배지 위에서는 조건의 규제가 가능한 점으로부터 배의 적출이나 배양이 어려운 접합자 또는 너무 어린배의 생리학적 성질을 연구할 때 매우 유용하다. White(1932)는 금어초의 배주를 분리하여 무균 상태에서 배양하려고 시도한 최초의 연구자이지만, Maheshwari (1958)에 의해서 확립되었다.

배주배양은 1960년대 초 양귀비과에서 연구가 시작되어 특히 인도의 연구자를 중심으로 많은 종에서 이용되었다. 그러나 이미 어린배가 구형배 이상으로 발육한 배주의 배양에서는 쉽게 발아종자가 얻어질 수 있었던 것과는 달리 수정직후의 배주를 배양하면 유식물체가 얻어지는 경우가 드물었다. 페츄니아에서는 높은 삼투압의 배지와 오이과즙을 첨가한 배지에서 적출한 배주를 배양함으로써 수정직후의 어린 배주로부터 완숙 종자를 얻을 수 있었다(Nakasima, 1979). 이러한 배주 배양의 성공은 배양조건의 검증에 의해서 다른 종에서도 수정직후의 어린 배주의 배양이 성공할 수 있는 가능성을 제시하는 것이다. 이러한 배양조건의 검증을 통하여 담배, 목화, 토끼풀 등 많은 종에서 완숙종자를 얻는 데 성공했다. 토끼풀의 경우는 접합배를 오이과즙이나 수박과즙을 첨가하여 배양했을 때 배주로부터 완숙한 종자를 얻을 수 있었고(Wakizuka, 1974), 목화의 경우 배는 카제인 가수분해물을 첨가한 영양배지에서 가장 좋은 생육을 보였다(Joshi, 1972).

배주 배양에서는 배의 발육단계가 진행에 따라 그 배양이 용이하게 되지만 발생 초기의 것을 배양할 때에는 코코넛 밀크, 카제인 가수분해물, 오이과즙, 옥신 등을 첨가하지 않으면 생육하지 않는 경우가 많이 있다. 하지만 배가 발육된 후 각종 이상이 배유에 발생하여 발달이 실패로 끝나는 경우에는 배주에 태좌(胎座, placenta)를 붙여서 배양하는 것으로 비교적 쉽게 완숙종자가 얻어질 수 있다.

4. 자방배양(子房培養, ovary culture)

꽃기관의 일부분인 미발달 자방을 인공적으로 배양을 한 것은 과실의 비대 기작이나 초기 배발생의 연구로부터 시작되었다. 특히, 과실의 비대에 대한 각종 화학제의 효과를 연구함에 있어서, 사용한 화학제가 원형 그대로 작용하는지 아니면 자방에 도달하기 전에 식물 조직에서 변화하는지는 중요한 의문점이다. 따라서 적출한 자방을 인공적으로 배양하는 기술은 유용하다.

토마토의 개화 후 약 2일째의 자방을 식물체로부터 잘라 인공배양하면 과실의 성장곡선은 식물체에서와 마찬가지로 S자형을 나타내지만 그 경사는 완만하고 과실은 작게 된다. 오이에서는 교배 후 4일 이후의 자방을 배양하면 종자가 획득되고 발아한다. 이와 같이 미발달 자방의 인공배양은 과실의 비대 기작이나 초기의 배 발생의 연구에서는 중요한 기술의 하나로 생각되어질 수 있다. 또한 같은 속에서 종을 다르게 교배하는 주된 재배식물로 *B. oleracea*(양배추류), *B. juncea*(겨자류), *B. napus*(유채류) 등이 있고, 이들의 꽃기관의 구조는 닮았다. 또한 같은 십자화과에 속하는 재배식물이나 야생의 근연종 등은 *B. campestris*(배추류)에 있어서 미발달 자방의 배양방법이 그대로 이용가능하다.

자방배양이란 자방을 절취하여 3~4mm 크기로 잘라 배양함으로써 식물체를 얻을 수 있는데 이를 자방절편배양이라 한다. 백합영양번식의 목적으로 한 자방배양은 배주를 제거한 자방 외벽으로부터 식물체를 획득하며 육종을 목적으로 할 경우에는 수정된 자방이나 배주를 재료로 하여 배주 내의 배의 발달을 유도해 식물체를 얻을 수 있다. 수정되지 않은 자방배양을 통해 반수체 식물 획득을 목적으로 배양하기도 하지만 난세포로부터 식물체를 획득한 예는 아직 없다.

Inomata(1968)는 *B. campestris*의 교잡불화합성의 생리적 기작을 해명하기 위해서 교잡수분 4일 후 자방을 시험관에서 인공배양하여 자방의 발달 및 잡종배의 형성을 관찰하였다. 그 결과 기본배지의 성분 이외에 첨가물질(효소추출물, 카제인 가수분해물, 토마토 쥬스, 코코넛 밀크)이나 생장조절물질(IAA, 카이네틴, 지베렐린)을 첨가했을 때 종자형성에 효과가 있었다. 또한 수분된 꽃으로부터 적출한 자방의 배양에서는 무기염, 당, 비타민만으로 구성된 기본배지에서 생육되지만, 미수분 자방은 이 배지에서는 생장하지 않는다. Nitsch(1951)은 토마토와 오이의 미수분 자방을 NAA 등의 옥신이 첨가된 배지에서 배양하고 충분히 발육한 과실을 얻었다. 또한 토마토 과실의 추출물이나 비타민의 첨가가 생육에 효과적이었다.

모든 무수정 생식을 하는 식물은 자방이나 종자의 생육에 수분 자극이 필요하다. 옥신은 수분 자극을 대신할 수 있다. Puri(1963)는 무수정 생식을 하는 백합의 미수분 자방을 IAA, 카제인 가수분해물, 코코넛 밀크, 효모추출물이 배 생육에 미치는 영향을 조사하였다. 그 결과 자방의 단독 배양보다 화수부위를 배양하는 것이 더욱 효과적이었고, IAA와 효모추출물을 첨가한 배지에서 배양했을 때 자연에서 형성된 것과 거의 같았다.

1) 자방배양의 응용

자방배양은 과실 발육 생리를 연구하는 데 유용할 뿐만 아니라 반수체나 희귀한 잡종을 육성하는 데도 이용된다. 대표적인 예로 백합을 들 수 있는데, 백합은 종간 교잡불화합성을 갖는 대표적인 작물로써 육종에 있어서 가장 큰 문제의 하나인 잡종 종자의 배발육이 불완전하여 잡종 개체가 얻어지지 않는다. 또한 백합의 일반적인 성질로 성구로 자라는데 2~3년의 장기간을 필요로 하기 때문에 상대적으로 토양에서 감염원과의 접촉 빈도가 높아 일반적인 번식방법이나 토양재배를 통해서 바이러스 무병묘를 획득하고 유지하기가 매우 어렵다. 따라서 조직배양기술을 이용한 자방배양은 이와 같은 단점을 보완, 해결하고 더 나아가 식물의 유전적 형질뿐만 아니라 이를 통한 표현형을 변화 개선시키는 도구로써 이용될 수 있다.

IV. 결론

많은 작물에서의 종, 속간 교잡에서 잡종식물을 얻는 것이 어려운 원인은 수정이 일어날 수 없는 경우와 수정 후에 어린 잡종배가 퇴화해서 종자가 얻어질 수 없는 경우가 있다. 수정란은 배주(ovule) 안에서 배유(endosperm)로 둘러싸여 배(embryo)로써 생장하는 것으로 이 발육과정은 생리적으로 매우 흥미롭다. 그러나 배형성은 자방(ovary) 안에서 진행되고, 다른 부분으로부터 여러 가지 복잡한 영향을 받는 과정이므로 그 원인을 해결하는 데 어려움이 있다.

자가불화합성(self-incompatibility)의 식물에서 불화합 반응의 원인이 꽃대(style)에 있는 경우에는 배주를 꺼내어 직접수분(pollination)을 시키거나, 시험관 내에서 수정(in vitro fertilization), 배형성을 하는 방법이 고안되고 있다. 또한 교잡종의 배에서는 가끔씩 그 발육이 도중에 정지해버리는 경우가 알려져 있는데, 그 원인이 배 자체에 있는 경우와 배유의 발달에 이상이 생겨 간접적으로 배의 발육이 정지하는 경우가 있다. 이런 경우도 배, 배주, 자방을 분리해서 배양함으로써 배를 발육시켜 잡종식물을 얻을 수 있다. 이로 인해 종간 잡종 획득의 가능성은 확대되었으나, 이들 방법을 발전시켜 보다 더 효과적인 잡종식물체를 얻기 위해서는 수정 직후의 어린배의 퇴화에 대하여 더욱 연구할 필요가 있다. Matsuzawa(1978)는 자방배양 관찰에서 배양 중 습도가 비교적 높은 20~25℃에서 어린 배의 수가 많아지고 크기가 큰 것을 관찰하였다. 이것으로부터 배지의 조성이나 배양 중의 환경조건을 개선하면 지금까지의 배배양에서 쉽게 되지 않았던 어린배도 배양하는 것이 가능해지고, 이로 교잡 가능성의 확대를 기대할 수 있을 것이다. 또한 수정과 상관이 깊은 것으로 종, 속간 교잡의 교잡불화합성에 대해서도 이러한 관점으로 생각해 볼 필요가 있다.

참고문헌

- Bridgen MP (1994) A review of plant embryo culture. HortScience 29(11): 1243~1246
- Custers JBM, Eikelboom W, Bergervoet JHW and van Eijk JP (1995) Embryo-rescue in the genus *Tulipa* L.; successful direct transfer of *T. kaufmanniana* Regel germplasm into *T. gesneriana* L. Euphytica 82: 253~261
- Hermsen, JGTh (1992) Introductory considerations on distant hybridization. In : Distant hybridization of crop plants. Springer - verlag, Berlin Heidelberg NewYork, pp 1~14
- Inomata N. (1968) Japan J Breed 18: 139
- Joshi PC, Johri BM (1972) In vitro growth of ovules of *Gossypium hirsutum*. Phytomorphology 22: 195~209
- Kruse A (1974) An *in vivo/vitro* embryo culture technique. Hereditas 77: 219~224.
- Liu CM, Xu ZH, Chua NH (1993) Proembryo culture: *In vitro* development of early globular-stage zygotic embryos from *Brassica juncea*. Plant J 3: 291~300
- Maheshwari P, Ranganswamy NS (1958) Polyembryony and *in vitro* culture of embryos of *Citrus* and *Mangifera*. Indian Journal of Horticulture 15: 275~282
- Mont J, Iwanaga M, Orjeda G, Watanabe K (1993) Abortion

and determination of stages for embryo rescue in crosses between sweet -potato, *Ipomoea batatas* Lam. (2n=6x=90) and its wild relative, *I. trifida* (H.B.K.) G. Don.(2n=2x =30). Sex Plant Reproduc 6:176~182

- Nitsch JP (1951) Am J Botany 35: 566
- Raghavan V (1980) Embryo culture. In : I.K. Vasil (Eds.). Perspectives in plant cell and tissue culture. Intl. Rev. Cytol. Suppl. 11B. Academic, New York. pp 209~240
- Sharma DR, Kaur R, Kumar K (1996) Embryo rescue in plants - a review. Euphytica 89: 325~337
- Takeda K, Frey KJ (1977) Growth rate inheritance and as sociations with other traits in backcross populations of *Avena sativa* × *Avena sterilis*. Euphytica 26: 309~312
- Van Creij MGM, Kerckhoffs DMFJ, Van Tuyl JM (1999) The effect of ovule age on ovary - slice culture and ovule culture in intraspecific and onter specific crosses with *Tulipa generiana* L. Euphytica 108: 21~28
- Williams EG, De Lautour G (1980) The use of embryo culture with transplanted nurse endosperm for the production of inter specific hybrids in pasture legumes. Bot Gaz 11: 252~257
- Yerk G, Peloquin SJ (1987) Evaluation of wild species by use of haploid-wild species hybrids. In : 10th Trienn. Conf. E.A.P.R., Aalborg, Denm.
- 西 貞夫, 戸田幹彦, 豊田努 (1970) 園試報 A 9: 75~100
- 松澤康男 (1978) 育雜 28: 186~196

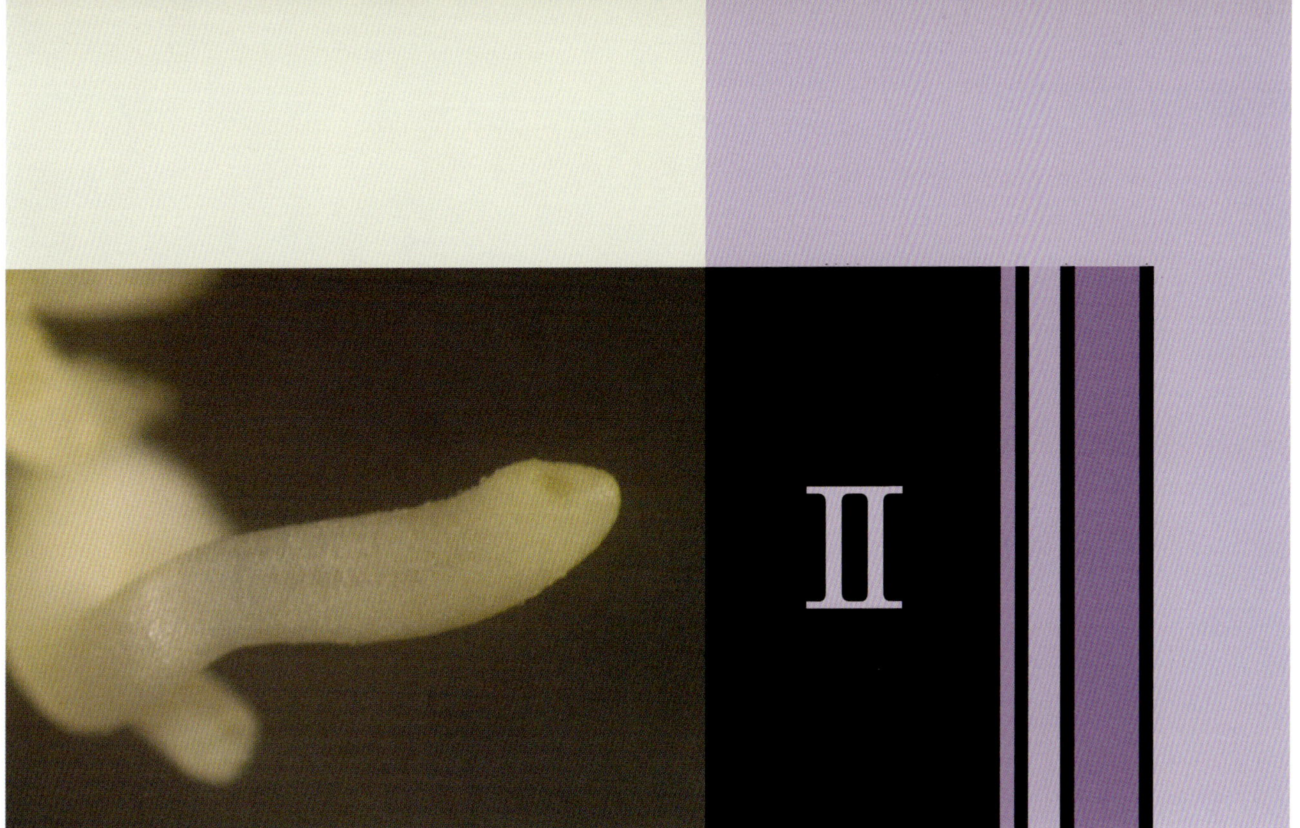

식물형질전환의 기초지식

01

식물형질전환의 역사와 원리

[1]김경문, [2]최필선
[1]금호환경과학연구소
[2]남부대학교 한방제약개발학과

I. 형질전환의 역사

우리나라를 비롯하여 중국에서도 농업은 나라의 근간이 되어 왔으며, 인류의 기본적인 생활을 위해서 의·식·주는 필수 불가결한 요소가 된다. 그 중 먹거리는 인류의 발달사와 밀접한 관계를 유지하며 발달해 왔으며, 특히 농경문화가 태동하면서 정착생활이 시작되고 새로운 문화도 창조되었다. 인류의 정착생활은 그 지역에 맞는 작물과 육종방법이 필요하게 되었고 작물의 생산성 증대와 우수한 품종을 선발하기 위한 기술도 자연스럽게 요구되면서 오늘날 전통육종방법의 과학적 근간이 되는 멘델의 유전법칙이 발견되었다. 전통적인 육종방법은 지구상의 여러 가지 식물을 식용작물로 개발하는 데 중요한 역할을 해 왔으며, 현대에 이르러 식품 원료로 이용되는 약 3,000여 종의 식물에서 식품원료가 되는 중요한 재배작물이 개발되었다. 이러한 작물들은 인류의 건강에 필요한 여러 가지 단백질, 칼로리, 비타민, 미량원소 등의 공급원으로 활용되어 왔으며, 현대에 이르러 인구증가, 웰빙식품의 요구성, 환경스트레스 등 사회적 요구에 따라 더 우수한 품종과 재배방법 등을 개발하기 위한 중요한 식물자원으로 이용되어진다(Kung 1993; Khachatourians 2002).

전통육종기술에 의한 작물의 품종개량에 의존해 오던 중, 약 25년 전 토양미생물 중 자연상태에서 식물세포로 감염능력이 있는 *Agrobacterium*와 분자생물학의 근간이 되는 재조합 DNA기술이 탄생되었다. 이러한 미생물체의 새로운 능력과 생물체에 포함되어 있는 유전자를 제한효소를 이용하여 자연스럽게 재조합할 수 있게 되었고, 이 기술을 형질전환식물체를 생산하는 과정에 접목하면서 오늘날 농업적으로 그리고 원예학적 측면에서 중요한 새로운 식물품종을 탄생시키기 시작하였다. 식물세포에 새로운 유전자를 전이(transformation)시킴으로써 새로운 형질을 가진 식물체, 즉 형질전환체를 만들어 낼 수 있게 되었다. 더욱이 최근 들어 식물분야에서 유전체학(genomics)이 발달하면서 생명공학의 원재료라 할 수 있는 유전자의 대규모 발굴이 가능하게 되었고, 이러한 유전자의 확보와 기능연구결과는 작물, 화훼, 나무 등 전 식물분야에 걸쳐 직접 응용되어 새로운 유용 형질을 부여한 품종들이 개발되고 있다. 이와 같이 식물생명공학분야의 발달은 21세기에 들어 점차 가속화되고 있으며, 특히 식물의 형질전환을 위해 필수적인 식물조직배양기술, 항생제저항성 선발마커 유전자의 개발, 유용유전자의 벡터 재조합 DNA기술 등은 식물의 전통육종개념을 넘어서는 새로운 분자육종 개념의 도입을 가능하게 하여 미래 농업분야의 핵심기술이 되고 있다 (Kung 1993; Khachatourians 2002).

식물생명공학분야의 핵심기술인 DNA재조합기술은 1970년대 미생물로부터 제한효소를 발견되면서 시작되었다. 이후 생명공학기술은 생물학, 농학, 의·약학 등 모든 분야에 걸쳐 새로운 학문분야를 발전시켜 왔다. 특히 생명공학은 농업 육종분야에 있어서 그간 전통육종방법에 의해 동일 종 내에서 새로운 품종을 개발하여 왔던 한계점을 극복하고 종간 또는 이종 생물간 유전자를 전이·발현시키는 새로운 획기적인 육종개념을 도입하여 유전자 구조와 기능에 대한 지식을 기반으로 유전공학적 기술을 접목시키면서 직접 식물세포에 새로운 유전자를 도입할 수 있게 되었다. 이러한 식물형질전환기술은 재조합기술에 의한 유전자운반체개발, 식물조직배양기술, 선발마커의 개발 등의 핵심기술 개발이 선행되어져야 하며, *Agrobacterium* 공동배양법이나, 유전자총, electroporation에 의해서 새로운 유전자를 식물세포 또는 조직에 도입할 수 있다.

초기 *Agrobacterium*의 발견은 Morel 등(1964)에 의해 식물세포에서 종양조직을 유발하는 *Agrobacterium tumefaciens*와 모상근을 유발하는 *Agrobacterium rhizogenes*가 알려진 후 *Agrobacterium* 세포내에 들어 있는 커다란 Plasmid의 T-DNA부위가 식물세포로 전이되어 형태적으로 비정상적인 형질전환 식물조직, 즉 종양조직과 모상근이 형성된다는 것을 알게 되었다. 이러한 현상은 Ti-plasmid의 T-DNA부위에 위치한 오옥신 종류로 알려진 indole acetic acid와 사이토카닌 전구물질로 알려진 isopentyladenine 합성에 관련된 3개의 유전자들의 역할이 중요하게 작용하며, 이들 유전자가 식물세포로 도입되었을 때 형질전환된 식물세포에서 식물호르몬의 합성이 계속적으로 일어남으로써 세포분열촉진과 신장이 촉진되어 종양조직과 모상근이 형성될 수 있다. 또한 Ti-plasmid와 Ri-plasmid에는 T-DNA유전자 부위를 식물세포 전달하는데 중요한 역할을 하는 약 35kb크기의 *vir*유전자 부위가 있어 상처가 난 식물세포의 유전체로 T-DNA부위가 전이될 수 있음을 알게 되었다(White 1993). 현재 Ti-plasmid의 이러한 특징을 이용하여 최근 식물형질전환을 위한 벡터를 개발하여 왔으며, 이는 Ti-plasmid의 T-DNA부위를 제한효소로 절단하고 여기에 유용유전자와 식물세포를 선발하기 위한 선발마커유전자를 재조합하여 T-DNA를 재구성하여 만들어진다. 일반적으로 식물세포의 선발마커 유전자로 개발된 것은 kanamycin, methotrexate, hygromycin, bleomycin, glyphosate 등이 알려져 있으며, 비 형질전환체와 형질전환체를 선별하기 위한 reporter 유전자로서 opine, neomycin phosphotransferase, galactosidase, glucuronidase, luciferase 등이 이용된다(표 1, White 1993).

이와 같이 식물형질전환기술은 전통육종방법에 의해 진행되어 오던 농업분야에 새로운 개념의 육종방법을 제시할 수 있었고, 빠른 발전을 거듭하면서 과거의 자원에 의존한 산업에서 과학에 의존한 산업으로의 농업발전을 이끌어냈다. 특히 식물 육종분야에 유전자구조와 기능에 대한 생명공학기법을 적용함으로서 새로운 형질을 갖는 식물체를 생산할 수 있는 시대를 맞게 되었던 것이다. 형질전환체를 개발하기 위한 기술은 그간 원형질체융합이나 cross-fertilization에 의한 체세포잡종식물체를 생산하는 것보다 훨씬 복잡한 기술이다. 1983년 재조합 DNA기술에 의해 유전자를 직접 전이할 수 있는 가능성을 보였는데 그것은 어떤 육성 교배에 의해 얻어진 것이 아니라 직접 유전자를 식물세포에 삽입함으로써 식물 육종가들에게 농업분야의 새로운 전기를 갖을 수 있는 기회를 제공하였다. 1983년 식물형질전환용 유전자 운반체의 개발과 항생제 카나마이신 저항성 담배와 페튜니아가 개발된 후 식물형질전환체에 대한 특허 획득, 바이러스 저항성 식물의 형질전환방법 개발, 형질전환체의 포장시험, 유전자총을 활용하는 새로운 형질전환방법 개발, 해충저항성 형질전환체 개발 및 과숙억제 토마토 개발 등이 이루어졌으며, 1990년대 이후 이러한 형질전환작물의 상업화를 위한 법률 제정이 이루어진 후 전분함량이 증가된 감자, 지방산 함량이 변화된 유채 개발 등 생산성 향상을 위한 상품화 연구와 부가가치 증진을 통한 상품화 연구가 아스파라거스, 옥수수, 밀, 벼 등과 같은 단자엽과 알팔파, 클로버, 완두콩, 대두, 감자, 토마토, 배추, 당근, 셀러리, 오이, 홍당무, 상추, 면화, 해바라기, 사탕수수, 사과, 배, 포플러 등의 다양한 쌍자엽에서 형질전환식물체를 개발하면서 세계 종자 시장에서의 치열한 기술개발 경쟁을 촉진하게 되었다(표 2, 김 2004).

1993년 과숙억제 토마토의 시판이 허용된 이후 경작자

표 1-1 식물형질전환마커유전자와 reporter유전자

특징	인용문헌
Ⅰ. 선발마커유전자	
Kanamycin or G418 resistance	Bevan *et al.,* (1983), Fraley *et al.*,(1983)
Methotrexate resistance	Herrera-Estrella *et al.*,(1983)
Hygromycin resisatnce	Van den Elzen *et al.*,(1985)
Bleomycin resistance	Hille *et al.*,(1986)
Aminoethylcysteine resistance	Dahl and Tempe(1983)
Glyphosate resistance	Comai *et al.*,(1985)
Streptomycin resistance	Jones *et al.*,(1987)
Sulfonylurea resistance	Haughn and Somerville(1986)
Phosphinothricin resistance	De Block *et al.*,(1987)
Gentamycin resistance	Hayford *et al.*,(1988)
Ⅱ. Screen and assay	
Opine synthesis	Otten and Schilperoort(1978)
Neomycin phophotransferase	Reiss *et al.*,(1984)
Chloramphenicol acetyltransferase	Gorman *et al.*,(1982)
β - Galactosidase	Helmer *et al.*,(1984)
β - Glucuronidase	Jefferson *et al.*,(1987)
Luciferase	Ow *et al.*,(1986), Koncz *et al.*,(1987)

(White 1993)

표 1-2 형질전환식물체의 개발과정과 종류

연도	기술개발과 형질전환체
1983	• 식물형질전환을 위한 발현벡터제작
	• Kanamycin저항성 담배와 페츄니아 개발
1985	• 식물형질전환체 특허 획득
1986	• 바이러스 저항성 형질전환체개발
1987	• 면화형질전환법 개발
	• 해충저항성 형질전환체 개발
	• 유전자총에 의한 형질전환법 개발
1988	• 콩, 벼의 형질전환법 개발
	• 과숙억제 토마토 개발
1990	• 옥수수 형질전환방법 개발
	• 웅성불임 형질전환체개발
1992	• 밀의 형질전환방법개발
	• 전분함량증가 감자 식물체개발
	• 지방산조성이 증가된 유채개발
1993	• 해충저항성 면화 특허 획득
Ⅰ. 단자엽식물	아스파라거스, 옥수수, 밀, Orchard glass, 벼, Rye
Ⅱ. 쌍자엽식물	알팔파, 클로버, 완두콩, 대두, Eggplants, 페튜니아, 감자, 담배, 토마토, 배추, 당근, Cauliflower, 셀러리, 오이, 홍당무, 상추, 포도, 멜론, 딸기, 면화, Flax, Lotus, Sugar beet, 해바라기, 사과, 배, 포플러, 호두나무, 애기장대, 갈란코에, 안개초 등

(White 1993, 김 2004)

들이 해당작물을 재배하는 과정에서 겪을 수 있는 어려움을 해결하고 이로 인한 작물의 수확량을 증대시켜 생산성을 제고하기 위하여 제초제 내성 면화, 유채, 옥수수, 벼 그리고 해충저항성 토마토, 옥수수, 면화, 감자, 바이러스 저항성 토마토, 호박 등 생산성을 증가시키기 위한 연구가 진행되어 왔다. 한편 비타민A 함량이 증가된 벼, 겨자, 비타민 E(알파 토코페롤)를 생산하는 애기장대, 니코틴이 없는 담배, 콜레라 예방백신을 생산하는 형질전환체 등의 부가가치 증진을 형질전환체 개발 연구가 완료 되었거나 진행 중에 있다. 이 밖에도 유채와 콩 등에서 지방산 조성을 개량한 유지식물을 개발하기 위하여 연구를 진행하고 있으며, 환경스트레스 내성, 즉 가뭄, 염해, 추위 등의 외부 환경스트레스에 의한 작물의 생산성 감소를 최소화 하기 위하여 CBF, TPSP 등의 유전자를 도입하기 위한 연구가 진행 중에 있고, 또한 화훼류에서는 화색변이 유전자 도입을 통한 푸른 장미와 카네이션, 꽃 모양변이, 노화억제 카네이션 등의 형질전환체가 개발되고 있다(Khachatourians 2002; 김 2004).

II. 식물형질전환 원리

1. 서론

식물형질전환은 식물의 생활사의 이해 및 작물의 형질개량을 위해서 적용되는 기술이다. 식물형질전환은 목적유전자의 식물 게놈으로의 안정적 도입이 관건이다. 여러 가지 형질전환 방법이 발달되었으며 많은 식물 종이 성공적으로 형질전환되었다. *Agrobacterium* 매개 형질전환 기법은 가장 널리 이용되는 형질전환 방법이며, 쌍자엽 식물 게놈으로 유전자를 도입시키기 위하여 가장 보편적으로 이용되고 있다. 형질전환기술 개발 초기에 *Agrobacterium* 매개 기법으로 단자엽식물에서 성공적으로 형질전환 식물체를 얻는데 어려움이 있었으나 '직접적인 유전자 도입(direct gene transfer)' 방법의 발달로 해결되었다. 오늘날 *Agrobacterium* 기법을 이용하여 쌍자엽 및 단자엽 식물에 유전자를 형질전환하는 방법이 계속적으로 발달되고 있으며, 입자충격(Particle bombardment 또는 biolistics)이라 부르는 직접적인 유전자 도입 방법 또한 식물의 형질전환을 위한 방법으로 널리 이용되고 있다. 이 장에서는 *Agrobacterium*과 직접 유전자 도입 기법의 기작에 대하여 살펴보고자 한다.

2. *Agrobacterium* 매개 기법

*Agrobacterium tumefaciens*는 작물(특히 포도, 호두, 사과, 장미 등)의 뿌리와 줄기의 경계부에 근두암종병(crown gall disease)을 일으키는 원인균으로서 그람음성균이며, 막대모양(rod-shaped)으로 근권(rhizosphere)에서 발견되는 운동성(motile)이 있는 토양세균이다. *Agrobacterium*은 식물뿌리에서 분비되는 영양분에 의존하여 살아가는 박테리아이다. *Agrobacterium* spp 내에 존재하는 유전자가 식물의 게놈으로 전달되어 근두암종병을 일으킨다: 근두암종(crown gall)의 형성은 *Agrobacterium*의 Ti-plasmid (tumor-inducing)에 의해 결정되는데, 이 플라스미드의 일부(T-DNA)가 *Agrobacterium*로부터 식물세포로 전이되어 기주식물(host plant)의 게놈에 삽입된다(Gelvin 1998).

T-DNA는 호르몬(auxins, cytokinins) 생합성 및 식물대

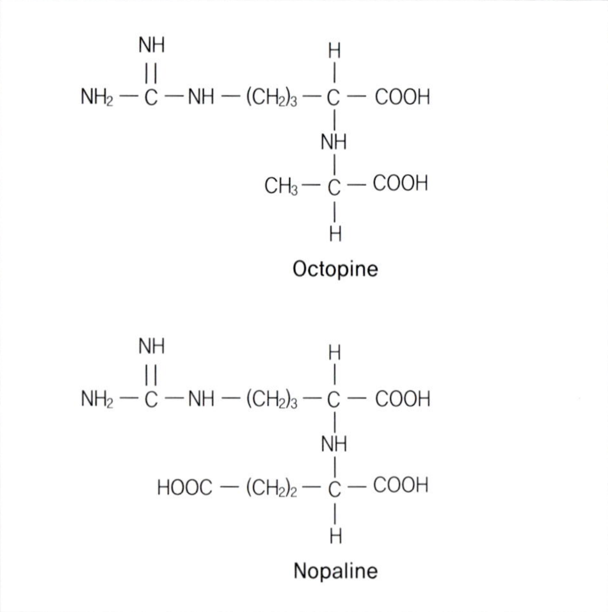

$NH_2-C(=NH)-NH-(CH_2)_3-CH(COOH)-NH-CH(CH_3)-COOH$

Octopine

$NH_2-C(=NH)-NH-(CH_2)_3-CH(COOH)-NH-CH(COOH)-(CH_2)_2-COOH$

Nopaline

그림 1-1 Opines(octopine과 nopaline)의 구조

Octopine과 nopaline은 아미노산 유도체로서, octopine은 arginine과 pyruvate 유도체이고, nopaline은 argnine과 -ketoglutarate 유도체이다.

사물질(opines, agropines) 생합성에 관여하는 효소를 암호화(encode)하고 있으며, auxin과 cytokine을 합성하여 식물세포가 증식하게 되고 암종(gall)을 형성한다. *A. tumefaciens*의 계통에 따라 Ti 플라스미드는 다양한 opines 생산을 위한 암호를 가지고 있다. Opines(아미노산 유도체)과 agropines(당 유도체) (그림 1-1)은 정상적인 식물 대사의 일부가 아니지만 이들 물질은 매우 안정한 화합물로서 *Agrobacterium*은 탄소와 질소 등 에너지원으로 이용한다(Gaudin *et al.*, 1994). 식물체에 전이되지 않는 Ti 플라스미드상의 유전자는 opine 흡수 및 분해작용(이화작용, catabolism)에 관여하는 단백질을 암호화한다. 그러므로 *Agrobacterium*은 식물체의 생합성 기구를 이용하여 자체적으로 이용할 수 있는 영양분을 생산하기 위하여 유전적으로 식물 세포를 형질전환하는 능력을 가지고 있다.

1) Ti 플라스미드

Ti 플라스미는 근두암종 형성의 중요한 역할을 하며, Ti 플라스미드의 일부, 즉 T-DNA 부분이 기주식물인 식물 게놈에 삽입된다. 식물체의 암종으로부터 분리한 핵 DNA를 분석해보면 Ti 플라스미드가 기주 식물의 게놈에 삽입되었음을 알 수 있다. 이 식물게놈에 삽입된 Ti 플라스미드 부분을 전이 DNA(transfer DNA, T-DNA)라고 한다. 일반적으로 하나 또는 2개의 T-DNA 복제 유전자가 식물 게놈에 삽입되지만 T-DNA의 삽입은 24-bp의 repeats에 의해 경계 지어지며, Ti 플라스미드에서 T-DNA를 경계한다(Yadav *et al.*, 1982) (그림 1-2). *A. tumefaciens*의 계통에 따라 Ti 플라스미드는 공통적으로 한 개 또는 그 이상의 T-DNA 부위, *vir* 부위, 복제기점(replication origin), 접합전이(conjugative transfer)할 수 있는 부위, opines 이화작용[아미노산/당 접합체(conjugates)]에 관여하는 유전자 등으로 구성된다.

nopaline 형
TG(G/A)CAGGATATAT(–/T)G(T/G)(G/C)G(T/G)GTAAAC

octopine 형
(C/T)GGCAGGATATA(T/A)C(A/C)(A/G)TTGTAA(A/T)T
TAAGTCGCTGTGTATGTTTGTTTG(ENHANCER 서열)

그림 1-2 Nopaline-, octopine 형 Ti 플라스미드의 경계서열

Ti 플라스미드의 T-DNA 부위는 좌우 경계(right- left border) 서열(24-bp repeats)에 의해 결정된다. 좌우경계 사이의 DNA가 기주 식물의 게놈에 삽입된다. T-DNA의 부분은 아니지만, octopine 형 Ti 플라스미드는 오른쪽 경계(right-border) 서열과 관련되어 있는 over-drive 또는 enhancer 서열을 포함하는데, 이는 T-DNA 도입에 필요하다. nopaline 형 Ti-플라스미드는 하나의 T-DNA(약 20kb)를 가지고 있지만 octopine 형은 2개의 T-DNA 부위(14 kb의 'T_L'과 7 kb의 'T_R')를 가지고 있다. 그러나 T_L 부위만이 종양성(oncogenic)이 있으며, T_R 부위는 opine 생합성 유전자를 포함한다. Nopaline Ti 플라스미드의 T-DNA는 13개의 ORF를 포함하는 반면, octopine 플라스미드의 TL T-DNA는 8개의 ORF를 포함한다(그림 1-3). 이들 ORF는 원생생물의 유전자 특징보다는 고등생물(eukaryotic) 유전자 특징을 갖는다. Nopaline T-DNA와 TL octopine T-DNA는 핵심부위(core region)가 서로 유사하며, 이 부위의 유전자는 호르몬 생합성(oncogene, 종양유전자), opine 합성과 관련된 단백질을 암호화하는 유전자 및 근종 크기(tumor size)를 결정하는 유전자를 포함한다.

2개의 유전자 *auxA*(또는 *tms1* 또는 *iaaM*)와 *auxB*(또는 *tms2* 또는 *iaaH*)는 auxin의 일종인 indolacetic acid(IAA) 합성에 관련된 유전자를 암호화하고 있다. *AuxA*는 typtophan monooxygenase를 암호화하며, *auxB*는 indole acetamide-hydrolase를 암호화한다. 또한 *cyt*(*tmr* 또는 *ipt*) 유전자는 cytokinin 생산에 가장 중요한 단계를 촉매하는 isopentenyl transferase를 암호화한다. 이들은 근종의 표형형을 결정하는 중요한 유전자이며, 이를 oncogene(종양유전자)라 한다. Octopine T-DNA의 TR 부위 종양유전자(oncogene)을 포함하지 않으므로 종양형성력(발암성, oncogenicity)이 없다.

Opines(octopine 또는 nopaline)을 생산에 관여하는 유전자도 T-DNA 상에 위치한다. Octopine T_R T-DNA는 mannose, agropine, fructopine 등 opine을 생합성하는 단백질을 암호화한다. 일부 식물에서 종양(근종) 크기를 결정하는데 관련하는 유전자 *tml* 역시 T-DNA에 있다(그림 1-3).

Vir(virulence) 부위는 T-DNA 부위가 기주 식물에 전이되는 데 관여하는 유전자로서 Ti 플라스미드에 위치하며,

T-DNA 바깥쪽 ~ 40kb 부위에 위치한다. Vir 부위는 최소한 9개의 *vir* 유전자 오페론(operon)이 있다(표 1-3). *Agrobacterium*으로 부터 T-DNA가 식물세포에 도입하는데 관여하는 vir 유전자의 기능 및 역할은 표1-3에 설명하였다.

2) T-DNA 전이 과정 및 삽입(도입)

*Agrobacterium*은 식물세포의 상처 부위에서 분비되는 페놀화합물 및 당류 등 신호를 인지한다. *Agrobacterium*은 식물의 상처조직으로부터 분비되는 이들 물질을 인지하여 효과적으로 형질전환이 가능한 세포를 인지할 수 있도록 한다.

*Agrobacterium*이 식물세포에 부착은 두 번째 단계이며, 다당체(polysaccharide) (attR 좌의 산물)가 초기 부착에 관여한다. 박테리움은 셀루로오즈 섬유소를 생산하여 박테리아 세포가 식물세포에 부착하며, 다수의 염색체 병원성 유전자(chv genes, chromosomal virulence genes)가 관여한다. chvA와 chvB 유전자는 cyclic -1,2-glycans의 생산 및 분비에 관여하며(Cangelosi *et al.*, 1989; Altabe *et al.*, 1990), pscA 유전자(psc, polysaccharide)는 succinoglycan 분비에 관여한다(Thomashow *et al.*, 1987). 돌연변이 chvA 또는 chvB 유전자를 운반(carry)하는 *Agrobacterium* 계통은 병원성이 없거나(avirulence) 병원성이 매우 약하다.

VirA(막결합 sensor kinase, a membrane-linked sense kinase)는 페놀화합물을 감지하며, 자동인산화하며(Lee *et al.*, 1995), 이어 VirG를 인산화하여 결과적으로 활성화(activating)시킨다. VirG 단백질은 모든 vir 유전자(virA와 virG 포함)의 발현을 유도한다(Jin *et al.*, 1990). glucose, galactose, xylose 등의 당은 vir 유전자 발현을 돕는다. 이 과정에는 chvE 유전자가 관여하며, 이 유전자는 VirA와 상호작용하는 glucose/galactose 운반체(transporter) 단백질을 암호화한다(Peng *et al.*, 1998). VirD1/VirD2 복합체는 좌우 경계를 인지하고 VirD2는 ssT-DNA(single stranded T-DNA, 또는 T-strand)를 만들어 5′ 말단에 부착한다(Filichkin and Gelvin 1993).

T-pilus는 효과적인 막 채널 분비계(membrane-channel secretory system)이며, virB 오페론(operon)에 의해 암호화되는 단백질과 VirD4로 구성된다. T-DNA/VirD2 복합체는 T-pilus에 의해 *Agrobacterium* 세포로부터 빠져 나오며, VirE2와 VirF 역시 *Agrobacterium* 세포로부터 빠져 나온다.

T-DNA/VirD2 복합체와 기타 *Vir* 단백질은 VirE2로부터 형성된 통로(channel)를 통하여 식물 원형질막를 통과한다. 식물 세포질 내에서 T-DNA strand는 VirE2 단백질로 둘러싸이는데 이는 뉴클리에이즈(nuclease)로부터 T-

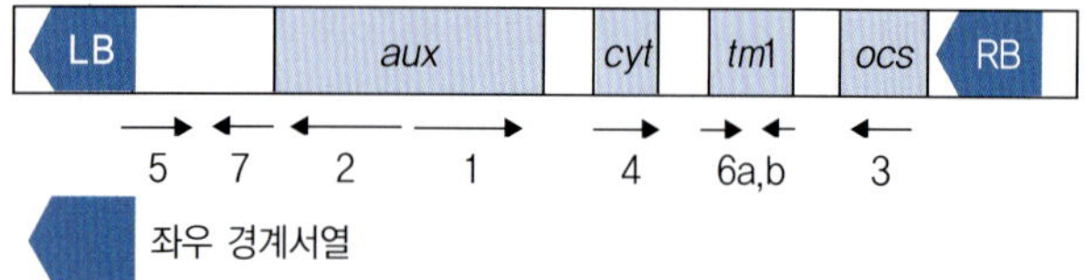

그림 1-3 octopine형 Ti 플라스미드의 TL T-DNA 구조
1~7, ORFs_ aux, auxin 생합성 유전자 *cyt*, cytokinin 생합성 유전자 *tm1*, 암종 크기결정 유전.

표 1-3 *Agrobacterium* 병원성 (Virulence) 단백질과 그 기능

병원성 단백질	기 능
VirA, VirG	식물세포의 상처조직으로부터 페놀화합물 감지 및 다른 병원성 유전자 (vir)의 발현 유도
VirD2	핵산내부가수분해효소(endonuclease); T-strand 합성을 개시하기 위하여 오른쪽 경계에서 T-DNA 절단
VirD1	DNA 회전효소(topoisomerase); T-DNA 가공에 필요
VirD2	T-strand의 5′ 말단에 부착하여, T-DNA complex 형성, T-DNA complex가 핵공으로 통과하도록 유도
VirC	Overdrive 부위에 결합하여 효율적인 T-strand 합성 유도
VirE2	ssDNA 결합 단백질
	T-strand에 결합하여 핵산가수분해효소(nuclease) 공격으로부터 보호
	Nuclear targeting 및 NPC 통과에 관여
VirE1	*Agrobacterium*에서 VirE2를 안정화하는 보호자 단백질(chaperone) 역할
VirB, VirD4	T-DNA 의 전이 구성성분

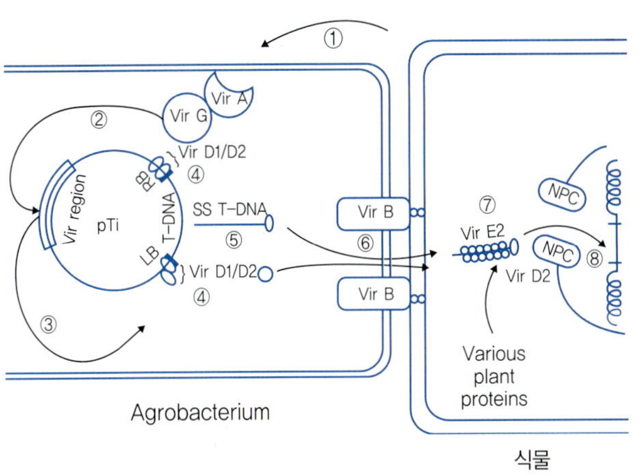

그림 1-4 T-DNA 전이 및 식물체 삽입과정

①_ VirA는 식물 상처부위로부터 분비되는 페놀화합물과 당을 인지하고 인산화에 의해 VirG 활성화. ②_ VirG는 Ti 플라스미드 상의 *vir* 유전자 발현 유도. ③_ vir 유전자 산물은 여러 과정에 관여. ④, ⑤_ VirD1, VirD2는 ssT-DNA 생성 및 보호 및 수송에 관여. ⑥_ VirB 단백질은 전달장치를 형성하고, ssT-DNA/VirD2 복합체 및 VirE2는 전달 장치를 통과하여 식물체로 도입. ⑦_ 식물세포내에서 VirE2는 T-DNA를 코팅, T-DNA에 붙어 있는 VirE2 또는 VirD2는 여러 가지 식물 단백질과 상호작용하여 수송 및 삽입에 관여. T-DNA/VirD2/VirE2/식물 단백질 복합체가 핵공복합체(NPC, nuclear pore complex)를 통과하여 핵내로 도입. ⑧_ 비적합 재조합방식으로 식물 염색체에 도입.

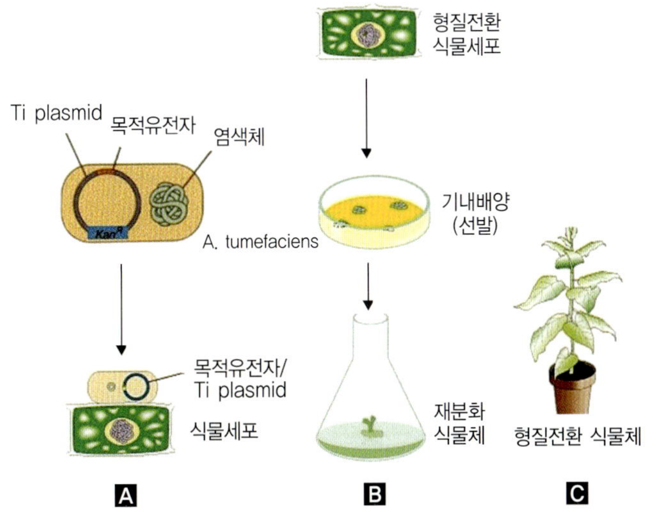

그림 1-5 *Agrobacterium* 매개 형질전환 과정

A_ 외래유전자의 T-DNA에 삽입 및 *Agrobacterium*의 식물세포 감염과정. B_ *Agrobacterium* 감염 및 조직배양 과정에 의한 형질전환체 선발 과정. C_ 형질전환 식물체.

DNA를 보호하고, 핵공복합체(nuclear-pore complex, NPC)를 통과하기 위한 T-DNA/VirD2 복합체로 생각된다(Rossi *et al.*,. 1993). VirD2와 VirE2는 식물 단백질과 상호작용하며 이는 T-DNA 복합체의 핵 배치(nuclear localization)에 중요하다. VirD2는 핵배치신호(nuclear localization signal, NLS)를 가지고 있으며 식물 단백질 importins과 상호작용으로 NPC 단백질의 인지 및 수송에 관여한다(Ballas and Citovsky 1997).

VirE2는 2개의 NLS를 가지고 있으며, VirE2의 핵배치(nuclear localization)는 식물 단백질 VIP1(VirE2-interacting protein 1)에 의해 매개된다. VIP1은 importins에 의해 VirE2 NLS 인지를 촉진하는 역할을 한다. 삽입되는 T-DNA가 큰 경우, VirE2는 T-DNA 복합체의 핵배치(nuclear localization)에 중요한 기능을 한다. T-DNA와 관련 단백질은 VirE2 단백질에 결합하여 핵공(nuclear pore)을 통과한다. VIP1과 VIP2(VirE2 interacting protein)의 상호작용으로 T-DNA strand를 염색질(chromatin)로 유도(direct)하고 T-DNA가 식물게놈에 삽입(integration)을 촉진한다(Mysore *et al.*, 2000; Tzfira *et al.*, 2001). 이 과정에서 식물 단백질 cyclophilins은 VirD2와 결합하여, T-DNA의 삽입을 돕는다(Ingram 1998). T-DNA strand는 상동재조합(homologous recombination)과 달리, 비적합재조합(illegitimate recombination) 과정으로 기주 식물 게놈으로 삽입된다(Gheysen *et al.*, 1991).

외래 유전자가 도입된 형질전환체는 조직배양과 선발 과정을 거쳐 형질전환 식물체를 얻는다(그림 1-5). *Agrobacterium* 기법을 이용한 대부분의 형질전환 방법은 유사하며, 적절한 목적조직의 선택, *Agrobacterium*과 공동배양, 공동배양 후 항생제를 이용하여 목적조직으로부터 *Agrobacterium* 제거(이때 사용되는 항생제는 식물에는 영향하지 않는 항생제를 이용한다), 형질전환체의 선발 및 형질전환 식물체 생산 등의 과정을 거친다.

형질전환 방법은 식물 종 또는 목적조직, *Agrobacterium* 계통 등에 따라 다를 수 있다. 쌍자엽식물의 경우, *Agrobacterium* 기법으로 일반적으로 형질전환식물체를 생산하고 있다. 형질전환연구 초기에 화본과 작물의 경우, *Agrobacterium* 형질전환 기법으로 형질전환이 어려운 것으로 간주하였으나 다양한 형질전환 방법 및 조건이 개발되어 이제는 대부분 단자엽 식물도 *Agrobacterium* 기법을 이용한 형질전환이 일반화되었다.

3. *In planta* 형질전환

일반적으로 식물의 형질전환은 조직배양 기술을 바탕으로 발달해 왔으며, 조직배양은 식물에 따라 재분화(regeneration) 기간이 길어 시간과 노력이 많이 요구되는 단점이 있고, 재분화 과정에서의 체세포변이 또는 원치 않는 돌연변이 현상이 나타날 수 있다. 식물생명공학자들은 식물조직배양 과정을 우회하는 형질전환 방법의 개발에 관심을 갖게 되었다. *in-planta* 형질전환 기술은 조직배양 과정을 거치지 않고 생장중인 식물세포들을 형질전환시킨 후, 형질전환된 종자를 획득하여, 유전적으로 안정된 형질전환 식물체를 획득할 수 있는 기술이다(그림 1-6). 이 기술은 최초로 애기장대에서 성공하였다(Katavic *et al.*,1994). 이 방법은 어린 화기를 가지고 있는 애기장대 식물을 계면활성제가 포함된 *Agrobacterium*과 공동배양함으로써 간편하게 형질전환할 수 있는 방법이다. 형질전환된 식물은 생장을 지속하여 종자를 생산하고, 형질전환된 종자를 얻을 수 있다. 이 방법의 개체의 형질전환 효율은 낮지만 성공하면 비교적 많은 수의 형질전환 종자를 생산할 수 있으므로 결과적으로 형질전환 효율이 높다. 이것을 근간으로 하는 파생기술로서, 진공을 이용한 형질전환법(vacuum infiltration method), 화아침지법(floral meristem dipping method), *Agrobacterium* 분사법(*Agrobacteria* spraying method), 직접유전자 도입 기술이 개발되었다(Hansen and Chilton 1996). 최근 *in planta* 형질전환은 알팔파(Trieu *et al.*, 2000)와 일부 십자화과(Brassica) 식물(Liu *et al.*, 1998)에서 보고되었으며, 타 작물로 널리 적용될 수 있는 가능성을 열어 놓고 있다.

4. 직접적인 유전자 도입 방법

1) Particle bombardment(입자충격)

1987년 입자충격(particle bombardment) 시스템이 개발되었으며, 텅스텐 입자에 코팅된 DNA를 가속하기 위하여 폭발력을 사용하였다(Klein *et al.*, 1987). 이 기술은 화본과 작물에 외래 유전자를 도입하여 형질전환 식물을 생산 위하여 이용되었으며, 대부분의 화본과 작물에서 이 방법을 이용하여 형질전환 식물체가 생산되었다. 특히 이 방법을 이용하여 GM 작물(genetically modified organism) 작물로서 최초로 상업화된 Bt-toxin 유전자를 도입한 해충저항성 옥수수가 생산되었다. 기술의 발달은 다양한 유전자 도입 방법, 즉 electrostatic discharge device, gas flow를 이용한 방법 등이 개발되었으며, 특히 particle bombardment (PDS-1000/He) 장치가 가장 널리 이용되고 있다.

입자충격(particle bombardment, biolistics)은 직접 유전자 도입 방법으로 가장 효과적으로 이용하는 형질전환 방법이다. 이 방법은 식물 조직에 외래 유전자를 도입하기 앞서 DNA를 텅스텐 또는 금 입자에 코팅한다. DNA로 코팅된 입자(DNA-coated particles)가 고속으로 식물 목적 조직에 발사되고, 이때 DNA가 식물세포 내로 투입되어 게놈에 삽입하게 된다. 이 기술은 식물 게놈에 유전자의 삽입 여부와 관계없이 일시적 유전자 발현(transient expression) 연구를 비롯하여 안정적인 형질전환체 생산(핵 게놈 형질전환 및 소기관 형질전환), 바이러스 핵산을 식물체에 도입하여 병원성 기작 및 방어 기작 연구, VIGS (virus-induced gene silencing) 연구 등 적용할 수 있는 범위가 넓고, *Agrobacterium* 기법과 달리 생물학적 제한 또는 기주의 한계가 없으며, 다양한 식물재료를 목적 조직으로 이용할 수 있으며, 다수의 유전자를 동시에 식물에 도입할 수 있는 장점이 있다(Johnston *et al.*, 1988; Christou *et al.*, 1991; Briddon *et al.*, 1998; Daniell *et al.*, 2002; Twyman *et al.*, 2003; Fofana *et al.*, 2004 Altpeter *et al.*, 2005). 이 방법을 이용하여 성공적으로 외래 유전자를 식물조직에 도입하기 위해서는 형질전환 체계를 최적화해야 하며, 입자형태 및 조제, 입자 가속 및 목

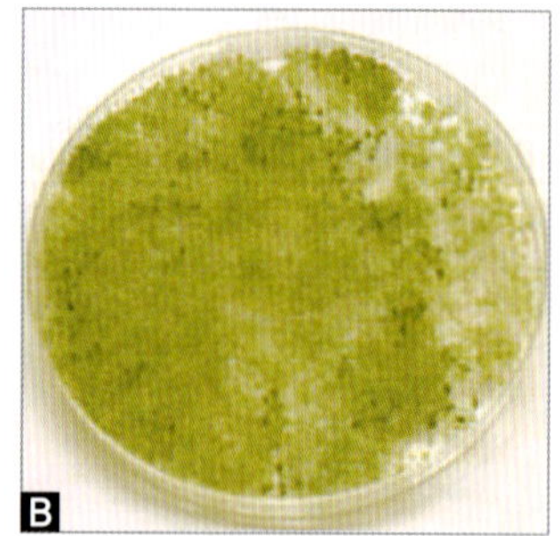

그림 1-6 *in planta* 형질전환(애기장대)

A_ 생장중인 애기장대 식물의 화아를 *Agrobacterium* 현탁용액에 5~15분간 침지하여 화기를 통해 유전자를 도입시킨다. B_ 종자를 수확하여 항생제가 포함된 배지에서 형질전환 종자를 선발한다. 선발마커 유전자를 가지고 있는 종자는 발아하고 비형질전환 종자는 발아하지 않는다.

적 조직의 선택 등 중요하다. 또한 목적 조직에 발사하는 입자의 수 및 크기, 피해 정도, 전달되는 DNA 양 등의 균형이 맞아야 한다. DNA 양이 너무 적으면 형질전환 효율이 낮으며, 너무 많은 DNA 양은 도입 유전자의 복제 수(transgene copy number)를 증가시켜 도입 유전자의 재배열(rearrangement) 현상을 초래하여, 식물게놈에 삽입된 목적 유전자의 침묵현상(gene silencing)의 원인이기도 한다(Kohli *et al.*, 1999a; Kohli *et al.*, 1999b Svitashev *et al.*, 2000; Makarevitch *et al.*, 2003; Altpeter *et al.*, 2004).

입자충격 기법을 이용한 벼의 유전자 도입 기작에 대한 연구에 의하면 두 단계의 유전자 전이 과정을 거치는 것으로 보고되었다(Kohli *et al.*, 1998). 전도입(preintegration) 단계에 벡터 분자들은 부분적으로 또는 완전하게 상호 작용하여 서로 접합된다. 이는 다수의 도입 유전자 복제를 운반되어 결과적으로 기주 식물의 게놈에 도입(삽입)된다. 이 도입 이벤트는 초기에 유전자가 도입되는 염색체의 위치 또는 인접한 곳에 후속 유전자가 도입되어 hotspot으로서 역할한다. 이는 입자충격 형질전환방법을 이용하면 단일 유전자 좌(a single locus)에 도입유전자에 다수의 복제 유전자가 도입되게 된다. 다수의 유전자 도입 수에도 불구하고, 단일 유전자 좌는 육종프로그램에서 효율적으로 이용할 수 있다.

일반적으로 형질전환에 이용되는 식물 목적조직은 두 종류가 있다. 식물 조직에 유전자를 도입하여 배발생(embryogenesis)을 유도하여 식물체를 분화시키는 경우와 증식 중인 배발생(embryogenic) callus 목적 조직에 유전자를 도입하여 증식 후 식물체를 재분화시키는경우가 있다. 입자충격(유전자총)을 이용하여 유전자를 도입할 때 식물 조직을 보호하기 위하여 고농도의 osmoticum 배지에 목적 조직을 배양한다.

(1) 입자충격을 이용한 벼 형질전환

PDS-1000/He particle bombardment 시스템을 이용한 벼 형질전환에 대하여 알아보자. 이 기술은 2개의 플라스미드를 식물세포에 동시에 도입한다. 하나의 플라스미드(pGOI)는 목적 유전자를 운반하고 있고, 또 다른 플라스미드는 선발마커로서 제초제 바스타 저항성 bar 유전자 및 gusA 레포터 유전자를 운반한다(그림 1-8). 입자충격으로 식물세포에 유전자를 도입하기 위하여 이 두 플라스미드를 금 또는 텅스텐 입자에 코딩한다(이 입자를 microcarrier 라고 한다). 성숙종자로부터 유도된 배발생 callus(embryogenic callus)를 형질전환 목적 조직으로 사용한다.

Bombardment 후, 선발마커 유전자를 포함하는 세포는 제초제(PPT, phosphinothricin)가 포함된 배지에서 선발된다. 플라스미드 pGOI에는 선발 마커를 포함하지 않기 때문에 2개의 플라스미드를 동시에 형질전환한다. 이 기내 선발과정을 거쳐 두 플라스미드가 안정적으로 식물 게놈에 삽입(도입)된 재분화 식물체를 얻을 수 있으며, 후대에서 선발마커 유전자는 분리될 수 있다. 그 결과 식물체는 목적 유전자만을 포함하고 더 이상 필요 없는 선발마커 유전자를 포함하지 않게 된다. 이 방법은 형질전환 식물에서 선발마커 유전자를 제거하는 하나의 방법으로 이용된다.

Microcarrier 조제

microcarrier로서는 금(Au)이나 텅스텐(W) 입자가 이용된다. 이 입자는 에탄올로 멸균 후 멸균수로 세척하는 전처리(pretreatment)를 한다. Microcarrier 현탁액은 일정액을 분배하여 4℃(금 입자) 또는 −20℃(텅스텐 입자)에 보관한다. 2.5M $CaCl_2$, 0.1M spermidine, 용액에서 플라스미드 DNA를 microcarrier(금 또는 텅스텐 입자)에 코팅한다. 코팅된 microcarrier를 잘 섞어 알코올로 씻어준 후 다시 알코올에 잘 섞어 준다. DNA가 코팅된 microcarrier 현탁액은 macrocarrier 막에 장전하여 알코올을 날려 보낸다.

목적 조직의 준비

성숙 종자의 배로부터 유도된 callus 조직을 신선한 배지(MS 배지, 2,5 mg/*l* 2,4-D, 30 g/*l* maltose, 2.5 g/*l* phytagel)에 계대배양하여 배발생 callus의 발달을 유도한다. 배발생 callus를 선발하여 고농도의 삼투물질이 포함된 배지(MS, 1 mg/*l* 2, 4-D, 14% maltose, 2.5 g/*l* phytagel) 중앙에 배치하여 4시간 동안 유지한다. 이때 배지는 고농도의 maltose 또는 mannitol를 포함하며, 이는 입자충격으로 유전자를 도입하기 앞서 식물조직을 높은 삼투압(osmoticum)에 처리하여 입자충격에 의한 조직의 피해를 줄일 수 있다.

Bombardment 조건

식물조직을 진공챔버(chamber pressure : 27mmHg)에 넣고, microcarrier와 stopping plate와 간격(13cm)을 조절한다. DNA로 코팅한 금 입자(microcarriers)를 macroacrrier membrane에 충진하여 장치 안으로 삽입한다. 장치는 진공상태가 되고 1,100 psi 압력에서 파열 dics가 파열되면서 macrocarrier의 포물체(projectile)를 chamber 아래쪽으로 나아가게 한다. macrocarrier는 stoping plate에서 멈추고 microcarriers가 이를 통과하여 식물 목적 조직을 강타한다(그림 1-7). 이 시스템에서 성공 여부는 여러 가지 매개변수(parameter)(예를 들면, stopping plate와 목적 조직과의 이격거리, rupture disc가 파열되는 압력) 조건의 최적화에 달려 있다.

형질전환 식물체 선발과 재분화

Bombardment(포격, 폭격) 다음 날, 배발생 callus는 MS1 배지에 옮겨주고, 1주일 후 배발생 callus는 선발배지[MS1, 5 mg/l PPT(phosphinothricin)]에 옮겨 2주간 암조건에서 배양한다. 매 2주 간격으로 신선한 배지에 계대배양하고, 선발로부터 살아남은 callus는 제초제가 포함된 식물체 재분화 배지(MS, 3mg/l kinetin, 30g/l sucrose, 2.5~5mg/l PPT, 6.25g/l phytagel)에 옮겨주고, 신초의 재분화를 위하여 광조건에서 배양한다. 식물체가 형성되면 뿌리 배지(1/2MS, 1mg/l NAA)에 옮겨주어 뿌리의 발달을 유도하고 어린 식물체는 또 1/2MS 배지에 계대배양한다. 식물체는 순화과정을 거쳐서 온실에 이식하여 생육시킨다.

(2) 색소체 형질전환

입자충격법(bombardment)은 핵 게놈(nuclear genome)의 형질전환에 주로 이용되고 있으나 최근 이 방법을 색소체 형질전환에 이용되고 있다. 엽록체 형질전환은 21세기에 발달하였으며, 엽록소 형질전환은 환경친화적이고 좀 더 효율적인 GM 작물을 개발할 수 있을 것이다. 식물 생명공학에서 엽록체 형질전환은 여러 가지 이유에서 중요한 기술이 되어 가고 있다. 엽록체는 모계유전을 하므로 화분의 비산에 의한 동종간, 유연종 또는 잡초 종에 유전자의 전이 위험이 없다. 이 기술의 또 다른 중요한 특징은 비교적 큰 유전자를 엽록체에 도입하여 다수의 도입유전자 복제수를 얻을 수 있다(Bock 2001; Daniell 2002 Daniell and Dhingra 2002; Daniell *et al.*, 2002 Devine and Daniell 2004; Maliga 2004). 외래유전자는 각각의 엽록체 내에 포함된 단일 게놈에 도입되며, 식물체 재분화 과정에서 선발과정을 거쳐 엽록체의 동형원형질적(homoplasmic) 집단, 즉 모든 엽록체가 형질전환 될 수 있다. 1개의 식물세포에는 100개의 엽록체를 포함하고 있고 각각의 엽록체는 100개의 복제 유전자를 포함한다. 따라서 하나의 세포에는 10,000개의 복제 유전자가 존재할 수 있다. 엽록체 형질전환의 또 다른 장점은 유전자 침묵(gene silencing)이 일어나지 않는다. 따라서 엽록소 형질전환 기술은 높은 정도의 유전자 발현 및 단백질의 합성을 가능하게 할 수 있다.

엽록체 형질을 위해서는 특별히 디자인된 벡터가 필요하다. 엽록체 형질전환용 기본 벡터는 항생제 스펙티노마이신(선발 마커유전자, *aadA*)을 이용하여 선발한다. 이 벡터는 색소체 조절 서열(*psbA* 유전자의 프로모터 및 ribosome-binding 부위)에 연결된 단일 도입 유전자의 발현을 위하

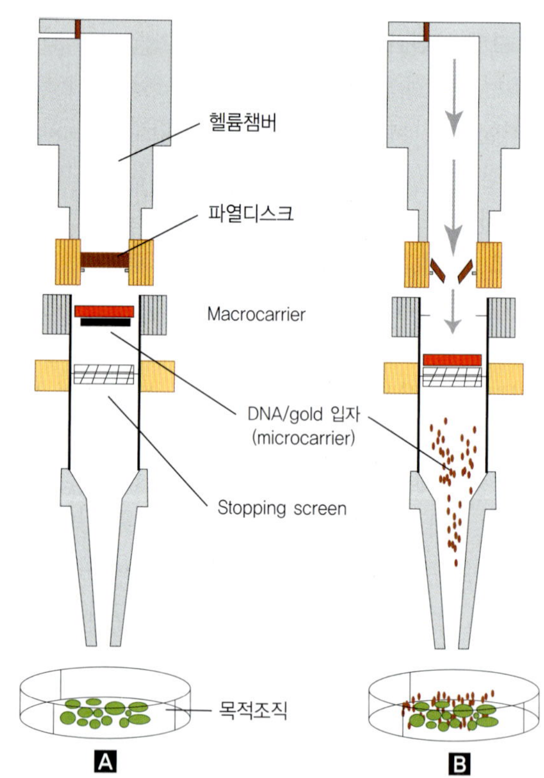

그림 1-7 입자충격 형질전환 방법

A_ 목적조직, stopping plate(mesh), rupture disc, 금(또는 텅스텐)/DNA 입자를 실은 macrocarrier 등을 진공 입자충격 장치(PDS-1000/He) 안에 설치한 후 진공 상태를 유지한다.

B_진공상태에서 헬륨압력이 증가하여 적정압력에 도달하면 rupture disc가 파열되면서, macrocarrier를 가속하게 되고, macrocarrier는 stopping plate에 도달하고, macrocarrier로부터 분리된 금/DNA 입자가 식물목적조직으로 도입되어 DNA가 식물게놈에 삽입되게 된다.

여 디자인되었다(Daniell *et al.*, 2002). 외래 유전자는 엽록체 DNA 서열 양쪽 경계에 위치한다. 입자충격으로 엽록체에 유전자 도입 후, 벡터상의 색소체 서열과 게놈의 서열은 homologous recombination(동종 재조합)이 일어난다(그림 1-9a). 또한 다수 (또는 복수)의 유전자를 도입하기 위하여 색소체 게놈의 원핵생물적 특성을 이용하여 벡터가 개발되었다(Kumar et al., 2004). Polycistronic message로서 발현되는 단일 전사 단위로서 다수의 유전자를 동시에 도입시킬 수 있다(그림 1-9b). 색소체형질전환에서는 외래유전자가 특정 위치에 삽입(site-specific integration event)됨으로 핵 게놈에 유전자 도입시 발생하는 무작위 삽입(random integration)과 관련된 문제들을 피할 수 있다(Bock 2001; Daniell 2002, Daniell *et al.*, 2002; Daniell and Dhingra 2002; Devine and Daniell 2004; Maliga 2004). 특히 각각의 유전자를 개별적으로 도입하거나 비슷한 정도의 발현을 보이는 식물을 동정하여 교잡육종에 의해 유전자를 집적하고자 할 경우, 색소체 형질전환 방법은 핵 형질전환 방법에 비해 중요한 장점을 지닌다 (Daniell *et al.*, 2002).

색소체 형질전환 기법은 작물의 형질개량 및 분자농업 차원에서 외래 유전자를 식물의 엽록체에 도입하여 형질전환 식물체를 생산하고 있으며, 내충성, 제초제저항성, 내건성, 내염성, 대사공학, 토양오염 제거용 형질전환 작물 등이 보고되었다(Daniell *et al.*, 1998; DeCosa *et al.*, 2001; Lee *et al.*, 2003; Kumar *et al.*, 2003; Ruiz *et al.*, 2003). 또한 식용백신, 단일항체 바이오의약품 등을 생산하기 위하여 색소체 형질전환 기술이 이용되고 있다(Staub *et al.*, 2000; Daniell *et al.*, 2001; Fernandez-San Millan *et al.*, 2004; Watson *et al.*, 2004).

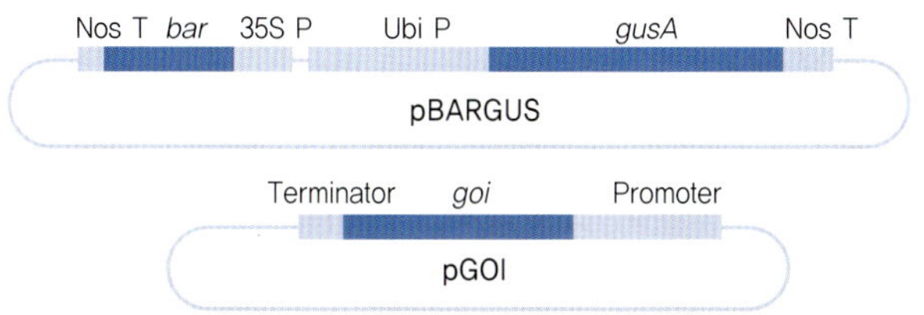

그림 1-8 입자충격법을 이용한 co-transformation 형질전환 벡터의 구조

bar, 제초제 저항성 유전자; gusA, GUS 유전자(β-glucuronidase); goi, 목적유전자(gene of interest); Nos T, nopaline 합성 터미네이터; 35S P, CaMV35 프로모터; Ubi, 옥수수 ubiquitin 1 프로모터

III. Polyethylene glycol(PEG) 매개 형질전환

식물세포벽이 제거된 원형질체에 2가 양이온(Ca^{+2})과 PEG를 처리하여 외래 DNA를 도입시킬 수 있다. PEG와 2가 양이온은 식물 원형질체를 불안정하게 하여 DNA가 침투(투과)할 수 있게 되며, 원형질체내에서 DNA는 핵으로 들어가서 게놈에 삽입된다(Tyagi *et al.*, 1989; Golds *et al.*, 1993). 그러나 식물 원형질체는 조작이 어렵고 원형질체를 배양하여 임성이 있는 식물체를 얻는데 어려움이 있어 효율적인 형질전환 방법이라 할 수 없다. 또한 형질전환과정에서 도입하고자 하는 목적 유전자가 쉽게 분해될 수 있으며 재배열이 일어나는 단점이 있다.

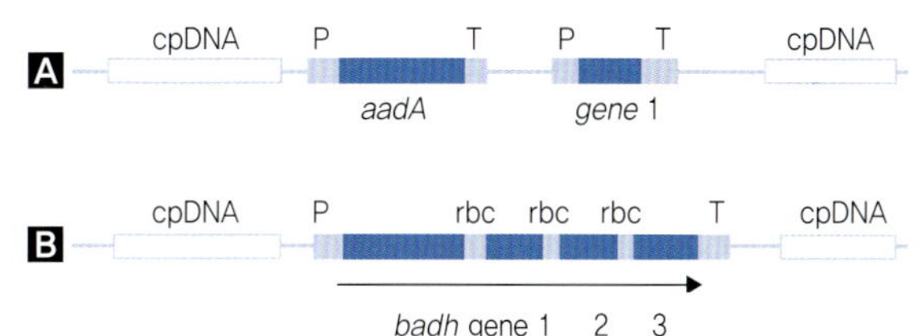

그림 1-9 엽록체 형질전환용 벡터

A_ 단일 목적 유전자(gene 1) 발현용 벡터. 선발마커 유전자(aaaA)는 스펙티노마이신 저항성을 부여한다. 각 유전자는 각각의 프로모터(P)와 터미네이터(T)를 갖는다. 양측면에 엽록체 DNA 부위(CpDNA)가 있으며, 동종 재조합(homologous recombination)에 의해 엽록체 게놈의 정해진 위치에 DNA의 삽입을 지시한다. B_복수의 목적 유전자(multiple transgene) 발현용 벡터. 하나의 프로모터가 polycistron 전사 단위, 또는 operon의 발현을 조절한다. 이 경우, betaine-aldehyde dehydrogenase gene(badh) 유전자가 선발마커로 이용된다. 각 목적 유전자는 효율적인 번역(translation)을 위하여 rbs(ribosome-binding site)의 앞에 위치한다.

IV. 전기충격법 (Electroporation)

세포에 전기충격을 주어 DNA를 식물세포나 원형질체에 주입할 수 있다. 목적 유전자는 식물 조절 서열(plant regulatory sequences)을 필요로 하지만 도입에 특별한 서열을 필요로 하지 않으므로 단순한 플라스미드가 벡터로 사용될 수 있다. 이 방법은 DNA를 포함하는 완충용액에 목적 조직을 배양(처리)하여 높은 전압의 전기충격을 가한다. 이때 DNA는 높은 전압에 의해 원형질막에 생긴 구멍(pore)을 통과하여 게놈에 삽입(도입)된다. 이 기술의 개발초기에는, 원형질체가 목적조직으로 이용되었으나, 이제는 완전한 세포와 다양한 목적 조직(예, callus, 미숙배, 미숙화기)에 적용할 수 있게 되었다. 전기충격을 이용한 형질전환 방법은 벼(Vânia *et al.*, 2001), 밀(Zaghmout and Trilinder 1993; Sorokin *et al.*, 2000), 옥수수(D' Halluin, *et al.*, 1992) 등 화본과 작물에서 이용되고 있다. 이 방법은 조직배양에 따른 문제를 감소시킬 수 있으나, 전기충격을 위해 사용되는 목적 조직을 고농도의 삼투압 (high osmotic buffer) 용액에 전기충격 전후 배양을 해야 한다. 전기충격 형질전환의 효율은 식물조직의 상태, 전계의 강도(field strength), 목적 조직 처리 조건 등에 따라 다르다. 일부 연구에 의하면, 나선형(supercoiled) DNA 보다는 선형(linear) DNA가, 그리고 spermidine을 완충용액에 첨가하면 DNA의 응축(condensation)을 유도하여 전기충격 효율을 높인다는 보고가 있다(Bates *et al.*, 1990; Akella and Lurquin 1993). 전기충격법을 이용한 형질전환 기법은 최적 조건에서도 세포로 도입되는 DNA 양이 매우 적어서 소수의 복제 도입 유전자를 가진 형질전환체를 생산하는 장점이 있으며, 형질전환 후 세포는 동일한 생리적 상태를 유지한다는 장점이 있다.

V. Silicon carbide fibers-WHISKERS™

이 방법은 특별한 장치나 장비를 필요로 하지 않는 단순한 형질전환 방법으로서, 실리콘 탄화섬유(silicon carbide fiber)가 포함된 완충용액에 식물 목적 조직(현탁배양, 배, 배발생 callus)과 DNA를 처리하여 교반한다(Wang and Colleagues 1995). 실리콘 탄화화섬유의 지름은 약 0.3~ 0.6 m이며, 길이는 10~100 m 섬유소가 세포벽과 원형질막을 통과하여 DNA가 세포 안으로 도입되게 한다. 이 방법을 이용한 형질전환 효율은 섬유소 크기, 교반 조건(매개변수), 용기의 형태, 식물 재료(목적조직) 및 식물세포의 특징, 특히 세포벽의 두께 등에 의해 영향을 받는다. 이 기술은 간편하고, 적은 비용으로 다양한 식물조직에 적용할 수 있다는 장점이 있으나 형질전환 효율이 낮고, 세포의 피해로 식물체 재분화에 부정적 영향을 하며, 실리콘 탄소 섬유소가 가지고 있는 위험성 때문에 이 기술을 이용할 때 특히 조심해야 한다. 이 기술을 이용한 형질전환 초기에는 옥수수의 부서지기 쉬운 callus (friable callus)을 목적조직으로 이용되었지만 부서지기 쉬운 callus 유형은 옥수수와 귀리의 일부 품종에 국한된다(Kaeppler *et al.*, 1990; Frame et al. 1994). 화본과 작물의 경우, 배발생 callus는 단단하고 치밀한 구조를 가지고 있어서 형질전환하기가 어려운 단점이 있어서 현재는 이용되지 않고 있다. 최근 일부 진전이 이루어져 세포 현탁배양 과정 없이 벼(Nagatani *et al.*, 1997), 밀(Serik *et al.*, 1996), 옥수수(Wang *et al.*, 1995; Petolino et al. 2000) 등 화본과 작물에서 형질전환이 가능하게 되었다.

VI. 미세주입법 (Microinjection)

미세주입법은 유리 microcapillary-injection 피펫을 이용하여 핵 또는 세포질 속으로 외래 유전자를 도입시키는 형질전환 방법이다(Crossway *et al.*, 1986). 핵내로 외래 DNA를 도입하는 중에, 세포를 움직이지 않도록 피펫으로 고정하고 부드럽게 흡입한다(그림 1-10). 최근, 현미주입법은 세포크기가 큰 동물세포(개구리, 포유동물세포)에 유전자를 도입하기 위하여 이용되고 있으나 식물에 일반적으로 적용하기에는 방법상으로 미흡하다. 식물의 경우 세포벽은 리그닌과 셀루로오즈로 구성되어 있으며, 세포벽은 유리 미세도구의 세포내 주입을 방해하여

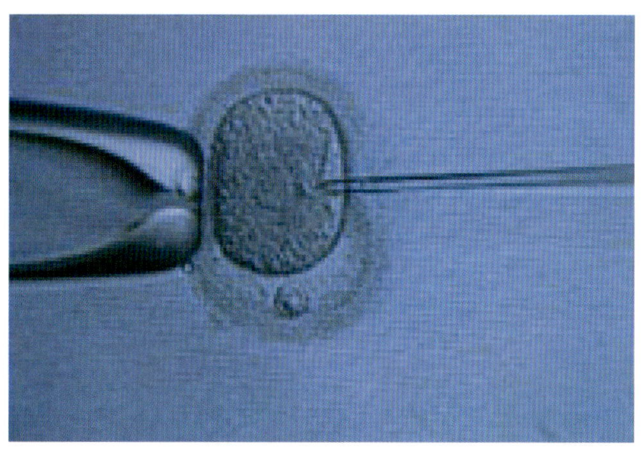

그림 1-10 현미경주입법을 이용한 형질전환

현미주입법을 이용하여 DNA를 식물식포에 도입하는데 제한이 있다. 이론적으로 원형질체를 목적조직으로 이용하면 현미주입법으로 외래 유전자를 세포내로 도입을 가능하게 할 수 있으나, 가수분해효소(hydrolase)의 분비 및 액포(vacules)에서 분비되는 독성물질은 원형질체의 활력을 저하시키고 결국 죽게 만들어 성공적으로 형질전환체를 얻는 데 어려움이 있다. DNA를 세포에 도입하기 전에 액포를 제거하여 원형질체의 활력을 유지할 수 있으나 세포분열과 식물체 재분화를 현저히 감소시킨다. 또한 원형질체의 조제, 작업의 숙련도, 많은 노력(시간, 비용)을 필요로 한다. 현미경주입법의 가장 큰 특징은 플라스미드 DNA 이외에도 염색체를 식물체로 도입할 수 있는 장점이 있으며, 식물세포의 기능 및 색소체 생리 연구에 유용하게 이용되고 있다(Griesbach1987; Jones-Villeneuve *et al.*, 1995). 이 방법을 이용한 형질전환 식물은 담배(Schnorf *et al.*, 1991), 페튜니아(Griesbach 1987), 유채(Jones-Villeneuve et al. 1995), 보리(Holm *et al.*, 2000) 등에서 보고되었으나 그 효율은 매우 낮다.

VII. 화분관 경로법 (Pollen-tube pathway (PTP)method)

수분(pollination)직후 화주(style)를 절단하여 외래 유전자를 도입시키고 DNA는 화분관(pollen tube) 신장에 의해 배주(ovule)에 도달한다. 이 방법을 화분관 경로(PTP)법이라고 하며, 이 방법을 이용한 형질전환은 벼에서 처음으로 보고되었으며(Luo and Wa 1988), 이후 콩(Hu and Yang 1999), 페튜니아(tjokrokusumo *et al.*, 2000), 수박(Chen *et al.*, 1988) 등의 작물에 적용되었다. 주두를 제거하지 않고 감수분열 전단계의 화분모세포(pollen mother cell)를 가지고 있는 화기(inflorescence)에 박테리아를 접종(감염시키거나)하거나 또는 플라스미드 DNA를 주사하여 외래 DNA를 배우체 게놈(gamete genome)과 함께 도입되게 한다. 또는 *Agrobacterium* 기법으로 화분에 외래 유전자를 도입시켜 이 화분을 제웅한 모식물(mother plant)에 수분시킨 후 종자를 수확하여 형질전환 종자를 선발하여 형질전환 식물체를 얻는다(De la Pena *et al.*, 1987). 이 방법은 호밀에서 보고되었으나, 형질전환 효율은 입자충격 형질전환 방법에 비해 10배 이상 낮은 것으로 알려져 있다.

VIII. 리포좀(Liposomes)

1980년대 중반에 리포좀을 이용하여 DNA를 식물세포로 도입하는 직접 식물형질전환 방법이 개발되었다. 리포좀은 인지질이 수화될 때 형성되는 현미경적 구형 소낭(microscopic spherical vesicles)으로 DNA를 비롯한 다양한 분자를 운반할 수 있다. 원형질체의 경우, 형질주입(transfection, lipofection)은 막융합(membrane fusion) 및 세포내섭취(endocytosis)로 일어난다. 담배에서 리포좀을 이용한 형질전환이 보고되었으나(Dekeyser *et al.*, 1990), 형질전환 효율이 극히 낮아 일반적으로 이용되지 않고 있다.

요약

작물개량 및 분자 농업 차원에서 다양한 형질전환 기술이 개발되었다. 형질전환 방법은 크게 두 가지로 나눌 수 있다. *Agrobacterium* 매개 기법과 유전자 직접도입 방법(direct gene transfer method)이 널리 이용되고 있다. 이 두 가지 기법은 기본적으로 형질전환 기작이 다르며, *Agrobacterium* 매개 기법은 *Agrobacterium* 속의 다양한 기주 범위 반영하여 쌍자엽 작물에 주로 이용되고 있다. 형질전환 연구 초기에 단자엽 작물은 *Agrobacterium* 매개 기법으로 형질전환에 어려움이 있었으며, 단자엽 작물의 형질전환에 직접 유전자 도입법이 널리 이용되었다. 최근 형질전환 기술의 발달로 작물에 관계없이 *Agrobacterium* 기법과 직접 유전자 형질전환 기법으로 형질전환 작물이 개발되고 있으며, *Agrobacterium* 매개 기법과 직접유전자 도입 형질전환 기법은 각각 장단점을 가지고 있다. 그러나 두 형질전환 방법으로 개발된 형질전환식물체에서 도입 유전자의 침묵(gene silencing), 즉 도입(목적)유전자의 발현이 억제 되는 문제점이 있다. 적절한 벡터의 디자인 및 형질전환 프로토콜 개발 등으로 유전자 침묵 빈도를 줄일 수 있으나 유전자 침묵을 정확히 예측하기는 어렵다. 유전자 침묵현상은 형질전환 식물체를 상업화하는 데 걸림돌이 되고 있으나 식물형질전환 기술은 기초 연구 분야뿐 만이니라 실용화분야에 널리 이용되고 있다.

참고문헌

- Akella V, Lurquin PF (1993) Expression in cowpea seedlings of chimeric transgenes after electroporation into seed-derived embryos. Plant Cell Rep 12: 110~117
- Altabe S, Iñón de Iannino N, de Mendoza N, Ugalde RA (1990) Expression of the *Agrobacterium tumefaciens* chvB virulence region in *Azospirillum* spp. J Bacteriol 172: 2563~2567
- Altpeter F, Baisakh N, Beachy R, Bock R, Capell T, Christou P, Daniell H, Datta K, Datta S, Dix PJ, Fauquet C, Huang N, Kohli A, Mooibroek H, Nicholson L, Nguyen TT, Nugent G, Raemakers K, Romano A, Somers DA, Stoger E, Taylor N, Visser R (2005) Particle bombardment and the genetic enhancement of crops: myths and realities. Mol Breed 15: 305~327
- Altpeter F, Fang Y-D, Xu J, Ma XR (2004) Comparison of transgene expression stability after *Agrobacterium* mediated or biolistic gene transfer into perennial ryegrass. In: Hopkins A, Wang ZY, Mian R, Sledge M, Barker R (eds), Molecular Breeding of Forage and Turf. Kluwer Academic Publishers, Dordrecht, Netherlands, pp. 255~260
- Ballas N, Citovsky V (1997) Nuclear localization signal binding protein from *Arabidopsis* mediated nuclear import of *Agrobacterium* VirD2 protein. Proc Natl Acad Sci USA 94: 10723~10728
- Bates GW,Carle SA, Piastuch WC (1990) Linear DNA introduced into carrot protoplasts by electroporation undergoes ligation and recircularization. Plant Mol Biol 14: 899~908
- Bock R (2001) Transgenic chloroplasts in basic research and plant biotechnology. J Mol Biol 312: 425~438
- Briddon R, Liu S, Pinner M, Markham P (1998) Infectivity of African cassava mosaic virus by biolistic incolulation. Arch Virol 143: 248~2492
- Cangelosi GA, Martinetti G, Leigh JA, Lee CC, Theines C, Nester EW (1989) Role of Agrobacterium *tumefaciens chvA* protein in export of β-1,2-glycan. J Bacteriol 171: 1609~1615
- Chen WS, Chiu CC, Liu HY, Lee TL, Cheng JT, Lin CC, Wu YY, Chang HY(1998) Gene transfer via pollen-type pathway for anti-fusarium wilt in watermelon. Bioch Mol Biol Intern 46: 1201~1209
- Crossway A, Oakes JV, Irvine JM, Ward B, Knauf VC, Shewmaker CK (1986) Integration of foreign DNA following microinjection of tobacco mesophyll protoplasts. Mol Gen Genet 202: 179~195
- Daniell H (2002) Molecular strategies for gene containment in transgenic crops. Nat Biotechnol 20: 581~586
- Daniell H, Datta R, Varma S, Gray S, Lee SB (1998) Containment of herbicide resistance through genetic engineering of the chloroplast genome. Nat Biotechnol 16: 345~348
- Daniell H, Dhingra A (2002) Multigene engineering: dawn of an exciting new era in biotechnology. Curr Opin Biotechnol 13: 136~171
- Daniell H, Khan MS, Allison L (2002) Milestones in chloroplasts genetic engineering: an environmentally friendly era in biotechnology. Trends Plant Sci 7: 84~91
- Daniell H, Lee SB, Panchal T, Weibe PO (2001) Expression of the native cholera toxin B subunit gene and assembly as functional oligomers in transgenic chloroplasts. J Mol Biol 311: 1001~1009
- De la Pena A, Löz H, Schell J (1987) Transgenic rye plants obtained by injecting DNA into young floral tillers. Nature 235: 274~276
- DeCosa B, Moar W, Lee SB, Miller M, Daniell H (2001) Hyper-expression of the Bt Cry2Aa2 operon in chloroplasts leads to formation of insecticidal crystals. Nat Biotechnol 19: 71~74
- Dekeyser RA, Clae B, De Rycke RMU, Habets ME, Van Montagu MC, Caplan AB (1990) Transient gene expression in intact and organized rice tissues. Plant Cell 2: 591~601
- D' Halluin K, Bonne E, Bossut M, De Beuckeleer M, Leemans J (1992) Transgenic maize plants by tissue electroporation. Plant Cell 4: 1495~1505
- Fernandez-San Millan A, Mingeo-Castel AM, Miller M,

Daniell H (2003) A chloroplast transgenic approach to hyperexpress and purify human serum albumin, a protein highly susceptible to proteolytic degradation. Plant Biotechnol J 1: 71~79

□ Filichkin SA, Gelvin SB (1993) Formation of a putative relaxation intermediate during T-DNA processing directed by the *Agrobacterium tumefaciens* VirD1, D2 endonuclease. Mol Microbiol 8: 915~926

□ Fofana IBF, Sangare A, Collier R, Taylor C, Fauquet CM (2004) A geminivirus-induced gene silencing system for gene function validation in cassava. Plant Mol Biol56: 613~624

□ Frame BR, Drayton PR, Bagnall SV, Lewnau CJ, Bullock WP, Wilson HM, Dunwell JM, Thompson JA, Wang K (1994) Production of fertile transgenic maize plants by silicon carbide whisker-mediated transformation. Plant J 6: 941~948

□ Gaudin V, Vrain T, Jouanin L (1994) Bacterial genes modifying hormonal balances in plants. Plant Physiol Biochem 32: 11~29

□ Gelvin SB (1998) The introduction and expression of transgenes in plants. Curr Opin Biotechnol 9: 227~232

□ Gheysen G, Villarroel R and Van Montagu M (1991) Illegitimate recombination in plants: a model for T-DNA integration. Genes Dev 5: 287~297

□ Golds T, Maliga P, Koop HU (1993) Stable plastid transformation in PEG-treated protoplasts of *Nicotiana tabacum*. Bio/Technol 11: 95~97

□ Griesbach RJ (1987) Chromosome-mediated transformation via microinjection. Plant Sci 50: 69~77

□ Hansen G, Chilton M-D (1996) 'Agrolistic' transformation of plant cells: integration of T-strands generated *in planta*. Proc Natl Acad Sci USA 93: 14978~14983

□ Holm PB, Olsen O, Schnorf M, Brinch-Pederse H, Knudsen S (2000) Transformation of barley by microinjection into isolated zygote protoplasts. Transgenic Res 9: 21~32

□ Hu CY, Yang L (1999) *In planta* soybean transformation technologies developed in China: procedure, confirmation and field performance. In Vitro Cell Dev Biol-Plant 35: 417~420

□ Ingram J (1998) Plant cyclophilins and *Agrobacterium*. Trends Plant Sci 3: 292

□ Jin S, Prusti RK, Roitsch T, Ankenbauer RG, Nester EW (1990) Phosphorylation of the VirG protein *Agrobacterium tumefaciens* by the autophosphorylated VirA protein: essential role in biological activity of VirG. J Bacteriol 172: 4945~4950

□ Johnston SA, Anziano PQ, Shark K, Sanford JC, Butow RA (1988) Mitochondrial transformation in yeast by bombardment with microprojectiles. Science 240: 1538~1541

□ Jones-Villeneuve E, Huang B, Prudhome I, Bird S, Kemble R, Hattori J, Miki B (1995) Assessment of microinjection for inducing DNA into uninuclear microspores of rapeseed. Plant Cell Tiss Org Cult 40: 97~100

□ Kaeppler H, Gu W, Somers DA, Rines HW, Cockburn AF (1990) Silicon carbide-mediated DNA delivery into plant cells. Plant Cell Rep 9: 415~418

□ Katavic V, Haughn GW, Reed D, Martin M, Kunst L (1994) In planta transformation of *Arabidopsis thaliana*. Mol Gen Genet 245: 363~370

□ Khachatourians GG (2002) Agriculture and food crops: development, science, and society. In: Transgenic plants and crops. Khachatourians GG, McHughen A, Scorza R, Nip W-K, Hui YH (eds). Marcel Dekker. pp1~27

□ 김재훈 (2004) 형질전환 작물개발 및 실용화 연구. 농촌진흥청 발간등록번호: 11-1390000-001354-10

□ Klein TM, Wolf ED, Sanford JC (1987) High-velocity microprojectiles for delivering nucleic acids into living cells. Nature 327: 70~73

□ Kohli A, Gahakwa D, Vain P, Laurie DA, Christou P (1999a) Transgene expression in rice engineered through particle bombardment: molecular factors controlling stable expression and transgene silencing. Planta 208: 88~97

□ Kohli A, Griffiths S, Palacios N, Twyman RM, Vain P, Laurie DA Christou P (1999b) Molecular characterization of transforming plasmid rearrangements in transgenic rice reveals a recombination hotspot in the CaMV35S promoter and confirms the predominance of microhomology mediated recombination. Plant J 17: 591~601

□ Kohli A, Leech M, Vain P, Laurie DA, Christou P (1998) Transgene organization in rice engineered through direct DNA transfer supports a two-phase integration mechanism mediated by the establishment of integration hot spots. Proc Natl Acad Sci USA 95: 7203~7208

□ Kumar S, Dhingra A, Daniell H (2004) Plastid expressed betaine aldehyde dehydrogenase gene in carrot cultured cells, roots and leaves confers enhanced salt tolerance. Plant Physiol 136: 2843~2854

□ Kung S (1993) Introduction: from hybrid plants to transgenic plants. In: Transgenic plants Vol. 1. Kung S (ed). Academic Press Inc., pp 1~12

□ Lee SB, Kwon HB, Kwon SJ, Park SC, Jeong MJ, Han S, Daniell H (2003) Accumulation of trehalose within transgenic chloroplasts confers drought tolerance. Mol Breed 11: 113

□ Lee Y-W, Jin S, Sim W-S, Nester EW (1995) Genetic evidence for direct sensing of phenolic compounds by the VirA protein *Agrobacterium tumefaciens*. Proc Natl Acad Sci USA 92: 12245~12249.

□ Liu F, Cao MQ, Li Y (1998) *In planta* transformation of packchoi (*Brassica campestris* L. ssp. *chinensis*) by infiltration of adult plants with *Agrobacterium*. Acta Hort 467: 187~192

□ Luo ZX, Wa R (1988) A simple method for the transformation of rice via pollen-tube pathway. Plant Mol Biol Rep 6: 165~174

□ Makarevitch I, Svitashev SK, Somers DA (2003) Complete

sequence analysis of transgene loci from plants transformed via microprojectile bombardment. Plant Mol Biol 52: 421432

- Maliga P (2004) Plastid transformation in higher plants. Annu Rev Plant Biol 55: 289~313
- Mysore KS, Nam J, Gelvin SB (2000) An *Arabidopsis* histone H2A mutant is deficient in *Agrobacterium* T-DNA integration. Proc Natl Acad Sci USA 97: 948~953
- Nagatani N, Honda H, Shimada T, Kobayashi T (1997) DNA delivery into rice cells and transformation using silicon carbide whiskers, Biotechnol Techniq 11: 781~786
- Peng W-T, Lee Y-W, Nester EW (1998) The phenolic recognition profiles of the *Agrobacterium tumefaciens* VirA protein are broadened by a high level of the sugar binding protein ChvE. J Bacteriol 180: 5632~5638
- Petolino JF, Hopkins NL, Kosegi BD, Skokut M (2000) Whisker-mediated transformation of embryogenic callus of maize. Plant Cell Rep 19: 781~786
- Rossi L, Hohn B, Tinland B (1993) The VirD2 protein of *Agroacterium tumefaciens* carries nuclear localization signals important for transfer of T-DNA to plants. Mol Gen Genet 239: 345~353
- Ruiz ON, Hussein H, Terry N, Daniell H (2003) Phytoremediation of organomercurial compounds via chloroplast genetic engineering. Plant Physiol 132: 1344~1352
- Schnorf M, Neuhaus-Url G, Galli A, Lida S, Potrykus I, Neuhaus G (1991) An improvement method for transformation of plant cells by microinjection; molecular and genetic analysis. Transgenic Res 1: 23~30
- Serik O, Ainur I, Murat K, Tetsuo M, Masaki I (1996) Silicon carbide fiber-mediated DNA delivery into cells of wheat (*Triticum aestivum* L.) mature embryos. Plant Cell Rep 16: 133~136
- Sorokin AP, Ke X-Y, Chen DF, Elliot MC (2000) Production of fertile transgenic wheat plants via tissue electroporation. Plant Sci 156: 227~233
- Staub JM, Garcia B, Graves J, Hajdukiewicz PTJ, Hunter P, Nehra N, Paradkar V, Schlittler M, Carroll JA, Spatola L, Ward D, Ye GN, Russell DA (2000) High yield production of a human therapeutic protein in tobacco chloroplasts. Nat Biotechnol 18: 333~338
- Svitashev S, Ananiev E, Pawlowski WP, Somers DA (2000) Association of transgene integration sites with chromosome rearrangements in hexaploid oat. Theor Appl Genet 100: 872~880
- Thomashow MF, Karlinsey JE, Marks JR, Hurlbert RE (1987) Identification of a new virulence locus in *Agrobacterium tumefaciens* that affects polysaccharide composition and plant cell attachment. J Bacteriol 169: 3209~3216
- Tjokrokusumo D, Heinrich T, Wylie S, Potter R, McComb J (2000) Vacuum infiltration of *Petunia hybrida* pollen with *Agrobacterium tumefaciens* to achieve plant transformation. Plant Cell Rep 19: 792~797
- Trieu AT, Burleigh SH, Kardailsky IV, Maldonado-Mendoza IE, Versaw WK, Blaylock LA, Shin H, Chiou T-J, Katagi H, Dewbre GR, Weigel D, Harrison MJ (2000) Transformation of *Medicago truncatula* via infiltration of seedlings or flowering plants with *Agrobacterium*. Plant J 22: 531~541
- Twyman RM, Stoger E, Schillberg S, Christou P, Fischer R (2003) Molecular farming in plants: host systems and expression technology. Trends Biotechnol 21: 570~578
- Tyagi S, Spölein B, Tyagi AK, Herrmann RG. Koop HU (1989) PEG- and electroporation induced transformation in *Nicotiana tabacum*: influence of genotype on transformation frequencies. Theor Appl Genet 78: 287~292
- Tzfira T, Vaidya M, Citovsky V (2001) VIP1, an Arabidopsis protein that interacts with *Agrobacterium* VirE2, is involved in VirE2 nuclear import and *Agrobacterium* infectivity. EMBO J 20: 3596~3607
- Vâia L, de Padua M, Ferreira RP, Meneses L, Uchoa N, Margis-Pinheiro M, Mansur E (2001) Transformation of Brazilian elite indica-type rice (*Oryza sativa* L.) by electroporation of shoot apex explants. Plant Mol Biol Rep 19: 55~64
- Viitanen PV, Devine AL, Khan MS, Deuel DL, VanDyk DE, Daniell H (2004) Metabolic engineering of the chloroplast genome using the E. coli ubiC gene reveals that chorismate is a readily abundant plant precursor for p-hydroxybenzoic acid biosynthesis. Plant Physiol 136: 4048~4060
- Wang K, Drayton P, Frame B, Dunwell J, Thompson J (1995) Whisker-mediated plant transformation: an alternative technology. In Vitro Cell Dev Biol-Plant 31: 101~104
- Watson J, Koya V, Leppla SH, Daniell H (2004) Expression of Bacillus anthracis protective antigen in transgenic chloroplasts of tobacco, a non-food/feed crop. Vaccine 22: 4374~4384
- White FF (1993) Vectors for gene transfer in higher plants. In: Transgenic plants Vol. 1. Kung S (ed). Academic Press Inc., pp 15~48
- Yadav NS, Van der Leyden J, Bennett DR, Barnes WM, Chilton M-D (1982). Short direct repeats flank the T-DNA on a nopaline Ti plasmid. Proc Natl Acad Sci USA 79: 6322~6326
- Zaghmout OMF, Trilinder N (1993) Simple and efficient method for directly electroporating plasmid DNA into wheat callus cells. Nucl Acids Res 21: 1048

02

형질전환 작물의 연구 동향 및 현황

김재훈, 이원석, 최은경, 오승철
(주)마이크로프랜츠 중앙연구소

I. 서론

미국 인구통계국은 1950년에 25억 명이었던 세계 인구는 2006년 2월에 65억 명으로 증가하였으며 이러한 증가 추세는 계속되어 2012년 70억 명을 돌파하고, 2050년에는 100억 명에 육박할 것으로 예상했다. 현재도 세계인구의 8억 명 이상이 기아상태이며 매년 약 1,800만 명이 굶주림으로 사망하고 있는 것으로 보고되고 있다. 만약 세계인구가 90억 명으로 증가할 경우 이들 인구를 부양하기 위해서는 현재 식량 생산량의 80% 이상의 증가가 필요하다. 인류는 오랜 역사를 통해 부족한 식량문제를 해결하기 위해서 나름대로의 경험과 판단에 의해 작물의 품종을 개량하여 생산량 증대 노력을 추구하여 왔다. 이러한 전통적인 육종연구가 어느 정도 소기의 성과를 거둬왔지만 1980년대 이후 세계 인구증가율이 식량 생산 증가율을 앞서고 있고 더욱이 경작면적은 오히려 점점 줄어들고 있는 현시점에서 기존의 전통 육종기술로 세계 식량난을 해결하기에는 한계가 있다. 이에 따라 생산성이 높은 새로운 작물의 개발이 요구되었고 형질전환 등의 새로운 생명공학방식의 적극적인 활용이 기대되고 있다. 아직까지는 일부 선진 국가들에 의해 주도되고 있기는 하지만 이미 많은 국가들이 이에 대한 중요성을 인식하고 이 분야에서 경쟁력 있는 기술을 확보하기 위해 투자를 아끼지 않고 있다.

우리나라의 경우 식량자급률이 지금까지 매년 30% 정도였고 수년 내에 식량부족이 예상되고 있어 향후 식량문제는 국가안보 및 생존전략 차원에서 최우선적으로 고려하여야 할 국가 추진 역점사항이 될 것으로 전망한다. 특히 식량부족난이 심각한 북한의 상황을 감안하면 우리나라의 경우 식량 문제 해결은 국가안위의 문제와 더불어 남북통일의 관건으로 작용할 수 있다. 이와 같이 전 세계적으로 뿐만 아니라 우리나라 내부적으로도 그 필요성 및 중요성이 인정되는 식량작물의 생산량 증대를 위한 노력은 결국 새로운 생명공학기술, 즉 형질전환 기술에 의해서만 해결이 가능할 것이다. 형질전환 작물의 재배는 이미 세계적인 추세가 되었으며 미국을 중심으로 한 주요 농업국가들로 점차 확산되고 있다. 일부 유럽국가 및 NGO의 반대에도 불구하고 형질전환 작물의 개발 및 재배는 향후 식량문제 해결의 유일한 대안으로 자리잡을 것으로 전망된다. 형질전환 작물의 개발 및 재배는 다분히 기술 집약적이고

자본 집약적인 특성이 강하여 내부적으로 적절한 대응책을 마련하지 않으면 산업전체가 선진국의 다국적기업에 예속될 우려가 있다.

이러한 상황변화에 체계적으로 대처하기 위해서는 정부 부처가 주도하여 각 단계별로 관련 핵심기술을 확립하여 이를 연계시켜 시스템을 구축하고 대학 및 기업연구소 등 연구주체들이 활발히 참여할 수 있는 여건이 조성되어야 할 것이다. 아울러 전 세계의 형질전환 작물의 연구동향 및 상품화 상황을 면밀히 검토하여 우리나라 실정에 맞는 작물을 선택하고 적절한 전략을 세워, 국제 경쟁력이 있는 기술 개발과 작물 개발이 절실히 필요하다고 하겠다.

II. 외국의 연구 동향 및 현황

1. 형질전환 작물 개발의 역사

식물에 외래유전자를 도입하여 형질전환 식물체를 만드는 기술이 처음으로 개발된 것은 1983년도이며 이때 식물형질전환용 유전자운반체가 개발되었고 이후 식물유전공학기술은 획기적인 발전을 거듭하였다. 형질전환 작물의 개발 역사는 1983년 최초로 항생제 카나마이신 저항성 담배 및 페튜니아를 육성하면서부터 시작되었고, 1985년에는 세계 최초로 미국에서 식물형질전환체에 대하여 특허를 허가해 주었다. 1986년에는 바이러스 저항성 식물의 형질전환 방법이 개발되었고, 미국과 유럽 일부 국가에서는 포장시험을 허가해 주었다.

1987년에는 기존의 *Agrobacterium*을 감염시켜 행하던 형질전환 방법 외에 유전자총을 활용하는 방법이 새로이 개발되었고, 미국에서는 형질전환 식물의 포장시험을 위한 규율을 새로이 제정하였으며 또한 이때 해충저항성작물의 개발이 시작되었다. 면화의 형질전환법이 1987년에 확립되고, 이듬해인 1988년에 콩과 벼의 형질전환법이 확립되었으며 과숙억제 토마토를 개발하기 시작하였다.

옥수수의 형질전환법이 1990년에 확립되었고 웅성불임 식물도 이때 개발되었으며 유럽에서는 형질전환 식물의 상업화에 관한 규율을 유럽공동체(EC)가 제정하였다. 1992년에는 밀의 형질전환법이 확립되었고, 전분함량이 증가된 감자가 개발되었고 지방산 조성이 변화한 유채도 개발되었다. 또한 미국의 농무성이 과숙억제 토마토의 포장시험 규제를 없애버려 향후 상품화의 가능성을 열어 놓았고 식품의약품안정국(FDA)은 형질전환 식품의 안정성 평가 기준을 마련하여 상업화 가능한 많은 종류의 식물들이 포장시험을 실시하였다.

1993년에는 미국에서 해충저항성 면화에 대한 특허를 허가해줌으로써 향후 종자시장에서의 치열한 기술 개발 경쟁을 촉진하였다. 과숙억제 토마토가 1993년 시판허가를 받고 이듬해인 1994년 판매를 시작하여 형질전환 작물 상품화가 본격적으로 시작되었다.

2. 형질전환 작물의 재배 면적

미국과 캐나다의 과학재단과 생명공학기업들이 설립한 ISAAA(International Service for the Acquisition of Agri-biotech Applications)의 자료에 따르면 LMOs 작물의 상업적인 재배는 1996년부터 본격적으로 이루어졌다. 처음에는 세계적으로 170만 ha 정도의 농지에 형질전환 작물이 재배되었고, 형질전환 작물 상업화 10주년을 맞이한 2005년까지 그 면적은 50배(9,000만 ha) 증가하였다.

그동안 형질전환 작물 재배면적이 증가한 추이를 보면 1997년(1,151만 ha) 343%, 1998년(2,862만 ha) 149%, 1999년(4,148만 ha) 45%, 2000년(4,420만 ha) 7%, 2001년(5,260만 ha) 19%, 2002년(5,870만 ha) 12%, 2003년(6,770만 ha) 15%, 2004년(8,100만 ha) 8%, 2005년(9,000만 ha) 11% 등으로 형질전환 작물 재배면적이 비교적 많지 않았던 1990년대에는 증가율이 연간 100%를 넘었으나 재배면적이 많아진 2000년대 들어서는 증가율이 줄어들어 10%대를 유지하고 있다.

2005년에는 세계의 약 850만 명의 농부들이 9,000만 ha 농지에서 형질전환 작물을 재배하였으며, 주요 작물별 재배면적을 살펴보면 콩, 옥수수, 면화, 유채 순으로 높은 점유율을 보이고 있다. 또한 이들 4대 작물이 전 세계 형질전환 작물 재배면적의 대부분을 차지하고 있다. 2005년 자료에는 4대 작물 중에 형질전환 콩의 재배면적이 5,400만 ha로 전체 재배면적에서 차지하는 비중이 60%에 이르고, 그밖에 옥수수는 2,120만 ha로 24%, 면화는 980만 ha로 11%, 유채는 460만 ha로 5%를 차지하고 있다(표 2-1).

표 2-1 세계 4대 형질전환 작물 재배면적 비율(2005년)

작물명	형질전환 작물 재배 면적(백만 ha)	형질전환 작물 재배 비율
콩	54.4	60%
옥수수	21.2	24%
면 화	9.8	11%
유 채	4.6	5%
합 계	90.0	100%

4대 주요 작물 외에는 호박과 파파야 등이 형질전환 작물로 재배되고 있지만, 이들 품종은 아직까지 상업적으로 대량 재배되는 경우가 매우 드물고 재배면적 또한 4대 주요 작물들에 비하면 미미한 실정이다.

형질전환 작물의 주요 국가별 재배면적 현황은 미국이 4,980만 ha로 전 세계 재배면적의 55%를 차지하여 최고의 점유율을 보이고 있다. 이어서 아르헨티나가 1,710만 ha로 19%, 브라질이 940만 ha로 10.4%, 캐나다가 580만 ha로 6.4%, 중국이 330만 ha로 3.7%, 파라과이가 180만 ha로 2%, 인도 130만 ha로 1.4%를 차지하고 있다. 이 외에도 남아공화국, 우루과이, 호주, 루마니아, 멕시코, 스페인, 필리핀 등 다양한 국가들이 형질전환 작물을 재배하고 있다(표 2-2).

표 2-2 형질전환 작물의 국가별 재배면적 (단위:백만 ha)

	2004년(점유율)	2005년(점유율)	전년대비 증가량
미 국	47.6 (59%)	49.8 (55%)	2.2
아르헨티나	16.2 (20%)	17.1 (19%)	0.9
브라질	5.0 (6.0%)	9.4 (10%)	4.4
캐나다	5.4 (6.0%)	5.8 (6.4%)	0.4
중 국	3.7 (5.0%)	3.3 (3.7%)	-0.4
파라과이	1.2 (1.5%)	1.8 (2.0%)	0.6
인 도	0.5 (1.0%)	1.3 (1.4%)	0.8
남아공화국	0.5 (1.0%)	0.5 (<1%)	—
우루과이	0.1 (<1%)	0.3 (<1%)	0.2
호 주	0.2 (<1%)	0.3 (<1%)	0.1
멕시코	0.1 (<1%)	0.1 (<1%)	—
루마니아	0.1 (<1%)	0.1 (<1%)	—
필리핀	0.1 (<1%)	0.1 (<1%)	—
스페인	0.1 (<1%)	0.1 (<1%)	—
콜롬비아	<0.05	<0.1	
이란	—	<0.1	<0.1
온두라스	<0.05	<0.1	
포르투갈	—	<0.1	<0.1
독일	<0.05	<0.1	
프랑스	—	<0.1	<0.1
체코	—	<0.1	<0.1

3. 형질전환 작물의 상품화 현황

형질전환 작물의 상품화는 폐쇄실험과 환경방출실험을 거치고 판매승인을 받아 현재 시장에서 유통되고 있는 식물 품종을 의미한다. 2004년 말까지 세계적으로 개발이 완료되어 상품화가 허가된 형질전환 작물은 18개 작물 78개 품종으로 옥수수, 유채, 콩, 토마토, 면화, 감자 등이 보고되어 있다.

옥수수는 가축의 사료나 식용, 가공식품 재료로 많이 사용되고, 유채는 기름을 추출해내기 위해 많이 재배되고 있다. 개발된 형질전환 식물에 도입된 특성유전자를 형질별로 보면 제초제내성, 해충저항성, 웅성불임, 저장성 개선, 유지함량 개선, 바이러스저항성 등이다. 이들 중 제초제내성과 해충저항성 품종이 주종을 이루고 있고, 지방산 조성의 변화를 유도하여 유용한 유지자원을 개발한 경우 바이러스 식물병 저항성을 증진시킨 경우 등도 포함된다.

표 2-3은 미국생물산업협회(Biotechnology Industry Organization; BIO)에서 발간한 자료의 일부로 최근 개발되어 현재 시장에 유통되고 있는 형질전환 작물의 상품명과 특성을 정리한 것이다. 지금은 제초제저항성 콩, 해충저항성 옥수수 등 주로 제1세대 형질전환 농산물이 재배, 유통되고 있으며, 지방산 조성이 변화된 대두와 유채 그리고 유통기간이 연장된 토마토 등 제2세대 형질전환 농산물들은 상품화되었지만 아직 재배 및 유통 규모가 미약한 상황이다.

4. 생산성 향상을 통한 상품화 연구

1990년대 들어서서 본격적으로 이루어지기 시작한 형질전환 작물의 상품화 연구는 우선 해당 작물의 생산성을 높이기 위한 방향에서 주로 행해졌다. 즉, 재초제내성 작물, 해충저항성 작물, 바이러스저항성 작물, 환경스트레스 저항성 작물 등 주로 경작자들이 해당 작물을 재배하는 과정에서 겪을 수 있는 여러 가지 어려움을 해결하고, 이로 인하여 결국에는 작물의 수확량을 증대시켜 생산성을 제고하는 방향으로 주로 이루어져 왔다.

표 2-3 최근 개발되어 상품화된 형질전환 작물 현황

품종	상품명	개발자	특성
유채	Liverty®Link Canola	Bayer CropScience	Liberty® 제초제내성
	InVigor®Hybrid Canola	Bayer CropScience	Liberty® 제초제내성이 있고, 생산성 증대를 위한 품종
	Natreon®Naturally Stable Canola Oil(Nexera® Canola Seed)	Dow AgroSciences, Canada	전이지방을 생산하지 않고 안정적인 유채 오일을 생산할 수 있도록 제작된 종자
	Roundup Ready®Canola	Monsanto	Roundup Ready® 제초제내성을 갖는 품종
옥수수	Rogers®Brand Attribute™ Bt Sweet Cron	Syngenta Seeds	해충(European Corn Borer, Corn Earworm)에 저항성을 갖는 품종
	Herculex™ I Insect Protection	Dow AgroSci & Pioneer Hi-Bred International	해충저항성
	LivertyLink® Corn	Bayer CropScience	Liberty® 제초제내성
	NK®brand YieldGard®Corn	Syngenta Seeds	해충저항성
	Roundup Ready®Corn	Monsanto	Roundup Ready® 제초제내성
	YieldGard®Corn Borer	Monsanto	해충저항성
	YieldGard®Rootworm-Protected Corn	Monsanto	Corn Rootworm에 저항성 갖는 품종
카네이션	Moondust™ Carnation	Florgene	보라색 카네이션

1) 제초제내성 작물 개발

상품화 연구 초기에는 제초제내성 형질전환 작물의 개발이 많이 이루어졌다. 제초제내성 형질전환 작물은 지구상의 3만여 종의 잡초로 인한 작물 수확량의 감소와 과다한 제초제 살포로 인한 환경오염을 방지하기 위하여 개발되었다. 제초제내성 작물로 인해 경작자들은 잡초를 훨씬 더 효과적으로 방제할 수 있게 되었고 단 한번의 투여로 작물에 해를 주지 않고 효과적으로 잡초를 방제함으로써 제초제 사용량, 작업시간, 연료비 등과 경작자의 제초제 노출을 크게 줄일 수 있다. 또한 제초제의 사용량 감소를 통해 농약으로 인한 토양 및 환경오염을 획기적으로 줄이는 등 농업 분야의 발전에 크게 기여하였다.

형질전환 기술을 통해 제초제내성을 갖게 한 최초의 작물은 미국의 Monsanto에서 개발해 'Round Up' 이라는 제품명으로 판매한 콩으로 1996년에 소개되었다. 이후 Round Up Ready 면화, 옥수수, 유채 등이 차례로 개발되어 사람과 동물에게는 해가 적고, 광범위하게 사용되면서도 쉽게 생분해되는 장점을 지니고 있다.

미국 식품 및 농업정책센터(National Center for Food and Agricultural Policy)의 2000년 조사에 따르면 미국 콩 경작자들은 제초제내성 작물의 개발로 인해 제초제 사용량을 20%나 줄일 수 있었다고 한다.

Round Up Ready 콩은 미국 대두 생산량의 55%를 차지하고 있으며 전 세계에 가장 널리 퍼진 형질전환 작물이며, 국제인증을 통해 40여 개국에 수출되고 있다. Round Up 이외의 제초제내성 작물로는 Aventis의 Glufosinate 내성 리버티 링크 콩, 옥수수, 사탕무 등과 Calgene의 Bromoxynil 내성 면화 등이 있다.

최근 세계적인 생명공학 기업들은 제초제내성 벼를 개발하는 데 많은 힘을 쏟고 있다. 미국의 Cynamid는 대학, 공공 기관 및 민간기업과 협력하여 'IMI' 라는 상표로 판매되고 있는 이미다졸리온 성분 제초제에 내성을 갖는 벼 품종을 개발했으며, Aventis는 자사의 리버티에 대한 내성을 갖는 리버티링크 벼를 연구하고 있다. Monsanto의 Round Up Ready 벼는 글리포세이트 성분에 내성을 갖도록 연구중이고 그 밖에도 많은 국가에서 정책적으로 제초제내성 벼 개발 연구를 지원하고 있다.

2) 해충저항성 작물 개발

1980년대 초기에 토양세균인 고초균(*Bacillus thuringienis*)에서 곤충을 죽이는 단백질인 Bt 독소가 발견되었다. Bt 독소는 다른 일반적인 살충제에 비해 몇 가지 장점이 있는데, 이 박테리아 독소는 목표로 하는 특정 곤충에게만 작용하고, 다른 것에는 안전하며 자외선에 의해 빠르게 변성되어 토양이나 물을 오염시키지 않고 먹이사슬로 전달되는 위험도 없다. Bt 독소 유전자는 이미 토마토, 담배, 옥수수, 면화, 감자 등에 삽입되어 해충저항성 변종이 탄생하였다. Bt 유전자를 이용한 해충저항성 형질전환 작물의 최초의 개발 사례는 미국의 Monsanto에 의한 면화이며 'Bollgard' 라는 상품명으로 1996년에 상용화되었다.

담배해충인 Budworm과 핑크 Bollworm에 대한 저항성을 가질 수 있게 개발되었다. 이 외에도 콜로라도 감자벌레(Beetle)에 저항성을 갖는 Newleaf 감자, 유럽 옥수수 좀벌레(borer)에 강한 Yieldguard 옥수수 등이 차례로 개발되었다.

3) 바이러스저항성 작물 개발

바이러스에 의한 병해 역시 작물 손상의 주된 원인 중의 하나인데, 중국은 1992년 바이러스에 강한 담배를 소개함으로써 이 분야의 형질전환 작물을 최초로 상용화하였다. 중국은 또한 1994년에 바이러스저항성 토마토를 개발하여 이 분야에서의 뛰어난 연구 능력을 과시하였다.

1995년에는 미국 미시간주에 있는 Asgrow Seed사에 의해 프리덤II 호박(Squash)이 소개되었다. 이 프리덤II 호박은 황색 모자이크 바이러스와 수박 모자이크 바이러스II라는 가장 위험한 바이러스에 저항성을 가지고 있다.

4) 환경스트레스 저항성 작물 개발

일반적으로 작물은 한발(drought), 염(salinity), 냉(cold)과 같은 외부 환경 스트레스에 민감하여 이로 인한 피해는 곧바로 생산성 감소로 이어진다. 그러나 식물은 외부 환경스트레스에 반응하는 자체 유전자들을 가지고 있어 외부 및 내부 스트레스에 대해 다양한 유전자를 발현시킴으로써 변화된 환경에 적응하며 살아간다. 비록 오랫동안 전통육종 기술을 이용하여 외부 환경스트레스에 적응할 수 있는 작물을 개발하려고 노력해 왔지만 이제는 극복할 수 없는 한계 상황에 이르게 되었다.

최근에는 분자육종 기술을 토대로 스트레스 저항성 유전자의 조절을 통한 저항성 작물을 개발하려는 연구가 진행되고 있다. 새로운 저항성 작물이 개발되면 이는 바로 생산성의 증가를 가져올 것으로 기대하고 있다. 지난 10여 년 동안 외부 스트레스에 의해서 유도되는 많은 유전자들이 분리되어 왔고, 외부 환경스트레스에 대한 유전자들의 기능적 연구도 이루어지고 있는 추세이다.

5. 부가가치 증진을 통한 상품화 연구

형질전환 작물의 상품화 연구는 지금까지의 사례와 같이 해당 작물의 수확량을 증대시켜 생산성을 제고하는 방향으로 주로 이루어져 왔다. 최근에는 형질전환 작물의 상품화는 해당 작물의 부가가치를 높여 소비자들로부터 제품의 우수성을 인정받기 위해 작물의 품질을 향상시키는 방향으로 연구가 많이 진행되고 있다.

1) 고품질 과채류 개발

1988년 개발을 시작한 과숙억제 토마토가 1993년 시판허가를 받고 이듬해인 1994년 판매를 시작한 것이 형질전환 작물 상품화의 첫 사례이다. 개발 회사는 미국의 Calgene사이고 상품명은 Flavr Savr이다. Flavr Savr 토마토는 세포막 분해효소인 폴리칼락투로나제를 제거함으로써 토마토의 숙성속도를 억제한 토마토이다. Calgene사는 이와 같이 과실을 나무 위에 오랫동안 머무르게 함으로써 토마토의 숙성 속도를 억제하였다.

Flavr Savr 토마토 외에 미국 캘리포니아 DNA Holdings 사의 Endless Summer 토마토, 영국 제네카 식물과학의 고펙틴 토마토, 세미니스사의 고점도 토마토 등이 있다. 향후 수 년 내에 상품화가 예상되는 제품은 숙성조절 체리 토마토, 바나나, 딸기 등과 고당도 고추, 토마토 등이 있다.

2)형질전환 벼 연구의 현황과 전망

2000년 1월 형질전환 농산물의 안정성에 대한 논란이 한창인 가운데 스위스의 한 식물분자생물학 연구팀이 비타민A 성분이 보강된 쌀을 개발했다고 보고하였다. 일명 황금쌀(Golden Rice)이라 불리게 된 이 형질전환 쌀은 이를 주식으로 하는 지역이나 아프리카, 남미 등의 비타민A 부족을 개선시킬 수 있을 것으로 기대하고 있다. 비타민A가 부족하게 되면 야맹증, 시력감퇴뿐만 아니라 설사, 호흡기 질환, 홍역 등에 대한 저항성을 약화시킬 수 있다. 전 세계 약 1억 명 이상의 어린이들이 비타민A 부족으로 고생하고 있고 매년 약 1~2백만 명이 사망하고 있는 것으로 추정된다.

스위스 쮜리히에 있는 Swiss Federal Institute of Technology의 Ingo Potrykus 박사 연구팀이 개발한 이 형

질전환 쌀은 쌀에는 거의 없는 프로비타민 A(베타-카로틴)의 생합성과 관련한 세 효소의 유전자를 도입하여 배유(Endosperm)에 축적되도록 형질전환시킨 것이다. 이 형질전환 쌀이 시장에 나오기까지는 상당 기간이 소요될 것으로 보이나, 기존의 제초제내성이나 병충해저항성을 지닌 작물이 생산성과 생산자의 편익에 초점이 맞춰진 것과는 달리 소비자들에게 실질적인 편익을 줄 수 있을 것으로 보인다. 이에 따라 향후 형질전환 농산물에 대한 인식과 보급에 긍정적인 역할을 할 수 있을 것으로 기대된다.

쌀은 전 세계 인구 중 약 35억 명이 섭취하는 주된 곡물로 대부분이 아시아에서 경작되고 주식으로 이용되고 있다. 지난 20~30년간 쌀의 증산은 주로 노동집약적인 경작기술과 전통육종기술의 개발을 토대로 이루어졌으며, 그 결과 현재 쌀 생산량은 1965년에 비해 약 2배 가량 증가되었다. 더욱이 최근 유용유전자 이식을 통한 형질전환 기술이 벼에 대해서도 보편화되었으므로, 벼 유전체 정보는 분자유전 육종기술을 통한 형질전환 작물 개발에 획기적인 연구기초를 제공해 줄 것이며 21세기의 식량문제를 해결하는 밑거름이 될 것으로 보인다. 그러나 아직까지 공식적인 품종으로 재배되는 형질전환체는 없다.

3) 작물의 유용성분 함량증진 연구

미국 네바다대학의 DellaPenna 박사 연구팀은 1998년 인간, 식물, 미생물의 Genomics를 통하여 애기장대(*Arabidopsis thaliana*) 종자유의 비타민 E(알파-토코페롤)를 보강하는 연구에 성공했다고 발표하였다. 알파-토코페롤은 광합성 식물에서만 합성되는 지용성 항산화제로 심장질환, 암 등의 예방에 효과적인 것으로 알려져 있다. DellaPenna 박사 연구팀은 인간, 식물, 박테리아의 Genomics를 이용하여 알파-토코페롤의 생합성에 관련된 세 효소를 찾아내어 해당 유전자를 애기장대에 도입하여 종자유의 알파-토코페롤의 함량을 무려 9배나 높일 수 있었다. 이 연구는 비록 식물 연구의 모델 시스템인 애기장대를 이용한 결과였지만 Genomics를 이용하여 식물체의 대사 과정을 유익하게 변화시켰다는 점에서 향후 기능이나 영양가치를 높인 형질전환 작물의 보급과 연구개발에 미치는 영향이 클 것으로 판단된다.

자동제어 기능이 해제된 대장균의 *ADP-glucose pyrophosphorylase* 유전자를 감자에 이식 발현시킨 결과 전분의 함량이 30~60% 가량 증가하였는데, 이 감자를 튀길 경우 기름을 적게 흡수하는 칩을 얻을 수 있다. 반면에 *ADP-glucose Pyrophosphorylase* 유전자를 역방향으로 이식시켜 식물체 본래의 효소 단백질 발현을 억제시키면 전분 생합성이 억제되어 단맛이 증가하기도 한다.

4) 화훼류의 형질전환 작물 개발

세계 화훼 시장은 연간 약 1,000억 달러이고, 꽃꽂이 시장은 약 300억 달러에 이른다. 화훼 분야의 육종은 전통적인 육종기술에 의해 품종이 육성되었고, 조직배양 기술을 활용하여 무병·우량 종묘를 상업적으로 대량 생산하려는 노력이 많이 이루어져 왔다.

화훼육종에 분자생물학적 방식이 도입된 것은 1980년대로 1990년대를 거치면서 연구가 활발히 추진되었다. 초기에는 제초제내성, 바이러스저항성 유전자가 삽입된 페튜니아를 개발하는 등 생산성 향상에 주력하였으나 이후에는 꽃의 색깔을 마음대로 조절하는 등 작물의 부가가치를 높이는 방향으로 많이 진행되고 있다. 실제로 형질전환 기술을 이용하여 푸른 색깔의 꽃을 피우는 장미가 개발되기도 하였다.

식물은 그 이용 목적에 따라 화훼와 식량작물로 구분하고 있으나, 경우에 따라서는 종종 그 범주를 넘나들기도 한다. 예를 들어 같은 고추 작물이더라도 한국인에게는 식용으로만 사용되는데 비하여 외국인에게는 미니고추 등이 장식식물로 사용되기도 한다. 이러한 점에서 식물 부위에서 꽃이 총체적으로 화훼를 상징한다고 할 수 있다.

형질전환 기술을 활용하여 꽃 색깔의 종류 및 패턴을 바꾸는 시도를 Gene Painting이라고 하며, 식물 형태를 바꾸어 보자는 시도가 Molecular Biodesign 개념으로 발전하고 있다. 실제로 형질전환 기술을 이용하여 카네이션의 꽃 색깔을 바꾸는 기술이 개발되었고, 오랜 꿈이기도 한 푸른 색깔의 꽃을 피우는 장미가 일본 산토리사와 호주 플로리진사의 공동 연구로 개발되었다. 그 외에도 에틸렌 관련 유전자 등을 이용한 노화억제 카네이션 등 다양한 종류의 형질전환 화훼식물 연구가 진행되고 있다.

그러나 화훼류에 대한 형질전환 기술 개발의 성과는 식량작물 성과에 비하여 상당히 미흡한 편이다. 이는 아마도 화훼류는 그 종류가 다양한 반면에 품종 당 판매시장이 그리 크지 않아 대규모 종자회사들이 별로 관심을 기울이지 않고 있기 때문인 것으로 보인다. 실제로 화훼 육종의 경우 꽃에 취미가 있는 사람이나 전업농가들이 개발한 것을 종자회사나 각 연구기관에서 기술적으로 지원하여 신품종으로 등록하고 판매하는 경우가 많은 편이다. 그동안 많은 연구가 이루어진 작물은 페튜니아와 카네이션 등이 있다.

지금까지 화훼식물의 게놈 연구는 별로 이루어지지 않았지만, 식물의 여러 기능 중에 꽃에 대한 연구가 애기장대(Arabidopsis)를 이용해 상당히 많은 연구가 이루어짐으로써 식물의 개화 조절, 꽃 색깔, 꽃의 형태형성 등 화훼적으로 이용할 수 있는 많은 유전자들이 속속 개발되고 있다.

흔히 화훼류는 먹는 것이 아니기에 일부에서 우려하고 있는 유전자재조합 식품의 안전성 시비나 윤리, 도덕적인 문제로부터 자유로울 것으로 보는 견해가 많지만 실제 환경생태학적인 견지에서 보면 그렇지 않다. 식량작물의 경우 꽃가루 이동이 재배지역으로 국한되지만, 화훼작물은 소비자의 활동 영역에 따라 꽃가루의 이동이 제한 없이 이루어지기 때문에 오히려 환경적인 영향은 더욱 커질 수도 있다. 따라서 화훼작물의 형질전환 품종에 대한 환경영향성 평가가 선진국에서는 주요 검토요인으로 제기되고 있다. 이에 따라 많은 연구자들이 이러한 점을 충분히 고려하여 화분비산을 최소화할 수 있는 품종을 개발하려는 노력을 기울이고 있다. 최근 형질전환 화훼의 주요 개발 분야는 절화 수명 연장, 형태 개량, 향기 개량 등이 있다.

5) 형질전환 작물에서 유용물질 생산

분자농업(Molecular Farming)이란 고부가가치의 유용물질 생산에 형질전환 작물을 생산 공장으로 활용하는 방식을 말한다. 기존 의료용 단백질은 주로 동물, 식물, 미생물 등에서 형질전환 과정을 거치지 않고 직접 얻어내거나, 또는 동물이나 미생물에 목적으로 하는 단백질 관련 유전자를 삽입하고 형질을 발현시켜 목적 단백질만을 분리, 정제하여 얻어내는 방식이었다.

형질전환 미생물에 의한 방식은 번식이 매우 빠른 미생물을 활용하여 값비싼 의료용 단백질을 대량 생산함으로써 의약품 원료산업 발전에 획기적으로 기여하기도 하였다. 예를 들어 당뇨병 환자에게 반드시 필요한 인슐린의 경우 이전에는 돼지 췌장을 통해서만 소량 생산하였는데, 유전공학의 발달로 대장균에 관련 유전자를 삽입하고 발현시켜 대량 생산하는 방식이 성공하면서 그 생산량을 획기적으로 늘리고 생산 단가는 크게 낮출 수 있었다.

1990년대 이후에는 의료용 단백질을 미생물이나 동물세포가 아닌 형질전환 식물체에서 생산하기 위한 연구개발이 추진되었다. 아직까지 상용화된 사례는 아직 한 건도 없지만 일부 연구는 임상실험 단계를 거치고 있는 것으로 알려져 있다. 식물체에서 의료용 단백질을 생산하면 미생물에서는 합성되지 않는 복잡한 구조의 단백질 생산이 가능하며, 동물세포 배양에 비해서는 월등히 낮은 비용으로도 생산이 가능하다. 또한 식물에는 인체에 유해한 바이러스 등이 극히 적어서 독성물질 혼입에 대한 우려도 없는 이점이 있다.

그러나 형질전환 식물체에서 의료용 단백질을 생산하는 방식은 복잡한 구조의 단백질 합성으로써 동물세포 배양방식에 비해 어려움이 많으며, 일부 단백질은 식물 체내에서의 발현율이 극히 낮아 경제성이 없다. 아직까지 초창기 연구 단계에서의 몇 가지 문제점이 드러나고 있지만 미래 전망은 밝아 전 세계의 많은 연구소에서 활발하게 연구를 하고 있다(표 2-4).

식물의 분자농업(Molecular Farming)은 아직까지 그 시스템이 완전히 확립되지 않아 많은 연구기관들이 시행착오를 겪으면서 연구를 진행하고 있다. 특히 고부가가치의 의료용 단백질인 인터페론, 인간성장 호르몬 및 각종 의료용 인체효소 등의 연구개발이 활발하게 추진되고 있다. 최근에는 콜레라 예방 백신 또는 설사 예방 백신 등이 함유된 형질전환 작물을 개발하는 '먹는 백신(Edible vaccine)' 프로젝트가 진행중에 있고 곧 상품화될 전망이다.

6. 주요 국가별 특허 현황

지난 20여 년간 미국의 형질전환 작물 개발 전 분야에 특허 등록된 총 건수는 2,174건인데(2003년 식물 개량기술, 특허청 참고), 그 동향을 살펴보면 1994년(과숙억제 형질전환 토마토 Flavr Savr 시판)에 폭발적인 증가세를 보이고, 그 이후에 조금씩 감소함을 나타내고 있다. 이는 1995년 이후로는 바이오 관련 특허 출원들에 대한 특허 요건이 강화되었기 때문으로 분석된다.

일본의 형질전환 작물 개발 전분야에 특허 출원된 330건의 동향을 보면 1990년대 초반 형질전환작물 개발 기술에 대한 출원 건수가 약 180%의 높은 성장률을 기록하였다. 이는 일본정부가 1990년대 식물품종개량에 식물형질전환 기술을 이용하는 것이 전 세계적인 흐름인 것을 인식하고 이 분야에 지속적인 투자를 계속하였기 때문으로 분석된다. 지금도 식물형질전환 기술의 출원 건수가 꾸준히

표 2-4 형질전환 작물을 이용한 의료용 단백질 생산연구 현황(2005년)

작물명	단백질 종류	개발 내용	개발자
감 자	먹는 백신	• 박테리아 원인 질병의 (티푸스, 설사) 항체 생산 • 항원 유전자를 감자 이식	빌트모아 백신개발센터
	E형 간염 백신	• E형 간염 치료제로 사용 중인 VLPs (Virus-like Particles)를 합성할 수 있는 감자 개발 • 쥐 실험 결과 면역 형성 실패	미국과 일본 공동 연구
페튜니아	탄저균 백신	• 비독성 탄저병 백신을 생산할 수 있는 페튜니아 개발 • 바이오 테러에 대비 가능	US Navy/INB Biotechnology/ NuCycleTherapys
시금치	탄저균 백신	• 탄저균 백신 제조에 시금치 사용	Rutgers Univ.
담 배	B형 간염 항체	• B형 간염에 대항할 수 있는 인간 단일 클로널 항체를 코딩하는 유전자 삽입 • 독성실험 등 예정	Japanese N'tnl Institute of Public Health
	인터루킨10	• 창자 관련 염증성 질병인 크론병 치료에 사용 • 쥐에서 긍정적인 효과	Southern Crop Protection and Food Research Center
	당뇨병 백신	• DAG 단백질 생산 • 인슐린과 같은 작용을 하지만 항원으로 작용하여 인슐린 생산 세포를 파괴	Agriculture and AgriFood (Canada), Robarts Research Institute
	탄저균 백신	• 담배의 엽록체를 이용해 탄저균 보호 항체를 생산	Univ. of Central Florida in Orlando (USA)
	각종 유용물질	• 형질전환 담배에서 각종 단백질 생산 연구 • 치료용 단백질, 백신, 항체, 기타 의료용 물질 생산	Univ.of Kentucky, Large Scale Biology Corp.
	충치 예방 단백질	• 형질전환 담배를 이용해 충치 예방 효과가 있는 CaroRx 단백질을 생산 • 세균이 치아로 침투하는 것을 방어	Planet Biotechnology (USA)
상 추	치료용 항체	• 상추는 자가수분 품종으로 규정화된 조건에서 상업적 대량 생산이 가능 • 각종 테스트 진행중	미국
옥수수	콜레라 백신	• E. coli에 의해 발생되는 콜레라를 일으키는 독성 단백질에 면역 효과가 있는 물질을 생산 • 지원자 테스트 결과 면역 확인	University of Maryland School of Medicine
벼, 담배	인간 성장인자	• 재조합 인간 성장인자의 (rthIGF-1) 생산을 위해 유전자 카세트 디자인 후 이를 Agrobacterium법을 이용해 형질전환 벼와 담배를 생산	Ottawa University(Canada)
사탕무	각종 유용물질	• 인간유전자 주입한 사탕무에서 치료용 단백질 생산 • 햄스터 세포에서의 단백질 생산보다 안전하고 저렴	Texas A&M University
애기장대	ω-3	• 식물에서 ω-3를 생산할 수 있는 연구 진행 • ω-3는 심장병 발병 위험 감소 등의 의학적 효능 확인	CSIRO
잇 꽃	각종 유용물질	• 심장병과 폐 질환에 효과가 있는 인간단백질 생산용 형질전환 잇꽃(Safflower) 개발에 착수	신젠타
토마토	SARS 백신	• SARS 저항성 항체 생산을 위한 백신 개발 • 바이러스 세포 외막에 있는 'S' 단백질 항원 개발에 주력	캐나다 국립미생물학연구소
상추, 알팔파	돼지 콜레라균 항체	• 돼지 콜레라균과 간충 항체 생산 위한 형질전환 식물 개발 • 쥐 실험 결과 면역력이 2배 이상 증가 확인	폴란드

BIOSAFETY, 한국생명공학연구원 바이오안전성정보센터, 2004. 04~2005. 10

증가하고 있는 실정이다.

유럽의 형질전환 작물 개발 전 분야에 특허 출원된 742건의 동향을 보면 1980년대 초반부터 출원 건수가 증가하고, 1980년대 후반에 급격한 신장률을 보였다. 최근에는 매년 20% 정도의 신장률을 나타내고 있다.

III. 국내의 연구 동향 및 현황

1. 주요 연구 주체

국가기관연구소인 농촌진흥청은 1986년 청내에 농업유전공학과(현 농업생명공학연구원)의 설립을 계기로 1990년대 이후 생명공학 연구를 꾸준히 진행시켜 와서 기본 기술 및 연구 인프라를 구축하였다. 산림청의 임업연구원은 환경오염내성 수종 개발 등 주요 임목 수종 및 약용작물에 관한 연구를 진행하고 있다. 국가출연연구소인 한국생명공학연구원은 기초 연구에 주력하여 식물세포공학연구실 등이 유전자발현 등의 분야에서 연구 경쟁력을 확보하고 있다. 한국인삼연초연구원에서는 담배 모자이크 바이러스 저항성 담배, 환경스트레스내성 인삼 등의 품종을 개발하고 있다.

대학교에서의 연구는 서울대, 포항공대, KAIST, 경상대, 전북대, 명지대 등 대부분의 대학내 생물학, 식물학, 분자생물학, 농학, 원예학, 생명공학 등의 학과에서 유전공학 및 형질전환 작물에 관하여 주로 기초 분야 위주로 연구를 활발히 진행하고 있다.

종자회사에서는 농우바이오를 비롯하여 국내 상위 종자회사들이 자체적으로 연구소를 설치하고 형질전환 작물의 개발 연구를 진행하고 있으며 주로 채소류의 신품종 개발이 활발히 이루어지고 있다. 삼양제넥스, 두산, 동부한농화학, 태평양 등의 대기업에서는 식품, 제약, 화학 분야 계열사의 연구소에서 개별적으로 산업화 가능한 형질전환체 개발연구를 진행하고 있다.

중소, 벤처기업인 싸이젠하베스트, 제노마인, 유진텍, 마이크로프랜츠 등은 회사별로 분자생물학 및 형질전환 작물 개발 분야를 집중적으로 연구하여 사업화를 추진하고 있다.

2. 제품화 사례

우리나라는 연구실 수준의 형질전환 작물 개발 사례는 다수 보고되고 있으나 실용화 단계를 거쳐 제품화가 이루어진 경우는 아직까지 한 건도 없다. 제품화란 해당 품종에 대하여 폐쇄실험과 환경방출실험 등을 거쳐 정식으로 품종을 등록하고 판매 승인을 받아 시장에서 유통할 수 있도록 조치를 취하는 것을 말한다. 현재는 대부분의 사례가 연구실 단계로서 발현 검정 또는 온실 포장 검정 수준이다. 현재 일부 연구기관에서 벼, 감자 등에 대하여 제품화를 추진하고 있어 수년 내에 품종 등록되는 사례가 나올 것으로 전망하고 있다.

과거 10여 년 동안 과학기술부 신기능생물소재개발사업을 비롯하여 농촌진흥청, 한국과학재단 및 학술진흥재단 등에서 여러 가지 연구개발사업을 지원하였다. 이에 따라 농촌진흥청, 한국생명공학연구원 및 전국 대부분의 대학 연구실에서 제초제, 병, 각종 재해에 대한 저항성을 높이거나 또는 기능을 강화한 벼, 토마토, 감자, 콩, 고추, 배추, 마늘, 들깨, 담배, 페튜니아, 국화, 장미 등 다양한 형질전환 작물을 개발하고 있다(표 2-5).

그동안의 연구를 통해 Phosphinothricin Acetyltransferase (PAT)를 만드는 *bar* 유전자를 식물체 내에 이식시켜 식물체가 제초제 Glufosinate를 불활성화시키도록 설계되어 제초제에 저항성을 갖게 만들어진 벼와 감자가 보고되었다. 역병저항성 고추는 리보솜 불활성 단백질을 만드는 유전자를 전이시켜 형질전환에 성공하고 특허를 출원한 바 있다. 이 외에도 δ-15-desaturase 유전자를 이용하여 ω-3-지방산을 다량 함유하도록 만든 들깨, *Superoxide dismutase* 유전자를 이용하여 노화방지나 환경스트레스 저항성을 갖게 한 오이, *Jasmonic Acid Methyl Transferase* 유전자를 이용하여 병 저항성을 갖게 한 담배, Abscisic Acid Rreponsive Element의 조절을 통한 건조 저항성 담배 등의 개발이 시도되어 현재 학계에 보고되거나 특허 출원중에 있다.

생명공학 벤처기업인 싸이젠하베스트는 제초제내성 유전자인 Protox(proto-porphyrinogen oxidase)로 벼를 형질전환시킨 결과 분얼수와 이삭수가 20% 증가된 형질전환체를 확보하고 대규모 포장평가를 수행하고 있다. 그리고 농촌진흥청에서는 제초제저항성 벼를 밀양 23호와 교배한 후 정상 임성인 개체들을 선발하였는데, 그 중 어떤 것은 통일계인 삼강벼와 교배시켰을 때 수량성이 높았다

표 2-5 국내 형질전환 작물 개발 현황

작물	기능	실험단계			연구기관
		유전자도입검정	기능검정	안전성평가	
벼	광합성능력 향상		○		생공원
	라이신 함량 증진		○		생공원
	근사미저항성		○		생공원
	내염성, 가뭄저항성		○		명지대, 호시
	멸구저항성		○		생공원
	흰잎마름병저항성		○		생공원, 작과원
	제초제저항성			○	생공원, 작과원
	문고병저항성	○			호시
	Isoflavone 생합성	○			작물원
고 추	제초제저항성			○	생공원, 원예원
	천연색소조절	○			생공원
	탄저병저항성		○		금호생명환경
	바이러스저항성			○	농우바이오
상 추	전분조절		○		생공원
	비타민 C 고함유		○		농우바이오
감 자	재해저항성		○		생공원
	철분강화		○		생공원
	제초제저항성		○		생공원, 고농연
	내병성		○		생공원, 고농연
	바이러스저항성			○	고시
	세균병저항성		○		고시
	숙기조절		○		고시
	항체		○		생공연
밀	녹병저항성	○			고시
수 박	바이러스저항성			○	농우바이오
배 추	좀나방저항성		○		생공원
	웅성불임성		○		생공원
양배추	웅성불임성		○		생공원
토마토	바이러스저항성		○		고시
들 깨	제초제저항성			○	생공원
	비타민 E 강화		○		생공원, 작과원
콩	바이러스저항성	○			작과원
나 리	화색변형	○			원예연
박	제초제저항성		○		원예연
	칼슘이온 흡수		○		원예연
사 과	착색증진	○			원예연
알팔파	내열성	○			축산연
	제초제저항성	○			축산연
버즈풋	내열성		○		축산연
트레포일	콜레라 백신 생산	○			축산연
오처드그라스	재해저항성	○			축산연
톨페스큐	재해저항성	○			축산연
잔 디	제초제저항성			○	제주대
감 귤	카로티노이드 합성	○			난지연
총 계	19작물 46품목	13	24	7	

주) 생공원: 농업생명공학연구원; 작과원: 작물과학원; 축산연: 축산기술연구소; 고시: 고랭지시험장; 호시: 호남농업시험장; 원예연: 원예연구소; 난지연: 난지농업연구소;
생공연: 한국생명공학연구원

고 발표하였다. 이 형질전환체를 가지고 1대 잡종벼를 개발하는 재료로 사용하면 수량을 증진시킬 수 있을 것이다.

현재 우리나라에서 추진되고 있는 형질전환 작물 개발에 관한 주요 내용 중 농촌진흥청, 과학기술부, 산업자원부 등 정부 기관에서 연구비를 지원하고 있는 분야는 그 진행 상황을 제대로 파악할 수 있으나, 종자회사 등 사기업 차원에서 자체적으로 진행하고 있는 분야는 해당 회사들이 대외비로 취급하는 경우가 많아 구체적으로 내용을 파악하기가 어려운 형편이다. 대략 20~30 작목 60여 종 정도의 형질전환 작물이 국내 연구진에 의해 개발되고 있는 것으로 파악된다.

3. 정부 지원 주요 연구 프로젝트

농촌진흥청은 1991년부터 농업생명공학에 대한 투자를 지속한 결과 제초제내성 벼, 바이러스저항성 감자, 병충해저항성을 갖는 작물, 항노화, 항고혈압, 비타민 E 강화식물 등의 개발을 진행하고 있다. 2001년 2월 '바이오그린 21 사업단'이 출범하여 국가농업생명육성을 위해 원천기반기술로서 장기적인 투자가 요구되는 국책 과제로 5대 핵심 분야 20개 프로젝트에 10년간 7,000억 원 규모의 예산을 집중 투자할 예정이다.이 사업에는 농업생명공학연구원 등 국가연구기관을 비롯하여 서울대학교 등 15개 대학과 금호, 동부 등 기업체가 참여하고 있다. 이외 공동 연구기관으로 다수의 벤처기업, 한국생명공학연구원, 한국과학기술원 등 연구소가 참여하여 산학연 공동 연구 체제를 갖추고 있다.

과학기술부에서는 향후 안정적인 식량 공급 기반을 마련하고 국내 농업의 국제 경쟁력을 확보하기 위하여 프론티어 21 과제에 '작물유전체기능 연구사업단'을 마련하였다. 2001년 7월에 사업단이 출범하였으며 10년 동안 국가 예산 1,000억 원을 투입할 예정이다. 작물형질전환용 새로운 유용유전자를 500종 이상 발굴하고 신기능 신품종 작물을 10종 이상 개발하는 것이 목표이다. 또한 국내 식물 자원의 범국가적 종합 관리 체계를 구축하기 위하여 프론티어 21 과제에 '자생식물이용기술사업단'을 마련하였다. 이 사업단은 자생식물을 최대한 활용하여 신품종, 신기능성 식품 의약 분야 고부가가치 제품을 개발하여 연간 5천억 이상의 산업가치 창출을 이루고자 한다. 2000년 4월에 사업단이 출범하였으며 10년 동안 국가 예산 1,000억 원을 투입할 예정이다. 한국생명공학연구원 및 각 대학교의 참여가 두드러지며 유진텍, 마이크로프랜츠 등의 일부 생명공학 기업들도 참여하고 있다.

4. 국내 특허 현황

지난 20여 년간 국내의 형질전환 작물 개발 전 분야에 특허 출원된 239건의 동향(2003년 식물 개량기술, 특허청)을 보면 1980년대 후반 1,800%의 신장률로 증가했고, 그 이후로부터 현재까지 매년 130% 이상의 신장률을 보이고 있다. 형질전환 작물 개발에 대한 연구는 앞으로도 활발히 진행될 것이므로 매년 특허 출원 신장률이 배 이상 늘어날 것으로 전망하고 있다. 국적별 출원은 국내 출원이 48%, 외국 출원이 52%로 나타났다. 외국 출원의 경우 미국이 82건, 독일과 일본이 각각 45건씩 출원하였다. 국내 출원은 1980년대는 외국 출원에 비해 절대적으로 낮은 비율을 차지했지만 1990년대부터는 비약적으로 증가하여 전체 출원의 50% 이상을 차지하고 있다.

5. 형질전환 작물 국내외 연구경향 비교

국내 연구진들은 1990년대 이후 형질전환 식물체 개발에 관하여 나름대로 많은 연구를 진행시켜 왔고 또한 어느 정도의 성과를 거두기도 하였다. 그동안 각 대학교 및 기업연구소 등에서 꾸준히 준비하여 왔고, 정부에서도 만족할만한 정도의 충분한 예산을 투입하지는 못했지만 주어진 여건 하에서 이 분야에 대한 중요성을 미리 인식하고 많은 프로젝트 수행 등 각종 지원정책을 아끼지 않은 결과라고 판단된다. 하지만 냉정하게 살펴보면 아직까지 국내의 개발 수준은 세계 추세에 비해 상당히 뒤떨어져 있는 것으로 분석된다.

외국과 연구경향의 차이를 분석해 보면 우선 외국에서는 콩, 옥수수, 유채 등 곡물류에 대한 개발이 집중적으로 이루어졌으나, 우리나라에서는 벼와 고추, 수박 등 채소류에 대한 개발이 주를 이루었다. 이는 세계 식량작물 시장에서 곡물류가 차지하는 비중이 절대적이지만 우리나라는 재배 경쟁력이 크게 떨어져 처음부터 국내 연구진들이 이를 연구대상에서 제외했기 때문인 것으로 생각된다. 대신 국내에서는 종자 시장이 어느 정도 규모로 형성되어 있고 그동안 축적된 경험과 노하우가 풍부한 채소 작물에 주력하여 상당한 정도의 경쟁력을 갖추게 되었다.

외국의 경우에는 형질전환 작물의 개발 연구가 다국적 종자회사 등 주로 민간에 의해 주도됐던 데 반하여 우리나라는 정부의 주도 하에 각 연구소들이 주로 연구를 수행해 왔다. 이는 우리나라 종자회사들이 선진국 회사들에 비해 규모가 작아서 대규모의 인력과 자금이 투입되는 연구에 효율적으로 대처하지 못한 결과로 판단된다.

6. 선진국과의 기술 격차

형질전환 작물 개발과 관련하여 선진국과 기술 수준을 비교해보면 아직까지는 상당한 격차를 보이고 있는 것이 현실이다(표 2-6). 연구 인프라 규모, 개발 정도, 투입 예산 등에서 엄청난 차이를 보이는 선진국과 평면적으로 연구력 및 기술력을 비교하기에는 다소 무리가 있지만 대체적인 분석이 기초 연구 분야와 제품화 기술은 격차가 매우 심하고 형질전환 방법 분야에서는 그 격차가 어느 정도 줄어들었다고 보고 있다. 형질전환 작물 개발에 있어서 기초 분야에 속하는 다양한 유전자원 확보 기술, 생물자원의 유전체 분석 기술, 유전자원의 평가 및 보존 기술 등에 있어서는 기술력이 많이 뒤떨어져 있는 편이다. 또한 유전자재조합 기술이나 형질전환 방법 등에 있어서도 많은 경험과 풍부한 연구 인력을 지닌 선진국과 어느 정도의 차이를 보이고 있다. 그러나 농업기술과 육종기술을 근간으로 하는 형질전환 기술, 품종육성 기술, 조직배양기술 등의 분야에서는 선진국과 그리 큰 격차를 보이고 있지 않다(표 2-6). 특히 이 분야에서는 일부나마 선진국에서는 보유하고 있지 않는 독자적인 영역을 구축하고 있다. 작물별로는 미국 및 다국적 종자회사들이 주도하는 콩, 옥수수 등의 곡물류 분야는 기술적 격차가 매우 크며, 우리의 전통 육종 품목인 벼와 채소류 분야에서는 세계적인 수준에 접근하고 있다.

표 2-6 선진국 대비 국내 기술 수준

구 분	기술 분야	한국 지표
기초기술	유전자원 확보기술	50
	유전자원의 평가 및 보존기술	40
	유전자재조합기술	85
	단백질공학기술	50
응용기술	세포융합기술	80
	조직배양기술	100
	형질전환 기술	95
	품종육성기술	85
생산기술	발효기술	90
	세포배양기술, 생물공정기술	75
	생물엔지니어링기술	35
신물질창출기술	안전성평가기술	30
	신물질탐색기술	25
평 균		60

IV. 결론

우루과이라운드 이후에 농산물시장이 개방되면서 외국 농산물이 밀려 들어와 국내 시장의 상당부분을 잠식하여 농촌 소득이 대폭 줄어들고 농가 부채가 급등하는 등 농촌이 황폐화되어 이농 현상이 심화되었다. 이러한 문제점들을 해결하기 위해서는 미래지향적인 방향으로 농업 구조를 개선해야 한다. 생산성을 향상시키고 농업 경쟁력을 강화하여 농촌 경제를 활성화시켜야 하고 대규모 산업 농지를 조성해 고부가가치 작물을 개발 보급하여 신농업산업을 육성하여야 한다. 이를 위해서 형질전환 작물의 개발은 거의 유일한 대안으로 보이며 형질전환 작물의 육성은 이미 세계적인 흐름이 되었다. 미국은 정부 차원에서 형질전환 작물 개발을 적극 육성하고 있으나, 유럽 등 많은 국가에서는 아직까지 안전성을 우려하는 목소리도 공존하고 있다. 하지만 대부분의 선진국에서는 형질전환 작물 개발을 전략 분야로 선정하고 범정부 차원에서 육성 지원하고 있다. 형질전환 작물의 경작 면적은 계속 증가하는 추세이며 농민들도 선호하고 있어 이러한 현상은 지속될 것으로 보인다. 안정성 문제는 향후 과학적인 검증이 가능한 높은 수준의 평가 방법이 확립되고 법적 제도적 시스템이 완비되면 소비자들도 자연스럽게 인정할 것으로 전망된다. 향후 국가 경쟁력은 첨단 분야에서의 기술력에 의해 좌우될 것으로 전망되는 바 국가 차원에서 생명공학기술을 적극적으로 육성해야 할 것이다. 국내 식물생명공학기술이 발전하면 전통 육종의 한계를 극복하여 한정된 식량 자원 문제 해결에도 크게 기여할 것으로 예상된다. 또한 환경을 보존할 수 있는 환경친화농법 개발이 가능하고 우리 고유의 유용 유전자원을 확보할 수 있을 것이다. 식물생명공학 기술에 의한 산물은 일부를 위한 것이 아니라 전 인류의 생명과 직결된 문제이다. 새로운 기술에 대한 홍보가 필요하며 국민들이 긍정적인 인식을 가질 수 있는 분위기 조성이 필요하고 소비자가 올바른 판단과 결정을 할 수 있도록 충분한 정보가 제공되어야 한다. 생명공학기술 분야에서의 국가 경쟁력 확보는 정부 또는 연구자들만의 노력만으로는 힘들고 관련분야의 전체적인 협조를 이루어야 가능할 것으로 전망된다.

참고문헌

- ISAAA, Global Status of Commercialized Transgenic Crops, 2005
- Plant Cell, Tissue & Organ Culture, 2005. 80 : 1-24
- 손종구, 김유일, 이상필, 『유전자변형식품』, 2003 기술산업정보분석, 2003, 한국과학기술정보연구원
- 식물형질전환연구회 제2회 심포지움 및 토론회. KAIST. 2003
- 이신우, 『유전자변형식물의 국내 연구 동향』, 식물생명공학회지 제30권 제1호, 한국식물생명공학회. 2003
- 임용표, 한태호, 『분자생물학을 이용한 최근의 화훼 연구현황과 이용성』, 원예연구소 50주년 기념 화훼 심포지움, 2003
- 특허청, 식물개량기술, 2003 신기술동향조사 보고서, 2003
- 한국생명공학연구원, 『바이오안전성백서』 7장 LMOs 연구개발. 2005
- 한국생명공학연구원, 『바이오안전성백서』 제5부 국내외 유전자변형 생물체 현황. 2004
- 한국생명공학연구원, 『바이오안전성백서』 제4부 유전자변형 생물체(LMOs) 및 안전성평가. 2006
- 한국생명공학연구원, 제2권 농업/식량 생명공학 TRM, 생명공학 TRM 및 전략분야 기획 연구, 2003

03

엽록체 형질전환

정화지, 정원중, 박주영
한국생명공학연구원 식물유전체연구센터

Ⅰ. 서론

1988년, 녹조류인 *Chlamydomonas reinhardtii*의 ATP B 돌연변이체의 엽록체로 야생형 유전자를 도입한 연구(Boynton *et al.*, 1988)를 기점으로 모델식물인 담배를 이용한 고등식물의 엽록체 형질전환 연구가 활발히 진행되어 왔다(Svab *et al.*, 1990; Svab and Maliga, 1993). 식물의 엽록체 게놈은 종마다 차이가 있으나 약 120~220 kb 크기의 두 가닥의 원형 DNA단위로 존재한다. 그러나 간혹 선형 또는 1개 이상의 게놈이 합쳐진 원형 DNA 단위로 존재하기도 한다. 식물세포는 약 100개 정도의 엽록체를 가지고 있으며 각 엽록체는 약 100 copy의 동일한 엽록체 게놈을 함유하므로 결국 식물 세포당 엽록체 게놈은 10,000 copy에 이른다(Maliga, 2004). 따라서 엽록체 형질전환은 핵 형질전환과 비교하면 도입된 유전자의 발현 수준을 획기적으로 향상시킬 수 있는 장점이 있다. 또한 성숙한 식물의 화분(pollen)에는 엽록체가 존재하지 않아 도입된 외래 유전자가 모계유전을 함으로써 형질전환된 식물을 포장에서 재배할 때 외래 유전자가 화분을 통하여 생태계의 야생종으로 수평 이동하여 발생할 수 있는 위해 가능성을 근원적으로 차단할 수 있는 이점이 있다. 핵 형질전환의 경우 여러 유전자를 도입하려는 gene stacking 시도가 있으나 이 경우는 여러 항생제 저항성 유전자들도 동시에 식물체 내로 도입되어야 한다. 그러나 현재 식물 형질전환체 선발에 이용되는 항생제저항성 유전자는 2~3개 정도만 가능한 실정이다. 반면 엽록체 형질전환의 경우는 엽록체가 원핵세포 유래의 소기관이므로 다수의 외래 유전자를 원핵세포 내의 오페론(operon)형태로 동시에 도입하는 것이 가능하며, 핵 형질전환과는 달리 gene silencing, positional effect가 없어 외래유전자 발현이 용이하다(표 3-1).

담배의 엽록체 형질전환에 이어 다른 고등식물의 엽록체 형질전환 연구가 활발히 진행되어 왔으나 벼를 비롯하여 작물에 적용한 경우는 불과 수 년 전이다. 벼의 경우는 heteroplasmic한 형질전환체가 얻어졌으나 쌍자엽 작물인 감자, 토마토, 유채, 대두, 당근의 엽록체 형질전환이 성공하였다(표 3-2). 따라서 병충해를 비롯한 환경스트레스에 저항성을 지니도록 농업 경제적으로 유용한 특질 및 광합성관련 유전자들을 작물의 엽록체 내로 직접 도입하여 작

표 3-1 핵과 색소체 형질전환 비교

형질전환 대상	형질전환 방법	도입되는 유전자 copy 수	단백질 생산량	환경 친화성
핵	Agrobacterium, particle bombardment	<10	>0.1%	중간
색소체	Particle bombardment, polyethylene glycol	~ 10,000	>10%	높음

표 3-2 식물 엽록체 형질전환

연도	형질전환 식물	형질전환 방법	식물조직	참고문헌
1990	담배(*Nicotiana tabacum*)	Biolistic/Spectinomycin (rrn16)	잎	Svab *et al.*,(PNAS, 87)
1998	애기장대(*Arabidopsis thaliana*)	Biolistic/Spectinomycin	잎	Sikdar *et al.*,(Plant cell Rep. 18)
1999	벼(*Oryza sativa*)	Biolistic/Spectinomycin	embryogenic callus	Khan and Maliga(Nat. Biotech. 17)
1999	감자(*Solanum tuberosum*)	Biolistic/Spectinomycin	잎	Sidorove *et al.*,(Plant J. 19)
2001	토마토(*solanum lycopersicum*)			
2003	유채(*Lesquerella fendleri*)	Biolistic/Spectinomycin	잎	Skarjinskaia *et al.*,(Transgenic Res. 12)
	유채(*Brassica napus*)	Biolistic/Spectinomycin	cotyledon petiole	Hou *et al.*,(Transgenic Res. 12)
2004	당근(*Daucus carota*)	Biolistic/Spectinomycin	embryogenic callus	Kumar *et al.*,(Plant Physiol. 136)
	대두(*Glycine max*)	Biolistic/Spectinomycin	embryogenic callus	Dufourmantel *et al.*,(Plant Mol. Biol. 55)
	목화(*Gossypium hirsutum*)	Biolistic/Spectinomycin	grayish-green friable callus	Kumar *et al.*,(Plant Mol. Biol. 56)
	페튜니아(*Petunia hybrida*)	Biolistic/Spectinomycin	잎	Zubkot *et al.*,(Transgenic Res. 13)
2005	상치(*Lactuca sativa* L.)	PEG/Spectinomycin	leaf protoplast	Lelivelt *et al.*,(Plant Mol. Biol. 58)

물의 생산성 증대를 유도할 수 있는 연구가 가능해졌다. 본 장에서는 고등식물의 엽록체 형질전환의 방법과 그 응용에 대해서 개략적으로 언급하고자 한다.

II. 엽록체 형질전환 방법

유전적으로 안정된 엽록체 형질전환 식물체를 얻기 위해서 세포 내에 존재하는 전체 엽록체 게놈 copy가 모두 도입된 유전자로 형질전환이 된 상태, 즉 homoplasmy가 되어야 한다. 엽록체 형질전환의 초기단계는 수 만 copy의 엽록체 게놈 중 1개 또는 수 개의 게놈 copy만 외래 유전자를 갖게 된다. 그러나 항생제 선발 배지에서 서너 차례의 계대배양 및 재분화 단계를 거치는 동안 세포분열과 동시에 엽록체의 분열이 진행되면서 형질전환이 된 엽록체 게놈만 선별되어 최종적으로 모든 엽록체 내의 게놈 copy가 형질전환이 된 식물체를 얻을 수 있다(그림 3-1).

엽록체 형질전환은 금 또는 텅스텐 입자로 코팅시킨 DNA를 유전자 총을 이용하여 직접 식물체 내로 도입시키는 방법(biolistic = biological + ballistic)이 많이 사용되고 있다. Biolistics에 의한 엽록체 형질전환은 형질전환 방법이 비교적 간단하나 비용이 많이 드는 단점이 있다. Biolistics 외에도 원형질체(protoplast)에 polyethylene glycol(PEG)를 처리하여 DNA를 도입하는 방법이 있다. 먼저 효소를 처리하여 세포벽이 제거된 원형질체를 분리한 후 외래 유전자 플라스미드 DNA, PEG와 함께 배양하면 PEG에 의한 세포막의 순간적인 구조 변화로 인해

DNA가 세포 안으로 도입되는 방법이다. PEG를 이용한 방법은 Biolistics 방법보다는 저렴한 비용으로 형질전환된 세포를 많이 만들 수 있다는 장점이 있으나 원형질체로부터 식물체를 재생하는 과정이 매우 까다롭고 시간이 많이 소요되는 단점이 있다.

아래에 기술한 방법은 본 연구실에서 사용하고 있는 유전자총을 이용한 담배 엽록체 형질전환 방법이다.

1. 실험 전의 준비 과정

1) 4.4g/*l* MS powder(Duchefa, MS Medium No. M0222), 3% sucrose(Duchefa, Cat No S0809), 0.6% phytoagar(Duchefa, Cat No P1003)로 만든 배지(pH 5.7~5.8)에서 4~6주간 무균 배양한 직경 3~5㎝인 담배 잎 중 잎맥이 뚜렷하고 짙은 녹색을 띠는 신선한 잎을 준비한다.
2) 4.53g/*l* Shoot multiplication MS powder(Duchefa, MS Shoot Multiplication Medium B, No. M0244), 0.1mg/*l* NAA(Sigma, Cat No. N1641), 1mg/*l* BAP (Sigma, Cat No. B3274), 3% sucrose, 0.6% phytoagar를 포함한 Shoot multiplication 배지(pH 5.7~5.8) 위에 멸균한 filter paper(Whatman filter paper No.1,70mm in diameter)를 한 장 깔고, 준비한 잎의 뒷면이 위로 올라오게 하여 3~4장을 모아 얹는다.
3) Macrocarrier holder는 15분간 sonication한 후 씻어서 65°C 오븐에서 물기를 말린 다음 멸균하여 건조시킨다.
4) Stopping screen(Bio-Rad, Cat No.1652336)은 증류수로 씻은 후 멸균하여 건조시킨다.
5) Rupture disk(Bio-Rad, Cat No.1652329, 1100psi), macrocarrier는 70% 에탄올로 10분 동안 세척한 후, 멸균한 filter paper 위에 올려놓아 건조시킨다.
6) 실험하기 2시간 전 Clean bench는 70% 에탄올로 닦은 다음 UV등을 켜 놓는다.

2. Gold particle의 준비

1) Gold particle(Bio-Rad)은 250mg/1000회 분이므로 100% 에탄올 1m*l*를 넣고 2분 동안 잘 섞어 준다.

heteroplasmy

식물세포 내에 존재하는 엽록체 게놈의 일부 copy만 형질전환된 상태

식물세포 분열이 진행되면서 형질전환된 엽록체 게놈의 copy가 점점 수가 늘어가는 상태. 그러나 엽록체 내에는 여전히 야생형과 형질전환된 엽록체 게놈이 같이 존재하는 intra-organellar heteroplasmy 상태임

homoplasmy

최소 3~4 회의 식물세포 재분화 단계를 거치면서 형질전환된 엽록체 게놈의 copy 만으로 된상태

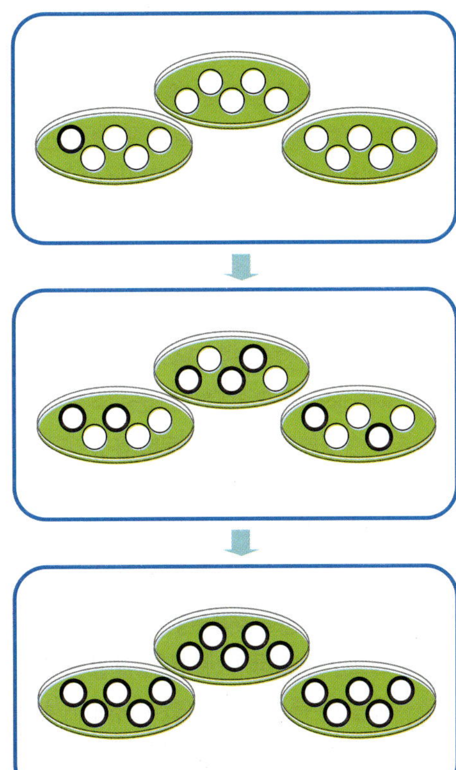

그림 3-1 야생형 엽록체의 형질전환엽록체로의 전환

2) 100μl분주한 후 100% 에탄올 900μl를 넣어 25mg (100회분) stock를 만들어 -20℃에 보관한다.
3) 25mg(100회분) stock를 100μl씩 분주한 후 100% 에탄올 900μl를 넣어 2.5mg(10회분) stock를 만들어 -20℃에 보관한다.

3. 엽록체 형질전환을 위한 벡터 DNA의 코팅(10개 샘플)

1) 2.5mg gold stock를 원심분리하여 멸균된 3차 증류수 1ml를 넣고 3회 세정한 후 230μl의 3차 증류수에 풀어준다(Gold particle이 잘 풀어지지 않을 시 세정할 때마다 sonication 15초씩 해서 골고루 잘 풀어준다).
2) 2.5M $CaCl_2$ 250μl, 약 30μg DNA(2$\mu g/\mu l$농도), 0.1M spermidine 50μl를 순서대로 넣으면서 손으로 가볍게 튜브를 쳐 가면서 섞어 준 후 4℃에 20분 동안 보관한다(2.5M $CaCl_2$은 사용하기 직전 만들어 사용하며, 0.1M spermidine은 50μl씩 분주해서 -70℃에 보관하여 사용한다).
3) DNA를 코팅하는 동안 macrocarrier holder에 macrocarrier를 조심스럽게 끼워 놓는다.
4) 2) 튜브에 100% 에탄올 300μl를 넣은 후, 12000 rpm에서 5초간 원심분리해서 파이펫을 이용하여 상등액만을 잘 취해서 버린다.
5) DNA를 코팅한 gold particle pellet를 gold가 뭉쳐 있는 것이 보이지 않을 때까지 100% 에탄올 600μl를 넣어서 5회 이상 세정한다.
6) 100% 에탄올 70~80μl를 넣은 후 잘 섞어서 7~8μl씩 macrocarrier의 중심에 떨어뜨린 후 10분 정도 둔다.
7) 도포하고 남은 gold particle을 1×TE buffer에 녹여서 전기영동으로 코팅의 여부를 확인한다.

4. Bombardment를 위한 gene gun 기기 조작

1) 헬륨가스통의 오른쪽 밸브를 반 시계방향으로 연다.
2) 헬륨가스통은 왼쪽 계기판의 압력이 1300psi 이상되도록 시계방향으로 조인다.
3) Bombardment system의 전원을 켠다.
4) 진공펌프의 전원을 켠다.
5) Rupture disk를 장착하고, macrocarrier launch에 stopping screen과 macrocarrier에 gold particle이 도포되어 있는 macrocarrier holder를 뒤집어서 장착한다.
6) 담배 잎은 macrocarrier launch와 9cm 거리에 놓는다.
7) Bombardment system의 vacuum 스위치를 눌러 28까지 올린 후 hold 한다.
8) Hold 함과 동시에 fire 버튼을 누르고 있으면 1100psi에서 자동적으로 rupture disk가 터지면서 발사된다.
9) 터지고 난 후, 즉시 vent 버튼을 눌러서 진공을 풀어준다.
10) 기기를 끌 때는 헬륨가스의 오른쪽 밸브를 시계방향으로 돌려서 잠근다.
11) Bombardment system의 vacuum을 걸어 28까지 올린 후 hold를 눌러서 잠그고, fire 버튼을 눌렀다 뗐다 하면서 계기판을 눈으로 보면서 압력게이지가 0까지 내려가는지 확인한다.
12) Bombardment system, 진공펌프의 전원을 끄고 헬륨가스의 왼쪽밸브인 압력계를 풀어준다.

5. 배양 조건

1) 담배 잎이 있는 petri dish는 알루미늄 호일에 싸서 배양실에서 2일간 둔다.
2) 3일째 되는 날 끝이 둥근 칼날(FEATHER, Surgical blade stainless No.10)로 0.3cm×0.3cm 크기로 잎이 뭉그러지지 않게 잘라서 500mg/l spectinomycin (Sigma, Cat No. S4014)이 포함된 shoot multiplication MS 배지에 잎의 앞면이 위로 오도록 놓는다.
3) 2주마다 계대 배양을 해 준다.
4) 4주에서 5주 후 항생제에 내성을 가지는 선발된 shoot를 얻을 수 있다.

III. 엽록체 형질전환 벡터 시스템

엽록체 형질전환은 핵 형질전환과는 달리 상동 재조합에 의해 외래 유전자가 위치특이적으로 엽록체

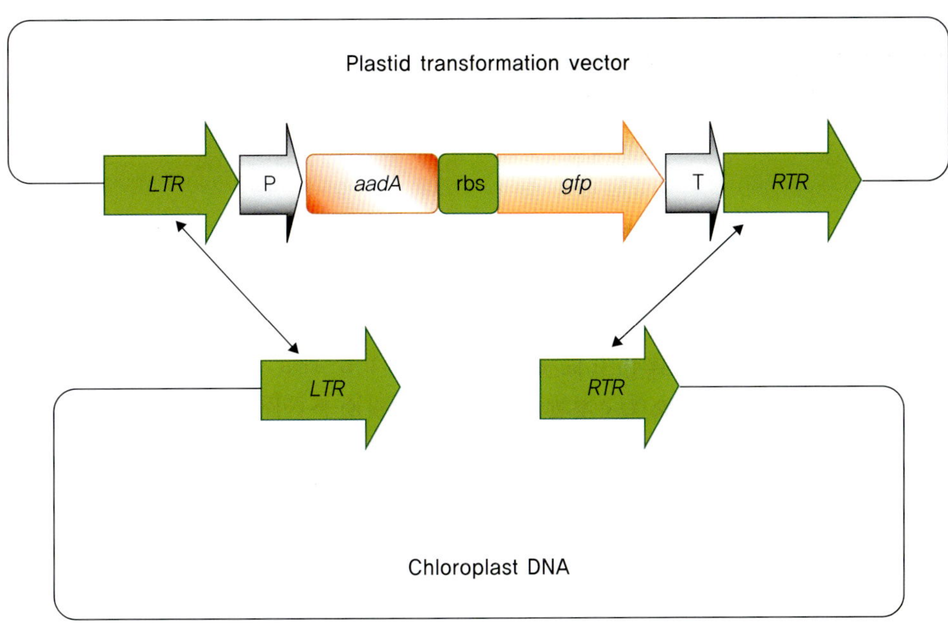

그림 3-2 엽록체 형질전환 벡터

엽록체 형질전환 벡터는 효율적인 상동 재조합을 위해 외래 유전자의 양측에 엽록체 게놈 DNA 서열과 동일한 DNA 단편(LTR, RTR)과 *aadA*와 *gfp* 유전자를 dicistronic하게 연결한 선발마커를 포함하도록 제조하였다. P: 프로모터, rbs:ribosomal binding site, T: terminator

게놈에 삽입되므로 엽록체 형질전환 벡터는 효율적인 상동 재조합을 위해 외래 유전자의 양측에 엽록체 게놈 DNA 서열과 동일한 DNA 단편을 포함하도록 제조한다(그림 3-2). 초기에 사용한 엽록체 형질전환 벡터의 항생제 저항성 마커 유전자는 point mutation이 있는 16S rRNA(*rrn16*)를 사용하여 spectinomycin 또는 streptomycin에서 저항성을 지닌 식물체를 선발하였다(Svab *et al.* 1990). 그러나 *rrn16*의 point mutation은 열성이며 선발 빈도가 매우 낮은 단점을 지녔다. 반면 aadA (aminoglycoside 3′-adenyltransferase) 유전자에 의한 spectinomycin 저항성은 현재 사용하는 엽록체 형질전환 선발 마커 중 가장 효율적인 선발 시스템으로 알려져 있다(Svab and Maliga, 1993). 엽록체 형질전환 벡터에 사용하는 두 번째 선발 유전자는 kanamycin 저항성 유전자인 *nptII*(neomycin phosphortransferase) 유전자이다 (Carrer *et al.*, 1993). 또한 항생제 저항성 선발 유전자 대신 독성물질 betaine aldehyde(BA)를 비독성 물질인 glycine betaine으로 전환시키는 효소 BADH(betaine aldehyde dehydrogenase) 유전자를 사용한 예가 있다(Daniell *et al.*, 2001). 최근에는 green fluorescent protein(*gfp*) 유전자를 항생제 저항 선발 유전자와 함께 사용하여 보다 효율적인 선발 시스템을 갖추게 되었다(Jeong *et al.*, 2004)(그림 3-2).

엽록체 형질전환 벡터 시스템의 또 다른 필수적인 요건은 프로모터(promoter)와 번역 조절 염기서열(leader)를 포함한 5′조절 부위와 터미네이터(terminator)가 포함된 3′조절부위이다(Maliga, 2002; Maliga, 2003; Maliga, 2004). 번역 조절 염기서열은 mRNA의 5′-UTR(untranslated region) 또는 5′-UTR과 코딩부위의 아미노산 말단 절편을 모두 포함한 5′-TCR(translation control region)이 될 수 있다. mRNA의 5′UTR은 mRNA 안정에 필요한 stem-loop 구조와 리보솜으로의 mRNA 이동을 용이하게 하는 염기서열을 포함하고 있다. 3′ 조절부위의 터미네이터 역시 stem-loop 구조를 가지고 있으며, 엽록체 유전자 *psbA*, *rbcL*, *rps16*의 3′ UTR를 흔히 사용한다. 프로모터로는 rRNA 오페론 프로모터를 변형시킨 Prrn 프로모터를 가장 많이 사용하는데 Prrn은 엽록체에서 만들어진 RNA polymerase에 의해 인식되는 프로모터이다.

IV. 엽록체 형질전환의 응용

오늘날 엽록체 형질전환 방법은 색소체 발달과정, 광합성 관련연구 및 농업적 또는 치료 목적의 유용 재조합단백질의 생산을 위한 목적으로도 다양하게 이용되고 있다. 식물체를 이용한 인체 치료용 단백질 생산은 여러 장점이 있다. 첫째, 식물시스템은 동물 또는 박테리아를 이용하는 생산시스템보다 비용이 낮고, 둘째로 인체 병원균으로부터의 오염 가능성이 적다. 또한 식물체 내에서 발현된 경구용 백신의 경우는 재조합 단백질의 분리 과정이 필요 없다는 장점도 있다.

서론에서 언급하였듯이 엽록체 형질전환의 장점 중 하나는 세포당 엽록체 copy가 많아 높은 외래 단백질 발현이 가능하다는 것이다. 일례로 *Bacillus thuringiensis* Cry2Aa2 단백질을 담배 엽록체 내에서 전체 수용성 단백질의 46.1% 수준으로 발현시킨 연구 보고가 있다(De Cosa *et al.*, 2001). 또한 엽록체의 스트로마에는 단백질분해 과정에 필요한 효소의 수가 제한적이어서 일부 외래단백질의 발현이 높을 뿐만 아니라 보다 안정적이라고 추측한다. 그러나 엄청난 양으로 만들어진 외래 단백질이 엽록체 내에서 어떤 수준만큼 안정화되는지에 대해 여전히 연구해야 할 의문점이 있다.

지금까지 엽록체 형질전환을 이용하여 시도된 인체 유용 치료 단백질 및 백신은 표 3-3과 같다. 전반적으로 단백질 발현 수준이 7~8% 이내로 핵에 유전자를 도입한 경우보다 매우 높다. 한편 파상풍 백신을 비롯하여 항균펩타이드, 인터페론 알파, 탄저균, 개의 parvovirus(CPV) VP2 항원의 발현은 총 수용성 단백질 양의 10~31.1% 수준까지 발현이 가능하였다. TetC는 파상풍 백신으로 사용 가능한 비독성의 47 kDa 크기의 폴리펩타이드 절편으로, TetC를 전사하는 유전자를 담배의 엽록체에서 발현시킨 결과 최대 31.1% 수준의 TetC 단백질을 생산하였으며 형질전환 식물체의 추출물을 쥐에게 처리하여 면역력을 지닌 실험쥐를 획득하는 데 성공하였다(Tregoning *et al.*, 2003).

엽록체 형질전환의 최초의 농업적 적용은 1995년 담배 엽록체에 *Bacillus thruingiensis*(Bt) 독소 유전자 *Cry1Ac*를 도입하여 총 수용성 단백질의 3~5% 수준까지 발현시킨 연구이다(McBride *et al.*, 1995). 그 후 *Cry2Aa2* 유전자(Kota *et al.*, 1999) 또는 *Cry2Aa2* 유전자와 함께 5′ 상위 부위에 있는 2개의 open reading frame을 포함한 *Cry2Aa2* 오페론(De Cosa *et al.*, 2001)을 담배 엽록체 게놈으로 도입하였다. 특히 *Cry2Aa2* 오페론을 도입한 형질전환체 경우는 발현된 단백질 양이 총 수용성 단백질의

표 3-3 엽록체에서 발현한 치료단백질 및 백신

치료단백질	유전자	프로모터	5/3′ 조절인자	총 단백질 (%)
Elastin derived polymer	*EG121*	Prrn	T7gene10/T*psbA*	ND
Human somatotropin	*hST*	Prrn, P*psbA*	T7gene10 or *psbA*/T*rps16*	7.0%a and 1.0%b
Cholera toxin	*CtxB*	Prrn	Ggagg/T*psbA*	4.10%
Antimicrobial peptide	*MSI-99*	Prrn	Ggagg/T*psbA*	21.50%
Insulin like growth factor	*IGF-1*	Prrn	PpsbA/T*psbA*	33%
Interferon alpha 5	*INFα5*	Prrn	PpsbA/T*psbA*	ND
Interferon alpha 2b	*INFα2B*	Prrn	PpsbA/T*psbA*	19%
Tetanus toxin	*TetC* (bacterial and synthetic)	Prrn	T7 gene 10, *atpB*/T*rbcL*	25%a, 10%b
Human serum albumin	*hsa*	Prrn, P*psbA*	ggagga, *psbA*/T*psbA*	0.02%a, 11.1%b
Interferon gamma	*IFN-g*	P*psbA*	PpsbA/T*psbA*	6%
Monoclonal antibodies	*Guy's 13*	Prrn	Ggagg/T*psbA*	ND
Anthrax protective antigen	*Pag*	Prrn	PpsbA/T*psbA*	18.10%
Plague vaccine	*CaF1LcrV*	Prrn	PpsbA/T*psbA*	14.80%
Canine Parvovirus (CPV)	*CTB-2L21/ GFP-2L21*	Prrn	PpsbA/T*psbA*	31.1%, 22.6%

참고_ Daniell *et al.*, 2005. Vaccine 23

표 3-4 엽록체에서 발현한 농업경제성 특질

특질	외래유전자	프로모터	5′/3′ 조절인자	상동재조합위치
Insect resistance	*Cry1Ac*	Prrn	*rbcL/Trps16*	*trnV/rps12/7*
Herbicide resistance	*AroA*	Prrn	ggagg/*TpsbA*	*rbcL/accD*
Insect resistance	*Cry2Aa2*	Prrn	ggagg (native)/*TpsbA*	*rbcL/accD*
Herbicide resistance	*bar*	Prrn	*rbcL/psbA*	*rbcL/accD*
Insect resistance	*Cry2Aa2* operon	Prrn	native 5′ UTRs/*TpsbA*	*trnI/trnA*
Disease resistance	*MSI-99*	Prrn	ggagg/*TpsbA*	*trnI/trnA*
Drought tolerance	*tps*	Prrn	ggagg/*TpsbA*	*trnI/trnA*
Phytoremediation	*merA/merB*	Prrn	ggagg/*TpsbA*	*trnI/trnA*
Salt tolerance	*badh*	Prrn-F	ggagg/*rps16*	*trnI/trnA*
Cytoplasmic male sterility	*phaA*	Prrn	*PpsbA/TpsbA*	*trnI/trnA*

참고_ Daniell *et al.*, 2005. TIB 23

46.1%에 해당하였으며 엽록체 내에서 단백질 결정체를 형성하였다. 따라서 결정체 외래단백질은 원심분리에 의해 간단하게 분리가 가능하다. Bt 독소 단백질이 발현된 담배 형질전환체 식물은 담배유충(*Heliothis virescens*), 목화유충(*Helicoverpa zea*), 비트유충(*Spodoptera exigua*)에게 테스트를 한 결과 불과 2~4일 만에 매우 강한 독성 효과를 나타내었다.

유충에 저항성을 지닌 형질전환 식물 이외에도 곰팡이와 박테리아성 병원균에 저항성을 지닌 항균펩타이드 MSI-99를 담배 엽록체에서 발현시켜 병원균 Pseudomonas *syringae pv. tabaci*와 세 종류의 곰팡이 *Aspergillus flavus*, *Fusarium moniliforme*, *Verticillium dahliae*에 대해 약 88~96% 저해 효과를 지닌 형질전환체를 생산하였다(DeGray *et al.*, 2001). 이 외에도 Glyphosate 제초제 저항성(Daniell *et al.*, 1998; Iamtham and Day, 2000), 내건성(Lee *et al.*, 2003), 내염성(Kumar *et al.*, 2004) 유전자들이 담배 엽록체 게놈으로 도입되었다(표 3-4). 그러나 내염성 유전자가 도입된 당근의 경우를 제외하고 대부분은 담배에 국한되어 있다.

최근 *Bt Cry1Ab* 독소유전자를 대두의 엽록체 게놈으로 도입하여 뿌리를 제외한 잎, 줄기, 종자에서 높은 수준으로 발현된 개체를 생산하였다(Dufourmantel *et al.*, 2005). 비록 형질전환 효율은 높지 않지만 도입된 유전자는 다음 세대에서도 유지되었으며 벨벳빈 애벌레인 *Anticarsia gemmatalis*에 강한 살충 효과를 보였다. 이런 결과는 엽록체 형질전환 기술을 농작물에 실질적인 적용 가능성을 보여주었으며 향후 엽록체 형질전환 효율을 높일 수 있는 연구와 함께 감자, 옥수수, 벼와 같은 경제성 작물로 확대할 필요성이 있다.

V. 엽록체 형질전환의 문제점 및 앞으로의 전망

엽록체, amyloplast, chromoplast를 포함한 색소체를 이용한 식물유전공학은 높은 단백질 발현, 모계유전에 의한 생태계의 바이오안정성, 여러 유전자들의 도입, gene silencing과 position effect가 생기지 않는 등의 특징으로 전통적인 육종 재배와 비교해서 많은 장점이 있으나 보다 실용적인 측면의 응용을 위해서 여전히 해결해야 할 몇 가지 문제점이 있다. 엽록체 형질전환은 주로 담배를 이용하였으나 1999년 처음으로 작물인 벼에 시도하였다. 그러나 형질전환체가 대부분 heteroplasmic이며 도입된 유전자가 다음 세대로 전달되지 않았다(Khan and Maliga, 1999). 이어서 감자, 토마토, 유채, 대두, 당근, 상추 등의 작물의 엽록체 형질전환도 시도되었으나 형질전환 효율이 담배에 비해 매우 낮았다. 애기장대 경우는 40회 내지 151회의 bombardment를 시도하여 1개의 불임성인 엽록체 형질전환체를, 감자와 토마토의 경우는 각각 25회와 10회의 bombardment를 시도하여 1개체씩 형질전환체를 얻는 정도이다. 엽록체 형질전환은 앞서서 언급한 바처럼 항생제 선발 배지에서 서너 차례의 계대배양 및 재분화 단계를 거치는 동안 세포분열과 동시에 엽록체의 분열이 진행되면서 형질전환된 엽록체 게놈만 선별되어 최종적으로 모든 엽록체 내의 게놈 copy가 형질전환이 된 식물체를 선발하는 과정이다. 따라서 작물에서의 엽록체 형질전환 효율을 높이기 위해서는 재분화가 잘 되는 조직배양 시스템이 먼저 개발되어야 한다. 또한 잎의 엽록체에서 특정물질을 과발현시킬 경우 광합성에 저해를 가져오거나 경구용 백신 및 항체 등의 외래단백질을 조직 특이적(과일, 종자, 뿌리 등)으로 발현시키고자 할 때 사용할 수 있도록 잎(chloroplast) 대신 꽃과 과일(chromoplast), 뿌리와 배유(amyloplast) 등에 존재하는 색소체에서도 발현이 가능한 벡터카세트 개발의 필요성이 있다.

엽록체 형질전환시 동시에 도입되는 선발마커 역시 대부분 미생물유래의 항생제 저항성 유전자를 사용한다. 엽록체 유전자들이 모계유전을 함에도 불구하고 선발마커 유전자들이 야생형 또는 미생물로 이동할 가능성을 배제할 수는 없다. 따라서 엽록체 형질전환에서도 마커프리 시스템이 요구된다. 최근 CRE/lox system과 pigmentation mutant phenotype의 restoring system을 이용하여 선발마커만을 효율적으로 제거하는 방법이 연구되고 있다(Klaus *et al.*, 2004; Maliga, 2003). 아울러 최근에는 대두, 당근, 목화의 경우 embryogenic callus를 사용하여 엽록체 형질전환을 시도하여 비교적 높은 형질전환 효율을 얻은 연구결과가 있어 엽록체 형질전환 기술의 작물로의 적용이 매우 고무적이라고 하겠다.

참고문헌

- Boynton JE, Gillham NW, Harris EH, Hosler JP, Johnson AM, Jones AR, Randolph-Anderson BL, Robertson D, Klein TM, Shark KB and others (1988) Chloroplast transformation in *Chlamydomonas* with high velocity microprojectiles. Science 240(4858): 1534~8
- Carrer H, Hockenberry TN, Svab Z, Maliga P (1993) Kanamycin resistance as a selectable marker for plastid transformation in tobacco. Mol Gen Genet 241(1-2): 49~56
- Daniell H, Datta R, Varma S, Gray S, Lee SB (1998) Containment of herbicide resistance through genetic engineering of the chloroplast genome. Nat Biotechnol 16(4): 345~8
- Daniell H, Muthukumar B, Lee SB (2001) Marker free transgenic plants: engineering the chloroplast genome without the use of antibiotic selection. Curr Genet 39(2): 109~16
- Daniell H, Chebolu S, Kumar S, Singleton M, Falconer R (2005) Chloroplast-derived vaccine antigens and other therapeutic prteins. vaccine 23(15): 1779~83
- Daniell H, Kumar S, Dufourmantel N (2005) Breakthrough in chloroplast genetic engineering of agronomically important crops. Tips 23(5):238~45
- De Cosa B, Moar W, Lee SB, Miller M, Daniell H (2001) Overexpression of the *Bt cry2Aa2* operon in chloroplasts leads to formation of insecticidal crystals. Nat Biotechnol 19(1): 71~4
- DeGray G, Rajasekaran K, Smith F, Sanford J, Daniell H (2001) Expression of an antimicrobial peptide via the chloroplast genome to control phytopathogenic bacteria and fungi. Plant Physiol 127(3): 852~62
- Dufourmantel N, Tissot G, Goutorbe F, Garcon F, Muhr C, Jansens S, Pelissier B, Peltier G, Dubald M (2005) Generation and analysis of soybean plastid transformants expressing *Bacillus thuringiensis* Cry1Ab protoxin. Plant Mol Biol 58(5): 659~68
- Iamtham S, Day A (2000) Removal of antibiotic resistance genes from transgenic tobacco plastids. Nat Biotechnol 18(11): 1172~6
- Jeong SW, Jeong WJ, Woo JW, Choi DW, Park YI, Liu JR (2004) Dicistronic expression of the green fluorescent protein and antibiotic resistance genes in the plastid for selection and tracking of plastid-transformed cells in tobacco. Plant Cell Rep 22(10): 747~51
- Khan MS, Maliga P (1999) Fluorescent antibiotic resistance marker for tracking plastid transformation in higher plants. Nat Biotechnol 17(9): 910~5
- Klaus SM, Huang FC, Golds TJ, Koop HU (2004) Generation of marker-free plastid transformants using a transiently cointegrated selection gene. Nat Biotechnol 22(2): 225~9
- Kota M, Daniell H, Varma S, Garczynski SF, Gould F, Moar WJ (1999) Overexpression of the *Bacillus thuringiensis (Bt)* Cry2Aa2 protein in chloroplasts confers resistance to plants against susceptible and Bt-resistant insects. Proc Natl Acad Sci U S A 96(5): 1840~5
- Kumar S, Dhingra A, Daniell H (2004) Plastid-Expressed Betaine Aldehyde Dehydrogenase Gene in Carrot Cultured Cells, Roots, and Leaves Confers Enhanced Salt Tolerance. Plant Physiol 136: 2843~2854
- Lee SB, Kwon HB, Kwon SJ, Park SC, Jeong MJ, Han SE, Byun MO, Daniell H (2003) Accumulation of trehalose within transgenic chloroplasts confers drought tolerance. Mol. Breed 11: 1~13

- Maliga P (2002) Engineering the plastid genome of higher plants. Curr Opin Plant Biol 5(2): 164~72
- Maliga P (2003) Progress towards commercialization of plastid transformation technology. Trends Biotechnol 21(1): 20~8
- Maliga P (2004) Plastid transformation in higher plants. Annu Rev Plant Biol 55: 289~313
- McBride KE, Svab Z, Schaaf DJ, Hogan PS, Stalker DM, Maliga P (1995) Amplification of a chimeric Bacillus gene in chloroplasts leads to an extraordinary level of an insecticidal protein in tobacco. Biotechnology (N Y) 13(4): 362~5
- Svab Z, Hajdukiewicz P, Maliga P (1990) Stable transformation of plastids in higher plants. Proc Natl Acad Sci U S A 87(21): 8526~30
- Svab Z, Maliga P (1993) High-frequency plastid transformation in tobacco by selection for a chimeric *aadA* gene. Proc Natl Acad Sci U S A 90(3): 913~7
- Tregoning JS, Nixon P, Kuroda H, Svab Z, Clare S, Bowe F, Fairweather N, Ytterberg J, van Wijk KJ, Dougan G and others (2003) Expression of tetanus toxin Fragment C in tobacco chloroplasts. Nucleic Acids Res 31(4): 1174~9

04

*Agrobacterium tumefaciens*에 의한 식물형질전환 과정의 분자생물학적 이해

남재성
동아대학교 분자생명공학부

Ⅰ. 서론

야생의 *Agrobacterium tumefaciens*는 대부분의 쌍떡잎식물과 일부의 외떡잎식물의 상처난 조직에 감염하여서 주변의 세포에 무조절적인 분열을 유도하고 그 결과로 근두암종(crown gall)이라는 식물 병을 발생시키는 식물 병원성 토양 세균이다(Matthew and Dandekar, 2003; Gelvin, 2003). 이러한 *Agrobacterium tumefaciens*에 의한 근두암종의 형성과정에 대한 분자생물학적 연구의 중요한 시발점은 Zaenen 등(1974)에 의한 Ti-(Tumor inducing)-plasmid의 발견이다. 그 후 10여 년간의 Ti-plasmid에 대한 집중적인 분자생물학적 연구는 어떻게 *Agrobacterium tumefaciens*는 필요로 하는 영양분을 끊임없이 얻기 위해서 식물세포를 유전공학적으로 변형된 세포공장으로 변화시키는가에 대한 기본 메커니즘을 밝혔다. 특히, Chilton 등(1977)의 선구자적 연구로 밝혀진 Ti-plasmid의 일부영역(T-DNA)이 식물세포의 유전체에 안정하게 삽입되어서 감염된 식물세포의 유전적 형질을 변형시킨다는 사실은 *Agrobacterium*의 Ti-plasmid를 이용한 식물형질전환 방법의 개발 가능성을 최초로 제시했을 뿐만 아니라 식물 분자생물학이라는 새로운 학문을 가능하게 했다. 실제로 최근의 많은 식물 분자생물학적, 분자유전학적 연구 성과(특히 새로운 유전자들의 기능에 관한 연구)들은 *Agrobacterium*에 의한 식물형질전환 방법의 확립으로 가능했다.

*Agrobacterium*에 의한 식물형질전환 방법은 지금까지 알려진 다른 식물형질전환 방법들보다 효율적이고 경제적이며 쉽게 이용할 수 있을 뿐 아니라 외래 유전자의 식물체의 유전체에 삽입하는 형태가 간단하여서 유전학적으로 조절이 가능한 것 등의 많은 장점들이 있기 때문에 현재 가장 많이 보편적으로 사용되는 식물형질전환 방법이다(Hansen, 1999; Gelvin, 2003). 최근의 다양한 binary vector 체계와 selection marker들의 개발과 조직배양기술의 발전은 *Agrobacterium*을 이용한 식물형질전환 방법의 효율성을 증가시켰을 뿐만 아니라 *Agrobacterium*이 이용 가능한 기주 범위를 확대시키고 있다. 그러나 아직도 농업적으로 중요한 많은 작물들은 *Agrobacterium*을 이용한 형질전환이 어려우므로 보다 효율적인 식물형질전환 방법의 개발이 절실하다. 지난 30여 년 동안 *Agrobacterium* *tumefaciens*를 이용한 많은 분자생물, 분자유전학적 연구 결과들로 인해서 전체 형질전환 과정 중에서 박테리아가 관여하는 초기의 중요한 작용 메커니즘은 거의 대부분 밝혀졌다. 실제로 이러한 기초 연구결과를 바탕으로 *Agrobacterium*의 감염성을 증가시킴으로써 식물체의 형질전환 효율을 크게 향상시켰다(Ke *et al.*, 2001). 한편 전체 형질전환 과정 중에서 식물체의 인자들이 관여할 것으로 생각되는 후반부 과정의 조절 메커니즘은 거의 밝혀져 있지 않고 있다. *Agrobacterium*과 기주 식물체 간의 분자생물학적 상호작용의 완전한 이해를 위해서는 식물체 유래의 형질전환 조절인자들의 기능 규명은 반드시 선행되어야 할 연구분야다. 최근에 yeast two hybrid를 이용한 *Agrobacterium*에 의한 식물형질전환에 여러 가지 중요한 역할을 하는 VirD2, VirE2, VirB2 단백질과 물리적으로 결합하는 식물 단백질의 분리 및 *Agrobacterium*에 의한 식물형질전환 과정에서의 기능의 규명은 괄목할 만한 성과를 얻고 있으며 효율적인 *Agrobacterium*에 의한 식물형질전환 방법의 개발에 크게 기여할 것으로 기대된다.

본 총설에서는 지금까지 밝혀진 *Agrobacterium*과 기주 식물체 간의 분자생물학적 상호작용을 이해하고 조직배양 과정에서 조절되는 환경적 요인을 함께 고려함으로써 *Agrobacterium*에 의한 식물형질전환 과정의 총체적인 이해를 돕고자 한다.

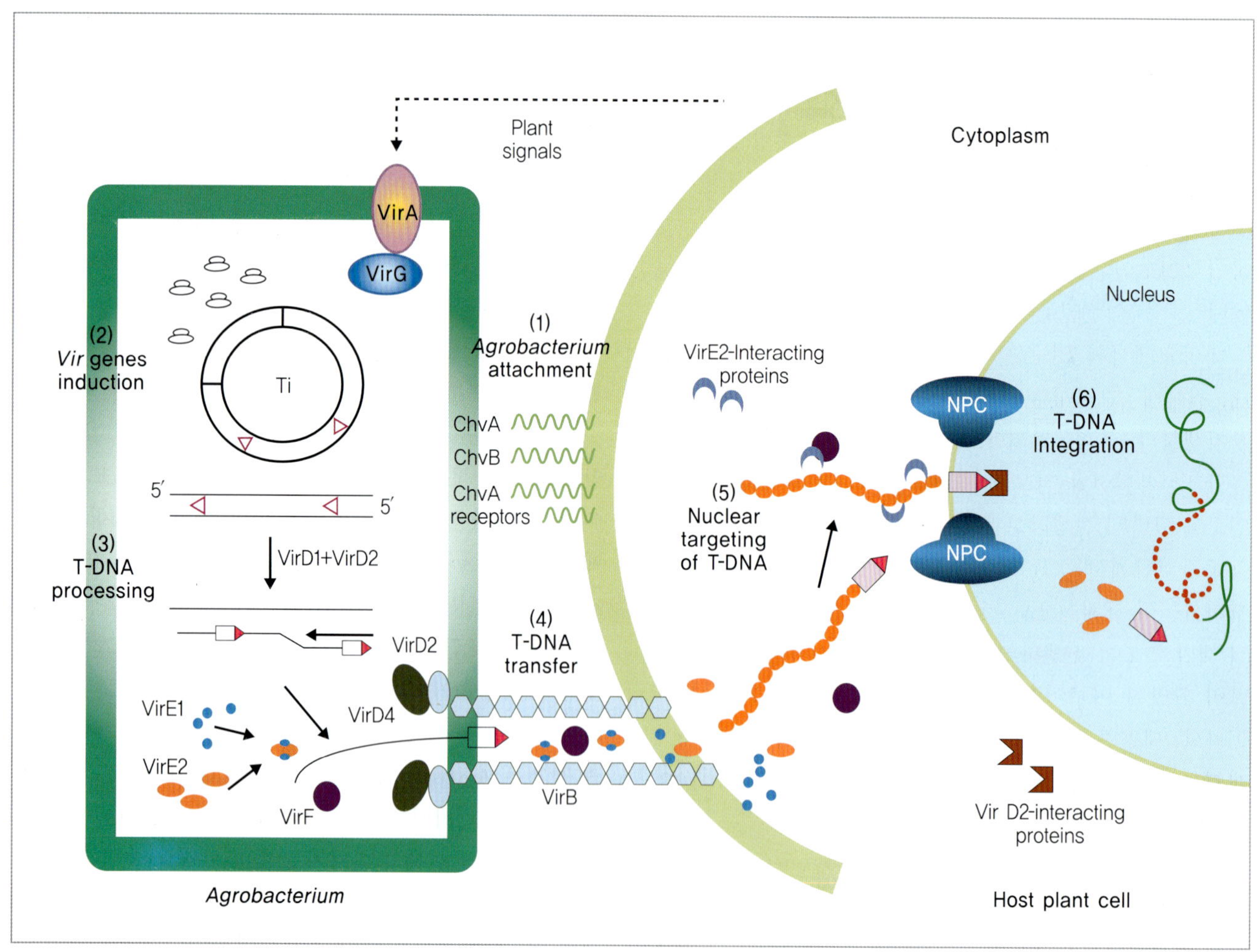

그림 4-1 *Agrobacterium*을 매개로 하는 식물형질전환 과정에서의 식물체와 박테리아 간의 분자 수준에서의 상호작용

Ⅱ. *Agrobacterium*과 기주 식물체 간의 분자생물학적 상호작용

그림 4-1에서 나타난 바와 같이 *Agrobacterium*에 의한 식물형질전환 과정은 *Agrobacterium* 유래의 인자뿐만이 아니라 기주 식물체 유래의 인자가 관여하는 복잡한 생물학적 상호작용의 결과다. 전체과정은 다음의 6단계로 크게 구분할 수 있으며, 지금까지 연구된 각 단계별의 분자생물학적 작용 메커니즘은 다음과 같다.

1. *Agrobaterium*의 식물세포에 부착

상처난 식물조직에서 유출되는 유기산, 아미노산, 당류에 대한 주화성(chemotaxis) 작용으로 모여든 Agrobacterium은 증식하면서 acetylated acidic capsular polysaccharide를 분비하여서 식물세포 표면에 약하게 부착한다. 이 과정은 박테리아의 염색체에 있는 *attR* 유전자에 의해서 합성이 조절된다. 다음 단계에서는 cellulose fiber가 박테리아의 염색체에 있는 cel 유전자들에 의해서 합성 분비되면서 박테리아는 단단히 식물세포 표면에 부착된다. 한편 cyclic β-1,2-glucan과 당류를 합성 분비에 관여하는 박테리아의 염색체에 있는 *chvA*, *chvB*, *pscA* 유전자들에 결함이 생긴 박테리아는 부착성과 감염성이 약화되는 것으로 미루어 이들 유전자들도 박테리아의 식물세포 표면 부착에 간접적으로 관여한다고 알려져 있다(reviewed in Gelvin, 2000; Tzfira and Citovsky, 2002).

*Agrobacterium*에 대한 감염성과 부착성이 약화된 애기장대 돌연변이체들을 이용해서 분리된 식물체 유전자들의 연구를 통해서 arabinogalactan protein, cellulose synthase-like protein 그리고 그 기능이 알려지지 않은 cell wall protein 등이 *Agrobacterium*이 식물세포 표면에 부착할 때 관여한다는 것이 밝혀졌다(Zhu *et al.*, 2003). 애기장대의 뿌리단편들에 arabinogalactan protein에 연결된 당쇄에 특이적으로 결합하는 Yariv reagent을 처리하면 *Agrobacterium*에 대한 감염성이 완전히 억제된다는 결과는 arabinogalactan protein에 연결된 당쇄 성분이 *Agrobacterium*이 식물세포 표면에 부착할 때 관여한다는 것을 제시한다(Gaspar *et al.*, 2004). 애기장대는 40개 이상의 arabinogalactan protein을 암호화하는 유전자들이 있으며, 이들 간의 *Agrobacterium*에 대한 특이성은 아직 밝혀져 있지 않다. 또한 동물세포에서 여러 종류의 병원성 세균의 부착에 관여하는 세포외 기질(extracellular matrix)의 중요 성분인 vitronectin에 특이적으로 반응하는 항체는 *Agrobacterium*의 식물세포 표면에 부착을 방해한다는 결과는 *Agrobacterium*의 부착 과정에 vitronectin과 유사한 식물체 유래의 단백질이 관여할 가능성을 시사한다(Wagner and Matthysse, 1992).

2. *vir* 유전자의 활성화

일반적인 박테리아들이 주변 환경의 변화를 인식하는 방법과 같이, *Agrobacterium*은 감염이 용이한 기주 식물세포의 존재를 인식하기 위해서 VirA와 VirG로 구성된 이원신호전달체계(two-components signaling system)를 이용한다. 세포막성 단백질인 VirA는 식물체의 상처에 대한 반응과정에 분비되는 acetosyringone과 같은 phenol계 화합물질을 직접 인식한다. 염색체에 존재하는 *chvE* 유전자에 의해서 암호화되는 glucose/galactose 결합 단백질은 VirA와 물리적으로 결합하면서 신호전달과정에 관여한다. 또한 VirA가 인식할 수 있는 phenol계 화합물질의 범위를 증가시키는 역할도 하는 것으로 보고되고 있다. 세포 바깥으로 도출된 VirA의 영역에 의한 phenol계 화합물질의 인식은 kinase domain을 가지고 있는 세포질 쪽의 VirA의 영역에 자기인산화(autophosphrtlation)를 유도하며 세포질에 존재하는 신호전달 단백질인 VirG에 인산기를 전달함으로써 세포외부의 변화를 세포 내로 전달한다. 인산화된 VirG는 감염성 *Agrobacterium tumefaciens*의 Ti-(tumor inducing) plasmid에 존재하는 *vir* (virulence) 유전자들의 프로모터에 존재하는 vir box enhancer element에 결합하여서 *vir* 유전자들의 전사과정을 조절한다(reviewed in Gelvin, 2000; Tzfira and Citovsky, 2002; Gelvin, 2003).

3. T-DNA processing과 T-strand 형성

VirA/VirG 이원신호전달체계에 의한 *vir* 유전자들의 활성화는 Ti-plasmid로부터 실질적으로 기주 식물세포로 전이되는 single-stranded DNA인 T-strand를 T-DNA 영역에서 5′에서 3′ 방향으로 가공해 낸다. 특히 VirD2는 Ti-plasmid에서 25 염기쌍으로 구성된 좌우측의 T-DNA border sequence를 인식하고 antisense 방향의 T-DNA border sequence의 세 번째와 네 번째 염기사이를 절단한 후에 형성되는 single strand DNA의 5′에 공유결합함으로써 박테리아의 Ti-plasmid에서 T-DNA 영역을 정확히 가공한다(Filichkin and Gelvin, 1993). 그 결과로 T-DNA 영역의 antisense single strand DNA인 T-strand가 형성된다. VirD1 단백질은 그 과정에 발생하는 T-DNA의 긴장을 완화시켜줌으로써 VirD2에 의한 T-strand 형성을 촉진한다(Filichkin and Gelvin, 1993).

4. Type 4 Secretion System을 통한 T-strand와 Vir 단백질의 식물세포로의 전이 및 T-complex 형성

T-strand와 5′에 공유결합으로 결합된 VirD2 단백질은 11종의 VirB 단백질들과 VirD4 단백질로 구성된 VirB 채널(Type 4 Secretion System)을 통해서 식물세포로 전이된다(Li *et al.*, 2005). VirB 채널은 *Agrobacterium*과 식물세포 사이를 연결하는 통로 역할을 하는 filamentous pilus와 실질적으로 기질을 세포막을 통해서 운반하는 transporter complex의 기능을 수행한다. *Agrobacterium*에서 형성되는 VirB 채널은 식물세포와의 물리적 접촉이 없이는 활성화되지 않는다는 결과는 식물세포 표면에 VirB 채널에 대한 특이적 수용체(receptor)의 존재 가능성을 시사한다(Zupan *et al.*, 1998). 최근엔 식물 유래의 단백질인 BTI는 VirB 채널의 중요 구성성분인 VirB2와 특이적으로 결합한다고 보고되었다(Hwang and Gelvin, 2004). 또한 이들 유전자가 결함이 된 애기장대 돌연변이체는 T-strand의 *Agrobacterium*에서 식물세포로의 전이가 방해되며 결과적으로 *Agrobacterium*의 감염에 저항성을 보인다. 이러한 결과는 이들 단백질이 VirB 채널에 대한 수용체의 기능을 수행하고 있음을 의미한다(Hwang and Gelvin, 2004).

한편 single strand binding 활성을 가진 VirE2 단백질은 *Agrobacterium*의 세포질에서는 VirE1과 결합함으로써 single strand binding 활성이 저해되어서 T-strand에 결합할 수 없으며, T-strand와는 별개로 VirB 채널을 통해서 식물세포로 전이된다(Deng *et al.*, 1999). 식물세포의 세포질에서 *Agrobacterium*에서 전이된 VirE2/VirE1 복합체는 분리되고 VirE2는 single stranded-DNA인 T-strand결합하여 T-strand/단백질 중합체인 T-complex를 형성한다. T-complex는 식물세포의 세포질에 존재하는 DNA 분해효소로부터 T-strand를 보호하며 거대한 T-strand를 효과적으로 핵으로 전이하는 이상적인 구조이다(Ziemienowicz *et al.*, 2001).

5. T-complex의 핵으로의 이동

식물세포의 핵막의 핵공 크기보다 큰 T-complex는 능동 수송과정을 거쳐서 핵으로 이동한다. T-complex의 핵으로의 이동은 비특이적인 T-strand를 감싸고 있는 VirE2와 VirD2 단백질의 nuclear localization sequence(NLS)를 특이적으로 인식하는 식물 유래의 importin-α와 같은 식물세포 내의 핵에 존재하는 단백질의 이송에 관여하는 단백질들이 관여하고 있다. 실제로 VirD2는 애기장대의 karyopherin-α family인 AtKAPα와 NLS 특이적으로 결합을 하며 핵으로 전이된다(Ballas and Citovsky, 1997; Tzfira *et al.*, 2001). 이러한 VirD2의 핵으로의 이동은 또 다른 VirD2와 결합하는 단백질인 PP2C(type 2 serine/threonine protein phosphatase)에 의해서 저해되므로 kinase에 의한 VirD2의 인산화는 핵으로 전이를 위한 중요한 신호로 작용할 것으로 생각된다(Tao *et al.*, 2004). 또한 VirD2의 기능은 chaperone의 기능을 하는 cyclophilin에 의해서도 조절된다고 보고되었다(Deng *et al.*, 1998). VirD2는 T-DNA의 핵으로의 전이에 필수적인 요인이나 T-DNA 크기에 제한이 있다. 크기가 큰 T-DNA의 완전한 핵 전이를 위해서는 VirE2의 도움이 필요하다(Ziemienowicz *et al.*, 2001). VirE2는 AtKAPα와는 직접적으로는 결합하지는 않지만 식물 유래의 단백질인 VIP1(VirE2 interacting protein)과 VIP2와 강하게 결합한 후에 karyopherin-α를 매개로하는 핵으로 전이가 이루어진다(Tzfira *et al.*, 2001). 특히 *VIP1* 유전자의 대량발현은 T-DNA의 핵으로의 전이를 증가시키므로 형질전환 효율이 증가한다고 보고되었다(Tzfira *et al.*, 2002). 또한 *Agrobacterium*의 기주결정 인자로 알려진 VirE3 단백질은 식물세포에서 VIP1과 같이 VirE2의 핵으로의 전이를 도우므로 VIP1 단백질이 적은 식물세포에선 *Agrobacterium*의 감염성을 증가시키는 요인이 될 것이라는 보고도 있다(Lacroix *et al.*, 2005).

6. T-DNA의 식물 염색체에 안정적 삽입

VirE2는 직접적으로 T-DNA의 삽입에는 관여하지 않지만 T-DNA를 식물세포의 DNA 분해효소로부터 보호하고 핵으로의 안전한 전이 그리고 핵 내에서 염색체로의 전이를 조절한다는 관점에서 T-DNA의 삽입을 위해서는 필요하다(Li *et al.*, 2005; Ziemienowicz *et al.*, 2001). 아직 T-DNA가 single strand 상태로 또는 double strand로 전환된 후에 식물 염색체에 삽입되는가는 명확하지 않지만, 핵으로 이동한 T-DNA가 식물 염색체에 삽입되기 전에 T-strand를 감싸고 있는 VirE2의 탈외피(uncoating) 과정이 필요하다. 최근에 *Agrobacterium*의 기주결정 인자로만 알려졌던 VirF는 식물세포로 전이된 후에 proteasome을 매개로 단백질의 분해에 관여하는 SCF 복합체에서 표적 단백질에 대한 특이성을 가지는 F-box 단백질의 기능을 하며, 실제로 핵에서 VirE2와 VIP1 단백질의 분해에 관여하는 것으로 보고되고 있다(Tzfira *et al.*, 2004).

T-strand의 5′에 공유결합으로 결합된 VirD2의 domain III는 integrase와 부분적으로 유사성을 가지며 T-DNA의 5′이 정확히 식물체의 염색체에 삽입이 되는 데 관여하고(Argos *et al.*, 1986) VirD2의 카르복실 말단에 존재하는 ω domain은 직접적으로 T-DNA가 식물체의 염색체에 삽입되는 효율을 조절한다고 보고되었다(Mysole *et al.*, 1998).

T-DNA가 식물체의 유전체에 삽입이 illegitimate recombination에 의해서 일어나므로 식물체의 DNA repair와 recombination에 관여하는 유전자들이 T-DNA의 삽입에 영향을 미치는 것으로 생각된다(Gheysen *et al.*, 1991; Mayerhofer *et al.*, 1991; Tzfira *et al.*, 2004). 방사선에 매우 민감한 반응을 보이는 *rad5* 돌연변이체는 야생종에 비해서 T-DNA의 삽입효율이 15% 정도 낮아서 *Agrobacterium*에 저항성 형질을 가진다(Nam *et al.*, 1999). 최근엔 *rat5* (resistance to Agrobacterium transformation) 돌연변이체들의 분리와 분석을 통해서 histone H2A와 같이 chromosome의 구조 조절에 관여하는 식물체의 단백질이 T-DNA의 삽입에 직접적인 영향을 미친다는 것을 밝혔다(Mysole *et al.*, 2000). 이러한 연구결과는 T-DNA가 일반적으로 전사조절이 활발히 일어나는 euchromatin 영역에 높은 빈도로 삽입된다는 실험적 결과와 일치한다(Schneeberger *et al.*, 2005).

III. *Agrobacterium*에 의한 식물형질전환에 영향을 미치는 환경적 요인

일반적인 식물병원균에 의한 발병률을 병원균, 기주식물, 환경적 요인들의 상호관계로 그 정도가 조절되는 병삼각형(disease triangle)으로 나타내듯이, *Agrobacterium*에 의한 식물형질전환 효율 또한 병원균, 기주식물, 그리고 조직배양적 환경에 의해서 조절된다. 앞에서 언급한 *Agrobacterium*과 기주 식물체와의 상호작용과 함께 조직배양 과정의 환경은 *Agrobacterium*에 의한 식물형질전환 효율에 큰 영향을 미친다. 일반적인 식물형질전환 방법에 의하면, *Agrobacterium*에 감염시키기 전에 식물조직을 식물호르몬으로 전 처리하는 과정을 거친다. 2~3일 동안 식물호르몬으로 전 처리된 식물조직은 세포분열과 탈분화가 촉진되면서 *Agrobacterium*에 대한 competency가 증가된다(Chateau *et al.*, 2000). 아직 정확한 작용기작은 모르나, 식물호르몬 처리로 인한 왕성한 세포분열 후에 새로이 형성되는 얇은 세포벽, microtubule 구성의 변화, T-DNA 삽입에 용이한 S-phase 단계의 식물세포의 증가 등은 *Agrobacterium*에 의한 식물형질전환 효율에 영향을 주는 것으로 보고되고 있다(Sangwan *et al.*, 1992). 식물호르몬 전 처리 과정은 식물체의 유전자형에 따른 *Agrobacterium*에 대한 competency를 극복하는 가장 간단한 방법으로 많이 이용되고 있다. 실제로 식물체의 특정 조직을 직접 사용하는 대신에 이들로부터 유도된 embryonic callus에 *Agrobacterium*을 감염시키고 형질전환된 callus로부터 식물체를 재생해내는 방법은 벼의 형질전환 방법에 일대 혁신을 가져왔고 지금까지 거의 불가능했던 고추에도 새로운 형질전환방법의 확립을 가능하게 했다(Hiei *et al.*, 199420; Lee *et al.*, 2004).

다른 식물 병원균이 기주 식물체에 감염하면 식물세포는 병저항성 반응을 보는 것과 같이 *Agrobacterium*에 의한 식물형질전환 과정에서 박테리아와 식물조직과의 공생배양은 식물조직에 스트레스 반응 작용을 유도한다. 이러한 스트레스 반응이 과도하면 식물조직은 괴사된다. 그러나 유전자 대 유전자 가설에 의한 과민성 반응은 보이지 않는다. 최근에 개발되고 있는 새로운 조직배양학적 기술은 *Agrobacterium*에 의한 식물형질전환 과정에 발생하는 식물조직의 스트레스 반응 작용을 완화시킴으로써 *Agrobacterium*의 기주 범위를 넓히고 있을 뿐만 아니라 형질전환 효율을 증대시키고 있다. 적정량 항산화제인 thiol-compound를 공생배양 배지에 첨가하는 새로운 시도는 그동안 *Agtobacterium*에 의한 형질전환이 어려운 작물로 인식되어온 콩(Olhoft *et al.*, 2003)과 옥수수(Frame *et al.*, 2002)에서의 형질전환 효율을 크게 증가시켰다. 첨가된 항산화제는 형질전환 과정의 상처나 *Agrobacterium* 과의 공생배양에 의한 스트레스에 대한 반응으로 발생하는 활성산소(ROS)의 독성을 감소시킴으로써 식물세포에 대한 *Agrobacterium*의 감염성을 증가시켰을 뿐만 아니라 성공적으로 형질전환된 식물세포의 회복력을 증가시켰다. 그 결과로 형질전환 효율이 증가된 것으로 생각된다. 유사한 결과로 catalase가 결함이 된 *Agrobacterium*은 감염할 때, 기주식물의 스트레스 반응으로 증가된 H_2O_2에 대한 해독력 부족으로 인해 감염성이 크게 떨어지는 것으로 보고되었다(Xu *et al.*, 2001). 또한 동물 유래의 세포사멸 저해 유전자, Bcl-xL과 Ced-9와 baculovirus 유래의 세포사멸 저해 유전자, p35와 iap(inhibitor of apotosis)의 대량발현은 상처나 박테리아와의 공동배양에 의한 식물조직의 스트레스에 의한 괴사(세포사멸) 현상을 억제하므로 *Agrobacterium*에 의한 식물형질전환의 효율을 증가시킨다고 보고되었다(Hansen, 2000; Qiao *et al.*, 2002). 이러한 결과는 식물세포의 스트레스에 대한 내성력 또는 형질전환 과정 중에 발생하는 스트레스의 감소는 *Agrobacterium* 에 의한 식물형질전환 빈도에 영향을 미치는 중요한 요인임을 의미한다.

IV. 향후 발전방향 및 전망

모델 식물체로 널리 사용되는 애기장대를 이용함으로써 지금까지는 어려웠던 *Agrobacterium tumefaciens*의 감염에 대한 기주 식물체의 다양한 반응에 대한 분자생물학, 분자유전학적 연구들이 성공적으로 수행되고 있다. Gelvin group은 *Agrobacterium*과 기주 식물체와의 상호작용 연구에 애기장대를 이용하여서 처음으로 감염성에 차이가 있는 돌연변이체들을 분리하고 *Agrobacterium*에 의한 식물형질전환에 관여하는 식물 유전자를 분리하였다. 그리고 이들을 이용한 *Agrobacterium*에 의한 식물형질전환 효율을 증대시킬 수 있는 방법들을 제시하고 있다(Gelvin, 2003). 최근의 애기장대를 비롯한 모델 식물체의 전체 유전체의 염기서열 분석의 완성으로 얻어지는 유전자 정보들과 reverse genetic screening 방법을 위한 T-DNA 또는 heterogous transposon이 삽입된 mutant library들의 활용은 이 분야의 연구를 가속화하고 있다. 특히 DNA chip과 proteomics 기술은 *Agrobacterium*의 감염에 대해서 특이적으로 반응하는 유전자와 단백질의 유전체적 수준에서 연구를 가능하게 하고 있다(Ditt *et al.*, 2001; Veena *et al.*, 2003). 이러한 연구는 각 식물체 또는 식물조직 간에 존재하는 *Agrobacterium*에 의한 식물형질전환 효율의 차이를 설명하고 형질전환 효율을 높이는 데 도움을 줄 뿐만 아니라, *Agrobacterium tumefaciens*은 식물형질전환에 필요한 많은 과정들을 수행하기 위해 식물체 내의 분자세포생물학적 장치들을 이용하기 때문에 식물체가 세포벽 생합성, 단백질과 DNA의 핵으로 이동, DNA repair과 recombination 같은 기본적인 세포생물학적 과정들을 수행하는 기본 메커니즘을 이해하는 데도 도움을 줄 것이다. 특히 T-DNA가 식물체의 염색체에 삽입되는 과정에 관련하는 식물 유전자들의 분리와 기능 규명은 고등식물체에서는 nonhomologous recombination에 비해서 상대적으로 매우 낮은 빈도로 일어나는 homologous recombination의 빈도의 향상을 통해서 원하는 유전자를 특이적으로 knock-out시킨 후 나타나는 돌연변이의 형질을 조사할 수 있는 gene targeting 방법의 개발에도 기여할 것이다.

참고문헌

- Argos P, Landy A, Abremski K, Egan JB, Haggard-Ljungquist E, Hoess RH, Kahn ML, Kalionis B, Narayana SV, Pierson LSD, Sternberg N, Leong JM (1986) The integrase family of site-specific recombinase: regional similarities and global diversity. EMBO J 5: 433~440
- Ballas N, Citovsky V (1997) Nuclear localization signal binding protein from Arabidopsis mediates nuclear import

of Agrobacterium VirD2 protein. Proc Natl Acad Sci USA 94: 10723~10728
- Chateau S, Sangwan R, Sangwan-Norreel BS (2000) Competence of Arabidopsis thaliana genotypes and mutants for Agrobacterium tumefaciens-mediated gene transfer: role of phytohormones. J Exp Bot 51: 1961~168
- Chilton MD, Drummond MH, Merlo DJ, Sciaky D, Montoya AL, Gordon MP, Nester EW (1977) Stable incorporation of plasmid DNA into high plant cells: the molecular basis of crown gall tumorigenesis. Cell 11: 263~271
- Deng W, Chen L, Wood DW, Metcalfe T, Liang X, Gordon MP, Comai L, Nester EW (1998) Agrobacterium VirD2 protein interacts with plant host cyclophilins. Proc Natl Acad Sci USA 95: 7040~7045
- Ditt RF, Nester EW, Comai L (2001) Plant gene expression response to Agrobacterium tumefaciens. Proc Natl Acad Sci USA 98: 10954~10959
- Filichkin SA, Gelvin SB (1993) Formation of a putative relaxation intermediate during T-DNA processing directed by the Agrobacterium tumefaciens VirD1 ,D2 endonuclease. Mol Microbiol 8: 915~926
- Gaspar YM, Nam J, Schultz CJ Lee LY, Gilson PR, Gelvin SB, Bacic A (2004) Characterization of the Arabidopsis lysine-rich arabinogalactan-protein AtAGP17 (rat1) that results in a decreased efficiency of Agrobacterium transformation. Plant Physiol 135: 2161~71
- Gelvin SB (2000) Agrobacterium and plant genes involved in T-DNA transfer and integration. Annu Rev Plant Physiol 51: 223~256
- Gelvin SB (2003) Agrobacterium-mediated plant transformation: the biology behind the "Gene-Jockeying" tool. Microbiol Mol Biol Rev 67: 16~37
- Gelvin SB (2003) Improving plant genetic engineering by manipulating the host. Trends Biotechnol 21: 95~98
- Gheysen G, Villarroel R, Van Montagu M (1991) Illegitimate recombination in plants. Genes Dev 5: 287~297
- Hansen G (2000) Evidence for Agrobacterium-induced apotosis in Maize cells. Mol Plant-Microbe Interact 13: 649~657
- Hansen G, Wright MS (1999) Recent advances in the transformation of plants. Trends Plant Sci 4: 226~231
- Hiei Y, Ohta S, Komari T, Kumashiro T (1994) Efficient transformation of rice (Oryza sativa L) mediated by Agrobacterium and sequence analysis of the boundaries of the T-DNA. Plant J 6: 271~282
- Hwang HH, Gelvin SB (2004) Plant proteins that interacts with VirB2, the Agrobacterium tumefaciens pilin protein, mediate plant transformation. Plant Cell 16: 3148~3167.
- Ke J, Khan R, Johnson T, Somers DA, Das A (2001) High efficiency gene transfer to recalcitrant okants by Agrobacterium tumefaciens. Plant Cell Rep 20: 150~156
- Lacroix B, Vaidya M, Tzfira T, Citovsky V (2005) The VirE3 protein of Agrobacterium mimics a host cell function required for plant genetic transformation. EMBO J 24: 428~437
- Lee YH, Kim HS, Kim JY, Jung M, Park YS, Lee JS, Choi SH, Her NH, Lee JH, Hyung NI, Lee CH, Yang SG, Harn CH (2004) A new selection method for pepper transformation; callus-mediated shoot formation. Plant Cell Rep 23: 50~58
- Li J, Woif SG, Elbaum M, Tzfira T (2005) Exploring cargo transport mechanics in the type IV secretion systems. Trends Microbiol 13: 295~298
- Li J, Krichevsky A, Vaidya M, Tzfira T, Citovsky V (2005) Uncoupling of the functions of the Arabidopsis VIP1 protein in transient and stable plant genetic transformation by Agrobacterium. 102, Proc Natl Acad Sci USA 102: 5733~5738
- Matthew MA, Dandekar AM (2003) Agrobacterium tumefaciens as an agent of disease. Trends Plant Sci 8: 380~386
- Mayerhofer R, Koncz-Kalman Z, Nawrath C, Bakkeren G, Crameri A, Angelis K, Redei GR, Schell J, Hohn B, Koncz C (1991) T-DNA integration: a model of illegitimate recombination in plants. EMBO J 10: 697~704
- Mysore KS, Bassuner B, Deng XB, Darbinian NS, Motchoulski A, Ream W, Gelvin SB (1998) Role of the Agrobacterium tumefaciens VirD2 proteins in T-DNA transfer and integration. Mol Plant-Microbe Interact 11: 668~683
- Mysore KS, Nam J, Gelvin SB (2000) An Arabidopsis histone H2A mutant is deficient in Agrobacterium T-DNA integration. Proc Natl Acad Sci USA 97: 948~953
- Nam J, Mysore KS, Gelvin SB (1998) Agrobacterium tumefaciens transformation of the radiation hypersensitive Arabidopsis thaliana mutants uvh1 and rad5. Mol Plant-Microbe Interact 11: 1136~1141
- Nam J, Mysore KS, Zheng C, Knue MK, Mattysse AG, Gelvin SB (1999) Identification of T-DNA tagged Arabidopsis mutants that are resistant to transformation by Agrobacterium. Mol Gen Genet 261: 429~438
- Qiao J, Mitsuhara I, Yazaki Y, Sakano K, Gotoh Y, Miura M, Ohasi Y (2002) Enhanced resistance to salt, cold and wound stresses by overproduction of animal cell death suppressors Bcl-xl and Ced-9 in tobacco cells- their possible contribution through improved function of organella. Plant cell Physiol 43: 992~1005
- Sangwan RS, Bourgeois Y, Brown S, Vasseur G, Sangwan-Norreel BS (1992) Characterization of competent cells and early events of Agrobacterium-mediated genetic transformation in Arabidopsis thaliana. Planta 188: 439~456
- Schneeberger RG, Zhang K, Tatarinova M, Kwok SF, Drais J, Klinger K, Orejudos F, Macy K, Bhakta A, Burns J, Subramanian G, Donson J, Flavell R, Feldman KA (2005) Agrobacterium T0DNA integration in Arabidopsis is

corrected with DNA sequence compositions that occur frequently in gene promoter regions. Funct Integr Genomics 5: 240~253

- Tao Y, Rao PK, Bhattacharjee S, Gelvin SB (2004) Expression of plant protein phosphotase 2C interferes with nuclear onport of the Agrobacterium T-complex protein VirD2. Proc Natl Acad Sci USA 101: 5164~5169
- Tzfira T, Citovsky V (2002) From host recognition to T-DNA integration: the function of bacterial and plant genes in the Agrobactrium-plant cell interaction. Mol Plant Pathol 1: 201~212
- Tzfira T, Vaidya M, Citovsky V (2001) VIP, an Arabidopsis protein that interacts with Agrobacterium VirE2, is involvrd in VirE2 nuclear import and Agrbacterium infectivity. EMBO J 20: 3596~3607
- Tzfira T, Vaidya M, Citovsky V (2004) Involvement of targeted proteolysis in plant genetic transformation by Agrobacterium. Nature 431: 87~92
- Veena, Jiang H, Doerge RW, Gelvin SB (2003) Transfer of T-DNA and Vir proteins to plant cells by Agrobacterium tumefaciens expression of host genes involved in mediating transformation and suppresses host defense gene expression. Plant J 35: 219~236
- Wagner VT, Mattysse AG (1992) Involvement of vitronectin-like protein in attachment of Agrobacterium tumefaciens to carrot suspension culture cells. J Bacteriol 174: 5999~6003
- Zaenen I, Van Larebake N, Geider K (1974) Supercoiled circular DNA in crown gall-inducing Agrobacterium strains. J Mol Biol 86: 109~127
- Ziemienowicz A, Merkle T, Schoumacher F, Hohn B, Rossi L (2001) Import of Agrobacterium T-DNA into plant nuclei: Two distinct functions of VirD2 and VirE2 proteins. Plant Cell 13: 369~383
- Zhu Y, Nam J, Carpita NC, Matthysse AG, Gelvin SB (2003) Agrobacterium-mediated root transformation is inhibited by mutation of an Arabidopsis cellulose synthase-like gene. Plant Physiol 133: 1000~1010
- Zupan JR, Ward D, Zambryski P (1998) Assembly of the VirB transport complex for DNA transfer from Agrobacterium tumefaciens to plant cell. Curr Opin Microbiol 1: 649~655

05

형질전환체의 선별방법

정원일
한국과학기술원 생물과학과

I. 서론

식물세포에 인공적으로 외래유전자를 도입할 수 있게 된 것은, 미생물 유래의 R-plasmid로부터 항생제 내성유전자를 분리할 수 있는 기술이 확립되고(Thompson *et al.*, 1982), 또 식물의 종양조직인 crown gall이 토양미생물 *Agrobacterium tumefaciens*의 Ti-plasmid를 이루는 DNA의 일부(T-DNA)가 식물게놈에 삽입된 결과라는 것이 밝혀지면서부터이다(Thomashow *et al.*, 1980). 그 후, Ti-plasmid에 R-plasmid 유래의 항생제 내성유전자나 또는 제초제 내성유전자와 같은 선발표지 유전자를 인위적으로 도입한 유전자 운반체가 개발되면서부터, 특정한 target 유전자가 도입된 형질전환 식물체들을 만들 수 있는 기술이 확립되었다(Hoekema *et al.*, 1983).

그 후 target 유전자가 들어 있는 세포를 선별적으로 증식시키는 데 결정적인 역할을 담당한 항생제 내성유전자와 제초제 내성유전자들에 대한 잠재적 위해성이 일부 시민단체들에 의해 제기되면서, 이들 선발표지유전자의 기능을 대체할 수 있는 유전자들의 개발에 대한 연구가 이루어졌고, 어느 정도 진전을 보게 되었다.

또 한편에서는 식물에서도 대사제어공학에 대한 연구가 진행되면서 여러 개의 외래유전자를 동일 식물에 도입하려는 연구들도 이루어졌고, 이런 과정에서 다양한 종류의 선발표지유전자의 개발에 대한 욕구도 높아졌다. 그 결과 여러 종류의 선발표지유전자들이 개발되었지만 범용성과 형질전환된 세포의 선별성이 뛰어난 선발표지유전자는 극히 제한적이다.

이러한 사회적 요구에 대한 해결의 수단으로 등장한 방법이 선발표지유전자를 형질전환된 식물체나 형질전환체 획득과정에서 제거하는 방법, 즉 다양한 negative selection 기법들이 고안되었다. 현재 기술적 발전을 거듭하여 몇 종류의 모델식물과 일부 주요작물에서 선발표지유전자를 갖지 않는 형질전환체를, 그것도 하나의 식물에 교배를 통하지 않고 여러 종류의 외래유전자를 갖는 식물체를 얻는 방법이 확립되어 있다.

II. 형질전환체의 선발원리

우리가 식물세포에 *Agrobacterium*을 이용하여 형질전환처리를 하게 되면, 보통 10^{-6}~10^{-3}정도의 극히 낮은 빈도의 세포만이 외래유전자를 갖게 된다. 그리고 나머지 대부분의 세포들은 외래유전자가 도입되지 않은 비형질전환세포로 남아 있게 된다. 따라서 이렇게 낮은 빈도의 형질전환세포를 갖는 세포집단을 통상적인 세포증식 방법으로 배양하여 형질전환식물체를 얻는다는 것은 현실적으로 불가능하다. 그래서 고안된 방법이 target 유전자 옆에 선발표지 유전자(보통 항생제 내성유전자나 제초제 내성유전자가 많이 이용되고 있다)를 연결시켜, 낮은 빈도이기는 하지만 형질전환세포를 유도한 다음, 선발표지 유전자의 특성(분자생물학적 또는 생화학적 특성)을 이용하여 형질전환된 세포만을 선별적으로 증식시키는 positive selection방법이다. 이 방법을 이용하게 되면, 형질전환된 세포들만으로 이루어진 세포집단을 비교적 손쉽게 얻을 수 있게 되고, 이들 세포집단으로부터 식물체를 재분화시키면, 그것이 곧바로 특정 외래유전자가 도입된 식물체가 된다.

즉, 극히 낮은 빈도의 형질전환세포가 혼재된 식물세포 집단이라 해도 항생제가 함유된 배지에서 배양하게 되면 항생제 내성유전자로 형질전환된 세포는 분열을 계속하는데 반하여, 형질전환이 되지 않은 세포는 항생제의 독성 때문에 사멸하게 되어, 결과적으로 형질전환된 세포들의 집단을 얻게 된다. 따라서 보통의 경우, 재분화계가 잘 확립되어 있는 식물에서는 비교적 손쉽게 외래유전자가 도입된 식물체를 얻을 수 있게 된다.

이와 같이 선발표지유전자를 이용하여 특정 target 유전자로 형질전환된 세포만을 선별적으로 증식시켜 형질전환체를 얻는 방법을 positive selection 기법이라 하며, 이 방법이 다양한 식물형질전환체를 만드는 기본원리이면서 또한 형질전환체를 선별하는 기초적인 방법이다.

III. 주요 선발표지유전자들

현재 식물의 형질전환체 유도에 많이 사용되는 선발표지유전자들 중에는 *npt*II gene(kanamycin 저항성유전자, Valvekens *et al.*, 1988), *hph* gene(hygromycin 저항성유전자, Hooykass *et al.*, 1992), *bar* gene(BASTA 내성유전자, Spencer *et al.*, 1990) 등이 있으며, 이들은 target 유전자로 형질전환된 세포들을 항생제나 제초제가 들어있는 배지 위에서 선별적으로 증식시키고, 비형질전환세포들을 사멸시키는 이른바 positive selection에 이용된다.

이들 중에서 *ntp*II gene은 식물의 형질전환체 유도에 현재 가장 보편적으로 사용되고 있는 선발표지유전자이다. 그러나 벼를 비롯한 몇몇 식물에서는 형질전환된 세포에 대한 선별력이 약해 *hph* gene을 선발표지유전자로 이용하는 경우가 있다. 이들 두 유전자는 선발배지에 함유된 kanamycin이나 hygromycin의 독성으로부터 형질전환된 세포를 보호하는 기능이 있어 target 유전자가 도입된 세포만을 선별적으로 증식시킨다. 그리고 *bar* gene도 제초제의 주 원료인 phosphinothricin(독성이 강한 아미노산 유도체)이 함유된 선발배지에서 독성물질인 phosphinothricin을 독성이 없는 N-acetyl phosphinothricin으로 전환시키는 기능이 있어, 형질전환된 세포만을 효율적으로 선별 증식시키는 데 이용할 수 있다. 그래서 *bar* gene은 현재 다양한 식물에서 형질전환용 선발표지 유전자로 많이 이용되고 있을 뿐만 아니라 제초제 내성 작물의 개발에도 널리 이용되고 있다.

그 밖에도 ampicillin 내성유전자(*bla* gene)와 streptomycin 내성유전자(*aad3* gene) 등도 식물에서 선발표지유전자로 이용할 수 있으나, 형질전환된 세포의 선별력이 앞에서 언급한 세 종류의 유전자(*ntp*II gene, *hph* gene, *bar* gene)보다 낮아, 현재 거의 사용하지 않고 있다.

한편, 지금까지 선발표지유전자로 개발된 항생제내성유전자나 제초제 내성유전자들에 대한 잠재적위해성 문제가 일부 시민단체들로부터 제기되면서, 잠재적 위해성이 낮은 선발표지유전자의 개발에 대한 관심이 높아졌고, 그 결과 우리가 식용으로 하는 동물이나 식물의 생장이나 대사 계를 조절하는 유전자들을 선발표지유전자로 이용하려는 연구들이 이루어졌다. 이러한 목적에서 개발된 선발표지유전자들 중에는 mannose나(Joersbo *et al.*, 1998) xylose와 같이(Haldrup *et al.*, 1998) 에너지 대사물질을 분해하는 효소들의 유전자들이 많으며, 이들은 일반적으로 형질전환된 세포에 선별적으로 성장기능을 부여하기 때문에 positive selection용 선발표지유전자로 활용되고 있다. 그리고 cytokinin이나(Okkels *et al.*, 1997) glucuronide(Joersbo *et al.*, 1996)와 같은 식물 생장조절제를 생산하는 데 관여하는 유전자들도 형질전환된 세포들의 성장이나 분화를 선별적으로 제어할 수 있어 선발표지유전자로 활용되고 있다.

IV. 선발표지유전자의 잠재적 위해성 논란

식물에 외래유전자를 도입하는 방법이 개발되면서, 사람들은 형질전환된 식물이 인류의 식량문제는 물론, 공업화로 오염된 토양의 정화와 고갈되어가는 석유화학제품의 원료생산 및 고가의 의료물질생산 등 우리의 삶의 질을 크게 높여줄 것으로 기대하였다. 그런데 막상 형질전환식물이 시판되자 곧바로 뜻하지 못한 사회적 저항을 맞게 되어 형질전환 작물의 산업화가 크게 주춤거리고 있다.

형질전환 작물에 대한 사회적 저항은 윤리적 측면과 사회적 측면에서 여러 문제들이 제기되고 있지만, 특히 형질전환 작물의 실용화에서 문제가 되는 것은 형질전환체를 제작할 때 target 유전자가 들어간 세포를 선별적으로 증식시키기 위해 사용된 이른바 선발표지유전자의 잠재적 위해성 때문이다.

여기서 제기되는 잠재적 위해성은 크게 두 가지로 나누어지며, 그 중 하나는 미생물 유래의 선발표지유전자 산물(단백질)이 사람의 건강에 미칠 수 있는 위해성에 관한 문제이고, 또 다른 하나는 선발표지유전자가 생태계로 유출되어 생태계를 교란할 가능성이 있다는 것이다.

시민단체가 제기한 이들 문제점들은 형질전환식물체가 실용화되기 위해서는 꼭 해결하여야 할 문제임에는 틀림없다. 왜냐하면 대부분의 선발표지유전자는 우리가 식용으로 하지 않는 미생물에서 분리된 것이고, 특히 그들의 대부분은 항생제 내성유전자이기 때문이다.

그런데 우리가 현재 알고 있는 생물학적 지식으로는, 항생제 내성유전자의 산물인 항생제 내성단백질은 소화효소에 의해 대부분 분해되어 항생제 내성단백질로서의 기능이 상실된다. 가령 일부의 단백질이 남아 있다고 해도 그들이 장내세균이나 사람에게 항생제 내성을 부여할 가능성은 없다. 왜냐하면 단백질은 세균이나 동물세포를 형질전환시킬 수 있는 기능이 없기 때문이다.

그리고 일부 시민단체가 제기하는 또 다른 하나의 문제는, 형질전환식물을 재배하거나 식용으로 사용하게 되면, 형질전환체에 있던 항생제 내성유전자가 장내세균이나 토양미생물로 전이되고, 이로 인해 새로운 항생제 내성 세균이 생길 가능성에 대해 염려하고 있다.

이 문제는 현실적 가능성은 거의 없다. 그러나 박테리아와 같은 미생물은 주변으로부터 유전물질인 DNA절편을 쉽게 흡수하는 transformation 기능을 갖고 있으므로, 매우 낮은 빈도이기는 하지만 그 가능성을 완전히 배제할 수는 없다. 즉, 진화의 확률만큼이나 낮은 빈도로 그 가능성은 열려 있다.

그래서 형질전환체를 실용화하기 위해서는, 형질전환된 식물에서 항생제 내성유전자가 미생물을 포함한 생태계로 나가지 않는다는 연구결과를 제시하라는 일부 시민단체의 요구가 지속적으로 제기되고 있는 상황이다.

V. 선발표지유전자가 없는 형질전환체의 육성기술의 개발

앞에서 언급한 사회적 요구, 즉 형질전환식물체를 만들 때 사용된 선발표지유전자들의 잠재적 위해성 문제점들을 해결할 수 있는 식물형질전환체 제작법의 개발에 대한 요구가 늘어나면서, 이를 해결하기 위한 다양한 방법들이 제안되었고, 그 중 일부는 기술적인 문제가 해결되어 선발표지유전자가 없는 형질전환체의 육성도 가능하게 되었다.

선발표지유전자를 갖지 않는 형질전환체 육성기법 가운데, 지금까지 개발된 주요 기법들은 co-transformation (Peerbolte *et al.*, 1985)과 recombinase-mediated excision(Gilbertson, 2003)으로 크게 나뉘며, 그들 중에서 co-transformation 기법이 간편하면서도 범용성이 높아 선발표지유전자가 없는 형질전환체 육성법으로 권장할만한 방법이다.

1. Co-transformation

Co-transformation에 의한 선발표지유전자 제거 방법의 핵심기술은 통상의 형질전환체 육성법과 같지만, 유전자 도입에 사용되는 유전자운반체를 한번에 두 종류 사용하는 것이 일반적인 형질전환식물체 육성법과 다르다.

이 방법에서, 1개의 vector에는 T-DNA 자리에 target 유전자만을, 그리고 또 다른 하나의 vector의 T-DNA 자리에는 선발표지유전자를 탑재시킨다. 그리고 이들 유전자운반체로 형질전환된 *Agrobacterium*을 적당한 비율(보통 같은 양으로 혼합하여 사용한다)로 혼합하고, 이를 통상적인 식물형질전환법으로 형질전환을 하면, 형질전환된 세포 중에는 target 유전자가 들어 있는 T-DNA와 선발표지유전자가 들어 있는 T-DNA가 서로 다른 염색체에 들어간 형질전환세포가 생성된다. 그리고 이렇게 형질전환된 세포는 선발배지 위에서 선발과정(positive selection)을 거치면서 증식하게 되고, 이어 재분화를 거치게 되면 target 유전자와 선발표지유전자를 다른 염색체 위에 갖는 형질전환된 식물(R0세대)이 된다. 그 후, 이 R0세대의 식물이 종자를 만드는 과정에서 멘델법칙에 따라 target 유전자를 갖는 염색체와 선발표지유전자를 갖는 염색체는 자연스럽게 서로 다른 배우체세포로 옮겨가게 된다. 따라서 R1세대에서 target 유전자만 들어간 개체가 만들어지고, 이를 PCR 기법이나 기타 생리적 또는 형태적 방법으로 선발하면 선발표지유전자가 없는 형질전환체를 얻을 수 있게 된다.

그러나 실제, 다수의 R1세대에서, 그것도 target 유전자가 도입된 식물에서 형태적으로나 생리적으로 특별한 선발지표가 없다면, target 유전자만이 들어간 개체를 선별한다는 것은 쉬운 일이 아니다. 따라서 R1세대에서 target 유전자만을 갖는 개체들을 효율적으로 선별하는 방법의 개발이 요망되었다. 이러한 요구에 적합한 기술이 최근에 개발된 바가 있는데(Park *et al.*, 2004) 이를 간략하게 소개하면 다음과 같다.

이 기술의 핵심은 선발표지유전자를 삽입하는 vector의 T-DNA에 선발표지유전자와 더불어 negative selection marker gene을 함께 더 삽입하는 것이다. 그리고 R1 세대의 종자를, negative selection marker gene의 산물과 반응하여 negative selection marker gene을 갖고 있는 종자의 발아나 생육을 저해하는 물질(negative selection agent)이 들어 있는 배지 위에서 발아시키는 것이다. 그러면 선발표지유전자를 갖고 있는 종자는 negative selection marker gene도 같이 갖고 있으므로, 이들 종자는 발아를 할 수 없거나 생육이 크게 지연되므로, 자연스럽게 target 유전자만을 갖는 개체를 육안으로도 손쉽게 선별할 수 있게 된다.

현재 negative selection marker gene으로 이용되고 있는 주요 유전자들 중에는 *cod*A(Koprek *et al.*, 1999), *cyt* P450(Koprek *et al.*, 1999), *iaa*H(Van Lijsebettens *et al.*, 1996), *ipt*(Ebinuma *et al.*, 1997) 등이 있으며, Park 등이(Park *et al.*, 2004) 사용한 negative selection marker gene은 대장균 유래의 *cod*A(cytosine deaminase) gene이었다. 그리고 negative selection agent로는 5-FC(5-fluorocytosine)를 사용하였다. 왜냐하면 *cod*A gene의 산물인 CodA단백질(효소)은 독성이 없는 5-FC를 deamination시켜 독성물질인 5-FU(5-fluorouracil)로 전환시키는 기능이 있기 때문에, *cod*A 유전자를 갖는 종자는 발아나 생육에 부정적인 영향이 있을 것으로 예측되기 때문이다. 그리고 실제, 실험의 결과도 *cod*A gene을 갖는 종자는 5-FC가 들어 있는 배지 위에서 발아하게 되면, 생육장애를 일으켜 육안으로도 쉽게 선별할 수 있음을 확인하였다(그림 5-1).

이는 *cod*A gene을 갖는 종자는 선발표지유전자도 갖게 되므로 *cod*A gene을 갖는 종자의 nagative selection을 통해 선발표지유전자를 갖는 R1 개체를 손쉽게 제거할 수 있음을 의미한다.

따라서 위에서 소개한 Park 등이 개발한 negative selection 방법을 활용하면, 일반적인 co-transformation 때, R1 개체 중에서 target 유전자만이 들어 있는 개체를 선별하기 위해 수행되었던 PCR 등과 같은 노력과 경비를 크게 절감할 수 있다. 그리고 이 기술은 종자를 생산하는 식물에서 사용가능한 방법이며, 특히 세대 길이가 짧고 종자를 많이 맺는 식물에서 추천할 만한 방법이다.

그림 5-1 codA에 의한 negative selection 결과

2. Recombinase-mediated excision

선발표지유전자를 갖지 않는 형질전환 식물체를 육성하는 또 다른 한 방법은 recombinase-mediated excision 방법이다. 이 방법에는 특징적으로 recombinase와 recombinase가 인식할 수 있는 특정 DNA sequence 2개가 사용되며, 이들의 작용으로 선발표지유전자가 형질전환체 식물 유도과정에서 제거된다.

현재 이러한 방법으로 선발표지유전자를 제거하도록 개발된 시스템은 모두 네 종류가 있으며, 그들은 다음과 같다. 즉, bacteriophage 유래의 P1 *Cre/lox*P 시스템(Russel *et al.*, 1992), *Saccharomyces cereviseae* 유래의 FLP/FRT 시스템(Lloyd *et al.*, 1994), *Zygosaccharomyces rouxii* 유래의 pSR1 시스템(Sugita *et al.*, 2000), 그리고 phage Mu 유래의 Gin recombinase 시스템(Maeser and Kahmann, 1991) 등이 그것이다. 그러나 이들 중에서, 현재 식물에서 선발표지유전자 제거에 가장 많이 이용되고 있는 시스템은 bacteriophage 유래의 *Cre/lox*P 시스템이다.

이들 시스템들의 공통적인 특징은, 앞에서 설명한 co-transformation 방법이 2개의 유전자운반체(vector)를 이용하는 데 반하여, 하나의 유전자운반체(vector)의 T-DNA 속에 선발표지유전자를 제거하는 데 관련된 모든 유전자들을 모두 삽입시키는 것이다(그림 5-2). 즉, T-DNA의 앞이나 뒤쪽에 먼저 도입하고자 하는 target 유전자를 넣고, 그 다음에 recombinase에 의해 인식되는 짧은 DNA sequence(예 *lox*P site 등) 2개를 같은 방향으로 배열시킨다. 이어 이들 2개의 recombinase 인식부위 사이에 positive selection marker로 사용할 선발표지유전자(예 *npt*II gene 등), negative selection marker으로 사용할 유전자, 그리고 *recombinase* 유전자(*Cre*) 등 세 종류의 유전자를 적당한 배열로 배치한다.

실제 이 시스템을 이용하여 선발표지유전자를 제거하는 연구들은, 대부분 NH Chua의 CLX vector 시스템(Guo *et al.*, 2003)과 Ebinuma의 MAT vector 시스템(Endo *et al.*, 2002)을 직접 이용하거나 그들을 변형한 것인데, 이들 시스템의 개요는 다음과 같다.

먼저 CLX vector 시스템인데, 이는 그림 5-2에서 보는 바와 같이 2개의 loxP 사이에 세 종류의 유전자를 탑재시키는데, 선발표지유전자로 *npt*II gene을, 그리고 recombinase gene으로는 *Cre* gene을 사용하였다. 그 밖에도 transcription factor XVE의 유전자도 2개의 loxP site 사이에 넣었는데, 이 XVE는 배지 중에 동물호르몬인 estradiol이 있으면 Cre의 promotor로 사용한 lexA operator에 부착하여 *recombinase* gene인 Cre의 발현을 크게 유도하도록 vector 시스템이 제작되어 있다.

따라서 이 vector를 사용하여 선발표지유전자가 없는 형질전환체를 얻는 과정을 정리하면 다음과 같다. 먼저 일반적인 방법으로 형질전환세포를 유도하고, 이어 kanamycin을 이용하여 형질전환체를 선발(positive selection)한다. 그리고 이렇게 얻은 형질전환체로부터 종

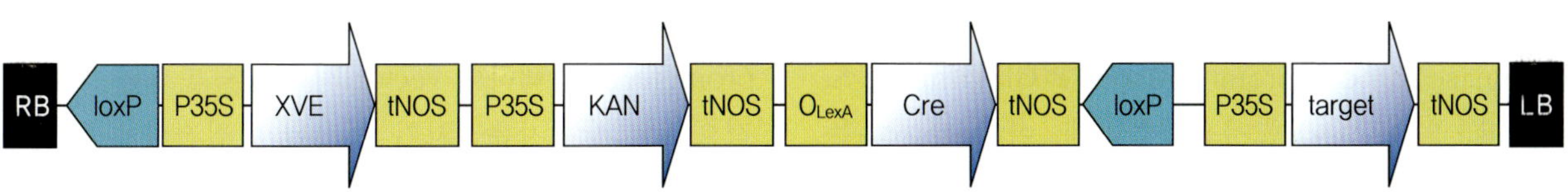

그림 5-2 CLX vector system의 모식도

그림 5-3 MAT vector system의 모식도

자를 얻고, 이를 다시 estradiol이 들어 있는 배지에서 발아시키면 앞에서 설명한 원리로 Cre의 발현이 활성화되므로, 2개의 loxP 사이에 위치한 선발표지유전자를 포함한 세 종류의 유전자가 제거된 세포가 증식하게 된다. 이렇게 인위적인 유도에 의한 방법으로 선발표지유전자가 없는 형질전환체를 얻을 수 있다.

이 vector 시스템은 recombinase를 활용하여 선발표지유전자가 제거된 형질전환체를 육성하는 방법으로 비교적 초기에 개발된 기술로 많이 인용되고 있다. 그런데 이 시스템의 단점 중의 하나는 estradiol이 들어 있는 배지에서 자란 식물이 반드시 선발표지유전자가 제거된 세포만으로 이루어졌다는 보장이 없다는 것이다. 다시 말해 이렇게 하여 만들어진 식물들은 키메라일 가능성이 높다는 것이다. 그리고 또 다른 문제점은 종자를 만들지 않거나 재분화 체계가 아직 확립되어 있지 않은 배양세포 시스템에서는 이 방법을 사용할 수 없다는 것이다.

그리고 또 다른 하나의 vector 시스템은 MAT(Multi autonomous transformation) vector인데, 이 시스템은 Ebinuma 등이 개발한 것이다. 그림 5-3에서 보는 바와 같이, 이 vector 시스템의 특징은 2개의 RS site(recombinase 인식 site) 사이에 두 종류의 유전자만 들어간다는 것이다. 그 중 하나는 *recombinase* 유전자이고, 또 다른 하나의 유전자는 식물의 apical dominance를 감소시키는 *ipt* (isopentenyl transferase) 유전자인데, *ipt* gene을 selection marker로 사용한 점이 특이하다. 이 *ipt* 유전자는 cytokin 생합성의 committed step에 관여하는 효소다. 그리고 recombinase gene의 promtor로 GSTP(Glutathione S-transferase Promoter)를 사용하였는데, 이 promotor는 chemical-inducible promoter이기 때문에 recombinase의 발현을 인위적으로 조절할 수 있는 장점을 갖고 있다(Sugita *et al.*, 2000).

실제 Ebinuma 등이 수행한 실험을 보면, MAT vector로 형질전환체를 유도하면 형질전환된 식물은 *ipt* gene의 산물이 apical meristem의 발달을 저해하므로 ESP(Extra shooty phenotype) 현상이 나타난다. 즉, 정상적인 shoot을 만들지 못한다. ESP현상을 나타내는 조직의 일부를 recombinase의 promoter인 GSTP의 활성을 유도하는 화학물질 safener가 들어간 배지로 옮기면, recombinase가 활성화되어 2개의 RS 사이에 위치한 *ipt* 유전자와 recombinase가 제거됨으로써 정상적인 shoots가 만들어진다(그림 5-4). 그리고 이들은 MAT vector를 이용하여 벼, 담배, 포플러 등에서 선발표지유전자가 없는 형질전환체를 얻었다.

그러나 이 시스템 역시, *ipt* gene 제거된 조직으로부터 정상적인 shoot을 얻을 수 있는 빈도가 극히 낮다는 단점을 갖고 있다. 그리고 재분화 시스템이 확립되지 않은 세포 배양계에서는 이 시스템을 이용할 수가 없다는 문제점을 갖고 있다.

따라서 앞에서 지적된 몇 가지 문제점들이 기술적으로 개선된다면, 선발표지유전자가 없는 형질전환체의 육성도 일반화될 것으로 기대된다. 그리고 *recombinase* 유전자를 연구자가 원하는 세포배양의 적당한 배양시기에 강력히 발현시켜야, 2개의 recombinase 인식부위 안쪽에 위치한 선발표지유전자들이 제거된 세포수를 많이 만들 수 있다. 따라서 NH Chua의 CLX 시스템이나 Ebinuma의 MAT vector를 변형하여 선발표지유전자가 없는 형질전환체를 만들고자 할 때는, 실험에 적합한 recombinase의 promoter를 선택하여 vector 시스템을 만드는 것이, 효율적으로 선발표지유전자가 제거된 형질전환체를 얻을 수 있는 핵심적 요소로 생각된다. 즉, 이러한 조건 특이적 promoter로 선발표지유전자들이 제거된 세포를 최대한 많이 만들어야만, target gene만으로 형질전환된 세포집단을 얻을 수 있고, 이 세포집단에서 재분화 식물체를 유도하면 선발표지유전자가 제거된 형질전환 식물체를 얻을 수 있기 때문이다. 따라서 recombinase의 발현을 유도하는 조건 특이적 promoter의 선택이 이 시스템의 성패를 결정짓는 가장 중요한 요소 중의 하나이다.

이런 이유에서 현재 recombinase의 promoter로 이용되고 있는 것들은, 식물 유래의 것보다는, 주로 동물호르몬에 의해서 특이적으로 발현이 유도되는 동물 유래의 유전자 promoter들이 많이 이용되고 있다. 그리고 에틸알코올에 의해 그 발현이 유도되는 유전자의 promoter(Roslan *et al.*, 2001)도 자주 이용되고 있다. 그런데 이렇게 해서 얻은 식물체들은, CLX 시스템에서 본 바와 같이, 선발표지유전자를 갖는 세포들도 혼재된 키메라가 될 가능성이 매우 높다. 따라서 선발표지유전자가 완전히 제거된 식물체를 얻기 위해서는 키메라 식물에서 다시 종자를 받고, R1 식물에서 PCR 등을 거쳐 선발표지유전자가 제거된 개체를 찾아야 하는 번거로움이 있다.

3. 최근의 연구동향과 전망

따라서 이러한 번거로운 과정을 줄여줄 수 있는 방법의 개발이 요망된다. 이에, 많은 연구실에서는 이러한 문제점을 개선할 수 있는 방법도 현재 개발중인데, 그들 중 본 연구진에 의해 개발이 진행중인 방법을 간단히 소개하면 다음과 같다.

즉, 그림 5-5에서 보는 바와 같이, 기존의 recombinase-mediated excision방법과 같지만, 2개의 recombinases 인식 site사이에 negative selection marker gene을 하나 더 삽입시키고, 세포 배양과정에 특수 chemical agent를 첨가하여 선발표지유전자를 갖는 세포들을 적극적으로 사멸시키는 기술이다. 즉, 항생제나 제초제로 형질전환 세포를 먼저 1차(positive selection) 선발을 하고, target 유전자와 선발표지유전자로 형질전환된 세포들이 어느 정도 증식하게 되면, recombinase gene의 발현을 일정기간 유도하면서 세포를 증식시킨 다음, 선발표지유전자가 아직 빠져나가지 않은 세포들을 적극적으로 사멸시키는 기법이다. 현재 본 연구팀이 사용하려고 하는 negative selection marker gene으로는 대장균 유래의 *arg*E gene이며(Kriete *et al.*, 1996), 이 유전자 산물과 반응을 일으켜 negative selection marker gene을 포함한 선발표지유전자가 들어있는 세포들을 적극적으로 사멸시키는 chemical agent로는 N-acetyl phosphinothricin을 생각하고 있다. 왜냐하면, argE는 *E. coli* 유래의 ornithine deacetylase로, 독성이 없는 N-acetyl phosphinothricin을 제초제 BASTA와 같은 독성을 보이는 phosphinothricin로 전환시켜, 결국 식물세포를 사멸시키는 능력이 있기 때문이다.

− Safener

+ Safener

그림 5-4 *ipt* gene을 이용한 재분화 시스템

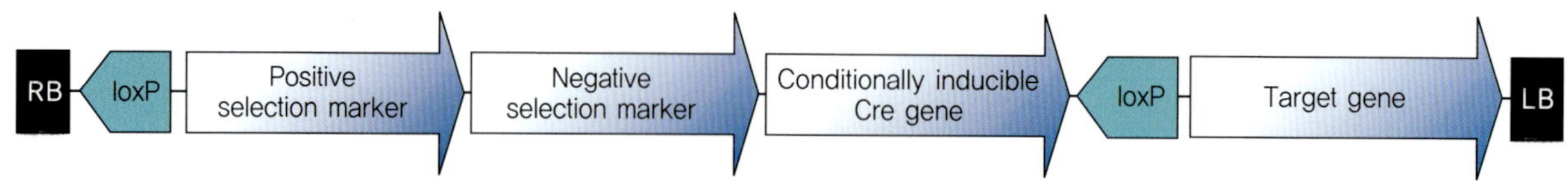

그림 5-5 Positive/Negative 선발표지 유전자를 사용한 selection marker 유전자 제거용 vector 모식도

그리고 이 시스템을 이용하면, 아직 재분화계가 확립되지 않은 배양세포 시스템에서도 선발표지유전자가 없는 형질전환 cell line을 만들 수 있을 것으로 기대된다. 또한 이 시스템은 기존에 개발된 어느 recombinase-mediated excision법보다 효율성과 범용성이 뛰어날 것으로 기대된다.

VI. 결론

이상에서 외래유전자의 도입에 의한 형질전환 식물체 육성기술의 발달과 현황에 대해서 간략히 검토하였다.

앞에서도 언급한 바와 같이, 식물에 외래유전자의 도입이 가능하게 된 것은, 미생물유래의 선발표지유전자를 발견하고, 또 식물의 종양조직인 crown gall이 토양미생물 *Agrobacterium tumefaciens*의 Ti-plasmid를 구성하는 T-DNA가 식물게놈에 삽입된 결과라는 것이 알려지면서부터이다. 그 후, Ti-plasmid의 T-DNA에 도입하고자 하는 target 유전자와 미생물유래의 선발표지유전자를 탑재한 유전자운반체가 개발되면서 식물의 형질전환체 육성에 대한 연구가 본격화되었다.

초기의 식물형질전환체는 대부분 선발표지유전자의 분자생물학적인 특성을 이용하여 외래유전자가 도입된 세포를 선별적으로 증식시키는, 이른바 positive selection 기법으로 선발되었다. 그 후, 이들 미생물 유래의 선발표지유전자의 잠재적 위해성이 일부 시민단체에 의해 제기되면서, 우리가 그동안 식용으로 해오던 동물이나 식물 유래의 선발표지유전자를 개발하려는 노력들이 이루어졌고, 또 어느 정도 성과도 얻었다. 그러나 이렇게 얻은 선발표지유전자들은 대부분 범용성이 낮고, 또 형질전환된 세포에 대한 선별적 증식력도 미생물 유래의 선발표지유전자보다 떨어지는 단점을 갖고 있어, 현재 널리 이용되지 못하고 있다. 이러한 문제점들을 보완하기 위해 개발된 방법이, 선발표지유전자가 제거된 형질전환체를 만드는 다양한 기술들이다. 이들 기술의 기본적인 개요는, 먼저 범용성과 형질전환된 세포의 선별적 증식력이 이미 확인된 선발표지유전자로 형질전환체 식물을 만든 다음, 또는 형질전환체를 육성하는 과정에서 co-transformation이나 recombinase excision 등의 방법을 이용하여 선발표지유전자가 형질전환체로부터 빠져나가도록 유도하는 것이다.

이러한 방법들은 그동안 많은 기술적 개선을 거쳐 현재 거의 실용화단계에 와 있으며, 일부 식물에서는 성공적으로 선발표지유전자가 제거된 형질전환체가 만들어지고 있다. 그리고 이 기술은 선발표지유전자가 제거되기 때문에 같은 선발표지유전자를 반복적으로 사용할 수 있게 되어, 하나의 식물에 우리가 원하는 수만큼의 외래유전자를 도입할 수 있는 길도 열었다. 따라서 이론적으로는 다른 식물로부터 어떤 대사계 전체를 옮겨올 수도 있다. 즉, 이 기술을 활용하면 multi-gene stacking으로 다양한 환경저항성과 기능성을 갖는 SUPER PLANTS의 육성도 가능하다.

이와 같이 식물에 외래유전자를 도입하는 기술은 매우 발달했지만, 아직 우리사회는 형질전환된 작물을 호의적으로 받아들이는 분위기는 아니다. 이는 기술적인 문제가 아니라 식생활의 보수성과 경제적 여유가 형질전환 식물체의 실용화를 가로막고 있다고 생각된다. 그러나 이러한 문제점은 우리들이 형질전환식물의 장점을 계속적으로 홍보하고, 또 사회가 제기하는 형질전환식물의 문제점들을 기술적으로 풀어가려는 연구자들의 노력이 요구되는 부분이다.

참고문헌

- Ebinuma H, Sugita K, Matsunaga E, Yamakado M (1997) Selection of marker-free transgenic plants using the isopentenyl transferase gene. Proc Natl Acad Sci USA 94(6): 2117~2121
- Endo S, Sugita K, Sakai M, Tanaka H, Ebinuma H (2002) Single-step transformation for generating marker-free transgenic rice using the ipt-type MAT vector system. Plant J 30: 115~122
- Gilbertson L (2003) Cre-lox recombination: creative tools for plant biotechnology. Trends Biotechnol 21: 550~555
- Guo HS, Fei JF, Xie Q, Chua NH (2003) A chemical-regulated inducible RNAi system in plants. Plant J 34(3): 383~92
- Haldrup A, Petersen SG, Okkels FT (1998) The xylose isomerase gene from Thermoanaerobacterium thermosu-furogenes allows effective selection of transgenic plant cells using D-xylose as the selection agent. Plant Mol Biol 37: 287~296
- Hoekema A, Hirsch PR, Hooykaas PJJ, Schilperoort RA (1983) A binary plant vector strategy based on separation of vir- and T-region of the Agrobacterium tumefaciens Ti-plasmid. Nature 303: 179~180
- Hooykass PJJ, Schilperoort RA (1992) Agrobacterium and plant genetic engeneering Plant Mol Biol 19: 15~38
- Joersbo M, Donaldson I, Kreiberg J, Petersen S (1998) Analysis of mannose selection used for transformation of sugar beet. Mol Breed 4: 111~117
- Joersbo M, Okkels FT (1996) A novel principle for selection of transgenic plant cells: positive selection. Plant Cell Rep 16: 219~221
- Koprek T, McElroy D, Louwerse J, Williams-Carrier R, Lemaux PG (1999) Negative selection systems for transgenic barley (Hordeum vulgare L.): comparison of bacterial codA- and cytochrome P450 gene-mediated selection. Plant J 19(6): 719~26
- Kriete G, Niehaus K, Perlick AM, Puhler A, Broer I (1996) Male sterility in transgenic tobacco plants induced by tapetum-specific deacetylation of the externally applied non-toxic compound N-acetyl-L-phosphinothricin. Plant J 9(6): 809~18
- Maeser S, Kahmann R (1991) The Gin recombinase of phage Mu can catalyse site-specific recombination in plant protoplasts. Mol Gen Genet 230: 170~176
- Lloyd AM, Davis RW (1994) Functional expression of the yeast FLP/FRT site-specific recombination system in Nicotiana tabacum. Mol Genet Genom 242: 653~657
- Okkels FT, Ward JL, Joersbo M (1997) Synthesis of Cytokinin glucuronides for the selection of transgenic plant cells. Phytochemistry 46: 801~804
- Park J, Lee YK, Kang BK, Chung WI (2004) Co-transformation using a negative selectable marker gene for the production of selectable marker gene-free transgenic plants. Theor Appl Genet 109: 1562~1567
- Peerbolte R, Krens FA, Mans RMW, Floor M, Hoge JHC, Wullems GJ, Schilperoort RA (1985) Transformation of plant protoplasts with DNA: co-transformation of non-selected calf thymus carrier DNA and meiotic segregation of transforming DNA sequences. Plant Mol Biol 5: 235~246
- Roslan HA, Salter MG, Wood CD, White MR, Croft KP, Robson F, Coupland G, Doonan J, Laufs P, Tomsett AB, Caddick MX (2001) Characterization of the ethanol-inducible alc gene-expression system in Arabidopsis thaliana. Plant J 28(2): 22~35
- Russell SH, Hoopes JL, Odell JT (1992) Directed excision of a transgene from the plant genome. Mol Gen Genet 234: 49~59
- Spencer TM, Gordon-Kamm WJ, Daines RJ, Start WG, Lemaux PG (1990) Bialaphos selection of stable transformants from maize cell culture. Theor Appl Genet 79: 625~631
- Sugita K, Kasahara T, Matsunaga E, Ebinuma H (2000) A transformation vector for the production of marker-free transgenic plants containing a single copy transgene at high frequency. Plant J 22(5): 461~9
- Thomashow MF, Nutter R, Montoya AL, Gordon MP, Nester EW (1980) Integration and organization of Ti plasmid sequences in crown gall tumors. Cell 19(3): 729~39
- Thompson CJ, Ward JM, Hopwood DA (1982) Cloning of antibiotic resistance and nutritional genes in streptomycetes. J Bacteriol 151(2): 668~77
- Valvekens D, Van Montagu M, Van Lijsebettens M (1988) Agrobacterium tumefaciens-mediated transformation of Arabidopsis thaliana root explants by using kanamycin selection. Proc Natl Acad Sci USA 82: 5536~5540
- Van Lijsebettens M, Wang X, Cnops G, Boerjan W, Desnos T, Hofte H, Van Montagu M (1996) Transgenic Arabidopsis tester lines with dominant marker genes. Mol Gen Genet 251(3): 365~72

작물별 형질전환 실험방법

01

애기장대 형질전환

정우석, 김소연
건국대학교 생명환경과학대학

I. 서론

1. 애기장대의 중요성

애기장대속은 십자화과(*Brassicaceae*)에 속하며 모델 식물체로서 가장 잘 알려진 것은 *Arabidopsis thaliana*(*L*) Heynh 2n=10(애기장대)이다. 이것 외에 *A. griffithiana* 2n=32, *A. himialaica* 2n=32, *A. lasiocarpa* 2n=32, *A. sueciaca* 2n=26, *A. wallichii*, 2n=16, *A. korshinskyi*, 2n=48 등이 애기장대속에 속한다. 통상 애기장대라고 불리면 그것은 *Arabidopsis thaliana*(*L*) Heynh를 말한다. 애기장대는 영양생장기에는 지표에 밀착해 자라는 다수의 잎이 직경 2~5cm 정도되는 rosette 형태를 구성하여 자라다가 생식생장기에 들어서면 rosette로부터 꽃대(inflorescence)가 올라온다. 꽃대의 크기는 약 10~70cm 정도로 다양하며 꽃의 크기는 길이가 약 3mm, 직경이 약 1mm 정도이다. 4개의 꽃잎과 꽃받침, 6개의 수술, 1개의 암술로 구성된 전형적인 십자화과 꽃을 피운다(Weigel and Gronzebrook., 2002)(그림 1-1).

이 식물체는 20세기 초부터 유전학과 생물학 연구에 이용되기 시작하였다. 그 배경에는 개체의 크기가 소형이라는 것과 생육기간이 짧다는 것 그리고 1개의 식물체로부터 수천 개의 종자를 수확할 수 있다는 점에서 유전학 연구에 이용하기 좋은 몇 가지 특성를 가지고 있기 때문이다. 20세기 중반경에는 미국과 유럽의 많은 실험실에서 이 식물체를 가지고 돌연변이에 대한 연구를 수행하였으나 하나의 모델 식물체로 사용된 것은 1980년대 이 식물체의 게놈(genome)의 크기가 매우 작다는 사실이 밝혀지면서부터이다(Salinas and Martinez-Zapter., 1998).

모델식물체로서 애기장대에 대한 연구는 유전체(genomics) 차원에서는 종이나 속의 범주를 떠나 식물계 내 상당히 많은 유전자들이 서로 비슷한 염기서열을 가지는 유사성을 가지고 있다는 점에서 모델식물체의 연구는 매우 중요한 위치를 차지한다. 실제로 염기서열의 유사성에 근거를 둔 comparative genomics의 연구는 genome sequencing database를 이용하여 형질전환체를 쉽게 안정적으로 만들 수 있으며 유전자의 기능을 밝히는 매우 중요한 수단으로 이용되고 있다.

현재 식물생명공학분야의 연구시스템을 분석해 보면

그림 1-1 애기장대의 부위별 명칭

기능이 밝혀진 고유유전자의 특허를 기반으로 안정적 또는 일시적인 형질전환체를 만들어 내어 동일한 우수 재배 특성을 갖는 우량품종을 만든다. 이 과정에서 아직 기능이 밝혀지지 않은 미지의 유전자의 기능을 밝히는 과정은 원천기반기술분야의 연구이다. 고유유전자에 대한 특허가 확보되지 않는 한 생명공학기술을 이용하여 경제적으로 의미있는 사업을 시도하는 것은 거의 불가능하다. 이런 측면에서 분자생물학에서 애기장대가 가지는 가치는 매우 중요하며 모델식물체로서 애기장대의 형질전환기술은 다른 작물의 형질전환과는 다른 의미를 갖는다.

2. 애기장대 형질전환

애기장대 형질전환은 크게 재조합된 유전자의 세대간 전달 여부를 기준으로 하여 일시적 발현을 통해 목적한 형질을 획득할 수 있는 일시적(transient) 형질전환과 안정적(stable) 형질전환으로 나누어 볼 수 있으며, 재조합된 유전자의 세포 내로의 전달과정에 따라 particle bombardment에 의한 방법과 *Agrobacterium*을 이용한 방법으로 구별된다. 또한 유전자 전달과정에 있어 최초 유전자 전달의 대상이 되었던 조직의 특성에 따라 뿌리를 이용한 형질전환, 잎절편을 이용한 형질전환, 생식생장기의 배우체(gamete)나 접합체(zygote)를 이용한 성체형질전환, protoplast를 대상으로 하는 형질전환 등으로 구별된다. 여기에서는 *Agrobacterium*을 이용한 성체형질전환의 방법을 중심으로 기술하고자 한다.

식물의 유전자 형질전환은 1980년대에 시작되어 꾸준한 발전을 거듭하였다. 이러한 성공적 발전의 요소로서 배양 조직으로부터 성체의 식물체를 분화시키는 방법의 개발, 잘 발현되고 식물체 내에서 작용하는 마커유전자의 개발에 의한 형질전환체 선발의 간편화 그리고 다양한 유전자전달 방법의 개발을 들 수 있다. 애기장대의 경우에는 protoplast에 재조합 DNA를 직접 전이시키거나 잎이나 뿌리의 절편과 *Agrobacterium*을 공동배양(co-cultivation)

시킴으로써 전이된 재조합 유전자의 일시적 또는 유전적으로 안정된 발현을 관찰할 수 있는 형질전환체를 얻을 수 있다. 또한 식물체에 직접 *Agrobacterium*을 접종시키고 식물체의 후대로부터 형질전환체를 얻는 방법도 개발되었다. 식물체 전체 또는 일부를 직접 이용하는 것은 1987년 Feldmann and Marks에 의해 처음 시도되었고 우리나라에서도 1994년 Chang 등에 의해 보고된 바가 있다. 이러한 방법은 대략 두 가지의 장점을 가지고 있다. 첫 번째는 조직배양 중에 일어나는 somaclonal variation을 회피할 수 있다는 것과 두 번째는 각각 재조합유전자의 게놈상의 위치가 각각 다른 다수의 형질전환된 접합체를 동시에 얻을 수 있다는 것이다. 반면, 후대에서 성공적으로 형질전환된 식물체를 회수할 수 있는 확률은 상대적으로 높지 않으며 실험별 변이가 매우 큰 단점이 있다.

진공상태에서 *Agrobacterium*의 식물 조직 내 침윤(infiltration)을 통해 형질전환체를 얻는 방법은 1993년 Bechtold 등에 의해 시도되었으며 여기에서는 이 방법이 약간 손쉽게 변형된 화기침윤(floral infiltration)법을 위주로 기술하였다.

II. 재료 및 방법

1. 애기장대 생육과 종자의 수확

1) 애기장대 생육

애기장대는 일반토양, vermiculite와 같은 인조토양, 한천배지는 물론 수경재배까지 여러 다양한 환경에서 잘 자라지만 실험 목적을 위해서는 몇 가지 주의해야 할 점이 있다. 특히 유전자의 발현이나 발현이 조절된 유전자의 결과로 특정 물질의 생성을 비교해야 하는 경우 생육조건은 매우 정밀하게 규격화시킬 필요가 있다. 한 예로서 애기장대는 일반적으로 미라클그로와 같은 원예용 복합비료로 완전한 세대 진전이 가능하나 생육에 필요한 영양분의 구성요소로서 미량원소와 주요 양분조성과 광조건을 비롯한 생육조건, 수분공급조건, 생장상(growth chamber)을 이용할 경우 공기순환조건(air circulation), 용기의 크기 등은 규격화시키는 것이 중요하다. 애기장대의 생육에 필요한 양분조성은 표 1-1과 같다.

표 1-1 애기장대 생육에 필요한 양분 조성

(1) Micronutrient stock in 100ml

Regent	Final Conc
H_3BO_3	70mM
$MnCl_2$	14mM
$CuSO_4$	0.5mM
$ZnSO_4$	1mM
Na_2MoO_4	0.2mM
NaCl	10mM
$CoCl_2$	0.01mM

(2) Nutrient in 1l

Regent	Final Conc
KNO_3	5mM
KH_2PO_4	2.5mM (pH 6.5)
$MgSO_4$	2.0mM
Ca(NO3)2	2.0mM
Fe-EDTA	50μM
Micronutrient stock	1ml

* Adjust to pH 6.5 with 2M KOH.

2) 재배조건과 수확

애기장대는 영양분이 지속적으로 공급되는 경우 perlite, fine vermiculite, sphagnum moss를 각각 1:1:1로 섞은 토양에서 잘 자라며(Kranz, 1987), peatmoss*와 vermiculite(질석)를 1:1로 섞은 토양이나 vermiculite만으로 구성된 토양에서도 잘 자란다. Peatmoss와 vermiculite는 각각 유기질재료와 무기질재료로부터 만들어진 불활성 물질로서 영양분은 거의 가지고 있지 않으나 양분을 흡착하고 식물체가 이용 가능하도록 적절히 방출하는 특성을 가지고 있다. 이들 인공토양은 멸균 후에도 이런 특성을 유지하므로 사용에 용이하다.

파종 전 인공토양의 멸균은 실험목적에 따라 실시여부를 결정해야 한다. 만약 단순한 종자의 증식이나 세대 진전을 위한 실험이라면 특별히 인공토양을 멸균해야 할 필요성은 그리 높지 않다고 할 수 있다. 그러나 종자의 발아력이 의심되는 경우, 유전자의 발현양상을 정밀 비교하고

*peatmoss: Sphagnum moss(물이끼)로 만든 peat(토탄)

자 하는 경우, 실험과정 중 균을 접종해야 하는 경우에는 인공토양을 멸균해야 하고 멸균에 적합한 고온에서도 변형이 일어나지 않는 용기(pot)의 사용을 고려하여야 한다.

2. 종자의 소독, 파종과 저온처리

1) 인공토양의 멸균

넓은 철제 용기에 인공토양을 약 2~3cm 정도의 두께로 깐 다음, 최소한 30분간 일반적인 멸균 조건(120℃, 20psi)에서 멸균한다.

2) 종자소독

약 200mg 정도의 애기장대 종자(애기장대 종자의 평균 무게는 약 0.02mg 정도, 따라서 200mg은 약 10,000개 정도의 종자로 이루어짐)를 50ml Falcon tube에 넣고 25ml 정도의 20~25% 락스희석액(유효성분 1% hypochlorite)을 넣고 vortex mixer를 이용하여 20~30초간 강하게 진탕한 다음, 가끔 흔들어 주면서 5~10분간 상온에 둔다. 충분히 흔들어 주면 대부분의 종자는 가라앉게 된다. 상층의 락스희석액은 aspirator나 피펫 등을 이용하여 제거하고 종자는 약 25ml의 멸균수로 5회 정도 충분히 세척하여 락스희석액을 제거시킨다. 멸균수로 세척시 진탕 후 종자가 가라앉은 다음 상층의 멸균수는 위에서 처럼 aspirator나 피펫 등을 이용하여 제거하는데, 만약 종자가 완전히 가라앉지 않으면 약 10초간 낮은 속도에서 원심분리를 하는 것이 도움이 된다.

락스희석액으로 종자소독하기 전 95% 에탄올에 종자를 약 1분간 침지한 후, 멸균수로 2~3회 정도 세척하는 과정을 첨가할 수도 있으나 일반적인 종자소독은 락스희석액만으로도 성공적으로 소독할 수 있다. 락스희석액에는 Tween-20를 첨가(최종 농도 0.05%)해도 좋으며 이 락스희석액은 매회 종자소독 직전에 만들어 쓰는 것이 좋다. 한번 만들어 보관하였다가 쓰는 경우 2주 이상 지난 것은 종자소독의 효과가 떨어지므로 2주마다 새로운 희석액을 만들어 두어야 한다.

3) 파종과 저온처리

토양은 pot에 담기 전 물이나 액체비료액으로 충분히 적시고 섞은 후 다양한 사이즈의 용기에 담는데 pot의 상단으로부터 최소한 1cm의 여유를 남기고 토양을 용기에 담는다. 종자소독이 된 젖은 상태의 애기장대 종자는 멸균수가 있는 상태에서 끝을 가늘게 뽑은 유리관 스포이드를 이용하여 직경 10cm pot의 경우 약 4~5개 정도를 멸균수와 함께 빨아올려 토양 위에 상치한다. 종자소독을 하지 않은 마른 상태의 종자를 파종할 경우 기름종이(일반 종이도 무방함)를 반으로 접은 후 다시 펴서 V자 형태를 만든 후 애기장대 종자를 소량 놓고 종자 1개씩 분리가능하게 한 후 파종한다. 파종이 끝난 pot는 20ml 정도의 멸균수를 조심스럽게 붓거나 스프레이를 이용하여 종자를 적신 다음 비닐랩으로 싼다. 비닐랩은 문구용 칼로 길이 1~2cm 정도 크기의 작은 틈을 만들어 두어도 좋다.

비닐랩으로 싼 pot는 4℃의 냉장고로 옮겨 최소한 2일간 저온처리를 한다. 저온처리가 끝난 pot는 비닐랩을 그대로 둔 생장상 또는 적정 생육조건이 맞추어진 온실로 옮겨 pot밑받침에 약 2cm 정도 액체비료를 넣어 주어 건조되는 것을 방지한다. 이렇게 해서 약 4~6일간 발아시킨다. 이 기간 동안에 pot밑받침을 잘 확인하여 pot가 완전히 마르는 것을 방지한다. 발아가 진행되고 어린 식물체가 나오면 비닐랩을 제거한다.

발아력이 의심스런 애기장대 종자는 종자소독 후 petridish에 옮겨 멸균수를 대부분 따라낸 다음 4℃ 냉장고에 최소 2일간 저온 처리 후 생장상으로 옮겨 발아시킨다. 발아가 된 것은 뿌리와 줄기가 다치지 않도록 플라스틱 tweezer로 잎을 가볍게 집어 토양이 담긴 pot로 옮긴 후 pot 위에서 액체비료를 주어 토양과 뿌리가 접촉하게끔 하여 키우는 방법도 있다.

3. 재배관리

애기장대의 생장속도, 생식생장기로의 이전, 수확기 등은 광조건, 온도, 영양상태에 따라 달라진다. 애기장대는 장일조건 또는 연속광조사 상태에서는 개화가 촉진되나 단일조건에서는 개화가 지연되거나 극단적인 경우에는 개화가 이루어지지 않는다. 또한 적정온도(20~25℃) 이하에서는 개화가 지연되고 영양생장을 계속하게 되며 외부로부터 공급되는 양분이 적정량 이하로 영양상태가 좋지 않은 경우 개화기가 당겨지는 등 전체적인 생육기간은 단축되고 결실된 종자의 숫자와 종실중도 현저히 줄어든다.

연속광 조건하에서 적정온도인 25℃를 중심으로 밤과 낮의 일교차를 약 3~4℃로 하여(밤 20℃, 낮 25℃) 적당한 수분조건과 양분조건을 맞추어 생육에 이상적인 환경을 조성하여 주면 보통 3~4주 이내에 개화하며 8주 이내에 종자 수확이 가능하다.

1) 광조건

최적 광조건은 photon flux 150 $\mu E/m^2/s$이나 고조도의 형광등과 백열등이 같이 설치되어 있는 생장상에서도 정상적인 개화, 결실이 가능하다. 파종 후 2달 정도된 성체는 태양광 조사에 내성을 가지나 어린 식물의 경우 60% 가량의 차광이 필요하다. 동절기 온실에서 개화를 유도하기 위해서는 최소한 12시간 이상의 장일조건이 필요하다. 생장상이나 온실에서 16시간의 명기와 8시간의 암기 조건이 일반적으로 사용된다. 연속광 조건은 개화를 촉진하여 결과적으로 세대 단축을 위한 수단으로 사용된다.

2) 온도

애기장대 재배의 최적 온도는 25℃이다. 파종 후 발아기간의 최적온도에 못미치는 저온조건(16℃~20℃)은 생육에 그다지 큰 영향을 주지 않으나 고온조건(30℃ 정도)은 생육에 좋지 않은 영향을 준다. 따라서 온실이나 생장상에서 재배하는 경우 고온에 장기간 노출되지 않도록 주의해야 한다.

3) 관개 및 습도조절

파종직후 1주 동안은 자주 물을 주어야 한다. 발아 후 초기 2~3주 동안은 애기장대 재배용기의 하부로부터 관개를 하는 것이 좋으며 과다한 수분의 공급은 녹조류나 곰팡이의 조기번식을 촉진하므로 피해야 한다.

잎 출현 후 개화 때까지는 일주일에 1~2회로 관개횟수를 줄인다. 요수량이 급격히 증가하는 종자 형성기에는 매일 관개를 하면 양질의 종자를 얻을 수 있다.

4) 비료

재배용기에 액비를 2주 간격으로 주는 것이 좋다. 초기에 토양과 액비를 잘 섞어서 심었다면 종자 생산의 생장단계에서는 굳이 주지 않아도 된다. 그러나 생장후기에 비료를 주면 식물이 건실해져 종자 생산량을 증가시킬 수 있다.

5) 수확

수확시 근접 식물체의 종자와 섞이는 것을 방지하고 분산에 의한 종자 손실을 줄이고 양질의 종자를 얻어야 한다. 다음은 종자수확 방법을 설명한 것이다.

가. Open bench에서의 다량 생산

종자 다수확에 대해 가장 좋은 방법은 open bench에서 키우고, 적당한 공간으로 통로가 분리되어 개화성숙의 장애를 피하고 모든 종자가 건조되었을 때 수확하는 것이다. 완전히 개화된 것은 기부를 잘라 대략 4*l* 정도의 투명한 봉지에 넣는다. 이것은 양질의 종자를 다량 수확할 수 있으며 병충해에 대한 좋은 방어책도 된다. 몇 종자는 손실될 수 있으나 잔여종자들은 대부분 활력이 있어 발아능력도 좋다. 수확 후 봉지의 전체 내용물들은 타작을 위해 말린다.

나. 각각의 장각(長角, silique)을 초기에 수확하는 방법

각 장각에 있는 종자들을 장각이 노란색으로 완전히 변한 후 수확한다. 그러나 이렇게 수확한 종자는 높은 발아저해요인들을 갖는다. 일반적인 종자는 장각이 완전히 갈색으로 변한 후 수확되며 이러한 단계에서 종자는 완벽하게 형성되기 때문이다.

4. 수확 후 관리와 종자 보관

종자 수명은 유전형, 종자 성숙시기나 수확기의 조건과 같은 저장 전 환경, 종자 저장상태와 같은 요인에 의해 영향을 받는다. 유전자형과 저장 전 조건은 종자 활력도를 결정하기 때문에 매우 중요하다. 종자는 식물체 내에서 성숙되자마자 퇴화가 서서히 진행되기 때문에 종자를 수확한 후 바로 저장고에 넣어두는 것이 좋다. 수확한 종자는 타작, 손질, 건조, 포장을 포함한 과정을 신속히 한 후 저장고에 넣어둔다. 아래의 과정은 종자를 가장 최상의 상태로 보관하는 순서이다.

1) 타작과 손질

수확한 식물체를 타작하기 전 봉지를 열어둔 상태에서 며칠간 말린다. 수분량이 대략 10% 정도일 때 타작하는 것이 좋다. 말린 꽃을 넣은 봉지를 밖에서 손으로 누르면 종자가 봉지 바닥에 떨어진다. 대부분의 말린 꽃은 종자가 체로 걸러지기 전에 손으로 제거할 수 있다.

손으로 거르는 작업은 그물망 크기에 따라 크고 작은 부스러기들을 제거할 수 있다. 체로 거르고 털어낸 후 눈으로 검열하는 과정을 통해 종자를 깨끗하게 손질할 수 있다. 손질된 종자는 유리병에 뚜껑을 열어둔 채 넣어두고 말린다.

2) 종자건조

타작 후 애기장대 종실의 수분량은 대략 10% 정도이다. 이 종자를 저장 전 수분상태가 5~6%가 되도록 말린다. 높은 수분함량은 종자 퇴화를 유발한다. 종자를 건조시키는 여러 방법들이 있다. 가장 안전한 방법은 상온에서 1~3주 동안 자연 건조시키는 것이다. 낮은 습도에서 종자는 빨리 건조되어 최종 수분함량이 낮아진다. 종자 수분함량 시험 결과 함량이 충분히 낮지 않으면 계속 건조시킨 후 정도를 확인하도록 한다.

3) 종자 수분함량 결정

수분함량 시험은 종자를 저장하기에 충분히 건조되었는지를 확인하기 위함이다. 종자 수분함량측정 방법은 여러 가지가 있다.

다음은 '일정하고 낮은 온도의 오븐' 방법이다.

① 오븐을 100~105℃로 예열시킨다.
② 깨끗한 접시의 무게를 저울 위에서 잰다.
③ 대략 100이나 200mg 정도의 종자를 접시 위에 나누어 담고 무게를 잰다.
④ 같은 방법으로 2~3번 무게를 반복하여 측정한다.
⑤ 모든 시료의 무게를 측정한 후 접시에 시료를 놓고 오븐에 16~17시간 동안 열을 가하여 준다.
⑥ 시료가 담긴 접시를 오븐에서 꺼낸 후 상온의 건조기에서 34~45분 가량 식힌다.
⑦ 건조기에서 하나씩 접시를 꺼내 무게를 측정한다. 측정하는 동안 건조기를 열어놓지 않도록 주의한다.
⑧ 수분함량은 원래 종자무게의 손실된 무게의 비율을 백분율로 측정한다.

$$\% \text{ 수분함량} = (W2-W3) / (W2-W1) \times 100$$

W1: 접시의 무게, W2 : 접시무게와 건조전 종자 무게,
W3: 접시무게와 건조 후 종자 무게

4) 종자포장과 저장

종자저장 상태로 수분함량을 축소시킨 후, 건조된 종자는 습해지지 않도록 잘 봉합된 불침투성의 용기에 넣는다. 종자를 포장한 각 용기표지 위에 저장 날짜를 포함한 여러 정보를 표기해 둔다. 종자량은 대략 1,250개의 종자 = 25mg=50μl이다. 저장기간 동안 주기적으로 저장 상태를 확인하도록 한다.

5) 종자저장과 보존

종자수명에 영향을 미치는 주요인은 저장 온도와 종자 수분함량이다. 이 두 가지 요인이 모두 높을 경우에는 종자수명이 단축된다. 중, 단기적으로 사용하는 종자들은 대략 4℃에 저장한다. 장기 보관하는 종자들은 대략 -20℃에서 저장한다. 건조제와 같이 큰 용기의 유리병이나 젤라틴 캡슐에 저장한다. 유리병은 열기 전에 상온에서 해동시킨다. 빠른 해동은 동결시 발생하는 손상을 최소화시킨다. 가능하면 낮은 습도 조건에서 작업하면 또한 종자가 수화되는 것을 방지할 수 있다. 만일 저장 동안 유리병 내에서 물방울이 맺히거나 뚜껑이 열리면 유리병을 건조한 곳에 두고 저온 저장고에 보관하기 전에 건조시키도록 한다 (Scholl *et al.*, 1998).

2. 애기장대 형질전환에 필요한 재료 및 기자재

1) 애기장대

애기장대 생태형인 콜롬비아(Col-0), 랜스버그(Landsberg erecta), 노슨(No-0), Wassilevskija(Ws-0) 등이 사용 가능하다.

2) 형질전환시킬 애기장대의 재배에 필요한 재료 및 기자재

22×16cm 트레이, 직경 5~5.5cm 포트, 45×33×3.5cm 인큐베이터, 40-well multipot 트레이, 구멍이 있는 플라스틱 랩(1000 hole/m²), 인공토양(Perlite), 0.5mm 가는 모래 등

3) 종자 멸균용액

Bayrochlore(Bayrol GMBH Germany) 1tablet을 40ml의 멸균수에 녹인 후 2~3방울의 1% Tween-20 용액을 더하여 섞는다. 이 용액의 5ml를 45ml의 95% 에탄올 용액에 넣어 섞는다.

4) 실험실 기자재 및 재료

회전진탕기(rotary shaker), 진공펌프, dessicator, LB(Lauria-Bertani) 배지, 침윤배지(infiltration medium: 표 1-2), 기내배양배지(in vitro culture medium: 표 1-2)

5) *Agrobacterium*과 벡터

Agrobacterium 스트레인20: MP5-1, binary vector pGKB5 내포

헬퍼스트레인: C58C1(pMP90), disarmedC58 Ti plasmid 내포

*Agrobacterium*은 토양박테리아로서 식물세포에 전이되어 그 자신의 DNA조각(T-DNA)을 식물의 게놈으로 넣어 그 결과 혹(tumor)을 만드는 박테리아다. 이 T-DNA를 구성하는 DNA는 LB, RB로 불리는 특별한 염기서열을 양쪽 경계부위에 두고 있으며, Tumor-inducing(Ti) 플라스미드에 존재한다. 이 Ti-plasmid는 T-DNA 이외에도 DNA 조각을 옮기는 데 관여하는 여러 유전자들을 가지고 있는데, 현재에는 주로 LB, RB로 경계지워진 T-DNA 조각과 DNA 조각을 옮기는 데 관여하는 유전자들을 분리하여 소위 binary-vector 시스템을 사용하고 있다. 형질전환하고자 하는 유전자를 포함하여 적당한 promoter와 terminator를 갖춘 expression cassette은 T-DNA 내에 삽입시키고 증식시키는 등 사전 작업은 E.coli를 이용하고 이렇게 재조합 작업이 완성된 T-DNA vector를 *Agrobacterium*에 직접 형질전환하는 방법이 많이 사용되고 있다.

T-DNA vector로서 pBIN19, pCAMBIA series, pCGN series, pJJ/pSLJ series, pPZP series, pGreen series 등이 있으며 초기 등장한 pBIN19와 같은 vector는 현재 잘 사용하지 않고 있다. 그 이유로서는 pBIN19는 DNA replication이 더디게 일어나 단위시간당 증폭되는 DNA의 양이 적은 low copy number plasmid이다. 따라서 충분한 양의 plasmid DNA를 얻기 위해서는 대규모 배양을 해야 하는 문제점이 있고 식물체 내에서 작용하는 마커유전자의 위치가 right border 근처에 있어 left border 쪽에 있는 것보다 조금 불리하다는 것을 들 수 있다(Arabidopsis: A Laboratory Manual).

벡터 선택시 고려할 점 중의 하나는 박테리아와 애기장대 식물체 내에서 작용할 마커, 벡터의 크기, *E.coli* 내에서 blue-white screening에 사용될 lacZ α-peptide를 만들어내는 데 사용되는 염기서열의 유무, 그리고 적절한 제한효소로 지를 수 있는 cloning 자리 등을 고려하여야 한다*.

일부 T-DNA벡터는 *Agrobacterium* 안에서 작용하는 단지 1개의 DNA replication origin(oriV) 만을 가지고 있으므로 *Agrobacterium*이 아닌 다른 생물체에서 replication 되기 위해서는 pMP90RK와 같은 helper plasmid에 의해 replication의 기능이 보충되어야 한다.

6) *Agrobacterium* 형질전환

*Agrobacterium*은 electroporation이나 동결해동(freeze-thaw) 방법을 통해서 직접 plasmid 형질전환이 가능하다. Electroporation에 의한 plasmid 형질전환은 *E.coli*에 사용되는 방법과 매우 유사하며 여기서는 특별한 설비가 필요 없는 동결해동(freeze-thaw) 방법을 중심으로 기술하였다.

가. 재료

Agrobacterim strain 배양 stock, 형질전환시킬 DNA, 액체질소

나. Competent Cells 준비

1. 16시간 이상 배양한 *Agrobacterium* Strain 1m*l*를 200m*l* LB 배지에 접종한다(28℃의 교반기 위에서, 늦은 오후부터 다음날 아침까지 배양하도록 한다).
2. 증식이 절정에 이르는 log phase까지 *Agrobacterium*을 배양한다.
3. 배양된 *Agrobacterium*을 10분간 5000rpm 속도로 원심분리한다.
4. 생성된 *Agrobacterium* pellet은 멸균된 TE로 세척한다.
5. 초기에 배양했었던 LB 배지량의 1/10 만큼의 LB배지에 *Agrobacterium* pellet을 녹이고 250이나 500 μl 단위로 microcentrifuge tube에 나누어 담는다.
6. 액화질소로 냉각시킨 후 -70℃에 보관한다.

다. 형질전환과 재생

1. 얼음 위에서 competent *Agrobacterium*을 녹인 후 DNA를 넣어준다.
2. 얼음 위에서 5분 정도 방치 후 액화질소에 5분 동안 방치시킨다.

**Agrobacterium* 스트레인 중 C58C1, GV3100을 제외한 많은 *Agrobacterium*은 rifampicin 저항성을 가지고 있다.

3. 37℃의 water bath에서 5분간 방치시킨다.
4. 각 tube에 1m*l*의 LB배지를 넣고 잘 봉한 후 상온에서 2~4시간 동안 회전교반기에 놓아둔다.
5. 2개의 항생제가 포함된 LB agar 배지에 고르게 뿌려준다.
6. *Agrobacterium*을 28℃에서 2일간 배양한다.
7. 여기에서 자란 *Agrobacterium*을 2개의 항생제가 포함된 새로운 LB agar 배지에 2일간 28℃에서 재배양한다.
8. 재배양된 작은 콜로니(clony)들을 액체배지에서 키운 후 plasmid DNA의 유무를 확인하기 위해 miniprep이나 PCR을 수행한다.
9. clone의 글리세롤 stock을 만든 후 -20℃에 보관한다(Weigel and Grazebrook., 2002).

III. 애기장대 형질전환

1. 애기장대 재배 조건

상부직경 8~10cm 정도 되는 포트에 인공토양을 채우고 애기장대 재배에 필요한 배양액으로 충분히 적신 후 다시 중앙 부위가 포트의 상단부로부터 약 1.5~2.5cm 정도 높게 볼록히 올라오도록 인공토양으로 충진한다. 이 위에 애기장대 종자를 뿌린 다음 미세한 vermicultie로 덮어 준 후 모기장처럼 생긴 창문스크린 mesh(window screen mesh: Circle Glass Co., Detroit MI)로 포트에 충진된 인공토양을 덮은 다음 window screen mesh의 하단부에 두꺼운 고무밴드를 둘러 포트와 떨어지지 않게 단단하게 고정시킨다(그림 1-1). 이외의 재배 요령은 본 장 I에 설명된 것을 따른다.

포트당 약 3~4개 정도의 애기장대가 자라도록 하여 최초 전개된 꽃대(inflorescence)가 약 5~15cm 정도 되고 두 번째 꽃대가 형성되어 주엽부(rosette)로부터 전개되기 시작하는 시점이 *Agrobacterium* 침윤법에 의한 형질전환의 적기이다. 형질전환시킬 애기장대는 사전에 충분히 물을 주어 기공이 잘 열리게 한다.

2. *Agrobacterium* 준비

재조합유전자가 포함된 vector를 *Agrobacterium* C58C1(pMP90)에 형질전환한다. 식물체가 형질전환 적기에 이르면 50mg/*l* 농도의 rifampicin, 25mg/*l* 농도의 gentamycin 그리고 선발을 위한 적당한 항생제를 포함한 500m*l*의 YEP 배지*를 28℃로 맞추어진 회전진탕기에서 OD_{600} 값이 최소한 2 이상 되도록 현탁배양한다. 현탁배양 후 원심분리기를 이용 *Agrobacterium*을 침전시킨 후 YEP 배지는 버리고 여기에 1*l*의 침윤배지**를 넣어 침전된 *Agrobacterium*이 풀리도록 저속에서 진탕한다.

3. *Agrobacterium* 침지

*Agrobacterium*이 다 풀린 침윤배지를 충분한 크기의 플라스틱 용기에 옮겨 넣는다. 이때 플라스틱 용기의 크기는 위에서 준비한 적정시기의 애기장대가 자라는 포트를 거꾸로 하여 *Agrobacterium*이 있는 침윤배지에 식물 하부 rosette까지 전체가 잠기도록 침지했을 때, 인공토양자체가 너무 많이 침윤배지에 잠기지 않도록 고무마개 등을 이용하여 플라스틱용기의 내벽 또는 상단부에 포트가 걸쳐지는 것이 가능한 정도의 크기여야 한다.

4. 종자 채취

침윤이 끝난 후 포트를 꺼내어 옆으로 뉘어 놓은 후 투명플라스틱 뚜껑으로 약 24시간 동안 덮어 습기가 높은 상태로 유지한다. 24시간 경과한 후 투명플라스틱 뚜껑을 제거한 다음 식물체를 스프레이를 이용하여 씻어 주고 바로 세워서 정상생육을 하도록 한다. 성공적인 형질전환이 이루어지는 경우 약 3주 후에 결실되어 완숙종자를 얻을 수 있다***(표1-2).

* YEP media
Bacto peptone 10g yeast extract 10g NaCl 5g

** Infiltration media(for 1*l*)
1/2×Murashinge and Skoog salts(Sigma)
1×Gamberg's B5 vitamins(GIBCO)
5% (w/v) sucrose
0.044μM bezylamino purine(10μl/liter of 1mg/m*l* stock in DMSO)
50μl/liter Silwet L-77

*** Infiltration 배지와 in vitro culture 배지

표 1-2 Infiltration 배지와 *in vitro* culture 배지

componants	Infiltration medium(mg/*l*)	*In Vitro* culture medium(mg/*l*)
Macroelements		
NH_4NO_3	1650	0
KNO_3	1900	506
$CaCl_2$, $2H_2O$	440	0
$Ca(NO_3)_2 4H_2O$	0	472
$MgSO_4$, $7H_2O$	370	493
KH_2PO_4	170	340
Microelements		
H_3BO_3	6.3	4.3
$MnSO_4$, $4H_2O$	22.3	0
$MnCl_2$, $4H_2O$	0	2.8
$ZnSO_4$, $7H_2O$	8.6	0.29
KI	0.83	0
Na_2MoO_4, $2H_2O$	0.25	0.05
$CuSO_4$, $5H_2$	0.025	0.13
$CoCl_2$, $6H_2O$	0.025	0.0025
NaCl	0	0.58
Morel and Wetmore vitamins		
Myo-inositol	0	100
Calcium panthothenate	0	1
Niacine	0	1
Pyridoxine	0	1
Thiamine HCl	0	1
Biotine	0	0.01
Other Cpmpounds		
6-Benzylaminopurine	0.010	0
Sucrose	50,000	10,000
MES[a]	0	700
Agar BIOMAR	0	7000
Ammonium iron(Ⅲ)citrate		50
pH	5.8	5.8

MES: 4-morpholineethanesulfonic acid

5. 형질전환체의 선발

형질전환된 애기장대를 선발하는 데 주로 사용하는 마커는 항생제인 kanamycin의 저항성마커와 제초제인 gluforsinate ammonium 저항성마커가 있다. Kanamycin 저항성은 neomycin phospotransferase(NPT) 효소를 암호화하는 박테리아 유전자에 의해 운반되며, gluforsinate ammonium 저항성은 phosphinotricin acetyl transferase (PAT) 효소를 암호화하는 박테리아의 bialophos resistence gene(*BAR*)에 의해 운반된다.

1) Kanamycin 선발

Kanamycin 저항성 유묘는 토양배지에서 선발할 수 있다. 150-mm의 petridish당 건조된 종자 100mg을 사용한다. 종자의 밀도가 높으면 선발 효율이 저하된다.

가. 재료

□ 종자: 1000×kanamycin stock: 50mg/m*l* kanamycin, 멸균된 상태, -20℃에 보관.

□ 선발 배지:

1/2× Murashige and Skoog salts,

0.7% (W/v) agar

Autoclaving 후 60℃로 배지를 식힌 후 최종 농도가 50 μg/m*l*이 되도록 kanamycin을 넣어준다. 50 μg/m*l*의 농도는 pBIN19로 형질전환된 식물체에 너무 높을 수 있다. 만일 종자가 발아하지 않는다면 최종 농도를 25 μg/m*l*으로 낮추도록 한다.

□ 3M microporous tape

나. 과정

1. 에탄올에서 1분간, 0.005% (v.v) Triton X-100이 함유된 50% 크로락스 표백액(유효염소 4%)에서 10분간 종자소독을 실시한다.
2. 멸균수로 4회 세척한 후 멸균된 0.1% agarose에 부유시킨다.
3. 선발배지 위에 부유한 종자를 뿌려준 후 말린다.
4. 배지를 3M microporous tape으로 봉한 후 4℃에서 방치시킨다.
5. 2일 후, 배지를 충분한 광이 있는 배양실로 옮긴다.
6. 7일 후, 형질전환된 식물체를 확인한다. 형질전환된 것은 긴 뿌리의 녹색을 띠는 반면, 형질전환이 되지 않은 것은 짧은 뿌리의 노랑색을 띤다.
7. 형질전환 된 개체를 토양으로 옮긴다. Agar 배지에서 조심스럽게 뿌리를 뽑고, 식물체에 묻은 잔여 agar를 제거하도록 한다. 꽃이 피기 시작하면, 형질전환체가 삽입 DNA를 함유하고 있는지 확인하기 위해 PCR을 수행하는 것이 좋다.

2) 토양에서의 Basta 선발

Basta selection의 장점은 토양에서 식물체를 키우며 수행할 수 있고 멸균할 필요가 없다는 것이다. 배지 위에서 Basta selection을 수행하기 위해서 25~50μM의 Basta를 넣은 배지를 사용하며 과정은 kanamycin 선발과 동일하다.

다른 선발마커로는 hygromycin과 gentamycin 저항성 마커가 있으며, hygromycin은 형질전환된 식물체에 대해서도 매우 해로운 물질로 가장 회피하는 마커이다. 또한, hygromycin은 인간에게도 매우 해로워 hygromycin이 첨가된 배지를 다룰 때 특히 주의해야 한다.

가. 재료

Basta 200~300 μM, 종자

나. 과정

1. 씨뿌리기: 0.5g의 종자를 10g의 고운 모래와 섞는다. 토양과 섞인 종자를 12×24 inch의 용기에 고르게 뿌려준다.
2. 용기를 덮어준 후 2~3일간 4℃에 놓아둔 후 낮과 밤의 비율이 16:8인 생장상으로 옮겨준다.
3. 5일 후, 분무기를 이용하여 Basta를 뿌려준다. 2~3일에 최소 2번 정도 분무하도록 한다. 만일 고르게 발아하지 않을 때는 형질전환이 되지 않아 늦게 발아되는 종자를 제거하기 위해 계속 Basta를 분무해 주도록 한다.
4. 형질전환의 유무가 개체의 상태(녹색을 띠며 건강한 개체와 시드는 개체)로 구분이 되면 형질전환된 개체들을 새로운 토양용기에 옮겨 심어준다.
5. 형질전환의 유무를 확실히 하기 위해 PCR을 수행하도록 한다(Weigel and Glazebrook., 2002).

참고문헌

- Bechtold N, Ellis J, Pelletier G (1993) In planta Agrobacterium mediated gene transfer by infiltration of adult Arabidopsis thliana plants. C. R. Acad. Sci. Paris, Life Sci 316: 1194~1199
- Bent AF, Kunkel BN, Dahlbeck D, Brown KL, Schmidt R, Giraudat J, Leung J, Staskawicz BJ (1994) RPS2 of Arabidopsis thaliana: a leucine-rich repeat class of plant disease resistance genes. Science 265: 1856~1860
- Bouchez D, Camilleri C, Caboche M (1993) A binary vector based on Basta resistance for in planta transformation of Arabidopsis thaliana. C. R. Acad. Sci. Paris, Life Sci 316: 1188~1193
- Chang, SS, Park SK, Nam HG (1994) Transformation of Arabidopsis by Agrobacterium inoculation on wounds. Plant J 5(4): 551~558
- Feldmann, KA, Marks, MD (1987) Agrobacterium-mediated transformation of germinating seeds of Arabidopsis thaliana: a non-tissue culture approach. Mol Gen Genet 208: 1~9
- Koncz C, Schell J (1986) The promoter of TL-DNA gene 5 controls the tissue-specific expression of chimaeric genes carried by a novel type of Agrobacterium binary vector. Mol Gen Genet 204: 383~396
- Kranz A, Kirchheim B (1987) Genetic resources in Ararabidopsis. Arabidopsis information services, Frankfurt.
- Salinas J, Martinez-Zapater JM (1998) Arabidopsis Protocols. Human press Inc. NJ. USA.
- Scholl R, Rivero-Lepinckas L, Crist D (1998) Growth of plants and preservation of seed. In Arabidopsis protocol eds. Martinez-zapater JM and salinas J. Human press Inc. NJ. USA.
- Weigel D, Glazebrook J (2002) Arabidopsis : a laboratory manual. Cold Spring Harbor, N.Y. : Cold Spring Harbor Laboratory Press. 119-130.
- Weigel D, Glazebrook J (2002) Arabidopsis : a laboratory manual. Cold Spring Harbor, N.Y. : Cold Spring Harbor Laboratory Press. 131-134.

02

벼 형질전환 프로토콜

[1]김율호, [2]손수인, [1]이병규, [1]박향미, [3]조준형, [1]이장용
[1]농촌진흥청 작물과학원
[2]농촌진흥청 농업생명공학원
[3]동국대학교 식물생명공학과

I. 서론

벼의 형질전환에는 원형질체에 DNA를 직접 형질전환하는 방법(Uchimiya *et al.*, 1986; Toriyama *et al.*, 1988; Datta *et al.*, 1990), 유전자 총을 이용하는 방법(Christou *et al.*, 1991), *Agrobacterium*을 이용하는 방법(Raineri *et al.*, 1990; Hiei *et al.*, 1994; Rashid *et al.*, 1996) 등 여러 가지 방법이 성공적으로 이용되었으나 현재는 *Agrobacterium*을 이용한 방법이 주로 이용된다. 그 이유는 형질전환을 위해 원형질체를 사용할 필요가 없어 원형질체로부터 식물체를 재분화시키는 여러 가지 복잡한 과정을 생략할 수 있으며, 또한 *Agrobacterium*을 이용하여 형질전환한 경우에는 삽입 유전자의 copy수가 적어 유전자 총 등을 이용한 직접 전환방법에 의해 얻어진 형질전환체에 비해 형질전환유전자의 고정이 용이하고 유전자침묵현상 등의 문제점을 줄일 수 있다는 장점이 있다. 그럼에도 불구하고 벼의 경우 밀, 콩, 옥수수 등 다른 작물과 마찬가지로 genotype(품종, 계통)에 따른 형질전환효율의 변이가 심하여 일부 유망품종의 경우 많은 시도에도 불구하고 식물체 재분화 및 형질전환에 성공하지 못하였다. 이러한 한계점으로 인해 벼의 형질전환은 주로 형질전환이 용이한 품종을 대상으로 이루어지고 있으며 형질전환이 어려운 유망품종에 원하는 유전자를 도입하기 위해서는 먼저 형질전환이 용이한 품종을 대상으로 유용유전자를 형질전환하고 다시 형질전환체를 유망 품종과 교배하여 원하는 유전자를 도입하는 복잡한 과정을 거치게 된다. 그러나 우수한 품종에 직접 형질전환하는 것이 가능하다면 이러한 품종육성에 따르는 여러 가지 번거로운 과정을 피해갈 수 있을 것이다. 그리고 형질전환에 소요되는 기간은 가능하면 단축하는 것이 필요한데 그 이유는 특히 벼의 경우에는 조직배양기간이 길어지면 Tos17과 같은 retortransposon이 활성화되어(Hirochika *et al.*, 1996) 돌연변이가 유발되기 때문이다. 작물과학원에서는 수년간 효율적인 벼 형질전환 방법 개발을 위해 노력해왔으며 여러 품종을 대상으로 형질전환 가능성을 확인한 바 있다. 최근에는 형질전환 효율을 높일 수 있도록 개선된 벼 형질전환 방법을 개발하여 특허를 출원하였다. 본 내용에서는 *Agrobacterium*을 이용한 일반적인 벼 형질전환 과정, 실험상 주의할 점, 고효율 형질전환 방법 등을 소개하고자 한다.

II. 재료 및 방법

Agrobacterium을 이용한 벼 형질전환은 완숙종자로부터 배발생 callus를 유기하고 증식하는 과정, 증식된 callus에 *Agrobacterium*을 접종하고 형질전환된 callus를 선발, 증식하는 과정, 형질전환된 callus로부터 shoot를 재분화시키는 과정 그리고 재분화된 식물체에서 뿌리를 유기시킨 다음 순화하여 식물체를 얻는 과정으로 이루어진다. 이러한 형질전환 과정은 형질전환이 잘 되는 품종(예 낙동벼, 동진벼 등)의 경우 약 14주에서 16주가 소요된다. 실험실에서 일반적으로 수행하고 있는 벼 형질전환 각 단계를 간단히 설명하면 그림 2-1과 같으며 벼 형질전환 과정과 각 과정에서 특히 고려해야 할 사항들을 각 단계별로 설명하고자 한다.

1. 재료준비

1) 형질전환에 사용될 종자는 가능하면 별도로 관리를 한 것이 좋다. 예를 들면, 벼 재배시의 비배관리가 적절하고 병충해의 피해를 받지 않았으며 수확 후 탈곡시에도 과도한 동력을 사용해 종자가 손상을 입지 않은 것을 선별해 사용토록 한다. 가급적 당해 연도에 수확한 것을 사용하도록 하며, 오래된 종자를 사용하게 될 때에는 냉장고에 보관

그림 2-1 *Agrobacterium*을 이용한 벼 형질전환 과정

A_ Embryogenic callus 유기(2N6 medium, 3~4주)
*callus 증식 및 형질전환에 1주 추가 소요
B_ 형질전환 callus의 선발 및 증식(2N6-CP, 6mg/*l* PPT, 5주)
C_ shoot 재분화(MSR-CP, 2mg/*l* kinetin, 0.5mg/*l* NAA, 3mg/*l* PPT, 4주)
D_ 뿌리 유기 및 순화(2주)

표 2-1 형질전환용 배지 조성

단 계	배 지	조 성
Embryogenic callus 유기 및 증식	2N6	N6 macro and micro salt, N6 vitamines. casamino acid 300mg/*l*, proline 500mg/*l* sucrose 30g/*l*, glutamine 500mg/*l*, phytagel 2.5g/*l*, 2.4-D 2mg/*l*, pH 5.8
Agrobacterium 배양	AB	AB buffer and salt, glucose 5g/*l*, Bacto-agar 15g/*l*, pH 7.2 (항생제는 벡터나 Agrobacterium의 종류에 따라 적절히 사용)
Agrobacterium 현탁 및 infection용	AAM	AA macro and micro salt, amino acid stock, MS vitamines, casamino acid 500mg/*l*, sucrose 68.5g/*l*, glucose 36g/*l*, acetosyringone 100uM/*l* (19.6mg/*l*), pH 5.8
공동배양	2N6-AS	2N6 medium and acetosyringone 100uM/*l* (19.6mg/*l*), pH 5.8
형질전환 callus 선발	2N6-CP	2N6 medium and cefotaxime 250mg/*l*, L-phosphinotricine 6mg/*l*
재분화	MSR-CP	MS macro and micro salt, MS vitamins, NAA 0.5mg/*l*, Kinetine 2mg/*l*, sucrose 30g/*l*, cefotaxime 250mg/*l*, L-phosphinotricine 3mg/*l*, phytagel 4g/*l*, pH 5.8
Rooting medium	MS0	MS macro and micro salt, MS vitamins, sucrose 30g/*l*, phytagel 2g/*l*, pH 5.8

하여 종자의 활력을 유지토록 하는 것이 바람직하다.

2) callus 유기를 위해서는 종피를 제거한 현미를 사용한다. 종피 제거는 간단한 현미기(양손을 이용하여 비벼서 종피를 제거하는 현미기가 시중에 있음)를 사용하고 종피가 제거된 종자는 70% 에탄올에 1회 10분간 소독 후 다시 2~3% Sodium Hypochlorite 용액에 10분씩 3회 소독한 후 멸균수로 3회 이상 세척한다.

2. callus 유기배지에 치상 및 callus 유기

직경 9~10cm의 petridish에 (약 20~25m*l*의 callus 유기배지, 2N6+2,4-D 2mg/*l*) 소독이 끝난 종자를 10~12개 치상한 후 27℃ 암실에서 배양 상태에 따라 3~4주 배양한다(종자 치상시 반드시 배 부분이 위로 향하게 해야 함).

3. callus 선발, 증식

직경 1~2mm 정도의 연황색 callus를 선발 2N6 배지에서 3일간 증식(낙동벼, 동진벼 등 10개 petridish에서 약 200~250개 정도의 callus 선발 가능), callus 선발시 너무 잘 흐트러지거나(friable) 점액질의 callus는 제외.

4. *Agrobacterium* 준비 및 형질전환 처리

1) *Agrobacterium* 배양

callus를 선발한 다음 날 *Agrobacterium*을 제작된 벡터와 *Agrobacterium* 계통에 적합한 항생제를 첨가하여 만든 AB 배지(또는 YEP 배지 10cm petri plate)에 도말하여 27℃ 암조건에서 3~5일간 배양(온도가 높으면 plasmid가 상실될 수 있으므로 반드시 30℃ 이하에 배양해야 함)

- 여러 종의 *Agrobacterium* tumefaciens가 사용될 수 있으나 LBA4404, EHA101 등이 널리 사용됨
- 원하는 플라스미드를 갖고 있는 *Agrobacterium*은 glycerol stock으로 만들어 0.5ml 또는 1.5ml effendorf tube에 분주하여 -80℃에 장기 보관하고 필요시 AB 배지에 직접 도말하여 사용하거나 배양한 균주를 냉장고(4℃)에 보관(최대 1개월)하며 사용할 수 있음
- 사용하는 플라스미드의 종류(특성)에 따라 형질전환 효율에 차이가 있을 수 있으므로 가능하면 확인이 된 플라스미드를 기본 골격으로 이용하는 것이 좋음

2) 형질전환에 사용될 *Agrobacterium*의 현탁액 준비

*Agrobacterium*을 배양한 petridish plate에 5m*l*의 AAM 배지를 가하고 멸균된 loop 또는 spatula를 이용 *Agrobacterium*을 긁어 낸 다음 적당한 튜브(50m*l* falcon tube)로 옮긴 다음 15m*l*의 AAM(acetosyringone 100mM 포함) 배지를 가하고 잘 현탁한 후(vortex mixer 사용) 농도를 조절(OD_{650} 흡광도 1.5~2.0)한다.

3) *Agrobacterium* 처리 및 공동배양

① 3일간 증식한 callus를 petridish에 옮긴 후 *Agrobacterium* 현탁액 20m*l*을 가하고 30분간 잘 저

표 2-2 Callus 유기 및 재분화를 위한 기본배지

callus 유기		재분화	
Chu (N6) 배지	DCF/SIGMA Commercial Mix	MS 배지	DCF/SIGMA Commercial Mix
N6 Macro Salts		**Macro Salts**	
KNO_3	2.83g/*l*	KNO_3	1900mg
$(NH4)_2SO_4$	463mg	NH_4NO_3	1650mg
KH_2PO_4	400mg	KH_2PO_4	170mg
MgSO4	90mg	$MgSO_4$	180.54mg
(or $MgSO_4 \cdot 7H_2O$)	(or 185mg)	$CaCl_2$	332.02mg
$CaCl_2$	125.33mg		
(or $CaCl_2 \cdot 2H_2O$)	(or 166mg)		
Iron		**Iron**	
(or FeNaEDTA)	36.70mg	FeNaEDTA	36.70mg
N6 Micro salts		**Micro salts**	
$MnSO_4 \cdot H_2O$	3.3mg	$MnSO_4 \cdot H_2O$	16.9mg
$ZnSO_4 \cdot 7H_2O$	1.5mg	$ZnSO_4 \cdot 7H_2O$	8.6mg
H_3BO_3	1.6mg	H_3BO_3	6.20mg
KI	0.8mg	KI	0.83mg
$Na_2MoO_4 \cdot 2H_2$	—	$Na_2MoO_4 \cdot 2H_2$	0.25mg
$CuSO_4 \cdot 5H_2O$	—	$CuSO_4 \cdot 5H_2O$	0.025mg
$CoCl_2 \cdot 6H_2O$	—	(or $CuSO_4$)	or 0.016mg
		$CoCl_2 \cdot 6H_2O$	0.025mg
N6 vitamins		**Vitamins**	
Nicotnic acid	0.5mg	Nicotnic acid	0.5mg
Thiamine · HCl	0.1mg	Thiamine · HCl	0.1mg
Pyridoxine · HCl	0.5mg	Pyridoxine · HCl	0.5mg
Glycine	2.0mg	Glycine	2.0mg
		myo-inositol	100mg

※ Sigma사의 N6 commercial mix는 macro- micro- salts만 포함되어 있고 vitamin이 포함되어 있지 않으므로 주의.

어준다(Shaker 이용 60rpm).

② 현탁액을 제거하고 다시 callus를 멸균된 filter paper에 옮겨 잔여 현탁액을 제거한 후에 2N6-AS 배지에 치상 후 25℃ 암 조건에서 3일간 공동배양한다.

5. 형질전환 callus의 선발

1) 공동배양 한 callus로부터 *Agrobacterium*의 제거: 공동배양한 callus를 cefotaxim 용액(250mg/*l*)으로 3회 세척한 후 멸균 filter paper를 이용 잔여액 제거.

2) 형질전환 callus 선발: 세척된 callus를 6mg/*l* PPT (Phosphinothricine, bar 선발 표지유전자 사용시)가 포함된 2N6-CP 배지에 옮겨 2~3주간 27℃ 조건에서 암배양 후 건전한 생육을 보이는 것 선발.

- 선발표지로는 hpt(hygromycine phospho-transferase) 또는 bar(bialaphos resistance) 유전자가 가장 널리 이용되고 있음. hygromycin B의 경우 50mg/*l* 농도로 조절 사용, kanamycin 저항성 유전자는 벼의 경우 선발이 어려워 사용하지 않음.

3) 새로운 배지에 옮긴 후 동일 조건에서 배양 후 건전한 callus를 선발 재분화 배지(MSR-CP)에 치상.

6. 형질전환 callus로부터 shoot의 분화

선발된 callus를 3mg/*l* PPT가 포함된 MSR-CP 배지에 치상한 후 25℃ 광조건에서 4주간 배양

- bar 유전자를 선발표지로 이용시에는 재분화 배지에도 반드시 PPT가 포함되어야 escape현상 발생을 피할 수 있음.
- 일반적으로 callus로부터 벼 shoot 분화(비형질전환)는 4주 정도(2주 후 녹체 형성 4주 shoot 출현) 걸리나 형질전환체의 경우 이보다 대체로 1~2주 정도 늦음.

7. 뿌리의 유기, 순화 및 형질전환체 확인

1) 분화된 shoot를 MS 기본배지(without plant hormone)에 옮기고 약 2주간 배양.
2) 뿌리가 발생된 재분화체는 1% 하이포넥스(hyponex)-용액(또는 1/8 농도 수경액)에서 약 7~10일 순화시킨 후(뿌리의 발생도 많아짐) pot에 이식.
3) Pot에 이식한 10~14일 후 시들은 잎을 제거하고 0.3% Basta액을 엽면 살포한 후 5~7일 후에 확인.

III. 개선된 형질전환 프로토콜

위에 제시한 방법으로도 형질전환이 잘 되는 벼 품종들은 수회의 형질전환으로 충분한 개체수의 형질전환체(50 independent events or lines)를 얻을 수 있으나 몇 가지 방법을 개선하면 형질전환 효율을 월등히 높일 수 있어 1회 형질전환 처리(약 200개 callus 처리)로 50개체 이상의 독립 개체를 얻을 수 있는 형질전환방법이 작물과학원에서 개발되어 그 내용을 간단히 소개하고자 한다.

1. 공동배양 과정에서의 배지조성 및 조건

1) 공동배양 전 단계

위 프로토콜과 동일

2) 공동배양 과정에서의 배지조성 및 조건

배지조성에서의 차이점(표 2-3)은 기본배지(2N6)의 함량을 1/2로 줄이고 *Agrobacterium*과의 공동배양 과정에서 발생되는 식물세포의 산화적 파괴를 최소화하기 위해 항산화 화합물, 즉 L-cysteine 10.5mg/*l*, sodium thiosulfate 1mM, dithiothreitol 1mM 등을 벼 품종에 따라 2종 또는 3종을 첨가하였으며 *Agrobacterium*의 과도한 성장 및 에틸렌의 활성을 억제하기 위해 silver nitrate 5mg/*l*를 첨가하였다. 또한 silver nitrate 첨가로 인해 배지가 물러지는 현상을 방지하기 위해서 첨가되는 gelrite의 양을 3.0mg/*l*로 높였다. 기존 방법과 달라진 처리로는 접종된 callus를 공동배지 위에 직접 올려놓는 기존 방법과는 달리 공동배지 위에 여과지(Whatman #1) 1매를 덮고 그 위에다 둠으로써 *Agrobacterium*의 과도한 성장에 대한 안정성을 높였으며 공동배양 기간 동안의 온도는 3℃ 정도의 차이로 변온 처리하였다. 상기의 개량된 방법을 통하여

표 2-3 새로운 공동배양 배지조성 및 조건

처리 내용		기존 방법 (2N6-AS)	개량된 방법 (1/2-2N6-AS-New)
배지 조성	기본배지(2N6)	기준량	기준량의 1/2량
	항산화 화합물	없음	항산화 화합물 첨가(L-cysteine 10.5mg/*l*, sodium thiosulfate 1mM, dithiothreitol 1mM) *벼 품종에 따라 2종 또는 3종을 첨가
	Agrobacterium 성장 및 에틸렌 활성 억제 물질	없음	silver nitrate 5mg/*l*
	Gelrite량	2.5mg/*l*	3.0mg/*l*
여과지(filterpaper)		없음	여과지 (#1)를 배지 위를 덮어줌
온도 처리		26.5℃ 고정	26.5℃→23.5℃(3도차 변온처리)
공동배양 기간		3일	26.5℃ (1일)→23.5℃ (4일~8일) 5일 이상 처리

표 2-4 새로운 방법과 기존 방법간 벼 형질전환율 비교

품종	처리별	공동배양 기간	Phytagel 함량	형질전환 callus 수	형질전환 식물체 수 (독립 라인)	형 질 전환율	증가율
흑남벼	기 존	3 일	2.5 g	500 개	18 개	3.6 %	100
	개 량	7	3.0	280	77	27.5	764
	개 량	7	2.5	180	17	9.4	261
일미벼	기 존	3	2.5	240	8	3.33	100
	개 량	7	3.0	280	19	6.79	204
일품벼	기 존	3	2.5	250	0	0	100
	개 량	7	3.0	220	2	0.9	190

표 2-5 새로운 방법으로 목표 유전자 형질전환 시 형질전환 효율

품종	벡터	공동배양 기간	Phytagel 함량	형질전환 callus 수	형질전환 식물체 수 (독립 라인)	형 질 전환율
흑남벼	pMJC-GB-IFS1	7 일	3.0 g	240 개	50 개	20.8 %
	pMJC-GB-IFS2	7	3.0	280	90	32.1
일미벼	pMJC-GB-Harpin	7	3.0	940	117	12.4

* 개선된 형질전환 방법은 벼뿐 아니라 *Agrobacterium*을 이용해서 형질전환하는 타 작물의 형질전환 효율을 높이는 데에도 원용할 수 있을 것으로 생각된다.

*Agrobacterium*의 성장속도를 조절하는 것이 가능하여 공동배양 기간을 5일 이상(벼 품종에 따라 최장 9일까지)으로 연장하였으며 공동배양 기간을 9일 이상으로 연장한 경우에도 *Agrobacterium*의 과도한 성장으로 인한 피해는 관찰되지 않았다.

- *Agrobacterium* LBA4404, EHA105 등을 사용할 경우 과도한 성장에 대한 문제점은 없으나 GV3101 등의 계통은 상기의 조건에서도 과도한 성장이 될 수 있으므로 *Agrobacterium*의 농도나 공동배양 기간을 조절하여 사용하여야 한다.

2. 형질전환 효율

1) *GUS* 유전자 형질전환율

GUS 유전자(pMJC-GB-GUS/LBA4404)를 사용하여 형질전환하였을 때 형질전환율은 기존의 방법에 비해 흑남벼는 7.6배 일미벼 약 2배 정도 증가하였고, 특히 형질전환이 어려운 일품벼의 경우에도 형질전환체 획득이 가능하였다(표 2-4).

2) 목표유전자 형질전환율

새로운 방법이 실제 목표유전자를 형질전환할 때에도 효율적인가를 확인하기 위하여 흑남벼를 대상으로 IFS1 및 IFS2 유전자를 일미벼를 대상으로 harpin 유전자를 형질전환하였을 때 표 2-5에서 보는 바와 같이 흑남벼의 경우 각각 20.8%, 32.1% 일미벼의 경우 12.5%의 형질전환율을 보여 GUS 유전자 형질전환율과 비슷하거나 오히려 높은 형질전환 효율을 보였다(표 2-5).

참고문헌

- Christou P, Ford TL, Kofron M (1991) Production of transgenic rice (Oryza sativa L.) plants from agronomically important indica and japonica varieties via electric discharge particle acceleration of exogenous DNA into immature zygotic embryos. Bio/Technology 9: 957~962
- Datta SK, Peterhans A, Datta K, Potrykus I (1990)

Genetically engineered fertile Indica-Rice recovered from protoplasts. Bio/technology 8: 736~740
□ Hiei Y, Ohta S, Komari T, Kumashiro T (1994) Efficient transformation of rice (Oryza sativa L.) mediated by *Agrobacterium* and sequence analysis of the boundaries of the T-DNA. The Plant J 6: 271~282
□ Hirochika H, Sugimoto K, Otsuki Y, tsugawa H, Kanda M (1996) Retrotrnansposons of rice involved in mutations induced by tissue culture. Proc Natl Acad Sci 93: 7783~7788
□ Raineri DM, Bottino P, Gordon MP, Nester EW (1990) *Agrobacterium*-mediated transformation of rice (Oryza sativa L.). Bio/Technology 8: 33~38
□ Rashid H, Yokoi S, toriyama K, Hinata K (1996) Transgenic plant production mediated by *Agrobacterium* in Indica rice. Plant Cell Rep 15: 727~730
□ Toriyama K, Arimoto Y, Uchimiya H, Hinata K (1988) Transgenic rice plants after direct gene transfer into protoplasts. Bio/Technology 6: 1072~1074
□ Uchimiya H, Fushimi T, Hashimoto H, Harada H, Syono K, Sugawara Y (1990) Expression of a foreign gene in callus derived from DNA-treated protoplasts of rice (*Oryza sativa* L.). MGG 16: 736~740

03 콩 형질전환

정영수
동아대학교 분자생명공학부

I. 서론

콩은 세계적으로 중요한 단백질과 식물성 기름 생산 작물로써 형질 개선을 위해 세계적으로 꾸준하게 육종이 진행되고 있다. 형질전환은 1980년대부터 미국을 중심으로 기술개발이 꾸준히 진행되어오다가 최근에 다양한 처리조건과 실험조건이 개선되면서 형질전환 효율을 올리기 위한 노력이 이루어지고 있고, 유전체 기능연구(functional genomics)를 위한 한 방법으로 고효율의 형질전환 기술개발을 위한 다양한 연구가 진행되고 있다. 이는 다량으로 축적되고 있는 콩 유전체정보의 이용을 위해서도 매우 바람직한 일이다.

형질전환 방법으로는 콩 체세포 배를 재료로 하여 유전자 총(gene gun)을 이용한 형질전환 방법이 있는데 90년대에 생산되고 품종화된 제초제저항성 콩 과 BT toxin을 함유한 콩 품종들이 모두 이 방법으로 생산되었다. 그러나 유전자총을 이용한 형질전환 방법은 형질전환체에 도입되는 유전자의 copy수가 많아 후대에서 유전자의 과다도입으로 인한 유전자 침묵(gene silencing)이 발생하는 현상이 자주 발견되어 문제점으로 지적되고 있다. 또한 유전자총 형질전환 재료로는 주로 체세포배가 사용되는데 체세포배를 유기하기 위해서는 미성숙종자를 쓰기 때문에 재료의 연중확보에 어려움이 있고, 체세포배 유기가 가능한 품종(genotype)도 매우 제한되어 있다.

또 다른 형질전환 방법으로는 최근에 효율에 있어서 크게 개선이 되고 있는 생물학적 형질전환 방법인 *Agrobacterium*을 사용한 형질전환 방법이 있다. 이 방법에 있어서는 초기에는 매우 낮은 빈도와 적정한 explant를 찾기 위한 다양한 시도가 이루어지다가 근래에 적절한 유전자 도입부위와 효율적인 형질전환 방법이 개발되면서 많은 형질전환체가 생산되고 있다. 형질전환을 위한 explant로써는 발아된 지 6~7일 된 떡잎이 사용되는데 하배축이 제거된 떡잎의 node와 측아(axillary bud)의 경계부위가 *Agrobacterium* 감염의 목표부위이다(그림 3-2). 콩 형질전환의 목표부위는 생장점조직을 포함한 부위로써 일반적인 타작물에서는 형질전환의 목표로써 적절하지 않은 것으로 알려져 있다. 생장점이 포함될 경우, 빠른 생장속도 때문에 효율적인 선발이 어렵고 분화가 이미 된 세포의 존재 시에 키메라식물이 나올 확률이 매우 높아지기 때문이다. 그럼에도 불구하고 콩

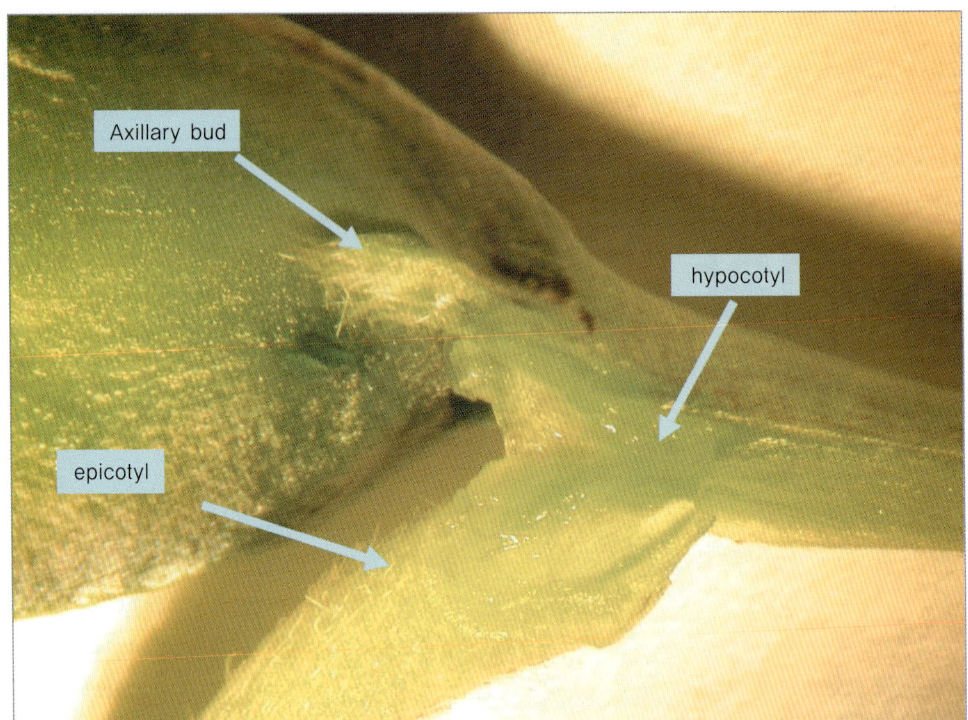

그림 3-1 떡잎 내의 각 부위

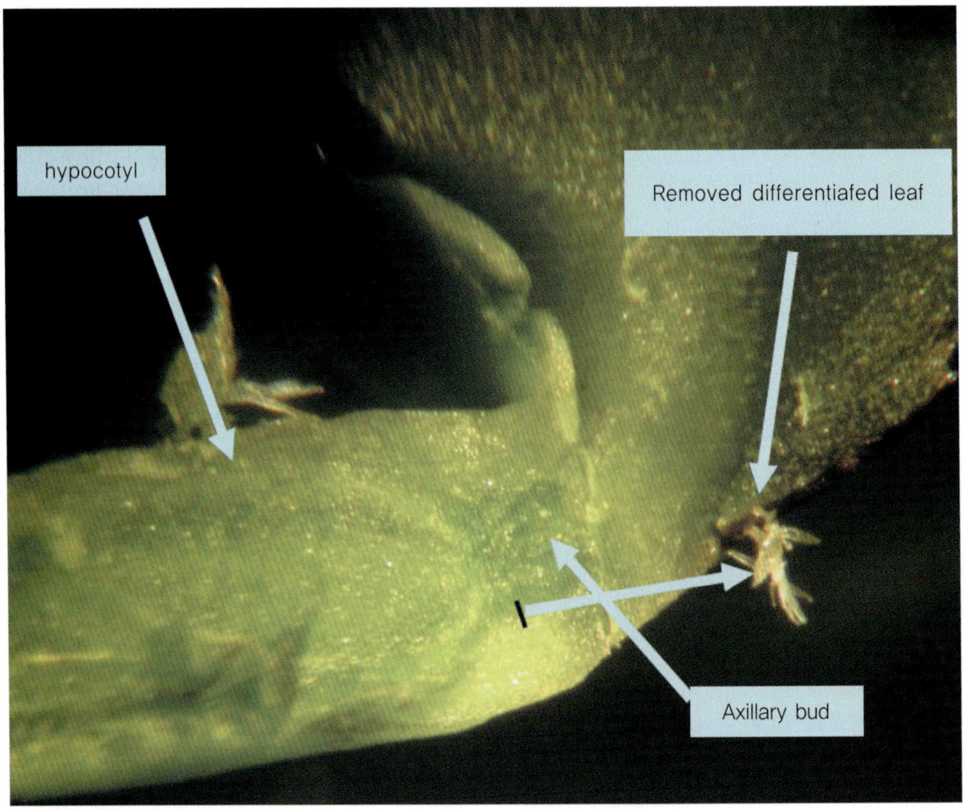

그림 3-2 형질전환 목표부위

의 경우 생장점을 포함한 부위가 형질전환의 목표부위로 사용되는 것은 다른 조직을 explant로 사용하였을 때 조직 반응 정도가 매우 낮고 direct organogenesis가 거의 일어나지 않기 때문이다. 또한 콩의 측아의 기부에 상처를 내고 형질전환을 하면 생장점을 포함한 상처부위가 빠른 속도로 회복 및 재구성되어 부풀어 오름을 보이고 잎의 원기들이 다시 형성됨으로써 선발과정 중에 형질전환 세포가 빠른 비율로 자라나는 것을 알 수 있다. 이와 같은 현상은 선발과 함께 유전자 도입세포들이 초기의 작은 비율에서 빠르게 증식되어 이차 신초(secondary shoot)의 발생시에 관여하여 키메라의 발생을 억제하는 것으로 생각된다. 현재 사용되고 있는 콩 형질전환 방법의 효율을 증대시키기 위해 다양한 처리들이 초기방법에 추가되어 왔다. 그 중에서 가장 큰 영향을 미친 요인으로는 황화합물(L-Cysteine, Sodium thiosulfate, DTT)의 첨가를 들 수 있다. 형질전환 초기의 황화물첨가효과는 이미 다른 식물(포도, 사탕수수, 벼등)에서도 밝혀졌는데 콩에서도 최적합화된 조합과 농도의 황화물첨가는 초기에 식물세포 내의 갈변화를 유도하는 단백질들(PPO & POD)의 활력을 억제하여 초기신초 형성과 형질전환 효율증대에 크게 기여하는 것으로 밝혀졌다. 콩 형질전환 효율증대를 위한 또 다른 요인으로는 정확한 부위에 상처(cutting)를 내는 데 있다. 현재 고효율의 콩 형질전환 효율(10% 이상의 stable transformation)을 얻고 있는 실험실들의 경우, 측아와 하배축의 아주 좁은 부위(그림 3-1)에 매우 정밀하게 상처를 낸 후에 *Agrobacterium*감염을 시키고 있는데 이와 같은 상처방법이 높은 형질전환효율의 한 원인으로 생각되고 있다. 세 번째는 아그로감염에 순응적인 품종(Agro-infection amenable genotype)을 선택하는 것이다. 근래에 수행된 국내 콩 품종들의 아그로감염도 조사에서 많은 품종들이 어느 정도 *Agrobacterium*의 감염에 순응함을 나타내었다(55품종/59품종). 초기 *GUS* 유전자의 발현 분석결과, 특히 소진콩이 매우 강한 아그로감염을 나타내었으며, 광안콩, 다채콩, 청자콩2호 등도 높은 감염을 나타내었다. 높은 아그로감염에 의한 유전자의 도입과 더불어 중요한 요인은 품종들의 조직배양반응이라고 할 수 있다. 초기 유전

그림 3-3 2차 신초에서의 *GUS* 유전자 발현 확인

그림 3-4 신초신장 및 발근유도

자 도입 후에 multiple shoot 형성이 콩형질전환체 생산에 매우 중요한데, 예비실험 결과, 국내 콩 품종들의 multiple shoot 형성 능력은 미국 형질전환 순응형(Bert)보다 열악한 것으로 나타났다. 형질전환초기와 선발과정 중 multiple shoot formation 형성은 콩 형질전환 중 매우 중요한 과정인 shoot elongation에 많은 영향을 미치는데, 특히 초기의 1차 신초형성(primary shoot formation)보다 2차 신초형성(secondary multiple shoot formation)이 성공적인 콩 형질전환에 매우 중요한 것처럼 보인다. 형질전환과 신초형성 과정 중 유전자의 도입을 확인하기 위한 GUS분석 결과, 1차 신초(primary shoot)보다는 2차 신초(secondary shoot)에서 유전자의 도입과 발현이 더 많이 나타난 결과가 이에 대한 예라고 하겠다(그림 3-3).

Agrobacteria 감염에 순응적인 품종을 선발하여 정확한 목표부위에 유전자가 도입되고 적정한 선발을 거치면 형질전환체 생산후기과정은 시간의 문제라고 할 수 있다. Shoot elongation이 진행되어 신장된 신초가 4~5cm 정도 자라고 잎이 5~6개 부착되면 발근을 유도한다(그림 3-4). 발근유도를 촉진하기 위하여 일정농도의 IBA용액(1mg/*l*)에 절단된 신초기부를 침지하였다가 치상하면 매우 높은 빈도의 발근을 유도할 수 있다. 발근이 되고 나면 토양으로 식물체를 옮겨 순화를 실시하고, 후에 적절한 흙이 담긴 화분에 옮겨 종자결실을 유도한다.

II. 재료 및 방법

1. 식물재료

59개의 국내 콩 품종 종자를 확보하여 콩 형질전환 기초실험을 수행하였다. 형질전환 초기 GUS transient 분석과 multiple shoot 형성능력을 고려하여 은하콩, 광안콩, 신록콩, 백운콩, 소진콩, 다채콩, 그리고 비교품종으로 미국품종 Bert를 선택하여 실험을 수행하였다.

2. 방법

1) Germination

준비된 콩 종자를 70% ethanol에 30초간 담궈 1차 표면 살균을 하고 1% sodium hypochlorite에 30분간 shaking 하면서 소독한 후, 10분 간격으로 멸균수로 3회 세척하였다. GM(germination medium)에 파종 후 24℃ 배양실에서 16시간 광조건과 8시간 암조건으로 7일간 발아시켰다.

| Tip | 발아 후, 형질전환을 위한 적정 시기는 품종에 따라 다른데, 본 엽의 크기가 떡잎만 할 때가 대부분 접종하기에 좋으므로 파종 후 품종별 발아상태를 유심히 관찰하여 적정시기를 결정한다. 이 시기에 측아는 적절하게 신장하여 2~3mm의 크기에 이른다.

| Tip | 콩은 비교적 종자오염이 심하여 비교적 오염이 적은 종자를 확보하는 것이 매우 중요하다. 콩종자 소독을 위하여서는 강염산(12N)에 락스를 혼합하여 발생시킨 chlorine gas를 사용하기도 한다.

2) *Agrobacterium* preparation

콩의 형질전환을 위하여 이용된 *Agrobacterium*은 expression vector pCAMBIA1301(Hyg^R 포함)과 pCAMBIA3301 (PPT^R 포함)이 있는 KYRT1과 EHA105를 사용하였다. 고체 YEP medium〔kanamycin 100mg/*l*, rifampicin 25mg/*l*, peptone 10g/*l*, NaCl 5g/*l*, yeast extract 5g/*l*, 1.5%(w/v) agar(pH 7.0)〕에 streaking 한 후 25℃에서 배양하여 생성된 single colony를 같은 항생제가 들어 있는 액체 YEP medium 10m*l*에 넣고 OD 650 0.8이 될 때까지 25℃에서 250rpm으로 shaking하였다. 다 자란 culture에 30% glycerol stock 10m*l*을 넣고 vortex한 뒤, 1.5m*l* tube에 1m*l*씩 분주하여 액체질소로 급속 냉각하여 -70℃에서 보관하였다. 접종 하루 전에 항생제가 들어 있는 액체 YEP medium 200m*l*에 -70℃에서 보관해 놓은 *Agrobacterium* stock(competent cell)을 1m*l* 넣고 OD650이 0.8~1.0이 될 때까지 25℃에서 250rpm으로 shaking하였다.

접종 당일에 액체 YEP medium 200m*l*을 50m*l*씩 나눠서 20℃, 3270g에서 10분 동안 centrifuge하였다. 각각의 tube에 있는 *Agrobacterium* pellet을 L-Cysteine, Sodium thiosulfate, DTT와 같은 황화합물 등이 첨가된 액체 CCM 배지(co-cultivation medium)에 고농도와 저농도로 녹였다; 고농도, 액체 CCM을 3m*l* 넣어 녹인 농축액; 저농도, 액체 CCM을 25m*l* 넣어 녹인 농축액. 액체 CCM은 100m*l*이나 200m*l*씩 소량으로 만들어 놓고 황화합물과 호르몬 등은 접종하는 당일에 첨가시켰다.

| Tip | 황화물들은 미리 첨가하여 시간이 오래 경과하면 색깔이 변하는 등 성분의 변화가 일어나므로 꼭 접종하는 당일에 filtering을 하여 첨가하였다.

3) *Agrobacterium* infection 및 Co-cultivation

발아한 식물체의 hypocotyl을 떡잎 밑 약 1cm되는 곳에서 자른 후 양 떡잎 사이로 scalpel를 넣어 하배축까지 수직으로 자르고 새로 나온 본 엽을 제거하였다. 드러난 axillary bud와 cotyledonary node를 현미경으로 보면서 scalpel(#11 blade)로 10회 정도 상처를 내었다. 이때 scalpel에 3m*l* 농축액을 묻힌 다음 target 부위에 상처를 내었다. 대략 50개 정도의 explants를 25m*l* 공배양 배지에 넣고 sonication 10초, vacuum 30초 처리를 한 뒤 30분 동안 접종시켰다.

Explants를 tube에서 꺼내 멸균한 filter paper 위에 놓고 물기를 제거한 뒤, 고체 CCM에도 filter paper를 한 장 깔고 15개체 내외로 올려두었다(adaxial side down). Micropore로 봉한 뒤 25℃에 5일 동안 암배양하였다.

4) Selection 및 Regeneration

5일간 co-cultivation 후에 제균을 위해서 액체 1/2 SIM(shoot induction medium)에 간단히 wash-out하였다. Explants를 filter paper 위에 놓고 물기를 제거한 뒤 선발항생제가 없는 SI-① 배지에 한 plate당 7개체씩 배지와 직각이 되도록 세워서 치상하였다.

2주 후 shoot이 나온 explants를 선발항생제가 들어 있는 SI-② 배지에 치상하였는데, 이때 shoot을 제외한 나머지 부분은 잘라버리고 adaxial side down으로 치상하였다.

2주 후 갈변한 shoot/shoot pad는 scalpel(#15 blade)로 깎아내고 선발항생제가 들어 있는 SEM에 치상하였다.

2주가 경과할 때마다 선발항생제가 들어 있는 새로운

| Tip | 갈변한 부위를 깎아낼 때는 shoot pad가 쪼개지지 않도록 조심해서 깎아내고 갈변부위를 최소화하여 배지의 영양분이 잘 흡수되도록 한다.

표 3-1 국내 콩품종 형질전환 순응형 스크린

품종	GUS 효율	품종	GUS 효율	품종	GUS 효율
검정새올콩	+	보광콩	++	일품검정콩	++
검정올콩	+	삼남콩	+	자수콩	++
검정콩1호	++	석량풋콩	+	장미콩	+
검정콩2호	++	선녹콩	+	장엽콩	+
검정콩3호	+	선유콩	+	장원콩	+
검정콩4호	+	선흑콩	+	진율콩	++
광안콘	+++	소담콩	+	진품콩	+
남해콩	+	소명콩	++	진품2호콩	+
다올콩	+	소록콩	++	청두1호	+
다원콩	++	소원콩	+	청자콩	++
다진풋콩	+	소진콩	++++	청자콩2호	+++
다채콩	+++	신기콩	+	청자콩3호	+
단미풋콩	+	신록콩	+	큰올콩	+
단백콩	++	신팔달콩	++	태광콩	++
대망콩	+	새알콩	+	푸른콩	+
대원콩	++	새올콩	+	황금콩	+
두유콩	+	안평콩	+	화엄풋콩	++
멍주나물콩	++	은하콩	++		
무한콩	++	일미콩	+		

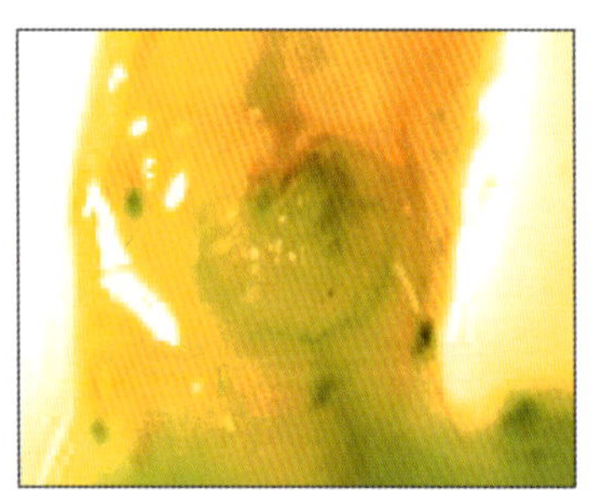

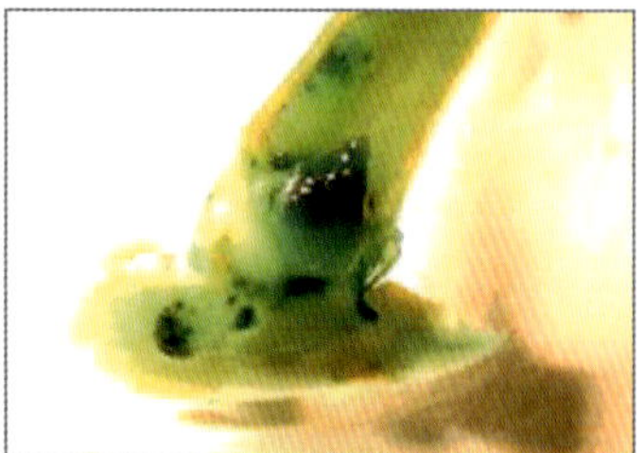

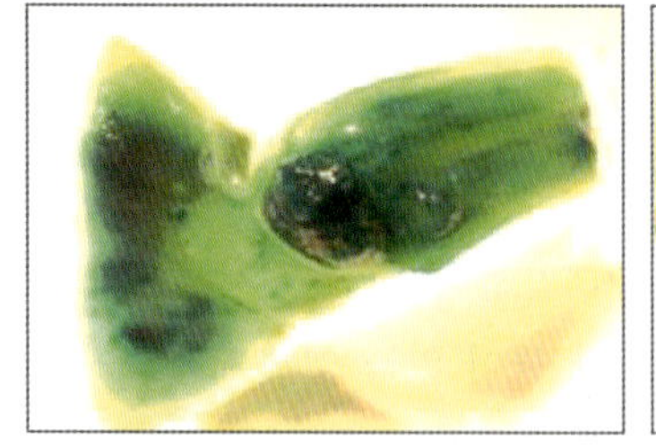

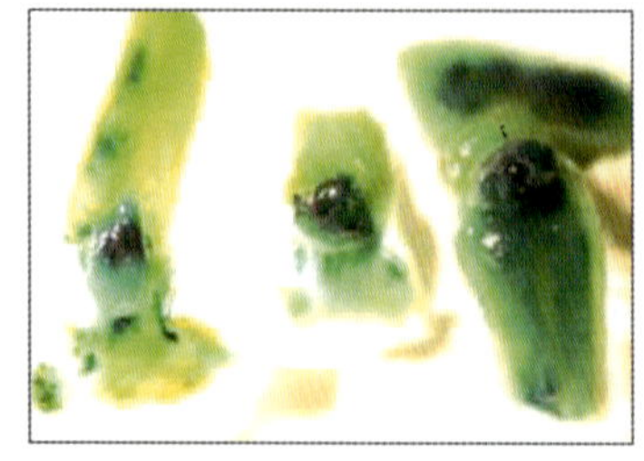

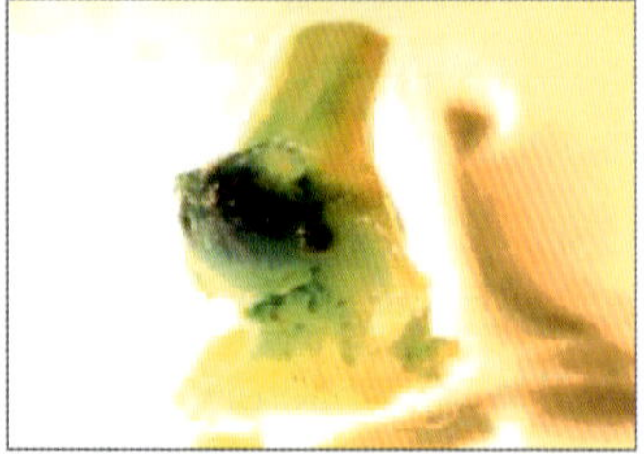

그림 3-5 소진콩 측아부위의 유전자 도입 확인

SEM으로 옮겨주고 계속 shoot pad를 깎아주었다. 접종 후 8~10주가 경과하여 shoot이 신장하기 시작하고 그 길이가 약 4cm정도 될 때 RM으로 옮겼다.

III. 결과

1. 국내 콩품종 형질전환 순응형 선발

59개의 국내 콩 품종 형질전환 순응형 스크린 실험의 결과는 아래와 같다. 사용된 59개의 품종 가운데 55개에서 *GUS* 유전자의 발현이 확인되었으며 소진콩, 광안콩, 다채콩, 청자콩2호에서 높은 수준(+++이상)의 GUS발현이 확인되었다(표 3-1, 그림 3-5).

콩 형질전환 중에 중요한 한 과정인 multiple shoot 형성은 비교구로 사용한 미국품종 bert에 비해서는 낮았지만 국내 품종 중에서는 백운콩, 다채콩, 신록콩, 은하콩등이 비교적 높은 multiple shoot 형성을 보여주었다. Multiple shoot 형성은 shoot elongation과 연관된 가장 중요한 전단계이다. 항생제 선발진행과 함께 형질전환 효율에 가장 직접적인 영향을 미치는 것이 shoot elongation 빈도인데 높은 multiple shoot 형성은 높은 shoot elongation과 직접 연결된다.

IV. 실험 Tip

1. L-Cysteine과 silver nitrate는 빛에 약하므로 stock으로 만들어 놓고 은박지로 싸서 빛을 막는다.
2. SEM 분주시 온도가 높으면 silver nitrate를 첨가했을 때 색깔이 변하므로 충분히 식었을 때 분주한다.

그림 3-6 Multiple Shoot Formation 비교

표 3-2 배지 조성표

GM (germination medium)	CCM (co-cultivation medium)	SIM (shoot induction medium)	SEM (shoot elongation medium)	RM (rooting medium)
B5 salts 1X	B5 salts 1/10X	B5 salts 1X	MS salts 1X	B5 salts 1/2X
MS iron stock 1X	MS iron stock 1/10X	MS iron stock 1X	MS iron stock 1X	MS iron stock 1X
B5 vitamins 1X	B5 vitamins 1X	B5 vitamins 1X	B5 vitamins 1X	
MES 3mM	MES 20mM 6-Benzyl-aminopurine 1.67ppm Gibberellic acid 0.25ppm	MES 3mM 6-Benzyl-aminopurine 1.67ppm	MES 3mM Gibberellic acid 0.5ppm	MES 3mM Indole-3-butyric acid 1ppm
	Acetosyringone 0.2mM L-Cysteine 3.3mM °Sodium hiosulfate 1.0mM °DTT 1.0mM		Asparagine 50ppm Pyroglutamic acid 100ppm Indole-3-acetic acid 0.1ppm Zeatin-riboside 1ppm Silver nitrate 10ppm	
		Hygromycin B 0, 5ppm PPT 0, 3ppm Cefotaxime 500ppm	Hygromycin B 0, 5ppm PPT 0, 3ppm Cefotaxime 500ppm	
Sucrose 3%	Sucrose 3%	Sucrose 3%	Sucrose 3%	Sucrose 3%
Agar 0.8%	Agar 0.5%	Agar 0.8%	Agar 0.8%	Agar 0.8%
pH 5.8	pH 5.4	pH 5.6	pH 5.6	pH 5.6

참고문헌

- Bolton GW, Nester EW, Gordon MP(1986) Plant phenolic compounds induce expression of the Agrobacterium tumefaciens loci needed for virulence. Science 232: 983~985
- Finer JJ, McMullen MD(1991) Transformation of soybean via particle bombardment of embryogenic suspension culture tissue. In Vitro Cell Dev Biol 27P: 115~182
- Hinchee MAW, Connor-Ward DW, Newell CA, McDonnell RE, Sato SJ, Gasser CS, Fischhoff DA, Re DB, Fraley R.T, Horsch RB (1988) Production of transgenic soybean plants using Agrobacterium-mediated gene transfer. Bio/Technology 6: 915~922
- McCabe DE, Swain WF, Martinell BJ, Christou P (1988) Stable transformation of soybean (Glycine max) by particle acceleration. Bio/Technology 6: 923~926
- Olhoft PM, Flagel LE, Donovan CM, Somers DA (2003) Efficient soybean transformation using hygromycin B selection in the cotyledonary-node method. Planta 216: 723~735
- Olhoft PM, Lin K, Falbraith J, Nielsen NC (2001) The role of thiol compounds in increasing Agrobacterium - mediated transformation of soybean cotyledonary-node cells. Plant Cell Rep 20: 731~737
- Olhoft PM, Somers DA (2001) L-Cysteine increases Agrobacterium-mediated T-DNA delivery into soybean cotyledonary-node cells. Plant Cell Rep 20: 706~711
- Parrott WA, Hoffman LM, Hildebrand DF, Williams EG, Collins GB (1989) Recovery of primary transformants of soybean. Plant Cell Rep 7: 615~617
- Santarem ER, Trick HN, Essig JS, Finer JJ (1998) Sonication-assisted Agrobacterium-mediated transformation of soybean immature cotyledons: optimization of transient expression. Plant Cell Rep 17: 752~759
- Trick HN, Finner JJ (1998) Sonication-assisted Agrobacterium-mediated transformation of soybean (Glycine max [L.] Merrill) embryogenic suspension culture tissue. Plant Cell Reports 17: 482~488
- Yan B, Srinivasa Reddy MS, Collins GB, Dinkins RD (2000) Agrobacterium tumefaciens - mediated transformation of soybean (Glycine max [L.] Merrill.) using immature zygotic cotyledon explants. Plant Cell Rep 19: 10
- Zhang Z, Xing A, Staswick P, Clemente TE (1999) The use of glufosinate as a selective agent in Agrobacterium-mediated transformation of soybean. Plant Cell, Tissue and Organ Culture 56: 37~46

04

보리 형질전환 연구의 현황

이대원
동국대학교 생명과학과

I. 서론

보리(*Hordeum vulgare* L.)는 전 세계적으로는 4대 작물 중의 하나로 식용이나 맥주용 사료용으로 이용되고 있고, 우리나라에서도 예로부터 쌀과 함께 중요한 식량작물로서 이용되어 왔다. 보리는 쌀의 대체작물로서 β-glucan 함량이 높고 쌀에는 결여된 비타민 B_1 등을 함유하고 있어 건강식으로서의 가치가 재인식되고 있으며 논에 심어 농지 이용 효율을 극대화시킬 수 있는 작물이다. 그러나 이러한 중요성에 비추어 보리의 형질전환은 벼나 옥수수 등 다른 단자엽 식량작물들에 비해 아직까지도 꽤 어려운 것으로 알려져 있다.

그동안 많은 보리의 형질전환 연구들이 80년대 말에 재분화가 가능해진 미성숙배의 배반(Luehrs & Lärz, 1987, 1988)이나 microspore(Jähne *et al.*, 1994)를 재료로 하여 particle bombardment(Luehrs & Loerz, 1988; Jähne *et al.*, 1994; Wan & Lemaux, 1994; Ritala *et al.*, 1994; Koprek *et al.*, 1996; Harwood *et al.*, 2000; Manoharan & Dahleen, 2002)에 의존하여 진행되어 왔으며 몇몇 실험들이 원형질체를 재료로 하여 PEG(Lazzeri *et al.*, 1991; Kihara *et al.*, 1998; Nobre *et al.*, 2000)나 전기충격법(Hänsch *et al.*, 1996; Gürel & Gözükirmizi, 2000) 등이 시도되었었다. 비교적 최근에야 비로소 *Agrobacterium*에 의한 형질전환(Tingay *et al.*, 1997)이 가능하게 되어, 이 기법으로 제한된 수의 실험실에서 형질전환 시스템을 갖추어 다량의 유전자 형질전환을 통한 기능유전체 연구를 위한 발판을 마련하고 있는 중이다.

그러나 이에 대한 국내의 연구 기반은 월등히 취약한 편으로 약배양을 이용한 재분화(Lee *et al.*, 1993; Hong & Kim 1993)나 미성숙배를 이용한 한국산 보리의 재분화에 관한 논문(Han & Lee, 1999) 이외에는 뚜렷한 보고가 없는 형편이다.

이러한 형질전환 관련 연구가 우리나라에서 뒤떨어진 것은 형질전환의 기본이 되는 재분화나 형질전환 시스템 확립에 대한 연구에 대한 정책적 지원이 체계적으로 이루어지지 못한 때문이기도 하다. 사실 형질전환 연구는 미래의 식량문제를 해결하기 위한 GMO 육종뿐만 아니라 유전자의 기능 유전체 연구를 본격적으로 추진하기 위해 반드시 필요한 핵심 기반 기술이다. 따라서 작물 유전체의 기능이나 단백질의 연구를 위해서는 형질전환 시스템 확립은 그 어떤 기반 기술보다도 우선 확보되어야 할 기술적 과제인 셈이다.

최근 들어 보리의 형질전환에 관한 연구의 경우 농림기술특정과제와 바이오그린사업 등을 통하여 제한된 범위에서 지원되고 있어 국내의 형질전환 연구의 명맥을 이어오고 있는 점은 그나마 다행한 일이다.

따라서 지금까지 보리의 재분화와 형질전환 재료의 종류별, 방법, 배지 등에 관해서 정리해 봄으로써 열악한 국내의 보리 형질전환 연구와 아울러 분자 수준의 연구를 앞당기는 데 미력하나마 보탬이 될 수 있으리라고 본다.

II. 재료 및 방법

1. 재분화

1) 실험재료

보리의 재분화 실험은 그동안 미성숙배, 성숙배, 분화된 신초의 분열조직, 원형질체, 약, 소포자, cell aggregate 등 다양한 재료를 가지고 이루어져 왔다(Hanzel *et al.*, 1985; Luhrs & Loerz, 1987; Rengel, 1986; Barcelo *et al.*, 1991; Andreas *et al.*, 1991; Golds *et al.*, 1994). 그 중에서 가장 최초로 성공적인 재분화 실험은 Luhrs & Lorz(1987)에 의해 이루어졌는데 이들은 미성숙배의 배반을 재료로 하여 봄보리 31개 품종, 겨울보리 5개 품종들을 대상으로 MS와 CC배지에 실험하여 Dissa, Golden promis 등 봄보리 7개 겨울보리 1개 품종에서 식물체 재분화에 성공하였다. 또한 현재까지도 많은 실험실에서 이 방법을 이용하여 실험하고 있다.

가. 원형질체 이용

원형질체의 재분화의 경우 보리의 엽육세포나 정상적으로 분화된 조직의 세포를 가지고 원형질체를 추출하는 것은 매우 어렵다고 알려져 왔다. 따라서 초기에는 원형질체를 유리하기 위해서는 주로 *in vitro*에서 현탁 배양된 cell aggregate를 이용해 왔다(Luhrs & Lorz, 1988; Jahne *et al.*, 1991; Funatlrlsuki *et al.*, 1992; Golds *et al.*, 1994). 이러한 장기간이 소요되는 *in vitro* culture에서의 원형질체 유리를 위한 재료를 얻는 것은 결국 전체적인 전형성능을 떨어뜨림으로써 문제점을 내포하게 되고 다른 재료의 개발의 필요성이 제기되었다.

따라서 그 외의 많은 재료를 사용하는 시도들이 끊임없이 이어지게 되어 난세포(Holm *et al.*, 1994), 일차callus (Kiara Flunazuki, 1995) 또는 소포자(Salmenkallio-Mattila Kaupinen, 1995), 그리고 미성숙배의 배반(Nobre *et al.*, 1996)을 사용하여 원형질체를 유리하였고 재분화에 성공하게 되었다.

나. 소포자나 약을 이용

소포자나 약을 식물재료로 이용한 재분화 실험의 경우 반수체 식물을 생산한다는 점에서 분자 수준의 연구나 육종 연구에 매우 중요한 의미를 지니고 있다. 과거의 육종 연구에서는 약배양이 소포자 배양보다 더 많이 이용되어 왔으나 점점 소포자 배양은 다양한 형질전환 기법을 이용할 수 있고 많은 재료를 얻을 수 있다는 점에서 유리하여 현재는 반수체를 생산하는 중요한 방법이 되어가고 있다.

지난 10년 동안 소포자배 배양률의 증가가 끊임없이 이어져 내려온 결과 가장 효율이 높은 품종인 Igri가 한 약당 6.7~50개의 식물체를 얻었다고 알려졌다. Davies와 Morton(1998)에 따르면 소포자배는 Igri와 한 F1 잡종에서 채취한 약에 비해 약 5~9배의 더 많은 녹색 재분화 식물체를 얻었다고 밝혔다. Ritala(1993) 등과 Kasha(1990) 등은 각각 1개에서 30개 genotype을 가지고 소포자 배양을 한 결과 식물체 재분화나 배발생 유도가 높은 빈도로 나타났다고 보고하고 있다. 반면에 Castillo(1998) 등은 17개의 F1 잡종을 이용한 약배양보다 녹색 식물체를 얻는 데 2.5배나 낮게 나타났다. 밀에서도 상반되는 유사한 결과들이 보고되었는데 Liu 등(2002)은 소포자 배양에서 높은 식물체 재분화 효율을 얻었다고 하며, 약배양이 소포자 배양보다 우수하다는 결과도 보고되고 있다(Holm *et al.*, 2000). 이러한 상충되는 결과는 적용된 genotype이나 배양 방법의 차이에 의해서 나타난다고 여겨진다. 따라서 항상 발표된 genotype이나 배양 방법을 세밀히 살펴서 적용하는 것이 필요하다고 본다.

다. 미성숙배 배양을 이용

미성숙배 배양은 현재로선 가장 일반적으로 많이 사용되고 있는 식물재료로서 알려져 있다. 보리의 재분화를 연구하는 실험자가 가장 관심 있는 부분은「어떠한 상태의 얼마만한 미성숙배를 사용하는가?」에 집중되어 있다고 해도 과언이 아니다. 일반적으로 발표 논문에서는 미성숙배의 크기가 기술되고 있으나(Luehrs & Loerz, 1987; Stoeldt *et al.*, 1996; Tingay *et al.*, 1997), 이는 0.5~2.5mm 범위로 논문마다 상당히 차이가 있다. 그러나 이러한 미성숙배의 상태나 발달 단계를 고려하지 않은 단순한 크기 비교에 의한 기계적인 차이는 그다지 효과적이지가 못하다. 왜냐하면 같은 크기라도 발달 단계가 각각 다를 수도 있기 때문이다. 그러나 목적하는 실험이 재분화냐 아니면 형질전환이냐에 따라서 적용되는 배의 크기는 다소 차이가 있다. 재분화 실험을 한 Luehrs & Loerz(1987)의 경우에는 0.5~1.0mm로 다소 작은 크기의 미성숙배를 재료로 사용한 반면에 Tingay 등(1997)의 경우에는 1.5~2.5mm의 다소 큰 미성숙배를 실험재료로 사용한데서도 잘 나타나고 있다. 이는 초기 단계의 미성숙배의 경우 재분화율은 높게 나타나지만 *Agrobacterium* 감염을 필요로 하는 형질전환의 경우에는 저항력이 보다 큰, 다소 발달 단계가 진행된 미성숙배가 효과적이지 않을까 여겨진다.

라. 성숙배 등 분화 조직의 이용

성숙배 등 분화조직을 이용한 배양의 경우에는 미성숙배보다 재료 공급이 까다롭지 않다는 점에서 많은 보리 육종가들의 관심을 끌어왔다. 미성숙배나 소포자배의 경우에는 재분화나 형질전환은 성공적인데 비해서 실험재료를 확보하는 데 모식물체를 재배하고 관리해야 하기 때문에 시간과 노력이 많이 든다는 단점을 가지고 있어 이를 절약할 수 있고 실험하는 시기의 제약을 받지 않는 재료의 선택에 많은 노력을 기울여 왔다(Jaehne-Gaertner & Loerz, 1996). 성숙배(Lupotto, 1984; Akula *et al.*, 1999)나 성숙종자로부터 발아된 신초 절편 조직(Becher *et al.*, 1994; Mueller *et al.*, 1989; Zang *et al.*, 1999; Vijendra *et al.*, 2004) 또는 정단 분열조직(Cheng & Smith, 1975; Weigel & Hughes, 1985) 또는 Mesocotyles(Jelaska *et al.*, 1984; Mueller *et al.*, 1989) 등을 식물 재료로 이용한 실험들이 보고되었다. 이들 재료들의 경우에는 간헐적으로 재분화에 대한 보고는 다소 이루어지고 있으나(Zang *et al.*, 1999; Vijendra, 2004), 이를 이용한 형질전환은 거의 보고되지 않고 있다. 따라서 이들 재료를 이용한 형질전환이 성공되기 위해서는 보다 근본적인 꾸준한 시도가 이어져야 할 것으로 본다.

2) 배지의 선택

미성숙배의 callus 유도 배지의 경우에는 MS 배지에 2,4-D(2~2.5mg/*l*)를 첨가하여 사용하거나 MS 기본배지에 Mio-inositol이나 L-prolin의 첨가만 차이가 있는 PL 배지를 사용하고 있다(Wan & Lemaux, 1994). 원형질체의 callus 유도 배지로는 다량원소의 일부 농도와 Kao(1977)로부터 유래한 각종 비타민과 아미노산이 함유된 L1 또는 몇몇 종의 비타민과 아미노산이 함유된 L2배지 등이 사용되었다(Lazzeri *et al.*, 1991; Mordhorst & Loerz, 1992; Golds *et al.*, 1992; Stoeldt *et al.*, 1996; Nobre *et al.*, 1996). 소포자배의 callus 유도 배지는 MS배지와는 다량원소의 농도 구성이 완전히 다른 IMI 배지(Li & Devaux, 2002)나 L3 배지에 호르몬 농도를 달리한 배지 또는 N24A3G3 배지가 사용되기도 하였다(Stoeltd *et al.*, 1996; Stirn *et al.*, 1995). 보리의 callus 유도나 재분화 배지에 많은 부분 공통적으로 첨가되는 당은 maltose(30%)로서 sucrose나 glucose보다 훨씬 빈번하게 사용되고 있다(Lazzeri *et al.*, 1991; Mordhorst & Loerz, 1992; Golds *et al.*, 1992; Stoeldt *et al.*, 1996; Nobre *et al.*, 1996; Stirn *et al.*, 1995).

생장조절물질의 첨가는 2,4-D를 대부분 사용하며 2~2.5mg/*l*에서 가장 높은 callus 유도율을 나타낸 것으로 알려졌다(Luehrs & Loerz, 1987; Vijendra K *et al.*, 2004). Dicamba 2.5mg/*l*을 사용한 경우도 가끔 보고되고 있다. 배지 고형물의 경우에는 초기에 Agar(0.8%)도 사용하였으나(Luehrs & Loerz, 1987), 0.4% Agarose(Sigma SeaPlaque)나 0.3~0.4% Gelrite(Li & Devaux, 2002; Vijendra *et al.*, 2004) 등을 많이 사용하고 있다.

재분화 배지의 경우에는 MS 기본 배지에 아미노산 및 비타민이 달리 첨가된 PLR, XPR, FHG 배지들이 있다. 이들 배지들의 경우에는 PLR과 XPR, FHG 등에서 각각 뚜렷한 효과를 보이고 있다. PLR의 경우에는 Cytokinine 중 BAP가 1.0mg/*l* XPR의 경우 BAP가 0.1mg/*l*, FHG의 경우 BAP 0.5mg/*l*과 IAA 1.0mg/*l*가 들어 있다.

2. 형질전환

보리의 형질전환은 원형질체(Lazzeri *et al.*, 1991;

Funatsaki *et al.*, 1995)나 약 또는 소포자(Jähne *et al.*, 1994; Wan & Lemaux, 1994)나 미성숙배(Luehrs & Loerz 1988; Jähne *et al.*, 1994; Wan & Lemaux, 1994; Ritala *et al.*, 1994; Koprek *et al.*, 1996; Harwood *et al.*, 2000; Manoharan & Dahleen, 2002; Tingay *et al.*, 1997)를 재료로 한 형질전환이 보고되고 있다.

원형질체 배양의 경우에는 PEG(Lazzeri *et al.*, 1991; Kihara *et al.*, 1998; Nobre *et al.*, 2000)를 이용하거나 전기 충격법(Hänsch *et al.*, 1996)을 이용한 직접도입법이 주류를 이루고 있으며 미성숙배를 이용한 형질전환은 Particle Bombardment(Luehrs & Loerz, 1988; Jähne *et al.*, 1994; Wan & Lemaux, 1994; Ritala *et al.*, 1994; Koprek *et al.*, 1996; Harwood *et al.*, 2000; Manoharan & Dahleen 2002)에 의한 형질전환이 주종을 이루어 왔으나 *Agrobacterium*을 이용한 간접도입법도 보고되고 있다 (Tingay *et al.*, 1997).

1) 직접도입법에 의한 형질전환

(1) Particle Bombardment

Particle bombardment는 비교적 최근까지 보리의 형질전환에 있어서 효과적인 방법으로 인식되어 왔으며 아직까지도 많은 실험실에서 활용하고 있다.

활용되는 실험재료로는 대부분 미성숙배(Luehrs & Loerz, 1988; Jähne *et al.*, 1994 ; Wan & Lemaux, 1994; Ritala *et al.*, 1994 ; Koprek *et al.*, 1996; Castillo *et al.*, 1998; Harwood *et al.*, 2000; Manoharan & Dahleen, 2000)가 주를 이루고 있으며 약배양(Wojnarowiez *et al.*, 2002)이나 소포자 배양(Li & Devaux, 2002) 또는 현탁 배양(Nobre *et al.*, 1996)에 의해 유기된 callus 등도 재료로 활용하고 있다.

① 식물재료의 치상 방법

미성숙배를 재료로 한 형질전환 method를 간략히 소개하자면 다음과 같다. 먼저 종자가 완전히 여물지 않은 이삭으로부터 핀셋을 가지고 미성숙배를 적출한다. 그로부터 약 0.5mm 정도의 미성숙배(immature embryo) 부분을 도려낸 후 배반만 상처부위를 배지표면에 닿도록 치상하고 배양한다.

유전자총을 쏠 경우 절단된 상처부위를 위로 향하게 한 후 약 30개 정도의 미성숙배의 배반들을 원형으로 petri dish 내의 배지표면에 모아놓은 후에 발사한다.

L1, L2 배지(Lazzeri *et al.*, 1991)의 경우 현재는 대부분의 실험실이 거의 사용되지 않고 있어 이러한 각종 비타민이나 아미노산의 첨가가 callus 유도를 위해 반드시 필요한 것은 아닌 것으로 판단된다. 유전자총에 의한 형질전환 방법에 관해서는 protocol에 상세히 기술하였다.

② Particle Bombardment에 의한 형질전환

Day 1 Culture

1_ Disinfection

1. 미성숙 종자의 껍질을 벗긴다.
2. 70% Et-OH 1분간 침적
3. 1.25% NaOCl 5분간 표면 살균
4. Sterilizing water로 10분간 3회 세척
5. Whatman paper가 든 petri dish에 올려 놓아 물기 제거
   ※ 완전히 마르지 않을 정도로 하되 물기가 남아 있으면 오염 가능성이 있으므로 적당히 말리는 것이 좋다.

2_ Culture

1. Media: 2.5mg/*l*의 2,4-D가 첨가된 PL배지 사용
2. 미성숙배에서 배반을 도려내어 배반의 잘린 단면이 배지에 닿도록 치상
   ※ 한 dish당 40개씩 배지의 중앙에 모아서 치상한다.
3. 25±1℃, 암조건에서 배양한다.

Day 2 Particle Bombardment

1_ Preparation of M10 particle bombardment

1. tungsten(average size 0.7μm) 66.7mg을 1m*l* e-tube에 재어 넣는다.
2. 70% Et-OH 1m*l* 을 넣고 vortex한 후 spin down한다.
3. 상층액을 제거하고 DDW로 세척한다.
4. DDW로 세척하는 과정을 2회 반복한다.
5. 50% glycerol 1m*l*을 넣고 2주간 냉동 보관 가능.

2_ DNA coating

1. 1m*l* e-tube에 아래의 것을 재어 넣는다.
   - M10 45μl(1mg, 취하기 전에 vortex)
   - DNA 10μl
   - 2.5M $CaCl_2 \cdot 2H_2O$ 50μl ; Fw 147.0
     →3.675g/ 10m*l*
     (filtering 후 1m*l*씩 따서 냉동 보관)
   - 100mM spermidine 20μl
     (반드시 용액을 여과 살균하고 1m*l*씩 따서 냉동 보관)
   ※ spermidine은 불안정하며, 가능한 2회 이상 freeze and thaw하지 말 것)

3_ 2~3min vortex
4_ centrifuge(spin down)
5_ liquid 제거
6_ 70% Et-OH 140μl 첨가하여 그대로 제거. 이때 pellet을 건드리지 말 것
7_ 100% Et-OH 140μl 첨가하여 그대로 반복
8_ 240μl 100% Et-OH 넣고 vortex at low speed
9_ 5μl씩 bombardment 실시한 후 25±1℃, 암조건에서 배양한다.

Day 3 Callus Induction

1 유전자총 실시 1일 후에 callus 유도를 위해 같은 dish에 펼쳐준다.
2 배양조건은 25±1℃, 암조건이다.

Day 4 Selection

1 Media: 2.5mg/l 2,4-D와 3mg/l Basta를 첨가한 MS (–) 배지
2 유전자총을 실시한 지 2~3일 후에 MS (–)D2.5BAS3 Media에 계대배양한다.
3 25±1℃, 암조건에서 3~4주간 배양한다.

Month 1 Regeneration

1 Media: 1mg/l BAP, 5mg/l Basta가 첨가된 MS (–)배지
1mg/l Basta가 첨가된 1/2 MS (–)배지
2 저항성을 띠는 선별된 callus는 MS (–)B1BAS5 Media에 치상하여 신초 형성과 뿌리를 갖는 식물체로 분화 유도.
※ 하나의 callus에서 2~3개 정도의 새로운 개체를 치상할 수 있다.
→ callus가 서서히 greening되면서, 뿌리와 줄기가 생긴다.
3 배양은 25±1℃, 16시간, 광조건
4 약 2주 후 동일배지에 계대배양하여 재분화된 callus를 뿌리발달 배지인 1/2MS (–)BAS1 Media(Masenta)로 옮긴다.
5 배양은 25±1℃, 16시간 광조건
6 약 3주간 배양 후 화분으로 이식하여 온실에서 배양한다.

2) *Agrobacterium*에 의한 간접도입법

*Agrobacterium*에 의한 형질전환은 Tingay(1997)에 그 기법이 확립되어 전해지고 있다. 재료로는 주로 미성숙배(직경 1.5mm)가 사용되고 있으며, 이는 particle gun을 위한 재료(육안 관찰이 용이한 직경 0.5mm 내외)보다 더 큰 미성숙배를 재료로 사용하는 것이다. 재료로 micro spore로 가능하다는 주장도 있으나 아직 보고되지는 않았다. 또한 *Agrobacterium* 접종시 particle gun을 사용하여 상처를 준 후에 접종시키는 방법을 취하고 있으나 이러한 것은 생략해도 동일한 결과를 얻는다고 한다. *Agrobacterium*을 위해 사용되는 실험재료는 간혹 재분화의 경우 성숙배를 이용하거나 유묘를 재료로 하여 callus 유도를 *Agrobacterium*을 이용한 형질전환의 protocol에 상세히 설명하였다.

(1) Barley transformation via *Agrobacterium*

① Preparation of *Agrobacterium* standard inoculum for transformation

1_ 항생제*를 포함한 10ml mg/l에 *Agrobacterium*을 28℃에서 40시간 배양한다.
2_ E-tube에 배양한 *Agrobacterium* 200μl과 30% 멸균 glycerol 200μl를 첨가하여, 짧은 시간에 *Agrobacterium*을 침전시킨다. 침전시킨 *Agrobacterium*은 –80℃에서 보관하고, 형질전환 실험을 하기 전에 꺼내어 6시간 동안 실온에서 보관한다.

② Preparation of inoculum for transformation

1_ 형질전환하기 전날, 배양한 standard inoculum 200μl과 5ml mg/l을 50ml Falcon Tube에 넣고, 150rpm으로 28℃에서 22시간 현탁배양한다.
2_ 다음 날 OD600 값 1.4~1.7을 확인하여 사용한다.

③ Selection of seeds for embryo isolation

건강한 식물체로터 2~3mm 크기의 미성숙 종자를 선별한다.

④ Sterilization of seeds

1_ 수확한 종자의 외피를 제거한다.
2_ 70% Et-OH로 1~2회 소독
3_ sodium-hypochlorite(0.6~1.4%)과 약간의 tween 20을 첨가하여 15분간 소독
4_ 멸균수(pH3)로 10분간 수세한다. Wash for 10′ with dest. H_2O, pH3
5_ 멸균수로 10분간 2회 수세한다.

* 항생제는 *agrobacterium*-strain과 plasmid에 따라 첨가한다. 예를 들어 AGL1(pDM805)의 경우, 20mg/l rifampicin과 5mg/l tetracycline을 첨가하여 배양한다.

밀봉한 tube나 petri dish에 종자를 보관하여 종자가 건조되지 않게 한 후, 3시간 이내에 embryos를 분리한다.

⑤ Isolation of immature embryo

날카로운 메스를 이용하여 종자로부터 embryo을 도려내고 BCI-plate의 중앙에 배반이 위로 가도록 치상한다.

⑥ Agrobacteirum-mediated barley transformation

1_ 각 plate의 embryo 위에 배양한 *Agrobacterium*을 200μl분사한다. 분사 후, embryos는 바로 배반이 배지에 닿도록 한 후 20~40분간 놓아둔다.

2_ 새로운 BCI plates에 embryos를 옮긴다. 2~3일 동안 암조건에서 혼합배양한다.

3_ 선별배지(BCI+50mg/l Hygromycin+150mg/l Timentin)에서 3회×2주씩 치상하고 24℃, 암조건으로 배양한다.

4_ 재분화배지(FHG+25mg/l Hygromycin+75mg/l Timentin)에서 25℃, 명조건으로 2주씩 4회 계대배양한다.

5_ 발근배지(1/2 BCI without Dicamba+25mg/l Hygromycin+75mg/l Timentin)에 옮겨 2주 동안 25℃ 광조건(16h light/ 8h dark)에서 배양한다.

6_ 배반 치상 후 약 16~17주 후에 재분화된 식물체를 흙에 옮겨 심는다.

III. 결론

이상과 같이 보리의 재분화와 함께 형질전환에 대해서 기술하였지만 보리의 형질전환 효율은 그다지 높은 편이 아니다. 더구나 처음 시도하는 실험실에서는 번번히 실패하기가 쉽기 때문에 이미 많은 노하우가 축적된 기존의 형질전환을 하고 있는 실험실의 협조를 구하는 것이 좋을 것이다.

보리의 형질전환을 성공하기 위한 가장 중요한 일은 적당한 실험재료를 확보하는 일이다. 그동안 많은 노력을 했지만 성숙배나 마른 종자를 재료로 이용한 형질전환은 재분화까지는 성공하지만 형질전환 효율이 지극히 낮아서 실험재료로 쓰기에는 바람직하지가 않다. 따라서 미성숙배를 이용하는 것이 가장 효율이 높고 성공률도 높은 편이다. 그러나 미성숙배의 경우 보리를 심어 종자가 맺힐 때까지 활력 있게 키워내야 하는데 야외에 있는 재료를 사용할 경우 오염률이 심각하기 때문에 재료로서는 적당하지가 않다. 따라서 성능이 좋은 식물배양기를 활용하는 것이 필요하다. 따라서 보리의 형질전환 효율을 높이려면 가장 먼저 사계절 보리를 일정한 상태(17℃ ; 20,000 Lux 이상)에서 재배할 수 있는 식물배양기를 설치하는 것이 급선무라고 본다. 국내에서는 대부분의 실험실들이 이러한 상시 보리 재배체계를 갖추지 못하고 있다.

또 한편으로 중요한 일은 보리의 형질전환을 할 수 있는 기능인을 육성하는 일이다. 물론 많은 생명공학 기술들이 마찬가지이고 모든 형질전환이 다 그렇지만 보리의 형질전환은 다년간의 경험과 노하우가 밑거름이 되어야 하는데 많은 국책 연구기관에서는 비정규직 연구 보조원이나 대학에서는 대학원생이나 학부생들이 이 일을 맡아 하고 있다. 그럴 경우 이들은 인적인 변동이 수시로 이루어지기 때문에 기껏 확보한 형질전환 기술도 유지되기가 어렵다. 따라서 이들 연구원들의 대학이나 연구소에서 고용보장을 해주는 방안을 검토할 필요가 있다. 이러한 문제들은 보리의 형질전환 연구에서만 국한되지 않고 정책적인 측면에서 접근해야 할 문제라 생각되지만 그것이 형질전환 체계를 확립하고 기술을 확보하는 지름길임을 명심해야 할 것이다.

사사: 이 연구는 2003학년도 동국대학교 연구년 지원에 의해서 이루어졌음.

참고문헌

□ Akula C, Akula A, Henry R(1999) Improved regeneration efficiency from mature embryos of barley cultivars. Biol Plant 42: 505~513

□ Becker D, Brettschneider R, Lorz H(1994) Fertile transgenic wheat from microprogectile bombardment of scutellar tissue. The Plant J 5(2): 299~307

□ Castillo AM, Egana B, Sanz JM, Cistue L(1998) Somatic embryogenesis and plant regeneration from barley cultivars grown in Spain. Plant Cell Rep 17: 902~906

□ Cheng TY, Smith H(1975) Organogenesis from callus

culture of Hordeum vulgare. Planta 123: 307~310

- Davies PA, Morton S(1998) A comparison of barley isolated microspore and anther culture and the influence of cell culture density. Plant Cell Rep 17: 206~210
- Funatsuki H, Kuroda H, Kihara M, Lazzeri PA, Meuller E, Lörz H, Kishinami I(1995) Fertile transgenic barley generated by direct DNA transfer to protoplasts. Theor Appl Genet 91: 707~712
- Golds TJ, Babczinsky J, Moeshorst AP, Koop HU(1994) Protoplast preparation without centrifugation; Plant regeneration of barley(Hordeum vulgare L.). Plant Cell Rep 13: 188~192
- Gurel F, Gozukirmizi N(2000) Optimization of gene transfer into barley (Hordeum vulgare L.) mature embryos by tissue electroporation. Plant Cell Rep 19: 787~791
- Han MJ, Lee DW(1999) Effects of various Medium Components on plant Regeneration and formation of embryogenic callus from immature embryos of barley (Hordeum vulgare L.). The Korean Journal of Plant Breeding 31(3): 246~253
- Hansch R, Koprek T, Ralf R, Mendel, Schulze J(1996) Electroporation -mediated transient gene expression in isolated scutella of Hordeum vulgare. Physiologia Plantarum 98: 20~27
- Harwood WA, Ross SM, Cilento P, Snape JW(2000) The effect of DNA/gold particle preparation technique, and particle bombardment device, on the transformation of barley(Hordeum vulgare). Euphytica 111: 67~76
- Holm PB, Olsen O, Schnorf M, Pederson HB, Kundsen S(2000) Transformation of barley by microinjection into isolated zygote protoplasts. Transgenic Res 9: 21~32
- Hong BH, Kim KM(1983) Effects of Pretreatment and Plant Growth Regulator on Induction of Anther Derived-Callus and Plant Differentiation in Barley. Korean J. Breed. 25(2) : 139~145
- Jähne A, Becker D, Brettschneider R, Lörz H(1994) Regeneration of transgenic, microspore derived, fertile barlez. Theor Appl Genet 89: 525~533
- Jähne A, Lazzeri PA, Lörz H(1991) Regeneration of fertile plant from protoplasts derived from embryogenic cell suspension of barley(Hordeum vulgare L.). Plant Cell Rep 10: 1~6
- Jahne-Gartner A, Lorz H(1996) In vitro regeneration systems of barley(Hordeum vulgare). Plant Tissue Cult Biotechol 2: 11~23
- Jelaska S, Rengel Z, Cesar V(1984) Plant regeneration from mesocotyl callus of Hordeum vulgare L. Plant Cell Rep 3: 125~129
- Kao KN(1977) Chromosomal behavior in somatic hybrids of soybean and Nicotiana glauca. Molec Gen Genet 150: 225~230
- Kasha KJ, Ziaussin A, Cho UH(1990) Haploids in cereal improvement; anther and microspore culture. In JP Gustafson, ed, Gene Manipulation in Plant Improvement II 213~235
- Kihara M, Saeki K, Ito K(1998) Rapid production of fertile transgenic barley(Hordeum vulgare L.) by direct gene transfer to primary callus derived protoplast. Plnat Cell Rep 17: 937~940
- Koperk T, Haensch R, Nerlich A, Memde RR, Schulze J(1996) Fertile transgenic barley of different cultivars obtained by adjustment of bombardment conditions to tissue response. Plant Sci 119: 70~91
- Lazzeri PA, Brettschneider R, Luehrs R, Lörz H(1991) Stable transformation of barley via PEG-induced direct DNA uptake into protoplasts. Theor Appl Genet 81: 437~444
- Lee JH, Baek SB, Lee MS, (1993) Genotypic Effect on Callus Formation in Anther Culture of Barley. Korean J. Breed. 25(2): 108~113
- Li H, Devaux P(2002) High frequency regeneration of barley doubled haploid plants from isolated microspore culture. Plant Sci 00: 1~8
- Liu W, Zheng MY, Polle EA, Konzak CF(2002) High efficient doubled-haploid production in wheat(Triticum aestivum L.) via induced microspore embryogensis. Crop Sci 42: 686~692
- Luhrs R, Lörz H(1987) Plant regeneration in vitro from embryogenic cultures of spring- and winter-type barley(Hordeum vulgare L.). Theor Appl Genet 75: 16~25
- Lührs R, Lörz H(1988) Initiation of morphogenic cell-suspension and protoplasts cultures of barley(Hordeum vulgare L.). Planta 175: 71~81
- Lupotto E(1984) Callus induction and plant regeneration from barley mature embryos. Ann Bot 54: 523~529
- Manohatan M, Dahleen LS(2002) Genetic transformation of the commercial barley(Hordeum vulgare L.) cultivar conlon by particle bombardment of callus. Plant Cell Rep 21: 76~80
- Muller B, Schulze J, Wegner U(1989) Establishment of barley cell suspension cultures of mesocotyl origin suitable for isolation of dividing protoplasts. Biochem Physiol Pflanzen 185: 123~130
- Nobre J, Davey MR, Lazzeri PA, Canneall ME(2000) Transformation of barley protoplast; regeneration of fertile transgenic plants. Plant Cell Rep 19: 1000~1005
- Rengel Z, Jelaska S(1986) Somatic embryogeneiss and plant regeneration from seeding tissues of Hordeum vulgare L. J Plant Physiol 124: 385~392
- Ritala A, Aspegren K, Kurten U, Salmentalio-Marttila M, Mannonen L, Hannus R, Kauppinen V, Teeri TH, Nari TM(1994) Fertile transgenic barley by particle bombardment of immature embryos. Plant Mol Bio 24: 317~325

□ Ritala A, Mannoen L, Aspergren K, Saimenkallio-Marttila M, Kurten U, Hannus R, Mendez-Lozano J, Treei TH, Kauppmen V(1993) Stable transformation of barley tissue cultures by particle bombardment. Plant Cell Rep 12: 435~440

□ Strin S, Mordhorst AP, Fuchs S, Lorz H(1995) Molecular and biochemical markers for embryogenic potential and regenerative capacity of barley(Hordeum vulgare L.) cell cultures. Plant Sci 106: 195~206

□ Tingay S, McElroy D, Kalla R, Fieg S, Wang M, Thronton S, Brettell R(1997) *Agrobacterium* tumefaciens-mediated barley transformation. The Plant Journal 11(6): 1369~1379

□ Wan Y, Lemaux PG(1994) Generation of large numbers of independently transformed fertile barley plants. Plant Physiol 104: 37~48

□ Weigel RC, Hughes KW(1985) Long term regeneration by somatic embryogenesis in barley(Hordeum vulgare L.) tissue cultures derived from apical meristem explants. Plant Cell Tiss Org Cult 5: 151~162

□ Wojnarowiez G, Jacquard C, Devaux RS, Sangwan C(2002) Clement Influence of copper sulgate on anther culture in barley(Hordeum vulgare L.). Plant Sci 162: 843~847

□ Zang S, Cho MJ, Koprek T, Yun R, Bregitzer P, Lemaux PG(1999) Genetic transformation of commercial cultivars of oat(Avena sativa L.) and barley(Hordeum vulgare L.) using in vitro shoot merstematic cultures derived from germinated seedlings. Plant Cell Reports 18: 959~966.

05

고구마 형질전환

[1]민성란, [2]이행순, [1]유장렬
[1]한국생명공학연구원 식물유전체연구센터
[2]한국생명공학연구원 환경생명공학연구센터

I. 서론

고구마(*Ipomoea batatas*[L.] Lam.)는 세계 7대 식량작물로 특히 아시아에서는 탄수화물의 중요한 공급원일 뿐만 아니라 메탄이나 에탄올 등의 연료 생산에 있어서 주요한 대체 에너지원으로 이용되고 있다. 그러나 고구마는 6배체 영양번식 작물로 유전적으로 복잡하고 종자형성이 극히 불량하여 재래적인 육종방법으로는 품종개량에 어려움이 많다. 따라서 무병주의 확보뿐만 아니라 재래육종 한계를 극복하기 위한 분자육종을 위해서는 식물체 재분화 및 형질전환 기술 확립이 매우 중요하다.

고구마는 모든 부위를 이용할 수 있는 작물로서 척박한 토양에 적합한 구황작물뿐 아니라 산업용 식물로서 각광받을 수 있는 21세기형 작물로 평가된다. 영양번식을 하기 때문에 유전자 변형 작물을 개발할 경우 국내 재배조건에서는 꽃이 피지 않아 환경위해성을 배제할 수 있는 장점이 있다. 따라서 분자육종을 통한 재해내성 및 기능성 단백질이 도입된 신기능성 고구마 개발이 요구된다.

고구마의 조직배양은 기관발생을 통한 식물체 재분화는 소수에 불과하고(Gunckel *et al.*, 1972; Hwang *et al.*, 1983; Carswell and Locy, 1984; Templeton-Somers and Collins, 1986; Xin and Zhang, 1987; Kuo, 1991) 대부분 체세포배발생에 의한 결과가 주로 보고되었다. 즉, 약(Tsay and Tseng, 1979), 잎, 줄기, 뿌리(Liu and Cantliffe, 1984), 엽병(Liu and Cantliffe, 1985), 측아(Jarret *et al.*, 1984; Cantliffe *et al.*, 1987; Komaki *et al.*, 1991; Tang *et al.*, 1993; Desamero *et al.*, 1994; Cavalcante Alves *et al.*, 1994; Al-Mazrooei *et al.*, 1997) 및 정단 분열조직(Jarret *et al.*, 1984; Liu and Cantliffe, 1984, Liu *et al.*, 1989; Chee and Cantliffe, 1988a, 1988b; Chee and Cantliffe, 1989; Otani and Shimada, 1996) 배양으로부터 배발생 callus와 체세포배가 유도되었다. 그러나 대부분의 조직에서는 아주 낮은 빈도로 체세포배가 유도되었으며 사료와 공업용으로 이용되는 'White Star' 품종의 정단 분열조직에서는 90% 정도의 높은 배발생 callus가 유도되었다(Cantliffe *et al.*, 1987; Liu *et al.*, 1989). 이와 같은 고구마의 식물체 재분화는 기관발생에 의한 것보다는 체세포배발생에 의해 높은 빈도로 재분화 식물체를 얻을 수 있다. 저자들은 국내 주요 고구마 품종인 율미, 부여재래, 자

미 및 신황미를 대상으로 정단 및 측아 분열조직 배양에 의한 배발생 callus 유도 및 체세포배발생을 통한 고빈도 식물체 재분화 체계를 확립한 바 있다(Min *et al.*, 1994; Kwon *et al.*, 2002).

고구마의 형질전환은 *Agrobacterium*(Carelli *et al.*, 1991; Otani *et al.*, 1993, 1998; Otani and Shimada, 1996; Lowe *et al.*, 1994; Newell *et al.*, 1995; Gama *et al.*, 1996; Lim *et al.*, 2004; Jiang *et al.*, 2004), particle bombardment(Prakash and Varadarajan, 1992; Min *et al.*, 1998) 및 electroporation 방법(Nishiguchi *et al.*, 1998; Okada *et al.*, 2001, 2002)에 의하여 수행되었다. 그러나 형질전환 효율이 매우 낮은 편으로 형질전환 식물체 개발에 관하여 단지 몇 건만 보고되었다. 더욱이 국내에서의 연구 보고는 미진한 편이다. 따라서 본 장에서는 국내 주요 고구마 품종인 '율미(Yulmi)' 로부터 배발생 callus를 유도하고 이를 재료로 하여 particle bombardment 및 *Agrobacterium*를 매개로 하여 형질전환 고구마 식물체를 개발하는 방법을 기술하고자 한다.

II. 재료 및 방법

1. 배지

고구마 배발생 callus 유도, 증식 및 형질전환에 사용되는 배지를 표 5-1에 정리하였다.

2. 배발생 callus 유도

1) 온실에서 생육중인 고구마 식물체의 정단 및 측아를 채취하여 70% 에탄올에 30초간 침지한 다음 100μl Tween20을 첨가한 0.4~1% 차아염소산나트륨(sodium hypochlorite) 용액에 15분간 진탕하면서 표면소독한 후 멸균수로 3회 이상 세척한 후 멸균된 여과지로 여분의 물기를 제거한다.
2) 현미경 하에서 어린잎과 엽원기를 제거하고 1개의

표 5-1 고구마 형질전환 및 식물체 재분화를 위한 배지

단계	배지조성	배양기간
배발생 callus 유도 및 증식	Murashige and Skoog(MS, 1962) 배지, 1mg/*l* 2,4-D, 30g/*l* sucrose, 4g/*l* gelrite, pH 5.8(MS1D)	7~14일
박테리아 감염*	MS 배지, 1mg/*l* 2,4-D, 30g/*l* sucrose, pH 5.8	20분
공동배양*	MS 배지, 1mg/*l* 2,4-D, 200μM acetosyringon, 30g/*l* sucrose, 4g/*l* gelrite, pH 5.8	2일
선발**	MS 배지, 1mg/*l* 2,4-D, 100mg/*l* kanamycin, 300mg/*l* carbenicillin, 30g/*l* sucrose, 6g/*l* phyto Agar, pH 5.8(MS1DCK)	4~5개월
체세포배 유도**	MS 배지, 100mg/*l* kanamycin, 300mg/*l* carbenicillin, 30g/*l* sucrose, 6g/*l* phyto Agar pH 5.8(MSCK)	4주
식물체 재분화**	MS 배지, 100mg/*l* kanamycin, 300mg/*l* carbenicillin, 30g/*l* sucrose, 6g/*l* phyto Agar, pH 5.8(MSCK)	4주
식물체 생장**	MS 배지, 100mg/*l* kanamycin, 300mg/*l* carbenicillin, 30g/*l* sucrose, 6g/*l* phyto Agar, pH 5.8(MSCK)	4주

* *Agrobacterium* 매개에 의한 형질전환에 이용함

** Particle bombardment에 의한 형질전환에는 300mg/*l* carbenicillin을 첨가하지 않음(MS1DK, MSK)

표 5-2 금 입자 준비, DNA 코팅 및 입자총 조건

＊ Gold particle stock 준비

1) 250mg의 금 입자(직경 1micron)에 1ml의 100% 에탄올을 넣는다.
2) 1분간 vortex 한 후 −20℃에 보관한다.
3) 250mg/1000shot이므로 필요량에 따라 분주하여 사용한다.

＊ DNA 코팅(10회 사용시) 및 bombardment

1) Eppendorf tube에 2.5mg의 금 입자를 stock에서 취해 5초간 spin down하여 에탄올을 제거하고 1ml의 멸균 증류수로 3회 세정 후 230μl 멸균수로 현탁한다. 금 입자가 뭉쳐 있으면 세정할 때 마다 15초씩 sonication한다.
2) 2.5 M $CaCl_2$(매번 새로 만들 것) 250μl, 10~20μg(1μg/μl)의 plasmid DNA, 0.1 M spermidine 50μl를 차례로 넣고 완전히 혼합하여 저온실에서 20분간 vortex 또는 얼음에서 10분간 보관한다.
3) DNA를 코팅하는 동안 macrocarrier holder에 macrocarrier를 조심스럽게 끼워 놓는다.
4) 2)에 300μl 100% 에탄올을 넣고 3000rpm에서 2초간 원심분리한 후 상징액을 버리고 600μl 100% 에탄올로 4회 이상 세정한다.
5) 70μl 100% 에탄올로 재현탁한 후 사용하기 전까지 얼음에 보관한다.
6) 6μl의 코팅된 금 입자를 취해 'Microcarrier'(직경 12mm) 중앙에 떨어뜨린 후 10분 정도 경과하면 헬륨가스 압력을 1,100 psi, 배발생 callus와의 거리는 6~9cm로 하여 총 쏜다.

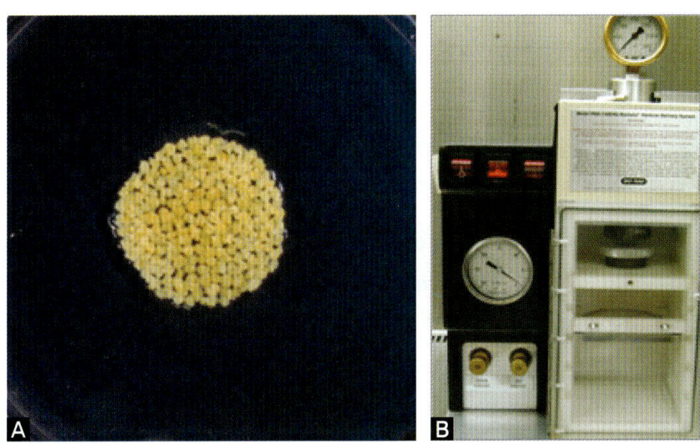

그림 5-1 입자총 쏘기 전 고구마 배발생 callus 재료 준비 상태 및 PDS-1000/He 입자총기기

엽원기를 포함한 직경 0.3mm 크기의 정단 또는 측아의 분열조직을 적출하여 배발생 callus 유도배지(MS1D)에 치상한 다음 25℃ 암실에서 배양한다.

3) 동일한 배지에 3~4주 간격으로 계대배양하여 배발생 callus를 증식 및 유지한다.

3. 형질전환

1) Particle bombardment에 의한 형질전환

가. MS1D 고체배지에서 계대배양 1~2주된 배발생 callus를 직경 1~2mm의 세포괴로 나누어 동일 배지 중앙부에 평균 직경 3cm 내외로 치상하여 1일간 배양한다 (그림 5-1A).

나. Bombardment용 DNA로는 *E. coli*의 β-glucuronidase (*GUS*) reporter 유전자가 *CaMV35S promoter*에 연결되어 있고 kanamycin 저항성을 주는 *neomycin phosphotransferase*(*NPT II*) 유전자가 선발표지로 되어 있는 pBI121 벡터(Clontech)를 사용하였다. 금 입자 준비, DNA 코팅 및 particle bombardment 방법은 표 5-2와 같이 준비하여 실시한다. Particle bombardment 기기는 PDS-1000/He Biolistic particle delivery system(Bio-Rad, Hercules, CA, USA) (그림 5-1B)을 이용한다.

다. Bombarding된 배발생 callus는 3일간 MS1D 고체

배지에서 암조건으로 배양한 후 100mg/l의 kanamycin이 첨가된 MS1D 고체배지(MS1DK)에서 3주 간격으로 계대배양한다.

라. 4개월 동안 MS1DK 배지에서 선발된 세포괴는 2,4-D를 제거한 고체배지(MSK)에서 체세포배를 유도하고, 그 후 체세포배에서 소식물체로 전환하기 위하여 약 70 μmol · m^{-2} · sec^{-1} 광도, 16시간 광주기 조건에서 배양한다.

마. 소식물체로 발달된 식물체는 순화하여 화분에 심어 온실에서 키운다.

2) *Agrobacterium tumefaciens* 매개에 의한 형질전환

가. 형질전환 벡터(pCAMBIA2301)를 함유한 *Agrobacterum tumefaciens* EHA105 단일 콜로니를 50mg/l kanamycin, 100mg/l rifampicin이 첨가된 YEP 액체배지(10ml)에 2일 동안 28℃의 진탕배양기에 배양한다.

나. 공동배양을 위해 *Agrobacterium*을 원심분리(3,000rpm, 5분)로 수거한 후 박테리아 감염 배지에 풀어준다(*Agrobacterium*의 O.D.를 약 0.6~1.0 정도로 조절).

다. 계대배양 7일째의 배발생 callus를 *Agrobacterium*이 들어 있는 공동배양 배지에 20분 동안 담근 후(간간히 흔들어 줌) 멸균된 filter paper 위에 배발생 callus를 올려놓고 여분의 배양액을 제거한다.

라. 공동배양 배지에 배발생 callus를 옮긴 후 25℃, 암상태의 배양기에 2일 동안 배양한다.

마. 고체배지에서 2일간 공동배양한 배발생 callus를 300mg/l carbenicillin(cefotaxime)이 함유된 멸균수로 3회 세척한 후 멸균된 filter paper 위에 올려 물기를 제거한다.

바. 배발생 callus를 MS1DCK(선발배지)로 옮겨 25℃, 암상태의 배양기에 배양한다.

사. 배발생 callus를 선발배지에 3주 간격으로 4개월 이상 배양한 후 체세포배를 유도하기 위하여 2,4-D를 제거한 식물체 재분화 배지(MSCK)에 옮겨 70 μmol · m^{-2} · sec^{-1} 광도, 16시간 광주기인 25℃ 배양실에서 배양한다.

아. MSCK 배지에서 유도된 체세포배를 동일 배지에서 계속 배양하여 소식물체로 전환시킨다.

자. 소식물체로 발달된 식물체는 순화하여 화분에 심어 온실에서 키운다.

4. 형질전환 식물체 분석

Particle bombardment로 얻어진 callus 및 재분화 식물체를 대상으로 형질전환체 분석을 수행하였다.

1) GUS 활성의 조직화학적 분석

가. PCR로 외래유전자 도입이 확인된 callus 및 재분화된 식물체의 각 조직을 대상으로 GUS 활성의 조직화학적 분석을 Jefferson 등(1987)의 방법에 따라 실시하였다.

나. 배발생 callus와 식물체의 엽병, 잎, 뿌리 및 괴근 조직 절편을 5-bromo-4-chloro-3-indoleglu-curonide (X-Gluc)가 포함된 용액에 37℃에서 16시간 반응시킨 후 70% 알코올로 세척한 후 해부현미경으로 관찰하였다.

2) PCR과 northern 분석

가. 토양에서 생육중인 고구마 잎으로부터 Asemota (1995)의 방법으로 DNA를 분리하여 *GUS* 및 *NPT* II 유전자의 특이 염기서열 부분을 사용하여 PCR을 수행하였다.

나. PCR로 확인된 잠정적인 형질전환 개체의 *GUS* 유전자 발현을 조사하기 위하여 고구마 잎으로부터 TRIZOL (GIBCO BRL) 용액을 이용하여 total RNA를 분리하였고, 30 μg의 total RNA를 65℃에서 변성시켜 formaldehyde가 함유된 1% agarose gel에 전기영동한 후 20×SSC 용액에서 나일론 막(Turboblotter, Schleicher & Schuell)에 옮기고 〔α-^{32}P〕dCTP로 표지된 GUS probe를 이용하여 northern blot을 수행하였다.

III. 결과 및 고찰

1. Kanamycin 저항성 배발생 callus로부터 식물체 재분화

pBI121으로 bombarding된 배발생 callus를 2일간 MS1D 배지에 배양한 후 100mg/l kanamycin이 첨가된

그림 5-2 입자총 쏜 후 고구마 배발생 callus로부터 체세포 배발생을 통한 식물체 재분화

A_ 배발생 callus로부터 유도된 체세포배. B_ 체세포배로부터 발달한 소식물체. C_ 화분에서 자라고 있는 형질전환 식물체.

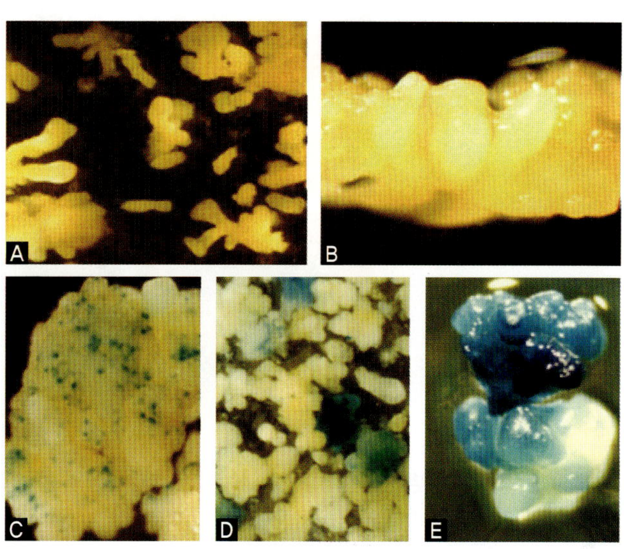

그림 5-3 고구마 배발생 callus와 체세포배의 *GUS* 유전자 발현

A, B_ 코팅되지 않은 금입자로 총 쏜 후 배발생 callus로부터 유도된 체세포배. C_ 입자총 쏜 후 배발생 callus의 일시적인 GUS 발현. D, E_ 입자총 쏜 후 callus로부터 발달된 배발생 callus와 체세포배의 GUS 발현.

MS1DK 선발배지에서 3주 간격으로 계대배양하였다. 약 4~5개월간 선발배지에서 계대배양하는 동안 대부분의 callus는 점액질화되고 비배발생 callus로 전환되었으나 일부 callus는 배발생능을 그대로 유지하면서 증식되었다. 선발된 배발생 callus는 2,4-D가 제거된 MS 기본배지(100mg/*l* kanamycin함유: MSK)에 옮겨 체세포배를 유도하였고 소식물체로 재분화되었다(그림 5-2A, B). 순화과정을 거친 소식물체는 화분에 심어 온실에서 생육시켰다(그림 5-2C).

2. *GUS* 유전자의 조직화학적 분석

pBI121으로 bombarding한 후 배발생 callus를 X-Gluc 기질용액에 반응시켜 GUS의 발현을 관찰하였다. Bombardment 후 1일이 지난 배발생 세포괴의 일시적인 GUS 발현을 보면 수많은 청색반점이 관찰되었으나(그림 5-3C), DNA를 코팅하지 않고 bombarding한 대조구의 배발생 callus에서는 청색반점이 나타나지 않았다(그림 5-3A, B). Bombarding 후 배양 2개월 동안 선발된 배발생 callus와 체세포배의 일부 및 전체부위에서는 강한 청색을 띠었다(그림 5-3D, E). 체세포배의 전체 부위에서 강한 청색을 나타낸 것은 *GUS* 유전자가 도입된 단세포가 분열하여 체세포배로 발달한 것이고, 일부 부위에서 청색을 나타낸 것은 이미 발달중인 어린 체세포배에 *GUS* 유전자가 도입되어 그 부위가 분열한 것으로 추정된다.

또한 선발과정을 거쳐 배발생 callus로부터 재분화된 식물체를 토양으로 이식하여 생육중인 고구마의 엽병, 잎 및 괴근 조직의 GUS 활성 조사에서도 형질전환된 조직의 경우 강한 청색을 띠었으나(그림 5-4D, E, F) 대조구에서는 반응이 전혀 없었다(그림 5-4A, B, C). 특히 형질전환된 엽병의 관다발계와 표피층을 중심으로 강하게 발현하였고(그림 5-4D), 잎에서는 주맥을 따라 *GUS* 유전자가 강하게 발현되었으며, 특히 잎의 절단면(그림 5-4E)에서 가장 강한 발현이 이루어졌다. 이는 CaMV35S promoter가 constitutive promoter라고는 하지만 분열조직의 유전자 발현 수준이 비분열조직보다 높은 데 기인한 것 같다. 유사한 경향은 CaMV35S promoter를 이용한 다른 종의 형질전환 식물체에서도 보고된 바 있다(Jefferson *et al.*, 1987).

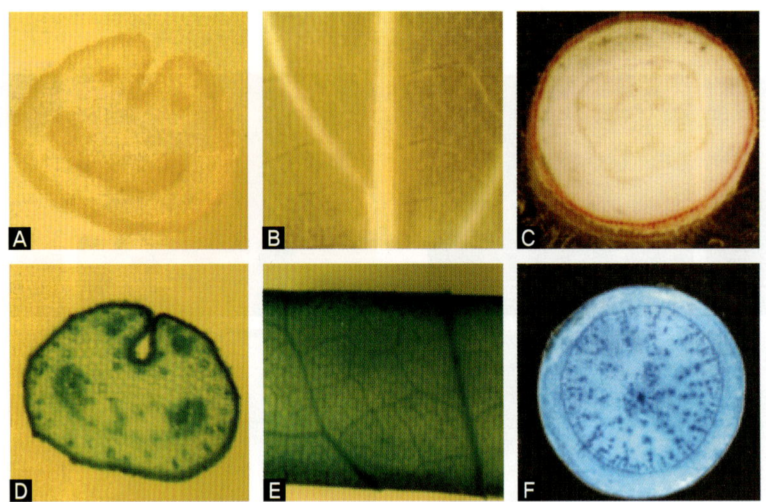

그림 5-4 고구마 엽병 잎 뿌리 및 괴근에서 GUS 활성의 조직화학적 분석

A, B, C_ 형질전환되지 않은 식물체의 엽병, 잎 및 괴근 절편체의 횡단면. D, E, F_ 형질전환된 고구마의 엽병, 잎 및 괴근의 절단면.

3. PCR과 northern 분석

Kanamycin 저항성 callus로부터 체세포 배발생을 거쳐 재분화된 식물체에서 도입된 외래 유전자를 확인하기 위하여, 토양에서 생육중인 식물체의 잎 조직으로부터 분리한 염색체 DNA로 PCR을 실시하였다. 21-mer의 oligomer로 된 *GUS*와 *NPT II* 유전자의 염기서열 양쪽 말단 특이 primer를 사용하여 PCR을 수행한 결과 6개체 전부 GUS primer를 이용한 경우 1,388 bp, NPT II primer를 사용하였을 때는 700 bp 크기의 DNA 밴드가 각각 얻어졌다(그림 5-5A, B). 또한 고구마의 잎으로부터 총 RNA를 분리하여 northern 분석을 수행한 결과 *GUS* 유전자의 mRNA 크기와 같은 약 2.1 kb에 해당하는 부위에 강한 발현이 나타났다(그림 5-6).

Particle bombardment 방법을 이용하여 형질전환시킨 Prakash와 Varadarajan(1992)은 고구마의 비배발생 callus와 부정근에서만 *GUS* 유전자를 확인하였고 식물체로 재분화시키지 못했지만, 본 연구에서는 particle bombardment를 이용하여 처음으로 형질전환 고구마 식물체를 얻을 수 있었다. 또한 토양에서 생육중인 형질전환 고구마의 정단분열조직을 배양하여 얻은 체세포배에서도 *GUS* 유전자가 강하게 발현됨을 조직화학적 분석을 통해 재확인하였다(데이터 미제시). 이는 *GUS* 유전자가 고구마의 핵 게놈에 도입되어 안정적으로 체세포 분열과정에서 유지되고 있음을 시사한다.

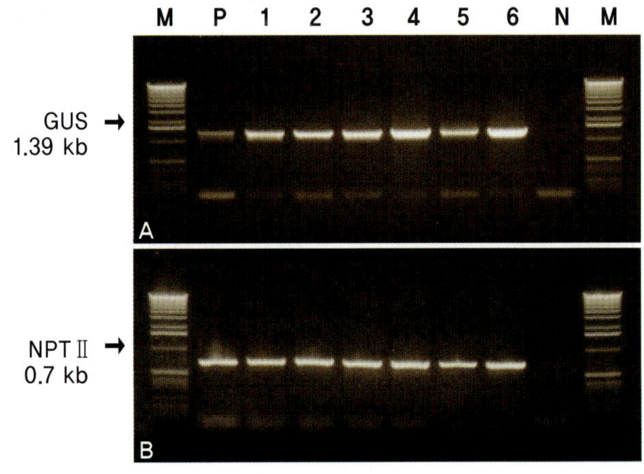

그림 5-5 형질전환 고구마 식물체의 염색체 DNA로부터 PCR에 의한 *GUS* 및 *NPT II* 유전자 검출

M_ 분자량 마커. P_ 양성 대조구로서 pBI121. 1~6_ 형질전환된 식물체. N_ 형질전환 되지 않은 식물체.

Particle bombardment 방법에 의한 식물의 형질전환 방법은 *Agrobacterium*법의 대용으로 사용될 수 있는데, 특히 형질전환하고자 하는 식물의 종이나 품종이 *Agrobacterium*의 숙주범위에 들지 않을 때 유용하지만 multiple copy가 도입되는 단점도 있다. 반면 *Agrobacterium*을 이용한 형질전환은 particle bombardment 방법에 비해 저비용으로 손쉽게 이용할 수 있고 소수 copy의 유전자가

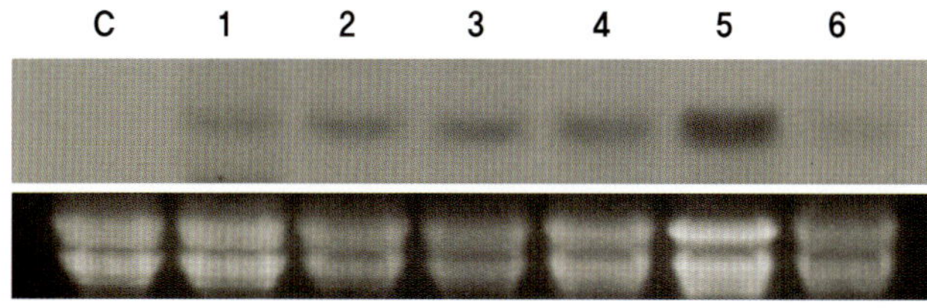

그림 5-6 형질전환 고구마 식물체의 northern 분석

C_ 형질전환되지 않은 식물체. 1~6_ 형질전환 식물체. 아래 그림은 EtBr로 염색된 RNA 젤 사진임.

도입되는 장점이 있다.

이와 같이 고구마의 배발생 callus를 이용하여 particle bombardment 방법 및 *Agrobacterium tumefaciens*를 매개로 형질전환을 수행함으로써 유용한 유전자가 도입된 형질전환 고구마 식물체의 개발이 가능하게 될 것이다.

참고문헌

- Al-Mazrooei S, Bhatti MH, Henshaw GG, Taylor NJ, Blakesley D(1997) Optimisation of somatic embryogenesis in fourteen cultivars of sweet potato(*Ipomoea batatas* (L.) Lam). Plant Cell Report 16: 710~714
- Asemota HN(1995) A fast, simple, and efficient miniscale method for the preparation of DNA from tissues of yam(*Dioscorea spp.*). Plant Mol Biol Rep 1: 19~21
- Cantliffe DJ, Liu JR, Schulthesis JR(1987) Development of sweet potato for clonal propagation through somatic embryogenesis. pp 183~195. In: Smith WH, Frank JR (eds.) Methane from biomass - a system approach. Elsevier Applied Publ Ltd., New York.
- Carelli, MLD, Skirvin RM, Harry DE(1991) Transformation and regeneration studies of Jewel sweet potato. pp. 52~60. In: Hill, W.A., C.K. Bonsi, and P.A. Loretan(eds.). Sweet potato Technology for 21st Century, Tuskegee University, Tuskegee, AL.
- Carswell G, Locy RD(1984) Root and shoot initiation by leaf, stem, and storage root explants of sweet potato. Plant Cell Tiss Org Cult 3: 229~236
- Cavalcante Alves JM, Sihachakr D, Allot M, Tizroute S, Mussio I, Servaes A, Ducreux G(1994) Isozyme modifications and plant regeneration through somatic embryogenesis in sweet potato(*Ipomoea batatas* (L.) Lam). Plant Cell Report 13: 437~441
- Chee RP, Cantliffe DJ(1988a) Somatic embryony patterns and plant regeneration in *Ipomoea batatas* Poir. In Vitro Cell Dev Biol 24: 955~958
- Chee RP, Cantliffe DJ(1988b) Selective enhancement of *Ipomoea batatas* Poir. embryogenic and non-embryogenic callus growth and production of embryos in liquid culture. Plant Cell Tiss Org Cult 15: 149~159
- Chee RP, Cantliffe DJ(1989) Composition of embryogenic suspension cultures of *Ipomoea batatas* Poir and production of individualized embryos. Plant Cell Tiss Org Cult 17: 39~52
- Desamero NV, Rhodes BB, Decoteau DR, Bridges WC(1994) Picolinic acid-induced direct somatic embryogenesis in sweet potato. Plant Cell Tiss Org Cult 37: 103~111
- Gama MICS, Leite Jr RP, Cordeiro AR, Cantliffe DJ(1996) Transgenic sweet potato plants obtained by *Agrobacterium tumefaciens*-mediated transformation. Plant Cell Tiss Org Cult 46: 237~244
- Gunckel JE, Sharp WR, Williams BW(1972) Root and shoot initiation in sweet potato explants as related to polarity and nutrient media variations. Bot Gaz 133: 254~262
- Hwang LS, Skirvin RM, Casyao J(1983) Adventitious shoot formation from sections of sweet potato grown in vitro. Sci Hortic 20: 119~129
- Jarret RL, Salazar S, Fernadez ZR(1984) Somatic embryogenesis in sweet potato. HortSci 19: 397~398
- Jefferson RA, Kavanagh TA, Bevan MW(1987) GUS fusion β-glucuronidase as a sensitive and versatile gene fusion marker in higher plants. EMBO J 6: 3901~3907
- Jiang SJ, Liu QC, Zhai H, Wu LS, Wang YP(2004) Regeneration of sweet potato trnasgenic plants with oryzacystatin-I(OCI) gene. Chinese J Agri Biotech 1: 99~102
- Komaki K, Yoshinaga M, Yamakawa O(1991) Somatic embryogenesis and protoplast culture in sweet potato. pp 17~23. Proc of ICOBB in Miyazaki
- Kuo CG(1991) Conservation and distribution of sweet potato germplasm. pp. 123~147. In: Dodds JH (ed.), In vitro methods for conservation of plant genetic resources. Chapman and Hall, New York.
- Kwon EJ, Kwon SY, Kim MZ, Lee JS, Ahn YS, Jeong BC, Kwak SS, Lee HS(2002) Plant regeneration of major cultivars of sweet potato(*Ipomoea batatas*) in Korea via somatic embryogenesis. Korean J Plant Biotechnol 29: 189~192
- Lim S, Yang KS, Kwon SY, Paek KY, Kwak SS, Lee HS(2004) *Agrobacterium*-mediated genetic transformation and plant regeneration of sweet potato (*Ipomoea batatas*).

Korean J Plant Biotechnol 31: 267~271

□ Liu JR, Cantliffe DJ(1984) Somatic embryogenesis and plant regeneration in tissue cultures of sweet potato(*Ipomoea batatas* Poir). Plant Cell Rep 3: 112~115

□ Liu JR, Cantliffe DJ(1985) Tissue culture propagation development and its application to energy crops. pp 622~629. Proceeding of 1984 International Gas Research Conference.

□ Liu JR, Cantliffe DJ, Simonds SC, Ruan JF(1989) High frequency somatic embryogenesis from cultured shoot apical meristem domes of sweet potato(*Ipomoea batatas*). SABRAO J 21: 93~101

□ Lowe JM, Hamilton WDO, Newell CA(1994) Genetic transformation in *Ipomoea batatas* (L.) Lam. (Sweet potato). pp 304~316. In: Bajai, Y.P.S.(ed.), Biotechnology in Agriculture and Forestry, Vol. 29, Plant Protoplasts and Genetic Engineering V, Springer-Verlag.

□ Min SR, Liu JR, Rho TH, Kim CH, Ju JI(1994) High frequency somatic embryogenesis and plant regeneration in tissue culture of Korean cultivar sweet potato. Korean J Plant Tiss Cult 21: 157~160

□ Min SR, Jeong WJ, Lee YB, Liu JR(1998) Genetic transformation of sweet potato by particle bombardment. Korean J Plant Tiss Cult 25: 329~333

□ Murashige T, Skoog F(1962) A revised medium for rapid growth and bioassays with tobacco tissue cultures. Physiol Plant 15: 473~497

□ Newell CA, Lowe JM, Merryweather A, Rooke LM, Hamiltone WDO(1995) Transformation of sweet potato (*Ipomoea batatas* (L.) Lam.) with *Agrobacterium tumefaciens* and regeneration of plants expressing cowpea trypsin inhibitor and snowdrop lectin. Plant Sci 107: 215~227

□ Nishiguchi M, Mori M, Okada Y, Murata T, Kimura T, Sakai J, Hanada K, Miyazaki C, Saito A(1998) Virus resistant transgenic sweet potato with the CP gene: Current challenge and perspective of its use. Phytoprotection 79: 112~116

□ Okada Y, Saito A, Nishiguchi M, Kimura T, Mori M, Hanada K, Sakai J, Miyazaki C, Matsuda Y, Murata T(2001) Virus resistance in transgenic sweet potato (*Ipomoea batatas* (L.) Lam.) expressing the coat protein gene of sweetpotato feathery mottle virus. Theor Appl Genet 103: 743~751

□ Okada Y, Nishiguchi M, Saito A, Kimura T, Mori M, Hanada K, Sakai J, Matsuda Y, Murata T(2002) Inheritance and stability of the virus-resistance gene in the progeny of transgenic sweet potato. Plant Breeding 121: 249~253

□ Otani M, Mii M, Handa T, Kamada H, Shimada T(1993) Transformation of sweet potato(*Ipomoea batatas* [L.] Lam.) plants by *Agrobacterium rhizogenes*. Plant Sci 94: 151~159

□ Otani M, Shimada T(1996) Efficient embryogenic callus formation in sweet potato(*Ipomoea batatas* (L.) Lam.) using *Agrobacterium tumefaciens*. Plant Biotechnol 15: 11~16

□ Otani M, Shimada T, Kimura T, Saito A(1998) Transgenic plant production from embryogenic callus of sweet potato (*Ipomoea batatas* (L.) Lam.) using *Agrobacterium tumefaciens*. Plant Biotechnol 15: 11~16

□ Prakash CS, Varadarajan U(1992) Genetic transformation of sweet potato by particle bombardment. Plant Cell Rep 11: 53~57

□ Tang F, Li K, Lan L, Zhang Q(1993) Somatic embryogenesis and plant regeneration in sweet potato. Acta Agro Sinica 19: 372~375

□ Templeton-Somers KM, Collons WW(1986) Heritability of regeneration in tissue cultures of sweet potato(*Ipomoea batatas* L.). Theor Appl Genet 71: 835~841

□ Tsay HS, Tseng MT(1979) Embryoid formation and plantlet regeneration from anther callus of sweet potato. Bot Bull Acad sinica 20: 117~122

□ Xin SY, Zhang ZZ(1987) Explant tissue culture and plantlet regeneration of sweet potato. Acta Bot Sin 29: 114~116

06

들깨 형질전환

김경환, 이정은, 김용환
농촌진흥청 농업생명공학연구원

I. 서론

들깨(*Perilla frutescens* var. japonica)는 염색체가 2n = 40인 꿀풀과(Laviatae)의 일년생 초본식물로, 원산지는 한반도를 포함한 동부아시아 고원지대로 인도, 한국 및 중국 동북부 지역에서 예로부터 재배되어온 유지 작물이다. 우리나라 최초의 농서인 농사직설(農事直說, 1429)에 들깨는 유마(油麻), 수임자(水荏子)로 기록되었고 참깨보다도 재배역사가 오래며, 고서(古書)에는 임(荏), 임자(荏子), 수소마(水蘇麻), 지마(脂麻) 등으로 불렸다. 들깨는 원줄기와 가지의 선단 또는 각 엽액에서 화수가 생겨 계속해서 꽃이 피는 무한화서(無限花序)로 총상화서를 이루며 자가수분(自家受精)을 원칙으로 하며 정상적인 꼬투리에는 4립의 종실이 들어 있다.

들깨는 식용 및 페인트, 니스, 인쇄용 잉크 등 산업용 목적으로 사용되는 유료작물로 아시아 여러 나라에서 광범위하게 재배되고 있다(Lee *et al.*, 1998). 들깨는 우리 몸에 필요한 영양소를 다량 함유하고 있어 영양공급원의 보고라고 할 수 있는데 종실 중에는 43%의 기름과 18%의 단백질 및 28%의 탄수화물이 들어 있으며 기름은 양질의 불포화지방산인 올레인산, 리놀레산, 리놀렌산 등이 90% 이상을 차지하고 있으며 특히 필수지방산인 리놀레산과 리놀렌산이 주성분이다. 그러나 들깨유는 산폐가 쉽게 이루어지므로 장기저장이 어려운 것이 단점이다. 또한 들깨 잎에는 비타민과 칼슘 및 철의 함량이 많으며 페릴라 알데히드, 리모넨, 페릴라케톤 등의 방향성 정유성분이 들어 있어 돼지고기나 생선회를 먹을 때 느끼한 맛이나 비린내를 없애주고 그 독특한 향은 입맛을 돋구는 신선 잎채소로도 많이 이용되고 있다.

경제성장으로 국민 소비형태가 다양화되는 추세로 들깨를 종실뿐 아니라 신선 잎채소로 이용하는 양이 크게 증가하고 있으며 들깨 기름에 들어 있는 α-리놀렌산이 DHA, EPA 등과 같은 오메가-3지방산으로서 고혈압 등의 성인병 예방과 학습능력향상에 효과적이라는 사실이 밝혀졌다. 따라서 사용용도에 따른 다양한 지방산 조성의 변화와 EPA, DHA 같은 특수 지방산의 생성 등에 들깨는 좋은 연구재료로 사용될 수 있으며 이를 위해서는 외래 유전자 형질전환 방법 확립 필요성이 절실히 요구되고 있다. 들깨 형질전환 연구는 국내외적으로 농업생명공학연구원에서

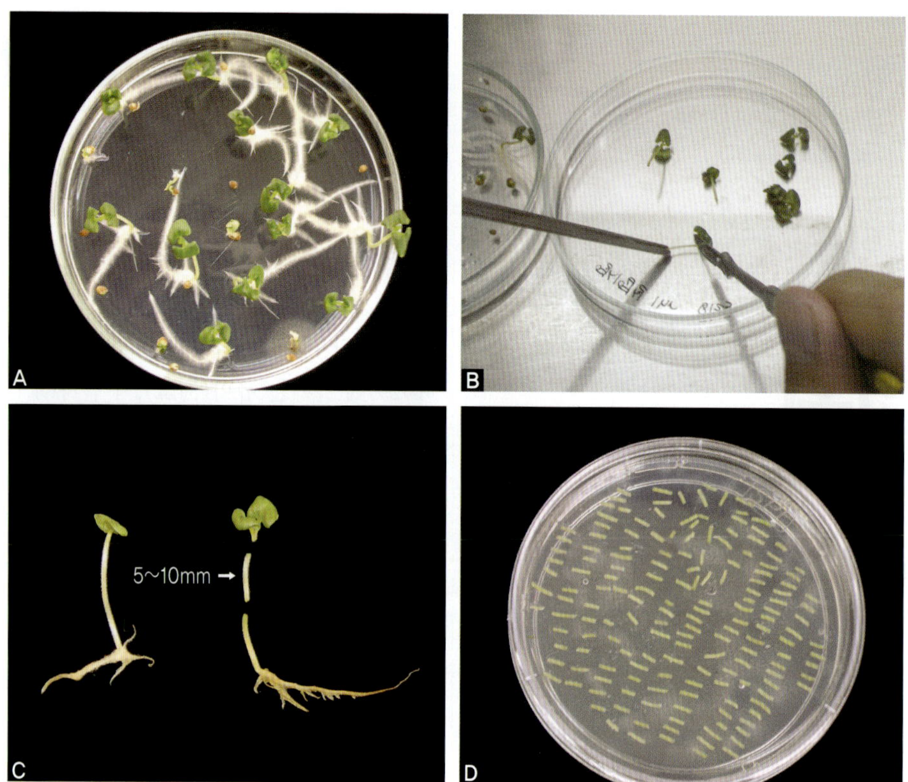

그림 6-1 들깨 형질전환용 재료 및 explant 준비

A_ Growth regulator-free MS배지 파종 후 7일째 유묘. B, C_ *Agrobacterium* 공동배양을 위한 하배축 explant(5~10mm) 준비. D_ *Agrobacterium* 공동배양.

최초로 시도하여 제초제저항성 유전자(*bar*) 형질전환을 성공하였으며(Kim *et al.*, 2004; 대한민국특허496029), 이후 tmt(*γ-tocopherol methyltransferase*) 유전자 형질전환 들깨를 개발하여 안전성 평가 및 품종화 작업을 수행하고 있다.

II. 재료 및 방법

1. Explant 준비

들깨(*Perilla frutescens* cv. yeopsil) 종자를 70% 에탄올에 1분간 침지하고 멸균수로 3회 세척한 후 50% 락스에 20분간 침지한 다음에 멸균수로 3~4회 세척하였다. 종자를 멸균된 filter paper를 이용하여 건조시킨 후 1/2 MS 배지에 파종하고 6~8일 동안 배양한 후 생장점과 떡잎을 절단하여 제거하고 나서 하배축을 0.5~1cm 정도의 크기로 절단한 것을 explant로 사용하였다(그림 6-1).

2. 재분화 및 형질전환용 운반체

우리나라의 대표적인 들깨품종인 엽실들깨(*Perilla frutescens* cv. yeopsil)를 형질전환 대상으로 하여 MS기본배지에 생장조절제 BA(Benzylaminopurine) 및 NAA(Naphthalene Acetic Acid)를 첨가하여 식물체 재분화 조건을 설정하였다. *Agrobacterium*을 이용한 형질전환을 위하여 kanamycin과 hygromycin 저항성 유전자를 가지며 reporter 유전자로 intron-GUS를 가진 pIG121Hm 플라스미드 운반체를 이용하였다. 특히 형질전환 여부를 효율적으로 확인하기 위하여 kanamycin 저항성유전자(*npt II*)와 Basta®저항성유전자(*bar*)를 가진 운반체 pCK-Bar를 제작하였고 또한 hygromycin 저항성유전자(*hph*)와 Basta®저항성유전자(*bar*)를 가진 운반체 pMOG-Bar를 제작하여 사용하였으며 형질전환체의 1차 확인은 0.3% Basta®를 살포하여 선발하였다(그림 6-2).

Neomycin phosphotransferase II(*nptII*), *hygromycin phosphotransferase*(*hpt*) 및 *β-glucuronidase*(*gus*) 유전자들을 포함하고 있는 plasmid pIG121-Hm(Ohta *et al.*, 1990)를 *Agrobacterium tumefaciens* EHA105(Hood *et al.*, 1993)와 LBA 4404 strain(Hoekema *et al.*, 1983)에 형질전환하여 식물체 형질전환에 활용하였다. Host strains는 50g/m*l* kanamycin과 10g/m*l* rifampicin을 함유한 YEP(5g/*l* yeast extract, 5g/*l* bactopeptone, 5g/*l* sucrose, pH 7.2) agar배지에 유지하였으며, 형질전환을 위하여 single colony를 취하여 YEP broth 액체배지에서 overnight 배양(28℃)하였다. 배양액을 원심분리(3,000g) 한 후 MS액체배지에 재현탁하여 사용하였다.

III. 형질전환 결과

1. 재분화 조건 확립

들깨의 재분화 조건을 조사하기 위하여 BA와 NAA, kinetin, zeatin, IAA 등의 여러 식물호르몬을 첨가한 MS 배지를 이용하여 시험한 결과 재분화는 BA와 NAA를 이용하였을 때 효과적이었다.

어린 식물체의 잎, 자엽, 배축 등 어느 부위를 사용하여도 재분화는 가능하였으나 형질전환을 위하여 kanamycin, hygromycin, carbenicillin 등의 항생제나 phosphinothricin을 첨가한 경우의 배지에서 재분화율은 현저히 낮아졌다. 그 중에서 본엽을 이용하여 형질전환을 실시한 경우는 거의 재분화가 거의 이루어지지 않았다. 자엽을 이용하여 형질전환한 경우에 shoot 재분화가 양호하여 다수의 재분화 식물체를 얻을 수 있었으나 재분화 식물체 중에서 형질전환체 획득 빈도가 매우 낮은 편이었다. 하배축을 이용하여 형질전환을 실시한 결과 재분화율이 본엽보다는 높고 자

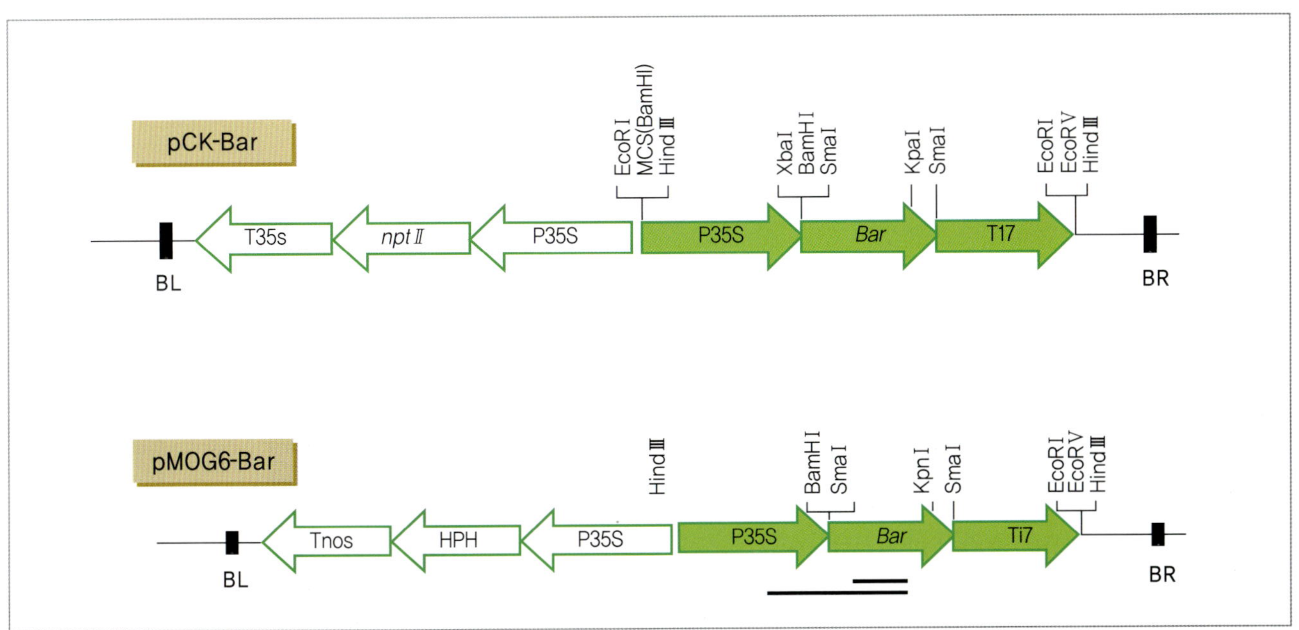

그림 6-2 들깨 형질전환 효율검정을 위한 플라스미드 운반체 종류 및 구성

P35S: Camv 35S promoter　nptII: neomycin phosphotransferase
T35S: Camv 35S terminator　Bar: phosphinothricine
HPH: hygromycin phosphotransferase　BL: left border　BR: right border

표 6-1 들깨 자엽 및 하배축에서 식물체 재분화를 위한 생장조절제 종류 및 농도 효과

Plant Growth Regulators (mg/l^{-1})	No of Shoots / Explant*	
	Cotyledon	Hypocotyl
BA 0 + NAA 0.0	0.00 b	0.00 b
NAA 1.0	0.00 b	0.00 b
NAA 2.0	0.00 b	0.00 b
BA 1.0 + NAA 0.0	0.14 bcd	0.33 ab
NAA 1.0	0.07 cd	0.26 ab
NAA 2.0	0.07 cd	0.14 b
BA 2.0 + NAA 0.0	0.21 abc	0.60 a
NAA 1.0	0.26 ab	0.40 ab
NAA 2.0	0.19 bc	0.26 ab
BA 3.0 + NAA 0.0	0.26 ab	0.69 a
NAA 1.0	0.38 a	0.26 ab
NAA 2.0	0.38 a	0.31 ab

* Mean separation within column by Duncan's multiple range test at 5% level. Data are presented as mean number of three replications.

엽보다는 낮았으나 재분화 개체들 중 형질전환체 빈도가 높아서 들깨 형질전환을 위해 하배축을 이용하는 것이 가장 효율적이었다.

형질전환용 배지는 MS기본배지를 이용하였으며 생장조절제로 BA와 NAA를 첨가하였다. 기내배지에 파종하여 6~8일 경과한 유묘로부터 자엽과 하배축을 채취하여 재분화 실험을 한 결과 3.0mg/l BA 첨가배지에서 가장 많은 shoot가 발생하였다(표 6-1).

그러나 이후 형질전환 작업 수행과정에 추가 실시한 실험에서 3.0mg/l BA와 0.01mg/l NAA를 혼용하여 사용한 경우의 결과가 더욱 양호한 것으로 밝혀져 이후 연구에서는 BA와 NAA를 혼용하여 사용하고 있다.

2. *Agrobacterium*을 이용한 형질전환 조건 확립

하배축을 이용한 들깨 형질전환 체계를 확립하기 위하여 항생제 선발마커로 kanamycin과 hygromycin을 가지며 reporter 유전자로 *GUS*를 가진 pIG121Hm 운반체를 사용하여 형질전환 단계별로 GUS 발현으로 형질전환 여부를 확인하면서 실험을 진행하였다. 식물체에서 이를 이용하여 형질전환 조건을 확립한 결과 전배양(pre-culture)을 4시간 및 1, 2, 그리고 3일 간격으로 실시하였으나 4시간의 경우가 가장 양호하여 처리시간이 짧을수록 효율이 높아 전배양은 실시하지 않고 실험을 수행하였다(그림 6-3).

*Agrobacterium*균과 들깨 하배축을 공동배양(co-culture)한 결과 형질전환 효율은 2일에서는 GUS 염색시 70% 정도였으나 3일과 4일간 공동배양한 경우는 95% 정도였다. 4일의 경우는 균의 생육이 왕성하여 선발 배지로 옮길 때에 식물체가 고사하는 경우가 많아서 3일간 공동배양한 경우가 적당하였다. 공동배양할 때에 acetosyringone 100 μg/l를 첨가하여 2일간 공동배양한 경우는 형질전환율이

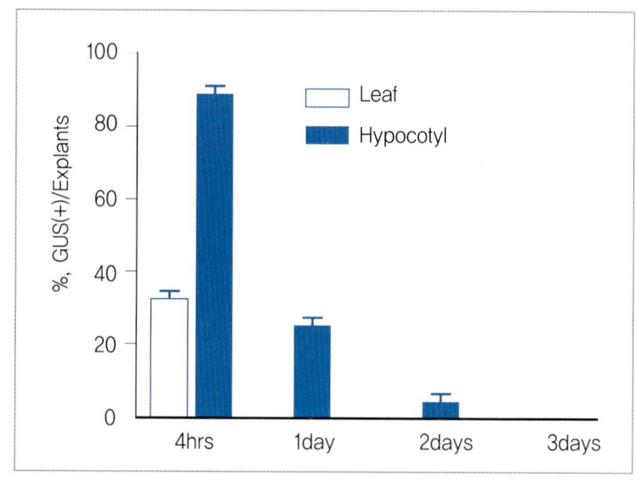

그림 6-3 들깨 잎과 하배축 전배양에 의한 형질전환 효율 검정

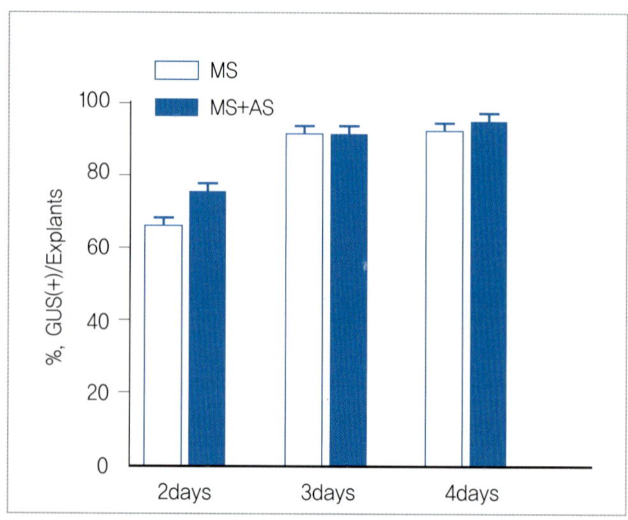

그림 6-4 들깨 하배축 형질전환에 미치는 공동배양 기간 및 acetosyringone의 영향

AS: 100μg/l Acetosyringone

표 6-2 플라스미드 운반체 구성에 따른 들깨 형질전환 효율

Plasmid 운반체	항생제저항성 형질전환체(%)	바스타저항성 개체 비율(%)
pCK-Bar (Km, bar)	1.6	70 (28 / 40)
pMOG6-Bar (Hm, bar)	1.2	100 (40 / 40)

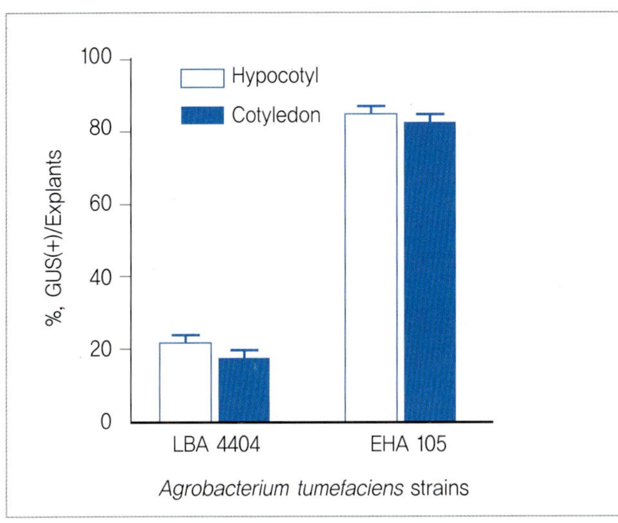

그림 6-5 들깨 하배축 및 자엽의 형질전환에 미치는 *Agrobacterium* strains의 영향

약간 증가하였으나 3일간 공동배양할 때에는 별 차이가 없어서 이후로는 acetosyringone을 첨가하지 않고 형질전환을 실시하였다(그림 6-4).

형질전환에 사용한 균주는 *Agrobacterium* EHA105 균주가 LBA4404보다 3~4배 정도 효율이 좋았는데 이는 다른 식물체의 형질전환에서 다수 보고된 바와 비슷한 경향이었으며, 식물체의 감염시 virulence를 증가시킨 결과로 생각되었다(그림 6-5).

pIG121Hm 운반체를 이용하여 초기의 형질전환조건을 확립한 후 제초제 Basta® 저항성 유전자인 *bar*를 가지는 pCK-bar(Km, Bar)와 pMOG6-bar(Hm, Bar) 등 2개의 운반체를 이용하여 제초제 저항성 들깨를 개발하기 위해 형질전환을 실시하였다. 초창기 형질전환 실험의 항생제저항성을 이용한 선발에서는 두 운반체간 형질전환체 빈도에는 높은 차이가 없었으나 0.3% Basta®제초제 살포에 의한 선발에서는 pMOG6-Bar 운반체의 경우에서 매우 높은 빈도의 형질전환체가 확인되어 이후의 실험에서는 pMOG6-Bar를 운반체로 사용하였다(표 6-2).

3. 형질전환과 형질전환체 선발 및 순화

운반체 pMOG6-Bar와 pCKBar 유전자가 들어 있는 *Agrobacterium tumefaciens* EHA 105를 kanamycin(50 μg/ml)과 rifampicin(100 μg/ml)이 포함된 YEP 배지에서 seed culture한 후 1% 배양액을 접종하여 20시간 정도 배양하였다. 배양된 *Agrobacterium*(OD600=1)을 5,000rpm에서 5분 정도 원심 분리하여 배양액을 제거한 후 hormone free-MS 액체배지로 약 20배 희석하여 배축과 균을 1시간에서 2시간 정도 감염시켰다. 균을 감염 후 멸균된 filter paper에 배축을 놓고 건조 후 공동배양 배지(MS 기본배지, 3% sucrose, 3mg/*l* BAP, 0.4% gelrite)에서 25℃, 2~3일간 *Agrobacterium*과 식물체를 공동배양(co-culture)하였다. 공동배양한 explant에서 표면에 있는 *Agrobacterium*을 제거하기 위하여 cefotaxime 250mg/*l*가 첨가된 MS 배지(Murashige 등, 1962)에서 세척한 후 멸균된 종이에 올려 외부의 수분을 제거한 뒤 shoot를 유도하는 선발배지(MS 기본배지, 3% sucrose, 3mg/*l* BAP, 0.01mg/*l* NAA, 0.4% gelrite, 125mg/*l* kanamycin 또는 15mg/*l* hygromycin, 500mg/*l* carbenicillin, pH 5.6)에 옮겨서 형질전환된 배축에만 shoot가 유도되도록 하였다(표 6-3). 선발배지는 3주 또는 4주마다 새로운 배지로 계대배양을 하면서 형질전환된 shoot 부분만을 절단하여 2차 선발배지(MS 기본배지, 3% sucrose, 3mg/*l* BAP, 0.4% gelrite, 2mg/*l* phosphinothricin, 500mg/*l* carbenicillin, pH 5.6)에서 선발한 후에 뿌리 유도배지(1/2 MS 기본배지, pH 5.8)에서 뿌리의 형성을 유도하였다. 제초제저항성 유전자(*bar*)를 선발 마커로 이용하여 하배축에서 직접 shoot를 유도할 경우에는 phosphinothricin 1.2mg/*l*에서 계대하면서 형질전환체를 선발하는 것도 가능하였다. 위와 같은 방법들을 이용하여 선발한 재분화개체들 중 뿌리가 발달된 개체들은 배양병에서 꺼내서 뿌리를물로 잘 씻어 준 후 플라스틱의 순화통에서 멸균된 질석(vermiculite)에 이식하여 순화하고 온실에서 재배하였다. 들깨 형질전환 체계를 요약하면 다음 표 6-3과 같이 요약할 수 있다.

표 6-3 들깨의 효율적 형질전환을 위한 여러 가지 조건 요약

구분	explant	전배양	공동배양	shoot 유도	root 유도
재분화 조건	하배축	불필요	3일간, MS배지	MS 배지 3mg BAP 0.01mg NAA	1/2 MS 배지
		선발 조건		125mg Kanamycin 15mg Hygromycin 500mg Carbenicillin	(±)200mg/*l* Carbencillin

그림 6-6 들깨 형질전환 및 형질전환 식물체의 순화 과정

A_ 125mg/*l* kanamycin 및 500mg/*l* carbenicillin을 포함한 배지에 치상한 들깨 하배축. B_ 하배축 절단면에서 발생하는 adventitious shoots. C_ 선발배지에 계대배양한 재분체. D_ Hormone-free 1/2MS배지에서 발근. E, F_ 온실 순화 과정.

4. 실험 Tip

항생제(Km, Hm) 저항성 유전자를 가진 *Agrobacterium*을 이용하여 공동배양한 후 선발배지에 치상한 배축은 3~4주 간격으로 새로운 배지로 옮겨주었으며 1개월이 경과하면 callus와 shoot가 형성되었다. callus가 형성되는 배축은 shoot를 형성하기 위하여 4~5개월 정도를 계속해서 계대배양하여야 하고 GUS 염색시 callus 부위에서 escape가 많이 발생하였으며 shoot의 형성률도 상당히 떨어졌다. 그러나 배축의 끝부분에서 direct shoot가 형성되는 경우는 2~3개월 정도면 shoot가 형성되었으며 식물체의 모양도 정상적인 경우가 많았다. 이렇게 1차적으로 kanamycin과 hygromycin에서 형성된 shoot를 phosphinothricin이 포함된 배지에 이식하여 2차로 선발한 결과 재분화체 중 형질전환 식물체의 비율을 높일 수 있었다. 초기 형질전환 조건 확립단계에서는 항생제(Km, Hm)를 선발마커로 이용하였으나 형질전환 조건이 확립된 후로는 1.2mg/*l* phosphinothricin을 이용하여 직접 선발하였다. 재분화 개체의 뿌리 형성을 위하여 재분화 개체에 NAA shock를 주거나 선발 항생제나 carbenicillin의 농도를 줄였으나 뿌리 유도에는 효과적이지 못하였으며, 재분화 식물체를 암상태에서 1주일 정도 배양한 경우에 뿌리를 유도할 수 있었다. 그리고 나중에는 생장조절제 및 항생제가 포함되지 않는 1/2MS 배지에 재분화 개체를 이식해서 뿌리 형성을 유도하였다(표 6-1과 그림 6-1). 이 조건에서는 1주일 후부터 뿌리가 유도되기 시작하였으며 때로는 *Agrobacterium*이 빨리 성장하여 식물체를 폐사시키는 경우도 있었으나 뿌리의 유도율은 높은 편이었다. 2주간 뿌리 형성을 유도한 후에 살균된 vermiculite에 식물체를 이식하여 순화하였으며 이 과정에서 입자가 적은 vermiculite인 경우에는 수분함량의 과다 및 통기 불량 때문에 식물체가 고사하는 비율이 높았으며 입자가 약간 큰 vermiculite가 물 빠짐 및 통기가 좋아서 식물체의 생존율이 높았다.

참고문헌

- Hoekema A, Hirsch PR, Hooykaas PJJ, Schilperoort RA(1983) A binary plant vector strategy based on separation of vir- and T-regions of the Agrobacterium tumefaciens Ti-plasmid. Nature 303: 179~180
- Hood EE, Gelvin SB, Melchers LS, Hoekema A(1993) New Agrobacterium helper plasmids for gene transfer to plants. Transgen Res. 2: 208~218
- Kim KH, YH Lee, D Kim, YH Park, JY Lee, YS Hwang, YH Kim(2004) Agrobacterium-mediated genetic transformation of Perilla frutescens. Plant Cell Reports 23: 386~390
- Lee BH, Lee ST, Kim YS(1998) Reference review for the scientific researches on perilla. RDA J. Indus. Crop Sci. 40(1): 80~112
- Murashige T, Skoog F(1992) A revised medium for rapid growth and bioassays with tobacco tissue culutures. Physiol. Plant 15: 473~49
- Ohta S, Mita S, Hattori T, Nakamura K(1990) Construction and expression in tobacco of a glucuronidase(GUS) reporter gene containing an intron within the coding sequence. Plant Cell Physiol. 31: 805~813

07

감자 형질전환

김현순, 전재흥
한국생명공학연구원 식물유전체연구센터

I. 서론

감자는 쌀, 옥수수, 밀과 함께 세계 4대 식량자원 중의 하나이던 것이 최근에는 3대 식량자원으로 자리매김을 하였으며 멀지않은 미래에는 인류의 식량난을 해결할 최고의 작물로 여겨질 만큼 영양학적으로도 손색이 없는 작물이다. 최근들어 우리나라에서도 부식용뿐만 아니라 칩이나 프렌치 프라이와 같은 가공 식품의 소비 급증으로 인하여 재배 면적의 증가뿐만 아니라 기존의 재배 품종과는 다른 매우 다양한 품종이 요구되고 있다.

감자는 유전적으로 매우 복잡한 구조를 가지고 있어 기존의 교배 육종에 의한 방법으로 신품종을 육성해 내기가 어렵다. 일반적으로 재배되고 있는 감자는 4배체이지만 2배체에서 6배체에 이르기까지 매우 다양하다. 이러한 높은 배수성으로 인한 유전적 복잡성은 유전적으로 다양한 자원으로 활용될 수 있어 좋지만 이를 이용하여 새로운 품종으로 육성하는 데는 일종의 장애 요인으로 작용하기도 한다. 교배육종에 의한 품종의 육성이 힘들기 때문에 외부 유전자 도입을 위한 감자의 형질전환 기술은 다른 작물들에 비해 잘 알려져 있다. 가지과 작물인 담배가 조직배양과 재분화가 용이하여 실험재료로서 큰 각광을 받는다고 하면 감자는 같은 가지과 작물로서 역시 조직배양과 재분화가 잘 되어 실험재료로서 뿐만 아니라 실제 작물에의 응용에도 활발히 이용되고 있는 실정이다. 제초제 저항성, 해충 저항성, 고전분 및 기타 유용 단백질 생산을 위한 많은 유전자들이 지금까지 감자의 작물로서의 중요한 위치에 걸맞게 도입되어 왔다. 많은 연구자들이 형질전환의 기본쯤으로 여기고 있는 감자의 형질전환도 실제로 수행하려고 시작하다 보면 제시된 결과처럼 얻어지지 않는다는 것을 금방 깨닫게 된다. 실례로 본 연구실도 감자의 형질전환을 routine하게 하는 방법을 확립하는데 짧지 않은 시간이 걸렸었고 지금도 가끔은 의외의 문제가 생기기도 한다. 그리고 다른 연구자들로부터 전체적인 흐름이나 protocol이 아닌 거의 know-how에 가까운 세세한 질문을 많이 받는다. 따라서 본 원고에서는 이론보다는 실제로 실험하면서 부딪히는 문제들을 중심으로 형질전환의 기본 작물로 여기고들 있는 감자의 형질전환에 대해서 기술하고자 한다.

일반적으로 감자의 형질전환은 *Agrobacterium*에 의한 것이 대부분인데 이 때의 transformation system은 크게 두 단계로 나눌 수 있으며, 그 첫 단계가 감자 식물체 내로의 외래 유전자 도입이고 다음 단계가 식물세포에서 완전한 개체로의 재분화시키는 것이다. 유전자 도입에 사용한 시료로부터 식물체를 재분화하는 과정은 callus 유기, 유기된 callus에서 shoots의 발생, 그리고 발생된 shoots의 건전한 생육을 유도하는 단계로 나뉜다. 지금까지 보고된 것들에 의하면 callus의 형성은 cytokinin과 auxin의 적정 농도에 의해 촉진되며 shoots의 발생은 auxin의 제거, shoots의 계속적인 발달은 지베렐린 첨가에 의해 촉진된다. 재분화시키는 방법은 one-step, two-step 또는 three-step 방법으로 나누는데 간략히 설명하면, one-step법은 callus 형성에서 shoots 발달까지 단일배양배지를 이용하는 것이고 두 번째 two-step법은 배양배지를 callus 형성과 shoots유기 및 발달 단계로 분리하여 사용하는 방법, 끝으로는 위에서 언급한 세 단계마다 각각 다른 배지를 이용하는 방법이다. 재분화 효율은 위의 어떠한 방법을 사용하느냐와 사용하는 호르몬의 적정 농도의 조합에 따라 크게 변하며, 같은 작물이라 하더라도 품종에 따라 차이를 보인다.

II. 실험 방법

1. 식물재료 준비

형질전환할 때 사용하는 재료는 품종명을 알고 있는 대부분 기내배양 중인 소식물체를 이용한다. 만약 형질전환을 하고자 하는 대상 품종이 유지중인 기내식물체가 없을 경우 모괴경에서 시작해야 한다. 감자의 진정종자를 얻어 발아시켜 사용하기에는 힘든 점이 많기 때문에 다양한 방법으로 영양번식체 감자를 확보한다. 이때 감자는 바이러스나 각종 병원균-free한 질이 좋은 것을 사용해야 한다(참고문헌 Kim HS 등, 1996). 만일 바이러스 감염이 되어 있는 경우라면 열처리나 화학약제 처리 등과 같은 바이러스 퇴치법으로 감염된 바이러스를 제거한 후 바이러스-free한 상태의 감자를 사용한다. 휴면이 타파된 감자에서 싹이 나와 어느 정도 자라면 그 싹을 깨끗한 메스로 절단한 뒤 흐르는 수돗물에 씻은 다음 70% ethanol에서 5분간 표면살균을 한 후 증류수로 3회 세척한다. 다시 감자 싹을 10% sodium hypochloride 용액에 10분에서 15분 정도(싹의 상태를 봐서 튼튼하고 좋으면 15분 정도 하여도 무방함) 침지한 후 멸균수로 3회 이상 살균액이 남아 있지 않

그림 7-1 기내배양으로 줄기를 대량증식중인 감자

A_ cv.Desiree. B_ cv.Jaju

표 7-1 감자 잎에의 전처리가 callus 유도와 식물체 재분화에 미치는 영향

	Method Ⅰ		Method Ⅱ	
cv.	CI	SR (%)	CI	SR (%)
Superior	++	18.5	++	20.0
Desiree	++	22.5	++	43.1
Russet Burbank	—	0	+	16.7
Red Dale	++	0	++	2.1

CI: Callus Induction, ++: good, +: normal, —: poor, SR: Shoot Regeneration

도록 깨끗이 씻어낸다. 이때부터 모든 작업은 크린벤치에서 이루어져야 한다. 재료의 물기를 완전히 제거한 다음 작물 조직배양의 기본 배지인 MS배지에 치상하여 줄기를 증식시킨다. 이때의 배양조건은 광주기 16시간(광도 4,000lux)과 23℃ 항온으로 한다.

일정기간 동안 계대배양을 통하여 기내 배양 줄기를 어느 정도 확보하여 둔다. 감자의 형질전환에는 주로 잎, 줄기 및 괴경을 사용하기도 하지만 일반적으로 잎 절편체를 가장 많이 사용한다. 줄기의 경우 internode를 사용하되 절편을 채취할 때 node부위의 생장점을 포함하지 않고 되도록 멀리 떨어진 부분을 취하도록 각별히 신경 쓰고, 잎을 사용하였을 때 보다 가짜 식물체를 얻는 경우가 높으니 이 또한 주의할 점 중의 하나이다. 감자는 이미 많은 품종에서 형질전환이 이루어진 예가 보고되어 있으나 Red 계열의 감자는 형질전환이 힘들다고 알려져 있기 때문에(본 실험실의 경험상도 그러함) 본 방법에서 언급하는 것과는 다른 조건을 확립하는 것이 필요하리라 본다.

*Agrobacterium*에 의한 형질전환이 힘든 Red계열의 경우 particle bombardment를 이용한 형질전환 경험이 있기에 그에 관한 내용도 끝에서 잠시 언급하고자 한다.

2. 균주 준비

먼저 직접 제작하거나 출처가 명확한 식물체 발현벡터에서 원하는 유전자를 확인한 후 freeze-thaw방법으로 *Agrobacterium tumefaciens* LBA4404에 도입시킨다. *Agrobacterium*은 숙주에 감염되는 정도, 즉 virulence가 작물별로 서로 다르기 때문에 여러 strain들 중에서 가장 효율이 높은 것을 선택하는 것이 바람직하다. 감자의 경우 담배와 마찬가지로 형질전환이 용이한 작물 중의 하나로 이미 알려져 있고 관련 문헌들이 많기 때문에 가장 일반적으로 사용되는 LBA4404를 사용하여도 높은 형질전환 효율을 나타낼 수 있다. 균 배양은 strain과 transformation된 vector에 따라 항생제를 선택하고 YEP 고체 배지에 streaking한 다음 28℃에서 36~48시간 배양 후 single colony를 다시 접종한다. 이때 대부분의 경우 잘 자란 colony를 선택하여 특별한 확인 과정 없이 explants와의 공동배양에 사용하기도 하지만 본 실험실의 경우 단계별 확인을 항상 거치는 과정을 중요시하기 때문에 PCR이나 제한효소처리에 의해 원하는 유전자의 존재를 확인한다. 선택된 단일 콜로니를 항생제가 첨가된 YEP 액체 배지에서(이 경우 acetosyringone의 첨가는 선택사항임) OD_{600} 값이 0.5~0.6 정도가 될 때까지 키운 다음 explants와의 공동배양에 사용하며, OD 값 1.0 이상은 넘지 않도록 한다.

3. 식물체의 전처리

*Agrobacterium*균과의 공동배양에 사용할 감자 잎을 전처리 과정을 거침으로써 재분화 효율을 높일 수 있다. 여러 가지 배지 조성이 있으나 본 실험실에서 사용한 조성을 예로 들면 80mg/*l* NH_4NO_3, 14.7mg/*l* $CaCl_2$, 5.0ppm NAA, 5.0ppm BAP가 첨가된 MS 액체배지에서 하루 동안 floating하였다.

감자 잎을 callus 형성배지에 치상하기 전에 하루밤 floating시킨 전처리효과는 품종에 관계없이 callus 유기율뿐만 아니라 shoots의 발생률을 증가시키는 효과를 보였다(표 7-1). Desiree 품종의 증가효과가 가장 좋았으나 regeneration이 되지 않았던 Russet Burbank와 Red Dale이 각각 16.7%와 2.1%로 증가됨을 보여주었다. 이 외의 다른 조건들에 의해서는 floating 전처리 과정을 통하여

그림 7-2 공동배양 후 callus 유도 배지에 치상한 잎 절편체

A_ 공동배양이 끝난 직후의 잎 절편체. B_ 상처부위에서 callus 형성이 왕성한 배양 4주 정도 된 절편체(shoot 형성이 되기 직전의 모습이라고 봄). C_ 다른 형태의 callus가 형성된 잎 절편체(이런 형태의 callus는 재분화되기 어렵다).

70~85% 정도의 shoots regeneration 결과를 유도하였다.

4. 공동배양(Co-culture)

*Agrobacterium*균이 준비되면 기내배양 중인 잎에 상처를 내어 같이 공동배양한다. 줄기에 붙어 있는 잎을 메스로 절단할 때는 세포가 으스러지는 등의 과도한 상처는 피하고 상처 부위도 너무 넓지 않게 한다. 상처 부위가 크면 callus형성 면은 많을지 모르나 상처회복에 지나친 에너지를 사용하다 보면 활력 좋은 형질전환체 확보가 어려운 경우가 종종 발생한다. 잎 절편체가 잠길 정도로 균 배양액을 부어준다. Acetosyringon은 선택 사항이다. 데지레와 같은 재분화율이 높은 품종의 경우 굳이 acetosyringon을 넣지 않아도 되며 재분화율이 낮은 경우 첨가에 의해 재분화에 도움이 될 수 있다. 공동배양시에 본 연구실의 경우 shaking은 하지 않고 있으나 일부 다른 실험실의 경우 shaking을 하는 경우도 있으니 실험자의 경험에 맡기는 것이 나을 것이다. 약 10분에서 15분 정도 침지 후에 잎 절편체를 멸균된 paper에 올려 놓아 물기를 완전히 말린다. 이와 같은 과정을 할 때 핀셋으로 잎 절편을 과하게 다루는 것은 좋지 않다. 그럴 경우 잎이 상처를 받아 고사하는 비율이 상대적으로 높아진다.

5. callus의 유기 및 재분화 개체 유도

1) callus의 유기

감자의 경우 절단면에서 바로 재분화 개체가 유도되는 direct shoot 형성보다는 절단면에서 callus가 형성되고 거기서 shooting이 이루어지는 indirect shoot 형성에 주로 의한다. 따라서 공동배양이 끝난 잎 절편체는 먼저 callus 형성을 위해 2,4-D가 2 mg/*l* 포함된 MS 배지에 치상한다. 이때 원하는 유전자 T-DNA가 식물체 게놈내로 삽입될 수 있는 기회를 높여 주기 위하여 selection pressure로 주로 사용되는 항생제는 배지에 포함시키지 않는다. 이 배지에서 이틀 동안 둔 다음 shoot 유도를 위하여 재분화 배지로 옮겨 준다.

2) 식물체 재분화 조건

형질전환 실험을 본격적으로 시작하기 앞서 감자의 품종에 따른 재분화율을 조사해 보는 것이 좋다. 표 7-2에서 몇몇 품종의 재분화율을 나타내었다. 이때 사용한 배지 조

표 7-2 감자 품종에 따른 재분화율 비교

Cultivars	Regeneration (%)	
	After 5 wks	After 9 wks
Russet Burbank	16.7	40.5
Norchip	13.4	22.0
Atlantic	30.7	59.6
Desiree	43.1	74.6
Norland	1.9	6.9
Bintje	8.0	27.7
Red Dale	2.1	2.2
Irish Cobbler	11.5	26.9

건은 기본적인 MS 배지(3% sucrose)에 BAP 2.25mg/*l*와 GA_3 0.5mg/*l*를 사용하였다.

데지레 품종이 약 75%로 가장 높았고, Atlantic 약 60%, 러셋버뱅크 40% 정도로 높게 나타났으며 Norland와 레드 데일과 같은 적색 품종은 callus 유기에서부터 안토시아닌 색소를 나타내며 10% 이하의 낮은 shoot 형성을 보였다. 감자 형질전환에서 문제점으로 여겨져 오고 있는 것이 재분화까지 많은 시간이 요구되는 것인데, 이는 callus 유도 기간이 길고 상당한 형태학적, 해부학적 변화를 거치기 때문인 것으로 알려져 있다.

그래서 균과의 공동배양 전에 잎 절편에 전처리를 가하는 것이 callus 및 shoot 유도 기간을 단축시키는 데 사용되기도 한다. 주로 NAA와 BA hormone의 적정조합에 의하여 이루어지는데, 경험에 의하면 필수 사항은 아니라는 것이다. 또한 $AgNO_3$와 같은 물질 처리에 의해 재분화율이 낮은 품종들에서 빠르고 높은 비율로 향상시켰다는 보고도 있으니 참고하여 사용하는 것이 좋을 듯 하다.

앞에서 본 품종별 재분화율을 증가시키기 위하여 계속적인 실험을 한 결과 MS 기본배지에 NAA 0.01mg/*l*, GA_3 0.1mg/*l* 그리고 zeatin 2.0mg/*l*의 첨가가 데지레 품종의 경우 거의 100%에 달하는 shoot 형성률을 보임으로써 본 연구실에서는 감자 형질전환을 위한 재분화용 최적배지로 정하였다.

3) 형질전환체의 1차 선별

형질전환 체계 확립에서 shoot 재분화와 더불어 형질전환 개체의 정확한 선별이 중요한데, 이때는 사용한 벡터 내에 포함된 선발마커에 따라 달라진다. 지금까지 가장 많이 일반적으로 사용되어져 온 kanamycin 저항성 유전자를 포함하고 있는 벡터의 경우에 대해서 말하고자 한다. 형질전환체 선발을 위한 재분화 배지에는 공동배양 후에 잎 절편체에 남아 있는 박테리아의 제거를 위하여 carbenicillin 500mg/*l*을 더하여 주고 선발 압력 조건으로 사용될 항생제 kanamycin을 첨가한다. 감자 shoot의 재분화에 최소한의 영향을 미치면서 형질전환이 안된 것은 유기가 되지 않게 하는 kanamycin의 적정농도 구명이 중요하다. 실험결과, 데지레 품종은 50mg/*l*의 농도에서 약간의 callus가 형성되었지만 수미, 아틀란틱 및 Norland 품종은 데지레 품종보다 kanamycin에 대한 저항성이 낮아서 형질전환이 안 된 callus 및 식물체는 생장을 멈추거나 고사하여 50mg/*l* 농도에서도 선발이 가능하였다. 그러나 형질전환되지 않은 재분화 식물체도 8주 이상의 장기간 배양에서 항생제 내성을 획득하여 선발배지에서 살아남는 경우도 있으므로 한 callus에서 multi shoot이 형성되는 감자의 경우 kanamycin의 농도를 100mg/*l*로 선발하는 것이 negative를 줄이는 효율적인 조건이라고 생각한다. 또한 multi shoot들 중 항생제 배지에서 뿌리까지 완전히 내렸을 상태라야 1차 선별개체라고 할 수 있다.

4) 형질전환체의 고정 및 유지

항생제가 첨가된 배지에서 10주 가량 시료들을 배양하여 독립된 개체로 자란 shoot들을 hormone을 빼고 kanamycin만을 첨가한 MS 배지에서 증식시켜 확실한 개체로 선발하기 위한 분석시료로 사용한다. 일반적으로 분

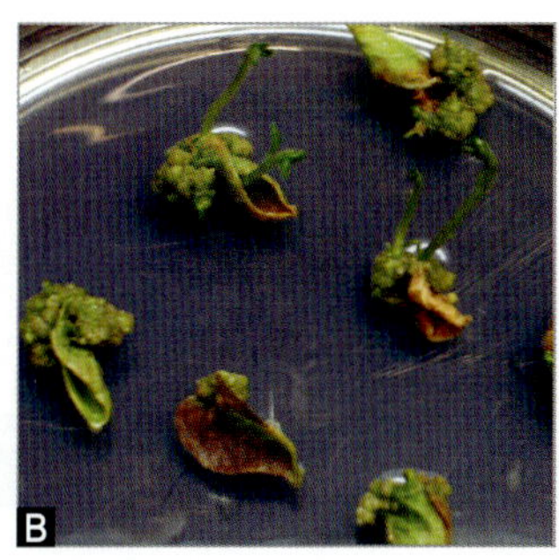

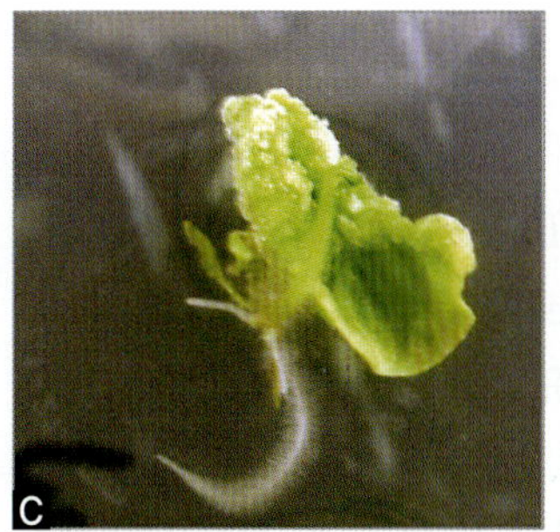

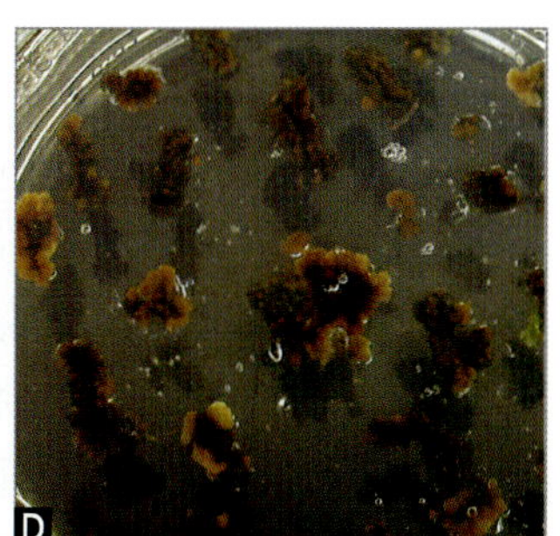

그림 7-3 Callus에서 shoots가 유도되고 있는 모습

A_ cv.Superior의 재분화 모습. B_ cv.Atlantic의 재분화 모습. C_ shoot에 이어 뿌리까지 형성되는 건강한 모습. 이런 재분화 개체는 거의 99% 형질전환체임. D_ 형질전환이 안되어 항생제 배지에서 고사되는 잎 절편체. 초기에 callus가 형성되기는 하나 계속적인 항생제 선발에 의해 callus들도 거의 고사된다.

그림 7-4 Callus에서 유기된 shoots의 배양 모습
A_ 항생제 배지에서 재선발과정을 거치고 있는 재분화개체들. B_ 항생제 배지에서 활력이 왕성한 생육을 보이고 있는 형질전환체들.

자생물학 분야에서 많이 이용되는 분석법들(PCR 분석, genomic Southern blot 분석, northern blot 및 western blot)로 형질전환 감자 게놈 내 원하는 유전자가 제대로 삽입되어 발현되는지를 확인한다. 최종적으로 확인된 개체들은 형질전환 라인으로 고정하고 유지, 증식에 각별한 주의를 기울인다.

라인으로 고정된 형질전환체들은 온실재배를 통하여 그들의 각 발달단계에 따른 생장의 특성을 원 식물체와 면밀히 비교분석을 통하여 파악한다.

감자와 같은 영양번식 작물은 종자번식 작물과는 달리 계속적인 기내배양으로 유지가 되기 때문에 라인 고정은 상대적으로 용이하다고 할 수 있다. 계속적인 배양으로 유전자의 소실이나 변이가 일어날 수 있다는 보고들이 있기 때문에 계속적인 선발배지에서의 배양은 물론이고 주기적으로 유전자 분석을 통한 재검정을 하여야 한다.

6. Particle bombardment에 의한 형질전환

감자의 많은 품종들이 *Agrobacterium*에 의한 형질전환이 가능하지만 재분화가 까다로운 유색품종의 감자는 온전한 조직이나 기관에 외부유전자를 직접 삽입시키는 particle bombardment로 형질전환체를 얻은 보고들도 있기 때문에 본 연구실에서 수행해 본 바 있는 실험 방법에 관하여 잠시 언급하고자 한다.

이 방법에 사용될 재료는 예비 실험을 통하여 재분화 효율이 0%를 보인 자주감자의 발아 직전의 소괴경을 택하였다. 50%의 glycerol에 저장시킨 tungsten microcarriers(직경 1.1um) 3mg에 5μg/μl DNA와 2.5M $CaCl_2$, 0.1M spermidine을 혼합하여 DNA를 코팅한다. 코팅된 DNA입자를 직경이 8mm인 실리콘 carrier disk 위에 6μl를 도말, 건조시킴으로써 약 0.8μg의 DNA와 0.5mg의 텅스텐 입자가 한 번에 투입될 수 있도록 하였다. 준비된 실리콘 carrier disk를 gene gun 기계에 장착시키고 발아 직전의 소괴경을 배양접시 위에 올려 놓았다. 그 후 시료와 유전자와의 거리를 4cm로 조절할 수 있는 아크릴 스페이스를 덮은 다음 헬륨 가스의 압력을 20kgf/cm^2, 아크릴 스페이스 내의 진공압을 55cmHg로 조절하고 소괴경의 정단분열조직 위를 표적으로 맞춘 후 기계를 작동시켜 유전자를 투입시켰다. 유전자가 투입된 소괴경은 온도 23℃, 16시간의 장일의 배양실에서 자연발아를 유도한 후 온실에 재식하여 식물체를 얻었다. 앞에서 언급한 형질전환체의 분석법에 의하여 얻어진 식물체를 분석하여 형질전환체 여부를 알아본다.

참고문헌

- Choi KH, Jeon JH, Kim HS, Joung YH, Joung H, Lim YP(1997) Genetic Transformation of Intact potato Microtuber by the Particle Bombardment process. Korean

J. Plant Tissue Culture 24(2): 87~91

- Choi KH, Jeon JH, Kim HS, Joung YH, Cho SJ, Lim YP, Joung H(1996) Development of herbicide-resistant transgenic potato. Korean J Plant Tissue Culture 23(3): 161~165
- Kim HS, Jeon JH, Choi KH, Joung YH, Park SW, Joung H. 1996. Eradication of PVS by Thermo and chemotherapy in potato tissue culture. J. Kor. Soc. Hort.Sci. 37(4): 533-536
- Choi KH, Jeon JH, Kim HS, Joung YH, Joung H(1997) Effects of several additives on plant regeneration from leaf disc culture of *solanum tuberosum* L. Korean J Plant Tissue Culture 24(1): 49~52
- Choi KH, Jeon JH, Kim HS, Joung YH, Joung H(1999) Stability of transgenic potato plants and their progenies expressing herbicide resistant gene. J Kor Soc Hort Sci 40(1): 31~34
- Choi KH, Yang DC, Jeon JH, Kim HS, Joung YH, Joung H(1999) Expression of Chitinase Gene in *Solanum tuberosum* L. J Plant Biotechnology 1(2): 85~90
- De Block M(1988) Genotype-independent leaf disc transformation of potato(*Solanum tuberosum*) using *Agrobacterium tumefaciens*. Ther Appl Genet 76: 767~774
- Hulme JS, Higgins ES, Robert Shields(1992) An efficient genotype-independent method for regeneration of potato plants leaf tissue. Plant Cell, Tissue and Organ Culture 31: 161~167
- Joung H(1989) Mass production of potato microtuber by tissue culture technique and its application. ' 89 Agricultural biotechnology symposium pp 100~124
- Visser RGF, Jacobsen E, Hesseling-Meinders A, Schans M.J, Witholt B, Feenstra. W.J(1989) Transformation of homozygous diploid potato with an *Agrobacterium tunefaciens* binary vector system by adventitious shoot regeneration on leaf and stem segments. Plant Molecular Biology 12: 329~337
- Wenzler H, Migenry G, Mary G, Park W(1989) A rapid and efficient transformation method for the production of large number of transgenic potato plants. Plant Sci 63 :79~85

08

옥수수 형질전환

[1]최필선, [2]유장렬, [1]조미애
[1]남부대학교 한방제약개발학과
[2]한국생명공학연구원 식물유전체연구센터

I. 서론

옥수수는 세계 곡류 생산량에서 벼와 밀 다음으로 많이 재배되는 중요한 작물이다. 분자육종을 통한 옥수수 신품종 개발을 위해서 기내세포 및 조직 배양기술과 particle bombardment법 또는 *Agrobacterium*법을 통한 고효율 형질전환 방법이 개발되어 오고 있다. Green과 Phillips(1975)가 옥수수 조직배양을 통해 식물체 재생에 관한 연구를 처음으로 보고한 후, 배양재료로서 미숙배가 가장 적합한 것으로 알려져 왔다(Armstrong and Green, 1985; Hodges *et al.*, 1986). 또한 식물체 재생과정에서 품종, 배양재료, 배지, 배양과정 등 여러 가지 요인에 의해 그 효율이 다를 수 있으며(Phillips *et al.*, 1988; Armstrong, 1994), 가장 중요한 요인으로는 미숙배의 발달 단계와 배지 성분이라고 하였다(Green and Phillips, 1975; Finer and Nagasawa, 1988).

옥수수 미숙배 배양으로부터 발생되는 배발생 callus의 형태는 품종과 계통에 따라 단단하고 느리게 생장하는 type I과 부드럽고 분열능이 높은 type II로 구별된다(Armstrong and green, 1985; Wan *et al.*, 1995; Fromm *et al.*, 1990; Walters *et al.*, 1992; Dennehey *et al.*, 1994; Zhang *et al.*, 1996; Pareddy *et al.*, 1997). Type I callus를 particle bombardment법이나 *Agrobacterium* 공동배양법으로 형질전환할 경우 계대배양에 의해 증식이 쉽지 않기 때문에 선발과정에서 얻은 재분화 개체가 chimeric 또는 nontransgenic일 가능성이 높은 것으로 알려져 있다(Wan *et al.*, 1995; Brettschneider *et al.*, 1997). 반면 type II callus는 부드러운 callus로서 생장이 빠르고 계대배양을 통해 1년 이상 유지될 뿐 아니라 배발생능이 유지되기 때문에 선발과정에서 도입유전자의 "escape" 현상을 최소화할 수 있고, 특히 fertile 형질전환체를 대량으로 생산할 수 있는 것으로 알려져 있다(Fromm, 1994). 이러한 type II callus는 A188과 B73품종의 교배로부터 얻어진 Hi II의 미숙배 배양으로부터 가장 효과적으로 얻을 수 있어(Armstrong *et al.*, 1991), 현재 옥수수 형질전환을 위한 모델 유전자원으로 이용되고 있다(Frame *et al.*, 2000).

분자육종을 통한 옥수수 형질전환 시스템 개발은 제초제 저항성, 내병성, 내한성 등 유용 유전자 도입을 가능하게 하여 옥수수 신품종 육성을 앞당길 수 있을 것이다. 옥수수 형질전환체는 재분화능이 높은 미숙배 또는 배발생 callus를 이용하여 particle bombardment법(Gordon-Kamm *et al.*, 1990; Songstad *et al.*, 1996; Pareddy *et al.*, 1997; Frame *et al.*, 2000)과 *Agrobacterium* 공동배양법(Ishida *et al.*, 1996; Frame *et al.*, 2002)에 의해 개발되어 왔다. 이러한 기 연구에서 *Agrobacterium* 공동배양법은 Particle bombardment법보다 외래 유전자의 안정적 도입과 낮은 copy수(Ishida *et al.*, 1996; Zhao *et al.*, 1998), large size DNA도입(Hamilton *et al.*, 1996) 및 높은 형질전환율(Ishida *et al.*, 1996; Zhao *et al.*, 1998) 등 많은 장점이 있다. 옥수수의 안정적 형질전환율을 증대시키기 위해 최적 벡터 제조(Lupotto *et al.*, 1999), 최적 *Agrobacterium* 균주 선정(Zhao *et al.*, 1999), 최적 공동배양배지 신징(Shirley *et al.*, 2002) 및 고빈도 재분화능을 갖는 type II callus 선발(Carvalho *et al.*, 1997; Cho *et al.*, 2005a) 등 많은 연구가 이루어져 왔다. 현재 이러한 안정된 옥수수 형질전환 시스템을 이용한 *heat shock protein* 유전자 도입, *aox 1*과 *3* 유전자 도입, rice actin promoter-gfp 발현 시스템, 35S CaMV promoter-gfp 발현시스템, *Ubiquitin1 promoter-cyanamide hydratase* 유전자 도입 등 많은 연구가 진행되고 있다(Moose and Clemente, 2002). 그러나 이러한 옥수수의 형질전환 효율 증진과 신품종 육성을 위한 연구는 지금까지 국외 연구그룹(Monsanto, Kan Wang lab. Tom Clemente lab.)을 중심으로 진행되어 오고 있고 최근 국내에서도 순계주에 대한 type II callus발생 및 식물체재생과 Hi II 품종으로부터 외래유전자의 안정발현 시스템이 보고되었다(Cho *et al.*, 2005a, b).

따라서 이 장에서는 국내 옥수수 품종의 체세포배 발생능 및 형질전환을 위한 최적 계통 선발을 위해서 3개 품종과 5개 계통을 대상으로 Hi II의 type II callus와 가장 유사한 노란색의 부드러운 배발생 callus(yellowish friable embryogenic callus: YFEC)를 형성하는 계통 스크리닝(Cho *et al.*, 2005a)과 Hi II 모델 품종의 미숙배 배양을 통한 안정적 반복적 형질전환 시스템(Cho *et al.*, 2005b) 및 현재 진행되고 있는 유용유전자 도입(EPSPS, TPSP)에 대한 결과를 서술하고자 한다.

1. 연구동향

2003년말 현재 제초제 저항성 작물로 판매되고 있거나 최종단계 시험중에 있는 작물로는 옥수수를 포함한 유채, 콩, 목화, 벼, 밀, 사탕무, 해바라기, 치커리, 담배, 카네이션 등이며, 이들 중 옥수수가 19건으로 가장 많고 다음은 유채, 콩, 목화순이다. 대상 제초제로는 glufosinate-ammonium, glyphosate, imidazolinone계, sulfonylurea계, bromoxynil, sethoxydim 등이며, 그중 glufosinate에 대하여 내성을 띤 형질전환 작물이 7종으로 가장 많았고, 다음은 glyphosate로서 5종이었다. 세계적으로 다수의 국가가 GMO 작물 재배를 인정하고 있는 상태이며 그 중 미국, 캐나다, 멕시코, 중국 등에서 가장 많이 재배되고 있고, 2004년 1월 독일도 GMO 작물 재배를 허락하기에 이르렀다. 국내에서도 이러한 국제적 연구동향과 더불어 농진청 바이오그린21사업단의 지원하에 옥수수에서 제초제저항성 신품종 육성을 위한 연구가 진행되고 있으며, 특히 EPSPS 유전자도입을 통한 제초제저항성 옥수수 형질전환체가 생산되고 있고(그림 8-5), TPSP, CBF3 등 환경스트레스 내성유전자 도입을 통한 환경스트레스내성 옥수수 형질전환 개발에 대한 연구 등이 활발하게 진행되고 있다.

II. 재료 및 방법

1. 미숙배를 이용한 형질전환

옥수수의 형질전환 방법은 미숙배를 이용한 *Agrobacterium* 공동배양법과 배발생 callus를 이용한 particle bombardment법 등이 잘 알려져 있으나, 아직까지 A188, B73 및 Hi II와 같은 국외 순계주 또는 품종에서만 제한적으로 성공하고 있다. 국내에서는 최근 Hi II에서 발생하는 type II 형태의 노란색의 부드러운 배발생 callus(YFEC) 형성능에 대하여 스크리닝되어졌으며, Hi II 품종의 미숙배를 이용한 형질전환 시스템이 보고되었다(Cho *et al.*, 2005a, b).

2. 식물 재료

국내 주요 재배 품종(흑점찰, 두메찰, 미백찰)과 계통(HW1, KL103, HW3, HW4, KW7) 등 8개 종자를 그리고

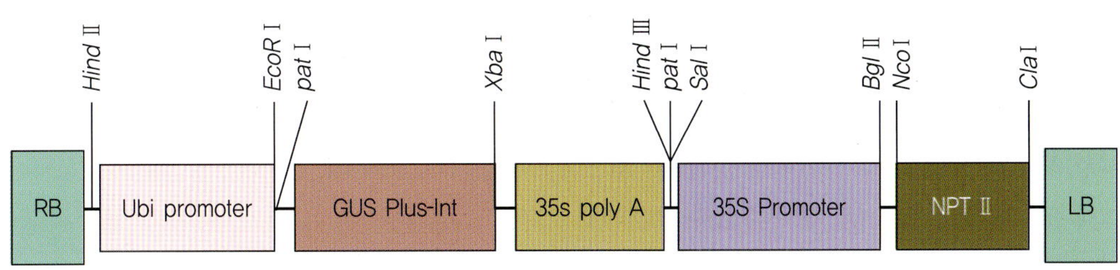

그림 8-1 식물발현벡터(pPTN290)의 T-DNA 부위

옥수수의 type II callus를 형성하는 모델 계통(Hi II) 종자를 각각 강원도 옥수수시험장과 네브라스카대학 Tom Clemente박사로부터 분양받았다. 옥수수 종자를 1일 동안 암상태에서 침적한 후 거어즈 처리하여 발아시켰으며, 1cm 정도 유근이 자랐을 때 토양에 파종하여 성숙한 개체로 생육시켰다. 성숙한 식물로부터 발달된 이삭에 화분을 묻혀 수정한 후 약 10~11일째에 1.5~2.0mm 크기의 미숙배를 얻어 무균적으로 분리한 후 배양재료로 이용하였다.

3. 배발생 callus 유도 및 재분화능 조사

미숙배의 크기가 1.5~2.0mm로 자란 이삭을 취하여 70% 알코올로 2회 표면 살균한 후 무균작업대에서 미숙배를 분리하였다. 배발생 callus 유도배지는 MS salt (Murashige and Skoog, 1962), Eriksson's vitamins, 1mg/*l* 2,4-D, 25mM proline, 100mg/*l* casamino acid, 3mM MES, 1.7mg/*l* $AgNO_3$ 및 20g/*l* sucrose를 조합하여 배지(SIM)를 조성하였다. 배지는 7g/*l* purified Agar를 첨가하기 전 pH를 5.8로 조정하여 121℃, 1.2기압에서 15분간 고압 멸균 후 90×15mm 플라스틱 petridish에 25m*l*씩 분주하여 사용하였으며, petridish당 10개의 미숙배를 치상하였다. 치상 후 4일째 미숙배로부터 발달된 유경과 유근 부위를 제거한 나머지 절편을 동일배지에 옮겨 5주간 암 배양하였다. 배양 5주째 절편으로부터 형성된 callus 형태(type I, type II) 및 배발생 callus 형성 빈도를 조사하였고, 이후 절편으로부터 분리한 배발생 callus를 동일배지상에서 증식시켰다. 배발생 callus의 재분화 능을 조사하기 위하여 1차 재분화배지(MS salts, 0.1mg/*l* 2,4-D, 10^{-7}M ABA, 2% sucrose, 0.7% purified agar)와 2차 재분화배지 (N6 salts, Eriksson's vitamins, 6% sucrose, 0.35% phytagel)에 2주 간격으로 옮기면서 광도 46μmol $m^{-2}s^{-1}$의 16시간 광주기에서 배양한 후 식물체 전환 빈도를 조사하였다. 모든 국내 품종 및 계통에서 형성된 callus를 type II callus와 비교하기 위하여 모델 품종인 Hi II를 동일한 방법으로 수행하였으며, 모든 실험은 각 품종 및 계통당 1회 약 90~100개씩 3회 실시하였다.

4. *Agrobacterium tumefaciens* strains

Ubiquitin1 프로모터, β-glucuroinidase(*GUS*)유전자와 *NPT II* 유전자를 선발표지로 포함하고 있는 pPTN290벡터(그림 8-1, Cho *et al.*, 2005b)를 freeze-thaw방법으로 C58C1에 형질전환하여 균주로 사용하였다(Jefferson *et al.*, 1987). 50mg/*l* kanamycin, 100mg/*l* spectinomycin 및 100mg/*l* streptomycin이 첨가된 LB액체배지 50m*l*에 colony를 접종하여 28℃로 8시간 이상 배양한 후 대수기 증식기(OD650=0.6 -1.0)의 균을 사용하였다.

5. Paromomycin 저항성 형질전환체 생산

미숙배의 크기가 1.5~2.0mm로 자란 이삭을 취하여 70% 알코올로 2회 표면 살균한 후 무균작업대에서 미숙배를 분리하였다. Paromomycin 저항성 배발생 callus를 선발하기 위하여 MS salt(Murashige and Skoog, 1962), Eriksson's vitamins, 1mg/*l* 2,4-D, 25mM proline, 100mg/*l* casamino acid, 3mM MES, 1.7mg/*l* $AgNO_3$, 100mg/*l* carbenicillin, 100mg/*l* paromomycin 및 20g/*l* sucrose를 조합하여 선발배지(SIM)를 조성하였다. 배지는 7g/*l* purified Agar를 첨가하기 전 pH를 5.8로 조정하여 121℃, 1.2기압에서 15분간 고압 멸균 후 직경 0.2㎛의 필터에 통과시킨 항생제 용액을 첨가하여 잘 섞은 후 90×15mm 플라스틱 petridish에 25m*l*씩 분주하였다. 미숙배는 petridish당 10개씩 치상하여 24℃에서 암배양하였다. 치상 후 4일째 미숙배로부터 발달된 유경과 유근 부위를 제거한 후 배반절편을 동일배지에 2주 간격으로 12주간 계대배양하였다. 배반절편으로부터 형성된 배발생 callus(type II)는 선발하여 동일배지상에서 증식시켰다. 선발된 배발생 callus로부터 형질전환체를 얻기 위하여 1차 재분화배지(MS salts, 0.1mg/*l* 2,4-D, 10^{-7}M ABA, 2% sucrose, 50mg/*l* carbenicillin, 50mg/*l* paromomycin, 0.70% purified agar)와 2차 재분화배지(N6 salts, Eriksson's vitamins, 6% sucrose, 50mg/*l* carbenicillin, 50mg/*l* paromomycin, 0.35% phytagel)에 2주 간격으로 옮기면서 광도 46㎛ol $m^{-2}s^{-1}$의 16시간 광주기에서 배양한 후 완전한 식물체를 유도하였다. 선발배지에서 얻은 유식물체는 토양으로 옮겨 온실에서 순화한 후 종자(T_1)를 수확하였다.

6. β-Glucuronidase(GUS) 발현조사

배발생 callus로부터 재분화된 식물체의 잎 절편을 채취한 후 37℃에서 5-bromo-4-chloro-3-indole-glucuronidase 용액에 침지시켰다(Jefferson *et al.*, 1987). 24시간 후 70% 알코올 용액으로 탈색시킨 후 GUS 양성 반응을 보인 식물체의 빈도를 조사하였다. 대조구로서는 *Agrobacterium*과 공동배양하지 않은 식물체의 잎 절편을 사용하였다.

7. Southern blot 분석

GUS 양성 반응을 나타낸 식물체(T_0세대)로부터 종자(T_1세대)를 얻었다. 후대 종자(T_1 세대)를 토양에 파종하여 온실에서 생육시켰다. 파종 후 식물체의 크기가 약 50cm 이상 되었을 때 GUS 양성 반응을 나타낸 식물체의 잎 조직으로부터 genomic DNA를 추출하였다(Dellaporta *et al.*, 1985). 10㎍의 DNA를 *Eco*R I 제한효소 반응액에 37℃에서 16시간 동안 반응시켜 절단 한 후 0.8% agarose 겔에 전기영동하였다. Agarose겔 상의 DNA 밴드를 Zeta^R-Probe nylon membrane(Bio-Rad, catalog #162-0196)에 옮겨 ^{32}P-dCTP(Stratagene, catalog #300385)로 표지된 약 0.8kb *npt II* probe를 이용하여 Southern 분석하였다(Southern, 1975).

III. 결과 및 고찰

1. 배발생 callus 유도 및 재분화능 조사

옥수수의 고빈도 형질전환을 위해서는 type II callus와 유사한 배발생 callus 유도가 필수적이고, 이를 위해서는 계통간 배발생 callus 형성 및 식물체 재분화능에 대한 스크리닝 연구가 선행되어야 한다(Armstrong and Phillips, 1985). Type II callus를 형성하는 모델 품종인 Hi II와 국내 옥수수 재배 품종(흑점찰, 미백찰, 두메찰) 및 계통(HW1, KL103, HW3, HW4, KW7)을 각각 수정한 후 10~11일째에 1.5~2.0mm 크기의 미숙배를 얻을 수 있었다. 미숙배 배양 후 4일째 배로부터 발달된 유경과 유근 부위를 제거하고 남은 절편을 다시 동일배지에 옮겨 5주 동안 암배양하였다. 배양 2주째부터 유경과 유근 부위를 잘라낸 배양 절편 절단 부위로부터 callus 형성 또는 팽창되기 시작하였으며, 배양 3주째에 배발생 callus의 증식이 일어나거나, 비정상 모양의 팽창된 체세포배가 직접 형성되어 품종간 또는 계통간 다양한 반응을 보이기 시작하였다. 배양 5주 후 품종과 계통간 배발생 callus의 형태를 조사한 결과 HW1과 HW4 계통에서는 배양 절편으로부터 callus 형성이나 체세포배 형성 없이 절편의 일부가 팽창되는 현상이 관찰되었고, KL103, KW7, 미백찰, 두메찰 등에서는 자엽 절편의 절단 부위에서 배발생 callus 형성을 거치지 않고 직접 late embryo단계의 체세포배가 유도되는 현상이 각각 관찰되었다. 반면 HW3계통과 흑점찰 품종에서는 절편 절단 부위로부터 배양 2주째부터 callus가 형성되기 시작하여 부드럽고 빠른 생장능을 갖는 연노란색의 배발생 callus(yellowish friable embryogenic callus; YFEC)가 관찰되었다(그림 8-2, 표 8-1, Cho *et al.*, 2005a). 또한 모델 품종인 Hi II에서 형성된 배발생 callus의 경우 전형적인 type II callus로서 부드럽고 빠르게 증

그림 8-2 국내 옥수수 품종의 미숙배 배양으로부터 발생된 배발생 callus의 외부형태적 특징 및 식물체 재생

A_ HI II품종의 Type II callus. B_ HW3 계통의 노란색의 부드러운 배발생 callus. C_ HW1 계통의 비정상 형태의 체세포배. D_ KL101 계통의 미숙배로부터 발생된 체세포배. E_ 1차 재생배지에서 발생된 체세포배군. F, G_ 2차 재분화배지에서 발아된 체세포배와 유식물체. H_ 토양에서 순화된 식물체.

식되었으며, 높은 배발생능을 갖는 것으로 관찰되었다(그림 8-2, Cho *et al.*, 2005a).

식물의 품종과 계통에 따라 배발생 callus의 형태 및 식물체 재분화능이 다를 수 있다(Choi *et al.*, 2002; Komatsuda, 1992). 특히 옥수수의 경우 계통에 따라 단단하고 생장이 느린 배발생 callus를 형성하거나(type I), 부드럽고 생장이 빠른 배발생 callus(type II)를 형성하기도 한다(Armstrong and green, 1985; Wan *et al.*, 1995; Fromm *et al.*, 1990; Walters *et al.*, 1992; Dennehey *et al.*, 1994; Zhang *et al.*, 1996; Pareddy *et al.*, 1997). 본 연구에서 스크리닝한 국내 옥수수 품종 및 계통 중에서 callus 형성 없이 팽창되거나(HW1, HW4), late embryo 단계의 체세포배를 형성하는 경우(KL103, KW7, 미백찰, 두메찰) 계대배양시 증식 속도가 느리고 단단한 특징을 갖는 것으로 보아 type I과 유사하였으며, HW3와 흑점찰에서 형성된 부드럽고 계대배양시 증식속도가 빠른 배발생 callus는 Hi II에서 형성된 type II callus와 가장 유사하였다.

또한 품종 및 계통간 체세포배 형성률을 조사한 결과 HW1(45.20%), KL103(5.75%), HW3(37.20%), HW4(30.10%), KW7(55.20%)로 계통 중 KW7가 가장 높은 빈도를 보였으며, 품종에서는 미백찰(18.74%), 흑점찰(22.41%) 및 두메찰(36.72%)로 두메찰의 경우가 높게 나타났다(표 8-1, Cho *et al.*, 2005a). 또한 각 품종과 계통에서 형성된 체세포배 또는 배발생 callus를 1차 재분화 배지와 2차 재분화 배지에 2주 간격으로 연속적으로 옮겼을 때 HW1과 HW4 계통에서 형성된 비정상 형태의 팽창된 체세포배 중 약 25% 정도가 정상 식물체로 발달하거나 발달하지 못한 체세포배의 경우 점차 괴사되었다. 반면 다른 품종 및 계통의 체세포배 또는 배발생 callus의 경우는 100%의 높은 식물체 재분화 빈도를 나타내었다.

계통간 또는 품종간 체세포배 발생능 차이는 옥수수뿐 아니라 대두, 벼, 보리 및 밀 등에서 이미 보고된 바 있으며(Green, 1982; Foroughi-Wehr and Friedt, 1981; Luhrs and Lorz, 1987; Vasil *et al.*, 1990), 특히 옥수수 여러 계통의 스크리닝 연구를 통해 선발된 A188 계통은 식물체 재분화 빈도가 높은 것으로 알려져 있고, 이러한 높은 재분화능 때문에 이후 세포배양 및 원형질체 배양을 통한 식물체 재생 연구와 electroporation 또는 particle bombardment 법에 의한 외래 유용 유전자 도입을 위한 형질전환 연구에서 중요한 유전자원으로 이용되어 오고 있다(Rhodes *et al.*, 1988; Bronsema *et al.*, 1997). 따라서 옥수수를 포함한 많은 식물에서 동일 종이라 할지라도 계통간 또는 품종간 체세포배 발생능이나 식물체 재분화능에 있어서 현저한 차이가 있기 때문에 광범위한 스크리닝 연구를 통해서 우수한 품종이나 계통 선발과정이 필수적이라 할 수 있다. 따라서 국내 옥수수 품종 및 계통의 노란색의 부드러운 배발생 callus(YFEC) 형태 및 체세포발생 빈도에 대한 결과로 볼 때 HW3과 흑점찰이 HW1과 KW7에 비해서 체세포배의 발생빈도는 낮을지라도 Hi II 품종과 가장 유사한 type II callus를 형성하고 높은 식물체 재분화 전환율을 나타내기 때문에 국내 옥수수 형질전환 연구에서 중요한 유전자원으로 활용될 수 있을 것으로 예상된다.

2. 옥수수 형질전환체 생산

Agrobacterium 공동배양법에 의한 옥수수 고빈도 형질전환 시스템에서는 type II callus를 생산하는 계통을 주로 사용해야 한다(Ishida *et al.*, 1996; Lupotto *et al.*, 1999; Frame *et al.*, 2002; Moose and Clemente, 2002; Shirley *et al.*, 2002). 특히 A188×B73로부터 유래되는 Hi II 계통(Armstrong *et al.*, 1991)의 미숙배 또는 배발생 callus는 전형적인 type II callus를 생산하는 계통으로서(Armstrong *et al.*, 1991) 높은 재분화능과 후대종자 생산능 때문에(Armstrong, 1994) 최근 옥수수 형질전환 연구에서 중요한 유전자원으로 알려져 있다(Songstad *et al.*, 1996; Pareddy *et al.*, 1997; Shirley *et al.*, 2002; Frame *et al.*,

표 8-1 국내 옥수수 계통 및 품종의 미숙배 배양으로부터 체세포배 발생빈도 및 배발생 callus의 특징

품종 및 계통		배양된 미숙배 수	체세포배발생 (% ± 표준오차)	배발생 callus 및 체세포배의 외부형태적 특징
계통	Hi II	300	10.00 ± 2.17	• 노란색의 부드러운 배발생 callus • 생장 빠름
	HW1	297	45.20 ± 3.45	• 비정상 형태의 체세포배 형성 • 생장 느림
	KL103	276	5.75 ± 0.72	• 노란색의 단단한 배발생 callus와 체세포배 • 생장 느림
	HW3	288	37.20 ± 2.87	• 노란색의 부드러운 배발생 callus • 생장 빠름
	HW4	295	30.10 ± 5.12	• 비정상 형태의 체세포배 형성 • 생장 느림
	KW7	317	55.20 ± 3.66	• 노란색의 단단한 배발생 callus와 체세포배 • 생장 느림
품종	두메찰	270	36.72 ± 2.83	• 노란색의 단단한 배발생 callus와 체세포배 • 생장 느림
	미백찰	323	18.74 ± 3.15	• 노란색의 단단한 배발생 callus와 체세포배 • 생장 느림
	흑점찰	300	22.41 ± 1.53	• 노란색의 부드러운 배발생 callus • 생장 빠름

그림 8-3 *Agrobacterium tumefaciens*(C58C1) 공동배양을 통한 Hi II 미숙배의 형질전환 및 식물체 재생

A_ Hi II 품종의 미숙배. B_ 100mg/*l* Paromomycin이 첨가된 선발배지에서 배발생 callus 형성. C_ 선발배지에서 미숙배의 괴사현상. D_ Paromomycin 저항성 type II callus 증식. E_ 형질전환된 배발생 callus. F, G, H_ 형질전환된 체세포배의 발아. I_ 형질전환체. J_ 대조군의 GUS 음성반응. K, L_ 형질전환체의 GUS 양성반응.

2002). Hi II 종자를 파종한 후 약 3~4개월 동안 온실에서 생육시켜 성숙한 식물체를 얻을 수 있었다. Hi II 식물체의 화분을 이삭에 묻혀 수정한 후 10~11일째에 1.5~2.0mm 크기의 미숙배를 얻을 수 있었고, 이러한 미숙배를 *Agrobacterium*과 공동배양 후 4일째 배로부터 발달된 유경과 유근 부위를 제거한 배반절편을 선발배지에서 2주 간격으로 계대배양한 결과, 배양 4~6주째부터 유경과 유근 부위를 잘라낸 배반절단 부위로부터 callus를 형성하는 절편과 아무런 변화없이 점차 괴사 또는 백화현상을 나타내는 절편이 관찰되었다. 배양 8주 후 배반절편으로부터 형성된 callus는 선발배지에서 점차 증식되기 시작하여 배양 12주째에는 아주 빠른 생장능과 배발생능을 갖는 전형적인 type II callus를 얻을 수 있었다. 반면 괴사 또는 백화현상을 보인 절편의 경우 어떠한 callus 증식이나 배발생 callus도 형성되지 않았다. 배양 12주째 1,158개 미숙배 중에서 7개(0.60%)로부터 독립적인 배발생 callus를 얻을 수 있었다. 이러한 배발생 callus를 1차 식물체 전환배지에 옮겨 2주간 배양하였을 때 구형기 체세포배가 발생되었고, 이로부터 흰색의 뚜렷한 체세포배가 형성되었다. 체세포배를 2차 식물체 전환배지에 옮겨 다시 2주간 배양하였을 때 자엽 부위가 점차 녹색으로 변하기 시작하였고 뿌리도 유도되었다. 유식물체의 크기가 약 10cm 이상되었을 때 토양으로 순화하여 건강한 식물체를 얻을 수 있었고, 이러한 형질전환체(T_0)의 잎에서 *GUS* 유전자가 안정적으로 발현되고 있었고 반면 대조군 식물체에서는 발현되지 않음을 확인하였다(그림 8-3, Cho *et al.*, 2005b). 수정 후 식물체로부터 후대종자(T_1)를 얻었다.

선발배지에 첨가된 paromomycin은 neomycin phosphotransferase II(npt II) 효소작용에 의해 불활성화됨으로써 형질전환이 일어나지 않은 세포는 괴사시키고, 형질전환 세포는 항생제 저항성을 갖게 한다(Roa-Rodriguez and Nottenburg, 1999). 또한 paromomycin은 단자엽식물인 옥수수의 체세포 배발생을 이용한 형질전환 과정에서 효과적인 선발마커로서 이용되고 있고(Shirley *et al.*, 2002), 콩과 등 주요 작물에서는 그 효과가 낮은 것으로 알려져 있다(Roa-Rodriguez and Nottenburg, 1999). 이와 같이 옥수수 형질전환에서 paromomycin은 효과적인 선발마커로서 가능성을 확인할 수 있었다. 한편 *Agrobacterium* 공동배양법에 의한 형질전환 시스템은 높은 형질전환율, 적은 DNA copy수 및 높은 형질전환율 등 많은 장점이 있다(Lupotto *et al.*, 1999). 옥수수(A188) 미숙배에서 *Agrobacterium* 공동배양법에 의한 높은 빈도(5~30%)의 안정적 형질전환 시스템이 확립된 이후(Ishida *et al.*, 1996), 최적 *Agrobacterium* 균주는 C58C1과 EHA101균주인 것으로 보고되었다(Lupotto *et al.*, 1999). 또한 Hi II 계통 미숙배 형질전환에서 bialaphos를 선발마커로서 사용하였을 때 약 5.5% 높은 형질전환 빈도를 얻을 수 있었고(Frame *et al.*, 2002), *npt II* 유전자 또한 선발마커로 이용되기도 하였다(Moose and Clemente, 2002). 본 연구에서도 *Agrobacterium* 공동배양법에 의한 옥수수 형질전환체를 생산할 수 있었고, 특히 선발마커로서 *npt II* 유전자를 사용할 수 있음을 확인하였다. 그러나 본 연구에서 얻은 형질전환 빈도(0.6%)는 기 연구의 형질전환 빈도(5.5%)에 비하여 매우 낮기 때문에 향후 형질전환 빈도 증진을 위한 최적 *Agrobacterium* 선정, 최적 선발마커 선정, 최적 공동배양 조건 및 재분화 시스템 등에 대한 연구가 진행되어야 할 것이며, 이러한 형질전환 시스템을 이용하여 국내 옥수수 품종 중 type II callus와 유사한 배발생 callus(Cho *et al.*, 2005)를 형성하는 품종(흑점찰)과 계통(HW3)을 대상으로 형질전환 시스템 확립 및 유용유전자 도입을 위한 연구도 진행할 것이다.

기내에서 성숙한 유식물체(약 10cm)를 토양에 이식하여 성숙시킨 후 5개의 GUS 양성반응을 나타내는 식물체(TM-1, TM-2, TM-3, TM-4, TM-5)로부터 후대 종자(T_1)를 얻었다. 각 형질전환체로부터 수확한 종자(T_1 세대)를 1~5개씩 토양에 파종하여 성숙한 식물체를 얻었고 10주 정도 자란 형질전환체(12개체)의 잎으로부터 추출한 genomic DNA를 이용하여 Southern 분석을 수행한 결과 TM-1-1, TM-4-1, TM-4-2은 3 copy가, TM-1-2는 4 copy가, TM-2-1과 TM-2-2는 1 copy가, TM-3-1, TM-3-2, TM-5-1, TM-5-2, TM-5-3, TM-5-4는 2 copy가 식물체 genome에 삽입되어 있었다(그림 8-4, Cho *et al.*, 2005b). 일반적으로 기원이 동일한 callus 클론으로부터 얻어진 형질전환체의 경우 다음세대에서도 동일 copy수가 유전되는 것으로 알려져 있다. 그러나 TM-1-1과 TM-1-2의 경우 각각 3 copy와 4 copy로 다르게 나타나 향후 도입유전자에 대한 분자유전학적 고찰이 필요할 것으로 생각된다. 이와 같이 옥수수 미숙배에서 *Agrobacterium* 공동배양법에 의해 도입된

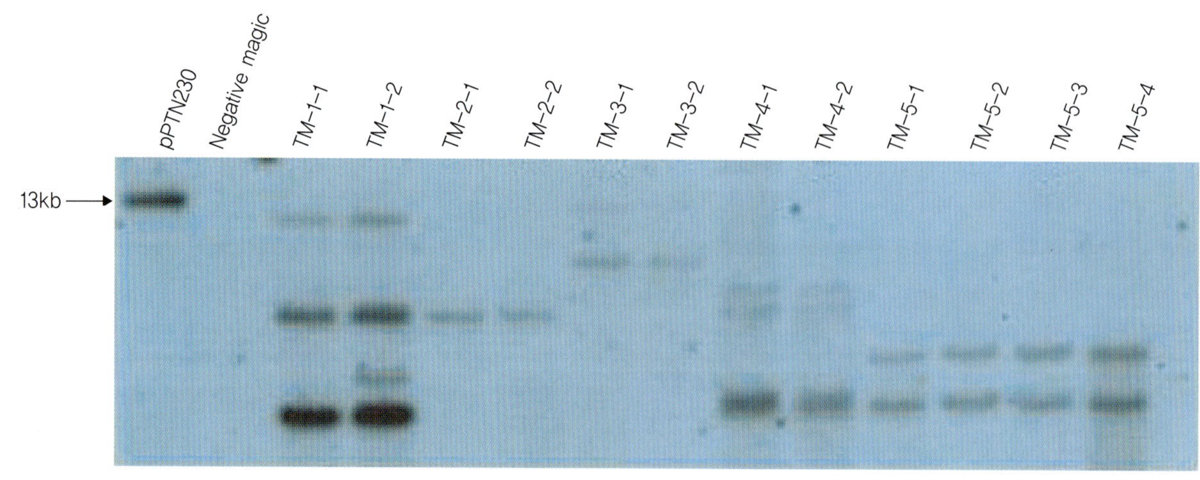

그림 8-4 옥수수 형질전환(T_1)에 대한 Southern 분석

전체 옥수수 genomic DNA를 EcoR I 제한효소로 반응시킨 후 0.8kb *npt II* probe로 hybridization하였다.
Lane 1: Plasmid벡터(pPTN290); Lane 2: 대조군, Lane 3-14: 형질전환체(T_1)

그림 8-5 국내 옥수수 미숙배 공동배양을 통한 제초제 저항성 유전자(*EPSPS*)발현 배발생 callus 선발 및 식물체 재생

A_ 미숙배 배양초기. B_ 미숙배로부터 paromomycin 저항성 callus 유도.
C, D, E_ Paromomycin 저항성 배발생 callus 선발 및 체세포배 유도. F_ 형질전환된 배발생 callus로부터 식물체 재생. G_ 형질전환 식물체 토양순화.

npt II 유전자가 옥수수 genomic DNA에 삽입된 후 다음 세대에 유전되고 있음을 확인할 수 있었다.

IV. 결과 및 요약

국내 옥수수 3품종(두메찰, 미백찰, 흑점찰)과 5계통(HW1, KL103, HW3, HW4, KW7)의 미숙배를 1mg/*l* 2,4-D, 25mM proline, 100mg/*l* casamino acid, 3mM MES, 1.7mg/*l* $AgNO_3$, Eriksson's vitamin 및 20g/*l* sucrose가 첨가된 MS배지(SIM)에 5주 동안 배양하였다. 각 계통 및 품종의 체세포배 발생 빈도는 HW1(45.20%), KL103(5.75%), HW3(37.20%), HW4(30.10%), KW70(55.20%), 미백찰(18.74%), 흑점찰(22.41%), 두메찰(36.72%)이었으며, 모델 품종인 Hi II type에서는 10% 이하였다. Hi II 계통에서 형성되는 type II callus와 같은 노란색의 부드러운 배발생 callus(YFEC)는 오직 HW3와 흑점찰 품종에서 형성되었으며, 반면 다른 품종 및 계통에서는 late-embryo단계의 단단한 체세포배가 직접 발생되거나 형태적으로 비정상 모양을 갖는 단단하고 팽창된 체세포배가 발생되었다. 노란색의 부드러운 배발생 callus는 동일배지에서 빠르게 증식되었고 6개월 이상 배발생능이 유지되었으며, 1차 재분화배지와 2차 재분화배지에 옮겼을 때 모두 식물체로 전환되었다. 그러나 단단한 노란색의 배발생 callus와 비정상 형태의 체세포배는 동일배지에서 매우 느리게 증식되었고, 재분화배지에서 낮은 식물체 전환율(25%)을 보였다. 또한 옥수수 미숙배 배양과 *Agrobacterium tumefaciens* 공동배양법에 의해 형질전환체를 생산하였다. Hi II 계통의 미숙배를 *Ubiquitin 1 promoter-GUS* 유전자와 선발마커로서 *npt II* 유전자로 제작된 pPTN290 벡터를 C58C1에 도입한 후 형질전환 균주로 사용하였다. 7개의 paromomycin저항성 배발생 callus를 얻었으며,

GUS 양성반응을 나타내는 7개의 독립적인 식물체를 얻었다. Southern 분석법에 의하여 T_1세대 식물체로부터 *npt II* 유전자가 안정적으로 도입되어 있음을 확인하였다. 따라서 국내 옥수수 품종 및 계통 중 HW3와 흑점찰의 부드러운 배발생 callus와 형질전환 방법을 이용하여 형질전환 방법 확립 및 유용유전자(*EPSPS*, *TPSP*) 도입에 의한 신품종 육성이 이루어질 것으로 예상된다.

V. 세부 실험방법

1. 미숙배 수확

- 옥수수 종자를 발아시켜 토양에 파종한다.
- 약 3개월 정도되면 수술과 암술이 자란다.
- Ear가 약 5cm 정도 나왔을 때 수정 전날 cutting한 후 봉지로 씌워 놓고, 꽃가루는 수집봉투로 씌워 수집한다.
- 다음날 약 10시 정도에 꽃가루를 취하여 암술 위에 묻혀 수정한다.
- 수정된 옥수수는 봉지를 씌워 놓고 날짜를 labelling 한다.
- 약 10일 정도 되었을 때 미숙배의 크기를 확인한다.
- 미숙배의 크기가 약 1.5~2.0mm 정도되었을 때 수확한다(공동배양할 때까지 냉장고에 보관하며, 비닐봉투에 보관한다).

2. *Agrobacterium* 공동배양 용액 준비

- *Agrobacterium* stock에서 YEP고체배지 streaking하여 2일 동안 28℃로 암배양한다.
- *Agrobacterium*을 항생제가 첨가된 50m*l* YEP 배지에서 8시간(28℃) 키운 뒤 3000rpm으로 10분 동안 원심분리하여 균 pellet를 얻는다.
- 균 pellet를 AB 배지에 resuspend시켜 OD_{650} 0.2로 맞춘다.
- 16시간 동안 28℃로 액체배양한다.
- 16시간 후에 3000rpm으로 10분 동안 원심분리하여 균 pellet를 다시 얻고, 접종용배지로 균용액을 OD_{650} 0.3~0.5값이 되도록 희석한다.
- AB배지(pH 5.4): 0.5M NaH_2PO_4+AB salt+2% Glucose+20mM MES+200 μM acetosyringone
- 접종배지(pH 5.4): MS salt+MS vitamin+20mM MES+0.115g/*l* proline+6.85% sucrose+3.6% glucose+200 μM acetosyringone

3. 접종 및 공동배양

- 수확한 옥수수의 껍질을 벗긴 후 70% 알코올로 소독한 후 무균작업대 내에 보관하면서 알코올기를 제거한다. 이 과정은 2~3회 정도하면서 완전히 소독한다.
- 소독된 옥수수를 메스칼로 절빈 정도 질라 미숙배를 조심스럽게 꺼낸다.
- 미숙배는 공동배양배지 1m*l*에 놓아 건조를 방지하고, 하나의 ear로부터 나온 미숙배 모두를 다 수확한 후 공동배양액을 pipet으로 제거하고 다시 위에서 준비한 균 용액 1m*l*을 첨가하여 5분 동안 접종한다.
- 5분 후 균용액을 제거하고 공동배양 고체배지에 옮겨 해부현미경 하에서 배축이 배지에 닿도록 배열한다.
- 2일 동안 암 상태에서 24℃로 공동배양한다.
- 공동배양배지(pH 5.4): 1/2MS salt+MS vitamins+ 0.5mg/*l* thiamine HCl+1mg/*l* 2,4-D+20mM MES+ 0.115g/*l* proline+2% sucrose+1% glucose+200μM acetosyringone+5.5g/*l* agarose+20μM $AgNO_3$
- 이때 모든 공동배양배지는 매번 새로운 것을 만들어 사용한다.

4. 미숙배 발아 및 형질전환 배발생 callus 선발

- 공동배양 2일 후 미숙배를 delay 배지로 옮겨 28℃로 암 상태에서 발아를 유도한다
- Delay 배지(pH 5.8): MS salt+Eriksson's vitamins+ 0.5mg/*l* thiamine HCl+1mg/*l* 2,4-D+3mM MES+ 25mM proline+2% sucrose+1.7mg/*l* $AgNO_3$+ 100mg/*l* casamino acid vitamin assay+0.7% purified agar+antibiotics(예 선발마커가 npt II 유전자일 경우 50mg/*l* paromomycin)
- 배양 4일 후 미숙배로부터 발달된 배축을 해부현미경

하에서 제거하고 오직 scutellum만을 선발배지로 옮겨 동일조건으로 배양한다.

- 배양은 2주 간격으로 계대배양하면서 미숙배로부터 배발생 callus를 선발한다.
- 배발생 callus를 계대배양하면서 대조군에 비하여 빠르게 생장하는 새로운 배발생 callus를 선발하여 완전하게 형질전환된 callus clone을 얻는다.
- 일반적으로 배양 6~8주 이상되면 안정화된 형질전환 callus clone을 얻을 수 있다.
- 선발배지: MS salt+Eriksson's vitamins+0.5mg/*l* thiamine HCl+1mg/*l* 2,4-D+3mM MES+25mM proline+2% sucrose+1.7mg/*l* $AgNO_3$+100mg/*l* casamino acid vitamin assay+0.7% purified agar+antibiotics(예 선발마커가 npt II 유전자일 경우 100mg/*l* paromomycin)

5. 형질전환체 유도

- 형질전환된 callus clone으로부터 식물체를 얻기 위하여 배발생 callus를 1차 재생배지로 옮겨 암배양한다.
- 배양 2주 후 배발생 callus로부터 성숙이 일어난 흰색의 자엽기의 체세포배를 분리한다.
- 자엽기 체세포배는 다시 2차 재생배지에 옮겨 명배양한다.
- 1차 재분화배지(pH 5.8): MS salt+MS vitamins+0.1mg/*l* 2,4-D+3mM MES+2% sucrose+150mg/*l* asparagine+0.8% purified agar+0.1μM ABA
- 2차 재분화배지(pH 5.8): N6 salt+Eriksson's vitamins+0.5mg/*l* thiamine HCl+6% sucrose+1.25g/*l* malonic acid+100mg/*l* casamino acid vitamin assay+0.35% phyta gel
- 2차 재분화배지에서 자엽기 이상의 체세포배를 얻은 후 식물체 발아배지 또는 cup배지에 옮겨 식물체로 전환시킨다.
- Cup배지: MS salt+MS vitamins+100mg/*l* inositol+150mg/*l* asparagine+2% maltose+1% glucose+0.5% phyta gel
- Cup배지에서 약 2주 이상 배양하면서 유식물체를 얻고 약 10~20cm 정도되었을 때 토양순화시킨다.

6. 토양순화 및 형질전환체 확인

- 배양기에서 약 10cm 정도 자란 식물체의 경우 무균된 토양에 옮긴 후 비닐을 씌워 약 1주일 동안 배양실에서 순화시킨다.
- 어느 정도 활착된 식물체의 경우 비닐에 구멍을 낸 다음 다시 2~3일 정도 배양실에서 순화시킨다.
- 배양식물체로부터 새로운 잎이 나왔을때 온실로 옮겨 약 2주 동안 생육시키고, 다음에 더욱 큰 화분으로 옮긴다.
- 이후 GUS염색, leaf painting assay, Southern분석을 수행하여 최종 형질전환체를 확인한다.
- 최종적으로 Southern분석에 의해 확인된 형질전환체로부터 후대 종자를 수확하고, 다시 발아시켜 2차 확인한다.

사사

본 연구는 농진청 바이오그린21사업단(BioGreen21)과 작물유전체사업단(CFGC)으로부터 지원받았으며, 네브라스카대학 Tom Clemente 박사로부터 pPTN289와 pPTN290벡터를 공급받아 수행하였다.

참고문헌

- Armstrong CL(1994) Regeneration of plants from somatic cell culture: Applications for in vitro genetic manipulation. In: Freeling M, Walbot V(eds), The maize handbook, Springer-Verlag, New York, pp 663~671
- Armstrong CL, Green CE(1985) Establishment and maintenance of friabe, embryogenic maize callus and the involvement of L-proline. Planta 164: 207~214
- Armstrong CL, Green CE, Phillips RL(1991) Development and availability of germplasm with high Type II culture formation response. Maize Genetics Cooperative Newsletter 65: 92~93
- Brettschneider R, Becker D, Lorz H(1997) Efficient transformation of scuteller tissue of immature maize embryos. Theor Appl Genet 94: 737~748
- Bronsema FBF, van Oostveen WJF, van Lammeren AAM(1997) Comparative analysis of callus formation and regeneration on cultured immature embryos of the inbred lines A188 and A632. Plant cell Tiss Org Cult 50: 57~65
- Carvalho CHs, Bohorova N, Bordallo PN, Abreu LL,

Valicente FH, Bressan W, Paiva E(1997) Type II callus production and plant regeneration in tropical maize genotypes. Plant Cell Report 17: 73~76

- Cho MA, Park YO, Kim JS, Park KJ, Min HK, Liu JR, Choi PS(2005a) Yellowish Friable Embryogenic Callus(YFEC) Production and Plant Regeneration from Immature Embryo Cultures of Domestic Maize Cultivars and Genotypes(Zea may L.). Korean Plant Biotechnol(In press)
- Cho MA, Park YO, Kom JS, Park KJ, Min HK, Liu JR, Clemente T, Choi PS(2005b) Development of transgenic maize(Zea may L.) using *Agrobacterium* tumefaciens-mediated transformation. Kor J Plant Biotechnol 32: 91~95
- Choi PS, Komatsuda T, Kim MH, Choi KM, Choi DW, Liu JR(2002) Screening of soybean recombinant inbred lines for high competence somatic embryogenesis. Korean J Plant Biotechnol 29: 135~138
- Dellaporta SL, Wood J, Hicks JB(1985) Maize DNA miniprep. In: Malmberg R, Messing J, Sussex(eds), Molecular Biology of Plants: A laboratory Course Manual, Cold Spring Harbor, New York. pp 36~37
- Dennehey BK, Petersen WL, Ford-Santino C, Pajeau M, Armstrong CL(1994) Comparison of selective agents for use with the selectable marker gene bar in maize transformation. Plant Cell Tiss Org Cult 36: 1~7
- Finer JJ, Nagasawa A(1988) Development of an embryogenic suspension culture of soybean(Glycine maxMerill). Plant Cell Tiss Org Cult 15: 125~136
- Foroughi-Wehr B, Friedt W(1981) Responsiveness to anther culture of Hordeum vulgare cv. "Dissa" and its parents. Barley Genet Newsl 11: 50~53
- Frame BR, Shou H, Chikwamba RK, Zhang Z, Xiang C, Fonger TM, Pegg SEK, Li B, Nettleton DS, Pei D, Wang K(2002) *Agrobacterium* tumefaciens-mediated transformation of maize embryos using a standard binary vector system. Plant Physiol 129: 13~22
- Frame BR, Zhang H, Cocciolone SM, Sidorenko LV, Dietrich CR, Pegg SE, Zhen S, Schnable PS, Wang K(2000) Production of transgenic maizefrom bombarded type II callus: effect of gold particle size and callus morphology on transformation efficiency. In Vitro Cell Dev Viol-Plant 36: 21~29
- Fromm ME(1994) Production of transgenic maize plants by microprojectile-mediated gene transfer. In: Freeling M, Walbot V(eds), The maize handbook, Springer-Verlag, New York pp 677~684
- Fromm ME, Morrish F, Armstrong CL, William R, Thomas J, Klein T(1990) Inheritance and expression of chimeric genes in the progeny of transgenic maize plants. Bio/Technology 8: 833~839
- Gordon-Kamm WJ, Spencer TM, Mangano M, Adams TR, Daines RJ, Start WG, O' Brien JV, Chambers SA, Adams WR Jr, Willetts NG(1990) Transformation of maize cells and regeneration of fertile transgenic plants. Plant Cell 2: 603~618
- Green CE(1982) Somatic embryogenesis and plant regeneration from the friable callus of Zea mays. In: Fujiwara A(ed), Plant Tissue Culture, Tokyo, pp 107~108
- Green CE, Phillips RL(1975) Plant regeneration from tissue culture of maize. Crop Sci 15: 417~421
- Hamilton CM, Frary A, Lewis C, Tanksley SD(1996) Stable transfer of intact high molecular weight DNA into plant chromosomes. Proc Natl Acad Sci USA 93: 9975~9979
- Hodges TK, Kamo KK, Imbrie CW, Beckwar MR(1986) Genotype specificity of somatic embryogenesis and regeneration in maize. Biotechnology 4: 219~223
- Ishida Y, Saito H, Ohta S, Hiei Y, Komari T, Kumashiro T(1996) High efficiency transformation of maize(Zea mays L.) mediated by *Agrobacterium* tumefaciens. Nature Biotechnol 14: 745~750
- Jefferson RA, Kavanagh TA, Bevan MW(1987) GUS fusion: β-glucuronidase as a sensitive and versatile gene fusion marker in higher plants. EMBO J 6: 3901~3907
- Komatsuda T(1992) Research on somatic embryogenesis and plant regeneration in soybean. Natl Inst Agrobiol Resources(Japan), Ann Rep 7: 1~78
- Luhrs R, Lorz H(1987) Plant regeneration in vitro from embryogenic cultures of spring-and winter-type barley(Hordeum vulgare L.) varieties. Theor Appl Genet 75: 16~25
- Lupotto E, Reali A, Passera S, Chan MT(1999) Maize elite inbred lines are susceptible to *Agrobacterium* tumefaciens-mediated transformation. Maydica 44: 211~218
- Moose SP, Clemente T(2002) Improved methods of maize *Agrobacterium*-mediated transformation. Final Report IMBA project 2002~3
- Murashige T, Skoog F(1962) A revised medium for rapid growth and bioassay with tobacco tissue cultures. Physiol Plant 15: 473~497
- Pareddy D, Petolino J, Skokut T, Hopkins N, Miller M, Welter M, Smith K, Clayton D, Pescitelli S, Gould A(1997) Maize transformation via helium blasting. Maydica 42: 143~154
- Phillips RL, Somers DA, Hibbered KA(1988) Cell/tissue culture and in vitro manipulation. In: Sprague GF, Dudley JW(eds), Corn and corn improvement, Springer-Verlag, New York , pp 345~387
- Rhodes CA, Pierce DA, Mettler IJ, Mascarenhas D, Detmer JJ(1988) Genetically transformed maize plants from protoplasts. Science 240: 204~207
- Roa-Rodriguez C, Nottenburg(1999) NptII gene in combination with paromomycin as a selective agent. Patent EP 927765A1

□ Shirley S, Utomo D, Moose SP, Clemente T(2002) *Agrobacterium*-mediated transformation of maize using non super-binary T-DNA plasmids. Plant Cell Report(In press)

□ Songstad DD, Pertersen CL. Hairston WL, Hinchee B(1996) production of transgenic maize plants and progeny by bombardment of Hi II immature embryos. In Viro Cell Dev Viol Plant 32: 179~183

□ Southern E(1975) Detection of specific sequences among DNA fragments separated by gel electrophoresis. J Mol Biol 98: 503~512

□ Vasil IK, Vasil V, Redway F(1990) Plant regeneration from embryogenic calli, cell suspension cultures and protoplasts of Triticum aestivum L.(wheat). In: Nijkamp HJJ, Vander Plas LHW, Van Aartrijk J(eds), Progress in Plant Cellular and Molecular Biology. Proceeding of the VIIth International Congress on Plant Tissue and Cell Culture, Kluwer Academic Publishers, Dordrecht, Boston, London, pp 33~37

□ Walters DA, Vetsch CS, Potts DE, Lundquist RC(1992) Transformation and inheritance of a hygromycin phosphotransferase gene in maize plants. Plant Mol Biol 18: 189~200

□ Wan Y, Widholm JM, Lemaux PG(1995) Type I callus as a bombardment target for generating fertile transgenic maize(Zea may L.). Planta 196: 7~14

□ Zhang S, Warkentin D, Sun B, Zhong H, Sticklen M(1996) Variation in the inheritance of expression among subclones from unselected(uidA) and selected(bar) transgenes in maize(Zea may L.). Theor Appl Genet 92: 742~761

□ Zhao ZY, Gu W, Cai T, Pierce DA(1999) Methods for *Agrobacterium*-mediated transformation. United States Patent No. 5,981,840.

□ Zhao ZY, Gu W, Cai T, Tagliani LA, Hondred DA, Bond D, Krell S, Rudert ML, Bruce WB, Pierce DA(1998) Molecular analysis of T0 plants transformed by *Agrobacterium* and comparison of *Agrobacterium*-mediated transformation with bombardment transformation in maize. Maize Genet Coop Newslett 72: 34~37

09

토마토 형질전환

박정미, 임미영, 한지학
(주)농우바이오 생명공학연구소

Ⅰ. 서론

토마토는 상업적 가치와 재배 면적에서 세계적으로 가장 중요한 채소작물이며 쌍자엽 작물 중에서 유전학적 연구가 매우 잘 되어 있는 작물이다. 특히 분자생물학적 측면에서도 많은 연구가 진행되어 있어서 Cornell 대학에서 제공하는 website(http://www.sgn.cornell.edu)에서 토마토의 유전자지도를 비롯하여 많은 유전자 정보를 얻을 수 있다. 따라서 토마토 육종은 관행육종과 분자표지를 이용하여 빠른 속도로 성장하였으며 좋은 품종의 토마토가 재배되고 있다. 그러나 세계시장에 비해서 한국의 토마토 종자시장은 상대적으로 매우 적은 약 100억원 정도이며 그나마 국내에서의 품종개발 자체가 미진하여 90%는 수입 종자를 사용하고 있는 것이 현실이다.

최근 들어서 친환경이라든지 기능성 등 고부가가치 품종 개량을 선호하고 있는데 이를 위해서는 특정유전자를 도입하는 형질전환이 필수적이다. 토마토의 형질전환은 1986년(McCormick *et al.*)에 처음으로 시도된 이래 많은 종(種)과 품종(品種)에서 형질전환이 되었다(Chyi and Phillips, 1987; Delannay *et al.*, 1989; van Roekel *et al.*, 1993; Fray and Earle, 1996; Ling *et al.*, 1998; Vidya *et al.*, 2000; Hu and Phillips, 2001). 대부분의 경우 형질전환은 어려움 없이 비교적 높은 수준으로 잘되었으나 (6~25%) 형질전환 방법에서 feeder layer를 이용한다든지 배지 조성이나 subculture 등이 복잡해서 불편한 점이 많았다. 그리고 서로 다양한 형질전환 방법을 사용함으로써 가장 보편타당한 방법이 필요하게 되었다. 이후 Park 등(2003)에 의해서 feeder layer를 사용하지 않는 비교적 단순한 형질전환 방법이 개발되었다. 배축이나 자엽을 24시간 pre-culture(BA 1mg/l^{-1}, NAA 0.1mg/l^{-1})한 다음 3일간 *Agrobacterium*과 공동배양하고 신초 유도 배지(zeatin 2mg/l^{-1}, IAA 0.1mg/l^{-1})에서 4~6주 배양하면 약 20% 정도의 형질전환 효율을 얻을 수 있다는 것이다. 이 방법은 여러 가지 품종에 다 적용되어서 어느 정도 보편적으로 사용할 수 있는 방법으로 간주되었다. 또한 같은 형질전환 조건에 mannose를 선발마커로 이용하여 항생제 저항성 유전자를 제외시킨 방법으로 토마토를 형질전환하였으며(Sigareva *et al.*, 2004) tomato plastid 형질전환도 성공리에 보고가 되었다(Nugent *et al.*, 2005). 최근에는 크기가 작고 life cycle이 짧은 방울토마토(cherry tomato) 종류인 MicroTom이 분자생물학 모델식물로 각광을 받기 시작하면서 형질전환을 통한 유전자 분석이 활발해지기 시작하였다. Dan 등(2005)에 의해서 MicroTom의 형질전환이 대량으로 실행될 수 있었는데 kanamycin과 glyphosate selection을 통하여 평균 56% 이상의 형질전환율을 보여주었다.

본 장에서는 그동안 (주)농우바이오 생명공학연구소에서 사용하였던 토마토 형질전환 방법을 기술하였는데 방법론에서는 상기 서론에 기술되어 있는 논문들과 큰 차이는 없다. 다만 효율 면에서는 평균 4% 정도를 밑돌고 있어서 상기 논문 보고들과는 차이가 나지만 계통을 이용하여 형질전환체를 만들었기 때문에 genotype 특이성을 감인해야 할 것으로 사료된다. 또한 본 장에서의 형질전환 방법은 일반토마토나 방울토마토의 어떤 genotype을 사용해도 안정적으로 잘 되는 방법이다. 일반적으로 토마토 형질전환은 비교적 쉬워서 본 장의 방법이 아니더라도 또 실험자가 숙련이 안 되었다 하더라도 큰 무리 없이 수행할 수 있다.

II. 재료 및 방법

1. 식물재료와 pre-culture

형질전환할 때 사용하는 재료는 (주)농우바이오에서 품종을 만들기 위한 우수 계통을 이용하였다. 일반적으로 종자는 70% EtOH로 30초 소독 후 증류수로 3회 세척, 25% 상용락스와 Tween20에 약 12분 정도 담갔다가 증류수로 3회 세척한 다음 1/2 MS+2% sucrose 배지에 치상하여 25℃ 암배양실에서 약 7일 정도 발아한 다음 본엽이 나오기

| Tip | 형질전환 과정 자체가 somaclonal variation을 유도하기 때문에 유전적으로 안정된 계통을 사용해도 불임을 비롯한 변이체 발생이 자주 일어난다. 따라서 토마토 같은 경우는 일반적으로 형질전환이 용이하므로 유전자 한 종류에 서로 다른 T_0를 최소 20점 만드는 것을 목표로 한다.

1. 종자 소독
   1. 70% EtOH: 30초
   2. 3회 멸균수로 헹굼
   3. 25% 락스+Tween20:12분
   4. 3회 멸균수로 헹굼

일주일에 1인당 약 400립/주 정도 형질전환 가능

2. 종자 파종
   1/2 MS+2% sucrose
   약 7일간 배양

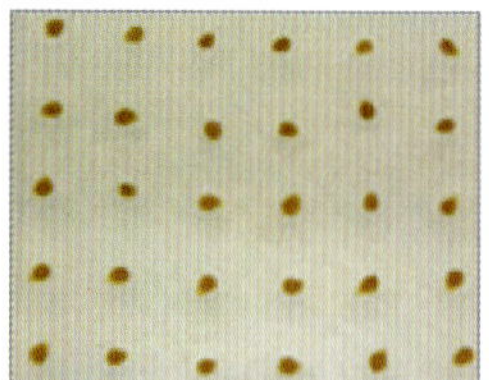

계통마다 형질전환 조건이 달라질 수 있다.

3. Pre-culture
   B5 MS salt+3% sucrose
   Zeatin 2.0mg/l, IAA 0.2mg/l
   (callus 유도를 동시에 시작)
   약 24시간 배양

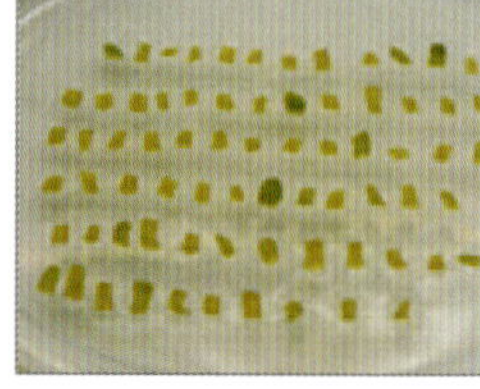

발아 후 본엽이 나오기 직전의 자엽을 자른 후 pre-culture 배지에 치상한다.

그림 9-1 종자의 소독, 파종과 explant

Co-culture
B5 MS salt+3% surcrose
Zeatin 2.0mg/*l*, IAA 0.2mg/*l*,
25℃에서 2일 배양

Cell OD_{600}=0.5in YEP
Cb 800 mg/*l*이 첨가된 멸균수로 2회
Cb 500 mg/*l*이 첨가된 멸균수 2회

그림 9-2 Co-culture

직전의 자엽을 자른 후 pre-culture 배지에 치상한다. 한 자엽에서 두 번 자르기 때문에 두 조각을 explant로 사용할 수 있다(그림 9-1).

2. *Agrobacterium*과 co-culture

형질전환을 할 때 어떤 *Agrobacterium* strain을 선택하느냐가 중요하지만 토마토의 경우 LBA4404, EHA101, EHA105 등 형질전환에 크게 차이가 없다. 그러나 본 장에서는 EHA105를 주로 사용하였다. EHA105 strain을 YEP 고체 배지에 streaking한 다음 28℃에서 36~48시간 배양 후 single colony를 다시 접종한다. 항생제와 acetosyringone (100*μg*/*μl*)을 YEP 액체 배지(20m*l*)에 첨가 후 OD 값 0.5까지 키운 다음 cell down(rpm 3,000~12분)을 하고 MS liquid(20m*l*+100*μg*/*μl* acetosyringone)로 resuspend한다.. 형질전환할 때 어떤 vector이든지 오래 사용하면 반드시 mutation이 생기게 때문에 replication이 제대로 안될 수 있다. 따라서 오래된 vector, 또는 출처 불명의 vector는 가급적 피하고 새로운 vector에 원하는 transgene이 제대로 clone된 것을 확인한 후 사용하도록 한다.

Co-culture는 B5 MS salt+3% sucrose(호르몬 Zeatin 2.0mg/*l*, IAA 0.2mg/*l* 첨가) 배지에서 25℃로 유지하고 2일간 암배양한다. Co-culture 후 Cb 800mg/*l*이 첨가된 멸균수로 2회 세척, 그리고 Cb 500mg/*l*이 첨가된 멸균수로 2회 세척한다(그림 9-2).

| Tip | Co-culture하기 전에 *Agrobacterium* 배양액을 PCR하여 transgene이 있는지를 반드시 확인한다. 가끔 *Agrobacterium* 배양하면서 transgene이 escape되기 때문에 형질전환 전에 항상 PCR로 검정하는 것이 현명하다.

3. Selection과 shoot elongation

Co-culture가 끝난 explant를 선발배지인 B5 MS salt+3% sucrose(Zeatin 2.0mg/*l*, IAA 0.2mg/*l*, Km 100mg/*l*, Cb 300mg/*l* 첨가) 배지에서 약 1~2달 배양한다. 선발배지에서 약 5주 정도가 지나면 callus가 형성되어 있는 것을 볼 수 있다(그림 9-3). Callus를 explant에서 분리하여 shoot elongation 배지에 옮기는 데 어떤 경우는 explant가 황갈색으로 변하면서 도태된다.

토마토 형질전환체는 주로 callus에서 자란 신초에서 선발된다(indirect shoot formation). 신초 발생은 callus를 신초배지인 B5 MS salt+3% sucrose(Zeatin 2.0mg/*l*, IAA 0.1mg/*l*, Km 100mg/*l*, Cb 300mg/*l* 첨가) 배지에서 약 1주일 지나면 관찰할 수 있다. 그리고 2~3주 지나면 성장하는 과정을 볼 수 있다(그림 9-4). 이런 신초를 약 2~3달 배양하여 1~2cm 자란 신초는 root 배지로 옮겨 준다.

4. 발근과 순화 과정

Callus에서 shoot을 분리하여 rooting 배지(1/2 MS+2% sucrose[Km 20mg/*l*와 Cb 300mg/*l*])로 옮긴 다음 약 5~6주 배양을 한다. 신초를 옮길 때는 약간의 callus를 포함시키면서 절단을 하여 root 배지로 치상한다(그림 9-5). Rooting 배지에서 약 2주가 되면 뿌리가 발근되는 것이 목격되며 약 5~6주 정도 배양하면 순화시킬 수 있을 정도로 뿌리가 성장한다. 뿌리가 유도된 식물체가 약 5~10cm 컸을 때 Jiffy pot에 옮겨 주는 것이 안전하다(그림 9-6). Jiffy pot 밖으로 뿌리가 보이면 큰 화분으로 옮겨 준다.

Selection

BS MS salt+3% sucrose
Zeatin 2.0mg/*l*, IAA 0.2mg/*l*
Km 100mg/*l*, Cb 300mg/*l*
약 1~2달 배양

Selection 배지 위에서 3주

Selection 배지 위에서 5주

Calllus 분리하여 shoot elongation 배지에 옮김

*Explant가 노랗게 되면 callus가 거의 안 생김

그림 9-3 Selection 과정

Shoot Elongation

B5 MS salt+3% sucrose
Zeatin 2.0mg/*l*, IAA 0.1mg/*l*
Km 100mg/*l*, Cb 300mg/*l*
약 2~3달 배양

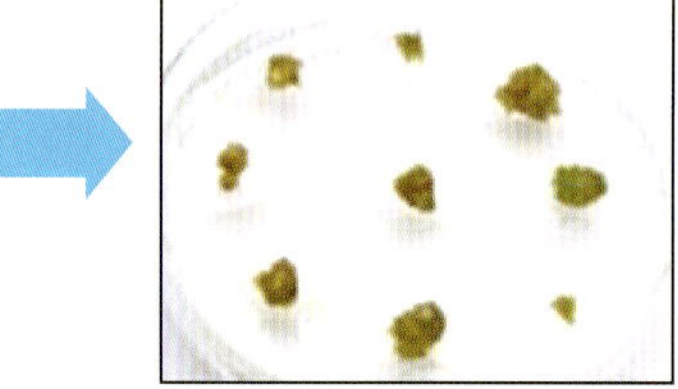

Shoot elongation
배지에서 1주

그림 9-4 shoot 성장 과정

Rooting
1/2 MS+2% sucrose
Km 20mg/l와 Cb 300mg/l
약 5~6주 배양

Callus에서 shoot을 분리할 때 약간의 callus를 포함시켜 치상함

Rooting 배지에 치상 후 2주

Rooting 배지에 치상 후 4~5주

그림 9-5 Root 성장 과정

Acclimation
Jiffy pot에서 약 1~2주 유지

뿌리가 유도된 식물체가 5~10cm 컸을 때 Jiffy pot에 옮겨 준다.

그림 9-6 순화

III. 결과

1. Callus와 신초 발생

토마토 explant 절단면에서는 비교적 쉽게 callus가 형성되며 형질전환이 되는 신초는 callus를 통해서 자란 경우가 대부분이다(indirect shoot transformation). 다시 말해서 callus를 통하지 않고 explant 절단면에서 직접 생성되는 신초가 형질전환되는 경우를 목격한 적이 없다. 토마토는 재분화가 워낙 잘되고 절단면에서 직접 나온 신초도 항생제 배지에서 잘 자라기 때문에 false positive 신초가 많이 나온다. 즉, direct shoot transformation되는 경우가 거의 없을 것으로 본다. 본문에서는 방울토마토와 일반토마토를 구별해서 callus 형성과 신초발생을 비교하고자 한다. 방울토마토의 경우 selection 배지에 치상 후 약 4주 지나면 가시적으로 확연히 볼 수 있다. 조금 단단한 callus 주위로 부슬부슬한 상태의 callus가 생기고 callus 색상은 베이지색이었다가 점점 옅은 녹색을 띠게 된다(그림 9-7).

Selection 배지에 치상 후 변화

치상 → 치상 후 3주 → 치상 후 4주

Selection 배지에 치상 후 4주되는 callus들의 모습

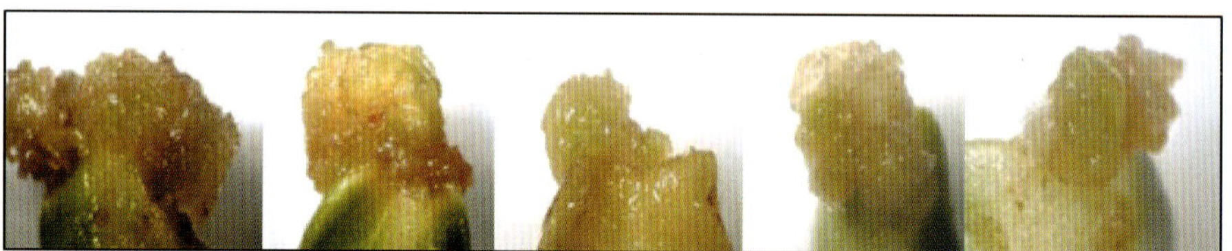

조금 단단한 callus 주위로 부슬부슬한 상태의 callus가 생기고
callus 색상은 베이지색이였다가 점점 옅은 녹색을 띰

그림 9-7 방울토마토의 callus 발생

| Tip | Callus에서 shooting이 된 후에는 callus가 brown이 되는 경향이 있음. 일반적으로 지름 1~1.5cm 정도의 callus에서 shooting이 잘 되는데 2cm 이상의 callus는 오히려 shooting이 잘 안되고, 된다고 해도 성장속도가 매우 느리다.

Selection 배지 치상 후 4~5주 정도 지난 다음 shoot elongation 배지로 옮기면 shoot 발생을 관찰할 수 있다(그림 9-8). 대부분 경우 치상 후 2~3주 내에 callus 위에서 옅은 녹색의 신초가 발생된다.

일반토마토의 형질전환 과정은 방울토마토의 형질전환 과정과 같다. 따라서 일반토마토인 경우 초기 callus 형상은 방울토마토와 비슷하다. 그러나 차이점은 일반토마토의 callus는 매우 단단하고 색상은 갈색과 녹색이 혼합된 것 같이 보이며 callus의 성장비대가 방울토마토보다는 빠르다(그림 9-9). 또한 방울토마토는 callus에서 1~2개의 shoot이 나오는 반면 일반토마토는 multi-shoot이 나오는 경향이 있다. Shoot이 성장하면 callus도 같이 비대하는 경향이 있다.

방울토마토와 일반토마토의 형질전환시 모든 callus가 다 신초를 형성하지는 않는다. 그림 9-10에서 보이는 callus type은 반드시 신초를 형성하고 이외의 callus에서는 신초가 잘 만들어지지 않으니 주위 깊게 관찰할 필요가 있다.

| Tip | 상대적으로 신초 형성이 어려운 callus 종류는 방울토마토 경우 비교적 잘게 으깨지거나 물기가 많은 경우이며 callus만 비대되고 결국은 어두운 갈색으로 노화된다. 일반토마토도 callus가 물기가 많은 경우는 신초가 발생되지 않으며 결국은 딱딱한 상태로 점점 백화 또는 어두운 갈색으로 노화된다.

2. 형질전환 효율

토마토 형질전환시 explant에서 만들어지는 callus 형성률은 44.6%(1017/2331) (표 9-1)이며 callus에서 신초를 만들 수 있는 효율은 33%(337/1017)이다. 이 비율은 타작물에 비하여 훨씬 높다. 토마토 형질전환율은 1.76%에서

그림 9-8 방울토마토의 shoot development 과정

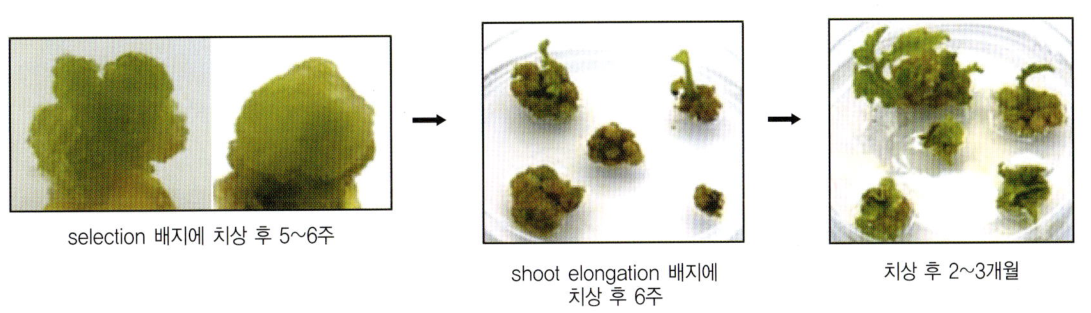

그림 9-9 일반토마토의 callus와 신초 발생

4.4% 정도이며 각 유전자는 서로 다른 genotype에 형질전환되었기에 genotype difference가 있다고 본다(표 9-1). 또한 많은 실험을 통해 이를 증명하였으며 지금은 약 4%의 고정적인 형질전환율을 유지하고 있다(자료 미제시). 서론에서 언급한 대로 여러 논문에서 보고된 토마토 형질전환율은 상당히 높은 것으로 나타나지만 4% 정도만 계속 유지해도 실험에 필요한 토마토 형질전환체 확보는 비교적 쉽다. 일반적으로 한가지 유전자를 토마토에 형질전환할 때 T_0 수를 약 20여 점만 만들어 내면 그 유전자의 특성을 규명하고 선발하는 데 충분하다. 따라서 계산상 500점의 explant를 co-culture할 경우 20여 점의 T_0 형질전환체를 예상할 수 있다. 물론 각자 서로 다른 T_0가 되어야 할

방울 토마토

- 약간 딱딱한 callus로 물기를 조금 함유하고 있음
- 옅은 녹색의 shoot

일반 토마토

- 매우 단단하고 딱딱한 callus형태
- 물기를 조금 함유하고 있고 옅은 갈색과 섞인 진한 녹색의 shoot

그림 9-10 Shoot 발생이 가능한 callus type

표 9-1 토마토 형질전환 효율

Gene	Number of explants	Number of callus formed	Number of callus-mediated shoot	PCR positive shoots
PPII	315	151	98	13(4.4%)
CaWRKY	1643	690	144	29(1.76%)
GalUR	373	176	95	10(2.68%)
Total	2,331	1017	337	52
Frequency		1017/2,331(43.6%)	337/1017(33.1%)	52/2,331(2.23%)

확률은 그보다 더 낮겠지만 토마토 형질전환을 수행하는데 4%의 효율은 전혀 문제가 없으며 충분하다. 토마토 형질전환체 개발의 병목은 몇 개를 만드느냐에 있는 것이 아니고 원하는 특성을 가진 형질전환체를 제대로 선발할 수 있느냐다.

참고문헌

- Chyi YS, Phillips GC(1987) High efficiency Agrobacterium-mediated tomato transformation of Lycopersicon based on conditions favorable for regeneration. Plant Cell Rep 6: 105~108
- Dan Y, Yan H Munykwa T, Dong J, Zhang Y, Armstrong C(2005) MicroTom-a high throughput model transformation system for functional genomcis. DOI: 10.1007/s00299-005-0084-3, Dec 9: 1~10
- Delannay X, LaValle BJ, Proksch RK, Fuchs RL, Sims SR, Greenplate JT, Marrone PG, Dodson RB, Augustine JJ, Layton JG, Fischhoff DA(1989) Field performance of transgenic tomato plants expressing the Bacillus thuringiensis var. kurstaki insect control protein. Bio/Technology 7: 1265~1269
- Frary A, Earle ED(1996) An examination of factors affecting the efficiency of Agrobacterium-mediated transformation of tomato. Plant Cell Rep 16: 235~240
- Hu W, Phillips GC(2001) A combination of overgrowth-

control and antibiotics improves Agrobacterium tumefaciens-mediated transformation of efficiency for cultivated tomato(L. esculentum). In Vitro Cell Biol-Plant 37: 12~18

□ Ling HQ, Kriseleit D, Ganal MG(1998) Effect of ticarcillin/potassium clavulanate on callus growth and shoot regeneration in Agrobacterium-mediated transformation of tomato(Lycopersicon esculentum Mill). Plant Cell Rep 17: 843~847

□ McCormick S, Niedermeyer J, Fry J, Barnason A, Horsch R, Fraley R(1986) Leaf disc transformation of cultivated tomato(L. esculentum) using Agrobacterium tumefaciens. Plant Cell Rep 5: 81~84

□ Nugent GD, ten Have M, van der Gulik A, Dix PJ, Uijtewaal BA, Mordhorst AP(2005) Plastid transformants of tomato selected using mutations affecting ribosome structure. Plant Cell Rep 24: 341~349

□ Park SH, Morris JL, Park JE, Hirschi KD, Smith RH(2003) Efficient and genotype-independent Agrobacterium-mediated tomato transformation. J Plant Physiol 160: 1253~1257

□ Sigareva M, Spivey R, Willits MG, Kramer CM, Chang YF(2004) An efficiency mannose selection protoco for tomato that has no adverse effect on the ploidy level of transgenic plants. Plant Cell Rep 23: 236~245

□ van Roekel JSC, Damm B, Melchers LS, Hoekema A(1993) Factors influencing transformation frequency of tomato(Lycopersicon esculentum). Plant Cell Rep 12: 644~647

□ Vidya CSS, Manoharan M, Kumar CTR, Savithri HS, Sita GL(2000) Agrobacterium-mediated transformation of tomato(Lycopersicon esculentum var. Pusa Ruby) with coat-protein gene of Physalis mottle tymovirus. J Plant Physiol 156: 106~110

10

상추 형질전환

[1]민병환, [2]김봉규, [2]조이남, [2]김진애, [2]한지학
[1]상주대학교 식물자원학과
[2](주)농우바이오 생명공학연구소

I. 서론

상추는 우리나라에서 오래 전 중국으로부터 줄기상추가 도입되어 재배되었으나 1890년경에 서구문물이 들어오면서 잎상추가 일본으로부터 들어와서 널리 재배되었다. 그리고 그 후 주한 미군들의 군납을 위해서 1960년경부터 결구상추가 들어와서 해마다 그 재배면적이 증가되고 있는 실정이다. 상추의 재배면적은 1990년대에 들어서 육류소비의 증가로 인한 식생활의 변화로 상추쌈 등의 생채 재료로 연중수요가 증가되고 있으며, 신선하고 상쾌한 맛을 지닐 뿐 아니라, 씹는 느낌이 좋아 생식에 적합하다. 특히 요즘 건강에 대한 인식이 높아지면서 소비자들은 고기능성 채소를 선호하는 등 다양하게 변화되고 있다. 따라서 소비자 기호의 변화에 따라 고기능성 채소의 개발이 시급하다고 할 수 있다. 최근 분자생물학의 발달로 다양한 유전자를 클로닝할 수 있게 됨에 따라 획득된 다양한 유전자를 식물 내에 도입하려는 연구가 활발히 진행되고 있다. 상추의 형질전환에 관한 연구는 자엽 절편을 재료로 하여 *Agrobacterium*과의 공동 배양법(Choi *et al.*, 1994)으로 *β-glucuronidase* 유전자(Chung *et al.*, 1998a), 오존 내성 유전자인 *glutathion reductase*(Chung *et al.*, 1998b), 저온 관련 유전자(Chung *et al.*, 2000 ; Pileggi *et al.*, 2001), 비타민 E 합성 유전자인 *γ-tocopherol methyltransferase*(Kim *et al.*, 2000 ; Cho *et al.*, 2004), 철 저장단백질 관련 유전자(Kim *et al.*, 2001), *PAT* 유전자(Rhu *et al.*, 2001), 내병성(Dinant *et al.*, 1997 ; Dede, 1998) 및 백혈구 생산을 촉진하는 *hGM-CSF* 유전자(Kim *et al.*, 2003) 등의 도입이 보고된 바가 있다. 또한 최근에는 유전자 총을 이용하거나(Svab & Maliga, 1993), PEG와 공동 배양(Golds *et al.*, 1993)으로 *GFP* 유전자를 상추의 plastid에 도입시켰다는 보고(Lelivelt *et al.*, 2005 ; Kanamoto *et al.*, 2006)도 있다.

II. 재료 및 방법

농우바이오 시판종인 적축면 상추인 연산홍과 청치마 상추(*Lactuca sativa* L. cv. Green Skirt)

표 10-1 상추 형질전환 Protocol

실험재료		연산홍 적축면, 한발 청치마
파종	종자소독	1. 70% EtOH—1분 2. 25% 락스—15분 3. 멸균수 3회 수세(1회—washing, 2, 3회—3분씩 침지)
	발아조건	1/2 MS, sucrose 10%, 광 배양(25±1℃, 16h day/8h night)
Pre-culture		발아 3일 후 엽병이 포함된 자엽 절단, 2일 배양 배지 : BAP 0.5mg/*l* NAA 0.1mg/*l*(청치마) Kinetin 0.5mg/*l*, NAA 0.1mg/*l*(연산홍)
Agro. culture		one colony → 4m*l* YEP(pH 7.0) culture—10시간 배양 현탁액 1m*l* → 20m*l* YEP(pH 5.6) culture—14시간 배양
Infection		20m*l* suspended *agrobacterium* – cell down(3500rpm, 15분) pellet+pre-culture 액체 배지 또는 fresh YEP(pH 5.6)배지 20m*l* 15분 shaking
Co-culture		pre-culture배지(pH 5.2), 2일 암배양
Selection		pre-culture배지, Kanmycine 100mg/*l*, Lilacillin 300mg/*l*
Elongation		MS, sucrose 20%, Kanmycine 100mg/*l*, Lilacillin 200mg/*l*
Rooting		1/2MS, sucrose 20%, Lilacillin 100mg/*l*

종자를 70% EtOH에 1분 동안 soaking한 후, 다시 25% 락스에 15분간 침지하여 표면 살균하였다. 3회 멸균수로 수세한 다음 생장조절제를 첨가하지 않은 1/2 MS 고체배지에 파종 후 광조건(25±1℃, 16h day/8h dark)에서 발아시켰다. 형질전환을 위해 O.D$_{600}$ = 0.7 정도까지 잘 자란 *Agrobacterium* 현탁액 20m*l*을 cell down시킨 뒤, 전처리 액체배지(MS 3%, 0.5mg/*l* BAP, 0.1mg/*l* NAA, pH 5.8) 20m*l*에 *Agrobacterium* pellet을 희석시켜 만든 *Agrobacterium* 현탁액을 사용하였다. 발아 후 3일 된 상추 자엽 절편체(상추의 엽병이 약간 포함)를 2일간 전처리한 후 *Agrobacterium* 현탁액과 함께 15분간 infection하였다. 공동배양배지(MS 3%, 0.5mg/*l* BAP, 0.1mg/*l* NAA, pH 5.2)에 치상하고 암 상태에서 2일간 배양하였다. *Agrobacterium*의 제거를 위하여 300mg/*l* lilacillin(penicillin-sulfate sodium, Takeda Medicine Co., Japan)이 첨가되어 있는 선발배지에 4주 정도 배양하였다. 본 실험에 사용된 균주의 selection marker로 kanamycin 저항성을 사용하였기 때문에 형질전환체 선발을 위하여 100mg/*l* kanamycin이 첨가되었다. 선발배지에서 살아남은 식물체들은 100mg/*l* kanamycin, 200mg/*l* lilacillin이 첨가된 배지에서 elongation을 시킨 뒤, 100mg/*l* lilacillin이 첨가된 MS배지에서 rooting시켰다.

III. 결과

항생제 선발 조건을 규명하기 위하여 kanamycin이 농도별로 첨가된 재분화 배지에 자엽절편체를 치상하여 4주 후 조사한 결과, 60mg/*l*의 농도에서 절편체가 고사되기 시작하였고, 100mg/*l*의 농도에서 대부분의 절편체가 고사되었다. 상추 형질전환 방법은 표 10-1의 순서대로 수행하였다. 형질전환에 사용한 유전자는 두 가지로서 첫째는 비타민 C를 증진시키는 *L-galactono-γ-lactone dehyrogenase*(*GLOase*) 유전자와 병저항성 관련 *Jasmonic methyl transferase*(*JMT*) 유전자를 사용하였다. 식물발현용 binary vector는 pMBP-1로서 kanamycin에 저항성이 있는 *nptII* gene을 포함하고 *A.tumefacience* LBA 4404에 삽입되어 있었다. 상추 자엽 절편체와 공동배양한 후, 항생제 100mg/*l* kanamycin과 300mg/*l* lilacillin이 첨가된 선발배지에 치상하여 선발하였다. 배양 1~2주부터 자엽 절단부위에 callus가 형성되기 시작하였고, 3주 정도 지난 후 callus에서 신초가 유도된 절편체들을 확인할 수 있었다. 형성된 신초들을 callus와 함께 또는 shoot들만 자엽 절편체와 분리한 후 다시 선발배지에 계대배양을 하여 확실한 항생제 내성을 가진 식물체들을 선발하고자 하였다. 계대배양 후, 녹색을 띠며 잘 자라는 신초가 있는 반면, 성장을 멈추고 백화되는 신초도 많이 발생되었으나 큰 문제는 없었다. kanamycin이 첨가된 배지에서 발근을 유도할 경우 뿌리 형성이 어려워 기존의 선발농도를 줄인 50mg/*l* kanamycin과 200mg/*l* lilacillin이 첨가된 발근 배지에서 뿌리를 유도하였다. 또한 선발배지에서 두 번에 걸친 계대배양으로 선발되었다고 추정되는 식물체들은 200mg/*l* lilacillin만 들어 있는 배지에서 뿌리를 유도시켰다.

그림 10-1은 *GLOase* 유전자가 삽입되어 있는 binary vector로서 이 벡터를 이용하여 상추 형질전환을 비교적 쉽게 할 수 있었다. 그림 10-2는 형질전환한 후 상추의 발달 단계를 본 것으로 co-culture 후 약 6개월 간의 과정을 보여준다.

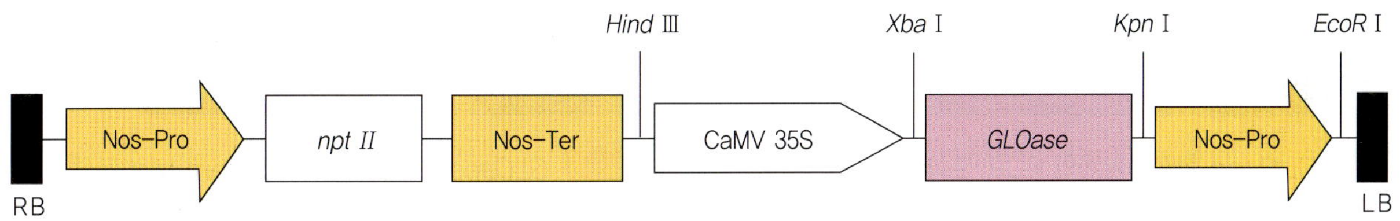

그림 10-1 pMBP-1-*GLOase* vector

그림 10-2 연산홍 적축면의 *GLOase* 형질전환

A_ 선발배지에서 callus와 shoot 형성. B_ 항생제 배지에서 shoot의 정상적인 신장. C_ 기외에서 순화. D_ 순화되어 신장. E_ 채종하기 위한 하우스 재배.

표 10-2 *GLOase* 형질전환 효율

계 통	유전자	접종한 절편체 수	PCR로 유전자 확인된 개체수	형질전환 효율
연산홍 적축면	*GLOase*	2672	120	4.5%
한밭 청치마	*GLOase*	2000	100	5%

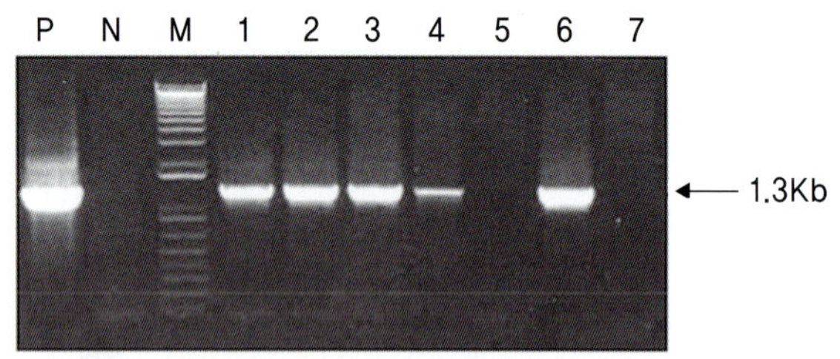

그림 10-3 *GLOase* 형질전환체의 PCR 분석
M_ DNA ladder. **P_** positive control. **N_** 비형질전환체. **1~7_** 형질전환체.

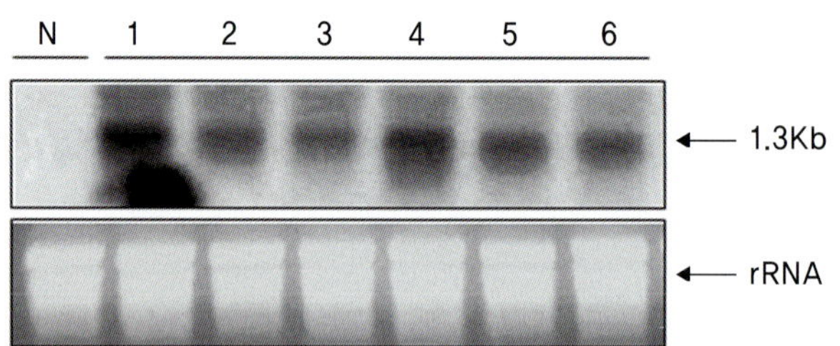

그림 10-5 *GLOase* 형질전환체의 Northern blot 분석
transcript와 ^{32}P로 표지된 *GLOase* probe를 hybridization 함. **N_** 비형질전환체. **1~6_** 형질전환체.

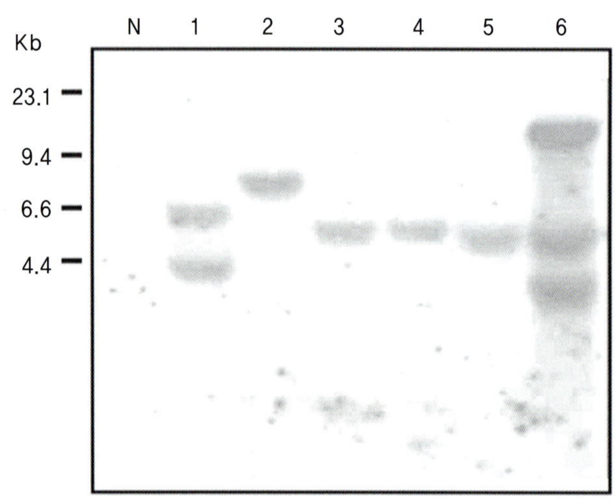

그림 10-4 *GLOase* 형질전환체의 Southern blot 분석
Hind III로 자른 genomic DNA와 ^{32}P로 표지된 *GLOase* probe를 hybridization 함. **N_** 비형질전환체. **1~6_** 형질전환체.

상추에 형질전환한 후 실제로 그 insert가 삽입되어 있는지를 확인하기 위해서 PCR 분석을 하였다(그림 10-3). 상추는 비교적 형질전환이 잘되는 작물 중의 하나이며 그 형질전환 효율 역시 높다. *GLOase* 유전자 경우, 연산홍 적축면과 청치마에 각각 4.5%, 5%의 형질전환 효율을 나타냈다(표 10-2). 표 10-2에서 보다시피 형질전환체를 100여 개체를 얻으면 특성분석을 하는 데 충분한 양이어서 더 이상 할 필요가 없게 된다.

PCR로 확인된 형질전환체 T_0 중에서 6점을 선발하여 Southern 분석을 하였다(그림 10-4). Insert 유전자의 copy 수는 다르지만 유전자가 삽입되어 있다는 것을 확인할 수 있었다. 또한 각 T_0에서 total transcript를 분리하여 *GLOase* 유전자의 발현 정도를 조사하였다. 그림 10-5에서 보는 것처럼 형질전환을 하지 않은 control에서는 발현이 되지 않았으며 형질전환체에서는 전부 강하게 발현이 되었다.

T_0의 대부분을 self-cross하여 종자를 받고(T_1) T_1을 약 2개월간 재배한 다음 reflectometer를 이용하여(RQflex-Plus, Merck, Germany) 비타민 C 함량을 조사하였다(그림 10-6). Control에 비해서 비타민 C 함량이 3~4배 높은 T_1을 선발할 수 있었으며, *GLOase*가 동물에서 비타민 C 합성에 관여할 뿐 아니라 식물에서도 작용을 한다는 것을 알 수 있었다. 또한 T_2 세대를 통하여 비타민 C 함량이 재현되는 사실도 확인하였다(자료 미제시).

상추의 형질전환 전 과정을 재현하기 위해서 병저항성

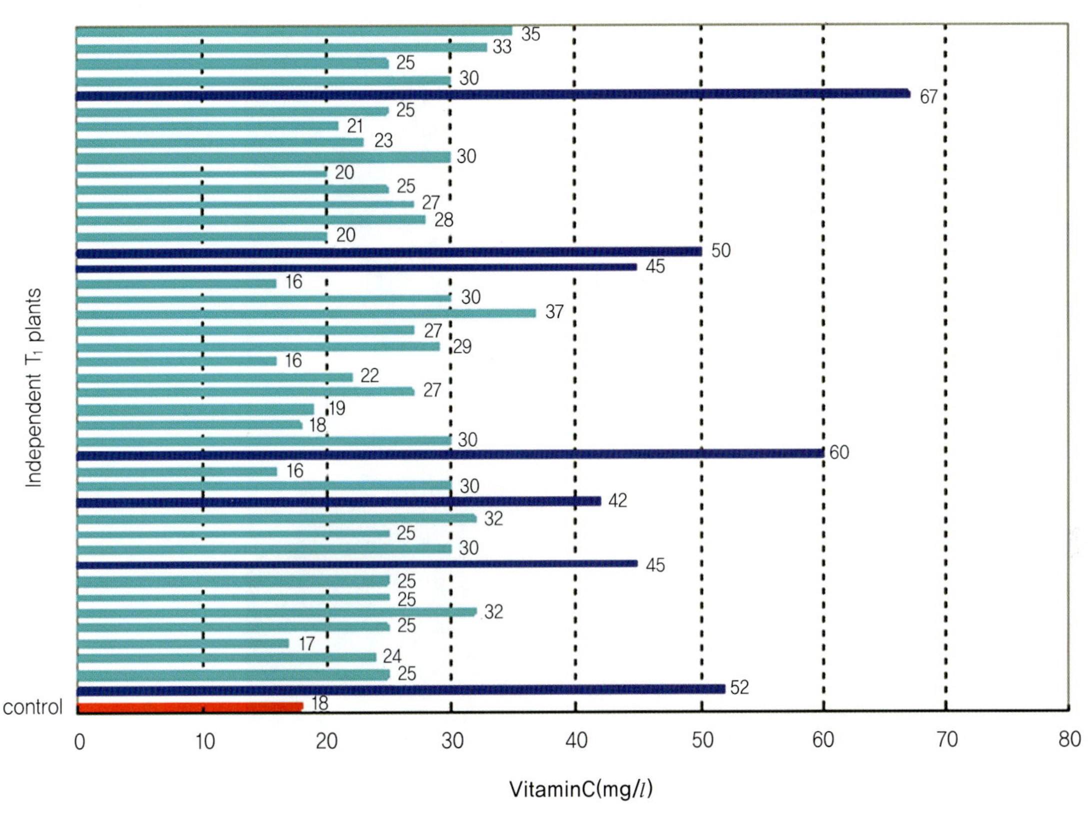

그림 10-6 *GLOase* 형질전환체(T_1)와 비형질전환체의 비타민 C 함량 비교

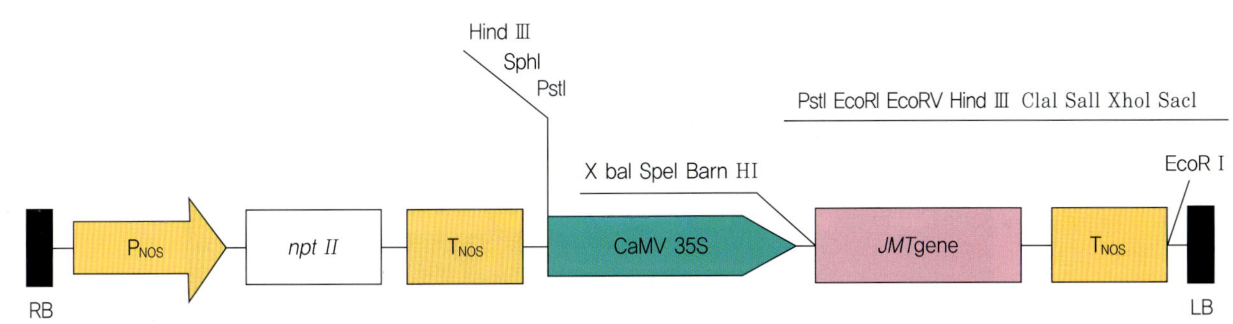

그림 10-7 pCaJMT Vector

관련 *Jasmonic methyl transferase*(*JMT*) 유전자를 사용하였다. 그림 10-7은 *JMT* 유전자가 삽입되어 있는 벡터이며 pCambia가 backbone이다.

그림 10-8은 형질전환한 후 연산홍 적축면의 발달 단계를 조사한 것으로 co-culture 후 약 7개월 간의 과정을 보여준다.

JMT 유전자의 삽입정도를 확인하기 위하여 PCR 분석을 하였으며 *GLOase*처럼 많은 양의 T_0를 확보할 수 있었다(그림 10-9). 상추의 *JMT* 유전자의 형질전환 효율은 *GLOase*처럼 약 4.5%이어서 본 장에서 언급하고 있는 상추의 형질전환 protocol은 재현성이 있다는 것을 확인할 수 있었다(표 10-3).

그림 10-8 *JMT* 형질전환 발단 단계

A_ 선발배지에서 callus와 shoot 형성. **B_** 항생제 배지에서 shoot의 정상적인 신장. **C_** 기외에서 순화. **D_** 추대.

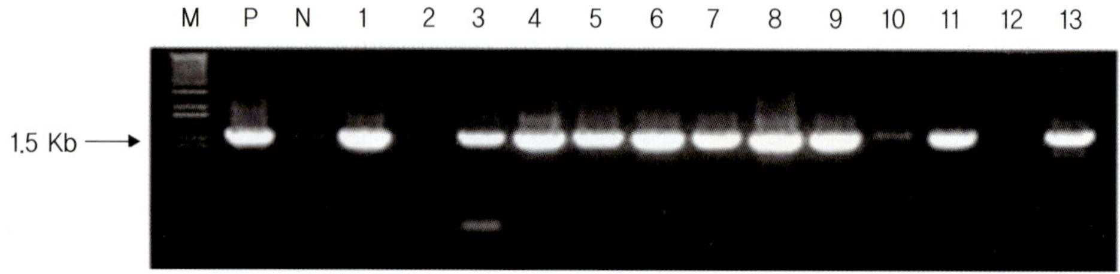

그림 10-9 *JMT* 형질전환체의 PCR analysis

M_ DNA ladder. **P_** positive control. **N_** 비형질전환체. **1~13_** 형질전환체.

형질전환체 T_0 중에서 임의대로 9점을 선정하여 Southern blot 분석을 하였다. 상추의 Genomic DNA를 *Eco*R I으로 digest하고 *JMT*로 합성한 결과 대부분의 경우 insert가 삽입되어 있었으며 들어간 locus도 다양하였다(그림 10-10). Southern으로 유전자가 삽입이 확인된 T_0 중에서 무작위로 6점을 선정하여 Northern 분석을 실시하였는데 JMT가 매우 active하게 발현이 된 것을 관찰할 수 있었다(그림 10-11).

표 10-3 *JMT* 형질전환 효율

계 통	유전자	접종한 절편체 수	PCR로 유전자 확인된 개체수	형질전환 효율
연산홍 적축면	*JMT*	2220	100	4.5%

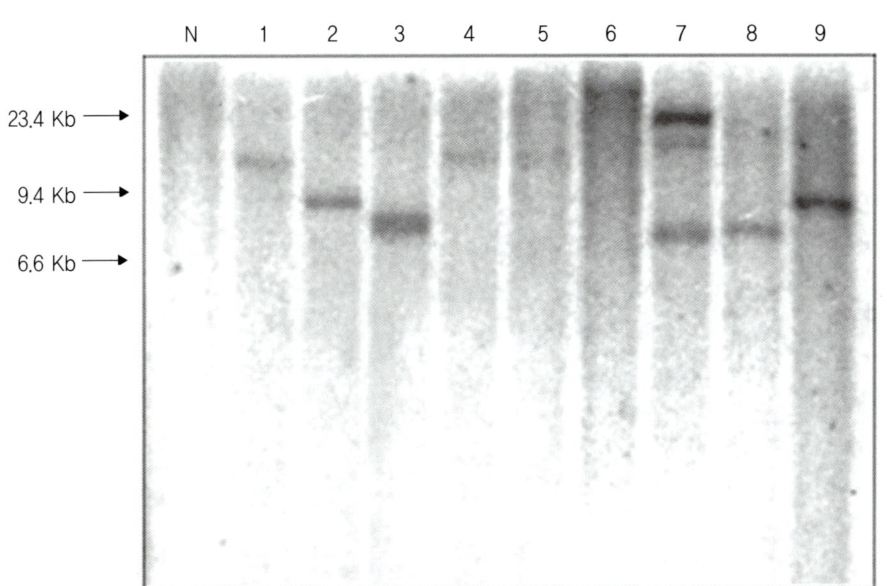

그림 10-10 *JMT* 형질전환체의 Southern blot 분석
각각의 genomic DNA와 ³²P로 표지된 *JMT* probe를 hybridization함. **N_** 비형질전환체. **1~9_** 형질전환체.

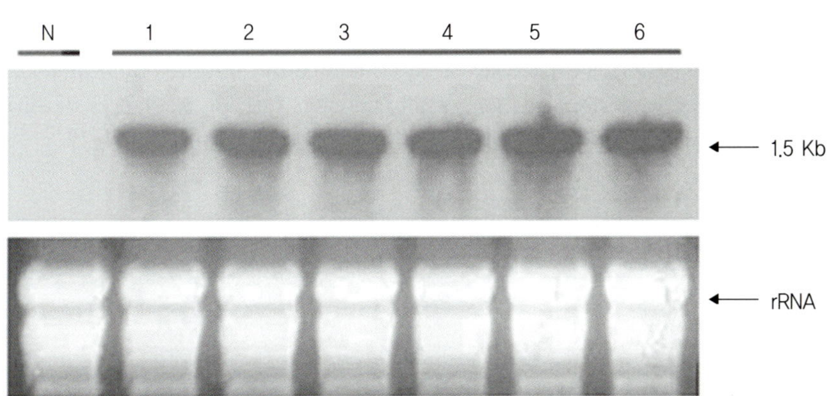

그림 10-11 *JMT* 형질전환체의 Northern blot 분석
Transcript와 ³²P로 표지된 *JMT* probe를 hybridization함. **N_** 비형질전환체. **1~6_** 형질전환체.

IV. 결론

상추는 형질전환이 비교적 쉬운 작물이며 계통이나 품종 간에도 방법상의 차이는 없다. 여기서 data는 모두 제시하지 않았지만 적축면 상추, 청축면 상추, 적치마, 청치마 등 잎 상추뿐만 아니라 결구상추의 경우도 비슷하고 일관적인 결과를 도출하였다. 상추 형질전환 효율은 기본을 갖춘 연구원 정도라면 4~5% 정도는 쉽게 달성할 수 있다. 일반적으로 형질전환을 수행하는 연구자들이 궁금하게 여기는 것 중의 하나는 삽입되는 유전자의 특성을 분석하고 선발하기 위해서 과연 몇 점의 형질전환체(independent T_0)를 확보해야 하는가이다. 상추의 경우 한 유전자에 대해서 약 2천 점 정도의 자엽을 이용하여 형질전환 시작하면 6개월 안에 약 100여 점의 형질전환체를 확보할 수 있다(T_0). 따라서 이 숫자 정도이면 형질전환 특성을 충분히 볼 수 있으며 그 유전자에 한해서 더 이상 형질전환을 할 필요가 없다.

참고문헌

- Cho EA, Lee CA, Kim YS, Baek SH, Reyes BG, Yun SJ(2004) Expression of γ-tocopherol methyltransferase transgene improves tocopherol composition in lettuce(*Latuca sativa* L.). Molecules and cells 19:16~22
- Choi UO, Yang MS, Kim MS, Eun JS, Kim KS(1994) Genetic transformation of lettuce(*Lactuca sativa* L.) with *Agrobacterium tumefacines*. Korea J Plant Tissue Culture 21: 55~58
- Chung JD, Kim CK, Kim KM(1998a) Expression of glucuronidase(GUS) gene in transgenic lettuce(*Lactuca sativa* L.) and its progeny analysis. Korea J Plant Tissue Culture 25: 225~229
- Chung JD, Kim CK, Cho JK(1998b) Expression of chinese cabbage glutathione reductase gene in lettuce(*Lactuca sativa* L.). Korea J Plant Tissue Culture 25: 267~271
- Dede Y(1998) Development of the downy mildew pathogen *Bremia Lactucae* on transgenic lettuce expressing a bacterial β-1,3-glucanase. Turkish Jounal of Agriculture and Forestry 22(4):313-322
- Dinant S, Maisonneuve B, Albouy J, Chupeau Y, Chupeau MC, Bellec Y, Gaudefroy F, Kusiak C, Souche S, Robaglia C, Lot H(1997) Coat protein gene-mediated protection in *Lactuca sativa* against lettuce mosaic poty virus strains. Molecular Breeding 3(1): 75~86
- Joeng JH, Yang DC, Jang HG, Paek KY(2000) Transformation of Lettuce(*Lactuca sativa* L.) Using Cold Regulated Gene(*BN115*). Korea J Plant Tissue Culture 27(1): 7~12
- Kanamoto H, Yamashita A, Asao H, Okumura S, Takase H, Hattori M, Yokota A, Tomizawa K(2006) Efficient and stable transformation of *Lactuca sativa* L. cv. Cisco(lettuce) plastids. Transgenic Res 15(2): 205~217
- Kim MJ, Baek SH, Yoo NH, Yun SJ(2000) Transformation of Arabidopsis gamma-Tocopherol Methyltransferase into Lettuce(*Lactuca savita* L.). Korea J Plant Tissue Culture 27: 435~439
- Kim SH, Nou IS, Choi CS, Kang KK(2001) Transformation of Lettuce(*Lactuca sativa* L.) Using Iron Storage Protein Ferritin Gene. Korea J Plant Tissue Culture 28(3): 147~151
- Kim YS, Kim MY, Kwon TH, Yang MS(2003) Production of hGM-CSF from Cell Suspension Culture of Transformed Lettuce Using *Agrobacterium*-mediated Transformation System. Korea J Plant Tissue Culture 30(1): 97~102
- Lelivelt CL, McCabe MS, Newell CA, Desnoo CB, van Dun KM, Birch-Machin I, Gray JC, Mills KH, Nugent JM(2005) Stable plastid transformation in lettuce(*Lactuca sativa* L.). Plant Mol Biol 58(6): 763~774
- Pileggi M, Pereira AAM, Silva JS, Pileggi SAV, Verma DPS(2001) An improved method for transformation of lettuce by *Agrobacterium tumefaciens* with a gene that confers freezing resistance. Brazilian Archives of Biology and Technology 44(2): 191~19

11

배추 형질전환

박영두, 이미경
경희대학교 생명과학부

I. 서론

배추는 서늘한 기후를 좋아하는 호냉성 채소로 한국, 중국, 일본 등 동북아시아에서 널리 재배되고 있으며 미국과 유럽 등에서도 최근 그 소비가 점차 증가되고 있다. 특히, 배추는 김치의 주 원료로 우리나라에서 가장 많이 이용되는 채소로 칼슘과 비타민 C가 상당량이 함유되어 있으며 주로 섬유질을 공급하는 채소이다. 또한 배추는 국내에서 재배되고 있는 엽채류 중 생산량과 재배면적에서 가장 높은 비율을 차지하고 있다(Ministry of Agriculture and Forestry, 2000).

기존의 배추 품종개량은 주로 F1 잡종강세를 이용한 전형적인 교잡육종에 의하여 이루어지고 있으나 사용할 수 있는 유전자원이 한정되어 있기 때문에 품종개량의 폭을 넓히는 데 있어서는 여러 가지 문제점들로 한계에 부딪히고 있는 실정이다(Cho *et al.*, 2001).

*Agrobacterium*을 이용한 외부 DNA의 전이와 같은 유전공학기술은 상업적으로 요구되는 표현형을 유지할 수 있을 뿐만 아니라 유용 유전자가 도입된 품종을 개량하고 확립하는 데 커다란 가능성을 제시하고 있다. 게다가 *Agrobacterium*을 이용한 T-DNA 형질전환체의 응용은 주어진 유전자의 최소한의 기능을 개념적으로 연결시키기 위해서는 여러 단계를 거쳐야만 하는 기능유전체학(functional genomics)으로의 접근을 가능하게 하였다(Spradling *et al.*, 1995). 이미 기능이 알려진 유전자와 T-DNA가 삽입된 부분에 연결되어 있는 단편의 염기서열 선발을 위한 여러 가지 방법이 개발되어 왔으며, 이러한 외래 유전자가 도입된 변이체는 유전자의 확인과 분리를 위해 중요한 수단이 되어 왔다(Koes *et al.*, 1995; Liu and Whittier, 1995; Cooley *et al.*, 1996; Frey *et al.*, 1998; Couteau*et al.*, 1999; Krysan *et al.*, 1999).

유전공학 기술의 발전과 더불어 유용한 유전자를 직접 배추에 도입하고자 하는 형질전환 기술의 개발이 이루어지고 배추의 형질전환 효율을 높이기 위해 다양한 방법들이 제시되고 있으나, 높은 효율로 대량의 형질전환체를 생산할 수 있는 배추 형질전환 체계는 확립되어 있지 않다. 따라서 이 장에서는 *Agrobactrium*을 이용한 배추의 효율적인 형질전환 기술에 대하여 서술하고자 한다.

II. 재료 및 방법

1. 식물재료

F1 고정종인 서울배추와 inbred line인 DA001의 두 품종의 종자를 각각 70% 에탄올에 1분간, 30% rox(1.6% hypochlorite)에 15~20분간 소독하여 MS 기본배지에 파종을 한 후 7~10일이 지난 식물체의 배축을 형질전환의 절편체로 사용하였다.

2. 형질전환용 vector와 *Agrobacterium tumefaciens* strain

CaMV 35S 프로모터, *β-glucuoinidase*(*GUS*) 유전자, 선발표지로 *hygromycin phosphotransferase*(*hpt*) 유전자를 포함하는 tagging용 vector pRCV2(Kim *et al.*, 2003)를 freeze-thaw 방법(An *et al.*, 1988)으로 LBA4404에 형질전환하여 균주로 사용하였다(그림 11-1).

50mg/*l* rifampicin과 50mg/*l* kanamycin이 첨가된 5m*l* YEP 액체배지에 colony를 picking하여 28℃에서 48시간 배양한 후 같은 조건의 50m*l* YEP 액체배지에 5m*l*에 배양된 *Agrobacterium*을 1m*l* 접종하여 28℃에서 14~18시간 배양된 균을 사용하였다.

3. 형질전환체 생산

파종 후 7~10일된 배추의 배축을 5~10mm로 절단하여 pRCV2가 형질전환된 30~35m*l*의 *Agrobacterium* 용액(OD_{600}=1.0)에 7~10분 동안 침지한 후 멸균된 filter paper에서 *Agrobactrium*을 일부 제거하여 공동배양 배지(co-cultivation medium: MS medium, 3% sucrose, 4mg/*l* BA, 3mg/*l* NAA, 4mg/*l* $AgNO_3$, 5mg/*l* acetosyringone, 0.8% plant agar, pH 5.7)에서 암상태로 3일간 공동배양하였다. 공동배양한 배축을 3~5회 수세한 후 선발배지(selection medium: MS medium, 3% sucrose, 4mg/*l* BA, 3mg/*l* NAA, 4mg/*l* $AgNO_3$, 5mg/*l* acetosyringone, 200mg/*l* cefotoxime, 15mg/*l* hygromycin, 0.8% plant agar, pH 5.7)에 옮겨 선발하였다. 선발배지에서 절편체로부터 유도된 callus를 절단하여 동일한 조성의 선발배지에 옮겨 신초를 유도하였고, 이렇게 형성된 신초는 뿌리유도배지(rooting medium: 1/2 MS medium, 3% sucrose, 200mg/*l* cefotoxime, 15mg/*l* hygromycin, 0.8% plant agar, pH 5.8)에서 뿌리를 유도한 후 순화하였다.

4. *β-glucuoinidase*(*GUS*) 유전자의 발현

*Agrobacterium*과 공동배양한 배축으로부터 유도된 신초에서 잎을 채취하여 5-bromo-4-chloro-3-indole-glucuronidase 용액에서 침지시켰고, 37℃에서 24시간 동안 처리한 후 GUS 발현을 관찰하였다(Jefferson *et al.*, 1987).

5. PCR 확인

형질전환을 통하여 획득한 신초에서 *hpt* 유전자와 *gus* 유전자를 확인하기 위하여 50ng의 genomic DNA를 이용하여 각각의 프라이머를 사용하여 PCR 검정을 실시하였다.

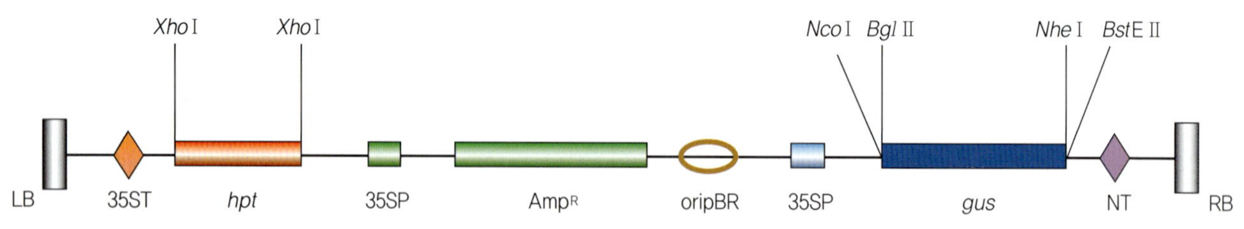

그림 11-1 형질전환용 vector(pRCV2)의 T-DNA 부분

표 11-1 서울배추와 순계계통 DA001의 형질전환 효율

	서울	DA001
감염시킨 절편체수	50,000	30,000
callus가 형성된 절편체수와 형성률(%)[z]	20,660 (41.32%)	8,590 (28.63%)
shoot가 형성된 절편체수와 유도율(%)[y]	2,616 (5.23%)	906 (3.02%)
PCR로 확인된 shoot 수	2503	866
형질전환 효율[x]	5.00%	2.89%

[z](감염시킨 절편체수/callus가 형성된 절편체수)×100
[y](감염시킨 절편체수/shoot가 형성된 절편체수)×100
[x](감염시킨 절편체수/PCR로 확인된 shoot 수)×100

그림 11-2 *Agrobacterium*을 이용한 서울배추의 형질전환
A_ 공동배양. B_ callus 유도. C_ 신초 유도. D_ 순화. E_ 자가수분.

6. Southern 분석

형질전환을 통하여 획득한 신초의 genomic DNA 10μg을 *Xho*I 또는 *Bam*HI 제한효소로 각각 절단하여 0.9% agarose gel에 전기영동하였다. Agarose gel 상의 DNA band를 Hybond N+ membrane에 옮겨 ^{32}P로 표지된 700bp의 hpt probe를 이용하여 Southern 분석을 실시하였다.

III. 결과 및 고찰

서울배추와 DA001을 무균발아시켜 얻은 유식물체의 배축절편을 *Agrobacterium*에 침지하여 형질전환을 한 결과, 선발배지로 옮긴 후 3~5주가 지나면 절편체로부터 callus가 유도되었고, 이렇게 유도된 callus를 절단하여 동일한 조성의 선발배지에 옮겨주면 4~8주의 기간 동안에 신초가 형성되었다. 형성된 신초는 뿌리유도배지에서 뿌리를 유도하여 순화하였고, 순화된 신초들은 여러 가지 분석을 통하여 형질전환체임을 확인한 후에 온실로 옮겨져 자가수분을 통해 종자를 생산하게 하였다(표 11-1, 그림 11-2).

배축 절편체로부터 유기된 신초의 일부를 β-glucuoinidase에 침지하여 *gus* 유전자의 발현을 확인하였다(그림 11-3).

순화하여 생육이 안정된 신초의 genomic DNA를 추출하여 PCR 검정과 Southern 분석을 실시하였다(그림 11-4, 5). 120개의 T0 세대 형질전환체를 Southern 분석한 결과, 대체적으로 1copy가 63개(52.5%)였고, 2 copy에서 5copy 까지가 33개로 확인되었다(표 11-2).

표 11-2 PRCV2를 포함하는 *Agrobacterium* LBA4404로 형질전환시킨 TO 형질전환 식물체에 삽입된 T-DNA copy 수

	삽입된 T-DNA copy 수						합계
	1	2	3	4	5	Not determine	
형질전환 계통 수	63	33	8	6	5	5	120
비율(%)	52.5	27.5	6.6	5.0	4.2	4.2	100

그림 11-3 형질전환 배추의 *GUS* 유전자 발현 확인

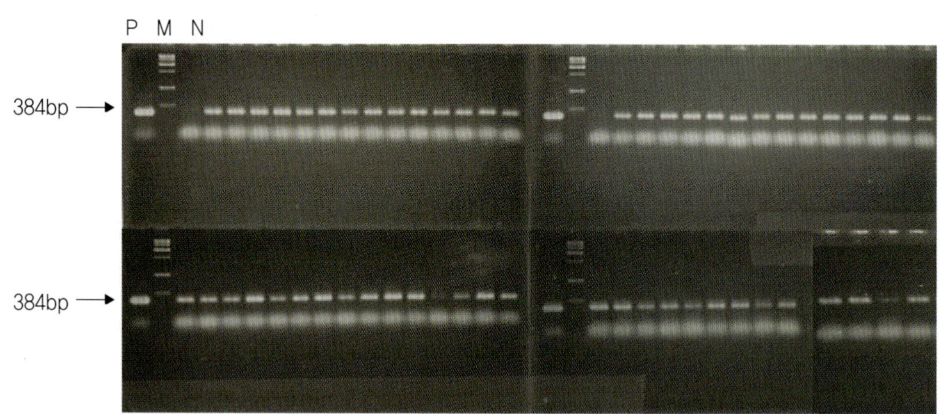

그림 11-4 형질전환 배추에서 *hpt* 유전자(384bp)의 PCR 검정

M_ size marker. P_ positive control. N_ negative control.

– 계속

그림 11-4 형질전환 배추의 Southern 분석

M_ size marker, P_ positive control.

IV. 결론

Agrobacterium과 배축절편의 공동배양으로 배추의 형질전환체를 생산하였다. 배추는 F1 고정종인 서울배추와 inbred line DA001의 배축을 절편체로 사용하였으며, reporter 유전자로서 *gus* 유전자와 선발표지로서 *hpt* 유전자를 포함하는 pRCV2 (LBA4404)로 형질전환하였다. 배추 형질전환 효율은 서울배추가 5.0%를 보였고 DA001은 2.89%를 나타내었다. 배추 형질전환체에서 *gus* 유전자의 발현을 확인할 수 있었으며, Southern 분석을 통해서 형질전환체의 copy수를 확인할 수 있었다.

V. 세부 실험방법

1. 종자소독 및 무균발아

- 70% 에탄올에 1분간 소독한다.
- 30% rox에 15~20분 동안 소독한다.
- 멸균수로 약 4회 정도 수세한다.
- 소독된 종자를 파종배지에 치상하여 7~10일 배양한다.
- 파종배지: MS salt+3% sucrose+0.8% plant agar (pH 5.7~5.8)

2. *Agrobacterium* 준비

- Cell stock에서 YEP 고체 배지에 streaking하여 28℃에서 48시간 암배양한다.
- Single colony를 항생제가 첨가된 5m*l* YEP 액체배지에 접종하여 28℃에서 48시간 동안 배양한다.
- 배양된 5ml 중에서 1m*l*을 항생제가 첨가된 50m*l* YEP 액체배지에 접종하여 28℃에서 16~18시간 배양한다.
- *Agrobacterium*의 농도는 OD_{600}=1.0 으로 한다.

3. 공동배양

- 무균발아 유식물체의 배축 부분을 5~10mm 정도로 절단하여 *Agrobacterium*에 7~10분간 침지한다.
- 접종이 끝난 절편체들은 멸균된 paper에 건져서 균의 일부를 제거한 후 공동배양배지에 치상하여 28℃에서 3일간 암배양한다.
- 공동배양배지 조성: MS medium+3% sucrose+4mg/*l* BA+3 mg/*l* NAA+4mg/*l* $AgNO_3$+5mg/*l* acetosyringone +0.8% plant agar(pH 5.7)

4. 선발배양(callus 유도 및 신초 유도)

- 공동배양된 절편체를 MS 기본 액체배지에 washing 하여 선발배지에 치상한다.
- 치상된 절편체에서 유도된 callus를 절단하여 동일한 선발배지에 옮겨주고, 이 callus로부터 신초를 유도한다.
- 신초가 유도되면 또 다시 동일한 선발배지에 치상하여 배양한다.
- 선발배지 조성: MS medium+3% sucrose+4mg/l BA+3mg/l NAA+4mg/l $AgNO_3$+5mg/l acetosyringone+200mg/l cefotoxime+15mg/l hygromycin+0.8% plant agar(pH 5.7)

5. 뿌리 유도 및 토양 순화

- 유도된 신초는 뿌리 유도배지에 치상하여 뿌리를 유도한 다음 토양에 순화한다.
- 순화한 신초는 뿌리 활착이 완전히 이루어질 때까지 관리한다.
- 뿌리유도배지 조성: 1/2 MS medium+3% sucrose +200mg/l cefotoxime, 200mg/l cefotoxime+15 mg/l hygromycin+0.8% plant agar(pH 5.8)

6. 형질전환체 확인

- GUS 유전자 발현, PCR 검정 및 Southern 분석을 통하여 형질전환 여부를 확인한다.
- 세 가지 분석이 모두 확인된 형질전환체는 자가수분을 시켜 후대 종자를 수확하고, 그 종자를 파종하여 T_1 세대에서의 형질전환 여부를 확인하는 실험을 진행한다.

참고문헌

- An G, Ebert PR, Mitra A, Ha SB(1998) Binary vectors, In SB Gelvin, RA Schilperoort, DPS Verma, eds, Plant Molecular Biology Mannual, A3. Academic Publishers, Dordrecht, pp1~19
- Cho HS, Park BS, Kim JS, Jin YM, Kin HI(2001) Development of "basta" resistant Chinese cabbage by transfer of bar gene. Korean J. Breed 33(4): 324~331
- Cooley MB, Goldsbrough AP, Still DW, Yoder JI(1996) Site-selected insertional mutagenesis of tomato with maze Av an Ds elements. Mol Gen Cenet 252: 284~1094
- Couteau F, Belzile F, Horlow C, Grandhean O, Vezon D, Doutriaux MP(1999) Random chromosome segregation without meiotic arrest in both male and female meiocytes of a dmc1 mutant of *Arabidopsis*. Plant Cell 11: 1623~1634
- Frey M, Stettner C, Gierl A(1998) A general method for gene isolation in tagging approaches: amplification of insertion mutagenized sites(AIMS). Plant J 13: 717~721
- Jefferson RA, Kavanagh TA, Bevan MW(1987) GUS fusion: β-glucuoinidase as a sensitive and versatile gene fusion marker in higher plants. EMBO J 6: 3901~3907
- Kim HS, Kim SH, Park YD(2003) Development of rescue cloning vector with phosphinothricin resistant gene for effective T-DNA tagging. Kor J Hort Sci 18: 594~598
- Koes R, Souer E, van Houwelingen A, Mur L, Spelt C, Quattrocchio F, Wing J, Oppedijk B, Ahmed S, Maes T, Gerats T, Hoogeveen P, Meesters M, Kloos D(1995) Targeted gene inactivation in petunia by PCR-based selection of transposon insertion mutants. Proc Natl Acad Sci USA 92: 8149~8158
- Krysan PJ, Young JC, Sussman MR(1999) T-DNA as an insertional mutagen in *Arabidopsis*. Plant Cell 11: 2283~2290
- Liu YG, Whittier RF(1995) Thermal asymmetric interlaced PCR: autmatable amplification and sequencing of insert end fragments from P1 and YAC clones for chromosome walking. genomics 25: 674~681
- Ministry of Agriculture and Forestry(2000) Cultivated area and production list of vegetables in Korea. pp 106~107
- Spradling AC, Stern DM, Kiss I, Trrte J, Laverty T, Rubin GM(1995) Gene disruptions using P transposable elements: An integral component of the *Drosophila* genome project. Proc Natl Acad Scii USA 92: 10802~10803

12 고추 형질전환

이윤희, 정민, 신선희, 한지학
(주)농우바이오 생명공학연구소

I. 서론

고추는 국내 채소시장 규모 1위 작물로서 연간 약 2조원의 산업을 유지하고 있는 고부가가치 작물이다. 또한 전 세계의 채소재배 면적 중 7위에 달하며 지구상의 인구 약 50억 명이 식품, 염료, 의약품 등 여러 가지 형태로 이용하고 있는 상업적으로 매우 중요한 채소 작물이다. 고추의 생명공학 분야는 다른 주요 주곡작물이나 채소작물에 비해 많이 뒤처져 있는데, 그 이유는 고추 형질전환이 매우 어려웠기 때문이다. 고추 형질전환은 전 세계적으로 많은 실험실에서 지난 15여 년 간 집중적으로 연구해왔으나 대부분 실패하였다. 그동안 간헐적으로 성공사례가 있었지만 재현성이 없어서 그 follow-up이 항상 불투명하였다. 국외적으로 발표된 병저항성 고추 형질전환 성공 사례는 지금까지 수편 내외로 그리 많지 않다. 1993년 DNA Plant Technology사에서 "genetically transformed pepper plants and methods for their production"이란 제목으로 특허를 제출하였고, Manoharna 등(1998), Cai 등(2002), Li 등(2003)이 논문을 발표하였다. 이 논문들의 주 내용은 *Agrobacterium*을 이용하여 *CMV-CP*, *TMV-CP* 또는 *GUS* 유전자를 도입하였고 Kanamycin으로 선발한 실험이었다. 이외의 포스터나 proceeding 등의 발표가 더 있으나 주지할 만한 것은 없고 외국에서도 형질전환 자체에 재현성에 문제가 있는 것으로 보이나 현재 DNA Plant Technology, Seminis, Petoseed에서는 glucanase, hemicellulase, *CMV-CP* 등으로 포장시험을 한 것으로 알려져 있다. 또한 특이할 만한 발표는(Ilan Sela, Hebrew Univ., personal communication) 고추에 특이적으로 virulence가 강한 *Agrobacterium* strain이 선발되어서 이를 이용하면 높은 형질전환율을 가질 수 있다는 것이다. 결론적으로 외국의 연구 결과를 집약해 보면 고추 형질전환의 효율성은 *Agrobacterium*의 strain이 지닌 virulence 정도와 고추 genotype 종류 그리고 vector system에 있는 selection marker의 세 가지 factor가 얽혀서 작용하는 것으로 보인다. 따라서 고추 형질전환 관련해서 체계적이며 재현성이 있는 시스템을 개발하는 것이 절실히 요구되었다.

최근에 Lee 등(2004)에 의해 처음으로 체계적인 고추 형질전환 시스템이 개발되어 고추 형질전환체를 고효율로 대량생산할 수 있는 길이 열렸다. 따라서 고추의 형질전환 기술은 더이상 병목현상이 아니기 때문에 앞으로 많은 유용유전자를 이용한 고부가가치 고추 형질전환체 개발이 예상되어 고추 생명공학의 미래는 매우 밝다고 사려된다. 본 장은 Lee 등(2004)의 논문을 기초로 하여 저자들의 know-how를 첨부한 체계적인 고추 형질전환 방법을 기술하였다.

II. 재료 및 방법

1. 식물재료

형질전환할 때 사용하는 재료는 어떤 고추이든지 상관이 없지만 향후 육종을 통하여 품종을 개발하고자 한다면 반드시 계통이어야 한다. 상업육종을 위한 계통은 일반적으로 종자회사의 재산이기 때문에 분양 자체가 어려우나 농진청, 고추 시험장 등에서 분양받을 수 있다. 본 장에서는 편리상 (주)농우바이오에서 사용했던 재료를 중심으로 기술하고자 한다. 일반적으로 종자는 95% EtOH로 30초 소독 후 증류수로 3회 세척, 50% Yuhanrox bleach로 약 10분 정도 담갔다가 증류수로 3회 세척한 다음 1/2 MS 배지에 치상하여 25℃ 배양실에서 발아시킨다. 약 8~10일 정도 지난 식물체에서 자엽과 배축을 절단하여 explant로 간주한다.

| Tip | 계통에 따라 발아 소요일수가 다르므로 미리 실험재료의 발아일수를 확인해 보는 것이 필요하며, 무엇보다 자엽이 45˚ 정도 벌어졌을 때 절단하여 사용하는 것이 형질전환에 가장 유리하다.

| Tip | 형질전환 과정 자체가 somaclonal variation을 유도하기 때문에 유전적으로 안정된 계통을 사용해도 변이체 발생은 피할 수가 없다. 따라서 만약 F_1(품종)이나 유전적으로 고정되지 않은 재래종을 형질전환에 이용한다면 T 세대의 분리현상은 배가되어서 향후 형질전환 육종에 더 많은 시간이 소요된다는 것을 인지해야 한다.

2. *Agrobacterium*

Agrobacterium culture는 strain과 transformation된 vector에 따라 항생제를 선택하여 사용하고 YEP 고체 배지에 streaking한 다음 28℃에서 36~48시간 배양 후 single colony를 다시 배양한다. 즉, 항생제와 acetosyringone을 YEP 액체 배지에 첨가 후 OD 값 0.3~0.8까지 키워 사용하며 OD 값 1.0 이상은 넘지 않도록 한다. 형질전환할 때 vector를 어떤 것을 사용하느냐에 대해 고민할 수도 있는데 어떤 vector이든지 오래 사용하면 반드시 mutation이 생기기 때문에 replication이 제대로 안될 수 있다. 따라서 오래된 vector, 또는 출처 불명의 vector는 가급적 피하고 새로운 vector에 원하는 transgene이 제대로 clone된 것을 확인한 후 사용하도록 한다.

| Tip | Acetosyringone의 첨가는 재분화 및 형질전환율을 높이는데 기여하므로 single colony 액체배양이나 공동배양시 모두 사용하도록 한다.

| Tip | Co-culture하기 전에 *Agrobacterium* 배양액을 PCR하여 transgene이 있는지를 반드시 확인한다. 가끔 *Agrobacterium* 배양하면서 transgene이 escape되기 때문에 형질전환 전에 항상 PCR로 검정하는 것이 현명하다.

3. 형질전환 조건 확립

1) 고추 계통의 재분화 효율

고추 계통을 형질전환하기 전에 재분화율을 먼저 테스트해 보는 것이 좋다. (주)농우바이오에서는 상업적으로 사용하는 계통 30여 점의 재분화율을 조사하였는데(표 12-1), 자엽인 경우 80% 이상의 재분화율을 갖는 계통은 6점이었으며 60~79%까지는 10점이었다. 그러나 배축을 사용했을 경우는 재분화 효율 면에서 자엽보다 훨씬 떨어졌다. 50% 이상의 효율을 갖는 계통이 단 2점이었다. 특이하게도 P915 경우만이 자엽(95%)과 배축(70%)의 재분화율이 높았다.

| Tip | 다른 작물도 마찬가지이지만 고추도 재분화율이 높은 경우가 형질전환율이 높다. 따라서 처음부터 재분화율이 높은 계통으로 형질전환하는 것이 현명하다.

2) *Agrobacterium*의 virulence와 계통 간의 상호관계

*Agrobacterium*은 숙주에 감염되는 정도, 즉 virulence

표 12-1 고추 상업 계통들의 재분화율

Line	자엽	배축	Line	자엽	배축
P915	95	70	P2404	60	30
P409	85	45	S800	58	16
S1622	85	4	P1557	55	30
P410	81	34	S928	54	0
P1744	80	45	P1947	50	20
P101	80	30	P0564	40	20
S841	77	59	P60	40	28
P2377	75	30	S849	38	18
P49	75	20	S48	32	14
P784	70	40	S885	27	19
Ph240	70	45	S267	20	10
P318	65	25	S788	12	0
P20123	65	22	P50	10	0
P319	60	30	P53	10	0
P2403	60	30	P57	10	0

C: cotyledon; H: hypocotyl

3) 형질전환을 위한 기초조건 확립

일반적으로 식물 조직배양을 할 때 기내 배양조건은 작물과 계통마다 다를 경우가 대부분이다. 고추도 형질전환 하기 전에 여러 가지 기초조건 확립 과정을 검토할 필요가 있다. 저자들의 경험으로는 1) 재분화율이 높은 계통을 확보하고, 2) 자엽을 explant로 사용하며, 3) EHA105로 공동배양하는 것이 가장 좋은 효과를 볼 수 있다. 또한 4) 명발아와 암발아의 큰 차이가 없으며, 5) pre-culture 기간은 24시간 정도면 만족스러운 결과를 얻을 수 있고, 6) co-culture 기간은 2~3일 정도면 충분하다. Selection과 shooting은 호르몬 농도에 크게 영향받지 않는다. 결론적가 작물별로 서로 다르기 때문에 고추에서도 어떤 strain을 이용하느냐에 따라 infection 효율이 달라질 수 있다. 고추 경우는 역시 P915 계통이 어떤 strain으로 접종해도 재분화율이 제일 높았다(표 12-2). 이는 표 12-1에서 얻어진 결과처럼 P915의 가장 높은 재분화율 능력 때문이 아닌가 한다. 따라서 재분화율과 *Agrobacterium*의 infection 정도는 상호 연관관계가 있다고 볼 수 있다. 표 12-2에서 조사된 것처럼 한 strain에 반응하는 각 계통의 재분화율은 다르며 계통에 따라서 각 strain의 virulence 정도에 차이가 난다. 일반적으로 virulence가 높아서 형질전환에 많이 사용되는 EHA105 역시 고추에서도 타 strain에 비해 재분화율이 높았다(표 12-3). 특히 EHA105를 사용할 경우 LBA4404 보다 일반적으로 더 높은 재분화율을 갖는 것으로 나타났다. 또한 자엽과 배축, kanamycin 농도에 따라서도 EHA105가 탁월하게 높은 재분화율을 보여줌으로써 고추의 형질전환에 제일 좋은 *Agrobacterium* strain은 EHA105로 판정되었다.

| Tip | Pre-culture를 위한 explant 채취시 정단부가 포함되지 않도록 유의해야 한다. 정단부가 포함되면 형질전환에 의한 재분화가 일어나기 전에 정단부에서 shoot이 발생하기 때문에 선발시 곤란을 겪게 된다.

| Tip | 고추 형질전환에는 반드시 EHA105를 사용하기를 강력히 추천하며 때로는 EHA101를 사용해도 좋은 결과를 얻을 수 있다.

표 12-2 *Agrobacterium* strain의 virulence 정도와 계통 간의 상호 관계

Strain	P410	P915	P2377	P49	(%)
A136	0.4	4.4	0.2	0.1	
A1567	0.2	1.3	0.2	0.1	
GV3101	0.8	2.2	–	–	
LBA4404	0.4	2.6	0.4	0.2	

%: 신초 형성률

표 12-3 *Agrobacterium* strain의 virulence 정도와 explant 조직간의 상호관계

Line	Km	Cotyledon		Hypocotyl	
	(mg/*l*)	LBA4404	EHA105	LBA4404	EHA105
P915	80	7.4	9.9	1.0	4.3
	100	4.4	5.2	0.3	6.4
	120	0.0	1.4	0.0	1.1
P2377	80	5.0	8.4	1.1	2.4
	100	1.2	1.6	0.8	2.1
P784	80	2.2	6.3	–	1.3
	100	0.0	1.3	–	0.6
P410	80	4.6	4.9	1.1	2.3
	100	0.4	0.3	0.0	–
P101	80	1.6	0.8	1.1	1.1*
	100	0.40.0	0.0	0.0	–

*신초 형성률

그림 12-1 공동배양 후 direct shoot 형성의 발달 단계

A_ 신초형성(선발 배지 치상 후 5주). B_ multi-shoot 형성(7주). C_ multi-shoot 신장(9주). D_ multi-shoot에서 하나의 신초로 신장(11주). E_ 뿌리 형성(14주). 빨간 점선은 다음 배양 단계를 위해 절단하는 부위를 나타낸다.

으로 고추 형질전환의 경우 배양 조건이 제일 큰 factor가 되는 것이 아니라는 것이다. 그러나 외국 계통들은 재분화율이 떨어지는 것들이 있어서 조건을 개별적으로 확립해야 한다.

III. 결과

1. Callus-Mediated Shoot Formation (CMSF) 방법

쌍떡잎 작물 중에서 형질전환이 쉽게 되는 담배의 경우, 대부분 explant 절단면에서 direct하게 신초(shoot)가 생성된다. 그러나 자세히 관찰하면 절단면에서 direct하게 나오는 경우 외에도 다른 조직, 즉 callus가 만들어지고, 그 callus에서 shoot이 나오는 경우도 있다. 실상 단자엽 식물 중 옥수수나 벼는 지난 10여 년 전까지 *Agrobacterium* co-culture방법으로는 형질전환이 안된다고 알려져 있었는데 이는 direct shoot만 screening했던 결과 때문이다. Callus에서 shoot이 나오는 경우 형질전환이 될 확률이 높다는 사실을 인지한 다음부터는 callus를 유도하고 그 callus에서 shoot을 발생시키는 방법이 정착되어 왔다. 고추 역시 이런 방법으로 성공하였는데 이런 현상에 대한 공통적인 면은 *Agrobacterium*이 infection하는 데 있어서 일반 explant 절단면에서는 쉽지 않고 callus 조직에서 좀 더 나은 확률로 접종을 시킬 수 있다는 것이다. 이를 증명하는 연구결과에 대해 direct, indirect shoot formation 두 가지로 나누어 기술하겠다.

1) Direct shoot formation을 통한 형질전환

고추는 explant 절단면에서 비교적 쉽게 신초가 형성된다(direct shoot). 고추의 direct 신초 형성은 single 또는 multiple로 형성되며(그림 12-1), 신초 중에서 발근하는 개체들의 효율은 약 1%이다. 즉, 100점의 explant에서 뿌리까지 형성된 seedling 수는 약 1점인 것이다. 형질전환 효율을 조사하기 위하여 *TMV-CP*, *PPI1*(transcription factor)

표 12-4 신초 형성률과 뿌리 형성률

Gene	Number of explant				Number of shoot				Number of shoot with root			
	P915	P409	P410	P101	P915	P409	P410	P101	P915	P409	P410	P101
TMV-CP	30,512	26,039	24,107	21,983	2,106	1,017	1,697	628	392	156	311	49
PPI1	14,413	14,080	7,488	13,078	1,024	587	720	310	186	103	176	34
Sub-total	44,925	40,119	31,595	35,061	3,130	1,604	2,417	938	578	259	487	83
Tatal	151,700				8,089(5.3%)				1,407(0.93%)			

그림 12-2 공동 배양후 indirect shoot 형성의 발달 단계

A_ callus 형성(선발 배지 치상 후 5주). B_ callus 발달(7주). C_ 신초 형성(9주). D_ 신초 신장(11주). E_ 뿌리 형성(14주). 빨간 점선은 다음 배양 단계를 위해 절단하는 부위를 나타낸다.

의 유전자를 4개의 계통에 형질전환하였다(표 12-4). 사용한 총 explant 수는 151,700점이며 이로부터 1,407점의 seedling을 PCR 분석을 하였으나 유전자가 삽입된 개체는 한점도 없었다. 즉, 고추 형질전환을 할 때 direct shoot formation을 통해서는 절대로 형질전환체를 얻을 수 없다는 것이다.

|Tip| 지난 15여 년 간 수많은 연구자들이 이 문제를 간과하고 direct shoot을 계속 screening했기 때문에 고추 형질전환을 성공하지 못했을 것이라고 사려된다. 고추의 경우는 *Agrobacterium*이 explant에 직접적인 infection이 안된다고 볼 수 있다. 그럼 왜 고추에서 항생제 배지에서도 신초가 쉽게 발생할 수 있느냐가 관점인데 항생제 농도가 100mg/*l* 이상의 조건에서도 형질전환하지 않은 control 고추 조직이 잘 자랄 수 있다는 사실을 상기할 필요가 있다.

2) Indirect shoot formation을 통한 형질전환

고추 explant를 공동배양 후 selection 배지에 치상한 다음 약 5~7주 이후부터 절단면에 callus가 생성되는 경우를 볼 수 있다(그림 12-2). Callus 형성 효율은 explant 수를 기준으로 하여 1.22% 정도이며 shooting되는 callus를 얻을 효율은 0.14%이다(표 12-5). 즉, 약 1,000개의 explant를 조사할 경우 1점의 shoot이 callus에서 만들어진다고

표 12-5 Callus 형성률과 callus에서의 신초 형성률

	Number of explant				Number of callus formed				Number of shoot from callus				Number of shoot with root			
Gene	P915	P409	P410	P101	P915	P409	P410	P101	P915	P409	P410	P101	P915	P409	P410	P101
TMV-CP	5,188	6,917	5,491	7,210	81	30	25	94	14	5	1	7	12	3	0	2
PPI1	2,903	3,056	3,798	2,937	107	46	17	59	15	4	2	5	7	2	1	1
Sub-total	8,091	9,973	9,289	10,147	188	76	42	153	29	9	3	12	19	5	1	3
Total	37,500				459(1.22%)				53(0.14%)				28(0.07%)			

표 12-6 CMSF를 이용한 고추 형질전환 효율

Gene	Genotype	Number of explants	Number of callus formed	Number of shoots from callus	Number of shoots with root	PCR positive shoots
CMV-CP	P915	1058	54 (5.1%)	8 (0.76%)	6 (0.57%)	2 (0.19%)
WRKY	P915	423	13 (3.07%)	3 (0.71%)	1 (0.24%)	1 (0.24%)

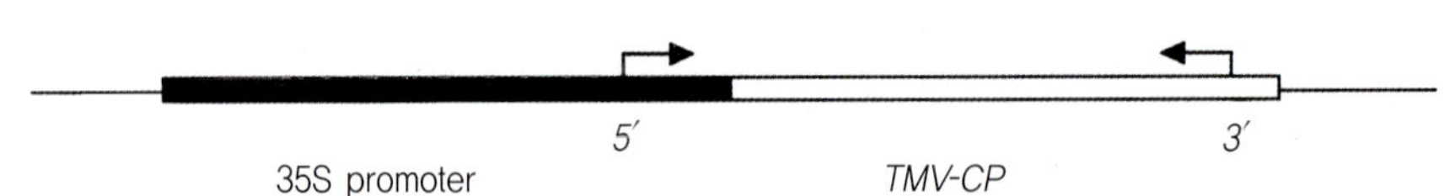

그림 12-3 5'말단과 3'말단의 PCR primer

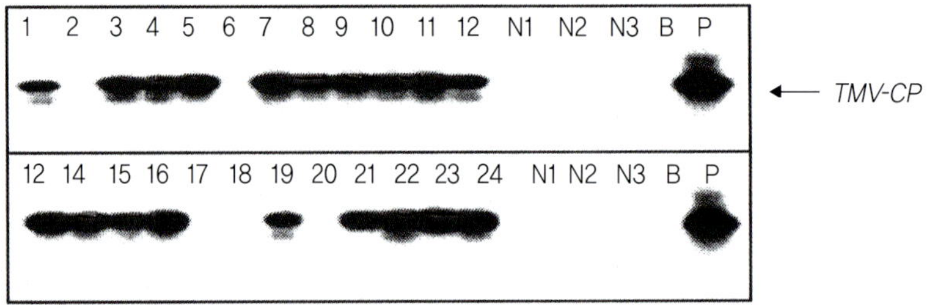

그림 12-4 T_1을 이용한 PCR southern blot 분석

1~24_ transformed T1. **N1~3_** non-transformed. **P_** pTMV-CP.

볼 수 있다. 그러나 이 수치는 계통마다 다르고 조건에 따라 다르므로 정상적으로 만들어지는 seedling 발생률은 일단 어느 경우든지 해봐야 알 수 있다.

두 가지 유전자, 즉 *CMV-CP*와 *WRKY*(transcription factor)를 형질전환한 경우, explant에서 callus가 형성되고 그 callus에서 indirect하게 shoot이 발생되는 과정을 통해서 root까지 발달되는 효율은 0.24~0.57%이다(표 12-6). 이는 표 12-5에서 보여준 0.07% 보다 많이 높아진 효율인데 상대적으로 CMSF selection 방법을 집중화했기 때문이다. 따라서 CMSF 방법의 형질전환 효율은 약 0.2%이다. 이 효율은 만족스럽지 않은 수치였지만 실험에 사용한 4 계통에 형질전환을 모두 성공시켰으며 반복실험을 통하여 재현성이 있다는 것을 확인하였다.

PCR 분석은 여러차례 반복 실험을 하였으며 PCR

primer는 35S promoter와 transgene의 DNA sequence에서 발췌하여 이용하기 때문에 PCR 분석은 매우 정확하다(그림 12-3). PCR-positive한 형질전환체에서 자가수분을 거쳐 T_1 세대를 확보하고 T_1 세대를 육묘 상태에서 키운 후 PCR을 실시하였다. Transgene의 삽입여부는 T_1 세대의 분리에 따라 정확한 분리비를 예상할 수 있다(그림 12-4). 여기서는 T_1 총 24점 중 5점에만 transgene이 없는 것으로 보아 transgene이 1 copy 들어 있는 형질전환체에서 약 3:1 분리가 되는 전형적인 Mendelian pattern을 확인할 수 있었다.

3) 형질전환 protocol

CMSF를 이용하여 고추 형질전환에 성공할 수 있는 protocol을 기술하였다(표 12-7). 그러나 각 step에 대해 반드시 이렇게 해야 한다는 것은 아니다. 다만 각 계통별로 이런 조건 범주에서 고추 형질전환을 수행하면 성공할 수 있는 확률이 높아진다는 것이다.

| Tip | CMSF를 진행하는 과정에서 가장 중요한 부분은 형질전환체 선발 부분으로서, 재분화 과정 중 발견되는 수많은 directly grown shoot을 과감히 버리는 것과 shoot을 만들어 낼 수 있는 callus를 정확히 동정해 내는 것이다. 당연히 많은 숙련이 필요한 부분이다.

4) Southern과 northern blot 분석

PCR 분석 후 고추 genome에 *PPI1* transgene이 삽입되었는지 증명하기 위하여 여러 점의 T_0 고추 형질전환체를 사용하여 Southern blot 분석을 하였다(그림 12-5). Digestion band pattern으로 보아 5.0 kb와 547 bp는 고추 자체 indigenous한 유전자이며 그 외의 band들은 각 개체 안에서의 transgene 분포를 보여준다.

Southern blot 분석으로 *TMV-CP* transgene의 삽입을 확인한 형질전환체를 대상으로 transcript level을 조사하였다. T_0 고추 형질전환체 중 3점의 sample에서 total RNA를 분리하여 northern blot을 실시하여 transcript의 여부

표 12-7 CMSF를 이용한 고추 형질전환 방법

Line	P915 or P409	Duration
Germination	Germination condition under light or night did not influence the transformation(1/2MS + 1.5% sucrose + 0.8% agar, pH5.8)	8~10 days
Explant	Sample source from either cotyledon or hypocotyl did not make a big difference for inducing transformation.	
Pre-culture	— basic media(MS + 3.0% sucrose + 0.8% agar, pH 5.72) — 2.0mg/*l* zeatin + 0.05mg/*l* NAA or 2.0mg/*l* zeatin + 0.1mg/*l* IAA	2~36 h
cDNA insert	PPI1 or TMV-CP	
Agobacterium	EHA105 or LBA4404	
Inoculation	— basic media — Addition of acetosyringone or not did not matter. — OD(600): 0.3~0.5	10~20 m
Co-culture	— basic media — 2.0mg/*l* zeatin + 0.05mg/*l* NAA or 2.0mg/*l* zeatin + 0.1mg/*l* IAA — washing buffer(1/2MS + 1.5% sucrose, pH5.8 with 500 - 800mg/*l* cefotaxime or 500~800mg/*l* lilacilline)	38~96 h in dark
Selection	— basic media — 80~100mg/*l* kanamycin + 300mg/*l* cefotaxime or lilacilline with 2.0mg/*l* zeatin + 0.05mg/*l* NAA or 2.0mg/*l* zeatin + 0.1mg/*l* IAA	— callus formation: 4~5 weeks — callus development: 2~3 weeks
Shooting	— basic media — 60~100mg/*l* kanamycin + 300mg/*l* cefotaxime with 2.0mg/*l* zeatin + 0.01mg/*l* NAA or 2.0mg/*l* zeatin + 0.01mg/*l* IAA	— shoot formation: 1~2 weeks — shoot elongation: 6~8 weeks
Rooting	— basic media — kanamycin 20~30mg/*l* + cefotaxime 200mg/*l* without hormone	— root formation: 4~5 weeks — 10 cm height: 2~3 weeks

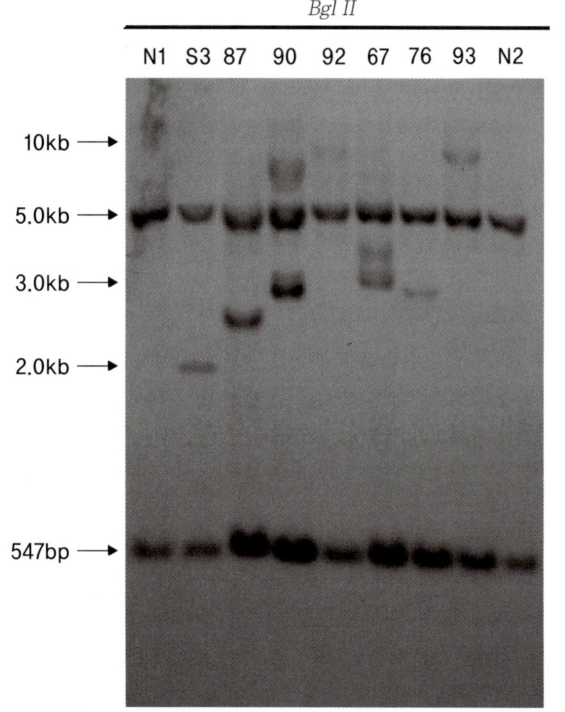

그림 12-5 *PPI1* 형질전환체 T_0를 이용한 Southern blot 분석 **Numbers_** transformed. **N1~2_** non-transformed.

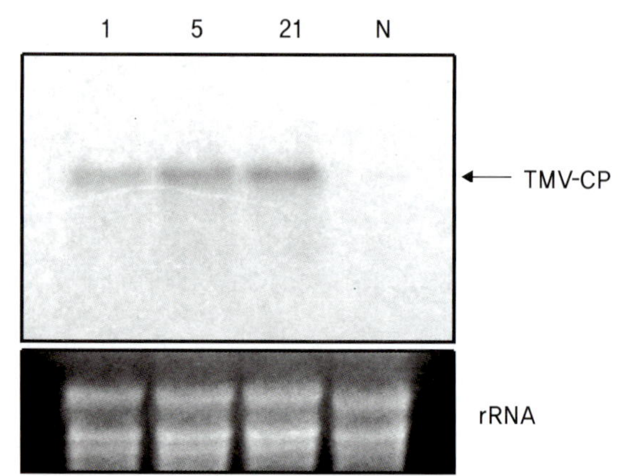

그림 12-6 *TMV-CP* 형질전환체 T_0를 이용한 northern blot 분석 **Numbers_** transformed. **N_**non transformed.

를 확인하였다(그림 12-6).

5) 삽입 유전자의 특성분석

TMV의 저항성 정도를 확인하기 위해 T_1 고추 형질전환체를 육묘 상에서 약 3주간 키운 후 TMV 접종을 하였다. 이 실험을 통해서 저항성 개체를 28점을 확보하였는데 그 28점은 모두 *TMV-CP* transgene이 들어가 있음을 확인하였다(표 12-8). 그러나 감수성 개체에서도 많은 개체들이 transgene을 보유하고 있었고, 저항성이라고 선발된 28점의 개체 역시 강저항성이 아니라서 상업적으로 크게 가치 있는 선발은 아니었다.

2. Callus-Induced Transformation (CIT) 방법

1) callus 유도

Explant 절단면에서 callus가 자연적으로(naturally) 형성되고 그 callus에서 shoot이 유도되면 형질전환이 성공될 확률이 높다는 것이 앞서 서술된 indirect shoot formation, 즉 callus-mediated shoot formation(CMSF) 방법이다. 이 방법을 사용한다면 형질전환 효율은 자연적으로 발생하는 callus 유도율에 의존될 수밖에 없다. 따라서 callus를 인위적으로 유도하여 그 callus에서 shoot을 발생시키면 전체 형질전환 성공률이 높아질 것으로 예상되어 callus를 직접 유도하기로 하였으며 이 방법을 callus-induced transformation(CIT)이라고 명명하였다.

이를 위하여 callus를 대량 유도하고 그 callus들의 형질전환 여부를 monitoring하기 위하여 *GFP* 유전자를 이용하였다. CIT 방법의 제일 중요한 요인은 여러 가지 auxin을 이용하여 callus를 인위적으로 유도한다는 것이다. 그리고 공동배양을 하고 그 다음의 모든 조건은 CMSF 방법과 동일하다. 그림 12-7에서 보는 것처럼 GFP가 발현되는 callus는 쉽게 관찰되었다. 따라서 이 방법을 통해 높은 효율로 고추 callus를 유도하게 되었고, 또한 U-MNIBA filter를 이용하여 세계에서 처음으로 고추 조직에서 GFP 발현을 볼 수 있게 되었다(그림 12-7).

2) CIT 형질전환의 효율

인위적인 callus 발생률은 13.14%이며, GFP가 발현되는 callus 발생률은 약 4.75%이다(표 12-9). 따라서 callus

표 12-8 T_1 세대의 TMV 저항성 조사

	Number of plants tested	Susceptible	Resistant
T_1	408	380	28
Absorbance		0.79 ± 0.01	0.31 ± 0.05
Non-transformed	66	66	0
Absorbance		0.86 ± 0.02	—

저항성 조사를 위해 *TMV-CP* 고추형질전환체 T_1을 사용하여 2주 간격으로 2차례 TMV를 접종하였다. 저항성은 ELISA test에 의해 결정되었는데, 2개의 대조구를 합한 값인 0.39±0.01보다 작은 개체를 저항성으로 판명하였다.

를 유도하여 형질전환하는 경우 그 효율이 매우 높다는 것을 알 수 있다. 또한 callus에서 shoot이 나오는 효율은 39.25%이지만 실지 shoot에서 transgene이 발견되는 것은 전체 유도된 shoot의 수에서 17.81%에 불과하다. 10여 계통에 CIT 방법을 적용하였는데 어느 계통이나 모두 callus를 형성하였고 GFP가 발현되는 것으로 미루어 보아 CIT 방법은 genotype 특이성이 없었다. *GFP* transgene의 경우 전체 3,725점의 explant에서 PCR-positive개체가 13점이 발굴되어 0.35%의 형질전환 효율을 나타냈다(표 12-10). 그러나 *WRKY*의 경우 0.78%, *CMV-CP*의 경우 0.73%의 형질전환 효율을 나타냈다. 이 효율들은 결코 적은 효율이 아니며 과거 재현성도 없고 형질전환이 거의 되지 않았던 실험 결과에 비하면 비약적인 발전이다.

| Tip | Callus 유도를 위한 hormone screening 시 callus의 대량 유도뿐만 아니라 shoot으로 갈 수 있는 능력을 지닌 callus를 대량 발생시킬 수 있는 auxin의 종류 및 농도를 선택해야 한다.

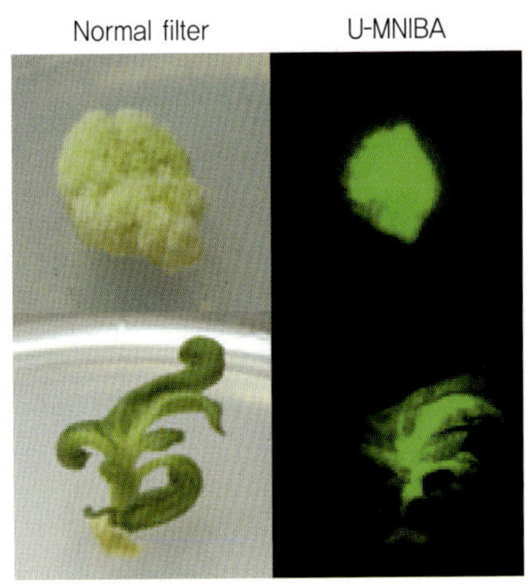

Normal filter U-MNIBA

Non-transformed →

Transformed →

그림 12-7 CIT 방법을 이용한 callus 유도 및 GFP 발현

표 12-9 CIT 방법을 이용한 callus 유도율과 GFP 발현율

Gene	Genotype	Number of explants	Number of callus induced	Number of callus with GFP expression
GFP	P915	1343	202 (15.0)	68 (5.1) %
	P318	853	27 (3.2)	9 (1.1)
	P319	596	186 (31.2)	82 (13.8)
	P409	933	77 (8.3)	27 (2.9)
	P410	402	76 (18.9)	19 (4.7)
	P784	56	5 (8.9)	2 (3.6)
	P2377	312	43 (13.8)	22 (7.1)
	PMAL	415	29 (7.0)	4 (1.0)
Total		4910	645 (13.14%)	233 (4.75%)

표 12-10 CIT를 이용한 형질전환 효율

Gene	Genotype	Number of shoots from callus	PCR-positive shoots
GFP	P915	12/68	2 (0.15%: 2/1343)
	P318	8/9	4 (0.47%: 4/853)
	P319	40/82	5 (0.84%: 5/596)
	P409	13/27	2 (0.21%: 2/933)
Total		73/186 (39.25%)	13/73 (17.81%); 13/3725 (0.35%)

Gene	Genotype	Number of explants	Number of callus induced	Number of shoots from callus	PCR-positive shoots
CaWRKY	P915	1290	248	40	10
Total		248/1290 (19.22%)	40/248 (16.12%)	10/40 (25.0%)	(0.78%: 10/1290)

Gene	Genotype	Number of explants	Number of callus formed	Number of callus-mediated shoot	Number of root formed	PCR-positive shoots
CMV-CP	P915	376	107	6	4	3
	P2377	151	52	2	1	1
	Ph240	162	32	2	1	1
Total		689	191	10	6	5
Frequency			191/689 (27.72%)	10/689 (1.45%)	6/689(0.87%)	5/689 (0.73%)

3) CIT 방법에 의한 형질전환체의 Southern blot 분석

고추 genome에 transgene이 삽입된 것을 확인하기 위하여 여러 점의 T_0 고추 형질전환체를 사용하여 Southern blot 분석을 실시하였다. 대부분의 개체에서 *GFP* 유전자가 1 copy 또는 2 copy로 서로 다른 locus에 삽입되어 있는 것을 확인하였다(그림 12-8).

Tip Co-culture시 *Agrobacterium*이 고추 자엽조직 절단면에 직접 infection되는 것은 어렵지만 callus는 좀 더 쉽게 infection이 된다고 추정하고 있다.

Tip 형질전환 효율을 좀 더 높이기 위해서는 유도된 callus에서 정상적인 shoot으로 발달시키는 재분화 배양 조건을 적용해 나가야 한다. 즉, 완전한 callus 유도 후 shoot으로의 분화 과정이 절대적으로 중요하다는 것을 명심해야 한다.

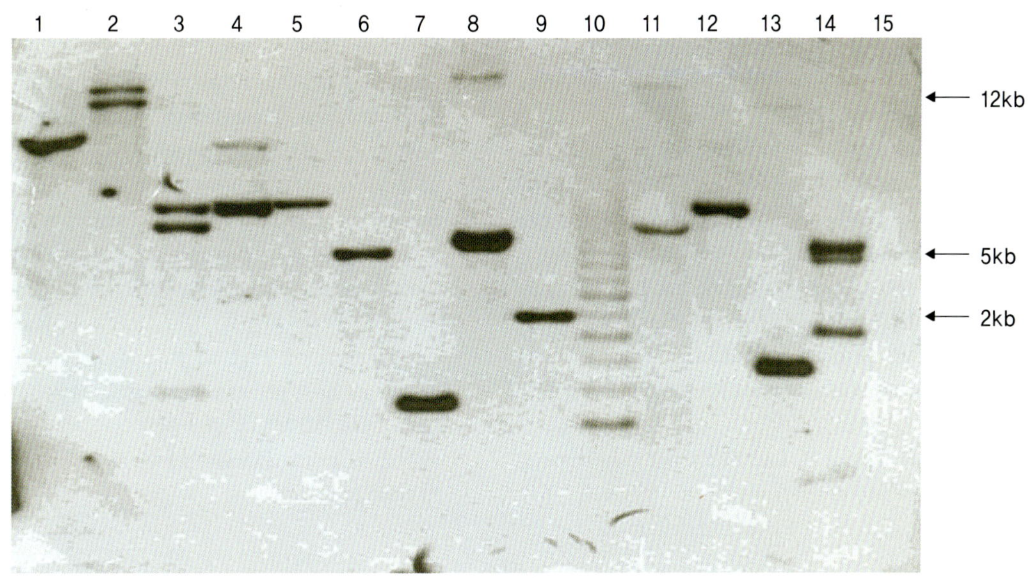

그림 12-8 CIT를 이용한 *GFP* 유전자 형질전환체의 T_0의 Southern blot 분석

Lane 1~14_ transformed. **Lane 15_** Non-transformed control. Genomic DNA는 *Bam*H I+*Xba* I로 digested 하였음.

IV. 결론

본 장에서는 고추 형질전환의 두 가지 방법에 관하여 기술하였다. 첫째는 callus-mediated shoot formation(CMSF)이라는 방법이고, 둘째는 callus-induced transformation(CIT) 방법다. 첫째, CMSF는 자연적으로 발생하는 callus를 발견하고 그 중에서 shoot을 만들어 낼 수 있는 callus를 screening하는 것이다. 최종 형질전환 효율은 평균 0.2%이며 실험에 사용한 네 가지 계통에서 모두 성공된 것으로 보아서 이 방법의 재현성은 의심할 여지가 없다. 위에 서술된 protocol을 사용한다면 누구나 고추 형질전환에 성공할 수 있을 것으로 기대한다. 둘째로 CIT 방법은 CMSF 방법의 연장으로서 callus를 통한 형질전환체 발견에서 배운 hint를 응용한 것이다. 즉, 인위적으로 callus를 유도하고 거기서 shoot을 유도하여 형질전환 효율을 올리자는 것이다. 이 방법은 과거 형질전환이 어려웠던 단자엽 식물들에 callus를 유도해서 *Agrobacterium*을 이용하여 형질전환에 성공했다는 경우와 같은 맥락이다. 따라서 callus라는 조직이 일반 explant 절단면보다는 *Agrobacterium*의 infection을 좀 더 용이하게 하지 않나 하는 가설을 세울 수가 있다. CIT 방법은 여러 가지 계통에 모두 사용될 수 있고 형질전환 효율도 거의 0.5~1.0% 정도이며 재현성도 지니고 있다.

참고문헌

- Cai WQ, Fang RX, Zhang FL, Xhang JC, Chen Z, Wang GL, Mang KQ, Shang HS, Wang X, Li YR(2002) Virus-resistant chili pepper produced by *Agrobacterium* species-mediated transformation. Transgenic Plants and Crops, Marcel Dekker Inc., New York 563~578
- Kim JY, Jung M, Kim HS, Lee YH, Choi SH, Lim YP, Min BW, Yang SG, Harn CH(2002) A new selection system for pepper regeneration by mannose. J Plant Biotechnol 4: 129~134
- Kim SH, Kim SR, An CS, Hong YN, Lee KW(2001) Constitutive expression of rice MADS box gene using seed explants in hot pepper(Capsicum annuum L.). Mol Cells 12: 221~226

- Kim SJ, Lee DJ, Kim BD, Paek KH(1997) Satellite-RNA-mediated resistance to cucumber mosaic virus in transgenic plants of hot pepper(Capsicum annuum L. cv. Golden Tower). Plant Cell Rep 16: 825~830
- Lee SJ, Kim BD, Paek KH(1993) In vitro plant regeneration and *Agrobacterium*-mediated transformation from cotyledon explants of hot pepper(Capsicum annuum L. cv. Golden Tower). Korean J Plant Tissue Cult 20: 289~294
- Lee YH, Kim HS, Kim JY, Jung M, Park YS, Lee JS, Choi SH, Her NH, Lee JH, Hyung NI, Lee CH, Yang SG, Harn CH(2004) A New selection method for pepper transformation: callus-mediated shoot formation. Plant Cell Rep 23: 50~58
- Li D, Zhao K, Xie B, Zhang B, Luo K(2003) Establishment of highly efficient transformation system for pepper(Capsicum annuum L.). Plant Cell Rep 21: 785~788
- Manoharan M, Vidya CSS, Sita GL(1998) *Agrobacterium*-mediated genetic transformation in hot chilli(Capsicum annuum L. var. Pusa Jwala). Plant Sci 131: 77~83
- Shin R, Han JH, Lee GJ, Paek KH(2002-a) The potential use of a viral coat protein gene as a transgene screening marker and multiple virus resistance of pepper plants coexpressing coat proteins of cucumber mosaic virus and tomato mosaic virus. Transgenic Research 11: 215~219
- Shin R, Park JM, An JM, Paek KH(2002-b) Ectopic expression of Tsi1 in transgenic hot pepper plants enhances host resistance to viral, bacterial, and oomycete pathogens. MPMI 15: 983~989
- 특허등록: callus 유도를 이용한 고추 형질전환체의 대량생산 방법(0522437)

13

수박 형질전환

[1]최필선, [2]유장렬, [1]조미애
[1]남부대학교 한방제약개발학과
[2]한국생명공학연구원 식물유전체연구센터

I. 서론

수박은 열대 및 아열대지방에서 기원된 원예작물로서 우리나라와 중국을 비롯한 아시아 대부분 지역에서 재배되고 있는 중요한 박과작물이다. 수박은 높은 단맛과 향을 갖는 박과작물이고, 비타민(20%), 무기영양소(8%) 및 lycopene와 같은 항산화제 등의 기능성 성분을 함유하고 있기 때문에 건강식품으로서도 중요하다(Gaster, 1997; Anonymous, 2003). 이러한 중요성 때문에 전통육종과 분자육종연구를 통한 신품종 연구가 진행되어 왔으며, 그 결과 전자의 방법에 의해 박테리아 저항성(Rane and Latin, 1992), 바이러스 저항성(Feher, 1993), 수박 모자이크바이러스 저항성(Gillaspie and Wright, 1993) 및 zucchini yellow 모자이크바이러스 저항성(Boyhan *et al.*, 1992) 등의 신품종이 개발되었다. 그러나 수박에서 분자육종을 통한 신품종 개발은 아직 초기단계라 할 수 있으며(Gaba *et al.*, 2004), 이는 분자육종연구에서 가장 핵심기술인 안정적 형질전환시스템이 확립되어 있지 않기 때문이다.

수박은 형질전환이 매우 까다로운 식물 중 하나로 알려져 있다. 지금까지 개발된 수박 형질전환시스템은 Choi(1994) 등에 의해 처음 보고된 이후 최근 자엽절편으로부터 기관발생을 통해 형질전환체를 얻은 몇몇 보고가 있지만(Ellul *et al.*, 2003; Gaba *et al.*, 2004), 이들 연구에서도 제한된 선발마커의 이용, 실험자 및 품종의 의존성 등의 문제로 안정적인 형질전환시스템을 확보할 수가 없었다. 수박의 선발마커 유전자는 *nptII*를 사용하여 왔으며(Choi *et al.*, 1994; Ellul *et al.*, 2003), 극히 일부에서 *phosphomannose isomerase* 유전자를 사용한 예도 있다(Reed *et al.*, 2001). 그러나 동일 박과작물인 오이를 포함한 많은 작물에서 매우 효과적인 선발마커로 알려진 제초제 저항성 *bar* 유전자를(Cho *et al.*, 2005a; Zhang *et al.*, 1999) 선발마커로 이용한 예는 흔치 않다. *Bar* 유전자는 phosphinothricin acetyl transferase (PAT)효소를 합성함으로써 glufosinate의 독성을 불활성화시키는 것으로 알려져 있고(Thompson *et al.*, 1987), 이러한 특성을 이용하여 많은 식물의 형질전환시스템에서 선발 마커로 사용하여 왔다(D'Halluin *et al.*, 1992; Cho *et al.*, 2004).

또한 작물의 최적 형질전환 시스템 개발에 있어서 고려

되어야 할 사항은 최적 균주의 선정(Cho *et al.*, 2005a, c; Simmonds and Donaldson, 2000)이라 할 수 있다. *Coleus blumei* 식물은 다른 *Agrobacterium*균주에 비하여 B6S3 균주의 감염성이 매우 높은 것으로 알려져 있고 (Bauer *et al.*, 2002), 동진벼, 화양벼 및 낙동벼는 LBA4404에 대해 감염성이 매우 높지만, 밀양과 삼강벼는 낮은 것으로 알려져 있다(Lee *et al.*, 1999). 또한 형질전환이 매우 까다로운 작물로 알려진 대두에서는 GV3101, C58, LBA4404보다는 EHA101균주(Cho *et al.*, 2004)가, 옥수수 미숙배 배양을 통한 형질전환에서 C58C1균주가 가장 적합한 것으로 보고되어 있다(Cho *et al.*, 2005b). 이와 같이 *Agrobacterium* 균주의 감염성은 그 균주의 종류에 따라 식물 종, 품종에 따라서 다르게 나타날 수 있기 때문에 안정적, 고효율 형질전환 시스템을 확립하기 위해서는 최적의 *Agrobacterium*을 선정할 필요가 있다.

이 장에서는 수박의 안정적 형질전환 시스템을 확립하기 위한 *Agrobacterium* 공동배양법, 가장 높은 감염성을 갖는 균주의 선정 및 선발 마커로서 *bar* 유전자의 이용 가능성에 대하여 서술하고자 한다.

II. 재료 및 방법

수박의 형질전환 연구는 주로 자엽절편(Choi *et al.*, 1994; Ellul *et al.*, 2003; Compton *et al.*, 2004; Cho *et al.*, 2005c)과 엽병(Zhong *et al.*, 2002)을 *Agrobacterium*과 공동배양하여 성공적으로 이루어져 왔고, 최근 수박자엽절편으로부터 형질전환체 생산에서 가장 적합한 *Agrobacterium* 균주의 선정과 선발마커로서 *bar* 유전자를 이용한 형질전환방법이 확립되었다(Cho *et al.*, 2007).

1. 식물 재료

국내 종묘회사로부터 구입한 수박(대산) 종자를 70% 알코올에 1분간, 0.4% sodium hypochlorite용액에 15분간 표면 살균하였다. 2% sucrose와 0.8% agar가 첨가된 MS 기본배지(Murashige and Skoog, 1962)에 petridish당 10개의 종자를 치상하고 25℃, 암상태에서 5일 동안 발아시켰다. 배지는 autoclave전 1 N HCl과 1 N KOH로 pH 5.6으로 조정하였다. 배양 5일 후 발아된 수박 유식물체로부터 경단분열조직이 포함되지 않게 조심스럽게 자엽 절편을 절단한 후 *Agrobacterium*과 공동배양하기 위한 절편으로 사용하였다.

2. *Agrobacterium tumefaciens* strains

CaMV35S프로모터, *β-glucuoinidase*(*GUS*) 유전자와 선발마커로서 *bar* 유전자(pPTN289)와 *nptII* 유전자(pPTN290)을 freeze-thaw방법으로 LBA4404, EHA101 및 GV3101에 각각 형질전환하여 균주로 사용하였다(그림 13-1, Cho *et al.*, 2005c). 50mg/*l* streptomycin과 50mg/*l* spectinomycin이 첨가된 LB액체배지 50m*l*에 각각의 colony를 접종하여 28℃로 8시간 이상 배양한 후 대수기 증식기(OD_{650}= 0.6－1.0)의 균을 사용하였다.

3. 형질전환체 생산

pPTN289벡터의 선발 표지인 *bar* 유전자 발현 형질전환체를 얻기 위하여 약 50개 자엽절편을 25m*l*의 *Agrobacterium* 용액에 10분 동안 침지한 후 공동배양용 배지(1/10 MS salt, 20 mM MES, 100mg/*l* cysteine, 3.2mg/*l* BA, 0.5mg/*l* IBA, 39mg/*l* acetosyringone, 3% sucrose, pH 5.4, CM)에 6개씩 치상하여 2일 동안 공동배양하였다. 공동배양한 자엽절편을 3~5회 수세한 후 shoot유도배지(MS salt, MS vitamin, 3% sucrose, 3.2mg/*l* BA, 0.5mg/*l* IBA, 5mg/*l* glufosinate, 50mg/*l* ticarcillin, 50mg/*l* cefotaxime, 50mg/*l* vancomycin, 3 mM MES, pH 5.6, SI)에 옮겨 6~8주 동안 2주 간격으로 계대배양하였다. 유도된 shoot를 분리하여 신장 배지(MS salt, 0.1mg/*l* IBA, 0.05mg/*l* GA_3, 3mg/*l* glufonsinate, 50mg/*l* ticarcillin, 50mg/*l* cefotaxime, 50mg/*l* vancomycin, 3 mM MES, pH 5.8, SE)에 옮겨 3cm 이상 신장시켜 유식물체를 얻었다. 한편, pPTN290벡터를 이용할 경우 위의 모든 배지에서 5mg/*l* glufosinate 대신 100mg/*l* paromomycin과 kanamycin을 첨가하여 수행하였다. 모든 배지는 8g/*l* phyto agar를 첨가하기 전 pH를 조정하여 121℃, 1.2기압에서 15분간 고압 멸균하였다. 배지는 90×15mm 플라스틱 petridish에

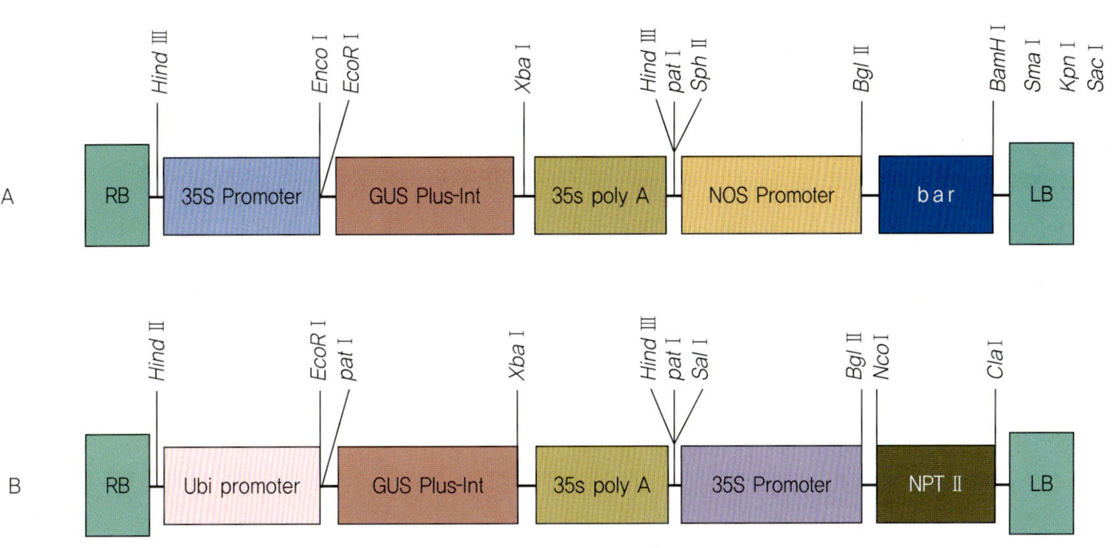

그림 13-1 식물발현벡터(pPTN289, A; pPTN290, B)의 T-DNA 부위

25m*l*씩 분주하여 사용하였다. 배양은 24℃로 조절되는 배양실에서 광도 46μmol^{-2}s^{-1}의 16시간 광주기에서 배양하였다. 선발 배지에서 얻은 유식물체는 토양으로 옮겨 온실에서 순화하였다.

4. β-Glucuronidase(GUS) 활성조사

*Agrobacterium*과 공동배양된 자엽절편으로부터 유도된 유식물체의 잎절편과 토양에서 순화된 성숙한 식물체의 화기를 채취한 후, 37℃에서5-bromo-4-chloro-3-indole-glucuronidase 용액에 침지시켰다(Jefferson *et al.*, 1987). 24시간 후 70% 알코올 용액으로 탈색시킨 후 GUS 양성반응을 보인 식물체의 빈도를 조사하였다. 대조구로서는 *Agrobacterium*과 공동배양하지 않은 식물체의 잎 절편을 사용하였다.

5. Leaf painting assay 및 Southern 분석

유식물체의 잎에서 GUS 양성반응을 나타낸 식물체를 토양에 순화한 후 30cm 이상 되었을 때 1차 잎 표면에 0.1% 바스타(Aventis Inc.)를 솜으로 처리하였다. 또한 어린 잎 절편 약 2g을 채취하여 genomic DNA를 추출하였으며(Dellaporta *et al.*, 1983), 약 10μg의 DNA를 EcoRI 제한효소 반응액에 37℃에서 16시간 동안 반응시켜 절단한 후 0.8% agarose 겔에 전기영동하였다. Agarose 겔 상의 DNA 밴드를 Zeta^{R}-Probe nylon membrane(Bio-Rad, catalog #162-0196)에 옮겨 ^{32}P-dCTP(Stratagene, catalog #300385)로 표지된 약 2.0 kb gus probe를 이용하여 Southern 분석하였다(Southern, 1975).

Ⅲ. 결과 및 고찰

1. 자엽절편을 이용한 형질전환체 생산

국내 종묘회사(흥농종묘, 농우바이오, 코레곤종묘)로부터 구입한 수박 종자(약 20품종)를 무균 발아시켜 유식물체를 얻었다. 유식물체의 자엽을 0.5mg/*l* IBA와 3.2mg/*l* BA를 조합 첨가한 MS배지에 배양하여 95% 이상의 기관발생능을 갖는 수박(대산) 품종을 최종 선정하였다(Cho *et al.*, 2007). 대산 품종의 자엽절편을 *Agrobacterium*과 공동배양한 후 glufosinate가 첨가된 선발배지에서 배양하였을 때 배양 2주 후부터 자엽절편은 팽창되기 시작하였으며, 상처부위로부터 callus가 형성되었다. 자엽절편을 다시 동일 배지에 옮겨 4~6주 동안 계속 배양할 경우 녹색 반점을 갖는 부정아 원기가 형성되었으며, 이러한 부정아 원기는 선발배지에서 노란색 또는 점차 갈변되는 주위 조직과는 뚜렷이 구분되었다. 배양 6~8주째 부정아 원기로부터 3~10mm 크기의 multiple shoot를 얻을 수 있었으며, 배양 6~8주 후 건강하게 자란 shoot를 분리하여 shoot신장배지(SE)에 옮겨 배양하면서 3cm 이상되게 신장시켰다. 신장된 shoot를 부정근 유도배지에서 뿌리를 유도하였으며, 이후 토양에 옮겨 순화시켜 성숙한 개체를 얻었다. 한편 선발배지로서 100mg/*l* paromomycin을 첨가하여 배양하였을 경우 자엽절편의 괴사 현상이나 갈변 현상은 거의 관찰할 수가 없었고, glufosinate를 첨가한 선발배지에 비하여 자엽 상처부위로부터 callus 형성과 shoot발생이 왕성하게 일어났다. 공동배양된 수박 자엽절편(4,591개)으로부터 633개의 glufosinate 저항성 식물체와 107개 paromomycin저항성 식물체를 얻었으며, 이 중 GUS 양성반응을 나타낸 21개체는 glufosinate 선발배지에서, 6개체는 paromomycin 선발배지에서 각각 얻었다. 또한 이러한 형질전환체의 잎에서는 basta에 저항성을 나타냈다(그림 13-2, 표 13-1, Cho *et al.*, 2007).

형질전환체 선발을 위해서 배지에 첨가하는 glufosinate는 상처를 받은 배양절편의 목부와 사부조직으로 흡수되어(Shelp *et al.*, 1992) 형질전환이 일어나지 않은 세포의 경우 암모니아 축적으로 세포 내 인산화 과정을 저해시킴으로써 괴사현상을 유도하고, 형질전환이 일어난 세포의 경우 phosphoinothricin acetyltransferase(PAT) 효소를 합성함으로써 세포 내로 흡수된 glufosinate를 불활성 형태로 전환시키므로 저항성을 갖게 한다(Muller *et al.*, 2001). 이러한 현상은 *Agrobacterium* 공동배양법에 의해 형질전환시킨 대두의 자엽절 절편으로부터 형성된 형질전환체(Zhang *et al.*, 1999; Cho *et al.*, 2004)와 동일 박과작물인 오이 형질전환체(Cho et al., 2005a)에서 뚜렷하게 관찰할 수 있다. 또한 선발배지에 첨가된 paromomycin은 kanamycin과 같이 neomycin phosphotransferase II(nptII)효소에 의해 불활성화됨으로써 형질전환된 식물세포에 항생제 저항성 특징을 갖게 한다(Roa-Rodriguez and Nottenburg, 1999). 이러한 paromomycin은 주로 단자엽식물인 옥수수 형질전환에서 매우 효과적인 것으로

그림 13-2 *Agrobacterium* 공동배양법에 의한 수박 자엽절편으로부터 *GUS* 유전자 도입 및 형질전환체 생산

A, B, C_ 5mg/*l* glufosinate가 첨가된 SI 배지에서 부정아 형성 및 식물체 재생. **D_** 형질전환체의 토양순화. **E_** GUS 음성반응을 나타내는 화기. **F_** GUS 양성반응을 나타내는 화기. **G_** 제초제 저항성을 나타내는 형질전환체 잎. **H_** 제초제 민감성을 나타내는 잎.

표 13-1 수박 자엽절편 공동배양으로부터 *Agrobacterium* 균주별 GUS 유전자 발현빈도

품종	벡터	*Agrobacterium* 균주	공동배양한 자엽절편 수	GUS 발현빈도(%)
대산	pPTN289	GV3101	920	3 (0.33)
		LBA4404	731	0 (0.00)
		EHA101	1,556	18 (1.16)
	pPTN290	GV3101	90	0 (0.00)
		LBA4404	599	0 (0.00)
		EHA101	695	6 (0.86)

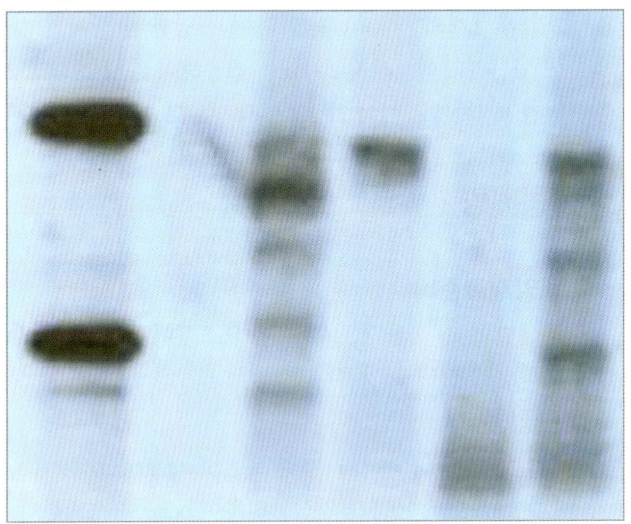

그림 13-3 4개의 수박형질전환체에 대한 Southern분석

전체 genomic DNA를 *Eco*RI 제한효소로 반응시킨 후 2.0 kb gus probe로 hybridization하였다.
pPTN289: Plasmid벡터, Negative: 대조군, TW-1, 2, 3, 4: 수박 형질전환체.

보고되어 있으나(Cho *et al.*, 2005b), 콩과 등 주요 작물에서는 그 효과가 낮은 것으로 알려져 있다(Roa-Rodriguez and Nottenburg, 1999). 본 연구에서도 선발마커 유전자로서 *bar* 유전자를 포함하고 있는 pPTN289벡터는 *nptII* 유전자를 포함하고 있는 pPTN290벡터보다 효과적인 것으로 나타났으며, 이는 수박 형질전환 시스템에서 paromomycin보다는 glufosinate를 선발마커로 사용하였을 때 더 효과적으로 형질전환체를 선발할 수 있을 것으로 판단된다(Cho *et al.*, 2007).

2. *Agrobacterium* 균주의 감염성

Agrobacterium 균주에 따른 형질전환율을 비교해 보면 pPTN289벡터가 도입된 GV3101에서 0.33%(3개체), LBA4404에서 0.00%, 그리고 EHA101에서 1.16%(18개체)의 GUS 양성반응을 보였고, pPTN290벡터가 도입된 GV3101과 LBA4404에서 0.00% 그리고 EHA101에서 0.86%(6개체)의 GUS양성반응을 나타냈다(표 13-1, Cho *et al.*, 2007). 이와 같이 사용된 균주별 형질전환 빈도는 뚜렷한 차이가 있었으며, 특히 수박 형질전환 시스템에서는 bar유전자를 선발표지로 포함하는 pPTN289벡터가 도입된 EHA101균주를 사용하였을 때(1.16%) 가장 효과적인 것으로 나타났다. 이러한 결과는 식물의 계통 또는 품종에 따라 *Agrobacterium* 균주의 감염성이 다르게 나타날 수 있으며(Simmonds and Donaldson, 2000; Lee *et al.*, 1999), 특히 Coleus blumei식물에서는 B6S3균주(Bauer *et al.*, 2002)가, 대두와 동일 박과작물인 오이에서는 EHA101(Cho *et al.*, 2004, 2005a)이 가장 효과적인 것처럼 수박 형질전환에서도 최적의 균주(EHA101)를 선정하는 것이 매우 중요함을 알 수 있었다.

기내에서 성숙한 수박(27개체) 유식물체(약 3cm)를 토양에 이식하여 생장시킨 후 무작위로 4개체를 선발하였다. 4개 형질전환체(TW-1, TW-2, TW-3, TW-4)의 잎절편으로부터 genomic DNA를 추출하여 Southern분석을 수행한 결과 TW-1과 TW-4에서는 5개 copy가, TW-2와 TW-3에서는 1개 copy가 각각 식물체 genome에 삽입되어 있음을 확인하였다(그림 13-3, Cho *et al.*, 2007). 따라서 최적의 수박 형질전환 방법으로는 대부분의 연구에서처럼 선발마커로서 kanamycin(Choi *et al.*, 1994)과 paromomycin을 이용할 수 있지만 대두와 같이 형질전환이 까다로운 작물에서 많이 이용되는 glufosinate도 사용할 수 있음을 알 수 있었고, 특히 EHA101균주를 사용하는 것이 가장 효과적임을 알 수 있었다(Cho *et al.*, 2007).

IV. 결론

*Agrobacterium*과 자엽절편의 공동배양으로부터 수박 형질전환체를 생산하였다. 수박 국내 재배품종인 "대산"의 자엽절편을 pPTN289와 pPTN290벡터로 각각 형질전환된 GV3101, LBA4404, EHA101균주와 공동배양하였다. 형질전환빈도는 *Agrobacterium*의 종류에 따라 현저한 차이가 있었으며, 특히 사용한 균주 중 EHA101에서 1.16%로 가장 높았다. 선발배지에서 형성된 수박 식물체 중 제초제 저항성(633개체)과 paromomycin 저항성(107개체)을 얻었고, 이들 중 glufosinate 저항성과 gus 양성반응을 나타낸 식물체는 21개 그리고 paromomycin저항성과 gus 양성반응을 보인 식물체는 6개체로 나타났다. Southern분석에 의하여 수박 형질전환체의 genome에 gus 유전자가 도입되어 있음을 확인하였으며, 형태적으로 정상적인 형질전환체는 순화과정을 거쳐 온실에서 생육시켰다. 따라서 수박 자엽절편을 이용한 형질전환에서 최적의 *Agrobacterium* 균주로는 오이와 멜론에서와 동일하게 EHA101이 가장 적합하였으며, 선발마커로는 *nptII* 유전자 외에도 대두나 동일 박과작물인 오이 및 멜론에서와 같이 *bar* 유전자가 이용되어질 수 있음을 확인하였다.

V. 세부 실험방법

1. 종자소독 및 무균발아

- 70% 에틸알코올에 1분간 소독한다.
- 0.4% 클로락스에 15분 동안 2차 소독한다
- 무균수로 약 4회 정도 수세한다.
- Clean bench 내에 무균 처리한 filter paper를 petridish에 깔고 소독된 종자를 건조시킨다.
- 소독된 종자를 발아배지에 6~10개씩 치상하여 5~10일 동안 명 상태로 배양하면서 발아시킨다.
- 무균 발아배지: MS salt+2% sucrose+0.8% phyto agar(pH 5.6)

2. *Agrobacterium* 공동배양 용액 준비

- *Agrobacterium* stock에서 YEP고체배지 streaking하여 2일 동안 28℃로 암배양한다.
- 2일 후 1개의 colony를 취하여 적당한 항생제가 들어 있는 YEP액체배지 200m*l*에 접종하여 다시 28℃로 2일간 배양한다. 이때 약 200rpm 정도로 현탁배양한다.

3. 공동배양

1) 배양재료준비

- 무균발아 유식물체로부터 유경조직이 포함되지 않도록 자엽절편을 자른다.

2) 균접종

- OD_{650}=0.5~0.6 정도 자란 *Agrobacterium* 용액을 3000rpm으로 10분간 원심분리하여 pellet을 수확한다.
- 아그로박테리아 pellet을 공동배양 용액에 resuspend 시킨다.
- Resuspend된 균용액에 위에서 준비된 자엽절편을 10분 동안 침지시킨다. 이때 일정 간격으로 흔들어준다.
- 10분 동안 침지 후 공동배양배지 위에 무균 filter paper를 조심스럽게 올려놓고 그 위에 자엽절편을 petridish당 10~15개 정도씩 올려놓고 24℃에서 2일간 명배양한다.
- 공동배양배지 조성: 1/10 MS+3% sucrose+20mM MES+3.2mg/*l* BAP+0.5mg/*l* IBA+0.5% phytoagar+20mM MES+200μM acetosyringone+100mg/*l* cysteine(pH5.4)

4. 배양 및 형질전환체 선발

- 공동배양 2일 후 항생제가 첨가된 shoot유도배지에

옮겨 2주 간격으로 명배양한다.

- 이때 petridish당 배양절편은 6개씩 올려놓고 자엽기부가 배지속으로 잠기도록 치상한다.
- 배양 2주 후 자엽절편으로부터 발생된 모든 shoot는 제거하고 다시 자엽절편을 새로운 배지에 위와 동일한 방법으로 치상하여 배양한다.
- 2주 간격으로 약 8~10주 이상 배양하면서 자엽기부로부터 건강하고 녹색을 띠는 shoots를 2주마다 분리하여 신장배지로 옮기고, 2주 간격으로 계대배양하면서 3cm 이상 생육시킨다. 일반적으로 약 4주 이상 배양한다.
- Shoot신장배지에서 약 3cm 정도 이상 자란 식물체를 다시 뿌리유도배지로 옮겨 약 4주 동안 배양한다.
- 모든 배양은 16시간 광주기하에서 24℃로 조절되는 배양실에서 수행하며, 2주 간격으로 계대 배양한다.
- Shoot유도배지: MS salt+3% sucrose+3mM MES+0.8% phytoagar+3.2mg/*l* BA+0.5mg/*l* IBA+50mg/*l* vancomycin+50mg/*l* ticarcillin+50mg/*l* cefotaxime +5mg/*l* Glufosinate(선발마커로서 bar유전자를 사용할 때)
- Shoot신장 및 뿌리유도배지: MS salt+2% sucrose+3mM MES+0.1mg/*l* IBA+0.05mg/*l* GA_3+0.8% agar+50mg/*l* vancomycin+50mg/*l* ticarcillin+50mg/*l* cefotaxime(pH 5.8)

5. 토양순화 및 형질전환체 확인

- 배양기에서 약 10cm 정도 자란 식물체의 경우 무균된 토양에 옮긴 후 비닐을 씌워 약 1주일 동안 배양실에서 순화시킨다.
- 어느 정도 활착된 식물체의 경우 비닐에 구멍을 낸 다음 다시 2~3일 정도 배양실에서 순화시킨다.
- 배양식물체로부터 새로운 잎이 나왔을 때 온실로 옮겨 약 2주 동안 생육시키고, 다음에 더욱 큰 화분으로 옮긴다.
- 이후 GUS염색, leaf painting assay, Southern분석을 수행하여 최종 형질전환체를 확인한다.
- 최종적으로 Southern분석에 의해 확인된 형질전환체로부터 후대 종자를 수확하고, 다시 발아시켜 2차 확인한다.

참고문헌

- Anonymous(2003) Fields of green. Watermelon Promotion Board. Retrieved 22 May 2003 from http://www.watermelon.org
- Bauer N, Levanic DL, Mihaljevic S, Jelaska S(2002) Genetic transformation of Coleus blumei Benth. using *Agrobacterium*. Food Technol Biotechnol 40: 163~169
- Boyhan GJ, Norton D, Jacobsen BJ, Abrahams BR(1992) Evaluation of watermelon and related germplasm for resistance to zucchini yellow mosaic virus. Plant Dis 76: 251~252
- Cho MA, Choi DW, Liu JR, Clemente T, Choi PS(2004) Development of transgenic soybean using *Agrobacterium* tumefaciens. Kor J Plant Biotechnol 31: 255~259
- Cho MA, Park YO, Kim JS, Park KJ, Min HK, Liu JR, Clemente T, Choi PS(2005b) Development of transgenic maize(Zea may L.) using *Agrobacterium*tumefaciens-mediated transformation. Kor J Plant Biotechnol 32: 91~95
- Cho MA, Song YM, Liu JR, Choi PS(2007) Production of transgenic watermelon by *Agrobacterium* tumefaciens-mediated transformation. Bilogical Planta(in press)
- Cho MA, Song YM, Park YO, Ko SM, Min SR, Liu JR, Choi PS(2005a) The use of glufosinate as a selective marker for the transformation of cucumber(Cucumis sativus L.). Kor J Plant Biotechnol 32: 161~165
- Choi PS, Soh WY, Kim YS, Yoo OJ, Liu JR(1994) genetic transformation and plant regeneration of watermelon using *Agrobacterium* tumefaciens. Plant cell Rep 13: 344~348
- Compton ME, Gray DJ, Gaba VP(2004) Genetic transformation of watermelon: Transgenic crops of the world essential protocol. Curtisl. S. Amsterdam. Kluwer Academic Publisher.
- D'Halluin K, DeBlock M, Denecke J, Janssens J, Leemans J, Reynaerts A(1992) The bargene as a selectable and screenable marker in plant engineering. Methods Enzymol 216: 415~426
- Dellaporta SL, Wood J, Hicks JB(1985) Maize DNA miniprep. In: Malmberg R, Messing J, Sussex(eds), Molecular Biology of Plants: A laboratory Course Manual, Cold Spring Harbor, New York. pp 36~37
- Ellul P, Rios G, Atares A, Roig LA, Serrano R(2003) The expression of the Saccharomyces cerevisiae HAL1 gene increases salt tolerance in transgenic watermelon(Citrullus lanatus Thunb.) Matsum. & Nakai. Theor Appl Genet 107: 462~469
- Feher T(1993) Watermelon: Citrullus lanatus(Thumb) Matsum. & Nakai. In: Kalloo G, Bergh BO(eds), Improvement of vegetable crops, Pergamon Press, Oxford pp 295~311

□ Gaba V, Zelcer A, Gal-On A(2004) Cucurbit biotechnology-the importance of virus resistance. In Vitro Cell Dev Biol Plant 40: 346~358

□ Gallaspie Jr AG, Wright JM(1993) Evaluation of Citrullus sp. Germplasm for resistance to watermelon mosaic virus 2. Plant Dis 77: 352~354

□ Gaster H(1997) The potential role of lycopene for human health. J Am Coll Nutr 16: 109~126

□ Jefferson RA, Kavanagh TA, Bevan MW(1987) GUS fusion: β-glucuronidaseas a sensitive and versatile gene fusion marker in higher plants. EMBO J 6: 3901~3907

□ Lee SH, Shon YG, Lee SI, Kim CY, Koo JC, Lim CO, Choi YJ, Han CD, Chung CH, Choe ZR, Cho MJ(1999) Cultivar variability in the *Agrobacterium*-rice cell interaction and plant regeneration. Physiol Plant 107: 338~340

□ Muller B, Zumdick A, Schuphan I, Schmidt B(2001) Metabolism of the herbicide glufosinate ammonium in plant cell cultures of transgenic and non-transgenic sugarbeet, carrot, purple foxglove and thorn apple. Pest Manag Sci 57: 46~56

□ Murashige T, Skoog F(1962) A revised medium for rapid growth and bioassay with tobacco tissue cultures. Physiol Plant 15: 473~497

□ Rane KK, Latin RX(1992) bacterial fruit blotch of watermelon: association of the pathogen with seed. Plant Dis 76: 509~512

□ Reed J, Privalle L, Powell ML, Meghji M, Dawson J, Dunder E, Suttie J, Wenck A, Launis K, Kramer C, Chang YF, Hansen G, Wright M, Chang YF(2001) Phosphomannose isomerase: an efficient selectable marker for plant transformation. In vitro Cell Dev Biol Plant 37: 127~132

□ Roa-Rodriguez C, Nottenburg C(1999) NptIIgene in combination with paromomycin as a selective agent. Patent EP 927765A1

□ Shelp BJ, Swanton CJ, Hall JC(1992) Glufosinate (phosphinothricin) mobility in young soybean shoots. J Plant Physiol 139: 626~628

□ Simmonds DH, Donaldson PA(2000) Genotype screening for proliferative embryogenesis and biolistic transformation of short-season soybean genotypes. Plant Cell Rep 19: 485~490

□ Southern E(1975) Detection of specific sequences among DNA fragments separated by gel electrophoresis. J Mol Biol 98: 503~512

□ Thompson CJ, Movva NR, Tichard R, Crameri R, Davies JE, Lauwereys M(1987) Characterization of the herbicide-resistance gene bar from Streptomyces hygroscopicus. EMBO J 6: 2519~2523

□ Zhang Z, Xing A, Staswick P, Clemente TE(1999) The use of glufosinate as a selective agent in *Agrobacterium*-mediated transformation of soybean. Plant Cell Tiss Org Cult 56: 37~46

□ Zhong H, Boudreau E, Rouse S, Dunder E, Gu W, Chang YF(2002) Methods for stable transformation of plants. US patent application No. 20020073445.

14

박 형질전환

한증술
농촌진흥청 원예연구소

I. 서론

박(bottle gourd)은 박과(Cucurbitaceae)에 속하며 가장 오래된 재배식물 중의 하나이다. 약 1만~1만 5천 년의 고고학적 기록을 가지고 있는데, 우리나라에서는 삼국사기 '신라건국담'에서 그 기록을 찾아 볼 수 있고, 삼한시대 진한 사람은 이미 박을 생활에 이용한 것으로 생각된다. 학명은 *Cucurbita lagenaria* L., *Lagenaria vulgaris* Seringe, *Lagenaria leucantha* Rusby를 거쳐 오늘날 *Lagenaria siceraria*(Molina) Standley로 바뀌어 왔다. 이 종은 열대 아프리카에서 기원하여 아프리카와 신대륙에서 분화한 *Lagenaria siceraria* ssp. *siceraria*와 아시아 대륙에서 분화한 *Lagenaria siceraria* ssp. *asiatica*의 2개 아종을 포함하고 있다. 그러나 이들 아종은 현재 구분 없이 유통되고 있다. Sinnott 등(1939)에 의해 염색체 수가 44개인 4배체가 보고된 바가 있기는 하지만 대부분의 경우 2n=2x=22인 2배체 종이다. 배수성 분석기를 이용하여 대략의 게놈 크기를 분석하면 수박, 배추 등과 유사한 정도로 작은 것으로 나타나고 있다(그림 14-1).

포복성의 1년생 덩굴식물이며 자웅동주이화의 개화습성을 가진다. 파종 후 약 55~65일 경에 개화를 시작하며 아들줄기의 암꽃 착생 전에 어미줄기 또는 아들줄기에 다수의 수꽃이 먼저 착생한다. 수꽃에 대한 암꽃의 착생 비율은 서늘한 온도에서 더 높고 maleic hydrazide와 같은 생장조절제를 처리하면 그 비율이 높아진다. 인자형에 따라 차이는 있지만 대체로 식물체당 2~3개를 초과하는 성숙과실이 착과되면 암꽃의 착생 수는 현저히 떨어진다. 개화는 늦은 오후부터 진행되며 주로 곤충에 의해 수분되고 주두의 활력은 개화 후 6시간부터 36시간 사이에 높다. 단일조건이 꽃의 형성에는 촉진적이지만 성 발현에는 효과가 없다.

박은 다양한 과실의 모양만큼이나 다양한 용도로 이용되어 왔다(그림14-2). 우리나라, 중국 및 일본을 비롯한 동남아시아 일대에서는 특별히 선발된 재배종의 미숙과를 채소로 이용하고 있으며 일부 지역에서는 어린 신초를 생식하기도 한다. 미숙과의 경우 가식부위가 약 84%인데, 가식부위 100g당 수분 95g, 단백질 0.5g, 지질 0.1g, 탄수화물 3.5g, 비타민A 10IU, 비타민B1 0.04mg, 비타민B2 0.02mg, niacin 0.4mg, 비타민C 11mg, 칼슘 16mg, 철

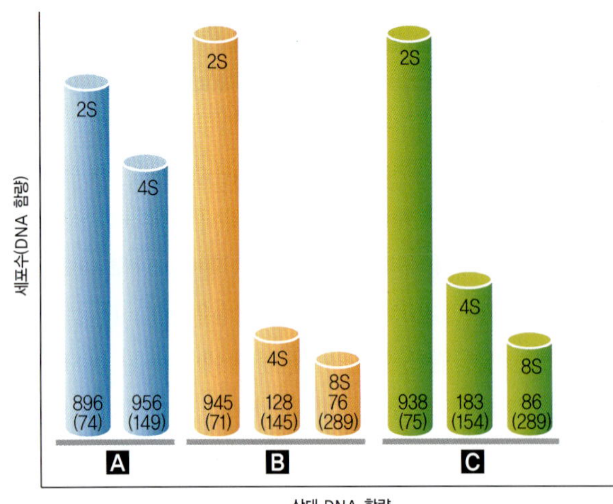

그림 14-1 배수성분석기를 이용한 실생묘의 체세포 DNA 함량
A_ 박. B_ 수박. C_ 배추.

그림 14-2 박의 다양한 과형과 활용
A_ 성숙과의 과형. B_ 박 성숙과의 과피를 이용한 현악기(베트남). C_ 박 성숙과 과피를 이용한 공예품. D_ 북미 박 재배포장. E_ 북미 박 판매 시장.

0.4mg, 인 14mg이 함유되어 있다. 종자의 경우 간혹 스낵으로 이용하기도 하며 45%가 지질로 구성되어 있어 아프리카 일부지역에서는 박 종자로부터 식용유를 얻기도 한다. 미숙과를 시럽으로 만들어 흉부진통제로 사용하는 경우도 있으며 최근에는 박 종자에 함유된 ribosome-inactivating protein(RIP)인 'Lagenin'이 ribonucleolysis 활성을 가짐으로써 새로운 의약품으로의 개발가능성에 관해 보고되기도 하였다. 잘 말린 성숙과의 과피는 예로부터 용기 또는 악기를 만드는 훌륭한 재료로 활용되었다. 최근 북·남미 지역에서는 전문가동호회(http://canadiangourd-society1.homestead.com, http://www.americangourd-society.org)를 구성하여 박의 말린 성숙과에 아름다운 그림을 그리거나 조각을 하여 매년 발표회를 가지기도 하는데, 모양이 우수한 과실의 경우 1과당 미화 수십 달러에 판매되기도 한다. 그 외 강이나 바다의 어로용 부표로도 활용되고 New Guinea의 중앙 고산지 원주민은 남성을 가리는 도구('holim')로 이용되는 것이 TV에서 방영된 적이 있다. 한편, 일본에서는 박 품종을 용도에 따라 채소용인 'yugao'와 장식용인 'hyotan' 그룹으로 구분하고 있다.

박의 용도 중 빼놓을 수 없는 것 중의 하나가 박과 채소의 대목으로 활용된다는 점이다. 우리나라 주요 채소의 하나인 수박에 있어 노지와 터널재배의 경우 90%, 하우스재배의 경우는 약 98%가 접목재배를 실시하고 있다. 일본의 경우도 각각 92%와 98%를 접목재배하고 있다. 이러한 접목재배는 중국뿐 아니라 최근 북미 지역에서도 관심을 가지고 시도하고 있는 것으로 파악되고 있다. 수박 접목재배의 주목적은 수박 덩굴쪼김병(*Fusarium oxysporum* f. sp. *niveum*) 등과 같은 토양전염성 병해 방지 및 조기재배에 따른 저온신장성 확보이다. 수박의 대목으로는 박과 호박류(토좌류)를 사용하고 있는데, 박을 대목으로 활용했을 경우 비록 자근묘에 비해 과실의 품질이 다소 떨어지기는 하지만 호박류에 비해서는 품질이 우수한 것으로 알려져 있다. 따라서 우리나라 대부분의 수박재배는 박을 대목으로 이용한 접목재배를 하고 있다고 해도 과언이 아니다. 최소한 우리나라에서는 박과 수박은 불가분의 관계에 있다고 하겠다.

박을 대목으로 이용한 수박의 접목재배는 수십 년 동안 성공적으로 수행되어 왔다. 그러나 최근 수박 주산지에서 발생하는 급성위조와 오이녹반모자이크 바이러스병(CGMMV)에 의한 피해는 농민의 시름이 되고 있다. 급성위조의 경우 몇 가지 원인이 복합적으로 관련되어 있는 것으로 추정된다. 박 덩굴쪼김병(*Fusarium oxysporum* f. sp. *lagenariae*), 박과류 뿌리검은점썩음병, 염류집적 및 시설 내 불량환경에 의한 식물체 대사조절 실패가 그것이다. 육질악변과(피수박)의 경우는 주로 국외 채종이 늘면서 CGMMV에 오염된 박 종자가 유통되면서 매개되기도 하고 CGMMV에 감염된 식물체 잔사를 통해 2차 감염하여 발생하는 것으로 알려져 있다. 이러한 병해의 방제는 물리·화학적 방법, 경종적 방법 또는 저항성 대목 및 접수의 보급을 통해 가능하다. 그 중 저항성 대목과 접수의 개발과 보급은 가장 효과적이면서도 경제적인 방법이라 하겠다. 전통적 육종방법을 통한 저항성 품종의 개발에는 반드시 저항성 육종소재의 개발이 선행되어야 한다. 이러한 육종소재는 수집된 유전자원을 탐색하거나 오늘날 발달된 생명공학적 방법으로 획득할 수 있을 것이다. 교배육종 소재는 아직까지 만족할 만한 것이 발견되고 있지 않은 반면, 유용한 유전자의 개발과 형질전환 기법을 이용한 목표 유전자의 도입 방법은 급속도로 발전하고 있다. 물론 아직까지는 각각 다른 저항성 유전자가 관련된 다양한 병해를 모두 방어할 수 있거나 다수의 유전자가 관련된 특성을 가진 형질전환체의 개발이 어려운 것은 사실이지만 가까운 미래에는 분명히 이러한 기술이 범용적으로 활용되어 직접 품종개발에 이용되거나 교배육종의 소재를 제공하게 되리라는데 식물생명공학자들은 이의를 제기하지 않는다.

언급한 바와 같이, 박은 주요 채소인 수박과 불가분의 관계에 있다. 형질전환 기법을 통해 박을 개량하는 것만이 수박재배지 주요 피해를 방어하는 절대적 수단이 아니다. 그러나 최소한 근권부로부터 유래하는 피해 원인을 해결하는 절반쯤의 방법론을 제시할 수는 있을 것이다. 이 장에서는 지금까지 개발된 박의 형질전환 기법에 관한 기술적 내용을 소개하고자 한다. 소개되는 형질전환 체계는 형질전환 빈도를 향상시키는 노력이 필요하기는 하지만 외래 유전자를 도입함으로써 대목용 박 중간모본 또는 품종뿐 아니라 식용 박을 개량할 수 있는 수단이 될 것으로 기대한다.

II. 재료 및 방법

1. 박의 *Agrobacterium tumefaciens* 공동배양법을 통한 형질전환 체계

박의 기내 형질전환 체계를 확립하기 위해서는 우선 재분화 조건을 확립하는 실험이 선행되어야 한다. 여러 식물 종에서 알려진 바와 같이 재분화 효율에 영향을 미치는 다양한 요인이 있을 수 있다. 주 요인으로는 식물 종의 인자형, 절편의 채취시기, 절편의 부위, 식물생장조절제 등을 포함한 배지의 조성, 광조건 등의 배양 환경을 들 수 있다.

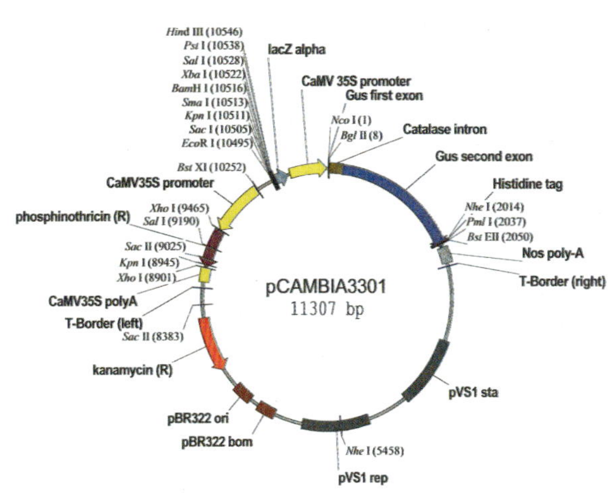

그림 14-3 박의 형질전환 체계 확립을 위해 사용한 벡터 지도

가장 호조건의 재분화 과정을 통해 얻어진 식물체는 모식물체와 동일한 유전적 조성과 표현형을 나타내어야 한다. 박과 식물의 경우 얻어진 재분화 개체가 다배성을 가지는 경우가 종종 있는 것으로 문헌에 보고되어 있다. 한편, *A. tumefaciens*도 근본적으로 식물 병원성 세균인 점을 잊지 말아야 한다. 이는 기주에 병을 유발하지 않도록 조작되었지만 *A. tumefaciens* 감염의 용이성은 균의 strain과 식물재료로 사용한 박 genotype의 조합에 따라 그 정도가 다를 개연성이 충분히 있다는 것이다. 소개하는 형질전환 체계에서는 일반적으로 병원성이 강한 것으로 알려진 AGL1 strain을 사용하여 개발되었는데, 벡터는 가능한 한 간단한 pCAMBIA3301(그림 14-3)을 사용하였다. 또한 확립된 형질전환 체계는 유용 유전자가 조합된 pBI121 벡터를 갖는 GV3101 strain을 사용하여서도 형질전환이 가능하다는 것이 검증되었다. 형질전환체 획득 빈도는 최초 사용한 절편을 기준으로 약 1.5% 내외였으며 T-DNA copy 수는 1~3개로 다양하였고, 간혹 T-DNA 일부만이 식물 게놈 상에 삽입되는 경우가 있었다. 인공수분을 통해 진전한 T_3 세대까지 안정적으로 목표 유전자 및 선발 마커 유전자가 이전되었으며 그 발현도 확인되었다.

그림 14-4는 박의 전체적 형질전환 체계를 그림으로 도식화한 것이다. 기내 파종으로부터 순화된 식물체를 이용하여 형질전환 여부를 판단하기까지 소요되는 기간은 약 10주가 소요되는데, 타 식물에 비해서는 비교적 짧은 기간인 것으로 생각된다.

2. 종자 박피

박 종자는 대립종이며, 박 종자의 발아불량이 종종 문제시되고 있다. 또한 시판 종자의 경우 채종 환경이 청결하지 않은 경우가 많아 박피를 하지 않고 종자를 표면 살균하여 파종한 후 무균의 식물 절편을 획득하는 것은 경험상 거의 불가능에 가까운 것으로 생각된다. 내혼계의 종자를 확보하고 있을 경우는 직접 청결하게 재배하고 채종하여 활용하는 것이 좋고 시판 종자를 사용해야 되는 경우는 가능한 한 충실하고 깨끗한 종자를 사용하는 것이 유리하다.

박은 인자형에 따라 종자의 모양이 조금씩 다르다. 그러나 종피 주변부를 수술용 칼을 이용하여 얇게 조금씩 절단한 후 양쪽을 벌리면 성숙배만을 분리해 낼 수 있다(그림 14-5). 이때 손가락을 다치지 않도록 주의하는 한편 성숙배도 상처를 입지 않도록 주의하여야 한다. 분리해 낸 성숙배는 조속히 실험에 사용하는 것이 좋지만 평소에 다량의 성숙배를 분리하여 용기에 넣어 밀봉한 후 냉장고에 보관하였다가 추후 실험에 사용하면 편리하다.

그림 14-4 박의 형질전환 과정

3. 성숙배의 표면살균

성숙배의 표면살균은 전 과정을 magnetic stirrer를 이용하여 교반하면서 수행된다. 성숙배를 magnetic bar를 넣은 비이커에 넣은 후 70% 에탄올을 넣고 약 3분간 저속으로 교반한다. 성숙배의 표면에 묻은 종피 찌꺼기가 떨어져 나오는 것을 볼 수 있다. 멸균수로 3회 세척한다. 미리 조제하여 살균해둔 0.2% sodium dodecyl sulfate(SDS)를 넣고 25분간 강하게 교반한다. 박 성숙배는 지질함량이 높다. 이 과정을 통해 계면활성제의 효과인 지질을 씻어 낼 수 있으며 배유가 퇴화된 구조인 perisperm이 조금씩 벗겨지기 시작한다. 멸균수로 세척하는 과정을 거치지 않고 25%로 희석한 가정용 락스(유효염소 약 4% 이상 함유)를 넣고 40분간 강하게 교반한다. 이 과정을 거치면서 대부분의 perisperm이 제거된다. 멸균수로 3회 세척한다. 12.5% 락스를 넣고 20분간 저속으로 교반한다. perisperm이 제거된 성숙배를 재살균하는 과정으로 생각할 수 있다. 멸균수로 5회 세척한다. 표면살균된 성숙배를 여과지를 넣어 살균 후 건조된 petridish에 옮겨 담은 후 펼쳐 물기를 여과지에 흡습시킨다. Magnetic stirrer의 종류에 따라 회전 강도가 다를 수 있다. 교반하는 과정 중에 성숙배의 유근 발생 부위가 상처를 받을 수 있으므로 육안으로 성숙배를 유심히 관찰하며 stirrer의 회전속도를 조절해 줄 필요가 있다. 다소 복잡하고 시간이 오래 걸리는 표면살균 과정이지만 청결하게 채종하지 않은 종자의 경우일지라도 오염률이 약 5% 미만이다.

4. 파종

MS, sucrose 30g/l, agar 8g/l, pH 5.8로 구성된 배지 25ml씩을 분주한 87×15mm petridish에 petridish당 10립씩 유근 발생 부위가 아래쪽으로 가도록 약 45° 각도로 비껴 꽂는다. 성숙배 사이의 간격을 넓혀 놓는 것은 혹시 있을 오염된 종자를 골라내는 데 유리하다. 25℃ 배양실에서 16시간 명/8시간 암 조건(50μmol^{-2}s^{-1})으로 배양한다. 표 14-1에서와 같이 파종 후 명배양하는 것이 연속 암배양하는 것보다 신초형성에 효과적이었다.

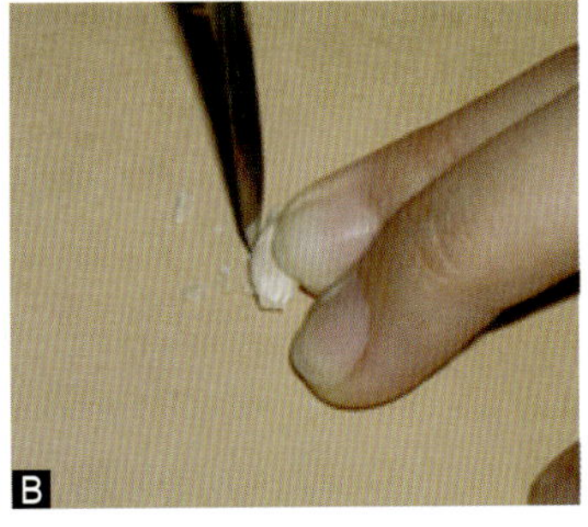

그림 14-5 박 종자의 박피
A_ 박피 전 종자. B_ 수술용 칼을 이용한 박피. C_ 분리한 성숙배.

표 14-1 파종 및 신초 유도시 광조건이 '파트너' 박의 떡잎 절편으로부터 신초형성에 미치는 영향

Light condition		Shoot regeneration
Germination	Shoot induction	frequency(%)(mean±SE)
Dark	Dark	22.6±5.1 ab
Dark	Light	17.3±4.8 b
Light	Dark	19.1±7.9 b
Light	Light	37.5±4.9 a

5. 형질전환용 *Agrobacterium* 균주의 배양

YEP 배지(yeast extract 10g/*l*+bacto-peptone 10g/*l*+NaCl 5g/*l*, pH 7.5) 50m*l*를 분주한 100m*l* 삼각플라스크에 acetosyringone을 최종농도 50μM이 되게 첨가하고 균 선발용 항생제를 첨가한다. 초저온냉동고에 보관 중인 균주 stock으로부터 seed culture 없이 50μl를 취하여 배지에 접종한 후 28℃, 연속 암조건에서 현탁배양한다. 진탕 속도는 178~220rpm으로 실시하는데 균총이 생기지 않는 AGL1(178rpm)과 GV3101(200rpm) strain보다 균총이 생기는 균주인 LBA4404와 같은 strain의 경우는 보다 빠른 속도인 220rpm을 선택한다. Acetosyringone은 100mM stock 용액을 조제하여 사용하는데, 조제 방법은 acetosyringone 0.5887g을 DMSO 20m*l*에 녹인 후 증류수 10m*l*를 넣어 희석한 후 1회 사용할 만큼의 소량(약 500μl)으로 나누어 분주한 후 냉장고에 보관하면서 사용한다.

6. 떡잎 하반편의 조제

파종 후 4일차에 petridish를 뒤집어 성숙배 주위를 면밀히 관찰한다. 관찰 결과 희뿌옇게 오염이 의심스럽거나 유근의 생장이 극히 불량한 실생은 형질전환용 절편 조제에서 제외시킨다. 좋은 재료의 경우는 생장점이 쌓여 있는 떡잎 중심부가 희미하게 연녹색을 띠고 있으며 유근은 약 0.5cm 정도로 자라 있다. 수술용 칼을 수시로 교체하면서 그림 14-6과 같이 떡잎 상부(distal part) 2/5와 유근(radicle) 및 유아(plumule)를 제거하고 하반편(proximal part)만을 선택하되 절편을 조제하는 과정 중에 떡잎의 표피를 제거한다. 좋은 재료인 경우 표피제거가 어렵지만은 않다. 조제한 떡잎 하반편은 건조를 방지하기 위해 petridish 한쪽 편에 모아 둔다. 절편 조제가 완료되면 *Agrobacterium* 접종액이 준비될 때까지 petridish 뚜껑을 덮어 둔다.

떡잎의 하반편 만을 재료로 이용하는 것은 상반편에 비해 표 14-2에서와 같이 신초 재분화에 효과적이었기 때문이지만, 떡잎 상반편의 조제가 가능하다면 굳이 버릴 필요 없이 형질전환용 식물체 절편으로 이용해 볼 필요성이 있다고 하겠다.

7. *Agrobacterium* pellet의 회수

균 접종 후 약 2일이 경과하면 OD_{600}=1.0 정도로 균주가 생장한다. 이는 실험실 상황에 따라 다를 수 있으므로 실험 전 수회에 걸쳐 동일한 균주 stock을 접종하였을 때

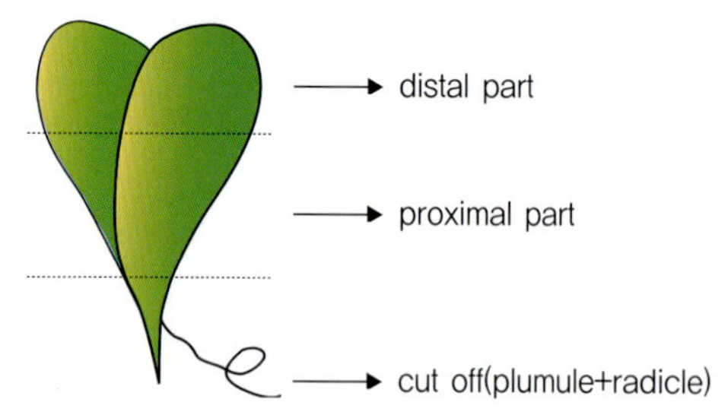

그림 14-6 파종 후 4일차 박 실생으로부터 떡잎 하반편의 조제

표 14-2 '파트너' 박 실생으로부터 떡잎 채취시기와 부위에 따른 재분화 빈도

Seedling age (days)	Explant part	Shoot regeneration frequency(%)(mean±SE)
2	Proximal	11.4±3.6 ab
2	Distal	0.0±0.0 b
4	Proximal	22.6±5.1 a
4	Distal	9.5±2.9 ab
6	Proximal	11.4±2.9 ab
6	Distal	8.6±2.3 ab

OD_{600}=1.0까지 생장하는 데 소요되는 시간을 조사한 후 역산하여 형질전환용 균주 증식시기를 결정하여야 한다. 잘 자란 균주현탁액을 50ml 원심분리 tube에 부은 후 4℃, 6000rpm으로 7분간 원심분리한다. 짝수개의 원심분리 tube를 준비하고 tube의 무게수평을 맞추는 것을 잊지 않는다. 늙지 않은 균의 경우 pellet의 색깔이 갈색 없이 우유빛을 띤다.

8. *Agrobacterium* 접종액의 준비

원심분리된 tube에서 상징액을 버리고 균 접종용 배지 50ml을 넣은 후 뚜껑을 닫고 강하게 흔들어 pellet을 희석한다. 접종배지는 MS, sucrose 30g/l, MES 0.5g/l, pH 5.2로 구성하여 미리 조제하고 사용 전 acetosyringone을 최종농도 50μM 되게 첨가하여 사용한다. 각각의 tube로부터 희석한 *Agrobacterium* 접종액을 살균된 비이커 등 입구가 넓은 용기에 옮겨 담는다.

9. *Agrobacterium* 접종

조제하여 마르지 않도록 petridish에 모아둔 떡잎 하반편을 *Agrobacterium* 접종액이 모아진 용기로 옮겨 담는다. 20분간 가볍게 용기를 흔들어 떡잎 절편을 *Agrobacterium*으로 접종시킨다. 접종 시간이 다소 긴 편이다. 입구가 좁은 삼각플라스크 등에 넣고 심하게 흔들면 떡잎 절편이 부서지는 경우가 있고 꺼내기도 불편하므로 주의한다. 접종이 완료되면 떡잎 절편은 가라앉아 있을 것이다. 접종액을 부어 버린다.

10. 접종 *Agrobacterium*의 세척

접종이 완료된 떡잎 하반편 만이 담기 용기에 적당량의 접종배지(8항 참조)를 부어 가볍게 흔든 후 배지를 버린다. 이 과정을 거치지 않았을 경우 다음 단계인 공동배양 시 *Agrobacterium*이 조기에 over-growth하는 경향이 있다. 세척이 완료된 떡잎 절편은 건조된 여과지가 든 petridish로 옮긴 후 펼쳐서 여과지에 물기를 흡습시킨다.

11. 공동배양 배지 치상

공동배양 배지는 MS, sucrose 30g/l, BAP 3.0mg/l, MES 0.5g/l, AVG 0.001mg/l, acetosyringone 50μM, pH 5.2 조성의 배지 약 33ml를 95×20mm petrish에 분주하여 조제한다. 떡잎 절편은 윗부분(adaxial side)이 위쪽을 보도록 하고 떡잎 아래쪽(proximal end)이 배지에 심기도록 하되 약 45° 각도로 심기도록 배지에 꽂는다. 이렇게 하는 이유는 대부분의 신초는 떡잎의 아래쪽 윗부분에서 재분화되기 때문이다. 떡잎의 위치 구분이 곤란한 경우, 대체로 떡잎 아래쪽이 연녹색을 띠는 경향이 있다는 점과 떡잎맥이 떡잎 윗면에서 선명하다는 점을 참고한다. Petridish 당 7개의 절편을 치상하고 치상이 완료된 petridish는 25℃ 배양실에서 16시간 명/8시간 암 조건(50 $\mu molm^{-2}s^{-1}$)으로 6일간 배양한다.

공동배양 배지에 미량의 AVG 첨가로 균의 접종효율을 높일 수 있었다. 이는 에틸렌 의존적 식물체 방어력의 감소에 기인하는 것으로 추정된다. 에틸렌 작용억제제인

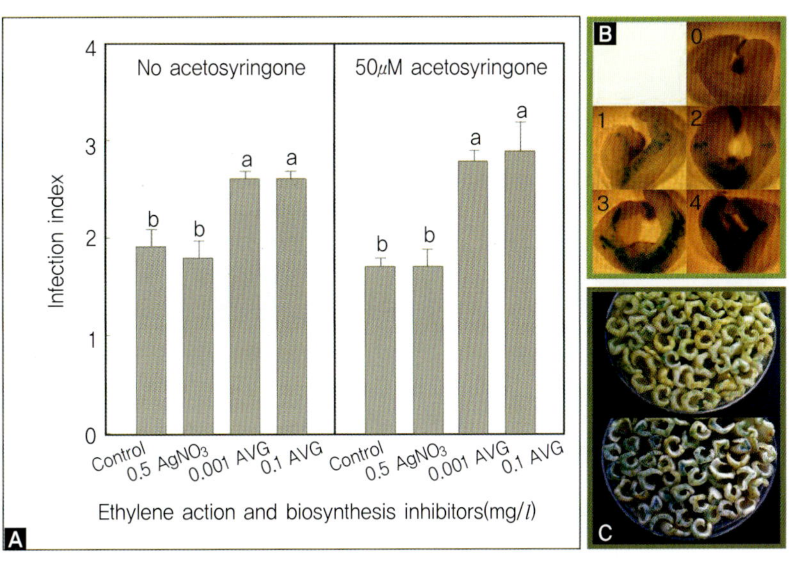

그림 14-7 공동배양 배지 내 에틸렌억제제 첨가가 *Agrobacterium* 접종효율에 미치는 영향

표 14-3 질산은이 '파트너' 박 떡잎 절편으로부터 재분화에 미치는 영향

$AgNO_3$ (mg/l)	Shoot regeneration frequency(%) (mean±SE)	No. of shoots per regenerated explant (mean±SE)
0.0	37.5±4.9 b	2.2±0.1 b
0.1	49.5±2.4 ab	3.1±0.2 a
0.5	52.4±3.9 a	3.5±0.2 a
1.0	12.6±2.7 c	1.5±0.2 c
3.0	5.7±1.9 c	1.5±0.2 c

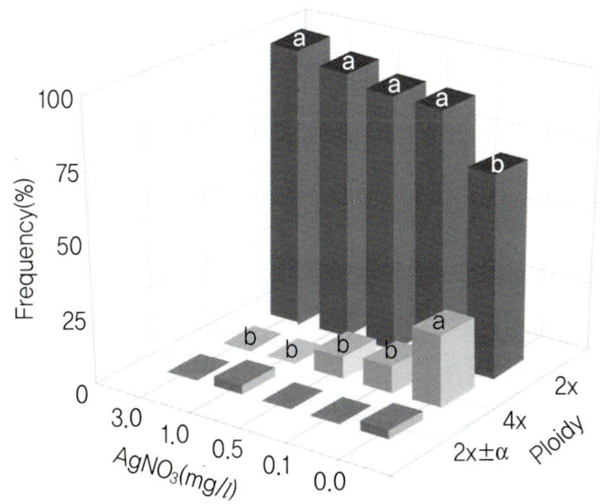

그림 14-8 질산은이 박 재분화 개체의 배수성에 미치는 영향

$AgNO_3$의 경우는 접종효율과 무관하였다(그림 14-7).

12. 공동배양 균 세척

6일간의 공동배양이 완료되면 떡잎 절편은 녹색을 상당히 띠기 시작하고, 절편 주위의 배지는 다소 뿌옇게 변해 있는 것을 볼 수 있다. 간혹 균이 over-growth된 절편이 있는데, 이 경우는 대부분 활력이 없는 종자에서 유래되었거나 실험중 지나치게 상처를 입은 절편인 경우이다. 건실한 떡잎 절편만을 petridish에서 꺼내 액체 선발배지가 든 입구가 큰 용기로 옮겨 담는다. 액체 선발배지의 조성은 MS, sucrose 30g/l, BAP 3.0mg/l, cefotaxime 500mg/l, $AgNO_3$ 0.5mg/l, 선발제, pH 5.8로 구성한다. Kanamycin을 선발제로 사용하는 경우는 100~200mg/l가 적당하고 phosphinotricin(PPT)을 사용하는 경우는 2.0mg/l를 사용한다. 선발제의 농도를 조절함으로써 선발 강도를 달리 할 수 있다. 액체 선발배지에 담은 떡잎 절편은 용기를 다소 강하게 흔들어 줌으로써 절편주위에 묻은 agar와 *Agrobacterium*을 씻어준다. 에틸렌 합성억제제인 AVG는 박의 재분화에 억제적이었지만, 에틸렌 작용억제제인 $AgNO_3$는 표 14-3과 그림 14-8에서 보여주는 바와 같이 재분화율과 정상적인 2배체 획득 빈도를 높여주었다. 이러한 $AgNO_3$의 효과는 에틸렌에 의한 재분화 억제 작용과 재분화 과정중의 endoreduplication을 동시에 제어해 준 결과로 해석된다.

13. 신초 선발배지 치상

액체 선발배지로 세척한 떡잎 절편을 건조한 여과지가 깔린 petridish로 옮긴 후 펼치고, petridish를 기울여 줌으로써 물기를 제거한다. 떡잎 절편을 반고체 선발배지 각 33m*l*를 분주한 petridish당 7절편씩 치상한다. 반고체 선발배지는 액체 선발배지(12항 참조)에 agar를 8g/*l* 추가 첨가함으로써 조제할 수 있다. 떡잎 절편을 치상할 때 역시 절편의 상하, 위아랫면을 구분하여 45° 각도로 배지에 비껴 꽂는다. 치상한 petridish는 25℃ 배양실에서 16시간 명/8시간 암조건($50\mu molm^{-2}s^{-1}$)으로 30일간 배양한다. 배양 약 2주 후 마디형 구조물(nodular structure)을 관찰할 수 있는데, 이것으로부터 신초의 발육이 진행된다(그림 14-9).

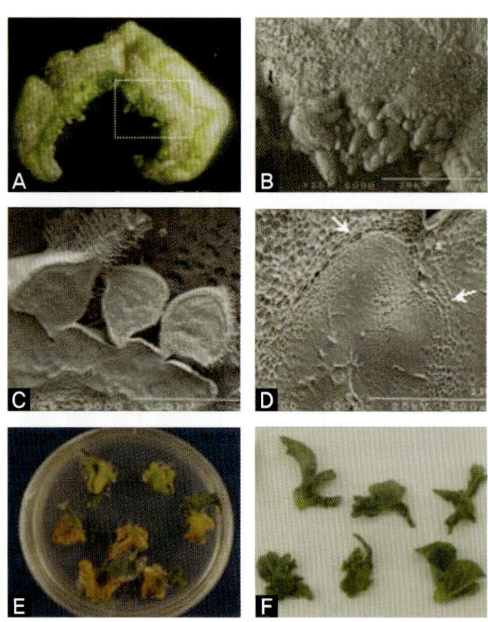

그림 14-9 박 떡잎 하반편으로부터 신초 분화의 해부학적 관찰

A_ 배양 약 2주 후 떡잎 하부. B_ Nodule 구조의 발생 시작. C_ nodule 구조의 생장. D_ nodule 구조 내부의 생장점 분화. E_ 떡잎 절편으로부터 재분화한 신초. F_ 분리한 재분화 신초.

14. 선발 신초 발근배지 이식

잎이 전개된 신초가 부착된 떡잎 절편을 대상으로 petridish에 옮겨 담는다. 대부분의 경우 신초가 발육한 nodule은 칼로 자르지 않아도 될 정도로 쉽게 분리된다. 1개의 nodule에 다수의 신초가 재분화된 경우가 종종 있다. 이 경우 각 신초를 절단하지 않는다. 이러한 분화패턴은 각각의 nodule이 상당히 독립적이라는 의미로, 형질전환이 되었다면 nodule 단위로 형질전환 event가 다를 것이라는 추정을 가능하게 한다. 떡잎 절편으로부터 신초가 발육한 nodule을 분리한 후 각 nodule에 약간의 상처를 낸 후 발근배지에 치상한다. 발근배지는 1/2MS, sucrose 30g/*l*, IAA 0.1mg/*l*, cefotaxime 500mg/*l*, 선발제, pH 5.8로 하고 배양용기는 배양병을 사용한다. 선발제로 kanamycin을 사용한 경우는 50~100mg/*l*, phosphinotricin (PPT)을 사용한 경우는 1mg/*l*가 적당하다. 배양 환경은 역시 25℃ 배양실에서 16시간 명/8시간 암 조건($50\mu molm^{-2}s^{-1}$)로 한다. 3~4주가 경과하면 뿌리가 자란 모습을 볼 수 있다(그림 14-10).

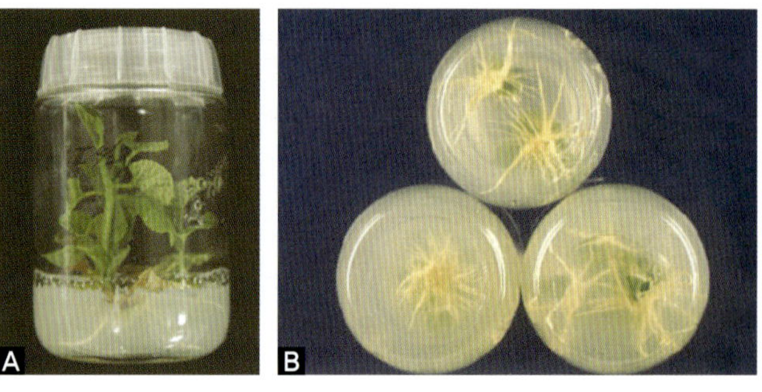

그림 14-10 박 재분화 신초로부터 발근

A_ 기외 순화 직전의 개체. B_ 발근배지에서의 뿌리 발육 상태.

15. 발근 개체 순화

발근한 개체를 배양병에서 조심스럽게 꺼낸다. 흐르는 물로 뿌리가 다치지 않도록 뿌리에 묻은 agar를 완전히 제거한다. Agar를 완전히 제거하지 않았을 경우 순화 과정 중 미생물의 오염으로부터 자유로울 수 없다. 그림 14-11에 보여주는 바와 같이 육묘용 상토를 담은 pot에 조심스럽게 심되, 잎에 묻은 상토를 물로 씻어준다. Pot에서 물이 흘러내릴 정도로 여러 번 관수하여 상토 내 공기를 교환시킨다. 심기가 완료되면 배수를 하고 비닐봉지에 넣고

그림 14-11 발근개체를 기외로 옮겨심기한 모습

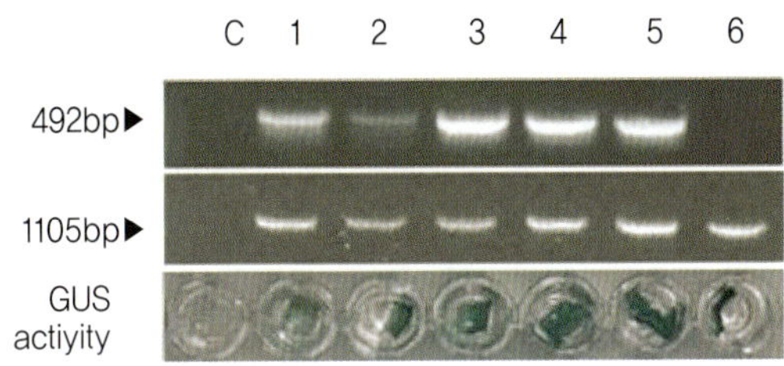

그림 14-12 형질전환체의 PCR 분석과 GUS 발색 검정

입구를 밀봉한 후 상자에 담는다. 상자는 배양실로 옮겨 약 10일간 관수할 필요 없이 키운다. 배양실에서 조금씩 봉지를 열어주어 외기에 적응시킨다. 순화가 완료되면 봉지를 제거하고 온실로 옮겨 키운다. 박은 호온성 작물로 하계의 순화율이 동계의 순화율보다 상당히 높은 경향이 있다.

16. 형질전환체 검정

1) PCR 분석

여기서는 형질전환 실험에서 주로 사용되는 선발마커 유전자 및 reporter 유전자인 *nptII*, *bar* 및 *gus* 유전자의 중합효소연쇄반응(PCR) 분석에 관해 소개하고자 한다(그림 14-12). 실험실마다 확립된 방법이 있다면 굳이 다음의 방법을 따를 필요는 없다. 선발된 개체는 cefotaxime, carbenicillin 및 amoxicillin trihydrate(Clavamox™) 등에 의해 형질전환에 사용한 *Agrobacterium*균이 완전히 제거되지 않았을 수 있다는 점을 염두에 두어야 한다. 따라서 가능하면 완전히 순화되어 생육이 진행중인 유식물체의 상엽을 채취하여 DNA를 추출하고 분석에 임하는 것이 실험오차를 줄일 수 있을 것으로 생각된다. DNA 추출은 상용화된 kit를 활용하여 수행하면 편리하지만 최종적으로 얻어진 DNA 용액은 형광광도계 등을 사용하여 정량하여야 한다. 각각의 유전자에 대한 primer 조합, 반응혼합물

표 14-4 주요 선발 마커 유전자의 PCR 분석 조건

유전자	Primer set	mixture	PCR 조건
nptII	5′-gAggCTATTCggCTATgACTg-3′ 5′-ATCgggAgCggCgATACCgTA-3′	DNA(10μg/μl) 5μl, 10×buffer 2.5μl, dNTP 2μl, primer1(10pM) 0.5μl, Primer2(10pM) 0.5μl, Taq polymerase 0.125μl, T.D.W 14.375μl→25μl	95℃(30s), 70.5℃(45s), 72℃(1min), 35cycles
bar	5′-TCAAATCTCggTgACgggCA-3′ 5′-ggTCTgCACCATCgTCAACC-3′	DNA(10μg/μl) 2μl, 10×buffer 2.5μl, dNTP 2μl, primer1(10pM) 2μl, Primer2(10pM) 2μl, Taq polymerase 0.125μl, T.D.W 14.375μl→25μl	95℃(30s), 62℃(45s), 72℃(1min), 35cycles
gus	5′-AACTggACAAggCACTAgCg-3′ 5′-CACCgAAgTTCATgCCAgTC-3′	DNA(10μg/μl) 2μl, 10×buffer 2.5μl, dNTP 2μl, primer1(10pM) 2μl, Primer2(10pM) 2μl, Taq polymerase 0.125μl, T.D.W 14.375μl→25μl	95℃(30s), 60℃(45s), 72℃(1min), 35cycles

그림 14-13 박 *bar* 형질전환 T_0 개체의 바스타(Basta™) 저항성 검정

A_ 0.05% 바스타 painting 형질전환체 잎. B_ 0.05% 바스타 painting 대조개체 잎. C좌_ 0.1% 바스타 살포 형질전환체. C우_ 0.1% 바스타 살포 대조 개체.

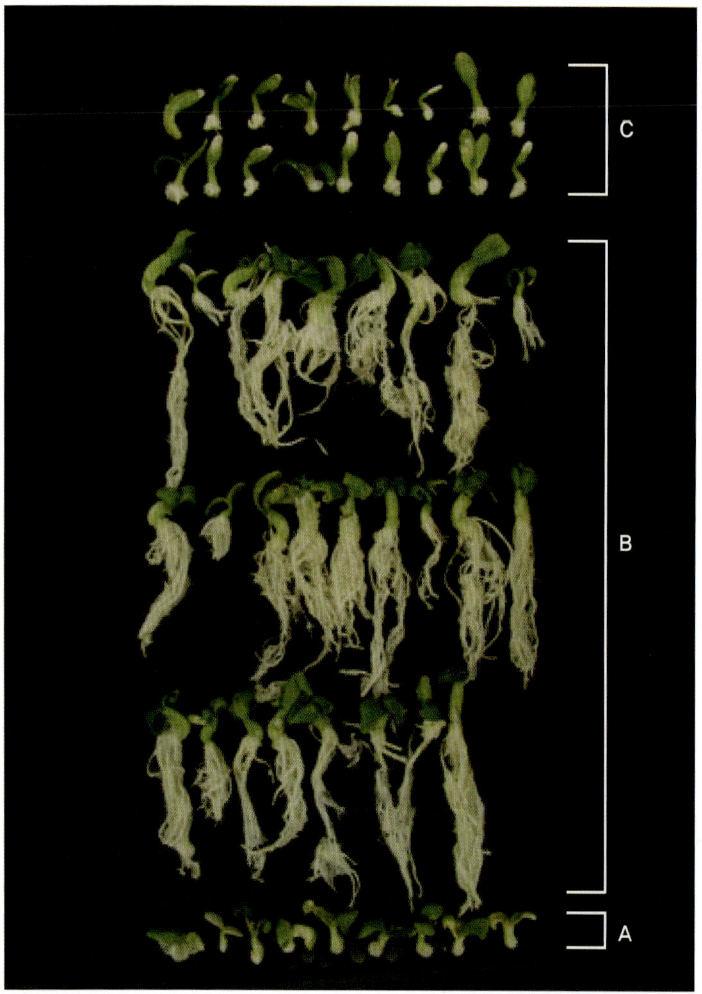

그림 14-14 *npt II* 형질전환 박 실생(T_1 세대 이후)의 kanamycin 저항성 검정

A_ 분리된 비 형질전환체. B_ 분리된 형질전환체. C_ 대조 개체.

의 구성 및 반응조건은 표 14-4와 같다.

2) 생물검정

목표 유전자에 대한 생물검정과 더불어 선발마커 유전자에 대한 생물검정을 실시할 수 있다. *Bar* 유전자로 형질전환된 T_0 성숙 식물체의 잎에 Basta™ 0.05% 용액이 묻은 솜을 이용하여 문지른 후 표징을 관찰할 수 있다. 형질전환된 저항성 개체 잎에서는 표징이 나타나지 않거나, 솜으로 문지르는 과정중에 상처를 입었을 경우는 잎에 갈변된 표징이 국부화(localization)되어 인접 조직으로 확대되지 않는다(그림 14-13). 완전히 자란 형질전환 개체는 0.1% Basta™ 용액을 살포하여도 건강하게 자란다. T_1 집단부터는 형질전환체를 유묘기에 Basta™ 0.1~0.3%를 살포함으로써 선발할 수 있다. 농업용으로 활용되는 Basta™의 농도는 약 0.3%이다. 박의 경우 Basta™을 0.5%까지 살포하여도 *bar* 유전자를 정상적으로 발현한다면 형질전환체는 피해를 입지 않는다.

선발마커 유전자를 *nptII*로 사용하였을 경우 당해 유전자가 T_1 세대 이후

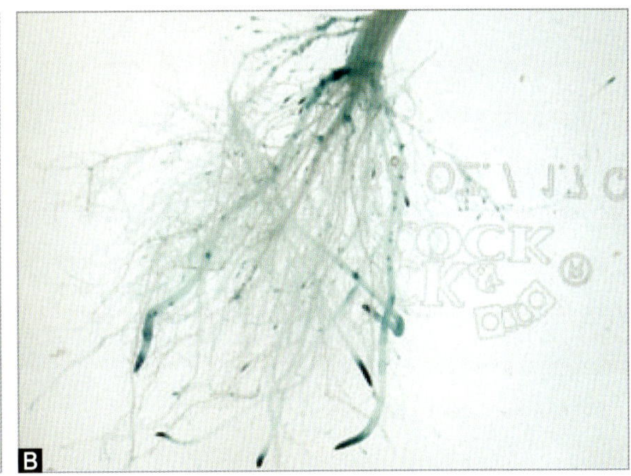

그림 14-15 *gus* **유전자로 형질전환된 박 뿌리에서의 GUS 발현**
A_ 대조 개체. B_ 형질전환체.

부터 정상적으로 발현한다면 kanamycin 100mg/*l*를 함유한 MS 기본배지에 성숙배를 파종함으로써 분리되는 형질전환 실생을 구분해 낼 수 있다(그림 14-14).

이 경우 *nptII* 유전자를 정상적으로 발현한다면 뿌리가 왕성하게 자라는 반면 분리된 비형질전환체는 단순히 유근이 출현한 후 뿌리 발육이 멈춘다. 한편, *gus* 유전자의 발현을 확인하는 histochemical assay 방법은 여러 문헌에 나타난 바를 참조하여 수행할 수 있는데(그림 14-15), 내생 GUS 유사 활성을 가지고 있는 경우가 종종 있다는 점을 염두에 두어야 한다. 경험상, 수박의 꽃밥은 강한 활성을 가지고 있는 것으로 관찰되었다. 참고로 탈색과정에는 에탄올이나 메탄올 등의 유기용매 보다 가정용 표백제를 사용하면 깨끗하게 탈색시킬 수 있다.

참고문헌

- Dan H, Imaseki H, Wasteneys GO, Kazama H(2003) Ethylene stimulates endoreduplication but inhibits cotykinesis in cucumber hypocotyls epidermis. Plant Physiology 133: 1726~1731
- Ezura H, Yuhashi KI, Yasuta T, Minamisawa K(2000) Effect of ethylene on *Agrobacterium tumefaciens*-mediated gene transfer of melon. Plant Breeding 119: 75~79
- Han JS, Kim CK, Park SH, Hirschi KD(2005) *Agrobacterium*-mediated transformation of bottle gourd(*Lagenaria siceraria* Standl.). Plant Cell Reports 23: 692~698
- Han JS, Oh DG, Mok IG, Park HG, Kim CK(2004) Efficient plant regeneration from cotyledon explants of bottle gourd(*Lagenaria siceraria* Standl.). Plant Cell Reports 23: 291~296
- Lee JM, Oda M(2003) Grafting of herbaceous vegetable and ornamental crops. Horticultural Review 28: 61~124
- Widjaja EA, Reyes MEC(1994) *Lagenaria siceraria*(Molina) Standley. In: Siemonsma J.S. and K. Piluek(Eds.), Plant resources of South-East Asia No. 8 Vegetable. pp. 190~192. Procea, Bogor and Pudoc-DLO, Wageningen.

15

당근 형질전환

[1]인동수, [2]유장렬, [2]김석원
[1](주)농우바이오 생명공학연구소
[2]한국생명공학연구원 식물유전체연구센터

I. 서론

당근은 미나리과의 작물로 주로 뿌리를 이용하는 이년생 작물이다. 뿌리에는 카로틴 계열의 물질과 기타 유용물질을 다량 함유하고 있어 건강식품 등의 개발로 수요가 늘고 있는 중요한 작물이다. 농업적으로는 대부분 일년생으로 재배되나 종자를 맺기 위해서는 겨울을 지내야 하는 특징을 가지고 있다.

당근은 체세포배발생이 최초로 관찰된 식물로 (Steward *et al.*, 1958; Reinert *et al.*, 1958), 조직배양의 모델 시스템이라 할 정도로 많은 연구가 진행되었으며, 주로 체세포배의 발생에 관련된 연구가 진행되었다.

최초의 당근의 형질전환과 관련된 보고는 1975년도 당근의 뿌리에 T-DNA가 삽입됨을 확인한 것을 시작으로 (Phillips *et al.*, 1975), 최근에는 제초제와 병저항성 관련 연구(Chen and Punja, 2002) 등 많은 연구가 진행되었으나 국내 보고는 적은 편이다. 국내의 당근의 형질전환은 1991년 초에 *GUS* 유전자의 삽입을 확인한 것을 시작으로 (Chang *et al.*, 1991), 최근에 물질생산과 환경저항성 작물 생산 등에 당근이 이용되어, 자돈 설사병 방지 경구용 백신 당근(Lee *et al.*, 2002) 및 Trehalose합성 유전자 형질전환 당근(Kim *et al.*, 2004) 등이 보고되는 등 다시 활발한 연구가 진행되고 있다.

조직배양 및 형질전환 연구에서 당근은 모델식물로 인식될 정도로 매우 쉬운 작물이지만, 연구는 많이 진행되었으나 최종적으로 논문까지의 진행은 생각만큼 쉽지 않다. 이는 형질전환 이후 순화 및 개체 활착 등이 까다로운 당근의 식물적 특성을 간과하는데서 비롯되는 경우가 많다. 이에 본 자료에서는 이 부분에 대한 내용을 말미의 Tip 부분에 언급하고자 한다.

II. 재료 및 방법

1. 당근의 품종 선택

실험 재료는 홍심5촌, 비바리 흑전당근, 한여름 오촌,

여름 오촌 등을 이용하였다. 이는 open pollinated type의 품종을 이용한 것이다. 최근에는 당근에도 F1을 이용한 품종들이 나오고 있어, 순계를 이용한 형질전환을 수행하는 것이 품종화를 통한 부가 가치 및 수확률 등에서 많은 장점을 가질 수 있으니, 이 부분은 종묘회사와 사전 협의를 하는 것이 중요하다.

2. 당근의 종자 살균 및 파종

1) 당근 종자의 살균

당근(홍심5촌, 비바리 등)종자를 약 1m*l* 정도(50~100립) 15m*l* tube에 넣은 후, 0.4% 상업용 락스 10m*l* 첨가 후 3회 정도 강하게 흔들어주며 10분간 표면 살균한다. 멸균증류수로 1회 세척 후 다시 0.4% 상업용 락스 10m*l*로 5분간 표면 살균한다. 멸균증류수로 2회 세척한 다음, 세 번째 멸균증류수에서 약 10~30분간 정치한 후, 여러 장의 멸균 거름종이 위에 놓아 수분을 제거하여, 종자들이 petridish에서 수분이 빠져 굴러다닐 정도로 충분히 제거한다.

2) 당근 종자의 무균 파종

500m*l* 유리 배양병 혹은 높이 4cm의 petridish에 호르몬이 첨가되지 않은 1/2MS기본배지에 종자를 뿌리듯이 각각 0.5~1cm 정도 간격으로 치상하여 20~25℃의 암상태에서 무균 발아시킨다. 약 3~7일 정도 지나면 당근종자가 발아하며, 약 높이 1~2cm 정도의 크기가 되었을 때 유식물체의 하배축을 4~8mm 정도씩 절단하여 형질전환에 이용한다.

3. 당근의 형질전환

전체적인 형질전환은 그림 15-1의 모식도를 참고한다.

1) 형질전환용 항생제

형질전환에 사용하는 항생제는 *Agrobacterium tumefaciens*와 binary vector의 특성에 따라 알맞게 사용한다. 필자의 경우 대부분의 *Agrobacterium tumefaciens*를 죽이기 위해서는 초반에는 carbenicillin을 사용하였고

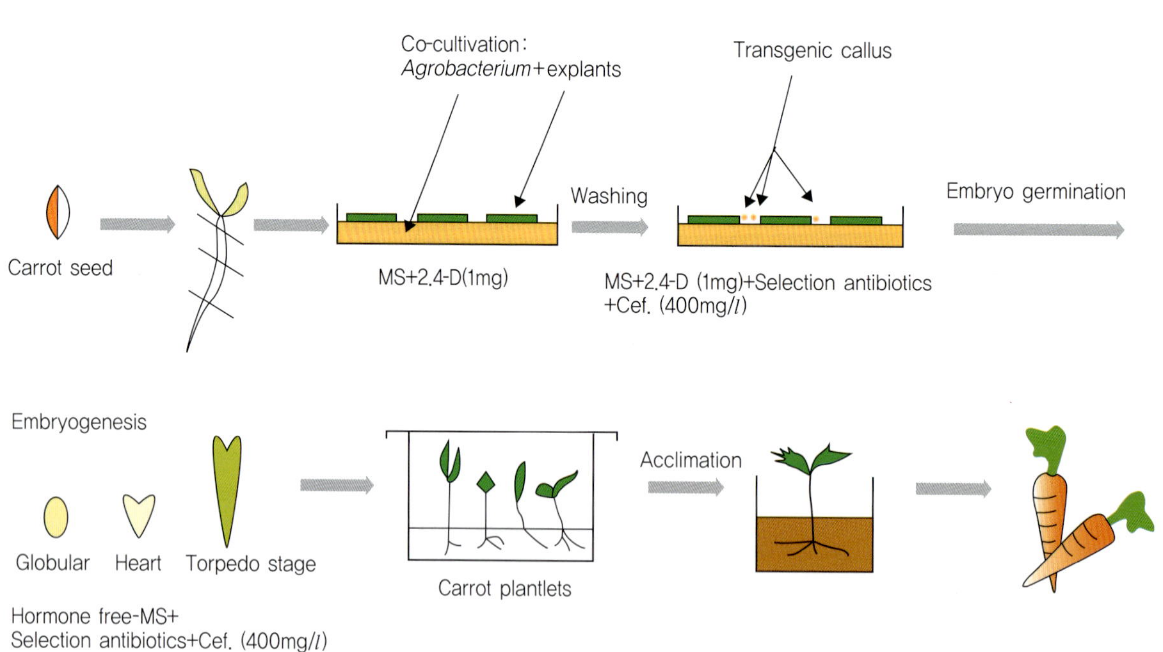

그림 15-1 형질전환 당근 식물체 생산 과정

본 실험에서도 주로 이를 언급하지만 후기 실험결과 cefotaxime이 효과가 더 좋았다(데이타 미제시). Cefotaxime은 광에서 빨리 분해되는 듯 하며, 서서히 노랗게 변색되는 현상이 있다. 가능하면 실험시작 며칠 내에 만든 배지를 이용하고, 만든 지 한달이 지난 배지는 이용을 피한다.

항생제가 들어가는 모든 배지는 필요한 시기에 만들어 쓰고 여분의 배지는 바로 냉장 보관한다. Carbenicillin, cefotaxime의 농도는 형질전환 초기에는 400~500mg/*l*의 농도를 이용하며 개체화가 진행되거나 형질전환 체세포배발생 callus의 계대 배양에서는 농도를 150mg/*l* 수준으로 낮춘다. Binary vector의 특성에 따라 첨가되는 항생제는 kanamycine은 80~150mg/*l*, basta는 5~10mg/*l*, hygromycine 10~25mg/*l* 정도면 대부분의 저항성 callus를 얻을 수 있다. 실험 전에 자신이 이용하고자 하는 당근 품종으로 항생제에 대한 저항성 정도는 무조건 확인한다. 선발 적정 농도는 세포괴 생성을 90~100% 정도 억제하는 농도가 적당하다.

2) 공동배양

적정 항생제가 첨가된 YEP 배지에 평판 배양된 콜로니를 백금이를 이용하여 1개씩 따서 15m*l* tube에 적정 항생제가 첨가된 3m*l*의 액체 YEP용액에 접종하여 암상태, 28℃의 진탕배양기에서 1~2일간 180RPM에서 진탕한다.* 보통 *agrobacterium* 중 LBA4404 등 느린 생장을 보이는 계열은 2일, GV3101 혹은 EHA105처럼 빠른 분열을 보이는 계열은 1일간 키우면 충분히 사용 가능하다 (대략 ^{600}OD = 0.5 전후). 이후 10m*l*의 1mg/*l* 2,4-D가 첨가된 MS배지 용액에 100μM 농도로 acetosyringone을 첨가한 다음(없어도 됨), 형질전환하고자 하는 *Agrobacterium* 배양액을 1/20~1/50(500~200μl) 정도 현탁하여 공동배양액을 만든다.

이를 87×15mm 페트리 접시에 조심스럽게 옮긴 후, 이곳에 당근 하배축을 새로 바꾼 메스날로 5~10개 내외씩 유식물체를 절단(각 유식물체에서 1~3개 정도의 절편을 절단함. 또한 하배축이 3cm 이상 도장된 당근 발아체는 사용 안함), 조심스럽게 날카로운 핀셋으로 공동배양액 표면에 띄운다. 한 petridish에 약 50~100개의 절편을 공동배양 한다.** 혹 이 방법이 부담스러운 연구자는 1mg/*l* 2,4-D가 첨가된 고체 배지 위에 멸균 거름종이를 한 장 올린 후, 이곳에 절편을 올려놓고 공동배양액 2~3m*l*을 위에서 뿌린 후, 30분 가량 정치 후 멸균 거름종이로 여분의 공동배양액을 대부분 제거 후, 멸균 거름종이가 덮여 있는 공동배양 배지에 골고루 펴도 괜찮다. 약 2일간 18~20℃ 전후의 암상태에서 공동배양을 진행한다.

3) *Agrobacterium* 세척

공동배양 후 15 혹은 50m*l* tube에서 10~15m*l* MS 1mg/*l* 2,4-D 액체배지(멸균 증류수도 가능함)를 이용하여 심하게 흔들어 세척한 후(2회 반복), cefotaxime 800mg/*l* 농도가 첨가된 10~15m*l* MS 1mg/*l* 2,4-D 액체배지로 다시 한번 세척한다(이때 약 10분간 정치). 이후 다시 cefotaxime 400mg/*l* 농도가 첨가된 10~15m*l*의 1mg/*l* 2,4-D가 첨가된 MS 액체배지로 최종 세척한다. 세척이 끝난 절편은 여러 장의 멸균 거름종이 위에 놓고 세척액을 가능하면 많이 제거하고, 다시 새로운 멸균 거름종이 위에서 다시 수분제거를 한다.***

4) 항생제 저항성 callus의 선발

각각의 선발 마커에 따라 kanamycin 80~150mg/*l*, basta 3~5mg/*l* 등과 *Agrobacterium*을 죽이기 위한 cefotaxime 400mg/*l*가 첨가된 callus 유도배지(MS+1mg/*l* 2,4-D)에 하배축을 치상하여 25℃의 암상태에서 3~4주 정도 배양하면 항생제 및 제초제 저항성 callus가 지름 1~5mm 정도로 보이게 된다.

실험의 성공여부 및 형질전환 가능성을 보기 위해서 대조구로 *GFP* 유전자의 형질전환을 같이 수행하면 유추하여 실험 성공 여부를 편리하게 확인할 수 있다. 실험실에 있는 Hand UV lamp(long wave)를 통해서도 암상태에서 형질전환 세포주가 발광하는 것을 확인할 수도 있다. 이를

* *Agrobacterium* 선발을 위해 첨가하는 rifampicin은 보통 100mg/*l*의 농도를 이용하며, 생장에 영향을 끼치므로 25~50mg/*l*의 농도를 사용하여도 큰 문제는 없다.

** 공동배양액에 가라앉은 절편은 washing하지 말고 버린다. 대부분 절편이 괴사되어 의미 없다.

*** 매우 중요한 과정으로 *Agrobacterium*오염과 기타 곰팡이 오염이 일부 있어도 이 부분에 신경 쓰면 일부 절편을 살릴 수도 있고, 다음 callus 선발에 *Agrobacterium* 오염이 계속 따라다니는 현상도 많이 제거된다.

보다 정확하게 확인하고자 하면, 형광현미경 및 공초점 레이저 주사현미경을 이용하면 된다. 잠시 이에 대해 언급하면 형광이 확인된 callus를 형광현미경을 이용하여 GFP형광여부를 세밀하게 관찰할 때는 기존의 FITC filter set (excitation filter 450~490nm, dichromic mirror 510nm)에 emission(band pass filter ; 515~561nm)을 이용하여 GFP signal 확인의 정확성을 향상시킨 조합을 이용하였다.* 혹시 주변에 공초점 레이저 주사현미경(Conforcal microscope)이 있으면 보다 정량적인 GFP의 발현 정도의 확인이 가능하다. 필자의 filter set의 조성은 DD: 488/568, BF 530/30, LP 590를 이용하였고, 각각의 회사에 따라 약간의 차이는 있다(필터 선택이 어려우면 FITC 영역을 우선 이용하며, 형광 현미경 회사 및 선행 연구자의 조언을 구할 것).

각각의 형질전환 가능성이 있는 세포주는 많은 경우 embryogenic한 callus를 형성하며, 혹 non-embryogenic callus만 생겼다 하더라도 지름 1mm 이상 되는 세포괴를 각각 독립적으로 새로운 선발 배시에 올려놓으면 계대배양 중에 embryogenic한 callus나 embryo를 얻을 수도 있다.**

5) 형질전환 callus의 증식 및 유지

당근 callus 배양의 중요 포인트 중 하나는 계대배양 시기로 일반적으로 1달 이내(3주)가 적당하다. 배지 성분이 고갈되면 급격히 embryogenic한 성질을 잃어버리고, callus 색이 밝은 노란색에서 투명하거나 어두운 느낌으로 바뀌면 급격히 세포가 죽어가는 현상을 관찰할 수 있으며, embryogenic 한 성질도 많이 없어진다. 이때에는 배지와 callus가 접촉되어 있는 부분을 잘 살피면 그나마 상태가 좋은 세포괴를 살릴 수 있다. 당근 세포주는 오랫동안 embryogenic한 성질을 유지하기기 쉽지 않다. 6개월 이내에 개체화하기를 권장한다. 아주 미세한 embryogenic callus도 수십 개의 개체로 만들 수 있으므로 선발, 증식 초기에 우선 개체화를 진행시키고, PCR 확인 등을 통하여 형질전환 여부를 판단하고, callus를 유지 증식할지 여부를 결정하는 것이 중요하다. 또한 당근 세포는 초저온 보존도 매우 잘 되는 식물로, 적당한 시기(보통 embryogenic callus 생성 후, 3~5개월 이내)에 액체질소로 동결하면 큰 도움이 된다.

6) 형질전환 당근 callus의 개체화 및 순화

형질전환된 embryogenic callus를 1~2mm 정도의 작은 세포괴로 호르몬이 첨가되지 않은 1/2 MS 고체 배지에 치상하면 광상태의 배양실에서 약 2~4주 내에 수많은 개체가 관찰되며, 이를 빠른 시기에 다시 큰 배양용기에 정식하면 1~2달 내에 5~10cm까지의 어린 유식물체로 성장한다. 이때 정식 및 계대배양 시기가 늦으면 당근의 순화 후 토양정식에서 당근 뿌리가 기형이 됨을 유념해야 한다. 유식물체는 우선 배양용기의 뚜껑을 시일을 두고 서서히 개방하여 공중습도에 적응하도록 약 10일 정도 처리 후, 흐르는 물에 뿌리가 다치지 않게 세심하게 세척한다. 이것을 직경 5cm 내외의 배양상토분에 정식 후, 랩을 이용하여 밀봉하며 습도를 유지하고 서서히 상황에 따라 적응시킨다. 배양 인큐베이터(광상태) 온도는 약 15~18℃ 내외가 적당하며 순화가 완료되면 즉시 토심이 깊은 토양이나 깊이 30cm 정도의 큰 화분으로 조심스럽게 화분만 제거한 상태로 토양 부러짐이 없게 정성껏 정식한다(작은 화분에서 당근뿌리가 바닥까지 생장하면 안 됨). 이 시기가 늦어도 뿌리는 기형이 된다.

III. 결과

1) 항생제 저항성 및 *GFP* 유전자 발현 형질전환 당근의 확인

필자의 경우 kanamycin만을 저항성 세포주(NPTII)로 형질전환체로 선발하였을 때 PCR로 확인한 형질전환 효율은 약 30% 내외였다(그림 15-2). 초기 항생제 농도를 kanamycin 50mg/*l*으로 한 것이 효율이 저하되었던 것으로 보이며 이후 80~100mg/*l*에서는 효율이 높아짐을 확인하였다(데이터 미제시).

---

* 최근 각 현미경 회사마다 GFP 필터 조합을 생산 판매한다. band pass filter가 없는 경우, 식물체 내의 자체 발광과 혼동하여 GFP 발현을 확인하기 어려운 경우가 있다.

** 보통1~3회 계대배양 때에 나타난다.

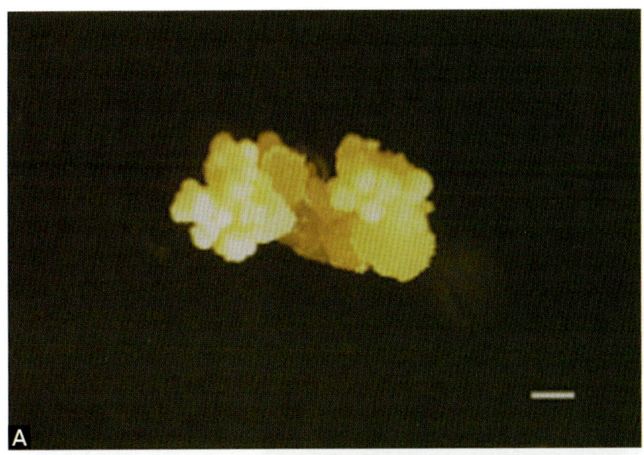

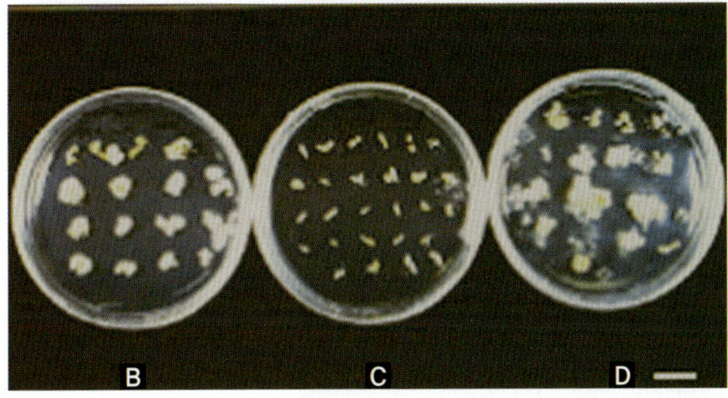

그림 15-2 당근의 하배축으로부터 kanamycine 저항성 callus의 형성

A_ Kanamycine 저항성 callus. B_ Kanamycine 저항성 형질전환한 하배축. C_ Kanamycine 저항성 형질전환하지 않은 하배축 대조군. D_ 형질전환하지 않고 kanamycine 첨가하지 않은 대조군.

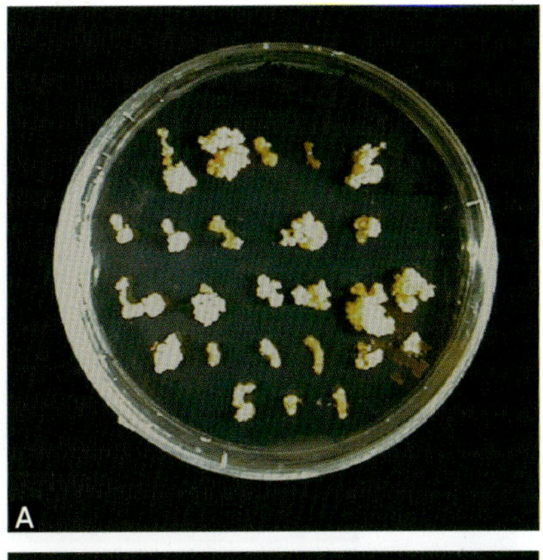

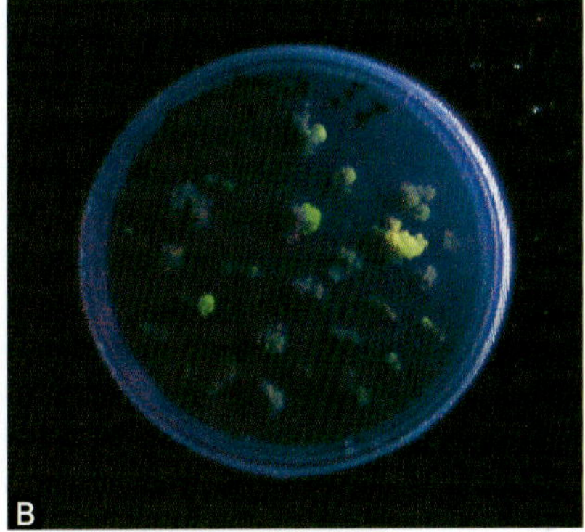

그림 15-3 GFP 및 kanamycine 저항성 유전자로 형질전환된 배발생 callus

A_ 일반 광에서의 사진. B_ Long wave UV가 조사된 상태에서의 사진.

2) GFP 및 kanamycine 저항성 당근세포주의 선발

*NPTII*와 *GFP* 유전자로 형질전환된 세포주는 GFP를 육안으로 형질전환됨을 확인 가능하여, 다시 PCR로 확인 결과 모두 형질전환됨을 확인하였다. *GFP* 유전자가 도입된 *Agrobacterium*과 공동배양된 당근의 하배축을 체세포배발생 callus 유도배지인 1mg/*l*의 2,4,-D가 첨가된 항생제 배지에서 초기 약 10일 경까지는 육안으로 새로 형성된 callus를 확인하기 어려웠다. 초기의 형질전환 여부의 확인은 형광현미경을 통하여 추적이 가능하였다. 초기 하배축의 절단면에서는 많은 청녹색의 세포들이 확인되었는데, 약 2주 정도 경과 후에는 많은 GFP signal이 사라짐을 확인할 수 있었다. 약 4주 경과 후 이들 하배축의 절단면, 혹은 상처부위에서 액 1~3mm정도의 callus가 확인되었다. 이 시기부터 Hand UV lamp(long wave)에서도 역시 GFP 형광으로 보이는 청녹색의 형광을 육안으로 확인할 수 있었다(그림 15-3A, B). 이때 당근의 체세포배발생 callus에서는 자체의 형광물질에 의해 GFP 형질전환체로 오인할 수 있는데, 이는 kanamycine이 첨가된 배지에서 형질전환이 되지 않은 세포가 서서히 죽어감에 따라 그 정도가 증가되며, 초기선발에서 GFP에 대한 경험 없이는 육안으로 확인하기 어려운 부분이다. 이와 같은 오류를 막기 위해서는 정확한 형광현미경의 준비가 매우 필요하다. 약 10일 가량 지난 후에 상처부위에서 약 5~10개 내외의 세포괴에서 GFP의 발현을 확인할 수 있었고, 약 한 달 뒤에 증식되고 있는 GFP발현 당근 세포괴를 확인할 수 있었다(그림 15-4A, B). 일반적인 형광현미경에서 제공하는 형광필터는 FITC형광물질을 확인할 수 있도록 필터의 조합이 되어 있다. 따라서 이 필터의 조합에서는 대부분의 경우에 emission filter의 경우 LP 510으로 붉은색과 노란색 쪽의 파장의 빛도 투과할 수 있다.

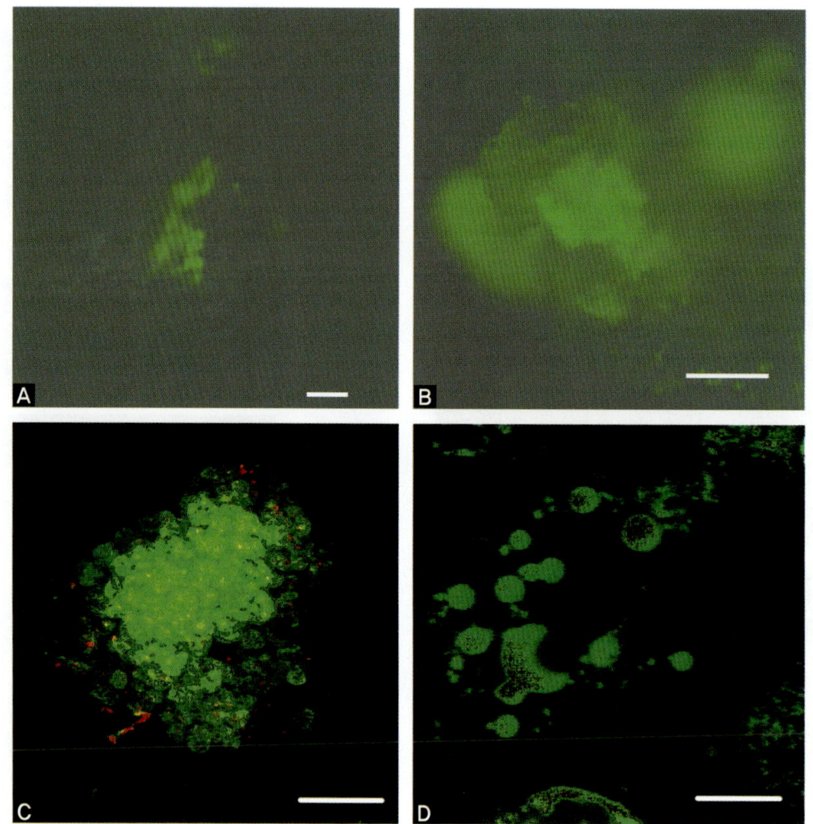

그림 15-4 GFP 형질전환된 당근 세포 및 세포괴의 형광 및 공초점 레이저 주사현미경 사진. FITC filter를 이용한 형광현미경 사진
A_ 공동배양 10일 후(bar=100μm). B_ 공동배양 1달 후(bar=50μm). 공초점 레이저 주사현미경 사진. C_ 체세포배발생 callus(bar=100μm). D_ 체세포배발생 세포 근접사진(bar=10μm).

따라서 식물체에 존재하는 엽록소 및 색소 등이 자외선과 파란계열의 빛에 의해 자연적으로 발생하는 autofluorescence에 의해 발생하는 많은 붉은색과 노란색의 잡광을 효율적으로 통제할 수 없다. 본 실험에서는 이를 해결하기 위하여 emission filter에 LP 510nm 대신 BP 515~561nm를 사용함으로써, GFP의 발광만을 확인할 수 있었다. 공초점 레이저 주사 현미경으로는 형광현미경보다 정밀하게 세포 하나의 내부에서의 GFP 발현 상태까지도 추적할 수 있었다(그림 15-4C, D).

이전에는 *GFP* 유전자는 식물체에서 아직까지 많은 연구가 단순한 transient expression을 위한 단기적인 유전자 발현을 추적, 확인하는 데 초점을 맞추고 있으나 GFP의 안정적인 형질전환체를 만듦으로써 당근에서 형질전환 과정의 추적 및 다른 유전자 형질전환 실험의 대조구로 이용하여도 매우 유용할 것이다.

형질전환을 시작한 지 약 1달 후 많은 GFP 발현 세포괴를 당근 하배축의 절단부위에서 확인할 수 있었다. 그러나 선택배지에서 분열하는 세포괴들 중에 실제 GFP를 발현하는 세포괴는 1/3 정도인 것으로 확인되었다. 이는 기존에 사용하던 kanamycin 50~100mg/*l*의 초기 선택배지에 함유되어 있는 항생제의 농도 및 종류 등에서의 문제 때문이다. 초기 선발과정에서 형질전환되지 않은 당근의 embryogeni callus는 kanamycin 3000mg/*l* 정도에서도 생존 가능함을 관찰할 수 있었다(데이터 미제시). 따라서 당근의 효율적인 transgenic 세포괴를 얻기 위해서는 초기에 보다 강력한 항생제 선택조건이 제시되어야 하고, 이를 확인하는 실험이 필수적이다. 개체화된 GFP 형질전환체(그림 15-5) 역시 모든 세포에서 GFP의 발현이 이루어졌다. 그러나 이들 개체의 GFP 발현정도는 각 기관에 따라 다른 양상을 보인다. 줄기 등에서는 상대적으로 세포수가 적고, 세포 내에서 세포질의 분포 역시 매우 국한되어 GFP의 발현이 미약해짐을 확인하였다. 반대로 세포의 밀도가 높은 생장점, 근단 등의 부위에서 GFP의 발현양이 상대적으로 많음을 확인하였다.* 따라서 이와 같은 GFP 유전자의 형질전환 확인은 식물체 내에서 엽록소가 존재하지 않고 세포 밀도가 높은 부분(생장점, 근단)을 이용하여야 하며, 또는 초기에 암상태에서 세포괴 선발을 정확히 하는 것이 매우 중요하다.

그림 15-5 GFP 형질전환된 당근 유식물체 사진(bar=1cm)

3) 제초제 저항성(bar) 당근세포주의 선발

*Agrobacterium*과 공동배양된 당근의 하배축을 체세포배발생 callus 유도배지인 1mg/*l*의 2,4,-D 가 첨가된 항생제에서 2~3주 가량 경과 후에 초기 하배축의 절단면에서는 많은 유백색의 세포괴가 확인되었는데, 약 4주 경과 후 이들 하배축의 절단면, 혹은 상처부위에서 액 1~3mm정도의 callus가 확인되었다. 대부분의 선행 논문에서는 basta의 농도를 약 2~5mg/*l*의 농도에서 선발하였으나, 본 실험에서는 5mg/*l*의 농도를 이용하여 형질전환을 수행하였다. 실험 초기 2mg/*l*의 농도로 형질전환 수행시 저항성 callus 외에도 형질전환이 되지 않은 callus가 상당히 많아 실험 수행이 매우 어려웠다.

형질전환에서 가장 중요한 것은 적은 양의 확실한 저항성 세포를 찾는 것으로, 따라서 이를 위해서는 초기 선발 배지의 농도를 약간 과량으로 이용하는 것이 필요하다고 생각한다. 형질전환된 callus는 많은 경우 체세포배발생 callus로 직접 발달하였으며, 동일한 배지에 1달 간격으로 계대배양하며, 약 3회 계대배양부터는 carbenicillin이 빠진 배지에서 배양한다. 한달 뒤에 basta가 5mg/*l*가 함유된 호르몬이 첨가되지 않은 MS 고체배지에서 광상태로 전환하여, 2~3주 후에 체세포배의 발달을 확인하였다(그림 15-6). 이들 제초제 저항성 당근은 농업적으로 잡초제거에 도움을 줄 것이다.

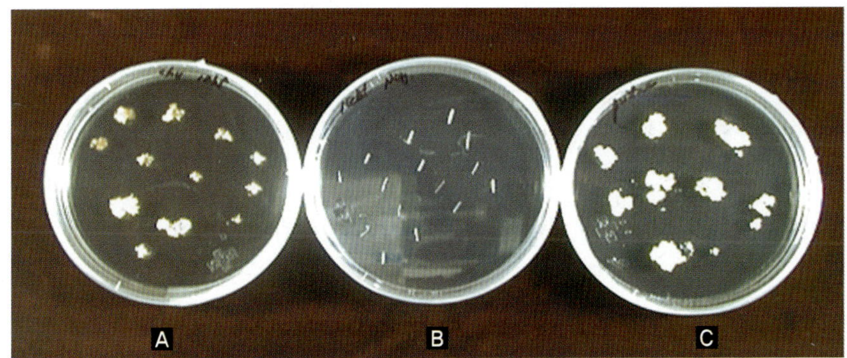

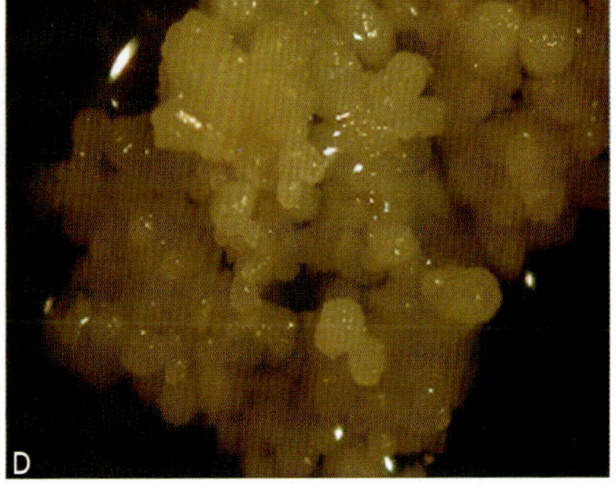

그림 15-6 bar 유전자가 도입된 당근 callus 사진

A_ basta 저항성 형질전환 callus resistace transgenic callus. B_ 형질전환하지 않은 당근 하배축을 이용한 대조군. C_ 형질전환 및 제초제 처리가 안 된 대조군(bar=1cm). D_ Basta 저항성 체세포배의 발달 사진(bar=100μm).

* GFP 발현 확인에서 엽육 조직으로는 확인하기 어렵다. 이는 현미경의 빛에너지가 엽록소로 분산되는 현상에서 기인하는데, 이런 문제로 에너지가 약한 일반 형광현미경으로는 분석이 어려움을 감안하여야 한다.

그림 15-7 형질전환 당근의 뿌리 및 재배 사진

4) 형질전환 당근의 토양재배

그림 15-7의 당근은 자돈 설사병 방지 당근 형질전환체로 최종적으로 순화 후 당근 수확을 위해 토양에 정식하여 당근을 생산한 모습을 보여준다. 이 부분부터는 당근 혹은 재배에 관련된 분께 조언을 구해서 재배하는 것이 좋다. 모든 부분에서 실험을 혼자 진행하던 예전과 같은 실험자 세로는 원하는 결과를 얻기 어렵다. 형질전환뿐만 아니라 모든 실험은 많은 사람과 상의하고 의견을 들으며, 도움을 주고받으면서 진행하여야 시행착오가 적어진다.

IV. 실험 Tip

모든 형질전환에서 가장 중요한 것은 1.목적, 2.재료, 3.관찰, 4.정성이다.

1. 당근의 형질전환을 통하여 무엇을 하고자 하는가? 일단 대부분의 형질전환에서 중요시하는 것은 형질전환 효율이다. 일반적인 당근의 형질전환 효율은 약 50~95% 정도로 매우 높아 큰 문제가 없다. 단지 육종 목적으로 할 것인지, 세포 상태의 연구를 목적으로 할 것인지 우선 결정하여야 한다.
2. 특정 형질의 품종 종자를 만들고자 한다면 이에 필요한 특정 순계 종자의 이용이 매우 중요하다. 앞서 언급한 많은 품종의 당근 종자도 큰 문제는 없으나 최종 산물을 육종화하려면 육종회사의 의도와도 부합되는 순계가 필요하다. 이때 각각의 라인별 체세포배발생 callus의 형성률 또한 매우 차이가 나며, 특히 순계 계통의 종자에서는 체세포배의 생성도 때로는 쉽지 않을 수도 있다.
3. 재료의 스크린과 당근의 품종에 따라서 이들 당근의 순화나 종자 맺음 등을 위해 연구일정을 잘 조절해야 한다. 당근은 2년생으로 춘화처리를 하여야 추대가 올라온다. 당근뿌리의 비대 또한 품종별로 계절적 영양을 받게 되니 적절한 시기(종자를 심어 발아되는 시기)에 순화가 이루어져야 종자를 받아 후대 형질전환의 유전자의 유전 양상 검정에 차질이 없다. 온실 등 설비가 부족할 경우 대개 가을에 형질전환을 시작하면 무리가 없다. 춘화처리를 통한 당근의 꽃눈분화는 품종에 따라서 큰 차이를 보이나 보통 잎수가 12~13매 정도 나온 뒤 뿌리가 50g 정도면 무난하며 4.5~15℃ 저온(냉장고)에 25~60일 정도 처리하면 꽃눈(花芽)이 분화(盆花)되고, 이후 10~20℃의 중온(中溫)과 장일(長日)에 처리하면 급속히 장다리(꽃대)가 나온다.*(당근에 대한 대략적인 특성은 원예연구소의 작물 특성을 참고 할 것: http://www.nhri.go.kr/ddd/crop/vegetable/37.htm).
4. 종자 살균 실험시 초음파 세척기 혹은 진공펌프(수류펌프)를 이용하면 살균시 나타나는 거품이 제거되어 살균 효율이 좋아진다. 일반적으로 종자 소독이 되어 있지

않은 당근 종자는 종자오염이 심하다.

5. 당근의 형질전환은 일반적으로는 큰 어려움이 없으나, 이를 형질전환 당근 유식물체를 순화시키는 것은 어렵다. 순화 1~2주일이 당근 순화에 가장 중요하며, 어려운 점은 습도와 통풍이다. 물론 다른 작물도 세심하게 주의를 요구하는 부분이지만 당근의 어린잎은 그냥 내놓으면 1시간이면 말라죽는다. 초기 일주일은 배양병 뚜껑을 먼저 헐겁게 열어놓은 후, 조심스럽게 뿌리가 다치지 않게 꺼내서 배지가 첨가된 한천 성분을 물속에서 제거 후 약 1시간 정도 물에 뿌리를 담가 놓고 이후 뿌리를 잘 펴서 랩으로 공기순환을 억제시킨 화분에서 적응을 시작한다. 이후 랩에 구멍을 서서히 뚫어서 외부 공기와 접촉하게 한다. 주의할 것은 이때 가능하면 습도 있는 하우스 등을 이용하며, 배양기에서는 꼭 습도(약 60~80%)를 올려준 후에 순화를 하여야 한다. 또한 당근은 순화시기에 뿌리부분의 상처를 받으면 죽을 확률이 높다. 이것은 멸균토양에 약간의 벤데이트 수화제를 넣어 주면 일부 도움이 된다. 초기 순화한 개체는 Jiffy-9 Peal Pellts를 이용하면 좋은 결과가 가능하며 편리하다(순화 후 뿌리 활착된 모양을 밖에서 관찰 가능하여 편리하다).
6. 당근 조직배양을 통한 순화체의 경우 대부분 수확 후, 뿌리 모양이 기형의 괴경 구조로 자란다. 이를 방지하기 위해서는 가능한 한 어린 당근 유식물체로 순화 후 정식한다. 보통 지상부가 약 3~5cm 정도 신장된 개체로 뿌리 또한 직근으로 똑바른 개체를 이용한다(배양용기의 배지에 경사를 주어도 좋다). 당근은 뿌리 생장이 두 번에 나누어 진행된다. 먼저 직근이 될 어린 뿌리가 약 10~20cm 정도 수직 생장한 후 윗부분의 광합성 및 영양상황에 따라 뿌리 비대기에 본격적인 당근이 될 10cm 남짓 부분이 당근이 된다. 이는 고구마나 감자와 뿌리와 덩이줄기의 비대 과정과 유사하다. 따라서 어린 생육초기의 직근은 당근의 형태 형성에 매우 중요하므로 이를 다치지 않게 잘 펴서 고운 배양상토에서 활착시키는 것이 관건이다. 토양정식 시기의 온도만 유념하면 생육은 크게 신경 쓸 것은 없을 것이나 병, 해충 및 토양 내 기본적인 영양분과 토심 및 물빠짐까지 신경 쓰면 원하는 형질전환 당근을 얻을 수 있다.

참고문헌

- Chang YM, Kim MK, Kim SJ, Oh HI, Liu JR(1991) Introduction of β-Glucuronidase gene into carrot(*Daucus carota* L.) by a Ti-plasmid vector system and its expression. Korean J Plant Tissue Culture 18: 55~60
- Chen WP, Punja ZK(2002) Transgenic herbicide-and disease-tolerant carrot(*Daucus carota* L.). plant obtained through *Agrobacterium*-mediated transformation. Plant Cell Rep 20: 929~935
- Kim JW, Park JB, Yi BY(2004) Transformation of carrot with trehalose synthesis related genes J. of the Institute of Industrial Technology 12: 141~145
- Lee YS, Hwang CH(2002) Development of Transgenic Carrot Oral Vaccine to Protect against Diarrhea of Piglets. Korean J of Plant Biotechnology 29: 287~293
- Phillips R, Butcher DN(1975) Attempts to induce tumors with nucleic acid preparations from *Agrobacterium tumefaciens*. J Gen Microbiol 86: 311~318
- Reinert J(1958) Untersuchungen uber die Morphogenese an Gewebejulturen. Ber dt Bot Ges 71: 15
- Steward FC, Mapes MO, Mears K(1958) Growth and organized development of cultured cells. II. Organization in cultures grown from free suspended cells. American J Bot 45: 705~708

16

오이 형질전환

[1]최필선, [2]유장렬, [1]조미애
[1]남부대학교 한방제약개발학과
[2]한국생명공학연구원 식물유전체연구센터

I. 서론

오이는 경제적으로 중요한 작물이며, 미국, 아시아 및 유럽을 중심으로 열대와 아열대지방에서 재배되는 주요 박과작물이다. 고효율 형질전환 시스템이 개발될 경우 생산량 저하와 식물체 생장에 심각한 영향을 주는 오이 모자이크바이러스(CMV), zucchini yellow 모자이크바이러스(ZYMV), 수박 모자이크바이러스 등(Powell-Abel *et al.*, 1986; Nishibayashi *et al.*, 1996) 병 저항성 신품종 개발을 더욱 촉진시킬 수 있을 것이다. 오이의 초기 형질전환 방법은 *Agrobacterium rhizogenes*와 공동배양하여 얻은 모상근을 다시 재분화시키는 방법이었고(Trulson et el., 1986), 이후 배축, 엽병, 잎 및 자엽 등 여러 가지 배양절편을 이용하여 기관발생(Sarmento *et al.*, 1992; Dong *et al.*, 1991)과 체세포배발생(Chee, 1990)을 통한 형질전환 방법을 확립하여 왔다. 이러한 오이 형질전환 연구에서 선발마커는 주로 *nptII* 유전자를 가장 많이 이용하여 왔으며(표 16-1), 동일 박과작물인 수박에서 *phosphomannose isomerase*(*PMI*) 유전자(Reed *et al.*, 2001)와 멜론에서 *dihydrofolate reductase*(*DHFR*) 유전자 (Dong *et al.*, 1991)를 이용한 예도 드물게 있다. 그러나 지금까지 확립된 형질전환 시스템의 재현성 부족, 높은 4배체 형질전환체 발생빈도, 선발마커로서 *nptII* 유전자의 부적절성 등은 오이의 안정적 반복적 형질전환법을 확립하는 데 가장 큰 문제점으로 대두되고 있다(Gaba *et al.*, 2004). 오이 형질전환법에서 제초제 저항성 유전자인 bar 유전자를 선발마커로 이용한 예는 찾아볼 수 없다.

*Streptomyces hygroscopicus*로부터 분리한 bar는 phosphinothricin acetyltransferase(PAT)효소를 합성함으로써 glufosinate의 독성을 불활성화시키는 것으로 알려져 있고(Thompson *et al.*, 1987), 이러한 작용기작을 이용하여 많은 식물의 형질전환에서 유용한 선발마커로서 이용되어 왔다(D'Halluin *et al.*, 1992). 특히 형질전환 식물체에서 *bar* 유전자의 발현은 leaf painting assay와 같은 간단한 방법으로 확인할 수 있고, phosphinothricin을 포함한 triazines, sulfonylureas, bromoxynil, glyphosate와 같은 다양한 제초제에 대해서도 저항성을 갖기 때문에(Schroeder *et al.*, 1993) 형질전환이 어려운 대두의 형질전환법에서 매우 효과적인 선발마커로 이용되고 있다

표 16-1 오이 형질전환체 생산에 대한 연구 목록

주 저자 (연도)	배양절편	방법 및 선발마커	결과
Trulson (1976)	발아 5일된 배축	• *Agrobacterium* 공동배양법 • 선발마커: *nptII* 유전자	뿌리형질전환 빈도(30%)
Chee (1990)	발아 3~5일된 자엽절편	• *Agrobacterium*공동배양법 • 선발마커: *nptII* 유전자	형질전환 빈도(10%)
Chee와 Slightom(1991)	발아 3~5일된 자엽절편	• *Agrobacterium*공동배양법 • 선발마커: *nptII* 유전자	*nptII* 유전자와 CMV-C 유전자가 도입된 형질전환체 생산
Chee와 Slightom(1992)	발아 3~5일된 자엽절편	• Microprojectile-mediated 형질전환법 • 선발마커: *nptII* 유전자	형질전환 빈도(16%)
Sarmento (1992)	발아 19~21일된 엽병과 잎절편	• *Agrobacterium* 공동배양법 • 선발마커: *nptII* 유전자	형질전환 빈도(9%)
Schulze (1995)	배발생 callus	• Microprojectile-mediated 형질전환법 • 선발마커: *nptII* 유전자	1년된 배발생 callus로부터 형질전환체 생산
Nishibayashi (1996)	발아 7~10일된 배축절편	• *Agrobacterium* 공동배양법 • 선발마커: *hpt* 유전자	12개 형질전환체 생산
Raharjo (1996)	발아 10~21일된 잎절편과 엽병	• *Agrobacterium* 공동배양법	3개의 chitinase 유전자 발현 오이 형질전환체 생산

(Zhang *et al.*, 1999; Cho *et al.*, 2004).

따라서 이 장에서는 오이의 안정적이며 재현성있는 형질전환 방법을 확립하기 위하여 선발마커로서 glufosinate의 이용 가능성(Cho *et al.*, 2005a)에 대하여 서술하고자 한다.

II. 재료 및 방법

오이에서 *Agrobacterium* 공동배양에 의한 형질전환 방법은 대부분 자엽절편으로부터 신초형성을 통하여 이루어져 왔고, 선발마커로서 *nptII* 유전자를 사용하여 왔다. 최근 오이 자엽절편으로부터 형질전환체 생산과정에서 선발마커로서 *bar* 유전자의 이용가능성에 대하여 국내에서 보고되었고(Cho *et al.*, 2005a), 이러한 방법에 의해 생산된 형질전환체는 거의 chimeric현상이 없고, 후대에서도 도입유전자가 안정적으로 발현되고 있음이 확인되었다.

1. 식물 재료

국내 오이 품종 중 기관발생능이 높은 오이(은침) 백다다기 종자를 70% 알코올에 1분간, 0.4% sodium hypochlorite용액에 15분간 표면 살균하였다. 2% sucrose와 0.8% agar가 첨가된 MS기본배지(Murashige and Skoog, 1962)에 petridish당 10개의 종자를 치상하고 25℃ 암상태에서 10일 동안 발아시켰다. 배양 10일 후 발아된 오이 유식물체로부터 경단분열조직이 포함되지 않게 조심스럽게 자엽절편을 절단한 후 *Agrobacterium*과 공동배양하기 위한 재료로 사용하였다.

2. *Agrobacterium tumefaciens* strains

CaMV 35S 프로모터, *β-glucuronidase*(*GUS*) 유전자, 선발표지로서 *bar* 유전자(pPTN289, 그림 16-1A, Cho *et al.*, 2005a)와 *npt II* 유전자(pPTN290, 그림 16-1B, Cho *et al.*, 2005a)를 freeze-thaw방법으로 LBA4404, EHA101 및 GV3101에 각각 형질전환하여 균주로 사용하였다(Jefferson *et al.*, 1987). 50mg/*l* streptomycin과 50mg/*l* spectinomycin

이 첨가된 YEP 액체배지 50ml에 각각의 colony를 접종하여 28℃로 2일 동안 배양한 후 대수기 증식기(OD_{650} = 0.6 – 1.0)의 균을 사용하였다.

3. 형질전환체 생산

오이 형질전환체를 얻기 위하여 약 50개 자엽절편을 pPTN289벡터로 형질전환시킨 25ml의 *Agrobacterium*용액(LBA4404, GV3101, EHA101)에 10분 동안 침지한 후 공동배양용 배지(co-cultivation medium: **CM**, 1/10MS salt, 20mM MES, 100mg/l cysteine, 3.2mg/l BA, 0.5mg/l IBA, 39mg/l acetosyringone, 3% sucrose, pH 5.4)에 6개씩 치상하여 2일 동안 공동배양하였다. 공동배양한 자엽절편을 3~5회 수세한 후 신초 유도배지(shoot-induction medium: **SI**, MS salt, MS vitamin, 3% sucrose, 3.2mg/l BA, 0.5mg/l IBA, 5mg/l glufosinate, 50mg/l ticarcillin, 50mg/l cefotaxime, 50mg/l vancomycin, 3mM MES, pH 5.6)에 옮겨 6~8주 동안 2주 간격으로 계대배양하였다. 형성된 신초를 분리하여 신초 신장배지(shoot-elongation medium: **SE**, MS salt, 0.1mg/l IBA, 0.5mg/l GA_3, 3mg/l glufosinate, 50mg/l ticarcillin, 50mg/l cefotaxime, 50mg/l vancomycin, 3mM MES, pH 5.6)에 옮겨 3cm 이상 신장시켜 유식물체를 얻었다. 한편, pPTN290벡터를 이용할 경우, 위의 모든 배지에서 5mg/l glufosinate대신 60mg/l paromomycin을 첨가하여 수행하였다. 모든 배지는 8g/l Phyto-agar를 첨가하기 전 pH를 조정하여 121℃, 1.2기압에서 15분간 고압 멸균하였다. 배지는 90×15mm 플라스틱 petridish에 25ml씩 분주하여 사용하였다. 배양은 24℃로 조절되는 배양실에서 광 46μmolm^{-2}s^{-1}의 16시간 광주기에서 배양하였다. 선발배지에서 얻은 유식물체는 토양으로 옮겨 온실에서 순화하였다.

4. β-Glucuronidase(GUS) 발현

*Agrobacterium*과 공동배양한 자엽절편으로부터 유도된 유식물체의 잎절편과 토양에서 순화시킨 성숙한 식물체의 화기 및 열매를 채취한 후, 37℃에서 5-bromo-4-chloro-3-indole-glucuronidase용액에 침지시켰다(Jefferson *et al.*, 1987). 24시간 후 70% 알코올 용액으로 탈색시킨 후 GUS 양성 반응을 보인 식물체의 빈도를 조사하였다. 대조구로서는 *Agrobacterium*과 공동배양하지 않은 성숙한 식물체의 잎, 화기 및 열매를 사용하였다.

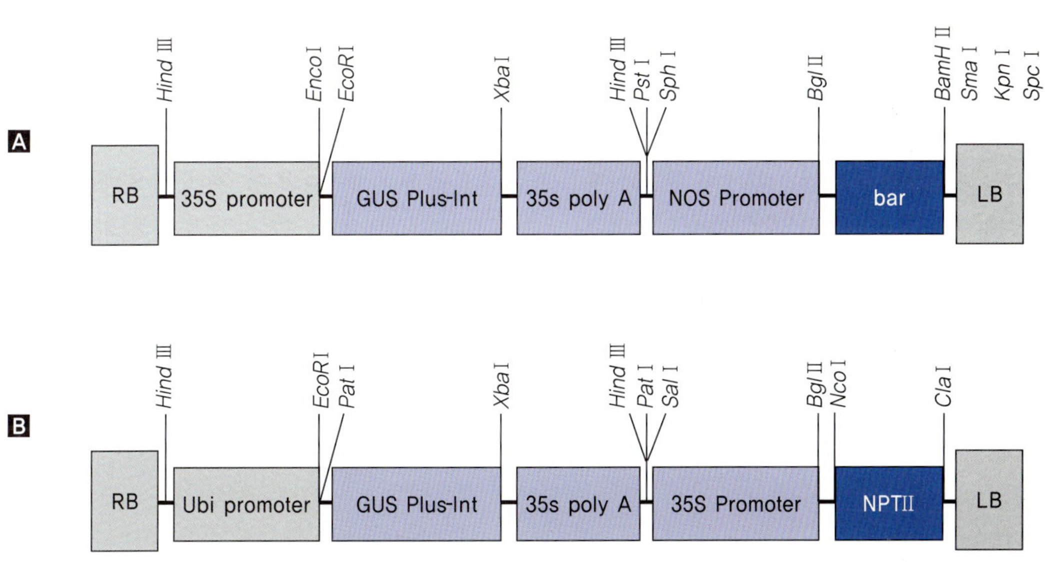

그림 16-1 식물발현벡터(pPTN289: A, pPTN290: B)의 T-DNA 부위

5. Leaf painting 및 Southern 분석

유식물체의 잎에서 GUS 양성반응을 나타낸 식물체를 토양에 순화한 후 온실에서 성숙한 개체로 생육시켰다. 식물체의 크기가 50cm 이상 되었을 때 1차 잎 표면에 0.1% 바스타(Aventis Inc.)를 솜으로 처리하였다. 5일 후 제초제에 대한 내성을 나타낸 식물체의 잎 조직으로부터 genomic DNA를 추출하였다(Dellaporta *et al.*, 1985). 약 10μg의 DNA를 EcoRI 제한효소 반응액에 37℃에서 16시간 동안 반응시켜 절단한 후 0.8% agarose gel에 전기영동하였다. Agarose gel 상의 DNA 밴드를 Zeta^R-Probe nylon membrane(Bio-Rad, catalog #162-0196)에 옮겨 ^{32}P-dCTP(Stratagene, catalog #300385)로 표지된 약 2.0kb gus probe를 이용하여 Southern 분석을 실시하였다(Southern, 1975).

III. 결과 및 고찰

오이 20 품종을 무균발아시켜 얻은 유식물체의 자엽절편을 0.5mg/*l* IBA와 3.2mg/*l* BA를 조합 첨가한 MS배지에 배양한 결과, 95% 이상의 기관발생능을 갖는 오이(은침) 백다다기 1품종을 선정하였다(미발표). 은침 자엽절편을 *Agrobacterium*과 공동배양한 후 glufosinate가 첨가된 선발배지에서 배양한 결과, 배양 2주 후 자엽절편은 팽창되기 시작하였으며, 상처부위로부터 callus가 형성되었다. 자엽절편을 다시 동일배지에 옮겨 4~6주 동안 계속 배양할 경우 녹색반점을 갖는 많은 부정아 원기가 형성되었으며, 이러한 부정아 원기는 선발배지에서 노란색 또는 점차 갈변되는 주위 조직과는 뚜렷이 구분되었으며, 배양 6~8주째 원기로부터 5~10mm 크기의 multiple shoot를 얻을 수 있었다. 배양 6~8주 후 건강하게 자란 신초를 분리하여 신초신장배지(SE)와 뿌리유도배지에서 완전한 소식물체를 얻었다. 이러한 소식물체를 토양에 옮겨 순화시켜 성숙한 개체를 얻었다. 그러나 자엽절편을 pPTN290벡터가 도입된 *Agrobacterium*용액으로 형질전환한 후 60mg/*l* paromomycin이 첨가된 선발배지에서 배양하였을 때 자엽절편의 괴사 현상이나 갈변 현상을 관찰할 수가 없었고, 자엽 상처부위로부터 callus 형성과 신초 발생이 왕성하게 일어났다. 공동배양된 오이 자엽절편(10,126개)으로부터 12개체의 glufosinate저항성 식물체와 3개체의 paromomycin저항성 식물체를 얻었으며, 모든 식물체의 잎, 화기, 열매에서 GUS 양성반응을 보였으며, 잎에서는 basta에 저항성을 나타냈다(그림 16-2, 표 16-2, Cho *et al.*, 2005a).

선발배지에 첨가된 glufosinate는 상처를 받은 배양절편의 목부와 사부조직으로 흡수되어(Shelp *et al.*, 1992) 형질전환이 일어나지 않은 세포의 경우에는 암모니아 축적으로 세포 내 인산화과정을 저해시킴으로써 괴사현상이 나타나고, 형질전환이 일어난 세포의 경우 phosphoinothricin acetyltransferase(PAT)효소를 합성함으로써 세포 내로 흡수된 glufosinate를 불활성 형태로 전환시키므로 저항성을 갖게 한다(Muller *et al.*, 2001). 이러한 현상은 많은 식물에서 관찰되며, 특히 공동배양된 대두 자엽절 절편에서 뚜렷하게 관찰할 수 있다(Zhang *et al.*, 1999; Cho *et al.*, 2004). 한편 선발배지에 첨가된 paromomycin은 neomycin phosphotransferase II(nptII) 효소 작용에 의해 불활성화 됨으로써 형질전환이 일어나지 않은 세포는 괴사시키고, 형질전환세포는 항생제 저항성을 갖게 한다(Roa-Rodriguez and Nottenburg, 1999). 일반적으로

표 16-2 오이 자엽절편 공동배양으로부터 *Agrobacterium* 균주별 GUS발현빈도

품종	발현벡터	*Agrobacterium* 균주	공동배양된 자엽절편 수	GUS발현빈도(%)
은침	pPTN289	GV3101	879	2 (0.23)
		LBA4404	813	0 (0.00)
		EHA101	2,824	10 (0.35)
	pPTN290	GV3101	4,180	3 (0.07)
		LBA4404	574	0 (0.00)
		EHA101	856	0 (0.00)

그림 16-2 *Agrobacterium* **공동배양법에 의한 오이 자엽절편으로부터** *gus***와** *bar* **유전자 발현 형질전환체 생산**
A_ 자엽절편으로부터 glufosinate 저항성 부정아 형성. B_ Glufosinate 저항성 식물체 재생. C, D_ Glufosinate 저항성 식물체 토양 순화. E_ 대조군의 GUS 음성반응. F_ 형질전환체 잎의 GUS 양성반응. G_ GUS 양성반응 화기. H_ GUS 양성반응 열매. I_ 제초제 감수성 잎. J_ 제초제 저항성 잎.

paromomycin은 단자엽식물인 옥수수의 체세포배발생을 이용한 형질전환 과정에서 효과적인 선발마커로서 이용되고 있으며(Cho *et al.*, 2005b), 콩과 등 주요 작물에서는 그 효과가 낮은 것으로 알려져 있다(Roa-Rodriguez and Nottenburg, 1999). 따라서 공동배양된 오이 자엽절편에서의 갈변현상과 괴사현상은 배지에 첨가된 제초제, 즉 glufosinate의 독성으로 형질전환이 일어나지 않은 세포를 점차 괴사시켜 나타난 현상으로 새롭게 형성된 대두 신초는 T-DNA 부위의 *bar* 유전자가 오이 genome에 도입되어 발현됨으로써 저항성을 갖게 된 것으로 생각된다. 반면 paromomycin이 첨가된 선발배지에서는 괴사 현상이나 갈변 현상이 관찰되지 않는 것으로 보아 형질전환이 일어나지 않은 세포의 증식도 함께 일어나는 것으로 추측된다. 따라서 오이 형질전환 시스템에서는 선발마커로서 nptII유전자보다는 *bar* 유전자를 사용하는 것이 효과적일 것이다.

Agrobacterium 균주에 따른 형질전환율을 비교해 보면 오이의 경우 pPTN289벡터가 도입된 GV3101에서 0.23%(2개체), LBA4404에서 0% 그리고 EHA101에서 0.35%(10개체)의 GUS 양성반응을 보였고, pPTN290이 도입된 GV3101균주에서는 0.07%(3개체) 그리고 LBA4404와 EHA101에서는 GUS 양성반응을 보이지 않았다(표 16-2, Cho *et al.*, 2005a). 이와 같이 사용된 균주별 형질전환 빈도는 뚜렷한 차이가 있었으며, 특히 *bar* 유전자를 선발표지로 포함하는 pPTN289벡터가 도입된 EHA101균주를 사용하였을 때 가장 효과적인 것으로 나타났다. 이러한 결과는 많은 작물의 형질전환연구에서 식물의 계통 또는 품종에 따라 *Agrobacterium* 균주의 감염성이 다른 것으로 알려져 있다(Simmonds and Donaldson, 2000; Lee *et al.*, 1999; Cho *et al.*, 2004). 특히 *Coleus blumei*에서는 사용된 다른 균주에 비해서 B6S3 균주가 가장 높은 감염성을 보여줌으로서(Bauer *et al.*, 2002) 균주의 종류와 특성에 따라 그리고 식물의 계통, 품종 및 종에 따라서도 다르게 나타남을 알 수 있다. 따라서 안정적 그리고 고효율 형질전환법을 확보하기 위해서는 최적 *Agrobacterium* 균주 선정 과정이 필수적이라 할 수 있다.

기내에서 성숙한 오이 형질전환체(15개체)를 토양에 이

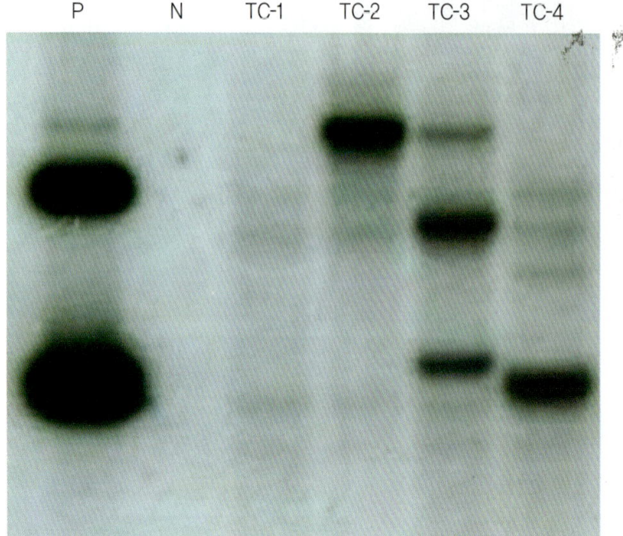

그림 16-3 오이 형질전환체에 대한 Southern분석

전체 게놈DNA를 EcoRI제한효소로 반응시킨 후 2.0 kb gus probe로 hybridization하였다. **P_** Plasmid벡터(pPTN289). **N_** 대조군. **TC~1, TC~2, TC~3, TC~4_** 오이 형질전환체.

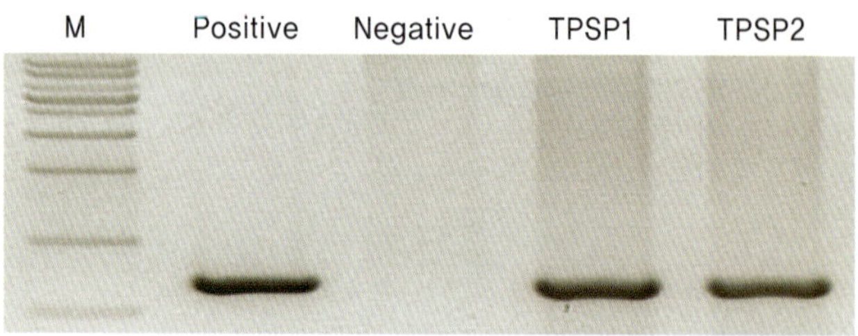

그림 16-4 *Agrobacterium*과 오이 자엽절편 공동배양에 의한 TPSP 유전자 도입 및 PCR분석

Control_ 비 형질전환체. **Transgenic_** TPSP도입 오이형질전환체. **M_** 분자마커. **Negative_** 비 형질전환체. **TPSP1, TPSP2_** *TPSP* 유전자 도입 오이 형질전환체.

식하여 생장시킨 후 4개체(TC-1, TC-2, TC-3, TC-4)의 잎절편으로부터 genomic DNA를 추출하여 Southern분석을 수행하였다. TC-1을 제외한 나머지 형질전환체의 genome에 *gus* 유전자가 안정적으로 도입되어 있음을 확인하였다(그림 16-3, Cho *et al.*, 2005a). 따라서 GUS발현과 Southern분석 결과로 미루어 볼 때 자엽공동배양법에 의해 *gus* 유전자가 오이 genomic DNA에 삽입되어 안정적으로 발현하고 있음을 알 수 있었고, 특히 오이 형질전환 시스템에서 glufosinate를 선발배지로 이용할 경우 paromomycin보다 더 효과적으로 형질전환체를 선발할 수 있음을 알 수 있었다.

IV. 향후 연구 방향

오이 자엽절편을 이용한 형질전환 시스템은 선발마커로서 기존의 *nptII* 유전자를 이용하는 것보다 *bar* 유전자를 이용하는 것이 효과적인 것으로 나타났고, 이는 형질전환체에서 나타나는 chimeric현상을 최소화할 수 있음을 확인하였다. 따라서 이러한 안정적 재현성이 있는 형질전환 시스템을 이용하여 현재 환경스트레스 유전자인 *TPSP*와 *CBF3* 유전자를 도입하고 있으며, 일부 형질전환체 중에서 *TPSP* 유전자가 도입된 개체를 PCR분석을 통해 확인하였다(그림 16-4). 향후 이들 형질전환체에 대하여 Southern분석 및 nothern분석을 수행할 예정이며, 후대 종자 수확 후 환경스트레스 처리에 의한 발현분석도 수행할 것이다.

V. 세부 실험방법

1. 종자소독 및 무균발아

- 70% 에틸알코올에 1분간 소독한다.
- 0.4% 클로락스에 15분 동안 2차 소독한다
- 무균수로 약 4회 정도 수세한다.
- Clean bench 내에 무균 처리한 filter paper를 petridish에 깔고 소독된 종자를 건조시킨다.
- 소독된 종자를 발아배지에 6~10개씩 치상하여 5~10일 동안 암 상태로 배양하면서 발아시킨다.
- 무균발아배지: MS salt+2% sucrose+0.8% phyto agar(pH 5.6)

2. *Agrobacterium* 공동배양 용액 준비

- *Agrobacterium* stock에서 YEP고체배지 streaking하여 2일 동안 28℃로 암 배양한다.
- 2일 후 1개의 colony를 취하여 적당한 항생제가 들어 있는 YEP액체배지 200*ml*에 접종하여 다시 28℃로 2일간 배양한다. 이때 약 200rpm 정도로 현탁배양한다.

3. 공동배양

1) 배양재료 준비

- 무균발아 유식물체로부터 유경조직이 포함되지 않도록 자엽절편을 자른다.

2) 균 접종

- OD_{650} = 0.5~0.6 정도 자란 *Agrobacterium* 용액을 3000rpm으로 10분간 원심분리하여 pellet을 수확한다.
- *Agrobacteria* pellet을 공동배양용액에 resuspend시킨다.
- Resuspend된 균 용액에 위에서 준비된 자엽절편을 10분 동안 침지시킨다. 이때 일정간격으로 흔들어준다.
- 10분 동안 침지 후 공동배양배지 위에 무균 filter paper를 조심스럽게 올려놓고 그 위에 자엽절편을 petridish당 10~15개 정씩 올려놓고 24℃에서 2일간 명배양한다.
- 공동배양배지 조성: 1/10MS+3% sucrose+20mM MES+3.2mg/*l* BAP+0.5mg/*l* IBA+0.5% phyto agar+20mM MES+200μM acetosyringone+100mg/*l* cysteine(pH 5.4)

4. 배양 및 형질전환체 선발

- 공동배양 2일 후 항생제가 첨가된 shoot유도배지에 옮겨 2주 간격으로 명배양한다.
- 이때 petridish당 배양절편은 6개씩 올려놓고 자엽기부가 배지속으로 잠기도록 치상한다.
- 배양 2주 후 자엽절편으로부터 발생된 모든 shoot는 제거하고 다시 자엽절편을 새로운 배지에 위와 동일한 방법으로 치상하여 배양한다.
- 2주 간격으로 약 8~10주 이상 배양하면서 자엽기부로부터 건강하고 녹색을 띠는 shoots를 2주마다 분리하여 신장배지로 옮기고, 2주 간격으로 계대배양하면서 3cm 이상 생육시킨다. 일반적으로 약 4주 이상 배양한다.
- Shoot신장배지에서 약 3cm 정도 이상 자란 식물체를 다시 뿌리유도배지로 옮겨 약 4주 동안 배양한다.
- 모든 배양은 16시간 광주하에서 24℃로 조절되는 배양실에서 수행하며, 2주 간격으로 계대배양한다.
- Shoot유도배지: MS salt+3% sucrose+3mM MES+0.8% phyto agar+3.2mg/*l* BA+0.5mg/*l* IBA+50mg/*l* vancomycin+50mg/*l* ticarcillin+50mg/*l* cefotaxime+5mg/*l* glufosinate(선발마커로서 *bar* 유전자를 사용할 때)
- Shoot신장 및 뿌리유도배지: MS salt+2% sucrose+3mM MES+0.1mg/*l* IBA+0.05mg/*l* GA_3+0.8% agar+50mg/*l* vancomycin+50mg/*l* ticarcillin+50mg/*l* cefotaxime(pH 5.8)

5. 토양순화 및 형질전환체 확인

- 배양기에서 약 10cm 정도 자란 식물체의 경우 무균된 토양에 옮긴 후 비닐을 씌워 약 1주일 동안 배양실에서 순화시킨다.

- 어느 정도 활착된 식물체의 경우 비닐에 구멍을 낸 다음 다시 2~3일 정도 배양실에서 순화시킨다.
- 배양식물체로부터 새로운 잎이 나왔을 때 온실로 옮겨 약 2주 동안 생육시키고, 다음에 큰 화분으로 옮긴다.
- 이후 GUS염색, leaf painting assay, Southern분석을 수행하여 최종 형질전환체를 확인한다.
- 최종적으로 Southern분석에 의해 확인된 형질전환체로부터 후대 종자를 수확하고, 다시 발아시켜 2차 확인한다.

VI. 결론

*Agrobacterium*과 자엽절편의 공동배양으로 박과작물인 오이의 형질전환체를 생산하였다. 오이 배양재료는 "은침"의 자엽절편을 사용하였으며, reporter 유전자로서 *gus* 유전자와 선발표지로서 *bar* 또는 *npt II* 유전자로 각각 제작된 pPTN289와 pPTN290벡터를 GV3101, LBA4404, EHA101에 형질전환하여 공동배양하였다. 형질전환빈도는 *Agrobacterium*의 종류에 따라 현저한 차이가 있었으며, 특히 사용한 균주 중 EHA101에서 0.35%로 가장 높았다. 선발배지에서 형성된 오이 식물체 중 제초제 저항성(12개체)과 paromomycin 저항성(3개체)을 얻었고, 이들 모두 *gus* 양성반응 나타냈다. Southern분석에 의하여 오이 형질전환체의 genome에 *gus* 유전자가 도입되어 있음을 확인하였다. 따라서 *Agrobacterium*공동배양법에 의한 오이 형질전환체 생산과정에서 선발마커로서 *bar* 유전자의 이용가능성을 확인하였고, 특히 *nptII* 유전자보다 더 효과적임을 보여 주었다.

참고문헌

- Bauer N, Levanic DL, Mihaljevic S, Jelaska S(2002) Genetic transformation of Coleus blumei Benth. using *Agrobacterium*. Food Technol Biotechnol 40: 163~169
- Chee PP(1990) Transformation of Cucumis sativus tissue by *Agrobacterium* tumefaciens and the regeneration of transformed plants. Plant Cell Rep 9: 245~248
- Cho MA, Choi DW, Liu JR, Clemente T, Choi PS(2004) Development of transgenic soybean using *Agrobacterium* tumefaciens. Kor J Plant Biotechnol 31: 255~259
- Cho MA, Song YM, Park YO, Ko SM, Min SR, Liu JR, Choi PS(2005a) The use of glufosinate as a selective marker for the transformation of cucumber(Cucumis sativus L.). Kor J Plant Biotechnol 32: 161~165
- Cho MA, Park YO, Kim JS, Park KJ, Min HK, Liu JR, Clemente T, Choi PS(2005b) Development of transgenic maize(Zea may L.) using *Agrobacterium*tumefaciens-mediated transformation. Kor J Plant Biotechnol 32: 91~95
- Dellaporta SL, Wood J, Hicks JB(1985) Maize DNA miniprep. In: Malmberg R, Messing J, Sussex(eds), Molecular Biology of Plants: A laboratory Course Manual, Cold Spring Harbor, New York. pp 36~37
- D'Halluin K, DeBlock M, Denecke J, Janssens J, Leemans J, Reynaerts A(1992) The bar gene as a selectable and screenable marker in plant engineering. Methods Enzymol 216: 415~426
- Dong JZ, Yang MZ, Jia SR, Chua NH(1991) Transformation of melon(Cucumis melo L.) and expression from the cauliflower mosaic virus 35S promoter in transgenic melon plants. Biotechnol 9: 858~863
- Gaba V, Zelcer A, Gal-On A(2004) Cucurbit biotechnology-the importance of virus resistance. In Vitro Cell Dev Biol Plant 40: 346~358
- Jefferson RA, Kavanagh TA, Bevan MW(1987) GUS fusion: β-glucuronidase as a sensitive and versatile gene fusion marker in higher plants. EMBO J 6: 3901~3907
- Lee SH, Shon YG, Lee SI, Kim CY, Koo JC, Lim CO, Choi YJ, Han CD, Chung CH, Choe ZR, Cho MJ(1999) Cultivar variability in the *Agrobacterium*-rice cell interaction and plant regeneration. Physiol Plant 107: 338~340
- Muller B, Zumdick A, Schuphan I, Schmidt B(2001) Metabolism of the herbicide glufosinate ammonium in plant cell cultures of transgenic and non-transgenic sugarbeet, carrot, purple foxglove and thorn apple. Pest Manag Sci 57: 46~56
- Murashige T, Skoog F(1962) A revised medium for rapid growth and bioassay with tobacco tissue cultures. Physiol Plant 15: 473~497
- Nishibayashi S, Kayakawa T, Nakajima T, Suzuki M, Kaneko H(1996) CMV protection in transgenic cucumber plants with an introduced CMV-O cp gene. Theor Appl Genet 93: 672~678
- Powell-Abel P, Nelson RS, Hoffmann N, Roger SG, Fraley RT, Beachy RN(1986) Delay of disease development in transgenic plants that express the tobacco mosaic virus

coatprotein gene. Science 232: 738~743

- Reed J, Privalle L, Powell ML, Meghji M, Dawson J, Dunder E, Suttie J, Wenck A, Launis K, Kramer C, Chang YF, Hansen G, Wright M, Chang YF(2001) Phosphomannose isomerase: an efficient selectable marker for plant transformation. In vitro Cell Dev Biol Plant 37: 127~132
- Roa-Rodriguez C, Nottenburg C(1999) NptIIgene in combination with paromomycin as a selective agent. Patent EP 927765A1
- Sarmento GG, Alpert K, Tang FA, Punja ZK(1992) Factors influencing *Agrobacterium* tumefaciens mediated transformation and expression of kanamycin resistance in pickling cucumber. Plant Cell Tiss Organ Cult 31: 185~193
- Schroeder HE, Schotz AH, Wardley-Richardson T, Spencer D, Higgins TJV(1993) Transformation and regeneration of two cultivars of pea(Pisum sativum L.). Plant Physiol 101: 751~757
- Shelp BJ, Swanton CJ, Hall JC(1992) Glufosinate (phosphinothricin) mobility in young soybean shoots. J Plant Physiol 139: 626~628
- Simmonds DH, Donaldson PA(2000) Genotype screening for proliferative embryogenesis and biolistic transformation of short-season soybean genotypes. Plant Cell Rep 19: 485~490
- Southern E(1975) Detection of specific sequences among DNA fragments separated by gel electrophoresis. J Mol Biol 98: 503~512
- Thompson CJ, Movva NR, Tichard R, Crameri R, Davies JE, Lauwereys M(1987) Characterization of the herbicide-resistance gene bar from Streptomyces hygroscopicus. EMBO J 6: 2519~2523
- Trulson AJ, Simpson RB, Shahin EA(1986) Transformation of cucumber(Cucumis sativus L.) plants with *Agrobacterium* rhizogenesis. Theor Appl Genet 73: 11~15
- Zhang Z, Xing A, Staswick P, Clemente TE(1999) The use of glufosinate as a selective agent in *Agrobacterium*-mediated transformation of soybean. Plant Cell Tiss Org Cult 56: 37~46

17 마늘 형질전환

[1]이한용, [1]정종주, [2]이종섭, [1]최양도
[1]서울대학교 농생명공학부
[2]서울대학교 생명과학부

I. 서론

마늘 (*Allium sativum* L.)은 전 세계에서 음식의 양념으로써 다양하게 쓰일 뿐 아니라, 의학적으로 많이 사용되고 있다. 다른 농작물과 마찬가지로 마늘도 세균, 바이러스를 포함하는 여러 가지 병원균과 다양한 잡초들에 의해 생육에 많은 어려움을 받고 있다. 따라서 병원균 혹은 제초제에 대한 저항성과 같이 경종적으로 유익한 특징을 갖는 새로운 변화는 마늘의 생산량과 품질을 높이는 데 많은 도움이 될 것이다. 마늘은 꽃이 있기는 하지만 그 꽃은 대부분의 나라에서 종자를 생산할 수 없는 꽃이기 때문에, 소인경(clove)과 단구(bulblet)의 재생산을 통하여 번식하는 영속적인 단자엽 식물체이다(Etoh 1986; Takagi, 1990). 비록 배양이 가능한 씨가 때때로 열매를 맺을 수도 있지만(Pooler and Simon, 1994), 교배는 마늘의 증식에 있어서 실질적으로 중요한 것은 아니다. 따라서 마늘의 번식은 자발적이거나 혹은 유발된 변종의 단순한 선택과 번식에 의하여 진행되어 왔다. 최근의 유전자변환 기술의 현저한 진보에도 불구하고(Hansen and Wright, 1999; McElroy and Brettell, 1994), 마늘(*A.sativum*), 양파(*A.cepa*), 부추(*A.porrum*)와 같은 *Allium* 속은 이러한 기술의 적용이 쉽지 않았다.

극히 일부의 보고서에서 *Allium* 속에서의 성공적인 유전자 도입을 보여 주기는 하였다. 하지만 이러한 보고에서도 유전자가 도입된 세포의 분화가 제대로 이루어지지 않았다.

양파 표피 조직에 외래 유전자를 도입하는 방법이 성공한 이후로(Klein *et al.*, 1987), 양파(Eady et al., 1996)와 마늘(Barandiaran *et al.*, 1998)의 형질전환과 발현을 확인하기 위한 표지유전자로서 *uidA*(*GUS*)가 사용되었으며, 최근에는 *Agrobaterium tumefaciens*를 이용한 형질전환 및 재분화가 양파에서 보고되었다(Eady *et al.*, 2000). 비록 몇몇 시도들은 조직 배양된 마늘을 재분화시키는 방향으로 진행되었지만, 완전하게 형질전환된 식물로서의 마늘 조직 배양 방법은 아직도 확립되지 않았다.

최근에는 형질전환 방법에 있어서 또 하나의 중요한 방법인 *Agrobaterium tumefaciens*를 이용한 형질전환 방법이 보고되기는 하였으나(Zheng *et al.*, 2004), 형질전환의 효율 및 2세대의 생산과 이에 대한 검증 부분의 미비 등

*Agrobaterium tumefaciens*를 이용한 형질전환 방법은 아직도 개선되어야 할 부분이 많이 존재한다.

이 연구에서는 형질전환된 마늘 식물체를 세대 교번하는 효과적인 방법을 확립하였다. 마늘 callus는 애기장대(*Arabidopsis thaliana*)에서 제초제인 클로르설푸론에 저항성을 갖는 변형된 아세토락테이트 합성효소 (acetolactate synthase)의 유전자를 전사하는 유전자에 의해서 형질전환되었다(Haughn and Somerville, 1986). *ALS*는 발린(valine), 이소루신(isoleucine), 그리고 루신(leucine)과 같은 곁가지 사슬 아미노산의 생합성 첫 단계를 촉진하는 효소이다(Chaleff and Mauvais, 1984). 클로르설푸론은 ALS의 작용을 저해하여 아미노산 생합성을 억제하여 결국은 세포분열을 방해하는 설포닐우레아(sulfinylurea) 계 제초제이다(Ray, 1984). 제초제에 저항성을 나타내는 변이는 담배(Chaleff and Ray, 1984)와 애기장대(Haughan and Somerville, 1986) 등에 이미 보고되었다. 이 저항성은 *ALS*에 점 변이(point mutation)를 준 것인데, 이것은 제초제에 대한 효소의 예민성을 바꾼 것이다. 변형되었던 ALS를 포함하고 있는 담배 식물체는 설포닐우레아 제초제에 대해서 저항성을 나타내었다(Haughn *et al.*, 1988). 본 연구에서는 마늘의 형질전환 기술 확립 및 기존의 확립된 조직 배양 기술을 바탕으로 애기장대의 변형된 *ALS* 유전자를 이용하여 클로르설푸론에 저항성을 갖는 마늘 식물체를 생산하였다.

II. 재료 및 방법

1. 배지 조성

기본 배지(pH 5.8)는 MS salts(Murashige and Skoog, 1962), 3% 자당(sucrose), 그리고 0.7% 한천(agar)를 포함하고 있다. 기본 배지를 121℃에서 10분간 멸균한 후, 필터를 이용해 멸균된 생장 조절제, 항생제, 그리고 제초제 등을 다음과 같은 양으로 첨가하였다.

callus 배지는 기본 배지에 0.1m*l*/*l*의 2,4-D를 첨가하였다. 선별과정을 위해서 callus 배지에 50m*l*/*l*의 하이그로마이신(hygromycin B)을 첨가하였다. 재분화(regeneration) 배지는 2.5m*l*/*l*의 BA 및 0.5m*l*/*l*의 4-CPA를 첨가하였는데, 필요한 경우 20m*l*/*l*의 하이그로마이신을 첨가하였다. 다신초(multishoot) 배지는 기본 배지에 0.3m*l*/*l*의 NAA와 3m*l*/*l*의 IAA를 첨가하였다(함량정립: 동양물산. 1997). 벌브 유도(bulb induction) 배지는 기본 배지에 6%의 자당(sucrose)을 첨가하였다.

클로르설푸론(chlorsulfuron) 저항성 검정을 위해서는 하이그로마이신이 들어 있지 않은 배지에 4m*l*/*l*의 GLEAN (DPX-W4189; Dupont, USA)를 첨가하였는데, GLEAN에는 75%의 클로르설푸론(2-Chloro-N-[(4-methoxy-6-methyl-1,3,5-triazin-2-yl) aminocarbonyl] benensulfonamide)이 함유되어 있다.

MS 염 및 생장 조절제는 모두 Sigma(USA)사를 통해 구입되었다. 한천(agar)은 DIFCO(USA)사를 통해 구입되었다. 하이그로마이신 및 PPT(DL-phosphinorthricin)는 Duchefa(Nertherlands)사를 통해 구입되었다.

2. 마늘 callus의 준비

마늘 인경(clove)은 한국의 마늘 품종(품종명: 단양)을 이용하였다. callus는 다음과 같은 방법에 의해서 인경의 생장점으로부터 유도되었다. 약 4~5g에 해당되는 인경은 70% 에탄올(ethanol)에서 2분간 멸균되고, 다시 0.5% 차아염소산염(hypochlorite)에서 10분간 멸균된 후, 멸균시킨 증류수를 이용하여 3번 씻어주었다. 잎의 원시 세포를 함유하고 있는 각각의 신초 끝 조직(직경 0.3~0.4mm)은 실체현미경 하에서 채취하였다. 이 조직들은 callus 배지에 놓여져 25℃에서 150μE/m²s의 광도를 주는 16시간 명기와 8시간의 암기의 발광조건 하에서 8주간 배양되었다. 이렇게 유도된, 크기가 약 3mm 되는 callus는 4~6주 간격으로 계대배양을 실시하여 6개월 후에는 실험에 적합한 수량으로 증식되었다.

3. 마늘 형질전환을 위한 DNA 재조합

형질전환을 위한 기본 vector는 pCAMBIA1201(pC1201, 그림 17-1)과 pCAMBIA1301(pC1301)을 이용하였다. pC1301-ALS(그림 17-1)는 pC1301에서 *NcoI* 과 *Bst*EII 부위의 *GUS*를 변형된 *ALS*(Haughn and Somerville, 1986)로 대체하여서 재조합하였다. 또한 *Hind*III 부위에

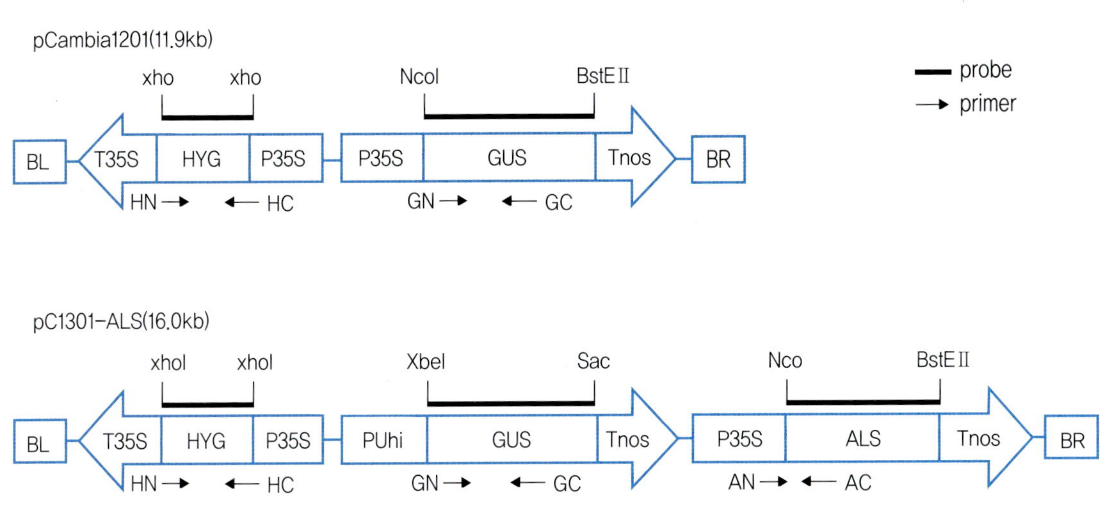

그림 17-1 마늘 형질전환에 사용될 재조합 플라스미드(plasmid)의 지도

굵은선은 Southern blot analysis에서 탐침으로 사용된 DNA 단편을 나타낸다. 화살표는 PCR 증폭에 사용된 프라이머(primer)를 나타낸다. **P35S_** 35S CaMV promoter. **PUbi_** ubiquitin promoter. **T35S_** 3′ terminator of CaMV 35S. **HYG^r_** 하이그로마이신 저항성 유전자. **GUS** β-glucuronidase gene from *E. coli*. **Tnos_** 3′ terminator of the nopaline synthase gene. **ALS_** 클로르설푸론 저항성 애기장대에서 추출된 아세토락테이드 합성의 발현 부위(Haughn and Somerville, 1986). **BL_** 왼쪽 경계. **BR_** Agrobacterium T-DNA로부터의 오른쪽 경계 서열.

pAHC27로부터 유래되었으며 유비퀴틴 프로모터(ubiquitin promoter, Christensen and Quail, 1996)에 의해 조절되는 GUS 조합을 삽입하였다.

또한 각기 다른 프로모터에 의해 조절되는 다양한 *GUS* 표지 유전자를 재조합하였다. pCaMV$_1$GusN은 CaMV35S 프로모터 및 옥수수의 알코올 탈수소효소(maize alcohol dehydrogenase I)의 첫 번째 인트론을 포함하고 있다(callis *et al.*, 1987). pAGN$_1$은 쌀의 액틴(rice actin1-D) 프로모터 및 첫 번째 인트론을 포함하고 있다(McElroy *et al.*, 1990). pAI,GusN은 옥수수의 알코올 탈수소효소(maize alcohol dehydrogenase I)의 첫 번째 인트론을 포함하고 있다(Klein *et al.*, 1988). 그리고 pAHC27은 옥수수의 유비퀴틴(maize ubiquitin) 프로모터를 포함하고 있다(Christensen and Quail, 1996).

마늘의 형질전환에 적합한 DNA를 재조합하기 위해 유비퀴틴(ubiquitin) 프로모터와 발광 효소(luciferase)의 유전자를 갖고 있는 pAHC18(Christensen and Quail, 1996)과 함께 *GUS* 유전자를 조절하는 각기 다른 프로모터가 포함된 plasmid들을 각각 2.5pmol 씩 텅스텐 입자에 코팅하여 callus에 입자 총 발사를 실시하였다. 입자 총 발사 3일 후 발광 효소에 대비한 GUS의 활성도를 조사하였다.

4. 입자 총 발사(Particle bombardment)

텅스텐 입자(Bio-Rad, 직경 0.7μm)는 plasmid에 코팅된 후 Finer 등(1992)이 소개한 방법을 기초로 자체 제작된 입자 총에 놓여졌고, 헬륨에 의해서 callus에 쏘아졌다. 플라스틱 주사기 필터-홀더 장치(Swinney 13mm, Gelman Science, USA)는 plasmid로 코팅된 텅스텐 입자가 놓이는 판으로 사용되었다. 70cmHg의 진공 상태에서 입자 총 발사는 실시되었는데, 마늘 callus는 텅스텐 입자가 놓인 판으로부터 10cm 떨어진 곳에 놓여졌다. 텅스텐 입자(1.5mg)는 칼슘-스퍼미딘(calcium-spermidine) 방법(Klein *et al.*, 1987)에 의해서 표적 DNA(2.5 pmol)로 입혀졌으며, 헬륨(70psi)에 의해서 입자 총 발사가 실시되었다. 입자 총 발사는 두 번씩 실시되었는데, 한 번에 7μl의 입자(약 0.1mg/μl)가 사용되었고, 강철 망(구멍 크기: 125μm)을 사용하여 텅스텐 입자가 쏘여진 마늘 callus가 밖으로 튀는 것을 방지하였다.

입자 총 발사의 효율은 발사 3일 후에 *GUS* 발현 및 형질전환된 callus의 *GUS* 발현에 의해 나타나는 푸른 점들의 숫자, 그리고 형광 분석 등을 통해 이루어졌다(Jefferson, 1987). pUC18이 입혀진 입자에 의해서 실시된 실험은 음성 대조군으로 사용되었다 .

5. 효소들의 활성도 분석

조직 화학적 및 발광적 GUS 발현 분석은 발표된 Jefferson(1987)이 소개한 방법을 사용하였다. 발광 효소의 활성도는 발광 효소 분석 방법(Luciferase Assay System) (Promega Corp., USA)을 사용하였다. 발광 효소(light unit/mg)에 대한 GUS(pmol/min/mg)의 발현 비율은 단위에 대한 고려 없이 계산되었다. Ray가 소개한 방법에 따라, *ALS*의 활성도는 마늘 식물체로부터 추출한 천연 단백질 추출액(crude protein extracts)을 분석하는 것에 의해 측정되었다(Ray, 1984).

6. PCR 및 blot 분석

게놈 DNA는 Shure 등(1983)이 소개한 방법에 따라 준비되었다. Polymerase chain reaction(PCR)은 AccuPower™ PCR Premix(Bioneer, Seoul, Korea)에서 제공되는 제품을 사용하였다. DNA 증폭 반응은 95℃에서 10분간 반응하여 두 가닥의 상보적인 염기서열을 한 가닥으로 분리시킴으로써 시작되며, 30번(각각 95℃ 1분, 55℃ 1분, 72℃ 2분)의 반복 반응을 통해 DNA를 증폭시켰고, 마지막으로 72℃에서 10분간 반응시켰다. *GUS* 유전자는 GN(5′-GCCGATGTCACG-CCGTAT-3′)과 GC(5′-CGATGCCATGTTCATCTG-3′)의 프라이머를 사용하여 증폭되었고, *HPT* 유전자는 HN(5′-CCACTATCG-GCGAGTACTTC-3′)과 HC(5′-CTCTACGTTATCCAGTCC-GA-3′) 프라이머를 사용하여 증폭되었다. *ALS* 유전자는 AL(5′-TCCACTGACGTAAGGCGAGTACTTC-3′)과 AC(5′-TCGACGAGGATATCAGCGCC-3′) 프라이머를 사용하여 증폭되었다. 각각의 프라이머는 그림 17-1에 표시되어 있다.

Southern blot analysis는 Sambrook 등(1989)이 소개한 방법에 의해서 이루어졌는데, PCR 산물은 1.2% 아가로스 젤(agarose gel)에서 전기이동에 의해 분리된 후 나일론 막(nylon mambrane)에 옮겨졌다. 그림 17-1에서 묘사된 것과 같이 blot들은 *GUS*, *HPT* 또는 *ALS* 단편과 함께 혼성화되었다.

Northern blot analysis는 Carpenter와 Simon(1998)의 방법을 사용하였는데, 전체 RNA(total RNA)를 추출하여 1.3% 포름알데히드-아가로스 젤(formaldehyde-agarose gel)에서 전기이동에 의해 분리되었다. RNA 시료는 막에 옮겨졌고, Southern blot analysis에서 사용되는 탐침(probe)과 더불어 16시간 동안 혼성화(hybridization)되었으며, 각각 42℃에서 20분씩 동안 4번 씻어주었다.

III. 결과 및 토의

1. 재분화가 우수한 마늘 callus의 준비

마늘 callus는 마늘 정단의 생장점 조직으로부터 유도되었다. 초기 단계에서는 callus의 표면은 끈적거리는 점착성의 물질로 덮여 있다(그림 17-2A, 왼쪽). 소수의 *GUS* 초점들이 pC1201에 의한 입자 총 발사에서 기인했던 것에 따라 이러한 callus는 마늘의 형질전환에 어울리지 않았다(그림 17-2B, 왼쪽). 단지 선별 배지 위에서 신초를 간신히 분화시키는데 충분한 callus가 재분화되었다.

그러나 마늘 callus의 대략 10%는 이러한 점액질의 물질이 제거되었고, 분화하기 쉽고 점액질이 없는 표면으로 전이되었다(그림 17-2A, 오른쪽). 이러한 비점액질의 callus는 pC1201을 이용하여 입자 총 발사를 실시한 경우, 점액질이 있는 것에 비해 상당히 많은 수의 *GUS*를 확인할 수 있었다(그림 17-2B, 오른쪽). Barandiaran 등에 의하면, 마늘의 조직이 유달리 강한 exonuclease 활동을 보여주기에, 생체적인 형질전환의 효율은 nuclease 억제제의 처리에 의해서 현저하게 개선된다고 하였다(Barandiaran *et al.*, 1998). 따라서 이러한 점액들은 exonuclease 등을 포함한 여러 가지 효소들로 이루어져 외부 DNA의 침투를 어렵게 하는 것으로 판단된다. 6개월 이상 동안의 2차 배양이 이루어졌고, 점액질이 있는 일부 callus가 증식되었다. 그러나 점액질이 없는 callus의 비율은 점차 증가하였고, 그 후 callus는 점액질의 물질을 만들지 않았다.

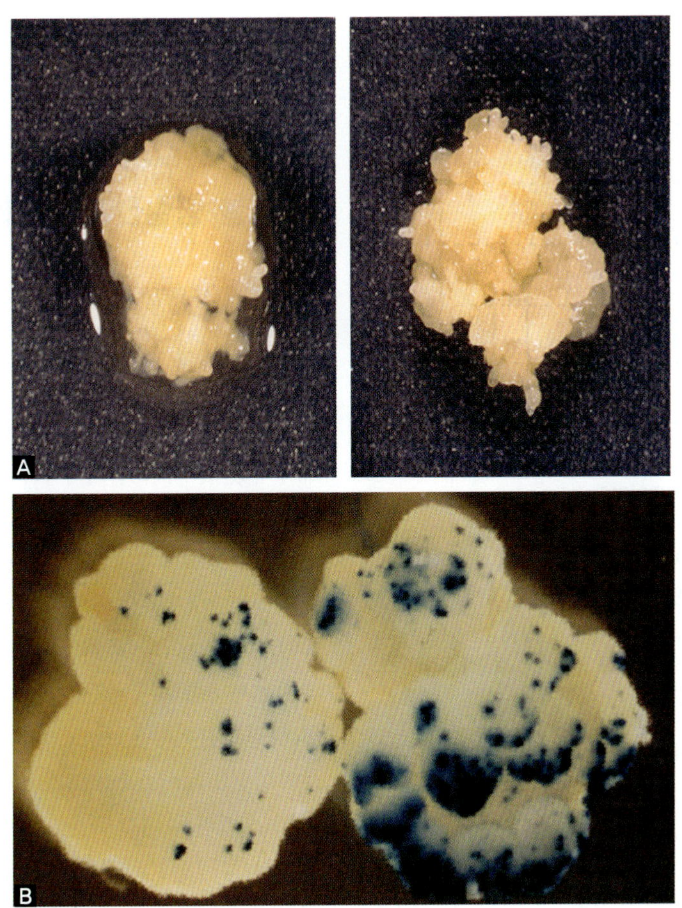

그림 17-2 마늘 callus의 준비 및 형질전환

A_ 유도 초기 상태의 callus. Callus는 마늘 정향의 생장점으로부터 유도되었다. 대부분의 새롭게 준비된 마늘 callus는 끈적이는 점액질의 물질(왼쪽)로 덮었다. 끈적이는 물질 없이 부서지기 쉬운 표면을 갖는 callus(오른쪽)는 계속해서 선별되었고, 유전자 변환을 위해 사용되었다. B_ 입자 총 발사를 실시했던 callus에서의 *GUS* 유전자 발현 분석. 2.5 pmol의 pC1201로 코팅된 입자를 이용하여 끈적이는 물질이 있는 callus(왼쪽)와 부서지기 쉬운 표면을 갖고 있는 callus에 각각 입자 총 발사를 실시한 후의 GUS 발현 양상. 입자 총 실시 방법은 재료 및 방법에서 기술한 방법을 이용하였다. 입자 총 발사 후 3일 후에 callus는 0.5 *g/l*의 X-Glu 용액으로 24시간 동안 염색되었으며, 에탄올을 이용하여 탈염되었다.

더욱이 점액질이 없는 callus는 선별배지 위에서 고효율과 함께 신초를 생산하는 우수한 재분화 능력을 소유하고 있었다. callus의 재분화 능력은 2년 이상 동안 유지되었다. 입자 총 발사 7일 전에, 약 100개의 callus는 지름이 4cm 정도되는 원 안에 펼쳐 놓아졌다.

2. 마늘 형질전환을 위한 프로모터 선별

마늘 식물체의 형질전환에 적합한 프로모터가 조사되었다. *GUS* 표지 유전자의 발현을 위해 다른 프로모터를 포함하고 있는 여러 가지 plasmid가 입자 총 발사에 사용되었다. callus는 2.5pmol의 각각 plasmid와 재조합한 발광 효소(*luciferase*) 유전자를 포함하고 있는 pAHC18 (Christensen and Quail, 1996)에 의해 입자 총 발사가 실시되었다. 입자 총 발사 3일 후 GUS의 활성도는 형광 분석을 통해 결정되었고, 입자 총 시료에서 발광 효소 활성도를 기준으로 표준화되었다.

실험에 사용된 plasmid들의 본체가 달랐기 때문에 비록 plasmid에서의 프로모터 활동을 단지 간접적으로만 비교할 수 있었지만, CaMV 35S 프로모터(maize alcohol

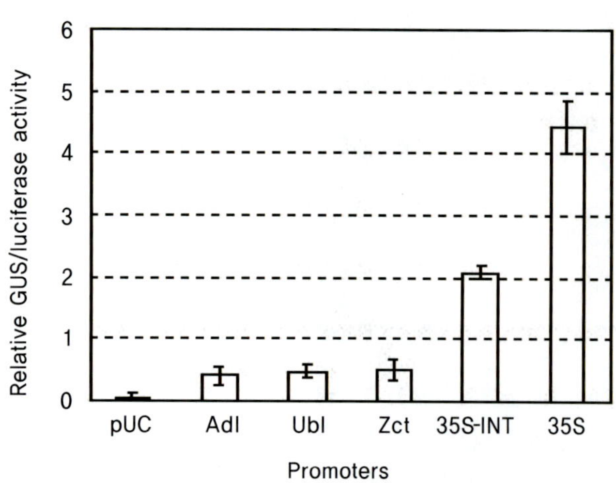

그림 17-3 입자 총 발사가 실시된 callus에서의 GUS 발현을 통해 비교해 본 다양한 프로모터들의 상대적인 활성도

마늘 callus는 발광 효소(*luciferase*) 유전자를 포함하고 있는 프로모터와 비교할 프로모터를 포함하고 있는 각각의 재조합 플라스미드 2.5pmol 에 의해 입자 총 발사가 실시되었다. 입자 총 발사 3일 후 GUS의 형광발현도 및 발광 효소 활성도 분석이 이루어졌다. 발광효소(light unit/mg)에 대한 GUS(pmol/min/mg)의 상대적인 활성도는 y축에 나타내는 바와 같이 계산되었다. 3개의 callus가 프로모터 분석에 사용되었다; 평균값과 표준편차는 보여주었다. **pUC18_** 음성 대조군으로 사용. **Adh_** pAI1GusN, promoter와 maize alcohol dehydrogenase I 의 첫 번째 인트론을 포함하고 있음(Klein *et al.*, 1988). **Ubi_** pAHC27, maize ubiquitin promoter를 포함하고 있음(Christensen and Quail, 1996). **Act_** pAGN1, rice actin1-D promoter 와 첫 번째 인트론을 포함하고 있음(McElroy *et al.*, 1990). **35S-INT_** pCaMVI1GusN, CaMV 35S promoter와 maize alcohol dehydrogenase I의 첫 번째 인트론을 포함하고 있음(Callis *et al.*, 1987). **35S_** pC1201, 그림 17-1에서 제시한 것과 같이 CaMV 35S promoter를 포함하고 있음.

dehydrogenase I intron을 포함하지 않은)를 포함하고 있는 pC1201에서 가장 높은 *GUS* 발현이 관찰되었다(그림 17-3). 이 결과는 마늘 callus(Barandiaran *et al.*, 1998)와 양파 배양(Eady *et al.*, 1996)에서 형질전환시키는 위해 표지 유전자의 활동도를 비교한 다른 보고서의 결과와 일치한다. 인트론을 포함하고 있는 프로모터는 단자엽 계열에서 유전자를 전사시키는 데 있어서 보다 높은 효율을 보인다. 그러나 이 연구에서는 CaMV 35S 프로모터에 비해 인트론이 포함된 *maize alcohol dehydrogenase* 유전자가 *GUS*의 활성도에서 높지 않다는 것을 보여 주었다. 따라서 마늘 형질전환에 있어서 CaMV 35S 프로모터(maize alcohol dehydrogenase I intron을 포함하지 않은)가 사용되었다.

3. 마늘 형질전환을 위한 선별 유전자

선별에 사용될 적합한 항생 물질을 찾기 위해 많은 항생물질에서의 마늘 callus의 저항성이 시험되었다. 형질전환되지 않았던 마늘 callus는 1,000 mg/*l*의 카나마이신(kanamycin) 및 최고 250mg/*l*의 PPT(DL-phosphinothricin)에서도 저항성을 나타내었다. 따라서 카나마이신(kanamycin) 또는 PPT(DL-phosphinothricin)를 사용하는 것은 형질전환된 마늘 callus의 선별에 있어서 좋은 방법은 아니었다.

반대로, 대부분의 형질전환되지 않은 마늘 callus는 증식 동안에 50mg/*l*의 하이그로마이신을 포함하고 있는 callus 배지에서 8주 이후에는 살아남지 않았다(그림 17-4). 따라서 형질전환된 마늘 callus의 선별을 위해 50mg/*l*의 하이그로마이신(hygromycin B)가 사용되었다.

20mg/*l*의 하이그로마이신을 함유하고 있는 재분화 배지 위에서 형질전환되지 않는 callus는 거의 신초가 재분화되지 않은 데 비해, 대부분의 pC1201- 형질전환 callus는 성공적으로 신초가 발생하였다. 따라서 선별의 두 번째 과정인 재분화 단계에서의 선별은 20mg/*l*의 하이그로마이신을 함유하고 있는 재분화 배지 위에서 수행되었다.

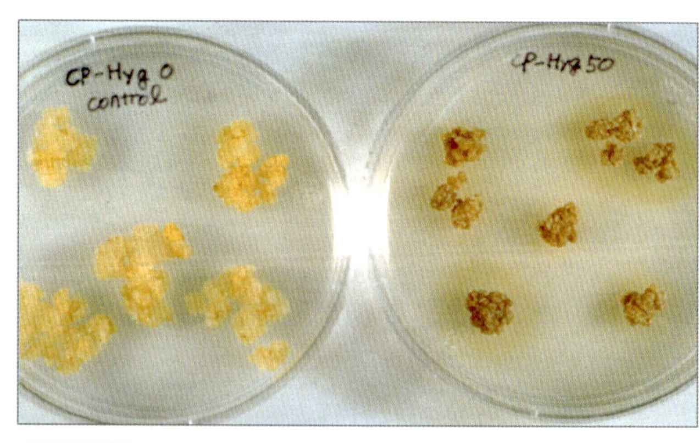

그림 17-4 하이그로마이신(hygromycin B)에 대한 마늘 callus의 민감도

형질전환되지 않은 callus를 하이그로마이신이 함유되지 않은 배지(왼쪽) 및 50mg/*l*의 하이그로마이신이 함유된 배지(오른쪽)에서 각각 6주간 배양하였다.

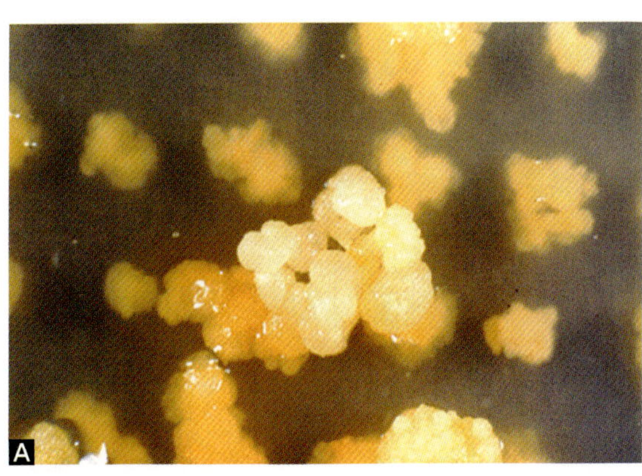
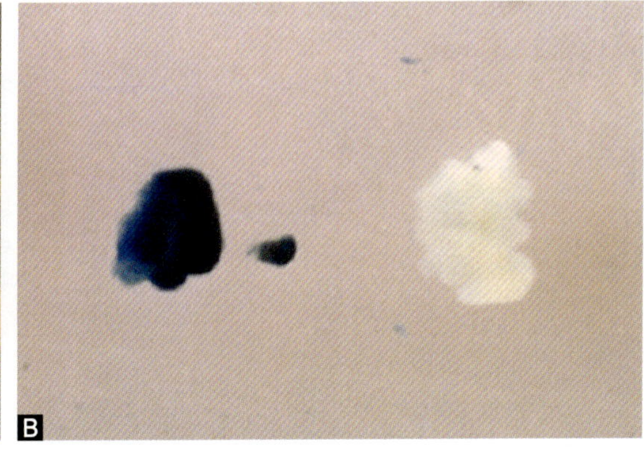

그림 17-5 하이그로마이신(hygromycin B) 에 저항성을 나타내는 마늘 callus

A_ Callus 선별을 위한 배지 속에서의 배양. 형질전환된 마늘 callus는 배지 속에 놓여졌고 선별된 callus는 입자 총이 발사된 지 2개월 후 50mg/*l*의 하이그로마이신 이 함유된 배지에서 자랐다. B_ 형질전환된 마늘 callus에서 *GUS* 발현의 조직화학적 염색. 하이그로마이신에 저항성을 갖는 callus(왼쪽)는 형질전환되지 않은 callus(오른쪽)와 비교된다. callus는 X-Glu에서 24시간 동안 염색되었고, 95% 에탄올에서 탈염되었다.

표 17-1 2개의 다른 선별 방법에서 마늘 형질전환 실험의 정리

Experiment	Number of Bombarded Calli	Number of Selected Calli	Number of Regenerated Plants
Experiment 1*	1,000	40	8
Experiment 2**	900	4	4
Total	1,900	44	12
pC1201*	800	40	2

* 형질전환된 callus의 선별은 50mg/*l*의 하이그로마이신이 함유된 고체 선별배지 위에서 실시되었다(표면 배양).
** 선별과정은 50mg/*l*의 하이그로마이신이 함유된 배지 속에서 실시되었다(배지 속 배양).

4. *ALS* 유전자를 이용한 마늘 callus의 형질전환

클로르설푸론에 저항성을 나타내는 마늘을 생산하기 위해서 클로르설푸론에 저항성을 갖는 애기장대의 변이된 *ALS* 유전자를 분리하였으며(Haughn and Somerville, 1986), *ALS* 유전자는 pC1301에서 CaMV 35S 프로모터(maize alcohol dehydrogenase I intron을 포함하지 않은)에 의해 조절되었다. 그림 17-1에서 묘사되는 것과 같이 이 재조합 plasmid pC1301-ALS는 *HPT*-선별유전자, *GUS*, 그리고 *ALS*를 포함하고 있다. *HPT*와 *GUS*를 포함하고 있는 재조합된 plasmid pC1201은 대조군으로 사용되었다.

pC1301-ALS는 입자 총 방법에 의해서 마늘 callus를 형질전환시켰다. 둘로 분리된 실험에서, 총 1,900여 개의 callus에 입자 총 발사가 이루어졌고(표 17-1), 7일 동안의 callus 배지 위에서 배양되었으며, 50 mg/*l*의 하이그로마이신이 함유된 선별 배지에 옮겨져, 4주마다 중간의 새로운 배지로 옮겨주는 2차 배양을 실시하였다. 새로운 배지는 두 가지 방법으로 제공되었다. 실험 1에서, callus는 고체 배지 위에서 놓여져, 6개월 동안 배양되었다(표면 배양). 입자 총이 발사된 1,000여 개의 callus 중 40개는 이 실험에서 살아남았다(표 17-1). 실험 2에서는, 굳기 직전의 액체 상태의 배지를 선별 배지에 놓인 callus에 쏟아 부었다(배지 속에서의 배양). 이 callus는 2개월 동안 배양되었다(그림 17-5A). 배지 속에서 배양되었던 callus는 2개월 동안 배지 표면 위에서 배양되었다. 입자 총이 발사된 900여 개의 callus 중 4개는 이 실험에서 살아남았다(표 17-1).

선별 압력은 하이그로마이신 선별단계 동안 callus를 고체 배지에 깊이 배양하는 것에 의해 현저하게 증가하였다.

그림 17-6 형질전환된 마늘의 분화

A_ 재분화된 신초들. 선별된 callus는 6개월 동안 재분화 배지 위에서 재분화되었다. B_ 다신초로 분화. 선별된 신초는 4개월 동안 20mg/*l*의 하이그로마이신이 함유된 다신초 배지 위에서 다신초로 분화하였다. C_ 형질전환된 마늘의 인경. 인경과 뿌리는 4개월 동안 하이그로마이신이 함유되지 않은 배지 위에서 분화되었던 하이그로마이신-저항성 신초로부터 유도되었다. D_ 형질전환된 마늘 식물체의 인경은 토양에서 배양되었다.

비록, 40개의 callus가 표면 배양으로부터 얻게 되었지만, 단지 8개만이 하이그로마이신에 저항성을 나타내는 신초로 재분화하였다(표 17-1). 대조적으로, callus 중 4개가 묻히는 배양으로부터 얻어진 것들은 하이그로마이신에 저항성을 갖는 신초로 재분화하였다. 따라서 묻히는 배양은 하이그로마이신에 저항하는 소수의 callus를 얻게 되었지만, 표면 선별 배양보다도 효율적으로 선별되었다. 배양 과정 중 깊숙이 묻히는 것이 효율이 높은 이유는 callus의 더 많은 표면이 항생제에 노출된다는 사실에 의해서 일 것이며, 그것은 더 효율적인 침투를 고려할지도 모른다.

입자 총 발사 4개월 후, 하이그로마이신에 저항성을 나타내는 개개의 callus는 조직화학적 염색 분석에 의해 GUS 발현이 조사되었다. 이 선별된 callus는 그들의 표면에서 GUS의 발현을 보여주는 짙은 푸른 신호를 보여주었다(그림 17-5B). PCR 증폭과 일련의 Southern blot analysis를 통해 callus 염색체에서 *HPT*와 변형된 *ALS*의 존재를 확인할 수 있었다.

5. 형질전환 마늘 식물체의 재분화

하이그로마이신에 저항성을 나타내며 선별된 callus는 하이그로마이신을 함유하고 있지 않은 재분화 배지에서 재분화되었다. 약 2cm되는 신초는 20mg/*l*의 하이그로마이신을 함유하고 있는 재분화 선별 배지로 옮겨졌다. 이것들은 4개월 동안, 6주마다 새로운 배지로 옮겨져 배양되었다(그림 17-6A). 하이그로마이신에 저항성을 나타내는 44개의 형질전환된 callus 중 12개는 식물로써 재분화하였다(표 17-1).

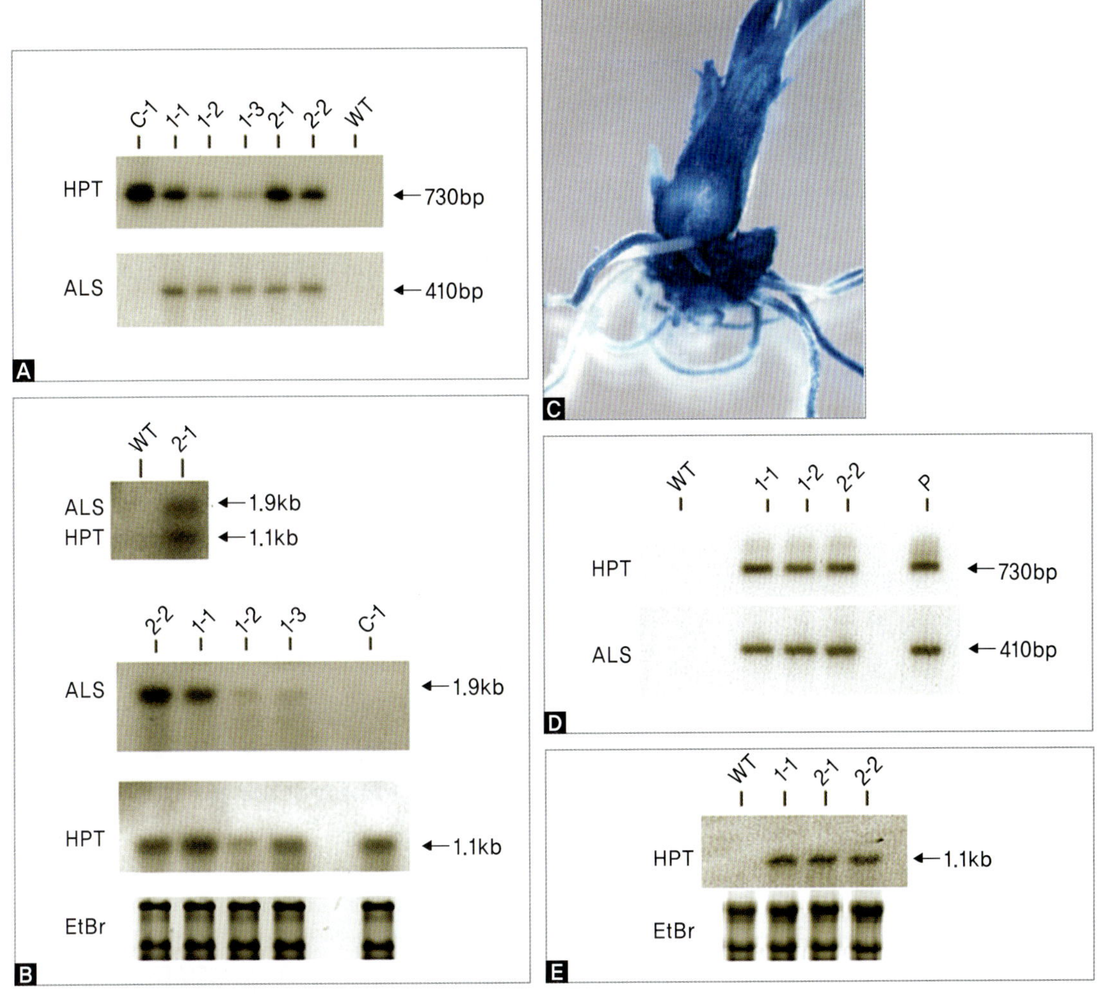

그림 17-7 형질전환된 마늘 식물체에서 외래 유전자의 삽입과 발현

A_ 염색체 DNA를 이용한 PCR-Southern blot analysis. 염색체에 삽입된 *HPT*와 *ALS*는 그림 17-1에 표시된 프라이머를 사용하여 PCR 증폭되었다. PCR 산물(예상 크기: *HPT* 730bp, *ALS* 410bp)은 그림 17-1에서 표신된 것과 같이 각각 *HPT* 및 *ALS* 탐침을 이용하여 혼성화되었다. B_ *HPT* 및 *ALS* 전사체에 대한 northern blot analysis. 재분화된 식물체에서 추출된 RNA는 *ALS*(예상 크기, 1.9 kb) 및 *HPT*(예상 크기, 1.1 kb)탐침을 이용하여 혼성화되었다. EtBr, RNA 시료를 포함하고 있는 ethidium bromide에 의해 염색된 젤. C_ 재분화된 식물체를 이용한 조직화화적 GUS 염색. D_ 생체 조건이 아닌 조건(*in vitro*)에서 형성된 인경을 이용하여 발달시킨 형질전환 마늘 식물체의 염색체 DNA를 이용한 PCR-Southern blot analysis. E_ 생체 조건이 아닌 조건(*in vitro*)에서 형성된 인경을 이용하여 발달시킨 형질전환 마늘 식물체의 염색체 DNA를 이용한 northern blot analysis. WT, 형질전환되지 않은 야생형의 마늘 식물체; C-1, pC1201로 형질전환된 하이그로마이신-저항성 식물체를 이용한 실험; 1-1~1-3, pC1301-ALS로 형질전환된 식물체를 이용한 실험1; 2-1 및 2-2, pC1301-ALS로 형질전환된 식물체를 이용한 실험2; P, pC1301.

배양 방법은 선별 과정에서 선택 압력에도 영향을 미쳤다. 배지 표면 배양으로부터 얻게 되는 40개의 하이그로마이신-저항체로부터 단지 8개만이 신초로 재분화되었다. 그러나 비록 4개의 callus가 묻히는 배양으로부터 얻게 되었지만, 이들은 모두 신초로 재분화하였다. 이것은 묻히는 배양이 표면 배양보다 선택 압력에서 보다 유리하다는 것을 보여 준다. 2개의 형질전환 신초는 pC1201로 형질전환된 callus로부터 얻어졌다.

신초들은 4개월간 다신초 배지에서의 배양을 통해 수백개의 하이그로마이신-저항성 신초로 분화하였다(그림 17-6B). 하이그로마이신이 없는 단구 유도 배지에서 신초들은 단구와 뿌리를 만들어 냈다(그림 17-6C). 이 단구들은 4℃에서 1개월간 춘화처리되었고, 토양에서 발달시켜 식물체로 키워졌다(그림 17-6D).

6. 외래 유전자 발현의 분석

성공적인 형질전환 및 재분화된 마늘 식물체에서 외래 유전자의 발현이 조사되었다. 그림 17-1에서 표시되었던, 프라이머와 탐침을 이용하여 잎 조직으로부터 *HPT*와 *ALS*가 PCR 증폭되었고, Southern blot analysis가 실시되었다. *HPT* 탐침은 730bp의 크기를 갖는 부분으로 혼성화되었고, *ALS* 탐침은 410bp의 크기를 갖는 부분으로 혼성화되었다(그림 17-7A). 이것을 통해 재분화된 마늘 식물체의 유전체에 외래 유전자가 삽입되었음을 증명하였다. Northern blot analysis를 통해 재분화된 식물체에 유도된 *HPT*(1.1kb) 및 *ALS*(1.9kb)가 발현되고 있음을 확인하였다(그림 17-7B). 기대했던 것과 같이, 대조군으로 사용된 pC1201에 의해서 형질전환된 식물체에서는 *HPT* 의 발현은 있었지만, *ALS*의 발현은 발견되지 않았다(C-1 줄, 그림 17-7B). 재분화된 식물체들은 조직 화학적 GUS 분석에서 강한 *GUS* 발현을 보여 주었다(그림 17-7C).

PCR-Southern blot analysis는 생체 조건이 아닌(*in vitro*) 단구 형성 후의 형질전환 식물체 검정에 반복하여 사용되었다(그림 17-7D). Northern blot analysis은 *HPT* 가 형질전환된 식물체에 있어 2세대인 단구 형성 이후에도 계속 안정적으로 발현되고 있음을 보여 주었다(그림 17-7E).

7. 제초제 저항성 검정

pC1301-ALS 와 대조군 pC1201로 형질전환되어 재분화된 마늘 식물체에서 총 단백질 중 *ALS*의 활성도를 측정하였다. 두 가지 형질전환 식물체의 효소 활성도가 비교되었다(그림 17-8A). 7.5 μg/*l*의 클로르설푸론(10 μg/*l* GLEAN)의 존재 하에서, 식물체에서 조절되기 위해 내부적으로 발생하는 ALS의 활동은 완전히 억제되었다. pC1301-ALS 식물체에서의 ALS 활성도는 단지 대략 35% 억제되었다. 그리고 심지어 더 높은 클로르설푸론(최고 75 μg/*l*)의 존재에서도 단지 대략 40% 정도만이 억제되었다.

또한, 3mg/*l*의 클로르설푸론이 함유되어 있는 재분화 배지 위에서 4주 동안 배양한 식물체에 의해서 제초제 저항성을 검정하였다. 제초제의 존재 하에서, pC1301-ALS를 포함하고 있는 식물체는 정상적으로 생장한 반면, pC1201에 의해서 형질전환된 식물체는 갈변하며 말라 죽었다(그림 17-8B).

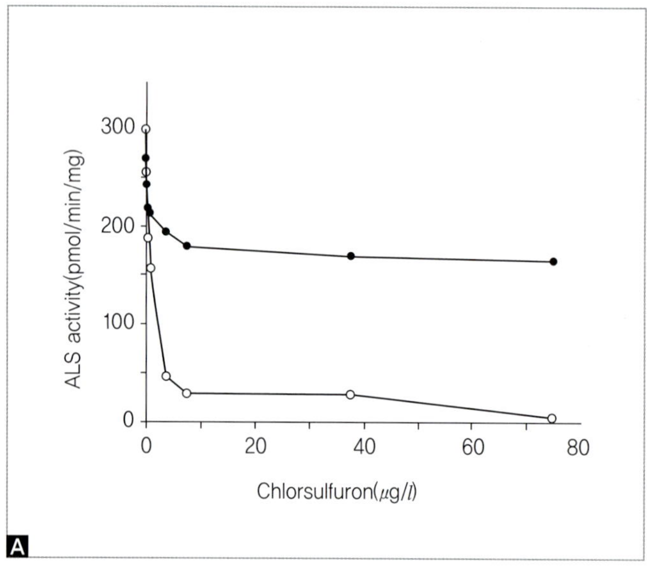

그림 17-8 형질전환 마늘의 클로르설푸론 저항성

A_ 클로르설푸론에 의한 ALS 활성도 저해. ALS 활성도는 pC1301-ALS(검은 점들) 및 pC1201(하얀 점들, 음성 대조군)을 이용하여 각각 형질전환된 식물체에서 Ray(1984)의 방법에 따라 전체 단백질 추출액을 이용하여 분석하였다. B_ 3mg/*l*의 클로르설푸론이 함유된 배지에서의 재분화된 신초의 배양. pC1301-ALS 에 의해서 형질전환된 식물체(왼쪽)는 pC1201에 의해서 형질전환된 식물체(오른쪽)와 비교하여서 정상적으로 성장함을 보여주었다.

참고문헌

- Barandiaran X, Di Pietro A, Martin J(1998) Biolistic transfer and expression of a uidA reporter gene on different tissues of Allium sativum L. Plant Cell Rep 17: 737~741
- Callis J, Fromm M, Walbot V(1987) Introns increase gene expression in cultured maize cells. Genes Dev 1: 1183~1200
- Carpenter CD, Simon AE(1998) Preparation of RNA. In: Martinez-Zapater J. and Salinas J.(eds), Methods in Molecular Biology, Arabidopsis protocols. Vol. 82. Humana Press, Totowa, pp 85~89
- Chaleff RS, Mauvais CJ(1984) Acetolactate synthase is the site of action of two sulfonylurea herbicides in higher plants. Science 224: 1443~1445
- Chaleff RS, Ray TB(1984) Herbicide-resistant mutants from tobacco cell cultures. Science 223: 1148~1151
- Christensen AH, Quail PH(1996) Ubiquitin promoter-based vectors for high-level expression of selectable and/or screenable marker genes in monocotyledonous plants. Transgen Res 5: 213~218
- Eady CC, Lister CE, Suo Y, Schaper D(1996) Transient expression of uidA constructs in in vitro onion(*Allium cepa* L.) cultures following particle bombardment and Agrobacterium-mediated DNA delivery. Plant Cell Rep 15: 958~962
- Eady CC, Weld RJ, Lister CE(2000) Agrobacterium tumefaciens-mediated transformation and transgenic-plant regeneration of onion(*Allium cepa* L.). Plant Cell Rep 19: 376~381
- Eady C, Davis S, Catanach A, Kenel F, Hunger S(2005) Agrobacterium tumefaciens-mediated transformation of leek(Allium porrum) and garlic (*Allium sativum*). Plant Cell Rep 24: 209~215
- Etoh T(1986) Fertility of the garlic clones collected in soviet central Asia. J Japan Soc Hort Sci 55: 312~319
- Fereol L, Chovelon V, Causse S, Triaire D, Arnault I, Auger J, Kahane R(2005) Establishment of embryogenic cell suspension cultures of garlic(*Allium sativum* L.), plant regeneration and biochemical analyses. Plant Cell Rep 24: 319~325
- Finer JJ, Vain P, Jones MW, McMullen MD(1992) Development of the particle inflow gun for DNA delivery to plant cells. Plant Cell Rep 11: 323~328
- Hansen G, Wright MS(1999) Recent advances in the transformation of plants. Trend Plant Sci 4: 226~231
- Haughn GW, Smith J, Mazur M, Somerville C(1988) Transformation with a mutant Arabidopsis acetolactate synthase gene renders tobacco resistant to sulfonylurea herbicides. Mol Gen Genet 211: 266~271
- Haughn GW, Somerville C(1986) Sulfonylurea-resistant mutants of Arabidopsis thaliana. Mol Gen Genet 204: 430~434
- Hauptmann RM, Vasil V, Ozias-Akins P, Tabaeizadeh Z, Rogers SG, Fraley RT(1988) Evaluation of selectable markers for obtaining stable transformants in the Gramineae. Plant Physiol 86: 602~606
- Iida A, Yamashida T, Yamada Y, Morikawa H(1991) Efficiency of particle bombardment-mediated transformation is influenced by cell cycle stages in synchronized cultured cells of tobacco. Plant Physiol 97: 1585~1587
- Jefferson RA(1987) Assaying chimeric genes in plants: The GUS gene fusion system. Plant Mol Biol Rep 5: 387~405
- Klein TM, Gradziel T, Fromm ME, Sanford JC(1988) Factors influencing gene delivery into *Zea mays* cells by highvelocity microprojectiles. Bio/Technol 6: 559~563
- Klein TM, Wolf ED, Wu R, Sanford JC(1987) High-velocity microprojectiles for delivering nucleic acids into living cells. Nature 327: 70~73
- McElroy D, Brettell RIS(1994) Foreign gene expression in transgenic cereals. Trend Biotech. 12: 62~68
- McElroy D, Zhang W, Cao J, Wu R(1990) Isolation of an efficient actin promoter for use in rice transformation. Plant Cell 2: 163~171
- Murashige T, Skoog F(1962) A revised medium for rapid growth and bioassays with tobacco tissue cultures. Plant Physiol 15: 473~497
- Myers JM, Simon PW(1999) Regeneration of garlic callus as affected by clonal variation, plant growth regulators and culture conditions over time. Plant Cell Rep 19: 32~36
- Park MY, Yi NR, Lee HY, Kim ST, Kim M, Park JH, Kim JK, Lee JS, Cheong JJ, Choi YD(2002) Generation of chlorsulfuron-resistant transgenic garlic plants Allium sativum L.by particle bombardment. Mol Breed 9: 171~181
- Pooler MR, Simon PW(1994) True seed production in garlic. Sex Plant Report 7: 282~286
- Ray TB(1984) Site of action of chlorsulfuron: Inhibition of valine and isoleucine biosynthesis in plants. Plant Physiol 75: 827~831
- Robledo Paz A, Cabrera Ponce JL, Villalobos Arambula VM, Herrera Estrella L, Jofre Garfias AE(2004) Genetic Transformation of Garlic(*Allium sativum* L) by Particle Bombardment. HortSciecne 39: 1208~1211
- Sambrook J, Fritsch EF, Maniatis T(1989) Molecular Cloning. A Laboratory Manual. 2nd edn. Cold Spring Harbor Laboratory, Cold Spring Harbor, NY, USA.
- Shure M, Wessler S, Fedoroff N(1983) Molecular identification of the waxy locus in maize. Cell 35: 225~233
- Takagi H(1990) Garlic *Allium sativum* L. In: Brewster J.L.

and Rabinowitch H.D.(eds), Onions and Allied Crops, Biochemistry, Food Science, and Minor Crops. Vol. III. CRC Press, Boca Raton, FL, USA, pp 109~146

- Tongyang Moolsan Co. Ltd.(1997) Methods to produce seed garlic by tissue culture. Korea Patent 97-0134140
- Vasil V, Brown SM, Re D, Fromm ME, Vasil IK(1991) Stably transformed callus lines from microprojectile bombardment of cell suspension cultures of wheat. Bio/Technol 9: 743~747
- Vasil V, Castillo AM, Fromm ME, Vasil IK(1992) Herbicide resistant fertile transgenic wheat plants obtained by microjectile bombardment of regenerable embryogenic callus. Bio/Technol 10: 667~674
- Zheng SJ, Henken B, Ahn YK, Krens FA, Kik C(2004) The development of reproducible Agrobacterium tumefaciens transformation system for garlic(Allium sativum L.) and the production of transgenic garlic resistant to beet armworm(Spodoptera exigua H?bner). Mol Breed 14: 293~307

18

멜론 형질전환

[1]최필선, [2]유장렬, [1]조미애
[1]남부대학교 한방제약개발학과
[2]한국생명공학연구원 식물유전체연구센터

I. 서론

식물생명공학기술은 경제적으로 중요한 멜론, 오이, 호박, 수박 등의 박과작물에서 바이러스 저항성 신품종육성에 대한 연구를 앞당겨왔다. 특히 모자이크바이러스(CMV) 및 zucchini yellow 모자이크바이러스(ZYMV, Boyhan *et al.*, 1992; Nishibayashi *et al.*, 1996) 등 주요 박과작물의 생산성을 감소시키는 원인을 분자육종학적으로 극복할 수 있을 뿐 아니라 환경스트레스유전자(CBF, TPSP)와 같은 유용유전자 도입을 가능하게 함으로써 신품종육성과 멜론의 생산량 증대를 기대할 수 있을 것이다.

최근 유용유전자 도입에 의한 멜론의 신품종 개발 연구(Gaba *et al.*, 2004; Tricoli *et al.*, 2002)를 위하여 그동안 새로운 선발마커의 이용(Dong *et al.*, 1991), 배양절편의 물리적상처방법 개선(Curuk *et al.*, 2005; Fang and Grumet, 1990) 및 체세포 배발생(Gray *et al.*, 1993; Choi *et al.*, 1994)에 대한 연구가 진행되어 왔고, 대부분의 연구에서는 배양재료로서 자엽 절편이나 잎 절편을 공동배양한 후 kanamycin이 첨가된 선발배지에서 형질전환체를 생산하여 왔다. 그러나 형질전환체는 유전학적으로 4배체(〉70%)이거나 chimeric 특징을 갖고 있어 학술적, 농업적 이용가치가 낮은 단점을 가지고 있고(Guis *et al.*, 2000), 아직까지도 낮은 형질전환 빈도와 genotype 의존성 때문에 매우 까다로운 작물로 알려져 있을 뿐 아니라(Curuk *et al.*, 2005), 대부분의 경우 국외 연구그룹을 중심으로 이루어지고 있기 때문에(Guis *et al.*, 2000; Curuk *et al.*, 2005; Fang and Grumet, 1990) 국내외에서 새로운 멜론 형질전환 방법의 개발이 요구되고 있는 실정이다.

식물형질전환이 어려운 작물의 경우 일반적으로 선발마커의 최적화, 배양재료의 선택, *Agrobacterium*의 최적 공동배양 조건 및 항산화제 등과 같은 형질전환 효율을 증가시키기 위한 연구가 더욱 요구된다(Olhoft and Sommers, 2001; Sommers *et al.*, 2003). 가장 대표적인 예로서 대두에서는 여러 가지 중요한 요인 중 배양재료로서 자엽절편이나 미숙배가 아닌 자엽절 절편을 이용하여 성공적으로 형질전환 방법을 확립하였고(Cho *et al.*, 2004; Zhang *et al.*, 1999; Clemente *et al.*, 2000; Olhoft and Sommers, 2001), 이러한 방법은 현재 체세포 배발생을 통한 형질전환 방법(Finer and Finer, 2000)과 더불어 대두의 기능유전체 연구와 신품종육성 연구에 중요하게 이용되고 있다. 자엽절 절편 공동배양법은 배양기간을 단축하여 배양환경으로부터 받는 스트레스를 최소화함으로써 형질전환체의 불임성을 줄일 수 있으며, 선발마커로서 *bar* 유전자를 사용함으로써 자엽절 절편으로부터 발생된 많은 신초 중 형질전환체를 안정적으로 얻을 수 있는 장점이 있다. 반면에 연구자의 숙련도와 thorne, william 등 제한된 genotype에서만 이루어지는 단점이 있기 때문에(Paz *et al.*, 2004; Meurer *et al.*, 1998) 아직도 해결해야 할 문제점이 남아 있다.

따라서 이 장에서는 본 연구팀이 이미 확보하고 있는 대두 자엽절 절편 공동배양법(Cho *et al.*, 2004)을 국내 재배 품종인 슈퍼VIP 멜론 품종에 적용하여 멜론의 자엽절 절편 공동배양법에 의해 확립한 형질전환 방법(Cho *et al.*, 2005c)을 서술하고자 한다.

II. 재료 및 방법

*Agrobacterium*을 이용한 식물형질전환에서 배양 절편으로서 자엽절 절편은 대두에서만 사용되어 왔다(Cho *et al.*, 2004; Zhang *et al.*, 1999; Clemente *et al.*, 2000 ; Olhoft and Sommers, 2001). 주요 박과작물을 포함한 대부분의 식물형질전환에서 배양 절편은 자엽 절편이나, 배축 및 잎 절편 등이 이용되어 왔거나, 분열능이 높은 미숙배 그리고 배발생 callus가 이용되어 왔다. 최근 멜론의 자엽절 절편과 *Agrobacterium* 공동배양법으로 형질전환체를 안정적으로 생산할 수 있는 방법이 국내에서 확립되어 서술하고자 한다(cho *et al.*, 2005c).

1. 식물 재료

국내에서 재배되고 있는 멜론(슈퍼VIP품종) 종자를 Cho 등(2005a, b)의 방법에 따라 표면 살균하였다. 2% sucrose와 0.8% agar가 첨가된 MS기본배지(Murashige and Skoog, 1962)에 10개의 종자를 치상하고 25℃ 명상태에서 7일 동안 발아시켰다. 배양 5~10일 후 발아된 멜론의 유식물체로부터 절단한 자엽 절편과 자엽과 자엽사이를 종단으로 절단하여 자엽사이에 있는 유경조직을 해부현미경하에서 제거하여 얻은 자엽절 절편을 *Agrobacterium*과 공동배양하기 위한 재료로 사용하였다.

2. *Agrobacterium tumefaciens* strains

CaMV 35S 프로모터, *β-glucuronidase*(*GUS*) 유전자, 선발표지로서 *bar* 유전자로 제작된 pPTN289벡터를 freeze-thaw방법으로 LBA4404, EHA101 및 GV3101에 각각 형질전환하여 균주로 사용하였다(Jefferson *et al.*, 1987). 50mg/*l* streptomycin과 50mg/*l* spectinomycin이 첨가된 YEP 액체배지 50m*l*에 각각의 colony를 접종하여 28℃로 2일 동안 배양한 후 대수기 증식기(OD_{650} = 0.6 - 1.0)의 균을 사용하였다.

3. 멜론 형질전환체 생산

멜론 형질전환체를 생산하기 위하여 1회당 약 50개 자엽 절편을 pPTN289벡터로 형질전환시킨 25m*l*의 *Agrobacterium* 용액(LBA4404, GV3101, EHA101)에 30분 동안 침지한 후 공동배양용 배지(Cho et *al.*, 2005a, b)에 6개씩 치상하여 2일 동안 공동배양하였다. 공동배양한 자엽 절편을 3~5회 수세한 후 신초 유도배지(Cho *et al.*, 2005a, b)에 옮겨 6~8주 동안 2주 간격으로 계대배양하였다. 형성된 신초를 분리하여 신초 신장배지(Cho *et al.*, 2005a, b)에 옮겨 3cm 이상 신장시켰으며, 뿌리 유도배지(Cho *et al.*, 2005a, b)에 옮겨 유식물체를 얻었다. 한편, pPTN290벡터를 이용할 경우, 위의 모든 배지에서 5mg/*l* glufosinate대신 100mg/*l* paromomycin을 첨가하여 수행하였다. 모든 배지는 8g/*l* Phyto-agar를 첨가하기 전 pH를 조정하여 121℃, 1.2기압에서 15분간 고압 멸균하였다. 배지는 90× 15mm 플라스틱 petridish에 25m*l*씩 분주하여 사용하였다. 배양은 24℃로 조절되는 배양실에서 광도 46μmolm^{-2}s^{-1}의 16시간 광주기에서 배양하였다. 선발배지에서 얻은 유식물체는 토양으로 옮겨 온실에서 순화하였다.

4. *β*-Glucuronidase(GUS)발현

*Agrobacterium*과 공동배양한 자엽절편으로부터 유도된 유식물체의 잎 절편과 토양에서 순화시킨 성숙한 식물

체의 화기 및 후대 유식물체를 채취한 후, 37℃에서 5-bromo-4-chloro-3-indole-glucuronidase용액에 침지시켰다(Jefferson *et al.*, 1987). 24시간 후 70% 알코올 용액으로 탈색시킨 후 GUS 양성 반응을 보인 식물체의 빈도를 조사하였다. 대조구로서는 *Agrobacterium*과 공동배양하지 않은 성숙한 식물체의 잎, 화기를 사용하였다.

5. Leaf painting 및 Southern 분석

유식물체의 잎에서 GUS 양성반응을 나타낸 식물체를 토양에 순화한 후 온실에서 성숙한 개체로 생육시켰다. 식물체의 크기가 50cm 이상 되었을 때 1차 잎 표면에 0.1% 바스타(Aventis Inc.)를 솜으로 처리하였다. 5일 후 제초제에 대한 내성을 나타낸 식물체의 잎 조직으로부터 genomic DNA를 추출하였다(Dellaporta *et al.*, 1985). 약 10μg의 DNA를 *Eco*R I 제한효소 반응액에 37℃에서 16시간 동안 반응시켜 절단한 후 0.8% agarose gel에 전기영동하였다. Agarose gel 상의 DNA 밴드를 Zeta^{R}-Probe nylon membrane(Bio-Rad, catalog #162-0196)에 옮겨 ^{32}P-dCTP(Stratagene, catalog #300385)로 표지된 약 2.0 kb gus probe를 이용하여 Southern 분석을 실시하였다(Southern, 1975).

III. 결과 및 고찰

국내 재배품종인 슈퍼VIP 멜론 종자를 7일 동안 무균 발아시켜 유식물체를 얻었다. 자엽과 자엽사이에 있는 유경조직과 액아를 메스칼(No. 15)로 조심스럽게 제거한 후 자엽절 부위를 10~15회 상처를 주었다. 이와 같이 준비된 자엽절 절편을 공동배양 재료로 사용하였으며, 형질전환 방법은 Zhang 등(1999)과 Cho 등(2005a, b)의 방법에 따라 수행하였다. 공동배양 2주 후 상처를 받은 자엽절 부위에서 완전히 제거되지 않은 측아 원기로부터 신

그림 18-1 *Agrobacterium* **공동배양에 의한 멜론 자엽절 절편으로부터 형질전환체 생산**

A, B_ 5mg/*l* glufosinate가 첨가된 선발배지에서 멜론 자엽절 절편으로부터 부정아 형성. **C_** Glufosinate저항성 식물체. **D_** 멜론 형질전환체의 토양순화. **E_** 비형질전환체의 제초제 감수성. **F_** 제초제 저항성 형질전환체 잎. **G, I, K_** GUS 음성반응을 나타내는 잎, 화기, 종자. **H, J, L, M, N_** GUS양성반응을 나타내는 잎, 화기, 후대종자, 유식물체(T_1).

표 18-1 멜론 자엽절 절편으로부터 생산된 형질전환체에서 *Agrobacterium* 균주별 GUS발현빈도

품종	발현벡터	*Agrobacterium* 균주	공동배양된 자엽절 절편 수	GUS발현빈도 (%)
슈퍼VIP	pPTN289	GV3101	851	0 (0.00)
		LBA4404	647	0 (0.00)
		EHA101	3,225	5 (0.16)
	pPTN290	GV3101	421	0 (0.00)
		LBA4404	550	0 (0.00)
		EHA101	1,851	0 (0.00)

초가 발생하였으나 chimeric일 가능성 때문에 다시 제거하였다. 배양 2주째 형성된 shoot를 배축 부위와 함께 제거하고 탈분화된 자엽 절 절편을 다시 동일배지에 옮겨 4~6주 동안 배양할 경우 점차 부정아 원기가 형성되기 시작하였으며, 자엽절뿐 아니라 자엽기부에서도 발생하였고, 동시에 callus 형성도 이루어졌다. 6~8주째 이러한 원기로부터 2~3mm 크기의 신초가 발생하였으며, 주위 조직은 점차 갈변되었다. 배양 6~8주 후 녹색을 띠는 신초를 분리하여 신초신장배지(SE)에 옮겨 배양하면서 3cm 이상 되게 신장시켰다. 신장된 신초를 부정근유도배지에서 뿌리를 유도한 후 토양에 옮겨 순화시켰다. 그러나 자엽절 절편을 pPTN290벡터로 형질전환한 후 100mg/*l* paromomycin이 첨가된 선발배지에서 배양하였을 때 자엽절편의 괴사 현상은 좀처럼 관찰할 수 없었고, callus 형성과 신초 발생이 왕성하게 일어나 동일 박과작물인 오이와 수박(Cho *et al.*, 2005a, b)에서와 거의 동일한 현상을 보였다. 공동배양된 멜론의 자엽절 절편(7,545개)으로부터 오직 5개의 glufosinate저항성 식물체를 얻었으며, 이들 형질전환체(T_0)의 잎과 화기에서 그리고 후대종자(T_1)와 유식물체(T_1) 모두에서 GUS 양성반응을 확인하였다(그림 18-1, Cho *et al.*, 2005c). 그러나 공동배양재료로서 자엽 절편을 사용하였을 경우 glufosinate와 paromomycin선발배지에서는 항생제 저항성을 갖거나 GUS 양성반응을 나타내는 형질전환체는 얻지 못하였다(데이터 미제시). 선발마커로서 첨가된 5mg/*l* glufosinate는 상처를 받은 배양절편의 통도조직에 흡수되어(Shelp *et al.*, 1992) 비형질전환 세포에 암모니아를 축적시킴으로써 독성을 유발시켜 세포를 괴사시키고, 반면 형질전환 세포에서는 phosphinothricin acetyltransferase(PAT)효소를 합성함으로써 glufosinate를 불활성화시켜 저항성을 갖게 한다(Muller *et al.*, 2001). 따라서 배양기간 동안 나타나는 자엽절 갈변현상과 괴사현상은 배지에 첨가된 glufosinate에 의해 나타난 현상이며, 새롭게 형성된 multiple shoot의 경우는 T-DNA의 *bar* 유전자가 멜론 genome에 도입되어 발현됨으로써 저항성을 갖게 된 것으로 생각된다. 반면 선발마커로서 paromomycin 첨가배지는 많은 식물체를 얻을 수 있지만 *gus* 유전자가 발현되는 식물체를 얻지 못하였기 때문에 선발마커로서 적당하지 않음을 알 수 있었다.

Glufosinate가 첨가된 선발배지에서 공동배양된 자엽절 절편(7,545) 중에서 GUS 양성반응을 나타낸 식물체는 5개체로 매우 낮은 형질전환율(0.16%)을 나타내었다 (표 18-1, Cho *et al.*, 2005c). 특히 선발마커로서 *bar* 유전자를 포함한 pPTN289벡터로 형질전환된 EHA101균주에서만 오직 5개체의 형질전환체를 얻었을 뿐 GV3101(pPTN289), LBA4404(pPTN289), GV3101(pPTN290), LBA4404 (pPTN290), EHA101(pPTN290) 등에서는 얻을 수 없었다 (표 18-1, Cho *et al.*, 2005c).

대두, 오이, 수박 등을 포함한 주요 작물의 형질전환 연구에서 최적의 *Agrobacterium*선정을 위한 스크리닝은 필수적이며(Cho *et al.*, 2004, 2005a, b), *Agrobacterium* 균주(A281, C58, ACH5)의 감염성이 품종과 *Agrobacterium*의 종류에 따라 다르게 나타날 수 있다는 연구 결과(Simmonds and Donaldson, 2000)와 아주 잘 일치하고 있다. 또한 벼의 형질전환 연구에서 품종 간 LBA4404균주의 감염성이 달라질 수 있으며(Lee *et al.*, 1999), *Coleus blumei*에서 C58C1, GV3101, A281보다 B6S3 균주가 높은 감염성을 나타낸 연구(Bauer *et al.*, 2002) 등과도 일치된다. 특히 동일 박과작물인 오이와 수박에서도 GV3101(pPTN289), LBA4404(pPTN289), EHA101 (pPTN289), GV3101 (pPTN290), LBA4404(pPTN290), EHA101(pPTN290) 등을

자엽 절편과 공동배양하였을 때 균주 간 형질전환 빈도 차이를 뚜렷이 보였으며, EHA101균주가 가장 적합한 것으로 보고되어 있다(Cho *et al.*, 2005a, b). 이와 같이 *Agrobacterium* 균주의 감염성은 그 균주의 종류에 따라 그리고 식물의 계통, 품종, 배양재료 및 종에 따라서도 다르게 나타나기 때문에 안정적 형질전환 시스템을 확보하기 위해서는 최적 *Agrobacterium* 선정 과정이 필수적이라 할 수 있다.

배양병에서 생육시킨 유식물체를 토양에 순화시킨 후 5개의 GUS양성반응을 나타내는 식물체(TM-1, TM-2, TM-3, TM-4, TM-5)의 잎 절편으로부터 genomic DNA를 추출하여 Southern분석을 수행하였다. TM-1을 제외한 나머지 형질전환체의 genome에 *gus* 유전자가 안정적으로 도입되어 있음을 확인하였다(그림 18-2, Cho *et al.*, 2005c). 따라서 GUS발현과 Southern분석 결과로 미루어 볼 때 자엽절 절편 공동배양법에 의해 *gus* 유전자가 멜론 genomic DNA에 삽입되어 안정적으로 발현하고 있음을 알 수 있었고, 특히 멜론 형질전환 시스템에서 glufosinate를 선발배지로 이용할 경우 paromomycin보다 더 효과적이며, 특히 배양재료로서 자엽 절편보다는 자엽절 절편을 이용하는 것이 효과적임을 알 수 있었다.

IV. 세부 실험방법

1. 종자소독 및 무균발아

- 70% 에틸알코올에 1분간 소독한다.
- 0.4% 클로락스에 15분 동안 2차 소독한다
- 무균수로 약 4회 정도 수세한다.
- Clean bench 내에 무균처리한 filter paper를 petridish에 깔고 소독된 종자를 건조시킨다.
- 소독된 종자를 발아배지에 6~10개씩 치상하여 7일 동안 명 상태로 배양하면서 발아시킨다.
- 무균발아배지: MS salt+2% sucrose+0.8% phyto agar(pH 5.6)

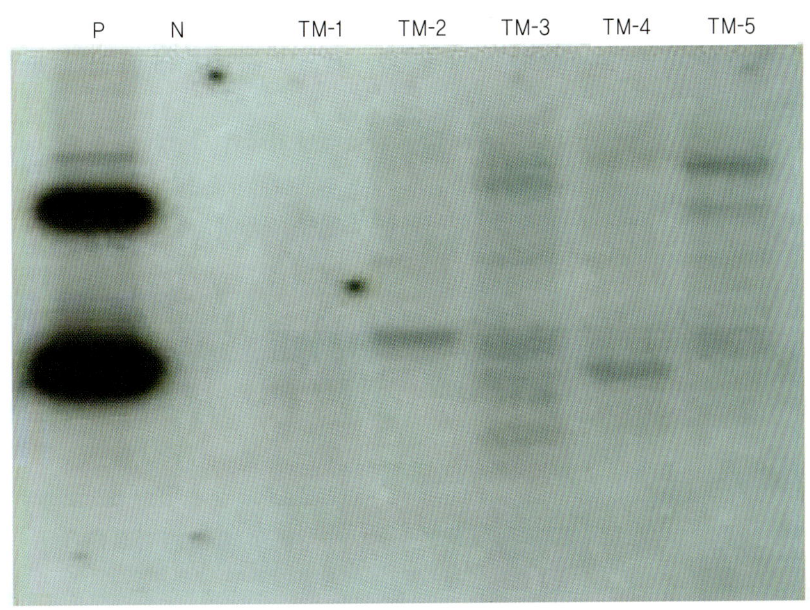

그림 18-2 멜론 형질전환체 대한 Southern 분석

전체 게놈DNA를 EcoRI제한효소로 반응시킨 후 2.0kb gus probe로 hybridization하였다. **P_** Plasmid 벡터(pPTN289). **N_** 대조군. **TM-1, TM-2, TM-3, TM-4, TM-5_** 멜론 형질전환체.

2. *Agrobacterium* 공동배양 용액 준비

- *Agrobacterium* stock에서 YEP 고체배지 streaking 하여 2일 동안 28℃로 암 배양한다.
- 2일 후 1개의 colony를 취하여 적당한 항생제가 들어 있는 LB액체배지 200m*l*에 접종하여 다시 28℃로 2일간 배양한다. 이때 약 200rpm정도로 현탁 배양한다.

3. 공동배양

1) 배양재료 준비

- 무균발아 유식물체의 배축을 0.5cm 정도가 남도록 자른 다음 다시 배축을 종단면으로 2개의 자엽이 나누어지도록 자른다.
- 자엽절 부위에 남아 있는 유경조직을 조심스럽게 제거하고 다시 해부현미경 하에서 측아와 남은 유경조직을 완전히 제거한다.
- 자엽절부위에 10~15회 상처를 준다.
- 이때 mess knife는 가능하면 No. 15번을 사용한다.

2) 균 접종

- OD_{650}=0.5~0.6 정도 자란 *Agrobacterium* 용액을 3000rpm으로 10분간 원심분리하여 pellet을 수확한다.
- *Agrobacteria* pellet을 공동배양용액에 resuspend시킨다.
- Resuspend된 균 용액에 위에서 준비된 자엽절 절편을 30분 동안 침지시킨다. 이때 일정 간격으로 흔들어준다.
- 30분 동안 침지 후 공동배양배지 위에 무균 filter paper를 조심스럽게 올려놓고 그 위에 자엽절 절편을 petridish당 10~15개 정도씩 올려놓고 24℃에서 2일간 명배양한다.
- 공동배양배지 조성: 1/10 B5+3% sucrose+20mM MES+1.67mg/*l* BAP+0.25mg/*l* GA_3+0.5% phytoagar+20mM MES+200μM acetosyringone+100mg/*l* cysteine(pH 5.4)

4. 배양 및 형질전환체 선발

- 공동배양 2일 후 항생제가 첨가된 shoot유도배지에 옮겨 2주 간격으로 명배양한다.
- 이때 petridish당 배양절편은 6개씩 올려놓고 자엽절 부위가 배지 속으로 잠기도록 치상한다.
- 배양 2주 후 자엽절 절편으로부터 발생된 모든 shoot는 제거하고 다시 자엽절 절편을 새로운 배지에 위와 동일한 방법으로 치상하여 배양한다.
- 2주 간격으로 약 8~10주 이상 배양하면서 자엽절로부터 건강하고 녹색을 띠는 shoots를 2주마다 분리하여 신장배지로 옮기고, 2주 간격으로 계대배양하면서 3cm 이상 생육시킨다. 일반적으로 약 4주 이상 배양한다.
- Shoot신장배지에서 약 3cm 정도 이상 자란 식물체를 다시 뿌리유도배지로 옮겨 약 4주 동안 배양한다.
- 모든 배양은 16시간 광 주하에서 24℃로 조절되는 배양실에서 수행하며, 2주 간격으로 계대배양한다.
- Shoot유도배지: B5 salt+3% sucrose+3mM MES+0.8% phyto agar+1.67mg/*l* BA+50mg/*l* vancomycin+50mg/*l* ticarcillin+50mg/*l* cefotaxime+5mg/*l* Glufosinate(선발마커로서 bar유전자를 사용할 때)
- Shoot신장 및 뿌리유도배지: MS salt+2% sucrose+3mM MES+0.1mg/*l* IBA+0.05mg/*l* GA_3+0.8% agar+50mg/*l* vancomycin+50mg/*l* ticarcillin+50mg/*l* cefotaxime(pH 5.8)

5. 토양순화 및 형질전환체 확인

- 배양기에서 약 10cm 정도 자란 식물체의 경우 무균된 토양에 옮긴 후, 비닐을 씌워 약 1주일 동안 배양실에서 순화시킨다.
- 어느 정도 활착된 식물체의 경우 비닐에 구멍을 낸 다음 다시 2~3일 정도 배양실에서 순화시킨다.
- 배양식물체로부터 새로운 잎이 나왔을 때 온실로 옮겨 약 2주 동안 생육시키고, 다음에 더욱 큰 화분으로 옮긴다.
- 이후 GUS염색, leaf painting assay, Southern분석을 수행하여 최종 형질전환체를 확인한다.
- 최종적으로 Southern분석에 의해 확인된 형질전환체로부터 후대 종자를 수확하고, 다시 발아시켜 2차 확인한다.

V. 결론

Agrobacterium과 자엽절 공동배양으로 대두 형질전환체를 생산하였다. 멜론(슈퍼VIP품종)의 자엽절 절편은 선발마커로서 *bar*와 reporter로서 *gus* 유전자가 포함된 pPTN289 또는 선발마커로서 *nptII* 유전자와 reporter로서 *gus* 유전자로 제작된 pPTN290벡터를 LBA4401, GV3101, EHA101에 각각 형질전환하여 공동배양하였다. 최대 형질전환 빈도(0.16%)는 EHA101 (pPTN289) 균주로 공동배양한 자엽절 절편을 glufosinate가 첨가된 선발배지에서 얻을 수 있었으며, 최종적으로 glufosinate 저항성과 잎(T_0), 화기(T_0), 종자(T_1) 및 유식물체(T_1)에서 gus 양성반응을 나타내는 5개체를 얻었다. Southern분석에 의하여 GUS유전자가 멜론 genomic DNA에 도입되어 있음을 확인하였다. 따라서 멜론 형질전환 시스템에서 glufosinate를 선발배지로 이용할 경우 paromomycin보다 더 효과적임을 알 수 있었으며, 특히 공동배양 재료로서 자엽절 절편의 이용가능성을 제시하였다.

참고문헌

- Bauer N, Levanic DL, Mihaljevic S, Jelaska S(2002) Genetic transformation of Coleus blumei Benth. using *Agrobacterium*. Food Technol Biotechnol 40: 163~169
- Boyhan GJ, Norton D, Jacobsen BJ, Abrahams BR(1992) Evaluation of watermelon and related germplasm for resistance to zucchini yellow mosaic virus. Plant Dis 76: 251~252
- Cho MA, Choi DW, Liu JR, Clemente T, Choi PS(2004) Development of transgenic soybean using *Agrobacterium* tumefaciens. Kor J Plant Biotechnol 31: 255~259
- Cho MA, Song YM, Park YO, Ko SM, Min SR, Liu JR, Choi PS(2005a) The use of glufosinate as a selective marker for the transformation of cucumber(Cucumis sativus L.). Kor J Plant Biotechnol 32: 161~165
- Cho MA, Song YM, Liu JR, Choi PS(2005b) Production of transgenic watermelon by *Agrobacterium* tumefaciens-mediated transformation. Kor J Plant Biotechnol (submitted)
- Cho MA, Song YM, Park YO, Ko SM, Min SR, Liu JR, Choi PS(2005c) Production of transgenic melon from the cultures of cotyledonary-node explant using *Agrobacterium*-mediated transformation. Kor J Plant Biotechnol(submitted)
- Choi PS, Soh WY, Cho DY, Liu JR(1994) High Frequency Somatic Embryogenesis and Plant Regeneration in Seedling Explant Cultures of Melon(Cucumis melo L.). Kor J Plant Biotechnol 21: 1~5
- Clemente T, LaValle BJ, Howe AR, Ward DC, Rozman RJ, Hunte PE, Broyles DL, Kasten DS, Hinchee MA(2000) progeny analysis of glyphosate selected transgenic soybean derived from *Agrobacterium*-mediated transformation. Crop Sci 40: 797~803
- Curuk BS, Cetiner S, Elman C, Xia X, Wang Y, Yeheskel A, Zilberstein L, Perl-Treves R, Watad AA, Gaba V(2005) Transformation of recalcitrant melon(Cucumis melo L.) cultivars is facilitated by wounding with carborundum. Eng Life Sci 5: 169~176
- Dellaporta SL, Wood J, Hicks JB(1985) Maize DNA miniprep. In: Malmberg R, Messing J, Sussex(eds), Molecular Biology of Plants: A laboratory Course Manual, Cold Spring Harbor, New York. pp 36~37
- Dong JZ, Yang MZ, Jia SR, Chua NH(1991) Transformation of melon(Cucumis melo L.) and expression from the cauliflower mosaic virus 35s promoter in transgenic melon. Bio/Tech 9: 858~863
- Fang G, Grumet R(1990) *Agrobacterium* tumefaciens mediated transformation and regeneration of muskmelon plants. Plant Cell Rep 9: 160~164
- Finer KR., Finer JJ(2000) Use of *Agrobacterium* expressing green fluorescent protein to evaluate colonization of sonication-assited *Agrobacterium*-mediated transformation-treated soybean cotyledons. Lett Appl Microbiol 30: 406~410
- Gaba V, Zelcer A, Gal-On A(2004) Cucurbit biotechnology-the importance of virus resistance. In Vitro Cell Dev Biol Plant 40: 346~358
- Gray DJ, McColley DW, Compton ME(1993) High frequency somatic embryogenesis from quiescent seed cotyledons of Cucumis melo cultivars. J Am Soc Hort Sci 118: 425~432
- Guis M, Ben Amor M, Latche A, Peche JC, Roustan JP(2000) A reliable method for the transformation of Cantaloupe Charentais melon(Cucumis melo L. var. cantalupensis) leading to a majority of diploid regenerants. Sci Hort 84: 91~99
- Jefferson RA, Kavanagh TA, Bevan MW(1987) GUS fusion: β-glucuronidase as a sensitive and versatile gene fusion marker in higher plants. EMBO J 6: 3901~3907
- Lee SH, Shon YG, Lee SI, Kim CY, Koo JC, Lim CO, Choi YJ, Han CD, Chung CH, Choe ZR, Cho MJ(1999) Cultivar

variability in the *Agrobacterium*-rice cell interaction and plant regeneration. Physiol Plant 107: 338~340

- Meurer CA, Dinkins RD, Collins GB(1998) Factors affecting soybean cotyledonary node transformation. Plant Cell Rep 18: 180~186
- Muller B, Zumdick A, Schuphan I, Schmidt B(2001) Metabolism of the herbicide glufosinate ammonium in plant cell cultures of transgenic and non-transgenic sugarbeet, carrot, purple foxglove and thorn apple. Pest Manag Sci 57: 46~56
- Murashige T, Skoog F(1962) A revised medium for rapid growth and bioassay with tobacco tissue cultures. Physiol Plant 15: 473~497
- Nishibayashi S, Kayakawa T, Nakajima T, Suzuki M, Kaneko H(1996) CMV protection in transgenic cucumber plants with an introduced CMV-O cp gene. Theor Appl Genet 93: 672~678
- Olhoft PM, Somers DA(2001) L-cysteine increase *Agrobacterium*-mediated T-DNA delivery into soybean cotyledonary-node cells. Plant Cell Rep 20: 706~711
- Paz MM, Shou H, Guo Z, Zhang Z, Banerjee AK, Wang K(2004) Assessment of conditions affecting *Agrobacterium*-mediated soybean transformation using the cotyledonary node explant. Euphytica 136: 167~179
- Shelp BJ, Swanton CJ, Hall JC(1992) Glufosinate (phosphinothricin) mobility in young soybean shoots. J Plant Physiol 139: 626~628
- Simmonds DH, Donaldson PA(2000) Genotype screening for proliferative embryogenesis and biolistic transformation of short-season soybean genotypes. Plant Cell Rep 19: 485~490
- Somers DA, Samac DA, Olhoft PM(2003) Recent advances in legume transformation. Plant Physiol 131: 892~899
- Southern E(1975) Detection of specific sequences among DNA fragments separated by gel electrophoresis. J Mol Biol 98: 503~512
- Tricoli DM, Carney KJ, Russell PF, Quemada HD, McMaster RJ, Reynolds JF, Deng RZ(2002) Transgenic plants expressing DNA containing a plurality of genes to impart virus resistance. US patent 6,337,431
- Zhang Z, Xing A, Staswick P, Clemente TE(1999) The use of glufosinate as a selective agent in *Agrobacterium*-mediated transformation of soybean. Plant Cell Tiss Org Cult 56: 37~46

19 양파 형질전환

[1]Aswath Chenna Reddy, [2]김효순, [2]박세원
[1]Indian Institute of Horticultural Research
[2]건국대학교 생명환경과학대학

I. 서론

양파는 세계적으로 670만 ha에서 1,050억 파운드가 재배되고 있는 생산량이 가장 많은 작물 중 하나이며 원산지는 북·서인도, 아프가니스탄을 포함한 중앙아시아라고 알려져 있다. 우리나라에서 양파는 고추, 마늘, 파, 생강 등 5대 조미채소 중 하나로 2003년도에 대비하여 2004년도 생산지수가 127.2% 증가추세를 보이고 있다. 이는 최근 식생활 개선으로 건강식품과 가공식품으로서의 중요도가 높아지면서 소비량이 점차 증가되고 있기 때문이다. 양파는 2년이 1세대이기 때문에 품종육성을 위해서는 최소한 10년 이상의 오랜 시간이 소요된다. 이와 같이 양파의 품종육성 기간이 타작물에 비해 상대적으로 길기 때문에 품종 육성 기간을 대폭 단축할 필요성이 제기되고 있으며 이를 위해 새로운 기술의 개발이 요구되고 있다. 양파 연구는 뉴질랜드 Colin Eady에 의해 양파 품종의 재분화 및 내충성 형질전환체 개발에 대한 보고가 있고, 네덜란드 Wageningen 대학의 Allium 연구팀에서 양파의 일부 저장성 관련 유전자가 cloning되었을 뿐만 아니라 내충성 유전자가 형질전환된 것으로 보고되고 있다. 그러나 형질전환체의 후대검증에 대해서는 언급이 되지 않아 유전자의 안정적인 발현에 대해서는 연구가 필요하다. 양파 유전자에 대한 연구는 미국 Texas의 A&M 대학에서 품종 육종 색깔유전 연구 및 분자표지 개발 등과 관련하여 양파 내 기능성 물질 분리 및 분석에 대한 최신의 연구가 이루어지고 있다. 형질전환을 통한 작물의 개량은 육종에 의한 방법보다 시간이 적게 소요될 뿐만 아니라 다른 생물의 유전자를 유용작물에 직접 도입할 수 있다는 이점이 있으므로 앞으로 더욱 활발하게 연구개발되리라 판단된다.

본 장은 건국대학교와 공동 연구자인 Aswath 등(2006)의 논문을 바탕으로 실험실의 효과적인 양파 형질전환 방법을 기초로 하여 기술하였다. 기존의 항생제 선발과 항생제를 이용하지 않고 selection을 할 수 있는 mannose selection법을 이용한 양파 형질전환법에 대해 체계적으로 설명하였다.

II. 재료 및 방법

1. 식물재료

일반적으로 종자소독을 위해 종자를 70% ethylalcohol에 30초간 침지한 후 세척하였으며, 세척 후 비눗물에서 20분간 침지하여 흔들어 주고 다시 세척하였다. 세척한 종자를 2% sodium hypochlorite 용액에 20분간 침지·소독하고 clean bench 내에서 멸균수로 4~5회 세척하였다. 그리고 종자를 4℃에서 24시간 정도 냉장보관한 후 다시 clean bench 내에서 멸균수로 2회 세척하였다. callus 유도를 위한 재료로는 종자의 성숙한 배를 이용하였으며, 종자로부터 성숙한 배를 용이하게 적출하기 위하여 하루 정도 종자를 멸균수에 불렸다. 24시간 정도 냉장보관함으로써 종자로부터 성숙한 배를 적출하기 용이하게 하였으며, 종자오염을 줄일 수 있었다. 하지만 지나친 장시간의 냉장보관은 오히려 종자오염을 초래하기도 하였으므로 72시간 이내로 냉장보관하는 것이 바람직하다는 것을 알 수 있었다. 적출한 성숙한 배의 cotyledon 부분을 제거한 다음 나머지 부분을 배지에 치상하였다(실험실의 기본 적출방법 그림 19-1). callus 유도를 위한 배지로는 생장 조절제로 5μM 2,4-D가 첨가된 MS기본배지를 이용하였다.

2. Mannose selection

6주째 배양한 embryogenic callus을 3mm^{2}로 쪼개어 농도별로 처리된 선발배지에 치상한 후 생체 중의 변화를 측정하여 선발농도를 선정하였다. 선발배지는 MS기본배지에 5μM 2,4-D를 첨가한 후 mannose와 sucrose를 각각 0~20g 처리하여 치상한 지 4주째에 조사하였다. Mannose 선발의 경우 작물에 따라 선발농도가 상이하고 또한 기본배지에 들어가는 sucrose 양에 따라 mannose와 상응하여 개체가 선발되는 효과가 틀리므로 작물에 따른 선발 실험이 꼭 필요하다.

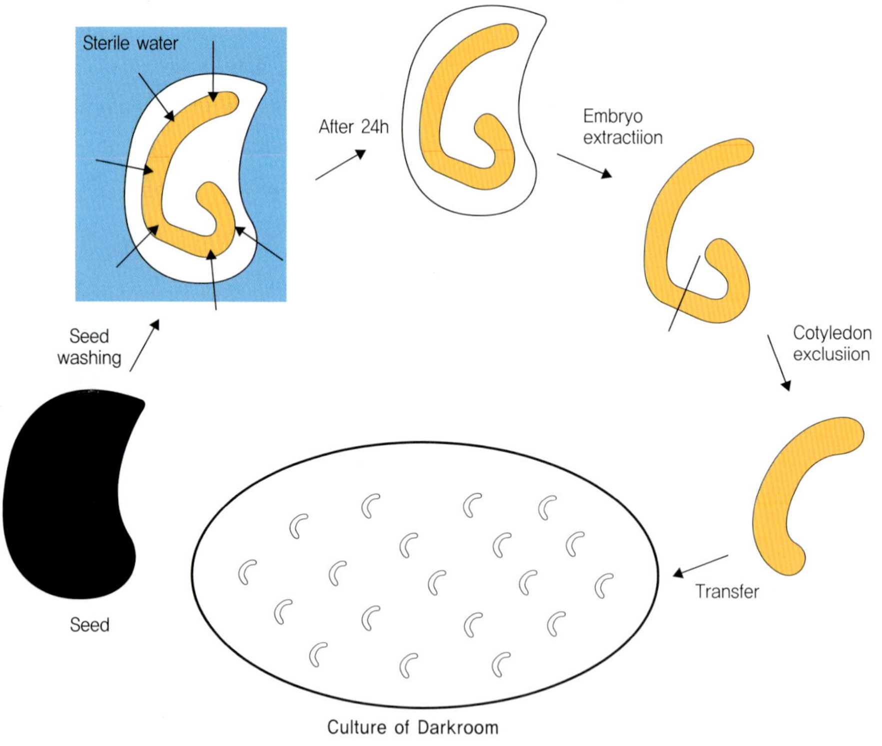

그림 19-1 Callus 형성을 위한 양파 종자의 배 치상과정

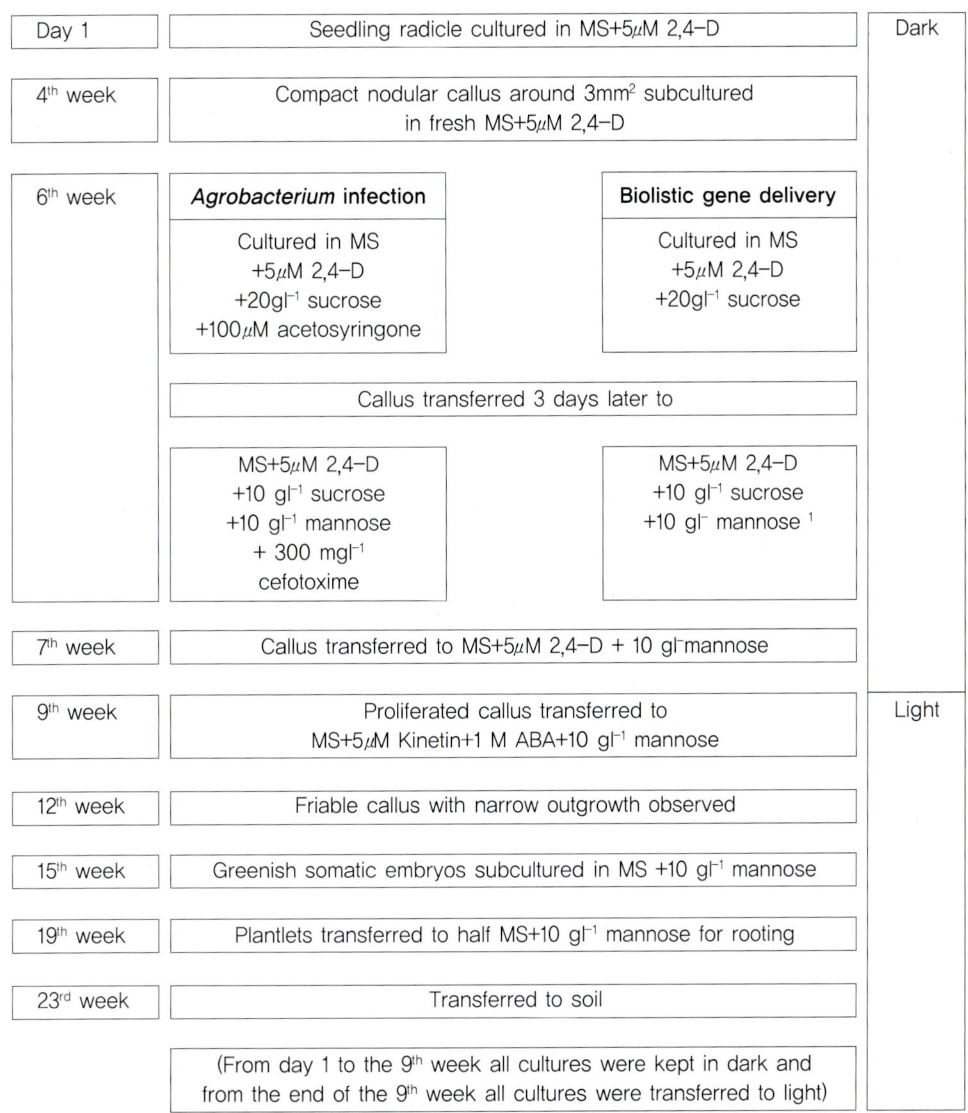

그림 19-2 양파 형질전환 방법 차이에 따른 전체 형질전환 흐름표

3. 항생제 selection

항생제 선발 농도 선정은 기존의 논문을 참고하여 이루어졌다. Hygromycin 경우 너무 많은 변이체를 유발하므로 제외하고, 일반적으로 많이 사용하는 selection marker인 NPTII 선발을 위해서는 kanamycin, geneticin을 MS 기본배지에 농도별로 첨가하여 실험하였다. 식물체 선발에 가장 효과적으로 사용되는 PPT선발을 위해서는 phosphinothricin을 1~10g 농도로 처리한 후 callus 생존율을 조사하여 선발 농도를 선정하였다. 각각의 농도에서 callus 생존율 50~60% 이내를 선발 농도로 산정하였다.

4. *Agrobacterium*-transformation

Agrobacterium culture는 선발 항생제가 포함된 YEP 고체 배지에 streaking하여 선발된 single colony를 YEP 액체 배지에 접종하여 사용하였다. 이때 항생제와 함께 100 μM acetosyringone을 첨가하여 형질전환율을 높이었다. single colony를 선발하는 YEP 고체 배지는 사용할 때 즉시 만들어 쓰도록 노력하여 항생제 선발이 효과적으로 이루어지도록 하였다.

5. Biolistic-transformation

가장 분화력이 높은 6주째 배양한 embryogenic callus를 시험재료로 준비하고 직경 1μm인 gold particle을 제작하여 PDS-1000HE Biolistics™을 사용하여 접종하였다. Biolistic 장치는 rupture disk와 macro carrier의 사이는 6mm, macro carrier와 stopping screen 거리는 10mm, stopping screen과 target callus까지의 간격은 6mm로 설치하였다. 이후 접종된 callus는 기본 MS배지에 5μM 2,4-D와 20g sucrose를 첨가하여 23℃의 암상태에서 배양하였다.

III. 결과

1. Embryogenic callus 형성 및 재분화

벼, 잔디 등 단자엽 식물은 일반적으로 embryo callus 형성을 통한 형질전환 실험이 이루어진다. 이에 MS 기본 배지에 2,4-D를 첨가하여 callus를 유도하고 성장함에 따라 그 형태를 달리하여 나타나는 것을 확인할 수 있었다. callus의 형태는 견고하면서도 흰 구모형(compact, nodular and white type), 특정 구조가 없는 부정형(friable type with no apparent structure), 물기를 머금은 형(watery or transparent type) 등으로 callus의 형성이 관찰되었다. 또한 특정 구조가 없는 부정형의 몇몇 callus에서는 일정 시간이 경과하면 견고하고 치밀한 조직의 callus가 새로 형성되는 경우도 있었다. callus로부터의 기관분화는 부정형의 callus에서 보다 견고하고 치밀한 조직의 callus로부터 더 많이 관찰되었다(그림 19-3).

2,4-D가 첨가된 배지에서 형성된 compact형과 약간 friable한 부정형 callus을 1/2MS 기본배지로 옮겨 embryo 발달단계를 살펴보았다. 두 형태의 callus 모두 shoot 형성과 rooting이 양호하였지만, friable형 보다는 견고한 callus에서 좀더 많은 embryo가 형성되는 것을 관찰할 수 있었다(그림 19-4). 형성된 callus가 somatic embryogenesis로 발전할 callus인지 확인하기 위하여 Scanning electron microscopy(SEM)로 관찰하였다(그림 19-5). SEM 촬영으로 compact callus는 다른 단자엽의 곡류나 잔디 종류에서

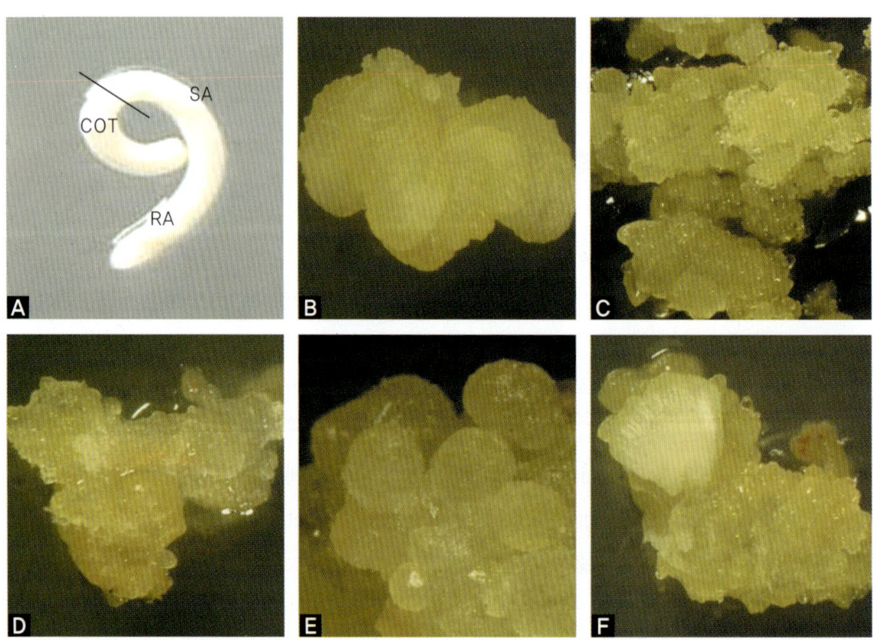

그림 19-3 양파 배와 형성된 callus 형태

A_ 치상을 위해 준비한 양파 배. B_ 견고한 형태 callus. C_ 부서지기 쉬운 callus. D_ callus 자체 점액질을 가진 물기 있는 callus. E_ 기관 형성할 수 있는 callus. F_ 부서지기 쉬운 callus 위에 형성된 견고한 callus.

그림 19-4 1mg/*l* 2,4-D를 첨가한 배지에서 형성된 체세포배 callus의 재분화 단계

A_ 1mg/*l* 2,4-D을 첨가한 MS 배지에서 형성된 callus 모습. B_ 배발달 과정. C_ 호르몬이 첨가되지 않은 1/2MS 배지에서 형성되는 shoot. D_ 뿌리가 형성된 식물체 E_ 화분에서 자라는 모습.

발견된 embryogenic callus와 매우 흡사한 반면 느슨하고 nodule을 형성하지 못하는 non-embryo로 생각되는 callus는 SEM 관찰 결과 조직으로 발전할 만한 구조를 보이지 않았다.

Callus 치상 1~2개월 후 품종에 따른 callus의 재분화율을 조사하였다. 재분화율은 신초와 뿌리 형성을 모두 보인 callus를 백분율로 표시하였다. 국내 양파 중 4개 품종을 조사한 결과 유전적인 차이를 배제할 수는 없으나 대체적으로 평균 80% 이상의 재분화율을 보여주었다. 국내 양파의 성숙배 배양으로부터 식물생장조절물질의 첨가 없이도 식물체를 분화시킬 수 있으므로 이는 국내 양파 품종을 이용한 기본적인 callus 형성 및 재분화의 조직배양적 체계의 확립으로 생각된다(표 19-1).

2. Mannose 농도에 따른 selection

배지 내에 mannos가 있으면 carbonhydrate starvation이 일어나 결국에는 식물체가 죽게 된다. 이 점을 이용하여 Vector에 PMI를 도입하면 항생제를 사용하지 않고 marker free transgenic plant를 만들 수 있다. 작물에 따라 carbon source로 fructose, glucose 등을 이용하는데, 양파의 경우 sucrose를 이용하여 선발농도를 선정하였다. 배지에 첨가된 sucrose는 mannose와 함께 식물체 내에서 P를 필요로 하므로 에너지 경쟁에 의해 식물의 selection이 촉진되게 된다. 유도배지에서 형성된 양파 callus의 생체중은 mannos의 양이 증가하면서 생체중의 증가률이 감소하는 경향을 보였다. 농도별 선발배지에 callus를 치상한 2주 이내에 mannos 양에 따라 생육 차이를 확인할 수 있었다. 10g mannose에 10g sucrose를 첨가한 배지의 callus 생체중이 20g sucrose를 넣은 callus 생체중에 비해 42% 감소한 것을 알 수 있었다(그림 19-6).

3. 항생제 종류에 따른 selection

고효율의 국내 양파 품종의 형질전환 기술 개발을 위하여 다양한 선발방법 마련을 위한 예비 실험으로 세 종류의 항생제를 이용한 callus 선발 실험을 수행하였다. NPTII 선발을 위해서는 kanamycin, geneticin을 처리하였는데 기존의 논문에서 양파의 경우 kanamycin selection이 어렵다는 보고가 있어 50mg씩 농도를 향상시켜 최고 농도

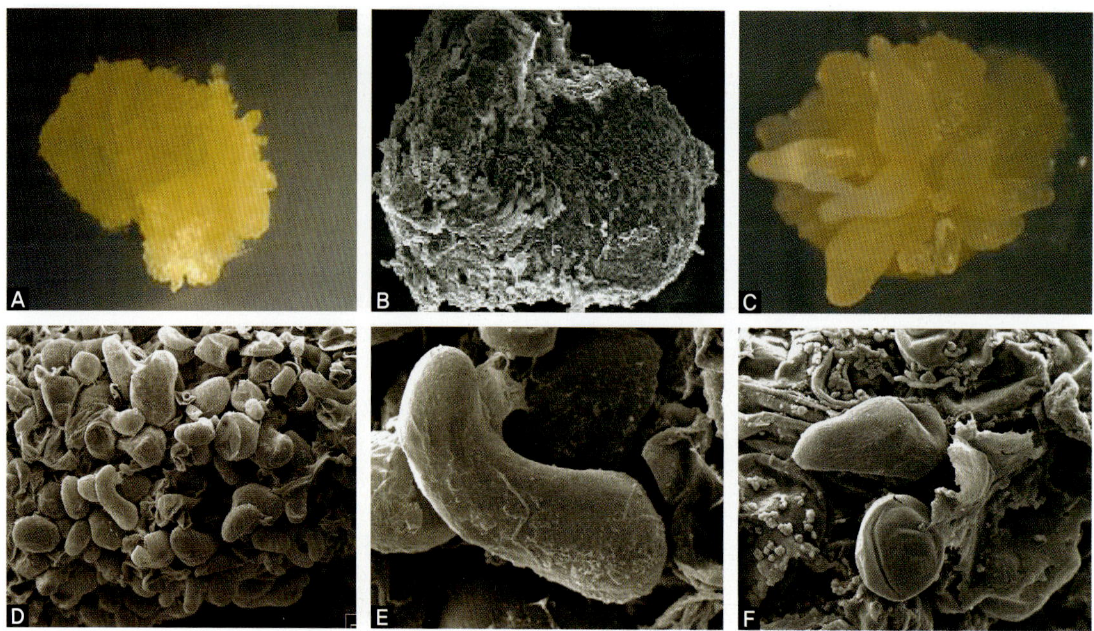

그림 19-5 양파의 체세포배를 주사전자현미경 관찰한 모습

A_ 느슨한 구조를 보이는 배발달하지 못하는 callus의 4주째 모습. **B_** 배발달하지 못하는 callus를 주사전자현미경으로 본 모습(Bar size is 100 μm. **C_** 1mg/*l* 2,4-D를 첨가한 MS 배지에서 형성된 견고한 callus의 4주째 모습. **D_** C callus를 주사전자현미경으로 본 모습. **E_** 잘 발달된 배반(SC) 구조와 초엽(CO) 모습. **F_** 배반(SC)과 초엽(CO)으로 발달되어 가는 모습.

표 19-1 한국 양파 품종의 성숙배로부터 callus 형성률 및 재분화 양상

Cultivars	Embryogenic callus formation (%)	Callus fresh weight[a] (g)	Regeneration (%)
Seouldaego	46 ± 2.9[b]	0.87 ± 0.06	79 ± 4.4
Geumokhwang	49 ± 3.2	1.50 ± 0.12*	76 ± 3.4
Machuhwang	52 ± 2.1	0.85 ± 0.11	80 ± 3.7
Chunjuhwang	54 ± 2.0	0.67 ± 0.45	85 ± 3.9

[a] Each value represents the mean and S.E. of ten callus.
[b] Mean ± S.E. * Significantly different from the control at P=0.05.

를 200mg까지 처리하였다. 그러나 kanamycin 최고농도에서 70% 이상의 callus 생존율을 보이므로 kanamycin 선발은 양파에서는 어렵다는 결론을 내렸다. 이어 genenticin 항생제 선발을 수행하였는데 양파의 경우 genenticin이 매우 효과적인 선발 양상을 보였다. 10mg 처리시 50% 내외의 생존율을 보이고, 20mg에서는 10% 이하로 생존율이 하락하므로 10~15mg 사이가 적절한 선발 농도로 선정되었다. 외국 양파 품종의 경우 12mg geneticin 선발이 이용되는 점을 참고할 때 우리나라 양파 품종에서도 같은 경향을 보임을 알 수 있었다. 식물 형질전환에 가장 많이 이용되는 PPT선발 농도의 경우 국내 양파 품종은 5mg에서 60% 내외, 7mg에서 17%의 생존율을 보이므로 5~6mg PPT처리가 가장 효과적인 선발 농도가 되리라 사료된다(그림 19-7).

4. 양파 형질전환 효율

유전자를 각각 *Agrobacterium*, Biolistic 방법으로

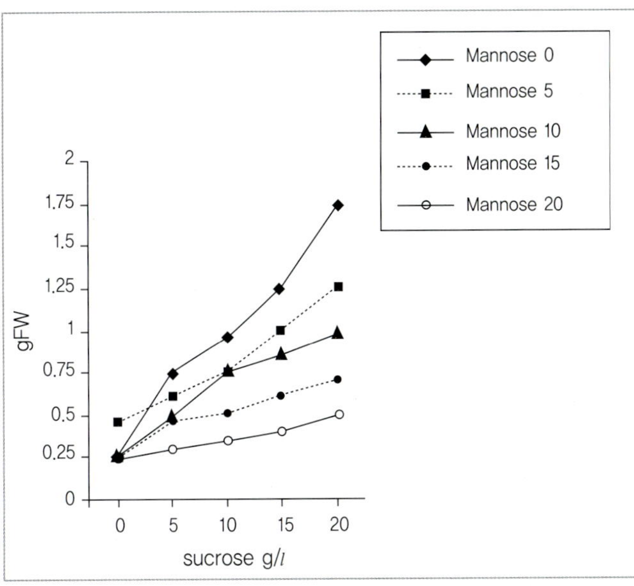

그림 19-6 Mannose 농도에 따른 영향

(◆, 0; ■, 5; ▲, 10; ●, 15; ○, 20) sucrose 농도에 따른 생체중의 평균.

infection 후 mannose 선발배지에 치상한 7주 후에 callus 생존율을 조사하여 형질전환 효율을 나타내었다(표 19-2). 어느 방법을 사용하든 접종된 callus의 생존율은 23~27% 정도로 강하게 선발이 되고 있음을 알 수 있었다. 15주째에 callus 형성률은 biolistic 방법에서 23.4%로 *Agrobacterium* 방법 17.4% 보다 효과적으로 보였으나, 이후 19주째 조사된 somatic embryo 형성에서는 각각 22.5%, 23.7%로 차이를 보이지 않았다. 이는 두 방법 모두 양파 형질전환에 큰 차이 없이 유효한 방법임을 보여주고 있다. 이 효율들은 양파의 형질전환에 대한 강한 희망을 던져주며 여러 가지 실험을 통하여 재현성을 높인다면 양파 품종 개발에 박차가 가해질 것으로 생각된다.

5. PCR과 Southern blot 분석

양파 T_0 식물체의 잎에서 DNA, RNA를 추출한 후 PCR, RT-PCR 분석과 Southern plot을 실시하였다(그림 19-8). PCR의 반복적 실험에서 1~6번까지는 *Agrobacterium* 방법으로, 7~12번까지는 Biolistic에 의해 *manA* 유전자가 삽입된 것을 확인할 수 있었다. B그림의 RT-PCR 실험결과 *Agrobacterium*(1~3번), Biolistic(4~5번) 실험 모두 514bp에 band가 잡히는 것으로 보아 안정적인 유전자 삽입을 재확인하였다. 삽입된 유전자의 copy 수를 알기 위해 *Eco*RI으로 cutting 후 Southern blot를 실시하였다. *Agrobacterium*(1~3번)과 Biolistic(4~6번) 방법 모두 1 band씩을 나타내므로 유전자가 transgene됨을 최종 확인하였다. 특히 Biolistic 방법의 경우 여러 copy의 삽입이 타작물에서 문제점으로 제시되었는데 양파의 경우 1copy씩만 유전자가 삽입되어 형질전환 방법의 폭을 넓히는 결과를 보여주었다.

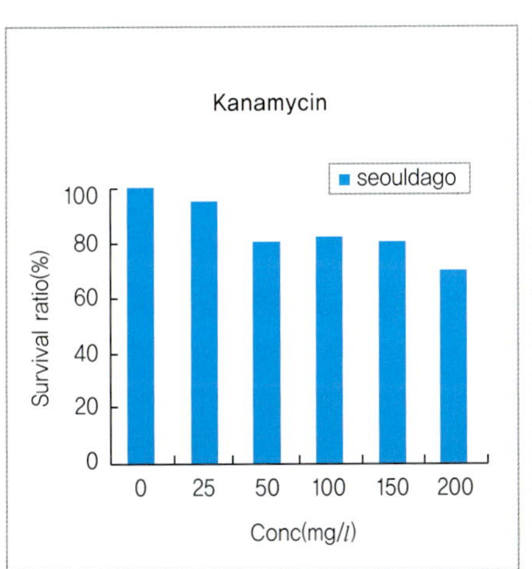

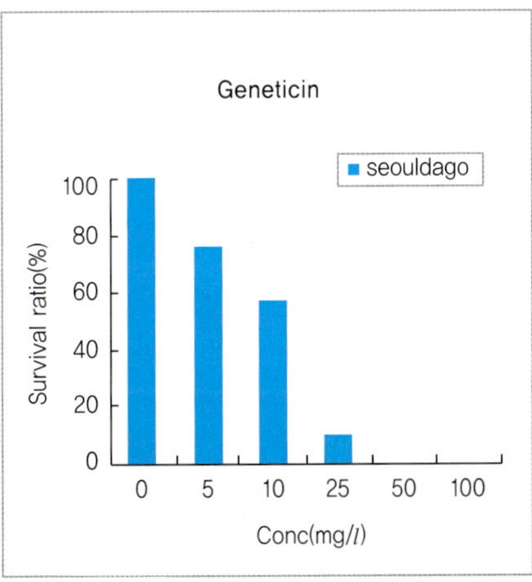

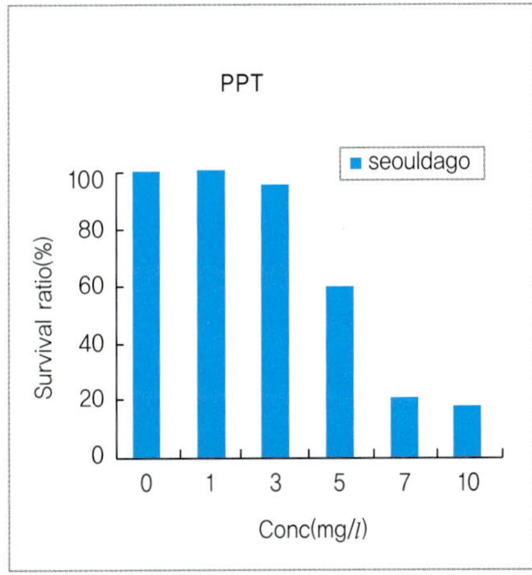

그림 19-7 항생제에 따른 callus의 생존율

표 19-2 *Agrobactererium* and biolistic 방법에 의한 기간별 양파 callus의 생존율, 증식률, 재분화률(inbred line KU-31)

	Callus survived at the end of 7th week (%)	Callus proliferated at the end of 9th week (%)	Callus forming somatic embryos(SE's) at the end 15th week (%)	SE's forming plantlets at the end of 19th week (%)
Agrobacterium	27b	33b	17.4b	22.5b
Biolistic	23b	27b	23.4b	23.7b
Negative control (*Agrobacterium*)	3.7c	2.1c	0.0c	0.0c
Negative control (Biolistic)	4.5c	2.2c	0.0c	0.0c
Positive control	95.5a	90.5a	45.5a	65.5a

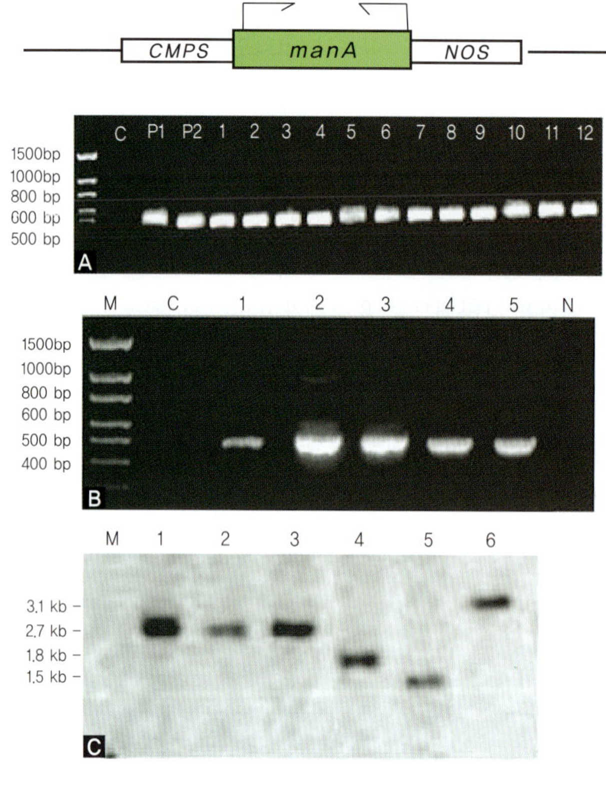

그림 19-8 형질전환체의 분자학적 분석

A_ *PMI* 유전자 PCR 분석.
B_ 형질전환 양파 잎을 이용한 *PMI* 유전자 RT-PCR 분석.
C_ 형질전환체에서 추출한 genomic DNA의 Southern hybridization.

6. 형질전환체 저항성 검증

선발된 transgene을 순화시켜 mannonse 2, 5, 10, 50mM을 각각 잎에 spray하는 방식으로 저항성을 검증하였다. 25일 동안 spray한 결과 10일 이내에 50mM 처리한 control과 형질전환체 사이에 뚜렷한 결과 차이를 보여주었다. control 식물체는 괴사한 반면 형질전환체는 저항성을 보이며 25일 이후에도 생존하여 selfing을 통해 종자를 받고자 노력중이다.

III. 결론

양파의 품종개발은 육종에 너무 긴 시간이 필요로 한다는 점과 웅성 불임으로 인한 육종학적 어려움으로 인해 쉽게 접근할 수 없는 작물이었다. 이를 극복하기 위해 형질전환 방법을 도입하였으나, 이 또한 기술적인 체계 및 후대검정이 이루어지지 않아 아직은 미흡한 단계이다. 더군다나 국내 품종을 이용한 형질전환 체계는 거의 전무한 편이다. 이에 단자엽의 형질전환에 주로 이용되는 callus 유도와 callus 접종을 통한 형질전환 체계를 실험실 차원에서 체계화하고 그 결과를 논문에 발표한 내용 위주로 앞서서 소개하였다. 그 내용을 정리하면 첫째, embryogenic한 callus의 유도가 중요하다. 견고하면서도 흰 구모형(compact, nodular and white type)의 callus가 가장 embryogenic callus로 판단이 되며 이는 적정농도의 2,4-D를 첨가하여 형성할 수 있다. 둘째, 형질전환 방법 중 가장 보편적이면서도 재현성의 문제가 따르는 *Agrobacterium* 접종법, Biolistic을 사용한 형질전환 효율에서 두 가지 방법 모두 20% 이상의 형질전환 효율을 보였다. 국내 양파 품종의 경우 일본 양파품종에 비해 상대적으로 품질 및 저장성이 현저히 낮은 수준이기 때문에 최근 3년 전부터 국내 종자시장에서 일본 양파 종자의 점유율이 거의 70%일 정도로 급격히 증가하고 있는 점을 감안한다면 양파의 형질전환을 이용한 효과적인 유용 유전자 도입이 곧 신품종 개발에 바탕이 될 것이다. 셋째, 형질전환된 양파의 후대검증에 대해서는 아직까지 유전적인 자료의 부족과 더불어 유전자의 지속적인 발현에 대해 문제점을 시사한다. 따라서 앞으로 이 부분에 대한 검증이 더욱 필요하리라 생각된다.

참고문헌

- Aswath CR, Mo SY, Kim DH, Park SW(2006) *Agrobacterium* and biolistic transformation of onion using non antibiotic selection marker phosphomannose isomerase. Plant Cell Rep 25(2): 92~99
- Cho KS, Hur EJ, Hong SY, Moon JY(2005) Induction of embryogenic callus and plant regeneration by mature embryo culture of onion(Allium cepa L.). Korea J Plant Biotechnol 32(1): 31~35
- Eady CC(1995) Review Towards the transformation of onions(Allium cepa L.). NZ J Crop Hort Sci 23: 239~250
- Eady CC(2001) Allium transformation. In: Learmonth, R. and hachatourians, G.G.(eds) The Handbook of Transgenic Plants. Marcel Dekker, New York. 655~671
- Eady CC, Butler RC, Suo Y(1998a) Somatic embryogenesis and plant regeneration from immature embryo cultures of onion(Allium cepa L.). Plant Cell Rep 18: 111~116
- Eady CC, Davis S, Catanach A, Kenel F, Hunger S(2005) *Agrobacterium* tumefaciens-mediated transformation of leek(Allium porrum) and garlic(Allium sativum). Plant Cell Rep 24: 209~215
- Eady CC, Davis S, Farrant J, Reader J, Kenel F(2003) *Agrobacterium* tumefaciens-mediated transformation and regeneration of herbicide resistant onion(Allium cepa) plants. Ann appl biol 142: 213~217
- Eady CC, Lister CE(1997) Transformation of onion(Allium cepa L.). In: Papers of Allium Ausralia 1997, 2nd International Symposium on Edible Alliaceae, Adelalia. 58(abstract)
- Eady CC, Lister CE(1998b) A comparison of four selective agents for use with Allium cepa L.immature embryo-derived culture. Plant Cell Rep 18: 117~121
- Eady CC, Reader J, Davis S, Dale T(2003) Inheritance and expression of introduced DNA in transgenic onion plants(Allium cepa). Ann appl biol 142: 219~224
- Eady CC, Weld RJ, Lister CE(2000) *Agrobacterium* tumerfaciens - madiated transformation and transgenic-plant regeneration of onion(Allium cepa L.). Plant Cell Rep 19: 376~381
- Kim EK(2005) Comparative analysis of organogenesis and callus formation ratio from different cultivars and media in onion(Allium cepa L.). 학위논문.
- Kim MK(2006) Establishment of transformation system of Chitinase and β-1,3-Glucanase genes in onion(Allium cepa) konkuk uni. 학위논문.
- Luthar Z, Bohanec B(1999) Induction of direct somatic organogenesis in onion(Allium cepa L.) using a two-step flower or ovary culture. Plant Cell Rep 18: 797~802
- Musial K(2001) Embryological study on gynogenesis in onion(Allium cepa L.). Sex Plant Reprod 13: 335~341
- Zheng SJ(2001) *Agrobacterium* tumerfaciens-madiated transformation of Allium cepa L.: the production of transgenic onion and shallots. Mol Breed 7: 101~115
- Zheng SJ, Henken B, Sofari E, Jacosen E, Krens FA, Kik C(1998) Factors influencing induction, propagation and regeneration of mature zygotic embryo-derived callus from Allium cepa. Plant Cell tissue Organ Culture 3: 99~105

20

호접란 형질전환

김두환
건국대학교 원예학과

I. 서론

팔레놉시스(*Phalaenopsis spp.*)속은 난과식물로 40~50여 개의 종이 있으며 원산지는 태국, 버마, 인도네시아, 오스트레일리아 등 열대, 아열대의 고온다습한 지역으로 반다, 에이리데스 등과 자생하고 있다. 팔레놉시스의 속명은 그리스어로 Phalaina(좀나방)와 opsis(같다)의 합성어로 꽃의 모양에서 유래되었고 한국과 일본에서는 호접란이라고 부르고 있다.

생리적 측면에서 보면 CAM(crassulacean acid metabolism) 식물에 속하는 단경성 착생란으로 생육적온은 23℃이고 화아분화 조건은 18~23℃의 온도와 단일이며 우리나라에서는 1~4월경 개화된다. 주요 품종은 백색계의 아마빌리스와 핑크계의 시렐리아라, 황색계의 린데니맨니를 기본으로 해서 육성된 품종과 도리티스, 반다 등 속간교배에 의해 육성된 교배종 등 매우 다양하다. 원예적으로 양란으로 분류되며 개화기가 길고 다양한 화색과 독특한 꽃모양을 특징으로 하고 있어, 소비자의 선호도가 높고(Griesbach, 1995), 미국, 일본, 대만, 유럽 등에서도 수천 만주씩 소비되고 있으며 최근에는 연간 30% 내외의 성장률을 보이고 있어 양란의 대중화에 다가서고 있다.

팔레놉시스는 실생 또는 조직배양에 의해 번식되며 국내에서는 주로 실생묘가 재배되고 있다. 번식에 있어서 실생묘는 대량묘의 공급이 용이하지만 유전적으로 불균일하고 개체 간의 생육차가 큰 것 등이 결점이다(白 等, 1995). 이러한 문제를 해결하고자 조직배양묘 생산에 관한 연구가 많이 진행되어 왔으며 대부분 부정아 분화에 의한 방법으로 고농도의 생장조절물질을 이용하였다. 그러나 식물생장조절물질은 배양중에 일어날 수 있는 체세포변이의 원인 물질로 의심되고 있어 대량생산할 경우에 돌연변이의 발생가능성이 높다(Ichihashi, 1992).

이에 형질전환 등을 통하여 교잡육종으로 도입하기 어려운 내병성, 내바이러스성, 화색 등의 주요 유전자를 도입하여 신품종을 육성함으로써 수출 경쟁력을 크게 증가시킬 수 있으며 육종 효율을 높일 수 있을 것이다.

II. 재료 및 방법

1. 형질전환 재료

팔레높시스(*Phalaenopsis spp.*)의 형질전환 재료로 사용하기 위하여 액아배양으로부터 PLB(Protocorm like body)를 유기한다. 이를 위해 모주식물로부터 절단한 화경을 70% EtOH로 분무한 후 마디를 중심으로 닦아준다. 화경을 5cm 크기의 절편으로 잘라 준 후 4% 락스에 15분 동안 진탕살균해 준다. 멸균수로 충분히 세척해 준 후 포엽을 제거하여 다시 한번 0.04% 락스에 15분 동안 진탕살균해 주며, 잘려진 절편에서 액아부분만을 절단하여 멸균된 filter paper 위에 건조시킨 후, 액아 증식 배지에 옮긴다. 약 2개월 후에 생성된 PLB를 크기가 큰 증식 용기에 옮겨 이를 증식하여 재료로 사용한다(그림 20-1).

2. PLB 증식체계 확립

형질전환에 사용될 재료 확보와 형질전환된 팔레높시스의 대량생산을 위하여 PLB 증식체계를 확립하여야 한다. 이를 위하여 agar 단용, agar와 gelrite의 혼용, 배지 내 첨가물과 pH 농도및 PLB 발달단계에 따른 PLB 재분화 양상 등을 조사하여 최적의 조건을 찾아냈다. Agar 단용보다는 4.7g/*l* agar+1.9g/*l* gelrite를 혼용한 배지에서 PLB의 증식률이 더 높고 상태가 더욱 양호하고, 100% 원액 사과쥬스의 첨가액이 일반 사과를 넣을 때 보다 PLB의 증식률이 양호하다. 그러나 품종 PK538의 경우 일반 사과를 넣은 배지에서 증식률이 월등히 높은 것으로 나타나 품종 간의 차이가 있음을 알 수 있다. 또한 팔레높시스 증식에 적합한 것으로 알려진 pH 5.3±0.2 보다 다소 높은 pH 6.1에서 가장 좋은 증식을 보이고, 액아를 태고와 클리너 모두 0.05%에서 shaking하고 4% 락스로 진공 15분 처리하면 분화 및 유기가 양호하다.

1) Agar 단용에 따른 PLB 증식 효율 구명

배지 고형물의 농도에 따른 PLB 증식 차이를 구명하기 위해 배지 고형물인 agar의 농도를 각각 8g/*l*, 8.5g/*l*, 9g/*l*으로 처리하여 배양용기별로 세 품종간 PLB 증식률 차이를 구명하는 실험을 실시하였다. 그 결과 배양용기간, 품종간 증식률의 차이는 있었으나 세 품종 모두 agar 농도가 높아질수록 오히려 PLB의 증식률이 저하되는 경향을 나타내었다(그림 20-2). 배양용기의 경우 전반적으로 유리병이 삼각 플라스크보다 증식률이 양호하며, 품종 PK439, PK467은 PLB 증식률이 좋았으나 PK538은 증식률이 상대적으로 떨어지는 양상을 나타낸다. 공통적으로 세 품종 모두 배양용기로 유리병을 사용하여 agar 8g/*l*을 처리한 구에서 가장 많은 PLB가 증식된 것으로 나타나는데,이는 agar 단용으로 인해 agar 농도가 높아질수록 배지의 견고도가 높아져 배지 내의 영양분의 이동속도가 원활하지 못해 PLB 증식률을 저하시킨 것으로 생각되었다.

2) Agar와 gelrite 혼용에 따른 PLB 증식 효율 구명

PLB를 4.5g/*l* agar+1.8g/*l* gelrite, 4.7g/*l* agar+1.9g/*l*

액아배양

PLB 유기

PLB 증식

그림 20-1 팔레높시스의 액아배양에 의한 PLB 유기 및 증식

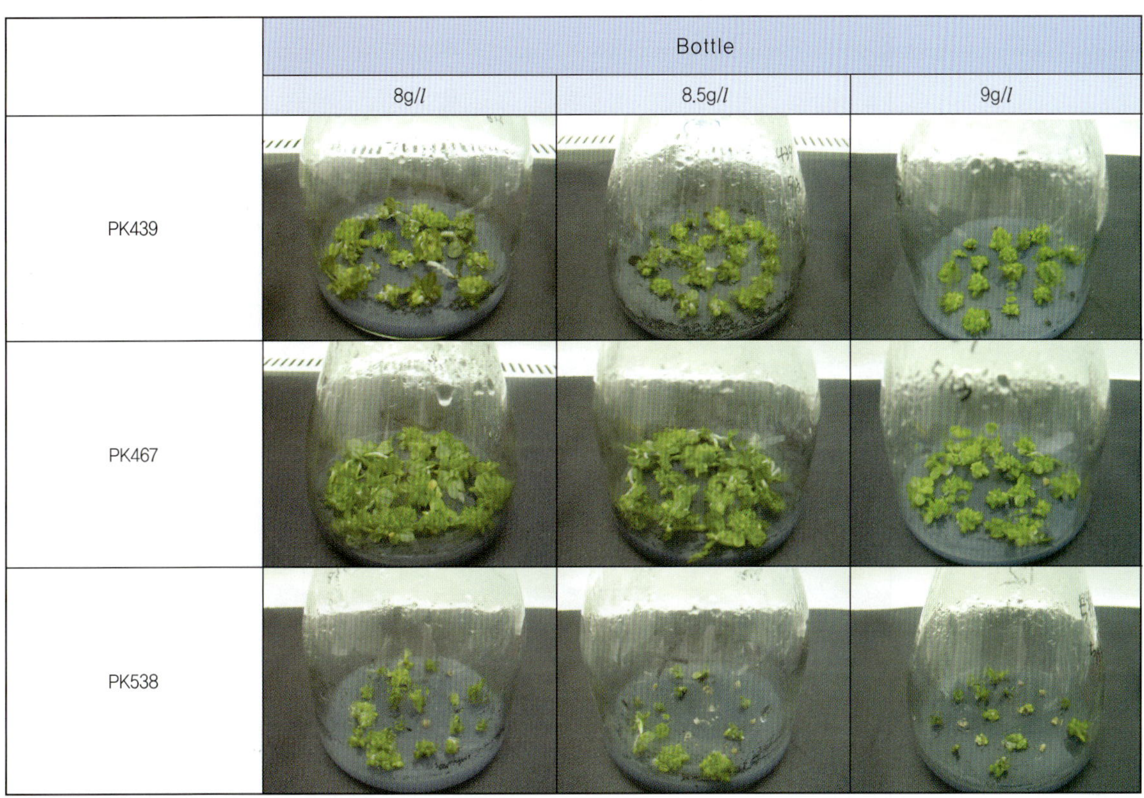

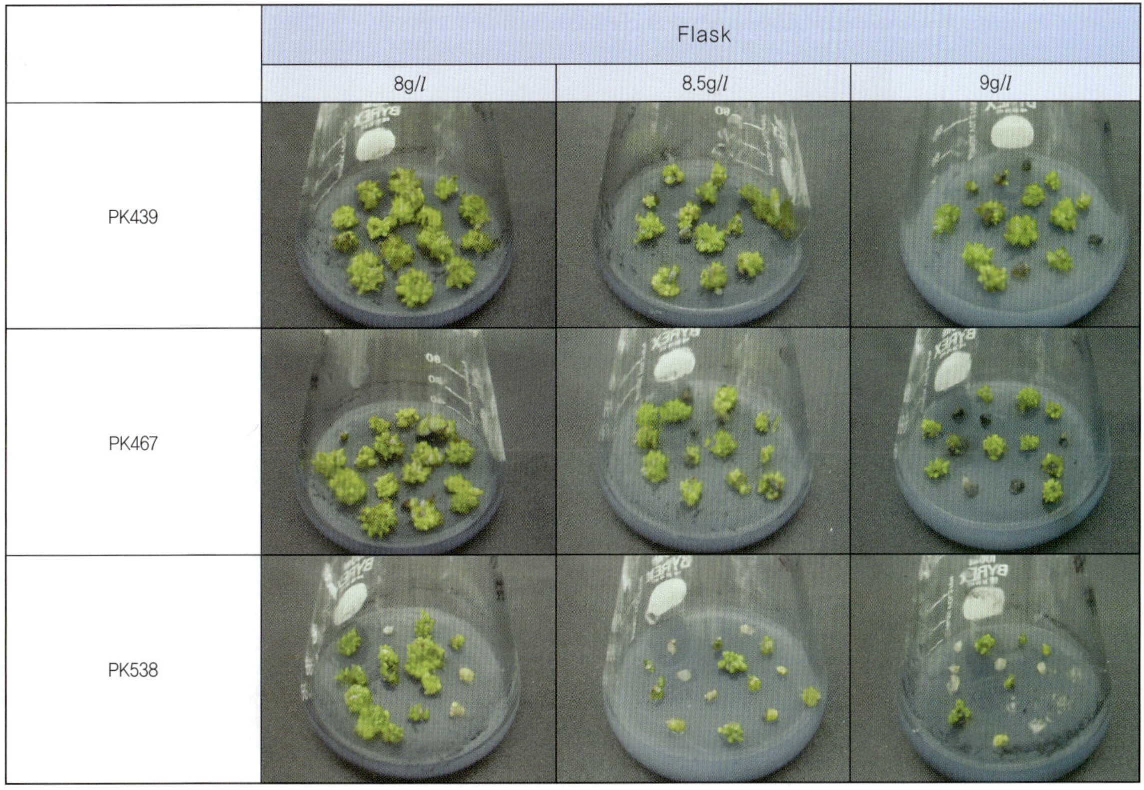

그림 20-2 품종 PK439, 467, 538의 배양병과 플라스크에서 PLB 증식을 위한 agar의 효과 (8g/l, 8.5g/l, 9g/l agar)

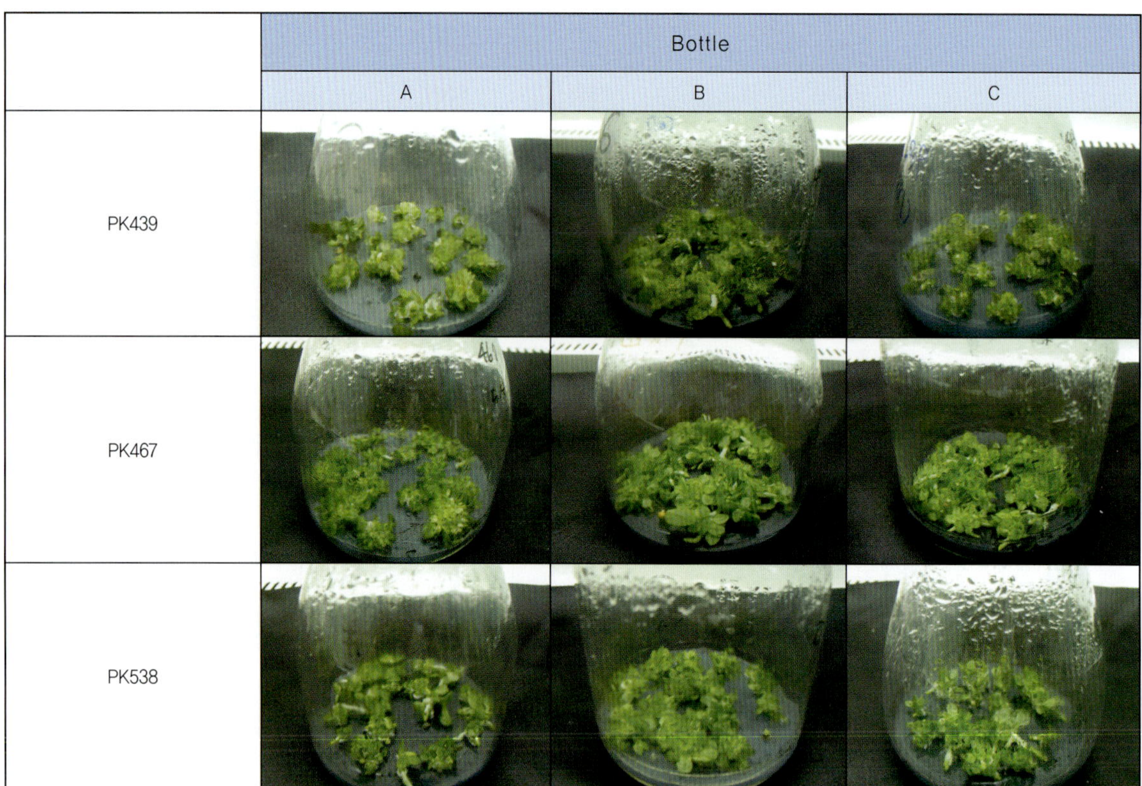

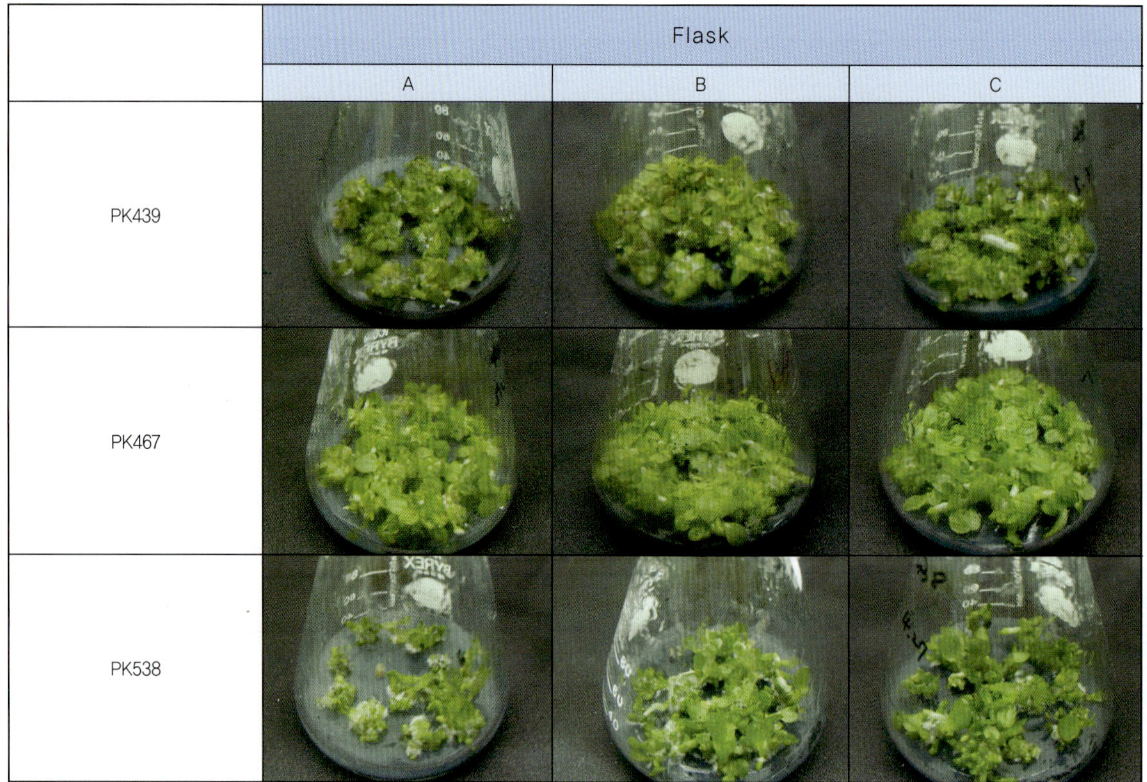

그림 20-3 품종 PK439, 467, 538의 배양병과 플라스크에서 PLB증식을 위한 agar와 gelrite 혼용
A_ 4.5g/*l* agar+1.8g/*l* gelrite. B_ 4.7g/*l* agar+1.9g/*l* gelrite. C_ 4.9g/*l* agar+2.0g/*l* gelrite.

gelrite, 4.9g/l agar+2.0g/l gelrite에 각각 치상하여 증식시켜 그에 따른 혼용 효과를 비교하였다. 앞서 agar 단용 실험과 비교해 보았을 때 전반적으로 agar+gelrite를 혼용한 배지에서 PLB의 증식률이 더 높고 상태가 더욱 양호한 것으로 나타났다. 실험 결과 앞서 실험과 마찬가지로 배양용기의 경우 전반적으로 유리병이 삼각 플라스크보다 증식률이 양호하였으며, 품종 PK538은 PK439나 PK467에 비해 증식률이 상대적으로 떨어지는 양상을 나타내었다. 전반적으로 4.5g/l agar+1.8g/l gelrite 보다 agar와 gelrite의 농도를 각각 조금씩 증가시킨 4.7g/l agar+1.9g/l gelrite와 4.9g/l agar+2.0g/l gelrite에 치상한 두 처리구에서 큰 차이 없이 PLB의 증식률이 높은 것으로 나타났다(그림 20-3). 전체적인 결과를 볼 때 적은 양의 배지 고형제로 높은 증식효과를 얻기 위해선 4.7g/l agar+1.9g/l gelrite의 혼용이 적절할 것으로 판단되었다. 그러나 좀 더 깊이 있는 실험 결과를 위해서 비슷한 결과를 얻은 두 처리구를 근거로 한 실험이 다시 수행되어야 할 것으로 생각되었다.

3) Agar와 gelrite 혼용 비율에 따른 PLB 증식 효율 구명

PLB를 agar와 gelrite의 비율이 1:1인 4.5g/l agar+1.8g/l gelrite, 2:1 비율인 6.0g/l agar+1.2g/l gelrite, 3:1 비율인 6.75g/l agar+0.9g/l gelrite에 각각 치상 후 증식시킨 다음 agar와 gelrite의 비율에 따른 PLB의 증식효과를 알아보았다. 실험 결과 전반적으로 배지 고형물에 따른 PLB의 증식률은 2)의 agar와 gelrite 혼용 실험에 비해 떨어지나 1)의 agar 단용 실험보다는 높았음이 관찰되었었다. 또한 유리병이 삼각 플라스크보다 증식률이 양호하였으며, 품종 PK538이 다른 두 품종에 비해 증식률이 떨어지는 양상을 나타내었다. 본 실험 결과 agar와 gelrite의 비율이 2:1인 6.0g/l agar+1.2g/l gelrite의 배지에서 PLB의 증식률이 높음을 알 수 있었다. 본 실험의 관찰 결과를 종합해 보면 agar와 gelrite의 혼용시 agar와 gelrite농도 모두 적정 이상 유지되어야만 PLB의 증식이 원활해짐을 알 수 있다. 그 예로써 2)의 실험에서 4.7~4.9g/l agar와 1.9~2.0g/l gelrite의 배지가 본 실험의 6.0~6.75g/l agar와 0.9~1.2g/l gelrite의 배지보다 PLB의 증식이 훨씬 우수하다(그림 20-4). agar와 gelrite의 혼용시 PLB 증식이 agar농도가 높아질수록 증가하는 듯 보이나 gelrite의 농도가 떨어지면 오히려 증식이 감소하는 경향을 나타내었다. 이는 혼용된 gelrite의 농도가 떨어지면 상대적으로 높은 agar의 농도로 인해 배지 내의 영양분의 이동속도가 원활하지 못하게 되어 결과적으로 PLB 증식률을 감소시킨 것으로 생각되었다.

4) 사과와 사과쥬스의 배지 첨가에 따른 PLB 증식 효율 구명

대부분의 난류에서는 기내 생육촉진을 위해 사과나 감자, 바나나 즙과 같은 천연물질을 배지 내 첨가하고 있다. 본 실험에서는 기본배지에 각각 천연물인 사과와 100% 원액 사과쥬스를 첨가한 후 PLB를 증식시켜 그 효과를 알아보고자 하였다. 실험 결과 품종 PK439와 PK467에서는 유리병에서 사과와 100% 원액 사과쥬스 모두 비슷하게 PLB의 증식률이 양호하였으며, 삼각 플라스크에서는 사과를 넣은 배지가 100% 원액 사과쥬스보다 증식률이 높게 나타났다. 그러나 품종 PK538의 경우 유리병과 삼각 플라스크 모두 사과를 넣은 배지에서 증식률이 월등히 높은 것으로 나타나 품종간의 차이를 나타냈다(그림 20-5).

5) 배지 내 pH에 따른 PLB 증식 효율 구명

기본배지에 pH를 각각 5.7, 5.9, 6.1, 6.3, 6.5로 처리한 후 PLB 증식률의 차이를 구명하고자 하였다. 그 결과 PLB 증식률에 있어 배양용기간 차이는 그리 크지 않았으나 품종 PK538은 PK439나 PK467에 비해 증식률이 상대적으로 떨어짐을 알 수 있었다. 실험 결과 문헌상 알려진 대로 팔레높시스 증식에 적합한 것으로 알려진 pH 5.3±0.2보다 다소 높은 pH 6.1에서 가장 좋은 결과가 나타났다. 이는 배양중에 PLB의 절편체로부터 다량의 페놀물질이 침출되므로 초기에 pH를 높게 조정한 것이 증식률이 높아진 것으로 생각되었다. 그러나 전반적으로 봤을 때, 품종 PK439와 PK467의 경우 pH 6.1~6.5사이에서 pH에 따른 PLB 증식률의 차이가 그리 크지 않았으나, 품종 PK538에서는 pH 6.1보다 높은 pH 6.3과 6.5에서는 증식률이 현저히 감소하는 경향을 나타내어 pH에 따른 품종간 증식률의 차이를 나타내었다(그림 20-6).

6) 태고와 클리너의 농도별 화경소독

본 실험은 화경을 이용하여 포엽 제거 후 소독제인 태고와 클리너를 각각 농도별로 처리한 다음 진공처리와 shaking 후 치상하여 이에 대한 소독효과를 알아보고자

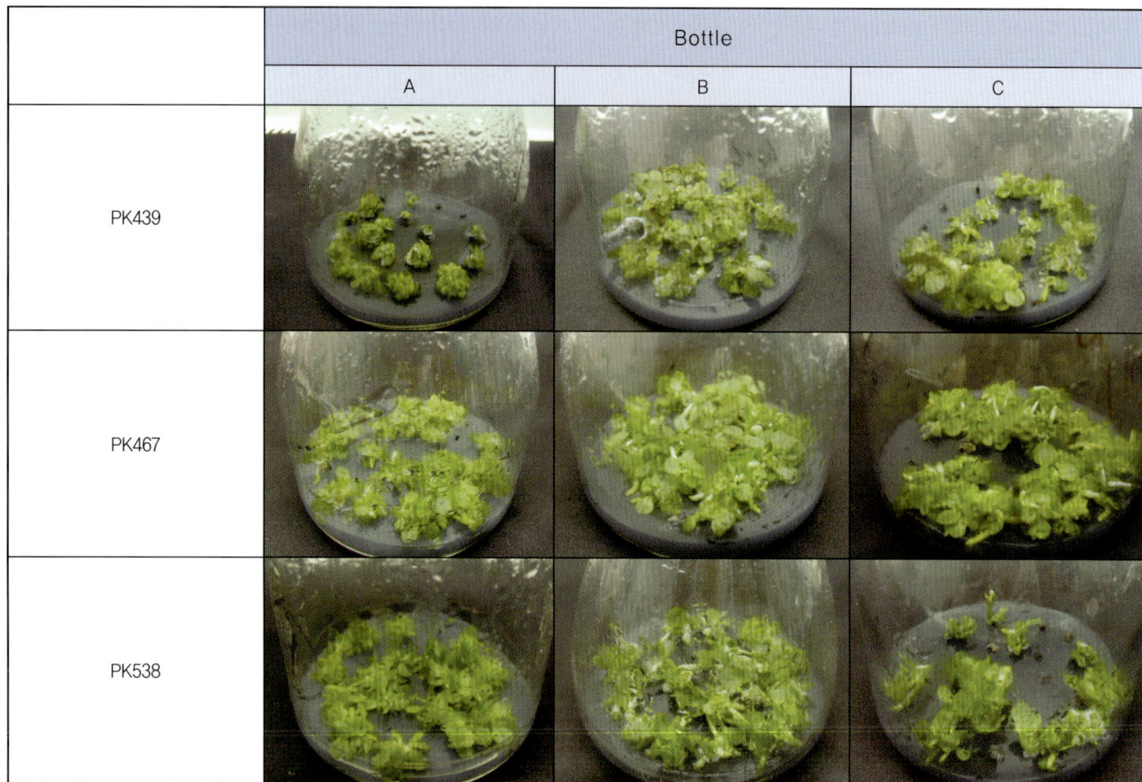

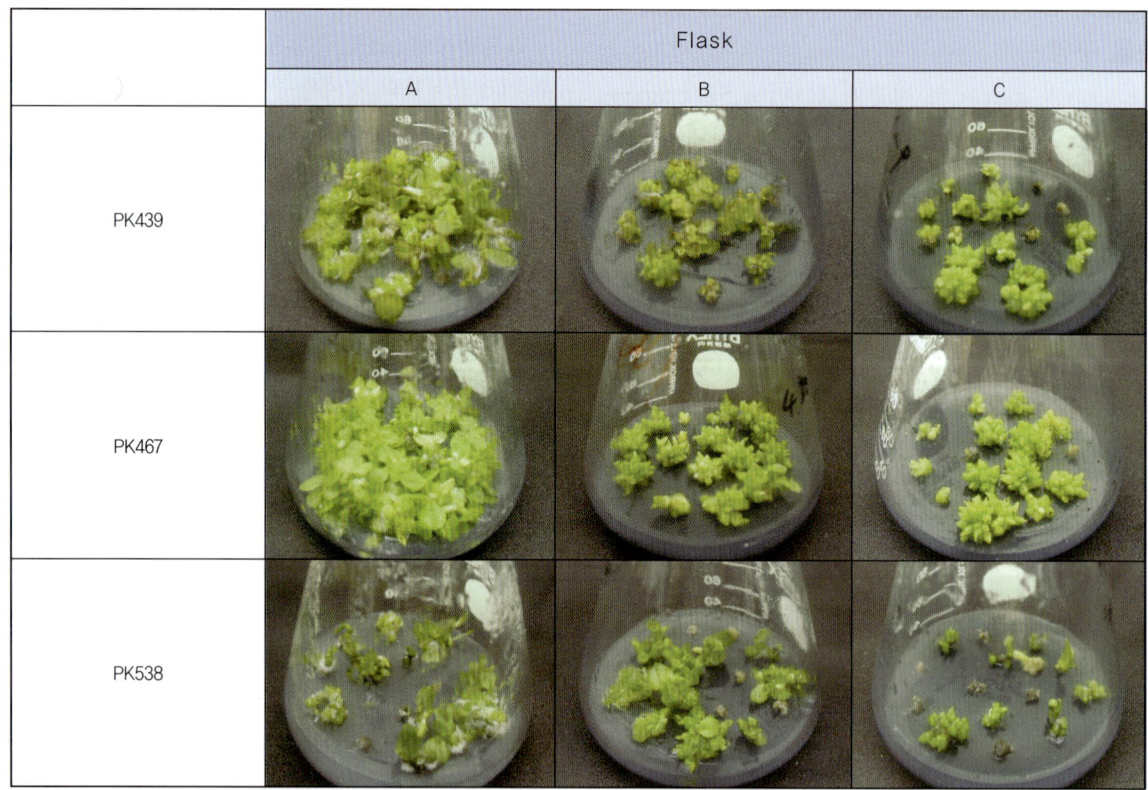

그림 20-4 품종 PK439, 467, 538의 배양병과 플라스크에서 PLB 증식을 위한 agar와 gelrite의 혼용

A_ 4.5g/l agar+1.8g/l gelrite, B_ 6.0g/l agar+1.2g/l gelrite, C_ 6.75g/l agar+0.9g/l gelrite.

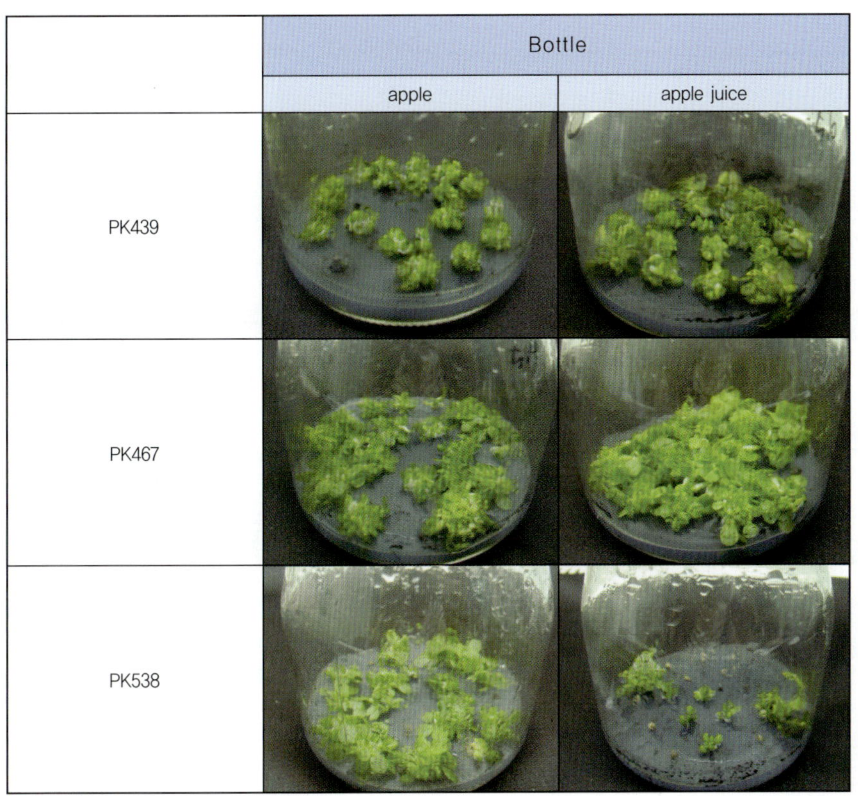

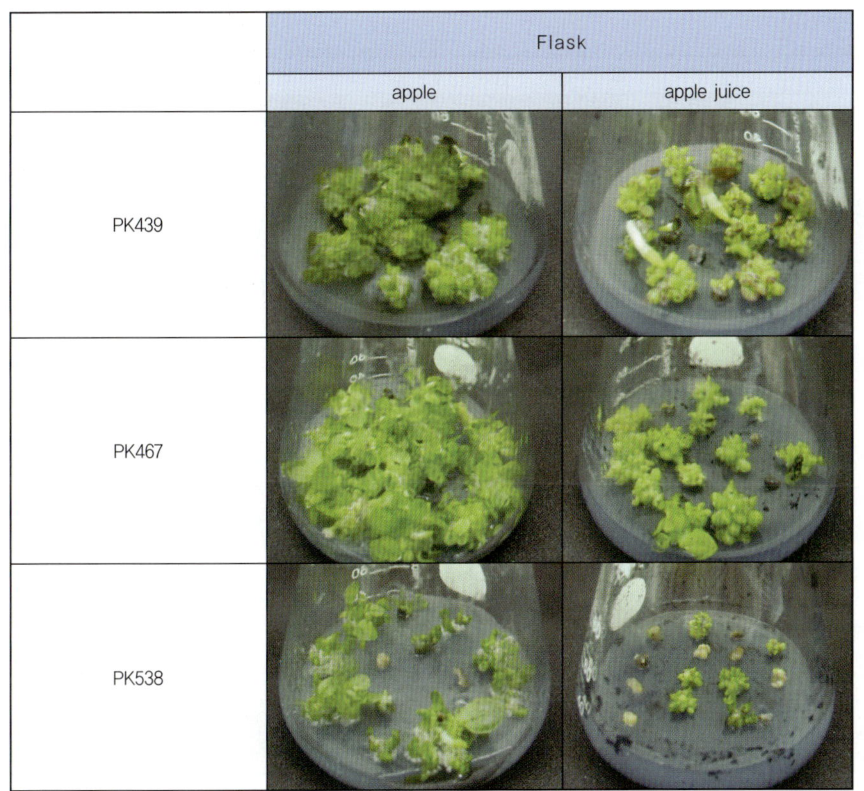

그림 20-5 품종 PK439, 467, 538의 배양병과 플라스크에서 PLB증식을 위한 천연물질 첨가

그림 20-6 품종 PK439, 467, 538의 배양병과 플라스크에서 PLB 증식을 위한 PH 농도별 효과

A_ pH 5.7. **B_** pH 5.9. **C_** pH 6.1. **D_** pH 6.3. **E_** pH6.5.

표 20-1 태고와 클리너의 농도에 따른 소독 효과

포엽상태	소독제	농도	반복	오염	고사	분화	유기2	합계
제거	태고	0.05%	10	1	2	4	3	10
		0.02%	10	2	3	2	3	10
		0.01%	10	4	3	2	1	10
		0.005%	10	6	4	—	—	10
		0.0005%	10	7	3	—	—	10
	클리너	0.05%	10	2	3	3	2	10
		0.02%	10	3	3	2	2	10
		0.01%	10	4	3	1	2	10
		0.005%	10	5	5	—	—	10
		0.0005%	10	8	2	—	—	10

표 20-2 태고와 클리너의 시간별 농도 희석에 따른 소독 효과

소독제	농도	농도별 소독시간	누적 시간	반복	오염	고사	생존	합계
태고	0.5%	1분	1분					
	0.25%	2분	3분					
	0.125%	4분	7분	50	—	35	15	50
	0.0625%	8분	15분					
	0.03125%	15분	30분					
클리너	0.5%	1분	1분					
	0.25%	2분	3분					
	0.125%	4분	7분	50	—	50	—	50
	0.0625%	8분	15분					
	0.03125%	15분	30분					

하였다. 소독제의 농도가 높으면 액아가 소독제의 damage로 인해 고사하고, 소독제의 농도가 낮으면 박테리아에 의한 오염이 발생하므로 적정 소독제의 농도로 박테리아의 구제와 더불어 액아의 고사를 방지하는 것이 중요하다. 실험 결과 태고와 클리너 모두 0.05%에서 분화 및 유기가 양호한 것으로 나타났으며 최종적으로 태고로 소독한 것이 분화 4개, 유기 3개로 클리너 소독의 분화 3개, 유기 2개보다 소독효과가 더 나은 것으로 나타났다. 전반적으로 두 소독제 모두 농도 0.01% 이하에서는 액아가 오염되거나 고사하여 소독효과가 없는 것으로 나타났다. 그러나 액아가 고사하지 않고 유기되더라도 소독제의 고농도로 인해 돌연변이가 발생할 경우가 높으므로 PLB가 완전히 분화된 후의 PLB 변이율까지 관찰하여야만 정확한 결과를 얻을 수 있다(표 20-1).

7) 태고와 클리너의 시간별 농도 희석에 따른 화경 소독

짧은 시간에 소독제 효과를 주면서 액아에 damage를 최소화하기 위한 방법으로 소독제인 태고와 클리너의 초기 농도를 0.5%에서 시작하여 점차 1, 2, 4, 8, 15분 간격으로 1/2 희석한 0.25, 0.125, 0.0625, 0.03125%의 농도로 소독한 후 이에 대한 효과를 알아보았다. 실험 결과 클리너의 경우 액아가 갈색으로 변하면서 모두 고사하였으며 태고의 경우 전체 50개 중 15개만이 살아남아 액아가 녹색을 유지하고 있으나 이후 일체의 아무런 변화 없이 분화하지 않았다. 따라서 시간차에 따른 농도 희석에 의한 소독이 오히려 액아에 해로 작용하였음을 알 수 있었다(표 20-2).

8) 락스 전처리 유무에 따른 소독효과 구명

일반적으로 화경소독에 가장 많이 이용되는 락스를 이

표 20-3 락스 전처리 유무에 따른 소독 효과

전처리 방법	후처리 방법	반복	오염	고사	분화	유기2	합계
4% 락스 진공 15분	0.04% 락스 shaking 15분	50	3	3	26	18	50
—	0.04% 락스 shaking 15분	50	15	7	19	9	50

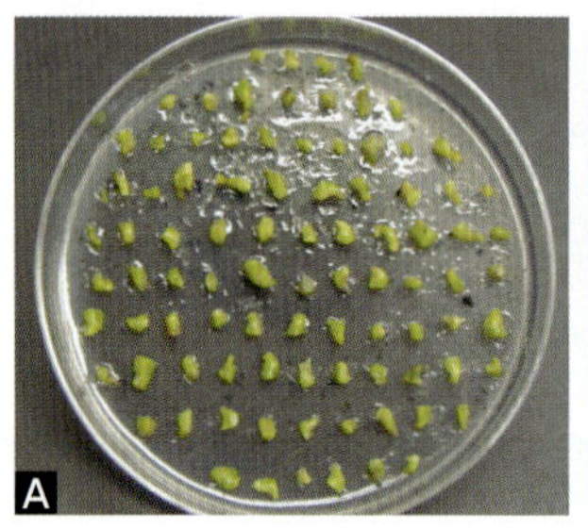

그림 20-7 PLB 발달단계에 따른 재분화

A_ 잎이 유도되기 전(1단계). B_ PLB에서 잎이 유도(2단계). C_ 잎이 완전히 전개(3단계). D_ 잎과 뿌리가 전개(4단계).

표 20-4 팔레놉시스 3개 품종의 PLB 단계별 PLB의 재분화율(%)

품종/단계	1단계	2단계	3단계	4단계
PK439	78.6	51.5	8.3	2.7
PK467	65.4	45.8	7.8	2.2
PK538	59.1	39.6	6.9	1.5

용하여 먼저 4% 원액으로 진공 15분 shaking하여 소독한 것과 그렇지 않은 것으로 나누어 멸균수로 헹구어 준 다음 각각 1/100로 희석한 락스에 15분 shaking 소독한 후 이에 따른 소독효과를 구명하고자 하였다. 실험 결과, 4% 락스로 진공 15분 전처리한 후 0.04% 락스로 15분 shaking한 처리구에서 분화 26개, 유기2 18개로 전처리를 하지 않고 바로 0.04% 락스로 15분 shaking한 처리구보다 소독효과가 더 우수한 것으로 나타났다. 화경 소독시 먼저 포엽 근처의 박테리아가 완전히 제거되어야만 이후 2차적으로 발생하는 액아의 박테리아 오염을 방지할 수 있다. 이와 같은 이유로 먼저 4% 락스 소독이 강하게 작용하여 포엽 근처의 박테리아를 제거했으므로 결과적으로 오염을 줄이고 생존을 늘려 분화를 촉진했음을 알 수 있었다(표 20-3).

9) PLB의 발달단계에 따른 PLB 재분화 양상 구명

효율적인 PLB의 재분화를 위해서는 무엇보다도 증식시켜야 할 PLB의 상태가 중요하다. 따라서 재분화에 적합한 최적의 PLB 상태를 알아보기 위한 실험을 수행하였다. PLB의 상태를 잎이 유도되기 전의 단계(1단계), PLB에서 잎이 유도된 단계(2단계), PLB에서 하나의 잎이 완전히 전개된 단계(3단계), PLB에서 하나의 잎과 뿌리가 전개된 단계(4단계)로 나누어 각 단계별 PLB의 재분화율을 조사하였다. 그 결과 잎이 유도되기 전의 단계(1단계)에서 PLB의 재분화율이 가장 좋았으며 하나의 잎과 뿌리가 전개된 단계(4단계)에서는 PLB의 활력이 현저히 떨어져 분화되지 않고 노란색이거나 투명하게 변하는 것이 많았다(그림 20-7). 실험 결과 배양조직, 즉 PLB가 어릴수록 재분화가 용이하다는 기존의 보고와 일치함을 알 수 있었다(표 20-4).

3. *Agrobacterium*에 의한 유용 유전자의 형질전환

효율적인 형질전환을 위하여 hygromycin 저항성 유전자를 가지며 reporter 유전자로 *GUS*를 가진 pCAMBIA 1300 플라스미드 운반체를 이용하여, pre-culture 시간과 infection 시간조사 등을 통한 최적의 형질전환 효율을 찾아내고자 하였다. 그 결과 2일간의 pre-culture 기간을 두고 15분간 infection하는 것이 형질전환에 가장 적합하였다.

1) 형질전환용 운반체

*Agrobacterium*을 이용한 형질전환을 위하여 hygromycin저항성 유전자를 가지며 reporter 유전자로 *GUS*를 가진 pCAMBIA 1300 플라스미드 운반체를 이용한다(그림 20-8). *Agrobacterium*을 kanamycin(50mg/m*l*)이 포함된 LB agar plate에 streaking하고 28℃에서 배양하여 형성된 one colony를 50m*l* LB 액체배지에서 200rpm으로 $O.D_{600}$=0.6이 될 때까지 배양한다. 배양된 배지를 6,000rpm으로 15분간 원심분리한 다음 HY 액체 배지에 재현탁하여 PLB의 형질전환용으로 준비한다.

2) PLB 증식

액아로부터 증식되어진 PLB는 집단을 이루고 있다(그림 20-1). 집단을 이루고 있는 PLB를 하나씩 분리하여 PLB의 잎과 뿌리가 나오는 부분을 cutting하고 그 절단면이 NP배지에 닿도록 하여 치상한다. PLB증식은 호르몬을 따로 첨가하지 않고 사과추출물과 감자추출물이 각각 2% 첨가된 NP배지(NP+potato 2%+apple 2%+sucrose 1%+0.03%+plant agar 0.47%+gelrite 0.19% pH 5.5 121℃에서 20분간 멸균)에서 약 한달 간 26℃, 2,000lux의 조도하에서 16시간 일장하여 증식시킨다. 증식된 PLB를 분리하여 다시 cutting한 뒤 3일간 암배양한다.

3) Pre-culture 시간에 따른 형질전환 효율

잎이 0~2개 정도로 뿌리가 나지 않은 균일한 상태의 PLB를 *Agrobacterium*을 이용한 형질전환의 재료로 사용하여 cutting한 후 pre-culture 기간을 각각 다르게 처리한 후 형질전환시켜 그에 따른 형질전환율을 알아보았다. 먼저 재분화율은 pre-culture 기간이 길수록 점점 증가하면서 4일에서 가장 높은 재분화율을 나타내었다. 그러나 재분화율과 달리 형질전환 효율에 있어서는 pre-culture 기간이 이보다 짧은 2일에서 가장 높은 효율을 나타내었다(표 20-5).

이는 일반적으로 형질전환 과정 중 co-cultivation시 PLB cutting으로 인한 상처부위로 *Agrobacterium*의 침투가 이루어지는데 pre-culture 기간이 길어지면 그동안 PLB의 상처부위의 회복이 빨리 이루어져 *Agrobacterium*의 침투가 용이하지 않아 결과적으로 형질전환율을 떨어뜨린 것으로 생각되었다. 따라서 *Agrobacterium*을 이용한 형질전환시 pre-culture 기간은 2일이 가장 적절한 것으로 나타났다.

4) Infection 시간에 따른 형질전환 효율

*Agrobacterium*을 이용한 형질전환의 재료로 잎이 0~2개 정도이고 뿌리가 나지 않은 균일한 상태의 PLB를 사용해 pre-culture한 PLB를 *Agrobacterium* solution에 infection 시간을 각각 다르게 처리한 후 형질전환시켜 그

그림 20-8 pCAMBIA1300의 Vector 모식도

35S_ 35S cauliflower mosaic virus 35S promoter. **35S ter_** 35S terminator. **RB_** right border of T-DNA. **LB_** left border of T-DNA.

표 20-5 호접란에서 Pro-culture 시간에 따른 형질전환 효율

	Pre-culture time (Day)					
	0	1	2	3	4	5
Regeneration rate (%)	13.6	20.3	38.3	59.3	72.0	60.0
Mean No. of regenerated PLBs	13.0	27.0	38.0	28.0	22.0	21.0
Transformation rate (%)	23.0	27.0	31.0	28.0	22.0	24.0

표 20-6 호접란에서 infection 시간에 따른 형질전환 효율

	Infection time (Min)			
	5	15	30	45
Regeneration rate (%)	39.0	54.0	50.0	46.0
Mean No. of regenerated PLBs	5.3	6.1	5.7	5.8
Transformation rate (%)	23.2	34.0	27.8	26.3

PK439 PK467 PK538

그림 20-9 형질전환된 호접란 PK439, PK467, PK538의 온실재배

에 따른 형질전환율을 알아보고자 하였다. 일반적으로 대부분의 품종에서는 infection 시간으로 15~30분이 적절한 것으로 알려져 있다. 그러나 관찰결과 infection 시간이 15분 처리에서 *Agrobacterium*의 상태가 양호하였으며 결과적으로 가장 높은 형질전환 효율을 나타내었다(표 20-6).

반면에 30분과 45분의 처리에서는 non-selection medium과 selection medium 상태에서 *Agrobacterium*의 over-growing이 발생하여 이를 해결하기 위해 멸균된 filter paper를 배지 위에 깔고 PLB를 치상을 하였더니 *Agrobacterium*의 over-growing이 어느 정도 감소하였으나 완전히 제어하기는 힘든 것으로 나타났으며 형질전환 효율 또한 감소하는 것으로 나타났다. 따라서 본 실험결과 *Agrobacterium*을 이용한 형질전환시 infection 시간은 15분이 가장 적절한 것으로 생각되었다.

5) 형질전환 과정

Pre-culture된 PLB를 *Agrobacterium* solution에 약 15분 동안 shaking하며 infection시킨 후 멸균된 filter paper 위에 PLB를 올려놓고 건조시킨다. 건조된 PLB를 PLB증식배지(NP배지+100 μM acetosyringone)에 치상한 후 약 2일 정도 암배양(26℃)한다. co-cultivation을 시킨 후 멸균수에 4~5번 washing한 후 HY액체배지(Hyponex+peptone 0.15%+sucrose 1%+cefotaxime [300mg/*l*]+pH 5.4)로 5분간 수세한다. 멸균된 filter-paper위에 PLB를 올려놓고 충분히 건조시킨 후 non-selection 배지(NP배지+cefotaxime[300mg/*l*])에 1주일 정도 계대배양하여 스트레스 받은 PLB를 회복시킨다. 이후 안정화된 PLB를 selection 배지(NP배지+hygromycin 10mg/*l*)에 치상한다. 형질전환시킨 PLB는 한 달 후 재분화되기 시작하고, 100일 동안 selecrion 배지에서 기내선발을 한다. 계대배양은 2주마다 실시하며 이들 배지에서 선발된 소 식물체들 중 일부는 분자적 분석(GUS)을 위해 재분화 HY배지(Hyponex+peptone 1%+potato 3%+banana 4%+sucrose 2%+charcoal 0.05% plant agar 6.8%+cefotaxime 300mg/*l*+pH 5.8)로 옮겨 식물체로 생장시킨다.

6) 형질전환 식물 온실재배

증식된 품종 PK439, PK467, PK538을 기내에서 꺼내어 서로 뒤엉켜 있는 유묘의 뿌리 부근이 다치지 않게끔 서로 분리하여 배지를 깨끗이 씻어준 후 각각의 크기에 알맞은 포트에 이식하였다. 그 후 온실로 옮겨 균일한 온도조건하에 특별한 유묘관리를 통해 재배되고 있다. 현재 세 품종 모두 유묘에서 중묘로 성장하여 정상적으로 잘 자라고 있음을 확인할 수 있었다(그림 20-9).

참고문헌

- Archilletti T, Lauri P, Damiano C(1995) *Agrobacterium*-mediated transformation of almond leaf pieces. Plant Cell Rep 14: 267~272
- Arditti J, Ernst R(1993) Micropropagation of Orchids. p. 200, 434, 591, 545, 373~375, 467~520. John Wiley & Sons, Inc. New York.
- Aswath CR, Mo SY, Kim DH, Park SW(2005) *Agrobacterium* and biolistic transformation of onion using non antibiotic selection marker phosphomannose isomerase. Plant Cell Rep(In press).
- B, Lesobre O, Sangwan RS, Sangwan-Norreel BS(1993) Factors influencing T-DNA transfer in *Agrobacterium*-mediated transformation of sugarbeet. Plant Cell Rep 12: 621~624
- Barik DP, Mohapatra U, Chand PK(2005) Transgenic grasspea(Lathyrus sativus L.) : Factors influencing *Agrobacterum*-mediated transformation and regeneration. Plant Cell Rep 24: 523~531
- Belarmino MM, Mii M(2000) *Agrobacterium*-mediated genetic transformation of a phalaenopsis orchid. Plant Cell Rep 19: 435~442
- CH, You SJ, Prasad V, Hsiao HH, Lu JC, Yang NS, Chan MT(2003) *Agrobacterium tumefaciens*-mediated transformation of an Oncidium orchid. Plant Cell Rep 21: 993~998
- Chai ML, Xu CJ, Senthil KK, Kim JY, Kim DH(2002) Stable transformation of protocorm-like bodies in Phalaenopsis orchid mediated by *Agrobacterium tumefaciens*. Sci Hortic 96: 213~224
- Christenson EA(2001) Phalaenopsis, A Monograph. Timber Press, Inc. Portland, Oregon.
- Duan JX, Yazawa S(1995) Floral induction and development in Phalaenopsis in vitro. Plant Cell Tiss. Organ Cult 43: 71~74
- Ernst R(1994) Effects of thidiazuron on in vitro propagation of Phalaenopsis and Doritaenopsis(Orhidaceae). Plant Cell Tiss. Organ Cult 39: 273~275
- Hamill JD, Rounsley S, Spencer A, Todd G, Rhodes MJC(1991) The use of the polymerasechain reaction in plant transformation studies. Plant Cell Rep 10: 221~224
- Hoekema A, Hirsch PR, Hooykaas PJJ, and Schilperoort RA(1983) A binary plant vector strategy based on separation of vir- and T-regions of the *Agrobacterium tumefaciens* Ti-plasmid. Nature 303: 179~180
- Ichihashi S, Islam MO(1999) Effect of Complex Organic Additives on Callus Growth in Three Orchid Genera Phalaenopsis, and Neofinetia. J Japan Soc Hort Sci 88(2): 269~274
- Ishida Y, Saito H, Ohta S, Hiei Y, Komari T, Kumashiro T(1996) High efficiency of transformation of maize(Zea mays L.) mediated by *Agrobacterium tumefaciens*. Nat Biotechnol 14: 745~750
- Ishii Y, Takamura T, Goi M, Tanaka M(1998) Callus induction and somatic embryogenesis of Phalaenopsis. Plant Cell Rep 17: 446~450
- Kim MS, Eun JS, Kim JY(2001) Effect of culture medium, temperature, and light intensity on PLB propagation of Phalaenopsis. 28(4): 215~219
- Kim MS, Eun JS, Lee YR(2001) Effect of in vitro culture condition and lines on growth pattern of lateral bud from nodal cutting in Phalaenopsis flower stalk. Kor J of Plant tissue culture 28(4): 189~195
- Nan GL, Kuehnle AR, Kado CI(1998) Transgenic Dendrobium orchid through *Agrobacterium*-mediated transformation. Malay Orchid Rev 32: 93~96
- Nan GL, Tang CS, Kuehnle AR, Kado CI(1997) Dendrobium orchids contain an inducer of *Agrobacterium* virulence genes. Physiol Mol Plant Pathol 51: 391~399
- Ohta S, Mita S, Hattori T, Nakamura K(1990) Construction and expression in tobacco of a β-glucuronidase(GUS) reporter gene containing an intron within the coding sequence. Plant Cell Physiol 31: 805~813
- Park SY, Murthy HN, Paek KY(2002) Rapid propagation of Phalaenopsis from floral stalk-derived leaves. In Vitro Cell Dev Biol Plant 38: 168~172
- Park YS, Kakuta S, Kano A, Okabe M(1996) Efficient propagation of protocorm-like bodies of Phalaenopsis in liquid medium. Plant Cell Tiss. Organ Cult 45: 79~85
- Roy J, Banerjee N(2003) Induction of callus and plant regeneration from shoot-tip explants of Dendrobium fimbriatum Lindl. var. oculatum Hk. F. Scientia Hortic 97: 333~340
- Tisserat B, Jones D(1999) Clonal propagation of orchids. In: Hall,R.D.(Ed.): Plant Cell Culture Protocols. Methods in Molecular Biology, 111. Humana Press Inc., Totowa, NJ, USA, 127~134
- Yu H, Yang SH, Goh CJ(2001) *Agrobacterium*-mediated transformation of a Dendrobium orchid with the class 1 knox gene DOH1. Plant Cell Rep 20: 301~305

21

나리 형질전환

안병준
단국대학교 생명자원과학부

I. 서론

나리는 Liliaceae과 Lilium 속 식물로 내한성 인경(hardy bulbous plant)이며 염색체는 대부분 2n=24이다. 나리의 구근은 세계적으로 연간 약 1,500만 구가 유통되고 있으며, 대부분 조직배양과 인편으로 번식시켜 구근을 양성하고 있다. 주요 생산국은 화란을 중심으로 일본, 미국, 칠레, 한국 등에서 일부 생산되고 있다. 국내에서 장미, 국화와 함께 3대 절화로 애용되며, 매년 꾸준한 증가세를 보이고 있어 농가의 고소득 화훼작물로 각광받고 있다(농림부, 2003).

나리류의 품종 육성과 관련하여 새로운 화색 및 화형의 창출, 병저항성, 내환경성 등의 유전적 질적 향상을 위하여 형질전환 육종이 시도되고 있다. 나리에서는 Watad 등(1998)이 bombardment를 이용하여 나팔나리에서 최초로 형질전환체를 획득하였다. 오리엔탈 나리인 'Acapulco'의 수술대 유래 callus에 *Agrobacterium* 형질전환법을 이용하여 *GUS* 유전자가 도입되기도 하였다(Hoshi *et al.*, 2004). Lipsky 등(2002)은 나팔나리의 callus에 *CMC replicase* 유전자를 *bar* 유전자와 함께 bombardment하여 나리류에서는 처음으로 유용유전자를 도입한 식물체를 얻을 수 있었다.

Bombardment를 이용한 나리 형질전환 방법이 국제적으로 확립되어 있지만 형질전환의 조건에 따라서는 아직도 형질전환 효율이 크게 차이가 나고 있으며, 국내에서는 나팔나리에서 유일하게 형질전환이 보고된 바 있다(Ahn *et al.*, 2004). Bombardment를 이용한 형질전환에 영향을 끼치는 요인으로는 헬륨압력, particle 비행거리와 promoter, particle의 종류, 삼투압조절제 처리 등이 있다. *Nicotiana glutinosa*와 *Lilium longiflorum*을 대상으로 한 형질전환에서 네 종류 promoter(CaMV35s, LAT52, ChiA PA2, TR2′)의 활성을 조사한 바 있는데, CaMV35s promoter는 두 식물에서 모두 활성을 나타내지 않았으며, TR2′는 양쪽 모두에서 활성을 보여 bombardment에 의한 형질전환 시 promoter 종류에 따른 형질전환 효율의 차이를 보고하였다(Leede-Plegt *et al.*, 1992). 이에 반해 Wilmink 등(1995)은 CaMV 35S, maize Adh1-based pEmu, rice Act1, maize Ubi 등 네 가지 promoter의 활성을 토마토, 벼, 튤립, 나리에서 비교한 바 단자엽 유래 promoter가 단자엽 식물에서 보다 효과적이라고 할 수 없음을 보고하였다. Sunita 등(1996)은 target cell distance가 DNA 전입에 이용되는 particle의 종류, 삼투압조절제 전처리가 형질전환 식물체의 생산에 큰 영향을 끼치는 것을 보고한 바 있으며, Eucalyptus의 형질전환 실험에서 삼투압 조건의 조절을 위해서 초기 0.09M이었던 배지 내의 sucrose 농도를 0.19~0.49M까지 높인 후 bombardment 전 4시간에서 이후 16시간까지 target tissue를 배양함으로써 transient expression이 현저하게 향상되었음을 보고하였다(Rochange *et al.*, 1995).

본 장에서는 우리 실험실에서 나팔나리 및 오리엔탈나리에서 형질전환에 효과적으로 이용될 수 있도록 최적화된 형질전환 방법과 함께 결과를 소개하고자 한다.

II. 재료 및 방법

1. 배발생 callus 유도

- 나팔나리와 오리엔탈나리 'Marco Polo' 기내 배양 소자구의 인편 이용
- 소자구의 인편을 횡축으로 3~5mm 크기로 썰어 배발생 callus를 유도
- 나리류는 배발생 callus 유도에 오옥신 호르몬의 조성이 매우 중요하며, 나팔나리류는 dicamba가 오리엔탈나리류는 picloram이 callus 유도에 효과적이다.
- callus 유도 배지: MS, 2mg/*l* dicamba, 3% sucrose, 0.5g/*l* caseine hydrolysate, 0.3% gelrite 또는 MS, 2mg/*l* picloram, 3% sucrose, 0.5g/*l* caseine hydrolysate, 0.3% gelrite
- 동일배지에서 4주 간격으로 계대배양 실시
- 유도된 배발생 callus는 동일한 조성의 액체배지에 옮겨 진탕배양하며 대량증식

2. Bombardment, PDS-1000/He system(BioRad, Richmond, Calif.)

- 배발생 callus의 전처리
- 현탁배양중인 callus를 MS, 2mg/*l* dicamba, 3% sucrose, 0.5g/*l* caseine hydrolysate, 0.125M mannitol-sorbitol (1:1)에 옮겨 2시간 전 처리배양
- 현탁배양체를 petridish로 옮겨 큰 callus괴들을 scalpel을 이용하여 직경 2~3mm로 잘게 부순 다음, 70mm여과지(Whatman No. 1002 070)를 깐 분액깔때기에 세포괴 1m*l* PCV(packed cell volume)를 충분한 양의 액체배지와 함께 옮긴 다음 진공펌프의 도움으로 세포괴가 여과지에 고르게 분포하도록 한다.
- callus가 치상된 여과지를 1.2% Phyta-agar가 첨가된 MS배지 plate에 옮겨 bombardment에 이용한다.
- Plasmid DNA 준비:
  - pDM343: Act1 promoter, bar-uidA fusion gene
  - psan101: Act1 promoter, CMV, replicase gene
  - pDM307(p35SAc): CaMV 35S promoter, bar (PAT gene)
  - Negative control: pUC18 plasmid DNA
- Particle DNA coating 및 microcarrier 준비:
  - Ethanol과 증류수를 이용해 gold particle을 세척
  - 50% glycerol을 첨가하여 microcarrier를 준비
  - microcarrier에 plasmid DNA(1$\mu g/\mu l$), 2.5M $CaCl_2$, 0.1M spermidine을 첨가해 혼합하고 원심분리한 후 상등액을 제거하고 다시 70% ethanol을 첨가하여 세척
  - 100% ethanol을 이용해 재현탁시켜 microcarrier당 10μl로 분주
  - laminar air flow 하에서 건조
- Bombardment 조건:
  - 헬륨 1100psi
  - particle 비행거리 6cm

3. GUS transient 검정을 통한 bombardment 조건 구명

- Bombardment의 최적조건을 구명하기 위하여 GUS 유전자의 도입 및 일시적 발현정도를 이용하였다.
- Bombardment 후 배발생 callus가 놓인 여과지를 빈 petridish에 옮김
- MS(2mg/*l* dicamba 첨가) 액체배지 0.5m*l*를 여과지에 적셔줌

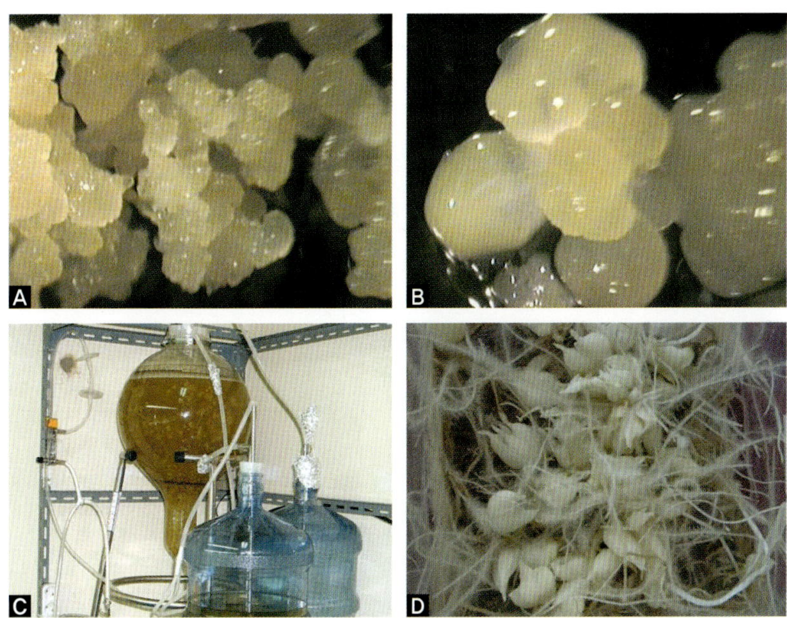

그림 21-1 동양계 나리의 배발생 callus 대량증식 및 기내 소자구 대량 생산
A_ 비배발생 callus. B_ 배발생 callus. C_ 공기 부양식 생물반응기를 이용한 배발생 세포의 대량증식. D_ MS 고체배지에서 형성된 배발생 callus 유래 기내 소자구.

- Parafilm으로 밀봉하고 28℃의 암상태에서 하룻밤을 배양
- Jefferson 등(1987)의 방법에 따라 GUS분석을 실시
  - 24시간 동안 암 배양 후 세포가 잠길 정도로 GUS 반응용액(0.05% X-Gluc, 10mM EDTA($Na_2EDTA \cdot 2H_2O$), 100mM $NaH_2PO_4 \cdot H_2O$, 0.1% Triton X-100)을 첨가
  - 37℃, 16시간 배양 후 *GUS* 유전자의 발현에 따른 청색발색 단위 수를 조사

4. 형질전환체 선발배양 및 식물체 재분화

- Bombardment 후 phosphinothricin를 첨가하지 않은 MS 고체배지(3% sucrose, 0.3% Gelrite, 2mg/*l* dicamba)에서 일주일 배양
- 선발배양 및 재분화
  - MS, 2mg/*l* phosphinothricin, 2mg/*l* dicamba, 3% sucrose, 0.3% gelrite
  - 3주 간격 계대배양 실시, 3~4개월간 암배양
  - 선발된 callus는 2mg/*l* phosphinothricin이 첨가된 hormone free MS기본배지에 옮겨 식물체 재분화 실시

III. 결과 및 고찰

1. 배발생 callus 유도 및 식물체 재분화

나팔나리와 오리엔탈나리 'Marco Polo'의 기내 배양중인 소자구 인편을 dicamba 또는 picloram이 각각 2mg/*l* 첨가된 MS 고체배지(3% sucrose, 0.3% gelrite)에서 배양하면 배양 3개월 후 callus가 유도되기 시작하였다. callus는 형태에 따라 배발생 callus와 비배발생 callus로 구분되었다. 비배발생 callus는 표면이 거칠고 조밀한 구조의 형태적 특성을 보였고, callus 증식배지에서 뿌리가 심하게 발생하였다. 배발생 callus는 혹과 같은 구조가 덩어리진 단단하고 둥근 형태의 특징을 가지고 있어, 배발생 callus의 판단은 가시적 구분이 가능하였다(그림 21-1A, B). 배발생 callus는 식물생장조절제가 첨가되지 않은 재분화 배지에서 고효율로 재분화하였으며, 유도된 배발생 callus는 dicamba와 picloram이 각각 1mg/*l* 첨가된 MS 액체배지를 이용한 회전 현탁배양으로 증식하여 형질전환 재료로 이용하였다(그림 21-1C, D). 일반적으로 단자엽식물은

표 21-1 Bombardment 형질전환 처리된 나팔나리 배발생 callus의 *GUS* 유전자 발현에 미치는 삼투압조절제 효과

Osmoticum	agar plate	GUS unit count			Average
(M)		1	2	3	
0	0.2% Phyta gel	12	57	72	47
0	1.2% Phyta agar	194	253	47	165
0.125	1.2%	314	200	—	255
0.25	1.2%	271	162	188	207
0.375	1.2%	52	148	224	141

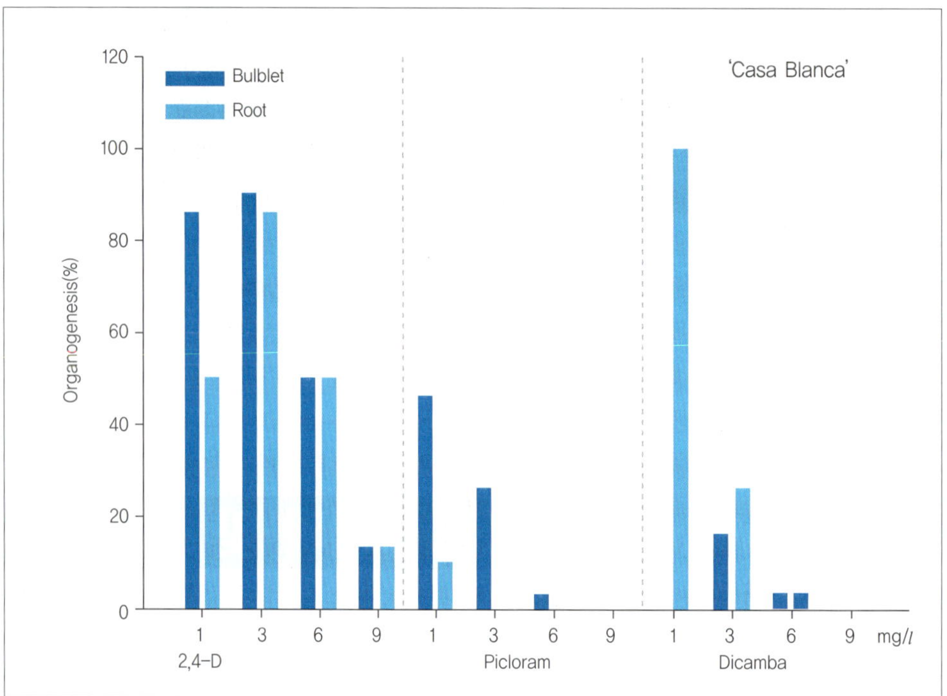

그림 21-2 '카사브랑카' 동양계 나리의 인편과 뿌리 절편체로부터 기관재분화에 미치는 오옥신의 효과

2,4-D 1mg/l의 농도에서 쉽게 callus가 유도되지만 나리의 경우에는 2,4-D에 대한 callus 유도 반응은 매우 약하기 때문에 나리 종류에 따른 오옥신의 선정이 매우 중요하다(그림 21-2).

2. GUS transient 검정을 통한 bombardment 조건 구명

나팔나리의 배발생 callus를 이용하여 bombardment시 각 처리 조건에 따른 DNA 전입 효율을 *GUS* 유전자의 transient 발현에 따른 청색발현 단위 수를 통하여 조사하였다. 액체 현탁배양 나리세포를 bombardment 처리 전에 2시간 정도 0.125M sorbitol이 첨가된 액체배지에서 진탕배양 전처리를 하고 0.1% Phyta-agar가 첨가된 한천배지에 옮겨 bombardment하는 것이 유전자 도입에 매우 효과적임이 확인된 바 있다(표 21-1). Bombardment 처리에서 헬륨 압력 1100 psi, 입자 비행거리 6cm의 조건에서 가장 유전자 도입 효율이 높아서 pcv 1ml당 평균 491unit의 GUS 발현을 나타내었다(표 21-2). Promoter의 효율을 비교한 실험에서 CaMV35s와 벼 act1 promoter 간에 큰 차이가 없었으나, 옥수수 ubiquitin1 promoter가 매우 GUS unit count에서 효율적임을 알 수 있었다. 그러나 GUS spot의 발현 정도는 promoter 간 차이가 두드러지지 않아 CaMV35S도 나리 형질전환에 유용하게 사용할 수 있을 것

으로 판단된다(표 21-3, 그림 21-3).

3. 유용유전자 도입 및 유전자 분석 결과

나팔나리와 오리엔탈나리의 배발생세포를 이용하여 *bar* gene을 갖는 pDM302 벡터와 함께 *CMV replicase* 유전자를 cotransformation하며 매우 높은 효율로 형질전환체를 획득할 수 있었다. 형질전환체들은 PCR 분석과 Southern blot 분석을 통하여 유전자의 도입을 확인할 수 있었다(그림 21-4, 5, 6). 나팔나리는 10개의 식물을 선정

표 21-2 헬륨 압력과 입자 비거리가 나팔나리의 particle bombardment 형질전환 효율에 미치는 영향

Helium Pressure (psi)	Particle Flying Distance (cm)	GUS unit count 1	2	3	Average
1100	6	200	544	730	491
1100	9	2	281	46	110
1200	6	482	425	278	395
1200	9	37	214	301	184
1200	12	194	253	47	165
1550	12	316	222	436	325
1800	12	348	317	41	235

표 21-3 나팔나리의 particle bombardment 형질전환 실험시 DNA 운반체의 promoter 종류에 따른 형질전환 효율 비교

Promoter	Origin	GUS unit count 1	2	3	Average
control	0	0	0	0	0
pCaMV35s		304	306	915	508
Ubil (ubiquitin)	maize	1147	823	807	926
Actl (actin)	rice	900	236	342	493

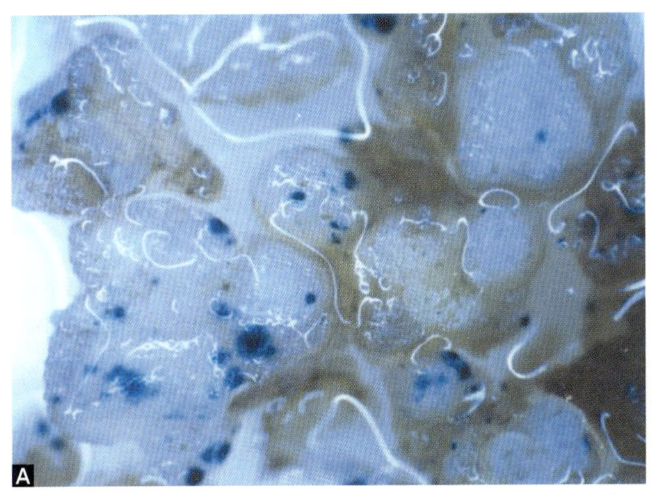

그림 21-3 A_ GUS 발현벡터(pDM343)로 bombardment 처리한 나팔나리 배발생 세포괴에서의 *GUS* 유전자 일시적 발현.
B_ Phosphinothricin이 첨가된 MS 배지에서 *bar* 선발 유전자를 이용한 나팔나리 형질전환체 기내 선발.

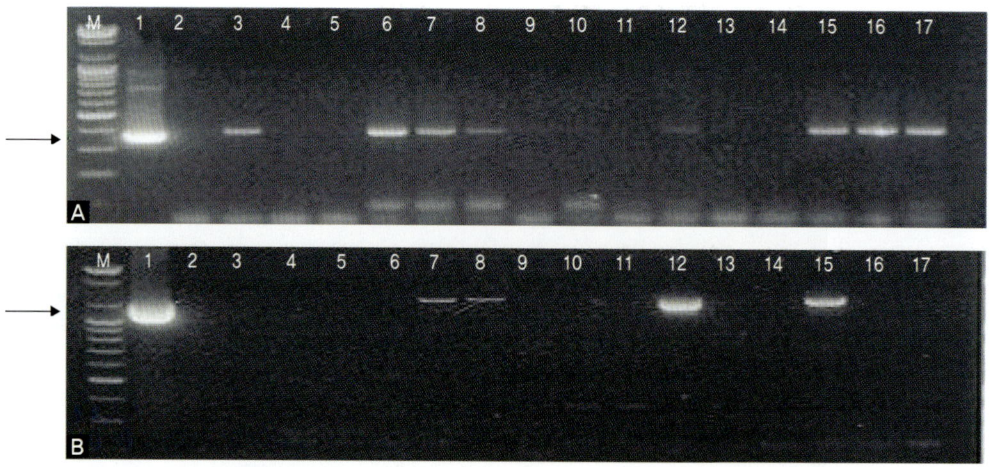

그림 21-4 **나리 형질전환체의 도입 유전자 분석**

A_ *bar* 유전자 pcr 분석. B_ *replicase* 유전자 pcr 분석, M: 100bp DNA 표지, 1: (A) pDM302, (B) pSan101, 2: 비형질전환체, 3~14: 형질전환 동양계나리, 15~17: 형질전환 나팔나리.

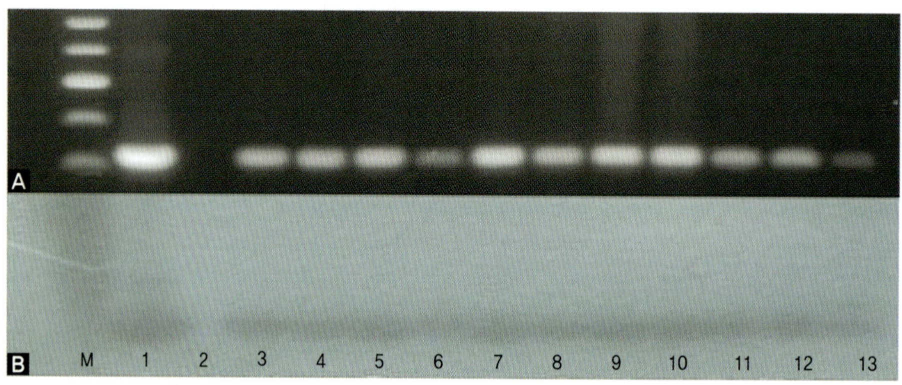

그림 21-5 **동양계나리 '마르코폴로' 형질전환체의 유전분석**

A_ *bar* 유전자 pcr. B_ *bar* 유전자의 PCR Southern 혼성 실험, M: 100bp DNA 표지, 1: pDM302, 2: 비형질전환체, 3~13: 형질전환체.

하여 PCR 분석한 결과 5개체에서 유전자 도입을 확인할 수 있었으며, 오리엔탈나리 'Marco Polo'는 118개체 중 54개체에서 *bar* 유전자의 전입을 확인하였다.

형질전환체들을 이용한 표현형 검정에서 대다수의 형질전환체가 0.1~1% 수준의 phosphinothricin 살포에 저항성을 나타내었으며(그림 21-7), 이들 중 절반 정도의 식물이 *CMV replicase* 유전자를 가지고 있은 것으로 확인되어 현재 ELISA를 이용한 CMV 저항성을 검정하고 있다. 나팔나리 형질전환체들은 5년 이상 유지된 callus를 이용하였기 때문에 심한 체세포변이를 보였는데, 특히 기형적인 화형을 대부분 보였으며 화분이 없는 등 불임을 나타내었다. 그러나 유도된 지 1년 미만의 callus를 사용한 오리엔탈나리의 경우에서는 변이체가 거의 확인되지 않았고 대부분 정상적인 개화를 하여 callus 배양기간만 유의한다

그림 21-6 형질전환 나팔나리의 Southern hybridization

A_ *bar* 유전자의 pcr Southern hybridization, 1: pDM302, 2: 비형질전환체, 3~8: 형질전환체, B_EcoRI으로 digested된 나리 genomic DNA blot을 DIG 표지한 pDM302 EcoRV 단편 probe로 Southern 혼성화, 1: pDM302, 2: 비형질전환체, 3~8: 형질전환체

그림 21-7 동양계나리 형질전환체의 표현형 분석

형질전환체들은 0.1~1.0% phophinothricin 처리에 저항성을 나타내고 있음.

면 체세포변이는 우려하지 않아도 됨을 다년간의 관찰을 통하여 확인할 수 있었다.

이상의 결과에서 본 논문의 형질전환 방법은 나리의 분자육종에 효과적임을 확인할 수 있었다.

참고문헌

- Ahn BJ, Joung YH, Kamo K(2004) Transgenic Plants of Easter Lily(*Lilium longiflorium*) with Phosphinothricin Resistance. Journal of Plant Biotechnology 6: 9~13
- Ca J, Duan X, McElroy D, Wu R(1992) Regeneration of herbicide resistant transgenic rice plants following microprojectile-mediated transformation of suspension culture cells. Plant Cell Rep 11: 586~591
- Hoshi Y, Kondo M, Mori S, Adachi Y, Nakano M, Kobayashi H(2004) Production of transgenic lily plants by Agrobacterium-mediated transformation. Plant Cell Rep 22: 359~364
- Jefferson RA, Kavanagh TA, Bevan MW(1987) GUS-fusions: glucuronidase as a sensitive and versatile gene fusion marker in higher plants. EMBO J 6: 3901~3907
- Kamo K, Blower A, Smith F, van Eck J(1995) Stable transformation of Gladiolus by particle gun bombardment of cormels. Plant Science 110: 105~111
- Langeveld SA, Gerrits MM, Derks AFLM, Boonekamp PM, Bol JF(1995) Transformation of lily by Agrobacterium. Euphytica 85: 97~100
- Langeveld SA, Marinova S, Gerrits MM, Derks AFLM(1997) Genetic transformation of lily. Acta Hort 43: 291~297
- Lipsky A, Cohen A, Gaba V, Kamo K, Gera A, Watad A(2002) Transformation of Lilium longiflorum plants for cucumber mosaic virus resistance by particle bombardment. Acta Hortic 568: 209~214
- McElroy D, Zhang W, Cao J, Wu R(1990) Isolation of an efficient actin promoter for use in rice transformation. Plant Cell 2: 163~171
- Miyoshi H, Usami T, Tanaka I(1995) High level of GUS gene expression driven by pollen-specific promoters in electroporated lily pollen protoplasts. Sex Plant Reprod 8: 205~209
- Nishihara M, Ito M, Tanaka I, Kyo M, Ono K, Irifune K, Morikawa M(1993) Expression of the β-glucuronidase gene in pollen of lily(Lilium longiflorum), tobacco(Nicotiana tabacum), Nicotiana rustica, and peony(Paeonia lactiflora) by particle bombardment. Plant Physiol 102: 357~361
- Odell JT, Nagy F, Chua N(1985) Identification of DNA sequences required for activity of the cauliflower mosaic virus 35S promoter. Natuare 313: 170~173
- Sanford JC, Smith FD, Russell JA(1993) Optimizing the biolistic process for different biological applications. Methods Enzymol 217: 483~510
- Tsuchiya T, Takumi S, Shimada T(1996) Transient expression of a reporter gene in bulbscales and immature embryos of three Lilium species is affected by 50 upstream sequences and culture conditions. Plant Physiol 98: 699~704
- Watad AA, Yun DJ, Matsumoto T, Niu X, Wu Y, Kononowicz AK, Bressan RA, Hasegawa PM(1998) Microprojectile bombardment-mediated transformation of Lilium longiflorum. Plant Cell Rep 17: 262~267
- Wilmink A, van de Ven BCE, Dons JJM(1995) Activity of constituitive promoters in various species from the Liliaceae. Plant Mol Biol 28: 949~956
- 농림부. 2003. 화훼재배현황

22

장미 형질전환

오승철, 김석원, 서진욱, 유장렬
한국생명공학연구원 식물유전체연구센터

Ⅰ. 서론

세계 3대 화훼작물 중의 하나인 장미는 분류학적으로 장미과(Rosaceae), 장미속(Rosa)에 속하는 다년생 화훼목본식물로 적어도 200여 종의 생물학적 종들로 이루어져 있다. 그러나 현재 재배하고 있는 대부분의 장미품종들은 품종 간의 교배과정, 즉 인위적인 선택과정을 통해 창출된 것으로 미국장미협회에 등록된 것만 해도 12,000품종이 넘는다. 이러한 전통적인 육종에 의해 탄생된 장미는 화훼선진국의 품종 선점 및 식물신품종보호국제협약이 체결되어 적용됨으로써 국내 장미 시장은 더욱 위축되고 있다. 이러한 문제점을 타파하기 위해서는 화훼선진국과의 기술력 차이가 가장 적고 기술집약적인 식물 조직배양과 형질전환 방법을 이용해서 새로운 품종을 창출하는 것이 최우선적인 방법이라 사료된다.

장미의 조직배양에 관한 연구는 Hill(1967)이 *Rosa hybrida* Tea Rose로부터 adventitious shoot primordium의 기내배양을 보고하면서 시작되었으며, 1990년대 중반에 이르러 장미의 잎(De Wit *et al.*, 1990), 어린잎과 줄기절편(Rout *et al.*, 1991), 화사(Noriega and sohndal, 1991), 엽병과 뿌리(Marchant *et al.*, 1996), 그리고 미성숙배(Kunitake *et al.*, 1993; Kim *et al.*, 2003) 및 부정근(Theo *et al.*, 1996; Kamo *et al.*, 2004) 등 다양한 조직에서 체세포 배발생을 통한 식물체 재생이 보고되었다. 그러나 현재까지 기내 식물체 재생이 이루어진 장미는 몇몇 배양이 용이한 품종에 한정되어 이루어지고 있으며 아직까지 상업적 유용성이 높은 대다수의 장미품종에서는 기내 식물체 재생체계가 확립되어 있지 않으며(Kintzios *et al.*, 1999) 또한 형질전환 효율을 높이기 위해서는 현재 수준보다 재생률이 높은 기내배양체계의 확립이 선행되어져야 한다.

장미의 형질전환은 *R. hybrida* cv. Royalty의 배발생 세포주로부터 *A. tumefaciens* LBA 4404(pNos NPTII/p35sLUC)와 *A. rhizogenesis* 15834(pnos NPTII/p35sGUS)를 사용하여 *GUS* 및 *NPT-II* 유전자가 도입된 최초의 형질전환된 장미를 개발하였다(Firoozabady *et al.*, 1991). 이후 *R. persica*×*Xanthina*의 배발생 callus로부터 원형질체를 나출시켜 *Agrobacterium*과 공동배양하여 *GUS* 유전자가 도입된 형질전환 장미를 개발하였으며(Mathew *et al.*, 1991), van der Salm(1996) 등은 *R. hybrida* cv. Moneyway와 *Agrobacterium tumefaciens* strain GV3101를 공동배양하여 *NPTII*와 rol gene이 도입된 형질전환 식물체를 개발하였다. 최근 Marchant(1998 a, b) 등은 particle bombardment를 이용하여 *R. hybrida* cv. Glad Tiding의 배발생 callus로부터 형질전환을 수행하여 *chitinase* 유전자가 도입된 흑반병(blockspot disease)에 저항성을 가진 장미 식물체를 개발하였다.

현재 국내 식물육종기술은 선진국과 유사한 기술력을 가지고 있으나 화훼류의 경우 국내에서 품종육성이 초보적인 단계이며 농가에서는 로열티 지급 등 경제적 부담이 크게 증가하고 있다. 아울러 네덜란드, 미국, 일본, 호주 등 화훼선진국에서는 이미 청색 카네이션과 장미, 오렌지색 페튜니아 등 자연계에 존재하지 않는 화색을 가진 화훼 품종을 개발한 바 있어 기술적으로 우리보다 앞서 있음이 분명하다. 현재 우리의 농업의 현실을 고려한다면 분자육종을 통해 보다 다양한 장미 품종(화색, 절화수명 조절 및 향기변화 등)의 개발이 시급히 이루어져야 한다. 따라서 본 장에서는 장미의 분자육종에 요구되는 기내 식물체 재생 기술 및 형질전환 기술을 본 연구팀에서 수행한 연구결과를 토대로 기술하고자 한다.

II. 재료 및 방법

1. 장미의 기내 식물체 재생체계

1) 미성숙배로부터 체세포 배발생을 통한 기내 식물체 재생

장미(R. hybrida L. Sympath, Charming)의 미성숙종자를 70% 알코올에 1분간 침적한 후 3~4방울의 Tween 20이 첨가된 1% sodium hypochlorite 용액에 15분간 침적하여 멸균수로 3회 이상 세척하였다. 표면살균된 종자의 종피를 제거한 후 forcep과 scapel을 이용하여 배유조직으로부터 미성숙배를 적출하여 각각의 식물생장조절제가 첨가된 배지에 치상하였다. 배양배지는 MS(Murashige and Skoog, 1962)의 무기염류 농도를 1/2로 낮추고, 0.4mg/*l* thiamine-HCl, 0.1mg/*l* nicotinic acid, 0.5mg/*l* pyridoxine-HCl, 2.0mg/*l* glycine, 100mg/*l* myo-inositol, 3% sucrose 및 0.4% Gelrite가 첨가된 배지를 기본배지(1/2MS)로 이용하였으며, pH는 멸균 전에 5.8로 조정하였다. 장미 미성숙배로부터 체세포 배발생에 미치는 식물생장조절제의 영향을 조사하고자 세 종류의 auxin(2,4-D, NAA, IAA)과 cytokinin(BA, kinetin, zeatin)을 각각 0.1, 0.3, 0.5, 1, 3, 5mg/*l* 단독처리 및 혼용처리하였다. 미성숙배는 25℃ 암배양 및 명배양을 각각 실시하였다.

2) 배발생 현탁배양 세포로부터 식물체 재생

장미(R. hybrida L.)의 미성숙배로부터 유도된 배발생 callus(약 1g)로부터 상기의 1/2MS배지에 1mg/*l* BA와 0.3mg/*l* 2,4-D가 첨가된 액체배지(1/2MS1B0.3D) 50m*l*이 첨가된 삼각플라스크로 옮겨 25℃, 100rpm으로 현탁배양을 실시하였다. 배양 약 6주 후 현탁배양 세포를 수거하여 1mg/*l* BA가 첨가된 1/2MS배지에 평판배양(plating culture)하였다. 형성된 체세포배는 생장조절제가 제거된 1/2MS 기본배지로 옮겨 식물체를 유도하였다.

3) 원형질체 배양을 통한 식물체 재생

장미의 미성숙배로부터 유도된 배발생 callus를 사용하였다. 현탁배양 중인 세포를 계대배양하여 2주된 callus를 사용하였으며, 1g의 callus를 효소용액과 혼용하여 30rpm으로 하루 정도 저속 현탁한 후 9%가 첨가된 mannitol 용액으로 효소용액을 제거하였다. 세포벽이 제거된 원형질체를 2×10^5/m*l*, 1×10^5/m*l* 그리고 5×10^4/m*l*의 농도로 플레이팅하여 배양배지에서 배양하였다. 원형질체로부터 형성된 세포괴를 동일조성의 새배지로 옮겨 약 8주간 배양한 결과 낮은 빈도이지만 구상배 및 심장형배가 발달하였다. 형성된 체세포배로부터 식물체재생을 위해 체세포배를 1/2MS 기본배지로 옮겨 정상적인 식물체로의 발달 여부를 조사하였다.

4) 장미 뿌리 배양을 통한 식물체 재생

다양한 상업용 장미 품종으로부터 기내 식물체 재생 체계를 확립하기 위하여 부정근 및 뿌리 배양을 통한 장미 식물체 재생 체계를 확립하였다. 스프레이 장미(*R. hybrida* L.) 품종인 챠밍(Charming)의 어린잎을 1mg/*l* IBA가 첨가된 1/2MS 기본배지에 치상하였다. 약 2주 후에 다수의 부정근이 발생되었다. 형성된 부정근을 길이가 약 5~10mm

정도로 절단하여 각각 MS(Murashige and Skoog, 1962), SH(Schenk and Hildebrandt, 1972) 배지를 사용하였다. 배지에 첨가한 생장조절제 2,4-D 및 2ip를 사용하였다. 배양조건은 특별한 언급이 없는 한 25℃에서 암배양하였다.

2. 장미의 형질전환

1) *Agrobacterium* 배양액 준비 및 공동배양

형질전환을 위한 *Agrobacterium* 준비과정은 먼저 단일 콜로니를 YEP 배지에서 2~3일간 180~200rpm, 28℃ 암배양한 다음 *Agrobacterium* 배양액 20 μl를 AB 배지(표 22-1) 15ml 이 첨가된 50ml tube에 넣고 3일간 배양(72시간, 180~200rpm, 28℃, dark)한다. 배양된 *Agrobacterium*을 2000rpm, 15분간 원심분리하여 배지를 제거한 다음 *Agrobacterium*을 AAM배지(표 22-2) 1ml로 다시 현탁한다.

이후 식물 조직과 *Agrobacterium*의 공동배양은 *Agrobacterium* 배양액을 petridish(87×15mm)에 넣어주고 식물조직을 옮겨 forcep 및 scalpel로 상처를 준 다음 실온에서 20분간 방치한 후 100 μM Acetosyringon과 1mM Betaine이 첨가된 식물배양용 고체배지(pH 5.2)로 옮겨 20℃에서 72시간 암실에서 공동배양한다. 공동배양된 식물조직은 400mg/l cefotaxime이 첨가된 멸균수를 이용하여 3~4회 세척하여 표면에 붙어있는 *Agrobacterium*을 충분히 제거한 다음 멸균된 여과지에서 10~20분간 방치한 후 선발 마커로 kanamycin이 첨가된 선발배지로 옮겨 배양하였다.

2) 장미 미성숙배의 형질전환

장미(심파스, 챠밍)의 미성숙배 절편과 *chalchone synthase*(*CHS*), *antisense-chalchone synthase*(*ACHS*), *antisense-dihydroflavonol-4-reductase*(*ADFR*), 페튜니아

표 22-1 *Agrobacterium* 배양을 위한 AB배지의 조성표

Stock sol.	Chemical	g/100 ml	Vol.(200 ml)	
AB-A	K_2HPO_4	6	10ml	Autoclave (4℃)
	NaH_2PO_4	2		
AB-B	NH_4Cl	2		
	KCl	0.3		
	$MgSO_4 \cdot 7H_2O$	0.6	10 ml	Autoclave (4℃)
	$CaCl_2 \cdot 2H_2O$	0.025		
	$FeSO4 \cdot 7H_2O$	0.005		
AB-G	Glucose	2	180 ml/Glucose	Autoclave (4℃)
			Adjust the pH 5.2	(final vol.)

표 22-2 AAM 배지의 조성표

Stock Sol.	Working(1l)	
AA-1(KCl)	20 ml	73.5g/500 ml
MS stock(without 1 stock)	each 10 ml	
MS vitamin	5 ml	without Glycine
Glycine	75 mg	
Glutamine	877 mg	
Aspartic acid	266 mg	
Arginine	288 mg	
Casamino acid	500 mg	
Sucrose	68.5g	
Glucose	36g	
Acetosyringone	1 ml	100 mM stock
Adjust the pH 5.2(final vol.)		

의 *flavonoid 3',5'-hydroxylas(F3'5'H)* 유전자가 각각 도입된 *Agrobacterium tumefaciens* LBA4404 배양액을 상기의 *Agrobacterium* 공동배양 방법으로 형질전환을 수행하였다. 공동배양한 장미의 미성숙배는 선발배지로 1/2MS배지에 1 mg/*l* BA, 0.3 mg/*l* 2,4-D 그리고 0.6% (w/v) myo-inositol이 첨가된 배지를 사용하였으며 항생제는 500 mg/*l* carbenicilline과 100 mg/*l* kanamycin을 첨가하여 사용하였다. 25℃ 항온기에서 암배양하였으며 약 2주 간격으로 동일배지에 계대배양하면서 균을 제거하였으며 kanamycin 저항성 세포주를 선발하였다.

3) 장미 배발생 현탁배양 세포의 형질전환

약 2주간 배양된 장미의 현탁배양 세포 2 m*l*를 petridish (87×15 mm)로 옮겨 pipette으로 배양배지를 제거한 다음 GFP 유전자가 도입된 *A. tumefaciens* LBA4404 배양액을 첨가하여 forcep 및 scalpel로 세포괴에 상처를 준 다음 상기의 *Agrobacterium* 공동배양 방법으로 형질전환을 수행하였다. 공동배양 후 멸균된 여과지로 균을 제거하였다. 1/2MS배지에 1 mg/*l* BA, 0.3 mg/*l* 2,4-D, 0.6%(w/v) myo-inositol, 그리고 항생제로 500 mg/*l* carbenicilline과 100 mg/*l* kanamycin이 첨가된 선발배지에 여과지를 올려놓고 여과지 위에서 세포를 배양하였다. 평판배양 5~6주 후 형성된 colony를 선발하여 shoot 유도배지(1/2MS salts, 1 mg/*l* BA, 100 mg/*l* kanamycin)로 옮겨 25℃ 항온기에서 명배양하였다.

4) 장미 뿌리 유래 callus의 형질전환

장미(챠밍)의 뿌리 유래 callus로부터 형질전환을 수행하였다. 사용된 장미 형질전환용 재조합 유전자는 식물발현용 벡터 pMBP를 이용하였으며, 항생제 선발 유전자인 *NPT II*(*neomycin phosphotransferase II*) 유전자 및 *GFP*(*green fluroescent protein*: mGFP-ER) 유전자로 재조합되어 있다. 이들 유전자는 모두 CaMV 35S 프로모터와 *nopaline synthase* 유전자 터미네이터로 구성되어 있다. 식물발현용 벡터 pMBP는 *A. tumefaciens* LBA 4404에 도입하였다. 약 1주 후에 위와 동일한 조건으로 다시 한번 형질전환을 수행하였다. 두 번의 형질전환을 수행한 후 300 mg/*l* carbenicilline, 100 mg/*l* kanamycin, 4 mg/*l* dicamba, 0.1 mg/*l* kinetin이 첨가된 MS 배지로 옮겼다. Kanamycin의 농도를 200 mg/*l* 농도까지 높여가면서 형질전환 callus를 선발하였다. 선발된 callus를 2~3회 동일배지에서 계대배양 후에 2 mg/*l* 2ip, 1 mg/*l* $AgNO_3$와 100 mg/*l* kanamycin이 첨가된 1/2MS배지에 계대하여 형질전환된 shoot의 발생을 유도하였다. 그리고 형질전환체에 도입된 유전자의 확인은 먼저 PCR을 이용하여 실시하였으며, kanamycin에 저항성이 있는 식물체들을 이용하여 게놈 DNA을 분리하고 각각 *GFP* 유전자의 도입을 확인할 수 있는 프라이머를 이용하여 PCR로 DAN를 증폭시킨 후 그 산물을 전기영동하여 유전자의 삽입을 확인하였다. 유전자의 확인을 위해 사용된 프라이머는 GFP - 5'AGA GGG TGA AGG TGA TGC3'과 5'GTG GAC AGG TAA TGG TTG3'이다. PCR 반응조건은 94℃에서 5분 반응 후 94℃에서 30초, 56℃에서 1분, 72℃에서 1분 반응을 36회 반복하였으며, 최종 72℃에서 10분간 신장반응하였다. 그 결과 PCR 분석을 통하여 *GFP* 유전자의 도입을 확인할 수 있었다(그림 22-8). Kanamycin 저항성을 가진 식물체들에서 게놈 DNA를 분리하여 제한효소 BamH I 으로 절단하였으며, 0.8% agarose gel 상에서 크기별로 분리한 후 Zeta-Probe[R] GT Blotting membrane으로 옮겼다. [α-^{32}P]dCTP로 label된 NPT II 유전자 특이 탐침을 제조하였고, 하이브리다이제이션 및 검출 과정 등을 수행하였다.

5) Biolistic transformation

PDS-1000/He device particle bombardment(Bio-Rad Laboratories Ltd., Hemel Hempstead, UK)를 사용하여 장미의 형질전환을 수행하였다. Microprojectile은 텅스텐입자(M10)를 100% 에탄올 1 m*l*에 60 mg을 넣어 microprojectile stock으로 사용하였다. Bombardment를 수행하기 위하여 텅스텐 stock 35 μl를 취한 후 1 m*l* 멸균수를 첨가하여 5분간 원심분리하여 멸균수를 제거하였다. 그리고 DNA 25 μl (25 μg)와 멸균수, 2.5M $CaCl_2$, 0.1M spermidine을 첨가하여 DNA를 코팅하였다. 코팅된 DNA입자를 macrocarrier disk에 10 μl를 도말, 건조하여 stopping screen과 같이 결합하여 particle bombardment 챔버 내에 장착하였다. 시료와 macrocarrier의 firing distance는 6cm로 유지하여 수행하였다. 이때 헬륨가스의 압력은 1100 PSI로, 챔버 내의 진공압은 28~29cmHg로 조절하여 particle bombardment를 작동하여 DNA를 투입시켰다. 사용한 배양 절편은 오염여부의 확인을 위해 배양배지에서 3~4일간 전처리를 하여 절편의 오염여부와 절편의 활성을 높인 후 사용하였다.

Ⅲ. 결과

1. 장미의 기내 식물체 재생체계

1) 미성숙배로부터 체세포 배발생을 통한 기내 식물체 재생

장미(*R. hybrida* L.)의 심파스 품종의 미성숙배로부터 체세포배발생을 통한 식물체 재생시스템을 확립하였다(Kim *et al.*, 2003). 1.0mg/*l* BA+0.3mg/*l* 2,4-D 처리구에서는 가장 좋은 체세포배 발생률을 나타내었다(표 22-3). 명배양에서는 체세포배와 shoot가 혼합되어 관찰되었으며, BA단독보다는 2,4-D가 혼합된 처리구에서 체세포배와 shoot 발생률이 양호하였다. 유근이 제거된 자엽의 기부와 자엽주위의 상처난 절단면부위에서 기관분화가 잘 일어나며 암배양시에는 주로 체세포배가, 명배양시에는 shoot가 발생되며 간혹 체세포배가 발생되기도 하였다(그림 22-1). 장미 미성숙배로부터 체세포 배발생에 요구되는 GA_3와 myo-inositol의 효과는 GA_3의 경우 0.5mg/*l* 첨가시 체세포배 형성빈도가 최고 13.5%를 보였으며 myo-inositol의 경우 0.6% 처리된 1/2MS+1mg/*l* BA 배지에서 최고 8.6%를 보였다. 한편 GA_3와 myo-inositol을 혼용처리하게 되면 체세포배 형성빈도는 대조구 2.7%에 비해 17.4%로써 약 6.4배 증가하였으며 상승효과를 갖는 것으로 나타났다.

상업용 스프레이장미 챠밍과 퍼플프린스의 미성숙배의 경우도 심파스처럼 1/2MS 배지에 1mg/*l* BA와 1mg/*l* BA+0.3mg/*l* 2,4-D를 첨가한 배지에서 배양 4주 후 미숙배가 신장되면서 배축에 가까운 자엽 하단부위로부터 희고 단단한 callus와 체세포배가 형성되었다. 미성숙배로부터 체세포배 발생빈도는 1mg/*l* BA 단독 처리구에서 챠밍은 10%였다. 한편 1mg/*l* BA+0.3mg/*l* 2,4-D 혼용 처리구에서도 체세포배 형성빈도는 BA 단독처리구보다 약간 낮지만 유사한 결과를 보였다. 챠밍 및 퍼플프린스의 미숙배로부터 체세포배 형성빈도는 장미의 미숙배로부터 체세포배 형성빈도 22~33.3%인 것보다 낮지만 두 품종 모두 동일 배양조건에서 체세포 배발생이 이루어졌다. 형성된 체세포배는 생장조절제를 첨가하지 않은 1/2MS 기본배지로 이식하여 명배양(30 μmolm^{-2}s^{-1} cool-white 형광등, 16시간 광주기)하여 소식물체로 발달되었다.

따라서 장미의 미성숙배로부터 체세포 배발생 시스템은 종자 확보가 가능한 다른 장미 품종의 기내 배양체계 확립 및 형질전환 연구에 활용이 가능할 것으로 예상된다.

2) 배발생 현탁배양 세포로부터 식물체 재생

장미(*R. hybrida* L.)의 미성숙배로부터 유도된 배발생 callus(약 1g)를 동일조성의 액체배지 50m*l*이 첨가된 삼각플라스크로 옮겨 25℃, 100rpm으로 현탁배양을 실시하였다. 배양 약 6주 후 현탁배양 세포를 수거하여 1mg/*l* BA가 첨가된 1/2MS배지에 평판배양(plating culture)하였다.

표 22-3 장미의 미성숙배로부터 체세포 배발생에 미치는 식물생장조절물질의 효과

PGRs	Germination		Somatic embryogenesis	
	Dark	Light	Dark	Light
Control	75.41	89.41	-	2.63
0.1 BA	59.09	89.33	-	7.46
0.3 BA	77.50	89.66	-	21.15
0.5 BA	-	85.54	-	14.29
1 BA	90.70	91.25	26.67	22.00
3 BA	84.93	85.19	-	17.39
5 BA	82.46	74.29	-	11.54
1 BA+0.01 2,4-D	90.91	88.24	20.00	26.67
1 BA+0.03 2,4-D	79.66	60.98	18.75	28.00
1 BA+0.1 2,4-D	65.56	76.12	19.23	23.53
1 BA+0.3 2,4-D	88.09	89.55	29.41	33.33

그림 22-1 **장미의 미성숙 접합자배로부터 체세포배 발생과 식물체 재생**

A_ 노지에서의 장미의 열매. B_ 1mg/l BA가 첨가된 $\frac{1}{2}$MS 배지에서 명배양하여 배양된 미성숙 접합자배로부터 유도된 체세포배. C_ 1 mg/L BA가 포함된 $\frac{1}{2}$MS 배지에서 암배양하여 배양된 미성숙 접합자배로부터 유도된 구상형배. D_ 미성숙 접합자배의 자엽에서 형성된 구상형배와 자엽기배에서 다수의 체세포배. E_ 1mg/l BA와 0.3mg/l 2,4-D가 첨가된 $\frac{1}{2}$MS 배지에서 배양된 미성숙 접합자배로부터 유도된 배발생 callus. F_ 체세포배의 종단면. G_ 체세포배 발생을 통한 체세포배로부터 식물체 재생. H_ 재생된 장미 식물체.

배양실시 약 6~8주 후부터 배발생 callus가 다수 형성되었으며 이러한 callus로부터 체세포배가 형성되었다. 또한 갈변되어 고사되는 세포괴로부터 체세포배가 형성되기도 하였다. 형성된 체세포배로부터 식물체를 유도하였다(그림 22-2). 또한 체세포배 형성에 미치는 proline의 영향을 조사한 결과 cell colony의 형성 빈도는 600 mg/l 에서 가장 좋았으며 colony의 크기는 1200 mg/l 에서 약 5mm로서 가장 컸다. 각각의 처리구에서 평판배양 후 형성된 세포주는 proline이 첨가되지 않은 기본배지인 대조구와 비교하면 생장, 세포주상태, 체세포배유사구조 및 체세포배

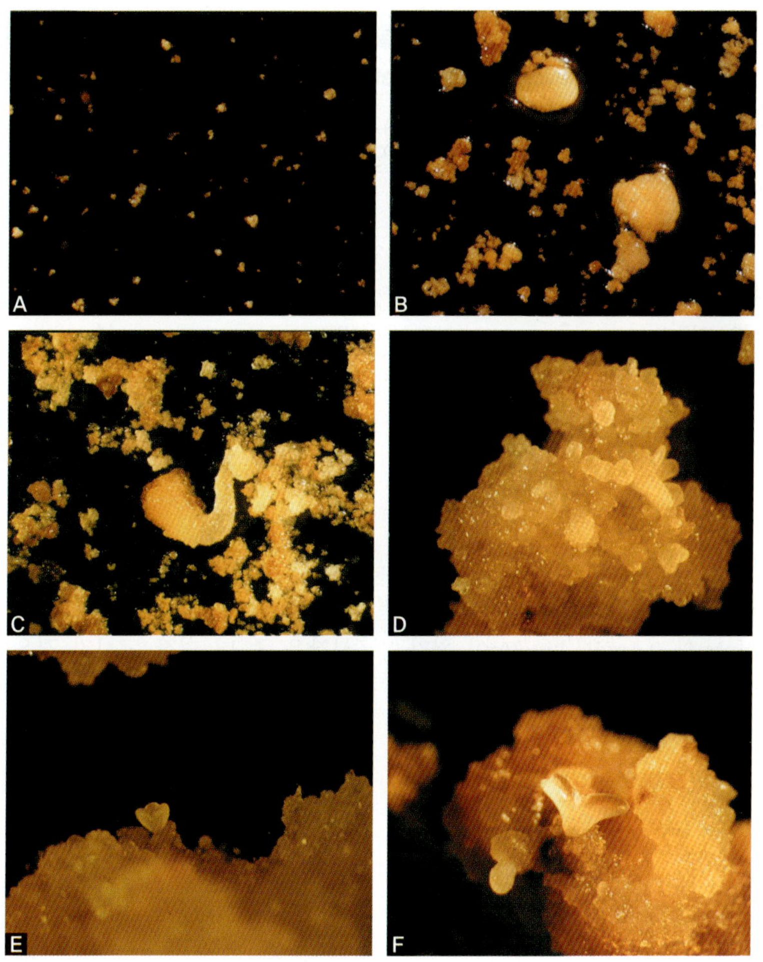

그림 22-2 장미배양에 있어서 다양한 농도의 프롤린이 첨가된 배지에서의 전처리 배양

A_ 배발생 세포의 현탁배양. B_ 체세포배 유사구조. C_ 체세포배 유사구조로부터 발근. D_ 배발생 callus에서 형성된 체세포배의 다양한 형태. E, F_ 다양한 형태의 체세포배.

의 형성빈도가 양호하였다(표 22-4). 300mg/*l* proline 처리구에서 형성된 세포주는 callus의 형성과정중에 배발생 callus와 일부 체세포유사조직 등 다양한 형태의 체세포배가 형성되었다(그림 22-2).

3) 원형질체 배양을 통한 식물체 재생

장미 배발생 세포주 유래 원형질체로부터 식물체 재생체계를 확립하였다(Kim *et al.*, 2003). 장미 배발생 세포주로부터 분리된 원형질체의 대략적인 크기는 직경이 10~20μm 정도였다. 배양개시 3~5일 경과 후 1차 세포분열을 관찰되었으며, 배양 1~2주 경과 후 2차 세포분열을 관찰하였다. 동일 배지에서 4주간 배양한 다음 세포괴의 크기가 1mm 정도에 달하였을 때 세포괴의 수를 세어 plating efficiency를 조사하였다. Plating efficiency는 원형질체 배양밀도가 1×105/m*l*일 때 0.08%이었으며, 5×104/m*l* 에서는 0.2%였다. 원형질체로부터 형성된 세포괴를 동일조성의 새로운 배지로 옮겨 약 8주간 배양한 결과 낮은 빈도이지만 구상형배 및 심장형배가 발달하였다. 형성된 체세포배로부터 식물체재생을 위해 체세포배를 1/2MS 기본배지로 옮겨 정상적인 식물체로 발달함을 관찰하였다(그림 22-3).

4) 장미 부정근 배양을 통한 식물체 재생

절단한 뿌리 절편체를 11mg/*l* 의 2,4-D가 첨가된 SH 배지에 치상하였다. 배양 3주 후부터 callus가 형성되기 시

표 22-4 장미의 callus로부터 유도된 체세포배와 체세포배 유사구조의 발달에 있어서 프롤린의 농도에 따른 효과

Pre-culture (Proline mg/l)	No. of microcalli[1]	Somatic embryo formation		Somatic embryo-like structure	formation
		No. of SE*	SE formation(%)	No. of SELS**	SELS formation(%)
0	195	0	0	3	0.015
300	218	4	0.018	7	0.032
600	412	7	0.017	11	0.027
900	337	8	0.023	19	0.056
1200	270	3	0.011	14	0.052

* SE: 체세포배, **SELS: 체세포배 유사구조 1.: $\frac{1}{2}$MS(Murashige and Skoog, 1962)배지에서 평판배양 6주 후 측정된 세포괴.

작하였으며, 배양한 지 30일 후부터는 뿌리 전체를 callus가 덮고 있을 정도로 callus가 형성되었다(그림 22-4). 생성된 callus는 4mg/l dicamba와 0.1mg/l kinetin이 첨가한 MS 배지에 계대하여 유지하였다. 그리고 callus를 2mg/l 2ip와 1mg/l $AgNO_3$가 첨가된 1/2MS배지에 계대하여 shoot의 생성을 유도하였다(그림 22-4C). 형성된 shoot는 계속적인 1mg/l 2ip와 1mg/l $AgNo_3$ 첨가한 1/2MS배지에 계대를 통하여 신장을 유도하였으며, 배양 세 달 후에 1mg/l IBA 첨가한 1/2MS 배지에 계대하여 발근을 유도하였다(그림 22-4D).

2. 장미의 형질전환

1) *Agrobacterium*을 이용한 형질전환

형질전환에 관여하는 여러 요인, 즉 공동배양 시간, *Agrobacterium*의 배양 온도, phenolic compound의 첨가, 공동배양배지의 pH, betaine phosphate의 첨가 등 여러 요인을 개선하여 장미(심파스, 챠밍)의 미성숙배를 이용한 형질전환을 시도한 결과 형질전환 효율이 증가되었다. 초기에 사용한 일반적인 조건은 공동배양 시간이 수시간~48시간, *Agrobacterium*의 배양절편 공동배양은 일반적 배양실 온도(24±1℃), phenolic compound의 첨가는 acetosyringon의 첨가 유무, 공동배양배지의 pH는 기존배지의 pH인 5.7~5.8 수준으로 사용하였었다. 그러나 이러한 조건을 변형하여, 공동배양 시간을 수시간에서 이틀 정도 배양한 것보다는 공동배양 기간을 4~5일 정도로 하였으며, 이때 형질전환 재료로 사용한 미성숙배의 발달시기에 따라서 공동배양 기간에 차이가 있었다. 야외에서 채집된 열매(hip)가 7월 이전에 채집된 경우에는 3~4일 정도가 양호하며, 그 이후에 채집된 경우에는 5~6일 정도로 배양시간을 좀 더 연장을 시킨 경우에 형질전환 효율이 좋았다. 또한 *Agrobacterium*의 배양절편 공동배양 중 배양온도는 20℃의 챔버 내에서 암상태로 배양한 경우가 25℃에서 공동배양한 경우보다 형질전환 효율이 증가하였다. Phenolic compound로 100 μM acetosyringon과 1mM betaine을 혼용 처리하여 사용한 경우 phenolic compound가 첨가되지 않거나 acetosyringon의 단독처리 사용보다는 효율이 증가되었다. 그리고 초기 연구에서는 공동배양배지의 pH는 일반적인 배양 배지 수준에서 수행하였으나, 이후 변형된 방법에서는 공동배양 배지와 *Agrobacterium*을 키우는 경우에 pH 5.2 수준으로 한 경우 형질전환 효율은 일반적인 조건과 비교하여 형질전환 효율이 약 3~4배 증가하였다(그림 22-5).

2) Biolistic transformation

Bombardment 후 절편은 본 연구에서 확립된 재분화 조건인 1mg/l BA+myo-inositol 0.6% 와 1mg/l BA+0.3 mg/l 2,4-D+0.6% myo-inositol 이 포함된 1/2MS배지에 배양하였다. 형질전환 여부는 PCR분석을 통해 확인하였다. *GFP* 유전자가 도입된 장미에서는 절편에서 callus의 형성은 29%로, 체세포 배발생은 1mg/l BA+0.6% myo-inositol의 조건에서 24%였다. 또한 형광현미경하에서 관찰한 결과 green spot을 띤 형질전환조직이 관찰되어 정상적인 조직과 구별되어 *GFP*가 안정적으로 도입되었음을 알 수 있었다. 또한 conforcal microscope를 이용하여 유리된 세포를 optical section 기능으로 여러 장의 사진을 얻은 후 이를 3차원입체

영상으로 재구성하였다. 형질전환 callus의 세포구조를 확인하기 위하여 counter staining으로는 Propidium Iodide를 이용, 핵을 염색하였다. 확인 결과 GFP가 세포질에서도 잘 발현됨을 관찰할 수 있었다(그림 22-6).

3) 배발생 callus를 이용한 형질전환

장미의 미성숙배로부터 유래한 배발생 callus와 *Agrobacterium*을 공동배양한 후 일정시간을 벤치 내에서 건조하지 않은 경우엔 *Agrobacterium*의 과증식과 배양물

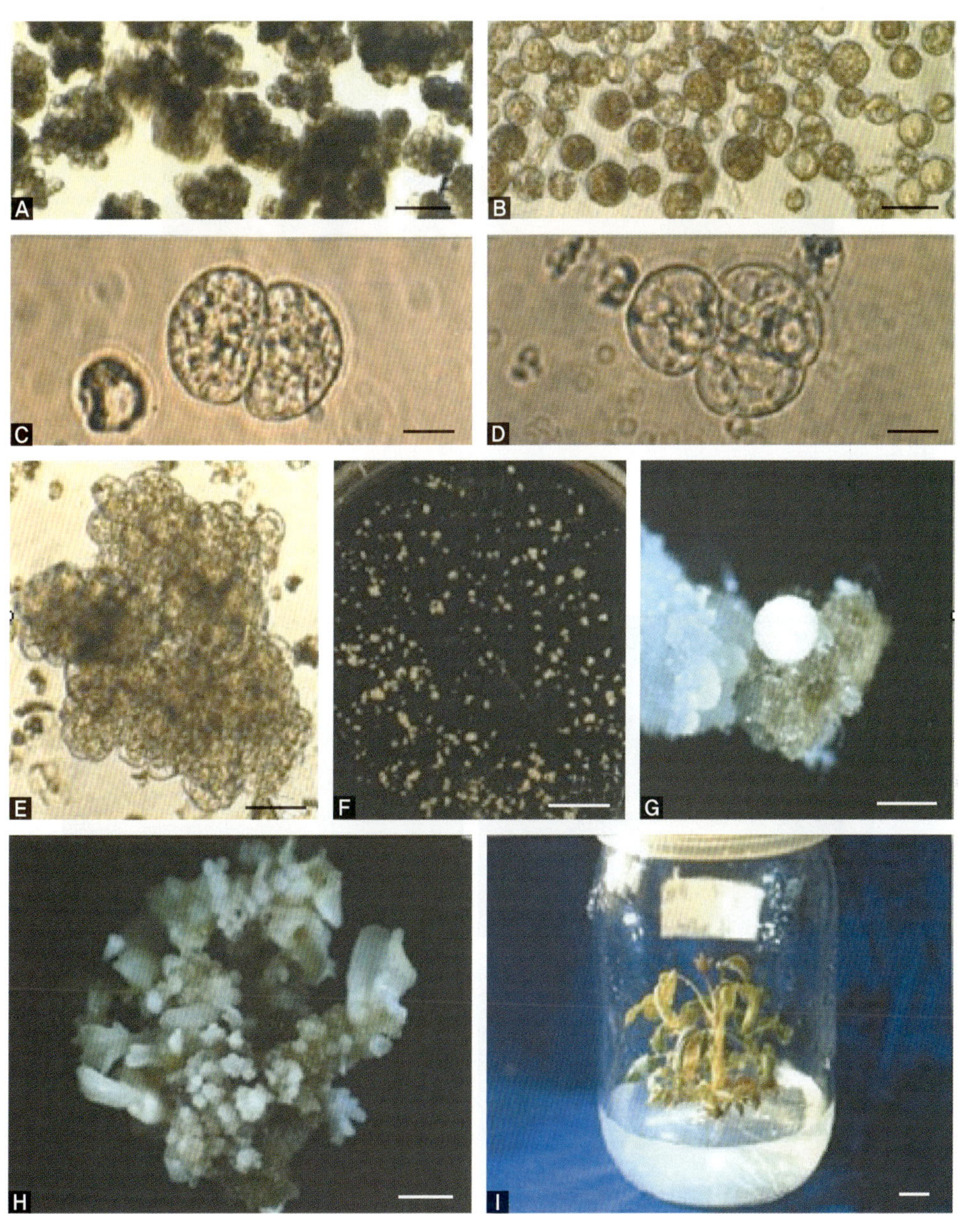

그림 22-3 장미로부터 분리된 원형질체로부터 식물체 재생

A_ 배발생 세포의 현탁배양 (bar = 200 μm). B_ 현탁배양된 세포로부터 분리된 원형질체 (bar = 50 μm). C_ 배양 3~5일된 원형질체의 1차 세포분열(bar = 10 μm). D_ 배양 1주 후 원형질체의 2차 세포분열 (bar = 10 μm). E_ 배양 4~6주 후 배양된 원형질로부터 세포괴 형성 (bar = 50 μm). F_ 배양 8주 후 배양된 원형질로부터 세포군 형성 (bar = 1 μm). G_ 원형질체로부터 유도된 callus에서 구상형배 형성 (bar = 300 μm). H_ 원형질체로부터 유도된 callus에서 형성된 자엽기배 (bar = 500 μm). I_ 체세포 배발생을 통한 원형질체 유래 callus로부터 식물체 재생 (bar = 3 mm).

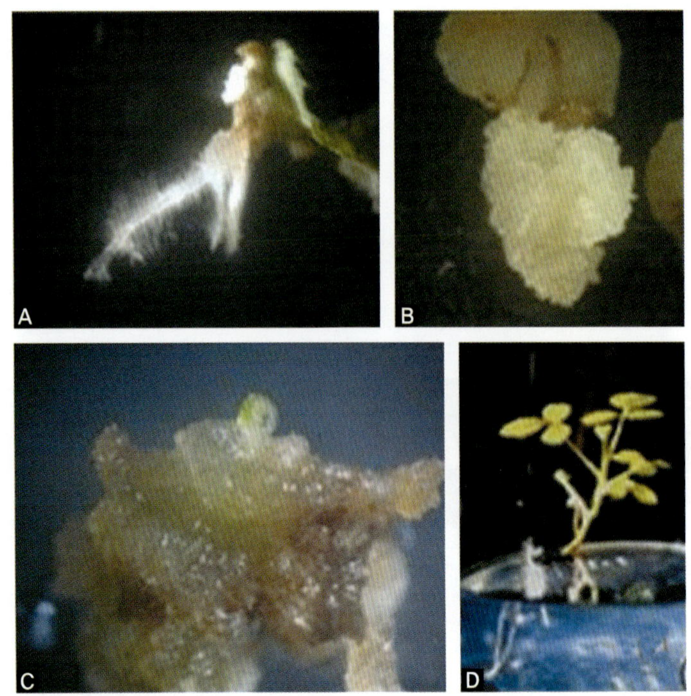

그림 22-4 장미의 뿌리 절편배양으로부터 부정아의 형성과 식물체 재생

A_ 부정근의 유도. B_ 잎절편에서 callus의 형성. C_ 부정아의 유도. D_ 발근된 장미 식물체.

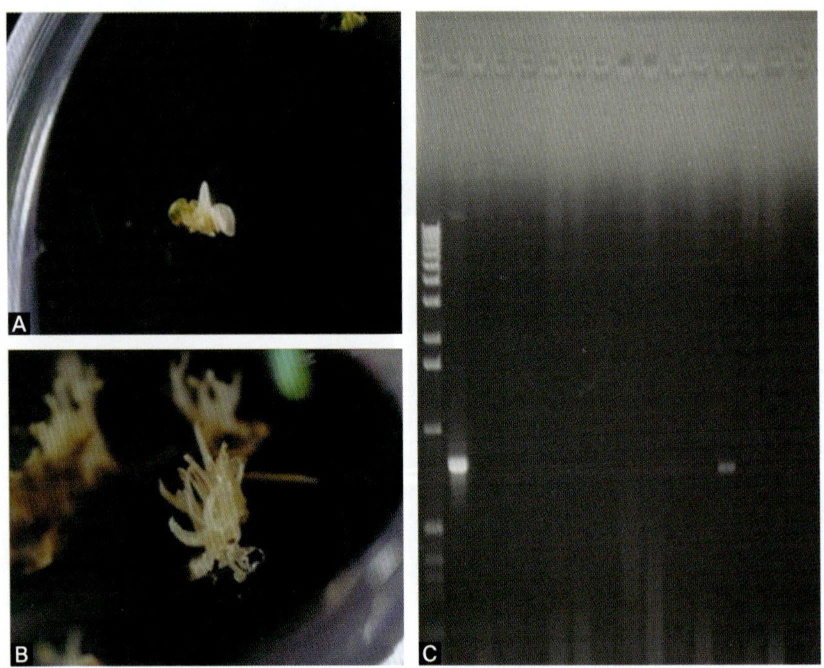

그림 22-5 *Agrobacterium* 형질전환 후 재생된 체세포배의 PCR 기법에 의한 *flavonoid 3′,5′-hydroxylase* 유전자의 검사

A_ *Agrobacterium*과 절편의 공동배양. B_ 다신초 발생. C_ 아가로스겔 전기영동법에 의한 F3′, 5′H 유전자의 검사.

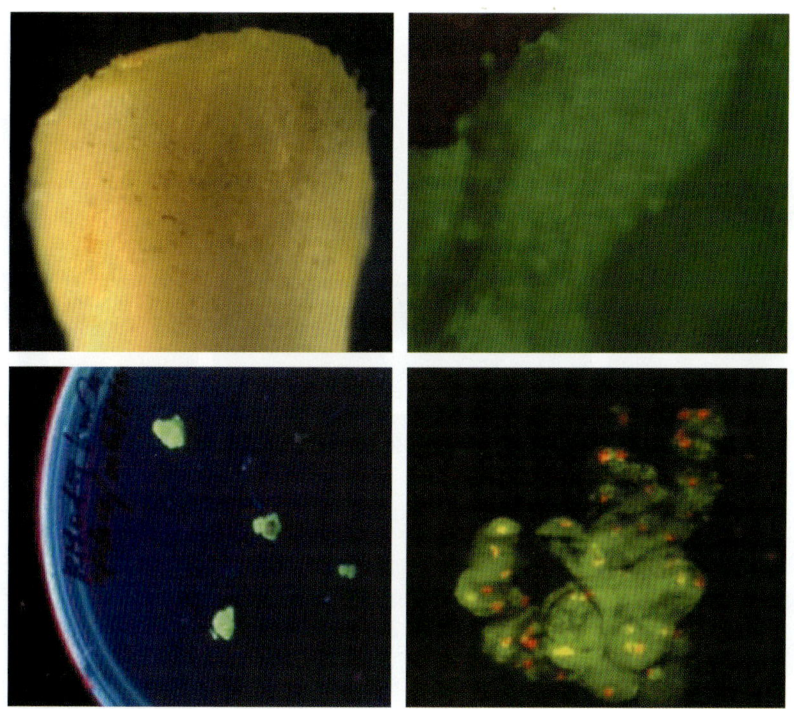

그림 22-6 장미의 callus에서 형광유전자의 육안선발 및 관찰

의 수분 스트레스에 의해 callus의 괴사가 일어났으나, 일정시간 건조시킨 후 선발한 경우에 callus의 성장과 GFP가 관찰되는 효율이 증가하였다(그림 22-7).

4) 장미 뿌리유래 callus를 이용한 형질전환

장미의 뿌리 절편체를 11mg/*l* 2,4-D가 첨가된 SH 배지에서 callus를 유도하였으며 형성된 callus를 5% sucrose가 첨가된 SH 배지에 배양하여 체세포배를 유도하였다. 이와 같은 식물체 재생시스템을 이용하여 뿌리 유래 callus의 형질전환을 수행했으며, 형성된 장미의 부정아를 PCR, Southern 분석을 통하여 형질전환 여부를 확인하였다. PCR반응에 의해 유전자의 도입이 확인된 식물체를 Genomic Southern으로 분석한 결과 5개 개체로부터 *NPTII* 유전자가 장미 식물체의 게놈에 완전하게 도입되어 있음을 확인하였다(그림 22-9).

3. 장미 형질전환 효율 제고방안

이상의 결과에서 보는 것처럼 장미의 형질전환에서 먼저 선행되어야 할 연구는 대상 품종의 식물조직배양 시스템이 확립되어야 한다. 그러나 장미는 배양재료(잎, 줄기, 뿌리, 약, 화사 등), 품종 그리고 배지의 선택에 따라서 식물체재생 시스템에 많은 차이가 있다. 본 연구에서는 장미의 심파스, 챠밍, 퍼플프린스 등의 품종에서 재분화 시스템을 확립하였다. 그리고 이를 기반으로 장미의 형질전환을 수행하였다. 배양 재료의 종류 및 형질전환 방법에 따라 형질전환 효율은 각기 다른 양상을 나타내었다. 본 연구의 결과를 요약하면 다음과 같다. 실험에 사용한 배양절편 중 효율이 가장 좋은 것은 미성숙배 절편과 뿌리 유래 callus를 사용한 것이 가장 양호하였으며, 형성된 배발생 callus를 사용한 것도 추천할만 하였다. 그러나 배발생 callus의 경우 세포괴 사이에 존재하는 *Agrobacterium*을 완전히 제거하지 못하여 지속적인 오염발생과 callus의 괴사가 발생되었다. 그리고 식물체 절편 중 뿌리를 사용함에 있어서는 비슷한 형질전환 효율을 나타내었으나, 조직배양 과정 중 callus 단계를 거치기 때문에 원하는 유전자의 발현 이외에 식물발생학적으로 키메라가 발생될 요소가 있어 차후에 이에 대한 연구가 필요한 부분이다. Biolistic

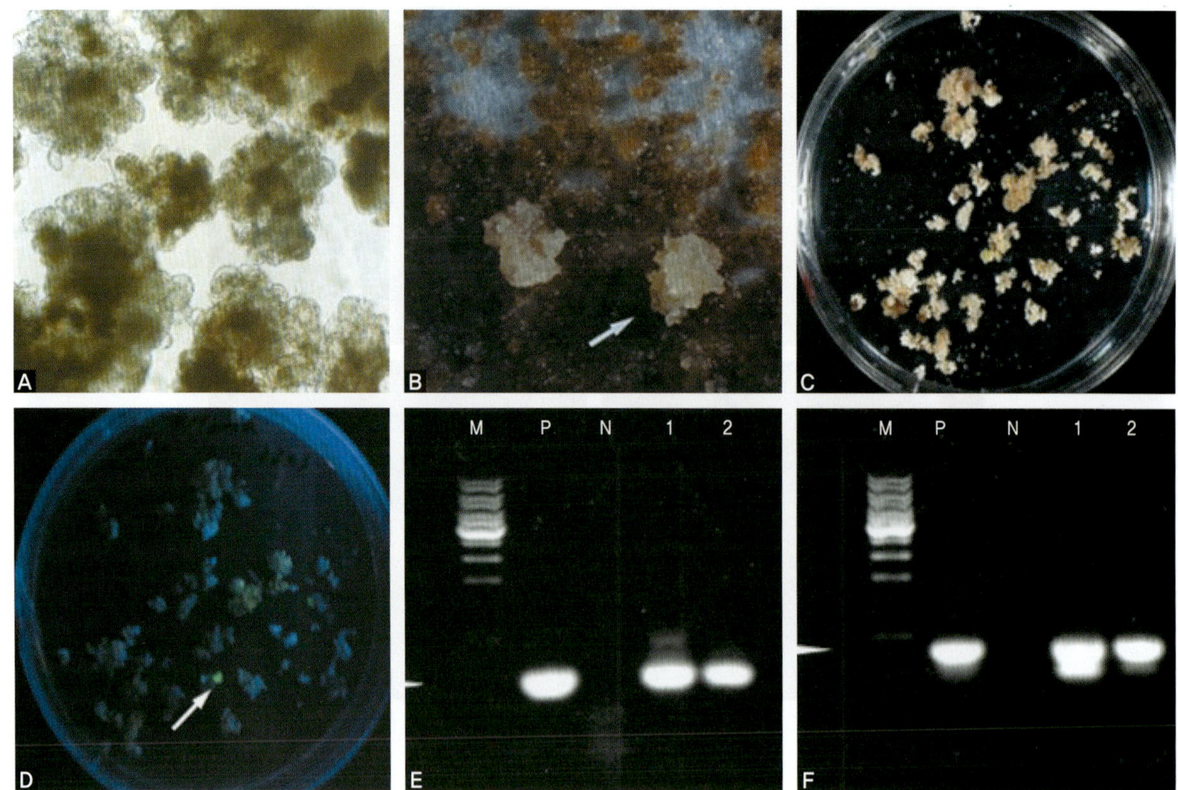

그림 22-7 배발생 callus의 형질전환된 callus의 형광유전자 발현

A_ 배발생 callus의 현탁배양. **B_** 100 mg/*l* kanamycin이 첨가된 선발배지에서 평판배양으로부터 세포괴 형성. **C_** 형광등 하에서 형질전환된 세포괴의 선발. **D_** 휴대용 자외선 등을 이용한 형질전환 세포괴의 선발. **E, F_** 증폭된 형광유전자와 *NPTII*의 아가로즈겔 전기영동. (E에서 화살표: 450 bp, F에서 화살표: 700 bp). M: 1kb 마커, P: mGFP5ER, NPTII, N: 형질전환 하지 않은 장미 callus; 1, 2 lane: 형질전환된 장미 callus.

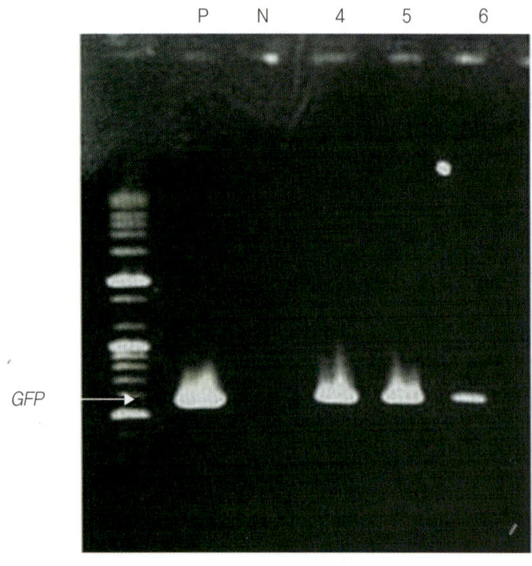

그림 22-8 PCR 기법에 의한 형질전환 장미의 *GFP* 유전자의 검사

M_ 마커. **P_** plasmid control. **N_** 형질전환하지 않은 정상적인 소식물체. **4~6_** 형질전환된 소식물체; 화살표는 580 bp의 *GFP* 유전자.

그림 22-9 형질전환된 장미로부터 추출된 게놈 DNA의 Southern 분석

N_ 형질전환하지 않은 정상적인 소식물체. **2~4_** 형질전환된 소식물체.

형질전환 방법은 *GFP*를 도입한 경우 육안으로 관찰이 용이하여 형질전환체를 선발하기에 간편하기는 하였으나, 계대배양이 지속되면서는 GFP의 형광이 점차로 사라지는 경향이 있었고, *Agrobacterium*을 이용한 실험과 비교하여 효율은 저조하였다. 장미의 형질전환에는 *Agrobacterium*을 이용한 형질전환 수행이 좋은 결과를 얻었다. 이밖에도 형질전환에 관여하는 여러 요인, 즉 공동배양 시간, *Agrobacterium*의 배양 온도, phenolic compound의 첨가, 공동배양배지의 pH, betaine phosphate의 첨가 등 여러 요인을 개선하여 장미의 형질전환을 시도한 결과 초기에 일반적인 조건하에서 수행한 것과 비교하여 형질전환 효율이 관찰되었으며, 이때 *Agrobacterium*과 공동배양 전후로 절편을 어느 정도 건조시킨 후 사용하는 것이 오염을 감소시켰으며, 또한 형질전환 효율도 증가되었다.

참고문헌

- de Wit JC, Esendam HF, Honkanen JJ, Tuominen U(1990) Somatic embryogenesis and regeneration of flowering plants in rose. Plant Cell Report 9: 456~458
- Firoozabady E, Moy Y, Courtney-Gutterson N, Robinson K(1994) Regeneration of transgenic rose(*Rosa hybrida*) plants from embryogenic tissue. Bio/technology 12: 609~613
- HIll(1967) Morphogenesis of shoot primordia in cultured stem tissue of a garden rose. Nature 216: 596~597
- Holton TA, Brugliera F, Tanaka Y(1993) Cloning and expression of flavonol synthase from *Petunia hybrida*. Plant J 4(6): 1003~1010
- Kim SW, Oh SC, DS In, Liu JR(2003) Plant regeneration of rose(*Rosa hybrida* L.) from embryogenic cell derived protoplasts. Plant cell Tissue and Organ Culture 73: 15~19
- Kim SW, Oh SC, Liu JR(2003) Control of direct and indirect somatic embryogenesis by exogenous growth regulators in immature zygotic embryo cultures of rose. Plant Cell Tiss Org Cult 74: 61~66
- Kintzios S, Manos C, Makri O(1999) Somatic embryogenesis from mature leaves of rose(Rosa sp.). Plant Cell Rep 18: 467~472
- Marchant R, Davey MR, Lucas JA, Power JB(1996) Somatic embryogenesis and plant regeneration in floribunda rose(*Rosa hybrida* L.) cvs. Trumpeter and Glad Tidings. Plant Sci 120: 95~105
- Marchant R, Davey MR, Lucas JA, Lamb CJ, Dixon RA, Power JB(1998a) Expression of a Chitinase Transgene in Rose(*Rosa hybrida* L.) Reduces Development of Blackspot Disease(*Diplocarpon rosae* Wolf). Molecular Breeding 4: 187~194
- Marchant R, Power JB, Lucas JA, Davey MR(1998) Boilistic Transformation of Rose(*Rosa hybrida* L.) Ann Bot 81: 109~114
- Matthews D, Mottley J, Horan I, Roberts AV(1991) A Protoplast to Plant system in Rose Plant Cell Tissue and Organ Culture 24: 173~180
- Mol JNM, Stuitje TR, Gerats AGM, van der Krol AR, Jorgenesen R(1989) Saying it with genes: Molecular flower breeding. Trends in Biotechn 7: 184~153
- Murashige T, Skoog F(1962) A revised medium for rapid growth and bioassays with tobacco tissue culture. Physiol Plant 15: 473~497
- Noriega C, Söndahl MR(1991) Somatic embryogenesis in hybrid tea rose. Bio/Technology 9: 991~993
- Park MH, Han KC, Kim KJ, Lee DW(1995) Effects of genotypes and cytokinins on shoot multiplication of cut roses by nodal culture. Korean J Plant Tissue Culture 22: 217~221
- Rout GR, Debata BK, Das P(1991) Somatic embryogenesis in callus cultures of *Rosa hybrida* L. cv. Landora. Plant Cell Tissue and Organ Culture 27: 65~69
- Schenk RU & Hildebrandt A(1972) Medium and techniques for induction and growth of monocotyledonous and dicotyledonous plant cell cultures. Can J Bot 50: 199~20
- van der Salm TPM, van der Toorn CJG, Bouwer R, Cate, CH, Dons HJM(1997) Production of ROL gene transformation plants of *Rosa hybrida* L. and characterization of their rooting ability. Mol Breedi 3: 39~47
- van der Salm, Van der Toorn CJG, Cate CHHT, Dons HJM(1996) Somatic embryogenesis and shoot regeneration from excised adventitious roots of the rootstock *Rosa hybrida* L. 'Moneyway'. Plant Cell Reports 15: 522~526

23 포플러 형질전환

노은운
국립산림과학원 생물공학과

I. 서론

포플러는 버드나무목(Salicales), 버드나무과(Salicaceae: willow family)의 Populus 속의 일원들이다. 포플러 속은 전통적으로 튜랑가(Turanga), 루코이데스(Leucoides), 에이제로스(Aigeiros), 타카마하카(Tacamahaca) 및 포플러스(Populus 혹은 루스[Leuce]라고도 함)의 5개 절(section)로 분류되고 있다(Zsuffa, 1975). 대체로 5개절 모두 shoot tip 배양에 의한 시험관 대량증식은 무난하다고 알려져 있으나 callus에서의 줄기 분화 능력은 절간에 상당한 차이가 있다.

1. 포플러 속의 분류 및 연구 현황

1) 튜랑가 절

이 절의 3종이 북동 아프리카와 아시아 원산이다. 가장 중요한 것이 유프라티카 포플러(*P. euphratica*)로서 보통 재배되고 있지는 않으나 척박한 토양, 극심한 열, 토양 염분에 견디기 때문에 북부 중국의 방풍림 사업에 사막화방지 목적으로 가장 중요한 종이 되고 있고 최근 내염성, 내건성 관련 연구에서 가장 각광받는 재료로 이용되고 있으나 아직 callus 유도 및 줄기 재발생이 지극히 어려워 형질전환에 사용되지 못하고 있다.

2) 루코이데스 절

Swamp cottonwood(*P. heterophylla*)는 미국 중부 및 동부의 습지에서 2차 수종이다. 이 절의 다른 수종으로 P. lasiocarpa와 P. glauca는 중국의 온대지역이 원산지이다. 이 절에 대한 식물들이 조림적 이용이 제한적인 까닭으로 조직배양 등의 시도는 아직 보고되지 않고 있다.

3) 타카마하카 절

이 절의 북미종은 발삼 포플러(balsam poplar)로 black cottonwood(*P. trichocarpa*)와 좁은 잎 cottonwood(*P. angustifolia*)가 있다. 최근의 포플러 게놈 프로젝트는 black cotton wood를 재료로 수행되었다. 동아시아에 나타나는 Simon poplar라는 일반적인 조림수종 *P. simonii*가 포함되며 또 다른 아시아 종들로 *P. laurifolia*와 *P. suaveolens*가 있다. 이 중 *P. simonii*는 중국과 한국에 모

두 분포한다. 이 수종들 대부분이 경제성이 있는 수종임에도 불구하고 callus에서 재분화가 대단히 어려운 것으로 알려져 있다. 절간 잡종인 *P. trichocarpa*×*P. deltoides*에서 재분화에 이은 형질전환체가 보고되었는데 효율은 유전자형에 따라 17~92%의 변이를 보이고 있다(Han 등, 1997).

4) 에이제로스 절

북미에서는 이 절에 속하는 것은 우리에게 미루나무로 알려진 eastern cottonwood(*P. deltoides* ssp. deltoides)와 캐나다와 미국에서 발견되는 plains cottonwood(*P. deltoides* ssp. monilifera) 그리고 Fremont cottonwood(*P. fremontii*)와 Rio Grande cottonwood(*P. deltoides* ssp wislizeni)가 미국 남서부의 2차 수종으로 나타나고 있다. 우리나라에서 양버들이라고 알려진 black poplar(P. nigra)는 북아프리카와 유럽 중부 서부가 원산이다. 양버들은 시험관 내 반응이 뛰어나서 포플러의 원형질체 배양 등 통상 어려운 시험관 재분화 시험은 모두 이를 모델식물로 개발된 바 있다. 미루나무는 북미에서 재배되는 경제수종이나 callus를 통한 재분화 효율이 지극히 낮아 형질전환 성공의 예는 있으나 재현성이 아직은 떨어지는 등 개선의 여지를 많이 남기고 있다.

5) 포플러스 절(루스절)

이 절은 Albida와 Trepidae라는 2개의 아절로 다시 분류되는데 은백양(white poplar)류와 사시나무(aspen)류가 각각 여기에 들어간다. 북미에서 이절의 대표수종은 북미사시나무(trembling aspen: *P. tremuloides*)와 큰 거치 사시나무(*P. grandidentata*)이다. 유럽사시나무(*P. tremula*)는 유럽에서 중요하고 변이가 심한 수종인 반면 씨볼디 포플러(*P. sieboldii*)는 일본에서 유래된 수종이다. 그러나 유라시아 전역에 걸친 사시나무류는 지금은 하나의 상당히 다형적인 종 유럽사시나무(*P. tremula*)의 품종(race)들로 생각되고 있다(Barnes and Han, 1993). 따라서 구 소련 지역부터 우리나라까지 분포한 것으로 알려진 사시나무(*P. davidiana*)도 지금은 유럽 사시나무의 품종으로 보는 경향이 강하다. 에이제로스 절의 포플러와 함께 가장 많이 연구되어 시험관 재분화, 형질전환이 고효율로 이루어지고 있다.

II. 재료 및 방법

1. 형질전환 재료 육성

예외는 있으나 포플러 형질전환은 시험관에서 배양중인 시료를 쓰는 것이 가장 효율적이다. 조직이 부드럽고 재발생능력이 높은 것 외에도 오염문제를 일으키지 않는다는 점, 계절에 관계없이 언제나 균일한 재료 확보가 가능하다는 점, 그리고 야외 재료에 비교하여 균일한 재료로 예측 가능한 결과를 확보할 수 있기 때문이다. 따라서 여기에서는 형질전환 재료 확보를 위한 시험관 식물체 정착 및 계대배양, 재분화, 형질전환, 포트묘 육성의 단계를 설명한다.

야외식물을 시험관에 정착시키거나 정착된 포플러를 계대배양(subculture)하고, callus 유도, 줄기발생 등의 방법을 망라한 protocol은 사실상 그 분량이 막대하기 때문에 여기서는 간략하게 기본적인 배지와 각 단계별 고려 사항 등을 요약한다.

포플러는 태생적으로 자유생장(free growth)을 하는 식물이다. 이와 반대되는 종류의 나무들을 고정생장(fixed growth)을 한다고 한다. 고정생장이란 당년에 자랄 줄기의 모든 원기가 전년도에 형성된 눈(bud)에 포함되어 있어서 당년에는 그만큼만 자라게 되는 것으로 여기에는 자작나무, 참나무들이 포함된다. 이와는 달리 포플러 같은 자유생장 수종은 환경이 허락하는 한 계속적으로 정아부에서 새로운 줄기가 나오며 생장도 계속된다. 따라서 아배양으로 대량증식이 가능한 수종이란 다 이렇게 자유생장이 되는 수종이라고 할 수 있다. 포플러는 시험관에 배양할 때도 적응성이 뛰어나서 거의 대부분의 배지에서 생장이 가능하다. 그러나 액아 생장, 뿌리유도, callus 유도, 세포배양, callus에서 줄기유도 등 단계별로 적정배지를 선택할 경우 효율을 최대로 끌어올릴 수 있다.

1) 야외재료의 시험관 정착

조직배양에서 난제 중의 하나는 무균재료의 확보라고 할 수 있다. 야외에서 선발된 나무의 조직을 무균상태로 배양해 내는 데는 상당한 숙련이 필요하다. 올해 새로 나온 줄기를 쓰는 것이 가장 확실한 방법이며 그 중에서도 나무의 그루터기나 줄기 밑부분에서 나온 것이 윗가지를 이용하는 것보다 훨씬 효율적이다. 이는 같은 나무라도 아래 부분이 연령적으로 훨씬 젊어서 배양에 더 적합하기 때문이다. 보통 장마 이전에 시료를 채취하는 것이 곰팡이 오염으로부터 안전하다. 이런 재료를 얻기 어려울 경우 뿌리 조작을 20cm 정도 잘라내어 모래에 묻어 온실 등에서 물을 주게 되면 맹아가 발생하는데 이러한 맹아가 가장 좋은 증식 재료가 된다.

가. 재료

- 뿌리유도 배지
  (GD 혹은 MS agar 배지+0.2mg/*l* IBA)
- 전정가위
- 핀셋
- 500m*l* flask
- scalpel
- 멸균수
- 0.1% $HgCl_2$

* 배지는 시험관에 만들어야 오염된 시료 하나가 이웃의 다른 건전한 시료를 오염시키는 것을 방지할 수 있다.

나. 장비 및 재료

- Clean bench, 알코올램프

다. 방법

1. 당년에 발생된 줄기를 7~8cm 크기로 자른 후 젖은 신문지 등으로 싸서 실험실로 가져온다.
2. 전정가위 등으로 잎을 잘라낸 후(엽병은 줄기에서부터 0.5cm 정도 남겨둔다) 줄기를 3~4cm로 다시 절단하여 500m*l* flask에 넣고 주방용 세제(예 퐁퐁, 트리오)를 한두 방울 떨어뜨린다.
3. 수돗물을 200~300m*l* 정도 채우고 손바닥으로 flask의 입구를 막고 flask를 옆으로 눕혀 3~4분간 계속 흔들어 준다.
4. 비눗물을 버리고 다시 수돗물을 채워서 3의 과정을 반복한다.
5. 비누방울이 보이지 않을 때까지 3, 4의 과정을 반복한다.
6. 수돗물을 200m*l* 정도 채운 후 flask를 clean bench로 가져간다(이 단계까지 수돗물은 소독한 물을 사용할 필요가 없다).
7. 수돗물을 버린 후 0.1% $HgCl_2$를 flask에 시료가 전부 잠길 정도로 채운 다음 가볍게 1분 30초 동안 흔들어 준다.
8. $HgCl_2$를 원래의 병으로 다시 회수한다($HgCl_2$는 계속 재사용이 가능하다)
9. autoclaving으로 멸균된 증류수를 시료가 잠기게 넣는다.
10. 곧바로 증류수를 버리고 다시 새로운 멸균수로 채워 넣는다.
11. 20~30초 기다린 후 10의 과정을 3번 더 반복한다.
12. 멸균된 핀셋으로 flask에서 줄기를 꺼낸 후 눈(액아)이 하나씩 붙게 1cm 내외의 크기로 자른 다음 바로 배지에 치상한다.

* 치상할 때는 꺾꽂이하듯 세워서 배지에 꽂는데 너무 깊게 꽂지 않도록 주의한다.

* 2~3주 안에 액아가 신장하여 새 줄기가 되면 이를 다시 절단하여 새 배지(같은 종류)에 옮기면 대체로 시험관 정착이 이루어진다.

* 일단 정착된 줄기는 다경줄기 유도배지나 발근배지 등 목적에 따라 계대배양한다.

2) 다경줄기 유도에 의한 대량증식

포플러는 보통 두 종류의 다경줄기가 발생된다. 첫째가 부정아에서 유래된 다경줄기(multiple adventitious shoots)로써 눈이 아닌 다른 조직에서 발생된다. 이러한 줄기는 양버들 및 이태리포플러 계통에서 특히 왕성하나 사시나무 계통에서도 간혹 나타난다. 특히 잎 같은 조직에서 발생되는 줄기는 전부 부정아 유래라고 할 수 있다. 두 번째는 액아에서 유래된 다경줄기(multiple axillary shoots)인데 이는 액아의 줄기원기들이 줄기로 발전한 결과이다. 이 두 종류의 다경줄기 중 하나만 제대로 유도되면 아배양에 의한 대량증식은 그 효율에 있어서 다른 배양 방법과 비교할 때 대단한 경쟁력을 지니게 되는데 그 이유는 그 과정의 단순성 때문이다. 줄기 발생률도 초대배양 때 보다 줄기유도 배지에 계대배양을 해줄수록 올라가게 된다. 보통 하나의 줄기로 시작할 경우 매달 20~40배의 증식이 가능하므로 몇 달에 몇 만 배의 증식이 가능하다.

가. 재료

- 줄기 유도배지(MS+0.2mg/*l* BA, 3% sucrose)

나. 방법

1. 초대배양으로 정착된 줄기를 1cm 크기로 절단한다

그림 23-1 뿌리 유도배지에서 생장중인 포플러 식물체

형질전환 재료로 뿌리 유도배지에 계대 배양한지 3~4주된 식물체의 줄기조직을 사용한다.

(줄기에는 눈이 붙어 있어야 한다).

2. 정아가 있는 줄기는 효율이 낮으므로 뿌리 유도배지에 이식하고 나머지 부분을 다경줄기 유도배지에 옮긴다.
3. 3~4주 후 발생된 줄기를 같은 종류의 새 배지로 옮기는데 이때부터는 정아를 분리시킬 필요가 없다. 이렇게 발생된 줄기들은 약간 비정상적으로 가늘고 잎도 작은 것이 특징이나 cytokinin(BA, 혹은 zeatin)의 작용에 의한 것이므로 걱정할 필요가 없다.
4. 계속 증식이 필요할 경우에는 이 중 일부를 다시 같은 종류의 배지에 옮기고 나머지는 뿌리 유도배지에 옮겨서 정상적인 식물체를 만들어 낸다.

다. 계대배양의 필요성

계대배양(subculture)은 시험관식물을 새로운 배지에 옮겨주는 작업을 말한다. 계대배양의 첫번째 목적은 물론 시험관 식물(조직 혹은 세포)의 유지이다. 배지 내의 양분이 몇 주 내에 고갈되므로 시험재료를 계속 확보하기 위해서는 계대배양이 필수적이다. 그러나 계대배양은 실험식물을 동시에 확보하지 못하고 시료식물마다 생리적 혹은 발생학적으로 다른 단계에 있는 것을 어느 정도 동조성을 가진 시료로 만들기 위해서 절대적으로 필요하다.

3) 뿌리유도

발생된 줄기에서 뿌리를 유도하는 단계는 조직배양 시험 중 가장 쉬운 단계이다. IBA, NAA 등의 오옥신을 첨가하면 뿌리유도가 촉진되지만 호르몬 없는 배지에서도 뿌리발생은 용이하게 일어난다. 뿌리유도를 위한 배양용기는 다음 단계인 토양 활착을 위해서 편의상 시험관 등을 이용하여 한 나무씩 분리하여 배양하는 것이 좋다.

가. 재료

- 뿌리유도 배지(MS 혹은 GD+0.2mg/l IBA, 3% sucrose)

나. 방법

1. 발생된 줄기를 1cm 크기로 절단한다.
   (줄기에는 눈이 붙어 있어야 한다)
2. 배지에 삽목하듯이 꽂는다.
   (배지에 잠긴 부분이 윗부분보다 훨씬 적어야 한다)

* 보통 2~3주면 뿌리가 발생한다.

* 뿌리유도배지에서는 뿌리발생이 촉진될 뿐만 아니라 줄기생장이 촉진되고 액아나 부정아 발생이 억제된다.

4) callus 유도 및 callus에서 줄기유도

callus 유도는 그 자체가 실험목적이 되는 경우는 드물지만 원형질체 융합, 세포현탁배양, 형질전환 등의 실험에서 필수적으로 거쳐야 하는 단계이다. 따라서 callus 유도 자체에 의미를 부여하기보다는 줄기분화, 현탁배양 등 다음 단계 목적에 적합한 상태의 callus를 만들어 내는 것이 더 중요하다. Callus에서의 줄기발생은 callus를 처음 유도하거나 계대배양된 배지에 따라 전혀 달라지기 때문이며 현탁배양의 경우도 뭉치는 현상을 비롯한 생장 모습이 유도배지에 따라 달라질 수도 있기 때문이다. 따라서 여기서는 형질전환을 전제로 줄기유도가 가능한 callus 유도 조합을 기술한다. 물론 다른 조합도 실험을 거쳐 확립할 수 있을 것이다.

가. 재료

- 시험관 내에서 증식된 포플러, callus 유도배지

나. 방법

1. 기내 배양된 줄기를 시험관에서 꺼내어 scalpel로 잎을 절단해 낸다.
2. 잎을 다시 횡으로 2등분한 다음 callus 유도배지에 잎의 윗면이 배지에 접촉하도록 올려놓는다.
3. callus로부터의 줄기 유도 조합
   - callus 유도: MS+2,4-D1.0mg/*l*+NAA 0.1mg/*l*+BA 0.01mg/*l*
   - 줄기 유도: WPM+zeatin 1.0mg/*l*+BA 0.1mg/*l* +NAA 0.01mg/*l*
   - 잎 조직과 줄기 절간조직에서 발생되는 callus 및 줄기 재분화

2. *Agrobacterium*를 이용한 형질전환

포플러 형질전환은 기본적으로는 Horsch의 leaf disk 형질전환법을 이용한 것이지만 박테리아의 생장억제의 효율성을 고려할 때 줄기의 절간조직을 사용하는 것이 바람직하다. 프랑스나 미국의 일부 실험실에서는 줄기를 윷모양으로 절단하여 사용하기도 하지만 절간으로도 충분한 양의 형질전환체를 얻을 수 있다. 이 방법의 가장 중요한 기본 요소는 삼투압을 조절하여 상처조직을 지탱하면서도 아그로박테리아의 감염성을 유지시키는 0.85% NaCl라고 할 수 있다.

1) 재료

- 시험관식물(보통 뿌리 유도배지에서 4주 정도 자란 식물을 이용한다)
- 아그로박테리아 벡터(LBA4404, pGV3101 모두 별 차이 없음)
- callus 유도배지(MS+2, 4-D 1.0mg/*l*+NAA 0.1mg/*l* +BA 0.01mg/*l*)
- 줄기 유도배지(WPM+Zeatin 1.0mg/*l*+BAP 0.1mg/*l* +NAA 0.01mg/*l*)
- 뿌리 유도배지(MS+IBA 0.2mg/*l*)
- 항생제(최종농도 kanamycin 50mg/*l*, rifampicin 50mg/*l*, hygromycin 5mg/*l*)

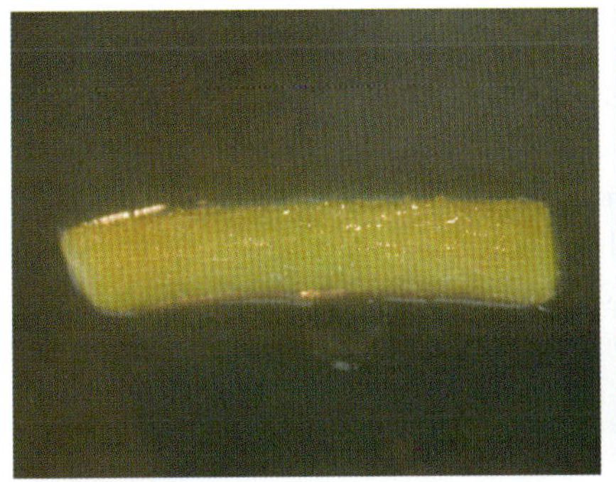
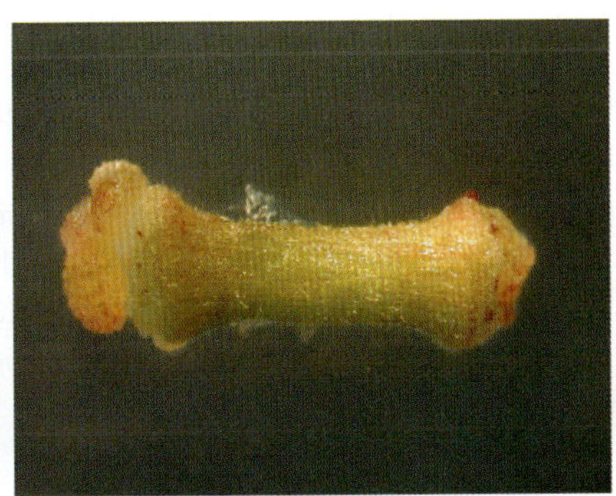

그림 23-2 포플러 절간조직 형질전환 후 callus 및 줄기발생 과정
줄기의 양쪽 절단 부위 모두에서 callus가 형성되며 줄기가 발생된다.

- 0.85% NaCl
- Acetosyringone(3′,5′ dimethoxyacetophenone): DMSO나 70% ethanol에 10mg/m*l* 농도로 stock solution제조. 사용농도는 100~200μM

2) 장비

- 원심분리기(50m*l* conical tube용), clean bench

3) 방법

1. 벡터(아그로박테리아)를 항생제가 첨가된 LB배지에 접종하고 인큐베이터(28℃, 150rpm)에서 2일간 배양한 후 이 중 5m*l*를 다시 LB배지 50ml에 옮겨서 다시 1일간 배양한다.
2. 50m*l* conical 튜브로 옮긴 후 3000rpm으로 12분 원심분리한다.
3. 예리한 칼을 이용하여 한달 정도 MS control 배지(혹은 뿌리 유도배지)에서 배양한 현사시의 줄기조직을 액아가 포함되지 않게 5~7mm 크기로 자른 후 생리식염수(0.85% NaCl)에 절단된 조직을 넣는다(이 단계는 식물체 시료가 마르지 않도록 하는 것으로 보통 petri-dish에 0.85% NaCl을 5m*l* 정도 부으면 된다).
4. 원심분리한 아그로박테리아의 상층액을 버리고 생리식염수(0.85% NaCl) 25m*l*로 pellet를 현탁한다.
5. 생리식염수 30m*l*당 acetosyringone(10mg/m*l*)을 30μl 첨가한다.
6. 조제된 조직을 아그로박테리아 현탁액에 15분간 담가놓은 후 이것을 생리식염수가 들어 있는 50m*l* conical tube에 넣어 가볍게 흔들어 조직표면에 묻어 있는 박테리아를 제거한다.
7. 조제된 조직을 핀셋으로 집어내어 새 tube(생리식염수가 들어 있는 50m*l* conical tube)로 옮긴다(이 단계는 두 번 반복)
8. 마지막으로 조직을 꺼내어 소독된 paper towel 위에 올려놓은 후 또 다른 paper towel로 가볍게 눌러 물기를 제거한다.
9. 항생제가 첨가되지 않은 callus 유도배지에서 2일간 배양한다.
10. 조직표면에 묻어 있는 박테리아를 7, 8번의 단계와 같이 생리식염수로 닦아준 다음 선발제제(항생제 등)가 첨가된 callus 유도배지에서 2주간 배양하고 2주마다 같은 배지로 옮겨 배양한다.
11. 배양 4주 이내에 callus가 유도된다. callus가 유도되어 크기가 2~3mm 정도가 되면 선발제제(항생제 등)가 첨가된 줄기 유도배지로 옮겨 식물체를 유도한다.
12. 유도된 식물체를 선발제제가 첨가된 뿌리유도 배지로 옮겨 식물체를 증식한다.

참고문헌

- Fillatti JJ, Sellmer J, McCown B, Hassing B, Comai L(1987) Agrobacteroim mediated transformation and regeneration of poplars. Mol Gen Genet 206: 192~199
- Han KH, Gordon MP, Strauss SH(1997) High frequency transformation of cotton woods(genus Populus) by Agrobacterium rhizogenes. Can J For Res 27: 464~470
- Horsch RB, Fraley RT, Rogers SG, Sanders PR, Lloyd A, Hoffmann N(1984) Inheritance of functional genes in plants. Science 223: 496~498
- Lee EJ, Noh EW, Park JI(2001) Comparative analysis of resistance to antibiotics in Populus alba x P. glandulosa transformed by nptII or hpt gene. Kor J Plant Plant Tissue Cult 28: 243~248
- Lloyd G, McCown B(1981) Commercially feasible micropropagation of mountain laurel, Kalmia latifolia, by use of shoot tip culture. Com.Proceed. Intl. Plant Propagators Soc 30: 421~427
- Murashige T, and Skoog F(1992) A revised medium for rapid growth and bioassays with tobacco tissue cultures. Physiol Plant 15:473~49
- Noh EW, Lee JS, Choi YI, Lee HS, Bae EK, Lee JH(2004) Differential expression of a chimeric nos-nptII gene in 9year old hybrid poplars(Populus koreana x P. nigra). J Plant Biotechnol 6: 15~19
- Noh EW, Minocha SC(1986) High efficiency plant regeneration from callus of Quaking aspen. Plant Cell Rep 5: 464~ 467

24

사과 형질전환

송관정
제주대학교 생물산업학부

I. 서론

사과는 장미과(Rosaceae)의 사과나무속(Malus)에 속하는 낙엽과수이다. 사과나무속에는 꽃사과 등을 포함하여 25~30여 개의 종으로 구분하고 있으나, 아직도 분명치 않다(Daendekar, 2002; Phipps 등, 1990). 현재 재배종인 사과나무는 서아시아 코카서스 및 터키스탄(Turkestan) 지역이 원산지로, 이 지역에 자생하는 M. sieversii에서 파생된 것으로 알려져 있다. 기원전 3,000~4,000년 전부터 재배된 것으로 추정하고 있다.

사과는 유전적 다양성이 매우 높은 것으로 알려져 있는데, 이는 종간 교잡에 의해 파생한 이질배수체라는 가설로 설명되어진다. 이로 인하여 사과의 학명을 *Malus× domestica* Borkh.으로 표기하여 사용하고 있다. 사과는 대부분 이배체(2n=2×=34)이나, 3배체와 4배체인 경우도 있다. 유전체의 크기는 $5.0 \sim 5.4 \times 10^8$ bps로 알려져 있다.

Laurens(1999)에 의하면 29개국 육종사업의 조사를 통하여 세계적으로 가장 중요한 육종목표의 하나는 내병성 고품질 품종개발이었다. 내병성 요인으로는 검은별무늬병(흑성병), 흰가루병(백분병), 화상병 등이 있고, 고품질 요인으로는 당, 산, 향기와 관련한 식미성과 착색 등이 있다. 그 외에 내한성, 해건이 경감, 고수량성, 저알레르기성, 저장성 등이 설정되어 있다. 한편 대목의 육종 목표로는 왜화성, 내병충성, 내환경성, 생력화, 접목친화성 등이 설정되어 있다.

사과는 유전적 다양성이 매우 높은 편이고, 자가불화합성 또는 교배불친화성이 존재한다. 또한 종자로부터 식물로 자라 꽃이 피기까지의 기간(유년성)이 3~10년 또는 그 이상으로 길고, 나무 크기도 큰 편으로 넓은 면적의 포장이 필요한 특징을 가지고 있다. 내병성 고품질 품종의 육종에는 기존의 우량 형질을 충족하면서 내병성, 생력화 등의 형질을 개량해야 할 것이다. 그런데 이들 개량대상의 우량 형질들은 대부분 야생성 사과에 보유되어 있다. 그러므로 교배육종을 통한 신품종 육성은 육종 기간이 오래 소요될 뿐만 아니라 그 비용도 많이 요구된다.

현대 소비자들의 다양하고 급변하는 시장 요구도를 충족하여 산업의 경쟁력을 지속하기 위해서는 육종기간의 단축이 절실하다. 그러나 왜성대목 접목, 분자표지 이용 등 육종연한을 단축하기 위한 많은 육종기술이 개발되어 왔음에도 불구하고, 일부만이 적용되는 등 실용성이 낮아 아직도 많은 한계성을 지니고 있다(Conner 등, 1997; Fisher, 1994; Song 등, 2000). 이에 반해 형질전환 기술은 기존의 우량 품종에 내병성과 같은 특정 유전자의 도입을 행하기 때문에 교배육종 과정에서 일어나는 기존 우량 형질 조합의 분리, 자가불화합성에 의한 재조합 제한, 자식열세 등의 단점과 선발기간 및 비용 문제를 획기적으로 극복할 수 있다(Scorza, 1991). 그러므로 최근에 형질전환에 의한 신품종 육종이 크게 기대되고 있는 것이다.

사과의 형질전환은 James 등(1989)에 의해 최초로 보고되었으며, 이후 세계적으로 많은 연구가 진행되어 왔다. 대부분은 *Agrobacterium* 이용 형질전환 연구로 일부는 형질전환체의 포장 발현분석 단계에까지 이르고 있다(Caprio와 Suckling, 2000; Yao 등, 1999). Electroporation 등에 의한 형질전환 연구는 매우 제한적이었고, 이 방법에 의한 형질전환 식물체 획득에 대해서는 아직 보고된 바 없다(Hyung 등, 1995; Maddumage 등, 2002).

Agrobacterium 이용 형질전환에서 해결해야 할 주요 과제로는 다양한 품종의 형질전환율 증진이다. 현재 세계적으로 6,000여 품종이 재배되고 있으며, 이 중 'Delicious', 'Golden Delicious', 'Granny Smith', 'Fuji', 'Gala' 등 20개 내외의 주요 품종이 전체 생산량의 60% 이상을 차지하고 있다(Brown과 Maloney, 2005). 그런데 형질전환 연구 사례는 'Delicious' (Maximova 등, 1998; Puite와 Schaart, 1996; Sriskandarajah 등, 1994), 'Golden Delicious' (Maximova 등, 1998), 'Granny Smith' (Trifonova 등, 1994), 'Fuji' (Seong 등, 2005), 'Gala' (Maximova 등, 1998; Seong 등, 2005; Song 등, 2001; Yao 등, 1995), 'Greensleeves' (Maximova 등, 1998), 'Elster' (Puite와 Schaart, 1996), 'Jonagold' (De Bondt, 1996), 'Pink Lady' (Sriskandarajah와 Goodwin, 1998), 'McIntosh' (Bolar 등, 1999), 'M26' (Holefors 등, 1998; Zhu와 Welander, 1999) 등 10개 내외의 품종에 한정되어 있고, 일부 품종의 경우 형질전환율은 1.5~8.7% 수준이다(Maximova 등, 1998; Seong 등, 2005). 대부분의 경우 형질전환율에 대한 언급이 없어 그 효율성이 낮은 것으로 판단되고 있다.

Agrobacterium 이용 형질전환은 필수적인 2개의 과정에 의하여 좌우된다. 하나는 균주로부터 식물세포 유전체로 목적 유전자의 안정적인 전이이고, 다른 하나는 전이 세포로부터 식물체 재분화이다. 그런데 많은 사과 품종의 재분화 능력은 실험적으로 거의 100%에 가까운 효율을 나타내고 있어, 재분화 과정보다는 유전자 전이 과정에서의 적정조건 설정이 보다 중요한 것으로 여겨지고 있다(De Bondt 등, 1994). 유전자 전이 과정에는 균주의 병원성 정도, 균주와 식물체 간의 상호작용, 균주의 밀도 및 활력, 식물체의 형태 및 생리상태 등이 작용할 수 있다.

Agrobacterium 균주의 병원성은 균주의 종류와 기주인 식물의 종류에 따라 다르다. 사과에서 형질전환에 이용되어 온 균주로는 EHA101(De Bondt, 1994; Maximova 등, 1998), EHA105(Bolar 등, 1999; Liu 등, 2001), LBA4404(Song 등, 2001; Seong 등, 2005), C58(James 등, 1993; Trifonova 등, 1994; Zhu 등, 2001) 등이 보고되어 왔으나, 대부분 단일 균주를 이용하였다. 그러므로 이들 균주 종류가 형질전환에 미치는 영향은 분명치 않다. 그런데 De Bondt 등(1994)에 따르면 'Jonagold' 품종의 경우, EHA101, LBA4404, C58의 transient GUS 발현분석 비교에서 EHA101이 가장 우수하였고, LBA4404와 C58의 간에는 차이가 없었다.

균주의 유전자 전이 정도는 균주의 병원성 유도 상태에 따라서도 달라질 수 있다. 이는 균주의 밀도와 활력(Seong 등, 2003; Song 등, 2001)과 생리적 상태(james 등, 1993), 벡터의 종류 등과도 관계된다. 균의 밀도와 활력은 초기 배양 상태와 접종을 위한 현탁액의 농도에 따라 영향을 받는다.

균주와 기주 식물 간의 상호작용은 식물체의 생리적·물리적 상태에 따라 달라질 수 있다. 이는 식물체 상처조직으로부터 분비되는 페놀물질 및 다당류가 균주의 식물세포 인식 및 병원성 유도에 관여하고, 온도, 광 등의 환경조건에 따라 이들 물질의 식물체내 농도와 분비 후의 안정성이 달라질 수 있으며, 절편체 표피조직의 두께와 왁스층의 발달 정도에 따라 유전자 전이 소요시간 등이 달라질 수 있기 때문이다. 그러므로 잎 절편체 유래 식물의 발근 여부(James 등, 1990), 황화처리 신초 유래의 잎 절편체(Liu 등, 1998), 신초 배양기간(De Bondt 등, 1994), 절편체 상처유도 방법(Norelli 등, 1996), acetosyringone(AS) 및 proline의 첨가 정도(James 등, 1993), 공동배양 배지의 pH(James 등, 1993), 접종온도(Sriskandarajah 등, 1994), 공동배양 기간(De Bondt 등, 1994) 등이 형질전환 효율에 영향할 수 있다.

형질전환에서 유전자 전이 세포로부터 재분화 과정은 필수적이다. 그런데 escapes와 키메라 식물체의 발생을 줄이기 위해서 재분화 배지에는 항생제 등의 선발표지 물질을 첨가하게 된다. 사과 형질전환체 선발에서 많이 이용하는 *nptII* 유전자는 kanamycin A를 불활성화하며, 이에 따라 kanamycin(Km), geneticin, neomycin, paromomycin 등의 aminoglycoside 계열의 항생제를 이용할 수 있다. 'M26' 대목 품종의 경우 선발농도에 따른 반응이 달라질 수 있으며, Km이 가장 효과적인 것으로 나타났다(Norelli 등, 1993). 유전자 전이 세포의 항생제 내성은 재분화 배지 내 삼투압(고형물 종류 및 농도)과 호르몬 농도 등에 따라 반응이 달라질 수 있다(Bolar 등, 1999; De Bondt 등, 1996).

앞에서 살펴본 바와 같이 사과의 형질전환에는 *Agrobacterium* 매개법이 가장 널리 연구되어 왔고, 또한 매우 다양한 요인들이 복잡하게 작용하는 것으로 나타나고 있다. 이 장에서는 원예연구소 등 국내에서 정립된 *Agrobacterium* 매개 형질전환법에 대하여 소개하고자 한다.

II. 재료 및 방법

1. 식물재료

① 'Fuji', 'Gala', 'McIntosh Wijick' 등 기내에 도입되어 증식 배양되고 있는 신초의 유엽을 이용한다.
② 이른 봄에 겨울철 낙엽 휴면 가지를 채취하여 물로 먼지 등을 세척한 후 70% 에틸알코올이 묻혀 있는 거즈로 줄기와 눈을 문질러 닦는다. 메스로 인편을 제거하고 물병에 꽂아 배양실에 두어 발아시킨다(그림 24-1).
③ 발아한 신초를 기부에서 절취하여 락스 1%액으로 10분간 표면살균한 후 멸균수로 3회 정도 씻어 낸다.
④ 클린벤치에서 바깥쪽 잎을 벗겨내고 1~2cm 내외의 크기로 안쪽 부분을 절취하여 사과 증식배지(MS basal

그림 24-1 사과 휴면아의 발아 유도(A)와 기내 증식을 위해 절취하고 외부 잎을 제거한 신초(B)

medium, 1.0mg/*l* BA, 0.3mg/*l* IBA, 0.2mg/*l* GA3, 3% sucrose, 8g/*l* agar, pH 5.8)에 치상한다.

⑤ 25±2℃, 60 μmol/m²/s, 16/8시간 조건에서 배양하며 4주 간격으로 계대배양하여 증식한다.

⑥ 계대배양 4주 후 형질전환에 이용할 'Fuji' 와 'McIntosh Wijcik' 품종의 1.0~1.5cm 크기의 신초는 발근배지(1/2 MS basal medium, 0.3mg/*l* IBA, 1.5% sucrose, 8g/*l* agar, pH 5.8)로 옮겨 발근유도와 함께 신초생장을 유도하고, 'Gala' 품종의 경우는 잎 신장배지(MS basal medium, 8.3mg/*l* 2ip, 0.3mg/*l* IBA, 3% sucrose, 8g/*l* agar, pH 5.8)로 옮겨 신초생장을 유도한다.

⑦ 발근배지 및 잎 신장배지에서 4주 배양 후 새로이 전개한 연녹색 어린 잎을 형질전환에 이용한다.

2. 균 배양

① *Agrobacterium* strains 및 vector: *nptII* 및 목적 유전자(*OsMADS1, MdMADS2, MdMADS4, MdSDH1, MdSDH3, MdANS, MdDFR* 또는 B-*peru*)를 포함하는 pGA1209, pGA1532, pGA1534, pHR1, pHR2, pSK111, pSK113, pSK114 또는 IG121 binary vector(그림 24-1)를 갖는 LBA4404를 이용한다.

② *Agrobacterium* 균체를 고체 YEB 배지[5.0g/*l* beef extract, 5.0g/*l* peptone, 1.0g/*l* yeast extract, 5.0g/*l* sucrose, 0.5g/*l* $MgSO_4 \cdot 7H_2O$, 20mg/*l* kanamycin(Km), 2.0mg/*l* tetracycline, 1.5% agar, pH 7.2]에 도말하여 28℃에서 24시간 배양한다. 다시 단일 클론을 선택하여 항생제가 첨가된 액체 YEB 배지로 옮겨 28℃, 220rpm 상태의 shaking incubator에서 0.7 OD_{600}('Fuji') 또는 1.3 OD_{600}('Gala' 와 'McIntosh Wijick')에 이르도록 배양한다. 이를 4,000×g, 10분 원심분리하여 상징액을 버리고 침강 균체를 균 현탁배지(5.88g/*l* citric acid, 20g/*l* sucrose, 200 μM AS, pH 5.2)에 현탁하여 1.3 OD_{600}('Fuji') 또는 0.7 OD_{600}('Gala' 와 'McIntosh Wijick')의 균 농도를 맞추어 접종 원으로 이용한다.

3. 형질전환 및 공동배양

① 발근 또는 잎 신장배지에서 새로이 전개한 어린 잎(1.0~1.5cm)을 채취하여 가장자리를 절제하여 절편체를 만들고 상처를 유도한다.

② 준비한 균 현탁액에 절편체를 침지하여 150rpm으로 교반시키면서 10분간 접종한다. 접종 후 절편체를 꺼내어 멸균 여과지로 여액을 제거한다.

③ 공동배양 배지(MS salts, LS vitamin, 5mg/*l* TDZ, 0.1mg/*l* IBA, 3% sucrose, 200 μM AS, 8g/*l* agar, pH 5.8)에 20개 절편체를 치상한 후 25±2℃, 암 상태, 3일간 배양한다.

4. 재분화 및 형질전환체 선발

① 공동배양 후 절편체를 항생제 첨가 재분화배지(MS salts, LS vitamin, 5mg/*l* TDZ, 0.1mg/*l* IBA, 3% sucrose, 50mg/*l* Km, 350mg/*l* Cx, 8g/*l* agar, pH 5.8)로 옮겨 25℃, 4주간 암 배양한다.

② 4주 후 새로운 배지로 옮겨 2주 약광, 2주 강광 배양을 수행한다.

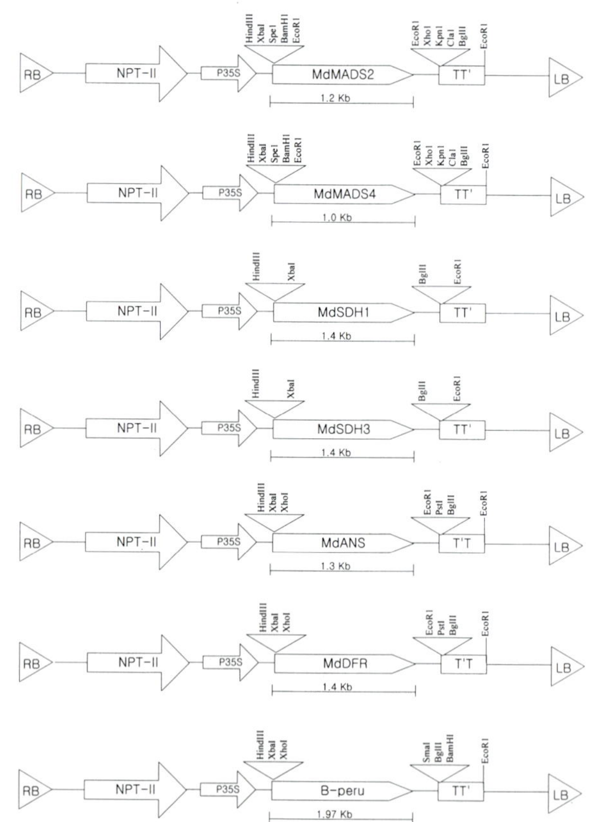

그림 24-2 사과 형질전환에 이용한 벡터

그림 24-3 사과 잎 절편체로부터의 부정아 형성

그림 24-4 사과 형질전환 추정 신초의 발근 유도(A)와 기내 개화(B)

③ 재분화 신초를 항생제를 첨가하지 않은 신초 증식배지로 옮겨 급속 증식시킨다.

④ Event별로 3개 이상의 신초를 증식한 후 항생제 첨가(30mg/l Km) 발근배지에서 발근유도 및 항생제 저항성 개체를 재선발한다(Song과 Seong, 2000).

⑤ 재분화 신초는 agar를 물로 수세하여 멸균 모래가 담긴 용기에 재식한 후 밀봉하여 순화시킨다.

5. 형질전환체 확인

형질전환체 확인은 PCR 분석 및 Southern blot 분석으로 수행(Song 등, 2001)한다. DNA 추출은 shure 등(1983)의 방법에 따라 수행한다.

III. 결과

배양 2주 후부터 절편체 절단부위 중 잎맥(leaf vein)의 주위에 callus가 형성되기 시작하여 4주 후에는 신초 재분화가 관찰되었다(그림 24-3). 신초 증식 후 항생

그림 24-5 모래 박스를 이용한 사과 형질전환 추정 식물체의 순화

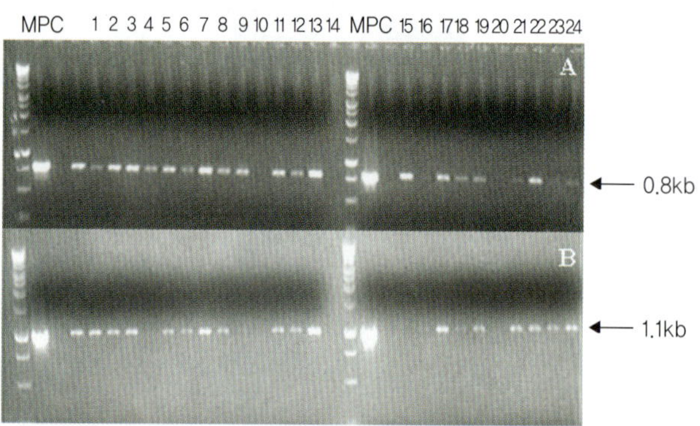

그림 24-7 *nptⅡ* 유전자(A)와 *MdMADS2* 유전자(B)에 대한 사과 형질전환 추정 식물체의 PCR 분석

M_ 마커. P_ 플라스미드. C_ 대조. 1~24_ 형질전환 추정 식물체 개체 번호.

그림 24-6 분을 이용한 사과 형질전환 추정 식물체의 육묘

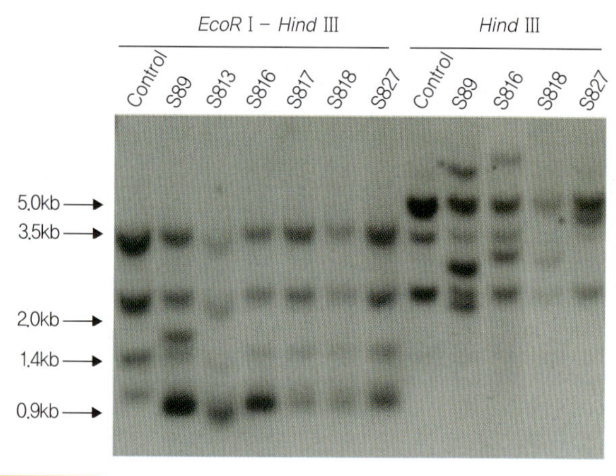

그림 24-8 *MdMADS2* 유전자전환 식물체의 Southern 분석

제 첨가 발근배지에서 발근을 유도하였다(그림 24-4). 항생제 첨가 발근배지에서 4주 배양 후 신초의 갈변 또는 생장정지 양상은 escapes으로 판단하였다. 간혹 발근유도 단계에서 전이 유전자의 발현에 의한 뿌리의 적색화 또는 기내 조기개화(그림 24-4)가 관찰되었으나, 잎이나 신초의 기형화 등의 현상은 관찰되지 않았다. 발근한 식물체는 멸균한 모래박스에서 심어 비닐 밀봉하여 순화과정을 거쳤다(그림 24-5). 순화한 식물체는 화분에 옮겨 심은 후(그림 24-6) 형질전환체 분석과정을 수행하였다(그림 24-7, 8). 치상 절편체 중 형질전환 신초를 재분화시킨 절편체의 비율을 형질전환율로 계산한 결과 8% 내외의 형질전환율을 나타내었다.

참고문헌

- Bolar JP, Brown SK, Norelli JL, Aldwinckle HS(1999) Factors affecting the transformation of 'Marshall McIntosh' apple by *Agrobacterium* tumefaciens. Plant Cell Tissue Organ Cult 55: 31~38
- Brown SK, Maloney KE(2005) *Malus × domestica* apple, p. 475-510. In: Litz, R.E.(ed.). Biotechnology of fruit and nut crops. CABI Publ

□ Caprio MA, Suckling DM(2000) Simulating the impact of cross resistance between Bt toxins in transformed clover and apples in New Zealand. J Economic Entomol 93: 173~179

□ Conner PJ, Brown SK, Weeden(1997) Randomly amplified polymorphic DNA-based genetic linkage maps of three apple cultivars. J Amer Soc Hort Sci 122: 350~359

□ Dandekar AM(2002) Introduction and expression of transgenics in apples, p 327~344 In: Khachatourians, G.G., A.M. Hughen, R. Scorza, W-K. Nip, and Y.H. Hui(eds.). Transgenic plants and crops. Marcel Dekker, Inc., New York

□ De Bondt An, Eggermont K, Druart P, De Vil M, Goderis I, Vanderleyden J, Broekaert WF(1994) *Agrobacterium*-mediated transformation of apple (*Malus*× *domestica* Borkh.): an assessment of factors affecting gene transfer efficiency early transformation steps. Plant Cell Rep 13: 587~593

□ De Bondt An., Eggermont K, Penninckx I, Goderis I, Broekaert WF(1996) *Agrobacterium*-mediated transformation of apple (*Malus*× *domestica* Borkh): an assessment of factors affecting regeneration of transgenic plants. Plant Cell Rep 15: 549~554

□ Fisher C(1994) Shortening of the juvenile period in apple breeding, p 161~164. In: Schmidt, H. and M. Kellerhals (eds.). Progress in temperate fruit breeding. Kluwer academic Publ.

□ Holefors A, Xue ZT, Welander M(1998) Transformation of the apple rootstock M26 with the rolA gene and its influence on growth. Plant Sci 136: 69~78

□ Hyung NI, Lee CH, Kim SB(1995) Foreign gene transfer using electroporation and transient expression in apple (*Malus domestica* Borkh.). Acta Hort 392: 179~185

□ James DJ, Passey AJ, Barbara DJ(1990) Regeneration and transformation of apple and strawberry using disarmed Ti-binary vector. Acta Hort 280: 495~502

□ James DJ, Passey AJ, Barbara DJ, Bevan MW(1989) Genetic transformation of apple (*Malus pumila* Mill.) using a disarmed Ti-binary vector. Plant Cell Rep 7: 658~661

□ James DJ, Uratsu S, Cheng J, Negri P, Viss P, Dandekar AM(1993) Acetosyringone and osmoprotectants like betaine or proline synergistically enhance *Agrobacterium*-mediated transformation of apple. Plant Cell Rep 12: 559~563

□ Laurens F(1999) Review of the current apple breeding programs in the world: objective for scion cultivar improvement. Acta Hort 484: 163~170

□ Liu Q, Lngersoll J, Owens L, Salih S, Meng R, Hammerschlag F(2001) Response of transgenic Royal Gala apple (*Malus*× *domestica* Borkh.) shoots carrying a modified cecropin MB39 gene, to *Erwinia amylovora*. Plant Cell Rep 20: 306~312

□ Liu, Q, Salih S, Hammerschlag F(1998) Etiolation of 'Royal Gala' apple (*Malus*× *domestica* Borkh) shoots promotes high-prequency shoot organogenesis and enhanced β-glucuronidase expression from stem internodes. Plant Cell Rep 18: 32~36

□ Maddumage R, Fung RMW, Weir I, Ding H, Simons JL, Allan AC(2002) Efficient transient transformation of suspension culture-derived apple protoplasts. Plant Cell Tissue Organ Cult 70: 77~82

□ Maximova SN, Dandekar AM, Guiltinan MJ(1998) Investigation of *Agrobacterium*-mediated transformation of apple using green fluorescent protein: high transient expression and low stable transformation suggest that factors other than T-DNA transfer are rate-limiting. Plant Mol Biol 37: 549~559

□ Norelli J, Mills J, Aldwinckle H(1996) Leaf wounding increases efficiency of *Agrobacterium*-mediated transformation of apple. HortSci 31: 1026~1027

□ Norelli JL, Aldwinckle HS(1993) The role of aminoglycoside antibiotics in the regeneration and selection of neomycin phosphotransferase-transgenic apple tissue. J Amer Soc Hort Sci 118: 311~316

□ Phipps JB, Robertson KR, Smith PG, Rohrer JR(1990) A checklist of the subfamily Maloideae (Rosaceae). Can J Bot 68: 2209~2269

□ Puite KJ, Schaart JG(1996) Genetic modification of the commercial apple cultivars Gala, Golden Delicious and Elstar via an *Agrobacterium*-mediated transformation method. Plant Sci 119: 125~133

□ Scorza R(1991) Gene transfer for the genetic improvement of perennial fruit and nut crops. HortSci 26: 1033~1035

□ Seong ES, Cha JE, Park SW, Yu CY, Song KJ(2003) The effect of *Agrobacterium* density on transformation efficiency in apple. Kor J Plant Biotech 30: 215~219

□ Seong ES, Song KJ, Jegal S, Yu CY, Chung IM(2005) Silver nitrate and aminoethoxyvinylglycine affect *Agrobacterium*-mediated apple transformation. Plant Growth Reg 45 :75~82

□ Song KJ, Ahn SY, Hwang JH, Shin YU, Park SW, An G(2000) *Agrobacterium*-mediated transformation of 'McIntosh Wijcik' apple. J Kor Soc Hort Sci 41: 541~544

□ Song KJ, Park SW, Ahn SY, Hwang JH, Shin YU(2001) Effect of *Agrobacterium* incubation conditions on gene transfer efficiency for 'Gala' and 'Mcintosh Wijcik' apple. Acta Hort 560: 211~214

□ Song KJ, Seong ES(2000) Kanamycin concentration for selection of 'Mclntosh Wijcik' transgenic apple. Kor J Hort Sci Technol 18: 811~814

□ Song KJ, Seong ES, Hwang JH, Jegal S, Cha JE, Kim JH, Shin YU(2001) Factors afecting the *Agrobacterium*-mediated transformation of 'Gala' apple. Kor J Plant Tissue Cult 28: 211~225

□ Sriskandarajah S, Goodwin PB(1998) Conditioning promotes regeneration and transformation in apple leaf explants. Plant Cell Tissue Organ Cult 53: 1~11

- Sriskandarajah S, Goodwin PB, Speirs J(1994) Genetic transformation of the apple scion cultivar 'Delicious' via *Agrobacterium tumefaciens*. Plant Cell, Tissue Organ Cult 36: 317~329
- Trifonova A, Savova D, Ivanova K(1994) *Agrobacterium*-mediated transformation of the apple cultivar Granny Smith. In: Schmidt, H. and M. Kellerhals(Eds.). Progress in Temperate Fruit Breeding 343~347
- Yao JL, Cohen D, Atkinson R, Richardsin K, Morris B(1995) Regeneration of transgenic plants from the commercial apple cultivar Royal Gala. Plant Cell Rep 14: 407~412
- Yao JL, Cohen D, van den Brink R, Morris B(1999) Assessment of expression and inheritance patterns of three transgenes with the aid of techniques for promoting rapid flowering of transgenic apple trees. Plant Cell Rep 18: 727~732
- Zhu LH, Holefors A, Ahlman A, Xue ZT, Welander M(2001) Transformation of the apple rootstock M.9/29 with the rolB gene and its influence on rooting and growth. Plant Sci 160: 433~439
- Zhu LH, Welander M(1999) Growth characteristics of apple cultivar Gravenstein plants grafted onto the transformed rootstock M26 With rolA and rolB genes under non-limiting nutrient conditions. Plant Sci 147: 75~80

25 포도 형질전환

이창후
고려대학교 생명환경과학대학

I. 서론

세계적으로 가장 중요한 과실 작물 중의 하나인 포도의 재배는 전통적으로 북위 20도와 51도 사이의 지방에서 이루어져 왔으나(Snyder, 1937), 오늘날에는 새로운 품종의 육성으로 북반구와 남반구의 온대 지방 및 열대, 그리고 다습한 기후 지방으로 재배가 확장되고 있다(Alleweldt와 Possingham, 1988). 포도 육종의 역사를 살펴보면 긴 결실기, 배수성 그리고 inbreeding depression으로 인하여 재래 육종을 이용한 유전적 개량이 제한되어 왔으며, 1980년대 이후에 발달하기 시작한 *Agrobacterium*을 매개로한 식물로의 유전자 도입 등 분자적 기술의 적용은 기내 재료식물체로부터의 낮은 재분화 효율 때문에 많은 어려움이 있었다(Nakano 등, 1994).

따라서 본 장에서는 포도 형질전환의 선결과제인 포도 재분화에 대한 연구방법을 고찰하고, 각 포도 품종들의 *Agrobacterium*을 매개로 한 형질전환 체계를 살펴보고자 하였다.

1. 포도의 조직배양

1) 기내배양의 확립

1941년 Morel에 의하여 포도 조직배양의 첫 번째 성공적인 시도가 이루어진 이후로 1950년대와 1960년대에는 포도 callus의 번식과 부정근 형성에 대한 연구가 주로 이루어졌다. 특히 1960년대 초반에는 연구의 목표를 포도 기내번식에 두어 마디로부터 단일 줄기를 가지는 식물의 형성에 초점을 두었다(Galzy, 1969). Jona와 Webb(1978)은 기내 번식의 효율을 증가시키기 위하여 높은 수준의 사이토키닌을 사용하여 측아번식을 가능하게 하였으며, Barlass와 Skene(1978)는 신초 선단부를 이용하여 기내에서의 신속한 번식방법을 발달시켰다. 이러한 과정에서, 포도의 마디는 액아의 번식을 쉽게 유도하였다는 사실이 밝혀졌으며, 이는 기내 번식 돌연변이 육종에 이용되었다(Sanford 등, 1985).

2) 액아번식

액아의 번식은 초본식물 종과 목본, 관상용 그리고 포도를 포함하는 과실종에 있어서 신초 증식을 위한 매우 편리한 재분화 기술이다(Hu와 Wang, 1983). Vitis 속(屬)의 다양한 종과 품종에서도 신초선단부와 액아가 기내 번식을 위해 사용되었으며(Gray와 Fischer, 1985), muscadine 포도(Thies와 Graves, 1992; Torregrossa와 Bouquet, 1995) 및 V. vinifera L.의 일부 품종에서도 액아 번식에 대한 연구가 성공으로 이루어졌다(Chee와 Pool, 1983; Zatiko와 Molnar, 1985). 포도 신초번식은 사이토키닌이 적용되었을 때 액아의 증가가 유도되었으며, 특히 사이토키닌 중에서 BA가 포도 조직배양에서 많이 사용되는데 이는 Vitis가 BA에 매우 강력하게 반응하기 때문이다. 최근에는 Lee 등(2000)이 'SO4', 'Couderc 3309', 'Kober 5BB', 'Riparia Gloire', 그리고 'Millardet et grasset 420A'와 같은 phylloxera 저항성 대목의 성공적인 기내번식을 보고하였다.

2. 기내 재분화

포도에서, 기관형성과 체세포배형성이 매우 다양하게 이루어졌다. 포도에서의 식물 재분화는 잎 조직, 엽병, 덩굴손으로부터 보고되었다(Reisch 등, 1991; Fiola 등, 1990; Colby 등, 1991a, 1991b).

1) 신초 기관형성

가. 직접 기관형성(Direct organogenesis)

직접 기관형성에 의해 생성되는 식물들은 callus로부터 생성되는 식물보다 유전적인 안정성을 나타낸다고 보고되어 왔다(D'Amato, 1975). 직접 기관형성을 통한 식물 재분화는 절편체가 어린잎에 국한되어 왔으며, 배양 초기의 조건이 매우 다양하다. Barlass와 Skene(1978, 1980, 1981)는 절단된 포도의 신초 선단부를 BA가 포함된 액체 MS 배지(Murashige와 Skoog, 1962)에서 배양하여 절편체가 잎과 같은 구조로 발달하면 10일 후에 고체배지로 옮겨 부정아를 형성시켰다. 이러한 방법은 *V. berlandieri*, *V. labrusca*, *V. longii*와 *V. riparia*를 포함하는 잡종뿐만 아니라 *V. champini*, *V. rupestris*의 5개의 *V. vinifera* 품종들에 적용되었다(Barlass와 Skene, 1980).

Cheng과 Reisch(1989)는 Vitis×labruscana 'Catawba'의 재분화를 연구한 결과, 절편체가 엽신보다는 엽병일 때 부정신초의 발생이 더 잘 이루어진다고 보고하였다. Stamp 등(1990a, 1990b)은 15mm 이하의 기내 신초 선단부 잎을 이용하여 재분화된 신초들이 절단된 엽병뿐만 아니라 상처난 엽신의 조직에서도 발생하는 것을 관찰하였다. 이 연구에서 절단된 엽병의 표면으로부터 재분화된 조직을 분석한 결과 표피뿐만 아니라 표피 밑의 세포들이 신초 분열조직 발달과 연관이 있음이 밝혀졌고, 이후의 연구에서 신초재분화가 callus 단계를 거치지 않고 직접적으로 유도되었음이 보고되었다(Colby 등, 1991a). Torregrossa와 Bouquet(1995)는 Vitis×Muscadinia 잡종의 기내 잎을 이용하여 부정아의 형성과 신초 발달을 보고하였다. 그들은 SEM과 조직학적 연구를 통하여 promeristem initiation이 엽병의 상처난 부위 가까이의 세포층 바깥쪽에서 발생함을 관찰하였다

나. 간접 기관형성(Indirect organogenesis)

callus로부터 얻어지는 신초 기관형성은 2,4-D, NOA 그리고 BA가 포함되어 있는 액체배지에 internode 절편체를 치상하였을 때 형성된 callus가 부정아를 형성하는 것으로 이루어졌다(Rajasekaran과 Mullins, 1981). 실생의 조직이 간접 기관형성에 반응을 더 잘 하는데, 재료 식물체의 상대적이 성숙도가 기관형성의 조절 요소가 된다. Tang과 Mullins(1990)은 많은 Vitis 종과 잡종의 엽병과 엽신으로부터 부정아 형성을 설명하였다. BA와 혼합 처리된 NAA 조성이 BA와 2,4-D보다 더 효과적이며 생장실로부터 얻어지는 재료는 기내배양에서 동일하게 반응하였다. 일부 종에 있어 부정아는 뿌리가 있는 식물로 유도되지 않으며 많은 측면에서 낮게 반응하였으며, 이러한 재분화 체계는 직접 기관형성과 비교할 때 제한적으로 이용되어 왔다.

2) 체세포배형성

체세포배형성은 zygotic counterparts와 매우 닮은 체세포 조직 식물로부터 배발생으로 정의되었다(Ammirato, 1983). 모델 식물에서 체세포배형성은 식물세포의 전형성능과 발달에 관한 연구를 위한 모델 체계로 이용되었으며, 농업에서 중요한 종의 유전적인 발달을 위한 강력한 기술로 여겨지고 있다.

포도에서의 체세포배형성은 1970년대부터 발달하였으며 유전적인 개량 프로그램을 위한 dihaploid 식물을 되찾는 것을 목적으로 하였으나 대부분 완전하게 성공하지는 못하였다. *Vitis vinifera* L. cv 'Cabernet-Sauvignon'의 nucellar 조직을 이용하여 포도 체세포배형성이 보고된 이후로(Mullins와 Srinivasa, 1976), 잎(Robaker, 1993),

표 25-1 접수로 사용되는 Vitis 품종들의 형질전환 연구요약

Cultivars	Selectable marker	Gene product	References
Koshusanjaku	NPT II	GUS reporter gene	Nakano *et al.*, 1994
	NPT II	GUS reporter gene	Hoshino *et al.*, 2000
Chardonnay	NPT II	Coat protein	Mauro *et al.*, 1995
	NPT II	Chitinase	Kikkert *et al.*, 2000
Sultana	NPT II	Shiva-1, TomRSV	Scorza *et al.*, 1996
	NPT II	GUS reporter gene	Franks *et al.*, 1998
Chancellor	NPT II	GUS reporter gene	Kikkert *et al.*, 1996
Merlot	NPT II	Chitinase	Kikkert *et al.*, 2000
Riesling, Dornfelder	NPT II	Glucanase, chitinase	Harst *et al.*, 2000
Red Globe	NPT II	Barnase gene	Perl *et al.*, 2000
Neo Muscat	NPT II	Class I chitinase	Yamamoto *et al.*, 2000
Cabernet Sauvignon	NPT II	Basta herbicide resistance	Levenko and Rubsova, 2000
Niagara	NPT II	Glucanase	Chang, pers. commum.
Cabernet Franc	NPT II	Fe-superoxide dismutase	Rojas *et al.*, 1997
Shiraz	NPT II	GFP reporter gene	Iocco *et al.*, 2001

zygotic embryos(Emershad와 Ramming, 1994), 씨방(Gray와 Mortensen, 1987), 신초 선단부(Barlass 와 Skene, 1978), 약(Popescu, 1995), 그리고 덩굴손(Salunkhe 등, 1997)과 같이 다양한 조직이 체세포배형성에 이용되었다.

3. 포도의 형질전환

생명공학은 원 식물체의 특성을 바꾸지 않으면서 전형적인 품종의 게놈에 새로운 성질을 주입하는 수단으로 이용되고 있다. 조직배양과 유전공학은 포도 재배를 위한 중요한 지표가 되고 있으며 다음 두 가지 분야에 주 관심을 두고 있다.

- 재래 육종의 효율을 증가시키는 과정
- 세포와 조직 배양의 응용이 유전자형 내에서 유전적인 변이 증가(Mullins 등, 1992).

V. vinifera 포도의 유전적인 형질전환은 어렵다고 보고되었지만(Kikkert 등, 1996), 꾸준한 노력으로 많은 품종에서 유전적인 형질전환 체계를 확립하였다(표 25-1, 25-2). *V. vinifera*의 유전적 형질전환은 체세포배형성 조직을 *Agrobacterium*에 감염시켰을 때 성공적인 것으로 보고되어 왔다(Nakano 등, 1994; Mauro 등, 1995; Scorza 등, 1995, 1996). 최근에는 소수의 그룹이 눈(Rojas 등, 1997), 혹은 엽절편체(Chung, personal communication)에 *Agrobacterium*을 매개로 한 형질전환을 이용하여 제한적인 성공을 거두고 있다. A. tumefaciens을 이용한 형질전환법의 응용은 식물의 박테리아의 감염에 대한 감수성에 달려 있다(Archiletti 등, 1995).

II. 재료 및 방법

1. 액아의 증식

실험재료는 1999년부터 2003년까지 2월 중순에서 3월 상순사이에 수원 원예연구소에서 채취하여 사용하였다. 'Delaware', 'Schuyler', 'Alden', 'Campbell Early', 'Kyoho', 'Tamnara', 'Rizamat'와 'Himrod Seedless' 등 8개의 포도 품종과, 'Kober 5BB', 'Millardet et grasset 420A', 'Millardet et grasset 101-14', 'Riparia Gloire', 'Couderc 3306', 'Couderc 3309', 'SO4'와 'Rupestris du lot' 등 7개의 대목품종을 이용하였다. 포도 신초들은 일반적인 기내도입 소독법을 사용하였다. 신초증식을 위한 배지는 1/2MS에 30g/*l*의 sucrose, 0.5mg/*l*의 thiamine-HCl, 100mg/*l* myo-inositol과 8g/*l*의 agar로 하였다. 배지

표 25-2 대목으로 사용되는 Vitis 품종들의 형질전환 연구요약

Rootstocks	Selectable marker	Gene product	Reference
V. rupestris	NPT II	(GUS reporter gene)	Mullins *et al.*, 1990
	NPT II	Coat protein	Krastanova *et al.*, 1995
V. rupestris, 110 Richter	NPT II	Coat protein, antifreeze protein	Tsvetkov and Atanassov, 2000
	NPT II	Coat proteinLe Gall et al., 2000	
41B	NPT II	Coat protein, replicase, proteinase	Mauro *et al.*, 1996
SO4	NPT II	Coat protein	Mauro *et al.*, 1998
3309C	NPT II	Translatable, anti-sense, non translatable coat protein	Ling *et al.*, 2000
V. riparia	NPT II	Translatable, anti-sense, non translatable coat protein	Krastanova *et al.*, 2000
MG101-14	NPT II	Translatable, anti-sense, non translatable coat protein	Krastanova *et al.*, 2000
5C Kober	NPT II	Translatable, anti-sense, non translatable coat protein	Krastanova *et al.*, 2000

의 pH는 가압멸균 전에 5.7로 맞추고 15분간 멸균을 하였으며 배양은 26±2℃에서 3일간 암처리를 한 후에, 동일한 온도의 생장실에 40W의 광 16시간과 암 8시간 주기로 옮겼다. 기내번식을 위한 식물생장조절제는 BA(0, 0.3, 0.5, 0.7, 1.0와 2.0 mg/*l*)를 다양한 농도로 처리하였으며, 포도 품종에 적합한 농도를 선발하였다.

2.기내 재분화

1) 엽절편 배양

식물재료는 마지막 계대배양에서 3주 이상된 신초를 사용하였으며, 재료식물체는 5×5mm의 크기로 2면 절단하였다. 절편체는 재분화 배지에 잎 뒷면을 위로하여 치상하며, 임의배치하였다. 기본배지는 MS를 사용하였으며, 생장조절제는 auxin류로 NAA와 IBA(0.1, 0.5, 1.0 mg/*l*), cytokinin류로 BA(1.0, 2.0, 5.0 mg/*l*)와 TDZ(0.1, 0.5, 1.0 mg/*l*)를 혼용처리하였다. 모든 배지는 8.0g/*l* agar(purified, Sigma Co.)를 사용하였으며, 배지의 pH는 가압 멸균 전에 5.6으로 적정한 후 각 배양병에 25m*l*씩 분주하였다. 6개 절편체를 한 반복으로 사용하였고, 배양초기에는 26±2℃에서 암처리, 그 이후에는 동일한 온도의 광 16시간/ 암 8시간으로 조절하였다. 배양 8주 후에 재분화된 신초의 비율과 각 절편체 당 재분화된 신초의 수를 조사하였다.

3. 형질전환

1) 식물재료

포도 형질전환을 위한 식물재료로는 'Schuyler', 'Rizamat'와 'Himrod Seedless' 등 3개의 접수 품종과 1개의 'Riparia Gloire' 대목품종을 사용하였다.

2) 박테리아 균주와 플라스미드

pBI121나 pCAMBIA2301의 벡터가 함유된 *Agrobacterium* tumefaciens strain LBA4404, GV3101과 EHA105를 사용하였다.

3) *Agrobacterium* 공조배양

Plasmid가 함유된 *Agrobacterium* 균체는 25m*l*의 YEP 액체배지에서 28℃의 암상태에서 그들의 저항 특성에 따라 다양한 항생제를 첨가하여 24시간 동안 현탁배양한 후, 100μM의 acetosyringone를 MS 액체배지에 첨가하여 균 농도가 1.2×10^9cfu/m*l*(OD_{660}=1.0)가 되게 하였다. 그 후 포도 엽절편체를 20분에서 1시간 동안 24℃에서 *Agrobacterium*과 같이 공조배양하며, 접종 후 절편체는 건조하여 동일한 재분화 배양 배지에 치상한 후 3일간 26±2℃ 암 상태에서 배양하였다. 암배양이 끝나면 100mg/*l* kanamycin, 200mg/*l* cefotaxime과 250mg/*l* carbenicillin가 포함된 100m*l*의 MS 용액으로 3번 씻어 준 후에 절편체

를 필터페이퍼 위에서 건조하여 30mg/*l* kanamycin와 200mg/*l* cefotaxime이 포함된 재분화 배지에 치상하고 26±2℃에서 3주간 암처리를 하였다. 3주가 지나면 다시 동일한 온도의 16시간 광조건으로 배양조건을 맞추어 준다. 일반적으로, 3~5주 후에 신초가 발생하는데, 이때 30 mg/*l* kanamycin과 200mg/*l* cefotaxime이 포함된 증식배지로 옮겨주었다.

4) 형질전환 식물의 확인과 분석

가. GUS 분석

형질전환된 신초의 조직학적 GUS 분석은 1987년 Jefferson 등이 설명한 것을 기반으로 하였다. 엽 절편체를 1mM X-Gluc가 포함된 반응용액(10mM EDTA, 100mM $NaPO_4$, 0.5mM $K_4Fe(CN)_6$, 0.5mM $K_3Fe(CN)_6$, 0.1% Triton X-100)에 침지하였다. 표본들은 1시간 동안 진공처리를 한 후 37℃에서 하룻밤 동안 배양하였다. 대부분의 경우 2시간이나 그 이내에 푸른색으로 염색되는 것을 관찰할 수 있다. 엽록소는 70% 알코올로 여러 번 처리하여 제거하였다.

나. DNA 추출과 PCR 분석

DNA는 Kim 등(1997)이 제안한 PVP 추출방법을 수정하여 재분화된 어린 잎에서 추출하였으며, DNA농도와 순도는 spectrophotometer로 특정하여 확인하였다. PCR 증폭을 위하여 GUS-coding DNA region 5′ primer(35S2-up)와 3′ primer(GUS 3)를 제작하여 사용하였으며, PCR 증폭은 thermal cycler(Perkin-Elmer 2400)를 이용하였으며, 이때 증폭을 위한 PCR 반응의 상태는 초기 94℃에서 5분, 이후에 총 35 주기로 94℃에서 30초, 54℃에서 1분, 72℃에서 1분, 마지막에 72℃에서 10분간 반응시켰다. 반응산물은 1.2%의 agarose gels로 전기영동하여 ethidium bromide로 염색하여 UV transilluminator에서 확인하였다.

다. Southern blot 분석

Southern hybridization를 위하여 DNA는 *Hin*d III과 BamH I의 제한효소로 절단하여 1×TAE의 0.9% agarose gel로 전기영동한 후에 nylon membrane Hybond N^+ (Amersham-Bioscience)에 붙인다. Hybridization 반응은 탐침으로 pBI121을 이용한 primer set에서 얻어지는 PCR 산물을 이용하여 16시간 동안 65°C에서 이루어진다. 탐침은 제조업자의 권고에 따라 Ready-To-Go™ Labelling Beads(-dCTP)를 사용한 ^{32}P로 치환하였다.

라. RNA 추출과 Northen blot 분석

총 RNA는 TRIzol reagent(Molecular Research Center, Inc.)를 이용하여 추출하였으며, RNA gel blotting은 표준 방법(Sambrook 등, 1989)에 따라 수행되었다. Northern hybridizations은 QuikHyb® Hybridization의 방법에 따라 [^{32}P] dCTP-labeled 탐침을 사용하였다.

III. 결과 및 고찰

1. 신초 증식

포도 신초의 증식은 0.3~0.7mg/*l*의 BA가 적용되었을 때 대부분의 품종에서 모두 이루어졌다(표 25-3). 액아와

표 25-3 다양한 포도 품종들의 액아 증식에 이용되는 최적의 BA 농도

Cultivars and rootstocks		BA cont.(mg/*l*)	Cultivars and rootstocks		BA cont.(mg/*l*)
Cultivars	Delaware	0.5	Rootstocks	Kober 5BB	0.5
	Schuyler	0.5		Millardet et grasset 420A	0.3
	Alden	0.7		Millardet et grasset 101-14	0.3
	Campbell Early	0.5		Riparia Gloire	0.3
	Kyoho	0.5		Couderc 3306	0.5
	Tamnara	0.5		Couderc 3309	0.5
	Rizamat	0.5		SO4	0.5
	Himrod Seedless	0.5		Rupestris du lot	0.3

그림 25-1 **기관발생을 통한 신초 재분화**

포도 품종들에 따라 식물생장조절제의 종류와 양에 대한 절편체의 반응이 모두 다르다(MS 기본배지 사용). 치상 후 8주 후 모습

A_ 'Delaware' : 10.0mg/*l* BA and 0.5mg/*l* IBA. B_ 'Alden' : 2.0mg/*l* TDZ and 1.0mg/*l* IBA. C_ 'Schuyler' : 0.5mg/*l* TDZ and 0.1mg/*l* NAA. D_ 'Tamnara' : 0.5mg/*l* TDZ and 1.0mg/*l* IBA. E_ 'Rizamat' : 1.0mg/*l* TDZ and 1.0mg/*l* NAA. F_ 'Himrod Seedless' : 0.5mg/*l* TDZ and 0.5mg/*l* IBA. G_ 'Millardet et grasset 420A' : 1.0mg/*l* BA and 0.1mg/*l* IBA. H_ 'Kober 5BB' : 1.0mg/*l* TDZ and 1.0mg/*l* IBA, and I_ 'Riparia Gloire' : 0.5mg/*l* TDZ and 0.5mg/*l* IBA.

신초 선단부를 이용한 기내 포도 번식은 쉽고 빠른 방법이라 이미 보고된 바 있으며(Harris와 Stevenson, 1982), Barlass와 Skene(1980)은 포도의 신초 증식 실험에서 1/2MS배지보다 MS배지가 더 효과적인 것을 관찰하고 포도의 기내 증식은 배지의 영양 조성에 영향을 받는다고 보고하였다.

적합한 생장 조절제의 선발은 기내 번식 식물들의 최대 생산을 위해 매우 중요하며, 포도에 있어서 BA는 기내 번식에 있어 매우 효과적이다(Lee 등, 2000).

2. 포도의 재분화

실험구 대부분에서 엽절편체로부터의 부정아의 형성은 14일 후에 발견되었으며 4주 후에는 증식이 가능하였다. 대부분의 눈은 callus를 형성하지 않고 잎의 엽신이나 엽맥으로부터 나오며, 일부는 상처난 절편체의 절단면에서 작고 하얀 callus가 나타났다. 재분화된 잎으로부터의 눈의 수는 재분화 비율에 따라 증가하며 중심에서 먼 중간 지점으로부터의 재분화 비율은 잎에 가장 가까운 반으로 동일하였고 대부분의 재분화체는 상처난 가장자리와 주맥에서 발달하였다(그림 25-1).

다양한 포도 품종 재분화의 최적 식물생장조절제의 농도가 그림 25-1에 나타나 있다. 포도 엽절편체를 재분화 배지에 치상한 결과 일부 절편체는 굉장히 hyperhydric하며 갈변하였고, 배양 후 4~6주 후부터는 잎의 가장자리가 마르기 시작하였다. 식물조직배양에서 식물세포의 분리와 분화는 외부 호르몬에 크게 의존하며, 세포주기 조절에서 신호 변환 체계의 활성에 반응하며(Dudits 등, 1993),

특히 옥신과 사이토키닌의 균형 조절이 대부분의 쌍자엽 식물의 세포 분리와 기관형성의 조절에 중요한 인자가 된다고 보고된 바 있다(Murashige, 1977).

지금까지 대부분의 체세포배형성은 2,4-D를 이용하여 배가 이루어졌다. 배형성의 유도를 위하여, 다양한 생장 조절제의 조성이 고형화된 배지에 분리된 체세포 배에 적용시켰다(Martinelli 등, 1993; Mozsar와 Viczian, 1996). 본 실험에서는 'Kober 5BB', 'Rizamat' 그리고 'Schuyler' (그림 25-2)에서 BA와 NAA의 조합 그리고 TDZ와 NAA조합에서 얻어졌다. 일반적으로 'Rizamat'에서는 기관형성을 통하여 부정신초가 발생하였는데 0.5mg/*l* TDZ와 0.1mg/*l* NAA 조합에서 체세포 배가 얻어졌으며, 체세포 배형성의 비율이 기관형성률보다 높았다. 'Schuyler'도 기관형성과 체세포형성을 보이는데, 0.5mg/*l* TDZ와 0.1mg/*l* NAA(20.8%) 조합에서 이루어졌다.

3. 형질전환

A. tumefaciens strains을 이용한 포도의 성공적인 형질전환은 LBA4404(Hoekema 등, 1983), GV2260(Deblaere 등, 1985), EHA101(Hood 등, 1986) 혹은 다른 균주에서 보고되었다. 본 실험에서는 *Agrobacterium* strain LBA4404, GV2260, GV3101, 혹은 EHA105로 접종하였는데, strain에 따라 형질전환 효율이 서로 조금씩 차이가 있었다. 이 중에서 LBA4404가 다른 strains보다 형질전환 효율이 높았으며, 다른 strain은 HR반응이 많이 나타났다(그림 25-3).

그림 25-4에는 다양한 포도 품종에서 *Agrobacterium* LBA4404-pCAMBIA를 이용하여 형질전환된 개체수가 나타나 있다. 벡터 pBI121와 pCAMBIA2301는 2개의 플라스미드 T-DNA border 내에 *β-glucuronidase*와 *neomycin phospotransferase II* 유전자를 포함하고 있다. 그러나 pBI121에서 *β-glucuronidase* 유전자가 연속되어 있고, pCAMBIA2301에서는 T-DNA에 castor bean의 카탈라아제 유전인자의 intron sequence가 연속되어 있다. pBI121은 절편체에 남아 있는 박테리아의 GUS 활성을 보여주기 때문에 일반적으로 pBI121보다 pCAMBIA2301을 더 선호한다. 그러나 본 실험에서는 두 벡터의 형질전환 효율에는 차이가 없었다.

형질전환된 신초를 가지는 callus는 배양 3주 후 괴사 혹은 세포 죽음에 의해 갈색에서 검은색으로 변하였다. 포도 형질전환에서 조직이 검은색으로 되거나 괴사하는 것은 그 원인을 연구하고 있으나 아직 명확히 밝혀진 바는 없으며, 최근에 *A. tumefaciens*의 35 kDa 단백질이 괴사

그림 25-2 MS 기본조성에 1.0mg/*l* BA와 0.1mg/*l* NAA를 첨가한 배지로 옮겨진 'Kober 5BB' 대목 절편체의 다양한 배 발생모습

A_ 배는 MS 기본조성에 1.0 mg/*l* BA와 0.1 mg/*l* NAA이 첨가된 배지에서 완전한 식물체로 자라남.
B_ 2차 배 유도를 위하여 소식물체를 5mm×5mm로 절단.
C~H_ 발아하는 배의 다양한 발달 모습들.

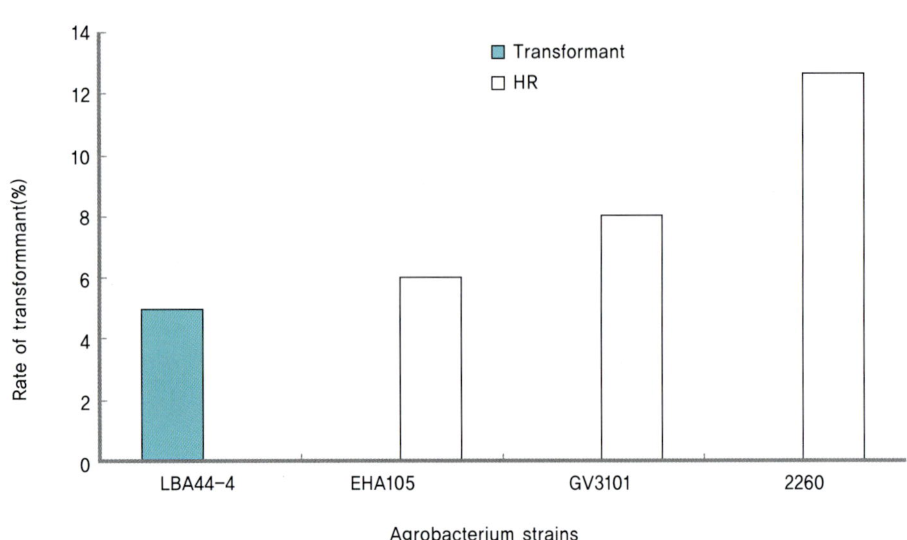

그림 25-3 *Agrobacterium* strain의 종류가 'Schuyler' 포도 형질전환에 미치는 영향

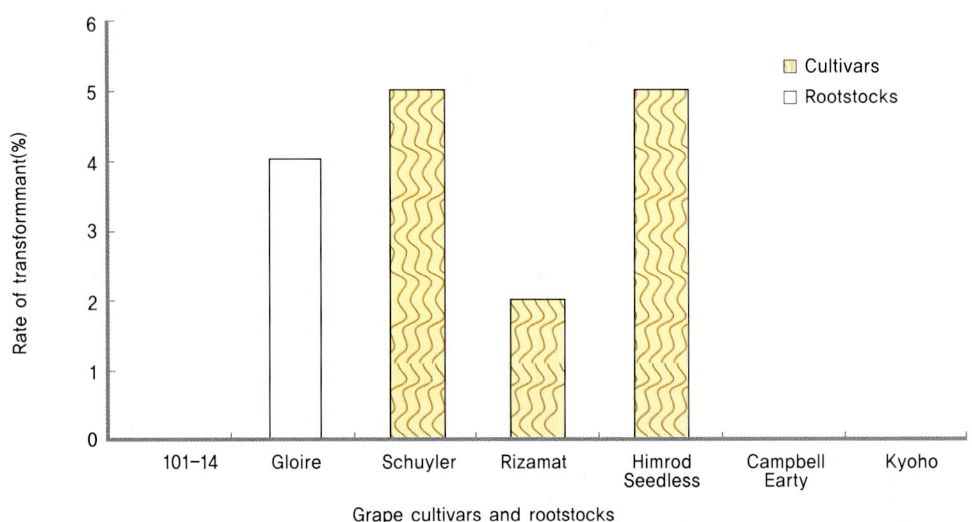

그림 25-4 다양한 포도 품종들에 *Agrobacterium* strain LBA4404-pCAMBIA를 처리한 결과

반응을 야기하는 원인이 된다고 보고된 바 있다(Perl과 Eshdat, 1998). 이 35 kDa 단백질은 유전자가 동일함과 돌연변이 silencing의 원인이 되므로 포도 조직 괴사에서 그들의 역할이 확인되었다.

A. tumefaciens strains을 이용한 기관형성과 체세포배 형성은 'Schuyler'와 'Rizamat' 포도 품종에서 나타났다(그림 25-5, 25-6). 배지에 포함된 사이토키닌과 옥신의 조합은 포도 기내 배양에서 논란의 여지가 많았다. 그러나 포도에서는 *A. tumefaciens* 존재하에서의 재분화를 유도하기 위해 낮은 농도의 NAA와 TDZ가 사용되었다.

'Himrod Seedless' 에서는 신초의 유도를 위해 TDZ와 IBA가 사용되었다.

여기 기술된 체세포배형성과 포도의 유전적인 형질전환은 암상태에서 배양 기간과 배양 배지의 양상이 이전의 방법과 다를지도 모른다. 이전의 보고는 2, 4-D가 주로 체세포 유도에 사용되었으며 암상태에서 이루어졌다. 그러나 본 연구에서는 TDZ와 NAA 조합이 'Schuyler' 와 'Rizamat' 포도에서 배를 유도하는 데 사용되었으며, 배양 후 3주 후에 반드시 광조건으로 옮겨야 한다.

형질전환 식물은 GUS 분석(그림 25-5, 25-6), PCR(그림 25-7), Southern blotting(그림 25-8)과 northern blotting(그림 25-9)과 같은 다양한 방법으로 유전자 전이를 확인할 수 있었다. 일반적으로, *GUS* 유전자는 형질전환된 조직에서 파랗게 염색이 된다. 그러나 항상 식물에서 형질전환을 확인하는 것이 진실된 방법만은 아니다. 왜냐하면 식물에 남아 있는 여분의 *Agrobacterium*이 이따금

그림 25-5 기관분화를 통한 'Rizamat' 포도의 GUS 발현

A_ MS 기본 조성에 0.5 mg/*l* TDZ와 0.1 mg/*l* NAA를 첨가한 배지에서 5주간 배양 후 다시 MS기본조성에 0.5mg/*l* NAA를 첨가한 배지에서 3주간 배양 후 얻어진 형질전환 식물체. B_ 다시 4주 후 GUS 분석.

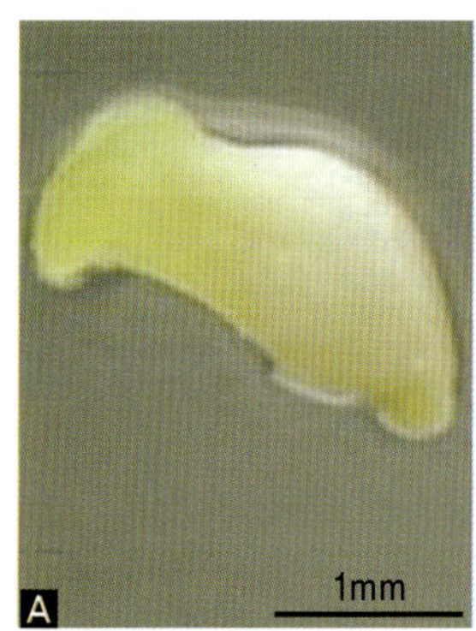

그림 25-6 체세포배형성을 통한 'Rizamat' 포도의 GUS 발현

A_ MS 기본 조성에 0.5 mg/*l* TDZ와 0.1 mg/*l* NAA를 첨가한 배지에서 5주간 배양. B_ MS 기본 조성에 0.5 mg/*l* BA를 첨가한 배지에 치상 후 1주일 후 모습. C_ 7주 후에 발아한 배 GUS분석.

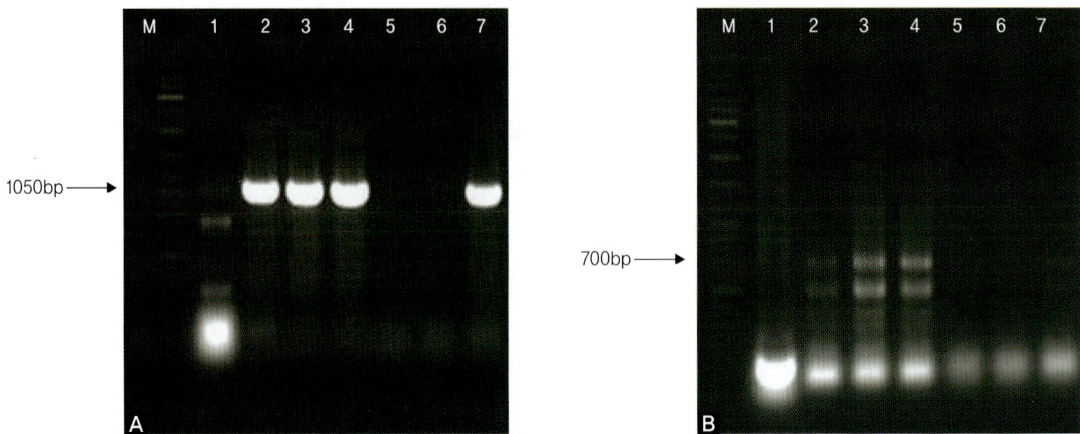

그림 25-7 'Schuyler' 포도의 형질전환 후 PCR 분석

A_ *GUS* 유전자 증폭 후 1% agarose gel에서 확인(1050 bp). B_ nptII 유전자 증폭 후 1% agarose gel (700 bp).
M: 1kb ladder(MBI Co.), Lane 1: control, Lane 2, 3, 4, and 7: putative transgenic plants.
Lane 5 and 6: putative non transgenic plants.

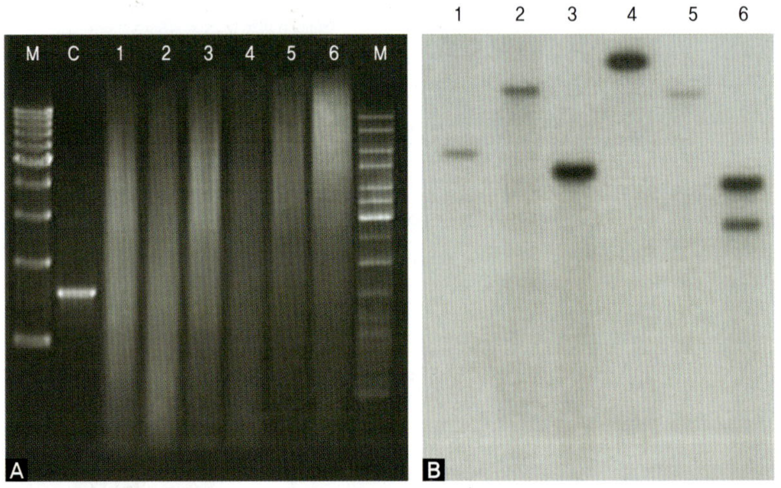

그림 25-8 'Schuyler' 포도의 형질전환 후 *GUS* 유전자 Southern 분석

A_ *Hind* III와 *Bam*H I 제한효소 처리. B_ *GUS* 유전자의 Southern hybridization. M: 1kb ladder (MBI Co.), C: pBI121 control. Lane 1 to 5: Putative transgenic plants having single copy with *GUS* gene. Lane 6: Putative non-transgenic plants because of having two copies with *GUS* gene.

GUS에 의해 염색이 되거나 *GUS* 유전자가 식물 genome 내로 합쳐지지 않을 수도 있기 때문이다.

*Agrobacterium*을 이용하여 형질전환을 이룬 포도는 다음과 같다. 'Schuyler' 와 'Rizamat' 가 기관형성과 체세포배형성으로 형질전환이 되었다. 'Himrod Seedless' 는 기관형성을 통하여 이루어진다. 필록세라 저항성 대목인 'Riparia Gloire' 는 기관형성을 통하여 형질전환이 이루어졌다.

*GUS*와 *NPT II*는 형질전환을 확인하기 위해 PCR로 증폭하였다. 'Schuyler' 품종의 PCR 결과는 그림 25-7에 나

타나 있다. 이 분석에서는 충분히 washing되지 않은 *Agrobacterium*이 식물체에 남아 있다면 *Agrobacterium* DNA가 형질전환체 DNA와 함께 추출될 수 있다. 따라서 Southern blotting에 의해 더 확실한 형질전환체를 확인할 수 있는데, 식물의 genomic DNA를 이용하여 DNA gel-blot 분석을 하는 것이다. Southern blotting의 결과가 그림 25-8에 있다.

식물의 genome과 통합된 T-DNA가 식물체 내에서 제대로 발현이 될 수 있는지를 확인하기 위하여 northern blot 분석이 이루어졌다(그림 25-9).

형질전환체는 기내에서 발근시킨 후 천천히 배양병 뚜껑을 조금씩 개봉하며 수분이 급격히 증발하지 않도록 스프레이 해주고 1달 후 인공토양(vermiculrite : peatmoss = 5 : 1, V/V)이 포함된 작은 화분으로 옮겨졌다. 화분은 폴

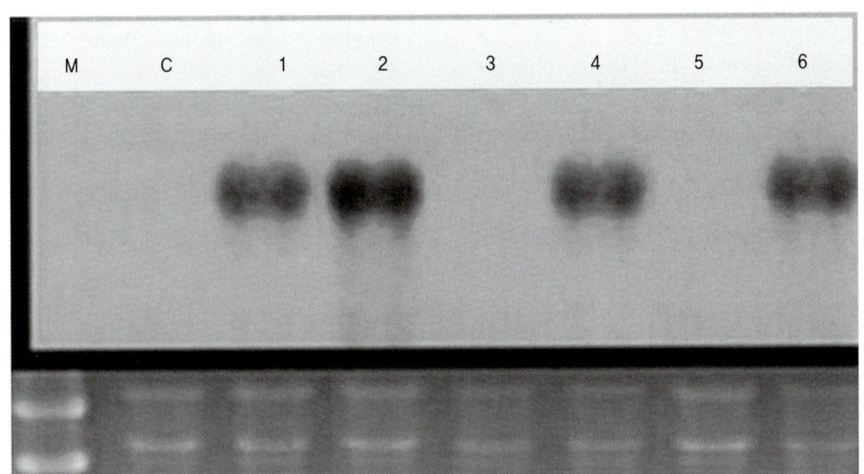

그림 25-9 'Schuyler' 포도의 형질전환 후 *GUS* 유전자 Northern 분석

M_ 1kb ladder(MBI Co.). **C_** pBI121 control. **Lane 1, 2, 4, 6_** transgenic plants with expression of *GUS* gene. **Lane 3, 5_** non transgenic plants.

그림 25-10 형질전환된 'Schuyler' 포도

A_ 정상적인 발근을 위하여 MS 기본조성에 0.5 mg/*l* NAA가 첨가된 배지에서 5주간 배양. **B_** 다시 4주간 순화하며 기외로 이식.

리에틸렌 백으로 덮고 3~7일이 지난 다음에 조금씩 열어주며, 4주 후에 큰 화분으로 옮겨 온실로 옮겨주었다(그림 25-10).

참고문헌

- Alleweldt G, Possingham JV(1988) Progress in grapevine breeding. Theor Appl Genet 75: 669~673
- Ammirato PV(1983) Embryogenesis. In : Techniques for Propagation and breeding, Evans D. A., W. R. Sharp, P. V. Ammirato, and Y. Yamada.(Eds). Handbook of Plant Cell Cultures Vol. I, pp 82~123
- Archiletti T, Lauri P, Damino C(1995) *Agrobacterium*-mediated transformation of almond leaf pieces. Plant Cell Rep 14: 267~272
- Barlass M, Skene KG(1980) Studies on the fragmented shoot apex of grapevines. II. Factors affecting growth and differentiation in vitro. J Exp Bot 31: 489~495
- Barlass M, Skene KG(1981) Studies on the fragmented shoots apex of grapevine. III. A scanning slectron microscope study of adventitious bud formation in vitro. J Exp Bot 32: 1079~1083
- Barlass M, Skene KGM(1978) In vitro propagation of grapevine(Vitis vinifera L) from fragmented shoot apices. Vitis 17: 335~340
- Chee R, Pool RM(1983) In vitro vegetative propagation of Vitis : Application of previously defined culture condition to a selection of genotypes. Vitis 22:363~374
- Cheng ZM, Reisch BI(1989) Shoot regeneration from petioles and leaves of Vitis×Labruscana 'Catawba'. Plant Cell Rep 8: 403~406
- Colby SM, Juncosa AM, Meredith CP(1991a) Cellular differences in *Agrobacterium* susceptibility and regeneration capacity restrict the development of transgenic grapevines. J Amer Soc Hort Sci 116(2): 356~361
- Colby SM, Juncosa AM, Stamp JA, Meredith CP(1991b) Developmental anatomy of direct shoot organogenesis from petioles of Vitis vinifera(Vitaceae). Amer J Bot 78(2): 260~269
- D'Amato F(1975) The problem of genetic stability in plant tissue and cell cultures, pp. 338~348. In: Frankel OH, Hawkes JG(Eds.) Crop Genetic Resources for today and tomorrow, Cambridge Univ. Press
- Deblaere R, Bytebier B, Greve HD, Deboeck F, Schell J, Van Montagu M, Leemans J(1985) Efficient octopine Ti plasmid-derived vector for Agrobacerium-mediated gene transfer to plants. Nucleic Acids Res 13: 4777~4778
- Dudits D, Bako L, Magyar Z, Bogre L, Dedeoglu D, Kapros T, Felfoldi F, Gyorgyey J(1993) Key components of cell cycle control during auxin-induced cell division. Mol. Cell Biol. Plant Cell Cycle Proceedings, Lancaster Univ., pp. 111~131
- Emershad RL, Ramming DW(1994) Somatic embryogenesis and plant development from immature zygotic embryos of seedless grapes(Vitis vinifera L.) Plant Cell Rep 146~12.
- Fiola JA, Hassan MA, Swartz HJ, Bors RH, McNicols R(1990) Effect of TDZ, light, fluence rates and kanamycin on in vitro shoot organogenesis from excised Rubus cotyledons and leaves. Plant Cell Tiss. Organ Cult 20: 223~228
- Galzy R(1969) Remarques sur la croissance de Vitis rupestris cultivee in vitro differernts milieux nutritifs. Vitis 8: 191~205
- Gray DJ, Fischer LC(1985) In vitro shoot propagation of grape species, hybrids and cultivars. Pro. Flas State Hort. Soc 98: 172~174
- Gray DJ, Mortensen JA(1987) Initiation and maintenance of long term somatic embryogenesis from anthers and ovaries of Vitis Longii 'Microsperma'. Plant Cell Tiss Org Cult 9: 73~80
- Harris RE, Stevenson JH(1982) In vitro propagation of Vitis. Vitis 21: 22~32
- Hoekema AP, Hirsch R, Hooykas PJJ, Schilperoort RA(1983) A binary plant vector strategy based on separation of vir-and T-region of the *Agrobacterium* tumefaciens Ti-plasmid. Nature 303: 179~180
- Hood EE, Helmer GL, Fraley RT, Chilton MD(1986) The hypervirulence of *Agrobacterium* tumefaciens A281 is encoded in a region of pTIBo542 outside of T-DNA. J Bact 168: 1291~1301
- Hu CY, Wang PJ(1983) Meristem, shoot tip and bud culture, pp. 177~227. In: Evans, DA, Sharp WR, Ammirato PV, Yamada Y(Eds) Handbook of Plant Cell Culture. Macmillan Publishing Co., New York, Vol. 1
- Jona R, Webb KJ(1978) Callus and axillary -bud culture of Vitis vinifera "Sylvancer Riesling". Sci Hort 9: 55~60
- Kim CS, Lee CH, Hyung NI, Shin JS, Nam YS(1997) A simple and rapid method for isolation of DNA from woody plants using PVP. Nucleic Acids Res 25: 1085~1086
- Lee CH, Ban SJ, Kim CS, Kim SB(2002) Organogenesis from leaf segment in Vitis. Kor J Hort Sci Technol 20(Suppl.II): 38
- Lee CH, Han DH, Noh YM, Ban SJ, Kim CS(2000) In vitro micropropagation of grape Phylloxera resistance rootstocks. Kor J Hort Sci Technol 18(5): 713
- Martinelli L, Bragagna P, Poletti V, Scienza A(1993) Somatic

embryogenesis from leaf-and petiole derived callus of Vitis rupestris. Plant Cell Rep 12: 207~210

- Mauro MC, Toutain S, Walter B, Pinck L, Otten L, Coutosthevenot P, Deloire A, Barbier P(1995) High efficiency regeneration of grapevine plants transformed with the GFLV coat protein gene. Plant Sci 112: 97~106
- Morel G(1941) Sur les possibilites de realiser la culture indefinie des tissus de vigne. C. R. Acad Sci Paris 219: 36~37
- Mozsar J, Viczian O(1996) Genotype effect on the genetic embryogensis and plant regeneration of Vitis spp. Vitis 35(4): 155~157
- Mullins MG, Bouquet A, Williams LE(1992) The biology of grapevine. Biology of Horticultural Crops : Univ Press Cambridge Great Britain, pp 203~229
- Mullins MG, Srinivasan C(1976) Reproductive anatomy of the grapevine(Vitis vinifera L.) origin and development of the anlage and its derivatives. Ann Bot 38: 1079
- Murashige T(1977) Clonal crops through tissue culture. In: Plant tissue Culture and Its Biotechnological Application, Barz W, Reindard E, Zenk MH(Eds), Springer-Verlag, New york, pp 392~403
- Murashige T, Skoog F(1962) A revised medium for rapid growth and bioassays with tobacco tissue cultures. Physiol Plant 15: 473~497
- Nakano M, Hoshino Y, Mii M(1994) Regeneration of transgenic plants of grapevine(Vitis vinifera L.) via *Agrobacterium* rhizogenes-mediated transformation of embryogenic calli. J Exp Bot 45: 649~656
- Nakano M, Hoshino Y, Mii M(1994) Regeneration of transgenic plants of grapevine(Vitis vinifera L.) via *Agrobacterium* rhizogenes-mediated transformation of embryogenic calli. J Exp Bot 45: 649~656
- Perl A, Eshdat Y(1998) DNA transfer and gene expression in transgenic grapes. In: Biotechnology and Genetic Engineering Review, Tombs MP(Eds). Intercept, Andover, pp 365~386
- Popescu CF, Gorenflot R, Raicu P(1995) Somatic embryogenesis and plant regeneration from anther derived callus. Annu Rep ICVV 13: 11~21
- Rajasekaran K, Mullins MG(1981) Organogensis in internode explants of grapevines. Vitis 20: 218~219
- Reisch BI, Martens MH, Cheng ZM(1991) High frequency regeneration from grapevine petioles : Extension to new geneotypes. Vitis 30(3): 65
- Robaker C(1993) Somatic embryogenesis and plant regeneration from muscadine grape leaf explant. HortScience 28: 53~55
- Rojas B, Paroschy JJ, Mckersie BD(1997) Genetic transformation of grapevines for increased freezing tolerance. In Vitro Cell. Devel Biol 33(part Ii): 68A
- Salunkhe CK, Rao PS, Mhatre M(1997) Induction of somatic embryogenesis and plantlets in tendrils of V. vinifera L. Plant Cell Rep 17: 65~7
- Sanford JC, Skubik KA, Reisch BI(1985) Attempted pollen-mediated plant transformation employing genomic donor DNA. Theor Appl Genet 69: 571~574
- Scorza R, Cordts JM, Gray DJ, Gonsalves D, Emershad RL, Ramming DW(1996) Producing transgenic 'Thompson Seedless' grape (Vitis vinifera L) plants. J Am Soc Hort Sci 121: 616~619
- Scorza R, Cordts JM, Ramming DW, Emershad RL(1995) Transformation of grape, Vitis vinifera L., zygotic-derived somatic embryos and regeneration of transgenic plants. Plant Cell Rep 9: 589~592
- Snyder E(1937) Grape development and improvement. p.631~664. USDA Yearbook of Agriculture
- Stamp JA, Colby SM, Meredith CP(1990a) Improved shoots organogenesis from leaves of grape. J Amer Soc Hort. Sci 115(6): 1038~1042
- Stamp JA, Colby SM, Meredith CP(1990b) Direct shoot organogenesis and plant regeneration from leaves of grape(Vitis spp.) Plant Cell Tiss. Organ Cult 22: 127~133
- Tang FA, Mullins MG(1990) Adventitious bud formation in leaf explants of some grapevine rootstock and scion culturvars. Vitis 29: 151~158
- Thies KL, Graves Jr CH(1992) Meristem micropropagation of Vitis×Muscadinia hybrids by microcuttings or axillary budding. Vitis 34: 237~238
- Torregrossa L, Bouquet A(1995) In vitro propagation on Vitis×Muscadinia hybrids by microcutting or axillary budding. Vitis 34: 237~238
- Torregrossa L, Torres-Vials M, Bouquet A(1995) Somatic embryogenesis from leaves of Vitis×Muscadinia hybrids. Vitis 34: 239~240
- Zatiko JM, Molnar I(1985) Preliminary results on the in vitro mass propagation of grapes from shoot-tip meristem. Fruit Science Reports 12: 83~85

26

감귤 형질전환

송관정
제주대학교 생물산업학부

I. 서론

감귤(citrus)은 운향과(Rutaceae)의 6개 아과 중의 하나인 감귤아과(Aurantioi-deae), 감귤군(Citreae), 감귤아군(Citrinae)에 속하는 식물로 감과(hesperidium berries)의 특징을 가진다. Swingle(1943)에 의하면 감귤아군은 원시감귤아군류, 근연감귤아군류, 진정감귤아군류의 3개 아군류로 다시 구분할 수 있고, 여기에는 총 13속(genus) 65종(species)으로 구성된다. 산업적으로 중요성을 가지고 있는 진정감귤아군류에는 탱자속(Poncitrus), 감귤속(Citrus)을 포함한 6속 29종으로 이루어지고, 감귤속에는 16종이 포함된다. 여기에는 lime(*C. aurantifolia*), lemon(*C. limon*), Citron(*C. medica*), sour orange(*C. aurantium*), sweet orange(*C. sinensis*), mandarin(*C. reticulata*), grapefruit(*C. paradisi*), pummelo(*C. maxima*) 등이 속하며, 온주밀감(satsuma mandarin), 클레멘타인(clementine), 만다린(common mandarin)을 따로 구분하지 않았다. 이에 반해 Tanaka(1954)는 좀 더 세분하여 많은 종을 구분하였다. 그러나 감귤속에 포함되는 종의 수와 구분에 대해서는 여러 견해가 존재하여 아직까지 명확치 않다. 현재는 일반적으로 원예학적인 관점을 강조한 Hodgson의 분류(1967)를 많이 이용하는 편(Davies와 Albrigo, 1994)으로, Swingle의 만다린을 온주밀감(*C. unshiu*), 만다린(*C. reticulata*) (클레멘타인 포함), Willowleaf(*C. deliciosa*), King(*C. nobilis*), Temple(*C. temple*)의 5개로 세분한 것이 특징이다.

감귤은 대부분 이배체(2n=2×=18)로 유전체 크기는 약 3.85×10^8bps로 알려져 있다(Arumuganathan과 Earle, 1991). 그런데 이 중 온주밀감, '네블' 및 '발렌시아' 오렌지, 그레이후루츠 등에서는 배우체불임 및 자가불화합성이 존재하여 종자가 형성되지 못하며, 설령 이들 생식적 장벽을 극복하여 종자를 형성하더라도 다배성(polyembryony)으로 인하여 교잡 실생을 획득하기는 매우 어렵다. 그러므로 교잡육종을 보완 또는 대체할 수 있는 체세포잡종 또는 형질전환 기술개발의 필요성이 오래 전부터 제기되어 왔다.

체세포잡종 및 형질전환 식물의 개발에는 세포 또는 조직으로부터의 재분화 과정이 필수적으로 수반된다. 감귤에서의 재분화 유도는 체세포배발생(somatic embyogenesis)과 기관분화(organogenesis)의 두 가지 방식으로 가능하다.

감귤은 수정 후 수정배를 감싸고 있는 주심조직으로부터 다수의 부정배가 발달하여 다배성을 형성하는 특징이 있어 체세포배 발생 및 배양에 대한 많은 연구가 있었다. 체세포배발생 callus의 유도는 수정 및 미발육 종자(Rangan 등, 1968; Yun 등, 2006) 또는 미수정 및 미발육 배주의 배양(Kochba 등, 1972)으로부터 이루어져 왔다. 그 외에 암술조직(Carimi 등, 1999), 어린 실생의 줄기(Matsumoto와 Yamaguchi, 1983) 등에서도 체세포배발생 callus 유도가 시도된 바 있다. 체세포배발생 callus의 유도에는 식물생장조정제 및 malt extract(Starrantino와 Russo, 1980), 종 또는 품종(Moore, 1985; Perez 등, 1998) 등이 영향을 미치는 것으로 알려져 있다. 이들 요인들은 체세포배발생 callus의 증식 및 순화에도 영향한다(Chaturvedi와 Mitra, 1974; Chapman 등, 2000; Ikeda 등, 2000; Jimenez 등, 2001). 체세포배의 발달 및 성숙 유도는 일반적으로 체세포배발생 유도 및 증식 배지를 이용하여 이루어진다. 이때 일부 체세포배들은 비정상 또는 불완전한 배로 발달하기도 한다. 성숙한 배의 식물체 발아는 일반적으로 체세포배발생 유도 및 증식 배지에서 수행되며, GA_3 첨가가 신초 형성을 개선하는 효과가 있음이 보고된 바 있다(Moore, 1985).

감귤의 기관분화는 생장점(Barlass와 Skene, 1982), 줄기(Raj Bhansali와 Arya, 1979; Moreira-Dias 등, 2000, 2001), 뿌리(Sauton 등, 1982) 등 다양한 조직을 이용하여 연구되어 왔다. 부정아 형성은 callus 형성을 수반하지 않고 신초 재분화가 이루어지는 direct 기관분화 과정(Barlass와 Skene, 1982) 또는 callus 형성 및 증식을 수반하는 indirect 기관분화 과정(Raj Bhansali와 Arya, 1979)으로 이루어질 수 있다. 일반적으로 부정아 형성은 1.1-22.2 μM BA 첨가에서 잘 되는 편이다. 그리고 오옥신과 malt extract의 첨가는 부정아 형성을 통한 기관분화 과정을 촉진시킨다는 보고(Raj Bhansali와 Arya, 1979; Deng 등, 1992)도 있다. 이들 신초들은 발근유도 배지(1/2MT memdiun+0.02mg/l NAA+0.5mg/l activated charcoal)에서 발근유도가 가능(Grosser와 Gmitter, 1990)하다.

감귤에 있어서 최초의 형질전환 성공사례는 Kobayashi와 Uchimiya(1989)에 의하여 보고되었다. 이는 'Trovita' sweet orange 원형질체에 PEG를 이용한 *nptII*를 포함하고 있는 플라스미드 DNA의 삽입 과정으로 이루어졌다. 이후 Vardi 등(1990)이 유사한 방법으로 rough lemon에서 *chloramphenicol acetyltransferase*(*cat*)와 *nptII*를 전이한 최초의 감귤 형질전환 식물체의 양성을 보고하였다. 그런데 이들은 형질전환 세포의 선발과정에서 kanamycin이 비형질전환 세포의 생장을 제어하지 못하여 대신 paromomycin sulphate를 이용하였다고 하였다.

*Agrobacterium*을 이용한 형질전환은 Hidaka 등(1990)이 최초 보고한 이래 현재 가장 널리 연구되고 있다. Hidaka 등(1990)은 현탁배양 'Trovita'와 '워싱턴 네블' 오렌지 체세포배 callus를 이용하였으나, 형질전환율이 매우 낮았다. 그런데 Moore 등(1992)이 기내 실생 'Carrizo' 시트레인지의 어린 줄기 마디조직을 이용할 경우 형질전환율이 개선될 수 있음을 보고한 이래 sweet orange(Bond와 Roose, 1998; Pena 등, 1995b), sour orange(Ghorbel 등, 2000), 그레이후루츠(Luth와 Moore, 2000; Yang 등, 2000; Costa 등, 2002), 레몬(Ghorbel 등, 2001), 라임(Pena 등, 1997; Dominguez 등, 2000), 시트레인지(Pena 등, 1995a; Cervera 등, 1998), 탱자(Kaneyoshi 등, 1994), Swingle citrumelo(Molinari 등, 2004) 등에서 이들 조직을 이용하여 다양한 연구가 수행되었다. 그럼에도 불구하고 형질전환율은 매우 낮은 편이며 품종 간 차이가 많을 뿐만 아니라, 아직까지도 온주밀감, 일부 오렌지 품종에서는 형질전환 성공 사례가 보고된 바가 없다.

품종 또는 종 이외에 식물의 발육단계 및 상태에 따라서 형질전환율이 달라질 수 있다. 탱자의 경우 암 상태 발아 20일 후 상배축 조직(Kobayasi 등, 1994)과, citrange의 경우 5주 발아 줄기의 마디조직(Pena 등, 1995a)에서 형질전환율이 높게 나타났으며, sour orange의 경우(Ghoebel 등, 2000)는 온실 내 4개월 생육시킨 식물의 줄기가 이보다 어린 조직이나, 오래된 조직보다 높은 형질전환율을 나타내었다.

또한 균주, 균 밀도, 공동배양 기간, acetosyringone(AS) 첨가, 식물생장조정제 농도 등의 요인들이 형질전환에 영향하는 것으로 나타났다. *Agrobacterium* strains으로는 C58C1, EHA101, EHA105, LBA4404 등이 이용되어 왔는데, 감귤에 가장 효과적인 균주에 대해서는 상이한 주장이 제기되어 왔다(Bond와 Roose, 1998; Ghorbel 등, 2001). 균 밀도의 경우는 균 밀도가 낮을수록 sweet orange와 시트레인지에서 형질전환율이 높게 나타났다(Yu 등, 2002). Cevera 등(1998)은 공동배양 기간에 대해 5일 배양에서 일시적인 형질전환율이 가장 높게 나타났으나, 균의

overgrowth로 인하여 2~3일 배양이 적당하다고 하였다. 균 현탁액 및 공동배양 배지 내 AS의 첨가효과에 대해서는 100 μM이 효과적인 것으로 나타났다(Kaneyoshi 등, 1994; Cevera 등, 1998). Pena 등(2004)은 'Carrizo' 시트레인지 상배축 조직의 균 접종 후 공동배양 및 재분화 단계의 관찰로부터 형질전환 세포의 재분화 과정에 대한 조직학적 연구를 수행하여 재분화 신초가 부름켜 조직의 세포로부터 발생하며 callus 단계를 거쳐 분화함을 보여주었다. 그러므로 공동배양 배지에 오옥신의 첨가도 형질전환 세포로부터 신초 형성이 촉진될 수 있다고 하였다.

한편 particle bombardment을 이용한 형질전환도 시도된 바 있다. 그러나 세포간 유전자전이의 불균일과 전이 유전자 수의 복잡성으로 인하여 더 이상의 연구 보고는 없는 실정이다.

앞에서 살펴본 바와 같이 감귤의 형질전환에는 다양한 방법이 시도되어 왔으나, *Agrobacterium* 매개법이 가장 널리 이용되고 있는 실정이다. 그러므로 여기서는 체세포배발생 callus와 실생의 상배축 조직을 이용한 *Agrobacterium* 매개법에 대하여 소개코자 한다.

Ⅱ. 재료 및 방법

1. 체세포배발생 callus 이용 형질전환

1) 식물재료

① 성숙한 온주밀감(*C. unshiu* Marc.)의 과실을 수확하여 과실을 수돗물에 씻어 먼지 등을 제거한다.

② 70% 에틸알코올에 10분간 담가 표면 살균한다.

③ 클린벤치에서 과실을 반으로 절개하고, 양낭의 안쪽 부분에 위치한 미성숙 종자를 채취한다.

2) 체세포배발생 callus 유도 및 증식

① 채취한 미성숙 종자를 체세포배발생 배지에 치상한다[체세포배형성 callus 유도배지(ECIM): MS basal medium, 3% sucrose, 0.8% agar].

② 광 배양 2개월 후 미성숙 종자 주변에 형성된 체세포배형성 callus를 분리하여 체세포배형성 callus 증식배지로 옮겨 배양한다[체세포배형성 callus 증식배지(ECMM): MT basal medium(Murashige & Tucker, 1969), 3% sucrose, 500mg/*l* malt extract, 37mg/*l* adenine, 0.2% gelrite].

3) 고빈도 체세포배발생 callus 선발 및 증식

① 증식된 체세포배발생 callus 덩어리를 30m*l* 액체 체세포배형성 callus 증식배지로 옮겨 120rpm, 2주간 현탁 배양하였다.

② 이들 현탁 배양한 callus 덩어리를 직경 1mm mesh를 이용하여 잘게 분쇄하고, percoll 농도구배(30/40/50%)를 이용하여 4000rpm, 5분간 원심분리한다.

③ Percoll 40% 층에 분리된 callus를 채취하고 체세포배형성 callus 증식배지(ECMM)에서 4주 간격으로 계대배양한다.

4) 체세포배 유도 및 재분화

① 고빈도 체세포배형성 callus를 체세포배 유도배지에서 배양한다[체세포배 유도배지(EIM): MT basal medium, 5% sucrose, 7% lactose, 1.2% agar].

② 녹색의 구형 체세포배는 체세포배 발육배지에서 배양한다[체세포배 발육배지(EDM): MT basal medium, 0.1% sorbitol, 0.1M galactose, 0.7% adenine, 0.8% agar].

③ 자엽단계의 성숙 체세포배들을 재분화 배지로 옮겨 식물체를 유도한다[재분화 배지(RM): MT basal medium, 3% sucrose, 0.1mg/*l* BA, 0.01mg/*l* NAA, 0.8% agar].

5) 균 배양 및 접종

① *Agrobacterium* strains 및 vector: *nptII*, *hpt* 및 *gus* 유전자를 포함하는 pIG121 binary vector를 갖는 LBA4404를 이용함

② *Agrobacterium* 균체를 고체 YEB 배지[5.0g/*l* beef extract, 5.0g/*l* peptone, 1.0g/*l* yeast extract, 5.0g/*l* sucrose, 0.5g/*l* $MgSO_4 \cdot 7H_2O$, 50mg/*l* kanamycin (Km), 50mg/*l* hygromycin(Hm) 1.5% agar, pH 7.2]에 도말하여 28℃에서 24시간 배양한다. 다시 단일 클론을 선택하여 항생제가 첨가된 액체 YEB 배지로 옮겨 28℃, 150rpm 상태의 shaking incubator에서

0.6 OD_{600}에 이르도록 배양한다. 이를 4,000×g, 10분 원심분리하여 상징액을 버리고 침강 균체를 균 현탁배지(BSM for EC) (liquid ECMM, 100 μM AS, pH 5.2)에 현탁하여 접종에 이용한다.

③ 선발한 고빈도 체세포배형성 callus를 균 현탁액에 20분간 담근 후 꺼내어 멸균 여과지로 여액을 제거한다.

6) 공동배양 및 재분화

① 균 접종한 체세포배형성 callus를 공동배양배지(CM for JL) (ECMM, 100 μM AS, pH 5.2, agar 0.8%)에 옮겨 암상태, 25℃, 5일간 배양한다.

② 체세포배형성 callus를 항생제 첨가 체세포배 유도배지(EIM, 25mg/*l* Hym, 250mg/*l* cefotaxime)로 옮겨 광 배양한다. 4주 간격으로 3~4회 계대배양한다.

③ 녹색의 체세포배들은 항생제 첨가 체세포배 발육배지(EDM, 25mg/*l* Hym, 250mg/*l* cefotaxime)로 옮겨 배양한다.

④ 자엽단계의 성숙배들은 항생제 첨가 재분화 배지(ERM, 25mg/*l* Hym, 250mg/*l* cefotaxime)로 옮겨 신초를 유도한다.

⑤ 재분화 신초는 탱자 실생묘에 기외접목을 실시한다. 탱자를 화분에 파종하여 발아 후 1개월 생육한 유묘의 자엽을 제거와 함께 지상 10cm 부위를 자르고 재분화 신초를 접목한다. 접목 후 신초가 마르지 않도록 비닐을 이용하여 덮는다. 1개월 후 비닐을 조금씩 열개하여 순화시킨다.

7) 형질전환체 확인

형질전환체 확인을 위하여 GUS 분석, PCR 분석, Southern blot 분석으로 수행한다. 이들 분석법은 벼, 사과 등의 다른 작물에서 이용하는 방법으로 수행할 수 있다.

2. 기관 절편체 이용한 형질전환

1) 식물재료

① 진귤(*C. sunki* Hort. ex Tanaka) 과실을 수확한 후 과실을 수돗물에 씻어 먼지 등을 제거한다.

② 70% 에틸알코올에 10분간 담가 표면 살균한다.

③ 클린벤치에서 과실을 반으로 절개하고, 성숙 종자를 채취한다.

④ 종자를 MS 고형배지에 파종하고 광 발아 유도 후 상배축이 3~4cm가 되도록 생육시킨다.

2) 균 배양

① *Agrobacterium* strains 및 vector: *nptII*, *hpt* 및 *gus* 유전자를 포함하는 pIG121 binary vector를 갖는 LBA4404를 이용한다.

② *Agrobacterium* 균체를 고체 YEB 배지에 도말하여 28℃에서 24시간 배양한다. 다시 단일 클론을 선택하여 항생제가 첨가된 액체 YEB 배지로 옮겨 28℃, 150rpm 상태의 shaking incubator에서 0.7OD_{600}에 이르도록 배양한다. 이를 4,000×g, 10분 원심분리하여 상징액을 버리고 침강 균체를 균 현탁배지(liquid MT basal medium, 100 μM AS, pH 5.2)에 0.7OD_{600}에 이르도록 현탁시킨다.

3) 균 접종, 공동배양 및 재분화

① 진귤의 상배축을 1cm 내외로 절단하여 절편체를 만들고, 균 현탁액에 10분간 담가 접종한다.

② 접종 후 절편체를 멸균 여과지에서 여액을 제거한다.

③ 공동배양 배지(JCM) (MT basal medium, 3% sucrose, 1mg/*l* BA, 0.05mg/*l* NAA, 100 μM AS, 8% agar, pH 5.2)에 절편체를 치상하여 암 상태, 25℃ 내외, 3일 간 배양한다.

④ 공동배양 후 절편체를 250mg/*l* cefotaxime 용액으로 제균하고 멸균수로 세척한 후 멸균 여과지로 여액을 제거한다.

⑤ 절편체를 항생제 첨가 재분화 배지(JRM) (MT basal medium, 3% sucrose, 2% sorbitol, 1mg/*l* BA, 0.05mg/*l* NAA, 50mg/*l* Km, 250mg/*l* cefotaxime, 8% agar, pH 5.8)로 옮겨 4주 암 상태에서 배양한다.

⑥ 4주 후 항생제 첨가 재분화 배지(JRM)로 옮긴 후 광 상태 배양하고, 이후 4주 간격으로 계대배양하여 신초 재분화를 유도한다.

⑦ 재분화 신초는 체세포배발생 callus 이용 형질전환에서와 동일하게 탱자 실생묘에 기외접목을 실시하고 순화시킨다.

4) 형질전환체 확인

체세포배발생 callus 이용 형질전환에서와 동일하게 형질전환체 확인 분석을 실시한다.

Ⅲ. 결과

온주밀감의 체세포배발생 callus를 이용하기 위하여 미발육 종자로부터 체세포배발생 callus를 유도하였다(그림 26-1). 미발육 종자의 20% 내외에서 체세포배가 형성되었으나, 체세포배 인접부위에서의 callus 발달로 체세포배발생 callus 증식에 이용할 수 있는 정도는 미발육 종자의 10% 내외이었다. 이들 callus로부터 callus 증식배지에서 증식하여 다량의 흰색 체세포배발생 callus를 획득하였다. 이들 callus로부터 고빈도 체세포발생 callus 선발을 위하여, ficoll 농도 구배(40/50%)를 이용하였다. Ficoll 40% 농도에서 분리된 callus의 경우(0.1m*l* callus 이용) 35개 내외의 체세포배를 형성시켰다. Ficoll 분리를 이

그림 26-1 온주밀감에 있어서 미발육 종자를 이용한 체세포발생 과정의 모식도

A, B_ 과실의 횡단면(A)과 중심부분의 확대(B). **C_** 미발육종자의 초대 배양. **D_** 배양 2~3개월 후의 미발육 종자의 체세포배 형성. **E_** 2차 체세포배발생 및 체세포배에 인접한 체세포배발생 callus. **F_** 체세포배의 자엽형성 및 신초분화(F).

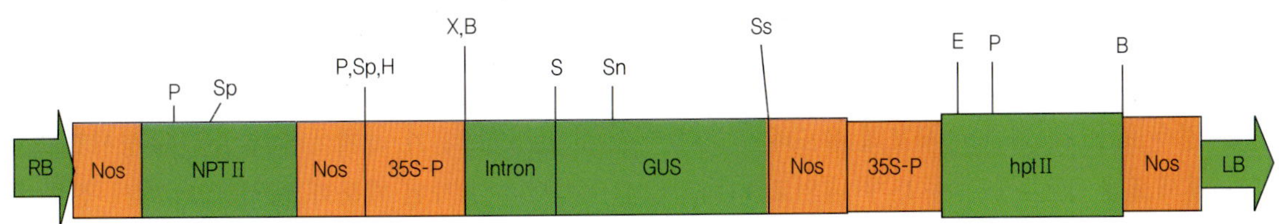

그림 26-2 온주밀감 형질전환 사용한 pIG121 binary 벡터의 T-DNA 영역

그림 26-3 온주밀감 체세포배발생 callus의 *Agrobacterium* 접종 후의 형질전환 세포의 체세포배 형성(A), 자엽 발달(B와 C), 신초 분화(D), 기외 접목(E) 및 활착(F)

그림 26-4 *Agrobacterium* 매개 형질전환으로부터 순화된 재분화 온주밀감 식물체의 GUS 발현(A), PCR(B) 및 Southern 분석(C). WT, 비형질전환체; 1~4,형질전환 추정 식물체 개체 번호

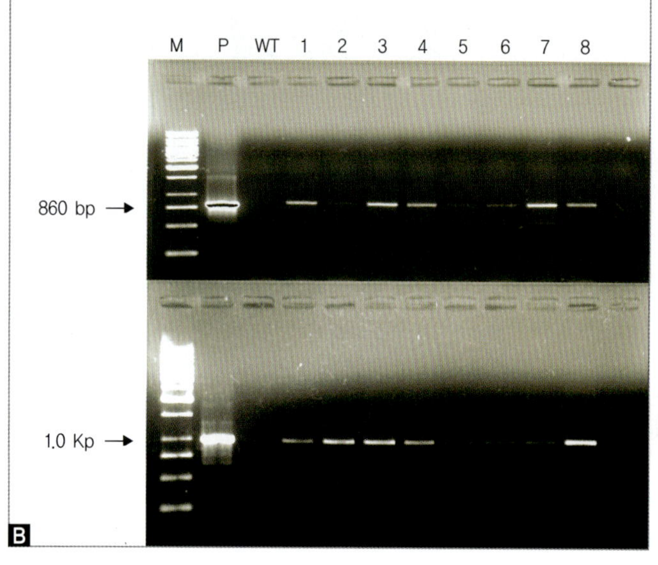

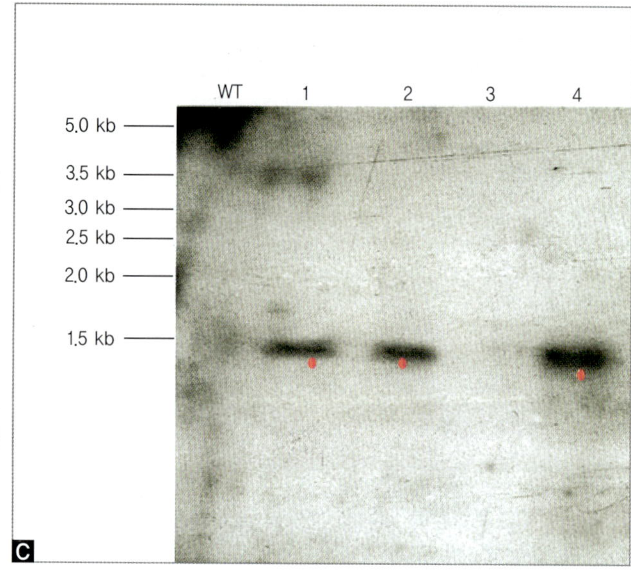

용하지 않을 경우, lactose 첨가 체세포배 유도배지(EIM) 배지에서의 체세포배 형성 비율이 25개 내외로 나타나 ficoll 농도 구배를 이용하여 체세포배 발생률이 높은 callus를 분리시킬 수 있는 것으로 보아졌다. 체세포배들은 adenine 첨가 배지에서 자엽을 형성시켰고, 식물생장 조정제가 첨가된 재분화 배지(ERM)에서 신초 형성을 유도할 수 있었다. 자엽 단계에서부터 신초의 형성 비율은 plate당 6개 내외로 매우 낮은 편이었다.

그림 26-5 진귤의 기내 발아 식물체(A)의 상배축 절편체로부터 *Agrobacterium* 매개 형질전환 후의 신초 재분화(B), 기외접목(C) 및 PCR 분석(D)

체세포배발생 callus의 형질전환에는 pIG121 binary 벡터(그림 26-2)를 포함하는 LBA4404 *Agrobacterium*을 이용하였다. *Agrobacterium*의 접종 후 체세포배발생 callus의 항생제 첨가배지 상에서의 증식, 체세포배 형성, 자엽 형성, 신초 유도, 기외 접목 등의 일련의 과정을 그림 26-3에 나타내었다. 이들 신초의 형질전환 확인은 GUS 분석, PCR 분석 및 Southern blot 분석을 통하여 이루어졌다(그림 26-4).

진귤의 종자 파종 후 발아 식물체의 상배축 절편체를 이용하여 기관분화를 통한 형질전환 및 재분화를 수행하였다(그림 26-5). 접종 2개월 후의 항생제 선발 부정아 형성률은 3% 내외였고, 신초 형성률은 1.5% 내외였다. 이들 재분화 신초의 PCR 분석(그림 26-5D)은 형질전환체의 가능성을 제시하고 있다. 그러나 식물체의 크기가 작아 Southern blot 분석까지는 수행하지 못하고 있는 실정에 있다. 금후 Southern blot 분석에 의한 형질전환체 입증이 기대되고 있다.

참고문헌

- Arumuganathan K, Earle ED(1991) Nuclear DNA content of some important plant species. Plant Mol Bio Rep 9: 208~218
- Barlass M, Skene KGM(1982) In vitro plantlet formation from *Citrus* species and hybrids. Scientia Hort 17: 333~341
- Bond JE, Roose ML(1998) *Agrobacterium*-mediated transformation of the commercially important citrus cultivar Washington navel orange. Plant Cell Rep 18: 229~234
- Carimi F, De Pasquale F, Crscimanno FG(1999) Somatic

embryogenesis and plant regeneration from pistil thin layers of Citrus. Plant Cell Rep 18: 935~940

- Cervera M, Juarez J, Pina JA., Navarro L, Pena L(1998) *Agrobacterium*-mediated transformation and regeneration of citrange: factors affecting transformation and regeneration. Plant Cell Rep 16: 271~278
- Cevera M, Pina JA, Juarez J, Navarro L, Pena L(1998) *Agrobacterium*-mediated transformation of citrange: factors affecting transformation and regeneration. Plant Cell Rep 18: 271~278
- Chapman A, Blervacq AS, Tissier JP, Hilbert JL(2000) Cell wall differentiation during early somatic embyogenesis in plants. I. Scanning and transmission electron microscopy study on embryos originating from direct, indirect, and adventitious pathways. Canadian J Bot 78: 816~823
- Chaturvedi HC, Mltra GC(1974) Clonal propagation of citrus from somatic callus cultures. HortScience 9: 118~120
- Costa MGC, Otoni WC, Moore GC(2002) An evaluation of factors affecting the efficiency of Agrobacterium-mediated transformation of *Citrus paradisi* (Macf.) and production of transgenic plants containing carotenoid biosynthetic genes. Plant Cell Rep 21: 365~373
- Davies FS, Albrigo LG(1994) Citrus. CAB International Press, pp 12~51
- Deng XX, Grosser JW, Gmitter FG(1992) Intergeneric somatic hybrid plants from protoplast fusion of *Fortunella crassiflia* cultivar 'Meiwa' with *Citrus sinesis* cultivar 'Valencia'. Scientia Hort 49: 55~62
- Dominguez A, Guerri J, Cambra M, Navarro L, Moreno P, Pena L(2000) Efficient production of citrus transgenic plants expressing the coat protein gene of citrus tristeza virus. Plant Cell Rep 19: 427~433
- Ghorbel R, Dominguez A, Navarro L, Pena L(2000) High efficiency genetic transformation of sour orange (*Citrus aurantium* L.) and production of transgenic trees containing the coat protein gene of citrus tristeza virus. Tree Physiol 20: 1183~1189
- Ghorbel R, LaMalfa S, Lopez MM, Pitit A, Navarro L, Pena L(2001) Additional copies of virG from pTiBo542 provide a super-transformation ability to *Agrobacterium tumefaciens* in citrus. Physiol Mol Plant Pathol 58: 103~110
- Grosser JW, Gmitter FG(1990) Protoplast fusion and citrus improvement. Plant Breeding Reviews 8: 339~374
- Hidaka T, Omura M, Ugaki M, Tomiyama M, Kato A, Ohshima M, Motoyoshi F(1990) *Agrobacterium*-mediated transformation and regeneration of *Citrus* SPP. from suspension cells. Jpn J Breed 40: 199~207
- Hodgson RW(1967) Horticultural varietles of *citrus* P 431~591. In: Reuther W, Webber HJ, Batchelor LD(eds). The *citrus* Industry, Vol. I. University of California Press Berkeley
- Ikeda T, Kojima K, Yakushiji H, Kobayashi S, Nonami H(2000) Effects of endogenous auxin on citrus somatic embryogenesis. J Jpn Soc Hort Sci 69: 221~223
- Jimenez VM, Guevara E, Herrera J, Bangerth F(2001) Endogenous hormone levels in habituated nucellar *Citrus* callus during the initial stages of regeneration. Plant Cell Rep 20: 92~100
- Kaneyoshi J, Kobaayshi S, Nakamura Y, Shigemoto N, Doi Y(1994) A simple and efficient gene transfer system of trifoliate orange (*Poncirus trifoliata* Raf.). Plant Cell Rep 13: 541~545
- Kobayashi S, Uchimiya H(1989) Expression and integration of a foreign gene in orange (*Citrus sinensis* Osb.) protoplasts by direct DNA transfer. Jpn J Genet 64: 91~97
- Kochba J, Spiegel-Roy P(1977) Cell and tissue culture for breeding and development studies of citrus. HortScience 12: 110~114
- Kochba J, Spiegel-Roy P, Safran H(1972) Adventive plants from ovules and nucelli in citrus. Planta 17: 151~159
- Luth D, Moore G(2000) Transgenic grapefruit plants obtained by *Agrobacterium tumefaciens*-mediated transformation. Plant Cell Tissue. Organ Cult.
- Matsumoto K, Yamaguchi H(1983) Induction of adventitious buds and globular embryoids on seedlings of trifoliate orange (*Poncirus trifoliata*). Jpn J Breed 33: 123~129
- Molinari HBC, Bespalhok JC, Kobayashi AK, Pereira LEP, Vieira. LGE(2004) *Agrobacterium tumefaciens*-mediated transformation of Swingle citrumelo (*Citrus paradisi* Macf. ×*Poncirus trifoliata* L. Raf.) using thin epicotyl sections. Scientia Hort 99: 379~385
- Moore GA(1985) Factors affecting in vitro embryogenesis from undeveloped ovules of mature *Citrus* fruit. J Amer Soc Hort Sci 110: 60~70
- Moore GA, Jacono CC, Neidigh JL, Lawrence SD, Cline K(1992) *Agrobacterium*-mediated transformation of sweet orange and regeneration of transgenic plants. Plant Cell Rep 14: 616~619
- Moreira-Dias JM, Molina RV, Bordon Y, Guardiola JL, Garcia-Luis A(2000) Direct and indirect shoot organogenic pathways in epicotyl cuttings of Troyer citrange differ in hormone requirements and in their response to light. Ann Bot 85: 103~110
- Moreira-Dias JM, Molina RV, Guardiola JL, Garcia-Luis A(2001) Daylength and photon flux density influence the growth regulator effects on morphogenesis in epicotyl segments of Troyer citrange. Scientia Hort 87: 275~290
- Murashige T, Tucker DPH(1969) Growth factor requirement of citrus tissue culture. In: Proc. First Int. Citrus Symp. vol. 3, p 1155~1169
- Pena L, Cervera M, Juarez J, Navarro A, Pina JA, Duran-Vila

N, Navarro L(1997) Genetic transformation of lime (*Citrus aurantifolia* Swing.): factors affecting transformation and regeneration. Plant Cell Rep 16: 731~737

- Pena L, Cervera M, Juarez J, Ortega C, Pina JA, Duran-Vila N, Navarro L(1995a) High efficiency *Agrobacterium*-mediated transformation and regeneration of citrus. Plant Sci 104: 183~191
- Pena L, Cervera M, Navarro A, Pina JA, Duran-Vila N, Navarro L(1995b) *Agrobacterium*-mediated transformation of sweet orange and regneration of transgenic plants. Plant Cell Rep 14: 731~737
- Pena L, Perez RM, Cervera M, Juarez JA, Navarro L(2004) Early events in *Agrobacterium*-mediated genetic transformation of citrus explants. Ann Bot 94: 67~74
- Perez RM, Galiana AM, Navarro L, Duran-Vila JM(1998) Embryogeneis in vitro of several *Citrus* species and cultivars. J Hort Sci Biotech 73: 796~802
- Raj Bhansali R, Arya HC(1979) Organogenesis in *Citrus* limettioides Tanaka(sweet lime) callus culture. Phytomorphology 28: 97~100
- Rangan TS, Murashige T, Bitters WP(1968) In vitro initiation of nucellar embryos in monoembryonic *Citrus*. HortScience 3: 226~227
- Sauton A, Mouras A, Lutz A(1982) Plant regeneration from citrus root meristems. J Hort Sci 57: 227~231
- Starrantino A, Russo F(1980) Reproduction of seedless orange cultivars from undeveloped ovules raised 'in vitro'. Acta Hort 131: 253~258
- Swingle WT(1943) The botany of citrus and its wild relatives of the orange subfamily (family Rutaceae subfamily Aurantiodae). p 129~474. In: Reuther W Webber HJ, Batchelor LD(eds). The Citrus Industry, Vol. 1. University of Califonia Press, Berkeley
- Tanaka T(1954) Species Problem in Citrus. Japanese Society for the Promotion of Science. Ueno. Tokyo
- Vardi A, Bleichman S, Aviv D(1990) Genetic transformation of *Citrus* protoplasts and regeneration of transgenic plants. Plant Sci 69: 199~206
- Yang ZN, Ingelbrecht IL, Louzada E, Skaria M, Mirkov TE(2000) *Agrobacterium*-mediated transformation of the commercially important grapefruit cultivar Rio Red(Citrus paradisi Marf.). Plant Cell Rep 19: 1203~1211
- Yao JL, Wu JH, Gleave AP, Morris BAM(1996) Transformation of citrus embryogenic cells using particle bombardment and production of transgenic embryos. Plant Sci 113: 175~183
- Yu C, Huang S, Chen C, Deng Z, Ling P, Gmitter FG(2002) Factors affecting *Agrobacterium*-mediated transformation and regeneration of sweet orange and citrange. Plant Cell, Organ and Tissue Cult 71: 147~155
- Yun JU, Kim BK, Jin SB, Ahn SY, Kim YH, Moon DK, Song KJ(2006) Factors affecting embryogenic culture initiation from undeveloped seeds of satsuma mandarin(citrus inshic). Hort Environ Biotechnol 47:276~279

27 가시오갈피 배발생세포의 형질전환

김재훈, 이원석, 최은경, 황동준
(주)마이크로프랜츠 중앙연구소

I. 서론

식물을 세포배양 또는 조직배양에 의해 개체를 증식시키거나 형질을 전환시키는 연구는 대부분 초본식물인 작물이나 화훼에서 주로 이루어졌고, 이들 식물에서 실용화되어 산업화된 경우가 있으나 목본식물을 세포배양하고 개체를 복제하여 대량 증식시키거나 형질전환시킨 예는 일부 수종을 제외하고 거의 없다. 목본식물의 대부분은 성장하는 데 수년이 걸려 종자채종 및 번식에 오랜 기간이 소요되므로 품종개량을 위한 연구에 많은 어려움이 있다. 근년에 목본식물의 중요성이 재인식되어 국가차원에서 많은 연구비를 투자하여 산림청을 중심으로 임목수종에 대한 조직배양 및 품종개량 연구가 활발히 진행되고 있다. 그 결과 최근에는 포플러, 가시오갈피와 같은 목본식물은 초본식물과 같이 조직배양에 의해 식물체 재분화 및 증식 방법이 개발되어 어느 정도로 대량 증식할 수 있게 되었다. 이를 기반으로 목본식물의 세포배양에 의한 유식물체 대량 증식과 형질전환과 같은 생명공학적인 연구가 가능하게 되었고 실용화도 조만간 가능할 것이다.

가시오갈피(*Acanthopanax senticosus* 또는 *Eleutherococcus senticosus*)는 두릅나무과에 속하는 다년생 관목으로 북반구 극동아시아에만 분포한다. 러시아에서는 가시오갈피의 약효가 인삼 이상으로 뛰어나고 외부 자극에 대한 저항력 증진효과가 있어 무중력 상태에서 생활하는 우주인과 많은 체력이 필요한 올림픽 선수들이 먹는 것으로 알려졌다. 최근에는 국내외 많은 식·의약품회사에서 가시오갈피로 여러 제품을 개발하여 시판하고 있다. 이들 대부분의 원료는 중국이나 러시아에서 공급되는 것으로 국내의 경우 가시오갈피의 생산량이 전무한 실정이어서 근피, 수피, 추출액 등이 매년 수백 톤 이상 수입되고 있다.

가시오갈피 조직배양은 체세포배 유도가 보고(Gui *et al.*, 1991)된 이후 많은 연구자들이 활발하게 연구하여 세포배양 및 조직배양 연구가 보고되었다. 특히 가시오갈피 현탁배양세포로부터 고빈도의 체세포배 및 유식물체의 생산이 가능하게 되어 묘목생산 및 품종개량이 가능하게 되었다(Choi *et al.*, 1999; Han and Choi, 2003). 또한 가시오갈피 배발생세포를 생물반응기(bioreactor)로 배양하여 체세포배 및 유식물체를 대량생산하여 이들로부터 유용물질을 추출하여 식·의약품의 원료로 사용할 수 있게 되었다(Kim and Kim, 2001; Kang *et al.*, 2005). 가시오갈피 체세포배 대량증식 방법은 배발생세포라는 특수한 세포를 만들어 사용하였다(Choi *et al.*, 1999). 가시오갈피를 비롯하여 여러 식물의 배발생세포를 만들어 이들로부터 체세포배 및 유식물체를 대량 증식시키는 기술이 필자의 연구실에서 확립되었다.

여기에서는 가시오갈피를 중심으로 배발생세포를 만드는 방법과 이를 증식시키는 과정 그리고 배발생세포에 외래 유전자를 쉽게 도입할 수 있는 방법에 대해서 설명하고자 한다. 또한 형질전환된 배발생세포로부터 체세포배를 대량으로 증식시키는 과정에 대해 언급하였다.

II. 재료 및 방법

1. 배양재료

가시오갈피 종자는 인삼처럼 수개월의 후숙기간을 거치면 자엽형(cotyledonary stage) 성숙배가 된다 (그림 27-1). 식물체 재분화를 위한 배양재료로 종자내 배(embryo)를 사용하여 배양할 경우 식물에 따라서 미성숙 배가 잘되는 것 또는 성숙한 배가 잘되는 것이 있다. 가시오갈피의 경우 성숙배를 2~4 조각으로 절단하여 MS배지에 2,4-D가 함유된 한천배지에서 1~3개월 정도 배양하면 절단된 면에서 배발생세포와 체세포배가 유도된다. 참고로 식물조직배양의 경우 배양재료는 어린 조직일수록 배양이 잘되는 특성을 보인다.[1] 따라서 대부분의 식물을 배양할 때 종자내 배를 배양재료로 사용하는 것이 무난한 것으로 판단되고, 배에서도 배축이나 자엽을 분리한 후 크기를 다양하게 절단해서 사용해 보는 것이 좋을 것이다.

1) 배양재료의 멸균

종자 내의 배(embryo)를 배양재료로 사용할 경우 종피가 있는 그대로 소독하여 배양재료로 사용하는 것이 배(배축이나 자엽)의 손상을 최대한 방지할 수 있어 좋다. 식물 종자는 대부분 종피가 견고하고 단단하므로 멸균수에 소독제인 10% sodium hypochlorite(소디움)를 희석시켜 소독할 경우 소독제의 농도를 비교적 높게 해서 멸균해도 종자 내의 배 또는 배유는 그다지 손상을 입지 않는다. 시판되고 있는 10% 소디움 용액을 그대로 사용해도 소독제의 해를 입지 않는 식물종자도 많이 있다.[2] 종자의 견고성과 밀폐 상태에 따라 처음 멸균 가능한 소독용액의 농도를 결정하고 그 농도에서 멸균 가능한 시간 동안 멸균한 후 종자에 묻어 있는 소독용액을 씻어낸다. 모든 과정에서 소독용액이 종자의 종피에 잘 스며들고, 종자 주위의 공기가 빠져나가도록 소독용기를 잘 흔들어 준다. 소독제를 씻어낼 때 바로 멸균수로 씻지 않고 소독제의 1/2~2/3 정도의 농도인 용액으로 갈아주면서 씻어주고 이어서 점차 낮은 농도(예 1%, 0.5%, 0.2%)로 씻는다. 마지막으로 멸균수로 1번만 씻어줘도 소독용액을 제거하는 데 충분하다.[3]

2) 배지조성 및 배양환경

대부분의 식물조직으로부터 배양세포의 유도는 MS배지에 1.0mg/*l* 2,4-D이 첨가된 배지조건이 가장 좋다. 가시오갈피 배발생세포나 체세포배를 유도할 때도 MS배지에 1.0mg/*l* 2,4-D가 함유된 배지가 가장 좋았다(대부분의 식물은 이 조건에서 잘 되고, 특별히 잘 안될 경우 식물에 따라 약간 변형된 조건을 검토해 본다). 배양장소는 초기 callus나 세포를 유도하거나 증식시킬 때는 어두운 곳이 좋고, 체세포배 및 유식물체를 배양할 때는 밝은 곳이 좋

1) 식물 배양 재료는 화기 > 어린 배 > 성숙 배 > 유식물체 > 어린 식물의 조직 > 큰 식물의 조직 등의 순서로 배양세포나 배양체의 유도율이 높다. 또한 기내에서 배양한 체세포배나 유식물체를 배양재료로 사용하면 더 높은 비율의 배양세포나 배양체를 얻을 수 있다.

2) 소독용액 농도, 멸균 시간은 재료를 보면서 판단하는데, 종피가 단단하면 강한 소독용액으로 오랜 시간 현탁시키면서 소독해도 좋다. 인삼의 경우에는 10% sodium hypochlorite 용액 원액에 담가 1~2일간 현탁시키며 살균하여도 배나 배유는 전혀 손상되지 않는다. 당귀나 당근과 같이 종자에 털이 많은 경우에는 털이 녹을 정도로 고농도의 sodium hypochlorite 용액에 넣어 현탁시키면서 멸균하는 것이 좋다.

3) 배양재료를 소독용액으로 멸균할 때 처음에는 높은 농도(예 sodium hypochlorite용액 3~5%)로 짧게(5~6분; 재료 손상을 막기 위해) 한 후 소독용액을 씻어 낼 때 점차 낮은 농도(예 sodium hypochlorite 용액 1%, 0.5%, 0.2%)의 소독용액으로 갈아주면 재료는 더 이상 손상되지 않으면서 소독용액을 씻어주는 효과가 있다. 이러한 방법은 씻어 주는 과정에서 부주의로 오염균이 들어갈 경우에도 약한 농도의 소독용액에서 멸균될 수 있는 장점이 있다. 농도를 낮추는 방법은 재료를 소독중인 용액을 절반 정도 따라내고 멸균수를 채워 넣고(절반 정도 희석됨), 3~4분 후 다시 희석된 용액을 따라내고, 멸균수를 채워 넣는 방법으로 한다.

그림 27-1 가시오갈피 종자 내의 성숙 배

다. 온도는 25℃ 정도가 적합하다.[4]

3) 배발생세포 유도

멸균된 가시오갈피 종피를 제거하면 종자 내에는 확실히 구분되는 배유와 배가 들어 있다(그림 27-1). 배유에 둘러싸인 배를 분리하여 2~4 조각으로 무작위 절단하여 2,4-D가 함유된 MS배지에 치상하여 배발생세포 및 체세배가 나올 때까지(1~3개월) 옮기지 않고 그대로 놓아둔다. 이때 잘 증식되는 callus가 유도되어 급격하게 증식하는 경우가 있는데 이들 callus(non-embryogenic callus)가 나오면 배발생세포와 체세포배가 발생하는 경우는 별로 없다. 따라서 증식이 잘 되는 callus가 나오면 배양재료나 배지 조건을 바꿔보는 것이 좋다.

4) 간혹 연구실을 이사하거나 새로운 설비로 배양실을 옮겼을 때 또는 냉방기나 온풍기를 사용하기 시작하는 환절기에 기계적인 이상으로 배양실 온도가 적절치 않아 배양체를 다 몰살시키는 경우가 있다. 이것을 방지하기 위해서는 배양실의 온도가 급격하게 변하지 않도록 여러 가지 안전장치를 해야 한다. 필자 실험실은 여름에 배양실에 설치되어 있는 열을 내는 기기(현탁 배양기, 생장기 등)는 모두 배양실 밖으로 옮겨 냉방기가 고장 나더라도 배양실온도가 급격히 상승하여 배양체가 삶아 죽는 것을 막는다. 겨울에는 반대로 열을 내는 기기를 배양실로 옮겨 난방비를 절약하면서 온풍기가 작동하지 않더라도 온도가 급격하게 내려가는 것을 방지할 수 있다.
연구자의 기본: 연구자는 주어진 여건에서 실험만 하는 것이 아니다. 실험실 주위의 지형지물과 환경을 적절히 이용하면 에너지도 절약할 수 있고, 실험실과 배양실을 보다 더 좋은 환경으로 조성할 수 있다. 항상 실험실 환경정리와 실험기기 배치 그리고 청소 등에 신경을 써야 연구의 발전도 함께 한다.

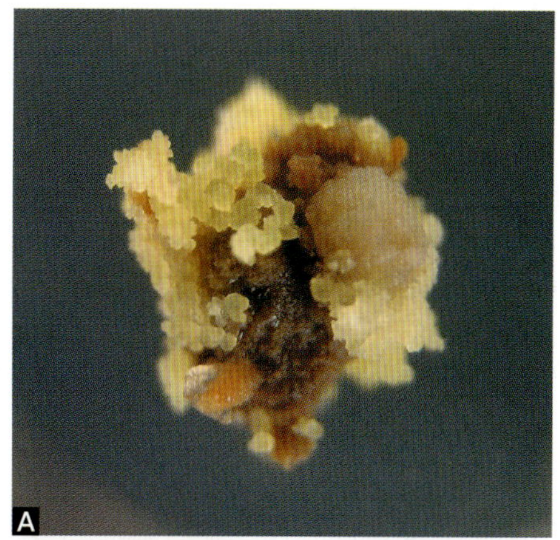

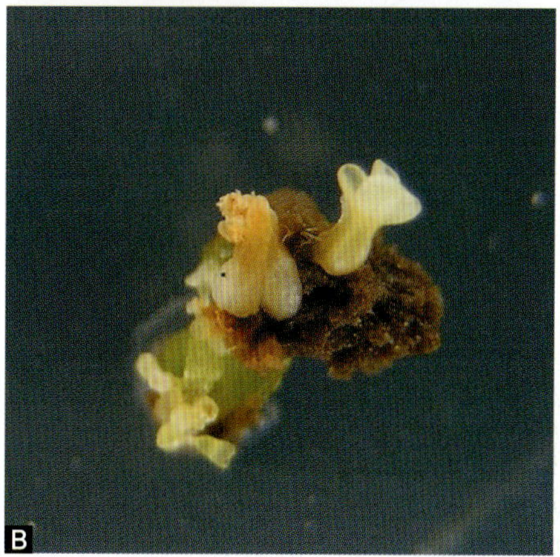

그림 27-2 배양 절편으로부터 유도한 배발생 callus(A)와 체세포배(B)

배축 절편에서 유도된 배발생세포와 callus 및 초기 체세포배는 크기와 모양이 다양한 것이 섞여 있는데(그림 27-2A) 배발생세포가 확실하게 유도되었으면 최대한 증식하도록 놓아둔 후 배발생세포의 양이 증가하면 계대배양을 실시한다. 배발생세포나 체세포배가 유도되지 않았거나 구분이 잘 안될 경우 배지에 좀 더 그대로 놓아두면 오래된 배양체에서 배발생세포가 발생되기도 한다.[5] 배발생세포를 배양하면서 구분하는 것은 경험이 없으면 쉽게 알

5) 식물 조직배양은 재료를 배지에 치상하고 처음에 무엇이 또는 어떤 형태의 것이 나오느냐가 중요하다. 치상 후 원하는 배발생세포나 체세포배가 나왔다고 바로 계대배양하거나 논문자료로 사용하기 위해 사진 촬영용으로 쓰거나 분석용으로 채취하는 것은 되도록 자제하는 것이 좋다. 배양체를 배지에 그대로 놓고 좀 더 관찰하면 배지가 서서히 고갈되어 배양체는 죽어가게 되는데 이때까지 배양하면 다양한 종류의 배양체를 얻을 수 있다. 특히 소형으로 분열이 왕성한 배발생세포는 이 과정 중에 얻을 수 있다.

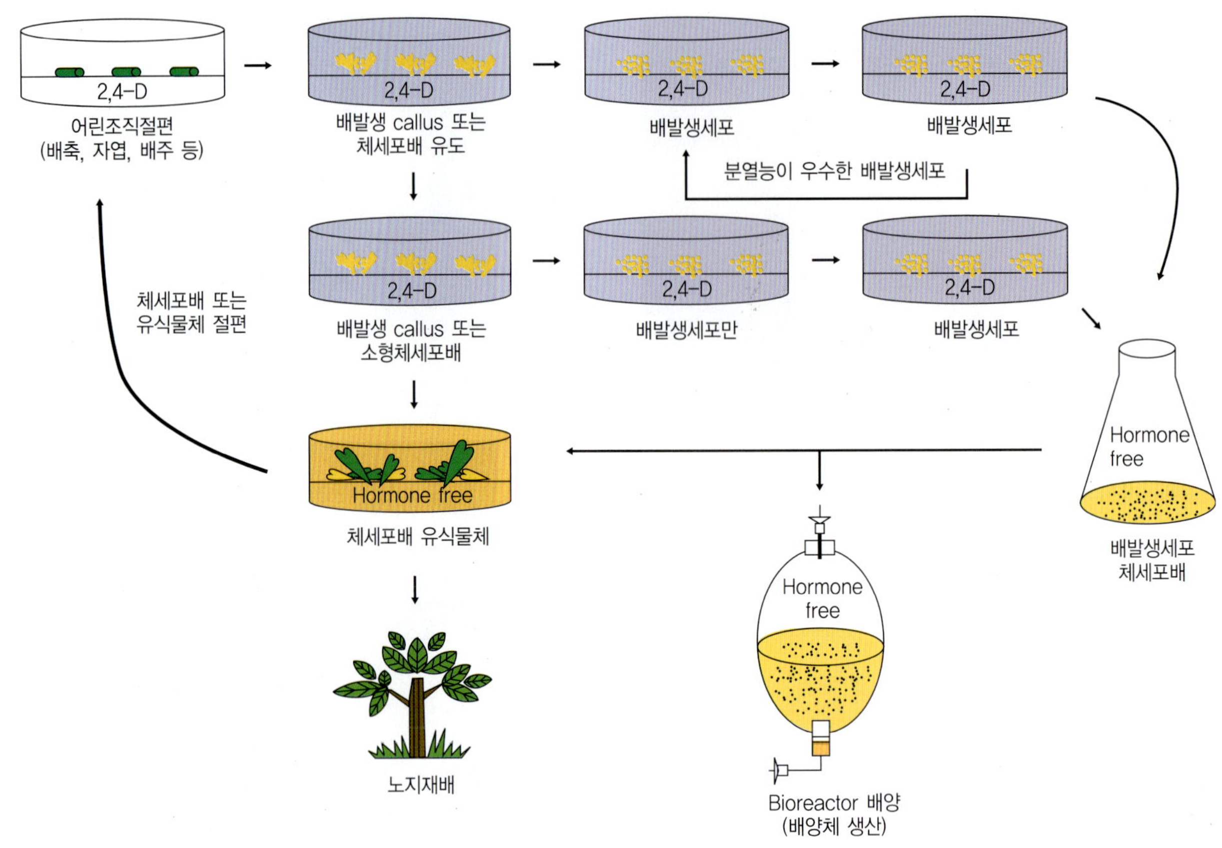

그림 27-3 배발생세포 유도 및 배양 과정

지 못한다. 이럴 경우에는 기존 논문의 사진을 참고하거나 이 분야에 경험이 있는 연구자에게 배발생세포의 형태나 특징을 직접 배우게 되면 그다지 어렵지 않게 알 수 있을 것이다(그림 27-2B).

심장형배 이후의 체세포배는 MS배지에 식물생장호르몬이 첨가되지 않은 배지로 옮겨 형광빛 아래에서 배양하면 유식물체로 잘 자란다.

한편, 식물의 배발생세포를 얻는 방법은 두 가지가 있는데 하나는 앞에 언급한 것처럼 처음 배양절편을 치상해서 바로 얻는 방법이다(그림 27-3, 맨위). 또 한 가지 방법은 배발생세포가 없고 체세포배만 있을 경우 작은 체세포배 또는 어린시기의 체세포를 선별하여 2,4-D가 함유된 한천배지에 밀집되게 고밀도로 모아 배양하면 배지 내 영양분이 고갈됨에 따라 체세포배들은 작아지고, 세포화되는 경향이 있다. 이런 방법으로 계속 계대배양하면 체세포배가 소형화되고 점점 배발생세포가 많아져 증식이 잘 되며 크기가 작은 균일한 배발생세포가 만들어진다(그림 27-3, 위에서 두 번째). 배발생세포를 유지하다가 간혹 모든 배발생세포가 체세포배로 발달하는 경우가 있는데 그럴 경우 두 번째 방법을 활용하면 체세포배로부터 배발생세포를 다시 만들 수 있을 것이다.

배발생세포를 증식시키고, 장기간 배발생능을 유지시키기 위해서는 먼저 균일한 배발생세포를 만드는 것이 중요하다. 배발생세포 또는 callus를 처음 계대배양할 때 3~4회 정도까지는 고밀도로 배양하면 작고 균일한 배발생세포를 쉽게 얻을 수 있고 저밀도로 배양하면 배발생세포가 굵어져 균일하지 않게 될 수 있다. 식물에 따라서 배발생세포가 너무 작고 균일하게 되면 배발생능이 없어질 수 있는데, 이러한 경우 식물의 배발생세포를 소형(초기)의 체세포배와 섞어서 함께 배양하면 배발생세포의 배발생능이 소실되지 않고 오랜 기간 배발생능을 유지시킬 수 있다.

이렇게 만들어진 배발생세포는 유전적으로 대단히 안정한 것으로 판단된다. 필자의 연구실에서는 가시오갈피의 배발생세포를 10년 이상 유지하고 있는데 지금도 액체

배지에 넣어 배양하면 체세포배로 잘 발달하고, 간단한 유전자 동질성 검사에서도 유전적 변이가 없는 것으로 나타났다.[6] 이와 관련된 연구를 더욱 더 구체적으로 해보면 배양세포에 대해서 기존에 알려진 일반적인 사실들이 잘못되었다는 것을 알 수 있고, 배발생세포 또는 배양체에 대해 새로운 사실들도 많이 규명할 수 있을 것으로 기대하고 있다. 이 분야에 관심 있는 연구실이나 연구자들이 원하면 (주)마이크로프랜츠가 보유하고 있는 가시오갈피 및 그 밖에 여러 식물의 배발생세포를 제공하여 새로운 사실을 연구하는 데 적극 활용할 수 있도록 하겠다.

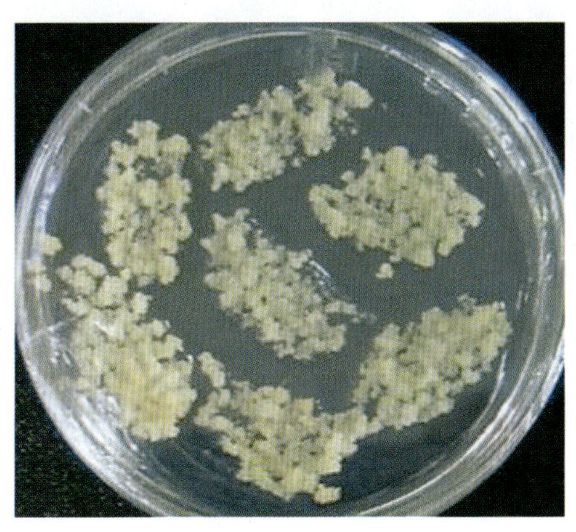

그림 27-4 증식이 잘 된 가시오갈피 배발생세포

4. 배발생세포의 형질전환

가시오갈피 배발생세포를 0.5~1.0mg/l 2,4-D가 함유된 MS 한천배지에 2주 정도 배양하면 배발생세포가 증식하게 되어 계대배양을 주어야 한다. 증식된 배발생세포에서 1/10은 유지용으로 새 한천배지에 계대배양하고 나머지 9/10를 형질전환용 배발생세포로 사용한다(그림 27-4). 이 배발생세포는 체세포배 증식용으로 사용하여 체세포배

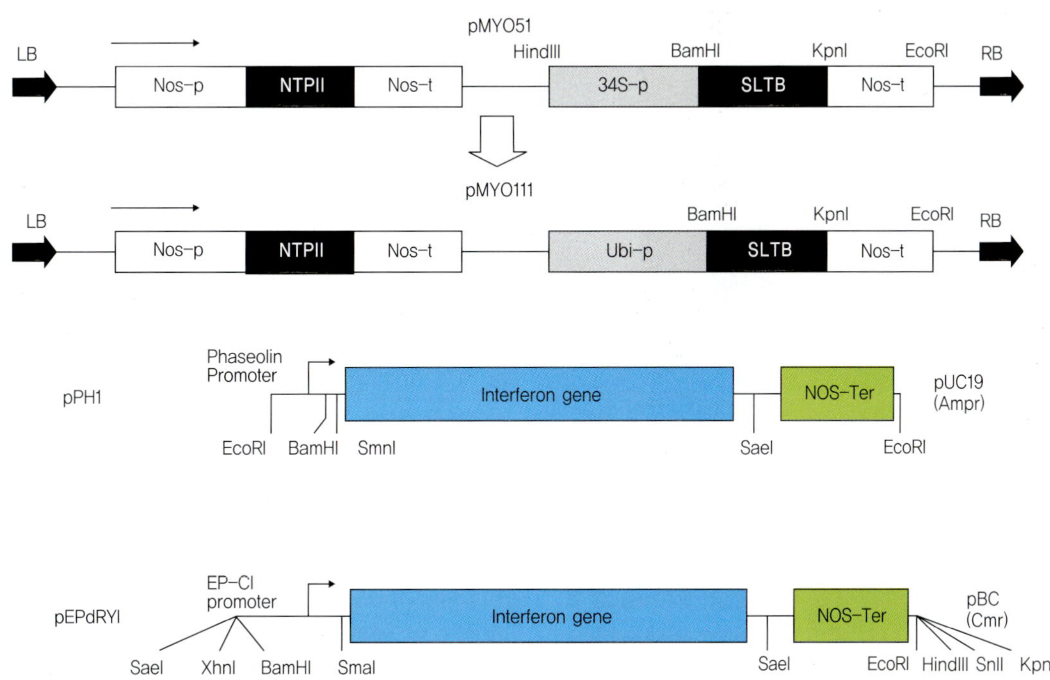

그림 27-5 가시오갈피 배발생세포 도입 유전자의 구조

6) 배발생세포, 비배발생세포, callus, 부정근 등 배양체는 배양과정 중에 식물호르몬 등에 의해 체세포 변이가 많이 일어난다고 알고 있고, 교과서에도 나와 있는 사실이다. 그러나 필자의 연구실의 가시오갈피를 비롯한 여러 식물의 배발생세포, 산삼 배양근, 다른 예로 삼양제넥스의 주목나무세포 등은 10년 이상 배양해 왔는데 아직까지 유전자 동질성 검사에서 유전적변이가 있었다는 이야기를 듣지 못했고, 그 증거도 없는 것으로 나타났다.

그림 27-6 배발생세포에 희석시키지 않은 *Agrobacterium* 용액을 그대로 접종

그림 27-8 배발생세포의 수분 제거를 위해 크린벤치에서 용기 뚜껑을 열고 건조

그림 27-7 공동배양 전 *Agrobacterium*과 배발생세포의 혼합

나 유식물체를 대량으로 생산하는 데 사용될 수도 있다.

형질전환은 *Agrobacterium* 접종 방식을 사용하고, 유전자 구조는 그림 27-5에 나타냈다.[7] *Agrobacterium*은 *Agrobacterium*을 배양하는 액체배지에서 1~2일 정도 배양하여 증식이 잘 된 것(배지가 탁해진 것)을 사용하는데 *Agrobacterium* 배지를 희석시키지 않고 그대로 배발생세포의 디쉬에 부어서 접종시킨다(그림 27-6). 부어 넣는 *Agrobacterium* 배지의 양은 배발생세포와 섞었을 때 *Agrobacterium* 배지가 흘러내리지 않을 정도로 부어 준다. *Agrobacterium*을 너무 적게 넣으면 형질전환율이 낮고, 너무 많이 넣으면 배발생세포가 죽거나 스트레스로 인해 세포가 변할 수 있다. 이때 acetosylingone를 한 방울 첨가하면 형질전환율이 조금 높아지지만 첨가하지 않아도 배발생세포를 형질전환시키는 데 큰 문제가 되지 않는다. 공동배양 전에 배발생세포를 핀셋으로 휘적휘적 저어서 *Agrobacterium* 배지와 잘 섞이도록 한다(그림 27-7). 잘 섞은 배발생세포는 공동배양배지(0.5~1.0mg/*l* 2,4-D가 함유된 MS배지)에 두툼하게 깔고 수분 제거를 위해 공동배양 용기인 petridish의 뚜껑을 열고, 크린벤치의 바람을 이용해서 1시간 정도 건조시킨다(그림 27-8). 배발생세포와 *Agrobacterium*의 공동배양은 25°C에서 1~2일 정도 한다.[8] *Agrobacterium*과 공동배양할 때 물기, 밀도, 기간 등이 맞지 않으으면 배발생세포에 스트레스로 작용할 수 있으므로 주의한다.

7) 형질전환에 사용된 유전자는 *LTB*, *CTB*, *α-Interferon*, *Lactoferrin* 등 여러 유전자를 사용하였고, *Agrobacterium*로 형질전환시키는 것은 어느 것이나 같은 방법으로 유전자를 도입하였다.

8) 배발생세포와 *Agrobacterium*의 공동배양 기간은 식물에 따라 조금씩 다를 수 있지만 되도록 3일 이상은 넘기지 않는 것이 좋다. 공동배양 기간을 길게 해서 얻어진 형질전환 배발생세포의 경우 체세포로 발달했을 때 형태적으로 변형이 생기고, 발현하는 물질을 분석했을 때 균일하게 나오지 않는 경우가 많았다.

공동배양 후 배발생세포를 선발배지에 옮기기 전에 이들을 항생제가 든 액체배지에 세척하지 않는 것이 좋다. 굳이 세척을 할 경우 액체배지로 하지 말고 한천배지에서 배발생세포를 굴리면서 세척하는 것이 좋다.[9] 공동배양한 배발생세포를 선발배지에 얇게 깔아 2~3주 배양한 후 증식하는 세포만 선발하여 계속 계대배양 한다.[10] 선발배지에서 3~4회 정도 계대배양하여 얻어진 배발생세포는 거의 형질전환된 것으로 확신해도 좋다.

형질전환된 배발생세포의 계대배양은 1.0mg/*l* 2,4-D와 *Agrobacterium*을 죽이는 항생제 그리고 선발용 항생제 등이 들어 있는 MS 한천배지에서 약 2주 간격으로 실시한다.[11] 계대배양 기간이 2주가 되도록 하기 위해서는 배발생세포를 새배지에 옮길 때 배발생세포의 양을 적절하게 해야 한다. 계대배양할 때 양이 적거나 많으면 계대배양 기간이 2주보다 길어지거나 짧아지게 되고 배발생세포가 변할 수 있다. 형질전환된 배발생세포는 항생제가 첨가된 선발배지에서 일반 배발생세포와 같은 방법으로 배양해도 잘 유지되면서 증식한다.

9) *Agrobacterium*와 공동배양한 배양체(세포, callus, 조직 등)를 선발배지에 옮기기 전에 항생제가 든 액체배지에 세척하는데, 이 과정은 배양체가 오염되거나 수분스트레스 등에 의해 좋지 않을 수 있다. 따라서 배양체가 *Agrobacterium*과 심하게 들러붙지 않았으면 세척과정을 생략하고, *Agrobacterium*이 너무 많이 묻어서 배양체가 선발배지에서 도저히 살아날 것 같지 않으면 한천선발배지에서 배양체를 굴리면서 *Agrobacterium*을 제거한 후 새로운 선발배지에 옮겨 배양한다. 또는 한천선발배지에서 2~3일간 배양한 후 배양체를 깨끗한 곳에서 굴리면서 씻고 나서 새배지에 옮기는 것도 씻어주는 효과가 있다. 그리고 *Agrobacterium*에 오염된 배양체가 발견되면 즉시 새배지에 옮겨 준다.

10) 선발배지(1.0mg/*l* 2,4-D MS 배지)를 만들 때 여러 가지 항생제를 첨가할 경우 항상 65℃ 정도의 배지 온도에서 배지를 잘 흔들어주면서 단숨에 넣어 섞는다. 배지온도가 너무 높으면 항생제의 역가가 떨어질 수 있고, 너무 낮을 경우 항생제가 균일하게 섞이지 않을 수 있다. 선발배지는 언제나 똑같아야지 한 번이라도 실수하여 항생제가 균일하게 섞이지 않거나 바뀔 경우 장기간 배발생세포를 유지할 수 없게 되므로 배지를 만들 때 특별히 주의한다.

11) 선발 과정이 끝나고 형질전환이 된 것으로 확인된 배발생세포를 계속 계대배양할 경우 *Agrobacterium*을 죽이는 항생제(cefotaxime, carbenicillin 등)를 첨가하지 않아도 되지 않을까 하고 넣지 않고 배양했는데 배발생세포가 *Agrobacterium*에 오염은 되지 않았지만 세포의 성질이 조금 달라지는 것 같았다. 따라서 형질전환된 배발생세포를 유지하려면 조금 아까운 생각이 들지만 일단 항생제는 처음 선발 배지와 같게 넣어 사용하는 것이 좋을 듯하다.

5. 형질전환 배발생세포로부터 체세포배 대량 생산

오랜 기간 배양환경에서 배양해 온 배발생세포는 증식 및 유지가 잘 되므로 외래 유전자를 도입하여 형질전환시키면 여러 가지 장점이 있다. 즉, 형질전환된 배발생세포는 동일한 성질을 가진 상태로 계속해서 유지 및 증식이 가능하고, 배양방식이 일반 배발생세포와 동일하다. 그리고 체세포배 및 유식물체로 대량 증식시키기 쉽고, 관리가 편리하다.

배발생세포를 현탁배양하여 체세포배로 발달시키는 과정은 형질전환된 것이나 되지 않은 것이나 모두 같은 과정이며 방법도 같다. 먼저 petridish 2개에서 증식된 형질전환 배발생세포를 20m*l* MS 액체배지가 들어 있는 250m*l* flask에 넣으면 상당히 고밀도가 된다. MS 액체배지는 항생제 및 식물생장조절 물질을 첨가하지 않은 것을 사용하는데, 이유는 이미 배발생세포 단계에서 형질전환된 것이 선발되었기 때문에 굳이 다시 선발할 필요가 없고, 현탁배양에서는 배발생세포가 체세포배로 발달하는 단계이므로 항생제를 사용하면 체세포배로 발달하는 데 지장만 초래할 뿐이기 때문이다.

액체배지에서 배발생세포를 고밀도로 현탁배양하면 배

그림 27-9 바이오리액터 배양에 의한 가시오갈피 배발생세포 배양(A), 체세포배 및 유식물체 대량 증식(B)

발생세포는 액체배지의 환경에 적응하면서 덩어리진 것들이 풀어지고 무수히 많은 배발생세포로 발달하게 된다. 이곳에서 5~10일 정도 배양하면 배발생세포는 연노랑색을 띠며 잘 분리되고 액체배지에 완전히 적응하게 되어 활력있고 생기있게 된다. 이것을 2*l* 의 MS 배지가 들어 있는 5*l* 공기부양식 바이오리액터(생물반응기)에 부어서 3주 정도 배양하면 배발생세포들이 서로 떨어져 나가 배발생세포나 세포괴로 되어 개체수가 무수히 증가하게 된다. 이때 일부는 배발생단계로 진전되기도 하여 초기 구상형배로 발달한다(그림 27-9 A). 바이오리액터에서 배발생세포괴와 초기 구상형배가 많이 증가하면 기존 배지를 버리고, 5*l* 정도의 새배지로 교환해 준다. 바이오리액터에서 배양하는 것들을 한천배지에 옮겨 배양해도 체세포배로 잘 발달한다(그림 27-10). 바이오리액터에서 적절한 밀도로 2~3주마다 계대배양해 주면 구상형배, 심장형배, 어뢰형배, 자엽형배 등의 단계로 체세포배가 잘 발달한다(그림 27-11, 그림 27-9 B).

한편, 대형 생물반응기(탱크)로 체세포배를 배양할 경우에는 구상형배까지는 5~20*l* 용량의 유리로 된 바이오리액터에서 키우고, 심장형배 시기의 체세포배부터는 100*l*, 500*l*, 1000*l* 용량의 스테인리스 생물반응기에서 용기의 크기를 늘리면서 계대배양하면 체세포배를 키워 대량 생산할 수 있다(그림 27-12). 대형 생물배양기를 이용한 배양체 대량배양은 다른 장에서 언급한 것을 참고하길 바란다.

그림 27-10 현탁배양 후 고체배지에서 발아한 가시오갈피 체세포배 및 유식물체

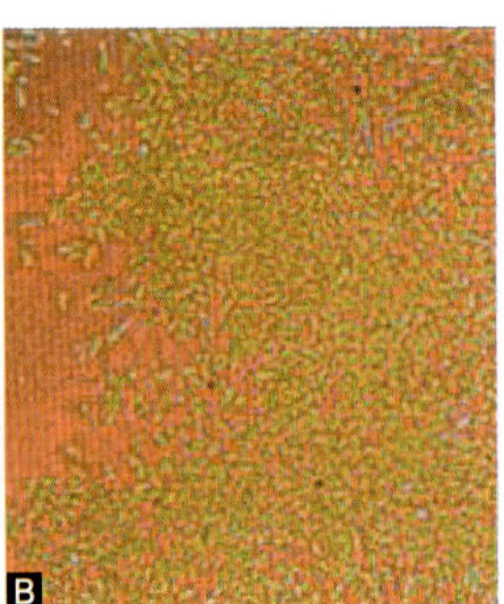

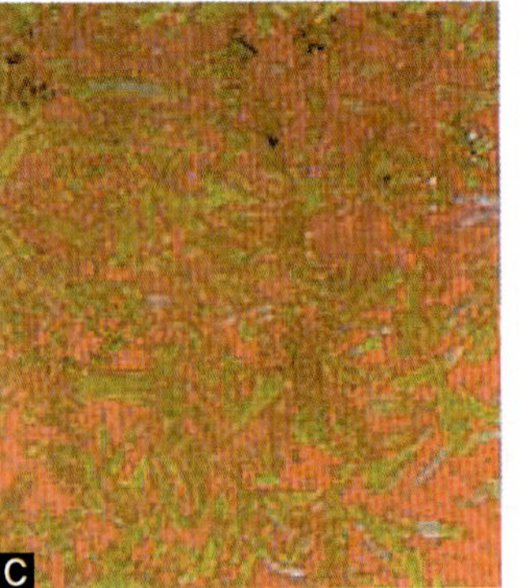

그림 27-11 바이오리액터에서 가시오갈피 구상형배(A), 심장형배(B), 어뢰형배(C), 자엽형배(D)의 체세포배 발달

그림 27-12 100*l* 및 1000*l* 생물반응기(탱크)에서 체세포배 대량생산

참고문헌

- Choi YC, Kim JW, Yoon ES(1999) High frequency of plant production via somatic embryogenesis from callus or cell suspension cultures in Eleutherococcus senticosus. Aannal of Botany 83: 309~314
- Gui Y, Guo Z, Ke S, Skirvin RH(1991) Somatic embryogenesis and plant regeneration in Acanthopanax senticosus. Plant Cell Reports 9: 514~516
- Han JY, Choi YE(2003) Mass production of Eleutherococcus senticosus plants through in vitro cell culture. Korean J Plant Biotech 30: 167~172
- Kang TJ, Lee WS, Choi EG, Kim JW, Kim BG, Yang MS(2005) Mass production of somatic embryos expressing Escherichia coli heat-labile enterotoxin B subunit in Siberian ginseng. J Biotechnology: (in pressed)
- Kim JW, Kim HS(2001) Mass production of Siberian ginseng(Eleutherococcus senticosus) somatic embryos by cell culturing. Oriental Phamacy and Experimental Medicine 1: 34~38

28
인삼 형질전환

최용의
강원대학교 산림과학대학 산림자원학부

I. 서론

인삼(*Panax ginseng* C. A. Meyer)은 두릅나무과(Araliaceae)에 속하는 다년생 초본 식물이다. 인삼의 뿌리는 오래 전부터 대표적인 약재로 이용되어 왔으며 인간의 삶의 질을 높이는 효과가 있다고 알려져 왔다(Vogler *et al.*, 1999 ; Ellis and Reddy, 2002). 전통적인 방법을 통한 인삼의 육종은 까다로운데 그 이유는 야생유전자원인 산삼이 남벌로 인해 이미 고갈되어 있으며, 열매를 맺기 위해 4년 이상의 장기간이 소요되기 때문에 육종기간이 매우 길다. 따라서 유전자도입을 통한 인삼의 육종은 인삼 식물에 있어서 획기적인 기술로 이용될 수 있다.

인삼의 형질전환 최초의 시도는 *Agrobacterium rhizogenes*를 매개로 한 모상근의 유도이다(Yoshikawa and Furuya, 1987). *Agrobacterium tumefaciens*을 통한 최초의 인삼 형질전환체 개발은 Lee 등(1995)에 의해 시도되었다. 이때 도입된 유전자는 *Agrobacterium* LBA4404를 매개한 *β-glucuronidase*(*GUS*) gene이며, 인삼 자엽에 공동배양한 다음 체세포배를 유도하여 식물체를 재생시켰다. 그 후 *Agrobacterium rhizogenes*에 의해 유도된 모상근으로부터 체세포배발생을 유도하여 식물체를 얻었는데, 이 경우 형질전환 인삼 식물체의 뿌리가 빨리 자라는 특성을 보고하였다(Yang and Choi, 2000). 한편 공동배양하기 전 인삼 자엽에 원형질분리 전 처리를 하는 경우 단시간에 높은 형질전환율을 얻었다는 보고가 있다(Choi *et al.*, 2001). 이 보고에서는 인삼자엽을 1M sucrose로 24시간 동안 전 처리를 한 다음 *Agrobacterium* EHA101과 공동배양하면 *GUS* 유전자의 일시적 및 안정적 발현 모두 높게 이루어진다고 하였다. 최근에는 제초제 저항유전자(*PAT*)를 인삼에 도입하여 제초제 저항 형질전환체를 개발한 바 있다(Choi *et al.*, 2003). 이 연구에서는 인삼 배발생 callus를 0.5M sucrose에서 약 3시간 동안 전 처리하거나 0.05M $MgSO_4$에서 30분 동안 전 처리하면 *β-glucuronidase*(*GUS*) 유전자의 도입이 현저히 증가됨을 보고하였다(Choi *et al.*, 2003).

인삼은 대표적인 생리활성물질은 사포닌이기 때문에 사포닌 생합성에 관련된 유전자의 발굴은 인삼 생물공학 기술에 있어서 가장 흥미 있는 한 분야이다. 이 분야의 연구가 진행되면 유전자 도입 기술을 이용한 전체의 사포닌이 강화되거나 특정 사포닌이 강화된 인삼 식물체의 개발을 기대할 수 있다. 최근 인삼 트리터펜 사포닌 및 파이토스테롤 합성에 관여된 *squalene synthase*(*PgSS1*) 유전자를 인삼에 과잉발현시켰을 경우 트리터펜 및 파이토 스테롤의 생합성이 증대된 인삼을 개발할 수 있었다(Lee *et al.*, 2004). 본 장에서는 *Agrobacterium*을 이용한 인삼 형질전환 기술을 소개하고 이 기술의 실험실적 산업적 적용 분야를 소개하고자 한다.

II. 재료 및 방법

1. 재료

인삼의 종자를 저온 층적 처리시켜 접합자배를 충분히 성숙시킨 다음, 무균적으로 적출된 접합자배의 자엽으로부터 직접 배를 유도하거나, 또는 자엽유래 배발생 callus를 이용하여 체세포배를 유도하는 시스템을 이용한다(Choi *et al.*, 2001, 2003).

1) Agrobacterium strain과 T-DNA vectors

Agrobacterium GV3101(Choi *et al.*, 2003) 또는 LBA4404 strain(Lee *et al.*, 1995) 이 인삼형질전환 실험에 많이 이용되었다. 특별한 *Agrobacterium* strains 요구성은 없는 것 같고, 흔히 사용되는 binary vector 종류인 pBI와 pCAMBIA 시리즈가 인삼 형질전환에 잘 이용되며(실험 tip 1), 이 또한 특별한 binary plasmids의 요구성이 없다.

2) 배지

배발생 callus의 유도, 체세포배의 유도, 식물체 재생에 관한 배지 조성은 표 28-1(실험 tip 2)에 소개하였다. 모든 배지는 120℃에서 15분간 멸균하기 전에 pH 5.8로 조정해 준다. 배지는 MS medium(Murashige and Skoog, 1962)을 사용하며 주로 두 종류의 상업적으로 판매되는 MS salt와 vitamin(Duchefa No. M0222.0050, The Netherlands)이 들어 있는 파우더, 또는 MS basal salt mixture에 NH_4NO_3가 제거된 파우더(Duchefa No. M0238.0050, The Netherlands)를 이용한다. 고형제(실험 tip 3)는 배발생 callus 유도 및 이로부터 체세포배 유도시에는 한천(Junsei Chemical Co., Japan)이 효과적이며 약 1%를 사용한다. 한편 체세포배의 발아 및 식물체 생장시는 젤라이트(Gelrite, Duchefa, Haarlem, The Netherlands)를 이용한다(0.25%). *Agrobacterium*의 배양은 YEB(van Larebeke *et al.*, 1977) 사용하며 조성은 10g/*l* yeast extract, 10g/*l* peptone, 5% sucrose, pH 7.2. 고체배지를 위해서는 15g/*l* Bacto agar를 멸균 전에 첨가한다.

3) Antibiotics stocks(실험 tip 5)

Cefotaxime(Duchefa, Haarlem, The Netherlands): stock 용으로 0.2mg/m*l* 상태로 증류수에 용해시킨다. 배지의 농도는 초기 3번 계대배양까지는 약 400mg/*l*, 그 이후부터는 200mg/*l*로 농도를 조정한다. Kanamycin (Duchefa, Haarlem, The Netherlands): stock 용으로 40mg/m*l*로 만들며, 선발배지의 농도는 약 50mg/*l*로 조정한다. Hygromycin(Duchefa, Haarlem, The Netherlands): stock 용으로 50mg/m*l*, 선발배지용으로는 10~25mg/*l*로 조정한다.

4) 기타 필요 물품

① Polypropylene round-bottom tube(14m*l*) (Falcon, Bection Dickinson Labware, USA): *Agrobacterium*의 배양을 위하여 사용된다.

표 28-1 인삼으로부터 체세포배 유도 및 식물체 재생을 위한 배지조성

과정	배지	생장조절제	탄소원	고형제
배형성 callus 배양(EC)	MS	2,4-D(1mg/*l*)	설탕(3%)	한천(0.8%)
체세포배 유도(SI)	MS	무첨가	설탕(5%)	한천(1.0%)
배의 발아(EG)	1/2MS	GA_3(5mg/*l*)	설탕(2%)	젤라이트(0.25%)
식물체 생장(PG)	1/2MS-NH_4NO_3 Free	무첨가	설탕(2%)	젤라이트(0.25%

모든 배지의 PH는 5.8로 조정.

② Shaking incubator(100~200rpm on a gyratory shaker).

③ 1.5m*l* Eppendorf tube: YEB medium에서 배양된 *Agrobacterium*을 원심분리하여 callus culture liquid medium으로 갈아줄 경우 사용된다.

④ Centrifuge(3,000×g): *Agrobacterium* 현탁액의 원심분리.

⑤ Filter paper(Advantec, Toyo Rosgi Kaisha Ltd., Japan): 배양 재료를 *Agrobacterium* 용액에 담근 후 잔여 박테리아를 제거하기 위해 사용한다(실험 tip 4).

⑥ Acetosyringone: 형질전환율을 높이기 위해 사용한다(약 50mg/*l*).

⑦ Parafilm(American National Can, USA).

⑧ Erlenmeyer flask(100~200m*l*): 식물체의 배양.

⑨ Autoclavable polypropylene or polycarbonate large box(1*l*): 무균 하에서 토양순화를 위한 용기.

⑩ 식물체의 토양순화를 위한 멸균된 perlite 와 peat moss.

⑪ 배양실: 온도, 습도, 환기 및 광이 조절된 배양실.

2. 방법

형질전환체의 선발은 성공적인 형질전환체의 개발에 있어서 가장 중요한 단계이다(실험 tip 5).

1) 형질전환을 위한 식물재료의 준비

무균적으로 적출된 접합자배의 자엽 또는 자엽유래의 배발생 callus를 이용하여 형질전환시킨다.

2) 멸균된 종자로부터 식물재료의 준비(실험 tip 6)

수확직후의 인삼 종자 내 접합자배는 아주 미숙한 상태로 있기 때문에 발아시키기 위해서는 약 6개월 동안의 저온층적처리(moist-chilling treatment)를 요구한다(Kuribayashi and Ohasshi, 1971). 초기 3개월 동안은 종자를 모래에 혼합하여 습도를 유지하여 주면 종자의 성숙이 진행되어 종피의 개갑이 이루어진다. 개갑 이후의 종자는 휴면한 상태로 있기 때문에 발아되기 위해 추가적으로 약 3개월 동안 저온 처리(10℃)를 해주면 휴면이 타파되어 발아준비 상태로 된다(Kuribayashi and Ohasshi, 1971). 종피를 제거한 후에 나출된 종자를 70% ethyl alcohol에 1분간, 1% sodium hypochloride 용액에 20분 이상 표면 살균한 후 멸균된 증류수로 4번 수세한다. 접합자배를 무균적으로 적출시킨 후 1/2MS 배지에 2% sucrose와 0.25% gelrite첨가한 배지를 9mm diameter Petri dishes에 분주하고 암 상태에서 배양한다. 발아직전의 자엽 및 발아 3일 전의 자엽을 형질전환용 및 배형성 callus 유도용으로 이용한다.

3) 배형성 callus의 준비(실험 tip 7)

인삼 자엽을 1.0mg/*l* 2,4-D, 3.0g/*l* sucrose가 첨가된 MS 고체(0.9% agar) 배지에 배양한다. 배양실은 24℃로 조정하고, 24 μmol/m²/s 하의 조명 하에서 16-h(light)/8-h(dark)로 광주기를 조절해준다. 자엽의 향축면을 배지에 접하게 하여 배양하면 배의 유도 및 배발생 callus의 발생률이 증대된다(Choi *et al.*, 1997). 배발생 callus는 약 2 주 후에 자엽의 기부 절단면에서 유도되면 이 배발생 callus를 취하여 다음 1달 간격으로 계대배양하면 배형성 callus를 얻고 유지시킬 수 있다. 배의 유도 및 배형성 callus의 유도시에는 한천(agar)이 효과적이다. 2주 정도의 빈번한 계대배양은 비 배형성 callus의 발생률을 높여 주거나, 체세포배의 유도가 잘 안되기 때문에 좋지 않다.

4) *Agrobacterium* 배양의 준비

형질전환하기 이틀 전에 박테리아를 적절한 항생제를 첨가시킨 2m*l* YEB에 접종하여 30℃(200rpm)에서 gyratory shaker로 배양한다. 약 14m*l* polypropylene round-bottom Falcon tube에 5m*l* YEP medium(적절한 항생제 첨가)에 박테리아를 100 μl 접종한다. 이 경우는 약 24℃에서 현탁(200rpm) 배양한다. OD_{600}nm 가 0.6이 된 경우 형질전환에 사용한다. 박테리아 현탁액을 1.5m*l* Eppendorf tube에 1m*l* 넣은 다음 3000×g 에서 약 10분간 원심분리한 다음 동량의 embryogenic callus culture(EC) 배지를 첨가한 다음 박테리아를 현탁시킨다. 이 박테리아를 petridish에 옮겨 배양 재료와 공동배양을 실시한다.

5) 재료의 준비(실험 tip 7~8)

자엽 또는 배형성 callus를 형질전환에 이용한다. 부서지기 쉬운 callus는 박테리아에 민감하고 다루기가 불편하여 좋지 않다. 단단하고 돌기형의 배형성 callus 또는 어린 구형의 배로 발달되고 있는 배형성 callus 재료로 하는 것이 형질전환률이 높음은 물론 배형성률이 높아 바람직하다. 특별한 처리를 하지 않은 자엽 또는 배형성 callus를 이용하여도 무방하다. 그렇지만 고농도 sucrose에 원형질분리 전처리(plasmolyzing pretreatment)를 해주는 경우 형질전환률을 현저히 높일 수 있다(Choi *et al.*, 2001, 2003). 배양 재료에 원형질분리 전처리는 일시적인 GUS 발현은 물론 안정적인 GUS 발현에 모두 효과적이다(Choi *et al.*, 2001, 2003). 인삼 자엽을 재료로 하는 경우는 0.5M 또는 1.0M sucrose가 첨가된 MS 액체 배지에 약 1일 동안 처리한 다음 서서히 멸균수를 1:1 비율로 10분 간격으로 re-hydration 시켜주어 최종적으로 약 3% 농도가 되게 한다(Choi *et al.*, 2001). 배형성 callus를 재료로 하는 경우는 0.5M sucrose가 첨가된 MS 액체 배지에서 약 3시간 동안 처리한다(Choi *et al.*, 2003).

III. 결과

1. 공동배양

이 단계는 박테리아 프라스미드의 T-DNA를 식물세포에 도입시키기 위한 단계이며 이 시기에 형질전환이 일어난다. 원심분리된 박테리아 현탁액을 배발생 callus 유도배지(EC liquid medium)로 치환시킨 다음 이를 멸균된 Petri dish에 옮긴다. 인삼 자엽 또는 배발생 callus를 박테리아 현탁액에 약 10분간 담근다. 무균작업대 안에서 잔여 박테리아를 피펫으로 제거한다. 배양재료를 멸균된 90mm filter paper 위에 올려 놓고 약 10분간 두어서 배양재료에 여분으로 남아 있는 박테리아 현탁액을 제거한다(실험 tip 4). 배양재료에 항생제를 전혀 첨가하지 않은 배발생 callus 유도 배지(EC medium)로 옮겨 배양한다. Petridish는 parafilm 또는 적절히 절단된 유니랩으로 밀봉하여 24℃하에서 약 2~3일간 암 상태에서 배양한다. 이 단계에서 박테리아 over-growth가 일어나지 않아야 한다. 인삼 형질전환은 acetosyringone 없이도 되지만 약 20~50mg/*l* acetosyringone 첨가는 형질전환에 효과적이다.

2. 형질전환 callus의 선발

이 단계는 배발생 callus의 생장과 형질전환된 callus의 선발을 동시에 수행하는 단계로 성공적인 형질전환체의 유도에 있어서 가장 중요한 단계이다. *Agrobacterium*과 2~3일 동안 공동배양한 다음 배양재료(cotyledons 또는 embryogenic callus)를 취한다(실험 tip 7). 배양재료를 400mg/*l* cefotaxime(박테리아 제거용)이 첨가된 EC 배지에 옮긴다. 이때 형질전환 세포의 선발을 위한 항생제는 첨가하지 않는다. 약 2주 동안 배양하여 세포의 증식을 유도한 다음 400mg/*l* cefotaxime과 50mg/*l* kanamycin(실험 tip 5)이 첨가된 선발배지에 옮겨 배양한다. 선발배지에 내성을 갖는 callus는 약 3~5번 계대배양을 수행하였을 때 관찰이 가능하다. 형질전환된 callus는 갈변된 callus 표면에서 불투명하고 황백색을 띠게 된다.

3. 배발생 유도

배발생 callus를 호르몬이 전혀 첨가되지 않은 배발생 유도배지(SI medium)에 옮겨 주면 배가 유도된다. 배의 발달시기에는 일시적으로 선발용 항생제인 kanamycin을 제거한 배지에 두면 배의 유도에 효과적이다(실험 tip 10). 배가 유도된 후에는 다시 선발 배지에 옮겨 준다. 배형성 callus를 SI 배지에 옮겨 준 후 약 40 μmolm^{-2}s^{-1} 광 조명하에서 배양하고 배양실의 온도는 24℃, 16/8h light/dark 광 주기로 조정한다. 배형성 callus는 SI 배지에 배양하여 어린 배가 발달되기까지 3주 간격으로 계대배양 해준다. 체세포배는 배 유도배지(SI)에 옮긴 후 약 30~50일 전후부터 유도되기 시작한다.

4. 식물체 재생 및 생장

기내에서 유도된 자엽단계의 체세포배는 생리적 휴면을 하기 때문에 발아되지 않는다(실험 tip 11). 발아 유도를 위해 자엽단계의 배를 발아 유도배지(EG medium=1/2MS medium with 5mg/*l* GA_3 and 0.25% gelrite)에 옮겨 준다(Choi *et al.*, 1998). 발아가 진행되어 3주가 되면 어린 식물체로 자란다. 발아된 소식물체는 식물체 생장 배지(PG medium=1/2MS medium lacking NH_4NO_3)가 분주된 100m*l* Erlenmeyer flask에 배양하면 뿌리의 생장이 촉진된 식물체를 얻을 수 있다(실험 tip 12).

5. 형질전환체의 토양 순화

기내에서 유도된 인삼 식물체는 토양에 순화시킬 경우 고습도를 유지하여야 하기 때문에 곰팡이(Botrytis etc.)에 매우 민감하다(Choi *et al.*, 2003). 그러므로 멸균된 토양과 용기를 통째로 멸균하여 식힌 다음 식물체를 옮겨 주면 곰팡이의 피해를 줄이면서 순화를 시킬 수 있다. 토양은 perlite와 peatmoss mixture(3:1 v/v)로 혼합하여 만든다. 약 2개월 무균하에서 순화시키면 새뿌리가 형성되어 그린하우스에 옮길 수 있게 된다. 뿌리와 잎이 잘 발달된 식물체를 선발하여 polycarbonate 또는 polyvinyl box에 perlite와 peatmoss mixture(3:1 v/v)를 넣은 다음 통째로 멸균한 다음 식물체를 심고 뚜껑을 밀봉한다(실험 tip 13). 뚜껑에는 약 2개의 직경 1.5cm의 환기구(0.45μm membrane filter)를 만들어 공기의 투과를 가능하게 한다. 토양 순화는 무균작업대하에서 수행하며 배양실에서 약 2달 동안 순화한다. 인삼 식물체는 곰팡이에 민감하기 때문에 순화 기간 동안에 배양용기의 뚜껑을 열지 않는다. 만일 배양실 또는 incubator온도를 15℃ 이하로 조정할 수 있으면 배양용기의 뚜껑을 조금 열어주어도 곰팡이의 피해가 심하지 않다. 그러므로 low temperature incubator는 인삼 식물체의 순화에 적절하다. Low temperature incubator에서 순화 용기의 뚜껑을 열어 놓은 경우 수분을 공급해 준다. 완전한 토양적응은 토양 순화 후 약 4~6개월이 지나야 되는데 이때 약 50%의 식물체가 생존할 수 있다. 이 기간 동안에 지상부는 말라죽는 경우가 많다. 인삼 식물체가 토양에 성공적으로 순화되었을지라도 겨울을 지나야 하고 4년 후에 종자를 맺기 때문에 이 기간 동안에 심각한 식물체의 희생이 있어서 종자를 맺기까지는 상당한 기술과 주의가 필요하다.

IV. 실험 Tip

1. 형질전환을 위해 특별한 *Agrobacterium* 균주는 요구되지 않은 것 같다. 일반적으로 *Agrobacterium* tumefaciens LBA4404와 GV3101에서는 성공적인 결과가 있다.
2. 배형성 callus를 유도하기 위해서는 인삼자엽을 MS 고체(1% agar)배지에 1.0mg/*l* 2,4-D 첨가하고 설탕은 3~5%가 적당하다. callus로부터 체세포배를 유도하기 위해서는 hormone-free 배지에 옮겨준다. 체세포배의 발아를 위해서 약 2주간 5mg/*l* GA_3 처리가 필수적이다. 발아된 배로부터 식물체 생장을 돕기 위해서는 NH_4NO_3가 제거된 MS 기본배지에 옮겨야 뿌리의 생장이 건실한 식물체를 얻을 수 있다.
3. 고체배지에 고형제로는 두 가지를 사용하는데 체세포배의 유도 및 배형성 callus의 유도를 위해서는 1% agar를 사용하고, 발아 및 식물체 생장을 위해서는 0.25% gelrite를 사용하는 것이 효과적이다.
4. 배양재료를 *Agrobacterium* 현탁액에 담근 다음 멸균된 필터페이퍼 위에서 충분히 잔여 박테리아를 제거하는 것이 공동배양시 박테리아의 과다 생장을 방지하고 형질전환율 또한 증대된다.
5. 선발배지에서 배양재료의 크기 및 접종 수는 항생제 선발효과에 큰 영향을 준다. 따라서 가급적 선발을 위한 배형성 callus는 계대배양시 5mm 정도의 크기로 분리하여 배양하고 하나의 petridish당 약 20개의 배형성 callus를 접종한다. 만일 그보다 큰 경우는 접종 수를 줄이거나, 높은 농도의 항생제, 또는 약 2주 이내로 빈번한 계대배양을 요구한다.
6. 인삼자엽은 배형성 callus 및 체세포배를 유도하기 위한 가장 적절한 재료이다. 수확 후 인삼 종자 내 접합자배는 아주 미숙하기 때문에 접합자배를 배양재료로 이용하기 위해서는 수개월간 저온 침적(moist-chilling treatment)처리를 하여 접합자배가 약 5mm 크기로 자란 후 이를 배양재료로 사용해야 한다(Kuribayashi and Ohashi,1971).
7. 형질전환을 위해서는 배형성 callus가 가장 이상적이다. 그렇지만 자엽절편도 무난히 배양재료로 사용할 수 있다. 인삼의 경우는 일단 배형성 callus를 유도하면 그 이후 유지 및 증식은 어렵지 않으며 배지는 1.0mg/*l* 2,4-D와 3.0mg/*l* sucrose가 첨가된 MS 배지에서 증식시킨다.
8. 인삼자엽 및 callus를 바로 형질전환 재료로 사용하지만 1M 설탕액에서 원형질분리 전처리를(자엽의 경

우 1일, callus의 경우 1~3시간)한 후 박테리아와 공동배양하면 형질전환 효율이 약 3배 증가된다(Choi *et al.*, 2001, 2003). 그렇지만 배양재료가 원형질분리 전 처리에 민감하기 때문에 사전에 충분한 실험 검토가 필요하다.

9. 공동배양 중에 박테리아가 웃자라게 되면 배양재료를 세포탁심이 500mg/*l* 첨가된 액체 배지에 넣고 약 2시간 회전진탕시킨 후 세척시킨 다음 멸균된 필터페이퍼 위에서 건조시킨 다음 세포탁심이 첨가된 고체 배지에 다시 배양한다.
10. 인삼의 경우 kanamycin을 통한 선발에 있어서 큰 문제는 없다. 적당한 선발 농도는 25~100mg/*l*이며 이 범위는 callus의 크기 또는 형질전환 세포의 구성 비율에 따라 조절되어야 한다. 초기배양시는 적은 농도, 계대배양이 진행되면서 형질전환 callus가 유도된 경우는 강한 농도의 선발이 바람직하다. Hygromycin의 경우는 상당히 강한 효과를 가지고 있으며 적당한 농도는 15~30mg/*l* 정도이다.
11. 인삼의 경우 기내에서 발생된 체세포배는 종자와 같이 휴면하는 특성을 지니고 있다(Choi *et al.*, 1999). 따라서 발아를 시키기 위해서는 GA_3(5mg/*l*)를 첨가하는 것이 중요하다. GA_3를 첨가하지 않으면 뿌리는 자라지만 줄기(유경)가 발달되지 않는 경우가 많다.
12. 인삼 식물체는 MS 배지에서는 뿌리의 생장이 불량하다. 뿌리의 생장을 촉진시키기 위해서는 1/2 또는 1/3MS 배지를 사용하거나, NH_4NO_3가 제거된 MS 배지를 사용한다(Choi *et al.*, 1998).
13. 인삼 식물체를 토양에 순화시키기 위해서는 토양과 배양용기 전체를 멸균시킨 큰 플라스틱 용기 내에 옮겨 약 2달간 순화시키는 것이 중요하다. 만일 멸균된 조건에서 순화하는 경우 잿빛 곰팡이의 피해가 매우 심하다.

참고문헌

- Choi YE, Kim HS, Yang DC, Soh WY(1997) Developmental and structural aspects of somatic embryos formed on medium containing 2,3,5-triiodobenzoic acid. Plant Cell Rep 16: 738~744
- Choi YE, Yang DC, Park JC, Soh WY, Choi KT(1998) Regenerative ability of somatic single and multiple embryos from cotyledons of Korean ginseng on hormone-free medium. Plant Cell Rep 17: 544~551
- Choi YE, Yang DC, Yoon ES, Choi KT(1999) High efficiency plant production via direct somatic single embryogenesis from pre-plasmolysed cotyledons of Panax ginseng and possible dormancy of somatic embryos. Plant Cell Rep 18: 493~499
- Choi YE, Yang DC, Kusano T, Sano H(2001) Rapid and efficient *Agrobacterium*-mediated genetic transformation by plasmolyzing pretreatment of cotyledons in Panax ginseng. Plant Cell Rep 20: 616~621
- Choi YE, Jeong JH, In JK, Yang DC(2003) Production of herbicide-resistant transgenic Panax ginseng through the introduction of phosphinotricin acetyl transferase gene and successful soil transfer. Plant Cell Rep 21: 563~568
- Ellis JM, Reddy P(2002) Effects of Panax ginseng on quality of life. Annals of Pharmacotherapy 36: 375~379
- Kuribayashi T, Ohashi H(1971) Physiological and ecological studies in Panax ginseng. II. Effects of various temperature and chemical control substances on the germination.Syoyakugaku Zasshi 25: 95~101
- Lee HS, Kim SW, Lee KW, Eriksson T, Liu JR(1995) *Agrobacterium*-mediated transformation of ginseng(Panax ginseng) and mitotic stability of the inserted beta-glucuronidase gene in regenerants from isolated protoplasts. Plant Cell Rep 14: 545~549
- Lee MH, Jeong JH, Seo JW, Shin CG, Kim YS, In JG, Yang DC, Yi JS, Choi YE(2004) Enhanced triterpene and phytosterol biosynthesis in Panax ginseng overexpressing squalene synthase gene. Plant Cell Physiol 45: 976~984
- Murashige T, Skoog F(1962) A revised medium for rapid growth and bioassays with tobacco tissue. Physiol Plant 15: 473~497
- Van Larebeke N, Genetello C, Hernalsteens JP, Depicker A, Zaenen I, Messens E, Van Montagu M, Schell J(1977) Transfer of Ti plasmids between *Agrobacterium* strains by mobilization with the conjugative plasmid RP4. Mol Gen Genet 152: 119~124
- Vogler BK, Pittler MH, Ernst E(1999) The efficacy of ginseng. A systematic review of randomized clinical trials. Eur J Clin Pharmacol 55: 567~575
- Yang DC, Choi YE(2000) Production of transgenic plants via *Agrobacterium* rhizogenes-mediated transformation of Panax ginseng. Plant Cell Rep 19: 491~496
- Yoshikawa T, Furuya T(1987) Saponin production by cultures of Panax ginseng transformed with *Agrobacterium* rhizogenes. Plant Cell Rep 6: 449~453

29 화본과 사료작물 형질전환

이병현
경상대학교 동물자원과학부

I. 서론

조직배양 및 형질전환 기술의 발달로 인하여 그동안 *Agrobacterium*을 이용한 형질전환이 어려웠던 벼를 비롯한 화본과 식물들도 효율적인 형질전환 시스템이 빠른 속도로 개발되고 있다. 이에 반하여 화본과 사료작물의 경우는 식량작물들에 비해 그 중요성이 크게 인식되지 못하였기 때문에 조직배양 및 형질전환에 대한 연구도 늦게 시작되었을 뿐만 아니라 아직 그 효율도 상대적으로 낮아 형질전환을 통한 신품종 개발에 있어서 하나의 큰 제한 요소로 작용하고 있다. 그러나 최근 안정적인 동물사료 공급원으로서의 중요성뿐만 아니라, 절개지나 사방공사, 공원, 골프장 등에 있어서 토양보존용 및 잔디용으로도 수요가 증가하고 있어서 사료작물로만 이용되어 왔던 화본과 목초의 중요성이 새롭게 대두됨에 따라 유용유전자의 도입에 의한 분자육종법을 통한 신품종 개발에 관한 연구가 급격히 증가하고 있는 추세이다.

우리나라에서 많이 재배되고 있는 주요 화본과 사료작물에는 오차드그래스(orchardgrass, *Dactylis glomerata* L.), 톨 페스큐(tall fescue, *Festuca arundinacea* Schreb.), 이탈리안 라이그래스(Italian ryegrass, *Lolium* multi*florum* Lam.), 페레니얼 라이그래스(perennial ryegrass, *Lolium perenne* L.) 및 캔터키 블루그래스(Kentucky bluegrass, *Poa pratensis* L.) 등이 있다. 오차드그래스와 톨 페스큐는 전 세계적으로도 널리 재배되고 있는 대표적인 다년생의 화본과 사료작물로서 주로 방목초지용, 건초 또는 사일리지 조제 등 그 이용도가 매우 넓은 목초종이다. 이탈리안 라이그래스는 우리나라 남부지방의 단경기 청예 및 사일리지용 사료작물로 가장 많이 재배되고 있는 초종으로 사료 가치가 높고 단기간에 높은 수량을 올릴 수 있어서 여러 번 수확할 수 있을 뿐 아니라 가축의 기호성이 좋고 소화율이 우수하여 재배적 가치가 매우 높은 사료작물이다. 페레니얼 라이그래스는 방목이나 예취 후의 재생력이 좋아서 주로 방목용으로 많이 이용되며, 캔터키 블루그래스는 다년생 목초로서 지하경을 가지며 가축의 과방목이나 빈번한 채초에도 견디는 힘이 강하고 재생력이 좋아서 영구방목용 초지에 많이 이용되고 있다. 특히 톨 페스큐, 페레니얼 라이그래스 및 캔터키 블루그래스 등은 빠른 재생력과 답압에 강한 특성으로 인하여 잔디용으로도 많은 품종들이 개발되어 이용되고 있다. 그러나 이들 중 오차드그래스, 페레니얼 라이그래스와 톨 페스큐는 여름철 고온건조한 기후에는 약하여 생육이 극도로 저하되어 생산량이 급격히 저조해지는 하고현상(夏故現象, summer depression)을 나타내어 고사되기 쉬우며, 이탈리안 라이그래스의 경우는 더위와 저온에 약하고 토양적응성이 약한 단점이 있다. 이러한 단점을 보완하기 위해 지금까지 자연계에 존재하는 우수형질을 가진 품종을 선발하고 이들 간의 교잡에 의해 유용한 유전형질을 고정시키는 전통적인 육종법에 의한 연구가 활발히 진행되어 왔다. 그러나 이러한 전통육종법에 의한 신품종 육종에는 많은 시간과 노력 및 공간이 요구될 뿐만 아니라, 도입 가능한 유전형질의 제한 등 여러가지 제약이 따르는 단점이 있다. 최근에는 형질전환을 통한 분자육종법에 의한 사료작물의 신품종 개발을 위한 많은 연구가 시도되고 있다.

지금까지 대부분의 화본과 사료작물의 형질전환을 위해 사용된 방법에는 protoplast를 이용한 유전자의 직접도입법, 현탁배양 세포로부터 선발한 재분화율이 높은 특이품종을 선발한 후 미분화세포에 bombardment를 이용한 도입법, 성숙종자유래의 callus를 이용한 bombardment에 의한 형질전환 등이 보고된 바 있다. 그러나 이러한 형질전환기법은 고가의 장비를 요구하고 특히 식물체의 genome 내에 복수의 copy number로 삽입되어 내재성 유전자의 불활성화, 도입유전자의 크기에 따른 제한, 염색체의 재배치, 유전성의 복잡성 등으로 인해 널리 보급되고 있지 못한 실정이다. 이에 반하여 *Agorbacterium*을 이용한 형질전환 기법은 가장 경제적이며 genome 내에 1~2 copy의 적은 수의 copy number로 도입되며 특히 거대분자의 DNA도 안정적으로 도입하는 것이 가능하여 매우 효율적인 형질전환 기법 중에 하나로 알려져 있다. 지금까지 *Agrobacterium*법에 의한 형질전환은 주로 쌍자엽 두과식물에는 많이 이용되어 왔으나 단자엽 화본과식물 형질전환에는 낮은 형질전환 효율로 인하여 제한적으로 이용되어 왔다. 최근 *Agrobacterium*법에 의한 화본과식물의 형질전환에 대한 보고가 벼, 밀, 보리, 사탕수수 및 수수 등에서도 보고되어 다른 화본과 작물로의 응용범위가 점점 넓어지고 있다. 그러나 화본과 사료작물에 있어서는 낮은 재분화율과 형질전환 효율로 인해 일반화되지 못하고 있는 실정이다. 따라서 유용유전자를 가장 경제적이면서 효율적이고 안정적인 유전자를 도입할 수 있는 기술인 *Agorbacterium*을 이용한 형질전환 기법의 개발은 화본과 사료작물의 신품종의 분자육종에 있어서 필수조건이다.

따라서 본고에서는 화본과 사료작물의 유용유전자 형질전환을 통한 신품종 개발을 위한 기초실험으로 우리나라에서 가장 많이 재배되고 있는 대표적인 화본과 사료작물인 톨 페스큐, 오차드그래스 및 이탈리안 라이그래스의 성숙종자로부터 callus를 유도하여 단기간 내에 완전한 식물체로 재분화시킬 수 있는 재분화체계를 확립하고 나아가 낮은 형질전환 효율을 개선시킬수 있는 효율적인 형질전환 방법에 대해 기술하고자 한다.

II. 재료 및 방법

1. 시약

1) 배양배지: 표 29-1 참고.
2) 종자멸균용액: NaOCl(유효염소 5%)을 30%(v/v) 용액으로 희석한 후, Tween20을 2~3 방울 첨가하여 혼합해 둔다.
3) Cefotaxime 또는 carbenicillin(주사용 제제 사용 가능): *Agrobacterium* 제균용. 500mg/*ml*농도로 멸균수에 녹인 후 -20℃에 보관한다.
4) Hygromycin(Hygromycin B): 형질전환 callus, 식물체 선발용. 50mg/*ml* 농도로 PBS buffer에 용해된 상태로 판매되고 있다.
5) Acetosyringone(3,5′-Dimethoxy-4′-hydroxy-acetophenone): 100mM 농도로 DMSO에 용해시킨 후, 차광하여 -20℃에 보존. 배지에 첨가할 때는 autoclave 후에 첨가.

2. 식물재료 및 종자살균

화본과 사료작물들의 종자는 크기가 매우 작고 종피가 딱딱하게 부착되어 있어서 종피를 제거하기가 매우 까다로우나 반드시 제거하고 살균하는 것이 오염을 줄이는 데 도움이 된다. 각 사료작물별 재료로는 다음과 같은 품종을 사용하여 비교하였다.

1) 톨 페스큐: Kentucky-31, Cajun, Hokuryo
2) 이탈리안 라이그래스: Jeanne, Florida-80, Magnolia
3) 오차드그래스: Frontier, Roughrider, Frode

① 보관중인 성숙종자의 종피를 사포 또는 고무패드 등을 이용하여 제거한다.
② 70% ethanol에서 30초간 살균한다.
③ 멸균수로 3회 세정한다.
④ 30% sodium hypochlorite(v/v) 용액에서 30분간 교반한다.
⑤ 멸균수로 3~5회 세정한다.
⑥ 멸균된 filter paper에 옮겨 물기를 제거한다.
⑦ callus 유도배지(표 29-1)에 치상하여 26℃, 50μmol · $m^{-2}s^{-1}$ 정도의 약광 조건에서 4주간 배양한다.

3. 종자로부터 callus의 유도

각각의 화본과 사료작물의 성숙종자로부터 callus를 유도하기 위한 기본적인 callus 유도배지는 표 29-1에 나타낸 바와 같다. 품종별로 약간의 차이는 있으나 일반적으로 고농도의 2,4-D와 저농도의 BA를 첨가해주는 것이 식물체 재분화능이 높은 callus를 형성시키는 데 효과적이었으며, 기본배지로는 MS배지가 다른 배지에 비해 높은 배양효율을 나타내었다.

① 약 4주간 배양한 후 종자와 shoot를 잘라내고 callus만을 분리하여 새로운 callus 유도배지에 치상한다.
② 24℃에서 50μmol · $m^{-2}s^{-1}$조건으로 3주간 배양한 후, 형성된 callus를 취하여 *Agrobacterium* 감염에 이용한다.

4. *Agrobacterium* 배양 및 감염

형질전환을 위한 발현벡터는 kanamycin 내성 유전자(*NPTII*)와 hygromycin 내성 유전자(*HPT*) 및 *intron-GUS* 유전자 등을 가지는 pIG121Hm 벡터(그림 29-1)를 이용하였다.

① pIG121Hm plasmid를 *Agrobacterium* EHA101에 Freeze-thaw 법으로 도입한다.
② Km과 Hm이 50$\mu g/ml$씩 포함된 YEP 고체배지에서 28℃, 2일간 배양한다.
③ 단일 colony를 YEP 액체배지에서 28℃, 2일간 배양한다.
④ 배양액을 3,600rpm에서 10분간 원심분리.
⑤ Pellet을 200μM acetosyringone(AS)이 첨가된 접종배지(MS배지, 30g/l sucrose)에 OD_{600}=1.0이 되도록 현탁한다.
⑥ 3~5mm 크기의 callus를 *Agrobacterium*을 현탁액에 1시간 동안 감염시킨다.
⑦ 여분의 *Agrobacterium*을 멸균된 filter paper 위에서 제거한다.
⑧ 공동배양 배지(표 29-1)에 옮겨 26℃에서 5일간 암상태로 배양한다.

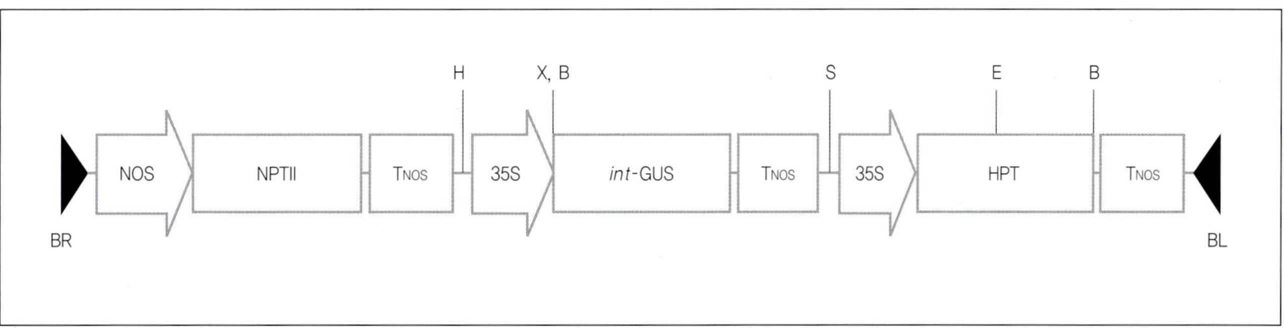

그림 29-1 pIG121Hm 발현벡터의 T-DNA 영역

BR, right border 서열; BL, left border 서열; NPTII, 항생제 kanamycin 저항성 유전자; *GUS*, β-glucuronidase; *HPTII*, 항생제 hygromycin 저항성 유전자; NOS, NOS promoter; 35S, CaMV 35S promoter; TNOS, NOS transcription terminator.

표 29-1 사료작물 형질전환에 사용되는 각 배지의 조성표

	톨 페스큐	이탈리안 라이그래스	오차드그래스
callus 유도배지	MS medium, 6mg/*l* 2,4-D, 0.1mg/*l* BA, 500mg/*l* L-proline, 100mg/*l* myo-inositol, 30g/*l* sucrose, 3g/*l* Gelrite	MS medium, 5mg/*l* 2,4-D, 0.1mg/*l* BA, 1g/*l* casein hydrolysate, 1mg/*l* thiamine-HCl, 500mg/*l* L-proline, 30g/*l* sucrose, 3g/*l* Gelrite	MS medium, 3mg/*l* 2,4-D, 0.1mg/*l* BA, 1g/*l* casein hydrolysate, 1mg/*l* thiamin-HCl, 100mg/*l* myo-inositol, 500mg/*l* L-proline, 30g/*l* sucrose, 3g/*l* Gelrite
공동배양 배지	MS medium, 3mg/*l* 2,4-D, 200μM acetosyringone, 500mg/*l* L-proline, 30g/*l* sucrose, 3g/*l* Gelite	MS medium, 2.5mg/*l* 2,4-D, 200μM acetosyringone, 500mg/*l* L-proline, 30g/*l* sucrose, 3g/*l* Gelite	MS medium, 1.5mg/*l* 2,4-D, 200μM acetosyringone, 500mg/*l* L-proline, 30g/*l* sucrose, 3g/*l* Gelite
Post culture 배지	MS medium, 500mg/*l* cefotaxime, 3mg/*l* 2,4-D, 1mg/*l* BA, 1g/*l* casein hydrolysate, 500mg/*l* L-proline, 3mg/*l* thiamine-HCl, 30g/*l* sucrose, 3g/*l* gelrite	MS medium, 500mg/*l* cefotaxime, 5mg/*l* 2,4-D, 2mg/*l* BA, 1g/*l* casein hydrolysate, 500mg/*l*-proline, 30g/*l* sucrose, 3g/*l* gelrite	MS medium, 250mg/*l* cefotaxime, 3mg/*l* 2,4-D, 1mg/*l* BA, 1g/*l* casein hydrolysate, 500mg/*l* L-proline, 30g l^{-1} sucrose, 3g/*l* Gelrite
선발배지	N6 medium, 250mg/*l* cefotaxime, 25mg/*l* hygromycin, 1mg/*l* 2,4-D, 3mg/*l* BA, 1g/*l* casein hydrolysate, 500mg/*l* L-proline, 3mg/*l* thiamine-HCl, 30g/*l* sucrose, 3g/*l* Gelrite	N6 medium, 250mg/*l* cefotaxime, 25mg/*l* hygromycin, 1mg/*l* 2,4-D, 5mg/*l* BA, 1g/*l* casein hydrolysate, 500mg/*l* L-proline, 3mg/*l* thiamine-HCl, 30g/*l* sucrose, 3g/*l* Gelrite	N6 medium, 250mg/*l* cefotaxime, 15mg/*l* hygromycin, 1mg/*l* 2,4-D, 3mg/*l* BA, 1g/*l* casein hydrolysate, 500mg/*l* L-proline, 3mg/*l* thiamine-HCl, 30g/*l* sucrose, 3g/*l* Gelrite

⑨ callus를 500mg/*l* cefotaxime이 첨가된 공동배양배지로 세정하여 *Agrobacterium*을 제균한다.

⑩ Post-culture 배지(표 29-1)에 옮겨 7일간 배양한다.

5. 형질전환체의 선발과 식물체 재분화

① Post-culture가 끝난 callus를 선발배지(표 29-1)에 옮겨 3주간 배양한다.

② Hygromycin 내성을 보이는 callus만을 골라 새로운 선발배지에 옮겨 4주간 배양한다.

③ 재분화된 shoot를 잘라 rooting 배지(30mg/*l* hygromycin, half-strength MS medium) 배지 옮겨준 후 4주간 배양한다.

④ 정상적으로 뿌리가 발육되고 살아남는 개체만을 선발하여 pot로 이식하여 온실에서 재배한다.

6. 형질전환체의 확인

1) GUS 분석

pIG121Hm 발현벡터 내의 *int-gus* 유전자는 *GUS* 유전자의 coding region 내에 intron 영역을 포함하고 있어서 오직 식물체의 핵 내로 도입되어야만 유전자 발현시 정상적인 splicing 과정을 거쳐 GUS 활성을 가지는 단백질로 합성된다. 따라서 GUS 활성염색을 통하여 형질전환 여부를 확인할 경우 *Agrobacterium*에서의 발현으로 인한 background를 배재하고 오직 형질전환된 식물세포만이 선별적으로 염색됨으로써 형질전환 여부를 보다 쉽게 구별할 수 있다. 따라서 어떤 식물의 callus나 조직절편체를 이용하여 최적 형질전환 조건을 처음으로 조사하고자 할 때 *int-gus* 유전자를 가지는 발현벡터를 이용하면 GUS transient assay를 통하여 형질전환 여부를 쉽게 판별할 수 있다.

Callus나 식물체의 형질전환여부를 판별하기 위한 GUS 활성염색은 callus의 경우 공동배양이 끝난 callus를, 식물체의 경우 선발배지에서 재분화된 유식물체 또는 온실에서 재배중인 식물체의 조직을 재료로 이용한다. GUS 분석은 Jefferson의 방법에 준하여 실시한다. callus 또는 잎 조직을 GUS 반응용액(1mg/l 5-bromo-4-chloro- 3-indolyl-β-D-glucuronide, 1% triton X-100, 50mM sodium phosphate, pH 7.0, 5mM potassium ferricyanide, 5mM potassium ferrocyanide)에서 37℃, 24시간 동안 배양한다. 조직을 70% ethanol로 chlorophyll을 충분히 제거한 후, GUS 염색 부위를 관찰하였다.

2) Genomic DNA 분리와 PCR 및 Southern blot 분석

목초로 이용되고 있는 대부분의 화본과 사료작물들은 polysaccharide나 phenolic compound의 성분이 많아 genomic DNA 분리가 어려운 경우가 많다. 따라서 genomic DNA를 분리하고자 할 경우는 가능하면 어린 식물체의 조직을 이용하는 것이 좋으며, Murray와 Thompson의 cetyltrimethyl ammoniumbromide(CTAB)를 이용한 방법이 효율적이다.

① 식물체의 잎 1~2g을 액체질소를 이용하여 유발과 유봉으로 파쇄한다.

② 6ml 의 2×CTAB buffer(2% CTAB; 50mM Tris-HCl, pH 8.0, 20mM EDTA, 1.4 M NaCl)를 넣고, 55℃의 항온수조에서 20분간 배양한다.
Chloroform/isoamylalcohol(Chl/Iso; 24:1; v/v)을 첨가하여 실온에서 20분간 교반한다.

③ 3,000 rpm에서 15분간 원심분리하여 상등액을 회수한다.

④ 회수한 상등액을 Chl/Iso로 한번 더 추출한다.

⑤ 1/10 volume의 침전용 buffer(1% CTAB; 50mM Tris-HCl, pH 8.0, 10mM EDTA)를 첨가하여 30분간 정치한다.

⑥ 원심분리하여 침전물을 1M NaCl-TE buffer(1M NaCl, 10mM Tris-HCl, pH 8.0, 1mM EDTA)에 녹인다.

⑦ 동량의 isopropanol를 첨가하여 3,600rpm에서 15분간 원심분리하여 침전물을 회수한다.

⑧ 70% ethanol로 2회 세정하고 실온에서 가볍게 건조시킨다.

⑨ TE buffer를 첨가하여 55℃로 가열하면서 완전히 녹인다.

PCR 분석을 위해 사용한 primer는 pIG121Hm vector의 HPT 유전자 염기서열을 기초로 하여 forward primer 5′-CCTGAACTCACCGCGACG-3′와 reverse primer 5′-GACCAATGCGGAGCATATA-3′를 합성하여 사용하면 0.8kb 정도의 PCR 증폭산물의 관찰로 형질전환 여부를 임시로 판단하기에 유용하다.

현재 전 세계적으로 널리 재배되고 있는 대부분의 화본과 사료작물 품종들은 게놈 size가 크고 4배체 이상의 배수체가 많아서 Southern blot 분석이 어려운 면이 있다. 따라서 가능하면 20μg 이상의 많은 양의 genomic DNA를 절단하여 Southern blot 분석을 실시하는 것이 유리하다.

III. 결과

화본과 사료작물들의 성숙종자 유래 callus의 *Agrobacterium*을 이용한 형질전환에 있어서 가장 큰 요인으로 작용하는 것들에는 품종, 감염시의 acetosyringone 농도, 공동배양 기간, *Agrobacterium*의 종류 등에 의해 가장 크게 영향을 받는 것으로 조사되었다. 본 실험실에서 형질전환 효율에 영향을 미치는 다양한 조건을 성숙종자 유래의 callus와 pIG121Hm를 가지는 *Agrobacterium*을 이용하여 감염시킨 callus에서의 *GUS* 유전자의 발현으로 확인하는 transient assay system을 통하여 최적조건을 확립하였다. 그 대표적인 예는 다음과 같다.

1. 품종과 acetosyringone 첨가 효과

화본과 사료작물인 톨 페스큐에 있어서 품종별 또는 acetosyringone(AS)의 첨가 유무에 따른 형질전환 효율을 조사해 본 결과 표 29-2와 같이 나타났다. 품종별로는 'Kentucky-31' 의 효율이 가장 높았으며, 'Hokuryo' 가 중간정도의 효율을, 'cajun' 이 가장 낮은 효율을 나타내었다. 세 가지 품종 모두 AS 무첨가구에 비해 200μM AS를 첨가해주었을 때 형질전환 효율이 매우 높아지는 것이 확인되었다. 이러한 AS 첨가효과는 이탈리안 라이그래스, 오차드그래스에서 동일한 경향으로 나타났다.

2. *Agrobacterium*의 strain 종류에 따른 영향

*Agrobacterium*의 strain 종류에 따라서 형질전환 효율이 많이 좌우되는 것이 관찰되어 톨 페스큐, 이탈리안 라이그래스 및 오차드그래스 모든 작물에 있어서 EHA101이 LBA4404 또는 GV3101 등에 비해 높은 형질전환 효율을 나타내었다. 오차드그래스의 예를 표 29-3에 나타내었다(표 29-3).

3. 공동배양 기간에 따른 형질전환 효율

*Agrobacterium*으로 감염시킨 다음 공동배양 기간이 길어질수록 형질전환 효율은 조금씩 증가하여 5일간 공동배양했을 때 가장 높은 형질전환 효율을 나타내었고 7일 이상 공동배양한 경우 *Agrobacterium*의 overgrowth로 인해 callus의 갈변현상이 심하여 괴사되는 세포의 비율이 높아 이로 인하여 형질전환 효율이 감소하였다. 이러한 경향은 세 가지 사료작물 공히 같은 경향을 나타내었다. 톨 페스큐의 예를 나타내면 표 29-4와 같다.

4. 형질전환체의 선발과 확인

성숙종자로부터 유래된 callus(그림 29-1A)를 *Agrobacterium*으로 감염시켜 공동배양한 후의 형질전환 여부, 또는 post-culture 과정을 거쳐 hygromycin이 첨가된 선발배지에서 살아남은 callus를 GUS 염색으로 형질전환 여부를 확인한 결과 높은 빈도로 염색되었다(그림 29-2B). 선발배지에서 hygromycin 내성을 가지면서 재분화된 형질전환 식물체(그림 29-2D)를 *GUS* 유전자의 발현 여부를 활성염색으로 조사하여 본 결과 청색으로 염색되어(그림 29-2F) *Agrobacterium*법에 의해 톨 페스큐가 성공적으로 형질전환되었음을 확인할 수 있었다(그림 29-2).

재분화된 형질전환 톨 페스큐 식물체의 genome 내에 pIG121Hm 발현벡터의 T-DNA 영역이 도입되었는지를 확인하기 위해 형질전환 식물체의 잎으로부터 genomic

표 29-2 톨 페스큐 성숙종자 유래의 callus를 이용한 형질전환에 있어 acetosyringone의 첨가유무에 따른 GUS 발현 효율

품종	Acetosyringone*	감염시킨 callus	GUS 발현 callus	GUS 발현 효율
Hokuryo	−	150	31.0 ± 2.6	20.7 ± 1.8
	+	150	57.3 ± 8.5	38.2 ± 5.7
Cajun	−	150	25.3 ± 3.2	16.9 ± 2.1
	+	150	37.7 ± 5.5	25.1 ± 3.7
Kentucky-31	−	150	52.3 ± 4.6	34.9 ± 3.1
	+	150	98.7 ± 6.1	65.8 ± 4.1

*감염과 공동배양 배지에 200 μM acetosyringone 첨가구(+) 무첨가구(−)

표 29-3 오차드그래스 성숙종자 유래의 callus를 이용한 형질전환에 있어 *Agrobacterium* 균주에 따른 GUS 발현 효율

A. tumefaciens 균주	감염시킨 callus	GUS 발현 callus	GUS 발현 효율
LBA4404	120	28.6 ± 2.1	23.9 ± 3.5
EHA101	120	70.6 ± 2.5	58.9 ± 4.2
GV3101	120	43.4 ± 3.5	36.1 ± 5.9

감염과 공동배양 배지에 200 μM acetosyringone 첨가

표 29-4 톨 페스큐 성숙종자 유래의 callus를 이용한 형질전환에 있어 공동배양기간에 따른 GUS 발현 효율

공동배양기간	감염시킨 callus	GUS 발현 callus	GUS 발현 효율
1	150	27.7 ± 3.2	18.5 ± 2.1
3	150	56.7 ± 6.5	37.8 ± 4.3
5	150	101.0 ± 7.8	67.3 ± 5.2
7	150	81.3 ± 7.4	54.2 ± 4.9
9	150	73.7 ± 5.1	49.1 ± 3.4

감염과 공동배양 배지에 200 μM acetosyringone 첨가

그림 29-2 배발생 callus로부터 *Agrobacterium* 법에 의한 형질전환 톨 페스큐의 생산

A_ 조직적으로 치밀한 배발생 callus. B_ *Agrobacterium* 감염 5일 후 배발생 callus의 GUS 발현. C, D_ Hygromycin 내성 재분화 식물체. E, D_ Hygromycin 내성 식물체의 GUS 발현. G_ 형질전환 개체의 뿌리유도. H_ 형질전환 개체의 포장재배.

DNA를 분리한 후, hpt 유전자의 일부 염기서열을 primer로 하여 PCR로 확인한 결과 비형질전환 식물체에서는 증폭된 단편을 확인할 수 없었으나 형질전환 식물체에서는 약 0.8kb의 PCR 증폭산물이 확인되었으며(그림 29-3B), *gus* probe로 Southern blot 분석을 실시하여 본 결과 비형질전환 식물체에서는 hybridization band가 관찰되지 않았으나, 형질전환 식물체에서는 1~2개씩의 단편이 관찰됨으로써 *Agrobacterium*에 의한 톨 페스큐의 형질전환이 가능함을 확인할 수 있었다(그림 29-3C). 현재 이탈리안 라이그래스나 오차드그래스의 경우도 거의 같은 방법으로

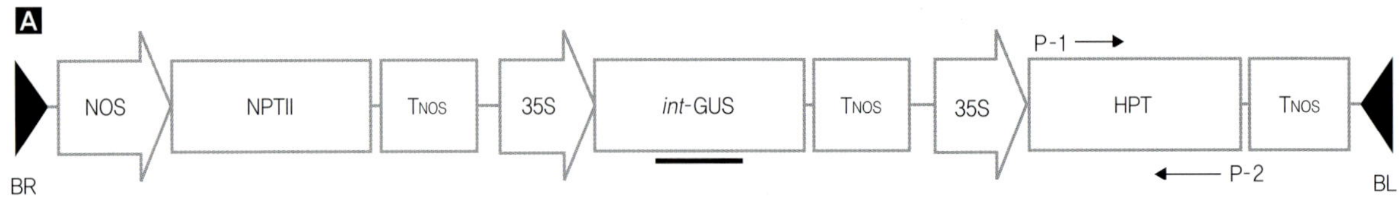

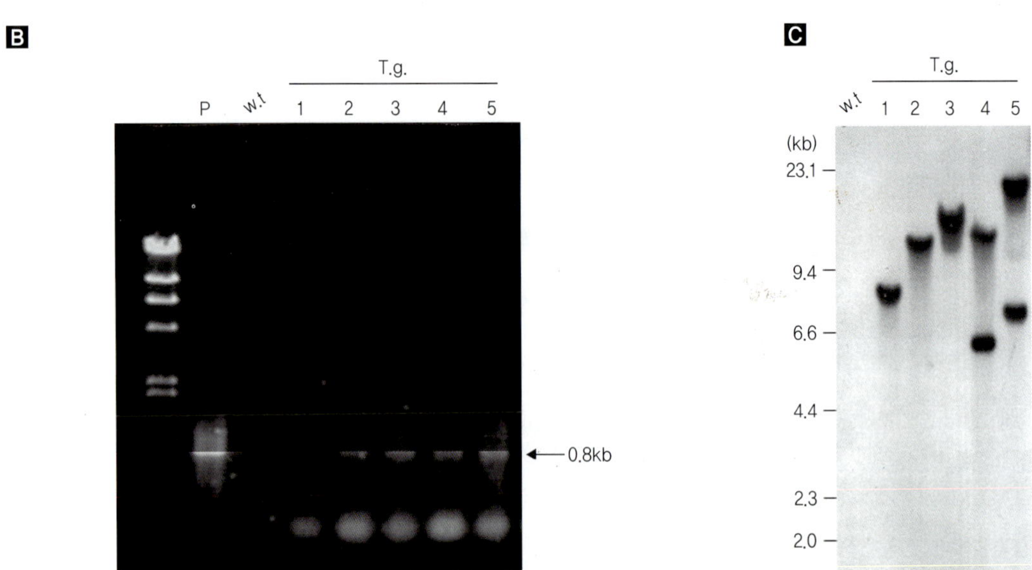

그림 29-3 형질전환 톨 페스큐의 분자생물학적 분석

A_ pIG121Hm 발현벡터의 T-DNA 영역. B_ 형질전환 톨 페스큐의 PCR 분석. C_ 형질전환 톨 페스큐의 Southern blot 분석.

형질전환이 가능한 상태로 개발되어 있다.

화본과 사료작물들의 형질전환에 있어서 극복되어야 할 가장 큰 문제점은 아직까지 한 번의 형질전환으로 충분한 수의 개체를 얻기에는 부족할 정도로 형질전환 효율이 지극히 낮다는 점, 대부분의 품종이 자가수정률이 아주 낮고 타가수분을 통해서만 번식하는 특성 때문에 각 종자마다 유전적 균일성이 낮아 형질전환 조작에 대한 반응이 각각 다르게 나타날 확률이 높은 단점이 있다. 이러한 단점을 극복할 수 있는 형질전환법이 개발되면 동물산업에 있어서 가장 중요한 사료문제를 해결할 수 있는 유용유전자의 도입에 의한 고부가가치의 신품종 사료작물의 개발이 가능해질 것이다.

참고문헌

- Arencibia AD, Carmona ER, Tellez P, Chan MT, Yu SM, Trujillo LE, Oramas P(1998) An efficient protocol for sugarcane(Saccharum spp. L.) transformation mediated by *Agrobacterium tumefaciens*. Transgenic Res 7: 213~222
- Buckner RC, Powell JB, Frakes RV(1979) Historical development. In: Buckner RC, Bush LP(eds) Tall Fescue. Agronomy 20: 1~8. Maidison, WI, USA. American Society of Agronomy
- Dalton SJ, Betanny AJE, Timms, Morris P(1999) Co-transformed, diploid Lolium perenne, *Lolium multiflorum* and Lolium temulentum plants produced by microprojectile bombardment. Plant Cell Rep 18: 721~726

- Denchev PD, Songstad DD, McDaniel JK, Conger BV(1997) Transgenic orchardgrass(*Dactylis glomerata* L.) plants by direct embryogenesis from microprojecticle bombarded leaf cells. Plant Cell Rep 16: 813~819
- Forster JW, Spangenberg G(1999) Forage and turf grass biotechnology: principles, methods and prospects. In: Setlow JK(eds), Genetic engineering: principles and methods, Vol 21, Kluwer Academic Publishers, New York, pp 191~237
- Hiei Y, Ohta S, Komari T, Kumasiro T(1994) Efficient transformation of rice mediated by *Agrobacterium* and sequence analysis of the boundaries of the T-DNA. Plant J 6: 271~282
- Horn ME, Shillito RD, Conger BV, Harms CT(1988) Transgenic plants of orchardgrass(*Dactylis glomerata* L.) from protoplasts. Plant Cell Rep 7: 469~472
- Jefferson RA(1987) Assay chimeric genes in plant: the GUS gene fusion system. Plant Mol Biol Rep 5: 387~405
- Miller DA(1984) Forage crops. McGraw-Hill, New York, pp 396~409
- McKersie BD(1997) Improving forage production systems using biotechnolgy. In: McKersie BD and Brown DCW(eds), Biotechnology in Agriculture Series, No. 17, CAB International, Wallingford, pp 3~21
- Murashige T, Skoog F(1962) A revised medium for rapid growth and bioassays with tobacco tissue cultures. Plant Physiol 15: 473~497
- Nadolska-Orczyk A, Orczyk W, Przetakiewicz A(2000) *Agrobacterium*-mediated transformation of cereals from technique development to application. Acta Physiol Plant 22: 77~88
- Spangenberg G, Wang ZY, Potrykus I(1998) Biotechnology in forage and turf grass improvement. In: Frankel *et al*(Eds), Monographs on theoretical and applied genetics, Vol. 23, Springer Verlag, Heidelberg, pp 192~211
- Trifonova A, Madsen S, Olesen A(2001) *Agrobacterium*-mediated transgene delivery and integration into barley under a range of *in vitro* culture conditions. Plant Sci 162: 871~880
- Van Santen E, Sleper DA(1996) Orchardgrass. In: Moser LE *et al*(eds), Cool-season forage grasses. Vol 34, ASA, CSSA, and SSSA, Madison WI, pp 503~534

30 들잔디의 식물체 재분화 및 형질전환

[1]송인자, [3]배태웅, [3]니시구찌 사토시, [3]송필순, [3]이효연
[2]배창휴, [2]토오야마 코이찌
[1]제주대학교 아열대 원예산업 연구센터
[2]순천대학교 농업생명과학대학
[3]제주대학교 생명공학부

I. 서론

들잔디(*Zoysia japonica* Steud.)는 난지형 잔디로서 한국을 포함한 극동 아시아와 대부분의 온대지역에 분포하는 식물이다. 국내의 경우 그 이용범위가 매우 넓어서 주로 하천제방, 도로주변, 묘지 등의 피복용으로 사용되고 있으며 주택과 공원의 조경용 식물로도 널리 이용되고 있다. 최근 축구장, 골프장, 야구장 등의 운동장에도 점차 그 재배면적이 증가되고 있는 추세이다. 따라서 들잔디에 대한 다양한 용도의 품종개발이 요구되고 있으며, 특히 내병성, 내한성, 제초제저항성 품종개발이 필요한 실정이다. 잔디의 품종육성은 전통적인 육종방법을 이용하고 있으나 최근에는 분자생물학적 방법을 이용하여 신품종 개발이 시도되고 있다(Chai and Sticklen, 1998; Hansen and Wright, 1999). 이와 같이 분자생물학적 방법을 이용한 잔디의 신품종 개발에 있어서 가장 기본이 되는 것은 식물세포를 이용하여 고효율의 식물체 재분화 체계를 확립하는 일이다.

지금까지 잔디의 조직 배양계에 사용된 세포는 종자 유래의 callus(Al-Khayri *et al.*, 1989; Han *et al.*, 1996), 미숙배 유래 체세포(Noh *et al.*, 1995; Park and Ahn, 1998), 원형질체(Inokuma *et al.*, 1996) 등이 보고되고 있으며, 또한 종자 유래의 callus에서 배지의 종류, 식물생장조절제의 종류 및 기타 첨가물에 대해서도 연구되어 왔다(Yoo and Kim, 1991; Han *et al.*, 1996). 그러나 잔디는 품종에 따라서 callus유도, 증식 및 식물체 재분화에 많은 차이를 보이고 있으며, 특히 동일 품종에서 유도된 callus 간에도 재분화 능력의 차이를 보이고 있다(Yoo and Kim, 1991; Han *et al.*, 1996). 이러한 문제점을 해결하는 방법은 식물체 재분화에 유리한 callus를 선발한 후 균일한 형태의 callus를 대량 증식하는 조건을 확립하는 것이고, 동시에 체세포 변이가 적은 식물체를 유도하는 것이다. 그러므로 본 장에서는 들잔디의 성숙종자로부터 식물체 재분화까지의 조건 및 형질전환 방법에 대하여 기술하였다.

II. 재료 및 방법

잔디는 주로 하천제방, 도로주변, 묘지 등의 피복용으로 사용되고 있으며 주택과 조경용 및 축구장, 골프장, 야구장 등의 운동장에도 널리 이용되고 있다. 이와 같이 최근 잔디의 수요가 급증함에 따라 다양한 용도의 품종개발이 요구되고 있다. 잔디의 품종 육성은 주로 전통적인 육종 방법을 이용하고 있으나 최근에는 분자생물학적 방법을 이용하여 신품종 개발이 시도되고 있다. 신품종 개발을 위한 분자생물학적 방법에는 Electroporation, Particle bombardment, *Agrobacterium*법 등이 있으며 본 장에서는 이들 방법 중 *Agrobacterium*을 이용한 형질전환법을 소개하고자 한다.

1. 원리

잔디 완숙종자를 오옥신(2,4-D) 및 시토키닌(BAP)이 함유된 배지에 배양하여 배 유래 callus를 유도한다. 배 유래 callus를 시토키닌(BAP)이 함유된 배지에 배양하여 shoot를 유도시킨 후 MS-free배지에서 root를 유도시킨다.

2. 재료 및 배지 조성

1) 재료

* 잔디 완숙종자

2) 시약 및 도구

Sucrose, α-ketoglutaric acid, 2,4-D, BAP, Gelrite, Tryptone, Yeast extract, NaCl, D-glucose, Betaine, Pluronic F68, Conical flask, Petri dish, Filter paper

3) 시약 조제법

가. Murashige and Skoog(MS) 배지의 조제법

용액 1	NH_4NO_3	82.5g
	KNO_3	95g
	KH_2PO_4	8.5g
	H_3BO_3	310mg
	$MnSO_4 \cdot 4H_2O$	1,115mg
	$ZnSO_4 \cdot 4H_2O$	430mg
	KI	41.5mg
	$Na_2MoO_4 \cdot 2H_2O$	12.5mg
	$CuSO_4 \cdot 5H_2O$	1.2mg
	$CoCl_2 \cdot 6H_2O$	1.2mg
	증류수 500ml에 순서대로 시약을 용해한 후, 1,000ml로 맞춘다(냉장보존).	
용액 2	$CaCl_2 \cdot 2H_2O$	22.2g
	증류수에 시약을 용해한 후, 500ml로 맞춘다(냉장보존).	
용액 3	$MgSO_4 \cdot 7H_2O$	18.5g
	증류수에 시약을 용해한 후, 500ml로 맞춘다(냉장보존).	
용액 4	Na_2EDTA	1.87g
	$FeSO_4 \cdot 7H_2O$	1.39g
	증류수에 시약을 용해한 후, 500ml로 맞춘다(냉장보존).	
용액 5	Myo-inositol	10.0g
	Nicotinic acid	50mg
	Pyridoxin-HCl	50mg
	Thiamine-HCl	10mg
	Glycine	200mg
	증류수에 시약을 용해한 후, 500ml로 맞춘다(냉동보존).	

* MS배지1,000ml의 조제법

증류수(500ml)+용액 1(20ml)+용액 2(10ml)+용액 3(10ml)+용액 4(10ml)+용액 5(5ml)+sucrose(30g)+hormone pH 5.8로 조정한 후, 증류수를 첨가하여 1,000ml로 맞춘다.

* 식물호르몬과 항생물질 저장액

Auxin	2,4-dichlorophenoxy acetic acid(2,4-D: 1mg/ml) 100mg을 20ml의 ethanol에 용해한 후, 증류수를 첨가하여 100ml로 맞춘다(냉장보존).
Cytokinin	Kinetin(1mg/ml) 6-benzyl amino purine(BAP: 1mg/ml) 100mg을 1ml의 NaOH에 용해한 후, 증류수를 첨가하여 100ml로 맞춘다(냉장보존).
Antibiotic	Kanamaycin(50mg/ml) Hygromycin B(50mg/ml) Bialaphos(50mg/ml) Spectinomycin(50mg/ml) Cefotaxim(250mg/ml) 증류수에 용해하고 필터 멸균한 후 1ml씩 분주하여 20℃에 보존한다.
Acetosyringone	Acetosyringone(20mg/ml) Acetosyringone을 20mg/ml가 되도록 DMSO에 용해한다. 필터 멸균한 후 1ml씩 분주하여 20℃에 보존한다.

나. 잔디 형질전환을 위한 배지

(1) Callus induction 배지(MSCI)

① MS salt and modified vitamins(4mg/*l* Thiamine-HCl)

Sucrose 30g/*l*

α-ketoglutaric acid 100mg/*l*

2,4-D 2mg/*l*

BAP 0.2mg/*l*

pH 5.8로 조정한 후 gelrite 2g/*l*를 첨가하여 멸균한다.

② 멸균 후 적당히 냉각시켜 petri dish에 분주한다(Autoclave 후에는 모든 조작을 clean bench 내에서 행한다).

(2) Callus growth 배지(MSCG)

① MS salt and vitamins

Sucrose 30g/*l*

2,4-D 4mg/*l*

BAP 0.01mg/*l*

pH 5.8로 조정한 후 Gelrite 2g/*l*를 첨가하여 멸균한다.

② 멸균 후 적당히 냉각시켜 petri dish에 분주한다(Autoclave 후에는 모든 조작을 clean bench 내에서 행한다).

(3) *Agrobacterium*용 배지(LB)

① Tryptone 1%

Yeast extract 5g/*l*

NaCl 5g/*l*

D-glucose 1g/*l*

pH 7.0으로 조정한 후 멸균한다.

② pGPTV-HB의 경우

Kanamycin 100mg/*l*

Hygromycin B 50mg/*l*

Spectinomycin 100mg/*l*

멸균 후 적당히 냉각시켜 항생제를 첨가한다(clean bench 내에서).

(4) *Agrobacterium*현탁 배지(LqMSAS)

① Calcium-free MS salt and vitamins

Sucrose 30g/*l*

D-Glucose 10g/*l*

Betaine 100mg/*l*

Kinetin 0.4mg/*l*

pH 5.2로 조정한 후 멸균한다.

② Acetosyringone 50mg/*l*

Pluronic F68 0.02%

멸균 후 적당히 냉각시켜 acetosyringone과 pluronic F68를 첨가한다(멸균 후에는 모든 조작을 clean bench 내에서 수행한다).

(5) Co-cultivation 배지(MSAS)

① *Agrobacterium* 현탁 배지(LqMSAS)에 gelrite 2g/*l*를 첨가한 후 멸균한다.

② 멸균 후 적당히 냉각시켜 acetosyringone 50mg/*l*을 첨가한 후 petri dish에 분주한다(clean bench 내에서).

(6) Callus 증식 및 *Agrobacterium* 제거 배지(MSCGCF)

① MS salt and vitamins

Sucrose 30g/*l*

2,4-D 4mg/*l*

BAP 0.01mg/*l*

pH 5.8로 조정한 후 gelrite 2g/*l*를 첨가하여 멸균한다.

② 멸균 후 적당히 냉각시켜 cefotaxim 250mg/*l*를 첨가하여 petri dish에 분주한다(clean bench 내에서).

(7) Shoot induction 및 선발배지(MSSS)

① MS salt and vitamins

Maltose 30g/*l*

BAP 1mg/*l*

pH 5.8로 조정한 후 gelrite 2g/*l*를 첨가하여 멸균한다.

② Cefotaxim 250mg/*l*

Bialaphos 2.5mg/*l*

멸균 후 적당히 냉각시켜 cefotaxim과 bialaphos를 첨가한다(Clean bench 내에서).

(8) Root induction 및 선발배지(MSRS)

① MS salt and vitamins

Sucrose 30g/*l*

pH 5.8로 조정한 후 gelrite 2g/*l*를 첨가하여 멸균한다.

② Cefotaxim 250mg/*l*

Bialaphos 3~5mg/*l*

멸균 후 적당히 냉각시켜 cefotaxim과 bialaphos를 첨가한다(clean bench 내에서).

* LB, LqMSAS, MSRS를 제외한 모든 배지 위에 filter paper를 깐다.

3. 형질전환 방법

1) 종자의 멸균

① *Zoysia japonica* Steud. 완숙 종자의 종피를 벗긴다.

② 완숙종자로 70% ethyl alcohol에서 1분간 교반하여 소독한다.

③ 0.02% Tween 20이 첨가된 5% sodium hypochloride에 종자를 넣어 15분간 표면살균한다.

④ 표면살균된 종자를 clean bench 안에서 멸균수로 3회 세척한다.(거품이 없어질때까지 반복)

2) Callus induction(그림 30-1)

① 멸균한 filter paper 위에 파종할 종자를 올려 수분을 흡수시킨다.

② 수분을 제거한 멸균한 종자를 callus induction 배지에 파종한다.

③ Micropore(3M) tape으로 sealing한다.

④ 26~28℃ 1~3달간 암배양한다.

3) Callus growth(그림 30-2)

① 유도된 callus를 callus growth 배지에 옮긴 후 26~28℃에서 암배양한다.

② 2주 간격으로 계대배양하여 재분화 능력이 좋은 embryogenic callus를 선발한다.

4) *Agrobacterium* 및 Co-cultivation(그림 30-3)

① 감염 1일 전에 *Agrobacterium*을 50m*l*의 LB배지에 현탁배양한다.

② 28℃ shaking incubator에서 overnight한다.

③ OD: 0.6~0.8 정도로 균이 자랐을 때 수집하여 *Agrobacterium* 현탁 배지를 첨가한다.

1~3달 후

그림 30-1 Callus 유도 과정

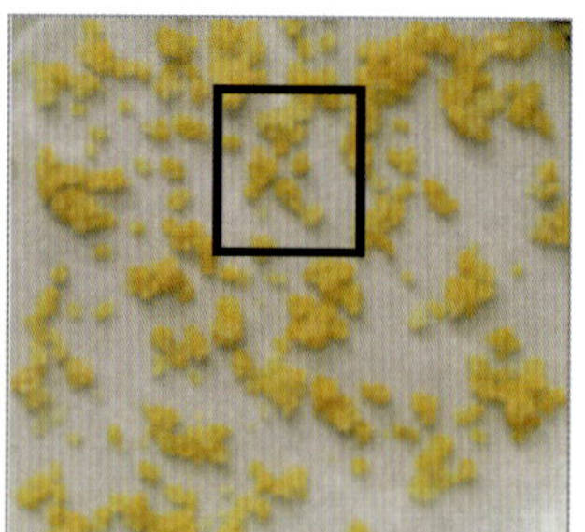

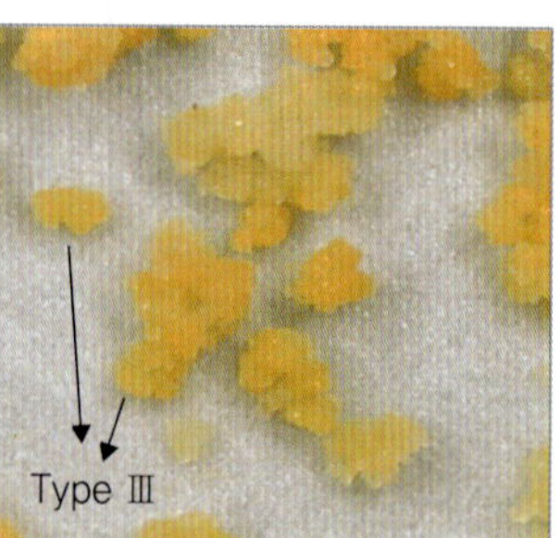

그림 30-2 재분화 능력이 있는 callus의 선발

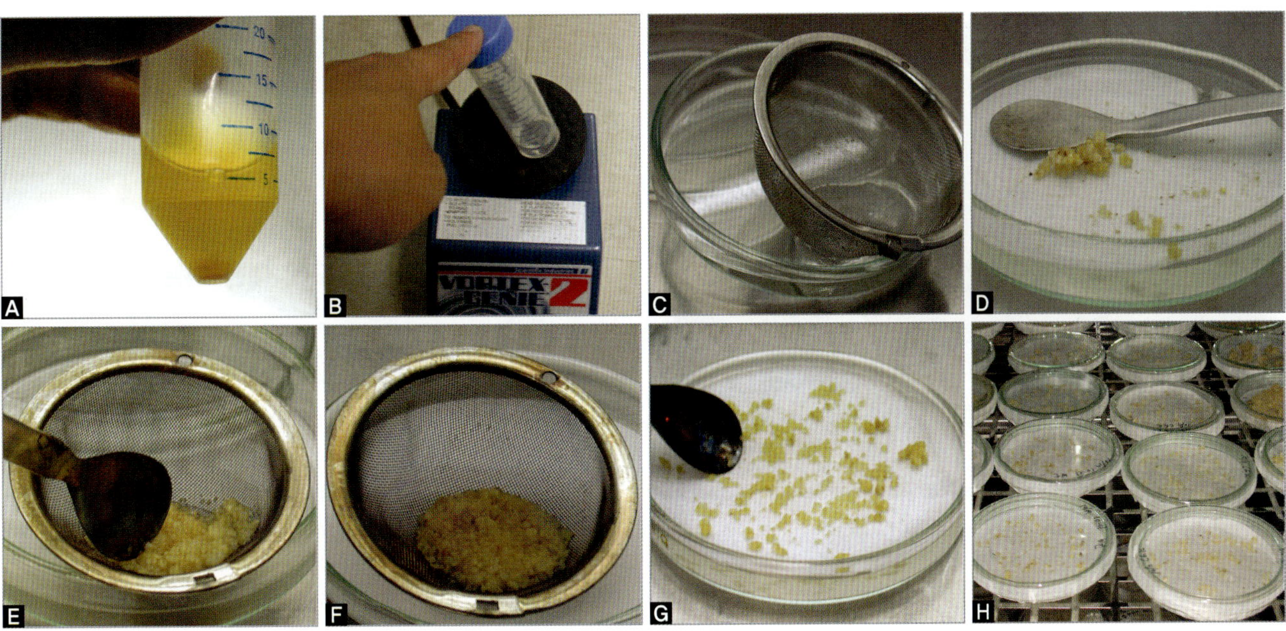

그림 30-3 들잔디의 형질전환 과정

④ *Agrobacterium* 현탁 배지에 재분화 능력이 좋은 embryogenic callus를 감염시킨 후 co-cultivation배지에 옮겨 7~10일간 공동배양한다.

5) *Agrobacterium* 제거 및 Callus 증식

① 공동 배양 후 *Agrobacterium* 제거 현탁배지에 callus를 넣어 균을 제거한다.

② *Agrobacterium* 제거 및 callus 증식배지에 7~10일간 배양한다.(26~28℃ 암배양)

* GUS 활성 검증

6) Shoot induction 및 선발(그림 30-4)

항생제가 첨가된 shoot induction배지에 callus를 배양하여 선발한다(26~28℃ 명배양).

7) Root induction 및 선발(그림 30-5)

선발된 shoot를 항생제가 첨가된 root induction배지에 배양하여 2차 선발한다(26~28℃ 명배양).

8) 순화(그림 30-6)

선발된 형질 전환 식물체를 온실에 순화시킨다.

그림 30-4 A_ GUS 활성 검증. B_ Shoot 유도 및 선발.

그림 30-5 Root 유도 및 선발

그림 30-6 형질전환된 식물체의 순화

III. 결과

1. 잔디의 효과적인 식물체 재분화

1) 재분화성 callus 유도에 대한 기본배지의 영향

표 30-1 재분화성 callus 유도에 대한 기본배지의 영향

Basal media	No. of callus tested[a]	No. of RC(%)
MS	139	8(5.8)
LS	141	2(1.4)
N6	144	1(0.7)
B5	141	1(0.7)
R2	141	4(2.8)

[a]N6 배지에서 2주 간격으로 계대배양된 callus는 1mg/*l* 2,4-D, 0.1mg/*l* BAP, 4mg/*l* thiamine-HC1 and 100mg/*l* α-ketoglutaric acid가 함유된 다섯 종류의 기본배지에 2달 동안 배양되었다.

• 종자에서 유도된 callus를 다섯 종류의 기본배지에 치상하여 2개월 후에 재분화력을 갖는 callus 빈도를 조사하였다. 그 결과 MS 배지가 다른 기본 배지에 비해서 2~9배 정도 높은 유도율을 나타내었다.

2) 재분화성 callus 유도에 대한 생장조절제의 영향

• 2,4-D와 BAP가 혼용된 배지에 종자를 치상하여 3개

표 30-2 재분화성 callus 유도에 대한 생장조절제(2,4-D, BAP)의 영향

2,4-D (mg/*l*)	BAP (mg/*l*)	No. of seed tested	No. of seed formed callus(%)
0	0	337	0(0)
0	0.02	250	0(0)
0	0.2	233	0(0)
0	2	239	0(0)
0	4	337	0(0)
1	0	304	47(15.5)
1	0.02	421	65(15.4)
1	0.2	389	49(12.6)
1	2	360	61(16.9)
1	4	363	39(15.5)

2,4-D (mg/l)	BAP (mg/l)	No. of seed tested	No. of seed formed callus(%)
2	0	115	18(10.7)
2	0.02	334	54(16.2)
2	0.2	355	65(18.3)
2	2	348	59(17.0)
2	4	250	39(15.6)
4	0	121	19(15.7)
4	0.02	330	46(13.9)
4	0.2	344	56(16.3)
4	2	314	35(11.1)
4	4	336	20(6.0)
8	0	341	38(11.1)
8	0.02	354	35(9.9)
8	0.2	362	28(7.7)
8	2	296	19(6.4)
8	4	339	14(4.1)

[a] 종자는 4mg/*l* thiamine-HCl, 100mg/*l* α-ketoglutaric acid, 다른 조합의 2,4-D와 BAP가 함유된 MS 배지에 3달 동안 배양되었다.

월 후에 callus 유도율을 조사하였다. 그 결과, 2mg/*l* 2,4-D와 0.2mg/*l* BAP가 포함된 처리구에서 재분화 능력을 갖는 callus가 가장 많이 유도되었다.

3) 생장조절제의 농도와 조합에 따른 callus의 유형

- Type I callus는 1mg/*l* 2,4-D와 0.2mg/*l* BAP가 포함된 배지에서 16.3%로 가장 높게 관찰되었다. Type II callus는 다른 type callus에 비해서 매우 적게 유도되었으며, 오직 2mg/*l* 2,4-D와 0.2mg/*l* BAP의 조합에서 1.5%만 관찰되었다.

Type III callus는 생장조절물질의 대부분(65%)의 조합 처리구에서 관찰되었으며, 2mg/*l* 2,4-D와 0.2mg/*l* BAP의 처리구에서 가장 높게 나타났고 그 빈도는 14.3%였다. Type IV callus는 모든 처리구에서 83.1%에서 100%까지 높게 나타났다. Type I, II, III callus는 callus 간에 차이는

표 30-3 Callus 유형에 대한 생장조절제(2,4-D, BAP)의 영향

2,4-D (mg/l)	BAP (mg/l)	No. of callus tested	No. of callus showed various morphology(%)[b]				
			Type I	Type II	Type III	Type I ~IIIc	Type IV
1	0	47	2(4.3)	0(0)	2(4.3)	4(8.5)	43(91.5)
1	0.02	65	6(9.2)	0(0)	0(0)	6(9.2)	59(90.8)
1	0.2	49	8(16.3)	0(0)	0(0)	8(16.3)	41(83.7)
1	2	61	6(9.8)	0(0)	1(1.6)	7(11.5)	54(88.5)
1	4	39	4(10.3)	0(0)	0(0)	4(10.3)	35(89.7)
2	0	18	0(0)	0(0)	1(5.6)	1(5.6)	17(94.4)
2	0.02	54	2(3.7)	0(0)	1(1.9)	3(5.6)	51(94.4)
2	0.2	65	8(12.3)	1(1.5)	2(1.5)	11(16.9)	54(83.1)
2	2	59	5(8.5)	0(0)	4(6.8)	9(15.3)	52(84.7)
2	4	39	0(0)	0(0)	0(0)	0(0)	39(100)
4	0	19	0(0)	0(0)	1(5.3)	1(5.3)	18(94.7)
4	0.02	46	0(0)	0(0)	1(2.2)	2(4.3)	44(95.7)
4	0.2	56	0(0)	0(0)	8(14.3)	8(14.3)	48(85.7)
4	2	35	0(0)	0(0)	1(2.9)	1(2.9)	34(97.1)
4	4	20	0(0)	0(0)	0(0)	0(0)	20(100)
8	0	38	0(0)	0(0)	0(0)	0(0)	38(100)
8	0.02	35	0(0)	0(0)	1(2.9)	1(2.9)	34(97.1)
8	0.2	28	0(0)	0(0)	1(3.6)	1(3.6)	10(96.4)
8	2	19	0(0)	0(0)	2(10.5)	2(10.5)	17(89.5)
8	4	14	0(0)	0(0)	0(0)	0(0)	14(100)

[a]종자는 4mg/*l* thiamine-HCl, 100mg/*l* α-ketoglutaric acid, 2,4-D와 BAP가 함유된 MS 배지에 3달 동안 배양되었다.
[b]Callus 유형 : Type I=노란색을 띠며 분화가 진전된 조직구조를 보이는 callus, Type II=희고 치밀하며 표면이 단단한 callus, Type III=노랗고 치밀한 조직이지만 부스러지기 쉬운 callus, Type IV=부드럽고 물기가 있는 callus.

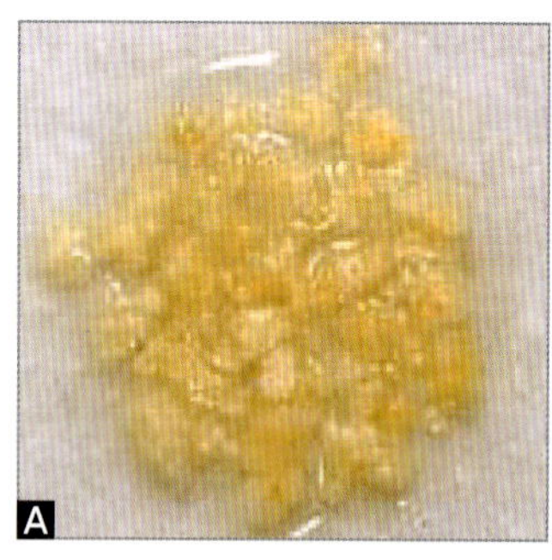

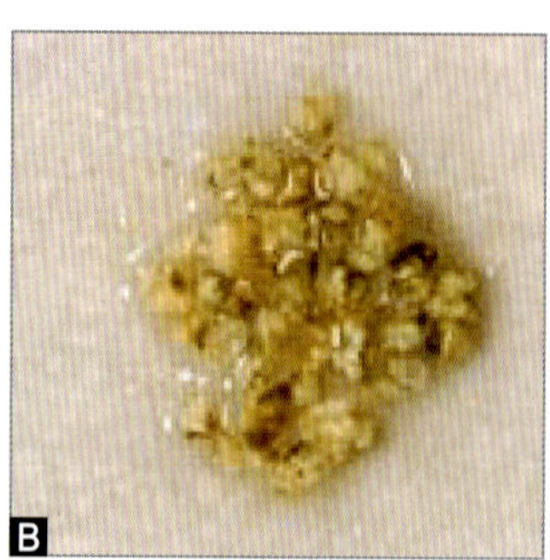

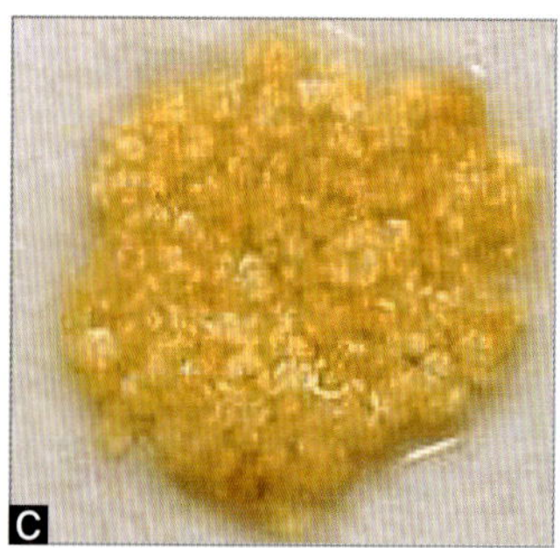

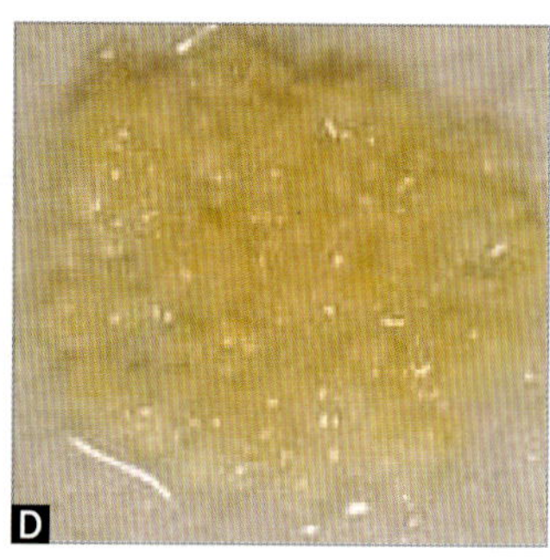

그림 30-7 네 가지 유형의 callus

A_ 노란색을 띠며 분화가 진전된 조직구조를 보이는 callus. B_ 희고 치밀하며 표면이 단단한 callus. C_ 노랗고 치밀한 조직이지만 부스러지기 쉬운 callus. D_ 부드럽고 물기가 있는 callus.

표 30-4 식물체 재분화에 미치는 당류의 영향

Carbohydrates (30g/*l*)	Callus with green shoot(%)	No. of shoots per callus	Shoot over 2mm(%)
Glucose	37.3±2.7[b]	6.9±0.3[c]	39.8±7.3
Maltose	33.3±2.7	9.4±0.3	46.4±5.0
Sucrose	45.3±9.3	4.5±0.1	4.5±0.2
Fructose	17.3±2.7	4.4±0.8	12.6±3.0
Galactose	0	0	0

[a]Type I callus는 1mg/*l* TDZ과 다른 종류의 당류가 함유된 MS 배지에 2주 동안 배양되었다.
[b]각 실험당 25개의 callus를 사용하여 얻어진 green shoot의 수를 조사하여 산출한 표준오차
[c]각 실험당 10개의 callus에서 얻어진 shoot의 수를 조사하여 산출한 표준오차

있으나 모두 식물체 재분화 능력을 가지고 있었다.

- 들잔디의 종자를 2,4-D와 BAP가 조합된 배지에 배양하여 callus 형태를 관찰한 결과 노란색을 띠며 분화가 진전된 조직구조를 보이는 Type I callus(그림 30-1A), 희고 치밀하며 표면이 단단한 Type II callus(그림 30-1B), 노랗고 치밀한 조직이지만 부스러지기 쉬운 Type III callus(그림 30-1C), 부드럽고 물기가 있는 Type IV callus(그림 30-1D)의 4 type으로 분류되었다.

4) 식물체 재분화에 미치는 당류의 영향

- 다섯 종류의 당류에 따른 식물체 재분화 효율을 검토한 결과, 신초를 형성한 callus의 빈도는 기존에 주로 사용된 sucrose를 함유한 배지에서 가장 높았으나 callus당 신초수는 maltose 및 glucose가 첨가된 배지에서 훨씬 높은 빈도로 분화되었다. 특히 maltose가 첨가된 배지에서는 정상적으로 신장하는 2mm 이상의 신초가 sucrose 배지에 비해 10배 이상 많았다.
- callus로부터 신초형성이 가장 높은 maltose를 농도별로 처리하여 신초의 재분화 빈도를 조사한 결과, 30g/*l* 이하 저농도의 maltose를 포함한 배지에서 신초를 형성한 callus의 수와 callus당 신초의 재분화율이 비교적 높았다. 또한 2mm 이상의 정상적인 신초의 재분화는 maltose 30g/*l*의 배지에서 51%로 가장 높았다.

5) 식물체 재분화에 미치는 cytokinin류의 영향

- cytokinin의 종류 및 농도에 따른 신초 재분화의 빈도를 조사한 결과, 1mg/*l* BAP와 TDZ가 각각 포함된 배지에서 신초를 형성한 callus의 수, callus당 신초의 수 및 신초의 신장(5mm 이상)이 가장 좋았다.

6) callus 유형에 따른 식물체 재분화

- 네 가지 type의 callus를 재분화 배지에 치상하여 식물체 재분화 빈도를 조사하였다. 그 결과 Type I, II, III callus에서 식물체 재분화가 관찰되었으며, 특히

표 30-5 식물체 재분화에 미치는 maltose의 영향

Maltose (g/l)	Callus with green shoot(%)	No. of shoots per callus	Shoot over 2mm(%)
15	37.3	9.9±0.1	45.2±3.4
30	36.0	12.9±1.2	51.4±3.9
45	32.0	10.2±1.3	32.1±3.6
60	29.3	4.9±0.6	14.5±5.5
75	30.7	8.3±0.9	27.3±4.0
90	28.0	2.5±0.3	6.7±0.2

[a]Type I callus는 1mg/l TDZ과 다른 농도의 maltose가 함유된 MS배지에 2주 동안 공동 배양되었다.

표 30-6 식물체 재분화에 미치는 cytokinin류의 영향

Growth regulators (mg/l)		No. of callus tested	No. of callus with shoot	No. of shoot /callus	No. of shoot over 5mm
Control	0	44	6	4.0	0
Kinetin	1	44	8	3.0	0
	4	44	7	1.7	0
BAP	1	44	17	5.2	19
	4	44	9	3.7	1
TDZ	1	44	17	4.8	14
	4	44	10	4.1	1

[a]Type I callus는 30g/l의 maltose와 다른 농도의 cytokinin이 함유된 MS 배지에 2주 동안 배양되었다.

표 30-7 식물체 재분화에 미치는 callus 유형의 영향

Callus type	Callus with green shoots(%)	Callus with albono shoots(%)
Type Ⅰ	38	22
Type Ⅱ	62	26
Type Ⅲ	82	4
Type Ⅳ	0	0

[a]25개의 callus는 1mg/l BAP와 30g/l maltose가 함유된 배지에서 2주 동안 배양되었다.

Type III callus는 82%의 식물체 재분화를 보였다. 또한 알비노 식물체 분화도 가장 낮게 나타났다.

- 상기의 배지에서 유도된 신초는 생장조절제가 첨가되지 않는 MS배지에 이식하여 뿌리를 유도하였고 pot에 심어 정상 식물체로 육성되었다.

2. *Agrobacterium*을 매개로 한 들잔디의 형질전환

우리 생활에 밀접해 있는 잔디밭을 보다 효율적으로 이용하기 위해서는 잡초의 방제가 매우 중요하다. 본 장에서는 상기의 식물체 재분화계를 이용하여 제초제 저항성 유전자를 식물체에 도입하였다.

1) Callus 유형에 따른 공동배양 시기

- 세 가지 type의 callus를 공동배양 배지에 치상하여 callus당 GUS 염색된 spots 수를 조사하였다. 그 결과 Type I, III callus에서 GUS 염색이 관찰되었으며, 특히 Type III callus를 9일간 배양하였을 때 높은 염색률을 보였다.

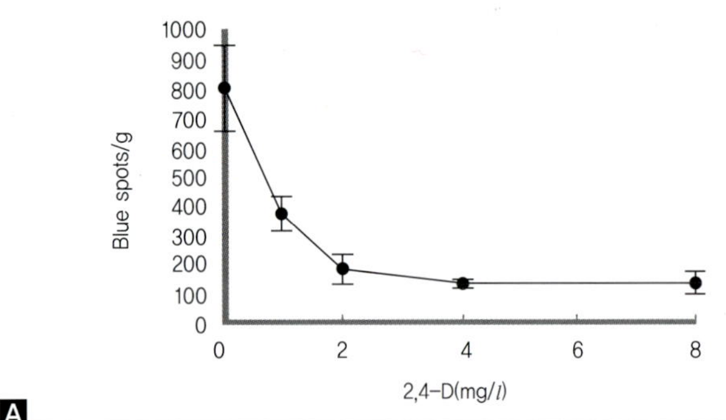

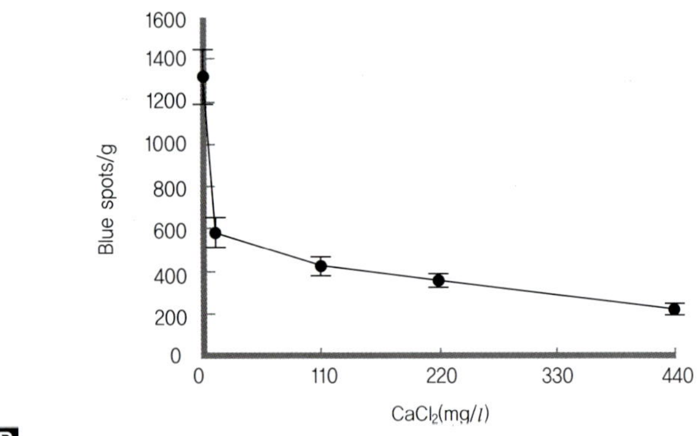

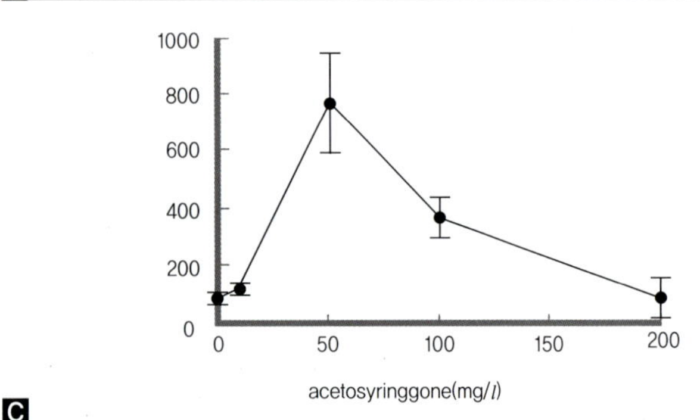

그림 30-8 공동배양시기에 영향을 끼치는 여러 가지 요인들

A_ 2,4-D 농도. B_ $CaCl_2$ 농도. C_ Acetosyringone 농도.

표 30-8 형질전환 효율에 대한 callus 유형과 공동배양 시기의 영향

Callus types[a]	Co-cultivation period(days)	GUS spots per 1 g callus[b c]
I	3	23± 0.2
	6	21± 2.6
	9	60± 13.4
	14	0
	28	0
II	3	0
	6	0
	9	0
	14	0
	28	0
III	3	41± 16.5
	6	834±162.0
	9	1310±157.0
	14	630±284.0
	28	1052±288.0

[a]세 가지 종류의 callus는 acetosyringone이 함유된 2,4-D-free MS배지에서 공동배양되었다. 각 처리구는 26±1℃의 암조건하에서 배양되었다.
[b]일시적 GUS 발현은 공동배양 후 즉시 조사되었다.
[c]각 처리구의 데이디는 세 빈 반복하여 일어진 평균과 표준오차를 산출하였다.

그림 30-9 5mg/l의 bialaphos가 첨가된 shoot 유도배지에서 생존한 shoots

그림 30-10 제초제 저항성 검증(우) 형질전환 식물체(좌) 비형질전환 식물체

2) 공동배양 시기에 영향을 끼치는 여러가지 요인들

- 공동배양 배지에 첨가된 2,4-D, $CaCl_2$, acetosyringone의 농도를 조사한 결과 2,4-D와 $CaCl_2$ 농도가 증가할수록 callus당 GUS 염색된 spots 수는 감소하였다. 그러나 acetosyringone의 경우 50mg/l acetosyringone이 첨가되었을 때 callus당 GUS 염색된 spots 수가 증가하였다.

3) 제초제 저항성 검증

5mg/l bialaphos가 첨가된 shoot induction배지에서 일차선발하여 순화시킨 후 제초제를 살포하여 이차선발한다.

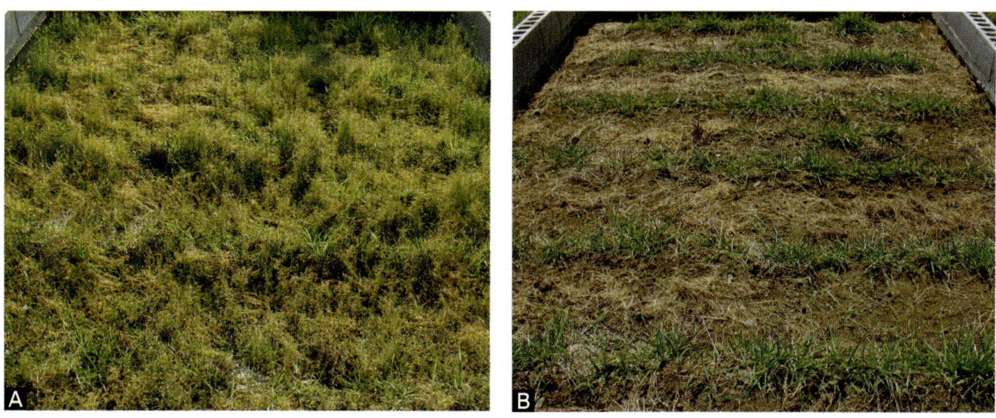

그림 30-11 **포장실험** A_ 제초제 살포 전. B_ 제초제 살포 후.

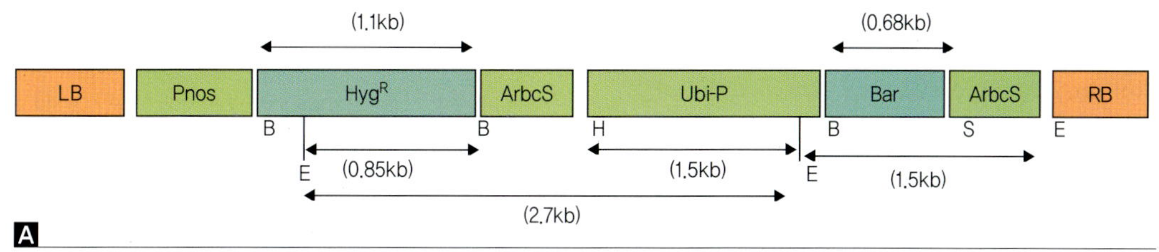

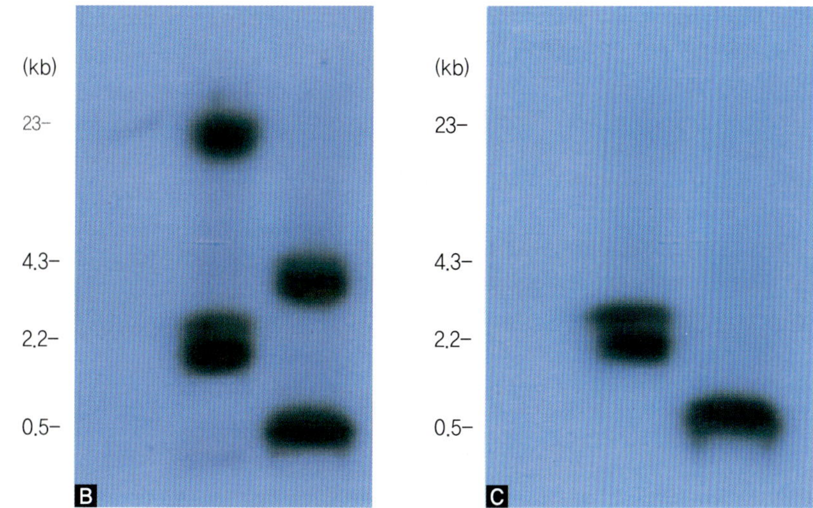

그림 30-12 DNA gel blot analysis

A_ 형질전환에 사용된 pGPTV-HB 벡터의 T-DNA 지역, P-NOS, promoter of nopaline synthase; hpt, hygromycin phosphotransferase gene; ArbcS, terminator of Arabidopsis ribulose-1,5-bisphosphate carboxylase/oxygenase subunit P-Ubi, plyubiquitin promoter of maize; Bar, bialaphos-resistance gene B, BamHI E, *Eco*RI H, *Hin*dIII.
B,C_ lane 1 : 비형질전환 식물체, lane2-3 형질전환식물체, 20 μg의 DNA는 HindIII(lane 2)와 *Bam*HI(lane 3)으로 소화되었으며 *bar* (b)와 *hpt*(c) probe를 사용하여 hybridize되었다.

4) 형질전환에 이용된 vector pGPTV-HB와 Southern blot 분석

- Southern blot 분석의 결과 bar와 hpt probe 모두 식물 게놈 내에 2 copy 존재하였다(그림 30-12).

참고문헌

- Al-Khayri JM, Huang FH, Thompson LF, King JW(1989) Plant regeneration of zoysiagrass from embryo-derived callus. Crop Sci 29: 1324~1325
- Asano Y, Ito Y, Fukami M, Sugiura K, Fujiie A(1998) Herbicide-resistant transgenic creeping bentgrass plants obtained by electroporation using an altered buffer. Plant Cell Rep 17: 963~967
- Asano Y, Katsumoto H, Inokuma C, Kaneko S, Ito Y, Fujiie A(1996) Cytokinin and thiamine requirements and stimulative effects of riboflavin and α-ketoglutaric acid on embryogenic callus induction from the seeds of Zoysia japonica Steud. J Plant Physiol 149: 413~417
- Bae CH, Toyama K, Lee SC, Lim YP, Kim HI, Song PS, Lee HY(2001) Efficient plant regeneration using mature seed-derived callus in Zoysiagrass(*Zoysia japonica* Steud.). Korean J Plant tissue culture 28: 61~67
- Belarmino MM, Mii M(2000) *Agrobacterium*-mediated genetic transformation of a phalaenopsis orchid. Plant Cell Rep 19: 435~442
- Bhaskaran S, Smith RH(1990) Regeneration in cereal tissue culture: A review. Crop Sci 30: 1328~1336
- Chai B, Sticklen MB(1998) Applications of biotechnology in turfgrass genetic improvement. Crop Sci 38: 1320~1338
- Cheng M, Fry JE, Pang S, Zhou H, Hironaka CM, Duncan DR, Conner TW, Wan Y(1997) Genetic transformation of wheat mediated by *Agrobacterium* tumefaciens. Plant Physiol 115: 971~980
- Han SS, Rim YS, Jeong JH(1996) Effect of growth regulators, carbon sources and silver nitrate on callus formation and callus formation of turfgrass. Kor J Weed Sci 16: 221~229
- Hansen G, Wright MS(1999) Recent advances in the transformation of plants. Trends Plant Sci 4: 226~231
- Henzi MX, Christey MC, McNeil DL(2000) Factors that influence *Agrobacterium* rhizogenes-mediated transformation of broccoli(Brassica oleracea L. var. italica). Plant Cell Rep 19: 994~999
- Inokuma C, Sugiura K, Cho C, Okawara R, Kaneko S(1996) Plant regeneration from protoplasts of Japanese lawngrass. Plant Cell Rep 15: 737~741
- Inokuma C, Sugiura K, Imaizumi N, Cho C(1998) Transgenic Japanese lawngrass(Zoysia japonica Steud.) plants regenerated from protoplasts. Plant Cell Rep 17: 334~338
- Lee HY, Lee CH, Kim HI, Han WD, Choi JE, Kim JH, Lim YP(1998) Development of bialaphos-resistant transgenic rice using *Agrobacterium* tumefaciens. Korean J Plant Tissue Culture 25: 283~288
- Lee L(1996) Turfgrass biotechnology. Plant Sci 115: 1~8
- Noh HY, Choi JS, Ahn BJ(1995) Plant regeneration through somatic embryogenesis in zoysiagrass(Zoysia spp.). J Kor Soc Hort Sci 36: 82~587
- Park GH, Ahn BJ(1998) Electroporation conditions for DNA transfer into somatic embryogenic cells of Zoysia japonica. Kor J Plant Tiss Cult 25: 13~19
- Toyama K, Bae CH, Kang JG, Lim YP, Adachi T, Riu KZ, Song PS, Lee HY(2003) Production of herbicide-tolerant Zoysiagrass by *Agrobacterium*-mediated transformation. Mol. Cells. 16: 19~27
- Ye X, Wang ZY, Wu X, Potrykus I, Spangenberg G(1997) Transgenic Italian ryegrass(Lolium multiflorum) plants from microprojectile bombardment of embryogenic suspension cells. Plant Cell Rep 16: 379~384
- Yoo YK, Kim KS(1991) Effects of plant growth regulators on callus formation and organogenesis from the shoot-tip cultures of five turfgrass species. Kor Soc Hort Sci 32: 237~246

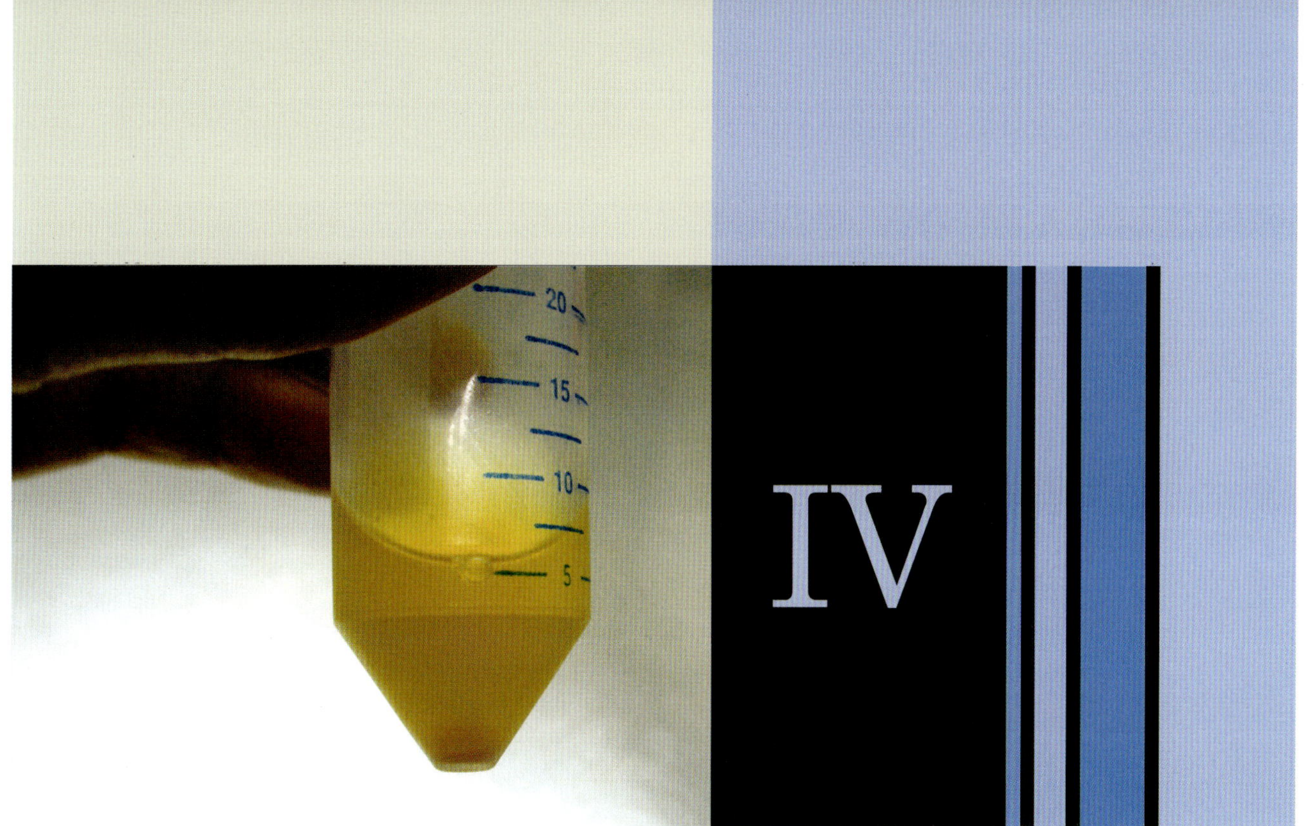

IV 작물 형질전환체 개발 후 관련 지식

01

형질전환체 육종과 품종화를 위한 로드맵

한지학
(주)농우바이오 생명공학연구소

I. 서론

1983년 페튜니아에 *Agrobacterium*을 공동배양하여 성공한 식물의 형질전환체 개발기술은 지속적인 발전을 거듭하여 많은 유전자변형(genetically modified: GM) 작물을 개발하였고 1996년부터는 상업화가 되기 시작하였다. GM 작물의 재배면적은 초창기 1996년에는 1.7백만 ha에 비해 2005년에는 90백만 ha로 약 53배 증가하였으며 이면적은 한반도 면적의 4배가 된다. 현재 21개국의 팔백오십만 농부가 재배하고 있고 55억 달러의 생명공학 작물시장을 형성하고 있으며 2010년에는 일천오백만 농부가 30개국에서 재배하여 약 80억 달러의 생명공학 작물시장을 형성할 것으로 예상하고 있다.

GM 기술이 미래 품종개량에 반드시 필요한 육종방법으로 증명됨으로써 인류 생활사에 빠른 기간 내에 막대한 영향력을 가져다 준 문명기술 중의 하나로 각인되고 있다. 따라서 GM 작물의 개발과 산업화는 제2의 녹색혁명이며 현대 문명이 낳은 최고의 걸작품 중에 하나로 간주될 수 있다. 그 이유는 많은 기간이 필요한 농산업이지만 연구를 시작한 지 불과 약 십여 년 만에 상업화할 수 있었고 엄청난 BT infra를 창조하였을 뿐만 아니라 막대한 경비, 까다로운 안전성 절차와 규제, 수출입 과정을 다 이겨냈다는 것이다.

이에 비해 국내의 GM 작물관련 모든 상황은 아직도 걸음마 수준이다. GM 작물개발을 위한 분자생물, 형질전환, 유전자분리 등의 기술 수준은 비교적 높지만 아직 환경이나 인체위해성 평가를 검정 받아서 심사청구를 통과한 GM 농작물이 없다. 따라서 상품화된 작물은 당연히 없으며 이런 case study가 빈약하여 선구자 역할을 하는 연구조차 시행착오를 겪고 있는 실정이다. 물론 최근 들어 연구 목표가 상업성까지 추구하는 연구과제들이 많아져서 향후 전망은 밝다고 볼 수 있지만 품종화 또는 상업화를 위한 기초 로드맵을 완비할 필요성이 있다. 왜냐하면 품종을 만드는데 최소 10년이 소요되기 때문에 첫 단추부터 잘 끼워야 한다는 것이다.

GM 작물을 품종화하는 과정은 여러 step이 필요하다. 첫째, 형질전환체 개발이다. 실제로 이 문제가 연구자들에게 가장 큰 취약점이 될 수 있는데 왜냐하면 작물의 형질전환 자체가 어렵기 때문이다. 한 작물을 형질전환에 성공하기 위해서는 오랜 경험과 기간, 그리고 집중화할 수 있는 인내가 요구된다. 둘째는 형질전환체 육종을 통한 형질전환체의 계통선발이다. 이를 위해서는 형질전환체의 육종 프로그램을 만들 수 있는 육종가의 도움이 절대적으로 필요하다. 형질전환체 계통의 선발기준은 transgene의 원하는 특성을 가지며 homozygote에다가 phenotype이 모본과 같고 유전적으로 안정되어야 한다. 셋째는 형질전환체 계통의 환경, 인체위해성 평가조사이다. 넷째는 셋째와 동시에 실행할 수 있는 단계로서 형질전환체 계통을 다른 일반 계통과 교배해서 F_1을 만들고 F_1 조합성능을 조사하며 농가 시교사업을 통하여 재배지에서 특성을 확인함으로써 형질전환체의 품종화 가치를 재입증하는 것이다. 다섯째는 품종으로 출원하고 등록하여 상품화한다.

본 장에서는 형질전환체를 개발한 다음 품종화로 갈 수 있도록 제반 필요한 사항들을 정리하고자 하였다.

II. 형질전환체 개발

일반적으로 형질전환체의 성공여부는 각 작물의 특이성에 의해서 좌우된다. 우선적으로 결정해야 하는 것은 배양 조건이다. 배양 조건은 작물별로 다를 수 있으며 또한 같은 작물이지만 각 계통마다 다를 수 있다. 배양조건 확립은 일단 재분화율을 조사함으로써 결정지을 수 있다. 또한 각 계통마다 *Agrobacterium*을 이용할 경우 genotype specificity가 어느 작물이나 다 존재하기 때문에 어느 *Agrobacterium* strain을 사용할거냐를 정하는 것이 중요하다. 즉, 어떤 계통에서 어떤 strain을 접종해야 재분화율이 제일 좋아지는건지 그 상호관계를 조사할 필요가 있다. 또 다른 중요한 issue는 형질전환이 될 수 있게 explant 조직을 변형하는 것이다. 형질전환이 잘 안될 때 계속 배지 조건만 달리하는 방법으로는 그 한계를 벗어나기 힘들다. 형질전환이 잘 안되는 경우는 explant 조직이 *Agrobacterium*으로 접종되지 않기 때문이다. 따라서 callus처럼 형질전환 확률을 올릴 수 있는 조직으로 바꿔줘야 한다. 지금까지 monocot이든지 dicot이든지 간에 형질전환이 잘 안되는 경우 callus로 유도되어 형질전환이 성공되었던 점을 상기한다면 이 점을 숙고할 필요가 있다.

형질전환체는 시간이 많이 걸리는 작업이기 때문에 처음서부터 형질전환을 시도할 때 어떤 transgene을 이용하여 어떤 목적으로 하느냐가 중요한 사항이다. 즉, 품종화를 위해서는 target이 매우 중요하다는 것이다. 국내에서는 일반적으로 GM 작물의 개발의지와 착수는 분자생물학자가 주도하였다고 해도 과언이 아니다. 따라서 transgene의 삽입을 증명한 다음 무엇을 해야 할지 몰라서 결과적으로 용두사미가 되는 경우가 많았는데, T_0 식물체를 만들었던 바이오텍 관련 연구자들이 육종 경험이 없어서 그 follow-up 단계가 미진하게 된 것이다. 형질전환체 개발자는 원하는 transgene이 들어간 T_0 식물체를 만들고 T_0을 selfing하여 T_1을 얻고 T_1의 특성분석을 하는 것까지가 그 의무이며 그 이후는 육종가에게 맡겨야 한다. 만약 target transgene을 갖는 형질전환체를 선발할 수 있으면 품종화가 될 때까지 육종가와 많은 협동연구가 필요하니 주지해야 한다. 왜냐하면 원하는 특성이 있는 형질전환체를 T_1 세대에서 선발하였다 하더라도 유전적으로 많은 변이를 내부적으로 가지고 있기 때문에 일반적으로 control에 비해 표현형이 다를 수가 있다. 이를 간과해서 지나치면 나중에 많은 연구기간이 쓸모없게 될 수 있는 것이다. 표현형이 다르게 나온 변이체도 육종가는 나름대로 육종 기술로 환원시킬 수 있어서 이들의 절대적인 도움을 받아야 한다.

III. 형질전환체 육종 및 형질전환체 계통선발

1. 형질전환체 육종

형질전환체는 일반적으로 크게 두 가지의 변이를 갖게 된다. 첫 번째 변이는 explant를 배양하면서 얻게 된다. 배양이 in vitro culture 조건에서 되기 때문에 원래 식물의 성장 조건에서 많이 벗어난 경우다. 따라서 인위적으로 만든 조건이 식물한테 엄청난 스트레스를 부여하고 있는 것이다. 스트레스에 의한 genomic variation은 여러 가지의 표현형변이를 낳는다(somaclonal variation). 실제로 somaclone의 염색체를 분석하면 deletion, translocation, inversion, duplication 등 다양한 형태의 변이를 접할 수 있다. 물론 이러한 여러 변이의 정도는 각 작물체마다 또는 샘플에 따라 차이가 많으며 또한 경우마다 다르다. 어떤 경우는 유전적변이가 표현형상으로는 보이지 않는 경우도 있어서 실제로 변이의 존재를 무시할 수도 있다. 지난 1980년 초까지 이런 somaclone들을 이용하여 유전자원을 만들려는 연구가 성행한 적이 있을 정도로 변이 발생 자체가 필요하였으며 지금도 변이체 만드는 데는 훌륭한 방법으로 간주되고 있다. 이런 변이의 기작으로 여러 설이 있으나 그 중의 하나로서 transposable elements가 조직배양이라는 스트레스 하에서 random transposition을 일으키기 때문이라고 한다. 두 번째 변이는 *Agrobacterium* 접종 또는 bombardment에 의해서 유전자를 삽입해서 유전자가 genome에 섞여 들어 갈 때 발생하는 변이다. Transgene의 삽입 부위는 random이기 때문에 genome 상에서 어떤 문제가 일어나는지 파악이 안 된다. Exon 부위를 파괴하면서 만드는 유전적 변이도 있을 것이고 여러 copy가 삽입될 경우 recombination이나 cell division에 이상을 초래할 수도 있다.

따라서 형질전환체 인 경우는 상기 두 가지 변이가 혼합된 경우이기 때문에 변이의 정도가 더 복잡 다양할 수밖에 없다. 그렇기 때문에 형질전환체를 육성하는 것은 매우 어려운 일이며 용의주도한 실험계획이 필요하다. 무작정 종자 받기 위해서 또는 원하는 특성만 갖는 T 세대를 고정하기 위해서 계속 자가수분을 해서는 삼가야 하는 것이다. 이 분야는 생명공학자의 전문 분야가 아니기 때문에 반드시 육종가에 자문을 구해야 하며 형질전환체의 육종이 필요한 것이다.

T_0는 heterozygote이다. 왜냐하면 *Agrobacterium*에서 삽입유전자가 식물세포 안에 들어갈 때 single strand DNA 상태로 들어가기 때문이다. 그래서 single strand DNA 상태로 식물 genome에 conjugate됨으로써 이론적으로 DNA 한 가닥에서만 삽입된다고 볼 수 있다. 따라서 계통 육성가는 homozygote를 선발하기 위해서 T 세대를 자가수분으로 유지하려고 할 것이다. T_0 genome 안에 있는 삽입유전자는 promoter에 의해 항상 발현되기 때문에 특성상 우성으로 존재한다. 그리고 삽입된 단일유전자는 T_1 세대에서 정확히 1:2:1로 genotype이 구별되어

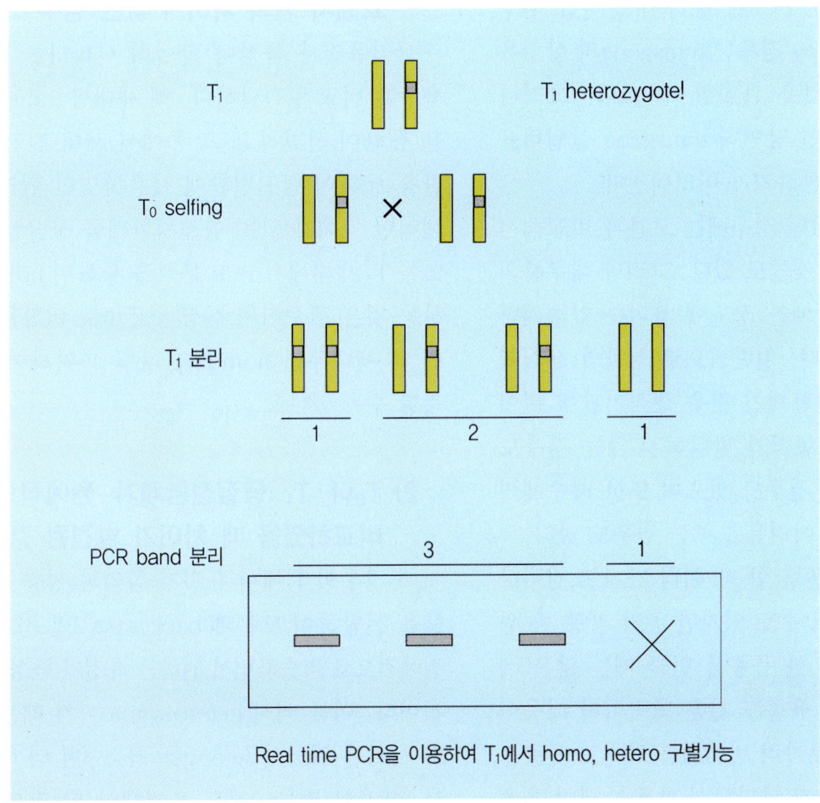

그림 1-1 Transgene의 분리

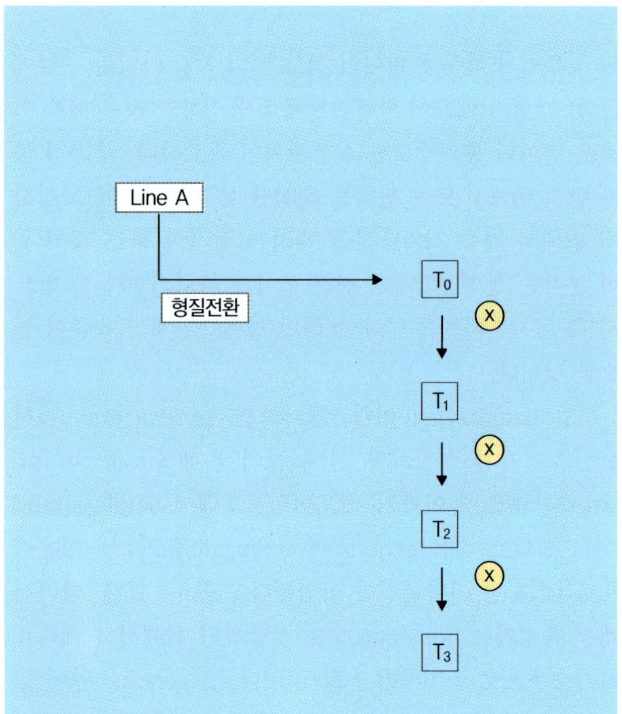

그림 1-2 형질전환체 육종 I: 모본과 T 세대 간의 원예적 차이가 없는 경우

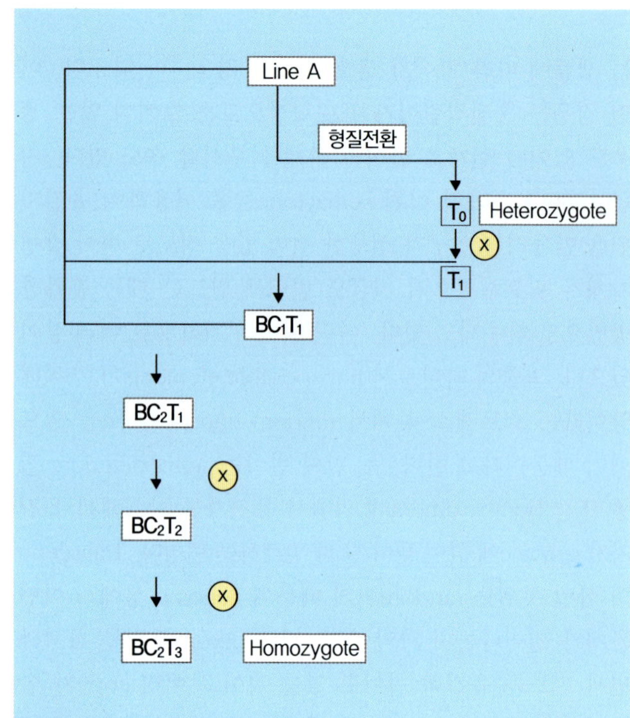

그림 1-3 형질전환체 육종 II: 모본과 T 세대 간에 원예적으로 차이가 있는 경우

homozygous dominant, heterozygote, homozygous recessive로 된다(그림 1-1). PCR을 통하여 분석할 경우 transgene의 삽입이 one copy 경우는 transgene의 삽입유무의 분리비율이 3:1 인 것을 관찰할 수 있다. 그러나 transgene copy 수가 많으면 당연히 transgene 삽입비율이 높아지면서 분리비를 추론하기가 어려워진다.

T_1 세대 형질전환체 중 어떤 경우에는 모본과 비교해서 원예적인 차이가 거의 없는 것들도 있다. 그러나 대부분의 경우 형질전환체와 모본 간에는 정도에 차이는 있겠지만 다를 수 있는 확률이 더 많다. 일반적으로 식물의 생식기관이 제일 민감하여 형질전환체인 경우 생식기관에 변이가 자주 일어난다. 따라서 종자가 발달하지 않는 경우도 있고 pollen이 생기지 않는 경우도 있으며 또한 배수체의 출현 빈도가 높아서 착과에 어려움을 주는 경우도 있다.

일반적으로 육종가가 육종을 할 때 여러 가지 조건이나 변수에 따라 육종이 쉽게 될 수도 있지만 종간 잡종 등 원연간의 교잡 육종을 통해서 한 품종을 만들 때는 많은 세월이 소요된다. 형질전환체 육종도 같은 맥락이며 더욱이 somaclonal variation이란 부가적 변이체를 가지고 육종을 해야 하기 때문에 육종가가 잘 판단하여 향후 T 세대 육종 program을 어떻게 만들건지 다음과 같이 구상해야 한다.

1) T_0나 T_1 형질전환체가 원예적으로 control과 비교해서 거의 차이가 없는 경우

삽입유전자 특성이 확실히 나타나는 경우라면 실제로 육종은 비교적 간단하다. 매 세대별 transgene의 성능분석을 통하여 선발하고 그 중에서 세대 진전 중 육종가의 관찰을 통하여 형질전환에 사용하였던 원래 모본 line과 원예적인 차이가 없는 형질전환체를 선발한다(그림 1-2). T_2 또는 T_3 세대에서 PCR 분석을 통하여 homozygote를 동정하는 것은 필수이며 실상 real time PCR을 사용할 수 있다면 T_1 세대부터 homozygote를 파악하여 육종 시간을 단축할 수는 있다.

2) T_0나 T_1 형질전환체가 원예적으로 control과 비교하였을 때 차이가 발견된 경우

이 경우의 T_1에서 유전자 삽입과 성능 분석이 확인된 작물을 선발하여 모본과 backcross 2번 정도 하면 모본처럼 원예적으로 비슷하면서 원하는 유전자 특성을 간직할 수 있을 것이다. 이들 역시 heterozygote이기 때문에 homozygote화 시키기 위하여 selfing을 최소 3번 더 해야 한다(그림 1-3). 따라서 BC_2T_3 정도 유지해야 할 것으로 예상된다. 유지하는 동안 매 세대 별로 유전자 성능검정과 육종가의 도

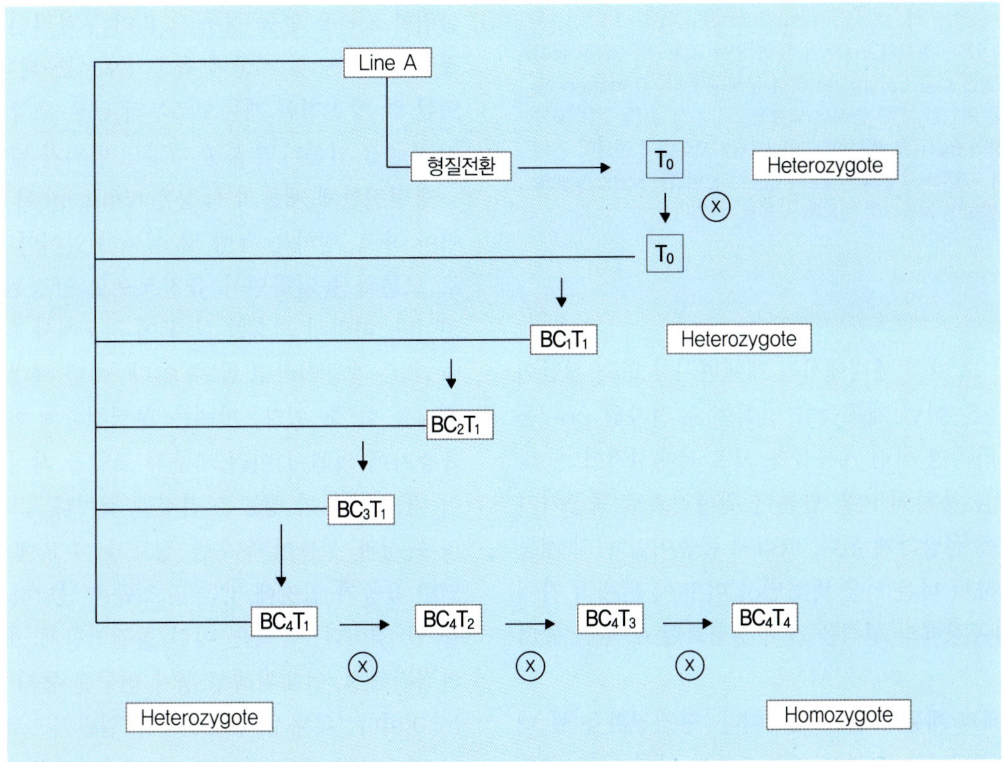

그림 1-4 형질전환체 육종 III: 모본과 T 세대 간이 원예적으로 매우 상이한 경우

움으로 원예적으로 모본과 같은 작물을 선발해야 한다.

3) T_0나 T_1 형질전환체가 control과 비교했을 때 원예적인 차이가 많이 나는 경우

이럴 경우 backcross의 빈도수가 많아지기 때문에 육종에 걸리는 기간이 더 많아진다. 최소한 backcross 4번을 해야 모본과 비슷해지며 이 경우도 heterozygote이기 때문에 다시 homozygote를 만들려면 자가수분을 최소 3번은 더 해야 한다. 실상 기간이 정해져 있다기 보다는 육종가의 판단에 따를 수밖에 없는데 최소 BC_4T_4 세대 정도 유지되어야 한다(그림 1-4).

2. 형질전환체 계통과 시교

계통(inbred line)이란 육종가들이 원하는 형질을 교배에 의해서 고정시킨 순계를 말한다. 이 경우 육종가들은 타가수분에 의하여 그 형질을 가져온 다음 backcross나 자가수분을 여러번 거쳐서 유전적으로 고정되고 안정되게

| Tip | 상기 1)의 경우처럼 T_0나 T_1 식물체가 원예적으로 control과 비교해서 거의 차이가 없는 경우 연구자들이 크게 간과하고 지나치는 한 가지 중요한 경우가 있다. 바로 형질전환체의 자식열세 현상이다. T_0나 T_1, T_2에서 자가수분을 계속하면서 세대를 이어갈 때 과거 볼 수 없었던 원예적 변이가 자주 나타나는 경우가 상당히 많다. 그 이유는 분리를 거듭하면서 많은 genome의 allele들이 recessive homozygote 되는 경우가 증가하기 때문이다. 이런 경우 transgene 외의 다른 유전자들로부터 원하지 않은 다른 형질들이 나타나기 때문에 원예적으로 문제가 되며 이 때문에 transgene의 특성발현이 상쇄가 되어 무의미해질 수 있기 때문이다.

| Tip | (주)농우바이오에서 지금까지 수년간 형질전환체의 육종에 대해서 시행착오를 한 경험을 토대로 자식열세를 피하면서 육종기간을 최소화할 수 있는 간단한 육종방법을 서술하고자 한다. 먼저 T_1 세대에서 특성분석을 한 다음 선발개체를 확보한다. 이 때 선발의 기준은 그 transgene 특성을 갖는 것 외에도 외형적으로 가장 좋은 것을 위주로 선발한다(육종가의 도움을 받음). 그리고 가능하면 그 선발개체를 backcross를 하여 종자를 받는다(BC_1T_1)(그림 1-5). BC_1T_1의 외형적인 모습을 잘 관찰하면 original inbred line과 거의 유사한 특성을

볼 수 있다. 여기서 insert가 들어 있는 것들만 PCR을 통하여 구별한 다음 transgene 특성 분석을 한다. Transgene의 특성을 확인한 개체 중에서 외형적으로 가장 좋은 것을 자가수분하여 BC_1T_2를 확보한다. 이 세대는 자식열세 현상이 거의 없으며 외형적으로 inbred line과 흡사하다. 따라서 homozygote만 선발하면 계통으로 충분히 사용할 수 있다.

한다. 그래서 그 자식 세대에서는 개체변이가 없는 집단이다. 육종가들은 이런 계통들을 만들어 유전자원 pool을 개척하기도 하지만 이런 계통들을 서로 교배시켜서 수 많은 교배조합을 통하여 F_1을 만들어 원예적으로 육종가가 원하는 조합을 선발하게 된다. 따라서 품종이란 위의 계통 양친을 교배하여 나온 F_1을 뜻하면서 이 F_1이 원예적 가치가 있거나 잡종강세의 성격을 가져 상업화할 수 있는 종자를 말한다.

형질전환체의 계통도 같은 맥락이다. 형질전환을 할 때 육종가들이 공급하는 모본은 계통으로서 이미 다른 계통과의 선발조합을 알고 있으며 F_1이 어떤 특성이 있다라는 것도 알고 있다. 단지 형질전환을 이용하여 특정 유전자를 삽입하고 F_1을 만들 경우 그 F_1이 부가적인 상품가치를 가질 수 있다는 것 때문에 육종가로서는 혜택을 받게 된다. 또한 한 형질전환 계통으로부터 많은 조합을 만들어서 여러 품종을 만든다면 품종 개발의 범위가 넓어지는 것이다.

형질전환체 계통의 특성은 transgene이 homozygote이어야 하고, 원하는 특성 및 성능이 있어야 하며, 원예적으로 모본과 동일하면서 유전적으로 안정된 형질전환체인 것이다. 따라서 최소한 상기 예 경우에서 T_3, BC_2T_3, BC_4T_4, BC_1T_3은 계통이라고 할 수 있다. 이런 세대를 이용하여 두 가지를 할 수 있다. 첫째는 형질전환체 계통이 육성되면 육종가에 의해서 여러 계통과 조합을 작성하여 F_1을 만들어 내고 이 F_1의 성능을 검정할 것이다. 그리고 transgene의 특성과 성능이 우수한 정도가 이 F_1에 의해 재증명이 되면 육종가 입맛에 맞는 F_1 조합을 선발하여 농가에 시교를 할 것이다. 둘째는 이런 형질전환체 계통을 이용하여 환경위해성, 인체위해성 평가 연구를 동시에 시작할 수 있는 것이다. 위해성 평가연구는 일반적으로 3년이란 기간이 필요하기 때문에 일찍 시작하는 것이 좋다. 만약 위해성 결과가 안 좋아서 심사청구가 안될 경우 아무리 좋은 F_1을 만들었다 해도 의미가 없어지는 것이다.

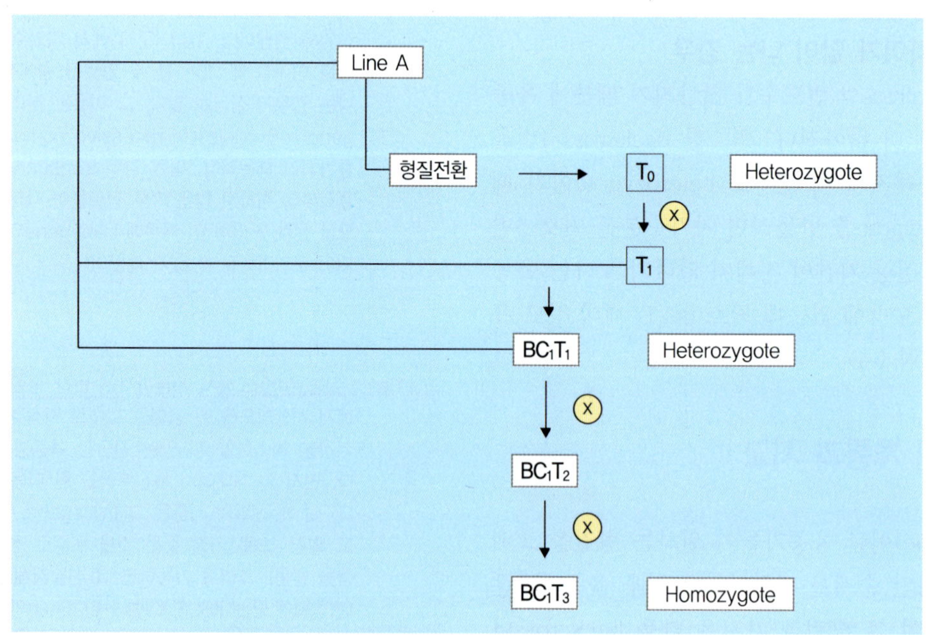

그림 1-5 형질전환체 육종 IV: 형질전환체의 자식열세를 피할 수 있는 경우

|Tip| 육종가가 선발된 형질전환된 예비품종(F_1)을 농가에서 일반 시교 사업을 해야 하는데 현재 한국에서는 형질전환체를 일반 농지에 재배할 수가 없다. 형질전환체 품종을 어떤 재배 방법이나 관리 또는 규제를 통해서 농민들이 농토에 재배할 수 있는지에 대한 지침고시가 되어 있지 않다. 따라서 일반 농가에서는 형질전환체 품종을 재배하거나 시교사업을 할 수 있는 여건이 만들어지지 않았다. 우리나라 정부에서는 2007년에 국제 바이오안전성 Cartagena 의정서에 가입할 예정이고 또한 정부에서 LMO 법률안 발효를 준비하고 있기 때문에 이 문제가 앞으로 커다란 이슈가 될 것이다. 왜냐하면 국내에서 아직 상업적으로 품종화가 될만한 GM 종자가 없는 반면 몇 년 안에 외국의 GM 종자가 수입되어 우리나라 농토에 심겨질 확률이 높기 때문이다. 따라서 형질전환 연구자들은 빠른 기간 안에 외국 종자 보다 우수한 GM 종자를 만들어 국내 종자 시장 또는 농가를 보호해야 할 뿐 아니라 국외 수출용으로 개발해야 하는 것이 당위적이다.

IV. 형질전환체의 품종화

1. 형질전환체 계통의 인체위해성, 환경위해성 평가조사

F_1 조합성능검정을 통하여 우수한 예비 품종을 만들 수 있다고 판정되면 그 형질전환체 계통은 환경위해성, 인체위해성 평가를 위한 안전성 조사를 받도록 한다. 이 기간이 약 3년 걸리며 가능하면 연구자들은 검사자료들을 엮어서 국외로 논문화 시키는 것이 좋다. 안전성 검정에 관한 데이터가 국제기준에 의해 인정되면 국내관련 기관에서 안전성에 관한 심사청구를 할 때 서류검사가 쉬워진다.

인체, 환경위해성 평가조사는 개발자가 해야 하는데 현재 국내에는 개인 개발자들에게 평가조사를 해줄 수 있는 기관은 없다. 어떻게 하든지 개발자가 위해성 평가를 할 수 있는 기관과 공동으로 과제를 운용하든지, 협력관계를 유지하든지 등 알아서 풀어야 할 상황이어서 이 과정이 GM 작물 개발에 대한 또 다른 병목이나 걸림돌이 된다. 국내에서는 기술적으로 그리고 시설면으로 이런 조사를 할 수 있는 기관 역시 매우 부족하다. 한국생명공학연구원은 환경, 인체위해성 평가를 할 수 있으며 농진청은 환경위해성 평가, 그리고 식약청은 인체위해성 평가를 할 수 있다. 그러나 개인적 평가조사 요청은 받아주지 않아서 일반 대학이나 산업체에서 평가조사를 신청하기에는 매우 어려운 실정인 것이 우리의 현실이다. 최근 들어서 각 대학교에서 환경평가 또는 독성평가하는 교수들이 서로 같이 위해성 연구조사를 하는 경우들이 늘고 있다. 참고로 위해성 관련된 여러 가지 내용은 이 책의 다른 장에서 자세히 다루고 있기 때문에 참고하기 바란다.

평가관련 연구 조사가 끝나면 환경위해성은 농진청에서 그리고 인체위해성은 식약청에 평가조사를 제출하여 안전성 평가심사를 청구, 신청한다. 약 270일 안에 허가를 해주기로 되어 있지만 평가조사에 하자가 있을 경우 재실험을 해야 하므로 서류 제출시 완벽한 준비를 하는 것이 좋다.

안전성 평가 대상은 계통이지 품종이 아니다. 일단 계통이 심사청구에서 통과될 경우 이 계통을 이용하여 많은 조합이 시도되어 많은 품종이 선발되는데 품종들은 위해성 평가를 받을 필요가 없다.

2. F_1 품종 출원 및 등록 그리고 상품화

선발된 형질전환체 계통으로부터 선발한 F_1 예비 품종을 농가에 시교 사업하여 시장성이나 상품성가치가 있다고 판단하면 국립종자관리소에 품종 출원을 할 것이다. 종자관리소에서는 환경위해성, 인체위해성 관련 안전성 검사가 통과된 형질전환체 계통에 한해서만 출원을 허락한다. 그리고 국립종자관리소에서 형질전환체를 직접 재배해서 2년간에 걸쳐 새 품종이라는 근거를 자체적으로 평가하여 등록을 허가할 것이다. 아직까지 2006년 기준으로 국내에서 위해성 심사청구를 의뢰한 경우가 없어서 어떤 GM 작물을 품종화하여 등록하는 것까지는 향후 몇 년을 더 기다려야 할 것이다. 그 이후 일단 등록이 되면 종자회사나 개발자는 국내에서 형질전환 품종을 일반 종묘상을 통해서 판매를 할 수 있다. 형질전환체의 상품화는 기술과 시간 싸움이다. GM 작물을 개발서부터 품종 등록하는 데까지 걸릴 수 있는 기간은 최소 10년이다. 따라서 상품화까지의 전체적인 로드맵을 잘 구성하여 추진하는 계획이 절대적으로 요구된다(그림 1-6). 현 단계에서는 국내에서 형질전환 종자를 재배할 수 있는 GMO 법률안이 추진중에 있기 때문에 종자의 상품화가 불가능하며 또한 국내에서 개발된 형질전환 품종도 없어서 아마도 해외 수입종자가 먼저 농가에 재배될 가능성이 높지 않을까 사려된다.

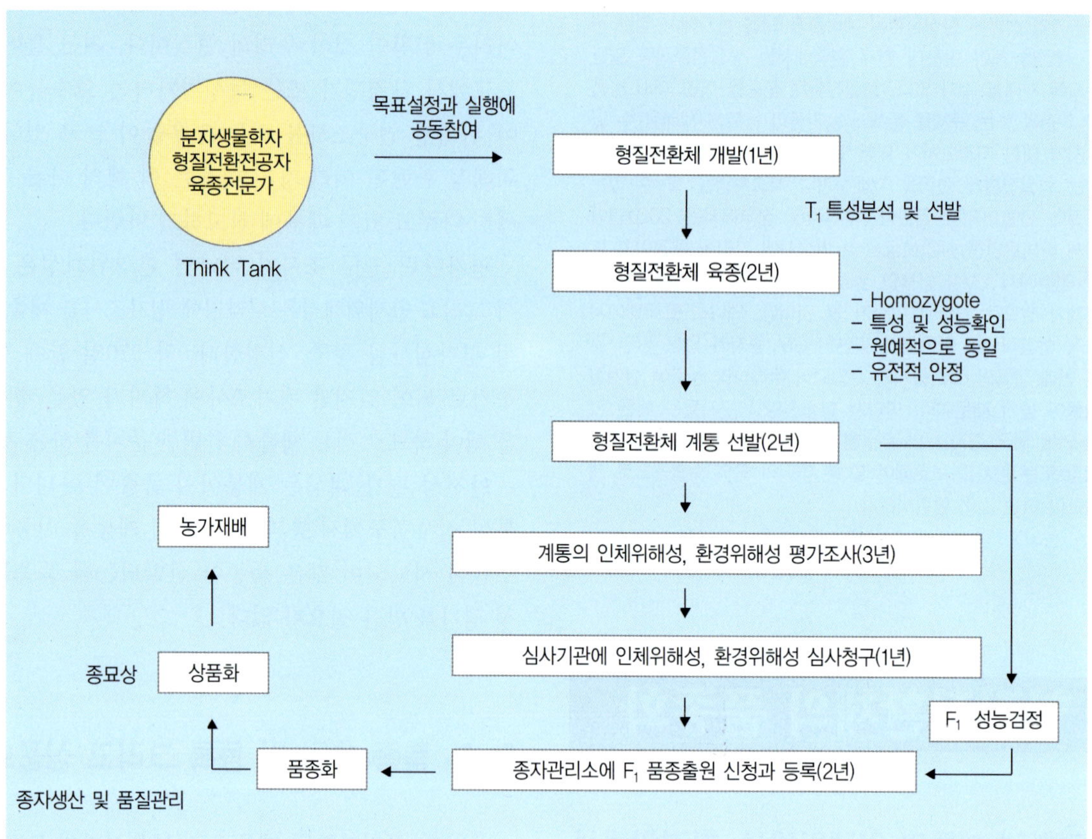

그림 1-6 GM 작물의 개발서부터 품종화를 위한 로드맵

V. 결론

GM 작물의 개발과 산업화는 매년 빠른 속도로 증가하고 있다. 선진 외국에서는 그동안 GM 작물 품종에 대한 기술, 개발, 육종, 재배, 유통, 판매, 지적재산권 등 모든 것을 다 가지고 있고 앞으로도 이 시장이 지속적으로 늘어갈 전망이어서 미래 종자전쟁에서 이미 많은 부분을 장악했다 해도 과언이 아니다. 우리는 선진국에 비해 엄청 늦었지만 지금이라도 형질전환체 개발을 할 때 우리만이 할 수 있고 국제경쟁력이 있는 목표를 정확히 세우고 우수 품종을 만들 수 있는 모든 지식집약적인 infra 조성을 동원한다면 언젠가는 틈새시장에서 우위를 차지하고 그 결실을 보게 될 것이라고 사려된다. 문제는 GM 작물의 상품화를 위해서 어느 누구도 출발지에서 종착지까지 갈 수 있는 로드맵을 가지고 있지 않다는 것이다. 그러면 과연 누가 로드맵을 만들고 어떻게 만들어야 하는가? 당연히 개발자의 몫이다. 이런 로드맵 구성은 분자생물학자나 형질전환 개발자만 해야 할 몫이 아니고 해당 작물 육종가와 같이 형질전환체 개발관련 아이디어 창출에서부터, target 유전자 선발, T_0를 위한 재료, GM 작물에 대한 육종 프로그램의 infra 구축, 안전성평가, 품종 출원과 등록, 그리고 농가에서의 재배 규제와 방법 등 많은 분야에 협력연구를 해야 한다. 따라서 이 로드맵를 통하여 각 작물별로 확립하여 우수한 품종을 기술적으로 잘 육성하는 것은 물론이고 본격적으로 품종화, 상업화로 갈 수 있는 행정적 교두보를 확보하여야 할 것이다.

02

형질전환 작물의 환경위해성 평가방법

박상규
아주대학교 자연과학부

I. 서론

최근 형질전환 기술이 급속도로 발전하면서 국내외에서 많은 형질전환 식물 특히 형질전환 작물이 개발되고 있다(최양도와 정종주, 2005). 형질전환 작물은 작물로 개발된 유전자변형 식물로서 일반적으로 유전자변형 생물(genetically modified organisms: GMO)이라 불린다. 한편 카르티헤나 바이오안전성 의정서(the Cartagena Protocol on Biosafety) (SCBD 2000)에서 채택된 공식 용어인 living modified organisms(LMO)가 최근에 많이 쓰이고 있으나 그 의미는 GMO와 큰 차이가 없다고 볼 수 있다. 이러한 형질전환 기술은 현대 생명공학을 이용한 육종기술로서 전통적인 육종기술의 한계를 뛰어넘어 같은 종의 식물이 가진 유전자, 유연관계가 먼 식물의 유전자, 세균의 유전자와 같이 다른 생물계의 유전자를 도입할 수 있을 뿐만 아니라, 인위적으로 디자인한 새로운 유전자를 작물에 도입할 수 있다. 이러한 급격한 수직 및 수평 유전자 이동(vertical and horizontal gene transfer)은 생물의 진화 역사상 그 이동속도가 유례가 없는 것으로 자연생태계와 사람에 대한 영향의 불확실성 때문에 많은 우려를 낳고 있다.

이러한 우려는 국제법적인 규제로 이어져 유전자변형 생물의 국가 간 이동(무역)을 통한 환경과 인간 건강에 대한 위해성에 대처하기 위한 바이오안전성 의정서가 채택되어 2003년 9월 11일부터 발효되기에 이르렀다. 이 바이오안전성에 대한 카르티헤나 의정서(이하 바이오안전성 의정서)는 생물다양성협약(Convention on Biological Diversity)의 부속 의정서로서 현대 생명공학기술에 의한 유전자변형 생물체에 의한 생물다양성에 미칠 부정적 영향에 대한 우려에 바탕을 두고 인체 및 환경 위해성에 대한 사전평가를 요구하고 있다. 이러한 국제적인 움직임에 맞추어 국내에서도 이 의정서의 국내이행 법률 및 바이오안전성 관련 관리 및 규제 법령을 정비하고 있다. 특히 형질전환 작물과 관련하여 농림부에서는 유전자변형 농산물의 환경위해성평가심사지침(이하 심사지침)을 2002년 1월 9일에 제정하여 시행하고 있다. 바이오안전성의정서는 유전자변형 생물의 국가 간 이동에 초점을 맞추어 위해성 평가와 심사를 요구하고 있지만 농림부의 심사지침은 국내로 수입 및 유통되는 형질전환 작물뿐만 아니라 국내에서 개발되는 형질전환 작물도 동일한 기준으로 국내 환경에 대한 안전성을 심사받도록 요구하고 있다.

II. 환경위해성 평가 및 심사

농림부의 심사지침에 의하여 국내에서 개발되어 재배 등 환경으로 방출되는 형질전환 작물은 모두 농림부의 LMO 환경위해성 심사를 통과해야만 국내 환경방출이 가능하다(김현준, 2005). 이 지침에 따르면 신청자는 심사신청서와 위해성평가 자료를 농촌진흥청에 제출하면 신청 후 270일 이내에 농촌진흥청은 전문가심사위원회를 통해 심사하게 된다. 심사결과 환경위해성이 없는 것으로 결정이 되면 신청자에게 서면으로 통보되고 만일 기각되는 경우 신청자는 60일 이내에 재심요구가 가능하다.

개발된 형질전환 작물이 LMO 환경위해성 심사를 통과하려면 위해성평가 자료를 제출해야 하는데 외국의 경우 몬산토와 같은 형질전환 작물의 개발자가 위해성 평가도 자체적으로 수행하고 있으나 국내의 경우 아직 대학이나 종묘회사 등에서 개발 중인 작물에 대한 위해성 평가를 자체적으로 수행하기에는 인력, 시설 및 기술기반이 미약한 실정이다. 환경위해성 평가를 실제로 수행하려면 생태학적 연구를 위한 실험실, 온실규모의 실험에 필요한 격리 및 반격리온실 및 수년 이상 장기간 야외에서 환경위해성 항목을 조사할 수 있는 격리포장과 이를 운용할 전문인력이 필요하다. 농림부의 심사지침의 별표 6에 평가기관이 구비하여야 할 인력, 시설 및 장비의 기본 요건이 규정되어 있다. 형질전환 작물의 환경위해성 평가에 필요한 격리 및 반격리온실에 대해서는 농림부의 심사지침에 규정되어 있지 않지만 미국 NIH의 재조합DNA에 대한 지침 중 1994년에 첨가된 식물에 대한 부록 P(NIH guidelines Appendix P)를 참조할 수 있다(Tranyor *et al.*, 2001). 이 부록 P에는 형질전환 식물을 이용하여 실험하는 데 필요한 물리적 그리고 생물학적 격리에 대해 BL1-P부터 BL4-P까지 네 가지 단계의 생물안전성 등급(Biosafety Level for Plant)을 나누고 있다. 한편 야외격리포장에 대해서는 농림부의 심사지침 별표 5에 구비요건이 규정되어 있다. 이에 따르면 유전자변형 식물 재배용 격리포장은 교잡후대가 유출되지 않도록 충분한 조치를 해야 하고 포장 가장자리에 울타리를 설치하여 출입제한구역으로 설정하고 "유전자변형 생물체 실험을 위한 생물학적 격리지역"임을 알리는 표시를 부착해야 한다.

2005년 현재 실질적인 환경위해성 평가를 수행하고 있는 곳은 농촌진흥청 산하 농업생명공학연구원의 생물안전성과와 한국생명공학연구원의 바이오평가센터 LMO평가연구실 두 곳이다. 농업생명공학연구원 생물안전성과는 농촌진흥청 산하 국립연구기관에서 개발된 형질전환 제초제저항성 고추, 들깨 및 벼에 대한 환경위해성평가를 수행하고 있다. 한국생명공학연구원의 LMO평가연구실에서는 대학과 종묘회사 및 기업연구소에서 개발된 병저항성 고추 및 수박, 제초제저항성 벼 및 스트레스저항성 감자 등의 유전자특성분석, 인체위해성 및 환경위해성 평가 등 형질전환작물에 대한 위해성 평가 전반에 대해서 평가를 수행하고 있다.

III. 환경위해성 평가 개념

그러면 환경위해성 평가 방법에 대해서 본격적으로 논하기 전에 환경위해성 평가의 바탕이 되는 근본 개념에 대해서 우선 살펴보기로 하자.

1. 환경위해성 대 생태위해성

일반적으로 형질전환 작물의 위해성 평가는 사람의 건강에 대한 위해성, 즉 인체위해성과 사람 이외의 모든 것, 환경에 대한 위해성 두 분야로 크게 나눈다. 이는 생물다양성 협약에 그 근거를 둔 바이오안전성 의정서가 그 취지를 유전자변형 생물체에 의해 일어날 수 있는 환경(environment)과 인간 건강(human health)에 대한 위해성에 대해 대비하기 위한 것이라고 규정하고 있기 때문이다. 이때 환경이라는 표현은 지구에서 인간을 둘러싼 모든 것을 포괄하는 광범위한 대상에 적용될 수 있으므로 좀 더 구체적으로 바이오안전성 의정서가 의미하는 환경의 범위를 알아볼 필요가 있다. 바이오안전성 의정서는 전문에서 이 의정서가 생물다양성협약의 부속 의정서임을 명확히 하면서 "현대 생명공학기술의 급속한 확산 및 그로 인해 생물다양성에 미칠 부정적 영향의 가능성과, 또한 인간 건강에 대한 위해성도 고려하여……"라는 표현으로 바이오안전성 의정서에서 의미하는 환경이 생물다양성을 중심으로 한 개념이며 환경위해성을 정확하게 표현하면 주변 생물과 먹이그물을 중심으로 한 생태계에 대한 위해성을 의미하는 것으로 이해하여야 할 것이다. 농림부의 심사지침에서도 제2조(정의)에서 환경위해성을 "유전자변형 농산물을 환경방출할 경우 국내 생물다양성의 보전 및 지속적인 이용에 영향을 미칠 수 있는 모든 부정적인 영향"으로 정의하고 있다. 하지만 이 심사지침의 별표6 평가기관이 구비하여야 할 인력, 시설 및 장비의 기본 요건에 보면 작물환경변동, 농업환경변동 등의 평가 항목에 포함하여 자칫 환경위해성 평가의 대상이 작물의 농업적 환경을 의미하는 것으로 잘못 이해할 수 있는 소지를 가지고 있다. 바이오안전성 의정서의 기본 취지인 생물다양성 보호라는 측면을 고려하면 환경위해성 평가의 범위를 작물의 농업적 환경에만 국한할 것이 아니라 주변 자연생태계를 포함하여야 하며 환경위해성 평가의 실질적인 내용은 생태위해성 평가임을 인식할 필요가 있다.

2. 위해성 개념

위해성(risk)이라는 용어는 사회·문화적인 배경과 그 사회가 추구하는 가치체계 등에 의해 규정되고 여러 가지 의미로 광범하게 쓰이지만 정량적인 위해성 평가에서는 보통 다음과 같은 공식으로 표현할 수 있다(Conner *et al.*, 2003).

위해성 = 확률(probability)×결과(consequence)
= 어떤 위험이 일어날 확률×그 위험이 일어난 경우 그 영향의 정도

즉, 어떤 이벤트의 위해성은 그 이벤트가 가져올 수 있는 여러 가지 위험에 대해 각각의 위험이 일어날 확률과 그 위험이 일어났을 때 생기는 영향의 정도를 곱한 개념이다. 어떤 한 위험이 일어날 확률이 작지만 일어났을 때 그 영향이 매우 큰 경우 또는 어떤 위험이 영향은 작지만 일어날 가능성이 높은 경우 위해성은 높아지게 된다. 이러한 어떤 이벤트에 의해 일어날 수 있는 각 위험에 대한 위해성의 총체를 정량적으로 분석하는 것이 위해성 평가라 할 수 있다. 위해성 평가에 대해서 자주 제기되는 의문 중의 하나는 어떤 이벤트에 대한 위해성평가 결과에 대해 허용 가능한지 여부를 판단할 때 어느 수준까지 위해성을 감수하면서 상업화 및 환경 방출을 허용할 것인지 판단 기준에 대한 것이다. 이러한 판단은 위해성 평가 결과에 따라 결정되는 것이 아니라 정치, 사회, 문화 그리고 경제적인 측면에 대한 고려를 바탕으로 이루어진다. 즉, 위해성 평가에서 측정된 확률 계산보다는 위해성 평가 결과가 그 사회에서 어떻게 받아들여지는가에 의해 상업화 및 환경방출에 대한 허용여부가 결정된다(Conner *et al.*, 2003).

3. 생물다양성

생물다양성(biodiversity)은 보통 그 생태계의 생물종의 수(종풍부도; species richness)와 얼마나 그 생물종들이 균일하게 분포하는지(종균일도; species evenness)를 종합한 개념이다(Townsend *et al.*, 2003). 어떤 생태계의 생물 종수가 많을수록 그리고 종들의 개체수가 비슷할수록 생물다양성은 높다. 예를 들어 10종의 식물이 사는 것보다 20종이 사는 것이 생물다양성이 높고 같은 20종이라도 각 종이 100개체씩 있는 경우가 한 종이 1000개체 나머지 모든 종이 1000개체가 있는 경우보다 생물다양성이 더 높은 것이다. 따라서 어떤 이벤트에 의해 주변 생물종들의 상대적인 수도가 달라져 소수의 종들이 우점하든지 어떤 종들이 사라지는 영향을 준다면 그 이벤트에 의해 생물다양성이 낮아지게 된다.

4. 먹이그물(food webs)

농업생태계 및 자연생태계의 생물들은 식물에서 태양에너지를 전환하여 만든 화학에너지를 먹고 먹히는 관계(trophic interaction)를 통해 전달하고 이용하면서 그물을 형성하고 있는데 이를 먹이그물이라고 한다(Lampert and Sommer, 1993). 생태계의 생산자인 식물에서 두 가지 경로로 에너지가 전달되는데, 식물의 지상부는 잎과 줄기를 갉아먹거나 수액을 빨아먹는 초식자(herbivores), 이들 초식자를 먹는 2차소비자, 이를 먹는 3차소비자 등으로 연결되는 초식자 먹이사슬(grazing food chain)을 이루고 이들 모두가 죽어서 분해자에게 이용된 후 다시 먹이사슬을 이

루는 부니질 먹이사슬(detritus food chain)의 두 가지 경로로 에너지가 흐르게 된다(Odum, 1983). 한편 식물의 뿌리가 있는 토양 생태계 또한 세균, 진균, 선충 등 여러 가지 미생물 및 지렁이 등으로 이루어진 복잡한 먹이그물로 이루어져 있다.

5. 친숙도(familarity) 대 과학적 평가 (science-based assessment)

이제 위해성 평가에 직접적으로 관계되는 개념들에 대해서 살펴보도록 하자. 바이오안전성 의정서의 부속서 II의 위해성 평가 항목에 따르면 위해성 평가의 일반 원칙은 과학적 평가(science-based), 사전예방(precautionary), 실질적 동등성(substantial equivalence) 및 사례별 평가(case by case) 이다.

친숙도(familarity)는 어떤 생물, 환경, 도입형질(traits), 그리고 이들의 조합(interactions)에 대해 얼마만큼 지식과 경험이 있는지에 대한 개념이다(OECD, 1993a). OECD(1993a)는 작물, 환경, 유전형질 등에 대한 개별적으로 친숙하다고 해서 이들의 새로운 조합(즉, 어떤 유전형질을 새로운 작물에 도입하여 새로운 환경에 재배하는 것)이 안전한지 위험한지를 결정하는 것은 아니라고 분명히 지적하고 있다. 하지만 실제 위해성 평가에 있어서 이러한 친숙도 개념이 친숙도가 높은 작물이나 형질이 그렇지 않은 것보다 위해성이 낮은 것을 의미하는 경우가 있는데, 이는 잘못된 관행이라 할 수 있다(Damgaard and Løkke, 2001). 따라서 형질전환된 대두가 북미지역에서 큰 위해성이 발견되지 않았다는 경험과 지식을 바탕으로 동북아시아 환경에서 이 작물이 위해성이 낮을 것이라고 가정하여서는 안 된다. 왜냐하면 대두의 기원지역이 동북아시아이기 때문에 북미지역에는 없는 야생근연종이 엄연히 자생하고 있고 이들의 유전적다양성이 위협받을 가능성이 있기 때문이다. 친숙도 개념은 위해성 평가의 시작 단계에서 평가대상에 대한 정보가 어떤 분야에서 부족한지를 알려주는 기능을 할 수 있다(OECD, 1993a). 모든 형질전환 작물은 기본적으로 작물과 유전형질의 새로운 조합이라고 볼 수 있으며 새로운 조합인 형질전환 작물은 반드시 정량적인 실험과 조사를 통해 그 위해성이 평가되어야 한다. 최근에는 친숙도 개념에 의한 전문가의 직관적인 위해성 판단이 비판을 받으면서(Damgaard and Løkke, 2001), 바이오안전성의정서에서도 위해성 평가는 "과학적으로 건전하고 투명한 방식에 의해서 수행되어야" 한다고 규정함으로써 실제 실험과 야외 조사 등 정량적으로 측정된 위해성 평가가 강조되고 있다.

6. 실질적 동등성

실질적 동등성(substantial equivalence) 개념 또한 OECD에 의해 처음으로 아래와 같이 제시되었다(OECD 1993b).

"실질적 동등성 개념은 성분을 변화시킨 식품이나 새로운 식품을 사람이 소비하는 데 있어서 안전성을 평가하는 데 비교의 바탕으로, 식품으로 사용되거나 식품의 원료가 되는 현존하는 생물체를 이용할 수 있다는 생각을 구체화시킨 것이다."

간단하게 말하면, 실질적 동등성이란 평가자가 어떤 제품을 현재 이미 친숙한 제품과 함께 비교하면서 평가하게 하는 것이다(Mayers *et al.*, 2002). 형질전환 작물의 위해성 평가에서는 형질전환 작물의 영양학적 조성 등을 실질적 동등성 개념에 의해 형질전환 작물을 만든 모식물(parent line)과 함께 비교하는 것이 일반적이다. glyphosate 내성(제초제 저항성) 대두의 경우 알려진 유전적 생화학적 차이는 독성학적으로 유의한 수준이 아니기 때문에 단백질, 탄수화물, 비타민, 무기염류, 아미노산, 지방산, 섬유질 등 제한된 종류의 영양학적 성분의 비교에 초점을 맞추어 비형질전환 대두와 '실질적으로 동등' 하다고 주장되었다(Millstone *et al.*, 1999). 실제 위해성 평가에서 실질적 동등성 개념의 이러한 화학조성에 국한된 적용에 대해 많은 비판이 제기되었다(Millstone *et al.*, 1999). Millstone 등의 주된 비판은 실질적 동등성 개념이 너무 모호하게 적용되어 있으며 이러한 모호성은 형질전환 생물을 만들어내는 기업에게만 쓸모가 있고 소비자에게는 받아들여질 수 없는 것이라는 것이다. 이러한 화학조성에 한정된 실질적 동등성 개념이 한계가 있으며 특히 항영양소나 독성물질에 대해서는 다른 대안을 찾아야 한다는 의견이 제시되었다(Kuiper *et al.*, 1998; Millstone *et al.*, 1999). Millstone 등에 의하면 조성분 조성의 비교로는 새로운 유전적, 생화학적, 면역학적 또는 독성학적 위험을 검출하기 매우 어려우며 더 자세한 해상력을 가진 도구, 예를 들면 DNA 분석, 단백질 fingerprinting, 이차대사산물 profiling 및 *in vitro* 독성시험 등이 필요하다. 현재의 위해성평가에서는 화학조성의 단순 비교는 영양소 등에 국한되고 있으며, 인체에 대한 독성이나 비표적생물체에 대한 영향을 비교하기 위해서는 LC/MS/MS 등을 이용한 이차대사산물 profiling을 이용한 기술이 개발되고 있다.

이러한 실질적 동등성 개념은 위해성 평가 전반에 확장되어 위해성 평가를 위한 실험계획을 수립하는 데 기본 바탕이 되고 있다. 즉, 대부분의 평가항목을 검정하는 실험에 있어서 형질전환 작물과 형질전환을 시킨 모식물(parent line)에 대해 유전자 이동, 잡초화·침입 가능성 및 비표적생물체에 대한 영향 등을 함께 평가함으로써 도입유전자의 발현 산물 이외의 형질전환 작물의 표현형의 변화 여부를 검정함으로써 환경위해성 평가가 이루어지고 있다.

7. 사전예방

사전예방(precautionary) 원칙은 생물다양성협약(CBD, 1994)의 중심 개념으로서 사용되었고 이에 따라 바이오안전성 의정서에 다음과 같이 정의되었다.

"과학적 지식 또는 과학적 합의의 부족이 특정한 위해수준이나 위해가 없음 또는 수용 가능한 위해수준임을 나타내는 것으로만 해석되어지지는 않는다."

이 사전예방 개념은 실질적 동등성 개념처럼 명확하게 정의되지 않음으로써 다양한 해석을 낳아 국제적인 분쟁을 초래하여 왔다(Foster *et al.*, 2000; Wiener and Rogers, 2002). 사전예방에 대한 가장 강한 해석은 새로운 기술이 채택되기 전에 안전에 대한 완벽한 증거를 요구하는 것이다(Foster *et al.*, 2000). 쉽게 풀이하면 안전에 대한 잠재적인 위해성에 대해 안전하다는 증거가 없이는 그 정책이 결정되어 진행되어서는 안 된다는 것이다. 이러한 해석의 모호성 때문에 사전예방 원칙은 보호무역주의가 위장된 형태라는 비판을 받기도 했다(Foster *et al.*, 2000). 원래 이 사전예방원칙은 해양 오염물의 투기와 같이 충분한 과학적 자료가 가용하지 않은 환경문제에 대한 정책에 적용되어 왔다(Foster *et al.*, 2000). 하지만 충분한 과학적 자료를 얻을 수 있는데도 과학적 증거를 기다리지 않고 정책을 결정하는 것은 과학에 기반을 둔(science-based) 평가 및 결정이라는 원칙에서 벗어나는 것이라는 비판도 있다(Myhr and Traavik, 2002). 최근의 EU 문서(EU, 2000)는 이러한 과학적 평가 및 사전예방원칙 간의 충돌을 조화롭게 해결하고 있다. 이 문서에 따르면 사전예방 원칙은 위해성 평가, 위해성 관리(risk management), 위해성 소통(risk communication)으로 이루어진 체계에서 특히 위해성 관리와 관련이 있다. 사전예방 원칙은 정책결정자에 의해 위해성 관리 단계에서 사용되는데, 위해성 평가단계에서 과학적 평가 자료를 생산할 때와는 큰 관련이 없다. 따라서 과학적 평가가 충분히 완전하게 이루어진 이후에 과학적 불확실성이 어디에 있는지 파악하는 사전예방원칙에 의거한 정책결정 및 위해성 관리가 이루어져야 한다(EU, 2000).

8. 사례별 평가

바이오안전성 의정서는 "위해성 평가는 각각의 경우에 따라 개별적으로 수행되어야" 하고 "요구되는 정보는 관련 유전자변형 생물체의 용도 및 있음직한 잠재적 수용환경에 따라 각각의 경우에 세부사항의 본질과 수준에 있어서 다를 수 있다" 고 사례별(case by case) 위해성 평가를 규정하고 있다. 이러한 사례별 평가 원칙은 큰 이견 없이 받아들여지고 있다. 형질전환 작물의 생물학적, 생태학적 특성은 작물마다 다르고 도입유전자의 특성 또한 매우 다양하므로, 작물의 종류, 도입유전자 및 재배지역의 농업 및 자연생태계의 각 조합에 대해 각기 다른 위해성 평가가 이루어질 수밖에 없다. 벼, 고추 등 중요한 작물에 대해 OECD는 표준기술서(consensus document)를 작성하여 생물학적, 생태학적 및 생화학적 자료를 정리하여 환경위해성 평가에 이용할 수 있도록 하고 있다. 예를 들어, 옥수수에 대한 OECD 표준기술서(OECD, 2002)를 보면 옥수수의 생산, 가공, 전통적인 농업형질, 영양소, 항영양소(anti-nutrients)와 알레르기원, 이차대사산물, 식품 및 사료 이용 등 옥수수에 대한 다양한 정보를 제공하고 있다.

IV. 환경위해성 평가 항목

농림부의 심사지침 별표 2 유전자변형 식물의 환경위해성 평가 자료는 기본적인 형질전환 작물의 특성 외에 유전자변형 식물의 위해성 평가 자료로서 표 2-1의 정보를 요구하고 있다.

표 2-1 농림부 심사지침의 환경위해성 평가 제출 자료

가. 유독 물질의 생성과 관련된 정보
- 식물체가 분비하는 독성 물질의 여부
- 알레르기 유발물질 함유 여부
- 주요 영양 성분의 변화 여부

나. 잡초화 가능성 관련 정보

다. 주변 생물 및 생태계에 미칠 수 있는 영향에 관한 정보

라. 유전자변형 식물을 도입하고자 하는 환경에 대한 정보
- 유전자변형 식물의 원산지와의 거리
- 지리적, 기후, 주변 식물의 생태학적 특성에 관한 정보

한편 이 심사지침의 별표 6에서는 평가항목을 표 2-2와 같이 정리하고 있다. 이러한 농림부의 심사지침을 정리하면 크게 농업형질, 유전자 이동, 잡초화(침입성) 및 비표적 생물체 및 생태계에 대한 영향 이렇게 네 가지 분야로 평가항목을 분류할 수 있다.

표 2-2 농림부 심사지침의 환경위해성 평가 항목

1. 농업적 형질의 특성변화/교잡가능성
2. 작물환경변동/잡초화
3. 식물체 독성물질분비
4. 농업환경변동영향
   - 곤충상 변동
   - 병원균상 변동
   - 토양미생물상 변동

1. 농업형질

농림부의 심사지침 별표 2 유전자변형 식물의 환경위해성 평가 자료에 의하면 제출하여야 할 자료 중에 기본적인 형질전환 작물의 유전적인 정보 외에 형질전환 이전의 식물과 비교하여 '중요한 생리적, 형태적, 농업적 특성'을 비교하여 차이점을 보고하게 되어 있다. 이러한 형태적 농업적 특성은 작물마다 생물학적 특성이 다르기에 달라지는데 어떤 형태적 특성을 측정하여야 할지는 국립종자관리소(www.seed.go.kr)가 요구하는 '신품종 심사를 위한 작물별 특성조사 요령'을 참조하면 된다. 국립종자관리소는 2005년 현재 작물, 채소, 과수, 화훼 등 126개 품종에 대해 각각 특성조사 요령을 제시하고 있다. 예를 들면 벼의 신품종을 등록하기 위해서는 잎의 녹색정도, 줄기모양, 벼알의 길이 등 65개 항목에 대해 자료를 요구하고 있다. 하지만 위해성평가에 있어서 농업형질의 확인, 즉 형태적 특성의 확인이 꼭 이러한 품종등록을 위한 농업적 특성 항목에만 국한되어서는 안된다. 일례를 들면 어떤 형질전환 벼의 경우 끝잎(flag leaf)이 비형질전환 벼의 경우보다 누운 형태를 보였는데 이러한 경우 수확기에 필요한 광합성의 대부분을 담당하는 마지막 잎이 다른 벼의 그늘에 가려 알곡의 수량과 등숙률이 낮아지는 문제점이 발생하여 다른 계통으로 교체된 예가 있다. 한편 이러한 형태적인 변화는 많은 경우 형질전환시 도입유전자가 유전자와 유전자 사이에 정상적으로 삽입되지 않고 다른 유전자 부분을 침범해 들어가거나 두 사본이 서로 방향이 다르게 들어가는 경우처럼 유전자 수준에서 기대하지 않은 삽입형태가 된 경우이므로 유전자 수준에서의 위해성 평가와 농업적 특성의 확인이 병행되어야 효율적일 수 있다. 우리나라의 경우 형질전환작물의 개발자와 평가자가 분리되는 경우가 많은데 이러한 경우 개발자와 평가자의 역할 분담이 분명하게 이루어지는 것이 좋다. 이러한 형태적 농업적 특성의 확인은 도입유전자에 의해 개선된 특성의 확인과 함께 품종 등록에 필수적인 조사이므로 개발자에 의해서 수행되어야 할 것으로 보인다. 이 외의 유전자 이동, 잡초화(침입성) 및 비표적생물체 및 생태계에 대한 영향 등 개발된 작물의 부정적인 영향, 즉 위해성에 대한 부분은 전문적인 평가자에 의해서 수행되는 것이 바람직하다.

2. 유전자이동

농림부의 심사지침은 '교잡가능성' 만 언급하고 있지만 유전자 이동에 대한 우려는 같은 식물 품종이나 근연종과의 유전자이동(gene flow)뿐만 아니라 세균이나 바이러스 등 분류학적 유연관계가 아주 먼 생물로의 수평 유전자이동(horizontal gene flow)까지 포함하고 있다. 따라서 유전자 이동 가능성은 ① 같은 품종이지만 비형질전환 작물로의 유전자이동, ② 야생근연종으로의 유전자이동, ③ 세균이나 바이러스 등으로의 수평 유전자이동으로 나눌 수 있다. 이 중에서 가장 일어날 확률이 높은 것은 같은 품종이지만 비형질전환 작물로의 유전자이동이다. 이러한 유전자이동 가능성은 특히 유기농법 농가 등에서 우려가 높

고(Molyes and Dale, 1999) 또 형질전환 작물의 국제 무역에 있어서 비의도적 혼입 문제를 일으킨다(ECSCP 2001). 이러한 비형질전환 작물로의 유전자이동은 일어날 확률에 대한 평가보다는 어느 정도의 공간적인 범위까지 일어나는지에 대한 조사를 통해 위해성 관리에 도움을 주기 위한 자료를 확보하는 것이 보통이다. 이러한 유전자이동이 높은 확률로 일어날 수 있는 공간적 범위는 자가수정·타가수정, 충매·풍매 여부 등 작물의 생식 특성에 따라 크게 달라진다. 타가수정 및 풍매화인 옥수수의 경우 꽃가루가 수백 미터를 날아가 수분이 일어나는 경우도 있다. 한편 이러한 수분이 가능한 거리는 바람의 방향 및 풍속 등 기상조건에 따라 크게 달라질 수 있는데 이러한 변수를 종합해 유전자이동이 일어날 확률을 거리에 따라 예측하려면 각 작물에 대해 풍향 및 풍속 등기상변수를 이용한 유전자이동 모형(model)을 작성하고 필요한 계수를 측정하여 유전자이동 가능성에 대한 완충지대 설정 등 위해성 관리에 이용할 수 있다.

한편 야생근연종으로의 유전자이동 가능성은 같은 속(genus) 내의 야생근연종이 전혀 우리나라에 없는 작물인 경우 고려하지 않아도 되지만 벼와 콩의 경우는 특별히 고려하여야 한다. 벼의 경우 재배종에서 탈출하여 잡초화된 벼인 잡초성 벼(*Oryza sativa*)가 스스로 번식하면서 개체군을 유지하고 있다. 콩(*Glycine max*)의 경우 원산지가 동북아시아로 우리나라에서도 돌콩(*Glycine soja*)이 자생하고 있다. 야생근연종이 있는 작물의 경우 유전자이동 가능성을 평가하기 위해서는 인위교배율 조사, 개화시기, 화분의 활력도 등 더 정밀한 평가가 이루어져야 한다.

일반적으로 수평 유전자이동은 불가능하지는 않지만 일어날 확률이 극히 낮다고 생각되고 있다(GM Science Review Panel, 2004). 최근들어 실험실 환경에서 수평유전자이동이 일어날 수 있음이 보여졌지만(Tepfer *et al.*, 2003), 야외조건에서는 아직 식물로부터 세균 또는 바이러스로의 수평 유전자이동이 밝혀진 적이 없다(GM Science Review Panel, 2004). 보통 도입유전자들이 세균에서 기원한 것이 대부분이기 때문에 이러한 도입유전자 자체 보다는 항생제 내성 선발 표지(marker)가 더 수평유전자이동 문제의 초점이 되고 있다. 왜냐하면 세균의 항생제 내성이 현재 공중보건에 심각한 위협 가운데 하나이기 때문이다(Kumin, 1993). EU에서는 kanamycin과 hygromycin을 이용하는 항생제 표지를 점차 줄여나가서 쓰지 않기로 결정하였고, 현재 우리나라에서도 농업생명공학연구원과 카이스트 등에서 항생제내성 표지의 선별 후 제거 기술을 연구하고 있다.

3. 잡초화 · 침입 가능성

잡초성 벼의 경우와 같이 재배작물이 스스로 번식하여 개체군을 유지하는 경우 작물이 농업생산을 저해하는 '잡초'가 되는 '잡초화'가 되었다고 부른다. 형질전환작물에 도입하는 유전자 가운데 제초제저항성 유전자나 해충저항성 유전자는 식물의 적합도(fitness)를 증가시킬 수 있기에 유전자이동을 통한 '수퍼잡초'에 대한 우려도 있다(Parker and Kareiva, 1996). 형질전환 식물 또는 형질전환 작물에서 유전자이동을 통해 유전자를 획득한 근연종이 농경생태계에 침범할 가능성에 대해 '잡초화 가능성'(weediness potential)이라 말하고 자연생태계에 침범할 경우 '침입 가능성'(invasiveness potential)이라 구분한다(Perrins *et al.*, 1992). 초기 위해성 평가에서는 자연생태계에 대한 침입 가능성에 대해 고려하지 않고 잡초화 가능성만 평가하였으나 바이오안전성 의정서의 근본 취지 중의 하나인 생물다양성의 보존이라는 목적을 고려하자면 농경생태계의 잡초화 문제뿐만 아니라 자연생태계에 대한 침입 가능성을 반드시 고려해야 한다고 본다.

초기의 형질전환 작물 위해성 평가에서 잡초화 가능성에 대한 평가는 Baker(1965)의 잡초 종에 공통된 특성 목록을 근거로 정량적인 자료없이 정성적으로만 평가하였다(Parker and Kareiva, 1996). 즉, 이러한 위해성 평가에서는 대상 형질전환 작물이 Baker 목록에 있는 형질 중 소수의 형질만 가지고 있고 도입유전자가 이 목록에 포함된 형질을 바꾸지 못하기 때문에 잡초화 가능성이 없다는 식으로 평가하는 것이 일반적이었다. Baker 목록에 의거한 이러한 정성적인 평가는 많은 비판을 받았는데 그 주된 이유는 이러한 목록이 잡초종이 공통적으로 가진 특성을 종합한 것이어서 개개의 잡초마다 적용이 어렵고 새로운 환경에서 심각한 위해를 주는 침입종이 되려면 대상 식물의 성장 능력뿐만 아니라 침입하는 환경에서 천적이 없어야 하는 등 식물의 특성 목록만으로는 제대로 침입성을 예측할 수 없다는 것이다(Williamson, 1994). 정성적인 평가의 문제점을 극복하기 위해 잡초화·침입 가능성을 정량적으로 측정하는 방법들이 제시되었다(Parker and Kareiva, 1996;

Kareiva *et al.*, 1996; Damgaard, 1998; Damgaard, 2002). 이러한 최근 보고에 의하면 잡초화·침입 가능성은 형질전환 작물과 비전환 작물의 개체군 성장률(λ값)을 비교하는 것과 이들의 경쟁력을 경쟁실험을 통해 비교하는 것 등의 두 가지 접근이 가능하다.

개체군 성장률(λ값) (finite rate of increase) (Crawley, 1986)은 나이 분포가 안정되고 밀도의존 경향이 없다는 가정 하에 개체군이 일정하게 증가할 때 곱해주는 상수로 정의된다. 1년생 작물인 경우 λ는 아래와 같이 정의된다.

$$\lambda = S_{t+1} / S_t$$

이때 S_t는 세대 t에서 종자의 수이고 S_{t+1}는 다음 세대에서의 종자의 수이다. 따라서 λ는 전 세대의 종자에 의해 생산된 다음 세대의 종자 수의 비를 의미한다. 어떤 환경에서 λ가 1 이상이면 이 식물은 세대를 거치면서 점점 개체군이 커지며 영역을 확장할 것이고 λ가 1 이하이면 점점 수가 줄어들어 절멸할 것이다(Crawley, 1986). λ값은 종자의 생존으로부터 번식까지 식물의 생활사의 모든 단계의 정보를 통합하며 다른 종과도 비교할 수 있는 척도로써 위해성 평가에 아주 유용하다(Conner *et al.*, 2003). 이러한 λ값은 온실과 야외실험에서 형질전환 작물과 대조식물을 비교함으로써 얻을 수 있지만 온실에서는 환경 변이가 최소화되기에 온실에서 측정하는 λ값이 보통 야외 포장에서 얻어지는 값보다 훨씬 크게 나타나 과대평가되므로 온실에서 측정한 λ값을 기준으로 한다면 잡초화·침입 가능성 평가에서 더 까다로운(conservative) 평가 기준이 될 수 있다(Parker and Kareiva, 1996).

이러한 개체군의 성장률(λ값)은 다른 식물과의 경쟁 상황을 고려하는 않고 한 작물종의 내재적인 능력을 비교하는 것이므로 실제 잡초화·침입 가능성을 평가하려면 형질전환 작물과 대상 생태계의 주요 우점종과의 경쟁관계를 평가해야 한다(Damgaard, 2002). 주요 우점종을 정하기 어려운 경우 보통 위해성 평가를 위해서 비변형 대조식물과의 경쟁관계를 평가하게 된다(Damgaard, 2002). 보통 두 종의 식물의 경쟁관계를 평가하려면 고전적인 de Wit 대체 실험(replacement series experiment, de Wit, 1960)을 이용한다(Marshall and Jain, 1969). 이러한 대체실험에서 얻은 자료와 Bayesian 통계처리를 통해 공존과 경쟁배타가 일어날 확률을 추정하는 방법이 제시되었다 (Damgaard, 1998; Damgaard, 2002). 한편 생물학적인 상호관계 특히 경쟁관계는 자원의 양 및 여러 필수자원의 비에 의해 좌우되는데(Tilman, 1982), 식물의 성장에 중요한 질소와 수분 및 균근과의 상호작용 등 여러 가지 조건에 대해서 이러한 경쟁관계를 평가하는 것이 필요하다.

4. 비표적생물체 및 생태계에 대한 영향

여러 환경위해성 평가항목 중에서 비표적생물체 및 생태계에 대한 영향이 가장 예측하기 힘들고 정량화하기도 쉽지 않다. 비표적(non-target)이라는 말은 표적(target) 생물의 반대 개념으로서 예를 들면 cry 유전자를 도입한 내충성 옥수수나 면화의 경우 나비류와 나방류와 같은 나비목(Lepidoptera) 생물의 유충들이 작물에 해를 입히는 것을 막기 위해 도입하였으므로 나비목(Lepidoptera) 생물들이 표적생물이 되고 이들은 소화계에 이 유전자 산물의 수용체를 갖고 있어서 방제 효과를 보게 된다. 이러한 표적생물 이외의 모든 생물은 비표적생물이 된다.

이러한 표적·비표적 개념은 인간 중심의 실용적인 개념으로 먹이그물로 얽힌 각 생물들의 상호관계를 생각하면 적절하지 않으며 먹이그물과 생태계에 대한 영향으로 확장해서 위해성 평가의 대상으로 삼아야 할 것이다. 예를 들어 나비목 생물의 유충의 경우 인간의 관점에서 '해충'으로 인식되어 표적생물로 제어하게 되지만 이들 표적생물들과 먹이그물로 연결되어 있는 수많은 비표적생물도 먹이의 양과 질이 간접적으로 영향을 받을 가능성이 있다 (Hilbeck, 2002; Conner *et al.*, 2003). 비슷하게 진딧물과 같은 '해충' 이 부정적인 영향을 받는다면 오히려 형질전환 작물의 긍정적인 영향이라고 생각할 수 있으나 진딧물을 먹이로 하는 '익충' 인 무당벌레가 간접적으로 부정적인 영향을 받을 수 있으며(Birch *et al.*, 1999), 또한 진딧물의 감로(honey dew)를 통해 에너지를 획득하는 토양미생물에게 부정적인 영향을 줄 수 있다(Stadler and Michalzik, 1998). 따라서 개발되는 형질전환 작물을 중심으로 먹이그물 구조를 파악하는 것이 필수적이다.

이러한 표적·비표적 개념 대신에 먹이그물 중심으로 생태계에 대한 영향을 평가할 수 있다(그림 2-1). 이 개념에서 가장 먼저 살펴보아야 할 것은 형질전환 작물에 도입된 유전자에 의해 작물의 대사산물 profile이 변화되었는지의 여부이다. LC/MS, GC/MS나 GC/NMR 등을 통해 대사산

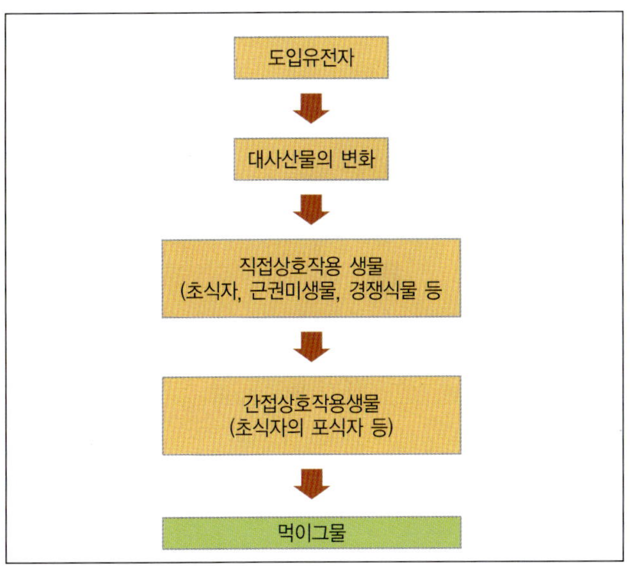

그림 2-1 도입유전자의 생태계에 대한 영향 모식도

물의 profile을 구하고 이를 비변형 모식물과 비교하여 대사산물 측면에서 형질전환 작물이 차이가 있는지의 여부를 주성분분석과 판별분석 등을 통해 평가할 수 있다(Park *et al.*, 2006). 이후 accurate MS나 NMR을 통해 차이가 나는 물질을 동정하여 독성물질이 만들어지는 것이 확인된다면 바로 이 계통의 개발을 중단하는 것이 좋을 것이다.

대사산물의 profile이 큰 차이가 없다면 이 형질전환 작물과 직접 상호작용하는 생물에 어떤 영향을 주는지 평가하는 단계로 넘어갈 수 있다. 고추나 수박 등 대부분의 원예작물은 일반적으로 나타나는 진딧물을 이러한 직접 상호작용하는 대표생물로 이용할 수 있고 벼와 같은 경우 초식자인 메뚜기나 벼멸구 등을 이용할 수 있다. 한편 모든 형질전환 작물에 대해 토양 미생물 군집에 대한 영향을 평가해야 한다(Glandof *et al.*, 1997). 토양 세균의 경우 쉽게 배양될 수 있는 종이 전체 세균 종의 약 1~10%에 불과하므로 배양에 의한 방법보다는 전체 세균 군집에 대한 terminal restriction fragment length polymorphism(T-RFLP) 등의 분자생물학적 도구나 phospholipid fatty acid(PLFA)와 같은 biomarker 등을 이용할 수 있다(Park *et al.*, 2006).

이러한 직접 상호작용 생물에 대한 영향에서 형질전환 작물과 비변형 모식물 간에 큰 차이가 없다면 진딧물의 포식자인 무당벌레나 벼멸구나 메뚜기 등의 포식자인 거미 등 초식자의 포식자에 대한 영향을 평가하는 단계로 옮겨갈 수 있다. 이러한 단계 구분은 일찍 어떤 부정적인 영향을 감지하여 위해성이 뚜렷한 계통의 개발을 조기에 중단시키는 데 목적이 있지 위해성이 없다는 증거로 일찍 위해성 평가를 종결하기 위한 것이 아니라는 것을 주지할 필요가 있다.

초식자의 포식자와 같은 간접 상호작용 생물에 대한 영향까지는 실내의 통제된 환경에서 평가가 가능하지만 이를 넘어서는 생태계에 대한 영향은 이러한 실내에서의 위해성 평가를 통해 위해성이 발견되지 않은 경우에만 야외포장에서의 토양미생물군집 및 절지동물에 대한 군집조사를 통해 평가하여야 한다.

V. 환경위해성 평가 전략

형질전환 작물의 환경위해성 평가는 지금까지 살펴본 바에 의하면 작물과 도입유전자의 특성에 따라 사례별로 비변형 모식물과의 정량적인 비교를 통해 단계적으로 수행되어야 한다. 따라서 앞에서 살펴본 환경위해성 평가항목을 모든 작물에 대해 적용할 필요가 없고 대상 작물의 생물학 및 생태학적 특성에 따라 그리고 도입유전자의 특성에 따라 적절한 평가항목을 평가자가 선별하여 효율적으로 평가를 수행할 수 있다. 그림 2-2는 형질전환 작물에 대한 환경위해성 평가 흐름도의 예인데 도입유전자가 형질전환 작물의 fitness를 높이는 유전자인지 대상 작물의 종자가 저온견딤성이 있는지, 즉 월동성이 있는지 여부에 따라 잡초화·침입 가능성에 대한 평가를 할 지 결정할 수 있다. 만약 대상 작물이 월동성이 없다고 알려져 있거나 도입유전자가 대상 작물의 fitness 증가와 관련이 없다고 알려져 있다면 잡초화·침입 가능성에 대해서는 평가를 세밀하게 하지 않을 수 있을 것이다. 하지만 이러한 경우라도 야외포장 실험을 통해 잡초화·침입 가능성에 대해 확인 차원의 검증을 수행하는 것이 안전성 확보에 필요하다고 본다. 도입유전자가 *BT* 유전자(*cry* gene)와 같은 내충성 유전자라면 비표적 곤충이나 토양미생물에 대한 영향에 중점을 두고 세밀하게 평가하는 것이 좋고 내병성 유전자를 도입하는 경우라면 새로운 병원균주의 출현, 환경스트레스 저항성 유전자를 도입하는 경우라면 침입성의 중

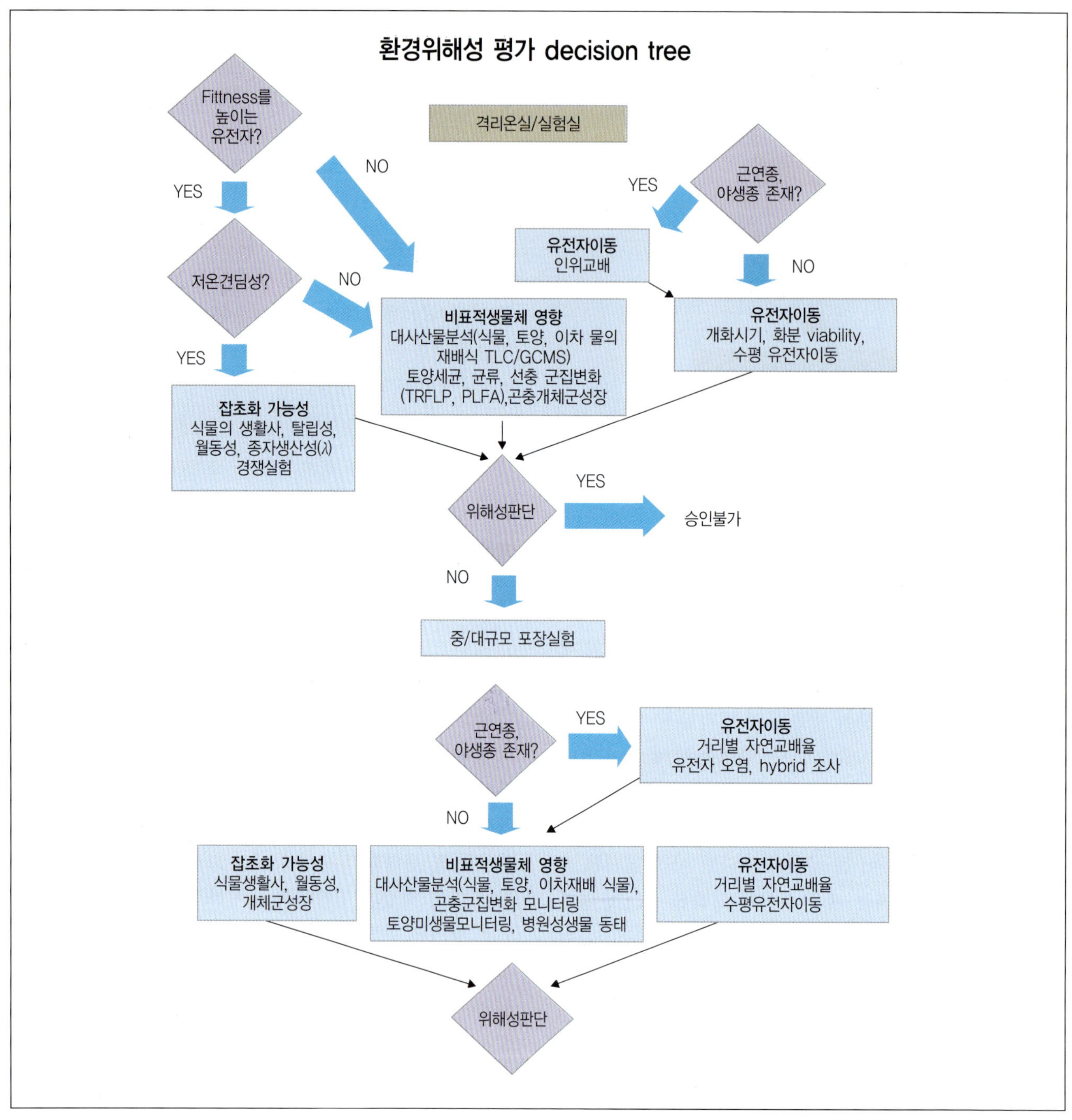

그림 2-2 형질전환 작물에 대한 환경위해성 평가의 흐름도

가 등 도입유전자의 특성에 따라 환경위해성 평가 항목의 유연한 선별을 통한 효율적인 전략이 필요하다. 한편 근연종이나 야생종이 같은 속(genus) 내에 없는 경우 유전자 이동에 대한 평가 중에서 비변형 모식물에 대한 유전자이동 가능성만 세밀하게 평가할 수 있다. 잡초화·침입 가능성에 대한 평가와 마찬가지로 다른 식물들에 대한 유전자 이동 가능성도 야외 포장에서 주변 식물들에 대한 유전자 모니터링을 통해 한 단계 높은 안전성을 확보하여야 한다.

한편 형질전환 작물의 환경에 대한 안전성 확보를 위해 평가는 단계별로(tiered assessment) 순차적으로 이루어져야 한다(Rissler and Mellon, 1996; Nickson and McKee, 2002). 보통 이러한 단계는 1단계 문헌조사, 2단계 격리된 실내·온실 실험, 3단계 격리야외포장 실험으로 나뉜다(Nickson and McKee, 2002). 이러한 단계적 평가는 본래

평가를 더 효율적으로 하기 위해 위험성이 더 높은 것을 더 많은 단계에서 평가하는 개념이었으나(Nickson and McKee, 2002), 사전예방원칙에 따르면 현 단계에서 국내에서 개발된 모든 종류의 형질전환 작물에 대해 잠재적인 위해성을 높게 보아야 하므로 이러한 단계적 평가 개념은 반대로 더 높은 안전성 확보를 위한 것이 되어야 한다. 즉, 전 단계의 평가에서 위해성이 높게 나타나지 않은 계통만 다음 단계의 평가로 넘어감으로써 단계적 평가가 위해성이 감지된 계통을 미리 선별해 내는 기능을 하도록 하는 것이 바람직하다고 본다.

Ⅵ. 결론

이상의 형질전환 작물의 환경위해성 평가에 대한 논의를 고려하면 다음과 같은 결론에 도달할 수 있다. 첫째, 환경위해성 평가는 개발된 형질전환 작물이 현 국제법 및 국내 이행법 체제하에서 상품화되려면 반드시 거쳐야 하는 단계이며 이 과정에서 개발된 많은 작물 계통이 상업화되지 못하고 개발이 중단될 수 있다는 사실이다. 이러한 위해성 평가를 단순히 개발을 가로막는 불필요한 규제로 바라볼 것이 아니라 인류 건강과 생태계의 생물다양성을 보호하기 위한 전인류적인 노력에 동참하는 자세가 필요하다. 또한 환경위해성 평가는 형질전환 작물에 대한 무조건적인 거부나 무분별한 환경방출의 두 극단적인 입장에 대해 현재의 과학 수준으로 가능한 도구를 이용하여 어느 정도의 불확실성을 가지더라도 개발된 형질전환 작물에 대해 생태계와 생물다양성에 대한 위해성을 판단할 수 있는 평가 자료를 생산하는 것이다. 이러한 평가 자료에 대해 상업화 허용 여부에 대한 최종 결정은 관계 당국의 위해성 심사에서 정치, 사회, 문화 그리고 경제적인 측면에 대한 고려를 바탕으로 이루어진다. 따라서 우리 사회에서 크게 이슈가 되고 있는 위해성에 대한 걱정들을 충분히 위해성 평가 과정에 반영하도록 하여야 한다.

한편 개발되는 형질전환 작물이 상업화되게 하려면 환경 위해성 평가에 대한 깊은 이해가 개발자에게 필요하다. 바이오안전성 의정서가 곧 비준되는 시점에서 개발자는 늘 위해성 평가를 고려하면서 형질전환 작물을 개발하여야 한다. 도입하려는 유전자 및 선별표지 유전자가 어떤 특성이 있는지 그리고 국제적으로 규제되고 있는지 등을 형질전환 이전에 면밀히 검토할 필요가 있다. 개발하는 과정에서 표현형이 뚜렷이 차이가 나는 계통은 가려내고 DNA 수준의 점검을 통해 다른 유전자의 기능에 영향을 주지 않는 곳에 제대로 삽입이 되었는지도 세대를 진전시키기 전에 점검한다면 효율적으로 개발을 진행할 수 있다. 표현형이 모본과 동일하고 DNA 수준에서 정상적으로 삽입이 된 계통 중에 유전적으로 도입 형질이 고정된 계통과 그 모본 계통의 종자를 충분히 확보한 후에 전문 평가기관에 인체 및 환경위해성 평가를 의뢰하여야 위해성 평가가 제대로 진행될 수 있다. 평가를 의뢰한 후에는 개발자와 평가자가 긴밀하게 정보를 공유하면서 평가를 진행하여야 할 것이다.

21세기는 건강과 생태계를 중요시 여기는 사회로 안전성이 확보되지 않은 형질전환 작물은 아무리 그 농업적형질의 개선이 좋다하더라도 사회적으로 그리고 국제적으로 허용되지 않을 것으로 전망된다. 형질전환 작물을 개발하는 개발자와 이의 위해성 평가를 담당하는 평가자 모두 환경위해성 평가가 인류와 생태계의 지속과 생존을 위한 중요한 사회적인 절차라는 점을 인식하고 현존하는 과학의 수준으로 최선을 다해 형질전환작물로부터 사람 건강과 생물다양성을 보호하여야 할 것이다.

참고문헌

- Baker, HG(1965) Characteristics and modes of origin of weeds. In Baker HG, Stebbins GL(eds.) The Genetics of Colonising species, New York, NY. Academic Press, pp 147~172
- Birch ANE, Geoghegan IE, Majerus MEN, McNicol JW, Hackett CA, Gatehouse AMR, Gatehouse JA Tri-trophic interactions involving pest aphids, predatory 2-spot ladybirds and transgenic potatoes expressing snowdrop lectin for aphid resistance.(1999) Molecular Breeding 5: 75~83
- CBD(Convention on Biological Diversity) (1992) 'Preamble' and 'Article 2: Use of terms'. Montreal, Canada: United Nations Environment Program(UNEP), Secretariat of the Convention on Biological Diversity. (http://www. biodiv.org/doc/legal/cbd-en.pdf)

- Conner AJ, Glare TR, Nap JP(2003) The release of genetically modified crops into the environment. Part II. Overview of ecological risk assessment. The Plant Journal 33: 19~46
- Crawley MJ(1986) The population bilogy of invaders. Philosophical Tansactions of the Royal Society of London Series B 314: 711~731
- Damgaard C(1998) Plant competition experiments: Testing hypotheses and estimating the probability of coexistence. Ecology 79: 1760~1767
- Damgaard C(2002) Quantifying the invasion probability of genetically modified plants. BioSafety Journal 7 Paper 1(BY02001) Online Journal(http://www.bioline.org.br/by)
- Damgaard C, LØkke H(2001) A critique of the "concept of familiarity" as used in ecological risk assessments of genetically modified plants. BioSafety 6, Paper 1(BY01001) Online Journal - URL: http://www.bioline.org.br/by De Wit from the end of reperence
- ECSCP(European Commission Scientific Committee on Plants) (2001) Opinion of the Scientific Committee on Plants concerning the adventitious presence of GAM seeds in conventional seeds. SCP/GMO-Seed-Cont/002-Final. Brussels, Belgium: European Commission. (http://europa.eu.int/comm/food/fs/sc/scp/out93_gmo_en.pdf)
- EU: commision of the European Communities COM(2000) communication on the precautionary principle. Brussels 02. February
- Foster KR, Vecchia P, Repacholi MII(2000) Science and the precautionary principle. Science 288: 979~981
- Glandof DCM, Bakker PAHM, van Loon LC(1997) Influence of the production of antibacterial and antifungal proteins by transgenic plants on the saprophytic soil microflora. Acta Bot Neerl 46: 85~104
- GM Science Review Panel. 2004. GM Science Review, Second Report
- Hilbeck A(2002) Transgenic host plant resistance and non-target effects. in Letourneau DK, Burrows BE(eds), Genetically Engineered Organisms: assessing environmental and human health effects. CRC Press, Boca Raton pp 167~185
- Kareiva P, Parker IM, Pascual M(1996) Can we use experiments and models in predicting the invasiveness of genetically engineered organisms? Ecology 77: 1670~1675
- Kuiper HA *et al*(1998) Safety evaluation of genetically modified foods and animal feed as basis for market introduction. Ministry of Economic Affairs, the Hague
- Kumin CM(1993) Resistance to antimicrobial drugs. A world-wide calamity. Ann. Int. Med 118: 557~561
- Lampert W, Sommer U(1993) Limnoecology - the ecology of lakes and streams. translated by Hanley JF in 1997. Oxford University Press, Inc., New York
- Marshall DR, Jain SK(1969) Inference in pure and mixed populations of *Avena fatua* and *A. barbata*. Journal of Ecology 57: 251~270
- Mayers PR, Kearns P, McIntyre KE, Eastwood JA(2002) The concept of substantial equivalence. in Athernton, K.T. ed. Genetically Modified Crops: Assessing Safety. Taylor & Francis, London. ork
- Millestone E, Brunner E, Mayer S(1999) Beyond 'substantial equivalence'. Nature 401: 525~526
- Molyes CL, Dale PJ(1999) Organic Farming and Gene Transfer from Genetically Modified Crops. Norwich, UK: Hohn Innes Centre
- Myhr AI, Traavik T(2002) The precautionary principle: Scientific uncertainty and omitted research in the context of GMO use and release. Journal of Agricultural and Envionmental Ethics 15: 73~86
- Nickson TE, McKee MJ(2002) Ecological assessment of crops derived through biotechnology. in Thomas JA, Fuchs RL(eds.), Biotechnology and Safety Assessment. Academic Press, Amsterdam. pp 233~252
- Odum EP(1983) Basic Ecology. Saunders College Publishing, Philadelphia
- OECD(Organisation for Economic Co-operation and Development) (1993a) Safety Considerations for Biotechnology: Scale-up of Crop Plants. Paris, France: OECD
- OECD(Organisation for Economic Co-operation and Development) (1993b) Safety Considerations of Foods Derived by Modern Biotechnology: Concepts and Principals. Paris, France: OECD
- OECD(Organisation for Economic Co-operation and Development) (2002) Consensus Document on Compositional Considerations for New Varieties of Maize(Zea Mays): Key Food and Feed Nutrients, Anti-nutrients and Secondary Plant Metabolites. Environment Directorate, Organisation for Economic Co-operation and Development, Paris
- Park S, Ku YK, Seo MJ, Kim DY, Yeon JE, Jeong SC, Yoon WK, Kim HM. 2006. The characterization of bacterial community structure in the rhizosphere of watermelon (*Citrullus vulgaris* SCHARD.) using culture-based approaches and terminal fragment length polymorphism(T-RFLP). Applied Soil Ecology 33: 79~86
- Park S, Ku YK, Seo MJ, Kim DY, Yeon JE, Lee KM, Jeong SC, Yoon WK, Harn CH, Kim HM(2006) Principal component analysis and discriminant analysis(PCA-DA) for discriminating profiles of terminal restriction frogment length polymorphism(T-RFLR) in soil bacterial Communities. Soil Biology and Biochemistry 38: 2344~2349
- Parker IM, Kareiva P(1996) Assessing the risks of invasion

for genetically engineered plants: Acceptable evidence and reasonable doubt. Biological Conservation 78: 193~203

- Perrins J, Williamson M, Fitter A(1992) A survey of differing views of weed classification: implications for regulation of introductions. Biological Conservation 60: 47~56
- Rissler J, Mellon M(1996) The Ecological Risks of Engineered Crops. The MIT Press, Cambridge
- SCBD(Secretariat of the Convention on Biological Diversity) (2000) Cartagena Protocol on Biosafety to the Convention on Biological Diversity: Text and Annexes. Montreal: Secretariat of the Convention on Biological Diversity(http://www.biodiv.org/doc/legal/cartagena-protocol-en.pdf)
- Stadler B, Michalzik B(1998) Aphid infested Norway spruce are 'hot spots' in throughfall carbon chemistry in coniferous forests. Canadian Journal of Forest Research 28: 1717~1722
- Tepfer D, Garcia-Gonzales R, Mansouri H, Serug M, Message B, Leach F, Perica MC(2003) Homology-dependent DNA transfer from plants to a soil bacterium under laboratory conditions: implications in evolution and horizontal gene transfer. Transgenic Research 12: 425~437
- Tilman D(1982) Resource Competition and Community Structure. Princeton University Press, Princeton
- Townsend CR, Begon M, Harper JL(2003) Essentials of Ecology, 2nd ed. Blackwell Publishing, Malden, USA. pp 530
- Traynor PL, Adair D, Irwin R (2001) A Practical Guide to Ccontainment - Greenhouse Research with Transgenic Plants and Microbes. Information Systems for Biotechnology, Virginia Tech, Blacksburg, VA. pp 74
- Wiener JB, Rogers MD(2002) Comparing precaution the United States and Europe. J. Risk Research 5: 317~349
- Williamson M(1994) Community response to transgenic plant release: predictions from British experience of invasive plants and feral crop plants. Molecular Ecology 3: 75~79
- De Wit CT(1960) On competition. Versl. landbouwk. Onderz. Ned 66: 1~82
- 김현준(2005) LMOs 안전성평가 - 국내 LMOs 안전성평가, 2005 바이오안전성백서. 한국생명공학연구원, 대전. pp 234~244
- 최양도, 정종주(2005) LMOs 연구개발 - 식물, 2005 바이오안전성백서. 한국생명공학연구원, 대전. pp 182~202

03 유전자변형 작물의 인체 위해성 평가

김환묵, 윤원기, 김형진
한국생명공학연구원 바이오평가센터

I. 서론

유전자재조합 기술은 잘 특성화된 형질을 작물에 전달함으로써 구성성분 및 가공처리상의 특성을 개선하는 데 적용되어 오고 있다. 기존의 육종방식과는 달리 이 기술은 매우 특이적이고 선택적이며 조절 가능한 방법으로 유전자를 전달할 수 있는 장점이 있다. 작물에서의 유전자변형의 예로서 토마토의 연화방지 및 숙성도 개선, 호박이나 파파야의 바이러스 저항성, 옥수수, 면화 및 감자의 해충저항성, 옥수수, 캐놀라, 면화, 콩의 제초제 저항성, 캐놀라 및 콩의 지방산조성 개선을 들 수 있다.

생명공학적 기술로부터 야기되는 간접적인 독성효과에 대한 평가는 식품의 안전성 평가에 초점을 두고 있다. 전통적인 식품의 경우에는 전혀 독성시험이 행하여지고 있지 않으며 있다손 치더라도 독성물질의 허용 농도 규제 정도이다. 식품첨가물이나 농약 잔류와 같은 화학물질의 경우에는 식품 자체가 아닌 그 화학물질에 대하여 고전적인 독성시험 방법으로 평가되고 있다. 그러나 GM 식품의 경우에는 GMO와 그 대조생물(counterpart)과의 실질적인 동등성(substantial differences)이 차이가 있고 그 차이점이 신규로 삽입된 유전자의 특성에 의하여 설명되지 못하는 경우에는 whole food에 대한 평가실험을 수행할 필요가 있다(그림 3-1).

안전성 평가의 원리로서는 OECD와 FAO·WHO에서 개발된 방법이 채택되었다. 이 평가법의 기초가 되는 것은 실질적동등성의 개념이다. GM 작물과 그 모종을 비교하여 실질적동등성이 확인되면, 그 GM 작물은 모종과 같은 것으로 취급된다.

농약, 의약 산업화학물질 및 식품첨가물에 대한 안전성 평가시 동물실험은 중요한 요소이다. 대다수의 경우, 시험물질의 순도 등이 잘 특성화되어 있고 영양학적 가치는 없으며 사람으로의 노출 정도는 일반적으로 낮다. 그러므로 인체의 건강에 대한 유해효과를 검사하기 위하여, 예측되는 임상노출량의 수배~수백 배에 달하는 용량으로 동물에 투여하는 것은 비교적 용이한 일이다. 이러한 방법으로 대다수의 경우, 유해효과가 나타나지 않는 노출량을 결정하고 안전역을 적용하여 안전 상한 용량을 설정하는 것이 가능하다.

이와는 대조적으로 식품은 조성 및 영양학적인 면에서

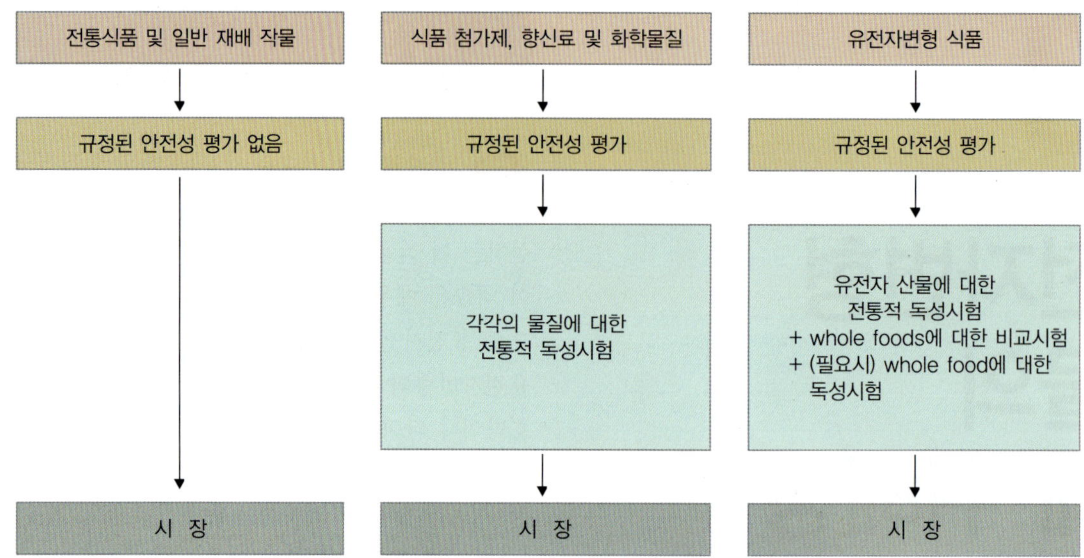

그림 3-1 전통 식품, 식품첨가물 및 유전자변형 식품의 안전성 평가

큰 변동을 가진 복합적인 물질의 혼합물이다. 양적인 문제로 식품의 경우에는 인간에 노출되는 양의 저배율 정도로만 동물실험을 실시할 수 있으며, 시험물질 그 자체와는 직접적인 관련이 없는 유해효과가 발생하는 것을 피하도록 식품의 영양학적 가치와 균형에 대한 것을 숙지해야 한다. 식품의 이러한 특성을 고려하면서 유해효과를 검사하는 것은 극히 어려운 일이다. 동물실험이 의미 있는 정보를 제공할 것 같지 않을 경우에 그 동물실험을 실시하는 것이 타당한가를 고려해야 한다.

식품에 대한 전통적인 독성평가법 과정의 적용이 어렵기 때문에 유전자재조합 식품의 안전성 평가에는 별도의 방법에 의한 접근이 필요하다. 실질적동등성은 이러한 관점에서 개발된 개념이다. 이러한 접근은 완전한 안전성을 확보하는 데 목적이 있는 것이 아니며, GM 식품이 그의 traditional counterpart와 비교시 그만큼 안전하다는 것을 확인하는 것을 목표로 한다.

유전자재조합 식품의 안전성 평가는 그 식품과 conventional counterpart와의 비교결과에 의해서 방향이 설정된다. 그것은 일련의 구조적 질문에 의한 단계적인 과정을 따른다. 평가시 고려되어야 할 요소들은 다음과 같다. 즉, (1) 명칭, (2) 근원, (3) 조성, (4) 조리, 처리의 효과, (5) 재조합 DNA의 안정성, 유전자 이동 가능성, (6) 신규 DNA에 의하여 발현되는 단백질 산물(기능적 효과, 독성 효과, 알레르기성 효과), (7) 유전자의 발현에 따른 2차적인 효과(숙주 DNA의 파괴, 대사과정의 교란, micro- and macro- nutrients, anti-nutrients, endogenous toxicants, 알레르겐, 생리활성물질), (8) GM food의 도입에 따른 섭취 또는 식이에 대한 영향 등이다.

전술한 것들은 GM 작물의 안전성 평가시 필수적으로 고려해야 할 요소들이다. GM 동물 및 미생물의 평가시에는 case-by-case로 다른 요소들도 고려할 필요성이 있다. GM 식품의 안전성 평가에는 (1) 분자구조적 특성(molecular characterisation), (2) 유전자변형으로부터 예측되는 직접적인 독성 효과, (3) 비의도적인 간접적 독성 효과, (4) 형질발현(phenotype)과 같은 네 가지 측면에서의 접근이 일반적이다(그림 3-2).

여기에서 언급되는 GM 식품의 안전성 평가 범례는 실질적 동등성의 정도(세 가지 카테고리)에 따라 안전성 평가 접근방법이 구분된다.

(1) 실질적으로 동등한 GM 식품.
(2) 부가된 특성을 제외하고 실질적으로 동등한 GM 식품.
(3) 실질적으로 동등하지 않은 GM 식품.

카테고리 (1)에는 GM 작물로부터 유래한 것이기는 하나 삽입유전자 산물이 포함되어 있지 않은 식품(예

glyphosate tolerant soybean에서 추출된 oil)이 해당된다.

II. 실질적 동등성

작물의 경우 자연적 또는 지형학적 다양성을 고려하여 표현형질과 조성에 있어서 차이가 없고 인체 섭취량에 있어서 양적·빈도적 차이가 없는 경우 실질적으로 동등한 것으로 간주한다(그림 3-3).

표현형질의 분석은 형태학적인 것과 농업적 특성에 관한 것으로서 성장률, 생산량, 질병 저항성, 지질조성(산, 염, 미네랄)에 대한 내성, 제초제 저항성 및 관능적 특성들이 이에 속한다.

실질적 동등성의 결정에 있어서 가장 정밀한 것은 작물의 조성 분석이다. 화학적 분석은 GM 작물과 그 모종에서 모두 수행되어야 하며 지질 및 기후가 다양한 상태에서도 비교되어야 한다.

GM 작물에서 얻어진 자료는 그의 모종에서 얻어진 자료와 비교되어야 하며, 그 작물에 대한 DB에서의 자료와도 비교되어야 한다. 실질적 동등성을 결정하기 전에 분석된 성분의 농도에 대한 자연적 변동에 대한 충분한 지식이 확보되어 있어야 한다.

의도하지 않은 효과는 기존의 유전자의 파괴, 단백 발현의 변화 및 새로운 대사물질의 생성 등의 결과를 초래하는 유전자의 무작위적 삽입(random insertion)에 기인한다. 고농도의 효소 발현은 대사 패턴의 변화와 같은 2차적인 생화학적 변화를 초래할 수 있다.

의도하지 않은 효과의 발생은 유전자재조합 기술에 국한되는 것은 아니다. 오히려 그것은 통상의 일반 육종시에 나타나는 일반적인 현상이다. 이러한 문제에 대처하는 일반적인 방법에는 비정상적이거나 비의도적인 phenotype을 보이는 작물을 개발초기단계에 선택·제거하는 것이 있다.

의도하지 않은 효과는 두 가지로 나눌 수 있는데, 의도한 효과와 관련되는 대사적 연결성과 유전자의 삽입위치를 근거로 예측 가능한 것(predictable)과 예측 불가능한 것(unexpected)이 있다. 유전자변형 기술이 향상함에 따라 의도하지 않은 효과에 의하여 영향받는 대사 기전의 예측이 점차로 용이하여 질 것이다.

의도하지 않은 효과를 검색하는 데에 사용되는 대조체는 동일한 조건에서 성장한 동일 계열의 유기체이어야 한

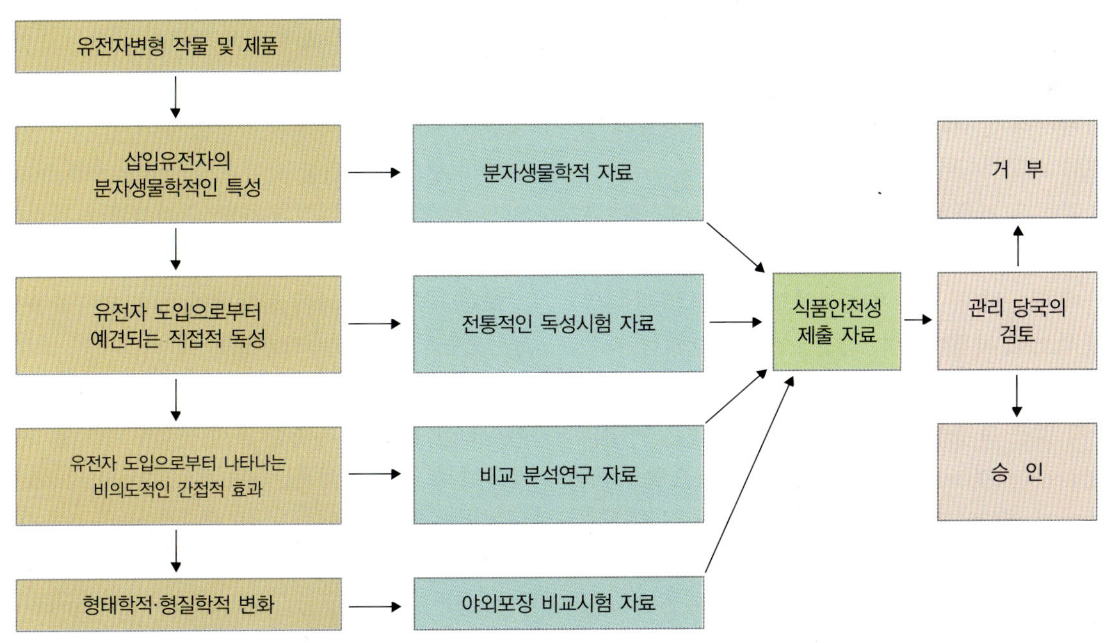

그림 3-2 유전자변형 식품의 안전성 평가를 위한 접근 방식

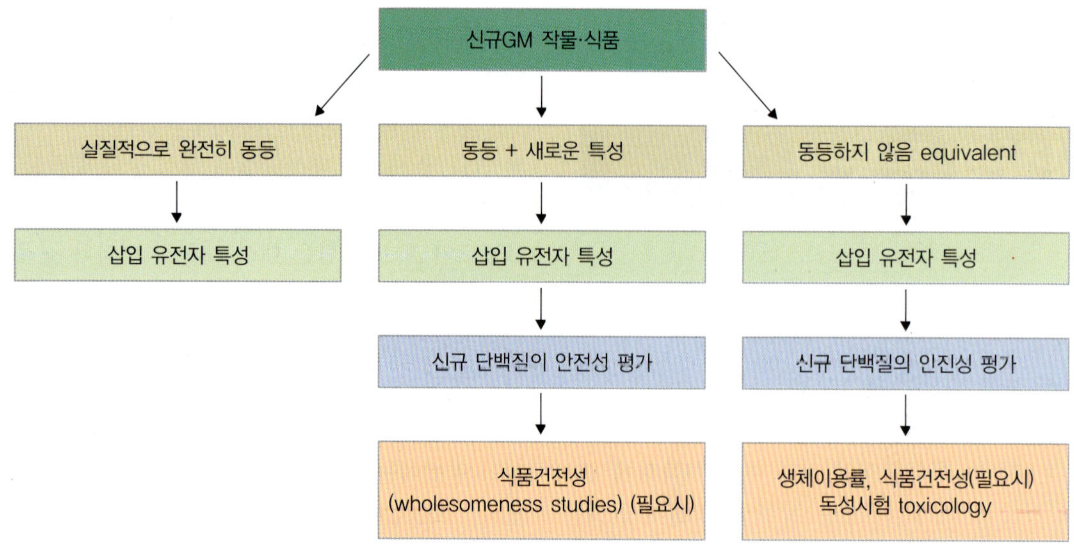

그림 3-3 GM 식품의 평가(실질적 동등성에 기초)

다. 그러나 실제는 이러한 대조체를 구하는 것이 항상 가능한 것은 아니며, 이러한 경우에는 가능한 한 가까운 대조체를 선택하여야 한다. 의도하지 않은 효과를 통계학적으로 분석할 때는 이러한 자연적인 변동을 고려하여야 한다.

의도하지 않은 효과에서 통계학적 유의차가 보일 경우에는 그들의 생물학적 의미를 평가하여야 한다. 그러한 변화를 유도한 메커니즘에 대한 지식을 평가시에 참고로 할 수 있다. 의도하지 않은 효과에 대한 생물학적·독성학적 관련성을 평가하기 위해서는 GM 작물에 대한 자료가 문헌의 자료와 비교되어야 한다.

화학적 분석은 작물전체, 작물의 일부(뿌리, 잎, 씨) 혹은 가공처리를 통하여 생산된 제품(유지, 당)의 실질적 동등성 평가에 이용된다. 화학적 성분분석은 여러 가지 다양한 성분분석으로 이루어지며, 삽입유전자에 의하여 식물대사의 변화를 일으켜 나타나는 차이를 분석하여야 한다.

의도하지 않은 효과를 평가하는 현존의 방법은 특정의 성분을 분석하는 것(targeted approach)이 있으며, 검색 감도를 높이기 위해서는 profiling technique을 사용할 수 있다(non-targeted approach). Profiling technique에는 genomics, proteomics 그리고 metabolomics와 같이 여러 가지 수준의 방법이 이용되며, targeted approach보다는 광범위한 방법으로 변화를 검색할 수 있다. 그러나 이러한 방법들은 개발이 충분히 이루어져 있지 않으며, 검증이 되어 있지 않고 한계가 있다. 아직 완벽하게 적용할 수 있는 방법이 없기 때문에, 현재 서로 다른 방법들이 유전적인 변형의 결과로서 야기될 수 있는 의도치 않은 부작용의 특성을 확인하고, 탐색하기 위하여 시험되고 있다. 그러한 노력의 일환으로 기능성 유전체학, 단백체학, 대사 산물의 profiling 등의 분야에서 많은 연구가 행해지고 있다. 향후에는 작물의 유전자 조작이 종간의 복수 유전자의 이동을 포함할 수도 있는 복잡한 양상을 갖게 될 것이며 비의도적 효과의 증가를 초래할 것이다. Profiling technique에서 유의성이 관찰되면 건강에 대한 위해성과의 관련성을 평가하여야 한다.

모든 작물에 대하여 공통적인 것은 다량함유성분에 대한 것으로 여기에는 탄수화물, 단백, 지방, 회분, 섬유소 및 수분이 이에 속한다. 여기에는 단백질 전기영동패턴, 아미노산 조성 및 지방산 조성 분석도 추가될 수 있다. 또 추가될 수 있는 분석에는 자연독소(대두의 phytoestrogens, 평지씨의 glucosinolates, 샐러리의 coumarins 및 감자의 solanins), 알레르겐(Brazil nut의 2S-albumin), 항영양소(대두의 lectins과 trypsininhibitors), 비타민(호박의 vitamin C, β-carotene), 탄수화물(호박의 glucose, sucrose, lactose 및 fructose) 등이 있다.

성분분석(compositional change) 만으로 안전성을 평가할 수는 없으며, 비교에 대한 모든 결과가 통합되어야 안전성평가가 가능하다. 성분분석의 경우에는 각 작물종별로 분석해야 할 성분들이 정하여 져야 할 것이며(표 3-1 및 3-2), 나아가서는 허용 농도범위도 통일되어야 할 것이다.

표 3-1 작물별 권고되는 분석 성분

	Cotton	Oilseed rape	Maize	Soybean	Tomato
Proximate analysis					
Protein	X	X	X	X	X
Fat	X	X	X	X	X
Ash	X	X	X	X	X
Moisture	X	X	X	X	X
Carbohydrates					
Fiber	X	X	X	X	X
Starch			X		
Fatty acid profile	X	X	X	X	
Amino acid profile			X	X	
Toxicants/antinutrients/allergenic sub.					
Total gossypol	X				
Free gossypol	X				
Sterculic acid	X				
Malvalic acid	X				
Dihydrosterculic acid	X				
Glucosinolates		X			
Erucic acid(C22:1)		X			
Phytic acid				X	
Soy lectin				X	
Glycinin				X	
β-conglycin				X	
Trypsin inhibitor(Kunitz)				X	
Diazein				X	
Genistein				X	
Genistin				X	
α-tomatine				X	
Nutrients, Vitamins, Minerals					
Sodium					X
Potassium					X
Calcium					X
Magnesium					X
Phosphorus					X
Iron					X
Vitamin A					X
Vitamin B1			X		X
Vitamin B2			X		X
Vitamin B6					X
Vitamin C					X
Folic acid			X		X
Tocopherols	X	X	X		

표 3-2 작물별 자연독소

Crop plant	Toxic constituent	Comments
Wheat	Dhurrin	Young vegetative plant parts
	Lectins	
	Proteinase inhibitors	Grain
Rice	Trypsin inhibitor	Grain
Maize	Cyanogenic glycoside	Young vegetative plant parts
	Trypsin inhibitor	Grain, Cob
Barley	Epiheterodendrin	Young vegetative plant parts
	Trypsin inhibitor	Grain
Soybean	Saponins	
	Lectins	
	Coumestrol	
	Daidzein	Seeds
	Genistein	Seeds
	Proteinase inhibitors	
Sorghum	Dhurrin	Cyanogenic glycosides in unripe plants
Cassava	Linamarin	Tubers, total cyanogenic glycosides content(preliminary limit 10mg/kg JECFA)
	Lotaustralin	
	Proteinase inhibitors	Tubers
Potato	α-chaconine	Tubers, Total glycoalkaloid content(limit at 200mg/kg in old varieties and 100mg/kg in new varieties Nordic Working Group)
	α-solanine	
Rapeseed	Glucosinolates	9 different compounds
	Erucic acid	(limit 5% for food consumption in DK)
	Saponins	
	S-Methyl-L-cysteine sulfoxide	(toxic amino acid)
Chicory	Lectins	
	Lactucin	Leaves, Root
	Lactucopicrin	Leaves, Root
	8-deoxylactucin	Leaves, Root

III. 유전적 특성

유전적 특성은 세 가지 카테고리의 신규 식품의 안전성 평가에 있어서 공통적으로 필요한 필수 자료이다. 이것은 플라스미드의 게놈 중 어느 부분이 어떤 방법으로 벡터(예 *Agrobacterium*)로부터 숙주 식물에 이동되었는가를 보여주는 내용이 포함된다.

심사를 위한 신청서에는 유전자 삽입 기술(particle gun, *Agrobacterium*, electroperforation), 삽입유전자 염기서열의 위치 및 특성, 삽입유전자의 종류, 삽입유전자의 복제수, 삽입유전자의 발현수준 및 세대에 따른 유전적 안정성이 기재된다.

IV. 단백질 안전성 평가

1. 독성 평가

신규로 삽입된 단백질의 안전성 평가는 GM 식품의 안전성 평가에 있어서 초석이 되는 항목이다. 여기에는 단백질의 동정, 기존의 단백질과의 유사성, 독성 및 알레르기성 시험이 포함된다.

신규로 삽입된 단백질의 동정은 아미노산 서열 결정, 3차원 구조, glycosylation의 정도의 분석으로 이루어진다. 또한 단백질의 기능(예 CP4 5-enolpyruvyl-shikimate-3-phosphate synthase, CP4-EPSPS, in glyphosate-tolerant soybeans)과 특정 기질과의 특이성이 중요하다.

신규 단백질이 GM 작물에는 극미량으로(ppm range) 존재하는 경우가 대다수이므로 GM 미생물(예 glyphosate-tolerant gene을 가진 *E. coli*)을 이용하여 시험에 사용할 단백질을 충분히 생산하여야 단백질의 특성 분석 및 안전성 평가를 수행할 수 있다.

신규 단백질의 안전성 평가의 또 다른 방법으로서 우리가 섭취하는 식품에 통상적으로 존재하거나 환경 중에 존재하는 단백질과의 아미노산 서열유사성을 조사하는 것이 있다.

즉, 페튜니아나 대장균에 존재하는 EPSPS와 glyphosate-tolerant soybean의 신규 단백질인 CP4 EPSPS의 비교가 그것이다. 유사성의 조사는 GM 단백질과 자연에 존재하는 단백질의 아미노산 서열의 유사성비교에 의하여 수행된다. 두 단백질의 총 아미노산 서열의 유사성이 50% 이상이며 30% 이상의 일치성이 있는 경우 충분히 유사성이 있는 것으로 판단할 수 있다.

안전성 평가의 일환으로서 단백질의 서열유사성 조사는 기지의 단백독소와의 아미노산서열에 대한 비교도 필요하다. 약 1,900개의 단백독소의 아미노산 서열을 포함하고 있는 DB로서 PIRprotein, Swissprot, Genpept를 권장한다. GM 생물체의 신규 단백질은 기존의 단백독소와 아미노산 서열유사성이 없는 경우가 일반적이다. 기지의 단백질과의 서열유사성을 분석하는 것은 독성평가 항목 중 중요도가 작은 편에 속한다. 여기에서 얻을 수 있는 결론은 기지의 단백독소와 유사성이 없다는 것뿐으로서 이 결과 자체가 독성의 가능성을 완전히 배제하는 것은 아니다.

따라서 낮은 pH에서의 안정성, 소화효소나 가공처리에 대한 안정성, 포유류에서의 급성독성 시험과 같은 평가가 필요하다.

전술한 첫 번째 시험에서는 인공위액 및 인공장액 내에 신규 단백질을 체온 상태에서 용해시켜야 한다. 이때 사용되는 단백질의 농도는 GM 작물에 있는 농도의 수십 배~수백 배 이상을 사용한다. 인공위액의 조성은 미국 약전 XXII에 기재된 위액 및 장액에서의 약물의 변화를 시험하는 방법을 따른다.

신규 단백질을 적용한 뒤에 검체를 취하여 잔류하는 단백과 그의 fragments를 측정한다. 일반적으로 사용되는 방법은 gel electrophoresis, specific protein staining 및 immunoblotting technique이다. 때때로 단백질의 변성은 효소반응(예 EPSPS activity) 또는 독소반응(예 insect larvae에 대한 Bt toxin의 효과)으로도 측정할 수 있다.

GM 작물의 식품가공처리 중 온도에 대한 감수성은 GM 식품의 안전성 평가에서 중요한 의미를 갖는다.

제초제인 glyphosate에 내성을 부여하는 단백질은 65℃로 가열하면 완전히 불활성화된다. 대두의 경우 식품가공처리시 보통 66~107℃로 30~40분간 가열되므로 신규 단백질은 모두 불활성화된다.

단백질 독성시험은 마우스에서의 급성 독성시험이다. 이것은 전통적인 LD_{50} test로서 단백질을 용량군별 성별로 10마리에 경구 투여한다. 사용되는 단백질 용량은 인체에 대한 추정 섭취량의 1,000배 정도까지 투여한다. 관찰항목은 일반증상, 체중변화, 사료섭취량, 사망률 및 부검소견이 있다.

2. 알레르기성 평가(방법 1)

알레르기성 평가에 사용하는 의사결정도는 ILSI/IFBC에서 개발된 방법에 기초한 것으로 산업체에서 현재 사용하며 EU에서 권고하는 것으로 그림 3-4와 같다. ILSI에서 제안된 알레르기성 의사결정도는 삽입유전자의 공여체 생물의 알레르기성과 알레르겐의 발생률을 기초로 하여 구성되었다.

이 전략은 삽입유전자의 근원, 도입유전자에 의하여 생산된 단백질과 기존에 알려진 알러젠과의 서열 유사성, 삽입된 유전자의 근원작물에 알레르기성이 있는 인체 혈청의 IgE와 삽입된 유전자에 의하여 생산된 단백질과의 면역화학적인 결합성(immunochemical binding), 새로이 도입된 단백질의 물리화학적인 성질에 초점을 두고 있다.

GM 식품은 보통 새로운 단백질을 함유하고 있으므로 GM 식품의 안전성 평가에는 새로운 단백질에 대한 알레르기성 평가가 포함되어야 한다. 현행의 decision-tree에서는 많은 식품 알러젠에 공통적인 여러 parameter의 검사를 요구한다. 현행의 decision-tree에서 사용되는 관련 기준은 다음과 같다.

(1) 삽입유전물질의 공여체: 공여체가 기존의 알러젠을 함유하고 있는 경우는 특별한 주의가 요구된다.
(2) 서열유사성: 많은 알러젠들의 아미노산 서열은 알려져 있다.
(3) 새로이 도입된 단백질의 면역반응성: 신규 도입 단

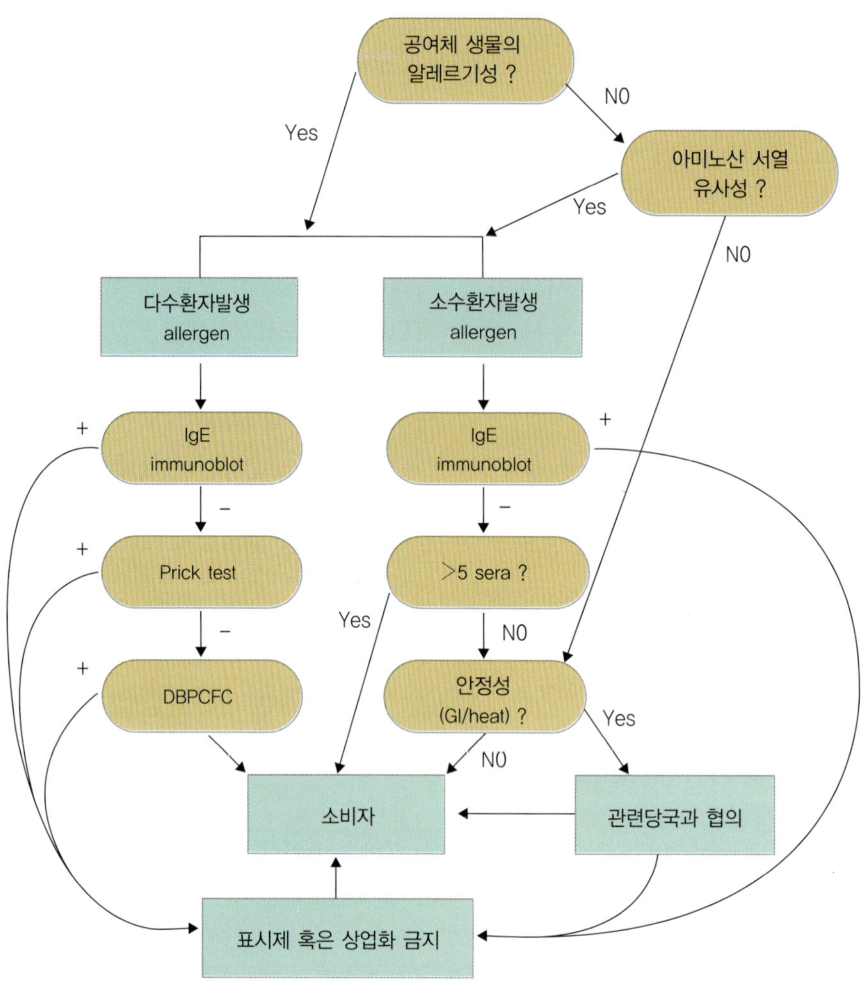

그림 3-4 GM 식품의 알레르기성 평가를 위한 의사결정도

백질이 알러젠 함유 공여체에서 유래하였거나 아미노산의 서열이 기존의 알러젠과 유사성이 있는 경우, 해당 알러지 환자의 혈청 IgE와 신규 단백질과의 반응성을 확인하여야 한다.

(4) pH 또는 소화에 대한 영향: 대부분의 알러젠은 위의 산성조건과 소화기의 단백질 분해효소에 저항성이 있다.

(5) 열 또는 가공에 대한 안정성: 익혀서 먹거나 섭취 전 가공과정에서 파괴되기 쉬운 식품 알러젠은 문제성이 적다.

공여체가 알레르기성이 없는 경우에는 삽입유전자 산물의 아미노산서열에 대하여 단백질 DB(예 Genbank, EMBL, PIRprotein, Swissprot)에서 추출된 550여 개의 기존 알레르겐과 비교한다.

비교시 사용되는 알레르겐 단백에는 식물 알레르겐, gliadins, 동물 알레르겐, 화분, 곰팡이, 동물, 곤충, 진드기, 뱀독, 침알레르겐(salivary allergen), 접촉알레르겐, 선충류 및 벌레 알레르겐 등이 있다.

알레르기성 2단계 평가로서 IgE-binding epitope의 존재 확인을 목적으로 8개의 연속 아미노산 서열을 비교하는 방법이 있다. 아미노산 서열에서 기존의 알레르겐과 일치성이 밝혀지면, 그 단백질을 함유한 GM 식품은 삽입 유전자의 공여체가 알레르기성이 있는 것으로 간주하고 다음 평가를 진행한다.

아미노산 서열 일치성이 없는 것으로 밝혀지면, 인공위액 및 인공장액에서의 단백질 안정성과 가공온도에서의 단백질 안정성을 분석한다. 이러한 안정성 자료는 독성평가에서도 얻어질 수 있다. 단백질이 신속하게 소화되거나(㉾ 반감기 10초 이하) 가공온도에서 완전히 불활성화되면, 이 단백질을 함유한 GM 식품은 알레르겐으로서의 표시가 필요 없다. 만일 소화에 대한 저항성이 관찰된다면, 획득될 수 있는 모든 자료를 취합하여 관련 당국과 함께 알레르겐 표시가 필요 없는지 추가 시험이 필요한 지를 검토한다.

공여체가 알레르기성이 있는 경우에는 여러 가지 알레르기 관련 평가가 수행된다. 알레르기 환자 혈청의 확보성에 따라 common allergen(㉾ tree nut, 땅콩, 대두, 밀, 어류, 달걀, 우유)과 less common allergens(㉾ 사과, 배, 쌀, Brazil nut)으로 구분하여 평가를 진행한다.

GM 식품의 개발 초기 단계에서 가장 많이 사용되는 분석법은 단백질 추출물을 겔 전기영동한 후 IgE immunoblotting으로서 검증하는 방법이다. 개발 후기 단계에서는 RAST 및 ELISA 법이 사용된다. Common allergen의 경우 최소 14명 이상의 동일 알레르겐에 대한 환자 혈청이 immunoblotting에 사용되어야 한다. 환자 혈청의 확보가 어려운 less common allergen의 경우는 5명의 환자 혈청이 있어야 GM 식품의 알레르기 표시 유무를 결정할 수 있다. IgE immunoblotting 분석의 결과가 양성인 경우에는 GM 식품은 알레르기 표시를 하여야 한다.

Less common allergen의 IgE immunoblotting의 결과가 양성이 나온 경우에 GM 식품으로서의 개발을 중지한 것도 있었다(Brazil nut에서 유래한 2S-albumin이 GM soybean에서 나옴).

Less common allergen의 경우 immunoblotting의 결과가 음성이고 사용된 혈청이 5명 이상인 경우에는 알레르기 표시가 필요 없다. 만일 사용한 환자 혈청이 5명 이하이면 추가적인 시험으로서 소화액에 대한 안정성과 가열처리에 대한 안정성 평가가 요구된다. 여기에서 안정성이 확인되지 않으면 알레르기 표시는 요구되지 않는다. 만일 신규 발현 단백질이 충분한 변성을 보여주지 않을 경우에는 표시의 여부에 대하여 획득된 모든 자료를 관련당국이 검토하여 결정한다.

Common allergen의 immunoblot 분석에서 음성의 결과가 나타난 경우에는 추가적인 실험이 진행된 후 결과에 따라 표시의 여부를 결정할 수 있다. 추가적 시험으로는 skin prick test와 double-blind placebo-controlled food challenge test(DBPCFC)가 있다. 여기에서는 정보가 잘 확보되어 있는 사람들을 대상으로 하며, 해당국의 법적·윤리적 규정에 따라 수행되어야 한다. 이 두 가지 시험에서 음성 결과를 얻는다면 그 GM 식품은 알레르기성 표시가 요구되지 않는다.

현재까지 기술한 엄격한 평가들 외에도 시장 판매 허가 후에 실질적인 인체 노출에 대한 부작용을 모니터링하는 것은 GM 식품의 안전한 소비를 더욱 확보하는 유용한 수단이 될 것이다.

3. 알레르기성 평가(방법 2)

최근, 2001년 로마에서 열린 'FAO·WHO Expert Consultation on Foods Derived from Biotechnology'에서 FAO/WHO의 전문가들에 의해 변경된 의사 결정도가 개발되었다(그림 3-5). 새로운 의사 결정도에서는 'likely Allergenic' 에서 'Low to High Probability Allergenicity' 까지의 범위로, 식품의 알레르기 가능성을 표시하는 결론이 도출되게 된다. 다른 변화는 부가적인 표적 혈청 탐색(Targeted Serum screening)과 동물 모델을 이용한 실험이 도입된 것이다.

1) 도입된 단백질의 유래가 식품 알레르기원인 경우

만일 유전자가 알려진 알레르기 식품으로부터 추출되었고, 새로운 식물 품종에서 단백질이 발현된다면, 도입된 유전자가 알레르기원을 암호화하지 않는다는 확증적 데이터가 있어야 한다. 대상 단백질이 알려진 알레르기원과 서열상 유사성을 보이는 경우, 이 단백질은 알레르기성을 가지는 것으로 간주된다. 1996년 개발되어진 IFBC·ILSI 의사결정도에 언급되어진 피부 검사나 경구 유발 실험과 같은, 환자를 대상으로 하는 생체 내 실험은 FAO·WHO에 의해 개발되어진 의사결정도에 속해 있지 않다. 이러한 과정은 윤리위원회(Ethic Committee)에 의한 심의가 요구되어지기 때문에, 모든 나라에서 쉽게 허용되기가 어렵기 때문이다. 그러나 특정 상황에서는 고려될 수 있다. 염기서열의 상동성은 6개나 그 이상의 아미노산의 서열이 완전히 동일하거나, 전체적인 아미노산 서열 중 35% 이상이 동일한 경우에, 알레르기 유발 가능성이 있다고 간주된다.

원래의 작물에 대하여 알레르기를 가지고 있다고 알려

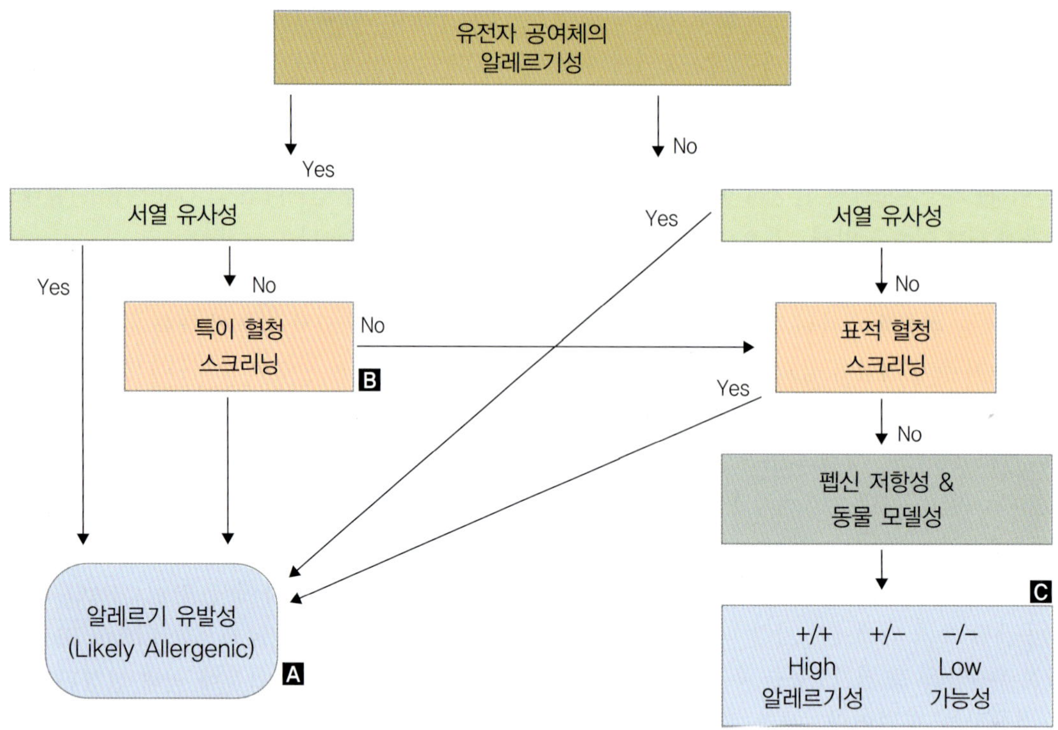

그림 3-5 GMO 식품 알레르기성 평가 흐름도(2001)

A_ 알레르겐 데이터베이스에 있는 기지의 알레르겐과의 아미노산 서열 분석에서 양성 결과가 나오거나 알레르기 환자 혈청과의 반응에서 양성결과가 나온 경우에는 모두 알레르기성이 있는 것(likely allergenic)으로 판단한다.

B_ specific serum screening에서 얻어지는 음성결과의 신뢰도는 사용한 혈청의 환자수가 많을수록 증가한다. 따라서 다수의 환자혈청을 사용할 수 있음에도 불구하고 소수의 환자혈청을 이용하여 specific serum screening을 행하는 것은 바람직하지 않다.

C_ 인공 위액 시험(pepsin resistance)과 동물 모델 시험에서 모두 양성결과가 나온 경우에는 고가능성 알레르겐(high probability tod become an allergen)으로 판단하며, 모두 음성결과가 나온 경우에는 비알레르겐(unlikely to become an allergen)으로 판단하며, 각각 음성 및 양성으로 상이한 결과가 나왔을 경우에는 가변적 알레르겐(intermediate)으로 판단한다.

진 환자의 혈액 샘플을 이용하는 특이 혈청 탐색은 표적 단백질의 알레르기 상태를 확인하는 데 사용된다. 특이 혈청 탐색에 대해서, 2001년 개발되어진 FAO·WHO의 의사결정도에 의하면 일반적인 알레르기를 가진 것과, 덜 일반적인 알레르기성을 가진 것의 차이가 없다. 만일 대상 단백질이 알려진 다른 알레르기원과 염기 서열상의 상동성이 없고, 특이 혈청 탐색에 의한 결과가 음성이라면, 그 이후의 실험은 펩신(Pepsine) 저항성이나, 동물 모델 실험에 의한 표적 혈청 탐색으로부터 시작되는 의사결정도의 오른쪽 가지를 따라 수행되어야 할 것이다. 표적 혈청 탐색은 대상 단백질이 속한 단자엽, 쌍자엽식물, 혹은 곰팡이, (무)척추동물 등의 카테고리에 속하는 유기체에 대하여 높은 정도의 IgE 항체를 가지는 환자로부터 얻어진 혈청 샘플을 사용해야 한다. 이것은 만일 유전자가 사상균으로부터 유래하였다면, 사상균, 효모(Yeast), 곰팡이에 대한 고농도의 IgE항체를 가진 혈청을 사용해야 한다는 것을 의미한다. 선별되어진 공기 매개의 알레르기원과 식품 알레르기원에 대한 면역글로불린 E 항체를 가진 혈청 샘플을 각각 25개씩 사용하도록 권장되고 있다. 이러한 혈청 탐색은 RAST나 RAST inhibition 분석, ELISA나 Immunoblotting 분석과 같은 고형 기질의 면역 분석법을 사용하게 되기도 한다. 만일 음성이라면, 펩신-안전성과 동물 모델 평가가 수행되어야 한다.

2) 대상 단백질의 유래가 식생활에 노출되어진 역사가 없거나, 알레르기 유발성 면에서 알려진 바가 없는 경우

많은 경우, 유전자의 공여체(Source)는 식생활에 노출된 역사가 없거나, 알레르기 유발성 면에 있어서 알려진 역사적(경험적) 데이터가 없음으로 인하여 알레르기 유발

가능성을 알 수 없다. 식품에 도입되었거나, 발현되어진 분자의 알레르기 유발성에 대한 평가는 절대적으로 필요한 것이지만, 이러한 경우는 매우 복잡한 문제이다. 제일 첫 번째 단계는 아미노산 서열의 상동성 탐색을 수행하는 것이고, 만일 이것이 음성이라면, 표적혈청 탐색법을 이용하여 가능한 교차 반응(Cross-Reactivity)을 시험해야 한다. 혈청 샘플은 유전자의 공여체에 특이한 IgE 항체가 고농도로 존재하는 것이어야 한다. 만일 혈청 탐색 결과가 음성이라면, 부가적인 분석이 행해져야 한다. 의사결정도에 제안되어진 다음 단계는 소화에 대한 단백질의 저항성을 측정하는 것이고, 항원성·알레르기성(Antigenicity·Allergenicity)을 시험하기 위한 동물 모델에서의 단백질에 대한 실험을 하는 것이다. 만일 이러한 시험 결과가 모두 음성이라면, 대상 단백질은 알레르기 반응을 유발하는 데 매우 적은 가능성을 가지고 있는 것이라고 결론 내릴 수 있다. 그러나 Starlink Corn Case에서 볼 수 있듯이, 도입되어진 단백질이 알레르기성에 대한 전력이 없고, 알려진 알레르기원과의 서열 상동성이 음성이라고 하더라도, 펩신의 가수분해 결과가 어떠한 조건 아래서 저항성 등을 보인다면, 잠재적 알레르기성을 가지는 것으로 판단하여야 할 것이다.

3) 제안된 평가전략에 관한 고려점

(1) 의사결정도

2001년도 의사결정도의 오른쪽 가지는 주로 대부분의 식품에서 수행되는 알레르기 평가에 대한 일반적인 특성화 방법에 기초를 두고 있다. 식품 알레르기와 연관되어 있는 중요한 생리학적·화학적 특성들은 다음과 같다.

① 분자량: 10~70kD
② 열안정성(Heat Stability)
③ 소화 저항성(Resistance of Digestion)
④ 단백질 분해(Proteolysis)와 가수 분해(Hydrolysis)에 대한 저항성
⑤ 수용성(Water Solubility)
⑥ 산에 대한 안정성(Stability to Acid)

몇몇의 알레르기원은 이러한 특성을 한두 가지 정도 가지고 있는 반면, 어떤 알레르기원은 여러 가지를 가지고 있을 수 있다. 그러나 예외가 있는데, 분자량이 10kD보다 도 작은 알레르기원이 있고, 어떤 것은 열에 불안정하며, 또 모두 알레르기원들이 수용성인 것은 아니며, 소화기관 내에서 매우 불안정한 것도 있다. 이것은 위에 언급하여진 특성들 중 한두 가지를 만족한다고 하여, 모두 알레르기원이 되는 것은 아니라는 의미로 해석될 수 있다.

이러한 사실들은 의사결정도 중 오른쪽 가지의 예 혹은 아니오로 나타내어지는 긍정적, 부정적 예측치가 우리가 기대하는 만큼 정확하지는 않다는 것을 의미한다. 그러므로 만일 오른쪽 가지를 사용한 어떤 단백질의 분석이 알레르기 가능성이 없다는 결과를 나타내었다면, 이것은 100%의 확실성을 가지는 것이 아니라, 알레르기성이 없을 가능성이 크다는 유의미한 확실성을 가지게 되는 것이다. 한편, 분석에 의해 알레르기성을 가질 것이라 예측되었다 하더라도, 이 단백질이 분명하게 알레르기 반응을 유발할 것이라는 증거는 아니다. 그러나 이 결과는 부가적인 분석 수행이 요구될 수 있다.

(2) 서열 상동성(Sequence Homology)

알려진 알레르기원과의 서열 상동성을 확인하는 것은 위해성을 나타낼 수 있는 구조를 빠르게 확인하는 의미를 갖는다. 이것은 알레르기 반응을 일으키는 면역계의 구성요소와 특정 항원이 관계가 있다는 이론에 근거하며 만일 새로 발현되어진 단백질이 알려진 알레르기원과 동일한 항원을 가지고 있다면, 그 항원을 가진 알레르기성 식품이 면역계에서 반응하는 것과 동일한 방식으로 반응할 수 있음을 의미하게 되는 것이다.

상동성이 존재하는 것 자체는 이 단백질이 알레르기 반응을 유발할 것이라는 증거가 되지 못하므로, 부가적인 실험이 수행되어야 한다. 반면, 공통적 혹은 유사한 서열의 부재 또한 직접적으로 안전성을 보장하지는 못한다. 그것은 기존의 데이터 베이스에서 제공하는 정보가 알레르기원의 단편에 제한되어 있으며, 이러한 분류가 매우 제한적이고, 선형 항원(epitopes)에 국한되어 있기 때문이다. 서열 상동성 분석에서는 알레르기성을 가질 것으로 추정되는 아미노산 부위에 인접한, 확실한 아미노산서열 3개의 상동성이 최소한으로 요구된다. 그러나 주요 땅콩 알레르기원인 Ara h1의 최소한의 항원 크기는 6개의 아미노산이다. 게다가 교차반응실험은 8개의 아미노산보다 적은 수로 구성되어진 T세포 수준의 확장이 면역적으로 연관되어질 수 있는 예가 될 수도 있다. 또한 선형 아미노산의 접힘

(Folding)은 구조적인 항원의 형성을 가져올 수 있다. 이렇게 형성되어지는 항원은 알레르기 반응을 매개할 수 있으나, 알려진 알레르기원과의 서열 상동성 비교로는 탐지해 낼 수 없는 것이다. 따라서 FAO·WHO 2001 전문가 그룹은 현재까지 행해졌던 하나의 분류 대신 2개의 분류 사용 제안을 결정하였다.

① 6개의 연속적인 아미노산 서열 상동성

② 35% 이상의 전체적인 아미노산 서열 상동성

만일, 위에서 언급한 두 가지 중 하나도 만족하지 못하는 경우에는 삽입되어진 단백질이 알려진 알레르기원의 항원을 공유할 가능성이나, T세포와 B세포의 수준에서 면역 반응을 매개할 가능성이 거의 없음을 의미하며, 관련된 항원은 여전히 알아내지 못한 것으로 간주된다. 그러므로 서열 상동성에 대한 조사에서 부정적인 결과의 도출은 그 자체로 알레르기성이 없다는 지표로 사용되어서는 안되며 항상 소화나 가공에서의 안정성과 동물 실험과 같은 다른 실험과 연계하여 고려되어야 할 것이다.

(3) 면역화학적 분석과 생체 내 실험 (Immunochemical and in vivo assay)

면역·화학적 분석은 알레르기성을 가지는 생물로부터 유래한 유전자로부터 발현되어진 단백질이 사실상 그 물질에 대하여 알레르기를 갖는 환자의 혈청과 반응하는가를 실험하는 것이다.

면역·화학적 분석은 조사하고 있는 물질이나 알레르기원에 대한, 잘 밝혀진 알레르기를 가지고 있는 환자의 혈청 사용을 요구한다. ILSI·IFBC 보고서(Metcalf *et al.*, 1996)에 따르면, 특이 혈청 탐색에서 14개의 혈청 사용은 99% 이상의 확률로 주 알레르기(민감성을 갖는 개인의 50% 이상이 반응을 하는 알레르기)의 탐색을 가능하게 하고, 95% 이상의 확률로 소수의 알레르기(20%의 반응)에 대한 탐색을 가능케 한다. 그러나 20% 미만의 반응을 보이는 알레르기원에 대한 통계적 예측 능력은 현저하게 감소한다. 이러한 알레르기원에 대한 잠재적인 반응은 주요 알레르기원에 대한 반응과 비슷하기 때문에, 예측 능력의 감소는 문제가 된다. 새로 개발되어진 FAO·WHO의 의사결정도(2001)는 이러한 문제를 어느 정도 받아들여 특이 혈청 실험의 면에 있어, 주요 알레르기원과 그 이외의 알레르기원 사이의 차별을 없앴다. 대상 단백질을 재료로 한 표적혈청탐색실험에서 음성 반응이 나온 경우, 그 단백질이 유래한 유기체뿐만 아니라 분류학상 그 유기체가 속하는 그룹에 대한 고농도의 면역글로불린-E 항체를 갖는 혈청에 대하여 실험을 하게 된다. 그러나 대상 단백질이 박테리아에서 유래한 경우, 현재는 혈청을 이용한 일반적인 탐색이 수행되지 못한다. 이렇게 혈청 탐색이나, 잠재적인 알레르기성에 대한 평가가 가능하지 않은 경우, 단계적인 펩신 저항성 실험과 동물 모델을 이용한 실험의 결과에 의존해야 한다.

식품 알레르기 테스트의 목적은 신뢰할 수 있고 재확인 가능한 방법으로, 환자의 식품 민감성을 결정하는 것이다. 포괄적인 그 식품에 대한 섭취역사와 식품일지(Food Diary)를 결합하는 방법을 사용할 때, 여기서 언급되어진 실험은 어떤 식품이나 화학 물질이 개인에게 민감한 반응을 일으키도록 하는가에 대한 여부를 결정하도록 도울 수 있다.

(4) 생리·화학적 지표(Physio-chemical parameters)

생리·화학적 지표의 평가는 대상 단백질이 속한 유기체에 대하여 알레르기를 가진 환자의 혈청이 없는 경우, 그 단백질에 대한 잠재적인 알레르기성을 확인하는 데 사용된다. 이것은 대상 단백질이 일반적인 알레르기원의 생리·화학적 특성 중 하나나 그 이상의 특성을 갖는지 확인하는 것이다. 그러나 모든 알레르기원이 이러한 특성을 갖는 것은 아니고, 또한 이러한 특성을 지닌다고 하여 모두 알레르기원이 되는 것은 아니기 때문에 이 평가는 부가적인 다른 실험의 방향결정이나 수행 촉발의 의미 이상으로 해석되지 않아야 한다.

평가의 첫 번째 중요한 부분은 식품에서 나타나는 외래 단백질과 알레르기 평가 실험에 사용되는 단백질을 분명하게 화학적으로 확인하는 것이다. 일반적으로 외래 유전자는 유전자변형작물에서 매우 적은 양이 발현되기 때문에 실제 발현량은 실험에 사용하기 위해 요구되어지는 양보다 훨씬 적게 된다. 따라서 작물에서 대상 단백질을 추출하는 것은 실험 수행의 실제적인 문제가 되는 것이다. 이를 해결하기 위해 외래 단백질을 유전적으로 변형되어진 미생물에서 발현시켜 충분한 양을 얻게 하지만, 이는 실험의 결과에 영향을 미칠 수 있는 약간의 구조적 차이(예 당단백화 등)를 가져올 수 있다. 탄수화물 구조는 특히 B-Cell 항원과 관련되어진 단백질의 알레르기성을 결정하거나, 영향을 미치는 것으로 알려져 있다.

만일 단백질이 소화기관 내에서의 산성·가수분해성 환

경에 대해 뛰어난 안정성을 가지고 있게 되면, 소장 내 점막 세포에 도달할 수 있는 가능성이 증가될 것이고, 따라서 이 단백질에 대한 감작(Sensitization)의 기회를 높일 수 있을 것이다. 이러한 가설에 근거한 여러 실험들은, 많은 식품 알레르기원들이 소화에 대한 저항성을 가지고 있음을 증명하였다. 소화에 대한 저항성 외에도 식품으로 가공하는 과정에서의 안정성 또한 식품 알레르기원의 중요한 특성이 된다. 예를 들어, 조리 과정에서 열을 가하게 되었을 때, 이 열에 의한 분해에 안전성을 가지는 것도 알레르기원이 가지는 하나의 특성이 되는 것이다. 이러한 이유로 생체 외에서 가상의 소화 모델을 이용하여 식품에 삽입되어진 단백질의 잠재적 알레르기성을 평가하는 것이다. 주요 알레르기원을 대상으로 한 실험에서는, 알레르기성이 없는 일반적 식품 단백질과 비교하여 8배나 오랜 시간 동안 소화액에서 분해되지 않음을 보인 연구결과도 있다. 그러나 이러한 분석은 그 결과가 확실하지는 않고, 부분적으로 실험 조건이 까다로우며 식품 구성(food matrix)의 영향이나 단백질 소화의 구성, 개인적인 차이, pH 값의 분포와 조절, 가수분해 효소의 분비 등과 같은 소화의 실제 조건과 상응하지 않을 수 있다. 게다가 소화에 의해 분해되어진 펩타이드(Peptide)가 전체 단백질의 알레르기성의 일부를 갖는다는 사실이 증명되어, 알레르기 반응이 단백질의 주요 부분에 의해서만 일어나는 것은 아니라는 것이 밝혀졌다. 게다가, 소화 과정은 노출된 항원(epitopes)에 의해서나, 새로운 항원을 형성함으로써 알레르기성을 증가시킨다. 가공 과정과 소화 과정에서의 안정성 실험은 유용한 정보를 제공하기는 하지만, 단백질의 잠재적인 위해성에 대한 좀 더 확실한 정보를 얻고, 위양성을 제거하기 위해서는 확장된 실험이 요구되어진다. 이것은 알려진 알레르기 항원과의 아미노산 서열 유사성의 비교, 혹은 알레르기성을 실험하기 위해 만들어진 동물 모델을 사용한 평가와 같은 다른 분석의 결과와 생리화학적 분석을 종합평가함으로써 이루어져야 한다.

(5) 위음성과 위양성(False Negatives versus False Positives)

적합한 알레르기 환자의 혈청을 이용한 실험이 불가능한 알레르기원에 대한 간접적 실험 방법은 위음성이나 위양성의 결과를 나타낼 가능성이 있다.

위에서 언급했던 것처럼, 위음성과 위양성은 모두 수많은 우려를 가지고 있다. 소비자의 건강이라는 측면에서는 특히 위음성이 문제가 되며, 생산자의 관점에서는 위양성, 위음성 모두가 문제시된다. 위음성처럼, 위양성은 이러한 일이 발생될 확률이 매우 제한적이며, 단지 가능성이기 때문에, 한 형태의 간접적인 실험 결과만을 고려할 것이 아니라, 여러 가지 형태의 실험을 수행하고 그에 의해 도출되어진 결과를 함께 고려해야 할 것이다. 이를 해결하기 위한 다른 한 가지의 선택 사항은 특정 음식에 대한 알레르기성을 결정하기 위한 새롭고 더 좋은 방법을 개발하도록 노력하여, 위음성과 위양성이 도출될 확률을 감소시키는 것이다.

(6) 식품 단백질의 알레르기성에 대한 동물 모델 실험

FAO·WHO의 전문가 그룹은 새로운 단백질의 알레르기성을 평가하기 위해 동물 모델을 이용한 실험을 할 것을 권고하고 있으며 의사결정도에 그 사항을 포함시켰으나 현재 개발되어진 적절한 동물 모델은 없으며, 개발중에 있다.

기초적이고 1차적인 실험으로써, 새로운 식품단백질의 알레르기 유발력은 면역화된 동물(Immunizing Animals)의 항혈청을 이용하여 평가된다. 그러나 이러한 실험도 위양성이나 위음성의 결과가 도출될 수 있다. 사람에게 적용할 수 있는 실험의 결과를 나타낼 수 있는 적합한 동물 모델 실험은 현재로서는 가능하지 않다. 사람에게서 나타나는 알레르기 증상이나, 사람의 면역계와 유사한 항체 반응을 가지는 특성화된 동물 모델이 개발중에 있다. 과거에는 많은 경구 감작(Sensitization)분석이 주로 기니아피그(Guinea Pig)에서 개발되었으나, 현재는 생쥐(Mouse)나 쥐(Rat)에서 개발되고 있는 추세이다. 다른 보조제 없이 여러 가지 식품단백질을 대상으로 한 쥐경구유발실험에 따르면, 이들에게 유도되어진 면역 반응이 식품 알레르기 환자와 비슷하다는 사실이 최근 밝혀지고 있다. 이러한 발견은 식품 단백질의 알레르기 유발성을 연구하기 위한 적절한 동물 모델의 가능성을 증명하는 것이라고 할 수 있다.

(7) 식품 내 알레르기원의 수준

알레르기성을 평가하는 데 있어, 위에서 언급했던 여러 가지와 더불어 식품에서 나타나는 단백질의 총량도 알레르기성과 관련되어 있는 중요한 요소로 간주되고 있다. 알려진 주요 알레르기원들 대부분은 식품 구성의 주요한 부분을 차지한다. 만일 새로운 외래 유전자의 발현량이 전체 단백질 양의 1% 미만이라면, 이것은 알레르기유발 가능성이 매우 낮다고 할 수 있다. 그러나 몇몇의 주요 알레르기원은 그 농도가 1% 미만임에도 불구하고 알레르기를 유발시키므로, 이러한 가정이 항상 옳다고는 할 수 없다. 게다가, 섭취 단백질의 총량은 이러한 단백질의 농도에만 영향을 받는 것이 아니라, 섭취 방식, 빈도, 소비자의 연령대에도 영향을 받는다. 이러한 점들은 식품에서 단백질의 총량이나 발현 수준이 알레르기성의 범주로서 다시 고려되어야 함을 제시하고 있다.

결론적으로, 식품의 단백질에 대한 잠재적 알레르기성을 평가하는 데 적용되고 있거나, 개발되고 있는 방법과 전략들은 허용 가능한 긍정적인 예측치를 갖도록 고안되고 있다. IFBC·ILSI와 FAO·WHO에서 의사 결정도를 개발해 내었으나, 아직까지 고려해야 할 점들이 있으므로 앞으로의 연구는 이를 보완하도록 해야 할 것이다. 특히, 알레르기 가능성 사실 여부를 결정하는 제안되어진 동물 모델을 사용하는 실험은 반드시 개발되어야 한다. 동물 모델 실험의 가장 중요한 이점은 잘 알려진 알레르기원과 연관된 효력에 대한 정보와 단백질의 잠재적인 알레르기성에 대한 정보를 얻을 수 있다는 것이다. 알레르기성을 평가하는 여러 항목 중 일부는 더 많은 연구가 요구되는 것이 있으며, 실행 후에도 지속적인 연구와 실행에 따른 보완 방향의 제시가 있어야 할 것이다.

V. 영양학적 평가

건전성 평가라고 하는 영양학적 평가는 case-by-case로 행해지며 아급성시험으로서 간주되지는 않는다. 건전성 평가는 GM 식품의 영양학적 가치에 있어서의 변화를 감지하기 위하여 고안된 것이며 모종 식품과의 실질적 동등성을 확인하는 보충적인 평가방법으로 간주된다. 일반적으로 이 평가방법은 랫드와 같은 실험동물이나 소, 양, 염소 같은 가축을 대상으로 약 1개월 간의 노출기간을 둔다. 사료로서의 영양학적 변화를 보기 위해서는 증체율에 감수성이 높은 동물들로서 육계, 메기와 같은 동물들이 사용된다. 일반적인 관찰항목으로서는 일반증상, 사료섭취량, 체중변화, 부검소견, 장기중량이 있다. 반추위 동물에서는 소화 과정에 대한 GM 식품의 영향이 조사된다. 여기에서는 GM 식품이 35% 이상 사료에 대체되는 경우 필수 영양소에 대한 섭취량이 유지되는 것이 중요하다.

이 평가방법에서의 실질적인 어려움은 그 동물들의 사료에 정상적으로 존재하지 않는 사료 성분에 대한 동물의 내성에 대한 문제이다. 예로서, 양파를 급여한 개와 랫드에서의 빈혈, 고농도의 전분을 급여한 랫드에서의 거대결장 증후군(megacolon syndrome), chili-pepper 용액을 투여한 랫드에서의 십이지장 점막의 변성이 있다.

VI. 향후의 안전성 평가

세 번째 카테고리에 해당하는 GM 작물의 경우에는 더 많은 시험들이 요구된다. 여기에는 신규 단백질에 대한 설치류에서의 생물학적 이용률 및 아급성 독성 시험이 있다.

확보될 수 있는 자료가 전반적인 안전성 평가를 하는 데에 불충분한 경우에는 동물 실험이 필요한 것으로 간주될 수 있다. 특히, 그 식품이 식이에 중요한 영향을 미치거나 신규 삽입 유전자가 소비된 역사가 없거나 그 유전적 변형이 여러 가지 대사기전에 영향을 주는 경우에는 전술한 동물 실험이 필요하다.

식품의 경우에는 장기섭취시의 안전성 평가도 필요하다. 식품의 반복섭취에 따른 안전성 평가를 위해서는 최소 3개월 정도의 아급성 시험을 실시해야 한다는 것이 일반적인 견해이다. 이 아급성 시험에 앞서서 예비시험이 선행되어야 하는데, 여기서는 diet가 대상 동물에게 먹이기 적당한지(palatable)가 확인되어야 하며, 또한 시험물질이 섞여 있는 정도가 적당한지도 확인되어야 한다. 후자의 경우를 다시 설명하면, 동량의 비교물질을 섞은 control diet가 어떤 효과, 즉 통상의 식품 중에 일반적으로 함유되어 있는 자연독소 때문에 발생되는 유해효과가 없어야 한다는 것이다. 동물 실험에 사용되는 최고농도는 영양학적인 불균형을 초래하지 않는 최고농도이어야 하며, 반면에 최저농도는 사람에게 섭취되는 양과 유사한 양이 되어야 한다.

90일 시험이나 그 외의 시험에서의 결과를 토대로 각각의 상황에 따라서 추가적인 독성시험을 고려해야 한다. 예를 들면, 90일 시험에서 조직의 증식변화가 관찰되었을 경우, 보다 장기간 투여하는 독성시험의 필요성이 생길 수 있다.

통상의 독성시험은 유전자재조합 식품은 물론 그 외의 식품 자체에 대한 평가를 하는 데 있어서 한계를 가지고 있다. 동물사료에 섞어 투여할 때 최고 용량의 한계가 있으며, 동물사료의 영양을 부적절하게 하여 그릇된 실험을 하지 않도록 주의하여야 한다.

실질적으로 사람이 양적으로 많이 섭취하는 GM 식품이고 독성의 증후가 없는 경우에는 인체에 대한 섭취실험을 해야 하는 가능성도 있다. 장기(long-term) 독성 시험, 생식 독성 시험, 발생 독성 시험과 같은 시험들도 필요에 따라 수행할 경우도 있다.

시험에 필요한 신규 단백질을 대량 확보하기가 어려운 점과 시험동물에 대한 GM 식품의 내성에 대한 문제점들은 향후 극복해야 할 것들이다.

유전자변형 식품의 DNA를 섭취하는 것은 별 영향이 없을 것이라는 것이 일반적인 과학계의 예측이다. 그럼에도 불구하고 유전자 이동의 가능성은 검토하여야 할 필요성이 있으며, 만일 일어난다면 그 결과도 조사할 필요성이 있다.

정상적인 식이조건에서 작물의 DNA가 미생물 또는 포유동물의 세포로 이동되기 위해서는 다음과 같은 일들이 선행되어야 한다: ① 삽입 유전자가 선형 조각으로 방출되어야 한다. ② 유전자가 작물이나 소화기 내의 nucleases 속에서 생존하여야 한다. ③ 유전자가 소화기 내의 다른 DNA와 흡수에 있어서 경쟁력이 있어야 한다. ④ 유전자를 받을 미생물이나 포유동물 세포가 transformation에 적합한 상태이어야 하며, 도입될 유전자는 그들의 제한 효소에 저항성이 있어야 한다. ⑤ 유전자는 DNA 수복이나 재조합 과정에서 숙주 DNA 속으로 삽입되어야 한다.

유전자의 체내이동 및 동태의 조사는 첫째, 체내 조직으로의 흡수 여부 둘째, 조직 내 세포 속으로의 침투 여부 셋째, 핵 속으로의 침투 여부 넷째, 염색체 내로의 이입 여부 다섯째, 염색체 내에서의 발현여부 여섯째, 발현 산물의 위해성 여부로 구분할 수 있다. 그러나 현재 국제적인 연구수준은 세포내로의 침투 여부조차 명확히 밝히는 평가법이 표준화되어 있지 않다. 유전자 체내이동에 대하여는 그 중요성만큼 향후에 많은 연구가 진행되어야 할 것이다. 또한, 소화기에 질환이 있는 환자들은 보통 사람들 보다 유전자 체내 이동 가능성이 높을 수 있으므로 소화기 질환시의 유전자 체내이동에 대한 실험모델의 개발도 필요하다.

VII. GM 식품의 안전성 평가를 위한 종합적 의사결정도

GM 식품의 안전성 평가를 위한 평가 과정의 통일성을 기하기 위하여 그림 3-6과 같은 의사결정도가 제안되고 있다.

평가 과정을 유도하는 원칙으로서는 실질적동등성의 개념이 주요하며 이의 결과에 따라서 어떤 형태의 시험이 진행되는가를 결정한다.

제안된 의사결정도는 두 가지 단계로 구성되는데, 첫 번째 단계는 GM 식품이 그의 counterpart와 비교시 ① 실질적으로 동등한가, ② 실질적으로 동등하지 않은가를 판단하는 것이다.

여기에서 실질적으로 동등하면 안전하게 사용된 역사를 확인하고 승인될 수 있으며, 동등하지 않은 경우라도 그 차이점을 야기한 물질이 안전하게 사용된 역사가 있으면 승인이 될 수 있다.

실질적으로 동등하지 않으며 그 차이점이 안전하게 사용된 역사적 증거가 없고, 그 차이에 해당되는 단백질 또는 비단백질에 대하여 그 차이점을 규명할 수 없는 경우에는 whole food에 대하여 2단계에 해당하는 독성실험이 수행된다.

여기에서 독성학적 문제성이 확인될 경우에는 판매승인이 거부되며, 독성학적 문제점이 없는 경우에는 승인된다. 그러나 GM 작물의 생산조건, 조리 조건, 보관 조건에 따라 독성물질이 증가할 수 있는 경우에는 특정 조건 하에서의 판매가 승인된다.

VIII. 요약

실질적동등성 개념은 GM 식품의 인체위해성 평가의 시금석으로 인정되어 오고 있다. 실질적동등성은 GM 작물로부터 유래한 식품 또는 식품성분의 안전성을 규정하는 가장 실질적인 접근 개념이며 이는 GM 작물과

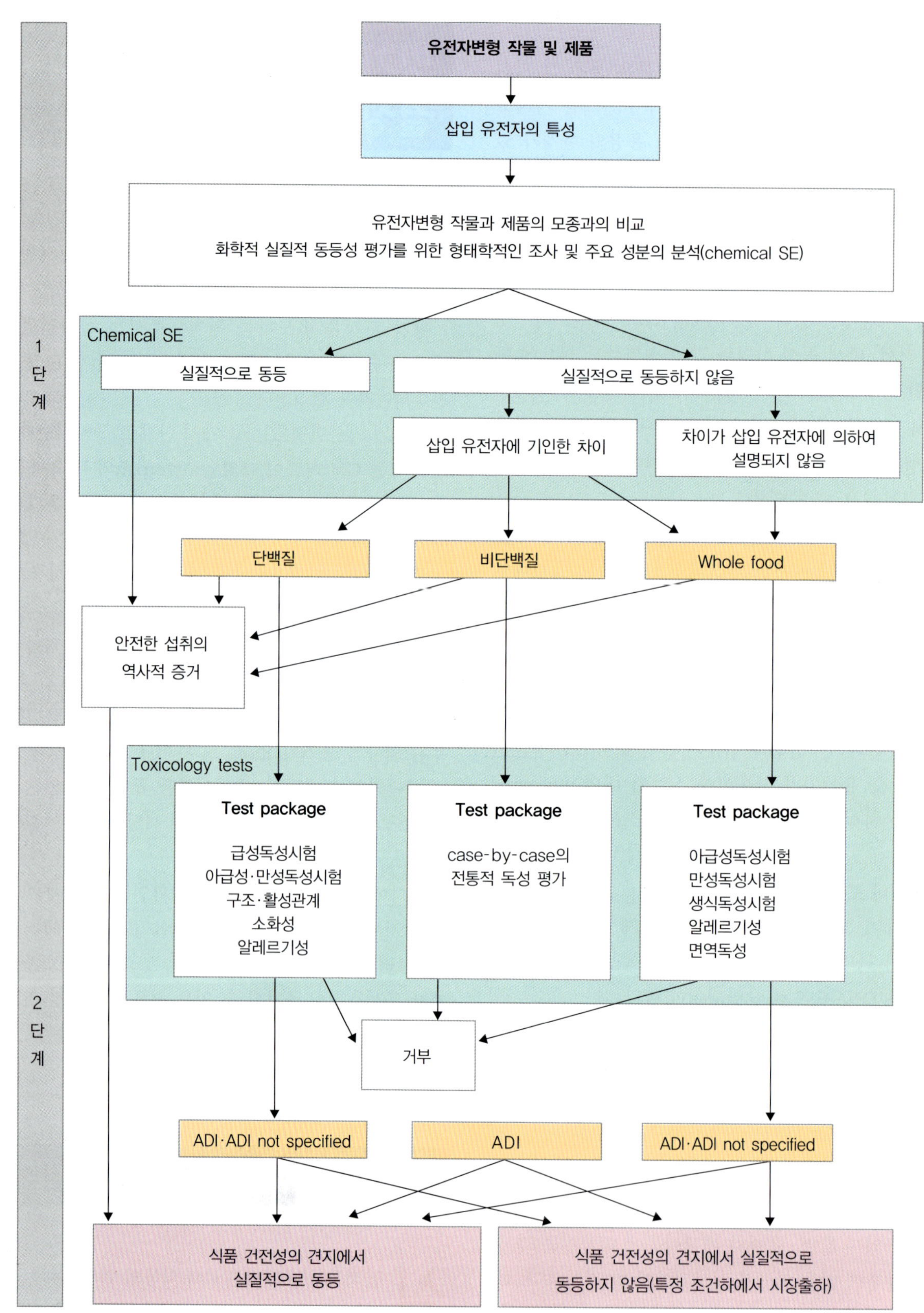

그림 3-6 GM 식품 작물 및 그 생산물의 위해성 평가 흐름도

그의 모종과의 비교에 기초하고 있다.

기본적으로 GM 작물은 세 가지의 카테고리로 구분할 수 있다: ① 모종과 같은 구성성분을 가진 것, ② 잘 정의된 특성을 제외하고 모종과 같은 구성성분을 가진 것, ③ 모종과 구성성분이 다른 것이다. ①에 해당하는 GM 작물의 안전성평가는 유전자 삽입물에 대한 분자생물학적인 정보만으로 충분한 반면, ②에 해당하는 GM 작물은 발현단백질에 대한 안전성 정보가 추가적으로 요구된다. ③에 해당하는 GM 작물은 유전자삽입물에 대한 분자생물학적 정보, 발현단백질의 안전성 외에 생물학적 효율성, 식품건전성과 같은 광범위한 평가가 요구된다.

실질적동등성은 표현형질(질병저항성, 농업형질)과 영양소, 독소, 항영양소 및 알레르겐을 포함하는 작물의 화학적 조성에 의하여 결정된다. 분자생물학적인 특성평가에는 삽입유전자의 위치, 특성, 안정성, 복제수가 있다. 발현단백질의 안전성은 기지의 단백독소와의 서열유사성, 소화기계에서의 변성, 가공과정에 대한 안정성 및 설치류에서의 급성독성에 의하여 평가된다(필요에 따라 사료영양, 아급성독성, 만성독성, 생식독성, 발암성 평가가 수행된다). 발현단백의 알레르기성 평가는 기지의 알레르겐과의 아미노산 서열유사성의 비교, 소화에 대한 안정성, 가공처리에 대한 안정성, 알레르기성 동물 모델 시험으로 평가된다. 삽입유전자의 근원이 알레르기성을 갖고 있다면 solid-state의 면역분석, skin prick test 및 food challenge test가 고려된다.

IX. 결론

위에서 기술한 내용은 사람과 동물 등에게 GM 작물이 식품 및 사료로서 안전하게 소비될 수 있도록 GM 생물체의 안전성을 평가하는 대표적인 방법들에 대하여 설명하였다. 지금까지 수행되어 온 안전성 평가의 범례들은 카테고리 1 및 2에 해당하는 모종과의 실질적동등성이 인정되는 신규 식품에 대하여는 만족할 만한 결과를 보여주었다. 그러나 실질적으로 동등하지 않거나 신규 단백질을 함유한 작물에 대한 안전성 평가에는 아직 평가경험이 부족한 상태에 있다. 실질적동등성이 인정되지 않는 GM 식품에 대한 안전성 평가법의 개발에 대한 노력은 계속되고 있으며, 이러한 평가법의 면밀함은 기존의 전통적인 육종에 의한 작물보다도 안전성에 대한 확신을 더 많이 줄 것이다.

04 유전자변형 생물체의 환경위해성 심사방법 및 현황

김현준
농촌진흥청 농업생명공학연구원

I. 서론

유전자변형 생물체(Living Modified Organisms: LMO)란 현대생명공학기술을 이용하여 새롭게 조합된 유전물질을 포함하고 있는 생물체를 말하며, 유전자변형 콩·옥수수나, 제초제저항성 작물, 환경정화용 미생물, 슈퍼미꾸라지 등을 말하는데 국제적으로 유전자변형 생물체는 인류를 기아와 환경문제로부터 해방시킬 수 있는 유력한 대안이므로 일반 생물체(농산물)와 같이 취급해야 한다는 주장과 자연상태에 없던 새로운 물질이 출현했으나 안전성이 검증되지 않았으므로 사전예방의 원칙에 따라 확실하게 규제해야 한다는 주장이 대립하고 있는 가운데 국제적으로는 2000년 1월 캐나다 몬트리올에서 유전자변형생물체의 국가간 이동에 있어서 환경 및 인체 안전성 확보를 목적으로 한 국제규범인 바이오안전성의정서(Cartagena Protocol on Biosafety to the Convention on Biological Diversity)가 채택되고 이에 따라서 우리나라는 산업자원부가 주관이 되어 2001년 3월 "유전자변형 생물체의 국가간이동 등에 관한 법률"이 제정 공포되었다. 동 법률은 바이오안전성의정서가 발효되면 그 효력을 발생하게 되어 있어 실제로 바이오안전성의정서는 2003년 9월 11일 50개국이 비준을 완료한 시점에서 발효가 되어 국제적으로는 효력을 발생하고 있지만 바이오안전성의정서에 근거한 산업자원부의 LMO 국가간 이동 등에 관한 법률은 국내비준이 국내사정으로 미루어진 상태에 있어 LMO 국내법은 아직 그 효력이 발생하지 않고 있는 실정이다. 바이오안전성의정서 발효에 따른 국내 이행체계를 확립하기 위하여 현재 산업자원부는 동 법률의 시행령 및 시행 규칙안을 만들어 각 중앙행정기관에서 검토를 거쳐 법제처 심의과정을 거쳐 2005년 9월 20일 국무회의 심의, 의결을 거쳐 시행령이 확정이 되어 2007년 상반기에는 도입될 전망이다. 원료농산물의 수입을 관장하고 있는 농림부는 유전자변형 농산물의 생산 및 수입단계에서의 안전성 확보를 위하여 2002년 1월 9일 농림부고시 제2002-2호로 "유전자변형 농산물의 환경위해성평가 심사지침"을 고시하고 농촌진흥청을 LMO 환경 안전성 심사 기관으로 지정하는 등 LMO 안전성 검정체계 구축을 본격적으로 추진하고 있다.

그동안 우리나라 정부가 유전자변형 농산물의 안전성 확보를 위하여 관련법 및 지침 등을 제정하여 추진한 역사

표 4-1 중앙부처별 LMO 규제법 현황

정부부처	관련 규정	주요내용
산업자원부	유전자변형 생물체(LMO)의 국가간 이동 등에 관한 법률	· LMOs 안전성 확보를 위한 바이오안전성의정서 채택에 따라 그 국내 이행을 위해 제정함 · 인체에 미치는 영향은 보건복지부, 자연생태계에 대한 영향은 환경부, 작물재배환경에 미치는 영향은 농림부가 관리하도록 함
농림부	농수산물품질관리법	· 유전자변형 농수산물의 표시기준과 표시 대상품목 설정함
	LMO의 환경위해성 심사지침	· LMO의 국가간 이동 등에 관한 법률의 시행 이전에 운용할 임의규정으로 유전자변형 농산물의 국내 농업환경 방출에 따른 안전성을 확보하기 위함 · 공인된 심사기관에서 안전성 검토와 평가자료의 과학적 심사를 위한 '전문가심사위원회' 운영함
보건복지부와 식품의약품 안전청	식품위생법	· 유전자재조합식품 등의 표시 기준 · 소비자에게 올바른 정보를 제공하기 위해 표시대상 및 표시방법에 대한 구체적인 기준임
	유전자재조합식품 · 식품첨가물 안전성평가자료심사지침	· 유전자재조합기술을 이용하여 만들어진 유전자재조합식품 및 식품첨가물의 안전성을 식품의약품안전청장에게 확인받고자 할 때의 심사기준으로 사용하기 위한 지침

를 살펴보면 국내 생명공학산업의 기반조성 및 활성화를 위하여 1983년도에 과학기술부에서 생명공학 육성법이 처음 제정되었으며 2002년 개정을 거친 생명공학육성법에는 LMO의 취급, 이전, 사용에 관한 실험지침 작성 및 시행에 대하여 처음으로 명시하였다. 그 후 국내외에서 LMO의 안전성 문제가 새로운 이슈로 떠오르자 보건복지부에서는 1997년 4월에 유전자재조합실험지침을 고시하였는데 주요내용은 LMO 밀폐기준, 방법, 보관, 운반, 양도, 실험 후 처리에 관한 사항을 명시하고 있으며 주로 병원성 미생물실험 위주로 작성되어 있다. 바이오안전성의정서의 국내 이행을 위하여 제정한 중앙부처별 관련규정 및 주요내용은 표 4-1과 같다.

II. 환경위해성 심사

1999년 7월 우리나라 처음으로 식품의약품안전청에서는 유전자재조합 식품, 식품첨가물 안전성 평가자료 심사지침을 제정하였는데 주요내용은 수입, 국내생산 LMO의 식품유통시 적용하는 임의규정으로 개발자 또는 수입자는 영양성분, 독성물질, 알레르기 유발, 항생제 내성유전자 실험자료를 식품의약품안전청에 제출하여 승인을 얻은 후 시장에 유통시키도록 규정하고 있다.

이러한 식품의약품안전청의 지침에 따라서 몬산토 코리아에서 신청한 제초제저항성 콩 Roundup Ready Soybean에 대하여 1년여의 심사과정을 거쳐서 유전자변형 식품으로서의 안전성을 확인한 바 있으며 이 밖에도 2004년 12월 기준으로 면화, 옥수수, 캐놀라 등 총 26개 품목에 대한 식품안전성 심사를 완료하였다. 식품의약품안전청은 2004년 2월 27부터 그동안 자발적 형태로 운영하던 식품안전성 심사 지침을 의무규정으로 전환하여 LMO 식물안전성 심사를 한층 강화하였다. 농작물의 실험단계에서의 안전성 및 포장단계에서의 환경적 안전성 확보를 목적으로 1999년 12월 농촌진흥청에서는 시험장·연구소에서 LMO 실험 및 취급과 관련하여 연구원이 준수해야 할 지침인 "농업연구 관련 유전자 재조합체 실험 및 취급규정"을 농촌진흥청 훈령으로 제정하여 운영하고 있는데 주요내용은 LMO 업무 안전위 구성 운영, LMO안전성 평가항목, 온실, 포장의 안전성 준수사항 등을 명시하고 있다. 이에 바이오안전성의정서(Biosafety Protocol)에 근거하여 산업자원부에서는 유전자변형 생물체의 국가간 이동 등에 관한 법률을 제정 고시하여 수입 또는 국내생산 LMO의 안전성 평가 및 심사절차와 LMO 연구시설 설치 운영에 관한 신고, 허가사항 그리고 위반시 벌칙조항 등에 대하여 규정하고 있다. 국내 농업환경에 미치는 위해를 방지를 목적으로 규정된 "유전자변형농산물의 환경위해성 평가자료 심사지침"을 보면 LMO 환경위해성 심사절차 및 심사기관(농촌진흥청), 평가기관 지정운영, 국내포장시험을 위한 격리포장의 구비조건 및 LMO의 관리방법, 심사의 전문성 확보를 위한 전문가심사위원회 구성, 운영, 심사신청 LMO에 대한 일반 정보공개 및 의견수렴 등에 대하여 규정하고 있으며 LMO의 생산 및 승인위반과 연구시설 운영 및 실험 규정위반에 대한 벌칙규정도 함께 마련하고 있다.

동지침의 심사절차는 그림 4-1에서와 같이 먼저 수입자 등 신청자는 소정의 양식에 의한 심사신청서와 위해성 평가자료를 작성하여 심사 서류를 농촌진흥청의 연구관리과

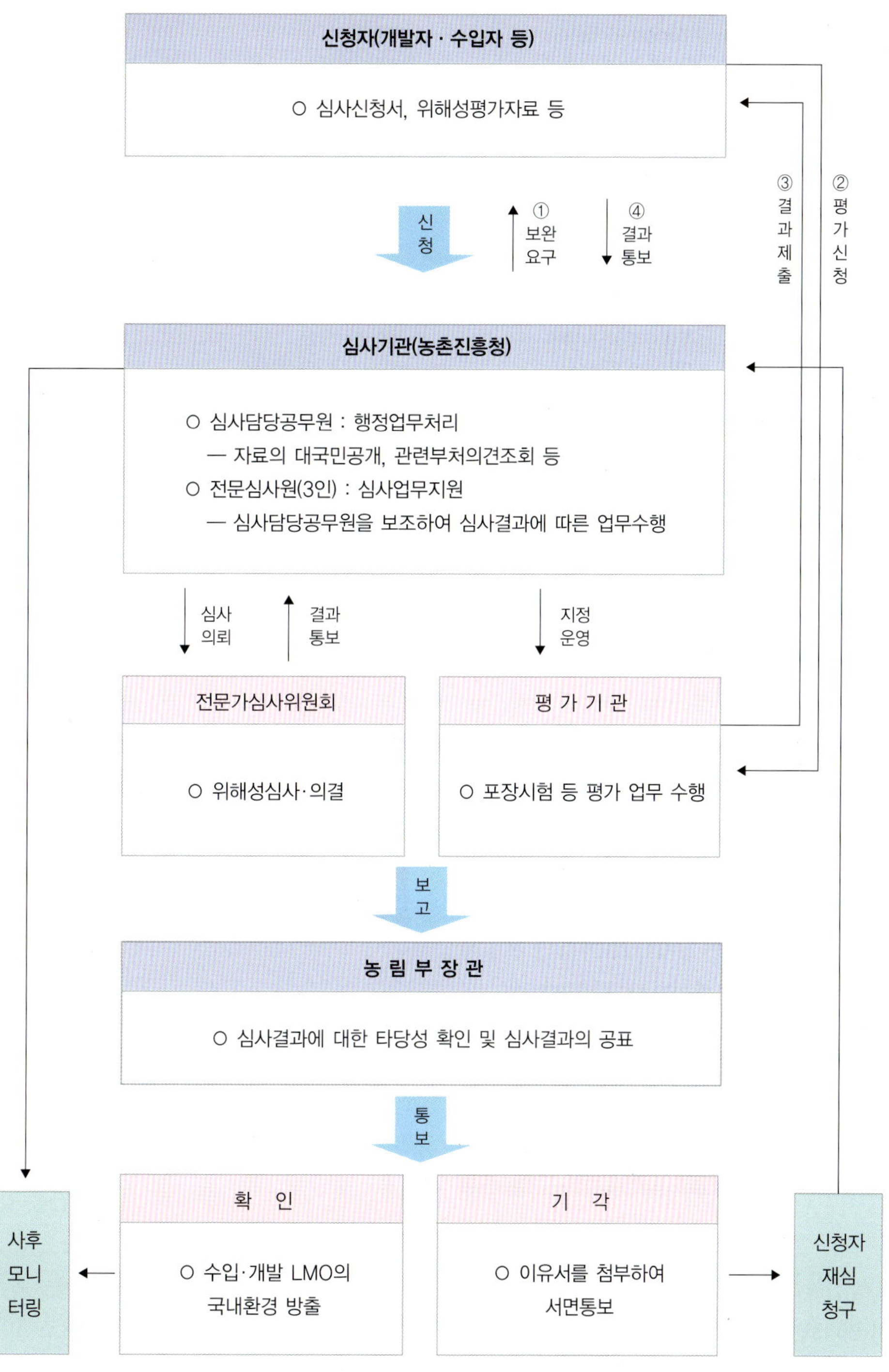

그림 4-1 환경위해성 심사절차

표 4-2 2005. 10. 현재 환경위해성 심사 현황

분류	품목명	신청자	특성	접수일	승인일
콩	40-3-2	Monsanto Korea	제초제저항성	03. 8. 18	04. 3. 19
옥수수	MON810	Monsanto Korea	해충저항성	03. 9. 1	04. 6. 4
면화	RR1445	Monsanto Korea	제초제저항성	03. 9. 4	04. 7. 23
옥수수	MON863	Monsanto Korea	해충저항성	03. 9. 22	04. 9. 17
옥수수	NK603	Monsanto Korea	제초제저항성	03. 9. 29	04. 7. 23
옥수수	GA21	Monsanto Korea	제초제저항성	03. 10. 6	05. 2. 18
면화	531	Monsanto Korea	해충저항성	03. 10. 24	04. 12. 10
면화	757	Monsanto Korea	해충저항성	03. 10. 24	04. 12. 10
면화	15985	Monsanto Korea	해충저항성	03. 10. 30	04. 12. 10
옥수수	T25	Bayer CropScience	제초제저항성	03. 11. 6	04. 11. 5
옥수수	TC1507	DuPont Korea	해충+제초제저항성	03. 11. 14	04. 11. 5
카놀라	T45	Bayer CropScience	제초제저항성	04. 7. 30	05. 6. 21
카놀라	Ms8/Rf3	Bayer CropScience	제초제저항성	04. 7. 30	05. 6. 21
옥수수	Bt176	Syngenta Seeds	해충저항성	04. 9. 24	
옥수수	Bt11	Syngenta Seeds	해충+제초제저항성	04. 9. 24	
카놀라	RT73	Monsanto Korea	제초제저항성	04. 10. 10	5. 6. 21
옥수수	DAS-59122-7	DuPont Korea	해충+제초제저항성	04. 11. 30	
면화	LLcotton25	Bayer CropScience	제초제저항성	05. 1. 19	
옥수수	MON88017	Monsanto Korea	해충+제초제저항성	05. 04. 02	
옥수수	MON88913	Monsanto Korea	제초제저항성	05. 04. 27	
알팔파	J101,J163 J101×J163	Monsanto Korea	제초제저항성	05. 05. 12	
4작물	21건				

*신청내용 : 농촌진흥청 홈페이지(www.rda.go.kr) 참조

LMO 심사팀에 제출하면 전문가심사위원회의에서 심의, 의결을 하며 이때 심사는 서류심사위주로 진행되며 필요시 포장시험, 현지조사 등을 실시할 수 있는데 심사기간은 신청 후 270일 이내에 검토 완료하도록 되어 있다. 심사결과 환경위해성이 없는 것으로 확인되면 그 결과를 서면으로 신청자에게 통보하게 되며 만약 신청서류가 기각된 경우에는 그 결정일로부터 60일 이내에 재심요구가 가능하다.

III. 환경위해성 심사 현황

유전자변형 농산물의 환경위해성 평가자료 심사지침에 따라서 2003년 9월부터 국내 수입 LMO에 대한 심사가 진행중이며 2005년 10월 현재 21건이 접수되어 환경위해성 심사가 완료된 품목은 14건이며 현재 수입LMO에 대한 국내 환경위해성 평가 심사 현황은 표 4-2와 같다.

IV. 환경위해성 평가기관

농촌진흥청이 실질적인 평가와 심사기능을 수행하게 됨에 따라 국내 실정에 적합한 LMO 안전성평가 심사체계가 구축되어 있다. 이에 따르면, 농촌진흥청장은 '유전자변형 농산물의 환경위해성 평가심사지침' 에서 정한 인력, 시설, 장비 등의 기본요건을 갖춘 대학 및 연구기관을 평가기관으로 지정하고 있다.

위해성 평가기관의 법적 근거는『유전자변형 생물체의 국가간 이동 등에 관한 법률』제8조 4항과 유전자변형 농산물의 환경위해성 평가심사지침(농림부고시): 제8조 2항에 따라 LMO 위해성평가서 작성을 대행하는 기관으로

LMO의 인체 및 환경에 대한 위해성 여부에 대한 실험을 실질적으로 수행하여 위해성평가서 작성하고 LMO 연구에 대한 국내 연구기반이 미약해 수입 LMO 국내환경에 대한 위해성 여부를 실험하거나 국내 개발 LMO에 대한 인체 및 환경에 대한 위해성 여부에 대한 실험은 공신력 있는 기관이 수행해야 할 것이다. 그러나 외국의 경우 위해성평가는 개발자가 하는 것이 원칙이나 국내의 경우는 대학·종묘회사 등에서 개발중인 농작물에 대한 안전성 평가 연구는 시설, 인력 등의 미비로 수행이 어려운 실정이다. 위해성 평가기관의 지정 및 절차는 표 4-2와 같다.

위해성 평가기관 지정시 법적 고려사항을 보면 위해성 평가업무의 범위, 위해성 평가기관의 운영계획의 합리성, 전담조직, 전문인력 및 기술능력의 확보여부, 연구시설 및 설비의 적정성 및 재원조달계획의 합리성 등을 고려하여 지정한다.

평가기관 수행사항을 보면 LMO 환경·인체위해성에 대한 실질적 연구나 LMO 심사기관에서 위해성 평가서의 검토 결과 부가적인 실험이 필요하다고 인정하는 경우 위해성 평가실험 대행, 국내 LMO 개발 기관(대학, 종묘회사 등)에서 개발된 LMO의 위해성 평가가 의뢰된 경우 실험대행으로 나눌 수 있다.

평가기관의 경우 장기적으로 유전자변형 농작물의 환경위해성을 평가할 수 있는 시설이 마련되어야 하는데 유전자변형 농작물의 환경위해성 평가시설이란 외부와 격리된 자연환경과 유사한 조건을 갖추고 있는 시설로, LMO와 유전자변형 농작물의 위해성 평가시설의 근본적인 차이는 없으며, 이러한 시설은 열린 자연 환경에서 유전자변형 농작물의 행태(behavior)를 사전에 조사·연구할 수 있는 시설이다.

유전자변형 농작물을 포함한 모든 생물체는 이들이 서식 또는 거주하는 지역의 특성에 따라 행태가 다르게 나타날 수 있다. 따라서 기후 조건, 생태계에 존재하는 생물군집의 종류 및 특성 등 다양한 생태계의 요소별로 유전자변형 농작물의 행태가 조사·연구될 수 있는 시설이 마련되어야 한다. 즉, 국내의 자연생태계를 주요 특성별로 구분하고, 각 지역별로 유전자변형 농작물의 환경위해성이 평가되어야 한다는 것이다. 이와 같은 환경위해성 평가를 위해 농촌진흥청 소속 연구기관에서는 LMO 온실, 격리포장 등 평가시설이 대부분 갖추어져 있으나(표 4-3) 대학 및 민간기업에서는 아직까지 제대로 된 시설을 가지고 있지 않다.

농촌진흥청은 국내외적으로 육성되었거나 육성중인 LMO의 대부분이 농작물로서 이들의 위해성에 대한 평가 및 관리는 농촌진흥청의 고유 업무로서 위해성에 대한 관리는 장기적인 관점에서 책임 있는 국가기관인 농촌진흥청에서 평가 관리되어야 하기 때문에 유전자변형 농산물의 환경위해성 평가심사지침(농림부고시) 제8조에 농촌진흥청장이 지정하는 것으로 되어 있다. 또한 농촌진흥청은 '99년부터 안전성 평가연구 수행으로 전문적 경험 축적이 있으며 제초제저항성 벼 및 바이러스저항성 감자에 대한

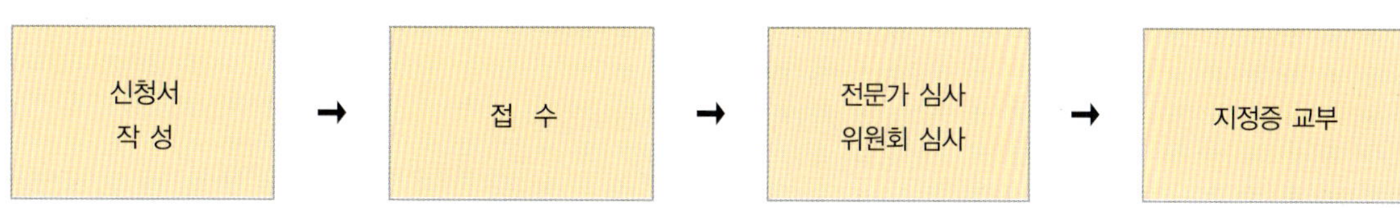

그림 4-2 평가기관의 지정 및 절차

표 4-3 유전자변형 작물 평가기관지정 현황

평가기관	평가대상항목
농업과학기술원	잡초화, 곤충상, 토양미생물, 농업환경변동영향 등
작물과학원	콩, 옥수수, 면화, 유채의 농업적 특성 및 교잡가능성
농업생명공학연구원	콩, 옥수수 등의 유전자 분석 및 교잡가능성
고령지농업연구소	감자의 농업적 특성 및 교잡가능성

안전성 평가연구 수행('99~'02), 제초제 저항성 고추 및 들깨의 안전성 평가연구 수행('03바이오그린사업), 제초제저항성 벼 안전성연구('04바이오그린사업) 등을 수행하고 있다.

V. 환경위해성 전문가심사 위원회 구성

농촌진흥청의 LMO 농작물 심사지침에 의하면 유전자변형 농산물을 국내에 수입 유통시키거나 재배 생산하고자 하는 자가 국내 환경방출에 대한 안전성을 농림부장관에게 확인받고자 할 경우 필요한 기본적인 요건과 확인 절차를 규정함과 아울러 평가범위를 제시함으로써 국내 환경의 보전과 안전한 농산물의 유통을 목적으로 하고 있다.

농촌진흥청장은 신청자로부터 환경위해성 확인 신청이 있는 때에는 그 신청을 접수한 날부터 270일 이내에 제출된 평가자료를 과학적으로 확인·조사·분석하여 환경방출에 대한 위해성 여부를 확인하도록 규정하고 있다. 제7조 제3항에서는 유전자변형 농산물의 환경위해성 평가 및 심사에 대한 전문성 및 공정성을 확보하기 위하여 LMO 전문가심사위원회를 구성하기 위한 항목을 포함하는데, 전문가심사위원회는 신청된 사안별로 학계, 민간, 관계 등의 전문가 중에서 농촌진흥청장이 위촉하는 15인 이내의 위원으로 구성되어 분과별로 표 4-4의 내용을 중점적으로 심

표 4-4 전문가 심사위원분과별 검토 사항

분 과	검토 내용
일반 자료	○ 외국의 인가 및 이용상황 검토 ○ 유전자변형 식물의 경제적 이용성 및 사회적 수용성 ○ 타 분과에서 검토가 불가능한 사항
분자생물학 자료	○ 유전자변형 작물의 육성방법 - 도입유전자의 기능, 유전자변형 방법 등 - 운반체(vector)의 DNA 분자량, 유해염기배열 여부 등 - 병원성, 항생제 내성 등 자료 검토 ○ 유전자변형 식물의 분자생물학적 특성 - 도입위치 및 주변 염기서열 - 복제수 및 발현결과 확인 - 도입유전자의 검출 및 발현 확인 방법
생리·생태 자료	○ 숙주 식물의 특성 평가 - 지리적·환경적 조건에 따른 식물생리·생태 특성자료의 검토 ○ 유전자변형 식물의 특성 - 국내 생태계내 타 식물체와의 상호작용 - 유전자변형 식물의 잡초화 가능성 검토(월동성, 종자생산량 등)
유전·육종 자료	○ 숙주생물체의 유전·육종자료 - 숙주식물체의 생식·번식양식 및 근연식물체와의 교잡성 ○ 유전자변형 식물의 특성 - 유전자변형 식물의 육성과정 - 생식·번식 양식 및 유전적 특성 변화 - 도입유전자 지배형질의 후대 안정성 - 근연식물체와의 유전자 교환 정도
독성 및 타생물 영향 자료	○ 숙주식물 및 도입유전자의 독성물질 생성 여부 ○ 유전자변형 식물의 위해성 평가 - 유전자도입에 따른 유독물질의 생성 여부 - 주변생물체(미생물, 곤충 등 타생물체)에 미치는 영향평가

의를 한다.

이상과 같이 전문가심사위원회를 통해서 제출된 자료의 과학적 타당성이 인정되고, 이들 제출자료를 심사한 결과 심사지침에 따른 안전성 평가가 이루어졌음이 확인되면 농림부장관은 취급관리, 국경감시, 사회적 인식 등을 종합적으로 고려하여 최종 승인을 하도록 규정되어 있다.

VI. 환경위해성 심사 사례

1. 유전자변형 콩

국내에는 돌콩(Glycine soja), gracilis 등 야생콩이 다양하게 분포되어 있지만 유전자변형 콩의 사용용도가 재배용이 아닌 식용, 사료용, 가공용, 즉 FFP용으로 사용하기 위해 도입 승인된 것으로 유통되는 과정에서 비의도적으로 방출될 가능성이 희박하며 콩의 화기 특성상 꽃가루 비산이 없어 매우 제한적이며, 야생 및 재래종의 개화기 일치에 의한 각각의 화분 조우가 매우 희박하여 유전자 이동이 일어날 확률이 거의 없어 뚜렷한 환경적 영향을 미친다고 보기 어렵다. 미국에서 상업화 단계 이전에 3년 이상, 150개 이상의 현장 실험으로 육성된 제초제 저항성 콩이 재래 품종의 콩에 비하여 형태, 종자생산, 개화 시간 콩 꼬투리 등과 같은 재배학적 특징이나 생장력 등에 있어서 유의차가 없는 것으로 확인되었다. 그러나 향후 생산 및 재배를 목적으로 도입하고자 하는 유전자변형 콩이 환경에 방출될 경우에는 유전자 이동성, 국내 자연생태계의 야생종 및 재래종과의 교잡 가능성 등에 대한 과학적 검토가 절실히 요구되고 아울러 사후 모니터링이 요구된다.

2. 유전자변형 옥수수

옥수수는 자웅동주의 1년생 초본 식물로 키는 1~4m로 변이가 크며, 자가화합이 가능하지만 자연조건하에서는 약 95%는 타가수분이 되고 약 5%는 자가수분이 된다. 현대의 옥수수는 농업적 목적에 따라 종자의 생산에 유리하도록 수꽃과 암꽃의 개화시기가 같은 품종들이 개발되어 왔으므로 재배종으로 순화된 옥수수는 인간의 도움이 없이는 거의 종자를 전파시키지 못한다. 그러므로 우리나라에는 옥수수의 야생종이나 근연종이 없으며, 유전자변형 옥수수의 화분이 비산된다고 해도 다른 화분과 식물과 수정이 어렵기 때문에 도입된 유전자가 자연계에 비산될 가능성은 거의 없을 것으로 판단된다. 또한 곡물로 수입되는 옥수수는 1대 잡종종자를 파종하여 생산한 F2이므로 유전적으로 크게 순도가 저하되고 또한 우리나라 옥수수 재배면적이 소규모인 점을 감안하면 이들 옥수수가 비의도적으로 환경에 방출되더라도 일반 재배옥수수와의 조우 기회가 적고 또한 개화기가 일치하지 않으면 서로 자연교잡이 일어날 기회 또한 매우 적다.

따라서 유전자변형 옥수수는 본질적으로 타가수정 작물이지만 개발모본과 비변형생물체와 실질적 차이가 나지 않는다. 또한 유전자이동 가능성과 잡초화 가능성 등에서 일반옥수수와 차이가 없는 점과 동 옥수수의 상업화 목적이 식용, 가공용, 사료인 점을 감안하면 이들 유전자변형 옥수수가 우리나라 자연생태계에 환경위해성에 대한 영향이 없다고 사료되어 국내 자연생태계에 부정적 영향을 미칠 우려는 거의 없다고 생각된다. 하지만, 우리나라 예상 수입비율과 수입량 및 비의도적 방출에 의한 자생가능성 등에 대한 해외에서의 상황 등에 대한 자료를 꾸준히 지켜봐야 할 것이며, 유전자변형 옥수수 또한 콩과 마찬가지로 지속적인 모니터링 계획이 수립되어야 할 것이다.

3. 유전자변형 면화

면화는 열대지방이 원산으로 고온, 다조인 지대에 알맞은 작물로 우리나라는 면화의 원산지가 아니며 면화가 자연환경에서 유전자 전이를 일으킬 잠재적 경로는 영양체, 종자, 그리고 화분을 통하여 가능하다. 그러나 일반적으로 영양체에 의한 증식은 하지 않으며, 증식하더라도 한국의 기후에서 월동 후 살아남을 가능성이 희박하며 면화의 자생은 매우 드물기 때문에 유전자전이 가능성은 희박하다고 볼 수 있다. 또한 면화종자는 휴면기나 장기간의 토양 생존력을 가지지 않으며, 다양한 환경적 조건하에서 발아하지 못하며, 기생하는 특성이나 잡초로서의 능력도 없다. 그러므로 우리나라에선 야생 면화분포가 보고된 바 없어 일단은 야생 면화와 유전자변형 면화와의 자연교잡 확률은 대상작물이 없으므로 전무하다고 사료된다. 따라서 유전자변형 면화는 자가수정 작물이고 우리나라 야생종 분포가 없는 점을 감안하면 야생종과의 유전자이동이 일어날 수 있는 확률은 거의 없다고 본다. 그러므로 잡초화 가능성, 우점화 가능성 등의 환경위해성은 우려할 만한 사항이 아니며 더욱이 동 유전자변형 면화의 이용목적이 재배용 종자가 아니고 단지 식용유 생산 및 사료부산물 생산이므로 환경에 부정적인 영향을 미칠 확률은 매우 낮다고 본다.

따라서 이들 품종은 원형 그 자체로서의 식용, 사료용 및 가공용으로 사용함에 있어서도 위해성이 거의 없는 것으로 검토되어 국내의 유통을 승인하여도 큰 문제가 없을 것으로 판단되며, 이들 유전자들이 식물 병원균 유래 생물체로부터 유래된 DNA가 사용되었지만 유전자변형 면화가 이들 생물에 의해 감염되었거나 또는 다른 면화를 감염시켰다는 증거가 없으므로 병원균화의 가능성도 매우 희박할 것으로 생각된다. 향후 생산 및 재배를 목적으로 수입하고자 하는 유전자변형 작물에 있어서는 수입되는 시점부터 안전하고 철저한 유통, 관리를 하도록 규정하고 있어 비의도적인 환경방출을 철저히 방제할 수 있을 것으로 생각된다.

최종승인이 되더라도 "LMO의 국가간 이동에 관한 법률"에 따르면 비의도적 방출에 의한 사고가 발생할 경우 승인을 취소할 수 있도록 되어 있어 현재의 과학기술로는 증명이 되지 않은 미래의 잠재적인 환경위해성을 최소할 수 있는 사전 예방 장치가 마련되어 있다.

VII. 결론

이상과 같이 유전자변형 농산물의 안전성문제를 이해하기 위해서는 종래의 재래작물들이 어떻게 인간에 의해 순화되고 개발되어 현재 우리가 이용하는 농작물로 발전해 왔는가를 파악할 필요가 있다. 한 예로 현재 인류의 주요 식량자원인 밀은 약 4,000년 전 야생의 비식용 goat grass와 4배체 밀과 자연적으로 교잡된 후 유전자가 변형, 개량된 결과로 원래 자연계에 존재하지 않았던 새로운 종이 탄생한 것이다. 이렇듯 유전자변형 현상은 오래 전부터 작물의 진화의 한 과정으로 자연계에서 일어나고 있는 현상에 불과한 것이다. 유전자변형 농산물에서 유래한 식품은 기존의 식품과 화학적, 구조적, 생물학적으로 실질적인 차이가 없는 것으로 인식되어 있으며 특히 유전자변형 작물을 가장 많이 개발하여 상용화시킨 미국, 캐나다 등 수출국은 오랜 기간 동안의 광범위한 과학적 평가결과 이들 유전자변형 식품이 재래적 방법에 의해 생산된 식품과 안전성 면에서 결코 다르지 않다는 입장을 가지고 있다. 더욱이 유전자변형 농산물의 개발단계에서 작물에 도입된 유전자가 만드는 단백질에 대하여 가열에 의한 변화, 위액, 장액에 의한 변화, 알레르기 유발성 등을 실험하고, 이와 함께 종래의 작물과 구성성분상 변화가 있는지, 예상 섭취량은 얼마인지 등에 대한 항목을 검정하여 안전성이 확인된 후에야 상용화될 수 있는 점을 감안하면 유전자변형 농산물은 식품으로써도 안전하다고 볼 수 있다. 지금까지 살펴본 바와 같이 하나의 유전자변형 농산물이 개발되어 시장에 유통되기까지는 정부 각 부처의 안전성 감독 기준에 충족하는 각종 요건을 구비하기 위하여 개발자가 수년 동안 철저한 안전성 평가 과정을 거쳐 인체 또는 환경에 위해하지 않다는 과학적 검증 결과를 관련행정 부처에 제출하여 철저하고 투명한 안전성 확인을 거치게 되어 있다. 따라서 어떤 측면에서는 현재 우리가 소비하고 있는 식품이나 건강보조식품이 전혀 안전성 검증 과정 없이 유통되고 있는 것에 비하면 오히려 유전자변형 농산물은 철저한 과학적 검증을 거친 후에 시장에 유통되고 소비되므로 다른 어느 식품보다 훨씬 안전할 수 있다는 점이다. 오늘날 농업생명공학 기술은 생산성의 향상, 환경보전, 식품의 안전성 및 품질향상에 기여함은 물론 농업의 경쟁력을 높일 수 있는 유일한 대안으로 인식되고 있다. 유전자변형 농산물의 개발은 미국, 캐나다 등의 선진국이 주도하고 있지만 우리나라의 기술도 선진국과 기술 격차가 그다지 크지 않아 앞으로 유망산업으로 각광받을 전망이다. 이렇듯 세계 각국이 앞 다투어 유전자변형 농산물 개발에 박차를 가하고 있는 현실과 대부분의 농산물을 수입에 의존하며 식량자급도가 약 30% 정도에 불과한 우리나라 현실을 볼 때 유전자변형 농산물이 지니고 있는 여러 가지 장점을 결코 간과해서는 안 된다. 한편에서는 이들 유전자변형 농산물의 잠재적 위해성을 우려하는 시각도 있지만 현재까지 이들 유전자변형 농산물의 위해성을 밝힌 연구결과는 대부분 재현성이 입증되지 않은 일부 결과에 불과하며 과학적인 개연성으로 보아 이들 유전자변형 농산물은 안전하다는 것이 과학자들의 일반적인 견해이다. 더욱이 유전자변형 농산물의 안전성과 관련하여 사회일반 계층 또는 과학계에서는 이익보다는 위험성에 대한 부정적 시각에 가중치를 더 두는 경향이 두드러지고 있다. 그러나 현대의 새로운 기술들, 즉 전기, 자동차 , 비행기 등은 인간의 생명을 위협할 수 있는 위험성(risk)을 가지고 있음에도 불구하고 이들 문명이기가 가져다주는 이득(benefit)이 위험성을 훨씬 앞서므로 인류가 이를 이용하고 적용하게 되는 것이다. 인류에게 없어서는 안 되는 불이 선사시대에는 매우 위험한 것이라고 여기는 사람도 많았던 적이 있다. 따라서 유전자변형 농산물의 안전성을 최우선으로 하되 이들 농산물이 가져다 줄 수 있는 득과 실에 대하여 정부나 국민 모두 균형된 시각을 가지는 것이 무엇보다 중요하다 하겠다. 이를 위하여 정부는 유전자변형 농산물의 안전성 확보를 위한 제도적 장치를 확립하여야 하지만 결코 LMO 연구개발을 저해하지 않는 범위 내에서 LMO의 규제와 안전관리가 이루어져야 한다고 본다.

유전자변형 작물이 인체 및 환경에 미칠 수 있는 잠재적 위해성에 대해 소비자들은 불안해 하고 있는 상황에서 신기술에 의해 생산되는 제품이 그 안전성을 증명하는 것은 소비자의 알권리 보호차원에서 필요한 것이다. 이와 같은 차원에서 농촌진흥청에서도 환경위해성 심사 현황 및 심사 결과를 농촌진흥청 홈페이지인 'LMO 환경위해성심사정보' 란에 심사정보를 실시간으로 공개하고 있다. 더군다나 환경위해성은 우리 인류가 자손만대에 걸쳐 누려야 할 자연환경을 보호하여야 한다는 당위성에는 누구도 이의를 제기하지는 않을 것이다. 따라서 국제적으로 LMO의 환경위해성 평가의 원칙으로 ①과학적 근거주의(science-based), ②증거주의(evidence-based), ③사전예방주의(precautionary-approach), 그리고 ④각국의 조건 인정주의(case-by-case) 등을 요구하고 있다.

05

유전자변형 생물체의 효율적인 안전관리 방안 구축

김현준
농촌진흥청 농업생명공학연구원

I. 서론

최근 세계적으로 유전자변형 농산물의 연구 개발과 상업화가 증가됨에 따라서 이들이 가져다주는 여러 가지 경제적, 환경적 이점에도 불구하고 유전자변형 농산물이 인체 및 환경에 미칠 수 있는 잠재적 위해성에 대한 우려의 목소리가 높아지고 있다. 이러한 가운데 국제적으로는 2000년 1월 캐나다 몬트리올에서 유전자변형 생물체의 국가간 이동에 있어서 환경 및 인체 안전성 확보를 목적으로 한 국제규범인 바이오안전성 의정서(Cartagena Protocol on Biosafety to the Convention on Biological Diversity)가 채택되고 이에 따라 우리나라에서는 산업자원부가 주관이 되어 2001년 3월 「유전자변형 생물체의 국가간 이동 등에 관한 법률」이 제정 공포되었다. 동 법률은 바이오안전성 의정서가 발효되면 그 효력을 발생하게 되어 있어 실제로 바이오안전성 의정서는 2003년 9월 11일 50개국이 비준을 완료한 시점에서 발효가 되어 국제적으로는 효력을 발생하고 있지만 바이오안전성 의정서에 근거한 산업자원부의 LMO 국가간 이동 등에 관한 법률은 국내사정으로 비준이 미루어진 상태에 있어 LMO 국내법은 아직 그 효력이 발생하지 않고 있는 실정이다. 바이오안전성 의정서 발효에 따른 국내 이행체계를 확립하기 위하여 현재 산업자원부는 동 법률의 시행령 및 시행규칙안을 만들어 각 중앙행정기관의 검토를 거쳐 법제처 심의과정에 있는바 머지않아 확정이 될 전망이다. 원료농산물의 수입을 관장하고 있는 농림부는 유전자변형 농산물의 생산 및 수입단계에서의 안전성 확보를 위하여 2002년 1월 9일 농림부고시 제2002-2호로 「유전자변형 농산물의 환경위해성평가 심사지침」을 고시하고 농촌진흥청을 LMO 환경안전성 심사기관으로 지정하는 등 LMO 안전성 검정체계 구축을 본격적으로 추진하고 있다.

그 동안 우리나라 정부가 유전자변형 농산물의 안전성 확보를 위하여 관련법 및 지침 등을 제정하여 추진한 역사를 살펴보면 국내 생명공학산업의 기반조성 및 활성화를 위하여 1983년도에 과학기술부에서 생명공학 육성법이 처음 제정되었으며 2002년 개정을 거친 생명공학육성법에는 LMO의 취급, 이전, 사용에 관한 실험지침 작성 및 시행에 대하여 처음으로 명시하였다. 그 후 국내외에서 LMO의 안전성 문제가 새로운 이슈로 떠오르자 보건복지부에서는 1997년 4월에 유전자재조합 실험지침을 고시하였는데 주요내용은 LMO 밀폐기준, 방법, 보관, 운반, 양도, 실험 후 처리에 관한 사항을 명시하고 있으며 주로 병원성 미생물실험 위주로 작성되어 있다. 바이오안전성 의정서의 국내 이행을 위하여 제정한 중앙부처별 관련규정 및 주요 내용은 4장에서 논한 바 있다.

II. 위해성 평가

위해성 평가는 본질적으로 바이오안정성 수행에 있어서 가장 중요한 구성요소이므로 생명공학기술로 만들어진 상품과 그 사용에 관련된 안정성 결정권자들은 환경 위해성을 평가하는 데 사용했던 접근 방식과 평가의 현실성에 대해 잘 이해해야 할 것이다.

위해성 평가의 개념을 완전히 이해하기 위해서, 위해성 평가가 무엇인지 파악할 필요가 있다. 위해성 평가의 정의는 학자마다 다양하며, 각각의 정의는 과학적 정보에 입각한 기본적인 가정에서 이루어진다. 광의의 위해성 평가의 개념은 잠재적인 위해성 결과를 어느 정도 예측하여 결정을 내리기 위해서 불확실하고 불완전한 근거를 바탕으로 취급하기 위한 하나의 수단이다. 또한 위해성 평가는 국가의 중요 정책 방향, 각 개인의 경험, 대중의 반응에 영향을 받는다.

위해성 평가에 관한 정의들
(Definitions of Risk Assessment)

"……인간의 활동으로 인한 위험의 범위를 정량화하기 위한 시도…… 위해성 평가를 발생시키는, 있을 법한 가정을 사용하여…… 알려진 정보를 이용하여…… 해로운 영향을 미칠 수 있는 잠재력에 관한…… 유효한 자료를 취합한 활동"
— William D. Ruckelshaus, 1985

"……발생할 수 있는 해로운 영향의 가능성을 규명하고 그 영향의 특성을 밝히기 위해서 어떤 실체와 그것을 이용한 것의 잠재적인 효과를 평가하는 과학적 활동"
— Paraphrase from National Research Council, 1983

"……건강과 다른 가능한 결과의 측정을 포함해서, 위해성 단계의 정성적 또는 정량적 측정을 구하기 위한 과정"
— V. T. Covello and J. R. Fiksel, 1985

"……이익을 얻는 과정(또는 사건)에서 발생하는 잠재적인 위해성을 측정할 목적으로 방대한 양의 다양한 자료를 조직하는 것을 용이하게 하는 분석 도구"
— H. S. Strauss, 1991

"……위해를 발생시킬 수 있는 것, 발생할 것 같은 방법, 예상되는 손해의 규모를 예상하여 측정하는 것"
— United Nations Environment Programme(UNEP), 1996

1. 생명공학 위해성 평가를 위한 방법론

일반적으로 통용되는 생명공학 위해성 평가를 위한 방법론이 UNEP 생명공학 안정성을 위한 국제기술지침, 카르타헤나 의정서, EC지시문서(Directive 2001/18/EEC)를 포함한 몇몇 문서에 이해하기 쉽도록 약술되어 있다. 각각의 문서들은 위해성의 잠재적인 영향을 검증하고 평가하는 여러 단계들을 모두 포함하고 있다.

1) 인간건강과 환경에 미칠 수 있는 해로운 영향 검증
2) 그러한 해로운 영향이 실제 일어날 가능성 예측
3) 검증된 영향이 실제로 발생한 결과(위해성) 평가
4) 적절한 위해성 관리 계획 고찰
5) 인간건강과 환경에 유익한 잠재적 영향에 대한 고찰을 포함하여, 잠재적으로 환경에 미치는 영향을 전체적으로 예측

안정성과 관련한 활동이 수용할 수 있는 단계로 진행될 수 있을지 여부를 최종 결정하기 위해서는 많은 자료가 필요하다. 그래서 요구되는 정보가 제공될 때까지 진행이 보류되기도 한다.

2. 과학적 정보의 접근

위해성 평가에 대한 구체적인 접근을 위해서는 지속적으로 증가하는 방대한 양의 정확한 과학적 정보가 필수적이다. 사실, 정보를 파악하고 평가하는 과학자들에게는 위해성 평가에 대한 다양한 방식이 요구된다. 과학자들은 기존의 과학적 지식과 상품화된 제품이 가진 잠재적 기여도를 서로 비교함으로써 제품의 안정성을 평가하도록 요구

표 5-1 위해성 평가에 대한 접근방식

접근방식	특 성	비 고
특성분석	유전자 전달, 어버이 품종, 수용 환경을 포함하는 변형된 생물체의 특성	방출규모가 작으면 잘 적용되지만, 시공간 규모가 커지면 적용하기 힘들어지거나 확신할 수 없음
유사성	변형된 생물체와 유사한 잘 알려진 생물체(들)과 GM 형질과 유사한 관행적 육종학적 방법으로 유도된 형질을 비교	"작은" 유전적 변화(1~4개의 유전자)가 알려진 생물체(예 작물)에 중요한 변화를 야기하지 않으며 변형 방법과 관계없이 표현형의 발현이 같을 것이라는 가정에 근거
공식	가능한 부정적 영향(예 환경과 인간건강에 대해)과 그 발생 가능성	과학적 정보를 조직화하는 데 유용하며 두 가지 카테고리로 나뉨; 위해성 관리 선택의 고려사항을 용이하게 함
직관적 추론	평가자나 평가위원들의 지식, 교육, 경험, 판단에 근거함	고려되어야할 것이 상반될 때, 중요해 보이는 것에 지나치게 의존(반복시험이나 경험에 관심이 없어짐)

받는다.

지난 수년간 바이오안정성 분석에 대한 많은 접근 방식이 규제 과학자들에 의해 인용되거나 문헌에 제시되었다. 이것들은 본질적으로 달라 보이기도 하지만, 잠재적인 위해성을 확인하고 정량화하거나 또는 미리 예측할 수 없는 위해성의 개념을 지지한다는 점에서 동일한 목적을 가진다. 실제로, 획일적인 접근 방법은 좋은 방법이 아니며, 통상적으로 사용되는 방법 중 하나는 현재 시대 상황의 요구에 필요한 가장 적합한 접근 방식이다.

1) 특성 분석 접근 방식

특성 분석에서, 평가자는 어버이 생물체, 유전자 구조, 유전자변형 생물체, 유전자 변형된 생물체의 환경 방출시험에 관한 특성들을 다양하게 평가한다. 분석 시에는 적절한 기준과 특성에 따른 고려사항의 수준에 대한 지침에 따라 평가한다. 예를 들어, 짧은 수명을 가지고 있는 개체는 긴 수명을 가진 개체보다 덜 중요할 수 있다. 이와 유사하게, 분포 범위가 좁은 개체는 분포 범위가 알려지지 않았거나 넓은 개체보다 문제가 덜 될 수 있다.

2) 유사성 접근 방식

널리 보급된 이 접근 방식은 상대적인 위해성 평가의 개념을 개선시켰다. 각 사항들의 수준을 결정하는 것은 그 개체의 유전형질, 그 형질의 표현형, 그 개체들이 방출될 환경에만 근거하는 것이 아니라 GM 생물체와 유사하며 잘 알려져 있는 유전자비변형(non-GM) 생물체와 전통적인 육종 기술로 얻어진 GM 형질에도 근거한다. 점점 더 많은 작물이 유전자 변형되고 있고, 새로운 유전 물질의 양은 그 식물 유전체에서 적은 비율을 차지하기 때문에, 새로운 형질이 유도된 방법에 관계없이(전통적인 육종이든, 현대 분자생물학 기술을 이용했든 간에) 표현형이 같을 것이다. 따라서 안전성 내력을 가지고 있는 과거의 전례에 근거하여, GM 식물과 어버이 식물을 비교함으로써, 변형된 식물체가 환경에서 어떻게 작용하는지를 합리적으로 평가할 수 있다.

3) 공식에 의한 접근 방식

일부 규제 기관에서는 생명공학 상품과 함께 사용되는 화학물질을 위한 기본적인 위해성 평가 접근 방식을 변형시켜 사용한다. 기본적으로 개인이나 집단이 화학물질에 잠재적으로 노출(ε)됨으로써 발생하는 위험요소(H)의 범주에 드는 고려사항들이 결정된다. 조합하여, 위해성의 수준(level of risk: R)을 결정한다. 이것은 일반적으로 $R = H \times \varepsilon$라는 공식으로 표현된다. 이 방정식이 주는 중요한 요점은 유기체의 고유한 특성이다. 위험요소와 노출은 두 가지 모두가 발생할 위해성을 위해 필수적이다. 즉, 노출되지 않고는 위험요소가 발생하지 않으며, 유해하지 않은 물질에 노출되면 위해성이 발생하지 않는다. 최근에 이러한 의견에 발맞추어, 화학물질에 노출될 때 유기체의 특성을 인식하고 설명하기 위해서 기본 공식에 약간의 수정이 가해져서, 생존가능성 또는 적응성, 돌연변이, 번식에 대한 항목이 추가되었다.

4) 직관적 추론

평가자들은 GMO 방출을 위한 신청서를 평가할 때 자신들의 직관에 강하게 의존하는 경향이 있다. 물론 평가자들은 교육을 받았고 특정 분야에 대해서 상당한 전문성을 가지고 있지만, 불완전한 정보를 가지고 결정을 해야 하기 때문에 옳다고 느껴지는 것에 대한 주관적 결정에 근거하는 경향이 있다. 앞서 말한 접근 방법들과는 달리, 직관적 접근방법은 본질적으로 평가 개발을 위한 조직적인 구조가 없고 개인 평가자들마다 상이한 주관을 가지고 있다. 평가의 통일성이 결여될 수 있으므로, 이 방식에만 의존한 위해성 평가는 의사결정권자나 다른 평가자들과의 의사소통을 더욱 어렵게 만들어서 혼란이 일어날 소지가 있다.

불확정성의 고유한 수준이 위해성 평가 절차와 관련되어 있고 평가자들이 현재로서는 발생할 가능성이 낮은 사건을 다루고 있지만, 위해성 평가에 대한 체계적인 접근의 사용은 수행할 만한 가치가 있다. 위에 기술된 접근 방식을 적절하게 사용하면 과학적 정보를 조직하고, 정보전달을 용이하게 하며 의사결정 능력의 정체를 최소화하는데 도움이 될 것이다.

3. 실무에서 고려할 사항

1) 위해성 평가는 주관적이다

이론상으로 위해성 평가는 객관적이고 공정해야 하지만, 그 과정에서 불가피하게 편견에 의한 영향을 받거나 각 심사위원들의 교육, 직업, 경험, 사회적 지위, 문화적 배경에 따라 제한을 받게 된다. 또한 지역이나 국가 수준의 정책 결정, 대중의 인식이나 여론과 같은 외부적 요소들도 바이오안정성 위원회의 심사에 영향을 준다. 이러한 요소들이 심사위원들의 이해, 분석, 판단에 영향을 주게 된다.

객관적인 바이오안정성 평가는 정확한 과학적 지식에 근거해야 한다. 앞서 언급한 바와 같이, LMO 사용에 대한 의사결정에는 경제적 영향, 음식·영양 기호, 종교적·사회적 가치 등과 같은 다양한 안정성 이외의 요소들도 고려해야 한다. 그러나 실제로는 다른 외부 영향들이 평가 과정에 관여하게 된다. 예를 들어, 바이오안정성 중앙행정기관과 관계 중앙행정기관의 규제 유형에 따른 국가의 정책적 결정(㉮ 산업자원부의 유전자변형생물체국가간이동등에 관한법률 vs. 농림부 내의 유전자변형농산물의환경위해성평가지침)이 평가 목적과 심사위원회를 구성하게 할 것이다. 이러한 위해성에 영향을 미치는 요소들이 균형을 잘 이루어져야 하지만 대개는 이들 요소 중 한두 가지는 결정에 더 큰 영향을 주게 된다.

2) 불완전한 지식

과학적 자료에 근거한 심사결정은 종종 불완전하거나 소실된 정보에 의해 제한을 받는다. 바이오안정성 위원회가 평가된 실험 자료의 부족을 문제 삼는 것은 드문 일이 아니다. 심사위원들은 이러한 위해성 평가에 대한 특수한 제한사항 등을 고려하여야 하며 그렇지 않을 경우 반복되는 논쟁이 일어날 수 있다. 포장시험을 승인하기 전에 모든 질문에 답변 자료를 제출해야 하며, 만일 포장시험을 수행해야만 할 수 있는 답변이라면 승인되기가 어렵다. 이러한 난제 해결 방법으로 이용 가능한 모든 정보를 적극적으로 수집하는 것(신청서에 제공되는 것 이상으로), 전문가의 경험을 사용하거나 수집한 자료를 비교 검토하는 것, 이것을 조건부 승인으로 적절한 위해성 관리 방법을 조절해 나가야 한다.

3) 규모의 확대

위해성 평가자는 GMO가 도입될 시기와 장소를 사전에 알고 있어야 한다. GMO가 재배되는 지역의 규모에 따라 평가방법이나 질문이 달라질 수 있다. 예를 들어, 작은 규모의 포장시험으로부터 도출된 자료는 상업적 규모가 커서 큰 영향을 줄 수 있는 상품의 평가에 대한 일부 질문에 대해서 답변이 될 수 없다(㉮ 유전자이동의 가능성). 발생할 가능성이 적더라도 식물이 대규모로 재배되면 발생하기가 용이할 것이다. 요청된 중요한 모니터링이나 심사 대상인 이벤트를 모니터링하기 위한 방법을 계획할 때, 규모의 차이가 큰 영향을 미칠 수 있다. 다행히, 일반적으로 변형된 작물의 정상적인 개발방법을 보면, 실험실에서부터 시장까지 유용한 정보의 축적을 가능케 하고 있다.

4) 반복되는 절차의 이로운 점

시행착오를 거치며(정기적으로 반복되는) 위해성 평가는 순환되면서 거치는 가장 적절한 평가방법으로 진행하기 위해 필수적인 것이다(그림 5-1). 질문과 답으로 이루어진 "대화(conversations)"는 신청자들에게 규제사항을 알려주어서 추가 정보를 제공하고 비의도적으로 누락된 것을 보충하고 표현을 분명하게 할 수 있다.

심사위원들은 심사 과정 전에 심사신청자와 미리 어느 정도 의사타진을 할 수 있으며 과학 단체, 의사결정권자, 대중과의 접촉도 물론 이루어질 수 있다. 신청자와 수차례의 질의·답변을 주고받음으로써, 심사위원들은 다른 경로에서 얻은 새로운 의문점들을 신청자에게 물어볼 수 있는 기회를 얻게 되므로 위해성 평가 절차에 폭넓은 의견이 투입된다.

5) 전문가 위원회의 이용

간혹 전문가 위원회는 위해성 평가자들에게 귀중한 부가자료를 제공한다. 그들은 특정 문제에 영향을 미치는 전문적 지식 풀(pool)을 활용할 뿐만 아니라 결과 도출과 고찰되어야 할 불확정성을 위한 과학적 자료의 근거를 마련하기도 한다. 이러한 전문가집단의 자문 단체는 여러 해 동안 성공적으로 이루어지고 있다.

국가의 생명공학 전문가가 부족하면 활발한 생명공학 연구 의지가 있는 개발도상국들은 독립적인 심사위원·평가자를 위촉하는 데에 심한 어려움을 겪을 수 있다. 이러한 어려움을 해결하기 위해 국제단체로부터 제공된 전문적 지식을 사용하거나 지역간 협조를 통해 부분적으로 보완할 수 있다. 그러나 실제적인 의미에서는, 유용하고 관련된 정보를 제공하는 것은 어려운 일이며 사실상 제한 요인이 되기도 한다.

4. 환경 위해성 평가를 위한 과학적 문제점들

GMO가 환경에 미치는 영향에 관한 우려는 GMO가 원종(native species)을 "유전적으로 오염(genetically contaminate)" 시키거나 원종을 멸종시킬 가능성, 그리고 다른 생물체들에게 유해한 효과를 유발할 잠재적 가능성으로 모아진다. 결과적으로 현존하는 생태학적 관계들이 어지럽혀지거나 또는 생태계를 둘러싼 생물적 혹은 비생물적 구성요소가 의도하지 않은 방향으로 변화될 수 있다. 가장 우려되는 사항은 GMO가 상업적으로 유포될 지역이나 그 주변에 살아 있는 생물체들의 생물학적 다양성(biodiversity)에 대한 잠재적인 위험이다.

농업생명공학을 이용하여 만들어진 상품과 관련하여 환경에 미칠 부정적 영향은 일반적으로 네 가지 영역: 잡초화 가능성, 유전자이동(gene flow), 병해충 효과, 타생물체에 대한 독성으로 나뉜다. 식품안정성 평가는 매우 다른 종류의 잠재적 우려사항을 다루고 있으며 보건복지부와 식품의약품안전청에서 관할하며 환경안정성 평가는 농림부와 환경부에서 관장한다. 규모, 물리적 방제, 관리 선

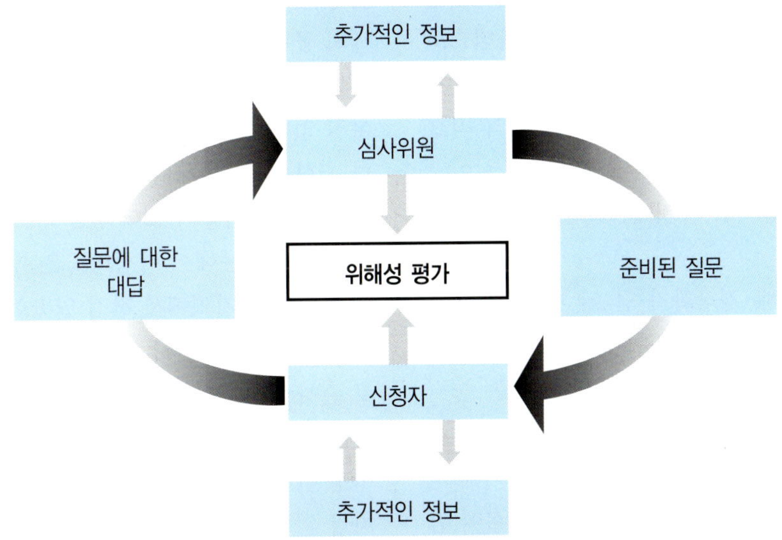

그림 5-1 위해성 평가의 상호작용 특성

위해성 평가는 바이오안정성 심사위원과 신청자 사이에 질문과 답변이 여러 차례 오고가면서 진행된다. 이러한 상호작용 과정을 통해, 바이오안정성 위원회가 제시된 활동에 따른 권고사항을 공식적으로 나타내기 위해 처음에 생긴 정보 요구는 답변이 될 수 있다.

택사항, 그리고 다른 기준의 견지에서 포장시험과 상업적 재배 사이의 차이점 때문에 위해성 문제들은 기관 간에 어느 정도의 시각차가 있을 것으로 보인다.

1) 잡초화 가능성

가지고 있는 유전적 특성이 아니라 식물이 재배되는 환경과 시기에 근거하여 인간의 선호 관점에서 내린 판단이다. 따라서 잡초에 대한 가장 간단한 정의는 "원치 않는 장소에서 자라는 식물"이다. 재배 포장에서 GM 작물을 식재한 후, 다음 해에 포장에 나타나면 자생식물처럼 보여서 잡초화 가능성이 있다. 특정 제초제에 저항성을 갖게 하도록 변형되었다면, 그 잡초는 더욱 방제하기 어려워져서, 다른 제초제나 다른 잡초방제법을 사용해야 될 것이다. 그러나 실제로 잡초화는 많은 유전자, 많은 작용에 의해 복합적으로 야기된다. 대부분의 재배 작물 품종들은 관리되는 농업 포장의 밖에서는 거의 생존할 수 없도록 충분히 길들여져 있다. 어떠한 단일 유전자의 이동이 그러한 작물들을 치명적인 잡초가 되도록 하지는 않을 것이다.

유전공학에 의해 도입된 몇 가지 단일한 유전적 형질의 적응성이 강화되어 잡초와 유사한 특성을 작물에게 부여할 수 있다. 예를 들어, 작물이 재배 포장 밖에서 자라는 능력이 진균병과 같은 단일한 제한 요소에 의해 억제될 때, 작물에 유전자를 변형하여 곰팡이에 대한 저항성을 부여하면 그 작물이 인근지역으로 확산되는 능력이 증가하게 된다. 그러면 더 이상 제한요소에 대해 감수성이 아닌 GM 작물이 잡초와 유사한 행동이나 침입성을 나타냄으로써 지역 환경에 선택적인 강점을 얻게 된다. 그러므로 토착종을 대체하는 것은 위험할 수 있다. 이것은 만약 작물이 인간이 관리하지 않는 새로운 구역에 정착하고 살아남을 만한 충분한 유전적 능력을 가지게 될 경우에 관한 환경적 우려를 나타낸다.

더욱 큰 염려 중에 재배·경작화가 덜 된 자가수분작물(알팔파)과 상업용 수목 종들(소나무, 포플러)이 문제가 될 가능성이 있다. 이런 식물들은 이미 고유의 생존 능력을 가지고 있고 이동유전자(transgene)가 그들의 야생 적응성을 강화할 수 있다. 예를 들어, 곤충의 종자 섭식에 저항성을 갖도록 만들어진 소나무 종들은 종자의 손실이 감소되므로 다른 토착 자생종들과의 경쟁에 대해서 중요한 강점을 획득하게 된다. 만약 정말 그런 일이 일어난다면, 수목 군락들이 파괴될 가능성이 있다.

2) 유전자이동(Gene Flow)

유전공학으로 도입된 유전자가 야생이나 주변에서 자라는 잡초와 관련된 종으로 유입(escape)될 가능성이 GMO 중요한 위해성 중 하나로 종종 인용된다. 그러나 작물과 그 기원이 되는 야생종들 사이의 유전자이동은 자연적 현상으로 충분히 입증되어 있다. 진화 과정을 통해, 흔한 작물 종들인 밀, 감자, 옥수수, 카놀라 등은 근연종이나 잡초 또는 주위에서 재배되는 계통들과 잡종화(hybridization)되었기 때문에 그들의 원래 형태로부터 변형되었다. 이와 같이 오랜 동안 확립된 유전자이동 메커니즘을 통해, 유전자가 어떻게 그 지역에 도달했는가에 관계없이, 재배 작물이나 식물 내의 어떤 유전자가 그 작물의 야생종이나 경작화의 중간 단계에 있는 근연종으로 이동될 수 있다.

일반적으로 이종교배(outcrossing)가 항상 일어나고 있다는 것을 알고 있으므로, 그러한 이종교배가 일어날 것인가는 중요한 문제가 아니며, 오히려 그로부터 야기된 부정적 결과가 우려되는 것이다. 어떤 경우에는, 문제시되는 잡초가 작물과 근연종이다. 예를 들어, 색시옥수수와 수수, wild mustard(겨자류의 잡초)와 카놀라, red rice(앵미)와 벼의 경우이다. 병해충의 자연발생을 방어하는 기능을 부여하는 이동유전자에 의해 야생 식물의 적응성이 향상된다면, 그 식물이 더 나쁜 유해식품이 되는 것일까(슈퍼잡초 시나리오), 아니면 그 식물이 자연적 식물 군집의 생태적 균형을 변화시키는 것일까? 작물의 야생 근연종들은 병충해의 공격을 항상 받고 있지만, 야생 식물에서 병해충 저항성이 생태적으로 중요한 문제를 발생시켰다는 연구 결과는 아직 없다. 잡초는 종종 자연적 진화 과정을 통해 병에 대한 저항성을 진화시킨다. 그러나 어떤 경우에는, 작물로부터의 유전자이동이 그 과정을 더 가속화시킬 수 있다.

직파하는 논에서 야생벼들은 특히 중요한 잡초이며, 이것은 아시아 지역에서 점점 일반화되고 있다. 이것은 재배벼 품종과 잡초성 야생벼들 간의 유전자이동이 자연적으로 흔하게 일어나고 있음을 보여준다. 유전자 변형된 제초제저항성 벼 품종(cultivar)을 재배하는 상업적 포장에서, 야생 벼가 제초제저항성 품종으로부터 제초제저항성 유전자를 얻기 전까지는 제초제를 사용해서 잡초성 야생 벼를 방제할 수 있다. 야생 벼가 제초제저항성 유전자를 얻게 되면 제초제는 무용지물이 될 것이다. 그렇게 되면 방제가 더 어려워질 것이며 유전자 조작된 벼를 만드는 데 든 노력과 이익이 무효화된다. 잡초는 유전자이동 없이도 일부 제초제에 대한 저항성을 획득할 수 있겠지만, 그 진화과정은 매우 오래 걸린다. 예를 들어, 몬산토의 glyphosate (Round-Up™)와 같은 제초제들은 식물이 정상적으로 가지고 있는 유전자로는 저항성을 획득하기 힘들다. 그럼에도 불구하고 호주에서는 수십 년간 glyphosate의 다량 사용으로 일부 작물 개체군에 저항성이 출현하기 시작했다.

유전자이동에 관한 다른 두 가지 우려사항은 언급할 만하다. 첫째, 인접한 포장에서 자라고 있는 GM 품종에 의해 유전자를 도입하지 않은 작물에 수분이 일어날 수 있다. 그 GMO가 특정 생물체에게 유해한 단백질을 생산하도록 형질전환된 것이라면, 그 단백질은 GMO가 아닌 식물체의 종자와 후손에게 전달될 수 있다. 유전자이동이 non-GM 품종이 자라고 있는 곳의 경고를 피할 수도 있고 모르는 사이에 다른 생물체가 유해한 단백질에 노출될 수도 있다. 둘째, 다양한 생물체(미생물, 동물)로 유전자이동이 불가능하지는 않지만, 그런 일이 일어날 가능성은 매우 낮으며 그런 것은 일반적으로 바이오안정성 검사에서 중요한 요소는 아니다.

3) 병해충 효과

GMO는 여러 가지 면에서 현존하는 병해충 문제를 악화시킬 수 있다. 최근 해충에 대한 식물의 저항성 증가에 관한 가장 일반적인 유전공학적 접근방식은 "Bt" 전략이다. 이것은 토양 서식 세균의 한 계통인 *Bacillus thuringiensis* (Bt)가 해충을 공격하는 여러 해충 종에 대해 치명적인 독소 단백질을 생산한다는 발견에 근거한 것이다. 농민과 원예학자들은 종합적 해충 관리 프로그램의 일환으로 해충을 방제하기 위해 수년간 Bt 미생물 제재를 사용해왔다. Bt 해충 방제 단백질은 주요 작물들과, 몇 가지 채소, 과수, 수목 품종에 도입되었다. Bt 작물의 광범위하고 오랜 사용의 잠재적 결과는 형질전환 작물과 관련한 환경 문제의 쟁점 중 하나이다. 문제는 해충 개체군이 오랜 기간에 걸쳐 높은 수준으로 Bt 단백질에 노출되면, 해충 개체군 내에 저항성 개체의 출현이 가속화된다는 것이다. 형질전환된 해충방제제에 저항성을 가진 해충이 발생하는 것은 화학적 살충제의 과다 사용으로 인한 살충제 저항성의 출현과 같은 문제이다. 많은 전문가들은 Bt에 대한 해충저항성에 관한 질문이 "만약"이 아니라 "언제"라는 사실에 동의한다. 이것은 화학적 대안이 수용되지 않는 유기농업에서 특히 중요하다.

바이러스 저항성 형질전환 작물로부터 새로운 바이러스의 출현 또한 잠재적 위해성으로 부각되고 있다. 최근에, 식물 바이러스병 방제를 위해 가장 널리 사용된 생명공학적 접근방식은 그 식물 바이러스 자체로부터 유도된 유전자를 사용하는 것이었다. 기주 식물체 내에서 바이러스 외피 단백질 유전자의 발현이 그 바이러스의 복제를 저해하는 현상을 중요한 병원성 바이러스 중 다수에서 볼 수 있다. 바이러스 입자의 구성성분뿐만 아니라 외피 단백질 또한 바이러스의 기주 범위를 구성하는 역할과 그 밖의 다른 기능을 한다. 일부 바이러스 그룹에서는 다른 바이러스 유전자가 병을 제한하는 데 성공적으로 사용되고 있다.

주요 작물 내에 존재하는 바이러스 염기서열은 식물을 감염시키는 다른 바이러스들의 유전체와 도입유전자 사이에 분자생물학적 재조합을 통해 새로운 바이러스가 출현할 가능성을 증가시킨다. 예를 들어, 그러한 외피 단백질 유전자를 암호화하는 유전 정보의 교환은 기주 범위를 변화시킬 수 있는 독특한 외피 단백질을 가진 새로운 조합의 바이러스를 만들 수 있다. 이와 유사하게, 다른 이동 유전자들과 침입한 바이러스 사이의 재조합은 새로운 형질을 가진 새로운 바이러스 계통을 만들어낼 수 있다. 여러 작물을 동시에 침입하는 복합 식물바이러스에서, 재조합을 통해 유전 정보의 커다란 블록을 교환함으로써 바이러스의 진화가 빠르게 일어난다는 강력한 분자생물학적 증거가 있다. 자연적으로 감염된 식물체들에서 재조합이 일어나는 빈도에 관한 연구가 형질전환 바이러스저항성 식물체들과 비교하여 진행되고 있다.

4) 독성

형질전환 식물에서 발현되는 새로운 단백질의 안정성에 관해 몇 가지 문제가 있다. 새로운 도입 유전자가 낮은 수준으로 발현되더라도 그 지역 환경에 있는 새, 곤충, 초식동물, 토양 미생물을 포함한 다른 생물체들에게 의도하지 않은 유해한 영향을 미칠 가능성이 있다. 이것은 특히 그 단백질이 이전에 식물에 사용된 적이 없거나, GMO에서 발현되는 정도로 높은 수준에서는 탐지되지 않은 경우이다.

표적 해충의 특이적 방제 목적으로 사용되는 단백질은 비표적 종들에게도 해로울 수 있다. 식물이 생산하는 살충제 중에 현재 상업화되어 있는 살충성 물질은 Bt에 의해 자연적으로 만들어지는 독소 단백질이 유일하다. 이들 단백질은 독성 효과가 매우 특이적이다. 이 단백질들 중에 한 그룹은 나비과 내의 특정 종의 애벌레에게만 영향을 주는 반면, 다른 어떤 것들은 제한된 딱정벌레 몇 종에게만 영향을 준다. 이들 단백질 중에 해충 종의 포식자나 익충에게 나쁜 영향을 주는 것은 없다.

독성 문제와 다른 잠재적인 위해성 문제는 때때로 놀라울 정도로 부풀려진다. Bt 옥수수의 화분이 제주왕나비(monarch butterfly)의 유충을 죽인다는 보도는 Bt 작물이 해롭다는 결과를 가져다주어 광범위하고 부정적인 언론보도를 조장했다. 포장 조건에서, 그 기사를 검증하고 명확히 하기 위한 수많은 연구가 수행되었으며 모든 결과는 제주왕나비 개체군이 피해를 입지 않았다는 것이다. 이 에피소드는 바이오안정성 의사결정과 관련된 자료의 품질과 신빙성의 주의 깊은 검토가 중요하다는 것을 강조한다.

5) 위해성 평가 연구

바이오안정성 심사위원들은 평가를 완결하기 위해 요구되는 특정 자료가 누락되어 있는 상황에 종종 직면한다. 위해성 평가 연구는 작물과학, 농업 생태계, 작물과 환경의 생태학적 상호작용에 대한 기본적인 이해를 증진시키고 부족한 지식을 채우기 위한 자료를 생성하고 정보를 제공하도록 설계된다.

위해성 평가 연구를 위한 최우선적인 주제는 바이오안정성 검사 과정에서 종종 확인된다. 그것들은 다음과 같은 질문의 형식으로 주어진다

- 작물의 어떠한 형질이 그 환경에 정착하고 지속되며 확산하는 능력을 제한하는가?
- 유전자변형이 이것을 어떻게 바꾸어 줄 것인가?
- 작물과 작물의 야생 근연종들이 자연적으로 교잡하는 것으로 알려져 있는 경우
  - 유전자 이입을 방해하거나 도와주는 유전적 메커니즘이 존재하는가?
  - 잡종 후대와 관련된 적응성은 무엇인가?
  - 그것들이 다른 모계보다 더 문제시될 생태적 형질을 가질 수 있는가?
- 전환된 형질이 어디에 해충 저항성을 부여하는가?
  - 잠재적인 2차 효과는 무엇인가?
    (예 국지적인 변화, 포장 수준의 생태계에서의 변화)
  - 결과적으로 발생할 새로운 문제점이 무엇인가?
    (예 살충제를 바꾸면 다른 해충이 출현하는 것)
- 변형된 형질은 어디에 바이러스 저항성을 부여하는가?
  - 작물을 침입하는 표적 바이러스 이외에 어떤 다른 바이러스가 있는가?
  - 복합 바이러스의 침입 범위(incidence)는 어느 정도인가?
  - 침입한 바이러스들의 복제 기작에 있어서 차이점과 유사점은 무엇인가?
- 새로운 유전자가 만들어 내는 물질에 따라
  - 변형된 식물체의 어떤 부분에 새로운 단백질이 저장될 것인가?
  - 어떤 비표적 생물 종이 그 물질에 노출될 것인가?
  - 그 종들에 대한 독성은 어떠한가?
  - 어떤 생물학적 효과에 노출될 것으로 예상되는가?

이와 유사한 다른 질문들은 (1) 재배 포장과 인접 지역의 생태적 복잡성, (2) 그 특성과 가능성이 추측만 가능한 장기적인 효과를 지닌 잠재성, (3) 과학에 근거한 의사 결정을 방해하는 지식이 결여된 것에 대한 의식을 강화할 것을 나타낸다. 이와 같은 형태의 질문들은 작물, 도입된 형질, 도입 위치, 규모 사이의 특정한 상호작용에 적합하도록 변형되어, 신청된 GMO 포장시험이나 상업적 사용을 위한 위해성 평가의 기초를 구성한다. 그러나 완전한 지식이 갖추어지지 않았다는 점이 바이오안정성 의사결정을 방해해서는 안 된다는 점이 강조되어야 한다. 불확정성의 요소는 항상 존재할 것이다.

5. 인간 건강과 식품안정성

형질전환 작물로 만들어진 식품과 관련한 주요한 인간 건강 문제는 GM 식물에서 발현된 새로운 단백질들이 해로울 수도 있다는 것이다. 독성이 있을 수도 있고, 알레르기 반응을 유발할 수 있다. 다른 위험요소로는 특정 영양소의 함유량 감소나 특정 항영양소의 함량 증가가 포함된다. 유전자 그 자체는 DNA로 만들어지며 모든 식품 안에 들어 있다. DNA 섭취는 건강에 어떠한 부정적인 영향과도 관계가 없다.

일반적으로, 보건 당국들은 생명공학으로 만들어진 것들을 포함한 식품의 안정성에 대한 책임이 있다. 바이오안정

성 위해성 평가자들은 자연계에서 관찰된 자료를 검토하며 새로 도입된 유전자, 새로운 단백질의 세부적인 특성, 식품의 구조와 영양소 질의 변화, 그 상품의 새로운 사용 의도, 기존의 식품과 새로운 식품의 비교 사항들을 검토한다.

식품안정성 규격을 정하는 국제식품규격을 정하는 Codex는 식품의 구조, 영양소, 사용 목적이 원래 식품과 차이가 나는 새로운 식품을 제대로 표기할 것을 요구한다. 따라서 Codex 규정에 따라, 변형된 지방산 구성을 함유하는 GM 카놀라 oil로 만든 식품들은 관례대로 표시되어야 한다. 표기는 oil의 성분 구성이 변화되었기 때문이지 GM 작물로 만들었기 때문이 아니다.

1) 식품안정성 평가

많은 식물들은 일상적으로 독소를 포함한 식품으로 사용된다(㉮ 렉틴이 함유된 콩, 알칼로이드가 함유된 감자). 작물 개선을 위한 방법은 식품 구성에 알려지지 않은 변화를 유도할 수 있다. 독성 물질의 양이 증가된 새로운 품종은 유해할 수 있다. 이것이 작물 품종 등록 절차를 가진 국가들이 전통적으로 유도된 새로운 품종을 등록하기 전에 일반적으로 식품안정성의 특정 측면을 보는 한 이유이다.

식품안정성 검사의 첫 번째 단계는 도입 유전자의 발현으로 만들어진 새로운 단백질을 검사하는 것이다. 만약 그 단백질이 인간에게 안전한 이력이 입증된 다른 식품에 이미 존재하고 있지 않다면, 그 단백질은 안정성을 확인하기 위해 철저하게 검사되어야 한다. 새로 발현된 단백질이 알려진 것이더라도, 그것의 안정성을 확인하고 식물체 내에서 어떤 예상치 못한 영향이 발생하는지 평가하기 위해 GM 물질로 연구가 수행된다.

유전공학이 원래 식품과 완전히 다른 식품을 만들 필요는 없다. 유전공학기술 그 자체가 새로운 식품에 알레르겐을 포함할 가능성을 증가시키지는 않지만, 식품 알레르기에 관한 문제는 GM 식품과 함께 주요한 소비자 문제로 자주 언급된다. 다행히, 알레르기 반응을 일으키는 식품에 관해서는 많이 알려져 있다. 예를 들어, 발생하는 모든 식품 알레르기의 90%는 우유, 달걀, 생선과 어패류, 개암나무, 밀, 땅콩, 콩과 식물 등 몇 가지 음식에 의해 발생한다.

새로운 단백질의 아미노산 서열은 알려진 알레르겐과 비교 분석된다. 독성을 평가하기 위해서 과량 발현된 단백질을 실험실 동물에게 먹여서, 새롭게 발현된 단백질이 알레르겐이 아님을 확인하기 위한 면역학적 검사들을 수행한다. 소화 가능성에 관한 실험은 정제된 단백질과 그 식품 전체로 실시한다. 이러한 실험은 그 새로운 단백질이 다른 식이성(비알레르기성) 단백질들처럼 빠르게 소화되는지를 결정하며 소화된 대사산물을 가지고 안정성을 검증하고 확인한다.

초기에는 바이러스 저항성 GM 작물에서 발현된 바이러스 단백질들이 식품 내에 들어 있으면 알레르기 반응을 유발할 것에 대한 약간의 우려가 있었다. 많은 식품들이 한 가지 이상의 식물 바이러스에 감염되어 있고 바이러스성 단백질이 해로운 영향 없이 수천 년 동안 소비되어 왔으므로 이러한 우려들은 완전히 없어져야 한다.

알레르기성으로 알려지지 않은 원료에 들어 있는 유전자라도 세밀한 알레르기 검사를 받아야 한다. GM 식물에서 새로운 단백질의 수준과 식품으로 소비되는 부분에 들어 있는 양이 정상적인 섭식에서 얼마나 많이 소비되는지 알기 위해 평가된다. 전체 식품에 관한 연구는 도입된 유전자나 새로운 단백질이 그 식품의 정상적인 구성이나 품질에 예상치 못했던 영향을 줄 수 있는지 여부를 알게 해준다. 검사는 새로운 식물에서 영양성분들과 비타민, 무기질이 전통적인 방법으로 육종된 식물에서와 같은 수준으로 생성되는지 결정하기 위해 수행된다. 다른 연구에서는 생성되는 항영양소(영양소의 흡수를 저해하는 물질), 자연 독성물질, 또는 알려진 알레르겐이 원래 식물과 비교하여 생성되는 수준을 검사한다. 어떤 경우에는, GM 식품과 비교하여 원래 식품의 기본값 자료가 결여되어 있다.

형질전환 작물과 그 원래 식물로부터 만들어진 식품이 완전히 같다고 증명되면, GM 식품은 원래의(형질전환되지 않은) 상품과 "사실상 동일한 정도로 안전하다"고 말한다. 영양성분, 구성 또는 사용 의도에 있어 어떤 중요한 변화가 있으면 사실상 동일하다는 주장을 못하게 한다. 형질전환 작물의 1세대는 실제로 동일한 요구를 완전히 충족시키는 반면, 다음 세대들은 영양학적으로 개선되도록 특이적으로 설계되었기 때문에 다른 많은 종류의 GMO 식품을 포함할 것이다. 이러한 이유로, 사실상 동일한 것이 안정성의 적절한 평가가 되지는 않을 것이다.

2) 식품안정성 자료 수집

식품안정성과 사료안정성 자료를 수집하는 것은 비용이 많이 드는 과정이다. 이러한 이유로, 개발자들은 개발중인 상품의 단계에 따라 자료를 수집한다. 실험 연구 단계 동안, 도입된 유전자가 알레르겐을 함유하는 것으로 알려진 원료로부터 분리했거나 개발중인 GMO가 식품·사료 산업을 위해 예정된 것이라면, 알레르기성을 위해 도입된 단백질을 검사하는 데 있어서 개발자들은 신중을 기한다. 예비 식품안정성 검사는 복제된 유전자, 알려진 독소, 알레르겐의 DNA와 아미노산 서열 비교가 일반적으로 포함되며, 특별한 경우에는 그 단백질의 임상 시험도 할 수 있다. 만약 그 단백질이 알레르겐이 될 가능성이 있거나 수용할 수 없는 독성을 가지고 있는 것이 발견되면, 이후 그 GMO의 개발은 자발적으로 중단된다. 반대로, 실험수행 결과가 양호하면 단순히 실험한 GMO가 섭식되지 않거나 어떠한 먹이사슬 내로 들어가지 않도록 할 것을 요구한다.

GM 계통이 온실 연구 단계로 진전되면, 바이오안정성 위원회로부터 그 GMO가 먹이 사슬내로 유입될 가능성을 배제하기 힘든 경우를 제외하고는, 심사를 위한 식품·사료 안정성 자료의 제출이나 수집 요구를 할 수 있다. 온실 단계에서 연구는 일차적으로 도입된 형질의 효율을 검증하고 각 계통을 검정하여 그 결과를 포장시험에 활용하게 된다. 그러나 가능성이 보이는 계통들을 위해서, 개발자들은 온실 실험을 자료수집의 시작으로 활용하며 그 후에 상업적 사용을 위한 승인 신청 자료에 사용한다. 예를 들자면, 온실 단계 실험은 다양한 생장 단계와 다양한 조직에서 발견되는 외부 단백질 수준의 일차적인 검사에 요구되는 자료들을 제공할 수 있다.

포장시험은 GMO가 환경 내에서 어떻게 작용하는지 가장 확실하게 보여준다. 이러한 점에서, 포장시험은 일반적으로 식품·사료 안정성의 예비 평가를 위해서 신중하고 현명한 방법이다. GMO의 잠재적인 독성과 알레르기성에 관한 자료가 불충분하다면, 감독관들은 일반적으로 일반 대중이 접근할 수 없는 격리된 장소에서 포장시험을 실시할 것과 현지 먹이사슬 내로 GM 물질이 비의도적으로 방출되는 것에 대비할 대책을 요청할 것이다. 허가받지 않은 사람, GMO를 섭식할 가능성이 있는 동물, 그리고 그 밖의 생명체가 포장시험지역에 접근하는 것을 통제하는 수단은 위해성 평가자들에 의해서 철저하게 평가된다.

각 계통(line)이 상업화를 위해 일단 선발이 되면, 관련된 식품안정성의 수집이 착실히 진행된다. 포장시험으로부터 나온 물질을 모아서 non-GM 품종과 비교 평가하는데 사용한다. 식품·사료 안정성 검사자들은 일반적으로 외부 유전자의 산물과 전체 식품의 특성에 초점을 둔다. 조사에서 고려하는 사항은 다음과 같다.

- 인간, 포유류, 조류, 어류, 곤충, 토양미생물에 대한 독성
- 병원성
- 알레르기성
- 영양 성분과 구조의 변화
- 소화가능성과 소화 대사산물
- 유전자 산물과 식품 재료 내에서 그 유전자의 안정성
- 식품 가공 과정에서 유전자와 유전자 산물의 변화
- 인간과 동물을 위해서 새로운 식품의 안정성을 평가함에 있어서 식품공학자들이 생각하는 어떤 다른 지역의 중요성

상기와 같은 고려사항이 있지만 최근 연구에서는 인간이 섭취하도록 허가된 형질전환 작물에 도입된 모든 단백질이 독성이 없으며 알레르기를 유발하지 않는 것으로 보인다.

3) 마커 유전자

유전자변형 과정의 일부로서, 취급하는 세포나 조직이 실제 유전적으로 변형되었는지 쉽게 결정할 수 있도록 도입하고자 하는 유전자와 마커 유전자를 연결해 두는 것이 보통이다. 형질전환 작물에서 마커로 사용되는 항생제 저항성 유전자가 사람이나 동물에 병을 일으키는 미생물에게 항생제 저항성을 부여하거나 증가시키는 것에 관한 우려가 있다. 다시 말해, 약물 저항성 "수퍼 병원체" 문제를 증가시키는 항생제 저항성 유전자를 사용할 것인가? 항생제 저항성은 심각한 공중 보건 문제이다. 그러나 과학자들은 문제의 근원이 임상처치나 동물 생산에서 항생제를 과용하거나 오용하는 것이라는 점에 거의 동의한다. 즉, 작물에서 항생제 저항성 마커 유전자의 사용이 공중보건에 문제를 일으킬 가능성은 크게 줄어든다. 그럼에도 불구하고, 식품개발자들은 다른 형태의 마커 유전자를 찾고자 노력하고 있으며, 조만간 항생제 저항성 유전자가 더 이상 사용되지 않을 것 같다. 새로운 마커 유전자와 그 산물은 엄격한 바이오안정성 평가를 받게 될 것이다.

이러한 평가들은 감독관들에게 생명공학 상품이 "예상되는 소비 조건 하에서 의도적 사용으로 인해 발생할 위험요소가 없다는 합리적인 확신"으로 표현되는 공공적인 안정성 기준에 도달했는지에 대한 결론을 내리도록 해준다.

GM 작물이나 도입된 DNA가 검사된 수많은 변인에 어떤 변화를 유발하지 않는다면, 감독관들은 그 식품이 섭취해도 안전하다는 신뢰를 가지고 결론을 내릴 수 있다.

III. 위해성 관리

농생명공학 분야에서 위해성 관리(risk management)는 승인과정에서 수용할 수 있는 수준의 위해성이 사용되는 것이나 부정적 결과를 감소시키기 위한 수단이다. 일반적으로 다양한 예방 대책의 적절한 취급이나 사용에 의해 위해성을 제한하는 데 관심이 모아진다. 사실, 잠재적 위해성과 확인된 위해성을 관리하기 위한 기회는 유전적으로 조작된 생물체를 개발하고 검사하는 과정을 통해 가능하다.

1. 실험실과 온실에서의 위해성 관리

1) GMO 설계(GMO Design)

생명공학 프로젝트를 계획할 때, 과학자들은 그들이 만들고자 하는 GMO의 분자생물학적 세부사항을 계획한다. 세부사항에는 원하는 형질을 암호화하는 DNA 서열의 확인, 이동유전자의 발현을 지시하는 조절 염기서열의 특성이 포함된다. 또한 선택사항들은 형질전환 방법뿐만 아니라, 외부 DNA를 최소화하고 목표로 하는 위치로 도입하기 위한 방법에 따라 달라진다.

식물체 안으로 새로운 유전자를 도입하는 형질전환 방법은 비교적 비효율적이고, 처리할 세포의 매우 작은 면적만이 새로운 DNA를 받아들인다. 마커 유전자는 새로운 유전자를 포함하고 있는 세포와 그렇지 않은 것을 구분하기 위해 도입될 유전자 절편 안에 포함되어 있다. 어떤 마커 유전자는 GM 세포의 손쉬운 확인을 위해서 색소나 형광을 내는 효소를 암호화한다. 다른 마커 유전자들은 항생제 화합물을 불활성화시키는 단백질을 암호화하여, 처리된 세포가 항생제가 첨가된 상태에서 자랄 때 새로운 DNA를 가지고 있는 세포만 살아남는다. 과거에는 GM 세포만 선별적으로 자라게 하는 비교적 저렴하고 효율적인 방법이기 때문에, 네오마이신 인산기 전달효소II(neomycin phosphotransferase II: *npt*II, 통상 "카나마이신 유전자"라고 불림)를 암호화하는 유전자가 마커로 많이 이용됐다.

항생제 저항성 유전자를 가지고 있는 식물이 식품으로 사용된다면, 치료제로서 항생제를 복용해야 하는 개체들에게 위해성을 유발할 것이라는 우려가 생겨났다. 많은 세부적인 연구에서 위해성이 거의 없다고 만장일치로 결론이 나더라도, 그리고 여러 국가의 바이오안정성 규제 기관에서 승인이 됐더라도 대중은 식품 내에 항생제 저항성 마커 유전자의 존재에 대해 계속해서 반대하고 있다. 그에 대응하여, 식품으로 사용될 GMO를 개발하는 사람들은 이 유전자들에 대한 견해를 바꾸고 있다. 현재 다른 종류의 유용한 마커 유전자를 찾고, GM 상품이 시장에 도착하기 전에 마커 유전자가 제거되는 방법을 개발하기 위한 연구가 진행되고 있다.

분자생물학자들은 특정한 조직에서만 목표로 하는 유전자가 작동할 수 있도록 하는 프로모터(promoter)를 많이 확보하였다. 식물에서, 이러한 조직 특이적인 프로모터가 뿌리나 잎, 또는 새로운 단백질이 요구되는 다른 선택된 조직에서만 이동 유전자가 발현하도록 제한한다. 예를 들어, 잎에서는 독소 생산을 지시하지만 뿌리나 줄기, 또는 꽃에서는 그렇지 않은 잎 특이적인 프로모터는 잎을 가해하는 해충에 대해 작용하는 독소를 암호화하는 유전자를 조절할 수 있다. 형질전환된 동물에서는, 조직 특이적인 프로모터가 유선(mammary gland)에서 이동유전자의 발현을 지시하여 새로운 단백질이 우유로 분비되도록 한다.

유도성 프로모터(inducible promoter)는 식물의 전체 생활사 동안 이동유전자의 발현 스위치를 켜고 끌 수 있다. 예를 들어, 어떤 프로모터들은 화학적 신호에 반응해서 형질전환된 식물체나 식물의 일부에 그것들을 활성화시킬 수 있는 화학물질을 단순히 분무해 줌으로써 프로모터를 작동시킬 수 있다. 차세대 GMO는 잠재적인 위해성을 감소시켜줄 수 있도록 해주는 보다 정교한 유전자 조절 염기서열을 사용하게 될 것으로 기대된다.

아그로박테리움법(*Agrobacterium*-mediated DNA transfer method: *Agrobacterium*을 매개로 DNA를 이동시키는 형질전환방법)으로 형질전환된 세포들은 보통 표적 유전자에 더하여 *Agrobacterium* vector가 운반해온 여분의 DNA 조각들을 포함하고 있다. 벡터 유래의 염기서열이 문제를 일으키는 일은 거의 없지만, 한 가지 견해는 GMO를 설계하는 가장 안전한 접근방식은 관계가 없는 어떤 외부 DNA 염기서열도 포함하지 않도록 하는 것이다.

또 다른 접근방식인 유전자 총(gene gun)이나 전기영동(electroporation)을 통한 직접적인 유전자이동은 벡터가 사용되지 않으므로 불필요한 벡터 DNA의 삽입 가능성을 배제할 수 있다. 다른 형질전환 방법은 이동유전자가 엽록체 DNA 안으로 도입을 가능하게 하는 것이다. 이 방법의 이점은 대부분의 식물 종의 꽃가루 입자가 엽록체를 가지고 있지 않기 때문에 꽃가루를 통해 이동유전자가 확산되는 것에 대한 우려가 완전히 배제된다는 것이다.

이러한 선진 위해성 관리 방법들은 수행하기는 쉽지만, 후보 GMO가 만들어지기 전에 먼저 이 방법들이 연구 계획과 합쳐져야 한다는 점이다. 승인 신청을 할 때에는, 위해성 문제로 떠오르는 것으로 알려진 특징들을 제외함으로써 사후 위해성 평가를 간단하게 할 수 있다.

2) 봉쇄

생장 실험실과 온실 단계의 실험을 통과한 개발 단계에 있는 GMO에 대해서, 기본적으로 요구되는 바이오안정성은 유전자변형된 생명체와 그것의 유전 물질이 확산되는 것을 제한하는 것이다. 봉쇄란 폐쇄된 공간이나 구조 내에서 확산을 제한하기 위한 물리적 장벽의 사용을 의미하는 용어이다. 실험실 기구들과 온실은 이것을 비교적 높은 수준으로 통제할 수 있다.

가. 실험실 봉쇄

실험실 내부와 조직 배양 기구, 배양실에서 형질전환 식물과 세포를 물리적으로 봉쇄하는 것은 좋은 실험 방식을 지속하는 것이다. 실험실이나 배양실 조건 하에서 생산된 종자가 다음 사용이나 처리를 위해 철저하게 취급하고 안전하게 관리되어야 하겠지만, 식물체는 그러한 조건하에서 비교적 쉽게 모니터링할 수 있다. 식물체나 포트에 표기를 하는 것은 형질전환식물과 비형질전환식물이 혼합되는 사고를 방지하는 데에 도움이 될 것이다. 설비 밖으로 방출되거나 생존하는 것을 방지하기 위해 실험 재료들은 처리될 필요가 있다. 이것은 고압멸균, 증기멸균, 가정용 살균 표백제 또는 적절한 합성물질을 이용하여 할 수 있다.

나. 온실 봉쇄

온실은 곤충과 동물의 침입을 막고, 식물과 식물의 일부를 생육하기 위해 설계된다. GMO를 취급하기 위해 세부 설계도가 작성되어 진행되는 건축 구성은 내부에 들어갈 실험 재료, 관련된 바이오안정성 우려사항의 종류와 그 정도에 따라 다양해진다. 많은 경우에, 전통적인 온실은 간단한 개조와 약간의 건축 개량으로 GMO 취급에 알맞도록 만들어질 수 있다. 더 높은 수준의 봉쇄를 위해, 설비의 조절, 여과된 공기 흐름, 설비들의 통제, 설비를 따라 지나가는 멸균수, 식물 재료와 도구를 멸균할 현장의 고압멸균기, 실험 후 설비의 멸균, 출입이 허용되는 사람의 엄격한 제한, 직원과 일하는 사람들을 훈련하는 것과 같은 설비명세를 갖추어야 한다. 또한 실험하는 동안과 그 후에 사고로 유출되는 것을 모니터링하기 위한 방법과 시설로부터 GMO를 안전하게 운송하는 것을 고려해야 한다.

온실은 화분(pollen)의 유출을 방지할 수 없다. 심지어 새로 지어진, 최상의 품질의 온실도 아주 미세한 꽃가루 입자를 봉쇄할 수 없다. 화분 봉쇄는 특수화된 장비와 재료, 그리고 비용이 많이 들며 일반적인 방법을 능가하는 건축 구조를 요구한다. 이 문제에 대해 쉽게 일반적으로 사용되는 해결책은 화분이 분산되기 전에 웅성화기를 작은 자루로 감싸둔 후 화분을 모아서 필요한 경우 인공수분할 때 사용하거나 폐기한다. 더욱 효과적인 봉쇄는 온실 내부에 화분 유출을 차단하기 위한 특수 공기 필터를 장착한 밀폐된 작은 방을 만드는 것이다.

2. 포장에서의 위해성 관리

환경위해성은 생물체의 특성, 유전자 변형의 성질, GMO가 방출되는 장소(현지 생태계)가 결합하여 작용한다. 모든 GMO가 환경위해성을 야기하지는 않는다. 그것들 중에 어떤 것은 해로운 영향을 일으킬 수도 있고, 위해성이 있는 것들이 모두 같은 수준의 위해성을 유발하는 것은 아니다. 따라서 바이오안정성 심사위원들은 확인된 위해성의 성질과 규모에 따라 위해성 관리를 다양하게 적용되도록 노력한다.

가. 격리

격리 또는 국경이나 경계로 지정된 지역 내에 있는 실험 생물체를 지키기 위한 수단은 GMO나 그 유전 물질의 비의도적인 확산을 방지하거나 최소화하기 위한 가장 일반적인 방법이다.

나. 격리를 위한 물리적인 전략

GM 식물과 식물의 일부를 제한하기 위한 물리적 수단은 동물이 들어오는 것을 방지하고 허가 없이 수확해 가는 것을 막기 위한 것으로, 지리적 또는 공간적 분리나 울타리, 칸막이, 그물망 등과 같은 구조물의 사용을 포함한다. 환경위해성이 문제시되려면, 형질전환된 화분이 부근에서 자라고 있는 친화성(compatible) 식물을 수정시킬 수 있어야 한다. 작물육종가들은 재배되고 있는 종과 근연관계이면서 이들과 타가 수정이 가능한 잡초나 야생종의 존재와 분포에 관한 정보에 대한 훌륭한 정보원이 된다.

이용할 수 있는 부지가 공간적인 격리에 충분하지 못하면, 다음과 같은 하나 이상의 조처를 사용해서 화분이나 종자를 통한 GMO나 이동유전자의 분산을 감소시키거나 방지할 수 있다.

- GMO로부터 발생하는 화분을 분리해 내기 위해 시험구획 주위에 non-GM 품종을 이용한 식물 경계 열 설치.
- 화분매개 곤충을 선발해내기 위한 화기를 자루로 싸거나 또는 곤충 매개체, 바람, 기계적 전이에 의한 화분 분산 차단.
- GM 종자의 분실이나 분산을 방지하기 위해 수분 후에 자성화기를 덮을 것.
- 연구 목적이 분석을 위한 종자 생산이거나 차후 식재를 요구하지 않는 경우, 수분과 종자 생산 전에 화기의 선단부를 제거.
- 성숙하기 전에 실험적 중요성이 있는 식물 재료 수확.
- 건물이나 길로 둘러싸인 곳에 시험구획 지정.

다. 격리를 위한 생물학적 전략

생물학적 처리는 의도하지 않은 유전물질의 유전을 방지하기 위한 고도로 효율적인 수단을 제공할 수 있다. 생물학적 제한의 일반적인 방법인, 생식적 격리는 다양한 방법으로 실시될 수 있다.

- 화합성 야생종이나 잡초종이 발견되지 않는 지역에 GM 식물을 재배한다.
- GM 작물의 알려진 유효 수분 거리 내에서 발견된 화합성 야생종 또는 잡초종 식물을 모두 제거한다.
- 충매수분을 차단하거나 풍매수분을 방지하기 위해 화기를 덮거나 자루로 싼다.
- 유전적 웅성불임을 이용하거나, 생식모세포를 활용하거나, 발달 초기 단계에 모든 생식 구조를 제거하여 생육할 수 있는 화분의 생산을 방지한다.
- 자연 상태에서 성숙한 식물체로 발달할 가능성이 있는 괴경, 땅속줄기, 저장뿌리, 그리고 모든 조직을 찾아낸다.
- 근처에 있는 화합성 식물이 감수성인 시기에는 GM 식물의 화분이 분산되지 않도록 개화시기에 차이를 둔다.
- 대부분의 종들이 엽록체를 가지고 있지 않으므로, 염색체 DNA 대신에 엽록체 DNA에 유전자가 들어가도록 한다. 이 기술은 아직 초기 단계이며 모든 유전자에 유용하지 않을 수도 있으며, 엽록체가 화분에 의해 옮겨지는 식물의 경우에는 효과적이지 않다.
- 불임종자를 생산하기 위한 형질전환 식물을 만든다. 이 기술은 향상된 종자(소위 말하는 Terminator 유전자)의 지적재산권 보호를 위한 "기술 보호(technology protection)" 시스템으로 개발되었다. 이것은 위해성 관리 목적을 위해 매우 효율적이지만, 종자 보존과 종자를 조절하는 다국적 기업의 역할에 대한 윤리적 문제가 제기된 적도 있다.

라. 격리를 위한 다른 전략들

소규모 포장시험에서, GMO의 생식, 생존, 실험지역 밖으로 유출을 제한하기 위해 환경조건을 변형할 수 있다. 예를 들어, 온도, 물 공급, 습도, 광주기는 포장시험 부지에 적절히 배치함으로써 자연적으로 조절할 수 있고, 관개, 조도, 분무기 등은 인공적으로 조절할 수 있다.

시험 지역 외부에서 GMO가 생존, 생식하는 것을 제한하기 위해 화학물질이 사용될 수 있다. 시험 생물체에게 독성이 있는 제초제, 살균제, 살충제, 소독제, 또는 다른 물질들이 사용될 수 있지만, 다른 생물체나 근접한 지역에 대한 영향이 고려되어야 한다. 필요할 경우 실험의 끝부분에는, 전체 실험 지역에 화학물질을 처리하거나 소독을 할 수 있다. 마지막에는, 시험에 사용한 생물체의 숫자나 실험에 사용된 부지를 감소시켜, 의도하지 않은 유출의 가능성을 감소시킬 수 있다.

3. 사후 위해성 관리 절차

1) 종료 절차와 후속 절차

실험실, 온실, 포장 실험의 마지막 단계에 일반적으로

수행되는 방법은 GMO가 실험 지역에서 효과적으로 제거되었는지 확인하는 것이다. 요구되는 방법은 생물의 종류와 증식 방법, 시험이 수행된 환경에 따라 결정된다. 즉, 완전한 제거를 위해 요구되는 것은 하나하나 개별적으로 결정되어야 한다.

미생물의 경우, 살균이 필요할 수 있다. 식물의 경우, 종자를 수확하고 식물 잔해를 태우거나 갈아서 파묻는 것이 영양체 번식을 하지 못하도록 하는 데에 효과적이다. 이것은 유출된 종자나 영양번식체로부터 발생한 자생식물이 꽃이 피기 전에 모니터링되거나 제거되는 휴경기에 이어 시행된다. 휴경기의 길이는 기후와 작물에 따라 달라진다. 수확된 종자와 식물 재료들은 감독관의 요구에 따라 기록되고 저장되거나 처리된다.

2) 기록 보존과 보고

GMO 실험에 관한 상세한 기록이 보존될 필요가 있다. 그 기록들은 유전자변형에 대한 설명과 표현형을 관찰한 자료, 예상치 않았던 관찰과 같은 것들의 근거를 제공한다. 이러한 정보는 포장 실험의 기록을 위해서 뿐만 아니라, 포장시험을 위한 방출에 대한 허가를 준비하고 평가하기 위해서 필수적이다. 바이오안정성 위원회에 의해 만들어진 위해성 관리 방안이나 어떤 조건에 응하기 위해서 모든 방법들을 기록해 둔 것은 나중에 자료로 유용하게 쓸 수 있다. 감독관은 위해성 관리 조건의 승낙을 보증하고 사고로 유출되는 경우를 구제하기 위한 정확한 기록을 해야 한다. 바이오안정성 심사위원회는 신청자가 기록해야 하는 정보와 그 정보가 제출되어야 할 시기를 결정한다. 이러한 기록 보존을 위한 기준은 승인 문서에도 간략히 나타나 있다. 유효자료를 수집한 후, 신청자는 감독관에게 위해성 관리 기록을 제출하는 것을 쉽게 간과할 수 있다. 평범한 실험의 평범한 위해성 관리 기록이더라도 다음 신청의 심사를 위해서 시험 조건의 증명서를 만들어두는 것은 요구된 대로 제출되도록 보장하는 한 가지 방법이다.

4. 위해성 관리의 실제

일부 환경위해성은 철저한 관리를 통해 어느 정도 수준으로 감소시킬 수 있다. 바이오안정성 심사위원들은 신청된 포장시험이 그러한 위해성을 유발한다고 결정하면, 일반적으로 포장시험을 실시할 때 우려사항의 특정 문제점을 다루기 위한 계획을 조정할 것을 권고한다. 예를 들어, 모니터링 계획이 더욱 넓은 범위로 조정되거나 초점이 다른 쪽으로 맞춰질 수도 있다. 방출하기 전에 항생제저항성 마커 유전자를 제거하면 승인받기 어렵지 않을까 하는 걱정을 배제시킬 수 있다. GMO와 non-GMO 종자가 부주의로 인해 섞일 것에 대한 우려를 줄이기 위해 특정한 표기(labelling)를 만들어서 종자가 들어 있는 컨테이너에 붙일 수 있다.

그와 같은 조절을 통해 신청된 방출로 인해 발생할 수 있는 위해성을 제한할 수 있고, 또한 이것은 심사 위원회의 결정에서 하나의 요소가 된다. 결과적으로, 평가자와 신청자 모두가 관리 선택사항(management options)에 대해 의식하고 있어야 한다. 관리 선택사항은 주어진 포장시험 계획과 과학에 근거한 사항이 아니라 규제권한에 관한 정책 및 과학적·경제적으로 가능한 방법에 적용되는 것이다. 위해성 관리 요구에 관한 세부사항은 포장시험 방출을 위한 허가 문서에 일반적으로 첨부되어 있다.

모든 국가에서 위해성 관리에 드는 비용은 원칙적으로 신청자 부담이다. 위해성 관리를 수행하는 데 드는 비용을 부담할 수 없거나 일부 곤란한 특정 상황에 직면했을 때, 신청자들의 허가신청을 연기하거나 취소하게 할 수도 있다. 특히 개발도상국에서 공적인 자금을 투자받은 연구가 이에 해당된다. 지역적으로 개발된 기술이 시험을 위해 준비하고 있거나, 공공연구기관이 때때로 지나치게 신중한 국가 체제의 과도한 요구를 감당할 수 없을 때 실패할 수 있다. 한 예로, 1990년대에 남아프리카공화국에서 개발된 곰팡이 저항성 딸기의 시장 출하가 무기한 연기되었다. 그 딸기의 포장시험은 매우 잘 수행되었기 때문에, 국가농업연구기관은 상품화 목적으로 방출할 계획이었다. 그러나 그들은 상업적 제품화에 요구되는 식품안정성 테스트 자금이 없었다. 이 형질전환 식물에 도입된 세 가지 유전자 모두 정상적인 식품에서 일반적인 것이며, 다수의 심사위원들은 그 작물이 표시가 된다면 승인되어야 한다고 생각한다. 그러나 바이오안정성 규정은 상업적 신청서를 제출하기 전에 광범위한 독성, 알레르기성, 영양소 테스트를 요구한다. 2002년 후반부로, 곰팡이 저항성 딸기의 상태는 바뀌지 않은 채로 남아 있다. 그 딸기는 조직 배양으로 유지되지만, 그것에 대한 추가적인 실험은 이루어지지 않고 있다. 공공 연구기관은 그 유전자가 다른 작물에서 승인될 때까지 기다릴 수 밖에 없으며, 다른 작물에서 승인되면 그것을 그들의 신청서를 위한 안정성 자료로 사용하기를 요청할 수 있다.

IV. 모니터링

생명공학에서 모니터링(monitoring)은 다른 의미를 가지며 개별적인 견지나 상황에 따라 해석한다. 이런 측면에서, 모니터링은 상대적인 수행을 위한 새로운 식물 품종들을 측정하고 비교하는 것이며, 모든 연구개발 단계의 정상적인 한 구성요소이다. 그러나 현대 생명공학의 출현으로, GMO가 환경으로 유입됨으로써 발생할 가능성이 있는 위해에 관한 추측은 이들 생물체와 그들이 운반하는 도입유전자의 실체를 추적하기 위한 모니터링과 예상치 못한 결과에 대한 부단한 경계로 초점이 변화하고 있다.

1. 배경

역사적으로, GMO의 포장시험 방출과 관련된 모니터링 프로그램은 규정 안건의 일부로서 또는 위해성 관리 설계의 일부로서, 명백하게 또는 암시적으로, 요구된다.

첫 번째 GMO 포장시험이 실시되었을 때, 무엇을, 왜, 얼마나 오랫동안 모니터링해야 할 것인지가 확실하지 않았다. 모니터링의 목적과 방법은 참고할 전례가 없이 고안되고 수행되고 있으며, 종종 쓸모없는 자료가 되거나 자료가 전혀 없게 되었다. 그 후에, GM 작물의 대규모 방출을 조절하기 위한 실험을 통해 방법과 표본추출 설계가 이루어졌다. 예를 들어, 살충제에 저항성 곤충 개발을 위한 모니터링에 관한 문제는 1994년 이전에 제기되었으나, Bt 작물이 상업화될 때까지 위해성 관리 프로그램의 주요한 초점이 되지는 못했다. 그러나 바이오안정성 우려사항에 대한 답변이나, 새로운 평가를 위한 요구, 정보 결함을 지적하기 위해서 모니터링 프로그램의 사용이 제한되지 않는다는 것을 아는 것이 중요하다. 모니터링은 또한 규제나 의사결정에 대한 다른 접근방식을 위한 필요성을 의미하기도 한다.

2. 바이오안정성 모니터링

바이오안정성 고찰은 모니터링을 결정하고, 적합한 대상을 확인하고, 모니터링의 수준을 정하기 위한 것이다. GM 작물이나 그 DNA가 인접한 포장이나 근연 식물 종으로 옮겨진다면 안정성 문제를 유발할 것인지가 중요한 환경 문제라서 어떤 도입유전자의 움직임이 모니터링될 수 있는지 또는 모니터링되어야 할 것인지와 같은 범위에 관한 문제가 제기된다. 게다가 그것은 의도하지 않은 장소에 존재하는 형질전환 물질을 확인하기 위한 효율적이고 정확하며 신뢰할 수 있는 방법을 필요로 한다.

최근의 방법들은 눈으로 확인할 수 있도록 해 주거나, 선택적인 마커(예 β-glucuronidase, 항생제 저항성), 또는 분자생물학적 분석(예 PCR, Southern hybridization)의 사용을 포함한다. 무엇을 모니터링할 것인지에 대한 결정은 종종 확인된 문제에 대해서와 같은 정도로 모니터링이 가능한 것인지에 달렸다. 그러나 어떤 잠재적인 문제가 발생할지 모르면서 무엇을 모니터링할 것인지 아는 것은 불가능하다.

3. 모니터링의 규모

모니터링 프로그램은 세 가지 카테고리- 실험, 추적, 감시로 구분된다. 각각의 카테고리는 포장시험 규모의 점진적인 증가, 상품 개발의 마케팅 전 단계, 마케팅 후 단계에 해당한다.

각각의 연속되는 단계는 장기간 관찰의 필요성과 더 큰 지리학적인 샘플링 구역을 고려할 필요성, 그리고 다른 모니터링 목표를 제시한다. 더욱이 실험적 포장시험 모니터링 결과를 상업용 신청서에 기입할 때 신중을 기해야 한다. 예를 들어, 유전자이동을 측정하는 데 있어서 중대한 변화는 증가하고 있는 인구 규모와 관련되어 있다. 모니터링 프로그램의 시·공간적 규모가 증가하는 것은 그것들을 통제하고 수행하기 위한 어려움이 증가하는 것과 비례한다. 그와 유사하게, 잠재적인 부정적 영향의 규모와 모니터링되는 요소의 불확실성은 모니터링 프로그램의 강도(intensity)를 높여야 할 필요성이 있다.

1) 실험

유전자 변형된 미생물의 포장시험을 처음 미국에서 시작했을 때, 모니터링을 위한 계획은 착상이 나쁘고 고 비용의 실험계획안(protocol)이 되었다. 아마도 사용 가능한 경험과 실험적 증거가 거의 없었기 때문에, 증명되지 않은 방법이 종종 선택되었다. 포장시험을 진행하는 동안에, 이러한 모니터링 절차가 부적절하다는 것이 발견되었다(예 부적절하게 정해진 시기, 구별이 제대로 되지 않는 검출결과 제출, 또는 미숙하게 고안된 계획). 그러한 결과는 비용이 많이 들면서 사용가능한 자료를 거의, 또는 아예 만들어내지 못하는 모니터링 계획이다. 연구와 포장시험 경험을 통해, 이러한 초기 모니터링 절차는 우려사항에 대한 답을 제시하지 못할 것이라는 불행한 결론에 도달하였다. 실험자와 바이오안정성 당국은 항상 그들이 처음부터 가장 좋은 모니터링 방법을 알고 있지는 않을 것이라는 점을 인식해야 한다.

2) 추적

추적(tracking)이란 일정기간 동안 생물체와 그 유전자들의 움직임과 분산을 모니터링하는 것을 의미한다. 만약 작물이 재배용 포장에서 제대로 살아남지 못한다면, 추적은 필요하지 않을 것이다. 그러나 작물의 재배 구획 주변에서 가까운 근연종이 자라고 있다면, 조작된 유전자와의 교잡이 고려되어야 할 것이다. 그러한 교잡을 위한 자연적 메커니즘이 존재하고 있다는 사실은 육종가와 농학자들에게는 일반적으로 인식되고 있다. 그러나 바이오안정성 문제가 제기되는 것은 특정한 경우에만 해당한다.

지리학적 범위를 확장하거나 소규모 포장시험의 표본추출(sampling) 기간을 연장하는 것은 포괄적인 모니터링 프로그램에 중대한 어려움을 초래할 수 있다. 모니터링의 대상이 되는 생물체와 그 생장 특성이 자주 묘사되고 이해되고 있다 하더라도, 가장 좋은 모니터링 설계와 방법론에 관한 가정은 불완전하고 불충분한 정보에 근거하여 만들어질 수밖에 없다. 다른 간격을 두고 일어나는 일련의 사건들은 모니터링 자료에서 매우 큰 차이를 나타낼 수 있다. 예를 들어, 유채 화분이 분산되는 거리가 실험 구획의 경우에는 10m 이하였던 것이 실제 상업용 포장에서는 150m 이상까지 측정되었다. 유전자이동이 발생할 때, 발생 가능성이 매우 낮은 경우일지라도 철저한 확인을 위해서 모니터링 프로토콜의 시간적, 공간적 확장이 요구된다.

3) 감시

감시(surveillance)란 생물체를 방출한 후 그 생존과 분산, 또는 그것이 환경에 미치는 영향을 모니터링하기 위해서 지속적으로 관찰하는 것으로, 예정된 표본추출 방식의 실행이 불가능할 때에 적합한 모니터링 형식이다. 그러나 GMO 방출이 환경에 미치는 영향을 추측만 할 수 있을 때, 유의미한 감시 프로그램을 고안하는 것은 어려움이 있다. 더욱이, 모니터링과 관련한 먼 거리(예 km)와 오랜 시간 간격(예 여러 해)은 표본추출 방식의 설계에서 기술적인 어려움이 있다(예 바람에 의한 화분이나 종자의 분산). 대규모 감시는 많은 인력과 표본추출 장소를 요구할 수 있으며, 심지어 엄청난 예산이 투입될 수 있다. 특히 우려되는 것은, 이러한 요인(factor)들은 조사책임자들로 하여금 바이오안정성 문제에 답변하기 위한 과학적이고 타당한 자료를 수집하기보다 연구의 타당성만을 위한 모니터링을 설계하도록 영향을 줄 수도 있다.

미연방환경보호국(United States Environmental Protection Agency)은 곤충저항성 Bt 면화의 판매를 승인하는 절차에서 Bacillus thuringiensis의 균체내독소(endotoxin)에 대한 해충저항성의 증가 현상을 모니터링하기 위한 감시 프로그램의 수행을 요구했다. 처음에 채택된 방법을 평가했을 때, 이 기관은 개체군 내에서 Bt 저항성 출현의 조기 발견 가능성을 증가시키기 위한 더욱 민감한 방법을 사용할 것을 요구했다.

4. 실무 계획

모니터링 절차는 정성적인 것에서부터 정량적인 것까지, 단순한 것에서 복잡한 것까지 다양하다. 그림 5-2는 대표적인 모니터링 계획의 설계 방식이다. 모니터링 설계를 계획하는 첫 번째 단계는 방출될 생물체, 환경, 방출 조건(예 제한된 지리학적 지역 vs. 공개시장 판매), 위해성 평가에서 결정된 것과 같은 잠재적인 위해성, 법적 요구사항에 대한 이용 가능한 지식을 고려하여 모니터링 계획의 목적을 분명히 규정짓는 것이다. 모니터링 계획의 목적은 측정 종료시점을 결정하게 된다.

모니터링 계획의 두 번째 단계는 강도의 적절한 수준을 결정하는 것이다. 모니터링 강도(monitoring intensity)는 불확실성의 정도와 잠재적 중대성의 정도, 또는 환경에 바람직하지 못한 영향을 미칠 확률에 따라 결정된다. 세 번째 단계는 모니터링에 표본추출 방식과 시험 절차가 포함되도록 모니터링 계획을 설계하는 것이다. 네 번째 단계는 모니터링을 수행한 후 그 계획의 효율성을 평가하는 것이

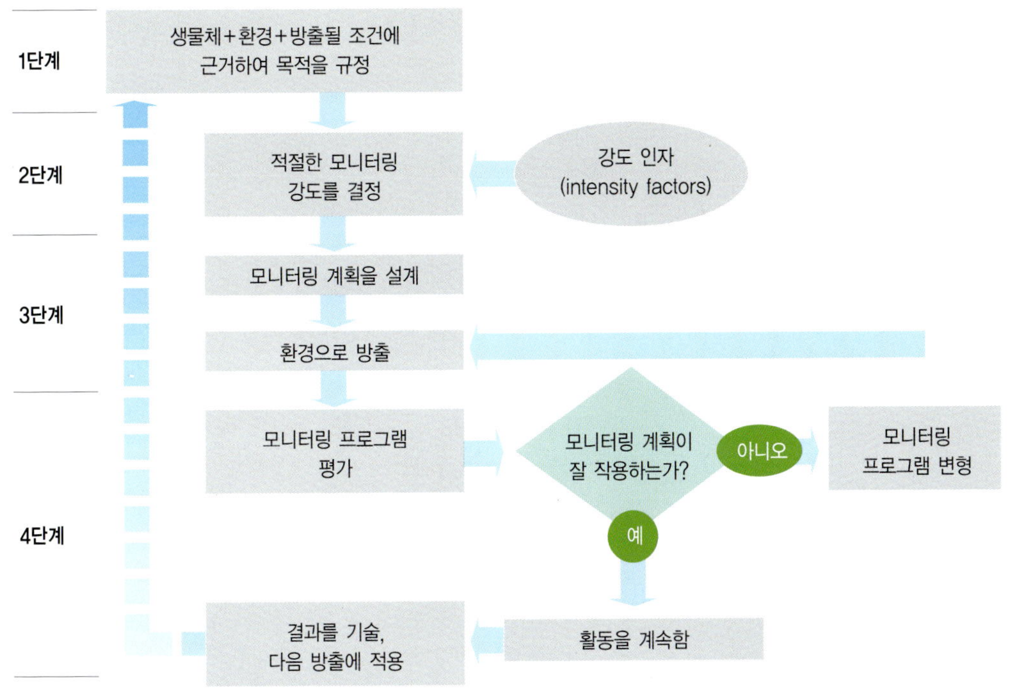

그림 5-2 모니터링 프로그램을 설계하기 위한 기본적인 접근법
이 순서도는 모니터링 프로그램을 설계하고 수행하는 과정을 그리고 있다.

다. 따라서 모니터링 계획은, 프로그램의 과정을 진행하는 동안에 발생한 예상치 못한 문제나 변화하는 조건에 대응하여 변경할 수 있도록 순발력이 있는 대응이 중요하다.

바이오안정성 평가자들은 어떠한 모니터링 설계에서도 발생할 가능성이 있는 위험(pitfall)을 예상하고 방지해야 할 책임이 있다.

모니터링에서 발생 가능한 위험(K. Keeler, 1994)
- 너무 많은 또는 너무 적은 노력이 드는 것
- 조사할 것이 분명치 않은 것
- 모니터링 지속 기간이 충분히 길지 않을 때
- 적절한 완화 가능성이 없을 때

이론적으로, 다양한 전문가 집단은 모니터링 프로그램의 계획에 대한 결정에 영향을 끼칠 것이다. 여기에는 연구·개발 업무를 수행하는 과학자들뿐만 아니라 재무 안전에 관련된 산업계 종사자나 선거 관련 문제를 감시하는 입법자도 포함될 수 있다. 전문적인 경계를 넘나들며 일할 때, 위해성 평가자는 다양한 단체로부터 결과를 얻어내는 것을 배워야 하며, 권한을 가진(훈련된) 사람들은 모니터링의 결과에 끼치는 영향을 책임져야 한다. 자료 취득과 분석을 통해 신청서가 만들어지고 연기되기 전이라도, 관련된 사람들 간의 협력이나 대화를 통해 뚜렷한 목적을 확립할 뿐만 아니라, 정확한 정보전달을 보장해야 한다.

위해성 평가자들은 모니터링을 설계하고 수행하는 데 다양한 방법으로 조언을 해주며, 모니터링의 목적을 충분히 이해하고, 설계된 모니터링을 수행함으로써 그 목적을 이룰 수 있다는 확신을 가질 필요가 있다. 모니터링이 환경에 대한 조기경보 메커니즘의 목적을 가지고 있다면, 그 경보가 제 기능을 하기 위해서 제때 작동되는 것을 보장하기 위한 충분한 민감성이 있어야 한다. 바람직하지 못하거나 수용할 수 없는 환경에 대한 영향을 개선하기 위해서 곳곳에 전략을 배치하거나, 더욱 직접적으로, 잘못된 작물이 발견되었을 때 해야 할 것을 기술한 계획이 부가적으로 필요하다. 위해성이 체계적이고 과학적으로 근거하지 않은 모니터링 프로그램은 연구자원을 쉽게 낭비하며, 여기에는 과학자들의 시간, 부적절한 수집 자료를 검사해야 할 단속 공무원들의 시간이 포함된다.

06

유전자재조합 식품안전성평가 및 관리현황

박선희
식품의약품안전청 영양기능식품본부

I. 유전자재조합 농산물의 용도별 안전성 관리

유전자재조합 작물의 안전성은 용도에 따라 평가방법과 관리제도가 다르다. 식용의 경우 인체건강에 대한 안전성 확보를 목적으로 식품위생행정기관에서 관할하고 있다. 국제적으로는 농업식량기구(FAO)와 국제보건기구(WHO)의 공동산하기구로 171개국이 회원국으로 있는 국제식품규격위원회(CODEX)에서 유전자재조합 식품의 안전관리를 위한 국제적 지침[1),2)]을 마련하여 각국이 활용하고 있다. 경제개발협력기구(OECD)의 특별작업반에서도 안전성 평가개념 정립 및 작물별 안전성 평가를 위한 작업지침서 등을 개발하여 보급하고 있다.[3)] 우리나라에서는 보건복지부의 식품위생법[4)]에 근거하여 식품의약품안전청에서 안전성 평가규정[5)]을 고시하고 수입유통 등의 승인을 포함한 안전성을 관리하고 있다.

사료로서의 안전성 문제는 가축 등에 사료로 먹였을 때의 가축건강을 보장해야 하는 것으로 우리나라에서는 농림부가 사료 전반에 대한 관리를 하고 있다. 그러나 우리나라에서 유전자재조합작물유래 사료에 대해서는 지금까지 별도의 규제 없이 국내 수입·유통되어 왔으며, 현재 관련 규정 등을 검토 중인 것으로 알려져 있다. 한편 미국이나 일본 등에서는 가축의 최종 용도가 식용이라 점을 중시하는 식품의약품안전청이나 식품안전위원회와 같은 식품위생을 관할하는 행정기관에서 식품과 사료의 안전성평가를 동시에 수행하고 관리하기도 한다.

한편 유전자재조합 작물이 재배·생산되는 과정에서 생태환경에 미치는 영향, 즉 환경학적 안전성 문제도 중요한 문제이다. 국제적으로는 환경계획기구(UNEP)에서 생물다양성협약 이행의 하나로 바이오안전성의정서(Biosafety

1) 국제식품규격위원회(2002 생명공학기술응용식품의 위해도 분석에 대한 일반원칙(ALINORM 03/34, Appendix II)
2) 국제식품규격위원회(2002) 유전자재조합 식물유래식품의 식품안전성 평가수행지침(ALINORM 03/34 Appendix III)
3) 경제협력개발기구(2003) 생명공학제품 Database
4) 보건복지부(2005) 식품위생법. 법률 제7450호.
5) 식품의약품안전청(2003) 유전자재조합식품의 안전성 평가 심사 등에 관한 규정. 청 고시 제2003-37호(2006.5. 개정고시 청고시 제 2006-19호)

protocol)가 제정되고 있다.[6] 이에 대한 국내 이행법은 산업자원부에서 관장하고 있으며,[7] 이 법이 발효되면 환경정화용은 환경부가, 산업용은 산업자원부, 시험연구용은 과학기술부, 해양 및 수산용은 해양수산부, 종자 등 농업용 및 축산용은 농림부가 관계중앙행정기관으로 환경영향평가를 포함한 수출입에 관련된 업무를 총괄하게 된다.

이에 본 장에서는 식용으로 개발되는 유전자재조합농작물에 대해 식품으로서의 안전성 평가를 위한 국제적인 CODEX의 기본 원칙과 평가방법 및 우리나라의 안전성 관리제도에 대해 정리함으로써 안전성이 확보된 품종개발에 따른 실용화를 위한 정보를 제공하고자 한다.

II. 유전자재조합 식품의 안전성 평가에 대한 국제기준(CODEX 안전평가)

1. CODEX 기준규격의 의미

국제식품규격위원회의 Codex Alimentarius는 어원이 라틴어로, Codex는 법령(code), Alimentarius는 식품(food)을 의미하여, 전체적으로는 식품법(Food Code)을 뜻한다. 세계무역기구(World Trade Organization: WTO)가 발족되어 시장개방과 통상마찰 요인에 의해 발생하는 분쟁을 사전에 예방하고 발생시 신속하게 해결하기 위해 국제적인 기준이 요구되었으며, 식품안전 분야에서는 유일하게 CODEX 식품규격이 국제식품기준규격으로 인정되고 있다.

WTO 협정 중 "위생 및 식물위생 조치의 적용에 관한 협정(Agreement on the application of sanitary and phytosanitary measures: SPS measure)"은 회원국이 CODEX 국제식품규격위원회, 국제수역사무국(International Office of Epizootics: OIE), 국제식물보호협약(International Plant Protection Convention)을 포함한 관련 국제기구가 설정한 기준, 지침 및 권고를 따르도록 하여, Codex 기준 및 규격은 국가간 식품 교역에서 지켜야하는 식품검사의 기준 및 규격의 강제적인 성격을 띠고 있다. 만일 통상문제가 발생했을 때, 그 근거가 CODEX 기준 및 규격과 다를 경우에는 위해평가를 기초로 한 과학적 근거가 필요하다.

유전자재조합 식품과 관련하여 Codex는 2003년 『생명공학기술응용식품의 위해도 분석에 대한 일반원칙』[1], 『유전자재조합 식물유래 식품의 식품안전성 평가 수행 지침』[2], 『유전자재조합 미생물을 이용하여 제조된 식품의 식품안전성 평가 지침』[8]을 마련하여, 유전자재조합 작물 및 미생물 유래 식품의 안전성 평가를 위한 기본 원칙과 평가방법의 기준을 확립하였다. 2005년부터는 영양성 강화 유전자재조합 작물 유래 식품과 유전자재조합 동물에 유래하는 식품의 안전성 평가방법에 대한 검토 작업이 진행되고 있다.

2. CODEX의 유전자재조합 식품 위해도 분석에 대한 일반 원칙 제정 배경

식품과 관련된 위해는 CODEX위원회의 위해도 분석(Risk Analysis) 과정의 대상으로, 위해도 평가(Risk Assessment)와 필요에 따라 해당 위해도 관리(Risk Management)를 위한 기법이 개발되었다. 위해도 분석은 CODEX총회(CAC)의 일반 결정사항[9] 및 「위해도 분석에 관한 CODEX작업 원칙」에 따라 실시된다.

위해도 분석은 화학물질(잔류농약, 오염물질, 식품첨가물, 가공조제 등)에 의한 위해성에 대처하기 위해서 이용되어 왔으며, 최근 미생물에 의한 위해나 영양적인 요인에 대해서도 적용되기 시작했다. 이것을 다시 유전자재조합 식품과 같이 농산물 그 자체를 먹는 식품에 적용할 수 있도록, CODEX에선 「위해도 분석에 관한 CODEX 작업 원칙」을 수정하여 유전자재조합 식품의 안전성 평가 기본 원칙을 만들었다.

6) CBD(2001) Cartagenna Protocol on Biosafety. http://www.biodiv.org/biosafety/protocol.asp
7) 산업자원부(2001) 유전자변형생물체의국가간이동등에관한법률. 법률 제6448호(2001. 3. 28. 공포)
8) 국제식품규격위원회(2003) 생명공학응용식품에 대한 codex 특별국가간 임시작업반 4차회의 보고서
9) CODEX(2001) 코덱스 위원회 수속 매뉴얼 제12판.

3. CODEX의 유전자재조합 식품 위해도 분석에 대한 일반 원칙[1)]

유전자재조합 식품 위해도 분석 원칙의 목적은 이들 식품의 안전성 및 영양성에 관한 위해도 분석을 실시하기 위한 골격을 제시하는 것이다. 위해도 분석은 크게 위해도 평가, 위해도 관리, 위해정보교류로 나뉘며, 그 일반원칙은 다음과 같다.

1) 위해도 평가(Risk Assessment)

위해도 평가는 안전성 평가를 포함하며, 위해, 영양, 그 밖의 안전성에 관한 우려가 존재하는지 여부를 확인하고, 우려가 존재할 경우에는 그 특성과 정도에 관한 정보를 수집하도록 고안되었다. 유전자재조합 식품의 안전성평가는 이에 대응하는 기존대응물(conventional counterpart)과의 유사성과 상위(相違)성을 밝혀내는 비교과정에 의해 그 식품 전체 또는 일부 성분을 비교 평가하는 것으로 ① 의도적 영향과 비의도적 영향 모두를 고려하여, ② 새롭거나 변형된 위해를 확인하고(identification), ③ 이들 확인된 위해의 인체건강과의 관련성을 규명하는 것이다(characterization).

시장에 유통시키기 전의 안전성 평가는 사례별로 CODEX의 지침에 제시된 평가 항목과 관련된 각 전문분야의 과학적 정보와 자료를 종합적으로 고찰하는 것으로, 자료 및 정보는 과학적으로 증명된 적절한 방법으로 분석되고 적절한 통계 기술에 의해 해석된 것이어야 하며, 제품 개발자, 과학 문헌·일반 기술 정보, 제3의 과학자, 규제기관·국제기관, 그 밖의 다양한 정보원의 것을 활용할 수 있고, 과학적으로 동일한 분야의 전문가집단이 검토하여(peer review) 타당성이 인정될 수 있는 질과 양을 갖추어야 한다. 서로 다른 시험 과정에서 얻어진 자료나 정보도 그 과정이 과학적으로 신뢰할 수 있고 측정 지표(parameter)가 비교 가능하다면 위해도 평가에서 고려해야 한다.

2) 위해도 관리(Risk Management)

유전자재조합 식품의 위해도 관리 조치는 CODEX 총회(CAC)의 총괄적 결정 및 「위해도 분석에 관한 CODEX 작업 원칙」에 따른 위해도 평가 결과를 기초로 그 밖의 요인도 고려한 그 위해도에 적합한 것이어야 한다. 서로 다른 위해도 관리 수단이라도 인체건강에 대한 안전 및 영양과 관련된 영향을 동일한 수준으로 관리할 수 있다면 이들은 같다고 간주한다. 위해도 관리자는 위해도 평가에서 분류된 불확실성을 감안하여 이들을 관리하기 위한 적절한 조치를 강구해야 한다. 위해도 관리 수단으로 식품 표시·유통 승인 조건·시장유통 후 모니터링 등이 있다.

위해도 관리 수단으로 ① 소비자 건강에 대한 잠재적 영향의 유무나 그 영향력·중요성에 관한 결론의 검증, ② 영양상태를 현저하게 변화시킬 가능성이 있는 식품을 도입할 경우 영양 섭취량의 변화를 모니터하여 인체건강에 미치는 영향을 판정하기 위해 시장유통 후 모니터가 적절할 수도 있다. 다만, 사후 모니터의 필요성과 유용성은 위해도 평가와 그 실행 가능성 면에서도 고려되어야 한다. 위해도 관리의 원활한 실시와 시행을 위해 제품 회수나 제품 추적(the tracing of products)등과 같은 특별한 수단이 필요할 수도 있다.

3) 위해정보교류(Risk Communication)

효과적인 위해정보교류는 위해도 평가 및 위해도 관리의 모든 단계에서 필요하며, 정부·업계·학술기관·언론·소비자 등 모든 관계자가 관련되는 상호적인 과정이어야 한다. 위해정보교류는 안전성 평가·위해도 관리의 의사결정 과정의 투명성을 보증한다. 각 과정의 모든 단계를 완전히 문서화하여 모든 관계자의 필요에 따라 공개해야 하나, 상업적·공업적 정보의 기밀은 정당한 범위 내에서 보호 및 유지에 되어야 한다.

효과적인 위해정보 교류에는 상호적인 응답형의 협의 과정이 포함되어야 하며, 협의과정은 모든 관계자가 의견을 밝히며, 협의 중에 제기된 해당 식품의 안전 및 영양과 관계되는 문제는 위해도 분석 과정에서 다루어지도록 해야 한다.

4) 일관성(Consistency)

유전자재조합 식품에 관한 안전성 및 영양적 위해도의 특성을 확실하게 관리하기 위해서는 일관성이 있는 접근법을 취해야 한다. 또한 일반식품과 유전자재조합 식품에서 소비자에게 발생할 수 있는 위해도 수준은 다르지 않도록 해야 한다.

유전자재조합 식품과 관련된 위해도의 특성을 명확하게 관리함에 있어서 그 규제는 투명하고 명확해야 한다. 이 규제에는 자료 조건의 일관성, 평가의 틀, 허용되는 위해도 수준, 전달·협의 메커니즘, 시의 적절한 결정 과정 등이 포함되어야 한다.

5) 능력 강화(capacity building)와 정보 교환

유전자재조합 식품에 대해 규제 당국이 법 시행을 포함한 위해도의 평가·관리·전달을 실시하고, 분석 기술과 평가결과를 해석하는 능력을 높이도록 노력해야 한다. 양자(2국간) 협정 또는 국제기관의 원조 등에 의한 개발도상국의 능력강화도 요구된다.[10)]

6) 검토 과정

위해도 분석의 방법론과 적용은 이와 관련된 새로운 과학적 지식이나 그 밖의 정보와 상충되지 않아야 한다. 생명공학 분야의 급속한 발전과 더불어 급증하는 과학적 정보를 위해도 분석에 확실하게 도입하기 위해 필요에 따라 유전자재조합 식품의 안전성 평가 접근방법을 재검토해야 한다. 위해도 평가에 관련된 새로운 과학적 정보를 입수했을 경우는 그 정보를 적용하기 위해 지금까지의 평가방법을 재검토하여 필요에 따라 위해도 관리 방법을 수정해야 한다.

이와 같이 CODEX에서는 유전자재조합 식품의 안전성 평가 개념은 기존의 독성이나 위해성 평가개념이나 방법과 기본원칙은 비슷하나 적용은 다르며, 안전성 기준은 지금까지 먹어온 기존의 상응하는 식품(기존대응물)으로 하고 있다(실질적 동등성개념, Substantial equivalent).

4. CODEX의 유전자재조합 식물유래 식품의 안전성 평가 지침1)의 개요

1) 적용 범위

CODEX의 『유전자재조합 식물유래 식품의 식품 안전성 평가 수행 지침』(이하 평가지침)은 「유전자재조합 식품의 위해도 분석에 관한 원칙」에 근거하여, 식품으로 안전하게 사용되어 온 역사가 있는 식물에 새롭거나 변형된 형질을 발현하도록 현대 생명공학을 이용해서 재조합된 식물이나 이로부터 유래하는 식품의 안전성과 영양성을 다룬다. 따라서 동물 사료 또는 해당 사료를 투여한 동물은 대상으로 하지 않으며, 환경학적 위해도도 다루지 않는다.

10) SPS 협정 제9조, TBT 협정 제11조의 기술 원조를 참조.

2) 식품 그 자체의 안전성 평가에 기존의 안전성 평가방법의 적용성

지금까지 식용 식물유래 식품을 새로 도입할 때 상세한 화학적·독성학적·영양학적 평가는 없이 육종가에 의한 작물학적 특성 또는 표현형에 관련된 특성에 관한 평가만 이루어져왔다. 따라서 식품첨가물이나 잔류농약과 같은 화학물질에서 요구되는 실험동물을 이용한 독성평가 등도 요구되지 않았다.

실험동물을 이용한 독성 실험은 농약 등 대부분 화합물의 위해도 평가를 위해서 이루어졌으며, 이 경우 시험물질은 특성이나 순도가 알려져 있고 특별한 영양적 가치는 없으며, 노출량도 낮아, 인체 유해성을 밝히기 위해 사람에게 예상되는 노출량보다 수단계 많은 양을 비교적 쉽게 동물에 투여할 수 있었다. 대부분 이 방법으로 유해 영향이 인정되지 않는 노출량을 개산하고 적절한 안전계수를 적용하여 안전한 섭취량을 설정할 수 있었다.

반면 통째 먹는 식품은 화합물의 복합체이며 보통 조성이나 영양가의 편차가 커, 동물시험에 의한 위해도 시험은 어렵다. 이는 동물의 먹는 양이 제한되어 쉽게 포만감을 일으키므로 동물에게 투여할 수 있는 최대 양은 보통 먹는 양의 수배에 불과하며, 다량 섭취 시 물질 그 자체와는 직접 관계없는 유해 영향이 유발될 수 있어, 이를 피하기 위해 동물실험에 이용되는 식이의 영양가와 균형을 고려해야 한다. 따라서 잠재적인 유해 영향을 판정하여 식품 개개의 특성과의 관계를 명확하게 밝혀내는 것은 매우 어렵다.

식품의 특성상 철저한 안전성 평가 실시를 위한 자료가 불충분하다고 판단될 경우에는 식품 그 자체를 이용하여 적절하게 계획된 동물 시험이 필요할 수도 있다. 그러나 동물 시험의 필요성을 판단할 때, 유의적인 정보를 도출할 가능성이 낮음에도 불구하고 동물을 이러한 시험에 사용하는 것이 타당한지도 고려해야 한다.

3) 식품 그 자체의 안전성 평가를 위한 새로운 평가방법의 모색

이와 같이 통째로 먹는 식품에 종래의 독성시험이나 위해도 평가방법을 직접 적용하는 것은 어렵다. 그러므로 유전자재조합 식물을 포함한 식용식물 유래의 식품의 안전성 평가를 위해서는 평가 대상을 보다 구체화하여 접근할 필요가 있다. 이를 위해 실질적 동등성의 개념을 사용하여 식물이나 식물유래 식품 중에 생길 수 있는 의도적 또는 비의도적 변화의 양쪽 모두를 고려한 안전성 평가를 위한 과학적 접근법이 개발되어 왔다.

실질적 동등성의 개념은 안전성 평가 과정의 중요한 단계로, 안전성 평가 그 자체는 아니며 기존대응물과의 비교를 통한 새로운 식품의 안전성 평가를 위한 출발점이다. 이 개념은 새로운 식품과 기존대응물과의 유사성과 상위(차이)성을 동정하는 데 이용함으로써,[11] 안전성이나 영양 문제를 도출하는 데 이용되며, 지금까지 유전자재조합 식물유래 식품의 안전성 평가에 최적이라고 생각되고 있다. 이러한 안전성 평가는 신제품의 절대적 안전성을 입증하는 것이 아니고, 확인된 차이점의 안전성을 평가하여 새로운 식품의 안전성을 기존대응물과 비교하여 평가하는 것이다.

가. 비의도적인 영향

식용 식물에 특정 형질(의도적인 영향)을 부여하기 위해 관련 DNA 서열을 삽입할 때, 불필요한 형질이 들어가거나 기존의 형질이 없어지거나 수식되어 변할 수 있다(비의도적인 영향). 비의도적 영향의 발생 가능성은 in vitro 핵산 기술을 사용할 때만 일어나는 것이 아니고 종래의 육종과정에서도 일어날 수 있는 일반적인 현상이다. 그 영향은 식물의 건전성 또는 식물유래 식품의 안전성에 대해 유해하거나 유용할 수도 있으나, 그 어느 것도 아닐 수 있다. 유전자재조합 식물에서 비의도적인 영향은 DNA 삽입에 의해 일어날 수 있으며, 재조합 후의 종래의 육종에 의해서도 일어날 수 있다. 이에 안전성 평가에는 유전자재조합 식물유래 식품이 인체건강에 대해 예기치 못한 유해한 영향을 줄 가능성을 최소화하기 위한 자료와 정보가 갖추어져야 한다.

유전자재조합에 의한 비의도적인 영향은 「예측 가능한」 영향과 「예기치 못한」 영향으로 나눌 수 있다. 비의도적인 영향의 대부분은 삽입된 형질 및 그 대사 관련성, 또는 삽입 부위의 확인으로 예측이 가능하다. 식물 게놈에 관한 지식이 증대되고, 다른 식물 육종 형태와 비교하여 유전자재조합 기술에 의해 도입된 유전 물질의 특이성이 높아지고 있어, 특정 수식에 의한 비의도적인 영향을 예측하는 것은 용이해졌다.

유전자재조합 식물유래 식품의 안전성 평가에는 비의도적인 영향을 동정·검출하는 방법과 이들 생물학적 관련 및 식품의 안전성에 대한 영향을 평가하는 수법이 포함된다. 비의도적인 영향의 평가에는 다양한 자료와 정보가 필요하다. 이러한 자료나 정보를 종합적으로 검토하여, 해당 식품이 인체건강에 유해한 영향을 줄 가능성이 낮다는 것을 보증해야 한다. 비의도적 영향 평가에서는 육종가가 상품화를 위해 신품종을 선택할 때와 같이 일반적으로 주목되는 식물의 작물학적·표현형 특성을 고려한다. 이러한 관찰은 비의도적인 형질을 나타내는 식물을 예비적으로 검색할 수 있게 한다. 이러한 검색과정을 거친 신품종에 대해 식품으로서의 안전성 평가가 부과된다.

나. 식품 안전성 평가의 기본 틀

유전자재조합 식물유래 식품의 안전성 평가는 다음 표에 포함된 사항에 대해 대응하는 단계적 과정에 따라 실시한다.

제품의 특성에 따라 그 제품 고유의 문제점에 대처하기 위한 자료·정보의 정비가 필요할 수도 있다. 안전성 평가 자료를 생산하기 위한 시험은 과학적으로 신뢰할 수 있는 개념과 원칙에 따라야 하며, 필요 시 GLP에 따라 계획하고 실시해야 한다. 실험결과의 1차적인 자료는 규제 당국의 요구에 따라 제출해야 한다. 자료는 신뢰성 있는 과학적 방법으로 만들어진 것이어야 하여 적절한 통계학적 방법으로 해석된 것이어야 한다. 분석 방법은 모두 감도가 제시되어야 한다.

안전성 평가의 최종 목표는 이용 가능한 최선의 과학적 지식을 근거로 그 식품이 의도하는 용도에 따라 조리·사용·섭취된 경우는 유해하지 않다는 것을 보증하는 것이다. 이러한 평가에서 얻고자 하는 바는 영양 성분 함량이나 영양가의 변화가 식생활에 미치는 영향을 고려했을 때

표 6-1 유전자재조합 식물 유해 식품의 안전성 평가의 기본 요소

가) 유전자재조합 식물의 개요	a) 발현물질(비핵산물질)
나) 숙주에 대한 개요	b) 주요성분의 조성 분석
다) (유전자) 공여체의 개요	c) 대사산물의 평가
라) 유전자재조합의 개요	d) 식품 가공
마) 유전자재조합의 특징의 명시	e) 영양적 수식
바) 안전성 평가	
사) 그 밖의 검토 사항	

11) FAO/WHO(2000) 실질적인 동등성의 개념. In: FAO/WHO 합동 전문가 회의 보고서(WHO/SDE/PHE/FOS/00. 6, WHO, 제네바, 2000년)

새로운 식품이 기존대응물처럼 안전한 가하는 것이다. 따라서 안전성 평가 결과는 기본적으로 위해도 관리자가 어떤 조치가 필요한지를 결정할 수 있게 하며, 필요한 경우 충분한 정보를 근거로 적절한 결정을 내려서 그 제품을 정의하는 것이다.

III. 우리나라의 유전자재조합 식품 안전성 관리제도

1. 안전성 평가제도

1) 법적 근거: 식품위생법

우리나라에서 유전자재조합 식품의 안전성 확보는 식품위생법에 따라 이루어지고 있다. 2002년 8월 식품위생법이 개정되어 유전자재조합 식품을 수입 또는 개발·생산하는 자에 대하여 안전성 평가를 받게 하고(제15조), 안전성 평가를 받지 아니하거나 평가 결과 식용으로 부적합하다고 인정된 식품 등을 판매하지 못하도록(제4조 제6호) 하는 조항이 신설되어 2004년 2월부터 시행되고 있다.

2) 유전자재조합 식품의 안전성 평가 심사 등에 관한 규정 – 평가대상 및 심사절차

우리나라에서 유전자재조합 식품의 안전성 평가는 1999년 "유전자재조합 식품·식품첨가물 안전성 평가 자료 심사지침"(식품의약품안전청고시 제1999-46호)에 따라 시작하여, 이후 국내외 개발 및 생산의 증가 등 환경 변화에 따라 2002년 식품위생법을 개정하여 안전성 평가 등을 의무화했으며, 2003년 9월 기존의 지침을 "유전자재조합 식품의 안전성 평가 심사 등에 관한 규정"(식품의약품안전청 고시 제2003-37호)으로 전면 개정 고시하여 2004년부터 이 고시에 따라 심사하고 있다. 안전성 평가 방법은 기본적으로는 CODEX에서 정한 기본 원칙 및 방법과 동일하여, 본 지침을 통해 위해도분석의 일관성을 유지할 수 있도록 하고 있다. 한편 본 고시는 유전자재조합 미생물에 대한 안전성 평가 자료제출 범위를 추가하는 한편, 유전자재조합 농작물끼리 교배한 후대교배종에 대한 일부 규정을 개정하여 지난 2006년 5월 추가 개정되었다(식품의약품안전청 고시 제2006-19호).

표 6-2 식품위생법의 유전자재조합 식품 안전성 관리와 관련 조항

제4조(판매 등의 금지) (중략)

6. 제15조의 규정에 의한 안전성 평가의 대상에 해당하는 農·畜·水産物 등으로서 안전성 평가를 받지 아니하거나 평가결과 食用으로 부적합하다고 인정된 것

제15조(유전자재조합 식품의 안전성 평가 등) ① 식품의약품안전청장은 국민보건상 필요하다고 인정하여 대통령령이 정하는 경우에는 유전자재조합 기술을 활용하여 재배·육성된 농·축·수산물 등을 식용을 목적으로 수입·개발·생산하는 자에 대하여 안전성 평가를 받게 할 수 있다.
② 제1항의 규정에 의한 안전성 평가의 대상, 평가를 위한 자료제출의 범위 및 심사절차 등은 식품의약품안전청장이 정하여 고시한다.

가. 지침의 목적과 평가 대상

이 지침은 안전성 평가를 받아야 하는 유전자재조합 식품, 안전성 평가를 위한 자료제출의 범위 및 심사절차 등을 정함으로써 안전성 평가에 대한 심사업무에 적정을 기하고 유전자재조합 식품의 안전성을 확보하여 국민 보건 향상에 이바지함을 목적으로 한다(제1조). 이에 안전성 평가 대상은 식용을 목적으로 유전자재조합 기술을 이용하여 개발된 농·축·수산물 및 미생물이 모두 해당된다(제3조).

나. 심사절차

안전성 심사절차는 지침의 제2장에 따른다. 개발자 등에 의해 유전자재조합 식품 등의 안전성 평가에 대한 심사가 신청되면, 식품의약품안전청장은 270일 이내에 제출된 자료를 토대로 안전성 평가의 타당성 여부를 검토 하여 그 결과를 신청자에게 통보해야 한다. 심사과정에서 자료보완이 필요한 경우 추가자료를 요구하며, 보완기간은 심사일수에서 제외한다. 심사는 과학적이고 전문적으로 이루어지도록 각 분야별 전문가로 "유전자재조합식품안전성평가자료심사위원회"를 구성하여 심사하며, 심사결과의 투명성을 확보하기 위해 최종 심사완료에 앞서 20일간의 일반 의견수렴기간을 두고 있다. 식품 및 식품첨가물의 안전성 평가에 대한 심사 완료 시에는 신청인에게 심사 완료에 사실을 통보하는 한편, 이를 식품의약품안전청 홈페이지를 통해 공표하여 널리 알리도록 하고 있다(그림 6-1).

"유전자재조합식품안전성평가자료심사위원회"는 식품

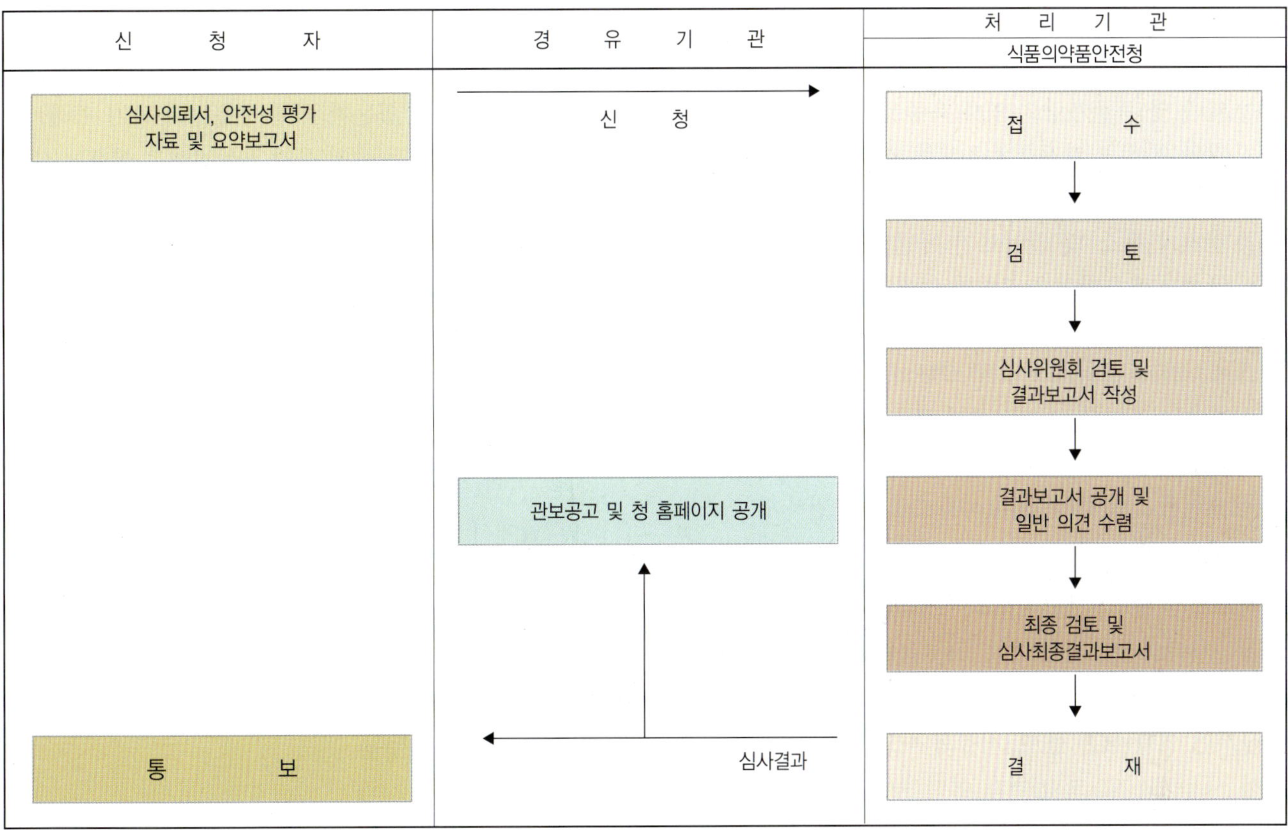

그림 6-1 안전성 심사절차의 흐름도

의약품안전청 예규 제137호(2006 9월 개정)에 의해 운영되고 있으며, 5개의 전문분야별(식품일반분과, 분자생물학분과, 독성분과, 알레르기분과, 영양분과)로 대학이나 연구소의 전문가 및 관련분야 연구직 공무원 계 20명으로 구성되어 있다.

다. 심사승인

유전자재조합 식품은 안전성 평가 심사 결과에 의해 수입, 개발, 생산, 기타의 용도별로 적합과 부적합으로 나누어 승인하고 있다. 심사결과는 제출된 자료에 의하므로 기본적으로 안전성의 모든 책임은 신청자에 있으며, 따라서 새로운 과학적 사실이 밝혀질 경우 즉시 식품의약품안전청에 통보하고 협의하도록 하고 있다.

2. 안전성 평가 방법

유전자재조합식물유래 식품의 안전성 평가에는 과학적 사실을 근거로 사례별로 단계적으로 이루어지며, 이때 요구되는 자료의 범위는 앞서 표 6-1의 CODEX지침[2]의 기본틀에 따라 지침[5]의 제12조에 제시되고 있다. 이들 일반적인 자료 및 정보 사항을 위해도 분석에 대한 일반원칙에 따라 종합적으로 검토한다.

1) 유전자재조합체의 개요(개발목적 및 이용방법에 관한 자료)

안전성 평가 대상인 유전자재조합 식물에 관한 개요 설명이 필요하다. 즉, 작물, 대상이 되는 형질전환, 재조합의 종류와 목적을 밝히고, 평가대상 식품의 특징을 이해할 수 있도록 설명함으로써 개발의 필요성과 정당성을 입증해야 한다.

2) 숙주 식물과 그 식품으로서의 이용에 관한 개요

숙주 식물은 유전자재조합 식품의 기존대응물로서 안전성 기준의 기본이 되며, 이에 관한 포괄적 개요 설명으로 다음 자료·정보 등이 요구된다.

① 분류학적 특성(일반명 또는 통칭, 학명, 분류학상의 분류 등)
② 재배 및 품종개량의 역사(육종을 통한 재배·개발의 경위, 특히 인체건강에 유해한 영향을 미칠 가능성이 있는 형질의 특정)
③ 기지의 독소 및 알레르기 유발성(기존의 독성이나 알레르기 유발성을 포함한 안전성에 관련된 숙주 식물의 유전자형과 표현형에 관한 정보, 숙주 식물뿐만 아니라 관련종이나, 숙주 식물의 유전적 배경으로 크게 기여하거나 그 가능성이 있는 식물에 관해서도 표현형 정보를 밝혀야 한다.)
④ 안전한 식경험의 유무(식품으로서 안전하게 소비되어 온 이력)

사용된 이력에는 그 식물이 일반적으로 어떻게 재배·수송·보관되는지, 그 식물을 식품으로 안전하게 먹기 위해서 특수한 가공이 필요한지 여부, 그 식물의 식사에서의 통상적인 역할(예를 들면, 식물의 어느 부분을 식품 원료로서 사용하는지, 그 섭취가 어떤 특정 집단에게 중요한가, 그것이 식사에서 어떤 중요한 주요·미량 영양소를 공급원인가)에 관한 정보가 포함되도록 한다.

3) 유전자의 공여체에 대한 개요

공여체 또는 동일과(科)내 밀접하게 관계된 다른 생물(근연종)의 정보는 비의도적 영향에 의한 위해도를 평가하는 기초 자료가 되며, 이에 이들이 병원성이나 독소 생산 특성을 갖는지 여부, 인체건강에 영향을 주는 형질을 가졌는지 여부(항영양소의 존재 등)를 판단하는 것이 중요하며, 이를 위해 공여체에 대한 개요에는 다음 사항이 포함되어야 한다.

① 분류학적 특성(명칭 또는 일반명, 학명, 분류학상의 분류 등)
② 안전한 식경험의 유무(식품 안전성에 관련되는 자연상태에서의 그 식물의 역사에 대한 정보, 지금까지 식품으로 사용에 관한 정보, 식용 이외의 노출 경로, 예를 들면 오염물질로서 존재할 가능성 등
③ 공여체 및 근연종의 독성, 항영양성, 알레르기성(자연적으로 존재하는 독소, 항영양소 및 알레르겐에 관한 정보, 미생물인 경우 병원성에 관한 추가 정보 및 기존의 병원체와의 관계)

4) 유전자재조합의 개요

의도한 변화가 정확히 의도한 바대로 이루어지고, 그 밖의 비의도적 영향이 있는지 여부 등을 예측하기 위해, 숙주 식물에 전달된 모든 유전 물질을 동정하고 식물에 삽입된 DNA의 특징을 입증하는 자료 등을 포함한 형질전환과정과 도입유전자에 관한 충분한 정보가 제출되어야 한다.

형질전환 과정의 개요에는 다음 사항이 포함되어야 한다.

① 형질전환에 사용한 방법에 관한 정보(㉠*Agrobacterium* 법 또는 입자총법)
② 재조합에 사용된 벡터에 대한 정보: 벡터 구성 요소의 기원(식물, 미생물, 바이러스, 합성), 특성 및 그 식물에서 기대되는 기능 등을 포함한 식물의 재조합에 사용한 DNA(㉠helper plasmid 등)에 관한 정보
③ 중간숙주에 대한 정보(숙주 생물의 형질전환을 위한 DNA의 생산 또는 가공에 사용한 생물(세균 등)등 중간숙주 생물)
④ 전달성에 관한 정보

도입 DNA에 관하여 다음 사항을 기본으로 하는 정보를 제시해야 한다.

⑤ 구성유전자의 특성: 선발표지유전자, DNA의 기능에 영향을 미치는 조절인자 등을 포함한 모든 유전적 구성 성분의 특징 평가
⑥ 크기와 명칭
⑦ 완성된 벡터내의 유전자염기서열의 위치 및 방향성
⑧ 구성유전자의 기능
⑨ 유해염기서열의 유무
⑩ 외래전사해독프레임의 유무와 그 전사 및 발현가능성
⑪ 목적하는 유전자 이외의 염기서열의 혼입(유전자의 순도)

5) 유전적재조합의 특징의 명시

유전자재조합 식물에 유래하는 식품의 성분분석과 안전성에 대한 영향에 관한 명확한 이해를 위해, 유전자재조합의 포괄적인 분자적·생화학적 특성화가 필요하다.

식물 게놈에 DNA 삽입에 관한 정보로 다음 사항 등이 제공되어야 한다.

① 유전자재조합체의 게놈에 삽입된 삽입자의 특성 및 기능
② 삽입 부위의 수
③ 각 삽입부위의 삽입유전자의 구성: 삽입 물질 및 주

변 영역의 복제수(Copy 수) 및 유전자서열 자료를 포함하여 삽입 결과 발현한 물질을 동정하기 위해서 충분한, 각 삽입 장소에서의 삽입 유전 물질의 구성. 또한 적절한 경우는 식품에 포함될 수 있는 신 물질을 동정하기 위해 적당한 전사나 발현산물의 해석 등의 정보도 제시

④ 삽입 DNA의 융합 단백질을 만들 가능성을 포함하여 인접하는 식물 게놈 DNA의 삽입에 의해 생성한 외래전사해독프레임(open reading frame)의 동정

⑤ 안정성에 관한 사항: 복수세대에서 삽입된 유전자의 서열 및 크기, 발현부위, 발현시기, 발현량 등

유전자재조합 식물에서 발현한 유전자산물에 관한 정보로 다음 사항들을 제시해야 한다.

① 유전자산물의 화학적 성질(단백질이나 비번역RNA 등)
② 유전자산물의 기능
③ 발현 단백질의 아미노산 서열의 번역 후 변이 유무 및 구조적 변화 유무
④ 새로운 형질의 표현형의 설명
⑤ 유전자산물의 발현부위 및 발현량(식물 중 발현 유전자 산물의 발현량과 부위, 식물 특히 가식부위의 대사산물 양)
⑥ 발현 서열·유전자의 기능이 특정 내재성 mRNA 혹은 단백질의 축적을 변화시킬 경우, 가능한 범위에서 표적 유전자 산물의 양
⑦ 삽입에 사용된 유전 물질의 서열이 보존·유지되고 있는지 여부, 혹은 재조합에 의해 대폭적인 서열의 전환이 발생했는지 여부
⑧ 발현 단백질의 아미노산 서열을 의도적으로 수식함으로써 번역 후의 수식에 변화가 생기거나 구조·기능상 불가결한 부위에 영향을 주는지 여부
⑨ 의도된 영향이 유전자재조합에 의해 얻어졌으며, 모든 발현형질이 발현되었으며, 이들이 유전의 법칙에 따라 몇 세대에 걸쳐 안정된 상태로 계승되고 있음을 입증(만일 표현형의 특징이 직접 계측할 수 없으면 삽입 DNA 그 자체나 대응하는 RNA 발현에 대한 조사가 필요할 수도 있음)
⑩ 새롭게 발현된 형질이, 대응하는 유전자의 발현을 촉진하는 조절기능을 갖는 서열에 일치하는 수준으로 적절한 조직 내에서 목적한 바대로 발현하고 있음을 입증
⑪ 숙주 식물내의 하나나 복수의 유전자가 형질전환 과정의 영향을 받았음을 시사하는 근거가 있는지 여부
⑫ 신규의 융합 단백질의 특성과 발현 패턴의 확인

6) 안전성 평가

가. 발현 물질(비핵산물질)

(1) 독성 평가

In vitro 핵산 기술은 식물 내에서 신규 물질을 합성할 수 있는 DNA의 도입을 가능하게 했다. 그러나 발현물질이 유전자재조합 식물에서는 신규 물질이라고 해도, 단백질·지방·탄수화물·비타민 등 식물성 식품에 종래부터 포함되었던 일반적인 성분이거나, 도입 DNA의 발현에 의해 생성한 효소의 활성에 유래하는 새로운 대사산물일 수도 있다. 안전성 평가에서는 새로운 발현 물질의 화학적 성질이나 기능을 고려하여, 유전자재조합 식물의 가식 부위에서의 물질 농도를 평균치와 편차로 특성화해야 한다. 또한 필요한 경우 임산부, 영유아 등 특수집단에서의 식사에 의한 노출과 그 영향도 고려한다.

공여체에서 이미 알려져 있는 독소 또는 항영양소 합성을 암호화하는 유전자가, 통상은 그러한 독소나 항영양소의 특성을 발현하지 않는 유전자재조합 식물에 전달되어 있지 않음을 입증하는 정보를 제시해야 한다. 공여체와 관련된 종래의 식품가공기술이 항영양소 또는 독소를 불활성화하여 열화시키거나 제거하는 방법이었을 수 있기 때문에 유전자재조합 식물의 가공방법이 공여체 식물과는 다를 경우에는 특히 관련 유전자가 전달되지 않았음을 입증해야 한다.

이상에서의 이유로 해당 물질이나 밀접하게 관련된 물질의 기능과 노출정도를 고려했을 때 식품으로 안전하게 소비되는 경우에는 종래의 독성시험이 필요하지 않으나, 그 외에는 신규 물질에 대해 적절한 종래의 독성 시험 등이 필요할 수 있다.

단백질인 경우, 잠재적인 독성에 대한 평가는 해당 단백질과 기지의 단백질 독소나 항영양소(프로테아제 저해 인자, 렉틴 등)의 아미노산 서열 유사성 및 열·가공 안정성이나 소화 분해에 대한 안정성 시험이 중요하다. 식품에 포함된 단백질이 지금까지 식품으로 안전하게 소비되어 온 단백질과 유사성이 없는 경우에는 알려진 식물의 생물학적 기능을 근거로 적절한 경구 독성 시험이 필요한 경우

도 있다. 이때 제출되어야 하는 정보는 다음과 같다.

① 안전한 식경험의 유무
② 기지의 독성 및 항영양소와의 아미노산 서열 유사성
③ 유전자산물의 물리화학적 처리에 대한 감수성(대체 산물의 경우 유전자 산물과의 생화학적, 구조적, 기능적 동질성에 관한 자료 포함)
④ 안전한 식경험이 없는 단백질인 경우 경구독성실험 및 단백질을 가지고 있는 것으로 알려진 식물에서 그 단백질의 생물학적 기능

비단백성 물질에 대해서는 지금까지 식품에서 안전하게 소비된 경험이 있는 경우와 없는 경우로 나눌 수 있으며, 식경험이 없는 비단백성 물질의 독성은 식물에서의 해당 물질의 특성과 생물학적 기능 및 식사에 의한 노출량에 근거하여 개별적으로 평가해야 한다. 실시해야 할 시험의 종류에는 종래의 독성학적 수법에 따른 대사산물, 독성 동태(toxicokinetics), 아만성 독성, 만성 독성, 발암성, 생식·발생 독성에 관한 시험 등이 포함된다. 이에 신규물질이 비단백성물질인 경우에는 다음과 같은 정보를 제시해야 한다.

① 생물학적 기능
② 식이 노출량
③ 안전한 식경험의 유무
④ 안전한 식경험이 없는 경우 일반적인 독성실험자료

안전성 평가에 이용하기 위한 유전자재조합 식물에 유래하는 신규 물질의 분리가 어려워 미생물을 이용한 합성 등이 필요한 경우에는 그 물질이 생화학적·구조적·기능적으로 유전자재조합 식물에서 생성된 것과 같음을 증명해야 한다.

(2) 신규 단백질의 알레르기 유발성의 평가

도입 유전자에 기인하는 단백질이 식품에 함유되는 경우는 이에 대한 알레르기 유발성을 평가해야 한다. 신규 발현 단백질의 알레르기 유발성 평가는 한 가지 기준으로 충분히 판단할 수 없기 때문에 다음 표와 같은 다양한 기준을 단계적으로 조합해서 종합적으로 판단하는 데 이용해야 한다.

① 유전자산물이 알레르겐으로 알려지고 있는가에 관한 자료
② 유전자산물의 물리화학적 처리에 대한 감수성(대체 산물의 경우 유전자산물과의 생화학적, 구조적, 기능적 동질성에 관한 자료 포함)
③ 유전자산물 중 이미 알려져 있는 알레르겐과 상동성에 관한 자료
④ 유전자산물이 1일 단백섭취량의 유의한 양을 차지하고 있는지에 관한 자료
⑤ ①내지 ④의 자료에 의해 알레르기성을 판단하기 어려울 경우 다음 자료
 - 구조 유사성이 확인된 알레르겐에 대한 환자 IgE 항체와 유전자산물과의 결합력에 관한 자료
 - 주요 알레르겐에 대한 환자 IgE 항체와 유전자산물과의 결합력에 관한 자료

도입 유전 물질이 밀·호밀·보리·오트밀, 그 밖의 곡물에서 유래하는 경우에는 유전자재조합 식물에 유래하는 식품 중 새롭게 발현한 단백질에 대해 글루텐 과민성 장질환과의 연관성을 평가해야 한다. 일반적으로 알레르기 유발성 식품이나 과민성인 사람에게 글루텐 과민성 장 질환을 유발하는 식품에서 유전자를 도입할 경우, 도입된 유전자가 알레르겐 또는 글루텐 과민성 장 질환에 관여하는 단백질을 합성하는 코드를 갖고 있지 않음이 명확하게 밝혀지지 않는 한 피해야 한다.

새롭게 발현한 단백질의 알레르기 유발성 평가에서의 제1 단계는 도입 단백질의 공급원, 즉 공여체가 알레르기 식품으로 알려져 있는가와 아울러 해당 단백질에 대해 FASTA 또는 BLASTP 등 여러 가지 알고리즘(단계적 수법)을 이용하여 기지의 알레르겐과의 아미노산 서열의 유의적인 유사성, 구조적 특성을 조사하여, 알레르기 유발성을 예측하고 아울러 IgE 매개성 경구 또는 호흡성·접촉성 알레르기인지를 예측하여 평가에서 고려해야 할 수단이나 관련 자료를 명확히 한다.

또한 효소 분해에 대한 감수성, 열안정성, 산·효소 처리에 대한 안정성 등도 확인한다. 일부 알레르겐은 펩신 소화에 대한 내성이 보고되고 있어 펩신 내성과 알레르기 유발성에는 상관관계가 있다고 한다.[12] 이에 소화액에서의 분해성을 조사한다. 그러나 펩신 내성이 없는 경우도 새롭게 발현한 단백질이 관련 알레르겐일 가능성을 배제할 수는 없다는 것을 고려해야 한다.

알레르기 유발성이거나 기지의 알레르겐과의 서열 상

12) 상관관계의 확립에 대해 미 약국방(1995년)에 개설된 방법을 이용했다(Astwood 외, 1996년).

동성이 명확한 공여체에 유래하는 단백질에 대해서는 혈청을 이용할 수 있는 경우에는 면역학적 검사에 의한 시험을 실시해야 한다. 해당의 단백질의 공급원에 대한 알레르기가 임상적으로 검증된 개인의 혈청을 이용하여 in vitro assay로 단백질의 IgE 클래스 항체와의 특이적 결합을 조사할 수가 있다. 이 시험에 있어 중요한 문제는 충분한 수의 개체로부터의 혈청을 얻을 수 있는지 여부이다. 생명공학 응용 식품의 알레르기 유발성에 관한 FAO·WHO 합동회의(2001년 1월22~25일, 이탈리아·로마)의 보고서에 의하면, 주요 알레르겐의 경우, 새로운 단백질이 알레르겐이 아님을 99% 보증하기 위해서는 최저 8개의 관련 혈청이 필요하며, 비주요 알레르겐에 대해 같은 확실성을 기하기 위해서는 최저 24개의 관련 혈청이 필요하다고 했다. 그러나 이 만큼의 혈청 시료를 시험에 이용하는 것은 실제로는 어렵다. 더욱이 혈청의 질과 분석 절차를 표준화하여 유효한 시험결과를 낼 필요가 있다.

기존의 알레르기 유발성 공여체에 유래하는 신규 단백질의 경우, in vitro 면역학적 검사에서 음성 결과만으로는 충분하지 않다고 생각되는 경우, 피부 테스트나 ex vivo protocol 등 보완적 시험을 해야 한다. 이러한 시험에서의 양성 결과는 알레르겐의 가능성을 나타낸다.

이상의 실험에서 신규 단백질을 유전자재조합 식물로부터 분리하거나 다른 공급원으로부터 그 물질을 합성·제조할 필요가 있으며, 이들 물질은 유전자재조합 식물에서 생성되는 것과 구조적·기능적·생화학적으로 동등하다는 것이 입증되어야 한다. 숙주생물(진핵생물계와 원핵생물계)에 따른 번역 후 수식의 차이가 단백질의 알레르기 유발성에 영향을 미칠 수 있어 발현 숙주의 선택에 특별한 주위가 요구된다.

나. 주요 성분의 조성 분석

유전자재조합 식물의 주요 성분(영양 섭취 전체에 상당한 영향을 줄 수 있는 특정 식품의 성분으로, 주요 성분(영양소로서는 지방·단백질·탄수화물, 항영양소로서는 효소저해 인자), 비주요 성분(무기질, 비타민) 및 독소나 농도가 건강에 큰 영향을 줄 수 있는 화합물인 주요 독소(양이 많은 경우의 감자의 솔라닌, 밀의 셀레늄)나 알레르겐 등 식물에 잠재적으로 포함되고 있는 것으로 알려져 있는 독성학적으로 중요한 화합물) 특히 그 식품의 대표적 성분의 농도 분석은 같은 조건에서 재배해서 수확한 기존의 대응물과의 동등하게 분석하여 그 결과를 비교해야 하며, 다음과 같은 자료를 제출해야 한다.

① 주요영양성분
② 미량영양성분
③ 내재성독소
④ 영양억제인자(항영양소)
⑤ 알레르기유발성분

그 밖에 기대된 재배 조건에서 성육한 유전자재조합 식물과의 추가적인 비교 검토가 필요한 경우도 있다(제초제의 이용 등). 생물학적 의의를 판정하기 위해서, 관찰되는 모든 차이점의 통계학적 유의성을 그 지표(parameter)의 자연계에서의 변이 범위 내인지를 평가해야 한다. 이 평가에서 사용하는 비교 대상은 이상적으로는 거의 동일 유전계통의 친종이어야 하나, 실제로는 그것이 항상 실현 가능한 것은 아니다. 그 경우는 가능한 한 가까운 계통을 선택해야 한다. 노출 평가에 대해서도 이러한 비교를 필요에 따라 함께 행하는 목적은 영양학적으로 중요하거나 식품의 안전성에 영향을 줄 가능성이 있는 물질이 인체건강에 유해 영향을 미치는 물질이 되지 않는다는 것을 실증하기 위해서다.

시험시설의 입지 조건은 다양한 식물이 생육한다고 예상되는 것과 같은 환경이어야 한다. 시험시설은 이 범위 전체로 조성의 특징을 정확하게 평가하는데 충분한 수가 필요하다. 마찬가지로 자연에서의 다양한 조건에 적절히 노출되기에 충분한 세대수에 걸쳐 시험을 실시해야 한다. 환경영향을 최소한으로 조절해서 작물의 품종 내에서 자연 발생적으로 일어나는 유전자형 변화의 영향을 최소화하기 위해, 각 시험 시설은 동일하게 해야 한다. 충분한 수의 식물을 채취하여 충분한 감도를 갖고 주요 성분의 변화를 특이적으로 검출하는 분석 방법을 이용해야 한다.

다. 대사산물의 평가

유전자재조합 식물 안에는 수식에 의해 식품 중 신규 또는 양이 변한 다양한 대사산물이 생길 수 있다. 인체건강에 유해 영향을 미칠 우려가 있는 식품에서 대사산물의 축적 가능성을 고려해야 한다. 이러한 식물의 안전성 평가에서는 식품 중 잔류물 및 대사산물 양의 조사 및 영양학적 변화에 관한 평가가 필요하다. 식품에서 잔류물 또는 대사산물 양의 변화가 확인되었을 경우, 이러한 대사산물의 안전성을 확립하기 위해서, 식품에 포함되는 화학물질의 사람에 대한 안전성 평가 절차 등과 같은 종래의 절차로 인체건강에 대한 잠재적인 영향을 고려해야 한다.

라. 식품 가공 섭취 방법

유전자재조합 식물 유래의 식품에 대해서는 가정 내 조리를 포함하여 식품 가공의 잠재적 영향도 검토해야 한다. 예를 들면, 가공 후 내인성 독소의 열안정성이나 중요한 영양소의 생체 이용률에 변화가 일어날 가능성도 있다. 따라서 식물에 유래하는 식품 성분의 제조에서의 가공 조건을 나타내는 정보가 제공될 필요가 있다. 식물유라면 추출과정이나 그 후의 정제 단계에 관한 정보가 제공될 필요도 있다.

마. 영양적인 변화

주요 영양소에서 일어날 수 있는 조성의 변화에 관한 평가는 유전자재조합 식물 전부에 대해서 실시해야 하며 이는 「주요 성분의 조성 분석」의 항에서 이미 다룬 바와 같다. 그러나 영양의 질이나 기능의 의도적인 개변을 목적으로 수식이 행해진 유전자재조합 식물유래 식품에 대해서는 변화의 결과 및 이러한 식품의 공급에 의해 영양소의 섭취에 변화가 초래될 가능성이 있는지 여부를 평가하기 위해서 새로운 영양 평가를 실시해야 한다.

식품 및 그 파생물의 사용과 소비에 대한 기지의 패턴에 관한 정보는 유전자재조합 식물에 유래하는 식품의 예상되는 섭취량을 계산하기 위해서 사용해야 한다. 이러한 식품의 예상 섭취량을 이용하여 통상의 소비량과 최대 소비량의 두 가지 경우에 대해 변형된 영양 특성의 영양학적인 의미를 평가해야 한다. 가장 소비할 가능성이 높은 것에 대한 개산을 기반으로 하면, 바람직하지 않은 영양학적 영향의 모든 가능성도 검출된다고 하는 확증을 얻을 수 있다. 유아·소아·임산부·수유부·고령자·만성 질환 및 면역계 질환을 가진 사람 등, 특정한 집단에서의 생리학적 특징이나 대사 조건에 주목해야 한다. 모집단 가운데 소집단에서의 영양학적 영향 및 식사에 관한 필요성의 해석에 근거하여 영양학적 평가가 더 필요한 경우도 있다. 수식된 영양소가 생체 내 이용될 때까지 어느 정도까지 시간·가공·보존에 대해 안정한지를 확인하는 일도 중요하다.

곡물의 영양소량을 바꾸기 위해서 in vitro 핵산 기술을 포함한 식물 육종 기술이 이용되었을 경우, 영양상의 측면에서 두 가지 광범위한 변화가 생길 가능성이 있다. 식물 성분에 의도적으로 수식을 가한 경우 식물 제품의 영양소상의 특성을 전체적으로 바꿀 가능성이 있으며, 이 변화는 식품을 소비하는 개인의 영양상태에 영향을 줄 가능성이 있다. 예기치 않은 영양상의 변화도 같은 영향을 미칠 가능성이 있다. 유전자재조합 식물 성분의 안전성이 개별적으로 평가되었을 경우라 해도 이 변화가 영양소의 전체적인 특성에게 주는 영향을 검토해야 한다.

변화의 결과, 식물유 등과 같이 기존의 대응물과 조성이 큰 폭으로 다른 식품이 생겼을 경우, 그 식품의 영양학적 영향을 평가하기 위한 적당한 비교 대상으로 통상 식품 또는 식품 성분(영양 조성이 유전자재조합 식물에 유래하는 식품에 의해 가까운 식품 또는 식품 성분)을 추가해서 이용하는 것이 적당한 경우도 있다.

식품 소비 패턴은 지리적·문화적 요인에 따라서 다르기 때문에, 특정 식품의 영양학적 변화가 어떤 지역이나 문화권에서 다른 경우보다 중대한 영향을 가져올 가능성이 있다. 어느 집단에서는 몇 개의 식용 식물이 특정 영양소의 주요 급원이 되고 있어, 영양소와 그 영향을 받는 집단을 분명하게 해야 한다.

식품에 따라서는 추가 시험이 필요한 경우가 있다. 예를 들면, 영양소의 생체이용률의 변화가 예상되는 경우나, 조성이 종래의 식품과는 다른 경우는 유전자재조합 식물 유래 식품에 대해 동물 사양시험이 당연히 필요할 것이다. 또한 건강 증진을 목적으로 하는 식품에서는 특정 영양학적·독성학적 시험 또는 그 밖의 적절한 시험이 필요한 경우도 있다. 식품이 특성화 결과, 이용할 수 있는 자료가 종합적인 안전성 평가를 실시하는 데는 불충분하다고 판명될 경우, 적절히 계획되어 통째로의 식품을 대상으로 한 동물 시험이 필요한 경우도 있다.

5) 그 밖의 검토 사항

가. 인체건강에 중대한 의미를 가지는 물질이 축적할 가능성

유전자재조합 식물이 잔류농약, 변형된 해당 잔류 물질의 대사산물, 독소 대사산물, 오염물질, 그 외 인체건강에 영향을 줄 우려가 있는 물질을 간접적으로 축적시킬 수 있는 형질(제초제 내성 등)을 나타내는 경우도 있다. 안전성 평가에서는 이들의 축적 가능성을 고려해야 한다. 이들 화합물의 안전성을 확립하기 위해서는 종래의 절차(화학물질의 사람에 대한 안전성의 평가 과정 등)를 적용해야 한다.

나. 항생 물질 내성 선발표지유전자의 사용

유전자재조합 식물의 개발에 항생 물질 내성 선발표지 유전자 이외의 안전성이 밝혀진 다른 선발표지유전자를 이용할 수 있으면 이를 이용해야 한다. 식물이나 이에 유래하는 식품으로부터 장내 미생물이나 사람세포로 유전자가 전달되기 위해서는 많은 복잡하고 우발적인 사건이 연속적으로 발생할 필요가 있으므로 실제 일어날 가능성은 매우 적으나, 완전하게 배제할 수는 없다.

식품에 함유되는 항생물질 내성 선발표지유전자의 안전성 평가에서는 ① 특정 감염증 치료에는 제한된 항생물질 밖에 효력이 없는 경우가 있으며, 이러한 임상학적 및 수의학적으로 중요한 항생물질(특정 포도상구균 감염증의 치료에 사용하는 반코마이신 등)에 대한 내성을 암호화하고 있는 유전자는 유전자재조합 식물에 대해 선발표지유전자로 사용해서는 아니 되며, ② 항생물질 내성 선발표지유전자에 의해 암호화되는 효소 또는 단백질이 식품 중에 존재하여 경구 투여된 항생물질의 치료 효과가 저감하는지 여부를 명확히 해야 하며, 그밖에 ③ 다른 발현 유전자 산물의 경우와 같이 유전자 산물의 안전성을 평가해야 한다.

자료나 정보의 평가의 결과, 항생물질 내성 선발표지유전자 또는 유전자 산물의 존재가 인체건강에 위해도를 나타내는 것이 시사될 경우, 이 선발표지유전자 또는 유전자 산물이 식품 중에 존재해서는 안 된다. 임상적으로 사용되는 항생 물질에 대한 내성을 암호화하는 항생 물질 내성 유전자를 식품 제조로 이용할 경우도 최종적으로는 식품에 잔존해서는 안 된다.

다. 안전성 평가의 검토

안전성 평가의 목표는 영양 섭취량이나 영양가의 변화가 식사에 미치는 영향을 고려하여 신규 식품이 기존대응물과 같이 안전한지 어떤지를 판정하는 것이다. 그러나 안전성 평가는 원래의 안전성 평가의 판정에 의문을 던지는 것 같은 새로운 과학적 정보에 비추어 행해야 할 것이다.

3. 표시제도

1) 법적근거: 식품위생법 제10조

우리나라는 소비자의 알권리를 보장하기 위해 2001년부터 안전성 심사가 완료된 유전자재조합 식품에 대한 표시제를 실시하고 있다. 원료농산물에 대해서는 농산물품질관리법에 의한 「유전자변형농산물표시요령」으로 농림부가 관리하며, 가공식품에 대해서는 식품위생법에 의한 「유전자재조합식품 등의 표시기준」으로 식품의약품안전청이 관리하고 있다.

2) 표시제 개요

현재 농림부는 콩, 옥수수, 콩나물, 감자를 표시대상으로 하고 있으며 식품의약품안전청은 콩, 옥수수, 콩나물을 주요 원재료로 사용한 식품을 표시대상으로 하고 있다. 이러한 차이는 유전자재조합 감자의 상업적 생산이 중단됨에 의한 것으로 향후 유전자재조합 감자의 상업적 생산 여부에 따라 추가 지정을 검토할 계획이다. 운영 중인 유전자재조합 식품 관련 표시제 등에 대한 개요를 살펴보면 다음과 같다.

국내 판매용 농산물에 대해서는 유전자변형 농산물이 전혀 포함되지 않는 경우 유전자변형 농산물이 아니라, 즉 non-GM 농산물이라고 표시할 수 있다. 이때 판매자는 단속과정에서 허위표시위반으로 적발될 경우 책임소재를 확실히 하기 위하여 농산물 공급자로부터 관련 증명서(구분유통증명서)를 받아두거나 검정기관으로부터 검정을 받아서 non-GM 농산물임을 확인하고 표시토록 하고 있다. 그러나 관련 증명서가 있더라도 표시제 단속과정에서 시료 검정결과 GMO 성분이 검출된 경우 허위표시 행위로 간주하여 책임을 지게 되며 혼입 양에 관계없이 과태료 처분을 받게 된다.

가공식품은 최종 제품에 재조합 DNA나 외래단백질이 남아 있지 않더라도 non-GMO 표시를 허용하지 않고 있다. 이는 원료 중 일부가 GMO로 이루어져 있다 하더라도 일련의 가공 및 정제과정을 거친 후 최종제품에 재조합 DNA나 외래단백질이 남아 있지 않게 되는 경우가 있을 수 있기 때문이며 또한 소비자가 non-GM이라고 표시하지 않는 다른 제품을 유전자재조합 식품으로 오인할 수 있기 때문이다.

3) 표시제 사후관리

가. 수입신고 및 통관시 표시관리

수입단계에서 표시대상 농산물 및 가공식품의 수입신고시 유전자재조합 여부를 수입신고서상에 기재하며, 표

표 6-3 우리나라 유전자재조합 관련 표시제 개요

관련 부처	식약청	농림부
관련 규정	유전자재조합식품등의표시기준	유전자변형농산물표시요령
시행일	2001. 7. 13	2001. 3. 1
표시 대상	콩, 옥수수, 콩나물을 주요 원재료로 사용하여 제조 · 가공한 식품 중 최종제품에 유전자재조합DNA나 외래 단백질이 남아 있는 식품	콩, 옥수수, 콩나물, 감자
표시 의무자	식품제조가공업, 식품첨가물제조업, 식품소분업, 식품 등 수입판매업, 유통전문판매업, 즉석판매제조 · 가공업	판매자
비의도적 혼입치	원료의 경우 3%(구분유통증명서 구비)	3%(구분유통증명서 구비)
표시 방법	· 용기포장에 잉크, 각인, 소인 등으로 지워지지 않고 잘 알아 볼 수 있게 · 바탕색과 구별되는 색상의 10포인트 이상 활자	· 미포장: 판매장소에 푯말, 안내표지판 등으로 표시 · 포장: 식별이 용이한 위치에 쉽게 알아볼 수 있는 활자 크기로 표시
	· 제품 주표시면 유전자재조합식품 또는 유전자재조합OO포함식품 · 원재료명 바로 옆에 유전자재조합 또는 유전자재조합된 OO · 확인할 수 없는 경우 유전자재조합OO 포함가능성 있음	· 유전자변형농산물 · 유전자변형OO · 유전자변형OO 포함 · 유전자변형OO포함가능성 있음
행정 처분	· 미표시: 품목제조정지(15일→1월→2월) · 허위표시: 품목제조징지(1월→2월→3월)	
처벌 기준	· 3년 이하 징역 또는 3천만 원 이하 벌금	· 미표시: 1천만 원 이하 과태료 · 허위표시: 3년 이하 징역 또는 3천만 원 이하 벌금

시를 안 하고자 하는 경우에는 식품위생법시행규칙 제11조 제1항 제7호의 규정에 따라 구분유통증명서 또는 이와 동등한 효력이 있음을 생산국 정부가 인정하는 정부증명서 등을 제출하여야 한다.

나. 국내 유통제품 표시관리

국내 유통중인 유전자재조합 식품 표시대상 품목에 대한 사후관리는 표시 제품과 무표시 제품으로 구분하여 수행하며, 무표시 또는 유전자재조합이 아님이라고 표시된 제품을 대상으로 허위 또는 미표시 제품을 관리하고 있다.

실제 사후관리를 위한 수거·검사 과정에서 제품에 표시가 없는 경우라도 유전자재조합 성분이 검출되는 경우는 많다. 그러나 이는 대부분 비의도적 혼입 또는 주요원재료 외의 원료 또는 식품첨가물로 사용된 GMO 성분에 의한 것으로 유전자재조합 표시를 생략할 수 있어 처분대상에는 해당되지 않는다.

GMO 성분 검출에도 불구하고 비의도적 혼입 인정 등에 의해 유전자재조합 표시를 하지 않는 제품들은 소비자에게 현재 표시제에 대한 혼란을 야기할 수 있다는 지적도 있다. 그러나 이는 유전자재조합 식품을 둘러싼 현실 및 국제적 동향 등에 대한 소비자의 이해가 요구되는 부분이기도 하다.

4) 유전자재조합 식품의 검사법

식품의약품안전청에서는 유전자재조합 식품의 표시제 사후관리 등을 위하여 유전자재조합 식품에 대한 검사방법이 확립하여 식품공전에 유전자재조합 식품의 시험법으로 제정 고시하고 있다.[13]

곡류나 두류와 같은 농산물이나 단순 분쇄 가공 농산물의 경우 PCR법이나 ELISA법, 간이신속검사키트를 이용할 수 있으나, 가공식품의 경우 제조·가공과정 중 단백질의

13) 식품의약품안전청(2005) 식품 등의 기준규격 개정(청 고시 제2005-2호)

변성, 분해 등으로 인해 단백질 분석방법이 아닌 PCR 방법을 적용한다. 재조합유전자 검사방법으로 정성검사는 일반 PCR장치를 이용하며, 정량검사는 실시간 PCR(Real-Time PCR)장치를 이용하여 검사한다. 다만, 가공식품의 경우 가공과정에서 재조합유전자의 분해 등으로 인해 국제적으로도 신뢰성 있는 정량검사법이 확립되어 있지 않다.

지금까지 식품공전에 등재된 유전자재조합 식품의 검사법으로 유전자재조합 콩 1종(Roundup Ready Soybean, RRS)과 유전자재조합 옥수수 6종(Mon810, Bt11, Bt176, T25, GA21, CBH351), 유전자재조합 감자 2종(New Leaf Plus, New Leaf Y)에 대한 정성검사와 유전자재조합 콩 1종(RRS)과 옥수수 5종(Mon810, Bt11, Bt176, T25, GA21)에 대한 정량검사가 가능하다.

유전자재조합 식품의 정성검사는 시료로부터 DNA를 2반복하여 추출하고, 다른 종류의 프라이머를 사용하는 2회에 걸친 PCR 분석으로 수행된다. 이때 하나 이상의 추출 DNA에서 1차 및 2차 확인 시험에 의해 내재유전자(유전자재조합 유무와 상관없이 존재하는 콩이나 옥수수 등의 고유 유전자)와 재조합유전자 특이 PCR산물이 모두 확인된 경우 '검출'로 판정한다. 2반복 추출 DNA에 대하여 내재유전자의 PCR산물은 모두 검출되나, 재조합유전자 특이 PCR산물이 검출되지 않은 경우에는 '불 검출'로 판정한다.

현행 유전자재조합 식품의 표시제는 유전자재조합체의 '비의도적' 혼입이 3%를 넘는 콩과 옥수수 및 그 가공식품에 대하여 표시를 하도록 하고 있으며, 수입단계에서 '비의도적' 혼입이 3% 이하임을 증명하기 위하여 구분유통증명서를 제출하도록 하고 있다. 유전자재조합 식품이 검출되었더라도 정성검사결과로는 이것이 '비의도적' 혼입인지 '의도적' 혼입인지를 알 수 없기 때문에 해당 제품이 구분유통증명서를 구비하고 있는지를 확인하는 것이 필요하다. 즉, 구분유통증명서가 없는 가공식품의 경우 '비의도적' 혼입임을 증명할 수 없으므로 표시제 위반이 된다. 비의도적 혼입으로 확인되었더라도 농산물에 대해서는 정량분석을 실시하여 3% 이하인지를 확인하여야 한다. 다만, 유전자재조합옥수수 중 스타링크(CBH351)나 Bt10과 같이 식용으로 평가심사를 받지 않은 품목의 경우 표시제 관리 대상이 아니라 위해식품으로 분류되기 때문에 구분유통증명서의 확인이나 정량분석의 대상이 아니고 정성검사하여 검출되면 위반이 된다.

IV. 맺음말

유전자재조합 식품의 안전성 평가는 CODEX에서도 정한 바와 같이 국제적으로 과학적 사실에 근거하도록 하고 있다. 유전자재조합 식품의 이용가능성으로 많은 제품들이 연구 개발되고 있으나, 최종적으로 식품으로 사람이 먹을 때 안전성을 보증한다는 것이 매우 중요하며, 안전성을 보증하는 것이 바로 위해도 평가에 의해서이다. 이를 위해 우리나라를 포함한 주요 각 국은 안전성 평가를 제도화하여 안전성이 확인된 것만이 시장에 유통되도록 하고 있다. 우리나라에서 현재 식품으로서 안전성심사승인을 받은 유전자재조합 농산물은 2006년 11월말 현재 48건이다.[14)]

물론 현재의 과학적 기술과 지식의 범위에서 만들어진 안전성 평가제도는 과학의 계속적인 발달에 따른 관련정보의 축적에 의해 재검토도 필요할 것이다. 재검토 결과에 따라 평가제도가 완화될 수도, 강화될 수도 있을 것이다. 또한 과학적 불확실성에 대해서는 CODEX에서의 위해도 분석 원칙에 따라 사후관리방법으로 대처해나갈 수 있도록 하고 있다. 이에 식품의약품안전청에서 유전자재조합 식품을 이러한 원칙을 따라 관리하여 사전관리로 안전성평가심사를 실시하며, 사후관리로 모니터링 등을 할 수 있도록 검사법을 고시하여 시중유통실태를 모니터링하며, 아울러 이들 유전자재조합 식품과 관련된 국내외 정보수집분석에 의해 위해발생사례가 없는지를 감시하고 있다.

이에 이러한 관리제도에 대한 이해에 의해 개발자는 개발단계에서부터 사회가 수용할 수 있는 보다 안전한 제품이 개발될 수 있도록 함으로써 지속적인 연구개발도 가능하게 될 것이다.

14) 식품의약품안전청 홈페이지(www.kfda.go.kr)의 "유전자재조합 식품"의 정보란 참조.

07

형질전환 작물의 위해성에 대한 인식

장호민
한국생명공학연구원 바이오안전성정보센터

I. 서론

형질전환 기술의 적용에 따른 위해성 문제는 버그 등(Berg *et al.*, 1974)이 처음으로 제기한 것으로 알려져 있다. 버그 등은 유전자재조합 기술이 발견되면서 생물학적 성질을 완벽히 알 수 없는 새로운 DNA가 만들어지고 있으며, 대장균 *E. coli*에 도입된 새로운 DNA가 다른 생물체로 이동되어 전혀 예상치 못한 효과를 유발할 수도 있다고 지적하였다. 이에 따라 버그 등은 새로운 DNA의 잠재적 위해성 및 성질이 평가되고 확실하게 밝혀지기 전까지는 재조합DNA위원회의 실험 권고안을 준수하고, 연구자들이 형질전환 기술에 조심스러운 접근을 할 것을 주장하였다.

이와 같이 생명공학자들이 자발적으로 바이오안전성 확보에 대한 문제를 제기한 이후 각국의 관계 당국은 유전자변형 생물체의 잠재적 위해성을 방지하기 위한 법률과 제도를 갖추어 가고 있으며, 국제사회에서는 유전자변형 생물체의 국가간 이동에 따른 안전성을 확보하기 위하여 생물다양성협약 부속의정서로 바이오안전성의정서를 2000년 1월에 채택하였고, 이 의정서는 2003년 9월부터 국제적으로 발효되었다.

안전성 문제는 유전자변형 생물체 중에서도 특히 콩, 옥수수, 목화, 캐놀라 등 형질전환 작물이 주목을 받고 있다. 형질전환 작물은 1996년부터 본격적으로 상업화가 이루어졌으며, 2005년 현재 9,000만 헥타르의 농지에서 재배되고 있다. 재배면적의 증가만큼 인체위해성 및 환경위해성 평가를 위한 기술도 급속도로 발전하고 있으며, 각국의 위해성심사체계도 구축되어 작동하고 있다. 따라서 형질전환 작물을 재배하거나 수입하여 이용하고 있는 국가들의 관계 당국에서는 특정 형질전환 작물의 상업화가 이루어지기 이전에 안전성에 대한 충분한 평가와 심사와 이루어지고 있음을 강조하고 있다. 하지만, 우리나라를 위시한 많은 국가에서 일반 시민들의 형질전환 작물에 대한 인식은 상당히 부정적인 것이 사실이다.

이 글의 다음부터는 일반 시민들의 형질전환 작물에 대한 부정적 인식에 많은 영향을 끼쳤던 형질전환 작물의 위해성 논란을 살펴보고, 우리나라 국민들의 유전자변형 생물체에 대한 인식을 알아본 후 마지막으로 형질전환 작물에 대한 부정적 인식을 극복하기 위한 대안을 제시하는 것으로 끝을 맺는다.

II. 형질전환 작물의 위해성 논란

사람들은 일반적으로 특정 사안에 대한 의견 수용에 앞서, 미디어라는 대표적인 정보채널을 이용하게 되고, 미디어에서 제공하는 정보를 기반으로 판단을 내리게 된다(조항민, 2005). 형질전환 작물의 위해성에 대한 일반 시민들의 인식도 주로 대중매체를 통해 발표된 위해성 논란 사례를 통해 형성되는 것으로 보인다. 그런데 이제까지 대중매체를 통해 소개되었던 사례는 형질전환작물의 부정적 측면이 강조된 것이 대부분이었다.

최원석 · 조정현(2004)에 따르면 2001년 1월부터 2003년 8월까지 6개 일간신문에서 다룬 유전자변형 생물체에 대한 기사 329건 중 252건(76.6%)이 부정적 측면이 강조된 것이다. 사건이 발생한 후 그 진실을 둘러싼 공방이 계속된 부분에 대해서도 많은 부분 대중매체에서 다루어지고 있지 않다. 따라서 대중매체에 의해 형성된 일반 시민들의 인식은 부정적 측면이 강조되었던 초기의 인식 수준에서 크게 바뀌지 않는다. 이러한 경향은 형질전환 식물에 대한 일반 시민들의 부정적 인식 형성에 어느 정도 일조한 것으로 보인다. 다음 내용은 형질전환 식물에 대한 부정적 사례로 자주 언급되고 있는 것이다.

1) 식품으로서의 안전성 문제

대부분의 형질전환 작물이 식품 또는 식품원료로 이용됨에 따라 식품으로서의 독성, 알레르기 유발 가능성이 이슈화된 사례가 많으며 스타링크 사건과 같이 비식용 작물과 식용작물의 혼입 사례도 문제가 되었다.

1989년에 발생한 트립토판(tryptophan) 사건은 1989년 유전자변형 미생물을 이용해 제조한 트립토판 제품이 미국에서 다이어트 보조식품으로 판매된 이후 몇 개월 만에 37명이 사망하고, 1,500명 이상 장애자가 발생한 사례를 말한다(세계일보, 2000). 이를 계기로 유전자변형 식품은 위험하다는 인식이 전 세계적으로 유포되었다고 할 수 있다. 이후 FDA(미국식품의약품안전청)의 조사 결과 유전자변형이 원인이 아니고, 트립토판 제조과정에서 오염물질이 침입한 것으로 판명되었으나 유전자변형 식품의 안전성에 문제가 있다는 근거로 자주 거론되고 있다.

다음으로는 브라질 넛(Brazil Nut) 사건을 들 수 있다. 이 사건은 1993년 4월 파이오니어사가 브라질 넛에서 유전자를 도입하여 콩의 영양분을 향상시키려는 연구를 포기한 경우이다(파이오니어사 인터넷 자료, www.pioneer.com/biotech/brazil_nut/default.htm). 연구를 포기한 이유는 네브라스카(Nebraska) 대학의 연구결과에서 브라질 넛의 알레르기 유발 단백질인 2S 알부민(albumin)이 유전자변형 콩에도 포함되어 있는 것을 발견하였기 때문이다(자세한 연구내용은 Nordlee *et al.*, 1996 참조). 식품안전성 문제로 개발 자체를 포기한 사건으로 유전자변형식품의 안전성 검증 시스템이 충분히 작동하고 있다는 대표적 사례로 소개되고 있다.

스타링크(Starlink) 사건은 미국 아벤티스사에서 개발한 대표적인 해충저항성 Bt옥수수와 관련된 경우이다. 1999년 미국의 환경보호청은 스타링크에 포함된 Cry9C 단백질이 소화에 문제가 있으며, 알레르기 유발가능성이 있다는 이유로 식용이 아닌 사료용으로 허가한 바 있다. 그런데 2000년 10월 식품 타코 쉘(Taco Schells)에서 스타링크 성분이 검출되어 대대적으로 미디어에 보도되었으며, 관련 제품의 리콜이 이루어지고, 막대한 손해배상과 함께 손실을 많이 본 아벤티스사는 다른 회사와 합병되는 불운을 겪기도 하였다. 스타링크 사건과 관련해서는 일본, 한국 등 미국산 옥수수를 수입하는 국가들에서도 문제점이 발생하여 수출통관보류, 반송 등의 조치가 시행된 바 있다. 이 사건으로 미국 FDA의 허술한 식품감독의 문제점이 지적되었고, 유전자변형 제품의 유통관리 문제에 대한 세계적인 관심을 촉발시키는 계기가 되었다.

이와 비슷한 사건으로 최근에 발생한 Bt10 사건을 들 수 있다. 미국 당국의 승인을 받지 않은 해충저항성 및 제초제내성 옥수수 Bt10이 Bt11과 섞여 지난 4년간(2001~04년) 불법으로 유통된 사실이 2005년 3월 24일 발행된 네이처지의 기사를 통해 공개된 것이다. 네이처지에 따르면 신젠타사는 2004년 말 이러한 불법유통 사실을 발견하고 미국 정부에 통보하였으며, 규제당국은 Bt10이 인체에 해로운지 여부를 확인하는 과정을 거치면서 관련 사실의 발표를 미뤄왔다. 미국 농무부, FDA, 환경청 등의 규제기관은 Bt10은 이미 승인되어 유통되고 있는 Bt11에서 발현되는 단백질과 같은 성분을 갖추고 있으며 안전성에는 문제가 없다는 입장이었지만, 한국과 일본 등의 옥수수 수입국은 Bt11이 포함된 옥수수는 모두 통관 보류하고 유통을 금지하는 조치를 취하였다.

2) 비표적 생물 영향

비표적 생물 영향이란 목적하지 않았던(제거 대상이 아니었던) 생물에게 해를 끼치며, 생물다양성 감소와 같은 부작용을 일으킬 수 있다는 것이다. 1999년에 발생한 모나크 나방 사건이 대표적인 사례이다.

로지 박사 등이 1999년에 네이처지에 Bt옥수수 꽃가루의 독성이 비표적 생물에게도 영향을 미친다는 연구결과를 발표한 것이 발단이 되었다(Losey *et al.*, 1999). Bt옥수수 꽃가루의 독성이 모나크 나방 유충에 위해를 가하는데, 이는 Bt꽃가루에 오염된 잎(Milkweed)을 먹은 유충들의 생존율이 그렇지 않은 경우보다 50% 정도 감소한 것에서 알 수 있다는 것이었다. 이후 Stanley-Horn(2001)의 연구결과 Bt옥수수의 독성의 영향은 거의 없다는 주장도 제기되었다. 미국 및 캐나다(아이오와, 온타리오, 메릴랜드, 뉴욕)에서 실시된 야외 실험에서 Bt옥수수 꽃가루 독성이 나방 애벌레에 미치는 영향은 거의 없었으며, 오히려 농약(λ-crhalothrin) 살포로 인한 나방 유충의 감소가 두드러졌다는 것이다. 모나크 나방 사건은 형질전환 작물이 생태계에 미치는 악영향의 사례로서 빈번하게 제기되고 있으며, 이에 대한 찬반 논란이 지속되고 있다.

3) 유전자이동

형질전환 작물의 특정 유전자가 다른 생물에게로 의도하지 않은 이동을 함으로써 예상치 못한 결과가 발생할 수 있음을 의미한다. 이에 따라 토종 품종의 손실을 가져오거나 유기농 작물이나 non-GM작물로 GM작물의 특정 유전자가 이동하여 가격의 하락과 같은 경제적 손실을 가져올 수도 있다.

1994년 유전자변형 토마토가 최초로 유통될 때, 항생제 표지유전자(marker)에 대한 문제가 제기된 바 있다. 재조합 유전자를 이식할 때, 유전자 발현 여부를 판별하기 위한 표지유전자를 사용하며, 이때 주로 항생제저항성 유전자가 이용된다. 이러한 유전자가 대장에 있는 미생물로 전이되어, 문제를 일으킬 수 있다는 우려가 제기된 것이다. 이와 같은 우려를 불식시키기 위해 표지유전자를 이용하지 않는(marker free) 형질전환 기술 등이 개발되고 있다(최양도 외, 2002).

멕시코 옥수수의 유전자이동 문제는 Quist & Chapela (2001)에 의해 촉발되었다. 중앙아메리카 옥수수 유전자 다양성 중심지이며, 기원국인 멕시코 오악사카(Oaxaca) 산간 지역 토종 옥수수에서 수입된 GM옥수수의 형질전환 DNA가 발견되었다는 것이다. 이후 세계적 NGO 중의 하나인 그린피스는 1999년부터 수입된 식용 GM옥수수의 일부가 종자용으로 이용될 수 있고, 이에 따라 토종 옥수수가 오염될 수 있음을 경고하였다(Greenpeace, 2003).

그런데, Metz & Fütterer(2002), Kaplinsky *et al.*(2002)의 연구 결과에서는 토종 옥수수 오염의 증거가 없다는 주장이 제기되었다. GM옥수수의 유전자가 토종 옥수수 유전자로 이동될 가능성이 없다고는 할 수 없으나, Quist & Chapela(2001)의 연구만을 가지고는 유전자이동의 명백한 증거를 찾을 수 없다는 것이다. 이들은 멕시코에서 불법적으로 GM옥수수가 재배되었고, 그 결과로 형질전환 DNA가 발견된 것이라고 추정하였다. 이후 Quist & Chapela(2001)의 연구가 발표되었던 네이처지의 편집자도 퀴스트와 차펠라의 연구 결과를 뒷받침할 만한 증거가 불충분하다고 결론을 내린 바 있다. 퀴스트와 차펠라는 네이처지에 자신들의 연구 결과의 반론에 대한 재반론을 다시 네이처지에 게재한 바 있다(Quist & Chapela, 2002).

이렇듯 논란이 분분하자 2002년 1월 멕시코정부는 22개 조사지역 중에서 15개 지역의 토종 옥수수에 형질전환 DNA가 발견되었음을 공식 확인한 바 있다(Greenpeace, 2003). 그리고 2002년 6월 발간된 네이처지 제417호에서는 이제까지의 멕시코 옥수수에 대한 논란을 집약하여 다루기도 하였다(p 897, Conflicts around a study of Mexican crops). 이렇듯 멕시코 옥수수 오염 문제는 GM작물과 Non-GM작물의 공존문제를 세계적인 관심사항으로 촉발시키는 계기가 되었다.

III. 형질전환 작물에 대한 인식

형질전환 식물에 대한 일반 시민들의 인식은 부정적인 것으로 많이 알려져 있다. 한국바이오안전성정보센터가 지난 3년간 시행해 온 소비자 인식조사에서도 유전자변형 생물체가 인체나 환경에 해로운 영향을 미칠 것이라는 응답자의 비율이 항상 60% 이상을 차지하고 있다.

우리나라 소비자들의 형질전환 작물에 대한 부정적 인식은 세계적으로도 높은 편에 속한다. 국제환경관리학회에서 2001년에 세계 34개국(국가별 1,000명) 소비자들을 대상으로 형질전환 작물에 대한 인식 조사를 수행한 결과 "제초제내성작물, 해충저항성작물의 혜택이 위험보다 많다"라는 항목에 긍정적인 응답을 한 비율이 43% 정도로 34개국 중 25위에 해당하였다. 또한 부정적 응답을 한 비율로 보았을 때에는 프랑스, 그리스, 독일, 이탈리아에 이어 5위에 해당하였다(그림 7-1 참조).

지금부터는 한국바이오안전성정보센터에서 수행한 "생명공학 및 유전자변형 생물체에 대한 소비자 인식 조사" 결과를 토대로 우리나라 일반 시민들의 형질전환 식물에 대한 인식을 알아보겠다. 한국바이오안전성정보센터에서는 2005년 11월, 전문조사기관 TNS에 의뢰하여 전국 6대 도시에 거주하고 있는 700명의 소비자를 대상으로 생명공학기술 및 유전자변형 생물체에 대한 설문조사를 실시하였다. 표본 선택은 무작위 추출법에 따라 이루어졌으며, 19세 이상 성인을 대상으로 일대일 개별 면접 방식을 취한 설문조사를 하였다.

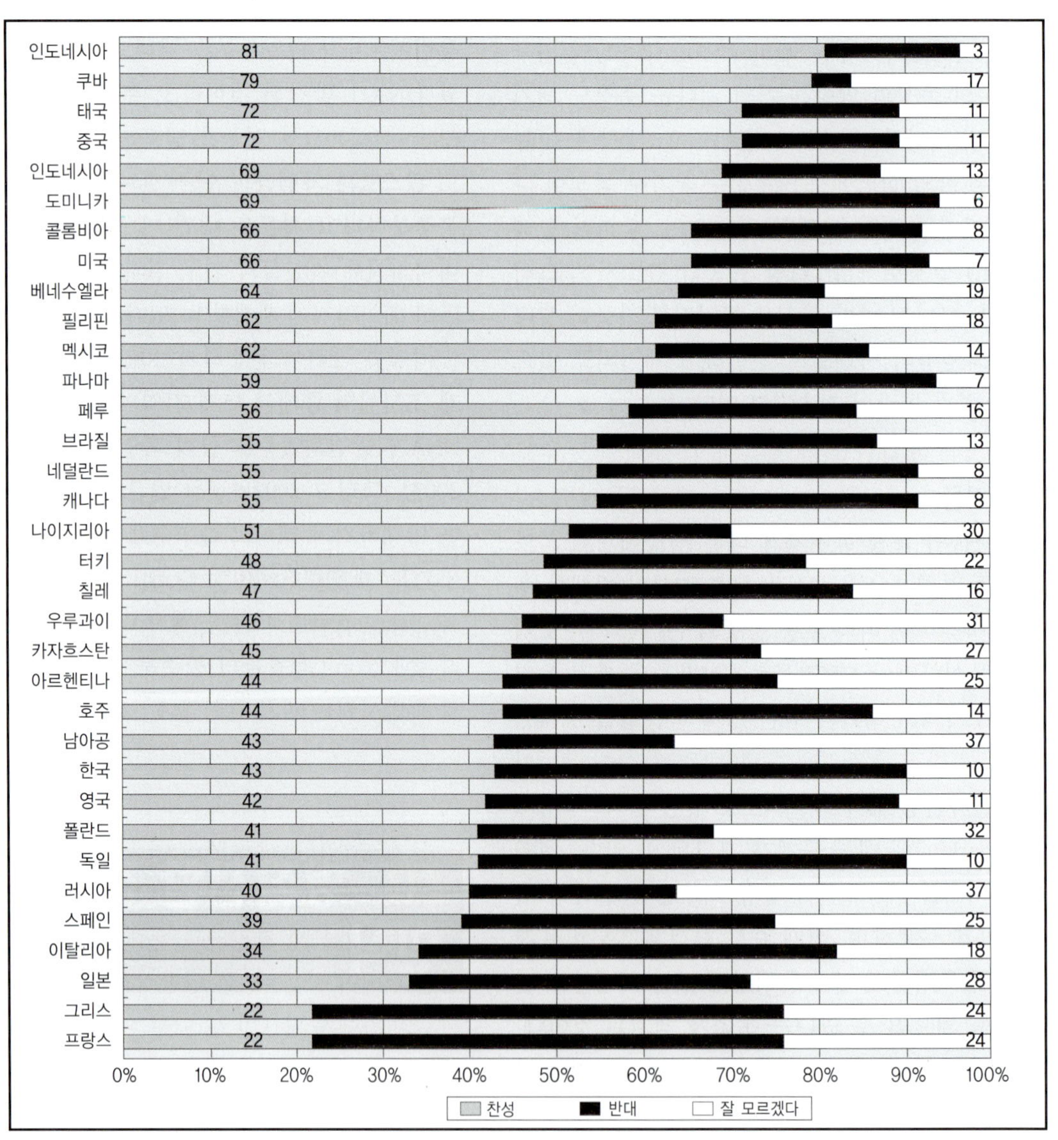

자료: 국제환경관리학회, 2001

그림 7-1 "형질전환작물의 혜택이 위험보다 많다"에 대한 답변

1) 생명공학기술에 대한 인식

일반 시민들의 생명공학과 관련한 지식 정도를 알아보기 위하여《유전자변형 콩에는 유전자 있고, 일반 콩에는 유전자가 없다》,《신생아가 아들인지 딸인지를 결정하는 것은 어머니의 유전자이다》,《동물의 유전자를 식물에 이식하는 것을 불가능하다》,《인간 유전자와 침팬지 유전자는 절반 이상 다르다》,《유전자변형 동물은 일반 동물보다 몸집이 크다》라는 다섯 가지 질문을 하고 "그렇다", "아니다", "모르겠다" 중의 하나로 답하게 하였다. 그 결과 신생아가 아들인지 딸인지를 결정하는 것은 어머니의 유전자이다》라는 질문을 제외한 모든 질문에서 정답률이 50%를 넘지 못하는 것으로 나타났다.

이어 응답자들의 생명공학기술에 대한 주관적 인지 정도를 알아보기 위하여《생명공학기술은 지구상의 생명체(동물, 식물, 미생물)를 산업적으로 유용하게 활용하는 기술을 말합니다. 따라서 미생물을 이용한 김치 발효기술도 생명공학기술에 포함된다고 할 수 있습니다. 하지만 우리가 지금 말하고 있는 현대생명공학기술은 1953년 왓슨과 크릭에 의해 유전자의 이중나선구조가 밝혀진 후, 1970년대 등장한 유전자변형 기술로부터 본격적으로 시작되었습니다. 유전자변형 기술은 한 생명체에서 유전자 일부를 잘라내어 다른 생명체의 유전자에 이식하는 기술을 말합니다. 이러한 현대생명공학 기술의 위력은 다양한 생명체의 유전자를 인간이 필요로 하는 형태로 수정 및 변형할 수 있다는 것에서 나타납니다》라고 생명공학 기술에 대한 일반적인 설명을 한 후, 이러한 내용에 대해서 들어보았거나 읽어본 적이 있는지를 질문하였다. 이에 대하여 "전혀 들어보지 못했다"는 6.0%, "별로 들어보지 못했다"는 18.9%인 반면 "약간 들어보았다"는 67.6%, "아주 많이 들어보았다"는 7.6%에 달해 응답자의 대부분은 생명공학기술에 대해 어느 정도는 접해 본 경험이 있는 것으로 나타났으며, 교육 수준이 높을수록 인지도가 높은 것으로 보인다.

생명공학에 대한 이와 같은 높은 인지도의 경향은 생명공학에 대해 스스로의 인지 정도를 묻는 "생명공학, 유전공학, 유전자변형에 대해 얼마나 알고 있다고 생각하십니까?"라는 질문의 응답에서는 다소 다르게 나타났다. 즉, "어느 정도 알고 있다"(47.7%)와 "아주 많이 알고 있다"(1.9%)라고 긍정적으로 응답한 비율이 절반에 미치지 않는 것으로 나타난 것이다. 이러한 결과는 국민들이 생명공학 기술관련 내용을 인쇄물, 방송 등을 통해 접해 본 경험은 많으나 그에 대한 내용을 정확히 인지하고 있지 않음을 보여주는 것으로 해석할 수 있다.

"생명공학, 유전공학, 유전자변형 기술이 응용되어 제품을 생산하거나 기술을 발전시켜 사람들에게 유익하게 될 것으로 생각되는 산업부분을 순서대로 두 가지만 말씀해 주십시오"라는 질문에는 의약 및 농업·식품 분야가 가장 많은 답을 얻었다. 의약 부분에 대해서는 1순위 40.4%, 1순위+2순위 66.9%로 답하였으며, 농업·식품 분야에 대해서는 1순위 32.9%, 1순위+2순위 63.1%로 나타났다. 그 뒤로 이어진 1순위 응답비율은 환경(11.7%), 에너지·자원(7.4%), 화학(6%), 전자91.0%), 검정 및 측정시스템(0.6%)의 순이었다. 이러한 결과는 2004년 조사에서 의약, 농업·식품, 환경 순으로 선호도가 조사된 결과가 마찬가지였다.

2) 유전자변형 생물체에 대한 인식

유전자변형 생물체에 대한 응답자들의 인지 정도를 알아보기 위하여 ≪유전자변형 생물체라 함은 현대생명공학기술을 이용하여 새롭게 조합된 유전물질을 포함하고 있는 생물체로 지금은 주로 콩, 옥수수, 유채, 목화 등의 작물이 상업화되어 유통되고 있으며 연어, 송어, 미꾸라지 등의 물고기, 돼지, 젖소 등의 동물이나 곤충에도 연구개발이 활발히 진행되고 있습니다≫라는 설명을 한 후, "이러한 내용을 들어보았거나 읽어 본 적이 있습니까?"라는 질문을 하였다.

이에 대하여 "전혀 들어보지 못했다"는 3.9%, "별로 들어보지 못했다"는 18.7%인 반면 "약간 들어보았다"는 70.9%, "아주 많이 들어보았다"는 6.6%에 달해 약 80%에 해당하는 응답자의 대부분이 유전자변형 생물체에 대해 어느 정도 접해 본 경험이 있는 것으로 나타났으며, 교육수준이 높을수록 유전자변형 생물체에 대한 인지도가 높은 것으로 보인다.

이와 같은 유전자변형 생물체에 대한 비교적 높은 인지도의 경향은 유전자변형 생물체에 대한 스스로의 인지 정도를 묻는 "유전자변형 생물체에 대해 얼마나 알고 있다고 생각하십니까?"라는 질문의 응답에서는 다소 다르게 나타났다. 즉, "어느 정도 알고 있다"(46.0%)와 "아주 많이 알고 있다"(1.6%)라고 긍정적으로 응답한 비율이 절반에 미치지 않는 것으로 나타난 것이다. 이러한 결과는 유전자변형 생물체에 대한 내용을 응답자들이 인쇄물, 방송 등을 통해 접해 본 경험은 많으나 그에 대한 내용을 정확히 인지하고 있지 않음을 보여주는 것으로 해석할 수 있다.

마지막으로 응답자에 대해 《유전자변형 생물체는 인체에 해로운 영향을 미칠 것이다》, 《유전자변형 생물체는 환경에 해로운 영향을 미칠 것이다》, 《유전자변형 생물체는 인류에게 손실보다는 더 많은 혜택을 제공할 것이다》, 《유전자변형 생물체는 우리 사회에서 잘 받아들여 질 것이다》, 《유전자변형 생물체 구매 여부를 판단해야 할 경우에 기꺼이 구매할 생각이 있다》, 《시중에 판매되는 제품에 대하여 사용된 원료가 유전자변형 생물체인지 아닌지를 소비자가 알 수 있도록 표시할 필요가 있다》라는 여섯 가지 의견을 제시하고 이에 대하여 "전혀 그렇지 않다", "그렇지 않다", "약간 그렇다", "매우 그렇다"라는 답변 중 하나를 고르게 하였다.

그 결과 소비자들은 유전자변형 생물체가 인체나 환경에 해로운 영향을 미칠 수는 있지만, 인류에게 손실보다는 혜택을 많이 제공할 것이며, 사회적 수용 정도나 구매의사는 불투명한 것으로 나타났다. 그리고 거의 대부분의 응답자들이 제품원료의 유전자변형 생물체 포함 여부를 반드시 표시해야 한다고 생각하고 있는 것으로 나타났다.

3) 유전자변형 생물체에 대한 인식의 변화

한국바이오안전정보센터에서는 2003년에 한미공동소비자인식조사를 수행한 바 있는데, 이때 소비자들의 생명공학과 관련한 지식 정도를 조사하기 위하여 문항을 제시하고 정답률을 조사하였다(2005년도와 같은 내용이었음). 〈표 7-1〉을 보면 알 수 있듯이 4번 질문을 제외한 대부분의 질문에서 2003년보다 2005년의 응답자 정답률이 높아지고 있음을 알 수 있다.

유전자변형 생물체에 대한 인식 및 구매의사를 묻는 질문은 〈표 7-2〉와 같이 일부 내용에 대해서는 2003년, 2004년에 조사가 이루어졌다. 그 결과를 비교해 보면 《유전자변형 생물체가 인체에 해로운 영향을 미칠 것이다》라는 질문을 제외하고는 모든 질문에서 유전자변형 생물체에 대한 인식이 일부 긍정적으로 변화하고 있음을 알 수 있다.

IV. 결론

리나라에서 형질전환 작물의 연구개발에서 산업화까지 모두의 발전이 이루어지기 위해서는 일반 시

표 7-1 생명공학 지식수준 측정 질문에 대한 정답률

질문내용	2003년	2005년
1. 유전자변형 콩에는 유전자가 있고, 일반 콩에는 유전자가 없다.	45.2%	50.4%
2. 신생아가 아들인지 딸인지를 결정하는 것은 어머니의 유전자이다.	62.4%	70.9%
3. 동물의 유전자를 식물에 이식하는 것은 불가능하다.	30.8%	35.9%
4. 인간 유전자와 침팬지 유전자는 절반 이상 다르다.	48.1%	42.7%
5. 유전자변형 동물은 일반 동물보다 몸집이 크다.	24.1%	30.0%

* 모르겠다는 오답으로 처리하여 정답률을 계산하였음. 모든 질문의 정답은 "아니다"임.

표 7-2 유전자변형 생물에 대한 인식 및 구매의사

질문내용	2003년	2004년	2005년
1. LMO는 인체에 해로운 영향을 미친다.	–	65.1	70.4
2. LMO는 환경에 해로운 영향을 미친다.	–	66.6	64.9
3. LMO는 인류에 손실보다 많은 혜택을 제공한다.	43.1	51.1	68.0
4. LMO는 우리사회에서 잘 받아들여질 것이다.	–	47.1	55.3
5. LMO를 기꺼이 구매할 의사가 있다.	23.1	32.5	45.1

* "약간 그렇다", "매우 그렇다"라고 응답한 비율의 합

민들의 형질전환 작물에 대한 부정적 인식을 극복하는 것이 가장 중요하다. 소비자가 원하지 않는 상품은 아무리 기술적으로 훌륭하다고 할지라도 팔리지 않기 때문이다. 따라서 다음과 같은 과제가 먼저 해결되어야 한다.

첫째, 지금까지 부정적 측면이 대중매체 등에 의해 지속적으로 노출되었던 제초제내성, 해충저항성 등 소위 1세대 작물의 연구개발보다는 영양성분 강화, 환경정화, 의료물질 추출을 목적으로 한 소비자 지향적인 2, 3세대 작물의 개발이 활성화될 필요가 있다.

둘째, 형질전환 작물에 대한 위해성 평가 및 심사 능력의 실질적 확충이 필요하다. 아직까지 우리나라에서 상업화되어 재배되고 있는 형질전환 작물은 없다. 콩을 비롯한 일부 형질전환 작물이 수입되어 이용되고 있을 뿐이다. 따라서 우리나라에서 개발되어 상업화될 계획이 있는 형질전환 작물에 대하여 안전성을 충분하게 확보할 수 있는 환경 및 인체 위해성 평가능력이 확충되고, 이에 대하여 일반 시민들이 인정할 수 있다면 우리나라의 형질전환 작물 분야는 크게 발전할 수 있을 것이다.

셋째, 바이오안전성 확보를 위한 올바른 정책과 이에 대한 국민 공감대 형성이 필요하다. 정부와 공공부문은 형질전환 작물에 대한 올바른 정보 제공 및 인식 제고를 위해 노력하고 정부의 신뢰성 확보를 위해 최선을 다해야 한다. 그리고 형질전환 작물 관련 정책 수립에 있어 시민의 적극적 참여가 보장되어야 하며, 시민사회와 개발자(과학계, 산업계) 사이의 커뮤니케이션이 활성화되어야 한다.

이와 같이 소비자들이 선호하는 형질전환 작물에 대한 개발이 이루어지고, 환경 및 인체위해성에 대한 평가와 심사를 위한 능력이 확충되며, 올바른 정책이 시행되고 이에 대한 일반 시민들의 참여와 상호 커뮤니케이션이 활성화될 때 우리나라의 형질전환 작물 분야의 발전을 기대할 수 있을 것이다.

참고문헌

- 세계일보, 유전자조작식품 공포작전 확산, 2000년 11월 1일자
- 조항민(2005), GMO보도에 대한 미디어 수용자 연구, Biosafety Vol. 6, No. 1, pp 56-70.
- 최양도 외(2002), 식탁 위의 생명공학, 농업생명공학기술 바로알기 협의회.
- 최원석·조정현(2004), 유전자변형 생물체의 안전성 논쟁에 대한 뉴스 프레임 구성방식에 관한 연구, Biosafety Vol. 5, No. 1, pp 34-49.
- 한국생명공학연구원(2005), 바이오안전성동향(2005년 1분기).
- Berg P, Baltimore D, Boyer HW, Cohen SN, Davis RW, Hogness DS, Nathans D, Roblin R, Watson JD, Weissman S, Zinder ND (1974) Potential Biohazards of Recombinant DNA Molecules. Science 185
- Greenpeace (2003) Maize under Threat; GE Maize Contamination in Mexico.
- Kaplinsky N, Braun D, Lisch D, Hay A, Hake S, Freeling M (2002) Maize transgene results in Mexico are artefacts. Nature 416
- Losey J E, Rayor LS, Carter ME (1999) Transgenic pollen harms monarch larvae. Nature 399
- Metz M, Fütterer J (2002) Suspect evidence of transgenic contamination. Nature 416
- Nordlee JA, Taylor SL, Townsend JA, Thomas LA, Bush RK (1996) Identification of a Brazil-Nut Allergen in Transgenic Soybeans. The New England Journal of Medicine 334 No 11
- Quist D, Chapela IH (2001) Transgenic DNA introgressed into traditional maize landraces in Oaxaca. Mexico, Nature 414
- Quist, D, Chapela IH (2002) Quist and Chapela reply. Nature 416
- Stanley-Horn DE, Dively GP, Hellmich RL, Mattila HR, Sears MK, Rose R, Jesse LCH, Losey JE, Obrycki JJ, Lewis L (2001) Assessing the impact of Cry1Ab-expressing corn pollen on monarch butterfly larvae in field studies. Proceedings of National Academy of Sciences USA 98

08 바이오안전성 정보센터

장호민
한국생명공학연구원 바이오안전성정보센터

I. 서론

생명공학 기술의 역사는 그렇게 길다고 할 수 없지만, 벌써 인류의 많은 부분을 바꾸어 놓고 있다. 따라서 생명공학 기술이 초래할지도 모르는 위험을 최소화하면서 그 이익을 최대화하기 위해서는 신뢰할 수 있으며, 효율적으로 작동할 수 있는 안전장치가 필요하다. 이러한 안전장치의 필요성에 대한 인식에서 바이오안전성(biosafety)이라는 개념이 나타났다.

바이오안전성이란 생명공학 기술이 환경 또는 인체에 미칠 수 있는 잠재적 위험을 최소화하기 위한 법률, 정책, 절차 등의 모든 제도 및 수단을 포괄하는 매우 광범위한 개념이다.[1] 산업계, 각국 정부, 시민사회단체 등은 이러한 바이오안전성을 확보하기 위한 국제적 노력의 결집체로서 바이오안전성의정서를 탄생시켰으며, 2006년 7월 현재 130개가 넘는 당사국들이 의정서의 이행을 위해 노력하고 있다.

바이오안전성의정서의 원활한 이행의 근간을 이루는 초석 중의 하나가 바로 국제 바이오안전성정보센터(BCH)이다. 바이오안전성의 확보를 위해서는 관련 정보의 투명화 및 공유가 매우 중요함을 국제사회는 인식하고 있다. 이에 따라 역동적이고 효율적으로 움직일 수 있는 바이오안전성 정보시스템을 창출하기 위해 BCH의 설치 및 활동을 의정서에 규정한 것이다. 그리고 우리나라를 비롯한 대부분의 국가에서 BCH 및 자국의 BCH국가연락기관 등을 통하여 바이오안전성 정보관리를 하고 있다.

II. 국제 동향

2000년 1월 바이오안전성의정서가 채택된 이후 발효되기 전까지는 주로 정부간회의를 통해 바이오안전성 정보관리와 BCH에 대한 논의가 진행되었다. 제1차 바이오안전성의정서 정부간회의(ICCP-1, 2000. 12,

1) CBD, An Introduction to the Cartagena Protocol on Biosafety, 2003

프랑스 몽펠리에)에서는 의정서 제20조의 BCH 설치를 위한 기술전문가회의(2000. 9, 캐나다 몬트리올) 논의 결과와 권고사항을 검토하였고, 연락접촉그룹을 조직하여 BCH 개발과 시범사업(pilot phase) 실시를 위한 '위임사항' (Terms of Reference)과 '권고안' 을 작성하였다.

이어 제2차 정부간회의(ICCP-2, 2001. 10, 케냐 나이로비)에서는 BCH의 효율적인 운영을 위하여 국가별 BCH 구축 및 운영을 권고하였고, 또한 BCH 국가연락기관(National Focal Point)을 지정하여 생물다양성협약(CBD) 사무국에 통보할 것을 권고하는 등 시범사업의 원활한 수행을 요청하였다. 그리고 제3차 정부간회의(ICCP-3, 2002. 4, 네덜란드 헤이그)는 시범사업 단계에 있는 BCH의 정식운영을 권고하기도 하였다.

2003년 9월 11일 의정서가 발효된 이후에는 BCH 구축현황 점검 및 각국별 BCH 이용 및 구축 경험 교류, OECD의 바이오트랙과 같은 기존의 정보관리 시스템(아래 박스 참조)과 BCH간의 데이터 교환 문제, BCH의 시스템 구조상의 문제 등과 같은 의견 교환을 목적으로 BCH 기술전문가회의(2003. 4, 몬트리올 / 2003. 9, 제네바)가 두 차례에 걸쳐 개최되었다. 이 기술전문가회의에서는 BCH 참여를 위한 국가 구성요소 구축요구조건과 기술적인 문제에 대한 의견 도출이 있었다. 이에 따라 CBD 사무국은 네 가지의 BCH 참여를 위한 국가 구성요소 구축요구조건을 제시하였고, 아울러 국가 DB를 BCH에 전달할 수 있도록 단순한 템플릿을 개발하고, 프로그래머를 위해 BCH 툴킷(Toolkit)에서 좀 더 상세한 기술적 지침 등을 제공하였다.

BCH 이외의 바이오안전성 정보교류 시스템

- 경제협력개발기구(OECD) Biotrack (http://www.oecd.org/biotrack)
- 유엔경제개발기구(UNIDO)의 BINAS (http://binas.unido.org/binas/)
- 국제유전공학센터(ICGEB)의 바이오안전성데이터베이스. (http://www.icgeb.org/~bsafesrv/bsfdata1.htm)
- 유엔환경계획(UNEP) · 미생물데이터네트워크(MSDN)의 생물체방출정보센터 (http://panizzi.shef.ac.uk/msdn/)

자료 : IUCN, An Explanatory Guide to the Cartahena Protocol on Biosafety, 2003

바이오안전성의정서 제1차 당사국회의(COP-MOP 1, 2004. 2, 콸라룸푸르)에서는 시범단계의 BCH를 정식운영단계로 전환할 것을 결정하였고, 의정서 발효 전에 취했던 유전자변형 생물체(LMO) 방출결정정보를 BCH로 제공할 것, BCH 이행을 위해 국제, 지역, 소지역적 관련 기구와 협력할 것, BCH 국가연락기관을 지정할 것을 당사국 및 기타 정부에게 요청하였다.

2005년 5월말, 캐나다 몬트리올에서 개최되었던 바이오안전성의정서 제2차 당사국회의(COP-MOP 2)에서 의장은 의정서 이행에 있어 BCH가 중요함을 다시 한번 강조하고, 동 회의에서 채택된 "BCH 다년운영계획" 을 충실히 수행하기 위해서는 바이오안전성 정보관리와 관련한 개발도상국 등의 능력향상 및 훈련의 필요성이 시급함을 인정하였다. 그리고 당사국 및 비당사국 정부에 바이오안전성 관련 정보를 BCH에 제공해 줄 것[2]과 아직 지정하지 않았다면 BCH국가연락기관을 서둘러 통보해 줄 것을 촉구하고, 개도국들의 능력향상을 위하여 사무국이 특히 노력해 줄 것을 요구하였다.

III. 한국 바이오안전성 정보 센터

바이오안전성의정서의 채택을 둘러싼 국제적 논의에 지속적으로 참가하였고, 대책을 숙의하였던 우리나라는 2000년 1월 의정서가 채택된 이후 동년 9월 의정서 이행을 위한 국내체제를 관련 부처간에 합의하였다. 그 후 시민사회 등과의 협의과정을 거쳐 2001년 3월, 의정서 이행과 바이오안전성 확보를 위한 '유전자변형생물체의 국가간이동등에관한법률' 을 제정·공포하였고 바이오안전성 정보관리를 위한 한국바이오안전성정보센터(KBCH)의 설치와 운영을 동법률에 규정하게 되었다.

바이오안전성의정서 이행에 따른 국가책임기관인 산업

2) 2006년 7월 현재, 국가연락기관 320건, 국가책임기관 251건, 데이터베이스 또는 웹 사이트 78건, 국내 법률 195건, 양자간 또는 다자간 협정 48건, AIA관련 결정 2건, LMO-FFPs관련 결정 435건, 기타 결정 43건, 위해성 평가 710건, 단일식별기호 194건, 전문가명부 624건 등의 정보가 BCH에 등록되어 있다.

자원부는 2002년부터 '바이오안전성정보기반구축사업'을 통하여 한국생명공학연구원이 KBCH의 기능을 수행할 수 있도록 지원하고 있다. KBCH는 유전자변형 생물체의 정보관리 및 정보교환에 관한 사항 등을 전문적으로 수행하며, 바이오안전성과 관련한 정보를 국민에게 공개할 것을 법률에서 규정하고 있다.

KBCH는 '유전자변형 생물체의 국가간 이동 등에 관한 법률'에 근거해 유전자변형 생물체의 수출입 등에 관한 정보, 위해성 평가 및 심사 정보, 관련 법·제도에 관한 정보, 위해성 예방·방지·대응 및 조치관련 정보, 연구개발 및 생산 정보, 비의도적·불법적 국가간 이동 정보, 기타 유전자변형 생물체의 안전관리에 필요한 정보의 수집·관리·제공·홍보 및 교류확대를 위한 역할을 수행하게 된다. 또한 바이오안전성관련 정보를 수집, 축적, 가공하여 국민에게 공개하고, 의정서 이행과 관련된 정보를 국제바이오안전성정보센터에 제공하며, 국내 관련기관 및 국제간 협력을 증진하기 위한 역할을 수행한다.

이에 따라 한국바이오안전성정보센터는 국제바이오안전성정보센터 및 다른 국가와의 정보교류를 위한 영문포탈(www.bch.or.kr/kbch), 국가책임기관, 관계 중앙행정기관 및 관련 기관간의 정보교류 및 공유를 위한 관계기관 통합정보망(www.bchnetwork.or.kr), 바이오안전성에 관한 모든 정보를 제공하고 범국민적 관심도 제고를 위한 바이오안전성포탈(www.biosafety.or.kr) 등의 정보시스템을 구축·운영하고 있다.[3)]

또한 오프라인에서의 대국민 교육 · 홍보활동을 위해 '바이오안전성백서'(연 1회), 전문잡지 'Biosafety'(연 4회) 등의 정기간행물과 '바이오안전성의정서 안내책자', '바이오안전성 길라잡이', '빈곤과 기아, 그리고 생명공학기술' 등의 단행본을 발간하여 배포하고 있으며, '바이오안전성 세미나', '바이오안전성전문가정책간담회', '바이오안전성논문 현상공모' 등의 행사 개최와 강연 활동을 하고 있다. 이와 더불어 한국바이오안전성정보센터에서는 동향분석, 소비자인식조사, 바이오안전성 관련 심층 연구 등의 정보 조사 및 연구 활동과 바이오안전성의정서 이행의 원활화를 위한 국제협력 활동 등을 수행하고 있다.

IV. 결론

우리나라에서 생명공학 기술 및 유전자변형 생물체로 인해 발생할 수 있는 위해성과 그것을 방지하기 위한 법률, 제도, 절차, 즉 바이오안전성에 대한 논의가 시작되고 구체화된 것은 국제적으로는 바이오안전성의정서 채택과정에의 참여, 그리고 국내적으로는 '유전자변형 생물체의 국가간 이동 등에 관한 법률'이 제정·공포된 과정과 일치된다고 할 수 있다. 따라서 바이오안전성 정보관리의 원활화를 위해서는 의정서 및 법률에서 규정하고 있는 바이오안전성정보센터의 역할과 활동이 중요하다.

우리나라는 늦어도 2007년 초에는 의정서에 대한 국내 비준절차를 마무리하고, 당사국으로서의 활동을 수행하리라고 전망된다. 따라서 BCH국가연락기관인 KBCH는 'BCH의 다년간운영계획'을 면밀히 분석하여 국제적 기준에 어긋나지 않도록 정보 제공 및 교류에 관한 본연의 임무를 수행할 것이다.

또한 국내 바이오안전성정보의 통합관리와 교류가 중요하다. 환경부, 농림부, 해수부, 보건복지부 등 관계 중앙행정기관에서는 담당하게 될 LMO의 수출입 및 위해성 평가(심사) 등에 관한 정보관리를 위한 조직을 준비 중이거나 일부 운영 중에 있다. 이와 같은 정보조직과 KBCH의 연계 및 정보교류는 바이오안전성 정보관리를 위해 매우 중요한 요소로 작용할 것이다.

따라서 KBCH는 유전자변형 생물체의 국가간 이동 등에 관한 법률 및 동법 시행령 등에 근거하여 산업자원부, 농림부, 보건복지부, 과학기술부, 환경부, 해양수산부 등 관계 중앙행정기관 및 정보조직과의 적극적인 협력을 통하여 바이오안전성 및 LMO와 관련한 국내외 정보의 수집 및 교류를 위한 활동을 수행할 것이다. 또한 KBCH는 바이오안전성정보의 수집 및 관리뿐만 아니라 적극적인 대국민 정보 공개와 커뮤니케이션을 통하여 공공인식이 증진되고 공공참여가 활성화되는 바이오안전성확보 정책이 실행될 수 있도록 최선의 노력을 다할 것이다.

3) 이와 관련하여 KBCH는 2005년 4월에 BCH국가연락기관으로 의정서 사무국에 통보되어 BCH에 등록되었으며, 현재 우리나라가 비당사국의 위치임에도 불구하고 LMO-FFPs의 위해성 심사와 관련된 정보 33건을 BCH에 등록한 바 있다.

부록

01

농업연구관련 유전자재조합체 실험 및 취급 규정

[1999. 12. 21. 농촌진흥청훈령 제548호]

제1조(목적) 이 규정은 농촌진흥청 및 그 소속 농업과학기술원 · 연구소 및 시험장에서 농업(축산업을 포함한다. 이하 같다) 분야의 유전자재조합 실험과 유전자재조합 기술을 적용하여 농축산물 및 농용 미생물을 연구·개발·이용함에 있어서 안전성을 확보하는 데에 필요한 사항을 제시함을 목적으로 한다.

제2조(정의) 이 규정에서 사용하는 용어의 정의는 다음 각 호와 같다.

1. "유전자재조합 DNA"란 기내에서 인위적으로 재조합된 DNA를 말하고 "유전자재조합 기술"이란 효소 등을 이용하여 유전자재조합 DNA를 기내에서 제작하거나 숙주 내에서 증식할 목적으로 유전자재조합 DNA를 숙주로 도입하는 기술 등을 말한다.
2. "유전자재조합체"는 유전자재조합 DNA가 도입된 식물, 동물, 미생물 및 세포(cell)를 말한다.
3. "운반체(vector)"는 유전자재조합체 내에 도입되어 다른 종의 DNA를 유지, 증식시킬 능력을 가진 DNA를 말한다.
4. "공여 DNA"는 운반체에 삽입된 유전자재조합 DNA를 말한다
5. "유전자재조합 식물"은 유전자재조합 기술로 도입된 유전자재조합 DNA에 의하여 유전물질이 재조합된 당대와 그 자식, 교잡 후대 식물체, 영양번식 후대 식물체와 이들로부터 생산된 종자 또는 화분을 말하며, 유전자재조합 DNA를 가지고 있는 식물 유래 배양세포를 포함한다.
6. "유전자재조합 미생물"은 유전자재조합 기술로 도입된 유전자재조합 DNA에 의하여 형질이 재 조합된 미생물을 말하며, 개체로 분화되지 않은 상태의 미생물 유래 세포와 조직도 유전자재조합 미생물로 취급한다
7. "유전자재조합 가축"이란 유전자재조합 기술로 도입된 유전자재조합 DNA에 의하여 형질이 재조합된 가축을 말하며, 이의 수정란이나 배를 포함하며, 이의 태아나 성체의 일부 기관에서 유래한 배양세포를 포함한다
8. "실험공간"이란 유전자재조합체 실험을 위한 밀폐, 격리 또는 통제된 공간을 말한다.
9. "작업장"은 유전자재조합체의 실험, 생산, 특성 평가 등의 업무를 수행하는 장소를 말한다.
10. "작업구역"은 유전자재조합체를 직접 취급하는 작업장내의 일정 구역을 말한다.
11. "업무종사자"란 유전자재조합체 실험 및 이와 관련된 업무에 직접 종사하는 사람을 말한다.
12. "업무관리자"란 실험 계획, 수행 및 유전자재조합체 취급에 대한 직접적인 책임을 맡는 사람을 말한다.
13. "사업자"란 유전자재조합체의 연구, 개발 및 생산 등의 일에 종사하는 기관 또는 부서의 장을 말하며 안전성 확보에 책임을 맡는 사람을 말한다.

제3조(업무안전위원회) 유전자재조합체 실험 및 취급과 관련하여 업무상 안전확보에 필요한 사항을 조사, 심의하고 업무종사자 등에게 필요한 자문을 하기 위하여 유전자재조합체 관련 실험을 수행하는 기관별로 업무안전위원회(이하 "안전위원회"라 한다)를 둔다.

제4조(안전위원회 구성) ① 안전위원회는 의장 1인을 포함하여 10인 이내의 위원으로 구성한다.

② 안전위원회 의장은 해당기관 사업자(기관장 또는 부장)이 되며, 간사는 업무관리자가 되며, 위원은 해당기관 업무관리자 및 관련분야 전문지식을 가진 연구원이나 외부인사 중에서 의장이 위촉하는 자로 한다.

제5조(안전위원회의 기능) ① 안전위원회는 다음 각 호의 사항을 조사, 심의하고 업무관리자 등에게 자문을 한다

1. 제7조 규정에 의한 안전성 평가에 관한 사항
2. 유전자재조합체의 취급 방법의 적합성 여부
3. 유전자재조합체 실험 및 취급 시설의 안전관리 상태
4. 업무종사자의 안전에 관한 교육훈련 및 건강관리 상황
5. 사고가 발생하였을 때의 필요 조치 및 개선대책
6. 기타 업무상 안전 확보에 필요한 사항

② 안전위원회는 업무관리자 등에게 필요한 자료의 제출 또는 보고를 요구할 수 있다.

제6조(일반준수사항) ① 유전자재조합체가 실험공간 내에서 인체나 가축, 농작물 등에 미치는 독성, 병원성 및 환경 영향 등을 평가하여 안전성이 보장된 이후에 자연환경에서 취급 및 이용할 수 있다.

② 유전자재조합 DNA 실험을 수행하는 경우, 실험안전을 확보하기 위한 물리적·생물적 밀폐 등의 절차는 보건복지부 고시 제1997-22호 "유전자재조합 실험지침" 제2장 제1절의 물리적 밀폐방법과 제2절의 생물학적 밀폐방법을 준용하되 농작물·농용 미생물 및 가축의 특수성을 고려하여 실정에 맞게 운영한다.

제7조(안전성평가) ① 유전자재조합체의 안전성 확보를 위한 평가는 별표1의 안전성평가 항목별 필요정보에 근거하여 실시하여야 한다.

② 사업자는 도입하고자 하는 유전자재조합 DNA와 관련하여 축적된 지식과 경험을 통하여 다음 각 호의 모두를 충족시킴으로써 안전성 문제가 없다고 판단된 유전자재조합체에 대하여는 제1항의 평가절차를 완화할 수 있다.

1. 유전자재조합 DNA가 안정적으로 유전체에 삽입되어 있음
2. 유전자재조합 DNA의 기능은 이미 알려져 있고 발현하였을 때에 인체, 가축, 농작물 등에 병을 유발시키지 않음
3. 유전자재조합 DNA가 전염성 물질 혹은 독성물질을 생성하거나 약리성 물질로 이용될 수 있는 성분을 암호화하지 않음
4. 유전자재조합 DNA에 새로운 바이러스를 창출할 위험이 있는 염기서열이 포함되어 있지 않음
5. 유전자재조합 DNA가 동물 또는 인체 바이러스에서 유래하지 아니하고 인체나 보통의 동물을 감염시킬 수 있는 물질의 생성을 암호화하지 않음

③ 유전자재조합체를 이용한 식품 및 식품 첨가물의 안전 확보를 위한 조치는 식품의약품안전청의 "유전자재조합 식품 및 식품첨가물 안전성 평가자료 심사지침(식품의약품안전청고시 제1999-46호)을 준용한다.

제8조(취급요령) ① 업무종사자 등은 유전자재조합체의 취급시 실험공간에서의 안전성 확보를 위하여 별표2의 관리방법별 조치사항을 준수하여야 하며, 다른 장소로의 이동시 운반용기는 별표4의 기준을 충족하여야 한다.

② 유전자재조합 미생물을 생산공정 및 실험공간 외에서 취급할 때는 보건복지부고시 제1997-22호 "유전자재조합 실험지침" 의 별표2 "미생물 안전도 분류"를 준용하여 등급별로 분류하여 취급한다.

③ 유전자재조합 미생물의 취급과 관련한 설비 및 장치를 작업구역 내에 설치할 경우 별표3의 취급구분에 따른 설비 및 장치의 조건을 충족시켜야 한다.

④ 유전자재조합 미생물을 실험공간에서 취급하기 위하여 설치한 설비·장치는 다음 각호에 따라 유지, 보수, 점검하여야 한다.

1. 유전자재조합 미생물의 취급을 위한 설비·장치에 대하여는 설치 직후는 물론 이후에도 정기적으로 밀폐도 및 성능검사를 실시한다. 특히, 등급 3 내지 4 취급에 관련된 살균용 장치는 반년마다 검사한다.
2. 설비·장치의 밀봉 부분을 개조 또는 교환하였을 경우는 즉시 해당 설비·장치의 밀폐도 및 성능을 검사한다.
3. 등급 3 내지 4의 취급에 있어서는 작업 중 배양·발효장치 및 그 접속장치의 밀폐정도를 적절한 방법에 의해 확인하여야 한다.
4. 등급 3 내지 4 취급에 관련된 설비·장치에는 일련의 식별번호를 부착하고 철저하게 관리하여야 한다.
5. 멸균용 장치는 교환, 정기 검사 또는 작업 내용 변경 시에 적절한 방법에 의해 멸균하여야 한다.

제9조(작업구역 등의 설정) ① 사업자는 유전자재조합체의 실험공간에서 안전성 확보를 위하여 다른 구역과 명확히 구별되는 작업구역을 설정하고 적색으로 "생물학적위험(Biohazard)" 표시를 하여야 한다.

② 사업자는 유전자재조합체의 실험을 위하여 필요시 격리포, 밀폐시설, 격리사육시설 등을 설치하여야 하며 이의 설치시 외부침입, 파손 등에 의한 유전자재조합체의 외부유출을 방지할 수 있는 제반 조치를 강구하여야 한다.

제10조(사업자의 임무) ① 사업자는 유전자재조합체 취급에 관련한 안전성 확보를 위하여 다음 각 호의 내용이 포함된 관리체제를 수립·운영하여야 한다.

1. 작업장 또는 작업장이 있는 부서 별로 업무관리자를 선임하여야 하며, 그 대리자도 미리 선임하여 업무관리자가 질병 또는 기타 이유로 인하여 그 직무를 수행할 수 없는 경우에 그 직무를 대행토록 하여야 한다.
2. 업무관리자의 직무 수행을 감독하며, 자체 업무안전위원회를 설치하여 그 위원을 임명하고 동 위원회로 하여금 유전자재조합체 취급과 관련된 안전 확보에 대한 조사·심의를 하도록 한다.

② 취급의 안전 확보를 위하여 사업자가 업무종사자 등에게 실시하여야 할 건강관리에 관한 사항은 다음과 같다.

1. 사업자는 업무종사자를 대상으로 하여 필요하다고 인정될

경우는 정기적인 건강진단을 실시한다.

2. 사업자는 업무종사자가 별표 3의 등급 3 또는 등급 4 취급의 업무에 종사할 때는 예상되는 병의 예방 및 치료를 위한 조치를 하여야 한다.
3. 사업자는 별표3의 등급 3 내지 4를 취급하는 작업구역에서 감염 위험성이 발생한 경우에는 업무종사자에 대하여 즉시 건강진단을 받게 하고 적절한 조치를 취하여야 한다.

제11조(업무관리자의 임무) ① 업무관리자는 이 규정을 숙지한 후 다음 각 호의 임무를 수행하여야 한다.

1. 업무에 대한 계획의 입안 및 그 실시에 있어서 이 규정을 준수하고 업무 전체의 적절한 관리 및 감독을 한다.
2. 작업구역 및 유전자재조합체의 보관 시설에 보기 쉽게 유전자재조합체의 취급에 관한 필요한 사항을 게시한다.
3. 업무종사자에 대한 안전교육훈련을 실시하고 비 업무종사자의 작업 구역 출입을 제한한다.
4. 다음의 사항을 기재한 장부를 작성 · 비치하여야 하며 그 장부는 업무종료 후 5년간 보존한다.
   가. 유전자재조합체의 명칭
   나. 유전자재조합체의 보관 및 계대의 상황
   다. 유전자재조합체를 양도한 상대방의 이름, 주소, 사용목적 및 입수절차(유전자재조합 가축에 대해서는 도입일, 수량 및 도입장소를 포함)
5. 기타 필요한 사항에 대해서는 안전위원회로부터 자문을 구할 수 있다.

② 취급의 안전확보를 위하여 업무관리자가 업무 종사자 등에게 실시해야 할 교육훈련의 내용은 다음과 같다.

1. 유전자재조합체의 안전성 확보를 위한 물리적 밀폐·생물학적 밀폐에 관한 지식 및 기술
2. 안전성 평가에 따른 유전자재조합체의 취급 기술
3. 유전자재조합체의 취급과 관련된 설비 · 장비에 관한 지식 및 기술
4. 수행하고자 하는 업무의 안전성 및 위험 등급에 관한 지식
5. 사고가 발생하였을 때의 조치에 관한 지식

제12조(업무종사자) 업무종사자는 다음 각 호의 임무를 수행하여야 한다.

1. 업무를 수행함에 있어 안전에 관한 사항을 충분히 숙지하고 필요한 조치를 취한다.
2. 업무종사자 이외의 사람이 작업장에 들어 갈 때에는 이들에 대하여 안전의 확보를 위하여 필요한 지시와 조치를 한다.

제13조(다른 지침의 준용) 유전자재조합체 관련 실험 시 이 규정에서 언급하지 않은 사항은 보건복지부고시 제1997-12호 "유전자재조합실험지침"을 준용한다.

부 칙

① **(시행일)** 이 규정은 공포한 날부터 시행한다.
② **(경과조치)** 이 규정 시행 전에 종전의 "농림축산업관련유전자재조합체실험및 취급지침"(연협 51800-42, '99. 1.28)에 의거 시행한 사항은 본 규정에 의한 것으로 본다.
③ **(다른 지침 등의 폐지)** "농림축산업관련유전자재조합체실험및취급지침"(연협 51800-42, '99. 1.28)은 이를 폐지한다.

별표 1 유전자재조합체별 안전성평가 항목별 필요정보

재조합체 구분	평가항목	필요정보
식물체	1. 이용목적	
	2. 숙주 및 숙주가 속하는 식물종	가. 분류학상의 위치 및 근연 · 야생 종에 대한 정보 나. 이용 상황 및 자연계에서의 분포 상황 다. 생식, 생장 및 증식과 관련된 유전적 특성 라. 잡초속성 마. 유독 물질 생성과 관련된 정보 바. 기타 생리학적 성질
	3. 공여 DNA	구성 및 유래, 구조, 기능 및 특성
	4. 운반체	명칭 및 유래, 특성, 전이성 여부
	5. 육성방법	가. 재조합 유전자의 구성 및 제작 방법 나. 재조합 유전자가 도입된 방법 다. 유전자재조합 식물 육성 과정
	6. 목표유전자의 존재상태(핵내 또는 염색체의 존재여부 포함) 및 발현의 안정성	
	7. 기 타	유전자재조합 실험 및 유전자재조합 식물 육성 과정에 사용된 배지, 숙주 등 실험재료에 관한 사항과 이 과정에서 얻어진 지식이나 기타 발견 사항
미생물	1. 이용목적	
	2. 숙주 및 숙주가 속하는 생물종	가. 분류학상 위치 나. 이용 상횡 및 자연게 분포 상황 다. 번식 양식 및 유전적 특성 라. 병원성 마. 유독 물질 생성 바. 기타 주요한 생리학적 특성
	3. 공여DNA	구성 및 유래, 목표유전자의 기능
	4. 운반체	명칭 및 유래, 특성, 전이성
	5. 재조합 미생물의 제조방법	가. 유전자재조합 DNA분자의 구성 및 제작 방법 나. 숙주 내로 유전자를 도입하는 방법 다. 유전자재조합 미생물의 육성 과정
	6. 목표유전자의 존재상태 및 발현 안정성	
	7. 자연계에서의 생존능력 및 모니터링 방법	
	8. 기타	유전자재조합 DNA 실험, 유전자재조합 미생물의 증식 등의 과정에 사용된 배지, 숙주 등 실험 재료에 관한 사항과 이 과정에서 얻어진 지식이나 발견 사항
가 축	1. 이용목적	
	2. 숙주가축	가. 분류학적 위치 및 분포 나. 인류의 이용에 대한 배경 정보 다. 생식 및 유전적 특성 라. 자연 환경에서의 적응성 마. 생리적 특성
	3. 공여DNA	구조, 기원 및 내력, 사용목적과 기능
	4. 운반체	명칭, 기원과 특성
	5. 재조합 가축	가. 재조합 DNA의 구조와 제작 방법 나. 공여 DNA의 도입 방법 다. 유전자재조합 가축의 성장 과정 라. 생식 및 유전적 특성 마. 자연환경에서의 생존 및 생식 능력 바. 전염성바이러스의 숙주 내에서의 증식 여부 및 증식된 바이러스의 전염성과 가축 및 인체에 대한 위해성 여부
	6. 기 타	유전자재조합 가축의 사육과 재조합 DNA 실험을 통하여 새롭게 얻어진 기타 정보

별표 2 유전자재조합체의 관리방법별 조치사항

재조합체	관리항목	조치사항
식물체	재배관리	가. 유전자재조합 식물의 파종 또는 재배는 지정된 작업장 내에서 해야 하고 종묘 등이 작업장 밖으로의 확산되는 것을 방지하기 위한 조치를 하여야 한다. 나. 유전자재조합 식물을 재배하는 구역 및 그 근방에는 해당 식물과 교배가 가능한 식물의 식생을 최소한으로 제한할 수 있는 조치를 한다. 다. 화분, 종자 등이 확산되기 쉬운 식물인 경우에는 제웅 및 봉투 씌우기 등을 하여 화분 및 종자의 확산을 최소화할 수 있도록 조치한다. 라. 잎줄기, 덩이줄기, 덩이뿌리 등에서 식물체가 재 분화되기 쉬운 유전자재조합 식물에 대하여는 재생 방지를 위하여 필요한 조치를 한다. 마. 유전자재조합식물을 재배하고자 하는 시험포 설치시는 새, 쥐 등 야생동물 등에 의해 유전자재조합 식물의 종자나 식물체 일부가 외부로 옮겨지지 않도록 고려하여야 한다. 바. 재조합식물이 배수 중에 혼입되지 않도록 조치하고 필요한 때에는 배수를 고압멸균 등에 의해 소독하여야 한다. 사. 유전자재조합 식물체의 잔재 및 이와 관련된 폐기물, 토양 등의 처리는 적절한 방법으로 하여야 하며 필요한 때에는 소각, 증기 소독 등의 불 활성화 조치를 강구한 후 폐기하여야 한다. 아. 태풍, 홍수 등 천재지변으로 인한 유전자재조합 식물체가 확산되지 않도록 안전대책을 강구하여야 한다.
	보 관	가. 유전자재조합 식물을 포함한 재료에 대하여는 "유전자재조합 식물체"라는 표시를 하여 안전하게 보관하여야 한다. 나. 유전자재조합 식물을 포함한 보관물은 그 목록을 작성 · 비치한다.
	운 반	가. 유전자재조합 식물을 포함한 재료를 작업구역 밖으로 운반하는 경우에는 해당 식물의 환경방출 방지를 위하여 필요한 조치를 하여야 한다. 나. 유전자재조합 식물을 운반하는 용기에는 눈에 잘 띄는 곳에 적색으로 "생물학적 위험(Biohazard)" 표시와 "취급주의" 표시를 하여야 한다.
미생물	배양관리	가. 배양 · 발효장치에 유전자재조합 미생물을 접종하거나 배양 · 발효장치로부터 유전자재조합 미생물을 채취하거나 또는 유전자재조합 미생물을 배양 · 발효장치로부터 다른 배양 · 발효장치로 옮길 경우, 등급 1 및 등급 2는 배양 · 발효장치의 외벽 등에 해당 유전자재조합 미생물이 부착하지 않도록 노력하는 등 유전자재조합 미생물의 누출을 최소화한다. 나. 등급 3 및 등급 4 취급은 유전자재조합 미생물이 작업장 외로 누출되는 것을 최대한 방지하고 누출된 경우에는 유효 적절한 방법에 의하여 즉시 소독하도록 한다. 또한 유전자재조합 미생물을 작업구역 내에서 취급할 때는 그 취급 형태에 따라 작업구역 밖으로 재조합 미생물이 누출되는 것을 최소화한다. 다. 등급 1 등급 2를 취급할 때는 배양 · 발효장치 등으로부터 유전자재조합 미생물이 누출되어 공기 중으로 확산하는 것을 최소화하고, 등급 3 및 등급 4 취급에 있어서는 유전자재조합 미생물의 공기 중 확산을 완전히 방지한다. 라. 등급 1 및 등급 2의 유전자재조합 미생물을 취급하는 작업을 완료했을 때에는 사용하였던 설비 · 장치를 세척 · 살균하고, 등급 3 및 등급 4의 유전자재조합 미생물의 실험에 사용된 설비 · 장치는 고압 살균한다.
	폐기물처리	유전자재조합 미생물관련 폐기물처리는 안전성 정도에 따라 불활성화하는 등의 조치를 취한다. 등급2취급(실험공간 내에서의 취급을 포함)에 있어서는 유효 적절한 방법으로 폐기물을 불활성화하고 등급 3 내지 4 취급에 있어서는 폐기물을 고압 살균한다.
	보 관	가. 유전자재조합 미생물을 포함하는 재료는 안전하게 고안된 설비에 보관하여야 하며, 용기 등에는 "유전자재조합 미생물" 표지를 부착하여야 한다. 특히, 등급 2 및 등급 3을 취급하는 경우에는 작업구역 내의 보관설비에 보관한다. 그리고 유전자재조합 미생물의 보관설비는 취급 구분에 따라 "유전자재조합 미생물(등급 1) 보관 중", "유전자재조합 미생물(등급 2) 보관 중", "유전자재조합 미생물(등급 3) 보관 중" 또는 "유전자재조합 미생물(등급 4) 보관 중"의 표시를 보기 쉬운 곳에 부착한다. 나. 미생물 등 유전자재조합 관련 보관물은 그 목록을 작성하여 보존한다.
	운 반	가. 유전자재조합 미생물을 포함하고 있는 재료를 작업구역 외로 운반할 경우에는 견고한 용기에 밀봉하는 등의 방법으로 유전자재조합 미생물이 누출되지 않도록 한다. 특히, 등급 3 및 등급 4의 취급은 밀폐용기가 파손되어도 유전자재조합 미생물이 외부로 누출하지 않도록 한다. 나. 가목의 유전자재조합 미생물 재료가 들어 있는 용기에는 눈에 잘 띄는 곳에 적색으로 "생물학적 위험(Biohazard)" 표시와 "취급주의" 표시를 하여야 한다.
가 축	육종관리	유전자재조합 가축의 육종관리는 유전자재조합이 되지 않은 일반가축과는 철저하게 분리된 시설에서 하여야 하고, 나아가서는 개체별로 전부 분리하여 관리함을 원칙으로 한다.
	번식관리	유전자재조합 가축을 자연 교배, 인공 수정과 수정란 이식 등으로 일반가축과 교잡을 실시할 수 있다. 단, 유전자재조합 자축은 유전자재조합 모축과 동일하게 관리하여야 한다.
	폐기물처리	유전자재조합 가축의 실험 및 사육과정에서 누출된 폐기물(태반, 장기, 폐사체 등 재조합 유전자가 존재하는 폐기물에 한함)은 소독 또는 살균 등 불활성화 처리를 하여야 하고 필요한 경우 소각 처리하여야 한다.
	운 반	유전자재조합 가축은 안전관리가 철저한 장소에서 사육하여야 하고, 이동시는 감염 등에 대비한 준비를 철저히 하여야 한다. 유전자재조합 가축을 이동할 때는 모든 이동상자에는 눈에 잘 띄는 곳에 적색으로 "생물학적 위험(Biohazard)" 표시와 "취급주의" 표시를 하여야 한다.

별표 3 미생물의 취급 구분에 따른 설비 및 장치의 밀폐도와 작업구역의 조건

구 분	등급1	등급2	등급3	등급4
1. 설비·장치의 밀폐도				
(1) 배기 중의 재조합 미생물의 취급	누출을 최소한으로 함	누출을 방지함	누출을 방지함	누출을 방지함
(2) 조정 밸브의 성능	누출을 최소한으로 함	누출을 방지함	누출을 방지함	누출을 방지함
2. 작업구역의 조건				
(1) Biohazard 표시 필요성	무	경우에 따름	유	유
(2) 출입구 air lock 필요성	무	무	무	유
(3) 업무종사자용의 오염 제거 및 세정 설비 필요성	경우에 따름	유	유	유
(4) 샤워 설비 필요성	무	무	경우에 따름	유
(5) 오염제거 · 세정 설비 및 샤워 설비에서의 오수처리 설비 필요성	무	무	경우에 따름	유
(6) 강제환기 장치 필요성	경우에 따름	경우에 따름	경우에 따름	유
(7) 작업구역내의 감압유지 필요성	무	무	경우에 따름	유
(8) 환기 장치에 고성능 먼지 제거 필터를 설치할 필요성	무	무	경우에 따름	유
(9) 설비·장치내에서 내용물 누출이 있을 경우에 대비한 누출물의 작업구역내 제한 조치 필요성	무	무	경우에 따름	유
(10) 훈증소독을 가능하게 하는 밀폐 설계의 필요성	무	무	경우에 따름	유

※ 보건복지부고시제1997-22호 제7조 물리적 밀폐방법과 비교: 등급1,2 ≒ P1; 등급3 ≒ P2; 등급4 ≒ P3

별표 4 유전자재조합체별 운반용기기준

재조합체 상태	용기기준
식물체 혹은 식물의 일부조직	식물체와 식물의 절편 등을 포장할 때 용기의 내부는 질기고 새지 않는 밀봉 비닐 봉지(두께 0.05mm 이상)를 이용하고 외부는 단단한 재료로 포장하여야 한다.
종자	종자는 먼저 0.05mm 두께 이상의 밀봉 비닐봉지에 담아 이를 밀봉된 용기에 넣고 필요한 때에는 금속용기 중간을 완충재로 충전한 후 외부는 단단한 재료로 포장하여야 한다.
살아있는 미생물/세포 혹은 세포구성물질	가. 부피가 50ml 이하인 경우: 내용물이 새지 않는 시험관 또는 유리병에 먼저 시료를 담아 밀봉된 이중의 방수 용기에 담되, 필요한 때에는 용기 사이 및 아래, 위에 충격을 방지하기 위한 완충재를 충분하게 넣고, 외부 전체를 단단한 재료를 사용하여 재포장함으로써 유리 용기 등의 파손을 방지하여야 한다. 나. 부피가 50ml 이상인 경우: 기본적으로는 가목의 요구사항을 준수하여야 하며, 적어도 같은 부피의 충격완화제를 이중 포장 사이의 아래, 위 및 측면에 넣어 채운다. 하나의 포장 내에 여러 개의 액체 용기를 넣을 수 있으나, 이 경우 각 액체 용기는 1000ml를 초과할 수 없으며 하나의 최종 포장은 4000ml를 초과할 수 없다. 다. 드라이 아이스: 액체를 동결 상태로 운송하고자 드라이아이스를 사용할 경우에 드라이아이스는 이중포장 외부에 채워야 한다.
동물 또는 동물의 일부 조직	정자 및 수정란을 제외한 모든 동물 또는 동물의 조직은 포장 또는 기타 안전한 설비를 이용하여 자연환경에 방출되지 않도록 하고 필요한 때에는 조직을 진공포장하여야 한다.
정자 및 수정란	생식세포를 운반하고자 하는 경우 액체질소를 이용하여 동결한 후 안전한 액체질소 탱크에 넣어서 운반함으로써 자연환경에 방출되지 않도록 함을 원칙으로 한다.

02

유전자변형 농산물의 농업환경위해성 평가자료

[농림부 공고 제2001-42호]

유전자변형농산물의 농업환경위해성 평가자료 심사지침(농림부고시)을 제정함에 있어 그 내용과 취지를 국민에게 미리 알려 의견을 듣고자 행정절차법 제41조에 의하여 다음과 같이 공고합니다.

2001년 5월 일
농림부장관

유전자변형농산물의 농업환경위해성 평가자료 심사지침(안) 입안예고

1. 제정이유

「유전자변형생물체의국가간이동등에관한법률」이 국회를 통과함에 따라 동법시행 이전에 우선 임의규정으로 유전자변형농산물의 환경위해성평가자료심사지침을 제정 · 운용함으로써 유전자변형농산물의 국내농업환경 방출에 따른 안전성을 확보하기 위함.

2. 주요골자

가. 국내외에서 개발된 유전자변형농산물을 국내농업환경에 방출코자 할 경우 신청자는 농업환경위해성평가자료심사신청서와 관련자료를 농림부장관에게 제출하고 이에 대한 안전성을 검정받음으로써 국내농업환경을 보호하고 유전자변형농산물의 안전성을 제고시킴.
나. 본 지침의 적용범위는 환경방출하고자 하는 유전자변형농산물 및 그 후대에 대해 적용함.
다. 농림부장관은 유전자변형농산물에 대한 검토의뢰 신청이 있을 때 심사기관을 지정하여 안전성검토를 실시하며 평가자료의 과학적심사를 돕기위한 「전문가심사위원회」를 운영할 수 있음.
라. 「전문가심사위원회」는 위원장 1인을 포함하여 15인 이내의 관련 전문가로 구성.
마. 심사는 신청접수 후 270일 이내에 완료하고 필요시 자료보완을 요구할 수 있으며 자료보완에 소요된 기간은 심사기간에 산정하지 않음.
바. 농림부장관은 검토결과를 종합하여 승인 및 기각여부를 신청자에게 서면으로 통보하고 기각통지를 받은 신청자는 통지를 받은후 60일 이내에 재심요구가 가능함.

3. 의견제출

이 개정안에 대한 의견이 있는 단체 또는 개인은 2001년 5월 20일까지 다음사항을 기재한 의견서를 농림부장관(경기도 과천시 중앙동 1번지, FAX. 503-7798)에게 제출하여 주시기 바랍니다.

가. 예고사항에 대한 항목별 의견(찬 · 반 여부와 사유)
나. 성명 및 주소(단체의 경우에는 단체명, 대표자 성명 및 주소)

유전자변형농산물의 농업환경위해성 평가자료 심사 지침(안)

제1장 총 칙

제1조(목적) 이 지침은 유전자변형농산물의 국내 농업환경방출에 대한 안전성을 농림부장관에게 확인받고자 할 경우 필요한 기본적인 요건과 확인절차를 규정함과 아울러 평가범위를 제시함으로써 국내 농업환경의 보전과 안전한 농산물의 유통을 목적으로 한다.

제2조(정의) 이 지침에서 사용되는 용어의 정의는 다음과 같다

1. "유전자변형농산물"이란 유전자재조합 기술이나 과 이상의 세포융합을 통해 육성된 식물 · 미생물로 이루어진 농산물과 사료 및 사료첨가물을 말한다.
2. "유전자재조합 기술"이란 효소 등을 이용하여 재조합 DNA를 제작하거나 외래 DNA를 숙주내에서 증식할 목적으로 재조합 DNA를 숙주로 도입하는 기술 등을 말한다.
3. "재조합 DNA"란 인위적으로 변형된 DNA로서 외래 DNA, 운반체 DNA 또는 숙주 DNA간의 재조합체를 말한다.
4. "외래DNA"는 숙주에 새로 삽입된 DNA 중 운반체 DNA를 제외한 DNA를 말한다.
5. "숙주"란 재조합 DNA가 이식되는 세포를 말한다.
6. "운반체(vector)"란 유전자재조합체내에 도입되어 다른 종의 DNA를 유지, 증식시킬 능력을 가진 DNA를 말한다.
7. "농업환경"이란 식물, 미생물, 사료 및 사료첨가물이 생산 · 활용되는 개방환경으로써 농림부장관이 관장하는 환경을 말한다.
8. "농업환경위해성"이란 유전자변형농산물을 농업환경에 방출할 경우 재배지역내 생물다양성의 보전 및 지속적인 이용에 영향을 미칠 수 있는 모든 부정적인 영향을 말한다.
9. "유전자변형식물"이란 재조합 DNA나 과 이상의 세포융합에 의하여 유전물질이 변형된 생물체로부터 육성한 식물을 말한다.
10. "유전자변형 미생물"이란 재조합 DNA에 의하여 유전형질이 변형된 미생물을 말하며, 개체로 분화되지 않은 상태의 세포와 조직도 유전자변형 미생물로 취급한다.
11. "유전자변형 사료 및 사료첨가물"이란 유전자변형 식물이나 미생물을 포함하거나 그것으로 구성된 사료 및 사료첨가물을 말한다.
12. "환경방출"이란 유전자변형농산물을 소비 · 유통의 목적으로 국내 농경지에 재배하거나 생산하는 행위를 말하며 유전자변형사료 및 사료첨가물은 사료화하거나 사료첨가물로 사용하는 행위를 말한다
13. "포장시험"이란 유전자변형농산물의 농업환경방출을 위하여 수행하는 격리된 실험포장내에서의 재배, 관리, 조사 및 환경평가행위 등을 말한다.
14. "농업환경위해성평가"란 유전자변형농산물을 환경방출할 경우 재배지역 내 농업 생태계 변동 등 환경에 영향을 미칠 수 있는 모든 부정적 영향을 확인 · 조사 · 분석 등을 하는 과학적 절차를 말한다.
15. "심사담당공무원"이란 농림부장관의 명을 받아 유전자변형농산물의 안전성 심사업무를 담당하는 공무원을 말한다.
16. "전문가심사위원회"란 유전자변형농산물의 농업환경위해성평가자료 심사시 특정한 전문분야심사를 지원할 수 있도록 구성된 전문가 집단을 말한다.
17. "신청자"란 유전자변형농산물의 생산, 유통 및 가공 등의 일에 종사하는 개인, 기관의 장 또는 업체의 대표를 말한다.

제3조(적용범위) 이 지침은 국내 농업환경(이하 "환경"이라 함)에 방출하고자 하는 유전자변형농산물 및 그 후대에 대해 적용되며 다음 각 호의 경우에는 적용하지 아니한다.

1. 우리부 이외 정부부처에서 규제 또는 관장하고 있는 유전자변형생물체
2. 조직배양 또는 분류학적으로 과 범위 이내 식물간의 세포융합산물, 방사선 조사에 의한 돌연변이체, 기존의 선발방법 등 관행의 육종방법으로 육성한 농산물
3. 기타 농림부장관이 전문가심사위원회의 의견을 들어 정하는 사항

제2장 심사절차

제4조(신청접수) 유전자변형농산물을 재배, 보급 또는 판매 등을 통하여 환경방출을 하고자 하는 개인, 법인, 단체 등은 별표 1의 농업환경위해성평가자료 심사 신청서 및 별표 2~5의 농업환경위해성평가자료를 제출하여야 한다.

제5조(검토 및 평가) ① 제4조 제1항에 의하여 유전자변형농산물에 대한 농업환경위해성 평가심사 신청이 있을 때 안전성평가의 타당성여부를 심사하여야 한다.

② 신청접수 후 270일 이내에 심사를 완료하여야 하며, 자료보완이 필요한 경우 추가자료를 요구할 수 있으며, 현지조사 등을 실시할 수 있다.

③ 평가자료에 대해 다음의 경우 자료보완을 요구하여야 한다.

1. 제출된 자료가 평가항목에 규정된 자료를 갖추지 못한 경우
2. 안전성평가에 문제가 있다고 의심되는 경우
3. 전문가 심사위원회가 결의한 경우

④ 유전자변형농산물의 농업환경위해성 평가자료 심사의 전문성 확보를 위하여 심사담당공무원을 두고, 유전자변형농산물의 환경방출과 관련된 전문가심사위원회를 운영할 수 있다.

⑤ 농림부장관은 유전자변형농산물의 농업환경위해성 심사결과 승인한 경우 이를 공표한다.

제6조(신청자료 제출시의 유의사항) ① 유전자변형농산물의 농업환경위해성 평가자료 심사신청서(별표1) 2부와 관련평가자

료(별표2, 3, 4, 5) 20부를 작성하여 제출하여야 한다.

② 제1항의 관련평가자료가 외국의 자료일 경우에는 원문 및 번역된 요약문을 각각 제출하여야 한다.

③ 관련평가자료는 다음 각 호의 1에 해당되어야 한다.

1. 전문학술서적에 발표된 자료
2. 대학 또는 연구기관 등 국내외 전문기관에서 시험한 것으로 기관의 장이 발급한 자료(이 경우 연구기관의 시험시설 개요, 주요설비, 연구인력의 구성, 시험자의 연구경력 등이 기재되어야 함)
3. 유전자변형농산물의 개발국에서 안전성 확인 당시 제출되어 평가된 모든 관련자료로써 개발국 정부(허가, 승인, 또는 확인기관)가 승인하였음을 확인 또는 공증한 자료

④ 관련평가자료 제출시 영업비밀이 있을 경우 영업비밀을 삭제하여 표기한 관련평가자료 4부를 추가로 제출하여야 한다.

⑤ 심사결과 적합 통보된 유전자변형농산물에 대하여 그 내용을 변경승인받고자 할 경우에는 기 확인된 사항과 변경하고자 하는 사항의 대비표를 작성하여 제출하여야 한다.

제7조(신청서의 보완, 시정 및 반려 등) ① 제5조 제3항의 자료보완 사항 중 국내환경에서의 안전성 평가가 필요한 경우 농업연구관련유전자재조합체실험및취급규정(농진청훈령 제548호)에 의거 국내환경에서 포장시험을 실시토록 할 수 있다.

② 보완시 심사기간의 산정은 다음과 같다.

1. 자료보완에 소요된 기간은 270일에 산정하지 아니한다.
2. 보완이후 심사기간은 잔여기간에 관계없이 30일 이상으로 재산정한다.

③ 제출자료의 검토결과 용어, 기호 또는 일반적인 기재내용이 본 지침에 준하지 아니하는 등 경미한 사항으로 인정될 때 시정이 가능하다.

④ 본 지침의 규정에 적합하지 아니한 경우, 안전성 등이 미확인 또는 결여되어 농업환경 위해성이 우려되는 경우, 제출서류에 대한 보완사항을 정당한 사유없이 기간내에 제출하지 아니한 경우, 보완내용이 불충분하여 검토가 불가능한 경우 등에는 신청을 반려한다.

⑤ 영업 비밀 보호 범위 및 대상에 대해 신청자와 심사자가 합의되지 않을 경우 반려한다.

제8조(자료의 공개) ① 유전자변형농산물에 대한 정보를 일반에게 널리 알리고 의견을 수렴하기 위해 신청자료를 20일간 공개하여야 한다.

② 신청자료의 공개범위는 신청자가 결정하고 공개시점은 전문가심사위원회에서 결정한다.

제9조(전문가심사위원회 구성, 운용 등) ① 제5조의 규정에 의한 전문가심사위원회는 위원장 및 부위원장 각 1인을 포함한 15인 이내의 위원으로 구성하며 농림부장관이 위촉한다.

② 위원장은 위원 중에서 호선하고 부위원장은 위원장이 위원 중에서 지명하는 자로 한다.

③ 위원은 농학, 식물병리학, 분자생물학, 생태학 등의 관계전문가로 구성하며, 임기는 3년으로 한다.

④ 전문가심사위원회는 다음 각 호의 사항을 수행한다.

1. 신청자가 제출한 농업환경위해성 평가자료의 검토
2. 포장시험이 필요하다고 판단될 경우 농업환경위해성 평가항목 조정
3. 필요한 경우 시험포장의 현장점검
4. 농업환경위해성 평가자료의 예외대상 검토
5. 환경방출 승인 후 재심이 필요한 경우 이에 대한 심사
6. 영업비밀 보호범위 및 대상에 대한 심사
7. 평가자료의 공개 시점
8. 기타 필요한 사안에 대한 검토

⑤ 위원은 심사 중 체득한 비밀을 외부로 누출하여서는 안되며, 신청자가 영업비밀에 대한 지적재산권 보호를 원하는 경우 서약서를 작성하고 이를 준수하여야 한다.

⑥ 심사위원회에 출석한 위원에 대하여는 예산의 범위안에서 수당과 여비를 지급할 수 있다.

제10조(심사결과의 통보) ① 농림부장관은 제5조 규정에 의거 유전자변형농산물의 농업환경위해성에 관한 심사를 실시한 후, 그 결과를 서면으로 신청자에게 통보하여야 하며, 기각한 경우에는 기각 이유서를 첨부하여 통보하여야 한다.

② 농림부 장관은 제1항에 의거 환경방출을 승인한 이후에도 농업환경에 대한 위해성을 최소화하기 위하여 사후모니터링을 실시하며 필요할 경우 신고자에게 관련평가자료를 추가로 요구할 수 있으며, 이 경우 신청자는 농림부장관의 요구에 응하여야 한다.

③ 농림부 장관은 제1항 내지 2항에 대해 필요한 경우 관련부처의 의견을 수렴하고 자문을 받을 수 있다

제11조(재심청구) ① 신청자가 농림부장관으로부터 기각 결정을 받은 후 60일 이내에 재심 요구가 가능하다.

② 농림부장관은 재심요구가 있는 경우 전문가 심사위원회로 하여금 제4조, 제5조 및 제7조의 규정 적용에 따라 승인 또는 최종 기각 사유를 90일 이내에 신청자에게 통보하여야 한다.

부 칙

(시행일) 이 기준은 고시일로부터 시행한다.

별표 1 유전자변형농산물 농업환경위해성 평가자료 심사신청서

유전자변형농산물의 농업환경위해성평가자료 심사신청서

구분
식물, 미생물, 사료

신 청 자	성명 (상호)		주민등록번호 (사업자번호)	
	주소:		(전화번호:)	
개발 목적				
환경 방출	장소			
	기간			

유전자변형 품종명	학명	품종명	품종·계통명
유전자변형대상생물체	학명	품종명	품종·계통명
유전자공여생물체	학명	품종명	품종·계통명
유전자변형생물체 육성 방법 및 특성 (필요시 세부사항 별첨)	형질전환방법		
	표현형		
	유전자형	프로모터 :	
		유 전 자 :	
		터미네이터 :	

위와 같은 유전자변형농산물의 환경방출 승인을 받기 위하여 본 지침의 제4조에 정한 바와 같이 농업환경위해성평가자료를 첨부하여 심사 의뢰합니다

년 월 일

신청인 (인 또는 서명)

농 림 부 장 관 귀 하

※ 구비서류

1. 심사신청서 2부
2. 관련평가자료 20부

별표 2 유전자변형 식물의 농업환경위해성 평가 항목

1. 개발의 목적
2. 개발의 유용성 및 용도
3. 유전자변형 대상 식물
   가. 분류학상의 위치(학명, 일반명, 품종 · 계통명)
   나. 인류에 의한 이용 내력
   다. 생물학적 특성
   라. 유독물질의 생산가능성
   마. 원산지 및 유전적 다양성의 중심지
   바. 잡초화 가능성
   사. 생식 · 번식양식 및 유전적 특성
4. 유전자 공여 생물체
   가. 일반명 및 학명
   나. 인류에 의한 이용 내력
   다. 생물학적 특성
   라. 유독물질의 생산 가능성
   마. 원산지 및 유전적 다양성의 중심지
5. 운반체(vector)
   가. 출처 및 기원에 관한 정보
   나. 기능 및 특성
   다. 숙주의 범위
   라. 벡터의 명칭
   마. 벡터의 구성에 관한 정보
6. 도입 유전자
   가. 도입된 유전자의 기능 및 특성
   나. 도입 유전자의 구성요소별 유래 및 염기서열
   다. 이용을 위하여 유전자를 변형한 내용
   라. 변형 후의 개선된 특성
7. 유전자변형 식물의 육성 방법 및 특성
   가. 형질전환 방법
   나. 유전자변형 작물의 육성과정에 대한 설명(순계 또는 일대잡종등)
   다. 유전자변형 식물과 유전자변형 대상 식물간의 생물학적 특성 비교
   라. 유전자변형 식물과 유전자변형 대상 작물간의 농업적 특성 비교
   마. 도입 유전자 지배 형질의 후대 안정성
   바. 유전자변형 대상 식물과 비교하여 변화된 사용 용도
8. 유전자변형 식물의 분자생물학적 검정
   가. 유전자변형 식물의 도입유전자 확인 결과
   나. 유전자의 도입 위치(염색체 또는 세포 미소기관)
   다. 도입 유전자의 copy 수
   라. 도입유전자의 세대간 안정적 유전 및 발현 확인 결과
   마. 도입유전자의 검출 및 발현의 확인에 사용된 방법
9. 유전자변형 식물의 위해성 평가
   가. 유독물질의 생성과 관련된 정보
      - 식물체가 분비하는 독성 물질의 여부
      - 알러지 유발물질 함유 여부
      - 주요 영양 성분의 변화 여부
   나. 잡초화 가능성 관련 정보
   다. 주변 생물 및 생태계에 미칠 수 있는 영향에 관한 정보
   라. 유전자변형 식물을 도입하고자하는 환경에 대한 정보
      - 유전자변형 식물의 원산지와의 거리
      - 지리적, 기후, 주변 식물의 생태학적 특성에 관한 정보
10. 해외의 인가 및 이용 상황
11. 기타(유전자변형식물의 불활성화 방법, 불의의 사고 등 긴급시에 대한 처리방법 등)

별표 3 유전자변형 미생물의 농업환경위해성 평가 항목

1. 개발의 목적
2. 개발의 유용성 및 용도
3. 유전자변형 미생물
   가. 분류학상 위치(일반명 및 학명)
   나. 이용상황 및 자연계에서의 분포상황
   다. 번식양식 및 유전적 특성
   라. 병원성
   마. 유독물질의 생산과 관련된 정보
   바. 그 외 중요한 생리학적 성질
4. 공여DNA
   가. 구성 및 유래
   나. 목표유전자의 기능
5. 운반체(vector)
   가. 명칭 및 유래
   나. 특성
   다. 병원성
6. 유전자변형 미생물의 제작 방법
   가. 재조합 DNA 분자의 구성과 작성 방법
   나. 숙주 내로 유전자를 도입하는 방법
   다. 재조합 미생물의 육성경과
7. 목적유전자의 존재상태 및 발현의 안전성
8. 숙주 또는 숙주에 속하는 생물종과의 상이
   가. 생식 · 번식양식 및 유전적 특성
   나. 병원성
   다. 유독물질의 생산성
   라. 그 외의 중요한 생리학적 성질
   마. 자연계에서의 생존 능력 및 모니터 방법
9. 기타 (재조환 DNA 실험결과 또는 재조합 미생물의 육성 등의 과정에서 얻어진 정보로 상기 이외에 안전성 평가에 영향을 미치는 것으로 판단되는 것이 있으면 그 내용을 기입한다. 또한 불의의 사고 등 긴급시에 대한 처리방법도 동시에 기입한다)

별표 4 유전자변형 사료 및 사료첨가물의 농업환경위해성 평가 항목

1. 개발의 목적
2. 개발의 유용성 및 용도
3. 숙주
   가. 분류학상의 위치(학명, 일반명, 품종 · 계통명 등을 포함)
   나. 자연계에 있는 분포 상황
   다. 사료 또는 식품분야에 있는 이용내력 및 상황(해외의 이용 상황 포함)
   라. 유해물질의 생산성(근연종의 생산성 포함)
   마. 병원성 및 외래인자(바이러스 등)의 오염여부
   바. 생식 · 번식특성 및 유전적 특성
      (1) 자연환경 또는 자연환경을 반영하는 실험조건하의 생존 및 생식 · 번식 능력
      (2) 생식 · 번식양식 주기 및 교잡성
      (3) 생존 및 생식 · 번식능력을 제한하는 조건
      (4) 기타 유전적 특성에 관한 조항(유래를 포함)
   사. 구성성분(영양성분을 포함)
   아. 기생성, 정착성 기타 주요한 생리학적 성질
   자. 원산지 및 유전적 다양성의 중심지
   차. 유사종의 국내외 분포 상황
4. 운반체
   가. 명칭 및 유래
   나. 성질
      (1) DNA분자량
      (2) 제한효소에 의한 절단지도
      (3) 유해염기배열 등의 유무
      (4) 숙주에서의 복제수 및 안전성
      (5) 기능 및 특성
   다. 선발표지형질 유전자의 특성
      (1) 유전자 및 유전자산물의 구조 및 기능
      (2) 내성발현의 기작과 사용방법, 관련 대사물
      (3) 확인 및 정량방법
   라. 전달성 및 숙주의존성, 숙주범위
   마. 벡터의 제작방법 및 구조
   바. 숙주에 발현 벡터의 삽입방법 · 위치
5. 외래 DNA 관련
   가. 유래
      (1) 공여체의 명칭 및 분류학적 특성(학명, 품종, 계통명 등 포함)
      (2) 공여체의 사료로서 이용된 역사 및 이용 현황
      (3) 공여체 및 근연종의 병원성 및 유해생리활성 물질 생산성
      (4) 공여체의 병원성 외래인자(바이러스 등)에 오염여부
   나. 기능과 특성
      (1) 구조
         (가) 전사개시인자(promoter)
         (나) 전사종결인자(terminator)
         (다) 삽입염기서열 및 주변유전자 배열
      (2) 성질
         (가) 삽입 DNA의 기능에 관한 자료
         (나) 제한효소에 의한 전달 지도
         (다) 분자량
         (라) 유해염기서열의 유무(이미 알려진 유해염기서열을 포함하지 않을 것)
      (3) 숙주로의 도입방법
      (4) 안정성(유전자변형작물내에서의 변화 포함)
      (5) 유전자재조합체(변형농산물)에서의 복제수
      (6) 목적유전자의 발현부위, 발현시기, 발현량 및 발현안정성(유전자변형작물에서의 변화 등에 대한 고찰)
      (7) 외래 오픈리딩프레임(open reading frame)의 유무와 그 전사 및 발현 가능성
   다. 선발 표지 형질
      (1) 구조 및 기능
      (2) 내성발현의 메커니즘
      (3) 내성의 대상이 되는 물질 및 그 가축 등에 대한 사용현황
      (4) 선발표지형질 및 관련대사산물의 불활성화법
      (5) 사료에 첨가하거나 또는 경구투여한 항균성물질의 불활성화 추정량 및 그것에 기인하여 문제가 생길 가능성
   라. 유전자변형농산물
      (1) 유전자재조합 기술에 의해 새로이 부과된 성질(유전자 산물)
      (2) 유전자 산물의 불활성화법
      (3) 구성성분(영양성분을 포함)
      (4) 숙주와의 차이
         (가) 유해물질의 생산성
         (나) 생식 · 번식 특성 및 유전적 특성
         (다) 기타 주요한 생리학적 성질
      (5) 해외의 인가 및 이용 상황
      (6) 유전자변형농산물의 불활성화 방법

별표 5 유전자변형 사료 안전성 평가 항목

1. 개발의 목적
2. 개발의 유용성과 용도
3. 도입유전자 및 유전자 유래 단백질의 안전성
   가. 인공위액, 장액에 의한 소화유무 및 가열처리에 의한 감수성
   나. 알레르기 유발성
   다. 대사경로에 대한 영향
   라. 도입유전자 및 유전자 유래 단백질의 가축 이행 여부
      (1) 혈액 내 유전자 검색
      (2) 조직(간, 근육)내 검색
4. 원농작물과 유전자변형농작물과의 영양소 차이 및 유해물질 평가
   – 탄수화물, 단백질, 지방, 섬유소, 아미노산, 지방산 조성
5. 사료 섭취량
6. 증체성적

03

GMO의 환경위해성평가 심사지침 제정 운용

[농림부 고시 제2002-2호(2002. 1. 9)]

□ GMO의 안전관리체계 구축과 관련, 생명공학안전성의정서와 이의 국내이행을 위한 법발효가 불확정적인 상황하에서, 소비자들의 위해성평가 요구가 크고 국내 개발중인 GMO가 5년 후에 상용화될 예정에 있어,

□ 국내·외에서 개발·수입된 GMO에 대한 평가, 일반공개 등 사전 심의절차를 규정한 환경위해성평가심사지침(고시)을 임의규정으로 제정 운용

1. 국내·외 GMO위해성평가 현황

▭ 전세계적인 GMO 안전관리체계 구축 논의 결과,「생명공학안전성의정서」가 채택(UNEP, '00.1)

- 동 의정서의 국내이행을 위해 「유전자변형생물체(LMO)의국가간이동등에관한법률」을 제정(산자부 '01.3)하고 하위법령을 마련중이나 발효는 미정

▭ 미국, EU, 일본 등에서는 이미 GMO에 대한 위해성평가체계(법, 조직등)를 구축한 후, 개발 또는 수입시 인체나 환경에 대한 위해성평가를 실시한 후 상품화하거나 수입 승인

- 선진 각국이 관련 법령에 근거하여 의무규정화하여 운용

▭ 우리나라는 인체위해성평가에 대한 규정은 있으나, 환경위해성평가에 대한 규정은 없음

- 인체위해성평가는 식약청에서 유통중인 콩1, 옥수수 6종 중, 콩 1종 승인, 옥수수 4종 심사중

※ GMO의 위해성평가(Risk Assessment)란?
GMO 개발과정 중 위해성에 대한 국내외 개발자의 검증 자료 등을 활용, 인체 및 환경에 미치는 직·간접적 영향을 평가심사

2. 심사지침(안) 주요내용

가. 그간의 추진 상황

〈심사지침 제정 경과〉

▭ 산·학·연 관련기관 회의, 전문가 검토 후 최초안 마련('00.12~'01.3)

▭ 입안예고, WTO 통보 등 국내·외 각계 충분한 의견 수렴('01.6~8)

- 미국, 캐나다, EU, 태국 등과 관련부처, 단체 등의 광범위한 의견 수렴

▭ 환경단체 등과 협의회 개최등을 통한 공감대 형성

- 소비자·환경 연합단체인 "유전자조작식품반대생명운동연대"와 협의회 개최 및 몬산토, 아벤티스, 신젠타 등 GMO 신청대상 관련업

체의 의견 수렴

▭ GMO 안전성관리위원회 개최 검토(3차례, '01.3, 9, 11)후 최종안 마련

〈예산 및 전문가 확보〉

▭ GMO의 환경위해성심사 관리체계구축 신규예산 확보

- 내년부터 심사지침의 운용을 위해 필요한 심사비용으로 1.5억원 확보

▭ 심사의 전문성 확보를 위한「전문가 인력 POOL」구성 ('01.3~현재)

- 국내 관련학회 및 소비자단체 추천 전문가 등 약 300명 확보

나. 심사지침(총 2장, 11개조, 부칙)

▭ 제정목적: 국내외에서 개발된 GMO의 안전성확보를 위한 사전심사체계를 규정하여 국내농업환경에 미치는 위해를 방지

- 심사대상/신청자: GMO 농산물 / 개인 · 법인 · 단체

▭ 주요내용:

- 심사절차 및 심사기관(농촌진흥청), 평가기관을 지정 · 운용
- 국내포장시험을 위한 격리포장의 구비조건 및 GMO의 관리방법 규정
- 심사의 전문성을 확보하기 위하여『전문가심사위원회』운영
- 심사신청 GMO에 대한 일반 정보공개 및 의견수렴

《심사 절차》

신 청 자(수입자 등)
• 심사신청서 • 위해성평가자료

↓ 신청

심 사 기 관(농촌진흥청)
•「전문가심사위원회」의 심의·의결 • 서류심사, 포장시험, 현지조사 등

↓ 보고

농 림 부 장 관
• 타당성 확인시 신청자 통보 및 공표

- 심사접수: 신청자가 심사신청서와 위해성평가자료를 심사기관에 제출
  - 신청자료의 내용: 신청 GMO의 육성과정, 유전적 특성, 유독물질 생성, 잡초화 가능성, 도입유전자 이동가능성 등
- 심사기간: 신청 후 270일 이내 검토 완료
- 심사결과: 타당성 확인시 서면 통보
  - 기각결정을 받은 후 60일 이내에 재심요구 가능

| 운용 효과 |

□ **국내 농업환경 보호**

- GMO가 농업환경에 미치는 영향파악 및 예방조치 강구

□ **소비자들의 불안감 해소**

- 안전성이 확보된 것만 수입, 상업화함으로써 국민의 불안감 해소

□ **농업생명공학 기반 육성**

- GMO 정보획득, 심사기술 축적을 통한 생명공학기술발전 도모

□ **법발효시 문제점 최소화**

- 임의규정으로 사전 시행함으로써 본격시행시 문제점 보완

3. 향후 추진계획

▭ 심사지침을 신규확보한 GMO 심사체계구축 예산을 활용하여 심사

- 기확보된 2002년 예산은 농진청에 배정하여 집행하고 2003년부터는 농진청 소관의 예산으로 확보

▭ 심사업무를 전담할 수 있는 전담조직 및 인력, 사무실 확보

- 농림부내 업무조정을 통해 전담계를 만들고, 농진청 본청내 심사관련 기구 설치 운용(필요시 Task Force 설치 등), 사무실 확보 등

※ 유전자변형사료 안전성평가심사지침 별도 제정

04

유전자재조합 식품의 안전성 평가심사 등에 관한 규정

[식품의약품안전청고시 제2006-19호]

식품위생법 제15조제2항의 규정에 의한 "유전자재조합식품의 안전성평가심사등에관한규정(식품의약품안전청고시 제2003-37호, 2003.9.1)"을 다음과 같이 개정 고시합니다.

2006년 9월 1일
식품의약품안전청장

유전자재조합식품의안전성평가심사등에관한규정

유전자재조합식품의안전성평가심사등에관한규정을 다음과 같이 개정한다.

유전자재조합식품의안전성평가심사등에관한규정

제1장 총칙

제1조(목적) 이 고시는 식품위생법(이하 "법"이라 한다) 제15조의 규정에 의하여 안전성 평가를 받아야 하는 유전자재조합된 농·축·수산물 등의 대상, 안전성 평가를 위한 자료제출의 범위 및 심사절차 등을 정함으로써 안전성 평가에 대한 심사업무에 적정을 기하고 유전자재조합식품의 안전성을 확보하여 국민 보건 향상에 이바지함을 목적으로 한다.

제2조(정의) 이 고시에서 사용하는 용어의 정의는 다음과 같다.

1. "유전자재조합식품"은 유전자재조합기술을 활용하여 재배·육성된 농·축·수산물·미생물 및 이를 원료로 하여 제조·가공한 식품 또는 식품첨가물을 말한다.
2. "유전자재조합기술"은 생물의 유전자 중 유용한 유전자만을 취하여 다른 생물체의 유전자와 결합시키는 등의 기술을 말한다.
3. "유전자재조합분자"는 어떤 세포 내에서 복제 가능한 DNA (벡터)와 이종의 DNA를 효소 등과 이를 이용하여 시험관 안에서 결합시켜 작성한 DNA를 말한다.
4. "숙주"는 유전자재조합기술을 통하여 삽입 DNA가 도입되는 세포를 말한다.
5. "벡터"는 유전자재조합기술을 통하여 숙주에 이종의 외래유전자를 운반하는 DNA를 말한다.
6. "삽입 DNA"는 벡터에 삽입되는 이종의 외래 DNA를 말한다.
7. "삽입유전자"는 벡터에 삽입되는 이종의 외래 유전자를 말한다.
8. "공여체"는 벡터에 삽입하려고 하는 DNA를 제공하는 생물체를 말한다. RNA를 주형으로 합성된 DNA를 벡터에 삽입하는 경우에는 RNA를 제공하는 생물체를 포함한다.
9. "유전자재조합체"는 유전자재조합실험 및 이에 준하는 실험의 결과 유전자를 일부 교환하거나 새로운 유전자를 도입시킨 세포나 생물을 말한다.
10. "유전자산물"은 삽입유전자에 의해 만들어지는 핵산 및

단백질을 말한다.

11. "생산물"은 유전자재조합기술을 이용함으로써 만들어지는 모든 물질을 말한다.

12. "후대교배종"은 유전자재조합체간 또는 유전자재조합체와 기존의 품종을 교배하여 얻은 생물종을 말한다.

제3조(평가의 대상) 법 제15조 제1항의 규정에 의한 안전성 평가 대상은 다음 각 호와 같다.

1. 유전자재조합농산물
2. 유전자재조합축산물
3. 유전자재조합수산물
4. 유전자재조합미생물
5. 제1호 내지 제4호 중 현재 상업적 생산은 중단되었으나 기존에 생산되어 시중에 유통중인 식품에서 검출 가능성이 있는 유전자재조합체
6. 제1호 내지 제4호의 후대교배종 중 유전자재조합체끼리 교배한 경우로 부여된 특성이 변하였거나, 이종간에 교배한 것이거나, 또는 섭취량, 가식부위 및 가공법이 종래의 품종과 차이가 있는 유전자재조합체
7. 제1호 내지 제4호의 성분을 추출 정제하여 유전자산물을 제거하여 만든 식품성분 등
8. 제4호를 이용하여 만든 식품첨가물로 유전자재조합체의 성분을 포함하지 않는 효소제 및 비타민류 등
9. 제1호 내지 제8호 중 안전성 평가를 받은 후 10년이 경과하여 계속 시중에 유통되어 판매되고 있는 유전자재조합 식품 등

제2장 심사절차

제4조(신청접수) ① 제3조 제1호 내지 제6호에 대한 안전성 평가자료를 심사받고자 하는 자는 별지 제1호서식의 심사의뢰서와 별지 제2호서식에 따른 제12조의 제출자료 및 그 요약보고서를 첨부하여 식품의약품안전청장(이하 "청장"이라 한다)에게 신청하여야 한다. 다만, 제3조 제6호 후대교배종인 경우 별지 제7호서식에 따른 안전성 평가대상 여부를 검토를 받은 후 안전성 평가자료 심사를 신청한다.

② 제3조 제7호 및 제8호에 대한 안전성 평가자료를 심사받고자 하는 자는 별지 제1호서식의 심사의뢰서와 별지 제3호서식에 따른 제13조의 관련자료 및 그 요약보고서를 첨부하여 청장에게 신청하여야 한다.

③ 제3조 제9호에 대한 안전성 평가자료를 심사받고자 하는 자는 별지 제1호서식의 심사의뢰서에 기존의 안전성 평가자료 심사 결과 통보 서류 및 사용현황에 대한 자료를 첨부하여 청장에게 신청하여야 한다.

④ 안전성 평가를 받고자 하는 자는 심사자료 제출 시 평가대상을 확인할 수 있는 분석정보에 대한 자료를 별지 제4호서식에 따라 작성하여 다음과 같이 표준품과 함께 제출하여야 한다.

1. 제3조 제1호 및 제6호의 경우 숙주 종과 유전자재조합된 품종 각 1 Kg
2. 제3조 제8호의 경우 제품 500g
3. 기타 대상의 경우 '식품공전 제2. 검체의 채취 및 취급방법'에 따라 정해진 양

제5조(안전성 심사) ① 청장은 심사위원회를 구성하여 제4조의 규정에 의하여 유전자재조합 식품의 안전성 평가에 대한 심사의뢰가 있을 때에는 심사위원회에서 제출된 검토보고서에 따라 안전성 평가의 타당성 여부를 검토하도록 한다.

② 청장은 제출된 자료에 의한 심사를 위하여 필요한 경우 설명을 요구하거나 현지조사 등을 실시할 수 있다.

③ 제6조에 의한 심사위원회의 심사결과는 20일 이상 일반에 공개하여 의견을 수렴하여야 한다.

④ 청장은 안전성 평가를 신청받은 날로부터 270일 이내에 심사를 완료하고 그 결과를 공고하여야 한다.

제6조(심사위원회) 청장은 유전자재조합 식품 등의 안전성 평가에 대한 심사를 위하여 식품의약품안전청에 유전자재조합식품 안전성 평가 자료 심사위원회를 두고, 그 구성과 운영에 대한 세부적인 사항은 별도로 정한다.

제7조(심사의뢰서 제출시의 유의사항) ① 심사의뢰서는 해당 제출자료 및 그 전체 요약본을 첨부하여 2부를 제출하며, 이때 별지 제2호서식 또는 제3호서식에 표시한 순서에 따라 목록과 자료별 색인번호 및 쪽을 표시하여, 디스켓($3\frac{1}{2}$) 또는 CD 1부를 함께 제출하여야 한다.

② 심사의뢰서의 요약본이 외국어일 때에는 원본과 번역문(이 분야의 전문지식을 갖춘 번역자 및 확인자 날인)을 각각 첨부하여야 한다.

③ 제출자료는 다음 각 호의 어느 하나에 해당되어야 한다.

1. 전문학술지에 게재된 자료
2. 대학 또는 연구기관 등 국내외 전문기관에서 시험한 것으로 기관의 장이 발급하고 그 내용(이 경우 연구기관의 시험시설의 개요, 주요설비, 연구인력의 구성, 시험자의 연구경력 등이 기재되어야 함)을 검토하여 타당하다고 인정할 수 있는 자료
3. 당해 유전자재조합식품의 개발국에서 안전성을 확인할 당시 제출되어 평가된 자료. 다만 이 경우 개발국 정부(허가, 승인, 또는 확인기관)가 승인하였음을 확인하는 자료를 첨부해야 한다.

제8조(심사의뢰서의 보완 등) ① 제4조의 규정에 의하여 접수된 심사의뢰서 서류가 다음 각 호의 어느 하나에 해당하는 경우에는 보완을 요구할 수 있다.

1. 제출자료가 미비한 경우
2. 안전성 평가에 문제가 있다고 의심되는 경우

② 심사의뢰서가 다음 각 호의 어느 하나에 해당하는 경우에는 시정을 요구할 수 있다.

1. 일반적인 기재내용이 동 규정에 준하여 작성되지 아니한 경우
2. 동 규정에서 규정하지 아니한 사항이나 검토결과 경미한 사항으로 인정되는 경우

③ 심사의뢰서가 다음 각 호의 어느 하나에 해당하는 경우에는 서류를 반려할 수 있다.

1. 제출된 자료가 동 규정에 적합하지 아니한 경우
2. 안전성 및 건전성 등이 결여되었거나 또는 확인이 어려워 인체 위해가 우려되는 경우
3. 보완내용이 불충분하여 검토가 불가능한 경우

④ 보완기간은 사전에 제출일자를 신청자가 통보하도록 하고 그 기간은 심사기간에서 제외한다.

제9조(심사결과의 통보) ① 유전자재조합식품의 안전성평가에 대한 심사가 종료되면, 청장은 그 결과를 별지 제5호서식에 의해 신청자에 통보함과 동시에 관보에 고시한다.

② 제1항에 의하여 관보에 고시되는 날로부터 안전성 평가에 대한 심사가 완료된 유전자재조합식품에 한하여 식용을 목적으로 수입·개발·생산 등을 할 수 있다.

제10조(심사결과통보서의 기재변경) 제9조에 의하여 통보받은 심사결과 통보서를 변경하고자 하는 경우에는 별지 제6호서식을 제출하여 변경신청을 하여야 한다. 이 경우 변경할 수 있는 항목은 신청자 또는 개발사에 관한 기재사항에 한한다.

제11조(재심사) ① 제9조에 의하여 고시된 유전자재조합식품으로서 기술적 검토사항의 변경이 있거나 청장이 새로운 위해요인이 발견되었다는 등의 사유로 인체의 건강을 해할 우려가 있다고 인정하여 법 제42조의 규정에 의한 식품위생심의위원회의 심의를 거쳐 고시한 제품에 대해서는 재심사하여야 한다.

② 재심사결과 안전성 및 건전성 등이 결여되었거나 또는 확인이 어려워 인체 위해가 우려되는 경우에는 승인을 취소할 수 있다.

제3장 안전성 평가 자료제출의 범위

제12조(유전자재조합 농산물 · 축산물 · 수산물의 안전성 평가 및 자료제출의 범위) ① 제3조 제1호 내지 제4호의 규정에 의하여 안전성 평가를 심사 받고자 하는 자는 다음 각 호의 자료를 제출하여야 한다.

1. 유전자재조합체의 개발목적 및 이용방법에 관한 자료
2. 숙주에 관한 자료
   가. 분류학적 특성(일반명, 학명, 계통분류 등)
   나. 재배 및 품종개량의 역사
   다. 기지의 독소 또는 알레르기 유발성
   라. 안전한 식경험의 유무
3. 공여체에 관한 자료
   가. 분류학적 특성(일반명, 학명, 계통분류 등)
   나. 안전한 식경험의 유무
   다. 공여체 및 근연종의 독성, 항영양성, 알레르기성(미생물인 경우 병원성 및 기지의 병원체와의 관련성)
4. 유전자재조합에 대한 자료
   가. 형질전환 과정에 대한 정보
      (1) 형질전환 방법(아그로박테리움법, 입자총법, 원형질체법 등)
      (2) 재조합에 사용된 벡터에 대한 정보
         (가) 기원
         (나) 숙주에서의 확인
         (다) 숙주에서의 기능
      (3) 중간숙주에 대한 정보
      (4) 전달성에 관한 정보
   나. 도입 유전자에 대한 정보
      (1) 구성 유전자의 특성
         (가) 선발표지유전자
         (나) 조절인자
         (다) DNA의 기능에 영향을 주는 기타 인자
      (2) 크기 및 명칭
      (3) 완성된 벡터내의 유전자 염기서열의 위치 및 방향성
      (4) 구성 유전자의 기능
      (5) 유해염기서열의 유무
      (6) 외래전사해독프레임의 유무와 그 전사 및 발현가능성
      (7) 목적하는 유전자 이외의 염기서열의 혼입(유전자의 순도)
5. 유전자재조합체의 특성에 관한 자료
   가. 유전자재조합체 내 도입된 유전자에 관한 정보
      (1) 유전자재조합체의 게놈에 삽입된 유전자의 특성 및 기능
      (2) 삽입부위의 수
      (3) 각 삽입부위의 삽입유전자의 구성
         (가) 복제수, 염기서열(주변염기서열 포함)
         (나) 기지의 독성이나 항영양소를 암호화하는 유전자가 없음을 입증하는 자료
      (4) 삽입유전자 및 인접하는 숙주 게놈 유전자의 외래전사해독프레임의 유무와 그 전사 및 발현가능성
      (5) 안정성에 관한 사항
         (가) 복수세대에서 삽입된 유전자의 서열, 크기
         (나) 복수 세대에서 발현부위, 발현시기, 발현량
   나. 유전자산물에 관한 정보
      (1) 유전자산물의 화학적 성질(단백질이나 번역되지 않은 RNA)
      (2) 유전자산물의 기능
      (3) 발현단백질의 아미노산 서열의 번역 후 변이 유무
      (4) 발현단백질의 구조적 변화 여부
      (5) 새로운 특성의 표현형
      (6) 유전자산물의 발현부위 및 발현량
   다. 독성
      (1) 생산물이 단백질인 경우
         (가) 안전한 식경험의 유무
         (나) 기지의 독성 및 항영양소와의 아미노산 서열 유사성
         (다) 유전자산물의 물리화학적 처리에 대한 감수성(대체산물의 경우 유전자산물과의 생화학적, 구조적, 기능적 동질성에 관한 자료 포함)
         (라) 발현단백질의 단회투여독성
         (마) (가)~(라)로 안전성을 확인할 수 없는 경우 기타 경구독성실험 및 그 단백질을 가지고 있는 것으로 알려진 생물체에서 그 단백질의 생물학적 기능

(2) 생산물이 단백질이 아닌 경우
(가) 생물학적 기능
(나) 식이 노출량
(다) 안전한 식경험의 유무
(라) 안전한 식경험이 없는 경우 일반적인 독성실험 자료
라. 알레르기성
(1) 유전자산물이 알레르겐으로 알려지고 있는가에 관한 자료
(2) 유전자산물의 물리화학적 처리에 대한 감수성(대체산물의 경우 유전자산물과의 생화학적, 구조적, 기능적 동질성에 관한 자료 포함)
(3) 유전자산물 중 이미 알려져 있는 알레르겐과 상동성에 관한 자료
(4) 유전자산물이 1일 단백섭취량의 유의한 양을 차지하고 있는지에 관한 자료
(5) (1) 내지 (4)의 자료에 의해 알레르기성을 판단하기 어려울 경우 다음 자료
(가) 구조 유사성이 확인된 알레르겐에 대한 환자 IgE 항체와 유전자산물과의 결합력에 관한 자료
(나) 주요 알레르겐에 대한 환자 IgE 항체와 유전자산물과의 결합력에 관한 자료
마. 숙주와의 차이
(1) 주요영양성분
(2) 미량영양성분
(3) 내재성독소
(4) 영양억제인자(항영양소)
(5) 알레르기유발성분
(6) 삽입된 유전자의 대사산물
(7) 영양성
바. 유전자산물이 대사경로에 미치는 영향(숙주가 함유한 고유의 성분을 기질로 하여 반응할 가능성)
사. 유전자재조합체의 생존 · 증식에 대한 정보
아. 유전자재조합체의 불활성화 방법
자. 외국의 식품유통 승인 및 식용 등의 이용 현황
6. 제1호 내지 제5호에 의해 안전성 평가가 곤란한 경우는 다음 사항에 대한 시험성적에 의해 안전성을 평가한다. 다만 합리적인 이유가 있으면 일부를 생략할 수 있다.
가. 단회투여독성
나. 반복투여독성
다. 반복투여독성 결과 안전성 판단에 필요하다고 판단될 경우, 유전독성, 생식 · 발생독성, 발암성, 기타 필요한 독성 등에 대한 자료
② 제3조 제5호에 해당하는 유전자재조합식품의 경우 제1항 제1호 내지 제4호의 자료와 상업이 중지되었음을 입증하는 공식 서류를 함께 제출하여야 하며, 필요시 제5호 및 제6호의 자료를 첨부할 수도 있다.
③ 제3조 제6호에 해당하는 유전자재조합식품의 경우 제1항 제1호 내지 제6호의 자료를 제출하여야 하며, 본 항에 해당하는 후대교배종인지 여부는 별지 제6호서식에 따라 자료를 제출하여 확인받아야 한다.
④ 제1항의 제출자료 중 안전한 식경험이 있는 경우 혹은 시험자체가 이론적·기술적으로 실시 불가능하거나 실시 가능하더라도 실시하는 것이 무의미하다고 인정되는 등 합리적인 이유가 있으면 자료의 일부를 생략할 수 있다.
⑤ 개발국에서 상용화되어 3년을 경과하고 개발국 외의 사용국이 있는 품목인 경우에는 이를 입증할 수 있는 자료가 제1항의 제출자료 중 일부를 대신할 수 있다.

제13조(식품성분 또는 식품첨가물 등의 안전성 평가 및 자료제출의 범위) ① 제3조 제7호 또는 제8호의 규정에 의하여 안전성 평가를 심사 받고자 하는 자는 다음 각 호의 자료를 제출하여야 한다.
1. 제12조 제1항 제1호 내지 제4호에 규정한 자료
2. 유전자재조합체에 관한 자료
가. 삽입유전자에 의해 새롭게 획득된 성질에 관한 자료
나. 생존성 및 증식성에 관한 자료
다. 유전자재조합체의 생존 및 증식 능력의 제한에 관한 자료
라. 유전자재조합체의 불활성화법에 관한 자료
3. 유전자재조합체 이외의 제조원료에 관한 자료
가. 식품 및 식품첨가물의 제조원료 또는 부원료로서의 사용실적의 유무에 관한 자료
나. 식품 및 식품첨가물의 제조원료 또는 부원료로서의 안전성에 관한 자료
4. 생산물의 안전성에 관한 자료
가. 생산물이 기존의 것과 같음을 입증하는 자료
나. 유전자재조합체의 혼입을 부정하는 자료
다. 생산물의 정제에 대해서는 정제방법 및 그 효과에 관한 자료
라. 함유량의 변동에 의해 유해성이 나타나는 일반 성분의 변동에 관한 자료
5. 제1호 내지 제4호에 의해 안전성 평가가 곤란한 경우는 다음 사항에 대한 시험성적에 의해 안전성을 평가한다.
가. 단회투여독성
나. 반복투여독성
다. 반복투여독성 결과 안전성 판단에 필요하다고 판단될 경우, 유전독성, 생식·발생독성, 발암성, 기타 필요한 독성 등에 대한 자료
② 제1항의 제출자료 중 시험자체가 이론적·기술적으로 실시 불가능하거나 실시 가능하더라도 실시하는 것이 무의미하다고 인정되는 등 합리적인 이유가 있으면 일부를 생략할 수 있다.
③ 개발국에서 상용화되어 3년을 경과하고 개발국외에도 사용국이 있는 품목인 경우에는 이를 입증할 수 있는 자료가 제1항의 제출자료 중 일부를 대신할 수 있다.

제14조(유전자재조합미생물의 안전성 평가 및 자료제출의 범위)
① 제3조 제4호의 규정에 의하여 안전성 평가를 심사받고자 하는 자는 다음 각 호의 자료를 제출하여야 한다.
1. 유전자재조합미생물에 대한 자료
가. 개발목적
나. 이용방법

다. 공인유전자은행 또는 기타 유전자 보관 여부
라. 표준배양법
마. 최종제품에서의 생존 유무
2. 숙주에 관한 자료
가. 분류학적 특성(학명, 일반명, 균주은행 등록번호 등)
나. 식용 및 균주개량 역사
다. 안전성이 우려되는 유전자형 및 표현형
라. 안전한 식경험 유무
마. 최적 배양 조건
바. 전달성 유전자 존재 유무
3. 공여체에 관한 자료
가. 분류학적 특성(학명, 일반명, 균주은행 등록번호 등)
나. 안전한 식경험의 유무
다. 안전성 우려 유전자형 및 표현형
라. 공여체 및 근연종의 식품위해관련 정보
4. 유전자재조합에 대한 자료
가. 균주제조과정
(1) 유전자재조합에 사용된 기술
(2) 재조합 DNA
(가) 기원
(나) 유전자재조합체내에서의 확인 및 그 기능
(다) 플라스미드 복제수
(라) 중간 숙주
나. 부가, 결실, 삽입, 재조합된 DNA에 관한 정보
(1) 구성유전자의 특성
(가) 선발표지유전자
(나) 벡터유전자
(다) 조절인자
(라) DNA 기능에 영향을 주는 기타 인자
(2) 크기 및 명칭
(3) 완성된 벡터내의 유전자 염기서열 위치 및 방향성
(4) 구성 유전자의 기능
5. 유전자재조합체의 특성에 관한 자료
가. 유전자재조합체 내의 DNA 재조합에 관한 정보
(1) 재조합 DNA 삽입으로 인한 부가, 삽입, 결실, 재조합 등에 대한 설명
(2) 재조합유전물질의 존재위치(염색체 또는 염색체 외부)
(3) 삽입부위 및 삽입수
(4) 각 삽입부위에서의 삽입유전자 구성(복제수, 염기서열, 주변염기서열 등)
(5) 삽입유전자 및 인접하는 숙주 게놈 유전자의 외래 전사해독프레임 유무와 그 전사 및 발현가능성
(6) 유해염기서열의 유무
나. 유전자산물에 관한 정보
(1) 유전자산물(단백질이나 번역되지 않은 RNA)과 그 분석방법
(2) 유전자산물의 기능
(3) 새로운 특성의 표현형
(4) 유전자산물의 발현부위, 발현량 및 대사산물
(5) 삽입유전자가 특정 내재성 mRNA나 단백질량을 변화시킬 경우 삽입유전자 산물의 양
(6) 유전자산물의 유무 또는 대사산물의 변화
다. 삽입유전자의 변화 등에 관한 정보
(1) 삽입유전자의 재배열 유무(세포내 삽입시, 식품으로 이용시, 보존시)
(2) 발현단백질의 아미노산 서열의 변이 유무
(3) 발현단백질의 번역 후 구조적 변화 유무
(4) 목적하는 효과, 발현량, 유전자의 안정성 유무에 관한 자료
(5) 특성이 정확한 위치에서 발현 또는 분비되는지 여부
(6) 유전자재조합에 의한 숙주 유전자 영향 유무
(7) 신규 융합단백질의 존재 유무
라. 독성과 병인성
(1) 식이 노출량
(2) 식이 섭취량
(3) 발현 물질의 식품 내 기능과 농도
(4) 식품 내 생균의 농도
(식품 중 대응하는 기존종과의 비교)
(5) 생산물이 단백질인 경우
(가) 식품으로 안전하게 사용된 역사
(나) 단백질의 구조와 기능
(다) 기지의 독성 및 항 영양소와의 아미노산 서열 유사성
(라) 유전자산물의 물리화학적 처리에 대한 감수성 (대체산물의 경우 유전자산물과의 생화학적, 구조적, 기능적 동질성에 관한 자료 포함)
(마) 발현단백질의 단회투여독성
(바) (가)~(마)로 안전성을 확인할 수 없는 경우 기타 경구독성실험 및 그 단백질을 가지고 있는 것으로 알려진 생물체에서의 그 단백질의 생물학적 기능
(6) 생산물이 단백질이 아닌 경우
(가) 검출법
(나) 생물학적 기능
(다) 농도
(라) 식이 노출량
(마) 안전한 식경험 여부
(바) 안전한 식경험이 없는 경우 일반적인 독성실험 자료 독성실험 자료
(사) 유전자재조합 결과 생성된 발현물질, 독성대사산물, 항생물질의 생성 유무
마. 알레르기성
(1) 유전자산물이 알레르겐으로 알려지고 있는가에 관한 자료
(2) 유전자산물의 물리화학적 처리에 대한 감수성(대체산물의 경우 유전자산물과의 생화학적, 구조적, 기능적 동질성에 관한 자료 포함)
(3) 유전자산물 중 이미 알려져 있는 알레르겐과 상동성에 관한 자료
(4) 유전자산물이 1일 단백섭취량의 유의한 양을 차지하고 있는지에 관한 자료

(5) (1) 내지 (4)의 자료에 의해 알레르기성을 판단하기 어려울 경우 다음 자료
(가) 구조 유사성이 확인된 알레르겐에 대한 환자 IgE 항체와 유전자산물과의 결합력에 관한 자료
(나) 주요 알레르겐에 대한 환자 IgE 항체와 유전자산물과의 결합력에 관한 자료

바. 숙주와의 차이
(1) 주요영양성분
(2) 미량영양성분
(3) 내재성독소
(4) 항영양소(효소 저해제 등)

사. 대사산물

아. 식품가공에 의한 영향

자. 장관계에서의 생존능

차. 항생제내성 유전자 및 유전자전이

카. 유전자재조합체의 생존 · 증식에 대한 정보

타. 유전자재조합체의 불활성화 방법

파. 외국의 식품유통 승인 및 식용 등의 이용 현황

② 사균으로 섭취하는 경우 제1항의 항목의 일부를 생략할 수 있으며, 이 경우 섭취하는 제품에 생균이 존재하지 않음을 확인할 수 있는 자료를 제출하여야 한다.

③ 시험자체가 이론적 · 기술적으로 실시 불가능하거나 실시 가능하더라도 실시하는 것이 무의미하다고 인정되는 등 합리적인 이유가 있으면 제1항 제1호 내지 제5호의 제출자료 중 일부를 생략할 수 있다.

부 칙

제1조(시행일) 이 규정은 고시한 날부터 시행한다.

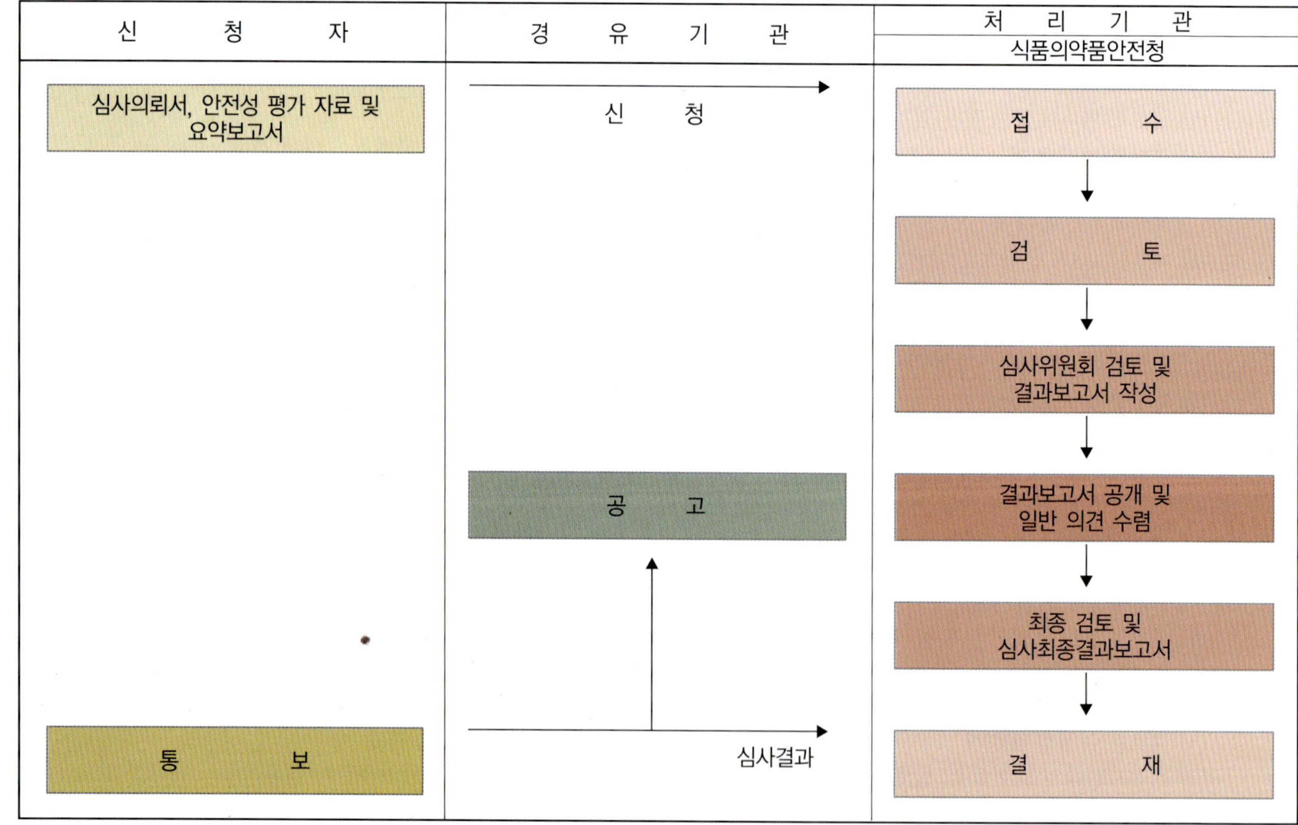

별지 제1호 서식

유전자재조합식품의 안전성평가 심사 의뢰서				처리기간 270일	
신 청 자	① 회 사 명		② 사업자등록번호		
	③ 주 소				
	④ 대표자명		⑤ 전화연락처		
개 발 자	⑥ 개발사명				
	⑦ 주 소				
⑧ 구 분	제3조 제 ____________ 호				
제 품 종 류 (Organism)		품 목 명 (Event/line명)		상 품 명 (Brand 명)	
⑫ 부여된 특성					
⑬ 삽입된 유전자					
⑭ 최초 시장유통 승인국가 및 승인연도					
⑮ 그 밖의 시장유통 승인 국가 및 승인연도					
⑯ 안전성 심사 중인 국가 및 신청일시					
⑰ 생산 현황 구분		신규 ( ) · 상업적 생산 중단 ( )			
⑱ 용도(식용)		수입 ( ) · 개발( ) · 생산 ( ) · 기타 ( )			

식품위생법 제15조의 규정에 의하여 유전자재조합식품의 안전성 평가를 심사 의뢰합니다.

년 월 일

신청인 (인 또는 서명)

식품의약품안전청장 귀 하

구 비 서 류 등
1. 요약보고서 각 2부(외국어자료는 원문과 번역문)
2. 유전자재조합체의 개발목적 및 이용방법에 관한 자료
3. 숙주에 관한 자료
4. 공여체에 관한 자료
5. 유전자재조합체에 관한 자료
6. 유전자재조합체의 특성에 관한 자료
7. 기타 안전성 평가에 관한 자료
8. 분석방법에 대한 관련 자료 및 표준품수수료300만원

기재상 주의사항
1. ① 내지 ⑦항에 변경사항이 발생할 경우 신고 사항으로 인정
2. ⑧항의 구분은 지침 제3조에 따라 해당하는 다음 각 호의 번호를 기입한다.
   1. 유전자재조합농산물
   2. 유전자재조합축산물
   3. 유전자재조합수산물
   4. 유전자재조합미생물
   5. 제1호 내지 제4호 중 현재 생산되고 있지 않으나 기존에 생산되어 시중에 유통 중인 식품에서 검출 가능성이 있는 유전자재조합체
   6. 제1호 내지 제4호의 후대교배종 중 유전자재조합체끼리 교배한 경우로 부여된 특성이 변하였거나, 이종간에 교배한 것이거나, 또는 섭취량, 가식부위 및 가공법이 종래의 품종과 차이가 있는 유전자재조합체
   7. 제1호 내지 제4호의 성분을 추출 정제하여 유전자산물을 제거하여 만든 식품성분 등
   8. 제4호를 이용하여 만든 식품첨가물로 유전자재조합체의 성분을 포함하지 않는 효소제 및 비타민류 등
   9. 제1호 내지 제8호 중 안전성 평가를 받은 후 10년이 경과하여 계속 시중에 유통되어 판매되고 있는 유전자재조합식품 등

이 신청서는 아래와 같이 처리됩니다.

05 유전자재조합 식품 등의 표시기준

[식품의약품안전청 고시 제2000-43호]

식품위생법 제10조 제1항 단서의 규정에 의하여 유전자재조합식품등의표시기준을 다음과 같이 제정, 고시합니다.

2000. 8. 30.
식품의약품안전청장

유전자재조합식품등의표시기준

제1조(목적) 이 고시는 식품위생법(이하 "법"이라 한다) 제10조 제1항 단서의 규정에 의하여 생물의 유전자 중 유용한 유전자만을 취하여 다른 생명체의 유전자와 결합시키는 등의 유전자재조합기술을 활용하여 재배·육성된 농·축·수산물 등을 원료로 하여 제조·가공한 식품 또는 식품첨가물의 표시에 관한 사항을 규정함으로써 소비자에게 올바른 정보를 제공함을 목적으로 한다.

제2조(용어의 정의) 이 고시에서 사용하는 용어의 정의는 다음과 같다.

1. "유전자재조합식품등"이라 함은 유전자재조합기술을 활용하여 재배·육성된 농·축·수산물 등으로 제조·가공된 식품 또는 식품첨가물을 말한다.
2. "원재료"라 함은 인위적으로 가하는 정제수를 제외한 식품 또는 식품첨가물의 제조·가공·조리에 사용되는 물질로서 최종 제품내에 들어 있는 것을 말한다.
3. "주표시면"이라 함은 용기·포장의 표시면 중 상표, 로고 등이 인쇄되어 있어 소비자가 식품 또는 식품첨가물을 구매할 때 통상적으로 소비자에게 보여지는 면을 말한다.
4. "주요원재료"라 함은 식품 또는 식품첨가물의 제조·가공에 사용한 원재료 중 많이 사용한 5가지 원재료를 말한다.

제3조(표시대상) 표시대상 식품 또는 식품첨가물(수입되는 식품 또는 식품첨가물을 포함한다. 이하 같다)은 농수산물품질관리법 제16조의 규정에 의하여 유전자변형농수산물임을 표시하여야 하는 농수산물을 주요원재료로 1이상 사용하여 제조·가공한 식품 또는 식품첨가물 중 제조·가공 후에도 유전자재조합 DNA 또는 외래단백질이 남아 있는 다음 각 호의 1에 해당하는 식품으로 하며, 표시대상 식품의 분류는 법 제7조의 규정에 의한 식품의 기준 및 규격에 의한다.

1. 일반가공식품의 두류가공품 중 콩가루
2. 일반가공식품의 곡류가공품 중 옥수수가루
3. 일반가공식품 중 콩 또는 콩가루 함유 두류가공품
4. 일반가공식품 중 옥수수 또는 옥수수가루 함유 곡류가공품
5. 일반가공식품의 두류가공품 중 콩통조림
6. 일반가공식품의 곡류가공품 중 옥수수통조림
7. 과자류 중 빵 및 떡류
8. 과자류 중 건과류
9. 두부류 중 두부
10. 두부류 중 가공두부
11. 두부류 중 전두부
12. 두유류

13. 특수영양식품 중 영아용조제식
14. 특수영양식품 중 성장기용조제식
15. 특수영양식품 중 영·유아용 곡류조제식
16. 특수영양식품 중 기타 영·유아식
17. 특수영양식품 중 영양보충용식품
18. 조미식품 중 된장
19. 조미식품 중 고추장
20. 조미식품 중 청국장
21. 조미식품 중 혼합장
22. 김치·절임식품 중 조림류
23. 기타식품류 중 메주
24. 기타식품류의 전분 중 옥수수전분
25. 기타식품류 중 팝콘용 옥수수가공품
26. 기타 콩, 옥수수 및 콩나물을 주요원재료로 사용한 식품
27. 기타 제1호 내지 제26호의 식품을 주요원재료로 사용한 식품

제4조(표시의무자) 유전자재조합식품 등의 표시의무자는 식품위생법시행령 제7조의 규정에 의한 식품제조·가공업, 즉석판매제조·가공업, 식품첨가물제조업, 식품 소분업, 유통전문판매업 또는 식품등수입판매업 영업을 하는 자로 한다.

제5조(표시방법) 유전자재조합식품 등의 표시방법은 다음과 같다.

1. 유전자재조합식품 등의 표시는 지워지지 아니하는 잉크·각인 또는 소인 등을 사용하여 소비자가 쉽게 알아볼 수 있도록 당해 제품의 용기·포장의 바탕색과 구별되는 색상의 10포인트 이상의 활자로 표시하여야 한다.
2. 유전자재조합식품 등의 표시는 소비자가 잘 알아볼 수 있도록 당해 제품의 주표시면에 "유전자재조합식품" 또는 "유전자재조합 ㅇㅇ포함식품"으로 표시하거나 제품에 사용된 유전자변형농수산물의 원재료명 바로 옆에 괄호로 "유전자재조합" 또는 "유전자재조합된 ㅇㅇ"으로 표시하여야 한다.

제6조(표시사항의 적용특례) 다음 각 호의 1에 해당하는 경우에는 제5조의 규정에 불구하고 다음과 같이 표시할 수 있다.

1. 즉석판매제조·가공업의 영업자가 자신이 제조·가공한 유전자재조합식품을 진열 판매하는 경우로서 유전자재조합식품 표시사항을 진열상자에 표시하거나 별도의 표지판에 기재하여 게시하는 때에는 개개의 제품별 표시를 생략할 수 있다.
2. 두부류를 운반용 위생상자를 사용하여 판매하는 경우로서 그 위생상자에 유전자재조합식품 표시사항을 표시하거나 별도의 표지판에 기재하여 게시하는 때에는 개개의 제품별 표시를 생략할 수 있다.
3. 제품포장의 특성상 잉크·각인 또는 소인 등으로 유전자재조합식품임을 표시하기가 불가능한 경우와 수입되는 식품 또는 식품첨가물의 경우에는 떨어지지 아니하게 부착되는 스티커를 시용하여 표시할 수 있다.

부 칙

이 고시는 2001년 7월 13일부터 시행한다.

06

유전자변형 생물체의 국가간 이동 등에 관한 법률

[산업자원부 제정 2001. 3. 28 법률 제6448호]

제1장 총칙

제1조(목적) 이 법은 바이오안전성에관한카르타헤나의정서(이하 "의정서"라 한다)의 시행과 유전자변형생물체의 개발·생산·수입·수출·유통 등에 관한 안전성의 확보를 위하여 필요한 사항을 정함으로써 유전자변형생물체로 인한 국민의 건강과 생물다양성의 보전 및 지속적인 이용에 미치는 위해를 사전에 방지하고 국민생활의 향상 및 국제협력을 증진함을 목적으로 한다.

제2조(정의) 이 법에서 사용하는 용어의 정의는 다음과 같다.

1. "유전자변형생물체"라 함은 다음 각 목의 현대생명공학기술을 이용하여 얻어진 새롭게 조합된 유전물질을 포함하고 있는 생물체를 말한다.
   가. 인위적으로 유전자를 재조합하거나 유전자를 구성하는 핵산을 세포 또는 세포내 소기관으로 직접 주입하는 기술
   나. 분류학에 의한 과의 범위를 넘는 세포융합으로서 자연상태의 생리적 증식이나 재조합이 아니고 전통적인 교배나 선발에서 사용되지 아니하는 기술
2. "환경 방출"이라 함은 유전자변형생물체를 시설·장치 그 밖의 구조물을 이용하여 밀폐하지 아니하고 의도적으로 자연환경에 노출되게 하는 것을 말한다.
3. "관계중앙행정기관"이라 함은 유전자변형생물체의 개발·생산·수입·수출·판매·운반·보관 등(이하 "수출입 등"이라 한다)의 업무에 따라 대통령령이 정하는 기준에 의하여 해당되는 중앙행정기관을 말한다.

제3조(적용제외) 이 법은 인체용 의약품으로 사용되는 유전자변형생물체에 대하여는 이를 적용하지 아니한다.

제4조(다른 법률과의 관계) 유전자변형생물체를 수출입 등을 함에 있어서 그 취급 및 안전관리에 관하여 다른 법률에 특별한 규정이 있는 경우를 제외하고는 이 법이 정하는 바에 의한다.

제5조(국가 등의 책무) 국가와 지방자치단체는 유전자변형생물체로 인한 국민의 건강과 생물다양성의 보전 및 지속적인 이용에 대한 위해를 방지하기 위하여 필요한 시책을 강구하여야 한다.

제6조(국가책임기관 등) ① 의정서 제19조의 규정에 의한 국가연락기관은 외교통상부로, 국가책임기관은 산업자원부로 한다.
② 국가책임기관의 장은 대통령령이 정하는 바에 따라 국가책임기관으로서 의정서의 이행에 관하여 필요한 업무를 수행한다.

제7조(유전자변형생물체 안전관리계획의 수립) ① 관계중앙행정기관의 장은 소관별로 유전자변형생물체안전관리계획(이하 "안전관리계획"이라 한다)을 수립·시행하여야 한다.
② 안전관리계획에는 다음 각 호의 사항이 포함되어야 한다.
  1. 유전자변형생물체의 수출입 등에 따른 안전관리의 기본 방침에 관한 사항

2. 유전자변형생물체를 취급하는 시설 및 작업종사자의 안전에 관한 사항
3. 유전자변형생물체에 관한 기술개발 및 지원에 관한 사항
4. 그 밖에 유전자변형생물체의 안전관리와 관련한 중요사항

③ 관계중앙행정기관의 장이 안전관리계획을 수립·시행하고자 하는 경우에는 미리 제31조의 규정에 의한 바이오안전성위원회의 심의를 거쳐야 한다.

④ 관계중앙행정기관의 장은 안전관리계획의 시행을 위한 세부 시행계획을 수립·시행하여야 하며, 이를 위하여 필요한 경우에는 안전관리지침을 정하여 고시할 수 있다.

제2장 유전자변형생물체의 수출입 등 및 안전관리

제8조(수입승인 등) ① 유전자변형생물체를 수입(휴대하여 수입하는 경우를 포함한다. 이하 같다)하고자 하는 자는 대통령령이 정하는 바에 따라 관계중앙행정기관의 장의 승인을 얻어야 한다. 승인을 얻은 사항을 변경하고자 하는 경우에도 또한 같다. 다만, 대통령령이 정하는 경미한 사항을 변경하고자 하는 때에는 이를 신고하여야 한다.

② 환경 방출로 사용되는 유전자변형생물체를 수입하고자 하는 자는 제1항의 규정에 불구하고 국가책임기관의 장을 거쳐 관계중앙행정기관의 장에게 수입승인을 신청하여야 한다. 이 경우 국가책임기관의 장 및 관계중앙행정기관의 장은 대통령령이 정하는 바에 따라 의정서 제8조 내지 제10조의 규정에 의한 당해 유전자변형생물체의 국가간 이동에 필요한 절차를 따라야 한다.

③ 제1항 및 제2항의 규정에 의한 승인을 신청하는 자는 당해 유전자변형생물체를 생산 또는 수출하는 자가 작성한 위해성평가서와 유전자변형생물체를 수출하고자 하는 자의 정부기관이 발행하는 위해성심사서를 제출하여야 한다.

④ 제3항의 규정에 불구하고 유전자변형생물체에 대한 위해성 심사서를 발행할 수 있는 정부기관이 없거나 그 밖에 대통령령이 정하는 사유가 있는 경우에는 관계중앙행정기관의 장이 대통령령이 정하는 바에 따라 지정하는 위해성평가기관(이하 "위해성평가기관"이라 한다)이 작성한 위해성평가서를 제출하여야 한다.

⑤ 관계중앙행정기관의 장은 제1항 및 제2항의 규정에 의한 승인신청을 받은 경우에는 당해 유전자변형생물체의 위해성을 심사하고 당해 유전자변형생물체가 국내 생물다양성의 가치에 미칠 사회·경제적 영향을 고려하여 그 승인여부를 결정하여야 한다.

⑥ 관계중앙행정기관의 장은 제5항의 규정에 의한 승인여부를 국가책임기관의 장에게 통보하여야 한다.

⑦ 제3항의 규정에 의한 위해성평가서의 평가항목·기준 등에 관하여 필요한 사항은 관계중앙행정기관의 장이 정하여 고시한다.

제9조(시험·연구용 등의 유전자변형생물체의 수입) ① 제8조의 규정에 불구하고 시험·연구용으로 사용하거나 박람회 또는 전시회에 출품하기 위하여 유전자변형생물체를 수입하고자 하는 자는 대통령령이 정하는 바에 따라 관계중앙행정기관의 장의 승인을 얻거나 관계중앙행정기관의 장에게 신고하여야 한다.

② 관계중앙행정기관의 장은 제1항의 규정에 의한 승인여부 및 신고내용을 국가책임기관의 장에게 통보하여야 한다.

제10조(우편물로 수입되는 유전자변형생물체의 수입검사) ① 세관장은 국제우편물에 제8조 또는 제9조의 규정에 의한 승인을 얻지 아니하거나 신고를 하지 아니한 유전자변형생물체가 담기어 있거나 담기어져 있다고 의심이 되는 경우에는 지체없이 그 사실을 관계중앙행정기관의 장에게 통보하여야 한다.

② 제1항의 규정에 의한 세관장의 통지가 있는 때에는 관계중앙행정기관의 장은 당해 국제우편물을 검사한 후 폐기, 반송 등 적절한 조치를 하여야 한다.

③ 유전자변형생물체가 담겨져 있는 국제우편물을 받은 자는 당해 유전자변형생물체가 제8조 또는 제9조의 규정에 의한 승인을 얻지 아니하거나 신고를 하지 아니한 것임을 안 때에는 지체없이 관계중앙행정기관의 장에게 이를 신고하고, 관계중앙행정기관의 장이 명하는 바에 따라 이를 처리하여야 한다.

제11조(수입항구 등의 지정) ① 국가책임기관의 장은 유전자변형생물체의 안전관리를 위하여 필요하다고 인정하는 경우에는 관계중앙행정기관의 장과 협의하여 유전자변형생물체를 수입하는 항구·공항 등을 지정할 수 있다.

② 국가책임기관의 장은 제1항의 규정에 의하여 항구·공항 등을 지정하는 경우에는 지체없이 이를 공고하여야 한다.

제12조(생산승인 등) ① 유전자변형생물체를 생산하고자 하는 자는 대통령령이 정하는 바에 따라 관계중앙행정기관의 장의 승인을 얻어야 한다. 승인을 얻은 사항을 변경하고자 하는 경우에도 또한 같다. 다만, 대통령령이 정하는 경미한 사항을 변경하고자 하는 때에는 이를 신고하여야 한다.

② 제1항의 규정에 의한 승인을 신청하는 자는 제8조 제3항의 규정에 의한 위해성평가서를 제출하여야 한다.

③ 제8조 제5항 내지 제7항의 규정은 유전자변형생물체를 생산하고자 하는 경우에 이를 준용한다.

제13조(위해성 심사절차 및 대행 등) ① 관계중앙행정기관의 장은 제8조 제5항 또는 제12조 제3항의 규정에 의하여 유전자변형생물체의 위해성 심사를 하는 경우에는 당해 유전자변형생물체가 인체에 미치는 영향에 대하여는 보건복지부장관과, 환경 방출되거나 환경 방출될 우려가 있는 유전자변형생물체의 경우에는 다음 각호에 정하는 기관의 장과 미리 협의하여야 한다.

1. 당해 유전자변형생물체가 자연생태계에 미치는 영향에 대하여는 환경부장관
2. 작물재배환경에 미치는 영향에 대하여는 농림부장관
3. 해양생태계에 미치는 영향에 대하여는 해양수산부장관

② 제8조 제5항 또는 제12조 제3항의 규정에 의한 위해성 심사의 기준·방법 그 밖에 필요한 사항은 관계중앙행정기관의 장이 이를 정하여 고시한다.

③ 관계중앙행정기관의 장은 제8조 제5항 또는 제12조 제3항의

규정에 의한 유전자변형생물체의 위해성 심사업무를 대통령령이 정하는 바에 따라 지정하는 자(이하 "위해성심사대행기관"이라 한다)로 하여금 대행하게 할 수 있다.

④ 관계중앙행정기관의 장은 제8조 또는 제12조의 규정에 의하여 유전자변형생물체의 수입 또는 생산승인을 함에 있어서는 미리 당해 유전자변형생물체에 관한 정보를 국민에게 알리고 의견을 수렴하여야 한다.

제14조(수입 또는 생산의 금지 등) ① 관계중앙행정기관의 장은 다음 각 호의 1에 해당하는 유전자변형생물체(제2호의 생물체를 포함한다)의 수입 또는 생산을 금지하거나 제한할 수 있다.

1. 국민의 건강과 생물다양성의 보전 및 지속적인 이용에 위해를 미치거나 미칠 우려가 있다고 인정되는 유전자변형생물체
2. 제1호에 해당하는 유전자변형생물체와 교배하여 생산된 생물체
3. 국내 생물다양성의 가치와 관련하여 사회·경제적으로 부정적인 영향을 미치거나 미칠 우려가 있다고 인정되는 유전자변형생물체

② 관계중앙행정기관의 장은 제1항의 규정에 의하여 유전자변형생물체의 수입 또는 생산을 금지하거나 제한하는 경우에는 국가책임기관의 장에게 이를 통보하여야 한다.

③ 국가책임기관의 장은 제1항 각 호의 규정에 의하여 수입 또는 생산을 금지하거나 제한하는 생물체의 품목 등에 관하여 필요한 사항을 공고하여야 한다.

제15조(위해성이 없는 유전자변형생물체) ① 국가책임기관의 장은 국민의 건강과 생물다양성의 보전 및 지속적인 이용에 위해가 발생할 우려가 없는 유전자변형생물체에 대하여 그 품목 등을 고시하여야 한다.

② 국가책임기관의 장은 제1항의 규정에 의한 유전자변형생물체의 품목 등을 고시함에 있어서는 미리 제31조의 규정에 의한 바이오안전성위원회의 심의를 거쳐야 한다.

③ 제1항의 규정에 의하여 고시된 품목의 유전자변형생물체를 수입 또는 생산하고자 하는 자는 제8조 또는 제12조의 규정에 불구하고 국가책임기관의 장에게 이를 신고하여야 한다.

제16조(대외무역법에 의한 수입승인 의제 등) ① 제8조 및 제9조의 규정에 의하여 관계중앙행정기관의 장이 수입승인을 하거나 신고를 수리한 유전자변형생물체에 대하여는 대외무역법 제14조 제2항의 규정에 의하여 산업자원부장관이 수입승인을 한 것으로 본다.

② 제15조 제3항 및 제20조의 규정에 의한 유전자변형생물체를 수입 또는 수출하고자 하는 자가 국가책임기관의 장에게 그 내용을 신고 또는 통보한 유전자변형생물체에 대하여는 대외무역법 제14조 제2항의 규정에 의하여 산업자원부장관이 수입 또는 수출에 대한 승인을 한 것으로 본다.

제17조(승인의 취소) ① 관계중앙행정기관의 장은 다음 각 호의 1에 해당하는 경우에는 제8조·제9조 또는 제12조의 규정에 의한 유전자변형생물체의 수입승인 또는 생산승인을 취소할 수 있다. 다만, 제1호 또는 제2호에 해당하는 경우에는 승인을 취소하여야 한다.

1. 수입승인 또는 생산승인을 얻은 유전자변형생물체가 국민의 건강과 생물다양성의 보전 및 지속적인 이용에 위해를 미치거나 미칠 우려가 있다는 사실이 밝혀진 경우
2. 속임수 그 밖에 부정한 방법으로 승인을 얻은 경우
3. 수입승인 또는 생산승인을 얻은 유전자변형생물체를 승인을 얻은 용도와 다르게 사용하는 경우
4. 이 법 또는 이 법에 의한 명령이나 처분을 위반하는 경우
5. 그 밖에 대통령령이 정하는 사유에 해당하는 경우

② 관계중앙행정기관의 장은 제1항의 규정에 의하여 승인을 취소한 경우에는 지체없이 국가책임기관의 장에게 이를 통보하여야 한다.

제18조(재심사) ① 제8조·제12조 및 제17조 제1항 제1호의 규정에 의한 처분에 불복이 있는 자는 대통령령이 정하는 바에 따라 관계중앙행정기관의 장에게 재심사를 요청할 수 있다.

② 관계중앙행정기관의 장은 제1항의 규정에 의한 재심사를 요청받은 경우에는 국가책임기관의 장과의 협의 및 제31조의 규정에 의한 바이오안전성위원회의 심의를 거쳐 재심사에 대한 결정을 하여야 한다.

제19조(폐기처분 등) ① 관계중앙행정기관의 장은 다음 각 호의 1에 해당하는 유전자변형생물체의 소유자에 대하여 대통령령이 정하는 바에 따라 일정한 기간을 정하여 당해 유전자변형생물체의 폐기·반송 등을 명할 수 있다.

1. 제8조·제9조 또는 제12조의 규정에 의한 관계중앙행정기관의 장의 승인 또는 변경승인을 얻지 아니하거나 관계중앙행정기관의 장에게 신고를 하지 아니한 유전자변형생물체
2. 제14조의 규정에 의하여 수입 또는 생산이 금지되거나 제한된 유전자변형생물체
3. 제17조의 규정에 의하여 수입승인 또는 생산승인이 취소된 유전자변형생물체

② 관계중앙행정기관의 장은 유전자변형생물체의 소유자가 제1항의 규정에 의한 폐기·반송 등의 명령에 따르지 아니한 경우에는 대통령령이 정하는 바에 따라 당해 유전자변형생물체의 소유자의 부담으로 소속 공무원으로 하여금 이를 직접 폐기·반송 등을 하게 할 수 있다.

③ 관계중앙행정기관의 장은 수입된 유전자변형생물체에 대하여 제1항의 규정에 의한 유전자변형생물체의 폐기·반송 등을 명한 때에는 관세청장에게 그 내용을 통보하여야 한다.

제20조(수출통보) 유전자변형생물체를 수출하고자 하는 자는 산업자원부장관에게 품목, 수량, 수출국가 등 대통령령이 정하는 사항을 미리 통보하여야 한다.

제21조(경유신고) 유전자변형생물체를 국내를 경유하여 다른 국가로 수출하고자 하는 자는 국가책임기관의 장에게 품목, 수량, 수출국가, 수입국가 등 대통령령이 정하는 바에 따라 신고하여야 한다.

제22조(연구시설의 설치·운영허가 등) ① 유전자변형생물체를 개발하거나 이를 이용하는 실험을 실시하는 시설(이하 "연구시설"이라 한다)을 설치·운영하고자 하는 자는 대통령령이 정하는 바에 따라 연구시설의 안전관리 등급별로 관계중앙행정기관의 장의 허가를 받거나 관계중앙행정기관의 장에게 신고를 하여야 한다. 허가받은 사항을 변경하고자 하는 경우에도 허가를 받아야 한다. 다만, 허가받은 사항 중 대통령령이 정하는 경미한 사항을 변경하고자 하는 때에는 대통령령이 정하는 바에 따라 이를 신고하여야 한다.
② 관계중앙행정기관의 장은 제1항의 규정에 의한 연구시설의 설치·운영의 허가여부 및 신고내용을 국가책임기관의 장에게 통지하여야 한다.
③ 제1항의 규정에 의하여 연구시설의 설치·운영에 대한 허가를 받거나 신고를 한 자는 연구시설의 안전관리 등급별로 대통령령이 정하는 바에 따라 유전자변형생물체를 개발하거나 실험을 실시할 수 있다. 다만, 위해가능성이 큰 유전자변형생물체를 개발하거나 실험하는 경우로서 대통령령이 정하는 경우에는 관계중앙행정기관의 장의 승인을 얻어야 한다.
④ 연구시설의 안전관리의 등급 및 설치·운영에 대한 허가기준 등에 관하여 필요한 사항은 대통령령으로 정한다.

제23조(허가의 취소 등) ① 관계중앙행정기관의 장은 연구시설의 설치·운영의 허가를 받거나 신고를 한 자가 다음 각 호의 1에 해당하는 경우에는 그 허가를 취소하거나 1년 이내의 기간을 정하여 그 시설의 운영을 정지하도록 명할 수 있다. 다만, 제1호에 해당하는 경우에는 허가를 취소하여야 한다.
1. 속임수 그 밖에 부정한 방법으로 허가를 받은 경우
2. 제22조 제1항 후단의 규정에 의한 변경허가를 받지 아니하고 그 허가내용을 변경한 경우
3. 제22조 제3항 단서의 규정에 의한 승인을 얻지 아니하고 개발 또는 실험을 실시한 경우
4. 제22조 제4항의 규정에 의한 허가기준에 미달한 경우

② 관계중앙행정기관의 장은 제22조 제3항 단서의 규정에 의하여 승인을 얻은 유전자변형생물체의 개발 또는 실험이 국민의 건강과 생물다양성의 보전 및 지속적인 이용에 위해를 미치거나 미칠 우려가 있다는 사실이 밝혀진 경우에는 승인을 취소할 수 있다.

제24조(표시) ① 유전자변형생물체를 개발·생산 또는 수입하는 자는 당해 유전자변형생물체 또는 그 유전자변형생물체의 용기나 포장에 유전자변형생물체의 종류 등 대통령령이 정하는 사항을 표시하여야 한다.
② 누구든지 제1항의 규정에 의한 표시를 허위로 하거나 또는 이를 임의로 변경하거나 삭제하여서는 아니된다.
③ 제1항의 규정에 의한 표시의 방법 그 밖에 필요한 사항은 관계중앙행정기관의 장이 이를 정하여 고시한다.

제25조(취급관리) ① 유전자변형생물체의 수출입 등을 하는 자는 유전자변형생물체를 취급 또는 관리함에 있어서 밀폐운송 등 대통령령이 정하는 취급관리기준을 준수하여야 한다.
② 제1항의 규정에 의한 취급관리의 방법 그 밖에 필요한 사항은 관계중앙행정기관의 장이 이를 정하여 고시한다.

제26조(관리·운영기록의 보존) 유전자변형생물체의 수출입 등을 하는 자 및 연구시설을 설치·운영하는 자는 산업자원부령이 정하는 바에 따라 유전자변형생물체의 수출입 등 및 연구시설의 관리·운영에 관한 기록을 작성하여 보관하여야 한다.

제27조(위해방지를 위한 비상조치) ① 국가책임기관의 장은 유전자변형생물체로 인한 국민의 건강과 생물다양성의 보전 및 지속적인 이용에 중대한 부정적인 영향이 발생하거나 발생할 우려가 있다고 인정되는 때에는 대통령령이 정하는 바에 따라 지체없이 필요한 조치를 하여야 한다.
② 유전자변형생물체의 수출입 등을 하는 자가 유전자변형생물체의 부정적인 영향을 알게 된 때에는 관계중앙행정기관의 장 또는 국가책임기관의 장에게 지체없이 그 내용을 통보하여야 한다.

제3장 유전자변형생물체의 정보보호

제28조(정보보호) 유전자변형생물체에 대한 정보를 취급하는 관계중앙행정기관, 국가책임기관, 위해성평가기관, 위해성심사대행기관 및 제32조의 규정에 의한 바이오안전성정보센터(이하 "정보취급기관"이라 한다)의 장은 유전자변형생물체의 정보가 도난·누출 또는 훼손되지 아니하도록 정보보호에 필요한 조치를 강구하여야 한다.

제29조(정보이용 및 제공의 제한) ① 정보취급기관의 장은 대통령령이 정하는 경우를 제외하고는 유전자변형생물체의 정보를 상업적으로 이용하거나 다른 자에게 제공하여서는 아니된다.
② 정보취급기관의 장은 유전자변형생물체의 정보를 다른 자에게 제공하는 때에는 사용목적·사용방법 등에 관하여 필요한 사항에 대하여 제한을 하거나 정보보호를 위하여 필요한 조치를 강구하도록 요청할 수 있다.

제30조(정보취급기관의 임원·직원의 의무) 정보취급기관의 임원·직원이나 임원·직원이었던 자는 직무상 알게 된 정보를 누설하거나 타인의 이용에 제공하는 등 부당한 목적을 위하여 사용하여서는 아니된다.

제4장 바이오안전성위원회 등

제31조(바이오안전성위원회) ① 유전자변형생물체의 수출입등에 관한 다음 각 호의 사항을 심의하기 위하여 국무총리 소속하에 바이오안전성위원회(이하 "위원회"라 한다)를 둔다.
1. 의정서의 이행에 관한 사항
2. 안전관리계획의 수립·시행
3. 제15조의 규정에 의한 위해성이 없는 유전자변형생물체의 품목 등의 고시
4. 제18조의 규정에 의한 재심사
5. 유전자변형생물체의 수출입 등과 안전관리에 관련된 법령·고시 등에 관한 사항

6. 유전자변형생물체로 인한 피해예방 및 대책에 관한 사항
7. 그 밖에 위원장 또는 국가책임기관의 장이 심의를 요청하는 사항

② 위원회는 위원장 1인을 포함한 15인 이상 20인 이하의 위원으로 구성한다.

③ 위원회의 위원장은 국무총리가 되고, 위원은 다음 각 호의 자로 한다.

1. 재정경제부장관·교육인적자원부장관·외교통상부장관·과학기술부장관·농림부장관·산업자원부장관·보건복지부장관·환경부장관 및 해양수산부장관
2. 대통령령이 정하는 자 중에서 국가책임기관의 장의 제청으로 위원장이 위촉하는 자

④ 국가책임기관의 장은 제3항 제2호의 규정에 의한 위원을 제청하고자 하는 때에는 미리 관계중앙행정기관의 장과 협의하여야 한다.

⑤ 위원회의 효율적인 운영을 위하여 위원회 밑에 분과위원회 및 실무위원회를 둘 수 있다.

⑥ 위원회에 간사 1인을 두되, 간사는 산업자원부소속 공무원 중에서 위원장이 지명하는 자가 된다.

⑦ 위원회·분과위원회 및 실무위원회의 구성·기능·운영 등에 관하여 필요한 사항은 대통령령으로 정한다.

제32조(바이오안전성정보센터) ① 국가책임기관의 장은 유전자변형생물체의 정보관리 및 정보교환에 관한 사항 등을 전문적으로 수행하는 바이오안전성정보센터(이하 "바이오안전성정보센터"라 한다)를 지정할 수 있다.

② 바이오안전성정보센터는 유전자변형생물체의 안전성에 관한 정보를 국민에게 공개하여야 한다.

제5장 보칙

제33조(자금 등의 지원) ① 정부는 유전자변형생물체의 안전성에 대한 국민의 이해를 증진하고 소비자의 인식을 제고하기 위하여 관련 기관 및 단체가 실시하는 홍보 및 교육사업 등에 필요한 자금 등을 지원할 수 있다.

② 정부는 연구시설의 안전성을 확보하기 위하여 필요한 시설의 설치·운영 등에 필요한 자금 등을 지원할 수 있다.

제34조(재원의 확보) 국가책임기관의 장은 유전자변형생물체의 수출입 등과 관련하여 국민의 건강과 생물다양성의 보전 및 지속적인 이용에 피해가 발생하는 경우에 대비한 안전성 확보를 위한 재원확보 방안을 강구하여야 한다.

제35조(수수료) ① 다음 각 호의 1에 해당하는 자는 수수료를 납부하여야 한다.

1. 제8조 제1항·제2항의 규정에 의하여 수입승인을 얻고자 하는 자
2. 제9조 제1항의 규정에 의하여 수입승인을 얻고자 하는 자
3. 제12조 제1항의 규정에 의하여 생산승인을 얻고자 하는 자
4. 제22조 제1항의 규정에 의하여 연구시설 설치·운영의 허가를 받고자 하는 자

② 제1항의 규정에 의한 수수료의 금액·납부방법 및 납부기간 등에 관하여 필요한 사항은 대통령령으로 정한다.

제36조(보고 및 검사) ① 관계중앙행정기관의 장 또는 국가책임기관의 장은 유전자변형생물체의 안전관리를 위하여 다음 각 호의 1에 해당하는 자로 하여금 보고를 하게 하거나 자료 또는 시료의 제출을 요구할 수 있으며, 소속 공무원으로 하여금 당해 사무소·연구시설·사업장·보관장소 등에 출입하여 관계 서류나 시설·장비 및 보관상태 등을 검사하게 할 수 있다.

1. 제8조 제1항·제2항, 제9조 제1항 또는 제12조 제1항의 규정에 의하여 수입 또는 생산승인을 얻거나 수입신고를 한 자
2. 제15조 제3항의 규정에 의하여 신고를 한 자
3. 위해성평가기관
4. 위해성심사대행기관
5. 제22조의 규정에 의하여 연구시설의 설치·운영허가를 받거나 신고를 한 자
6. 제25조의 규정에 의하여 취급 또는 관리를 하는 자

② 관계중앙행정기관의 장 또는 국가책임기관의 장은 승인을 얻지 아니하거나 신고를 하지 아니한 유전자변형생물체로 판단되는 물품의 수출입 등을 하거나, 허가를 받지 아니하거나 신고를 하지 아니하고 연구시설을 운영하고 있다고 의심되는 자에 대하여는 소속 공무원으로 하여금 당해 사무소·연구시설·사업장·보관장소 등에 출입하여 관계 서류나 시설·장비 및 보관상태 등을 검사하게 할 수 있다.

③ 제1항 또는 제2항의 규정에 의하여 출입·검사를 하는 공무원은 그 권한을 표시하는 증표를 지니고 이를 관계인에게 내보여야 한다.

제37조(청문) 관계중앙행정기관의 장은 다음 각 호의 1에 해당하는 처분을 하고자 하는 경우에는 청문을 실시하여야 한다.

1. 제17조의 규정에 의하여 수입승인 또는 생산승인을 취소하는 경우
2. 제23조의 규정에 의하여 연구시설 설치·운영의 허가를 취소하는 경우

제38조(벌칙적용에 있어서의 공무원 의제) 위해성평가기관, 위해성심사대행기관 및 바이오안전성정보센터의 임원 및 직원은 형법 제129조 내지 제132조의 적용에 있어서는 이를 각각 공무원으로 본다.

제6장 벌칙

제39조(벌칙) 다음 각 호의 1에 해당하는 자는 5년 이하의 징역 또는 7천만원 이하의 벌금에 처한다.

1. 제14조의 규정에 위반하여 수입 또는 생산이 금지되거나 제한된 유전자변형생물체(제2호의 생물체를 포함한다)를 수입 또는 생산한 자
2. 제17조 제1항 제1호의 규정에 의하여 승인이 취소된 유전자변형생물체를 수입 또는 생산한 자
3. 제19조 제1항의 규정에 의한 폐기·반송 등의 명령에 위

반하여 유전자변형생물체를 국내에 유통하게 한 자

제40조(벌칙) 다음 각 호의 1에 해당하는 자는 3년 이하의 징역 또는 5천만원 이하의 벌금에 처한다.

1. 제8조 제1항·제2항, 제9조 제1항 또는 제12조 제1항의 규정에 의한 승인 또는 변경승인을 얻지 아니하고 유전자변형생물체를 수입 또는 생산한 자
2. 제17조 제1항 제2호 내지 제5호의 규정에 의하여 승인이 취소된 유전자변형생물체를 수입 또는 생산한 자
3. 제22조 제1항 전단의 규정에 의한 허가를 받지 아니하거나 동항 후단 본문의 규정에 의한 변경허가를 받지 아니하고 연구시설을 설치·운영한 자
4. 제22조 제3항 단서의 규정에 의한 승인을 얻지 아니하고 개발 또는 실험을 실시한 자

제41조(벌칙) 다음 각 호의 1에 해당하는 자는 2년 이하의 징역 또는 3천만원 이하의 벌금에 처한다.

1. 제9조 제1항의 규정에 의한 신고를 아니하고 유전자변형생물체를 수입한 자
2. 제19조 제1항의 규정에 의한 폐기·반송 등의 명령을 이행하지 아니한 자
3. 제20조의 규정에 의한 통보를 하지 아니하고 유전자변형생물체를 수출한 자
4. 제21조의 규정에 의한 신고를 하지 아니하고 유전자변형생물체를 국내 경유한 자
5. 제22조 제1항 전단의 규정에 의한 신고를 하지 아니하고 연구시설을 설치·운영한 자
6. 제23조의 규정에 의한 연구시설의 운영정지명령을 위반한 자
7. 제30조의 규정에 위반하여 직무상 알게 된 정보를 누설하거나 타인의 이용에 제공한 자

제42조(벌칙) 다음 각 호의 1에 해당하는 자는 1년 이하의 징역 또는 2천만원 이하의 벌금에 처한다.

1. 제24조 제1항 또는 제2항의 규정에 위반하여 유전자변형생물체의 종류 등의 표시를 하지 아니하거나 이를 허위로 표시한 자 또는 표시를 임의로 변경하거나 삭제한 자
2. 제25조의 규정에 의한 취급관리기준을 준수하지 아니한 자

제43조(양벌규정) 법인의 대표자나 법인 또는 개인의 대리인·사용인 그 밖의 종업원이 그 법인 또는 개인의 업무에 관하여 제39조 내지 제42조의 규정에 의한 위반행위를 한 때에는 행위자를 벌하는 외에 그 법인 또는 개인에 대하여도 각 해당 조의 벌금형을 과한다.

제44조(과태료) ① 다음 각 호의 1에 해당하는 자는 1천만원 이하의 과태료에 처한다.

1. 제8조 제1항 후단 단서의 규정에 의한 변경신고를 하지 아니한 자
2. 제10조 제3항의 규정에 의한 신고를 하지 아니하거나 관계중앙행정기관의 장의 명령을 이행하지 아니한 자
3. 제11조 제1항의 규정에 의하여 지정되지 아니한 수입항구·공항 등의 장소로 유전자변형생물체를 수입한 자
4. 제12조 제1항 후단 단서의 규정에 의한 변경신고를 하지 아니한 자
5. 제15조 제3항의 규정에 의한 신고를 하지 아니한 자
6. 제22조 제1항 후단 단서의 규정에 의한 변경신고를 하지 아니한 자
7. 제26조의 규정에 의한 관리·운영기록을 작성·보관하지 아니한 자
8. 제36조 제1항 또는 제2항의 규정에 의한 출입·보고·검사·자료 또는 시료제출을 거부·방해 또는 기피한 자

② 제1항의 규정에 의한 과태료는 대통령령이 정하는 바에 의하여 관계중앙행정기관 또는 국가책임기관의 장이 부과·징수한다.

③ 제1항의 규정에 의한 과태료처분에 불복이 있는 자는 그 처분의 고지를 받은 날부터 30일 이내에 관계중앙행정기관 또는 국가책임기관의 장에게 이의를 제기할 수 있다.

④ 제1항의 규정에 의한 과태료처분을 받은 자가 제3항의 규정에 의하여 이의를 제기한 때에는 관계중앙행정기관 또는 국가책임기관의 장은 지체없이 관할법원에 그 사실을 통보하여야 하며, 그 통보를 받은 관할법원은 비송사건절차법에 의한 과태료의 재판을 한다.

⑤ 제3항의 규정에 의한 기간이내에 이의를 제기하지 아니하고 과태료를 납부하지 아니한 때에는 국세체납처분의 예에 의하여 이를 징수한다.

부 칙〈제6448호 2001. 3. 28〉

이 법은 의정서가 우리나라에 대하여 효력을 발생하는 날부터 시행한다.

| 한글 찾아보기 | INDEX

ㅂ

ㅅ

ㅇ

ㅈ

ㅊ

ㅋ

ㅌ

ㅍ

ㅎ

| 영문 찾아보기 | INDEX

A

B

C

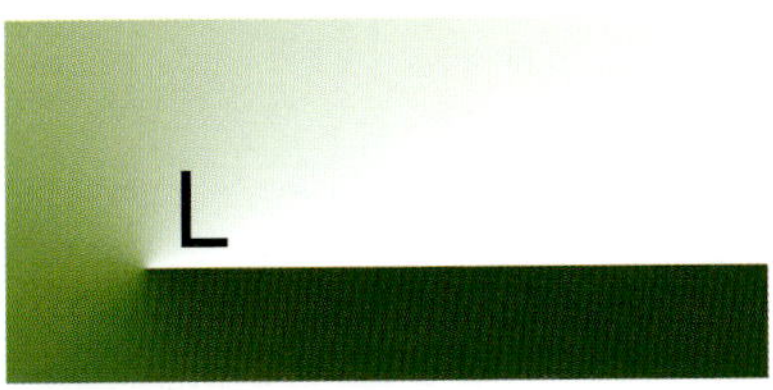

S

T

U

W

Y

Z

저자와의 협의로
인지 생략

식물형질전환

2007년 3월 30일 초판 인쇄
2007년 4월 5일 초판 발행

저 자 한지학 외 76인
발행자 김시동
발행처 정문각

서울특별시 마포구 대흥동 210-1 봉화빌딩 4층
TEL. 713-0421~3 FAX. 704-6265
전자우편 jungmunk@unitel.co.kr
홈페이지 www.jungmunkag.co.kr
등 록 1990년 10월 25일 9-246호

정가 **45,000**원

ISBN 978-89-7742-352-7 93480